Springer-Lehrbuch

Springer-Verlag Berlin Heidelberg GmbH

Thomas Westermann

Mathematik für Ingenieure mit Maple

Band 2:
Differential- und Integralrechnung für Funktionen mehrerer Variablen, gewöhnliche und partielle Differentialgleichungen, Fourier-Analysis

2., neu bearbeitete Auflage

Mit 167 Abbildungen, zahlreichen Skizzen und Aufgaben mit Lösungen

Springer

Professor Dr. Thomas Westermann
Fachbereich Naturwissenschaften
Fachhochschule Karlsruhe - Hochschule für Technik
Postfach 24 40

76012 Karlsruhe

E-mail: westermann@fh-karlsruhe.de

ISBN 978-3-540-42040-8   ISBN 978-3-642-56737-7 (eBook)
DOI 10.1007/978-3-642-56737-7

Die Deutsche Bibliothek - CIP-Einheitsaufnahme

Mathematik für Ingenieure mit Maple/Thomas Westermann. - Berlin; Heidelberg; New York;
Barcelona; Hongkong; London; Mailand; Paris; Tokio: Springer
   (Springer-Lehrbuch)
Bd. 2. Differential- und Integralrechnung für Funktionen mehrerer Variablen, gewöhnliche und
partielle Differentialgleichungen, Fourier-Analysis. - 2. neu bearb. Aufl. - 2001

Additional material to this book can be downloaded from http://extras.springer.com.
   ISBN 3-540-42040-1

Satz: Reproduktionsfertige Vorlage des Autors
Einband: design & production, Heidelberg

Gedruckt auf säurefreiem Papier   SPIN: 10833251   07/3020 ra - 5 4 3 2 1 0

Vorwort zur 2. Auflage

Für diese 2. Auflage wurden mehrere MAPLE-Ausarbeitungen ergänzt, Visualisierungen neu erstellt und sämtliche MAPLE-Beschreibungen an MAPLE6 bzw. MAPLE7 angepaßt. Textverbesserungen wurden vorgenommen und Druckfehler beseitigt. Der Grundidee folgend, mathematische Begriffe zu visualisieren, um sie greifbarer zu machen, und den interaktiven Gebrauch des Buches zu fördern, wurde die CD-ROM völlig neu und benutzerfreundlicher gestaltet.

Um zukünftig mit neuen MAPLE-Versionen Schritt halten zu können, werden Updates der elektronischen Arbeitsblätter (Worksheets) unter
http://www.fh-karlsruhe.de/~weth0002/buecher/band2/start.htm
unter der Angabe des Paßwortes (ISBN-Nummer dieses Buches) abrufbar sein.

Ich bedanke mich für die positive Resonanz und Aufnahme auch des zweiten Bandes und freue mich weiterhin über jeden Verbesserungsvorschlag.

Karlsruhe, im Juni 2001   *Thomas Westermann*

Vorwort

Dieses zweibändige Lehr- und Übungsbuch wendet sich an alle Studenten der Natur- und technischen Ingenieurwissenschaften an Fachhochschulen. Auch Studenten der technischen Studiengängen an Universitäten können es während ihrer mathematischen Grundausbildung mit Erfolg verwenden.

Aufbauend auf den ersten Band, der die Grundlagen der Mathematik für Ingenieure enthält, behandelt dieser zweite Band fortgeschrittene Themengebiete wie die mehrdimensionale Analysis, die gewöhnlichen und partiellen Differentialgleichungen sowie die Laplace- und Fourieranalyse. Diese Inhalte sowie deren rechnerische Umsetzung stellen heutzutage unverzichtbare Standardmethoden für Ingenieure dar.

Die Themengebiete sind wieder so aufbereitet, daß Studenten sie auch im Selbststudium leicht bearbeiten können. Im zweiten Band sind mehr als 270 Beispiele ausführlich durchgerechnet und zusätzlich 200 Aufgaben mit Lösungen angegeben. Wichtige Formeln und Lehrsätze werden deutlich hervorgehoben, um die Lesbarkeit des Buches zu erhöhen. Mehr als 360 Abbildungen und Skizzen tragen dem Lehrbuchcharakter Rechnung. Wieder wird das Computeralgebrasystem MAPLE benutzt, um wichtige Begriffe und Zusammenhänge zu visualisieren und komplizierte Beispiele zu vereinfachen. MAPLE wird aber nicht vorausgesetzt.

Ein besonderes Anliegen des Autors war auch in diesem Band, durch anwendungs-orientierte Beispiele den Bezug zu den Ingenieurwissenschaften herzustellen, um so den Zugang zu den mathematischen Themen zu erleichtern sowie die Relevanz der Inhalte zu demonstrieren. Viele der Anwendungsbeispiele gehen auf Vorschläge meines geschätzten Kollegen Prof. Dr. R. Keßler zurück, bei dem ich mich an dieser Stelle ausdrücklich bedanken möchte.

Um den ständig wachsenden Gebrauch von Rechnern und numerischen Problemlö-sungen zu berücksichtigen, wurden für alle Kapitel rechnerische Lösungsmethoden und Algorithmen in dieses Mathematikbuch aufgenommen. Auf Beweise wurde fast gänzlich verzichtet.

Obwohl die unterschiedlichen Stadien der Manuskripte oftmals Korrektur gelesen wurden, lassen sich Fehler bei der Abfassung eines umfangreichen Textes nicht vermeiden. Über Hinweise auf noch vorhandene Fehler ist der Autor dankbar. Aber auch Verbesserungsvorschläge, nützliche Hinweise und erfrischende Anregungen besonders von studentischen Kreisen sind sehr erwünscht und können dem Autor z.B. über *westermann@fh-karlsruhe.de* oder per Post zugesendet werden.

Das vorliegende Buch wurde vollständig in LATEX unter dem Textverarbeitungspro-gramm *Scientific WorkPlace* erstellt. Ohne die zuverlässige Mithilfe und Mitarbeit vieler bereitwilliger Helfer wäre dieser zweite Band in seiner vorliegenden Form nicht möglich gewesen. Die zahlreichen Übungsaufgaben entstanden unter Mit-hilfe von Dipl.-Math. C.P. Hugelmann. Besonders bedanken möchte ich mich bei Herrn F. Wohlfarth und Frau Raviol für die präzise und fehlerfreie Erstellung des LATEX-Quelltextes mit all den vielen Formeln, den Herren M. Baus und F. Loeffler für die exzellente Erstellung der meisten Skizzen und Bilder unter CorelDraw, so wie der Autor sie sich vorgestellt hat. Mein Dank gilt auch dem Springer-Verlag für die angenehme und reibungslose Zusammenarbeit, speziell Herrn Dr. Merkle.

Zuletzt möchte ich mich bei meiner Familie bedanken, die nochmals die Ver-nachlässigung durch die zeitintensive Arbeit an diesem Buch mitgetragen hat.

Karlsruhe, im Februar 1997 *Thomas Westermann*

Hinweise zum Gebrauch dieses Buches

Vorkenntnisse: Der Leser sollte mit den Themen aus Band 1 vertraut sein, insbesondere mit der Differential- und Integralrechnung für Funktionen mit einer Variablen.

Darstellung: Neu eingeführte Begriffe werden *kursiv* im Text markiert und zumeist in einer Definition **fett** spezifiziert. Lehrsätze, wichtige Formeln und Zusammenfassungen sind durch Umrahmungen besonders gekennzeichnet. Am Ende eines jeden Kapitels befinden sich Übungsaufgaben, deren Lösungen im Anhang angegeben sind. Bei der Erarbeitung der Themengebiete wurde versucht, jeweils eine anwendungsorientierte Problemstellung voranzustellen und anschließend auf die allgemeine mathematische Struktur überzugehen. Die Thematik wird dann innerhalb der Mathematik behandelt und anhand von mathematischen Beispielen erläutert. Neben der Behandlung der Problemstellungen mit MAPLE werden aussagekräftige Anwendungsbeispiele diskutiert. Algorithmische Aspekte und die rechnerische Umsetzung ergänzen in eigenständigen Abschnitten die Kapitel.

Beispiele: Die zahlreichen Beispiele sind für den Zugang zu den Themengebieten unverzichtbar. Beim Selbststudium und zur Prüfungsvorbereitung sollten möglichst die mathematischen Beispiele eigenständig bearbeitet werden. Wer dieses Werk als Nachschlagewerk benutzt kann sich an den eingerahmten Definitionen, Sätzen und Zusammenfassungen orientieren.

MAPLE: Dieses Buch ist ein Lehrbuch über Mathematik und kann **ohne** Rechner zum Erlernen von mathematischem Grundwissen oder zur Prüfungsvorbereitung herangezogen werden. Die MAPLE-Animationen stellen aber einen neuen didaktischen Ansatz dar, der zum besseren Verständnis der Inhalte beiträgt. Alle MAPLE-Befehle sind im Text **fett** hervorgehoben; die MAPLE-Syntax erkennt man an der Eingabeaufforderung ">" zu Beginn einer Zeile. Diese MAPLE-Zeilen sind im Textstil sans serif angegeben und können direkt in MAPLE eingegeben werden. Am Ende der Kapitel steht eine Zusammenfassung der benutzten Befehle.

CD-ROM: Alle MAPLE-Ausarbeitungen sind auf der CD-ROM als elektronische Arbeitsblätter (Worksheets) enthalten, so daß der interessierte Leser die im Text entwickelten Methoden umsetzen bzw. an abgeänderten Beispielen erproben kann. Es wird besonders auf die vielen Animationen und Prozeduren hingewiesen, welche die elementaren Begriffe visualisieren und die mathematischen Zusammenhänge aufzeigen. Durch eine benutzerfreundliche Menueführung soll die interaktive Benutzung der CD-ROM sowohl zum Lösen von mathematischen Problemen als auch zum experimentieren mit mathematischen Begriffen gefördert werden ($\rightarrow$ vgl. Anhang B).

Inhaltsverzeichnis

Kapitel XIV: Fouriertransformation   **352**

Kapitel XV: Partielle Differentialgleichungen   **450**

Inhalt von Band 1

Kapitel X
Funktionen von mehreren Variablen

§1. Differentialrechnung für Funktionen von mehreren Variablen

Das Kapitel über die Funktionen von mehreren Variablen besteht aus drei Paragraphen. In §1 wird die Differentialrechnung zur Charakterisierung und Beschreibung von Funktionen mit mehreren Variablen behandelt. Die Konstruktion der Ableitung wird dazu verallgemeinert und neue Begriffe wie die partielle Ableitung, die totale Differenzierbarkeit, der Gradient und die Richtungsableitung eingeführt. Der Taylorsche Satz liefert den Übergang zu den Anwendungen in §2, bei denen die Diskussion der Fehlerrechnung, lokale Extremwertbestimmungen und die Ausgleichsrechnung im Vordergrund stehen. In §3 wird der Begriff des bestimmten Integrals auf Doppel-, Dreifach- und Kurvenintegrale sowie auf Oberflächenintegrale erweitert. Bei jedem dieser Begriffe wird die Bestimmung des Integralwertes auf die Berechnung eines bestimmten Integrals zurückgespielt. Anwendungen zur Integration sind z.B. auch in Kap. XVI zu finden.

1.1 Einführung und Beispiele

In Band 1 wurden Funktionen von nur einer Variablen behandelt. Einen Teil der dort eingeführten Begriffe übertragen wir jetzt auf Funktionen mit zwei und mehr reellen Variablen.

Eine Funktion f der reellen Variablen x besteht aus dem Definitions- und Zielbereich sowie der eindeutigen Funktionszuordnung:

$$f : \mathbb{D} \to \mathbb{R} \quad \text{mit} \quad x \mapsto y = f(x).$$

Die Zuordnung erfolgt üblicherweise mit Hilfe einer Vorschrift $y = f(x)$; die Funktionen können dann in der Regel als Schaubild (= Graph der Funktion) dargestellt werden.

1. Beispiele für Funktionen einer Variablen:

(1) $f\colon \mathbb{R} \to \mathbb{R}$ mit $f(x) = a\,x + b$ (Geradengleichung).

(2) $f\colon \mathbb{R}_{>0} \to \mathbb{R}$ mit $f(x) = \ln x \cdot \cos\left(x^2 - 1\right)$.

(3) Potential in einem ebenen Plattenkondensator

$$\Phi \colon [0,\, d] \to \mathbb{R} \ \ \text{mit} \ \Phi(x) = \Delta\Phi\,\frac{x}{d},$$

wenn d der Plattenabstand und $\Delta\Phi = \Phi_2 - \Phi_1$ die Potentialdifferenz ist.

Viele in den Naturwissenschaften auftretenden Zusammenhänge sind aber komplizierter und lassen sich nicht durch eine Funktion mit **einer** Variablen beschreiben. Die meisten physikalischen Gesetze stellen Beziehungen zwischen **mehreren** Größen dar.

2. Beispiele für Funktionen mit zwei Variablen:

(1) Für ein ideales Gas gilt die **Zustandsgleichung**

$$p = R \cdot \frac{T}{V}.$$

Der Druck p hängt sowohl von der Temperatur T als auch von dem Gasvolumen V ab. R ist die universelle Gaskonstante. Jedem Wertepaar $(T,\, V)$ wird durch diese Formel ein Druckwert $p(T,\, V)$ zugeordnet:

$$(T,\, V) \mapsto p(T,\, V) = R \cdot \frac{T}{V}.$$

Neben der Angabe der Zuordnungsvorschrift gehört noch die des Definitionsbereichs. Physikalisch sinnvoll ist $T > 0$, $V > 0$.

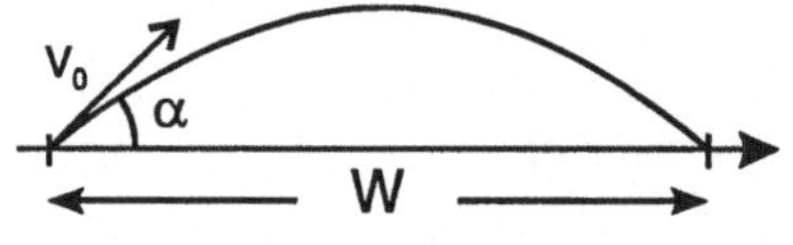

(2) Die **Wurfweite** W beim schiefen Wurf bestimmt sich über die Beziehung

$$W = \frac{v_0^2}{g}\,\sin(2\,\alpha),$$

wenn v_0 die Anfangsgeschwindigkeit, α der Wurfwinkel und g die konstante Erdbeschleunigung ist. Die Wurfweite hängt also von v_0 und α ab; jedem Zahlenpaar $(v_0,\, \alpha)$ wird eindeutig eine Weite $W(v_0,\, \alpha)$ zugeordnet

$$(v_0,\, \alpha) \mapsto W(v_0,\, \alpha) = \frac{1}{g}\,v_0^2\,\sin(2\,\alpha)$$

mit $v > 0$ und $0 < \alpha \le 90°$.

(3) Der **Abstand** d eines Punktes $P(x, y)$ vom Ursprung beträgt in der Ebene nach dem Satz von Pythagoras

$$d = \sqrt{x^2 + y^2}.$$

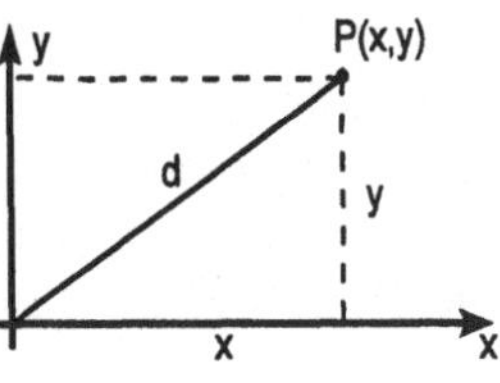

Jedem Zahlenpaar (x, y) wird genau ein Abstand $d(x, y)$ zugeordnet

$$(x, y) \mapsto d(x, y) = \sqrt{x^2 + y^2}.$$

3. Beispiele für Funktionen mit mehr als zwei Variablen:

(1) Der **Abstand** d zweier Punkte $P_1(x_1, y_1, z_1)$ und $P_2(x_2, y_2, z_2)$ beträgt im dreidimensionalen Raum

$$d = \left| \overrightarrow{P_1 P_2} \right| = \sqrt{(x_1 - x_2)^2 + (y_1 - y_2)^2 + (z_1 - z_2)^2}.$$

Der Abstand d ist eine Funktion der 6 Variablen $x_1, x_2, y_1, y_2, z_1, z_2$:

$$(x_1, x_2, y_1, y_2, z_1, z_2) \mapsto d(x_1, \ldots, z_2) = \sqrt{(x_1 - x_2)^2 + \ldots + (z_1 - z_2)^2}.$$

(2) Für eine **Reihenschaltung** von n Ohmschen Widerständen $R_1, \ldots, R_n$ berechnet sich der Gesamtwiderstand über

$$R = R_1 + R_2 + \ldots + R_n.$$

Der Gesamtwiderstand ist eine Funktion der n Einzelwiderstände

$$(R_1, R_2, \ldots, R_n) \mapsto R(R_1, \ldots, R_n) = R_1 + R_2 + \ldots + R_n.$$

Definition: *Eine reelle Funktion f von n reellen Variablen $x_1, \ldots, x_n$ ist eine Abbildung, die jedem $(x_1, \ldots, x_n) \in \mathbb{D}$ genau einen Wert in $\mathbb{R}$ zuordnet:*

$$f : \mathbb{D} \to \mathbb{R} \quad mit \; (x_1, \ldots, x_n) \mapsto y = f(x_1, \ldots, x_n).$$

Der Definitionsbereich $\mathbb{D}$ ist dabei eine Menge von n-Tupeln $(x_1, \ldots, x_n) \in \mathbb{R}^n$ reeller Zahlen, die in den Funktionsausdruck eingesetzt werden dürfen.

Die ausführliche Bezeichnung sowie die Angabe des Definitionsbereichs ist in der Praxis recht schwerfällig, so daß man in den Anwendungen stattdessen etwas nachlässig einfach von der Funktion $f(x_1, \ldots, x_n)$ spricht und auf die Angabe des genauen Definitionsbereichs verzichtet.

Wir werden in diesem Abschnitt hauptsächlich Funktionen mit zwei Variablen behandeln. Viele Eigenschaften von Funktionen mehrerer Variablen können hier bereits verdeutlicht werden. Funktionen von zwei Variablen haben den Vorteil, daß sie sich graphisch darstellen lassen; Funktionen mit mehr als zwei Variablen nicht mehr! Im folgenden sei daher

$$z = f(x, y), \qquad (x, y) \in \mathbb{D}$$

eine reellwertige Funktion der zwei Variablen x und y, die auf einem Gebiet $\mathbb{D} \subset \mathbb{R}^2$ definiert ist.

4. Beispiele für $\mathbb{D}$: Fall (1) (*nicht zusammenhängendes Gebiet*) ist für die Praxis weniger wichtig; Fall (3) heißt *zusammenhängend*; Fälle (2) und (4) heißen *einfach zusammenhängend:*

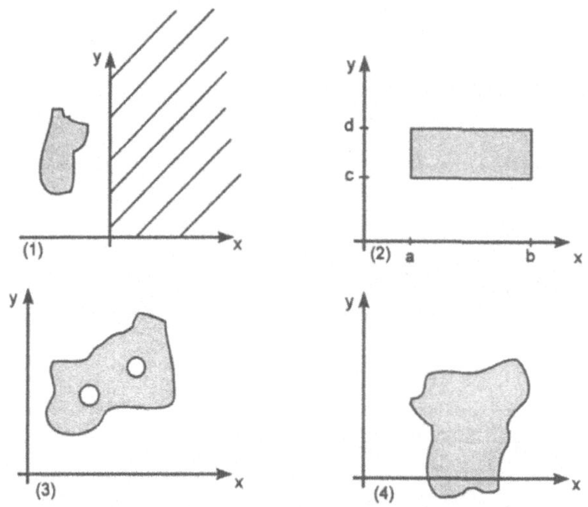

Beispiele für zweidimensionale Gebiete

Darstellung von Funktionen mit zwei Variablen
Zur Veranschaulichung von Funktionen mit zwei Variablen haben sich im wesentlichen drei Darstellungsarten bewährt:

(1) Der Graph. Unter dem *Graphen* von f versteht man die Menge der Punkte $(x, y, f(x, y))$ für die (x, y) aus dem Definitionsbereich von f sind. I.a. ist ein Graph eine gekrümmte Fläche im dreidimensionalen Raum

$$\Gamma_f := \left\{ (x, y, z) \in \mathbb{R}^3 : \ z = f(x, y) \text{ und } (x, y) \in \mathbb{D} \right\}.$$

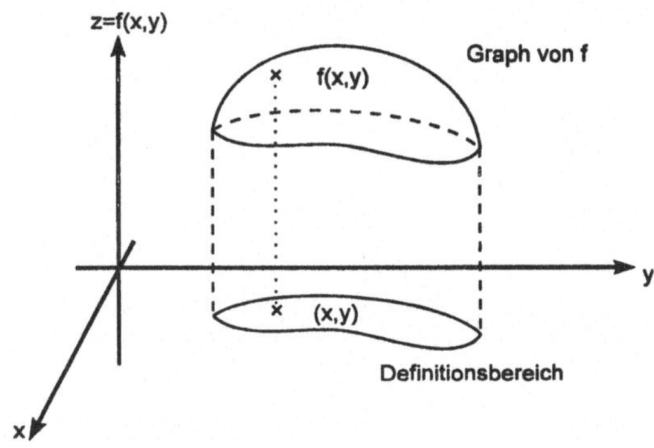

Abb. 1: Der Graph einer zweidimensionalen Funktion

In MAPLE lassen sich die Graphen von Funktionen mit zwei Variablen eindrucksvoll mit dem **plot3d**-Befehl darstellen. Dabei ist allerdings zu beachten, daß die Definitionsmenge bzw. der Bereich, in dem die Funktion dargestellt wird, immer ein Rechteck ist (Fall (2) in Beispiel 4).

5. Beispiel: Mexikanischer Hut. Gegeben ist die Funktion

$$f\left(r\right) = \frac{\sin\left(r\right)}{r}.$$

Ersetzt man $r = \sqrt{x^2 + y^2}$, erhält man eine Funktion von zwei Variablen x und y. Die Definition von Funktionen mehrerer Variablen erfolgt im MAPLE mit der -> Operation

```
> f := (x, y) -> sin(sqrt(x^2+y^2))/sqrt(x^2+y^2):
> plot3d(f(x, y), x=-10..10, y=-10..10);
```

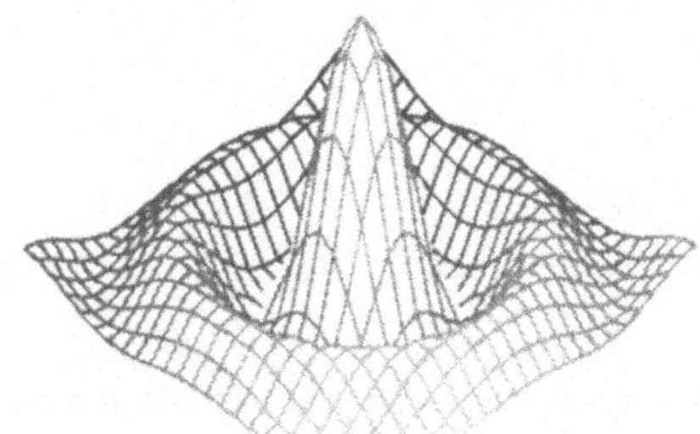

Die mannigfaltigen Optionen des **plot**-Befehls entnimmt man der Hilfe durch

```
> ?plot3d[options]
```

Liegt z.B. in dem zu zeichnenden Bereich eine *Singularität* der Funktion vor, muß der Wertebereich durch die **view**-Option eingeschränkt werden

```
> phi := (x, y) -> 1/(x^2+y^2):
```

```
> plot3d(phi(x, y), x=-2..2, y=-2..2, view=0..10, axes=boxed);
```

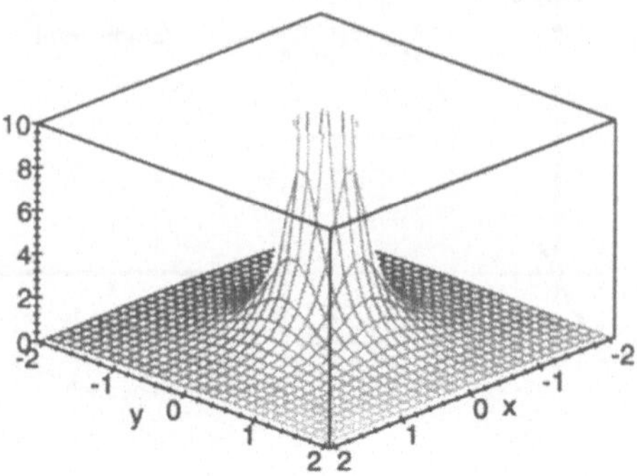

(2) Höhenlinien. Eine Funktion f kann auch durch ihre Höhenlinien (Niveaulinien) graphisch erfaßt werden. Die *Höhenlinie* von f zur Höhe c ist die Menge der Punkte $(x,\, y) \in \mathbb{D}$, welche die implizite Gleichung

$$f(x,\, y) = c$$

erfüllen. Höhenlinien sind Schnitte des Graphen $(x,\, y,\, f(x,\, y))$ mit Ebenen parallel zur $(x,\, y)$-Ebene mit Achsenabschnitt c.

6. Beispiel: $f(x,\, y) = x^2 + y^2$.

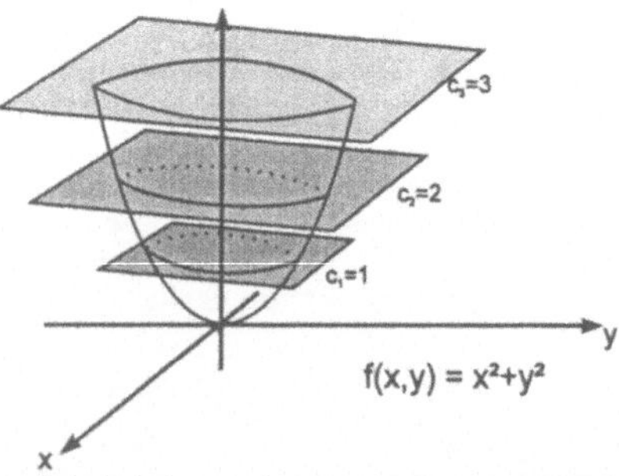

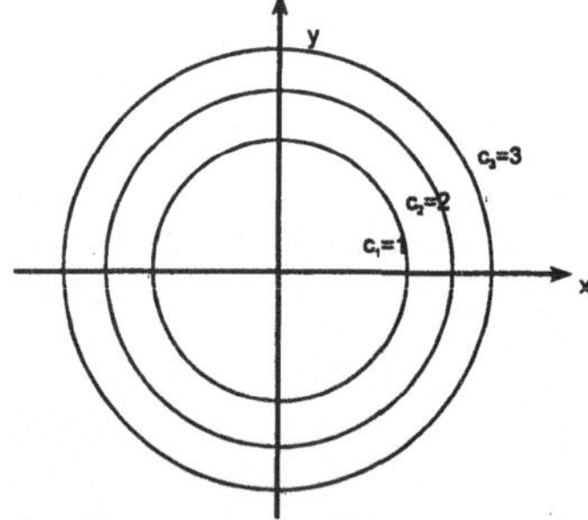

Höhenlinien = Schnitte des Graphen
mit Ebenen parallel zur (x, y)-Ebene

Höhenlinien projiziert in die
(x, y)-Ebene

Zur graphischen Charakterisierung der Funktion wählt man mehrere Höhen und zeichnet die markierten Niveaulinien in der $(x,\, y)$-Ebene. Beispiele sind Kurven gleichen Luftdrucks auf der Wetterkarte (*Isobare*), die Höhenlinien auf der Landkarte oder die Linien gleichen Potentials (*Äquipotentiallinien*) bei der Beschreibung elektrostatischer Felder. Die Realisierung von Niveaulinien mit MAPLE erfolgt ebenfalls mit den **plot3d**-Befehl und der Option **contours**=<*Anzahl der Höhenlinien*> und **style**=*contour*.

7. Beispiel: Das **elektrostatische Potential** einer im Ursprung befindlichen elektrischen Ladung q ist im Abstand r bestimmt durch

$$\boxed{\Phi\left(r\right) = \frac{1}{4\pi\,\varepsilon_0}\,\frac{q}{r}.} \qquad\qquad (*)$$

mit der Dielektrizitätskonstante $\varepsilon_0 = 8.8\cdot10^{-12}\,\frac{F}{m}$.

(1) Gesucht ist eine dreidimensionale Darstellung des Potentialverlaufs in der $(x,\,y)$-Ebene sowie 20 Äquipotentiallinien für eine Punktladung $q = e = 1.6\cdot10^{-19}\,C$. Dazu setzt man $r = \sqrt{x^2 + y^2}$ in Formel $(*)$ ein:

$$\boxed{\Phi\left(x,\,y\right) = \frac{1}{4\pi\,\varepsilon_0}\,\frac{q}{\sqrt{x^2 + y^2}}.}$$

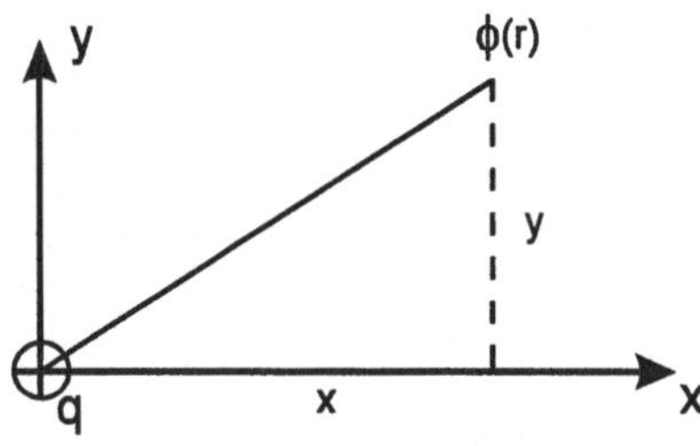

Abb. 2: Ladung im Ursprung

Dann ist $\Phi\left(x,\,y\right)$ eine Funktion der zwei Variablen x und y. Die graphische Darstellung erfolgt durch den **plot3d**-Befehl. Für $(x,\,y) \to (0,\,0)$ wächst das Potential über alle Grenzen hinweg; es wird *singulär*. Damit der funktionale Verlauf dennoch aus dem Graphen erkenntlich wird, schränkt man den darzustellenden Wertebereich mit der **view**-Option ein

```
> Phi := 1/(4*Pi*epsilon) * q/sqrt(x^2+y^2);
> epsilon:=8.8e-12: q:=1.6e-19:
```

$$\Phi := \frac{1}{4}\,\frac{q}{\pi\,\varepsilon\,\sqrt{x^2 + y^2}}$$

```
> plot3d(Phi, x=-0.001..0.001, y=-0.001..0.001, view=0..0.00001,
>                         axes=boxed, title='el. Monopol');
```

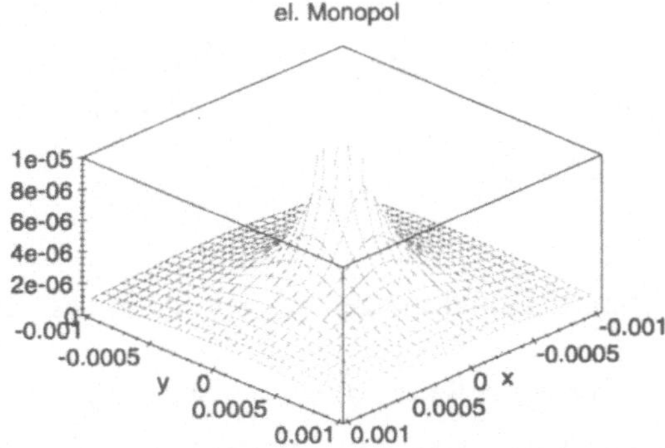

Um zusätzlich die Höhenlinien darzustellen, wählt man entweder den entsprechenden Button der Menü-Leiste der Graphik oder die **style**-Option des **plot3d**-Befehls.

Mit **contours**=20 werden 20 Höhenlinien berechnet.
```
> plot3d(Phi, x=-0.001..0.001, y=-0.001..0.001, view=0..0.00001, axes=
>        boxed, contours=20, style=PATCHCONTOUR, title='el. Monopol');
```

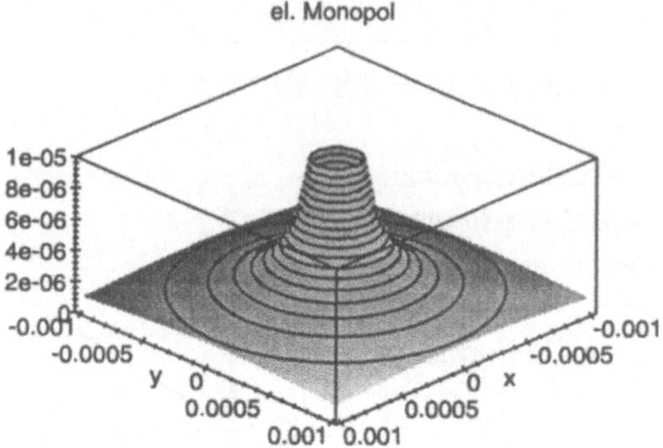

Zur Darstellung der Höhenlinien kann alternativ der **contourplot**-Befehl aus dem **plots**-Paket verwendet werden. Mit der Option **grid**=[40, 40] erhöht man die Anzahl der Gitterpunkte zur Berechnung und Darstellung des Potentials.
```
> with(plots):
> contourplot(Phi,x=-0.001..0.001,y=-0.001..0.001,grid=[40,40],contours=20);
```

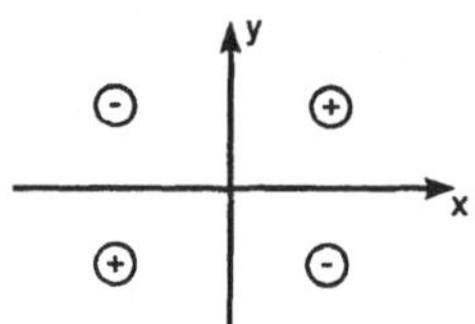

Abb. 3: El. Quadrupol

(2) Gesucht ist der Potentialverlauf sowie die Höhenliniendarstellung eines elektrischen **Quadrupols**, wenn die Ladungen in den Ecken eines Quadrats mit Kantenlänge $L = 0.4\ mm$ angeordnet sind.

Eine Ladung q, die bei $\vec{r}_0 = (x_0,\ y_0)$ lokalisiert ist, induziert am Ort $\vec{r} = (x,\ y)$ ein Potential gemäß

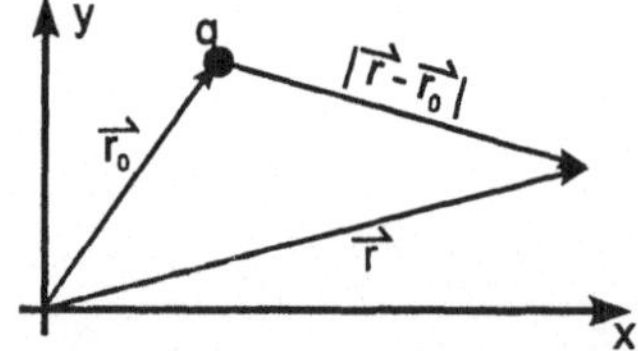

$$\Phi(x,\ y) = \frac{1}{4\pi\,\varepsilon_0}\ \frac{q}{\sqrt{(x - x_0)^2 + (y - y_0)^2}}.$$

Für das Potential mehrerer Punktladungen $q_1, \ldots, q_n$ gilt das Superpositionsprinzip

$$\Phi(x,\ y) = \Phi_1(x,\ y) + \ldots + \Phi_n(x,\ y).$$

Folglich ist das Potential des elektrischen Quadrupols am Ort $(x,\ y)$, wenn die Ladungen sich bei $(\frac{L}{2}, \frac{L}{2})$, $(\frac{L}{2}, -\frac{L}{2})$, $(-\frac{L}{2}, \frac{L}{2})$, $(-\frac{L}{2}, -\frac{L}{2})$ befinden

$$\Phi\left(x,y\right) \;=\; \frac{1}{4\pi\,\varepsilon_0}\left\{\frac{q}{\sqrt{\left(x-\frac{L}{2}\right)^2+\left(y-\frac{L}{2}\right)^2}}+\frac{-q}{\sqrt{\left(x-\frac{L}{2}\right)^2+\left(y+\frac{L}{2}\right)^2}}\right.$$

$$\left.+\frac{-q}{\sqrt{\left(x+\frac{L}{2}\right)^2+\left(y-\frac{L}{2}\right)^2}}+\frac{q}{\sqrt{\left(x+\frac{L}{2}\right)^2+\left(y+\frac{L}{2}\right)^2}}\right\}.$$

```
> Phi := 1/(4*Pi*epsilon)*
>          (q/sqrt((x-L/2)^2+(y-L/2)^2) - q/sqrt((x-L/2)^2+(y+L/2)^2)
>           - q/sqrt((x+L/2)^2+(y-L/2)^2) + q/sqrt((x+L/2)^2+(y+L/2)^2));
> epsilon:=8.8e-12: q=1.6e-19: L:=0.0004:
> plot3d(Phi, x=-0.001..0.001, y=-0.001..0.001, grid=[40, 40],
>                        view=-0.00001..0.00001, contours=10);
> plot3d(Phi, x=-0.001..0.001, y=-0.001-0.001, grid=[40, 40], style=contour,
>          view=-0.00001..0.00001, contours=20, orientation=[90,0],
>          scaling=constrained);
```

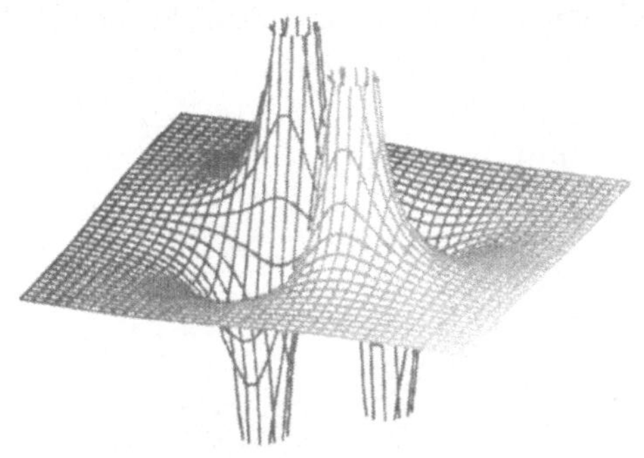

Statt dem Darstellen von Höhenlinien bietet MAPLE den **densityplot**-Befehl, der die Funktion in Grautönen zweidimensional darstellt
> with(plots):
> densityplot(Phi, x=-0.001..0.001, y=-0.001..0.001, grid=[60, 60]);

(3) Schnittkurvendiagramme. Höhenlinien sind die Schnitte des Graphen von $z = f(x, y)$ mit Ebenen parallel zur (x, y)-Ebene. Wählt man stattdessen eine Ebene parallel zur (x, z)- oder (y, z)-Ebene, kommt man zu den sog. *Schnittkurvendiagrammen*

$$z = f(x = c, y) \quad \text{Schnittebene parallel zu } (y, z),$$
$$z = f(x, y = c) \quad \text{Schnittebene parallel zu } (x, z).$$

Anwendung findet diese Darstellung in den Kennlinienbildern.

8. Beispiel: Gegeben ist die **Zustandsgleichung für ideale Gase**

$$p = R \cdot \frac{T}{V}.$$

Indem man für die Temperatur T konstante Werte einsetzt, $T_1 < T_2 < T_3 < T_4 < T_5$, erhält man den Druck als Funktion des Gasvolumens V. Man bezeichnet die Kurven gleicher Temperatur auch als *Isotherme*.

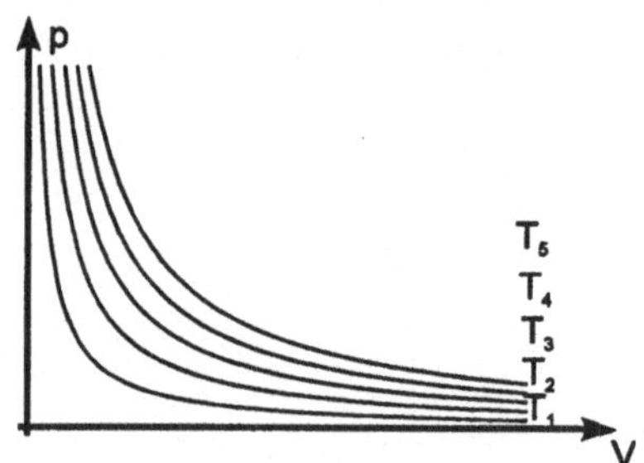

Hinweis: Auf der CD-ROM befindet sich die Prozedur *Funktion2d*. Diese Prozedur stellt eine Funktion von zwei Variablen graphisch als Animation unter unterschiedlichen Blickwinkeln dar. Zunächst erfolgt die Darstellung als dreidimensionales, farbiges Schaubild, anschließend werden die Höhenlinien eingeblendet und nur noch Grauschattierungen der Funktion dargestellt.

1.2 Stetigkeit

Die *Stetigkeit* einer Funktion $f(x)$ bedeutet unpräzise gesprochen, daß der Graph von f keine Sprünge aufweist. In diesem Sinne bezeichnet man auch eine Funktion mit zwei Variablen als stetig. Die Präzisierung des Stetigkeitsbegriffs im Punkte x_0 ist, daß der linksseitige und rechtsseitige Funktionsgrenzwert mit dem Funktionswert $f(x_0)$ übereinstimmt. D.h. unabhängig ob man sich von links oder von rechts an x_0 nähert, es kommt immer der gleiche Funktionswert $f(x_0)$ heraus: Für jede Folge $x_n \to x_0$ konvergiert $f(x_n) \to f(x_0)$. Übertragen auf Funktionen mit zwei Variablen liefert dies die folgende Definition.

Definition: (Stetigkeit)
*Die Funktion f heißt im Punkte $(x_0, y_0) \in \mathbb{D}$ **stetig**, wenn für **jede** Folge von Punkten $(x_n, y_n) \in \mathbb{D}$ mit $x_n \to x_0$ und $y_n \to y_0$ gilt*

$$f(x_n, y_n) \xrightarrow{n \to \infty} f(x_0, y_0).$$

Bemerkungen:
(1) Statt $f(x_n, y_n) \xrightarrow{n \to \infty} f(x_0, y_0)$ schreibt man auch $\lim\limits_{n \to \infty} f(x_n, y_n) = f(x_0, y_0)$.
(2) Im folgenden schreiben wir für $x_n \to x$ und $y_n \to y$ kurz $(x_n, y_n) \to (x, y)$.
(3) Für die Stetigkeit der Funktion f im Punkte $(x_0, y_0) \in \mathbb{D}$ genügt es nicht, daß für **eine** spezielle Folge von Punkten $(x_n, y_n) \to (x_0, y_0)$ die Funktionsfolge $f(x_n, y_n)$ konvergiert, sondern die Betonung liegt auf **jeder** Folge.
(4) Ist f stetig für alle Punkte des Definitionsbereichs, so heißt f *stetig in* $\mathbb{D}$.
(5) **Geometrische Interpretation:** f ist im Punkte (x_0, y_0) stetig, wenn für jede Folge aus dem Definitionsbereich, die gegen (x_0, y_0) konvergiert, die Funktionsfolgen immer gegen den Wert $f(x_0, y_0)$ streben (siehe Abb. 4).

9. Beispiele:
(1) Stetig sind z.B. alle Polynome in mehreren Variablen

$$f(x, y) \;=\; 2 - xy + 3x^2 y + 5x^9 - x^2 y^3$$

$$g(x, y, z) \;=\; x^3 - 6xz - 3yz + 4x^2 y^3 z^4.$$

(2) Folgende Funktionen sind für alle $(x, y) \in \mathbb{R}^2$ stetig

$$e^{2x-3y}, \quad \ln\left(1 + x^4 + x^2 y^2\right), \quad \sin\left(x^2 + y^4\right), \quad \sqrt{x^2 + y^2}.$$

(3) Auch rationale Funktionen, die als Quotient von Polynomen definiert sind, stellen stetige Funktionen in allen Punkten dar, in denen das Nennerpolynom nicht

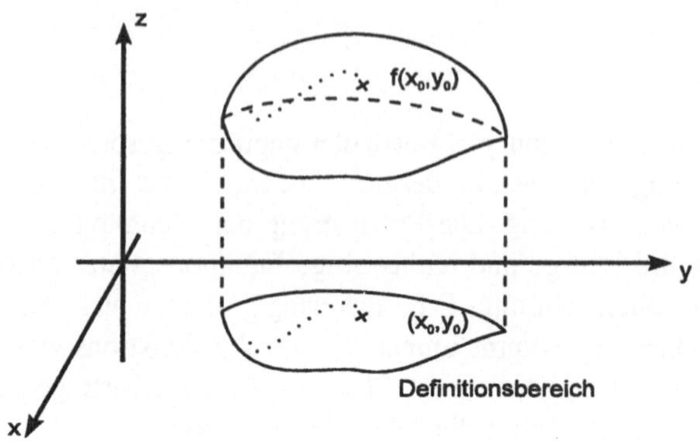

Abb. 4: Zur Stetigkeit einer Funktion

verschwindet:

$$F\,(x,\,y) = \frac{x^3 - 2\,y^3 + x\,y}{x^2 - y^2}, \quad G\,(x,\,y,\,z) = \frac{2\,x\,y^2 + 4\,y^2\,z}{x^2 + y^2 + z^2}.$$

Die Funktion F ist für alle Punkte aus $\mathbb{R}^2$ stetig, die nicht auf der Geraden $y = x$ oder $y = -x$ liegen. G ist für alle $(x,\,y,\,z) \in \mathbb{R}^3$ mit Ausnahme des Nullpunktes stetig.

(4) Die Funktion

$$f\,(x,\,y) = \frac{2\,x\,y}{x^2 + y^2}; \qquad (x,\,y) \neq (0,\,0)$$

ist außerhalb $(0,\,0)$ stetig. f ist aber **nicht** in $(0,\,0)$ *stetig fortsetzbar*, denn wählen wir als Folge im Definitionsbereich $(x_n,\,y_n) = \left(\frac{1}{n},\,\frac{a}{n}\right) \to (0,\,0)$ gilt für die Funktionsfolge

$$f\,(x_n,\,y_n) = \frac{2\,\frac{1}{n}\,\frac{a}{n}}{\frac{1}{n^2} + \frac{a^2}{n^2}} = \frac{2\,a}{1 + a^2}.$$

Der Funktionsgrenzwert im Punkte $(0,\,0)$ ist **abhängig** von der gewählten Folge $(x_n,\,y_n) \to (0,\,0)$ und somit ist f dort nicht stetig fortsetzbar.

Bemerkung: Die Stetigkeit einer Funktion f von zwei Variablen in einem festen Punkt $(x_0,\,y_0)$ bedeutet anschaulich gesprochen, daß der Funktionswert $f\,(x,\,y)$ beliebig nahe beim Funktionswert $f\,(x_0,\,y_0)$ liegt, wenn nur der Punkt $(x,\,y)$ genügend nahe beim Punkt $(x_0,\,y_0)$ liegt. Diese anschauliche Vorstellung läßt sich durch die folgende Definition präzisieren:

δ-ε-**Stetigkeit einer Funktion:** *Die Funktion f ist im Punkte $(x_0,\,y_0) \in \mathbb{D}$ stetig, wenn es zu jeder (beliebig kleinen) Zahl $\varepsilon > 0$ eine Zahl $\delta > 0$ gibt mit der Eigenschaft:* $\boxed{|f\,(x,\,y) - f\,(x_0,\,y_0)| < \varepsilon}$ *für alle Punkte $(x,\,y) \in \mathbb{D}$ für die* $|x - x_0| < \delta$ *und* $|y - y_0| < \delta$.

1.3 Partielle Ableitung

Bei Funktionen einer Variablen spielt der Ableitungsbegriff eine zentrale Rolle:
Die Ableitung der Funktion f im Punkte x_0 ist definiert als der Grenzwert

$$f'(x_0) = \lim_{\triangle x \to 0} \frac{f(x_0 + \triangle x) - f(x_0)}{\triangle x}.$$

Aus geometrischer Sicht ist die Ableitung der Funktion f in x_0 gleich der Steigung
der Kurventangente.

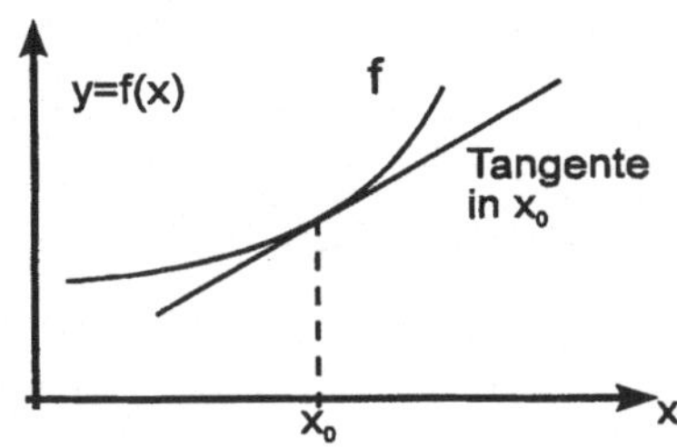

Abb. 5: Ableitung = Steigung der Tangente in x_0

Dieser Begriff wird auf Funktionen von zwei Variablen $f(x, y)$ erweitert. Wenn
wir eine Variable festhalten (z.B. $y = y_0$), dann ist $z = f(x, y = y_0)$ eine Funktion in der Variablen x. Ist diese Funktion im Punkte x_0 differenzierbar, so nennen
wir ihre Ableitung die *partielle Ableitung nach* x. Analog wird die partielle Ableitung von f nach y definiert.

Definition: (Partielle Ableitung)
Eine Funktion f heißt im Punkt $(x_0, y_0) \in \mathbb{D}$ **partiell nach** x **differenzierbar,**
wenn der Grenzwert

$$\frac{\partial f}{\partial x}(x_0, y_0) := \lim_{\triangle x \to 0} \frac{f(x_0 + \triangle x, y_0) - f(x_0, y_0)}{\triangle x}$$

existiert. Man bezeichnet ihn als die **partielle Ableitung von** f **nach** x *im Punkte*
(x_0, y_0). *Entsprechend heißt*

$$\frac{\partial f}{\partial y}(x_0, y_0) := \lim_{\triangle y \to 0} \frac{f(x_0, y_0 + \triangle y) - f(x_0, y_0)}{\triangle y}$$

die **partielle Ableitung von** f **nach** y *im Punkte* (x_0, y_0), *wenn dieser Grenzwert
existiert.*

Etwas lax formuliert läßt sich die Definition so zusammenfassen: **Die partiellen
Ableitungen sind nichts anderes als die gewöhnlichen Ableitungen, bei denen
alle Variablen bis auf eine festgehalten werden.** Die wichtige Konsequenz hier-

von ist, daß sich alle Regeln für das Differenzieren von Funktionen einer Variablen auf die partielle Differentiation übertragen.

Bemerkungen:

(1) Man beachte, daß die partiellen Ableitungen im Gegensatz zu den gewöhnlichen Ableitungen nicht durch Striche (oder Punkte) gekennzeichnet werden, sondern durch Indizierung mit der Differentiationsvariablen. Allgemein übliche Bezeichnungen sind

$$f_x\,(x,\,y)\,,\quad \frac{\partial f}{\partial x}\,(x,\,y)\,,\quad \frac{\partial}{\partial x}\,f\,(x,\,y)\,,\quad \partial_x\,f\,(x,\,y)\,,$$

bzw. kurz

$$f_x,\quad \frac{\partial f}{\partial x},\quad \frac{\partial}{\partial x}\,f,\quad \partial_x\,f.$$

Um anzudeuten, daß keine gewöhnlichen Ableitungen vorliegen, wird auch $\frac{d}{dx}$ durch $\frac{\partial}{\partial x}$ ersetzt. Analoge Bezeichnungen gelten für die partiellen Ableitungen nach y.

(2) In Anlehnung an die gewöhnliche Ableitung f' bezeichnet man f_x und f_y als partielle Ableitungen *1. Ordnung*.

(3) Alternative Schreibweisen für die partiellen Differentialquotienten sind

$$\begin{aligned}
\frac{\partial f}{\partial x}\,(x_0,\,y_0) &= \lim_{x \to x_0} \frac{f\,(x,\,y_0) - f\,(x_0,\,y_0)}{x - x_0}\\[2mm]
&= \lim_{h \to 0} \frac{f\,(x_0 + h,\,y_0) - f\,(x_0,\,y_0)}{h}
\end{aligned}$$

und

$$\begin{aligned}
\frac{\partial f}{\partial y}\,(x_0,\,y_0) &= \lim_{y \to y_0} \frac{f\,(x_0,\,y) - f\,(x_0,\,y_0)}{y - y_0}\\[2mm]
&= \lim_{h \to 0} \frac{f\,(x_0,\,y_0 + h) - f\,(x_0,\,y_0)}{h}.
\end{aligned}$$

Zum Einüben des partiellen Ableitens betrachten wir einfache Beispiele. Man beachte, daß hierbei insbesondere die Kettenregel zur Anwendung kommt.

10. Beispiele:

(1) $f\,(x,\,y) = x^2 \cdot y^3 + x + y^2$:

$$\frac{\partial f}{\partial x}\,(x,\,y) = 2\,x \cdot y^3 + 1\,;\qquad \frac{\partial f}{\partial y}\,(x,\,y) = x^2 \cdot 3\,y^2 + 2\,y.$$

(2) $f\,(x,\,y) = \sin\,(x^2 - y)$:

$$\frac{\partial f}{\partial x}\,(x,\,y) = \cos(x^2 - y) \cdot 2\,x\,;\qquad \frac{\partial f}{\partial y}\,(x,\,y) = \cos(x^2 - y)\,(-1).$$

(3) $f(x, y) = \ln\left(2\,x + 4\,\tfrac{1}{y}\right)$:

$$\frac{\partial f}{\partial x}(x, y) = \frac{1}{2\,x + 4\,\frac{1}{y}} \cdot 2\,; \qquad \frac{\partial f}{\partial y}(x, y) = \frac{1}{2\,x + 4\,\frac{1}{y}} \cdot 4\,(-1)\,y^{-2}.$$

(4) $U = R \cdot I$: $\qquad\qquad \dfrac{\partial U}{\partial R} = I\,; \qquad \dfrac{\partial U}{\partial I} = R.$

(5) $W = \tfrac{1}{g}\,v_0^2\,\sin(2\alpha)$:

$$\frac{\partial W}{\partial v_0} = \frac{1}{g}\,2\,v_0\,\sin(2\alpha)\,; \qquad \frac{\partial W}{\partial \alpha} = \frac{1}{g}\,v_0^2\,\cos(2\alpha) \cdot 2.$$

(6) $p = R \cdot \dfrac{T}{V}$: $\qquad \dfrac{\partial p}{\partial V} = -R\,\dfrac{T}{V^2}\,; \qquad \dfrac{\partial p}{\partial T} = \dfrac{R}{V}.$

Bemerkung: Beispiel 10(6) zeigt die physikalisch-chemische Bedeutung der partiellen Ableitung: Der Druck p eines idealen Gases ist proportional zum Quotienten $\frac{T}{V}$. p ist somit eine Funktion der beiden Variablen T und V. $\frac{\partial p}{\partial V}$ bedeutet dann die Änderung des Druckes als Funktion des Volumens, wenn die Temperatur konstant gehalten wird. In der Chemie wird dies oftmals durch $\left(\frac{\partial p}{\partial V}\right)_{T=const}$ symbolisiert. $\frac{\partial p}{\partial T}$ bedeutet entsprechend die Änderung des Druckes bei Änderung der Temperatur aber konstantem Volumen.

Geometrische Interpretation: Die anschauliche Bedeutung der partiellen Ableitungen erläutern wir mit Hilfe von Abb. 6 und Abb. 7. Die partielle Ableitung $\frac{\partial}{\partial x} f(x_0, y_0)$ von f nach x im Punkte (x_0, y_0) gibt die Steigung der Tangente im Punkte (x_0, y_0) parallel zur x-Achse an.

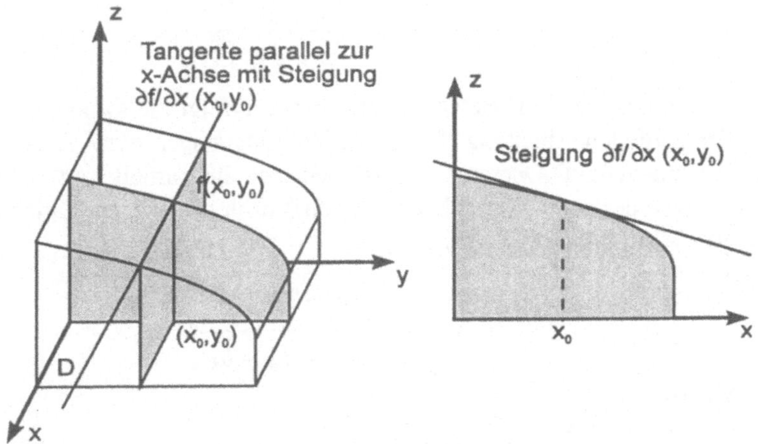

Abb. 6: Partielle Ableitung in x-Richtung

Die partielle Ableitung $\frac{\partial}{\partial y} f(x_0, y_0)$ von f nach y im Punkte (x_0, y_0) gibt die Steigung der Tangente im Punkte (x_0, y_0) parallel zur y-Achse an.

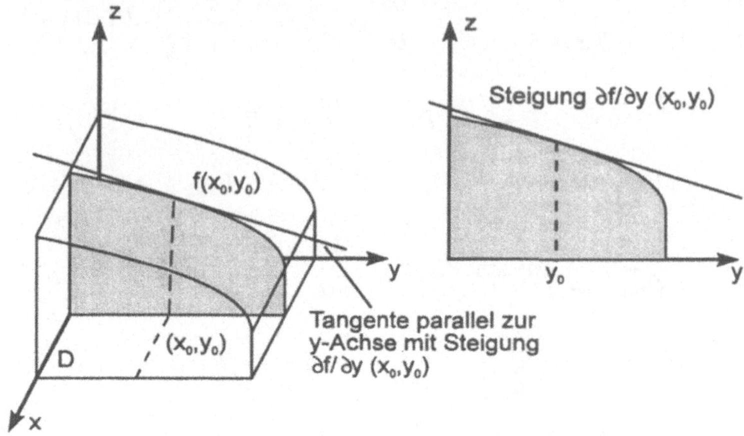

Abb. 7: Partielle Ableitung in y-Richtung

Partielle Ableitung mit MAPLE. Die partiellen Ableitungen *eines Ausdrucks* werden mit MAPLE - wie die gewöhnlichen Ableitungen - mit dem **diff**-Befehl gebildet.

```
> z:=1/sqrt(x^2+y^2):
> Diff(z, x) = diff(z, x);
> Diff(z, y) = diff(z, y);
```

$$\frac{\partial}{\partial x} \frac{1}{\sqrt{x^2 + y^2}} = -\frac{x}{\left(x^2 + y^2\right)^{\frac{3}{2}}}$$

$$\frac{\partial}{\partial y} \frac{1}{\sqrt{x^2 + y^2}} = -\frac{y}{\left(x^2 + y^2\right)^{\frac{3}{2}}}$$

Bei Großschreibung des **Diff**-Befehls (inerte Form) erfolgt die symbolische Darstellung der partiellen Ableitung. Die partiellen Ableitungen *einer Funktion* bestimmt man mit dem **D**-Operator. **D[1](f)** bedeutet die partielle Ableitung der Funktion f nach der ersten Variablen und **D[2](f)** nach der zweiten Variablen.

```
> f:=(x, y) -> ln(sqrt((x-a)^2+(y-b)^2)):
> D[1](f);
```

$$(x, y) \rightarrow \frac{1}{2} \frac{2x - 2a}{\sqrt{(x - a)^2 + (y - b)^2}^2}$$

```
> D[2](f)(x, y);
```

$$\frac{1}{2} \frac{2y - 2b}{x^2 - 2xa + a^2 + y^2 - 2yb + b^2}$$

Partielles Differenzieren von Funktionen mit mehreren Variablen

Ist f eine Funktion der Variablen $(x_1, \ldots, x_n)$, so ist die partielle Ableitung von f nach der Variablen x_i in einem Punkt $\left(x_1^0, \ldots, x_n^0\right)$ definiert als der Grenzwert

$$\frac{\partial f}{\partial x_i}\left(x_1^0, \ldots, x_n^0\right) = \lim_{h \to 0} \frac{f\left(x_1^0, \ldots, x_i^0 + h, \ldots, x_n^0\right) - f\left(x_1^0, \ldots, x_i^0, \ldots, x_n^0\right)}{h},$$

falls dieser existiert. Man nennt ihn die **partielle Ableitung von f nach x_i** im Punkte $\left(x_1^0, \ldots, x_n^0\right)$ und bezeichnet ihn mit

$$\frac{\partial f}{\partial x_i}, \quad \frac{\partial}{\partial x_i} f, \quad f_{x_i}, \quad \partial_{x_i} f.$$

11. Beispiel: Gesucht sind alle partiellen Ableitungen 1. Ordnung der Funktion

$$f(x, y, z) = z \cdot e^{x^2 + y^2} + \sqrt{1 + x^2 + z^4}.$$

Nach der Kettenregel berechnet man

$$\begin{aligned}
f_x(x, y, z) &= 2\,x\,z\,e^{x^2 + y^2} + \frac{x}{\sqrt{1 + x^2 + z^4}} \\
f_y(x, y, z) &= 2\,y\,z\,e^{x^2 + y^2} \\
f_z(x, y, z) &= e^{x^2 + y^2} + \frac{2\,z^3}{\sqrt{1 + x^2 + z^4}}.
\end{aligned}$$

Wir bestimmen noch die partiellen Ableitungen an der Stelle $(x_0, y_0, z_0) = (1, 2, 0)$ durch Einsetzen des Punktes in die obigen Formeln

$$f_x(1, 2, 0) = \tfrac{1}{2}\sqrt{2}; \quad f_y(1, 2, 0) = 0; \quad f_z(1, 2, 0) = e^5.$$

Ableitungen höherer Ordnung: Sind die partiellen Ableitungen $f_x(x, y)$ und $f_y(x, y)$ ihrerseits wieder partiell differenzierbar, so bezeichnet man ihre partiellen Ableitungen $\frac{\partial}{\partial x} f_x(x, y)$, $\frac{\partial}{\partial y} f_x(x, y)$ und $\frac{\partial}{\partial x} f_y(x, y)$, $\frac{\partial}{\partial y} f_y(x, y)$ als partielle Ableitungen *zweiter Ordnung* von f. Die Schreibweise für die partiellen Ableitungen zweiter Ordnung lauten

$$f_{xx} := \frac{\partial^2 f}{\partial x^2} := \frac{\partial}{\partial x}\left(\frac{\partial f}{\partial x}\right) \qquad \text{zweite partielle Ableitung} \quad \text{nach } x.$$

$$f_{yy} := \frac{\partial^2 f}{\partial y^2} := \frac{\partial}{\partial y}\left(\frac{\partial f}{\partial y}\right) \qquad \text{-\,''\,-} \qquad \text{nach } y.$$

$$f_{xy} := \frac{\partial^2 f}{\partial y\, \partial x} := \frac{\partial}{\partial y}\left(\frac{\partial f}{\partial x}\right) \qquad \text{zweite partielle Ableitung} \quad \text{nach } x \text{ und } y.$$

$$f_{yx} := \frac{\partial^2 f}{\partial x\, \partial y} := \frac{\partial}{\partial x}\left(\frac{\partial f}{\partial y}\right) \qquad\qquad -\,"\,- \qquad\qquad \text{nach } y \text{ und } x.$$

Deren Ableitungen wiederum, sofern sie existieren, sind die *dritten partiellen Ableitungen* von f:

$$f_{xxx},\ f_{xxy},\ f_{xyx},\ f_{yxx},\ f_{xyy},\ f_{yxy},\ f_{yyx},\ f_{yyy}.$$

Bemerkungen:

(1)   Die Reihenfolge, in der die Differentiation durchgeführt werden muß, ist von innen nach außen (von links nach rechts): Die Ableitung f_{xy} wird gebildet, indem von der Funktion (f_x) die partielle Ableitung nach y gebildet wird:

$$f_{xy} = (f_x)_y.$$

(2)   Man bezeichnet eine Ableitung als *gemischte* Ableitung, wenn nicht nur nach einer Variablen differenziert wird.

(3)   Die *Ordnung* der partiellen Ableitung entspricht der Gesamtzahl der zu bildenden Ableitungen, d.h. der Gesamtzahl der Indizes:

$$f_{xyxx} \quad \text{ist z.B. eine Ableitung 4. Ordnung.}$$

12. Beispiel: Für die Funktion $f(x, y) = x^3 y + y$ sind die partiellen Ableitungen bis zur Ordnung 3 gegeben durch

$$
\begin{aligned}
f_x &= 3x^2 y, & & & & & f_y &= x^3 + 1; \\
f_{xx} &= 6xy, & f_{xy} &= 3x^2 = f_{yx}, & & & f_{yy} &= 0; \\
f_{xxx} &= 6y, & f_{xxy} &= 6x = f_{xyx} = f_{yxx}, & & & & \\
& & f_{xyy} &= 0 = f_{yxy} = f_{yyx}, & f_{yyy} &= 0. & &
\end{aligned}
$$

In diesem Beispiel kommt es nicht auf die Reihenfolge der Ableitungen an, $f_{xy} = f_{yx}$, $f_{xxy} = f_{xyx} = f_{yxx}$ usw. Diese Eigenschaft bestätigt sich für praktisch alle in den Anwendungen vorkommenden Funktionen. Es gilt die folgende wichtige Aussage

---

Satz von Schwarz: Vertauschbarkeit von gemischten Ableitungen
Sind für eine Funktion $f(x, y)$ in zwei Variablen die gemischten partiellen Ableitungen f_{xy} und f_{yx} **stetig**, dann kommt es nicht auf die Reihenfolge der zu bildenden Ableitungen an. D.h. es gilt dann

$$f_{xy}(x, y) = f_{yx}(x, y).$$

Verallgemeinerung: Sind für eine Funktion f alle partiellen Ableitungen bis zur Ordnung k (≥ 2) stetig, dann kommt es bei allen partiellen Ableitungen bis zur Ordnung k nicht auf die Reihenfolge der zu bildenden Ableitungen an. Analog zu den höheren partiellen Ableitungen für Funktionen von zwei Variablen bildet man sie für Funktionen mit mehr als zwei Variablen. Auch hier ist der Satz von Schwarz gültig.

13. Beispiel: Von der Funktion

$$f(x, y, z) = e^{x-y} \cos(5z)$$

sind alle partiellen Ableitungen bis zur Ordnung 2 gesucht.

$$f = e^{x-y} \cos(5z)$$

$$
\begin{aligned}
f_x &= e^{x-y} \cos(5z) & \qquad f_{xx} &= e^{x-y} \cos(5z) \\
f_y &= -e^{x-y} \cos(5z) & f_{yy} &= e^{x-y} \cos(5z) \\
f_z &= -5\,e^{x-y} \sin(5z) & f_{zz} &= -25\,e^{x-y} \cos(5z)
\end{aligned}
$$

$$
\begin{aligned}
f_{xy} &= -e^{x-y} \cos(5z) &= f_{yx} \\
f_{xz} &= -5\,e^{x-y} \sin(5z) &= f_{zx} \\
f_{yz} &= 5\,e^{x-y} \sin(5z) &= f_{zy}.
\end{aligned}
$$

14. Beispiele:
(1) $\varphi(x, y) = \sqrt{x^2 + y^2}$:

$$\frac{\partial \varphi}{\partial x} = \frac{x}{\sqrt{x^2 + y^2}}; \qquad \frac{\partial \varphi}{\partial y} = \frac{y}{\sqrt{x^2 + y^2}};$$

$$\frac{\partial^2 \varphi}{\partial x^2} = \frac{\sqrt{x^2 + y^2} - x \frac{x}{\sqrt{x^2+y^2}}}{x^2 + y^2} = \frac{x^2 + y^2 - x^2}{(x^2 + y^2)^{\frac{3}{2}}} = \frac{y^2}{(x^2 + y^2)^{\frac{3}{2}}};$$

$$\frac{\partial^2 \varphi}{\partial y^2} = \frac{x^2}{(x^2 + y^2)^{\frac{3}{2}}}.$$

$$\Rightarrow \varphi_{xx} + \varphi_{yy} = \frac{x^2 + y^2}{(x^2 + y^2)^{\frac{3}{2}}} = \frac{1}{(x^2 + y^2)^{\frac{1}{2}}} = \frac{1}{\varphi(x, y)}.$$

(2) $r(x, y, z) = \sqrt{x^2 + y^2 + z^2}$:

$$\frac{\partial r}{\partial x} = \frac{x}{\sqrt{x^2 + y^2 + z^2}} = \frac{x}{r}; \qquad \frac{\partial r}{\partial y} = \frac{y}{r}; \qquad \frac{\partial r}{\partial z} = \frac{z}{r}$$

$$\frac{\partial^2 r}{\partial x^2} = \frac{r - x\frac{x}{r}}{r^2} = \frac{r^2 - x^2}{r^3}; \qquad \frac{\partial^2 r}{\partial y^2} = \frac{r^2 - y^2}{r^3}; \quad \frac{\partial^2 r}{\partial z^2} = \frac{r^2 - z^2}{r^3}$$

$$\Rightarrow r_{xx} + r_{yy} + r_{zz} = \frac{3r^2 - (x^2 + y^2 + z^2)}{r^3} = \frac{2r^2}{r^3} = \frac{2}{r}.$$

(3) $f(x, y, z) = \frac{1}{r} = \frac{1}{\sqrt{x^2+y^2+z^2}}$:

$$\frac{\partial f}{\partial x} = \frac{-x}{(x^2 + y^2 + z^2)^{\frac{3}{2}}} = \frac{-x}{r^3}; \quad \frac{\partial f}{\partial y} = \frac{-y}{r^3}; \quad \frac{\partial f}{\partial z} = \frac{-z}{r^3}$$

$$\frac{\partial^2 f}{\partial x^2} = -\frac{r^3 - x\frac{3}{2}\,2x}{r^6} = -\frac{r^2 - 3x^2}{r^5}$$

$$\frac{\partial^2 f}{\partial y^2} = -\frac{r^2 - 3y^2}{r^5}; \qquad \frac{\partial^2 f}{\partial z^2} = -\frac{r^2 - 3z^2}{r^5}$$

$$\Rightarrow f_{xx} + f_{yy} + f_{zz} = -\frac{3r^2 - 3(x^2 + y^2 + z^2)}{r^5} = 0.$$

Partielle Ableitungen höherer Ordnung mit MAPLE. Die höheren partiellen Ableitungen eines *Ausdrucks* werden mit MAPLE ebenfalls durch den **diff**-Befehl gebildet: **diff**$(z, x\$n)$ ist die n-te partielle Ableitung des Ausdrucks z nach x.

```
> z := 1/sqrt(x^2+y^2):
> Diff(z, x$2) = diff(z, x$2);
> Diff(z, y$2) = diff(z, y$2);
> Diff(z, x, y) = diff(z, x, y);
```

$$\frac{\partial^2}{\partial x^2} \frac{1}{\sqrt{x^2 + y^2}} = 3\frac{x^2}{(x^2 + y^2)^{\frac{5}{2}}} - \frac{1}{(x^2 + y^2)^{\frac{3}{2}}}$$

$$\frac{\partial^2}{\partial y^2} \frac{1}{\sqrt{x^2 + y^2}} = 3\frac{y^2}{(x^2 + y^2)^{\frac{5}{2}}} - \frac{1}{(x^2 + y^2)^{\frac{3}{2}}}$$

$$\frac{\partial^2}{\partial y\,\partial x} \frac{1}{\sqrt{x^2 + y^2}} = 3\frac{x\,y}{(x^2 + y^2)^{\frac{5}{2}}}$$

Für die höheren partiellen Ableitungen von *Funktionen* nimmt man den **D**-Operator

```
> f := (x, y) -> ln(sqrt((x-a)^2+(y-b)^2)):
> D[1$2](f);      # zweite partielle Ableitung nach x
> D[2$2](f);      # zweite partielle Ableitung nach y
> D[1, 2](f);     # gemischte Ableitung nach x und y
```

$$(x, y) \to \frac{1}{\sqrt{(x-a)^2+(y-b)^2}^{\,2}} - \frac{1}{2}\frac{(2x-2a)^2}{\sqrt{(x-a)^2+(y-b)^2}^{\,4}}$$

$$(x, y) \to \frac{1}{\sqrt{(x-a)^2+(y-b)^2}^{\,2}} - \frac{1}{2}\frac{(2y-2b)^2}{\sqrt{(x-a)^2+(y-b)^2}^{\,4}}$$

$$(x, y) \to -\frac{1}{2}\frac{(2x-2a)(2y-2b)}{\sqrt{(x-a)^2+(y-b)^2}^{\,4}}$$

Alternativ zu **D[1\$2]** kann auch (**D[1]@@2**) genommen werden. Für die obige Funktion f gilt $f_{xx} + f_{yy} = 0$. Man nennt solche Funktionen *harmonische* Funktionen:

```
> simplify(D[1$2](f)(x,y)+D[2$2](f)(x,y));
```

$$0$$

1.4 Totale Differenzierbarkeit

15. Beispiel: Für die Funktion

$$f(x, y) = \frac{2xy}{x^2+y^2}, \quad (x, y) \neq (0, 0)$$

berechnen sich die partiellen Ableitungen mit der Quotientenregel

$$f_x(x, y) = \frac{2y\left(y^2-x^2\right)}{\left(x^2+y^2\right)^2} \quad \text{und} \quad f_y(x, y) = \frac{2x\left(x^2-y^2\right)}{\left(x^2+y^2\right)^2}.$$

Im Punkte $(x, y) = (0, 0)$ existiert sowohl die partielle Ableitung von f nach x, als auch nach y: $f_x(0, 0) = f_y(0, 0) = 0$, obwohl die Funktion nach Beispiel 9(4) dort nicht stetig ist!

Während differenzierbare Funktionen einer Variablen immer stetige Funktionen sind, kann man dies i.a. von partiell differenzierbaren Funktionen nicht behaupten. Daher führt man den Begriff der *totalen* Differenzierbarkeit ein, der vom Begriff der *partiellen* Differenzierbarkeit zu unterscheiden ist. Man nennt eine Funktion f von zwei Variablen im Punkte (x_0, y_0) total differenzierbar, wenn sie nahe dieses Punktes durch eine Ebene, der sog. *Tangentialebene*, angenähert werden kann:

Definition: (Totale Differenzierbarkeit)

*Die Funktion f heißt im Punkte $(x_0, y_0) \in \mathbb{D}$ **total differenzierbar**, wenn es Zahlen $A, B \in \mathbb{R}$ und Funktionen $\varepsilon_1(x, y)$, $\varepsilon_2(x, y)$ gibt, so daß für alle (x, y) nahe bei (x_0, y_0) gilt*

$$f(x, y) \;=\; f(x_0, y_0) + A \cdot (x - x_0) + B \cdot (y - y_0) \tag{$*$}$$
$$+\varepsilon_1(x, y)\,(x - x_0) + \varepsilon_2(x, y)\,(y - y_0),$$

wenn die Funktionen ε_1 und ε_2 gegen Null gehen für $(x, y) \to (x_0, y_0)$:

$$\varepsilon_1(x, y) \to 0 \quad \text{für } (x, y) \to (x_0, y_0)$$
$$\varepsilon_2(x, y) \to 0 \quad \text{für } (x, y) \to (x_0, y_0).$$

Gleichung $(*)$ besagt, daß in der Nähe des Punktes (x_0, y_0) die Funktionswerte $f(x, y)$ näherungsweise durch die Funktion

$$z = f(x_0, y_0) + A(x - x_0) + B(y - y_0)$$

beschrieben werden. Der Graph von z stellt eine Ebene im $\mathbb{R}^3$ dar, die durch den Punkt $(x_0, y_0, f(x_0, y_0))$ geht. Sie heißt die **Tangentialebene** von f in (x_0, y_0), da sie sich in der Umgebung dieses Punktes an den Graphen der Funktion f anschmiegt.

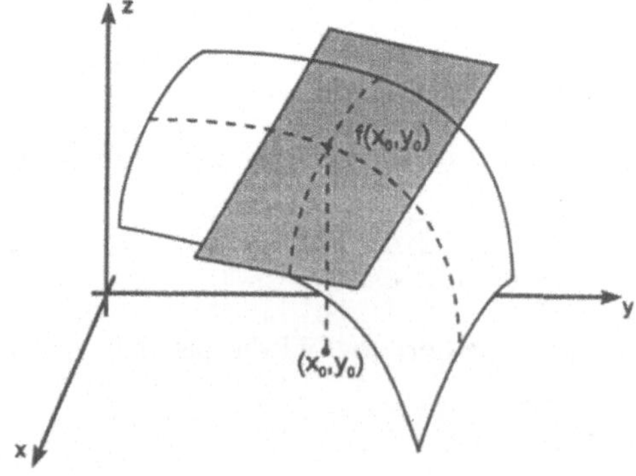

Abb. 8: Funktion und Tangentialebene

Aus der totalen Differenzierbarkeit folgt sowohl die partielle Differenzierbarkeit, als auch die Stetigkeit von f:

> **Satz:** Ist f in (x_0, y_0) **total differenzierbar**, dann folgt
>
> (1) f ist in (x_0, y_0) stetig.
>
> (2) Es existieren die partiellen Ableitungen
>
> $$f_x(x_0, y_0), \qquad f_y(x_0, y_0).$$
>
> (3) Die Zahlenwerte A und B in Gleichung $(*)$ berechnen sich durch
>
> $$A = f_x(x_0, y_0), \qquad B = f_y(x_0, y_0).$$
>
> (4) Der Graph der Funktion f läßt sich in der Nähe des Punktes annähern durch
> die **Tangentialebene** z_t
>
> $$f(x, y) \approx z_t = f(x_0, y_0) + f_x(x_0, y_0)(x - x_0) + f_y(x_0, y_0)(y - y_0).$$

Die Definition für die totale Differenzierbarkeit ist anschaulich zwar einprägsam, aber im konkreten Fall schwierig nachzuprüfen. Man kann aber anhand der partiellen Ableitungen entscheiden, ob eine Funktion f total differenzierbar ist:

> **Satz:** f ist in einer Umgebung von $(x_0, y_0) \in \mathbb{D}$ partiell nach x und y differenzierbar und die **partiellen Ableitungen** f_x **und** f_y **sind in** (x_0, y_0) **stetig.** Dann ist f in (x_0, y_0) **total differenzierbar.**

16. Beispiel: Gesucht ist die Tangentialebene der Funktion

$$f(x, y) = e^{-\left(x^2 + y^2\right)} \quad \text{im Punkte } (x_0, y_0) = (0.15, 0.15).$$

Die partiellen Ableitungen der Funktion sind stetig:

$$
\begin{aligned}
f_x(x, y) &= -2\,x\,e^{-\left(x^2 + y^2\right)} \\
f_y(x, y) &= -2\,y\,e^{-\left(x^2 + y^2\right)}.
\end{aligned}
$$

Daher ist die Funktion total differenzierbar und die Tangentialebene ist gegeben durch

$$
\begin{aligned}
z &= f(x_0, y_0) + f_x(x_0, y_0)(x - x_0) + f_y(x_0, y_0)(y - y_0) \\
&= e^{-\frac{9}{200}} - \tfrac{3}{10}e^{-\frac{9}{200}}(x - 0.15) - \tfrac{3}{10}e^{-\frac{9}{200}}(y - 0.15).
\end{aligned}
$$

Wir stellen sowohl die Funktion als auch die Tangentialebene mit MAPLE dar:

```
> f := (x,y) -> exp(-(x^2+y^2)):              #Funktion
> p1 := plot3d(f(x,y), x=-2..2, y=-2..2, axes=boxed):   #Graph der Funktion
> x0:=0.15: y0:=0.15:                          #Punkt
```

Definition und Darstellung der Tangentialebene:

```
> z := (x,y) -> f(x0,y0) + D[1](f)(x0,y0)*(x-x0) + D[2](f)(x0,y0)*(y-y0):
> p2 := plot3d(z(x,y), x=-2..2, y=-2..2, view=0..1.5,
>                              style=PATCHNOGRID, shading=Z):
```

Die Option *style=PATCHNOGRID* bewirkt, daß bei der Tangentialebene kein Gitter dargestellt wird und *shading=Z*, daß die Farben als Funktion der Werte skaliert werden. Die Darstellung beider Graphen erfolgt durch den **display**-Befehl.

```
> with(plots):   display([p1,p2], orientation=[-60,73]);
```

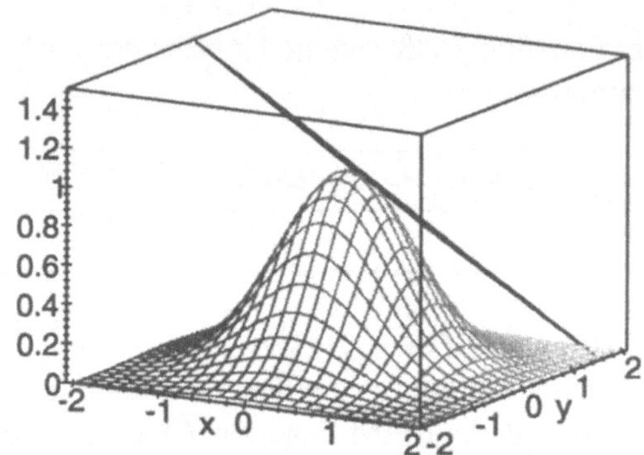

1.5 Gradient und Richtungsableitung

In diesem Abschnitt gehen wir von einer Funktion $f(x, y)$ mit zwei Variablen x und y aus, die stetig partiell differenzierbar sowohl nach x als auch nach y ist.

Der Gradient

Bei Funktionen einer Variablen gibt die Ableitung der Funktion im Punkte x_0 die Steigung (= Steilheit) der Funktion an. An Stellen großer Ableitung ändert sich die Funktion stark, an Stellen geringer Ableitung ändert sie sich schwach. Bei Funktionen zweier Variablen berücksichtigt man als Maß sowohl die partielle Ableitung in x-Richtung, als auch in y-Richtung. Um eine Funktion f bezüglich ihrer Steigung in einem Punkt (x_0, y_0) zu charakterisieren, wählt man daher den *Vektor*

$$\operatorname{grad} f(x_0, y_0) := \begin{pmatrix} \dfrac{\partial f}{\partial x}(x_0, y_0) \\[2mm] \dfrac{\partial f}{\partial y}(x_0, y_0) \end{pmatrix},$$

dessen Komponenten aus der partiellen Ableitung nach x und y bestehen. Er beschreibt die Neigung der Tangentialebene im Punkte (x_0, y_0)! Da dieser Vektor den Grad der Steigung der Funktion angibt, nennt man ihn den *Gradienten*.

Definition: (Gradient)
Der Vektor

$$\operatorname{grad} f\,(x_0,\,y_0) := \begin{pmatrix} \dfrac{\partial f}{\partial x}\,(x_0,\,y_0) \\[2mm] \dfrac{\partial f}{\partial y}\,(x_0,\,y_0) \end{pmatrix}$$

heißt der **Gradient von** *f* *an der Stelle* $(x_0,\,y_0)$. *Für den Gradienten wird oft
der sog. Nabla-Operator* ∇ *verwendet:*

$$\nabla := \begin{pmatrix} \partial_x \\ \partial_y \end{pmatrix} \;\Rightarrow\; \operatorname{grad} f = \nabla f = \begin{pmatrix} \partial_x\, f \\ \partial_y\, f \end{pmatrix}.$$

---

17. Beispiel: Gegeben ist eine Punktladung q an der Stelle $\vec{r}_0 = (x_0,\,y_0,\,z_0)$.
Gesucht ist das Potential $\Phi(\vec{r})$ und das elektrische Feld $\vec{E}\,(\vec{r})$ in einem beliebigen
Punkt des Raumes $\vec{r} = (x,\,y,\,z)$. Das durch die Punktladung induzierte Potential
ist

$$\Phi\,(\vec{r}) = \frac{1}{4\pi\,\varepsilon_0}\,\frac{q}{|\vec{r}-\vec{r}_0|} = \frac{1}{4\pi\,\varepsilon_0}\,\frac{q}{\sqrt{(x-x_0)^2 + (y-y_0)^2 + (z-z_0)^2}}$$

und das zugehörige elektrische Feld ist definiert durch

$$\vec{E}\,(\vec{r}) := -\operatorname{grad}\Phi\,(\vec{r}) = -\begin{pmatrix} \partial_x\,\Phi(x,y,z) \\ \partial_y\,\Phi(x,y,z) \\ \partial_z\,\Phi(x,y,z) \end{pmatrix}.$$

Um Mißverständnisse mit den partiellen Ableitungen von $\vec{E}$ auszuschließen, wird
im folgenden die x-Komponente des elektrischen Feldes statt E_x mit E_1, die y-
Komponente statt E_y mit E_2 und die z-Komponente statt E_z mit E_3 bezeichnet:

$$\begin{aligned}
E_1\,(x,\,y,\,z) \;&=\; -\partial_x\,\Phi\,(x,\,y,\,z) \\[2mm]
&=\; -\partial_x \frac{q}{4\pi\,\varepsilon_0}\left((x-x_0)^2 + (y-y_0)^2 + (z-z_0)^2\right)^{-\frac{1}{2}} \\[2mm]
&=\; \frac{1}{4\pi\,\varepsilon_0}\,\frac{q}{\sqrt{(x-x_0)^2 + (y-y_0)^2 + (z-z_0)^2}^{\,3}}\,(x-x_0) \\[2mm]
&=\; \frac{1}{4\pi\,\varepsilon_0}\,\frac{q}{|\vec{r}-\vec{r}_0|^3}\,(x-x_0)
\end{aligned}$$

Analog berechnen sich

$$\begin{aligned}
E_2\,(x,\,y,\,z) \;&=\; -\partial_y\,\Phi\,(x,\,y,\,z) = \frac{1}{4\pi\,\varepsilon_0}\,\frac{q}{|\vec{r}-\vec{r}_0|^3}\,(y-y_0) \\[2mm]
E_3\,(x,\,y,\,z) \;&=\; -\partial_z\,\Phi\,(x,\,y,\,z) = \frac{1}{4\pi\,\varepsilon_0}\,\frac{q}{|\vec{r}-\vec{r}_0|^3}\,(z-z_0)
\end{aligned}$$

$$\Rightarrow \boxed{\;\vec{E}\,(\vec{r}) = \frac{1}{4\pi\,\varepsilon_0}\,\frac{q}{|\vec{r} - \vec{r}_0|^3}\begin{pmatrix} x - x_0 \\ y - y_0 \\ z - z_0 \end{pmatrix} = \frac{1}{4\pi\,\varepsilon_0}\,\frac{q}{|\vec{r} - \vec{r}_0|^3}\,(\vec{r} - \vec{r}_0).\;}$$

Man nennt $\vec{E}\,(\vec{r})$ auch ein *Vektorfeld* ($\rightarrow$ §3.3.3).   □

Berechnung und Darstellung des Gradienten mit MAPLE. Der Gradient einer Funktion f von n Variablen $x_1, \ldots, x_n$ wird in MAPLE mit dem **grad**-Befehl berechnet, der im Paket **linalg** enthalten ist. Die Syntax von **grad** ist

```
> grad(funct, [x1,..., xn], coords=<...> )
```
wenn

- *funct*:   der Funktionsausdruck
- $[x1, \ldots, xn]$:   der Vektor der Variablen
- *coords* =   <cartesian, cylindrical, spherical>

und *coords* ein optionaler Parameter, durch den ein Zylinder- oder Kugelkoordinaten-System im Falle von 3 Variablen spezifiziert werden kann. Mit dem Befehl **grad-plot** bzw. **gradplot3d** aus dem **plots**-Paket können die Gradienten einer Funktion mit zwei bzw. drei Variablen als Vektorgraphik dargestellt werden.

18. Beispiele:
(1) Gesucht ist der Gradient der Funktion
```
> f1:=(x^2+y^2+1)^(1/2);
```

$$f1 := \sqrt{x^2 + y^2 + 1}$$

```
> with(linalg):
> grad(f1, [x,y]);
```

$$\left[\frac{x}{\sqrt{x^2 + y^2 + 1}}, \;\; \frac{y}{\sqrt{x^2 + y^2 + 1}} \right]$$

```
> with(plots):
> gradplot(f1, x=-2..2, y=-2..2, arrows=SLIM, color=x^2+y^2+1);
```

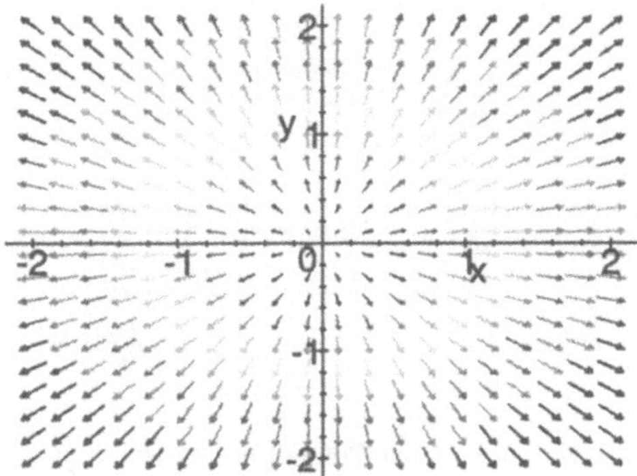

(2) Gesucht ist der Gradient der Funktion

```
> f2:=(x^2+y^2+z^2+1)^(1/2);
```

$$f2 := \sqrt{x^2 + y^2 + z^2 + 1}$$

```
> with(linalg):
> grad(f2, [x,y,z]);
```

$$\left[\frac{x}{\sqrt{x^2 + y^2 + z^2 + 1}}, \quad \frac{y}{\sqrt{x^2 + y^2 + z^2 + 1}}, \quad \frac{z}{\sqrt{x^2 + y^2 + z^2 + 1}} \right]$$

```
> with(plots):
> gradplot3d(f2, x=-2..2, y=-2..2, z=-2..2, axes=boxed, grid=[10,10,5]);
```

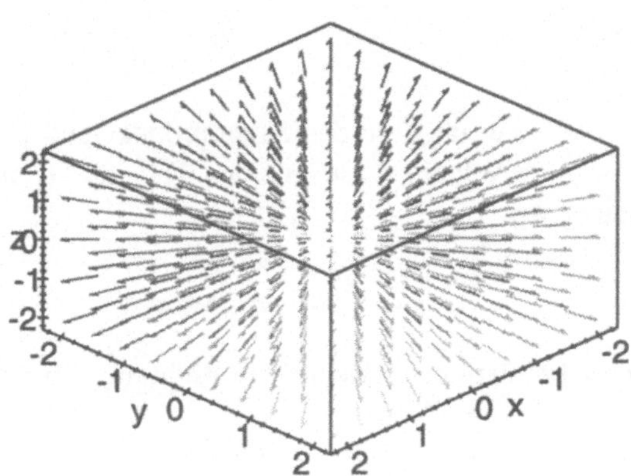

Die Richtungsableitung

In Abb. 9 sind für das Zweielektrodensystem eines elektrolytischen Trogs Äquipotentiallinien schematisch gezeichnet.

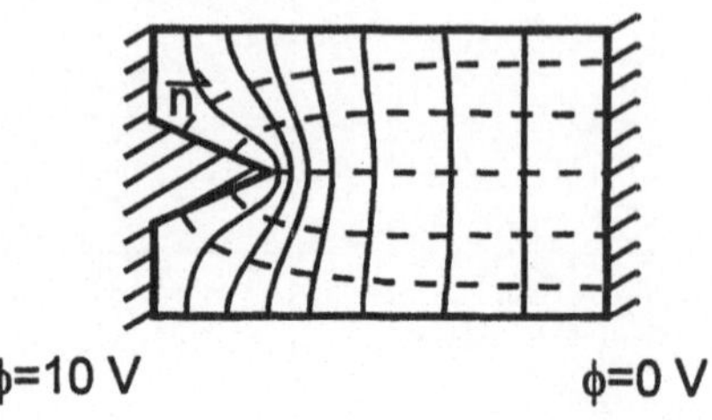

Abb. 9: Qualitativer Verlauf der Potentiallinien im elektrolytischen Trog

Der **Gradient** von Φ **steht senkrecht zu den Äquipotentiallinien** (vgl. Beispiel 21) und mißt die Dichte der Potentiallinien: An Stellen mit hoher Dichte (nahe der Kante) stellt sich ein hohes elektrisches Feld ein, an Stellen mit geringer Dichte (bei $\Phi = 0V$) ein kleines elektrisches Feld. Wird das elektrische Feld z.B. auf der Elektrodenoberfläche gesucht, so ist nicht die Ableitung von Φ in Richtung x oder y gesucht, sondern die Ableitung von Φ in eine vorgegebene Richtung $\vec{n}$. Dies führt auf den Begriff der *Richtungsableitung*:

Gegeben ist eine Funktion f, gesucht ist die Änderung der Funktion in Richtung $\vec{n}$, wenn $\vec{n}$ der Richtungseinheitsvektor ist. Zur Bestimmung der Richtungsableitung projiziert man den Gradienten in Richtung des Vektors $\vec{n}$.

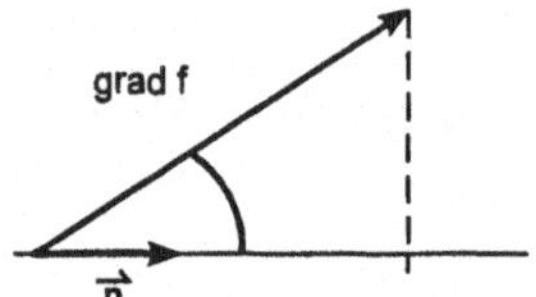

Nach Bd. 1, Kap. II.2.2 gilt für die Projektion eines Vektors $\vec{b}$ in Richtung $\vec{a}$ die Formel

$$\vec{b}_a = \frac{\vec{a} \cdot \vec{b}}{|\vec{a}|^2} \cdot \vec{a},$$

wenn $\vec{a} \cdot \vec{b}$ das Skalarprodukt und $|\vec{a}|$ der Betrag des Vektors $\vec{a}$ ist. Für den Fall, daß $\vec{a}$ ein Einheitsvektor ist, gilt für den Betrag von $\vec{b}_a$

$$\left|\vec{b}_a\right| = b_a = \vec{a} \cdot \vec{b}.$$

Übertragen auf unser Problem der Ableitung in Richtung $\vec{n}$ bedeutet dies:

> **Definition: (Richtungsableitung)**
> *Die Ableitung einer Funktion $f(x, y)$ mit zwei Variablen in Richtung des Einheitsvektors $\vec{n} = \begin{pmatrix} n_1 \\ n_2 \end{pmatrix}$ ist gegeben durch*
>
> $$\frac{\partial f}{\partial \vec{n}} := \vec{n} \cdot \operatorname{grad} f = \begin{pmatrix} n_1 \\ n_2 \end{pmatrix} \begin{pmatrix} \partial_x f(x,y) \\ \partial_y f(x,y) \end{pmatrix} = n_1 \, \partial_x f(x,y) + n_2 \, \partial_y f(x,y).$$
>
> *Sie heißt* **Richtungsableitung von** f *und wird auch mit*
>
> $$\partial_{\vec{n}} f, \quad \frac{\partial}{\partial \vec{n}} f, \quad D_{\vec{n}} f$$
>
> *bezeichnet.*

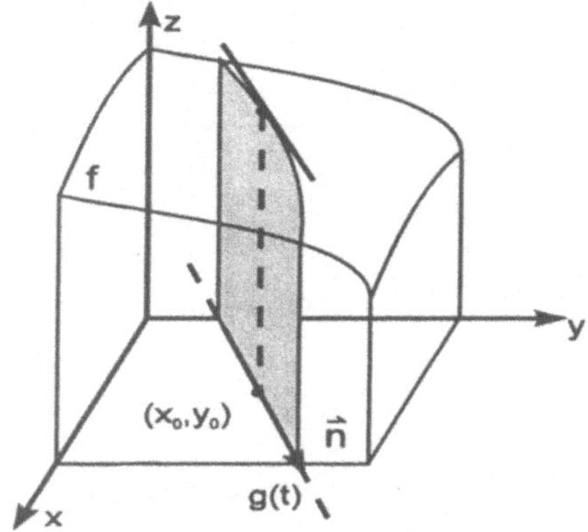

Abb. 10: Richtungsableitung

Man beachte, daß im Gegensatz zum Gradienten die Richtungsableitung keinen Vektor, sondern eine skalare Größe darstellt. Die partiellen Ableitungen nach x und y sind Spezialfälle der Richtungsableitung.

Spezialfälle:

Für $\vec{n} = \begin{pmatrix} 1 \\ 0 \end{pmatrix}$ ist $\partial_{\vec{n}} f = \frac{\partial f}{\partial x}$ die partielle Ableitung nach x.

Für $\vec{n} = \begin{pmatrix} 0 \\ 1 \end{pmatrix}$ ist $\partial_{\vec{n}} f = \frac{\partial f}{\partial y}$ die partielle Ableitung nach y.

Die Richtungsableitung von f in Richtung $\vec{n}$ ist also nichts anderes als die Projektion des Gradienten $grad\,f$ auf die Gerade mit Richtung $\vec{n}$. Folglich gilt:

> **Satz:**
> (1) Die Richtungsableitung ist am größten, wenn die Richtung $\vec{n}$ parallel zum Gradienten ist.
> (2) Die Richtungsableitung ist Null, wenn $\vec{n}$ senkrecht zum Gradienten $grad\,f$ steht.
> (3) Der Gradientenvektor $grad\,f$ zeigt in Richtung des stärksten Anstiegs bzw. Abfalls der Funktion $f(x, y)$. Sein Betrag gibt die Größe der Steigung bzw. des Abfalls an.

19. Beispiele:

(1) Gegeben ist die Funktion $f(x, y) = \sqrt{x^2 + y^2}$. Gesucht ist die Ableitung von f in Richtung $\frac{1}{\sqrt{2}} \begin{pmatrix} 1 \\ 1 \end{pmatrix}$:

$$f_x = \frac{x}{\sqrt{x^2 + y^2}}, \quad f_y = \frac{y}{\sqrt{x^2 + y^2}}.$$

$$\frac{\partial f}{\partial \vec{n}} = \vec{n} \cdot \operatorname{grad} f = \frac{1}{\sqrt{2}} \begin{pmatrix} 1 \\ 1 \end{pmatrix} \frac{1}{\sqrt{x^2 + y^2}} \begin{pmatrix} x \\ y \end{pmatrix} = \frac{1}{\sqrt{2}} \frac{x + y}{\sqrt{x^2 + y^2}}.$$

(2) $f(x, y) = x \cdot y$. Gesucht ist die Ableitung von f in Richtung $\vec{a} = \begin{pmatrix} 1 \\ 2 \end{pmatrix}$.

$$f_x = y, \qquad f_y = x.$$

Der zum Vektor $\vec{a} = \begin{pmatrix} 1 \\ 2 \end{pmatrix}$ gehörende Normalenvektor ist $\vec{n} = \frac{1}{|\vec{a}|} \vec{a} = \frac{1}{\sqrt{5}} \begin{pmatrix} 1 \\ 2 \end{pmatrix}$.

$$\Rightarrow \frac{\partial f}{\partial \vec{a}} = \frac{1}{\sqrt{5}} \begin{pmatrix} 1 \\ 2 \end{pmatrix} \begin{pmatrix} y \\ x \end{pmatrix} = \frac{1}{\sqrt{5}} (2\,x + y).$$

Bemerkung: Die Richtungsableitung von f in Richtung des Einheitsvektors $\vec{n} = \begin{pmatrix} n_1 \\ n_2 \end{pmatrix}$ im Punkte (x_0, y_0) wird oftmals auch in der äquivalenten Darstellung

$$\frac{\partial f}{\partial \vec{n}} = \lim_{h \to 0} \frac{f(x_0 + h\,n_1, \, y_0 + h\,n_2) - f(x_0, y_0)}{h}$$

definiert. Dieser Grenzwert spiegelt die Ableitung entlang der Geraden

$$\begin{pmatrix} x_0 + h\,n_1 \\ y_0 + h\,n_2 \end{pmatrix} = \begin{pmatrix} x_0 \\ y_0 \end{pmatrix} + h \begin{pmatrix} n_1 \\ n_2 \end{pmatrix}$$

wider. Diese Gerade ist in der Punkt-Richtungs-Darstellung durch den Punkt $\begin{pmatrix} x_0 \\ y_0 \end{pmatrix}$ und die Richtung $\vec{n} = \begin{pmatrix} n_1 \\ n_2 \end{pmatrix}$ festgelegt.

Berechnung der Richtungsableitung mit MAPLE. Die Richtungsableitung wird in MAPLE über die Definitionsgleichung beschrieben. Für die Ableitung der Funktion

```
> f := ln(x^2+1/y);
```

$$f := \ln\left(x^2 + \frac{1}{y}\right)$$

in Richtung des Vektors
```
> a := vector([3, 4]);
```

$$a := ([3,\, 4])$$

ergibt sich
```
> with(linalg):
> Da_f := dotprod(grad(f,[x,y]), 1/norm(a,2)*a);
```

$$Da\_f := \frac{6}{5}\,\frac{x\,y}{x^2\,y+1} - \frac{4}{5}\,\frac{1}{y\,(x^2\,y+1)}$$

```
> normal(%);
```

$$\frac{2}{5}\,\frac{3\,x\,y^2 - 2}{y\,(x^2\,y+1)}$$

Man beachte, daß die Befehle **grad** als auch **dotprod** im **linalg**-Paket enthalten sind.

1.6 Kettenregeln

Die Kettenregel bei Funktionen einer Variablen erlaubt die Berechnung der Ableitung von verketteten Funktionen. Je nach Verkettung gibt es bei Funktionen von zwei Variablen entsprechende Differentiationsregeln.

1. Kettenregel

Die Bewegung eines Massenpunktes in der $(x,\, y)$-Ebene läßt sich durch zwei Funktionen der Zeit t beschreiben

$$t \mapsto \begin{pmatrix} x\,(t) \\ y\,(t) \end{pmatrix}.$$

Zum Zeitpunkt t_0 befinde sich der Massenpunkt an der Stelle mit den Koordinaten $(x\,(t_0),\, y\,(t_0))$. Da der bewegte Massenpunkt eine Kurve in der Ebene durchläuft, nennt man diese Zuordnung eine ebene Kurve, im dreidimensionalen Fall eine Raumkurve ($\rightarrow$ §3.3). Ferner liege eine Funktion $f\,(x,\, y)$ vor, deren Definitionsbereich alle Kurvenpunkte enthält. Dann läßt sich die Funktion F von einer Variablen bilden

$$F\colon\ t \mapsto F\,(t) := f\,(x\,(t),\, y\,(t)).$$

Wie berechnet sich die Ableitung von F aus den Ableitungen von $x'(t)$ und $y'(t)$?
Die Antwort gibt die erste Kettenregel

---

1. Kettenregel: Sind $x(t)$ und $y(t)$ differenzierbare Funktionen einer Variablen und $f(x, y)$ eine stetig partiell differenzierbare Funktion, welche $(x(t), y(t))$ im Definitionsbereich enthält. Dann ist die verkettete Funktion

$$F: \quad \mathbb{R} \quad \to \quad \mathbb{R}$$
$$t \quad \mapsto \quad F(t) \quad := f(x(t), y(t))$$

differenzierbar und es gilt

$$F'(t) = f_x(x(t), y(t)) \cdot x'(t) + f_y(x(t), y(t)) \cdot y'(t).$$

kurz:
$$\boxed{\frac{dF}{dt} = \frac{\partial f}{\partial x} \cdot \frac{dx}{dt} + \frac{\partial f}{\partial y} \cdot \frac{dy}{dt}.}$$

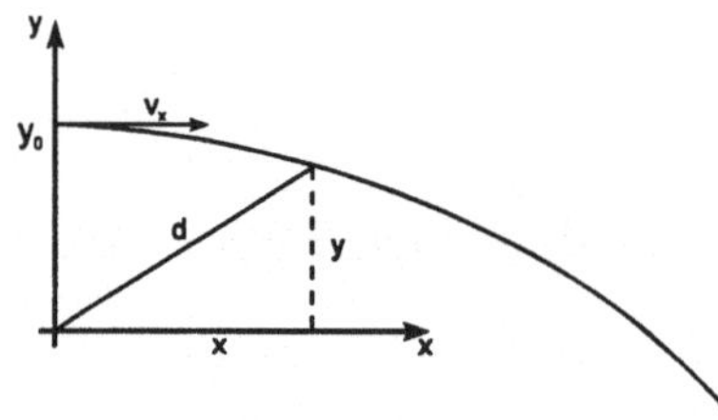

Abb. 11: Waagrechter Wurf

20. Beispiel: Beim waagrechten Wurf aus der Höhe y_0 sind die Koordinaten des Massenpunktes

$$x(t) = v_x t$$
$$y(t) = y_0 - \tfrac{1}{2} g t^2.$$

Der Abstand d zum Ursprung beträgt

$$d(x, y) = \sqrt{x^2 + y^2}.$$

Gesucht ist der Zeitpunkt t, bei dem dieser Abstand minimal wird. Zur Bestimmung des Zeitpunktes gehen wir zur Funktion $D(t)$ über

$$D: \quad t \mapsto D(t) := d(x(t), y(t))$$

und bilden

$$\frac{dD}{dt} = \frac{\partial d}{\partial x} \cdot \frac{dx}{dt} + \frac{\partial d}{\partial y} \cdot \frac{dy}{dt} = \frac{x}{D} v_x + \frac{y}{D} (-g t).$$

Aus $\dfrac{dD}{dt} = 0$ folgt $x v_x + y(-g t) = 0$. Setzt man nun die Bewegungsgleichungen und ein, so gilt

$$v_x^2 t - g t \left(y_0 - \frac{1}{2} g t^2 \right) = 0$$

$$t^3 + \frac{2}{g^2} (v_x^2 - g y_0) t = 0.$$

$$\Rightarrow t = 0 \quad \text{oder} \quad t = \sqrt{\frac{2 y_0}{g} - \frac{2 v_x^2}{g^2}}.$$

21. Beispiel: $\vec{r}(t) = \begin{pmatrix} x(t) \\ y(t) \end{pmatrix}$ ist eine ebene Raumkurve und $f(x, y)$ eine differenzierbare Funktion.

$$F(t) := f(x(t), y(t))$$

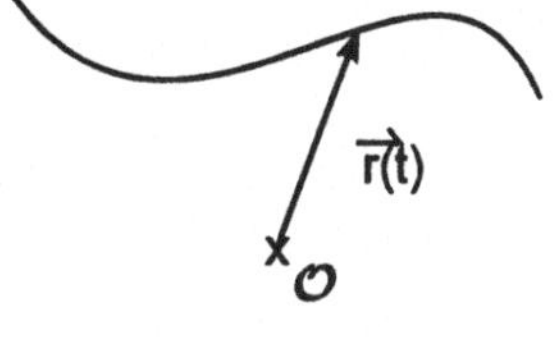

beschreibt den Funktionsverlauf von f entlang der Kurve und

$$F'(t) = f_x\, \dot{x} + f_y\, \dot{y} = \vec{r}'(t) \cdot \operatorname{grad} f$$

Abb. 12: Raumkurve

die Änderung der Funktion f entlang der Kurve $\vec{r}$. Ist die Kurve $\vec{r}$ eine Niveaulinie von f (=Äquipotentiallinie, Höhenlinie), dann ändert sich der Funktionswert
entlang dieser Niveaulinie nicht. Daher ist $F(t) = const \Rightarrow F'(t) = 0$.

$$\Rightarrow \boxed{\vec{r}'(t) \perp \operatorname{grad} f.}$$

Hieraus ergibt sich folgende wichtige Folgerung:

> **Der Tangentenvektor $\vec{r}'(t)$ steht senkrecht auf dem Gradienten $grad\, f$.**

2. Kettenregel

22. Beispiel: Das elektrische Feld $\vec{E}$ einer Punktladung q in der Ebene ist eine
Funktion des Abstandes $\vec{r} = (x, y)$ zur Punktladung. Der Betrag des elektrischen
Feldes ist $|\vec{E}| = \sqrt{E_1^2(x, y) + E_2^2(x, y)}$. Wie ändert sich dieser Betrag, wenn
man den Ort x variiert? Gesucht ist die partielle Ableitung von $|\vec{E}|$ nach x. $|\vec{E}|$
entspricht der Verkettung von f mit Funktionen von zwei Variablen.

> **2. Kettenregel:** Seien $u(x, y)$, $v(x, y)$ partiell differenzierbare Funktionen in x
> und y, $f(u, v)$ eine stetig partiell differenzierbare Funktion in u und v. Dann ist
> die verkettete Funktion
>
> $$\begin{array}{rcl} F: & \mathbb{R}^2 & \to \quad \mathbb{R} \\ & (x, y) & \mapsto \quad F(x, y) := f(u(x, y), v(x, y)) \end{array}$$
>
> nach x und y partiell differenzierbar und für die partiellen Ableitungen gilt
>
> $$F_x(x, y) = f_u(u, v) \cdot u_x(x, y) + f_v(u, v) \cdot v_x(x, y)$$
>
> $$F_y(x, y) = f_u(u, v) \cdot u_y(x, y) + f_v(u, v) \cdot v_y(x, y).$$
>
> **kurz:**
> $$\boxed{\begin{aligned} \frac{\partial F}{\partial x} &= \frac{\partial f}{\partial u} \cdot \frac{\partial u}{\partial x} + \frac{\partial f}{\partial v} \cdot \frac{\partial v}{\partial x} \\[1em] \frac{\partial F}{\partial y} &= \frac{\partial f}{\partial u} \cdot \frac{\partial u}{\partial y} + \frac{\partial f}{\partial v} \cdot \frac{\partial v}{\partial y} \end{aligned}}$$
> $$(*)$$

Bemerkung: Führt man die sog. *Funktionalmatrix*

$$J := \begin{pmatrix} u_x & v_x \\ u_y & v_y \end{pmatrix} = \begin{pmatrix} \frac{\partial u}{\partial x} & \frac{\partial v}{\partial x} \\ \frac{\partial u}{\partial y} & \frac{\partial v}{\partial y} \end{pmatrix}$$

ein, erhält man in der Matrizenschreibweise eine besonders kurze Form von Gleichung (∗)

$$\begin{pmatrix} F_x \\ F_y \end{pmatrix} = \begin{pmatrix} u_x & v_x \\ u_y & v_y \end{pmatrix} \begin{pmatrix} f_u \\ f_v \end{pmatrix}.$$

23. Beispiel: Wie ändert sich der Betrag

$$\left| \vec{E} \right| = \sqrt{E_1^2(x, y) + E_2^2(x, y)},$$

wenn man x variiert?

$$\frac{\partial}{\partial x} \left| \vec{E} \right| = \frac{1}{2} \frac{1}{\sqrt{E_1^2(x, y) + E_2^2(x, y)}} 2 E_1(x, y) \cdot \frac{\partial}{\partial x} E_1(x, y) +$$

$$\frac{1}{2} \frac{1}{\sqrt{E_1^2(x, y) + E_2^2(x, y)}} 2 E_2(x, y) \cdot \frac{\partial}{\partial x} E_2(x, y).$$

Anwendung: Koordinatentransformation. Die zweite Kettenregel wendet man häufig in der Situation an, daß die Punkte der Ebene durch zwei Koordinatensysteme (ein (x, y)-System und ein (u, v)-System) beschrieben werden. Ein Punkt mit Koordinaten x und y hat im (u, v)-System die Koordinaten $u(x, y)$ und $v(x, y)$. Eine auf die Ebene definierte Funktion $f(u, v)$ besitzt auf (x, y) bezogen, die Form

$$g(x, y) = f(u(x, y), v(x, y)).$$

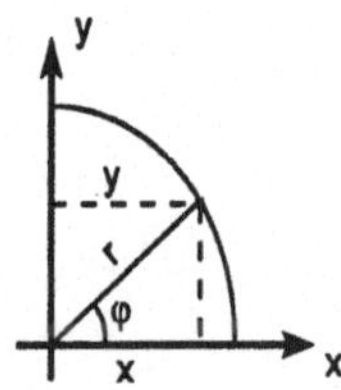

24. Beispiel: Durch die Gleichungen

$$x = r \cos \varphi$$
$$y = r \sin \varphi$$

ist die Transformation zwischen Polar- und kartesischen Koordinaten festgelegt. Ist $f(x, y)$ differenzierbar, dann gilt für die Ableitung der Funktion im Polarkoordinatensystem

$$g(r, \varphi) = f(x(r, \varphi), y(r, \varphi))$$

$$g_r(r, \varphi) = f_x x_r + f_y y_r = f_x \cos \varphi + f_y \sin \varphi$$
$$g_\varphi(r, \varphi) = f_x x_\varphi + f_y y_\varphi = -f_x r \sin \varphi + f_y r \cos \varphi.$$

Zusammenstellung der Kettenregeln

(1) Kettenregel für Funktionen mit einer Variablen

$$\begin{array}{ccccc}
\mathbb{R} & \to & \mathbb{R} & \to & \mathbb{R} \\
x & \mapsto & g(x) & \mapsto & f(g(x))
\end{array}$$

$$\frac{d}{dx}f(g(x)) = \frac{df}{dg}(g(x)) \cdot \frac{dg}{dx}(x).$$

(2) Kettenregel 1 für Funktionen mit n Variablen

$$\begin{array}{ccccc}
\mathbb{R} & \to & \mathbb{R}^n & \to & \mathbb{R} \\
t & \mapsto & (x_1(t), \ldots, x_n(t)) & \mapsto & f(x_1(t), \ldots, x_n(t))
\end{array}$$

$$\frac{d}{dt}f(x_1(t), \ldots, x_n(t)) = \frac{\partial f}{\partial x_1}\frac{dx_1}{dt} + \ldots + \frac{\partial f}{\partial x_n}\frac{dx_n}{dt}.$$

(3) Kettenregel 2

$$\begin{array}{ccccc}
\mathbb{R}^m & \to & \mathbb{R}^n & \to & \mathbb{R} \\
\begin{pmatrix} x_1 \\ \vdots \\ x_m \end{pmatrix} & \mapsto & \begin{pmatrix} u_1(x_1, \ldots, x_m) \\ \vdots \\ u_n(x_1, \ldots, x_m) \end{pmatrix} & \mapsto & f(u_1(\ldots), \ldots, u_n(\ldots))
\end{array}$$

$$\begin{aligned}
\frac{\partial f}{\partial x_1} &= \frac{\partial f}{\partial u_1}\frac{\partial u_1}{\partial x_1} + \ldots + \frac{\partial f}{\partial u_n}\frac{\partial u_n}{\partial x_1} \\
&\ \ \vdots \\
\frac{\partial f}{\partial x_m} &= \frac{\partial f}{\partial u_1}\frac{\partial u_1}{\partial x_m} + \ldots + \frac{\partial f}{\partial u_n}\frac{\partial u_n}{\partial x_m}
\end{aligned}$$

wobei bei $\frac{\partial f}{\partial u_k}$ das Argument $(u_1(x_1, \ldots, x_m), \ldots, u_n(x_1, \ldots, x_m))$ und bei $\frac{\partial u}{\partial x_k}$ das Argument $(x_1, \ldots, x_m)$ zu setzen ist.

(4) Spezialfall der Kettenregel 2:

$$\begin{array}{ccccc}
\mathbb{R}^m & \to & \mathbb{R} & \to & \mathbb{R} \\
\begin{pmatrix} x_1 \\ \vdots \\ x_m \end{pmatrix} & \mapsto & u(x_1, \ldots, x_m) & \mapsto & f(u(x_1, \ldots, x_m))
\end{array}$$

$$\frac{\partial f}{\partial x_1} = \frac{df}{du}\frac{\partial u}{\partial x_1}, \quad \ldots, \quad \frac{\partial f}{\partial x_m} = \frac{df}{du}\frac{\partial u}{\partial x_m}.$$

1.7 Der Taylorsche Satz

Eine wesentliche Eigenschaft von differenzierbaren Funktionen einer Variablen besteht darin, daß sie in der Umgebung eines Punktes näherungsweise durch Polynome ersetzt werden können. Dies ist auch im mehrdimensionalen Fall möglich. Wir werden den Taylorschen Satz nicht beweisen, stattdessen geben wir eine Plausibilitätsüberlegung für die Taylorsche Formel für Funktionen mit zwei Variablen an:

Für eine $(m+1)$-mal stetig differenzierbare Funktion $f(x)$ gilt nach der Taylorschen Formel (Bd. 1, Kap. VII.3) am Entwicklungspunkt $x_0 \in \mathbb{D}$

$$f(x) = f(x_0) + (x - x_0)\, f'(x_0) + \tfrac{1}{2}\, (x - x_0)^2\, f''(x_0) + \ldots +$$

$$+ \tfrac{1}{m!}\, (x - x_0)^m\, f^{(m)}(x_0) + R_m(x),$$

wenn die Differenz zwischen dem Polynom und der Funktion durch das Restglied

$$R_m(x) = \tfrac{1}{(m+1)!}\, f^{(m+1)}(\xi)\, (x - x_0)^{m+1}$$

mit einem nicht näher bekannten Wert ξ, der zwischen x und x_0 liegt, bestimmt ist. In modifizierter Schreibweise lautet die Entwicklung

$$f(x) \;=\; f(x_0) + (x - x_0)\, \frac{d}{dx} f\bigg|_{x_0} + \tfrac{1}{2!}\, (x - x_0)^2 \left(\frac{d}{dx}\right)^2 f\bigg|_{x_0} + \ldots$$

$$+ \tfrac{1}{m!}\, (x - x_0)^m \left(\frac{d}{dx}\right)^m f\bigg|_{x_0} + R_m(x)$$

$$= \sum_{n=0}^{m} \frac{1}{n!} \left[(x - x_0)\, \frac{d}{dx}\right]^n f\bigg|_{x_0} + R_m(x). \tag{$*$}$$

In dieser Formel ersetzen wir $\left[(x - x_0)\, \frac{d}{dx}\right]^n$ durch die entsprechenden partiellen Ableitungen gemäß

$$(x - x_0)\, \frac{d}{dx} \quad \rightarrow \quad (x - x_0)\, \frac{\partial}{\partial x} + (y - y_0)\, \frac{\partial}{\partial y}$$

$$\left[(x - x_0)\, \frac{d}{dx}\right]^n \quad \rightarrow \quad \left[(x - x_0)\, \frac{\partial}{\partial x} + (y - y_0)\, \frac{\partial}{\partial y}\right]^n.$$

Nach der Binomischen Formel (Bd. 1, Kap. I.2.5) ist

$$(a + b)^n = \sum_{k=0}^{n} \binom{n}{k} a^{n-k} b^k,$$

so daß mit den Binominalkoeffizienten $\binom{n}{k} = \dfrac{n!}{(n-k)!\,k!}$ folgt

$$\left[(x-x_0)\,\frac{d}{dx}\right]^n \;\rightarrow\; \sum_{k=0}^{n} \binom{n}{k} (x-x_0)^{n-k} \left(\frac{\partial}{\partial x}\right)^{n-k} (y-y_0)^k \left(\frac{\partial}{\partial y}\right)^k$$

$$\rightarrow\; \sum_{k=0}^{n} \binom{n}{k} \underbrace{(x-x_0)^{n-k}\,(y-y_0)^k}_{\text{Polynom vom Grad } n} \underbrace{\left(\frac{\partial}{\partial x}\right)^{n-k}\left(\frac{\partial}{\partial y}\right)^k}_{\substack{\text{partielle Ableitung} \\ \text{der Ordnung } n}} .$$

In die Taylorsche Formel $(*)$ eingesetzt, folgt

Satz von Taylor für Funktionen mit zwei Variablen

Sei $f(x,y)$ eine $(m+1)$-mal stetig partiell differenzierbare Funktion und $(x_0, y_0) \in \mathbb{D}$ der Entwicklungspunkt. Für $(x, y) \in \mathbb{D}$ gilt

$$f(x,y) \;=\; \sum_{n=0}^{m} \frac{1}{n!} \left[(x-x_0)\,\frac{\partial}{\partial x} + (y-y_0)\,\frac{\partial}{\partial y}\right]^n f \Bigg|_{(x_0, y_0)} + R_m(x,y)$$

$$=\; \sum_{n=0}^{m} \frac{1}{n!} \sum_{k=0}^{n} \binom{n}{k} (x-x_0)^{n-k}\,(y-y_0)^k$$

$$f\underbrace{\,_{x\cdots x}\,}\underbrace{\,_{y\cdots y}\,}_{n-k\text{-}k\text{-mal}}(x_0,y_0) + R_m(x,y)$$

mit dem Restglied

$$R_m(x) = \frac{1}{(m+1)!} \sum_{k=0}^{m+1} \binom{m+1}{k} (x-x_0)^{m+1-k}\,(y-y_0)^k\, f\underbrace{\,_{x\cdots x}\,}_{m+1-k}\underbrace{\,_{y\cdots y}\,}_{k\text{-mal}}(\xi,\eta)$$

wobei (ξ, η) ein nicht näher bekannter Punkt auf der Verbindungsgeraden von (x_0, y_0) und (x, y), die ganz in $\mathbb{D}$ liegen soll.

Bemerkungen:

(1) Wenn (x, y) hinreichend nahe bei (x_0, y_0) liegt, dann ist i.a. die Verbindungsgerade zwischen diesen Punkten ebenfalls in $\mathbb{D}$ enthalten.

(2) Die Formel

$$\left[(x-x_0)\,\frac{\partial}{\partial x} + (y-y_0)\,\frac{\partial}{\partial y}\right]^n f \Bigg|_{(x_0, y_0)}$$

ist folgendermaßen zu interpretieren:

Man multipliziere entsprechend der Potenz n die Summe aus, wende alle Ableitungen auf f an, werte diese Ableitungen an der Stelle (x_0, y_0) aus und multipliziere mit dem Polynom $(x - x_0)^i \, (y - y_0)^j$, wenn i die Ordnung der Ableitung $\frac{\partial}{\partial x}$ und j die Ordnung der Ableitung $\frac{\partial}{\partial y}$ repräsentiert $(i + j = n)$.

(3) **Satz von Taylor für Funktionen mit k Variablen:** Analog zu der Herleitung der Taylorschen Formel für eine Funktion mit zwei Variablen erhält man für eine Funktion f mit k Variablen $(x_1, ..., x_k)$ die Formel

$$f(x_1, ..., x_k) = \sum_{n=0}^{m} \frac{1}{n!} \left[\left(x_1 - x_1^{(0)} \right) \frac{\partial}{\partial x_1} + ... + \left(x_k - x_k^{(0)} \right) \frac{\partial}{\partial x_k} \right]^n$$

$$f \big|_{\left(x_1^{(0)}, ..., x_k^{(0)} \right)} + R_m \left(x_1, ..., x_k \right)$$

mit dem Entwicklungspunkt $(x_1^{(0)}, ..., x_k^{(0)})$ und dem Restglied $R_m \left(x_1, ..., x_k \right)$, das sich analog zum Restglied einer Funktion mit zwei Variablen berechnet.

Zur Verdeutlichung der Taylorschen Formel für eine Funktion $f(x, y)$ betrachten wir die Spezialfälle $n = 0, 1, 2$:

n = 0: Mittelwertsatz

$$f(x, y) \quad = \quad \sum_{n=0}^{0} \frac{1}{n!} \left[(x - x_0) \frac{\partial}{\partial x} + (y - y_0) \frac{\partial}{\partial y} \right]^n f \bigg|_{(x_0, y_0)} + R_0 (x, y)$$

$$= \quad f(x_0, y_0) + R_0 (x, y).$$

Dies ist der sog. **Mittelwertsatz für Funktionen mehrerer Variablen**.

n = 1: Linearisierung

$$f(x, y) = \sum_{n=0}^{1} \frac{1}{n!} \left[(x - x_0) \frac{\partial}{\partial x} + (y - y_0) \frac{\partial}{\partial y} \right]^n f \bigg|_{(x_0, y_0)} + R_1 (x, y)$$

$$\boxed{f(x, y) = f(x_0, y_0) + (x - x_0) \, f_x (x_0, y_0) + (y - y_0) \, f_y (x_0, y_0) + R_1 (x, y)}$$

Diese Formel wird zur **Linearisierung von Funktionen** verwendet, indem $f(x, y)$ durch das Polynom auf der rechten Seite ersetzt wird.

n = 2: Quadratische Näherung

$$f(x, y) \quad = \quad \sum_{n=0}^{2} \frac{1}{n!} \left[(x - x_0) \frac{\partial}{\partial x} + (y - y_0) \frac{\partial}{\partial y} \right]^n f \bigg|_{(x_0, y_0)} + R_2 (x, y)$$

$$= \quad f(x_0, y_0) + (x - x_0) \, f_x (x_0, y_0) + (y - y_0) \, f_y (x_0, y_0) +$$

$$+\frac{1}{2!}\left[(x-x_0)^2\,\frac{\partial^2}{\partial x^2}+2\,(x-x_0)\,(y-y_0)\,\frac{\partial}{\partial x}\,\frac{\partial}{\partial y}\right.$$

$$\left.+(y-y_0)^2\,\frac{\partial^2}{\partial y^2}\right]f\bigg|_{(x_0,\,y_0)}+R_2\,(x,\,y)$$

$$\begin{aligned}
f\,(x,\,y)\;&=\;f\,(x_0,\,y_0)+(x-x_0)\,f_x\,(x_0,\,y_0)+(y-y_0)\,f_y\,(x_0,\,y_0)\\
&\quad+\frac{1}{2}\left((x-x_0)^2\,f_{xx}\,(x_0,\,y_0)+2\,(x-x_0)\,(y-y_0)\,f_{xy}\,(x_0,\,y_0)\right.\\
&\qquad\left.+(y-y_0)^2\,f_{yy}\,(x_0,\,y_0)\right)+R_2\,(x,\,y)
\end{aligned}$$

Bemerkung: Führen wir den Richtungsvektor $\vec{n}=\begin{pmatrix} x-x_0 \\ y-y_0 \end{pmatrix}$ ein und definieren die *Hessesche Matrix*

$$H:=\begin{pmatrix} f_{xx}\,(x_0,\,y_0) & f_{xy}\,(x_0,\,y_0) \\ f_{xy}\,(x_0,\,y_0) & f_{yy}\,(x_0,\,y_0) \end{pmatrix}$$

kann man den Fall $n=2$ schreiben in der Form

$$f\,(x,\,y)-f\,(x_0,\,y_0)=\vec{n}\cdot\operatorname{grad}f\bigg|_{(x_0,\,y_0)}+\frac{1}{2}\,\vec{n}^{\,t}\,H\,\vec{n}+R_2\,(x,\,y)\,.$$

25. Beispiel: Man berechne die Taylorreihe der Funktion

$$f\,(x,\,y)=\sin\left(x^2+2\,y\right)$$

an der Stelle $(x_0,\,y_0)=\left(0,\,\frac{\pi}{4}\right)$ bis zur Ordnung 2.

(1) Die partiellen Ableitungen bis zur Ordnung 2 lauten

$$f(x,y)=\sin\left(x^2+2\,y\right) \qquad\qquad f\left(0,\tfrac{\pi}{4}\right)\;=\;1$$

$$\begin{aligned}
f_x(x,y)&=2\,x\,\cos\left(x^2+2\,y\right) & f_x\left(0,\tfrac{\pi}{4}\right)&=\;0\\
f_y\,(x,\,y)&=2\,\cos\left(x^2+2\,y\right) & f_y\left(0,\tfrac{\pi}{4}\right)&=\;0
\end{aligned}$$

$$\begin{aligned}
f_{xx}\,(x,\,y)&=-4\,x^2\,\sin\left(x^2+2\,y\right)+2\,\cos\left(x^2+2\,y\right) & f_{xx}\left(0,\tfrac{\pi}{4}\right)&=\;0\\
f_{yy}\,(x,\,y)&=-4\,\sin\left(x^2+2\,y\right) & f_{yy}\left(0,\tfrac{\pi}{4}\right)&=\;-4\\
f_{xy}\,(x,\,y)&=-4\,x\,\sin\left(x^2+2\,y\right) & f_{xy}\left(0,\tfrac{\pi}{4}\right)&=\;0.
\end{aligned}$$

In die Formel für die Taylorreihe bis zur Ordnung 2 eingesetzt folgt

$$\begin{aligned}
f\,(x,\,y)\;&=\;1+\frac{1}{2}\,(y-y_0)^2\cdot(-4)+R_2(x,y)\\
&=\;1-2\left(y-\frac{\pi}{4}\right)^2+R_2\,(x,\,y)\,.
\end{aligned}$$

(2) Berechnung des Restgliedes $R_2\,(x,\,y)$: Das Restglied lautet mit einem nicht näher bekannten Punkt $(\xi,\,\eta)$ auf der Verbindungsgeraden von $(x,\,y)$ und $\left(0,\,\frac{\pi}{4}\right)$

$$R_2\,(x,\,y) \;\; = \;\; \tfrac{1}{3!}\left\{ f_{xxx}\,(\xi,\,\eta)\,(x-x_0)^3 + 3\,f_{xxy}\,(\xi,\,\eta)\,(x-x_0)^2\,(y-y_0) \right.$$

$$\left. +3\,f_{xyy}\,(\xi,\,\eta)\,(x-x_0)\,(y-y_0)^2 + f_{yyy}\,(\xi,\,\eta)\,(y-y_0)^3\right\}.$$

Zur Abschätzung von $R_2\,(x,\,y)$ bestimmen wir die partiellen Ableitungen 3. Ordnung

$$\begin{aligned}
f_{xxx}\,(x,\,y) &= -12\,x\,\sin\left(x^2+2\,y\right) - 8\,x^3\cos\left(x^2+2\,y\right)\\
f_{xxy}\,(x,\,y) &= -8\,x^2\cos\left(x^2+2\,y\right) - 4\,\sin\left(x^2+2\,y\right)\\
f_{xyy}\,(x,\,y) &= -8\,x\,\cos\left(x^2+2\,y\right)\\
f_{yyy}\,(x,\,y) &= -8\,\cos\left(x^2+2\,y\right).
\end{aligned}$$

Sei $\xi \in [0,\,x]$ und $\eta \in \left[\frac{\pi}{4},\,y\right]$ beliebig, dann gelten die Abschätzungen (wenn man von $x > 0$ und $y > \frac{\pi}{2}$ ausgeht)

$$\begin{aligned}
|f_{xxx}\,(\xi,\,\eta)| &\leq\; 12\,\xi + 8\,\xi^3 &\leq\; 12\,x + 8\,x^3\\
|f_{xxy}\,(\xi,\,\eta)| &\leq\; 8\,\xi^2 + 4 &\leq\; 8\,x^2 + 4\\
|f_{xyy}\,(\xi,\,\eta)| &\leq\; 8\,\xi &\leq\; 8\,x\\
|f_{yyy}\,(\xi,\,\eta)| &\leq\; 8.
\end{aligned}$$

Daher erhalten wir eine Oberschranke für $R_2\,(x,\,y)$:

$$\begin{aligned}
\Rightarrow |R_2\,(x,\,y)| \;\leq\;\; &\tfrac{1}{3!}\left\{|f_{xxx}\,(\xi,\,\eta)|\,x^3 + 3\,|f_{xxy}\,(\xi,\,\eta)|\,x^2\left(y-\tfrac{\pi}{4}\right)\right.\\
&\left.+3\,|f_{xyy}\,(\xi,\,\eta)|\,x\left(y-\tfrac{\pi}{4}\right)^2 + |f_{yyy}\,(\xi,\,\eta)|\left(y-\tfrac{\pi}{4}\right)^3\right\}\\[2mm]
\leq\;\; &\tfrac{1}{6}\left\{4\,x^4\left(2\,x^2+3\right) + 12\,x^2\left(y-\tfrac{\pi}{4}\right)\left(2\,x^2+1\right)\right.\\
&\left.+24\,x^2\left(y-\tfrac{\pi}{4}\right)^2 + 8\left(y-\tfrac{\pi}{4}\right)^3\right\}.
\end{aligned}$$

(3) Zahlenbeispiel: $\;(x,\,y) = \left(0.05,\,\frac{\pi}{4}+0.05\right)$

$$\begin{aligned}
f\left(0.05,\,\tfrac{\pi}{4}+0.05\right) &= 0.99475 &&\text{(Exakter Wert)}\\
f_T\left(0.05,\,\tfrac{\pi}{4}+0.05\right) &= 0.995 &&\text{(Taylor-Entwicklung bis Ordnung 2)}\\
R_2\left(0.05,\,\tfrac{\pi}{4}+0.05\right) &\leq 0.000455 &&\text{(Abgeschätzter Fehler)}
\end{aligned}$$

Taylorreihen mit MAPLE. Die Taylorreihe einer Funktion f mit n Variablen $x_1,\ldots,\,x_n$ kann mit MAPLE durch den **mtaylor**-Befehl erstellt werden. Dieser Befehl muß allerdings durch **readlib(mtaylor)** zuerst geladen werden. Z.B. für die Funktion f mit 3 Variablen

```
> f(x, y, z) := sin(x^2 + 2*y + x*y*z^2):
```

lautet die Taylorreihe am Entwicklungspunkt $\left(0, \frac{\pi}{4}, 1\right)$ bis zur Ordnung 2

```
> mtaylor(f(x, y, z), [x=0, y=Pi/4, z=1], 3);
```

$$1 - \frac{1}{32}\,\pi^2\,x^2 - \frac{1}{2}\left(y - \frac{1}{4}\,\pi\right)\pi\,x - 2\left(y - \frac{1}{4}\,\pi\right)^2$$

Hinweis: Auf der CD-Rom befindet sich die Prozedur **taylor_ani**. Diese Prozedur stellt eine Funktion von zwei Variablen zusammen mit ihrer Taylorreihe mit wachsender Ordnung graphisch in einer dreidimensionalen Animation dar. Der Aufruf von *taylor_ani(f, [x0,y0], N)* erfolgt durch die Angabe des Funktionsausdrucks f, der von den beiden Variablen x und y abhängt. $[x_0, y_0]$ ist der Entwicklungspunkt und N die Ordnung der Taylorreihe.

Anwendung: Der Entwicklungspunkt (x_0, y_0) wird festgehalten und (x, y) ist ein beliebiger Punkt in der Nähe von (x_0, y_0). Aus den Spezialfällen für $n = 1$ und $n = 2$ ergeben sich wichtige *Näherungsausdrücke*.

(1) **Linearisierung:**

$$\boxed{f(x, y) \approx f(x_0, y_0) + (x - x_0)\,f_x(x_0, y_0) + (y - y_0)\,f_y(x_0, y_0).}$$

Die rechte Seite ist eine lineare Funktion in den Variablen x und y. Das Schaubild dieser linearen Funktion stellt eine Ebene im dreidimensionalen Raum dar, die mit f den gemeinsamen Punkt $(x_0, y_0, f(x_0, y_0))$ hat und den Graphen von f dort berührt. Man nennt diese Ebene die sog. *Tangentialebene* an den Graphen von f im Punkte (x_0, y_0) ($\rightarrow$ totale Differenzierbarkeit).

(2) **Quadratische Näherung:**

$$\begin{aligned}
f(x, y) \approx\ & f(x_0, y_0) + (x - x_0)\,f_x(x_0, y_0) + (y - y_0)\,f_y(x_0, y_0) \\
& + \tfrac{1}{2}(x - x_0)^2\,f_{xx}(x_0, y_0) + (x - x_0)(y - y_0)\,f_{xy}(x_0, y_0) \\
& + \tfrac{1}{2}(y - y_0)^2\,f_{yy}(x_0, y_0).
\end{aligned}$$

Die rechte Seite ist eine quadratische Funktion in den Variablen x und y. Im allgemeinen ist die quadratische Näherung für Funktionen besser als die lineare Näherung, dafür ist sie aber auch komplizierter und die geometrische Deutung nicht mehr ganz so einfach: Der Graph von f wird nicht durch eine Ebene, sondern durch eine gekrümmte Fläche angenähert, die zusätzlich die gleiche "Krümmung" wie die Funktion im Punkte (x_0, y_0) besitzt.

26. Beispiele:

(1) Für die Funktion

$$f(x, y) = x \cos(x + y) + (y - 1)^2 e^{-x^2}$$

lautet die lineare Näherung am Entwicklungspunkt $(x_0, y_0) = (0, 0)$

$$f(x, y) \approx 1 + x - 2y$$

und die quadratische

$$f(x, y) \approx 1 + x - 2y - x^2 + y^2.$$

(2) Die Schwingungsdauer eines Pendels der Länge l beträgt

$$T = 2\pi \sqrt{\frac{l}{g}}$$

($g = 9.81 \frac{m}{s^2}$). Gesucht ist ein linearer Ausdruck in g und l, der eine gute Näherung für T darstellt, wenn l nur wenig von 1 und g nur wenig von 9.81 abweicht:

$$\frac{\partial T}{\partial l} = \frac{\pi}{\sqrt{l\,g}}; \qquad \frac{\partial T}{\partial g} = -\pi \sqrt{\frac{l}{g^3}}$$

$$\begin{aligned}
T &\approx T(l_0, g_0) &+& \frac{\partial T}{\partial l}(l_0, g_0) \cdot (l - l_0) &+& \frac{\partial T}{\partial g}(l_0, g_0) \cdot (g - g_0) \\
&\approx \quad 2.006 &+& \quad 1.0030\,(l - 1) &-& \quad 0.1022\,(g - 9.81).
\end{aligned}$$

Linearisierung mit MAPLE. Da die Linearisierung einer Funktion dem Ersetzen der Funktion durch die Taylorreihe bis zur Ordnung 1 entspricht, kann mit dem **mtaylor**-Befehl die Linearisierung mit durchgeführt werden

```
> readlib(mtaylor):
> mtaylor(2*Pi*sqrt(l/g), [l=1,g=9.81], 2);
```

$$2.00606680 + 1.00303340\,l - 0.1022460082\,g$$

§2. Anwendungen der Differentialrechnung

Wir werden in diesem Abschnitt einige wichtige Anwendungen der Taylorschen Formel behandeln: Das totale Differential als lineare Näherung, die Fehlerrechnung, die Theorie der Maxima und Minima bei Funktionen von mehreren Variablen sowie die Bestimmung von Ausgleichungsfunktionen insbesondere der Regressionsgeraden. Die Anwendungsbeispiele werden durch MAPLE-Prozeduren ergänzt.

2.1 Das Differential als lineare Näherung

Wir untersuchen das Verhalten der Funktion $z = f(x, y)$ in unmittelbarer Umgebung des Punktes (x_0, y_0), indem wir den Zuwachs der Tangentialebene dz mit dem Zuwachs der Funktion Δz vergleichen.

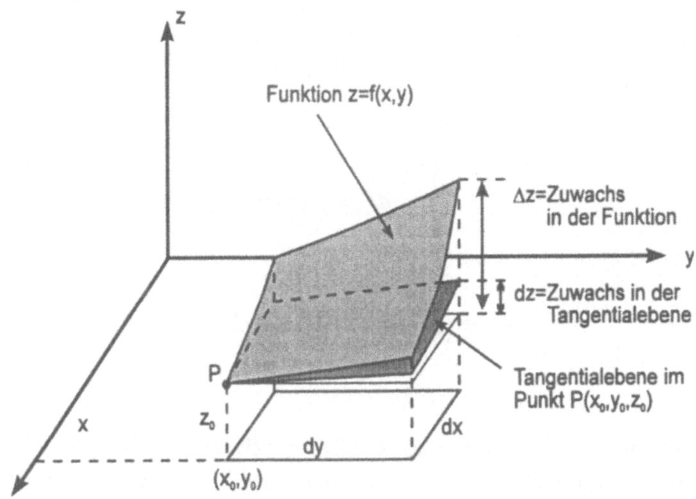

Abb. 13: Zum Begriff des vollständigen Differentials

Die Tangentialebene der Funktion $z = f(x, y)$ ist im Punkte (x_0, y_0) nach §1.4 bestimmt durch

$$z_t(x, y) = f(x_0, y_0) + (x - x_0)\, f_x(x_0, y_0) + (y - y_0)\, f_y(x_0, y_0).$$

Im Punkte $(x_0 + dx, y_0 + dy)$ hat die Tangentialebene den Wert

$$z_t(x_0 + dx, y_0 + dy) = f(x_0, y_0) + dx\, f_x(x_0, y_0) + dy\, f_y(x_0, y_0).$$

Die Änderung der Tangentialebene dz ist daher

$$dz = z_t(x_0 + dx, y_0 + dy) - z_t(x_0, y_0) = dx\, f_x(x_0, y_0) + dy\, f_y(x_0, y_0).$$

Wir bezeichnen

$dx,\ dy$:   *unabhängiges Differential*
dz: *abhängiges Differential* (= Änderung der Tangentialebene)

und definieren

Definition: (Totales Differential einer Funktion mit zwei Variablen)
*Das **totale Differential** einer Funktion $z = f(x, y)$ im Punkte $(x_0,\ y_0)$ ist*

$$dz := f_x(x_0,\ y_0)\ dx + f_y(x_0,\ y_0)\ dy.$$

Es beschreibt die Änderung der Tangentialebene im Punkte $(x_0,\ y_0)$, wenn man vom Punkt $(x_0,\ y_0)$ zum Punkt $(x_0 + dx,\ y_0 + dy)$ übergeht. Statt dz schreibt man oftmals auch df.

---

27. Beispiel: $f(x, y) = x \ln(x + y)$. Man bestimme das totale Differential im Punkte $(x_0,\ y_0) = \left(\frac{1}{2},\ \frac{1}{2}\right)$.

$$\left. \begin{aligned} \frac{\partial f}{\partial x} &= \ln(x + y) + x \cdot \frac{1}{x + y} \\ \frac{\partial f}{\partial y} &= x \cdot \frac{1}{x + y} \end{aligned} \right\} \quad df = \left(\ln(x + y) + \frac{x}{x + y} \right) dx + \frac{x}{x + y}\ dy.$$

$$\Rightarrow df(x_0, y_0) = \frac{1}{2}\ dx + \frac{1}{2}\ dy. \qquad \qquad \square$$

Wir vergleichen nun die **Änderung der Tangentialebene** dz mit der **Änderung der Funktion** $\triangle z$, indem wir für die Funktion $z = f(x, y)$ die Taylorsche Formel für $n = 1$ aufstellen:

$$f(x, y) = f(x_0, y_0) + (x - x_0)\ f_x(x_0, y_0) + (y - y_0)\ f_y(x_0, y_0) + R_1(x, y)$$

$$f(x, y) - f(x_0, y_0) = (x - x_0)\ f_x(x_0, y_0) + (y - y_0)\ f_y(x_0, y_0) + R_1(x, y)$$

Die Änderung der Funktion $\triangle z$ von $(x_0,\ y_0)$ nach $(x_0 + dx,\ y_0 + dy)$ ist

$$\begin{aligned} \triangle z \ &= \ f(x, y) - f(x_0, y_0) = f(x_0 + dx,\ y_0 + dy) - f(x_0, y_0) \\[2mm] &= \ dx\ f_x(x_0, y_0) + dy\ f_y(x_0, y_0) + R_1(x_0 + dx,\ y_0 + dy) \\[2mm] &= \ dz + R_1(x_0 + dx,\ y_0 + dy). \end{aligned}$$

Sie stimmt mit der Änderung der Tangentialebene dz

$$dz = dx\ f_x(x_0, y_0) + dy\ f_y(x_0, y_0)$$

bis auf den Term $R_1(x_0 + dx, y_0 + dy)$ überein. Für $(dx, dy) \rightarrow (0, 0)$ geht $R_1(x_0 + dx, y_0 + dy) \rightarrow R_1(x_0, y_0) = 0$, so daß für kleine dx, dy gilt

$$\boxed{dz \approx \triangle z.}$$

   □

Der Begriff des totalen Differentials überträgt sich direkt auf Funktionen mit mehr als zwei Variablen:

Definition: (Totales Differential einer Funktion mit n Variablen)
Unter dem **totalen Differential einer Funktion**

$$y = f(x_1, \ldots, x_n)$$

versteht man den Differentialausdruck

$$dy \quad := \quad f_{x_1}\, dx_1 + f_{x_2}\, dx_2 + \ldots + f_{x_n}\, dx_n$$

$$= \quad \frac{\partial f}{\partial x_1}\, dx_1 + \frac{\partial f}{\partial x_2}\, dx_2 + \ldots + \frac{\partial f}{\partial x_n}\, dx_n.$$

Bemerkungen:
(1) Statt dy schreibt man oftmals auch df.
(2) Das totale Differential beschreibt näherungsweise, wie sich der Funktionswert ändert, wenn sich die Variablen geringfügig um $dx_i \quad (i = 1, \ldots, n)$ ändern:

$$\triangle y \approx dy.$$

(3) Eine geometrische Deutung des totalen Differentials ist bei Funktionen mit mehr als zwei Variablen nicht mehr möglich.

28. Beispiele:
(1) Man bestimme das totale Differential der Funktion

$$f(x, y, z) = x\, e^{x\,y+4\,z}$$

im Punkte $(x_0, y_0, z_0) = (1, 0, 1)$:

$$\frac{\partial f}{\partial x} = e^{x\,y+4\,z} + x\, e^{x\,y+4\,z} \cdot y \quad \hookrightarrow f_x(1, 0, 1) = e^4$$

$$\frac{\partial f}{\partial y} = x^2\, e^{x\,y+4\,z} \quad\quad\quad\quad\quad \hookrightarrow f_y(1, 0, 1) = e^4$$

$$\frac{\partial f}{\partial z} = 4\,x\, e^{x\,y+4\,z} \quad\quad\quad\quad \hookrightarrow f_z(1, 0, 1) = 4\,e^4.$$

$$df(x, y, z) = \left(e^{xy+4z} + xy\,e^{xy+4z}\right) dx + x^2\,e^{xy+4z}\,dy + 4x\,e^{xy+4z}\,dz$$
$$df(1, 0, 1) = e^4\,dx + e^4\,dy + 4\,e^4\,dz.$$

(2) Ein ideales Gas genügt für 1 Mol der *Zustandsgleichung*

$$p(V, T) = R \cdot \frac{T}{V}.$$

Das totale Differential dieser Funktion lautet

$$dp = \frac{\partial p}{\partial V}\,dV + \frac{\partial p}{\partial T}\,dT = -R\,\frac{T}{V^2}\,dV + \frac{R}{V}\,dT.$$

Es beschreibt näherungsweise die Änderung des Gasdrucks p bei einer geringfügigen Änderung des Volumens um dV und gleichzeitig der Temperatur um dT (vgl. Beispiel 10(6)).

Realisierung mit MAPLE: Die Prozedur **differential** berechnet in MAPLE analytisch das vollständige Differential einer Funktion. Der Aufruf von **differential** erfolgt durch die Angabe des Funktionsausdrucks sowie der Liste aller Variablen.

```
> differential := proc()
>     # Berechnung des vollständigen Differentials einer Funktion
> local funct, n, i, var, df;
> funct:=args[1]:
> n:=nops(args[2]):
> for i form 1 to n
> do   var[i]:=args[2][i]: od:
> df:=sum('diff(funct, var[i])*cat(d,var[i])', 'i'=1..n);
> end;
```

29. Beispiel: Das vollständige Differential lautet für die Funktion

$$f(x, y, T) = \ln\left(T x^2 + y^2\right)$$

```
> df:=differential(ln(T*x^2+y^2), [x, y, T]);
```

$$df := 2\,\frac{T x\,dx}{T x^2 + y^2} + 2\,\frac{y\,dy}{T x^2 + y^2} + \frac{x^2\,dT}{T x^2 + y^2}$$

Linearisierung von Funktionen mit zwei Variablen

Für eine Funktion $z = f(x, y)$ gilt für kleine dx und dy näherungsweise

$$dz \approx \triangle z,$$

d.h. für kleine dx und dy kann die Änderung der Funktion über die Änderung der Tangentialebene (totales Differential) angenähert werden. Man nennt dieses Vorgehen die Linearisierung der Funktion $z = f(x, y)$ und setzt

$$\triangle z = f(x, y) - f(x_0, y_0) \approx dz = f_x(x_0, y_0)\, dx + f_y(x_0, y_0)\, dy.$$

Über die Beziehung $dx = x - x_0$ und $dy = y - y_0$ folgt insgesamt

$$\boxed{f(x, y) \approx f(x_0, y_0) + f_x(x_0, y_0)\,(x - x_0) + f_y(x_0, y_0)\,(y - y_0)}$$

$$\textbf{(Linearisierung der Funktion } z = f(x, y).)$$

Oftmals wird die Linearisierung benutzt, um Differenzen der Form

$$z(x_0 + \triangle x, \, y_0 + \triangle y) - z(x_0, y_0)$$

näherungsweise zu bestimmen:

$$z(x_0 + \triangle x, \, y_0 + \triangle y) - z(x_0, y_0) \approx \left.\frac{\partial z}{\partial x}\right|_{(x_0, y_0)} \triangle x + \left.\frac{\partial z}{\partial y}\right|_{(x_0, y_0)} \triangle y$$

$$\boxed{z(x, y) - z(x_0, y_0) \approx \left.\frac{\partial z}{\partial x}\right|_{(x_0, y_0)} (x - x_0) + \left.\frac{\partial z}{\partial y}\right|_{(x_0, y_0)} (y - y_0).} \qquad (2.1)$$

Mit einer erweiterten Formel lassen sich Funktionen von n Variablen linearisieren:

Linearisierung von Funktionen mit n Variablen:
In der Umgebung eines Entwicklungspunktes (Arbeitspunktes) $\left(x_1^0, \ldots, x_n^0\right)$ kann die nichtlineare Funktion

$$f(x_1, \ldots, x_n)$$

näherungsweise durch die *lineare* Funktion

$$y = f\left(x_1^0, \ldots, x_n^0\right) + \left(\frac{\partial f}{\partial x_1}\right)_0 (x_1 - x_1^0) + \ldots + \left(\frac{\partial f}{\partial x_n}\right)_0 (x_n - x_n^0)$$

ersetzt werden. Die partiellen Ableitungen $\left(\frac{\partial f}{\partial x_i}\right)_0$ müssen am Entwicklungspunkt $\left(x_1^0, \ldots, x_n^0\right)$ ausgewertet werden:

$$\left(\frac{\partial f}{\partial x_i}\right)_0 = \frac{\partial}{\partial x_i} f\left(x_1^0, \ldots, x_n^0\right).$$

---

30. Beispiele:

(1) Gesucht ist die Linearisierung der Funktion

$$f(x, y) = 5\,x\,e^{x - 4\,y^2}$$

am Entwicklungspunkt $(x_0,\, y_0) = \left(1,\, \tfrac{1}{2}\right)$:

$$f_x(x,\, y) = 5\,e^{x - 4\,y^2} + 5\,x\,e^{x - 4\,y^2} \qquad f_x\left(1,\, \tfrac{1}{2}\right) = 5 + 5 = 10$$

$$f_y(x,\, y) = -40\,x\,y\,e^{x - 4\,y^2} \qquad f_y\left(1,\, \tfrac{1}{2}\right) = -20$$

$$\Rightarrow z_l(x,\, y) = 5 + 10\,(x - 1) - 20\,\left(y - \tfrac{1}{2}\right).$$

(2) Der Gesamtwiderstand R einer Parallelschaltung aus drei Ohmschen Widerständen R_1, R_2 und R_3 wird durch die Formel

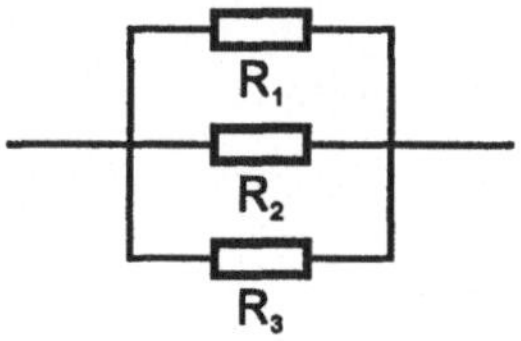

$$\frac{1}{R} = \frac{1}{R_1} + \frac{1}{R_2} + \frac{1}{R_3}$$

berechnet. Wir linearisieren die Funktion in einer Umgebung der Werte $R_1 = 100\,\Omega$, $R_2 = 200\,\Omega$, $R_3 = 500\,\Omega$. Dazu berechnen wir die partiellen Ableitungen von

$$R = \frac{R_1\,R_2\,R_3}{R_2\,R_3 + R_1\,R_3 + R_1\,R_2}$$

mit der Quotientenregel

$$\frac{\partial R}{\partial R_1} = \frac{R_2^2\,R_3^2}{\left(R_2\,R_3 + R_1\,R_3 + R_1\,R_2\right)^2}, \quad \frac{\partial R}{\partial R_2} = \frac{R_1^2\,R_3^2}{\left(R_2\,R_3 + R_1\,R_3 + R_1\,R_2\right)^2},$$

$$\frac{\partial R}{\partial R_3} = \frac{R_1^2\,R_2^2}{\left(R_2\,R_3 + R_1\,R_3 + R_1\,R_2\right)^2},$$

und setzen den Entwicklungspunkt $\left(R_1^0,\, R_2^0,\, R_3^0\right) = (100,\, 200,\, 500)$ ein:

$$\left(\frac{\partial R}{\partial R_1}\right)_0 = 0.3460, \quad \left(\frac{\partial R}{\partial R_2}\right)_0 = 0.086, \quad \left(\frac{\partial R}{\partial R_3}\right)_0 = 0.014.$$

Die Linearisierung lautet damit

$$R_L = R\left(R_1^0,\, R_2^0,\, R_3^0\right) + \left(\frac{\partial R}{\partial R_1}\right)_0 \left(R_1 - R_1^0\right) + \left(\frac{\partial R}{\partial R_2}\right)_0 \left(R_2 - R_2^0\right)$$

$$+ \left(\frac{\partial R}{\partial R_3}\right)_0 \left(R_3 - R_3^0\right)$$

$$R_L = 58.8235 + 0.3460\,(R_1 - 100) + 0.086\,(R_2 - 200) + 0.014\,(R_3 - 500).$$

2.2 Fehlerrechnung

Eine Anwendung des totalen Differentials tritt bei der Fehlerrechnung auf, die überall dort eine Rolle spielt, wo mit ungenauen Meßwerten gearbeitet wird: Eine physikalische Größe y hänge nach einem bekannten Gesetz von n Größen $x_1, \ldots, x_n$ ab:

$$y = f(x_1, \ldots, x_n).$$

Zur Auswertung von y müssen die Werte von $x_1, \ldots, x_n$ gemessen werden, was nur mit begrenzter Genauigkeit möglich ist. Die gemessenen Werte bezeichnen wir mit $x_1^0, \ldots, x_n^0$, die Meßfehler (Toleranzen) mit $\triangle x_1, \ldots, \triangle x_n$. Es stellt sich die Frage: Um wieviel weicht der aus den Meßwerten mit Toleranzen errechnete Wert $f(x_1^0 + \triangle x_1, \ldots, x_n^0 + \triangle x_n)$ maximal vom Wert $f(x_1^0, \ldots, x_n^0)$ ab? Die Differenz

$$\triangle f = f(x_1^0 + \triangle x_1, \ldots, x_n^0 + \triangle x_n) - f(x_1^0, \ldots, x_n^0)$$

heißt der **absolute Fehler** von f. Gesucht ist eine Abschätzung von $\triangle f$, wenn man weiß, wie groß die Beträge der Meßfehler $\triangle x_i$ höchstens sind.

Für kleine $dx_i = \triangle x_i$ stimmt das totale Differential df in etwa mit der Änderung der Funktion $\triangle f$ überein:

$$\triangle f \approx df = \left(\frac{\partial f}{\partial x_1}\right)_0 \cdot dx_1 + \ldots + \left(\frac{\partial f}{\partial x_n}\right)_0 \cdot dx_n.$$

Diese Formel benutzt man, um den Einfluß **kleiner** Fehler auf das Resultat zu berechnen. Sie ist nur für kleine Abweichungen $\triangle x_i$ anwendbar! Da für die Meßfehler in der Regel eine Toleranz $\pm \triangle x_i$ angegeben wird, erhält man für den Fehler in linearer Näherung eine Obergrenze durch

$$\boxed{|\triangle f| \approx |df| \leq \left|\left(\frac{\partial f}{\partial x_1}\right)_0\right| |\triangle x_1| + \ldots + \left|\left(\frac{\partial f}{\partial x_n}\right)_0\right| |\triangle x_n| = \bar{f}.}$$

Man bezeichnet $\bar{f}$ als **absoluten Fehler in linearer Näherung**. Dabei sind die partiellen Ableitungen $\left(\frac{\partial f}{\partial x_i}\right)_0$ für die Meßwerte $(x_1^0, \ldots, x_n^0)$ auszuwerten und $|\triangle x_i|$ geben die maximalen Fehlerschranken dieser Meßwerte an.

Oftmals sind auch die **relativen Fehler** von Interesse

$$\left|\frac{\bar{f}}{f_0}\right|, \qquad \left|\frac{\triangle x_i}{x_i^0}\right| \qquad (i = 1, \ldots, n),$$

die in der Regel auch in Prozenten angegeben werden: $100 \left|\frac{\bar{f}}{f_0}\right| \cdot \%$.

Zwei einfache Beispiele sollen die Vorgehensweise erläutern:

31. Beispiel: Die Spannung U an den Enden eines elektrischen Widerstandes hängt mit der Stromstärke I eines ihn durchfließenden Gleichstromes durch das Ohmsche Gesetz zusammen

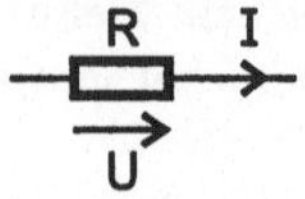

$$R = \frac{U}{I}.$$

Ist U mit $\triangle U$ und I mit $\triangle I$ fehlerhaft gemessen, so hat man als Oberschranke für den Fehler in R

$$\triangle R \approx dR = \frac{\partial R}{\partial U} \cdot dU + \frac{\partial R}{\partial I} \cdot dI$$

$$\Rightarrow \quad |\triangle R| \le \left|\frac{1}{I}\, dU\right| + \left|-\frac{U}{I^2}\, dI\right| = \bar{R}.$$

Zahlenbeispiel: $U = (110 \pm 2)\, V$, $I = (20 \pm 0.5)\, A$ ergibt

$$\bar{R} = \left(\tfrac{1}{20} \cdot 2 + \tfrac{110}{400} \cdot 0.5\right) \Omega = 0.2375\, \Omega \Rightarrow R = (5.5 \pm 0.24)\ \Omega.$$

Der relative Fehler beträgt

$$\frac{\bar{R}}{R} = \frac{0.24}{5.5} = 0.044 = 4.4\,\%.$$

32. Beispiel: Ein Widerstand der Größe R_0 mit $10\,\%$ Toleranz wird mit einem 5 mal größeren, zweiten Widerstand von $2\,\%$ Toleranz   a) seriell   b) parallel geschaltet. Man bestimme für beide Fälle den Gesamtwiderstand R_{ges} sowie den relativen Fehler.

a)

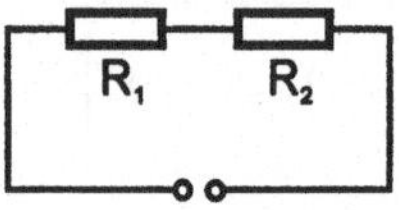

$$R_{ges} = R_1 + R_2 = 6\,R_0$$

$$\Rightarrow \quad \frac{\partial R_{ges}}{\partial R_1} = 1; \qquad \frac{\partial R_{ges}}{\partial R_2} = 1.$$

$$\bar{R} = \left(\frac{\partial R_{ges}}{\partial R_1}\right)_0 \cdot |\triangle R_1| + \left(\frac{\partial R_{ges}}{\partial R_2}\right)_0 \cdot |\triangle R_2|$$
$$= 10\,\%\, R_0 + 10\,\%\, R_0 = 20\,\%\, R_0.$$

Damit ergibt sich der relative Fehler zu

$$\frac{\bar{R}}{R_{ges}} = \frac{20\,\%\, R_0}{6\,R_0} \approx 3.3\,\%.$$

b)

$$\frac{1}{R_{ges}} = \frac{1}{R_1} + \frac{1}{R_2}$$

$$\Rightarrow \; R_{ges} = \frac{R_1 \cdot R_2}{R_1 + R_2} = \frac{5\,R_0^2}{6\,R_0} = \tfrac{5}{6}\,R_0.$$

$$\frac{\partial R_{ges}}{\partial R_1} = \frac{R_2^2}{(R_1 + R_2)^2}; \qquad \frac{\partial R_{ges}}{\partial R_2} = \frac{R_1^2}{(R_1 + R_2)^2}.$$

$$\begin{aligned}
\bar{R} &= \frac{R_2^2}{(R_1 + R_2)^2}\,|\triangle R_1| + \frac{R_1^2}{(R_1 + R_2)^2}\,|\triangle R_2| \\
&= \frac{25}{36}\,10\,\%\,R_0 + \frac{1}{36}\,10\,\%\,R_0 = \frac{260}{36}\,\%\,R_0 = 7.2\,\%\,R_0.
\end{aligned}$$

Der relative Gesamtfehler beträgt hierbei $\dfrac{\bar{R}}{R} = \dfrac{7.2\,\%\,R_0}{\frac{5}{6}\,R_0} = 8.66\,\%.$ $\square$

Fehlerformel für Potenzgesetze. Viele funktionale Zusammenhänge in den Naturwissenschaften haben eine einfache Beschreibung der Form

$$\boxed{\,y = f\,(x_1,\, x_2) = \alpha\, x_1^{c_1} \cdot x_2^{c_2}.\,} \qquad\qquad (*)$$

Für solche Funktionen ist

$$dy = \frac{\partial f}{\partial x_1}\,dx_1 + \frac{\partial f}{\partial x_2}\,dx_2 = \alpha\, c_1\, x_1^{c_1-1}\, x_2^{c_2}\, dx_1 + \alpha\, c_2\, x_1^{c_1}\, x_2^{c_2-1}\, dx_2.$$

Damit folgt für den maximalen relativen Fehler

$$\boxed{\,\frac{\bar{y}}{y} = |c_1|\,\left|\frac{dx_1}{x_1}\right| + |c_2|\,\left|\frac{dx_2}{x_2}\right|.\,}$$

Der maximale relative Fehler der Größe $y = \alpha\, x_1^{c_1} \cdot x_2^{c_2}$ setzt sich linear aus den relativen Fehlern der Einzelgrößen x_i zusammen. Als Koeffizienten treten die Beträge der Exponenten auf.

Folgerung: Beim Rechnen mit Dezimalzahlen bedeutet die Angabe der Zahl $a = 1.23$ in der Regel: Der genaue Wert von a weicht um höchstens eine halbe Einheit der letzten angegebenen Stelle ab; liegt also zwischen 1.225 und 1.235. Man erkennt dabei, daß die Dezimalzahlen $123;\ 12.3;\ 1.23;\ \ldots;\ 1.23 \cdot 10^k \quad (k \in \mathbb{Z})$ alle den gleichen relativen Fehler

$$100\,\% \cdot \frac{0.005 \cdot 10^k}{1.23 \cdot 10^k} \approx 0.41\,\%$$

besitzen. Der relative Fehler einer Dezimalzahl ist umso kleiner, je größer die Anzahl der geltenden Stellen ist.

> **Zusammenfassung: (Fehlerfortpflanzung nach Gauß)**
> Die Größe y hänge von gemessenen Größen $x_1, \ldots, x_n$ ab
>
> $$y = f(x_1, \ldots, x_n).$$
>
> Die Größen $x_1, \ldots, x_n$ liegen in der Form
>
> $$x_i^0 \pm \triangle x_i$$
>
> vor. Dabei ist x_i^0 der Mittelwert der Größen x_i, $\triangle x_i$ die Fehlertoleranzen. Dann bestimmt man den Fehler in y aufgrund der Meßungenauigkeiten von x_i näherungsweise durch
>
> $$\bar{y} = \left| \left(\frac{\partial f}{\partial x_1} \right)_0 \right| \cdot |\triangle x_1| + \ldots + \left| \left(\frac{\partial f}{\partial x_n} \right)_0 \right| \cdot |\triangle x_n|,$$
>
> wenn die partiellen Ableitungen $\left(\frac{\partial f}{\partial x_i} \right)_0$ an den Stellen $(x_1^0, \ldots, x_n^0)$ ausgewertet werden. Die Größe y hat den Wert
>
> $$y = f(x_1^0, \ldots, x_n^0) \pm \bar{y}.$$
>
> $\bar{y}$ heißt **absoluter maximaler Fehler** in linearer Näherung und
>
> $$\frac{\bar{y}}{f(x_1^0, \ldots, x_n^0)}$$
>
> **relativer maximaler Fehler**.

Realisierung mit MAPLE. Die MAPLE-Prozedur **fehler** berechnet den absoluten maximalen sowie den relativen Fehler in linearer Näherung über das vollständige Differential. Der Aufruf der Prozedur **fehler** erfolgt durch die Angabe
- der Funktionsvorschrift
- aller Variablen in der Form $x = x0 .. x0 + dx$,
wenn $x0$ der Meßwert und dx die Toleranz des Meßwertes ist.

```
> fehler:=proc()
>    # Prozedur zur Berechnung des maximalen sowie des relativen Fehlers
>    # eines Ausdrucks in mehreren Variablen
>
> local funct, n, i, Var, Var0, var,var0,dvar, f_quer;
> funct:=args[1]:
> n:=nops([args])-1:
> for i from 1 to n
> do   var||i:=op(1, args[1+i])):
```

```
>        var0||i:=op(1, op(2, args[1+i])):
>        dvar||i:=op(2, op(2, args[1+i]))-var0||i:
> od:
>
> Var:=seq(var||i, i=1..n):
> Var0:=seq(var0||i, i=1..n):
> funct:=unapply(funct, Var);
> f_quer:=sum('abs(D[i](funct)(Var0)*dvar||i)', 'i'=1..n);
>
> lprint('Der Funktionswert ist', evalf(funct(Var0)));
> lprint('Der absolute Fehler in linearer Näherung ist', evalf(f_quer));
> lprint('Der relative Fehler in linearer Näherung ist',
>                      evalf((f_quer/abs(funct(Var0))*100)), "%");
> end:
```

33. Beispiele:

(1) Die Schwingungsdauer eines Pendels der Länge L beträgt

$$T = 2\pi \sqrt{\frac{L}{g}}.$$

Gesucht ist der Fehler in der Schwingungsdauer T, wenn $L = 1\,m$ nur bis auf $0.001\,m$ und die Erdbeschleunigung $g = 9.81\,\frac{m}{s^2}$ bis auf $0.005\,\frac{m}{s^2}$ genau gegeben ist.

```
> fehler(2*Pi*sqrt(L/g), L=1..1.001, g=9.81..9.815);
```

Der Funktionswert ist   2.006066681
Der absolute Fehler in linearer Näherung ist $.1514263382\,e$-2
Der relative Fehler in linearer Näherung ist $.7548419980\,e$-1   "%"

(2) Der absolute sowie relative Fehler aus Beispiel 32 bestimmt sich mit der Prozedur **fehler** durch

a) Reihenschaltung
```
> fehler(R1+R2, R1=R0..R0+0.1*R0, R2=5*R0..5*R0+0.1*R0);
```

Der Funktionswert ist $6. * R0$
Der absolute Fehler in linearer Näherung ist $.2 * abs(R0)$
Der relative Fehler in linearer Näherung ist   3.333333334   "%"

b) Parallelschaltung
```
> fehler(R1*R2/(R1+R2), R1=R0..R0+0.1*R0, R2=5*R0..5*R0+0.1*R0);
```

Der Funktionswert ist $.8333333333 * R0$
Der absolute Fehler in linearer Näherung ist $.7222222222\,e$-1 $* abs(R0)$
Der relative Fehler in linearer Näherung ist   8.666666666   "%"

2.3 Lokale Extrema bei Funktionen mit mehreren Variablen

Im folgenden betrachten wir eine Funktion $z = f(x, y)$ von zwei Variablen x und y, deren partiellen Ableitungen bis zweiter Ordnung stetig sind. Wie bei Funktionen einer Variablen suchen wir zur Charakterisierung der Funktion nach solchen Punkten, in denen der Funktionswert von f am größten bzw. kleinsten wird. Bei der Diskussion schränken wir uns auf die *lokalen* Maxima und Minima ein:

Definition: (Lokales Extremum) *Eine Funktion* $z = f(x, y)$ *besitzt an der Stelle* $(x_0, y_0) \in \mathbb{D}$ *ein* **relatives Maximum** (*bzw.* **relatives Minimum**), *wenn in einer Umgebung des Punktes* (x_0, y_0) *für alle* $(x, y) \neq (x_0, y_0)$ *stets gilt*

$$f(x_0, y_0) > f(x, y) \quad (bzw. \ f(x_0, y_0) < f(x, y)).$$

Die relativen Maxima und Minima faßt man unter den Begriff *"relative Extremwerte"* zusammen. Relative Extremwerte werden manchmal auch als lokale Extremwerte bezeichnet, da die extreme Lage nur in unmittelbarer Umgebung von (x_0, y_0), nicht aber global zutrifft.

34. Beispiele:
(1) Die Funktion

$$f(x, y) = x^2 + y^2 + 4$$

besitzt im Punkt $(x_0, y_0) = (0, 0)$ ein lokales (sogar globales) Minimum. Mit

```
> f := (x,y) -> x^2+y^2+4:
> t := (x,y) -> f(0,0)+D[1](f)(0,0)*x + D[2](f)(0,0)*y:
> plot3d({f(x,y), t(x,y)}, x=-2..2, y=-2..2, axes=boxed,
>              style=PATCHNOGRID, orientation=[45,81]);
```

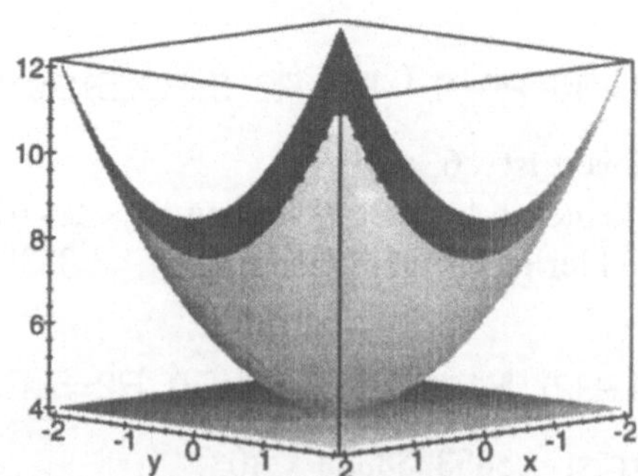

wird neben der Funktion f noch die Tangentialebene im Punkte $(0, 0)$ gezeichnet.

(2) Die Funktion

$$f(x, y) = e^{-\left(x^2 + y^2\right)}$$

besitzt im Punkte $(x_0, y_0) = (0, 0)$ ein lokales (sogar globales) Maximum:

```
> f := (x,y) -> exp(-(x^2+y^2)):
> t := (x,y) -> f(0,0)+D[1](f)(0,0)*x+D[2](f)(0,0)*y:
> plot3d({f(x,y), t(x,y)}, x=-2..2, y=-2..2, axes=boxed,
>                 style=PATCHNOGRID, orientation=[71,83]);
```

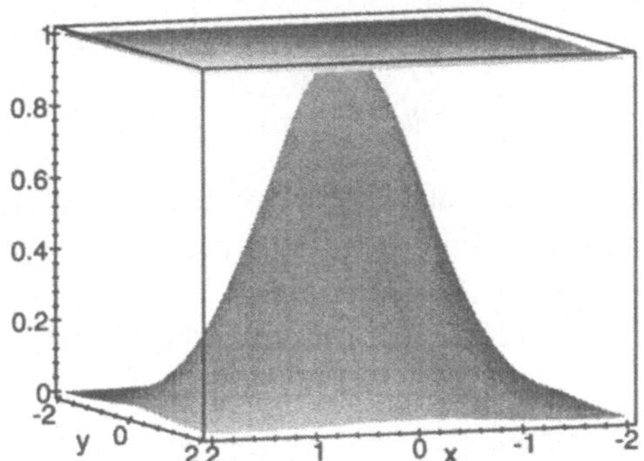

Für eine stetig differenzierbare Funktion f einer Variablen x besagt die notwendige Bedingung für ein lokales Extremum $x_0 \in \mathbb{D}$, daß die Tangente im Punkt $(x_0, f(x_0))$ parallel zur x-Achse verläuft: $f'(x_0) = 0$. Hat eine Funktion f von zwei Variablen in (x_0, y_0) ein lokales Extremum, dann ist die Tangentialebene parallel zur (x, y)-Ebene. Die Tangentialebene z_t von f lautet nach §1.4

$$z_t(x, y) = f(x_0, y_0) + \frac{\partial f}{\partial x}(x_0, y_0)\,(x - x_0) + \frac{\partial f}{\partial y}(x_0, y_0)\,(y - y_0).$$

Sie liegt parallel zur (x, y)-Ebene, wenn sowohl die partielle Ableitung nach x als auch nach y im Punkt (x_0, y_0) verschwindet.

Satz: Notwendige Bedingung für ein relatives Extremum

In einem *relativen Extremum* $(x_0, y_0) \in \mathbb{D}$ besitzt die Funktion $f(x, y)$ eine Tangentialebene parallel zur (x, y)-Ebene:

$$(x_0, y_0) \text{ relatives Extremum} \;\Rightarrow\; \boxed{\frac{\partial f}{\partial x}(x_0, y_0) = 0 \quad \& \quad \frac{\partial f}{\partial y}(x_0, y_0) = 0.}$$

Ist (x_0, y_0) ein relatives Extremum, dann verschwindet also der Gradient von f in (x_0, y_0):

$$\boxed{\operatorname{grad} f(x_0, y_0) = 0.}$$

Man beachte, daß dieser Satz nicht umkehrbar ist!:

35. Beispiel: Die Funktion

$$f(x, y) = x \cdot y$$

hat im Punkte $(x_0, y_0) = (0, 0)$ eine waagrechte Tangentialebene:

$$\left.\begin{array}{ll} \dfrac{\partial f}{\partial x}(x, y) = y & \Rightarrow \quad \dfrac{\partial f}{\partial x}(0, 0) = 0 \\[3mm] \dfrac{\partial f}{\partial y}(x, y) = x & \Rightarrow \quad \dfrac{\partial f}{\partial y}(0, 0) = 0 \end{array}\right\} \quad \Rightarrow \operatorname{grad} f(0, 0) = 0.$$

Aber in einer Umgebung des Punktes $(0, 0)$ existieren positive **und** negative Funktionswerte, wie man dem Funktionsgraphen entnimmt

```
> plot3d(x*y, x=-1..1, y=-1..1, axes=boxed,
>           style=PATCHNOGRID, orientation=[156,81]);
```

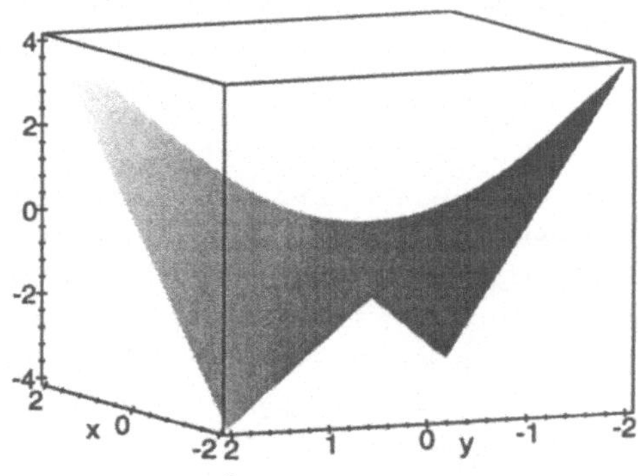

Folglich hat f bei $(0, 0)$ **kein** lokales Extremum. Man nennt den Punkt einen *Sattelpunkt*.

Definition: (Stationärer Punkt) *Der Punkt* (x_0, y_0) *heißt* **stationärer Punkt** *von* f, *wenn*

$$\operatorname{grad} f(x_0, y_0) = 0.$$

Relative Extrema sind demnach stationäre Punkte, aber nicht alle stationären Punkte sind nach Beispiel 35 relative Extrema. Ein stationärer Punkt P ist dadurch charakterisiert, daß die Tangentialebene von f in P parallel zur (x, y)-Ebene verläuft.

Um zu entscheiden, ob in einem stationären Punkt (x_0, y_0) ein lokales Extremum vorliegt, entwickeln wir f nach dem Satz von Taylor in der Umgebung von (x_0, y_0) bis zur Ordnung 2

$$
\begin{aligned}
f(x, y) \;=\; & f(x_0, y_0) + f_x(x_0, y_0)(x - x_0) + f_y(x_0, y_0)(y - y_0) \\
& + \tfrac{1}{2!}\left(f_{xx}(x_0, y_0)(x - x_0)^2 + 2 f_{xy}(x_0, y_0)(x - x_0)(y - y_0) \right. \\
& \left. + f_{yy}(x_0, y_0)(y - y_0)^2 \right) + R_2(x, y)
\end{aligned}
$$

Da $f_x(x_0, y_0) = f_y(x_0, y_0) = 0$, entfallen die Ableitungen erster Ordnung; für die Ableitungen zweiter Ordnung schreiben wir

$$
f(x, y) = f(x_0, y_0) + \tfrac{1}{2} f_{xx}(x_0, y_0) \left\{ (x - x_0) + \frac{f_{xy}(x_0, y_0)}{f_{xx}(x_0, y_0)}(y - y_0) \right\}^2
$$

$$
+ \tfrac{1}{2}\, \frac{1}{f_{xx}(x_0, y_0)} \left\{ f_{xx}(x_0, y_0)\, f_{yy}(x_0, y_0) - f_{xy}^2(x_0, y_0) \right\}(y - y_0)^2 + R_2(x, y)
$$

Es gilt:

i) Ist $f_{xx}(x_0, y_0) > 0$ und $f_{xx}(x_0, y_0)\, f_{yy}(x_0, y_0) - f_{xy}^2(x_0, y_0) > 0$

$$
\Rightarrow f(x, y) > f(x_0, y_0) + R_2(x, y).
$$

ii) Ist $f_{xx}(x_0, y_0) < 0$ und $f_{xx}(x_0, y_0)\, f_{yy}(x_0, y_0) - f_{xy}^2(x_0, y_0) > 0$

$$
\Rightarrow f(x, y) < f(x_0, y_0) + R_2(x, y).
$$

Folglich entscheidet der Ausdruck

$$
f_{xx}(x_0, y_0)\, f_{yy}(x_0, y_0) - f_{xy}^2(x_0, y_0) > 0
$$

ob in einem stationären Punkt ein Extremum vorliegt:

Satz: Hinreichende Bedingung für ein lokales Extremum

$f(x, y)$ sei zweimal stetig partiell differenzierbar in $(x_0, y_0) \in \mathbb{D}$. Im Punkt (x_0, y_0) liegt ein lokales Extremum vor, falls

(1) $\quad f_x(x_0, y_0) = 0, \quad f_y(x_0, y_0) = 0.$

(2) $\quad \Delta := f_{xx}(x_0, y_0) \cdot f_{yy}(x_0, y_0) - f_{xy}^2(x_0, y_0) > 0.$

Für $f_{xx}(x_0, y_0) < 0$ liegt ein **relatives Maximum** vor.
Für $f_{xx}(x_0, y_0) > 0$ liegt ein **relatives Minimum** vor.

Ist hingegen in einem stationären Punkt (x_0, y_0)

$$
f_{xx}(x_0, y_0)\, f_{yy}(x_0, y_0) - f_{xy}^2(x_0, y_0) < 0,
$$

so liegt kein Extremum, sondern ein **Sattelpunkt** vor.

Bemerkungen:
(1) Wie bei Funktionen einer Variablen wird die zweite Ableitung herangezogen, um zu entscheiden, ob ein lokales Extremum vorliegt oder nicht.
(2) Definiert man die sog. *Hessesche Matrix*

$$\operatorname{Hess} f := \begin{pmatrix} f_{xx} & f_{xy} \\ f_{yx} & f_{yy} \end{pmatrix},$$

entscheidet die Determinante der Hesseschen Matrix im Punkte (x_0, y_0), ob ein Extremum vorliegt. Es gilt:

$$\det(\operatorname{Hess} f) < 0 \quad \text{kein Extremwert, sondern Sattelpunkt.}$$
$$\det(\operatorname{Hess} f) = 0 \quad \text{keine Entscheidung möglich, ob an}$$
$$\text{der Stelle } (x_0, y_0) \text{ ein Extremum vorliegt.}$$
$$\det(\operatorname{Hess} f) > 0 \quad \text{ein Extremum liegt vor.}$$

36. Beispiele:
(1) Die Funktion

$$f(x, y) = x^2 + y^2 + c$$

hat im Punkte $(x_0, y_0) = (0, 0)$ ein lokales Minimum:
(i) Aus $\operatorname{grad} f = 0$ folgen die stationären Punkte:

$$\left.\begin{array}{l} f_x(x, y) = 2x \overset{!}{=} 0 \Rightarrow x = 0 \\ f_y(x, y) = 2y \overset{!}{=} 0 \Rightarrow y = 0 \end{array}\right\} \Rightarrow (x, y) = (0, 0) \text{ ist stationärer Punkt.}$$

(ii) Einsetzen des stationären Punktes in die Formel $\triangle$:

$$\left.\begin{array}{l} f_{xx}(0, 0) = 2 \\ f_{yy}(0, 0) = 2 \\ f_{xy}(0, 0) = 0 \end{array}\right\} \Rightarrow \triangle = f_{xx}(0, 0) \cdot f_{yy}(0, 0) - f_{xy}^2(0, 0) = 4 > 0.$$

$\Rightarrow (0, 0)$ ist relatives Extremum. Wegen $f_{xx}(0, 0) > 0$ liegt ein relatives Minimum vor.

(2) Gesucht sind die lokalen Extrema der Funktion

$$f(x, y) = \left(x^2 + y^2\right)^2 - 2\left(x^2 - y^2\right).$$

(i) Aus $\operatorname{grad} f = 0$ folgen die stationären Punkte:

$$\begin{aligned} f_x(x, y) &= 4x\left(x^2 + y^2\right) - 4x \overset{!}{=} 0 \\ f_y(x, y) &= 4y\left(x^2 + y^2\right) + 4y \overset{!}{=} 0. \end{aligned}$$

Die reellen Lösungen sind nach Beispiel 39 $(0, 0)$; $(1, 0)$ und $(-1, 0)$. Höchstens an diesen Stellen kann f ein Extremum annehmen.

(ii) Einsetzen der stationären Punkte in die Formel $\triangle$:

$$\begin{aligned} f_{xx}(x, y) &= 12\,x^2 + 4\,y^2 - 4 \\ f_{yy}(x, y) &= 12\,y^2 + 4\,x^2 + 4 \\ f_{xy}(x, y) &= 8\,xy. \end{aligned}$$

$\Rightarrow \triangle(0, 0) = f_{xx}(0, 0) \cdot f_{yy}(0, 0) - f_{xy}^2(0, 0) = -4 \cdot 4 - 0 = -12 < 0$

$\hookrightarrow$ in $(0, 0)$ liegt **kein** Extremum, sondern ein Sattelpunkt vor.

$\Rightarrow \triangle(1, 0) = f_{xx}(1, 0) \cdot f_{yy}(1, 0) - f_{xy}^2(1, 0) = 8 \cdot 8 - 0 = 64 > 0$

$\hookrightarrow$ in $(1, 0)$ liegt ein lokales Minimum vor, da $f_{xx}(1, 0) = 8 > 0$.

Wegen der Symmetrie $f(-x, y) = f(x, y)$ liegt auch im Punkt $(-1, 0)$ ein lokales Minimum vor.

(3) Die Funktion

$$f(x, y) = c + x^2 - y^2$$

hat in $(0, 0)$ einen Sattelpunkt : Aus $f_x(x, y) = 2\,x \stackrel{!}{=} 0$ und $f_y(x, y) = 2\,y \stackrel{!}{=} 0$ $\Rightarrow (x, y) = (0, 0)$ ist einziger stationärer Punkt. Da $f_{xx}(x, y) \cdot f_{yy}(x, y) - f_{xy}^2(x, y) = -4 < 0$ für alle (x, y) ist $(0, 0)$ **kein** lokales Extremum, sondern ein Sattelpunkt.

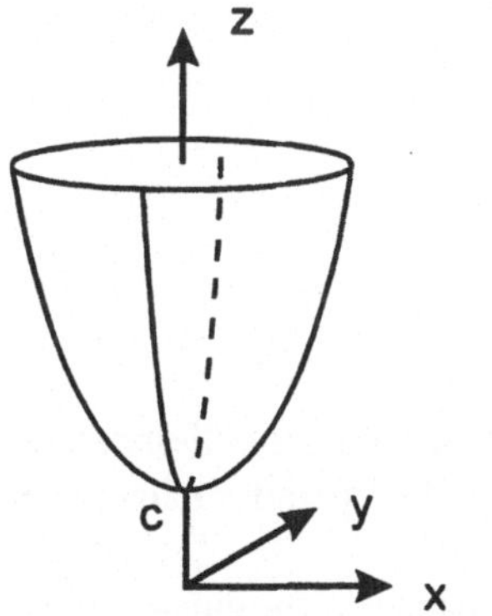

Funktion $f(x, y) = c + x^2 + y^2$

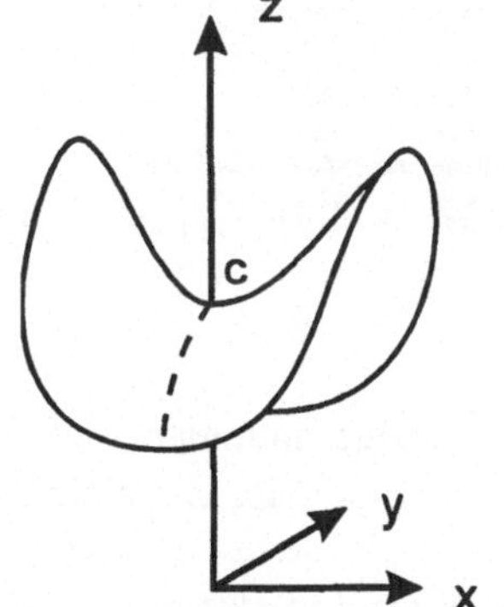

Funktion $f(x, y) = c + x^2 - y^2$

Bestimmung der stationären Punkte und Extremwerte mit MAPLE. Die Prozeduren **stationaer** und **extremum** bestimmen die stationären Punkte einer Funktion und prüfen nach, ob ein lokales Extremum vorliegt oder nicht. Die Prozedur **stationaer** berechnet die stationären Punkte einer Funktion f von n Variablen $x_1, \ldots, x_n$, indem alle partiellen Ableitungen von f auf Null gesetzt werden.

$$\frac{\partial f}{\partial x_i}(x_1, \ldots, x_n) = 0 \qquad (i = 1, \ldots, n)$$

Die Gleichungen werden in der Prozedur mit $eq[i]$ $(i = 1, \ldots, n)$ bezeichnet und mit dem **solve**-Befehl nach den Variablen $var[i]$ $(i = 1, \ldots, n)$ aufgelöst. Der Aufruf der Prozedur erfolgt durch die Angabe von

- f: Funktionsausdruck
- $[var1, \ldots, varn]$:   Liste der Variablen der Funktion f.

```
> stationaer:=proc()
>    # Prozedur zur Bestimmung der stationären Punkte
>    # einer Funktion von n Variablen
>
> local funct, n, i, var, eq, df;
> funct:=args[1]:
> n:=nops(args[2]):
>
> for i from 1 to n
> do   var[i]:=args[2][i]: od:
> for i from 1 to n
> do   eq[i]:=diff(funct, var[i])=0: od:
> solve({seq(eq[i],i=1..n)}, {seq(var[i],i=1..n)});
> end:
```

37. Beispiel: Gesucht sind die stationären Punkte der Funktion

$$f(x, y) = e^{-x^2 - y^2}.$$

```
> f := exp(-x^2-y^2):
> stat := stationaer(f, [x, y]);
```

$$stat := \{x = 0, \, y = 0\}$$

Der einzige stationäre Punkt ist $(x, y) = (0, 0)$. Um zu prüfen, ob dieser stationäre Punkt ein lokales Extremum darstellt, verwendet man die Prozedur **extremum_2d**.

Die Prozedur extremum_2d: Diese Prozedur prüft nach, ob für einen vorgegebenen Punkt das Kriterium

$$\Delta = f_{xx}(x_0, y_0) \, f_{yy}(x_0, y_0) - f_{xy}^2(x_0, y_0) > 0$$

erfüllt ist. Der Zusatz _2d besagt, daß nur Funktionen von zwei Variablen zugelassen sind. Der Aufruf von **extremum_2d** erfolgt durch die Angabe des Funktionsausdrucks sowie dem stationären Punkt in der Form von $\{var1=x0, \, var2 = y0\}$.

```
> extremum_2d:=proc()
>     # Prozedur zur Entscheidung, ob in einem stationären Punkt
>     # der Funktion z=f(x, y)  auch ein lokales Extremum vorliegt.
```

```
> local funct, var1, var2, delta, delta0, f_xx0;
>
> funct:=args[1]:  var1:=op(1,args[2][1]):  var2:=op(1,args[2][2]):
>
> delta:=diff(funct, var1$2)*diff(funct, var2$2)-diff(funct, var1, var2)^2:
> delta0:=evalf(subs(args[2], delta)):
> f_xx0:=subs(args[2], diff(funct, var1$2)):
>
> if delta0 > 0 then
>     if evalf(f_xx0) > 0
>     then print('Im Punkt', args[2], 'liegt ein lokales Minimum vor.'):
>     else print('Im Punkt', args[2], 'liegt ein lokales Maximum vor.'):
>     fi;
> elif delta0 = 0 then
>      print('Delta=0. Es kann nicht entschieden werden, ):
>      print('ob im Punkt ',args[2],'ein lokaler Extremwert vorliegt.'):
> else print ('Im Punkt', args[2], 'liegt ein Sattelpunkt vor.'):
> fi;
> end:
```

38. Beispiel: Ist der stationäre Punkt $x = 0, y = 0$ aus Beispiel 37 ein lokales Extremum der Funktion $f(x, y) = e^{-(x^2+y^2)}$?

```
> extremum_2d(f, {x=0,y=0});
```

$$\text{Im Punkt } \{x = 0, \, y = 0\} \text{ liegt ein lokales Maximum vor.}$$

39. Beispiel: Gesucht sind die Extremwerte der Funktion

$$f(x, y) = \left(x^2 + y^2\right)^2 - 2\left(x^2 - y^2\right).$$

```
> f := (x^2+y^2)^2-2*(x^2-y^2):
> stat := stationaer(f, [x, y]);
```

$$stat := \{x = 0, y = 0\}, \left\{x = 0, y = RootOf\left(\_Z^2 + 1\right)\right\},$$
$$\{x = 1, y = 0\}, \{x = -1, y = 0\}$$

Die reellen stationären Punkte sind $(0, 0), (1, 0)$ und $(-1, 0)$. Mit **extremum_2d** prüfen wir für jeden Punkt einzeln nach, ob ein Extremum vorliegt:

```
> extremum_2d(f, stat[1]);
```

$$\text{Im Punkt } \{x = 0, y = 0\} \text{ liegt ein Sattelpunkt vor.}$$

```
> extremum_2d(f, stat[3]);
```

$$\text{Im Punkt } \{x = 1, y = 0\} \text{ liegt ein lokales Minimum vor.}$$

```
> extremum_2d(f, stat[4]);
```

$$\text{Im Punkt } \{x = -1, y = 0\} \text{ liegt ein lokales Mimimum vor.}$$

Relative Extrema für Funktionen mit mehreren Variablen

Der Begriff des relativen Extremum läßt sich auch auf Funktionen mit mehr als zwei Variablen $y = f(x_1, \ldots, x_n)$ übertragen: Eine **notwendige Bedingung** für ein Extremum im Punkte $(x_1^0, \ldots, x_n^0)$ ist, daß der Gradient von f in diesem Punkt verschwindet:

Satz: Die Funktion $y = f(x_1, \ldots, x_n)$ besitzt im Punkte $(x_1^0, \ldots, x_n^0)$ ein **lokales Extremum**, dann gilt

$$\operatorname{grad} f(x_1^0, \ldots, x_n^0) = 0.$$

Dies bedeutet, daß im Punkte $(x_1^0, \ldots, x_n^0)$ alle partiellen Ableitungen verschwinden

$$\partial_{x_1} f(x_1^0, \ldots, x_n^0) = 0, \ldots, \partial_{x_n} f(x_1^0, \ldots, x_n^0) = 0.$$

Um eine **hinreichende Bedingung** zu erhalten, geht man zu der entsprechenden *Hesseschen Matrix*

$$\operatorname{Hess} f := \begin{pmatrix} f_{x_1 x_1} & f_{x_1 x_2} & \cdots & f_{x_1 x_n} \\ f_{x_2 x_1} & f_{x_2 x_2} & \cdots & f_{x_2 x_n} \\ \vdots & & & \\ f_{x_n x_1} & f_{x_n x_2} & \cdots & f_{x_n x_n} \end{pmatrix}$$

aller partiellen Ableitungen der Ordnung 2 über. Man beachte, daß die Matrix symmetrisch ist, da nach dem Satz von Schwarz

$$f_{x_i x_j} = f_{x_j x_i}$$

für zweimal stetig partiell differenzierbare Funktionen ist. Zur Charakterisierung der Extremwerte führen wir für symmetrische Matrizen folgenden Sprachgebrauch ein:

Definition: *Eine symmetrische $(n \times n)$-Matrix A heißt* **positiv definit**, *wenn für alle $k = 1, \ldots, n$ die Unterdeterminanten $\triangle_k$ größer Null sind.*

$$A = \begin{pmatrix} a_{11} & \cdots & a_{1n} \\ \vdots & & \vdots \\ a_{n1} & \cdots & a_{nn} \end{pmatrix} \Rightarrow \triangle_k = \det \begin{pmatrix} a_{11} & \cdots & a_{1k} \\ \vdots & & \vdots \\ a_{k1} & \cdots & a_{kk} \end{pmatrix} > 0.$$

Eine symmetrische Matrix heißt **negativ definit**, *wenn die Matrix $(-A)$ positiv definit ist.* Für definite Matrizen gilt der folgende **Satz:** A ist genau dann positiv (negativ) definit, falls alle Eigenwerte (Kap. XI.2.3) von A positiv (negativ) sind.

Satz: Hinreichende Bedingung für lokale Extrema

Sei $y = f(x_1, \ldots, x_n)$ eine Funktion mit n Variablen. In einem stationären Punkt $(x_1^0, \ldots, x_n^0)$ liegt ein lokales Maximum vor, wenn die Hessesche Matrix $Hess\, f$ im Punkte $(x_1^0, \ldots, x_n^0)$ negativ definit ist; es liegt ein lokales Minimum vor, wenn sie positiv definit ist.

Für Funktionen f mit n Variablen $(x_1, \ldots, x_n)$ prüft die Prozedur **extremum_nd** nach, ob in einem stationären Punkt ein lokales Extremum vorliegt. Als Entscheidungskriterium wird die Definitheit der Hesseschen Matrix

$$\mathrm{Hess}\,(f) = \begin{pmatrix} f_{x_1\, x_1} & \cdots & f_{x_1\, x_n} \\ \vdots & & \\ f_{x_n\, x_1} & \cdots & f_{x_n\, x_n} \end{pmatrix}$$

überprüft. Die Hessesche Matrix wird mit dem Befehl

```
> hessian(function, [x_1,..., x_n]);
```

aufgestellt. Der **hessian**-Befehl ist im **linalg**-Paket enthalten. Über das Vorzeichen der Determinante aller Untermatrizen

$$\begin{pmatrix} f_{x_1\, x_1} & \cdots & f_{x_1\, x_i} \\ \vdots & & \\ f_{x_i\, x_1} & \cdots & f_{x_i\, x_i} \end{pmatrix}$$

wird die positive oder negative Definitheit der Matrix bestimmt. Mit dem **submatrix**-Befehl

```
> submatrix(H, 1..i, 1..i);
```

werden die Untermatrizen gebildet. Ist die Matrix weder positiv noch negativ definit, dann nennt man sie *indefinit* und im stationären Punkt liegt **kein** lokales Extremum vor. Der Aufruf der Prozedur **extremum_nd** erfolgt analog **extremum_2d**.

```
> extremum_nd:=proc()
> # Prozedur zur Entscheidung, ob in einem stationären Punkt der Funktion
> # z=f(x1, x2,..., xn)  auch ein lokales Extremum vorliegt.
>
> local funct, n, i, var, H, H1, definit, d;
> funct:=args[1]:
> n:=nops(args[2]):
> with(linalg):
> for i from 1 to n
> do   var[i]:=op(1,args[2][i]): od:
>
> # Hessesche Matrix
> H:=hessian(funct, [seq(var[i], i=1..n)]);
> H1:=subs(args[2], eval(H));
> print('Die Hessesche Matrix', eval(H));
```

```
> print('lautet im Punkt',args[2],':', eval(H1)):
>
> # Bestimmung der Definitheit
> definit:= true:
> if evalf(H1[1,1]) = 0 then definit:=false: fi:
> if evalf(H1[1,1]) < 0 then H1:=evalm(-1*H1): fi:
>
> for i from 1 to n
> do   d[i]:=evalf(det(submatrix(H1, 1..i, 1..i))):
>        if signum(d[i]) <> 1 then definit:=false: fi:
> od:
>
> if definit
> then  if evalf(H1[1,1]) > 0
>          then print('Im Punkt',args[2],'liegt ein lokales Minimum vor.'):
>          else print('Im Punkt',args[2],'liegt ein lokales Maximum vor.'):
>          fi;
> else print('Da die Hessesche Matrix indefinit ist, liegt im Punkt '):
>        print(args[2],'kein lokaler Extremwert vor.'):
> fi;
> end:
```

40. Beispiel: Gesucht sind die lokalen Extrema der Funktion

$$f(x, y, z) = e^{-\left(x^2 + y^2 + z^2\right)}.$$

Stationäre Punkte:
```
> f:=exp(-x^2-y^2-z^2):
> stat:=stationaer(f, [x, y, z]);
```

$$stat := \{ z = 0, \ x = 0, \ y = 0 \}$$

Extremum:
```
> extremum_nd(f, stat);
```

Die Hessesche Matrix
$$\begin{vmatrix} -2\%1+4\,x^2\,\%1 & 4\,y\,x\,\%1 & 4\,z\,x\,\%1 \\ 4\,y\,x\,\%1 & -2\%1+4\,y^2\,\%1 & 4\,z\,y\,\%1 \\ 4\,z\,x\,\%1 & 4\,z\,y\,\%1 & -2\%1+4\,z^2\,\%1 \end{vmatrix}$$
$$\%1 := e^{\left(-x^2-y^2-z^2\right)}$$

lautet im Punkt, $\{ z = 0, \ x = 0, \ y = 0 \}$,:,
$$\begin{vmatrix} -2\,e^0 & 0 & 0 \\ 0 & -2\,e^0 & 0 \\ 0 & 0 & -2\,e^0 \end{vmatrix}$$

Im Punkt $\{ z = 0, \ x = 0, \ y = 0 \}$ liegt ein lokales Maximum vor.

Zur Berechnung der lokalen Extrema kann auch der MAPLE-Befehl **extrema** herangezogen werden.

```
> readlib(extrema):
> extrema(x^2+y^2+c, {}, {x,y}, extr);
```

$$\{c\}$$

Der **extrema**-Befehl bestimmt von der Funktion $f(x,y) = x^2 + y^2 + c$ die Extremwerte bezüglich den Variablen $\{x, y\}$ und liefert als Ergebnis die Menge der extremen Funktionswerte. Im Namen *extr* werden die Extremalpunkte abgespeichert

```
> extr;
```

$$\{\{x = 0,\, y = 0\}\}$$

Im zweiten Argument des Aufrufs können in $\{\}$ noch Nebenbedingungen angegeben werden, unter welchen die Extremwerte bestimmt werden sollen.

```
> f:=(x^2+y^2)^2-2*(x^2-y^2):
> extrema(f, {}, {x,y}, extr):
> extr;
```

$$\left\{\left\{x = 0,\, y = RootOf\left(-Z^2 + 1\right)\right\}, \{x = 0,\, y = 0\},\right.$$
$$\left.\{y = 0,\, x = 1\}, \{y = 0,\, x = -1\}\right\}$$

2.4 Ausgleichen von Meßfehlern; Regressionsgerade

Eine wichtige Anwendung der Theorie der Extremwerte ist das Ausgleichen von Meßfehlern: Durch Messungen, welche die Abhängigkeit einer Größe y von *einer* anderen Größe x ermittelt, seien n Wertepaare $(x_1, y_1), \ldots, (x_n, y_n)$ erfaßt worden. Die Aufgabe der Ausgleichsrechnung besteht darin, eine Funktion f zu finden, die sich einerseits den vorliegenden Meßpunkten möglichst gut anschmiegt und die andererseits einen möglichst glatten Verlauf besitzt.

41. Beispiel: Gemessen wird die Temperaturabhängigkeit eines Ohmschen Widerstandes. Gesucht ist eine Gerade, welche die Meßpunkte "geeignet" repräsentiert.

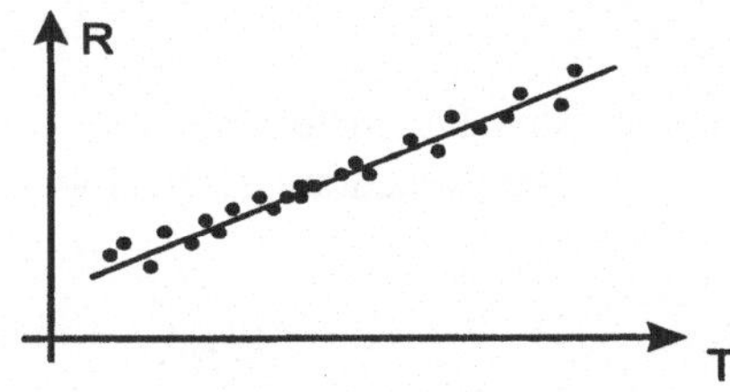

Abb. 14: Temperaturabhängigkeit eines Ohmschen Widerstandes

Prinzip der kleinsten Quadrate. Die gesuchte Funktion f soll die Eigenschaft besitzen, daß die Abstandsquadrate der Meßpunkte zur Ausgleichsfunktion minimal werden:

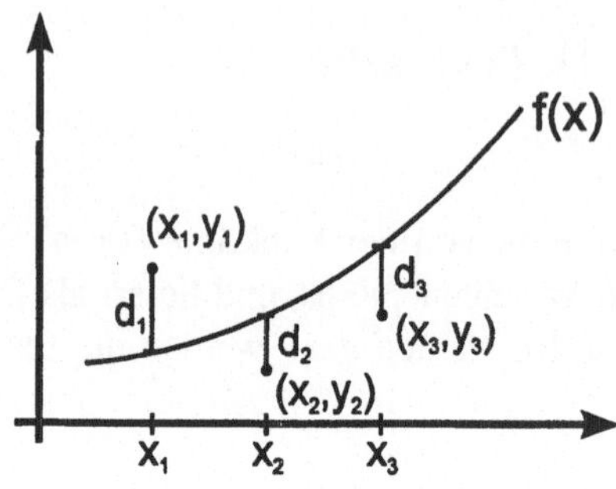

Abb. 15: Abstände d_i zur Ausgleichsfunktion

Der Abstand vom Meßpunkt y_i zur Ausgleichsfunktion f am Punkte x_i ist

$$d_i = y_i - f(x_i).$$

Die Summe über alle Abstandsquadrate ist daher

$$\sum_{i=1}^{n} d_i^2 = \sum_{i=1}^{n} (y_i - f(x_i))^2$$

Je nach vermutetem funktionalen Zusammenhang wählt man sich einen Funktionsansatz.

Tabelle: Ausgleichsfunktionen

Ausgleichsfunktion		Parameter
lineare Funktion	$f(x) = a\,x + b$	a, b
quadratische Funktion	$f(x) = a\,x^2 + b\,x + c$	a, b, c
ganzrat. Funktion	$f(x) = a_n\,x^n + \ldots + a_1\,x + a_0$	$a_n, a_{n-1}, \ldots, a_0$
Potenzfunktion	$f(x) = a\,x^b$	a, b
Exponentialfunktion	$f(x) = a\,e^{bx}$	a, b

In jeder Ansatzfunktion $f(x)$ sind Parameter enthalten, die so bestimmt werden müssen, daß die Summe der Abstandsquadrate minimal wird (*Prinzip der kleinsten Quadrate*):

$$F(a, b, c, \ldots) := \sum_{i=1}^{n} (y_i - f(x_i))^2 \to \text{minimal}.$$

Diese Summe ist wiederum eine Funktion der Parameter $F(a, b, c, \ldots)$. Gesucht ist ein Minimum dieser Funktion. Aus der Theorie der Extrema §2.3 kennen wir eine notwendige Bedingung für ein lokales Extremum: Alle partiellen Ableitungen müssen im stationären Punkt verschwinden

$$\Rightarrow \frac{\partial F}{\partial a} = 0,\ \frac{\partial F}{\partial b} = 0,\ \frac{\partial F}{\partial c} = 0, \ldots .$$

Dies liefert genau so viele (i.a. nichtlineare) Gleichungen wie Parameter im Ansatz enthalten sind.

Methode der kleinsten Quadrate: Zu n vorgegebenen Meßpunkten $(x_i,\ y_i)_{i=1,\ldots,n}$ läßt sich eine Ausgleichskurve wie folgt bestimmen:

(1) Auswahl einer Ansatzfunktion (Gerade, Parabel, ...). Dieser Ansatz enthält zunächst unbestimmte Parameter a, b, c, ...

(2) Man bildet die Summe der Abstandsquadrate

$$F(a,\ b,\ c, \ldots) = \sum_{i=1}^{n} (y_i - f(x_i))^2 .$$

Diese Summe ist eine Funktion der freien Parameter.

(3) Die Parameter werden dann so bestimmt, daß die Funktion $F(a,\ b,\ c, \ldots)$ minimal wird, d.h.

$$\frac{\partial F}{\partial a} = 0, \quad \frac{\partial F}{\partial b} = 0, \quad \frac{\partial F}{\partial c} = 0, \ldots .$$

Regressionsgerade. Wir werden nur den für die Anwendungen wichtigsten Spezialfall der Regressionsgeraden diskutieren. Wir nehmen an, daß zu n verschiedenen x-Werten $x_1, \ldots, x_n$ die zugehörigen y-Werte $y_1, \ldots, y_n$ vorliegen, so daß n Meßpunkte

$$(x_1,\ y_1),\ (x_2,\ y_2),\ \ldots,\ (x_n,\ y_n)$$

gegeben sind. Gesucht sind die Parameter a und b in der Regressionsgeraden

$$f(x) = a\,x + b,$$

so daß die Summe der Abstandsquadrate minimal wird. Der Abstand d_i der Meßpunkte zur Ausgleichsgeraden lautet

$$d_i = y_i - a\,x_i - b.$$

Die Summe der Abstandsquadrate

$$F(a,\ b) = \sum_{i=1}^{n} d_i^2 = \sum_{i=1}^{n} (y_i - a\,x_i - b)^2$$

ist daher eine Funktion der beiden Parameter a und b. Von der Funktion $F(a, b)$ suchen wir ein globales Minimum. Um die stationären Punkte zu bestimmen, setzen wir die partiellen Ableitungen von F nach a und b gleich Null:

$$\frac{\partial F}{\partial a} = 2 \sum_{i=1}^{n} (y_i - a\,x_i - b)\,(-x_i)$$

$$= -2 \sum_{i=1}^{n} y_i\,x_i + 2\,a \sum_{i=1}^{n} x_i^2 + 2\,b \sum_{i=1}^{n} x_i \stackrel{!}{=} 0.$$

$$\frac{\partial F}{\partial b} = 2 \sum_{i=1}^{n} (y_i - a\,x_i - b)\,(-1)$$

$$= -2 \sum_{i=1}^{n} y_i + 2\,a \sum_{i=1}^{n} x_i + 2 \sum_{i=1}^{n} b \stackrel{!}{=} 0.$$

Diese notwendigen Bedingungen bilden ein lineares Gleichungssystem für a, b:

$$\left(\sum_{i=1}^{n} x_i^2 \right) a \;+\; \left(\sum_{i=1}^{n} x_i \right) b \;=\; \sum_{i=1}^{n} x_i\,y_i$$

$$\left(\sum_{i=1}^{n} x_i \right) a \;+\; n \quad b \;=\; \sum_{i=1}^{n} y_i.$$

Da für die Koeffizientenmatrix gilt

$$\Delta = \left| \begin{array}{cc} \sum x_i^2 & \sum x_i \\ \sum x_i & n \end{array} \right| = n \sum_{i=1}^{n} x_i^2 - \left(\sum_{i=1}^{n} x_i \right)^2 = \frac{1}{2} \sum_{j=1}^{n}\sum_{i=1}^{n} (x_i - x_j)^2 > 0,$$

erhalten wir z.B. mit der Cramerschen Regel die eindeutige Lösung des linearen Gleichungssystems

$$a = \hat{a} := \frac{1}{\Delta} \left(n \cdot \sum_{i=1}^{n} x_i\,y_i - \left(\sum_{i=1}^{n} x_i \right) \left(\sum_{i=1}^{n} y_i \right) \right)$$

$$b = \hat{b} := \frac{1}{\Delta} \left(\left(\sum_{i=1}^{n} x_i^2 \right) \left(\sum_{i=1}^{n} y_i \right) - \left(\sum_{i=1}^{n} x_i \right) \left(\sum_{i=1}^{n} x_i\,y_i \right) \right).$$

Um zu überprüfen, daß F im Punkte $(\hat{a}, \hat{b})$ ein lokales Minimum annimmt, berechnen wir $F_{aa}(\hat{a}, \hat{b}) \cdot F_{bb}(\hat{a}, \hat{b}) - F_{ab}^2(\hat{a}, \hat{b})$:

$$F_{aa} = 2 \sum_{i=1}^{n} x_i^2; \qquad F_{bb} = 2\,n; \qquad F_{ab} = 2 \sum_{i=1}^{n} x_i$$

$$\Rightarrow F_{aa} \cdot F_{bb} - F_{ab}^2 = 4\,n \sum_{i=1}^{n} x_i^2 - 4 \left(\sum_{i=1}^{n} x_i \right)^2 = 4\,\triangle > 0.$$

Durch die Methode der kleinsten Quadrate wird also die Gerade

$$\boxed{y = \hat{a}\,x + \hat{b}}$$

als lineare Glättungsfunktion für die Meßpunkte bestimmt. Diese Gerade heißt auch **Regressionsgerade** oder **Ausgleichsgerade**.

42. Beispiel: Wir betrachten ein einfaches Beispiel aus 6 Meßwerten:

x	0	1	2	3	4	5
y	3	5	7	8	10	10

Dann ist

$$\triangle = 6 \cdot \left(1 + 2^2 + 3^2 + 4^2 + 5^2\right) - (1 + 2 + 3 + 4 + 5)^2 = 105$$
$$\hat{a} = \frac{1}{105} \left[6 \cdot (1 \cdot 5 + 2 \cdot 7 + 3 \cdot 8 + 4 \cdot 10 + 5 \cdot 10) - \right.$$
$$\left. (1 + 2 + 3 + 4 + 5)\,(3 + 5 + 7 + 8 + 10 + 10)\right] = \frac{51}{35}.$$

Analog berechnet sich $\hat{b} = \frac{74}{21}$. Die Regressionsgerade hat somit die Form

$$y = \frac{51}{35}\,x + \frac{74}{21}.$$

Für eine größere Anzahl von Meßpunkten muß selbst die Bestimmung der Regressionsgeraden auf einem Rechner durchgeführt werden. $\square$

Bestimmung der Ausgleichsgeraden mit MAPLE. Die Prozedur **Regressionsgerade** bestimmt zu einer Liste aus vorgegebenen Meßwerten $[[x_1, y_1], \ldots, [x_n, y_n]]$ die Parameter $\hat{a}$ und $\hat{b}$ der Ausgleichsgeraden und zeichnet sowohl die Meßwerte als auch die Ausgleichsgerade in ein Schaubild. Der Aufruf erfolgt wie der **plot**-Befehl für eine Liste von Punkten.

```
> Regressionsgerade:=proc()
> # Prozedur zur Bestimmung der Regressionsgeraden
> local n, i, x,y, A11, A12, b1, b2, delta, a, b, p1, p2;
>
> n:=nops(args[1]):
> for i from 1 to n
> do   x[i]:=op(1, args[1][i]):
>       y[i]:=op(2, args[1][i]):
> od:
>
```

```
> A11:=sum('x[i]^2','i'=1..n):
> A12:=sum('x[i]','i'=1..n):
> b1:=sum('x[i]*y[i]','i'=1..n):
> b2:=sum('y[i]','i'=1..n):
>
> delta:=A11*n-A12^2:
> a:=1/delta*(n*b1-A12*b2);
> b:=1/delta*(A11*b2-A12*b1);
>
> print('Die Regressionsgerade lautet ', a*x+b);
> p1:=plot(args, style=point, symbol=circle, color=red):
> p2:=plot(a*x+b, x=x[1]..x[n], thickness=2):
> with(plots): display({p1, p2});
> end:
```

43. Beispiel:
```
> Regressionsgerade([[0,3],[1,5],[2,7],[3,8],[4,10],[5,10]]);
```

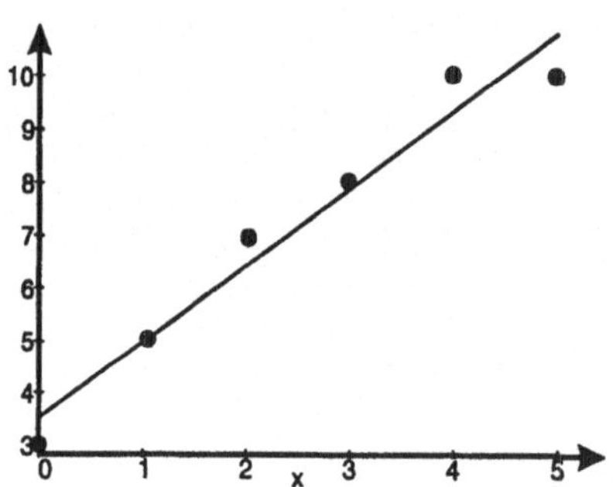

$$\text{Die Regressionsgerade lautet, } \frac{51}{35}x + \frac{74}{21}$$

Wir haben den Fall der Ausgleichsgeraden ausführlich behandelt, da er durch Modifikation der Meßwerte auch die logarithmische, die exponentielle sowie die Potenzanpassung beinhaltet:

Bemerkungen:

(1)   Ist eine **logarithmische Anpassung**

$$\boxed{f(x) = a \ln x + b}$$

an die Meßwerte gesucht, führt man die Hilfsvariable $z = \ln x$ ein. Aus den x-Werten der Messung wird der Logarithmus gebildet und von den Meßwerten (x_i, y_i), $i = 1, \ldots, n$ zu den Wertepaaren $(\ln(x_i), y_i)$, $i = 1, \ldots, n$ übergegangen. Mit diesen Daten bestimmt man die Ausgleichsgerade.

(2) Ist eine **exponentielle Anpassung**

$$\boxed{f(x) = a\,e^{b\,x}}$$

an die Meßwerte gesucht, bildet man von der Gleichung

$$y = a\,e^{b\,x}$$

den Logarithmus

$$\ln y = \ln a + b \cdot x = A\,x + B.$$

Aus den $(x_i,\,y_i)$-Meßwerten geht man zu den Wertepaaren $(x_i,\,\ln(y_i))$ über und bestimmt die Parameter A und B der Ausgleichsgeraden. Dann ist $b = A$ und $a = e^B$.

(3) Ist eine **Potenzanpassung**

$$\boxed{f(x) = a\,x^b}$$

an die Meßwerte gesucht, bildet man von der Gleichung

$$y = a\,x^b$$

den Logarithmus

$$\ln y = \ln a + b\,\ln x.$$

Aus den $(x_i,\,y_i)$-Meßwerten geht man zu den Wertepaaren $(\ln(x_i),\,\ln(y_i))$ über und bestimmt die Ausgleichsgerade

$$y = A\,x + B.$$

Dann ist $b = A$ und $a = e^B$.

(4) Die logarithmische und exponentielle Anpassung bzw. die Potenzanpassung entsprechen der Darstellung der Meßwerte in einer logarithmischen bzw. doppel-logarithmischen Auftragung (siehe Bd. 1, Kap. IV.1.2). Die logarithmischen Darstellungen von Funktionen bzw. Meßwerten erfolgen durch die Befehle **logplot**, **loglogplot** und **semilogplot**.

Bestimmung eines Ausgleichspolynoms mit MAPLE. In Verallgemeinerung der Vorgehensweise bei der Berechnung der Parameter der Ausgleichsgeraden bestimmt die Prozedur **ausgleich** die freien Parameter einer vorgegebenen Polynomfunktion nach der Methode der kleinsten Quadrate. Der Aufruf von **ausgleich** erfolgt durch die Angabe des Ausgleichspolynoms, aller Parameter, die angepaßt werden sollen, sowie der Liste aus Meßwerten.

```
> ausgleich:=proc()
> local n, i, n_para, n_werte, funct, var, eq, xd,yd, F, p1, p2, sol;
>
> n:=nops([args]):
> n_para:=n-2:
> n_werte:=nops(args[n]):
> funct:=args[1]:
>
> for i from 1 to n_para
> do   var[i]:=args[i+1]: od:
>
> for i from 1 to n_werte
> do   xd[i]:=op(1, args[n][i]):
>         yd[i]:=op(2, args[n][i]):  od:
>
> # Abstandsquadrate
> F:=sum('(subs(x=xd[i], funct)-yd[i])^2','i'=1..n_werte):
> for i from 1 to n_para
> do   eq[i]:=diff(F, var[i])=0: od:
> sol:=solve{seq(eq[i], i=1..n_para)},{seq(var[i], i=1..n_para)});
>
> print('Die Ausgleichsfunktion lautet',subs(sol, funct));
> print('Das Abstandsquadrat ist',evalf(subs(sol, F)));
> p1:=plot(args[n], style=point, symbol=circle, color=red):
> p2:=plot(subs(sol, funct), x=xd[1]..xd[n_werte], thickness=2):
> with(plots): display({p1, p2});
> end:
```

44. Beispiel: Zu den Meßwerten aus Beispiel 43 soll eine Ausgleichsparabel bestimmt werden, die sich besser als die Regressionsgerade an die Meßwerte anpaßt.

```
> ausgleich(a*x^2+b*x+c, a, b, c, [[0,3],[1,5],[2,7],[3,8],[4,10],[5,10]]);
```

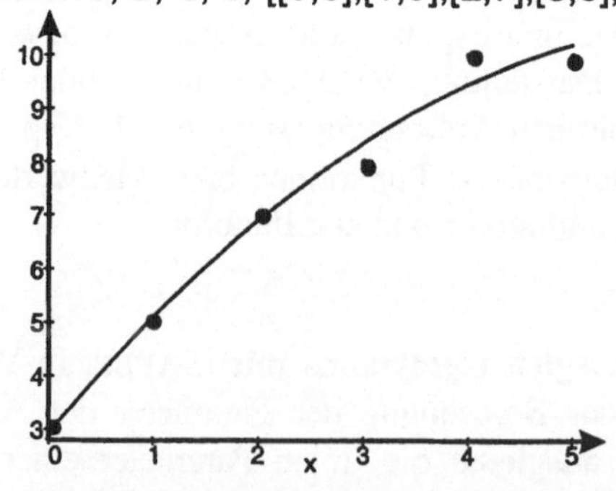

Die Ausgleichsfunktion lautet, $-\dfrac{5}{28}x^2 + \dfrac{47}{20}x + \dfrac{41}{14}$

Das Abstandsquadrat ist, $.4857142857$

§3. Integralrechnung für Funktionen von mehreren Variablen

Wir beschäftigen uns in diesem Abschnitt mit mehrdimensionalen Integralen. Die Übertragung vom eindimensionalen auf den mehrdimensionalen Fall bereitet im Prinzip keine Schwierigkeiten, wird aber von seiner Konstruktion her sehr viel aufwendiger. Zunächst führen wir in §3.1 Doppelintegrale zur Bestimmung von Volumina, Schwerpunkten von ebenen Flächen und Flächenmomenten ein. Anschließend in §3.2 übertragen wir die Vorgehensweise auf Dreifachintegrale, um Schwerpunkte und Massenträgheitsmomente von Körpern zu berechnen. Eine weitere Möglichkeit, den Integralbegriff auf Funktionen mit mehreren Variablen zu erweitern, besteht in der Integration entlang einer Linie. Dies führt auf den Begriff der Linienintegrale (§3.3), die in der Elektrodynamik und Thermodynamik zur Berechnung der Energie herangezogen werden. In §3.4 werden Oberflächenintegrale diskutiert.

3.1 Doppelintegrale (Gebietsintegrale)

3.1.1 Definition

Das bestimmte Integral einer positiven Funktion $f(x)$ im Intervall $[a, b]$ repräsentiert die Fläche, welche die Kurve $f(x)$ mit der x-Achse im Bereich $[a, b]$ einschließt. Definiert wird das bestimmte Integral $\int_a^b f(x)\, dx$ als Grenzwert über die Summe aller Rechteckflächen $(x_k - x_{k-1}) f(\xi_k)$, wenn die Intervallbreite $\triangle x_k = (x_k - x_{k-1})$ der Unterteilung des Intervalls

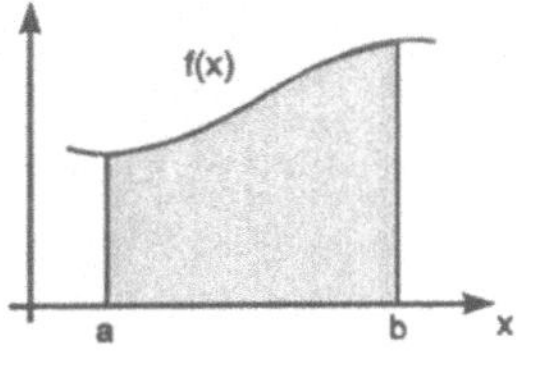

$$a = x_0 < x_1 < \ldots < x_{n-1} < x_n = b$$

für $n \to \infty$ gegen Null strebt.

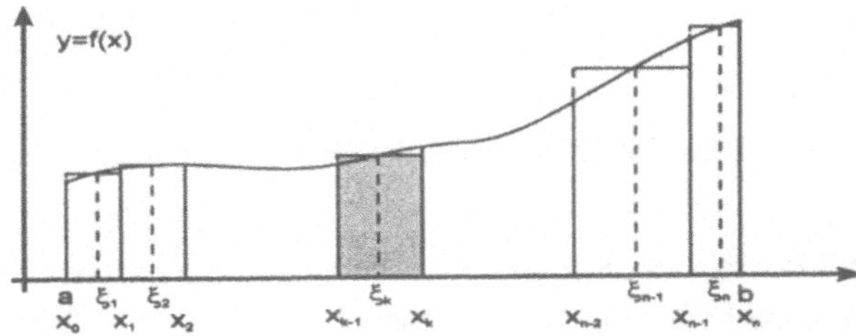

Um diesen Integralbegriff auf zweidimensionale Gebiete zu übertragen, reicht es für unsere Zwecke vollkommen aus, nur einen beschränkten, einfach zusammenhängenden Bereich $G \subset \mathbb{R}^2$ in der (x, y)-Ebene zu betrachten, der einen "glatten" Rand besitzt. Diesen Bereich nennen wir im folgenden ein *Gebiet*. Es sei $z = f(x, y)$ eine auf dem Gebiet G stetige, positive Funktion. Gesucht ist das Volumen zwischen den Funktionsgraphen und G:

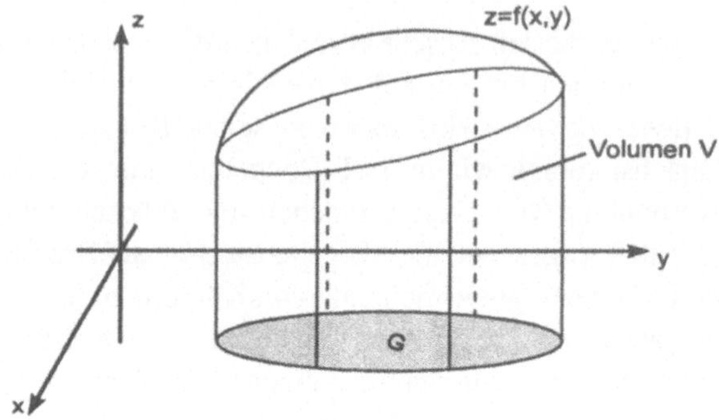

Zur Bestimmung des Volumens V zerlegen wir das Gebiet G in Rechteckflächen der Länge $\triangle x_i$ und Breite $\triangle y_j$. Die Anzahl der Unterteilungen in x-Richtung sei n, die Anzahl der Unterteilungen in y-Richtung m. Für jedes Rechteck (i, j) wählen wir einen beliebigen Punkt $P(\xi_i, \eta_j)$ und bestimmen den zugehörigen Funktionswert $f(\xi_i, \eta_j)$. Das Zylindervolumen über dem Rechteck beträgt Grundfläche $\times$ Höhe:

$$V_{ij} = f(\xi_i, \eta_j)\, \triangle x_i\, \triangle y_j.$$

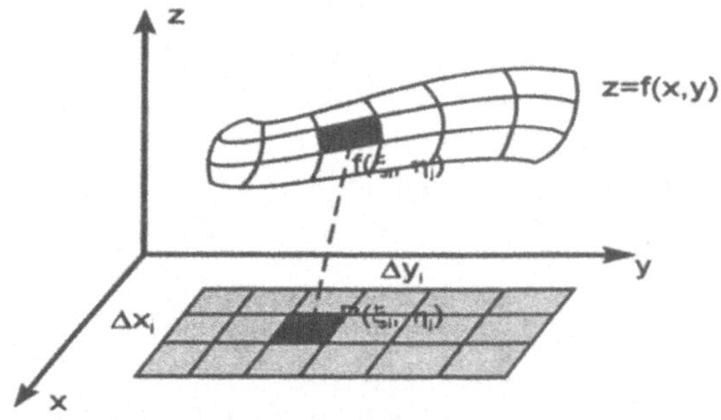

Abb. 16: Zum Begriff des Doppelintegrals

Anschließend bildet man die Summe aller Zylindervolumen über dem Gebiet G. (Für Rechtecke außerhalb von G setze man das Volumen auf Null.) Die Zwischensumme aller Zylindervolumen bildet eine Näherung für das zu berechnende Volumen

$$V \approx \sum_{j=1}^{m} \sum_{i=1}^{n} f(\xi_i, \eta_j)\, \triangle x_i\, \triangle y_j.$$

Je feiner die Unterteilung des Gebietes G ausfällt, umso genauer ist diese Näherung. Wir lassen daher die Anzahl der Unterteilungen in x- und y-Richtung anwachsen. Strebt beim Grenzübergang $n \to \infty$, $m \to \infty$ die Zwischensumme gegen einen Grenzwert, so bezeichnet man ihn als *Doppelintegral* bzw. als *Gebietsintegral*.

Definition: (Doppelintegral, Gebietsintegral)
Der Grenzwert

$$\iint\limits_{(G)} f\,(x,\,y)\;dG := \lim_{m\to\infty}\,\lim_{n\to\infty}\,\sum_{j=1}^{m}\sum_{i=1}^{n} f\,(\xi_i,\,\eta_j)\;\Delta x_i\,\Delta y_j$$

wird (falls er existiert) als Doppelintegral (Gebietsintegral) von f über G bezeichnet. Man nennt dann f über G integrierbar.

Bemerkungen:

(1) Oftmals wird die symbolische Schreibweise $\displaystyle\int\limits_{(G)} f\,(x,\,y)\;dG$ nur mit einem

Integralzeichen benutzt.

(2) Man nennt

      $(x,\,y)$ die Integrationsvariablen
      $f\,(x,\,y)$ den Integrand
      dG das Flächenelement
      (G) den Integrationsbereich.

(3) Für stetige Funktionen ist das Doppelintegral immer definiert.

(4) Existiert der Grenzwert, dann ist er unabhängig von der speziellen Gebietszerlegung.

(5) Für die algebraische Definition des Doppelintegrals ist $f\,(x,\,y) \geq 0$ nicht erforderlich, sondern nur für die geometrische Interpretation als Volumen zwischen dem Graphen von f und G.

3.1.2. Berechnung von Doppelintegralen

Um Doppelintegrale zu berechnen, zerlegen wir $\displaystyle\iint\limits_{(G)} f\,(x,\,y)\;dG$ in zwei nacheinander auszuführende einfache Integrale. Dazu überdecken wir das Gebiet G mit einem achsenparallelen Rechteckgitter mit Maschenweiten Δx und Δy und bilden die Summe über alle Zylinder, deren Grundfläche in G liegt:

$$V \approx \sum_{i=1}^{n}\left(\sum_{j=1}^{m} f\,(\xi_i,\,\eta_j)\;\Delta y\right)\Delta x.$$

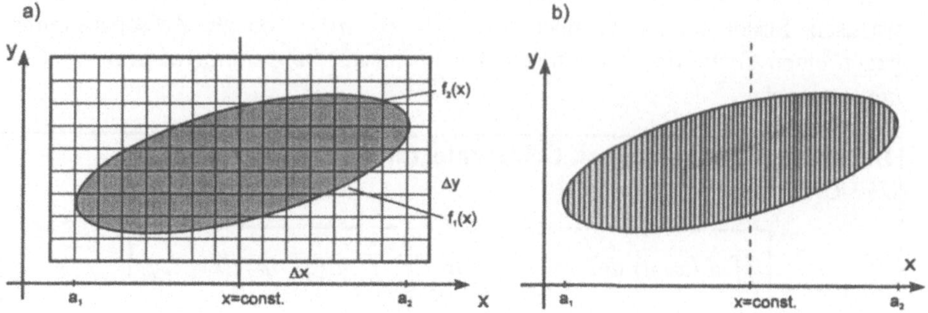

Abb. 17: Berechnung eines Doppelintegrals über eine Zerlegung der Grundfläche

Stellen wir den unteren und oberen Rand durch Funktionen $f_1(x)$ und $f_2(x)$ dar, dann konvergiert die innere Summe für $\Delta y \to 0 \quad (m \to \infty)$ für festes $\xi_i \in [x_{i-1}, x_i]$ gegen das Integral

$$I_y(\xi_i) = \int_{f_1(\xi_i)}^{f_2(\xi_i)} f(\xi_i, y)\, dy.$$

Dies ist ein gewöhnliches Integral mit der Integrationsvariablen y. Für festes ξ_i wird entlang der y-Achse von $f_1(\xi_i)$ bis $f_2(\xi_i)$ integriert.

$$\Rightarrow V \quad \approx \quad \lim_{m \to \infty} \sum_{i=1}^{n} \left(\sum_{j=1}^{m} f(\xi_i, \eta_j)\, \Delta y \right) \Delta x$$

$$= \quad \sum_{i=1}^{n} I_y(\xi_i)\, \Delta x.$$

Lassen wir nun auch noch $\Delta x \to \infty$ gehen $(n \to \infty)$, dann konvergiert die verbleibende Summe gegen das Integral

$$\lim_{n \to \infty} \sum_{i=1}^{n} I_y(\xi_i)\, \Delta x = \int_{a_1}^{a_2} I_y(x)\, dx.$$

Dieses Ergebnis ist der doppelte Grenzwert $n \to \infty$, $m \to \infty$, also genau das Doppelintegral von f über dem Gebiet G.

$$\Rightarrow \boxed{\iint_{(G)} f(x, y)\, dx\, dy = \int_{x=a_1}^{a_2} \left(\int_{y=f_1(x)}^{f_2(x)} f(x, y)\, dy \right) dx.}$$

Berechnung von Doppelintegralen:

Die Berechnung des Doppelintegrals $\iint\limits_{(G)} f(x, y)\, dG$ erfolgt durch zwei nacheinander auszuführenden, gewöhnlichen Integrationen:

$$\iint\limits_{(G)} f(x, y)\, dG = \int_{x=a_1}^{a_2} \underbrace{\left(\int_{y=f_1(x)}^{f_2(x)} f(x, y)\, dy \right)}_{x=const,\ \text{und}\ y\ \text{variiert von}\ f_1(x)\ \text{und}\ f_2(x)}\ dx. \qquad \text{(D1)}$$

(1) Das innere Integral wird für festes x nach y integriert. Die Grenzen sind $y = f_1(x)$ und $y = f_2(x)$. Das Ergebnis der ersten Integration ist eine Funktion, in der nur noch x als Variable vorkommt.

(2) Das äußere Integral wird durch Integration über x bestimmt.

Bemerkungen:

(1) Die Integrationsformel ($D1$) entspricht der Zerlegung des Gebietes in Streifen parallel zur y-Achse und anschließender Aufsummierung aller Streifen in x-Richtung (siehe Abb. 17b). Die einzelnen, zur y-Achse parallelen Streifen besitzen Anfangs- und Endwerte, y_1 und y_2, die wiederum von der Lage des Streifens, d.h. von der x-Koordinate abhängen: $y_1 = f_1(x)$ und $y_2 = f_2(x)$. Das Aufsummieren erfolgt über alle Streifen zwischen $x_{\min} = a_1$ und $x_{\max} = a_2$.

(2) Es wird bei dieser Darstellung davon ausgegangen, daß der Rand sich durch zwei Funktionen $f_1(x)$ und $f_2(x)$ beschreiben läßt. Für komplizierte Gebiete muß G in entsprechende Teilbereiche unterteilt werden (siehe untere linke Abb.).

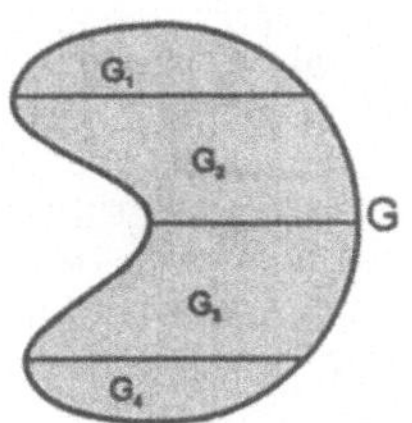

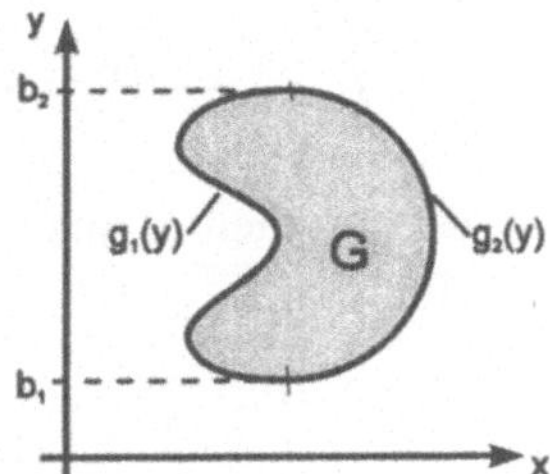

(3) Vertauscht man die Rolle von x und y und stellt den linken Rand durch die Funktion $g_1(y)$ und den rechten Rand durch $g_2(y)$ dar, erhält man für das

Doppelintegral

$$\iint\limits_{(G)} f(x, y)\, dG = \int_{y=b_1}^{b_2} \underbrace{\left(\int_{x=g_1(y)}^{g_2(y)} f(x, y)\, dx \right)}_{y=const,\ \text{integriert wird über } x}\, dy. \qquad (D2)$$

Das innere Integral wird für festes y von $g_1(y)$ bis $g_2(y)$ nach x integriert. Das Ergebnis enthält nur noch die Variable y. Das äußere Integral wird durch Integration über y bestimmt (vgl. obere rechte Abb.).

(4) Graphisch entspricht die Integrationsformel ($D2$) einer Zerlegung des Gebietes in Streifen parallel zur x-Achse und anschließender Aufsummierung aller Streifen in y-Richtung. Anfangs- und Endpunkte der Streifen hängen hier von y ab: $g_1(y)$ und $g_2(y)$. Durch Aufsummieren werden alle Streifen von $y_{min} = b_1$ bis $y_{max} = b_2$ berücksichtigt.

(5) Die Reihenfolge der Integration ist durch die Reihenfolge der Differentiale dx und dy von innen nach außen festgelegt.

(6) Das eigentliche Problem bei der Berechnung von Doppelintegralen besteht in der Definition der Funktionen $f_1(x)$ und $f_2(x)$ bzw. $g_1(y)$ und $g_2(y)$. Sind diese, den Rand beschreibenden Funktionen gefunden, reduziert sich alles auf gewöhnliche Integrale.

47. Beispiele:

(1) Die Bestimmung des Doppelintegrals

$$I = \int_{y=0}^{1} \int_{x=-2}^{y} x\, y\, dx\, dy$$

erfolgt, indem zunächst das innere Integral (y fest, x variiert von $x = -2$ bis y)

$$\int_{x=-2}^{y} x\, y\, dx = y \int_{x=-2}^{y} x\, dx = y \cdot \left[\frac{x^2}{2} \right]_{-2}^{y} = y \left[\frac{y^2}{2} - 2 \right]$$

nach der Variablen x integriert und anschließend die äußere Integration über y durchgeführt wird

$$I = \int_{y=0}^{1} \left(\frac{1}{2} y^3 - 2y \right)\, dy = \left[\frac{1}{8} y^4 - y^2 \right]_0^1 = -\frac{7}{8}.$$

(2) Zur Bestimmung des Doppelintegrals

$$I = \int_{x=0}^{3} \int_{y=0}^{\pi} x^2 \sin(y)\, dy\, dx$$

berechnen wir zunächst das innere Integral (x fest, y variiert von $y = 0$ bis π)

$$\int_{y=0}^{\pi} x^2 \sin(y)\, dy = x^2 \int_{y=0}^{\pi} \sin(y)\, dy = x^2 \left[-\cos(y)\right]_0^{\pi} = 2\,x^2,$$

dann das äußere

$$I = \int_{x=0}^{3} 2\,x^2\, dx = \frac{2}{3}\,x^3 \bigg|_0^3 = 18.$$

48. Beispiele: Reduktion von Doppelintegralen auf einfache Integrationen.
(1) Gegeben ist eine Funktion $z = f(x, y)$, die auf dem Gebiet G (siehe Abb. 18) definiert ist. Gesucht ist $\iint\limits_{(G)} f(x, y)\, dG$.

Um das Doppelintegral auf zwei einfache Integrationen zu reduzieren, zerlegen wir das Gebiet G in Streifen parallel zur x-Achse. Die Streifen beginnen bei $x = y$ und enden bei $x = y+4$. Anschließend müssen alle Streifen von $y = -1$ bis $y = 1$ berücksichtigt werden. Dies bedeutet, daß wir Integralformel ($D2$) wählen und als innere Integrationsvariable x setzen.

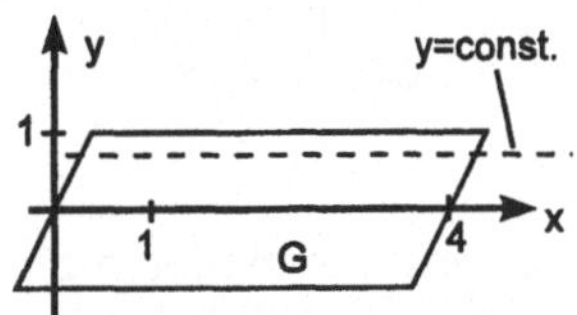

Abb. 18: Gebiet G

D.h. wir halten $y = const$, dann variiert x zwischen den Werten $g_1(y) = y$ und $g_2(y) = y + 4$ (siehe gestrichelte Linie). Anschließend geht im äußeren Integral y von -1 bis 1.

$$\Rightarrow \iint\limits_{(G)} f(x, y)\, dG = \int_{y=-1}^{1} \underbrace{\left(\int_{x=y}^{y+4} f(x, y)\, dx\right)}_{y=const}\, dy.$$

(2) Gesucht ist das Doppelintegral $\iint\limits_{(G)} f(x, y)\, dG$, wenn das Gebiet G einen Kreis in der (x, y)-Ebene mit Radius R darstellt.

(i) Zerlegung des Gebietes in Streifen parallel zur x-Achse: Führen wir die Integration mit Formel ($D2$) aus, erfolgt die innere Integration für konstantes y über die Variable x.

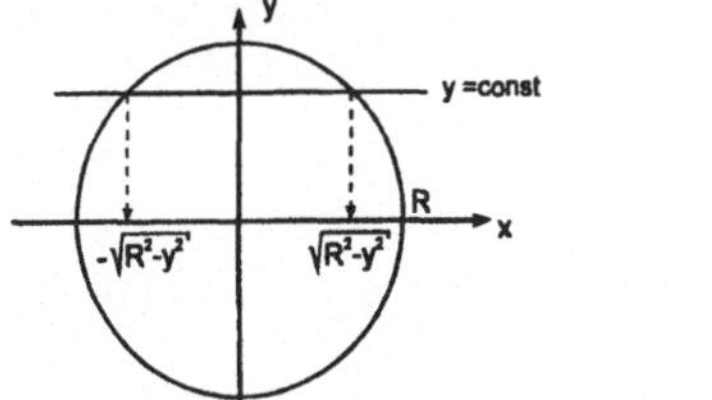

$$y = const \Rightarrow x \text{ variiert zwischen}$$
$$-\sqrt{R^2 - y^2} \text{ und } \sqrt{R^2 - y^2}.$$

Für festes y variieren die zugehörigen x-Werte zwischen $g_1(y) = -\sqrt{R^2 - y^2}$ und $g_2(y) = \sqrt{R^2 - y^2}$. Zur Bestimmung des äußeren Integrals muß y dann zwischen $b_1 = -R$ und $b_2 = R$ variieren.

$$\Rightarrow \iint\limits_{(G)} f(x, y)\, dG = \int_{y=-R}^{R} \left(\int_{x=-\sqrt{R^2-y^2}}^{\sqrt{R^2-y^2}} f(x, y)\, dx \right) dy.$$

(ii) Zerlegung des Gebietes in Streifen parallel zur y-Achse: Führen wir die Integration gemäß Formel $(D1)$ aus, erfolgt die innere Integration für konstantes x über die Variable y.

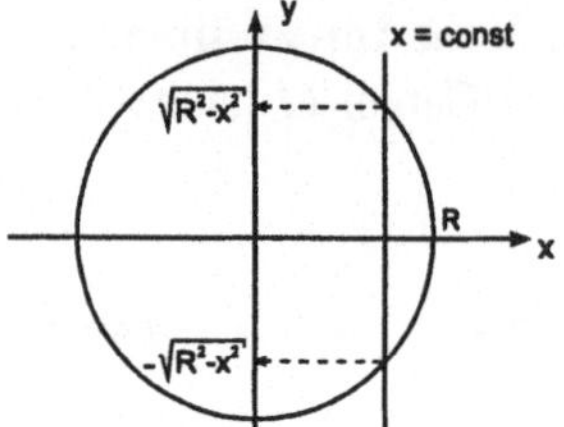

$x = const \Rightarrow y$ variiert zwischen
$$-\sqrt{R^2 - x^2} \text{ und } \sqrt{R^2 - x^2}$$

Für festes x variieren die y-Werte zwischen $f_1(x) = -\sqrt{R^2 - x^2}$ und $f_2(x) = \sqrt{R^2 - x^2}$. Zur Bestimmung des äußeren Integrals muß anschließend x zwischen $-R$ und R variieren

$$\Rightarrow \iint\limits_{(G)} f(x, y)\, dG = \int_{x=-R}^{R} \left(\int_{y=-\sqrt{R^2-x^2}}^{\sqrt{R^2-x^2}} f(x, y)\, dy \right) dx.$$

3.1.3 Doppelintegrale mit MAPLE

Doppelintegrale können mit MAPLE mit dem **int**-Befehl berechnet werden; allerdings erst nachdem eine Zerlegung des Doppelintegrals in zwei einfache Integrale mit den entsprechenden Integrationsgrenzen erfolgte. Man beachte, daß mit der trägen (inerten) Form **Int** die Integrale nur symbolisch dargestellt und mit **value** ausgewertet werden.

49. Beispiele: Man bestimme für das Gebiet aus Beispiel 48(1) das Doppelintegral

$$\iint\limits_{(G)} \left(x^2 + y^2 \right) dG.$$

```
> f:=x^2+y^2:
> I1:=Int(f, x= y .. y+4):
> I2:=Int(I1, y=-1..1):
> I2=value(I2);
```

$$\int_{-1}^{1} \int_{y}^{y+4} x^2 + y^2\, dx\, dy = 48$$

3.1.4. Anwendungen

(1) Flächenberechnungen. Setzt man die Funktion $z = f(x, y) = 1$, entspricht das Doppelintegral über G dem Volumen des Körpers mit der Grundfläche G und der konstanten Höhe 1. Dies ist zahlenmäßig gerade der Flächeninhalt von G:

Der **Flächeninhalt** A eines ebenen Gebietes $G \subset \mathbb{R}^2$ ist

$$A = \iint\limits_{(G)} dG.$$

---

50. Beispiele:

(1) Gesucht ist die Fläche, die durch die Gerade $f_1(x) = x + 2$ und die Parabel $f_2(x) = 4 - x^2$ begrenzt wird.

Zur Berechnung des Doppelintegrals zerlegen wir das Gebiet in Streifen parallel zur y-Achse; wir wählen also Formel $(D1)$: Für festes x variiert y von $f_1(x) = x + 2$ bis $f_2(x) = 4 - x^2$; das verbleibende äußere Integral über dx wird gebildet mit den Grenzen $a_1 = -2$ und $a_2 = +1$:

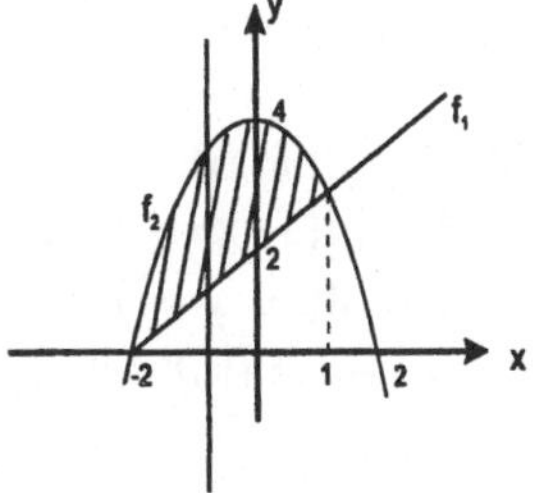

$$A = \iint\limits_{(G)} dG = \int_{x=-2}^{1} \underbrace{\left(\int_{y=x+2}^{4-x^2} dy \right)}_{x \text{ fest}} dx = \int_{x=-2}^{1} [y]_{x+2}^{4-x^2} \, dx$$

$$= \int_{x=-2}^{1} (-x^2 - x + 2) \, dx = \left[-\frac{1}{3} x^3 - \frac{1}{2} x^2 + 2x \right]_{-2}^{1} = 4.5.$$

(2) Gesucht ist der Flächeninhalt des Gebietes G, welches durch nebenstehende Abbildung definiert ist.

(i) Zerlegung des Gebietes in Streifen parallel zur y-Achse: Mit Formel $(D1)$ gilt ($x = const \Rightarrow y$ variiert von $-\sqrt{x}$ bis $\sqrt{x}$)

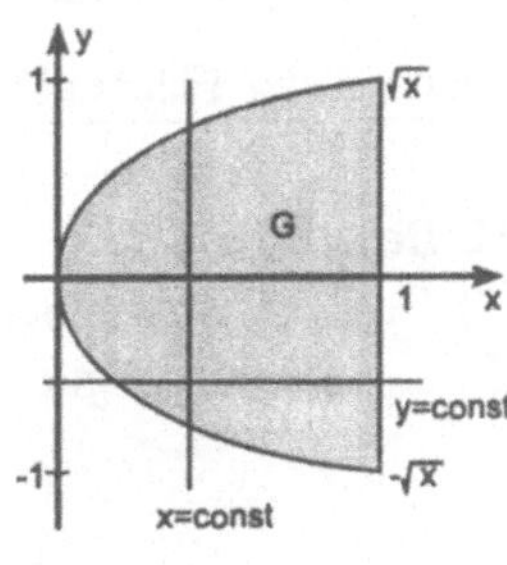

$$A = \iint\limits_{(G)} dG = \int_{x=0}^{1} \underbrace{\left(\int_{y=-\sqrt{x}}^{\sqrt{x}} dy \right)}_{x=const} dx$$

$$= \int_{0}^{1} 2\sqrt{x} \, dx = \int_{0}^{1} 2 x^{\frac{1}{2}} \, dx = \frac{4}{3} \left[x^{\frac{3}{2}} \right]_{0}^{1} = \frac{4}{3}.$$

(ii) Zerlegung des Gebietes in Streifen parallel zur x-Achse: Mit Formel $(D2)$ folgt ebenfalls $\left(y = const \Rightarrow x \text{ varriert von } y^2 \text{ bis } 1\right)$

$$A \;=\; \iint\limits_{(G)} dG = \int_{y=-1}^{1} \left(\underbrace{\int_{x=y^2}^{1} dx} \right) dy$$

$$=\; \int_{y=-1}^{1} \left(1 - y^2\right) dy = \left[y - \frac{1}{3}\, y^3 \right]_{-1}^{1} = \frac{4}{3}.$$

(3) Gesucht ist der Flächeninhalt des Kreises mit Radius R. Nach Beispiel 48(2) gilt

$$A = \iint\limits_{(G)} dG = \int_{y=-R}^{R} \left(\int_{x=-\sqrt{R^2-y^2}}^{\sqrt{R^2-y^2}} 1\, dx \right) dy.$$

Mit MAPLE erhalten wir

```
> I1:=Int(1, x=-sqrt(R^2-y^2)..sqrt(R^2-y^2)):
> I2:=Int(I1, y=-R..R):
> I2:=value(I2): simplify(%, symbolic);
```

$$\int_{-R}^{R} \int_{-\sqrt{R^2-y^2}}^{\sqrt{R^2-y^2}} 1\, dx\, dy = R^2\, \pi.$$

(2) Schwerpunktsberechnung ebener Flächen. In Bd. 1, Kap. VI.3.6.4 wurden die Schwerpunktskoordinaten einer Fläche unter einem Graphen f und der x-Achse hergeleitet. Für ebene Gebiete gilt allgemein:

Schwerpunkt einer homogenen ebenen Fläche. Die Koordinaten des Schwerpunktes $S = (x_s,\, y_s)$ eines ebenen Gebietes G bestimmen sich über

$$x_s = \frac{1}{A} \iint\limits_{(G)} x\, dG, \qquad y_s = \frac{1}{A} \iint\limits_{(G)} y\, dG,$$

wenn A der Flächeninhalt von G ist.

---

51. Beispiele:

(1) Gesucht ist der Schwerpunkt für die Fläche aus Beispiel 50(2): Für die x-Koordinate von S gilt

$$x_s = \frac{1}{A} \iint\limits_{(G)} x\, dG = \frac{1}{A} \int_{x=0}^{1} \left(\underbrace{\int_{y=-\sqrt{x}}^{\sqrt{x}} x\, dy}_{x=const} \right) dx$$

Das innere Integral über dy ist für festes x

$$\int_{y=-\sqrt{x}}^{\sqrt{x}} x\, dy = x \int_{y=-\sqrt{x}}^{\sqrt{x}} dy = 2\, x\, x^{\frac{1}{2}} = 2\, x^{\frac{3}{2}}$$

und das äußere Integral

$$\int_{x=0}^{1} 2\, x^{\frac{3}{2}}\, dx = \frac{4}{5}\, x^{\frac{5}{2}}\Big|_{0}^{1} = \frac{4}{5} \Rightarrow x_s = \frac{1}{A}\cdot\frac{4}{5} = \frac{3}{5}.$$

Aufgrund der Symmetrie ist $y_s = 0. \Rightarrow S = \left(\frac{3}{5}, 0\right)$.

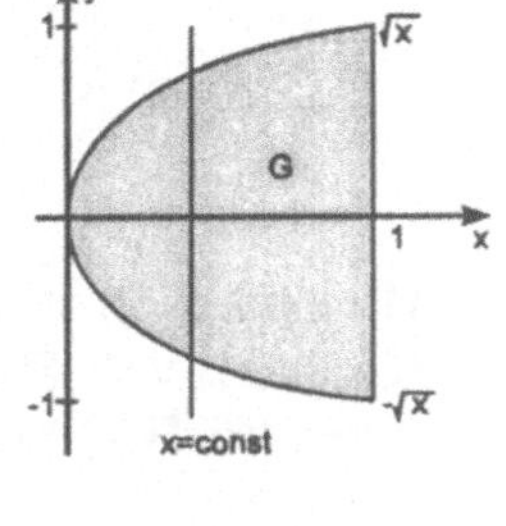

(2) Gesucht sind die Schwerpunktskoordinaten für das Gebiet aus Beispiel 50(1): Mit Beispiel 50(1) gilt für die x-Koordinaten des Schwerpunktes mit MAPLE

$$x_s = \frac{1}{A}\iint\limits_{(G)} x\, dG = \frac{1}{4.5}\int_{x=-2}^{1}\left(\int_{y=x+2}^{4-x^2} x\, dy\right) dx.$$

```
> I1:=Int(x, y=x+2..4-x^2):
> I2:=1/4.5*Int(I1, x=-2..1):
> x_s:=value(I2);
```

$$x\_s := -0.5$$

und entsprechend für die y-Komponente
```
> I1:=Int(y, y=x+2..4-x^2):
> I2:=1/4.5*Int(I1, x=-2..1):
> y_s:=value(I2);
```

$$y\_s := 2.4$$

(3) Gesucht sind die Schwerpunktskoordinaten des Viertelkreises. Wir wählen zur Berechnung des Doppelintegrals Formel $(D2)$: Dabei erfolgt die innere Integration bei konstantem y über die Variable x von $g_1(y) = 0$ bis $g_2(y) = \sqrt{R^2 - y^2}$. Zur Bestimmung des äußeren Integrals über y variiert dann die Variable y von $0 \leq y \leq R$:

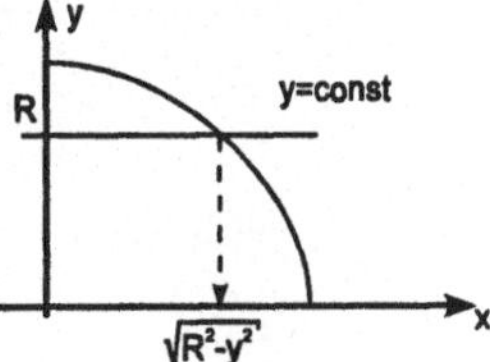

$$x_s = \frac{1}{A}\iint\limits_{(G)} x\, dG = \frac{1}{A}\int_{y=0}^{R}\left(\int_{x=0}^{\sqrt{R^2-y^2}} x\, dx\right) dy;$$

$$y_s = \frac{1}{A}\iint\limits_{(G)} y\, dG = \frac{1}{A}\int_{y=0}^{R}\left(\int_{x=0}^{\sqrt{R^2-y^2}} y\, dx\right) dy.$$

Mit MAPLE folgt für die Koordinaten mit $A = \frac{\pi R^2}{4}$

```
> I1:=Int(x, x=0..sqrt(R^2-y^2)):
> I2:=Int(I1, y=0..R):
> x_s=4/(Pi*R^2)*value(I2);
```

$$x\_s = \frac{4}{3} \frac{R}{\pi}$$

```
> I1:=Int(y, x=0..sqrt(R^2-y^2)):
> I2:=Int(I1, y=0..R):
> y_s=4/(Pi*R^2)*value(I2);
```

$$y\_s = \frac{4}{3} \frac{\left(R^2\right)^{\frac{3}{2}}}{\pi R^2}$$

```
> simplify(rhs(%), symbolic);
```

$$\frac{4}{3} \frac{R}{\pi}$$

(3) Flächenmomente. In der Festigkeitslehre benötigt man zur Beschreibung von Biegungen **Flächenmomente** von Querschnittsflächen. Sie sind jeweils bezogen auf bestimmte Achsen. Es wird unterschieden zwischen sog. *axialen* Momenten, bei denen die Bezugsachse in der Flächenebene liegt und *polaren* Momenten, bei denen die Achse senkrecht zur Flächenebene orientiert ist. Es gelten die Formeln

Axiales Flächenmoment bzg. der y-Achse	$I_y = \iint\limits_{(G)} x^2\, dG$
Axiales Flächenmoment bzg. der x-Achse	$I_x = \iint\limits_{(G)} y^2\, dG$
Polares Flächenmoment	$I_p = \iint\limits_{(G)} \left(x^2 + y^2\right)\, dG$

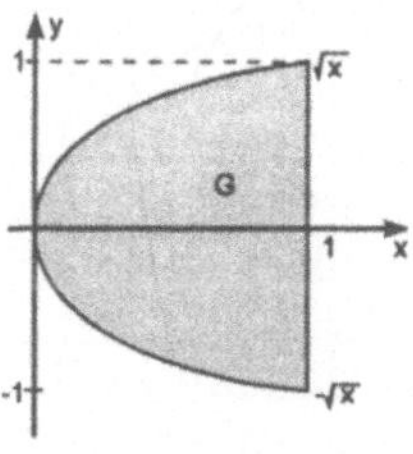

52. Beispiel: Gesucht sind die axialen Flächenmomente des Gebietes G aus Beispiel 50(2). Gemäß der Zerlegung aus Beispiel 50(2) berechnen wir

$$
\begin{aligned}
I_x &= \iint\limits_{(G)} y^2\, dG = \int_0^1 \left(\int_{-\sqrt{x}}^{\sqrt{x}} y^2\, dy \right) dx \\
&= \int_0^1 \left[\frac{1}{3} y^3 \right]_{-\sqrt{x}}^{\sqrt{x}} dx = \frac{2}{3} \int_0^1 x^{\frac{3}{2}}\, dx \\
&= \frac{2}{3} \frac{2}{5} \left[x^{\frac{5}{2}} \right]_0^1 = \frac{4}{15}.
\end{aligned}
$$

$$I_y \;=\; \iint\limits_{(G)} x^2\, dG = \int_0^1 \left(\int_{-\sqrt{x}}^{\sqrt{x}} x^2\, dy \right) dx = \int_0^1 x^2 \left(\int_{-\sqrt{x}}^{\sqrt{x}} dy \right) dx$$

$$=\; 2 \int_0^1 x^2\, x^{\frac{1}{2}}\, dx = 2 \int_0^1 x^{\frac{5}{2}}\, dx = 2\,\frac{2}{7} \left[x^{\frac{7}{2}} \right]_0^1 = \frac{4}{7}.$$

Weitere Berechnungen von Flächenmomenten für Gebiete aus Beispiel 50 mit MAPLE überlassen wir dem Leser als Übung.

(4) Volumenberechnung. Aufgrund seiner Definition dient das Doppelintegral zur Berechnung von *Volumeninhalten*, die ein Funktionsgraph einer positiven Funktion $z = f(x, y) > 0$ mit der (x, y)-Ebene über einem Gebiet G einschließt

$$\boxed{\; V = \iint\limits_{(G)} f(x, y)\, dG. \;}$$

53. Beispiel: Gesucht ist das Volumen V, das durch den Graphen von

$$z = f(x, y) = 1 - x^2 - y^2$$

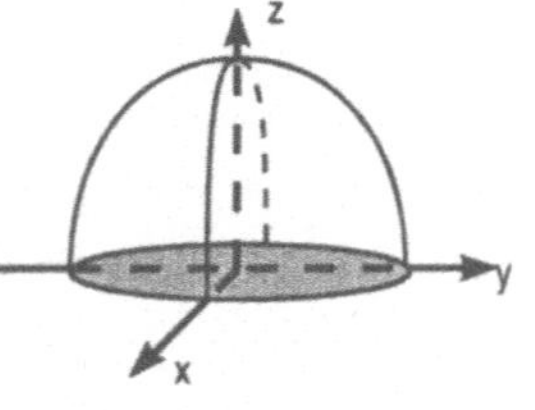

und der (x, y)-Ebene eingeschlossen wird. Das zugehörige Gebiet G soll der Einheitskreis in der (x, y)-Ebene darstellen.

Für konstantes x wird y begrenzt durch $f_1(x) = -\sqrt{1 - x^2}$ und $f_2(x) = \sqrt{1 - x^2}$ mit $a_1 = -1$ und $a_2 = 1$. Nach der Integrationsformel $(D1)$ für Doppelintegrale ist

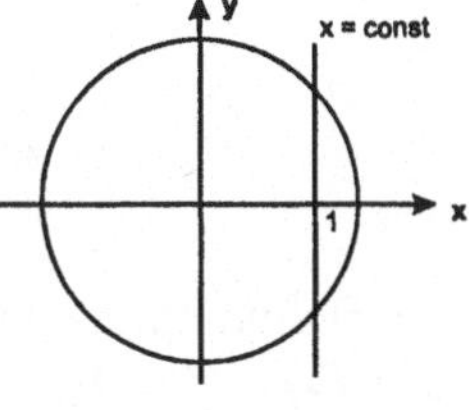

$$V \;=\; \iint\limits_{(G)} f(x, y)\, dG$$

$$=\; \int_{x=-1}^{1} \left(\int_{y=-\sqrt{1-x^2}}^{\sqrt{1-x^2}} \left(1 - x^2 - y^2\right) dy \right) dx.$$

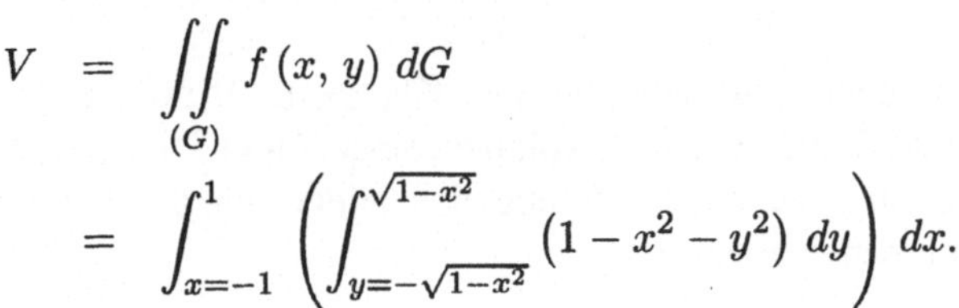

```
> f:=1-x^2-y^2:
> I1:=Int(f, y=-sqrt(1-x^2)..sqrt(1-x^2)):
> I2:=Int(I1, x=-1..1):
> V=value(I2);
```

$$V = \frac{1}{2}\pi$$

3.2 Dreifachintegrale

Der Begriff des *Dreifachintegrals* für Funktionen $f(x, y, z)$ über einem dreidimensionalen Gebiet $G \subset \mathbb{R}^3$ wird auf ähnliche Weise eingeführt und berechnet wie das Doppelintegral. Da sich eine Funktion von drei Variablen nicht mehr graphisch darstellen läßt, besitzt das Dreifachintegral über eine Funktion $f(x, y, z)$ zunächst keine geometrische Bedeutung. Nur für den Fall $f(x, y, z) = 1$ entspricht das Dreifachintegral dem Volumen des Gebietes G.

Auch Dreifachintegrale reduziert man auf jetzt 3 aufeinanderfolgende, gewöhnliche Integrationen, wobei nun $3! = 6$ verschiedene Integrationsreihenfolgen möglich sind!

3.2.1 Definition und Berechnung von Dreifachintegralen

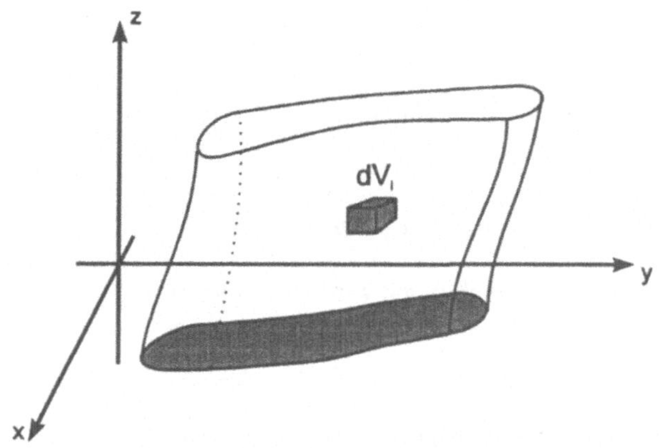

Abb. 19: Zur Definition von Dreifachintegralen

Zur Definition des Dreifachintegrals zerlegen wir den Körper in kleine Teilvolumen dV_i $(i = 1, \ldots, n)$ und wählen in jedem Volumen einen Punkt $P(x_i, y_i, z_i)$ aus, auf dem wir die Funktion f auswerten. Schließlich bilden wir das Produkt von Funktionswert und Volumenelement

$$f(x_i, y_i, z_i)\, dV_i$$

und summieren über alle Volumina auf

$$Z_n = \sum_{i=1}^{n} f(x_i, y_i, z_i)\, dV_i. \qquad \text{(Zwischensumme)}$$

Wir lassen nun die Anzahl der Teilvolumina anwachsen (dies bedeutet gleichzeitig, daß $dV_i \to 0$ geht). Strebt die Zwischensumme Z_n für $n \to \infty$ gegen einen Grenzwert, dann bezeichnen wir diesen als *Dreifachintegral* oder als *dreidimensionales Gebietsintegral.*

Definition: (Dreifachintegral; dreidimensionales Gebietsintegral)
Sei $G \subset \mathbb{R}^3$ und $f \colon G \to \mathbb{R}$ stetig. Der Grenzwert

$$\iiint\limits_{(G)} f(x,\, y,\, z)\ dG = \lim_{n \to \infty} \sum_{i=1}^{n} f(x_i,\, y_i,\, z_i)\ dV_i$$

bezeichnet man als **Dreifachintegral** *bzw.* **dreidimensionales Gebietsintegral.**

Die Berechnung von Dreifachintegralen wird auf einfache Integrationen zurückgeführt, wobei natürlich die Beschreibung der Integrationsgrenzen komplizierter wird als für Doppelintegrale. Die Vorgehensweise bei der Berechnung werden wir an dem folgenden Beispiel verdeutlichen.

54. Beispiel:

$$I = \iiint\limits_{(G)} f(x,\, y,\, z)\ dG = \int_0^1 \int_0^x \int_{-y^2}^{x^2} (1 + x)\ dz\, dy\, dx.$$

Die Integrationsreihenfolge wird durch die Reihenfolge der Differentiale dz, dy, dx festgelegt und zwar von innen nach außen. Das innerste Integral wird integriert über die Variable z. Die anderen Variablen x und y sind dabei konstant.

$$I_1 = \int_{z=-y^2}^{z=x^2} (1 + x)\ dz = \left[(1 + x)\, z\right]_{z=-y^2}^{z=x^2} = (1 + x)\, x^2 - (1 + x)\, \left(-y^2\right).$$

I_1 enthält als Ergebnis nicht mehr die Variable z, sondern nur noch x und y. Das verbleibende Doppelintegral

$$I = \int_0^1 \int_0^x \left[(1 + x)\, x^2 + (1 + x)\, y^2\right]\ dy\, dx$$

wird berechnet, indem zunächst wieder das innerste Integral über y ausgeführt wird

$$\begin{aligned}
I_2 &= \int_{y=0}^{y=x} \left[(1 + x)\, x^2 + (1 + x)\, y^2\right]\ dy \\[2mm]
&= \left[(1 + x)\, x^2 y + \frac{1}{3}\, (1 + x)\, y^3\right]_{y=0}^{y=x} = \frac{4}{3}\, x^3 + \frac{4}{3}\, x^4.
\end{aligned}$$

I_2 enthält als Variable nur noch x, über die zuletzt integriert wird

$$I = \int_{x=0}^{x=1} \left(\tfrac{4}{3}\, x^3 + \tfrac{4}{3}\, x^4\right)\ dx = \left[\tfrac{1}{3}\, x^4 + \tfrac{4}{15}\, x^5\right]_0^1 = \frac{3}{5}.$$

Wir überprüfen die Rechnung mit MAPLE, indem entsprechend den Doppelintegralen auch die Dreifachintegrale mit dem **int**-Befehl sukzessive berechnet werden:

```
> I1 := Int(1+x, z=-y^2..x^2):
> I2 := Int(I1, y=0..x):
> I3 := Int(I2, x=0..1):
> I3 := value(I3);
```

$$\int_0^1 \int_0^x \int_{-y^2}^{x^2} 1 + x \, dz \, dy \, dx = \frac{3}{5}$$

3.2.2 Substitutionsregeln, Koordinatentransformationen

Wie bei einfachen Integralen werden auch bei mehrdimensionalen oftmals Substitutionen durchgeführt, um die Berechnung zu vereinfachen. Diese Substitutionen bedeuten in der Regel, daß vom kartesischen (x, y, z)-Koordinatensystem auf ein anderes Koordinatensystem (z.B. Polarkoordinaten in $\mathbb{R}^2$, Zylinderkoordinaten in $\mathbb{R}^3$, Kugelkoordinaten in $\mathbb{R}^3$) übergegangen wird, das in der Regel physikalische Symmetrien widerspiegelt. Wir werden uns zu den *Koordinatentransformationen* ein paar grundsätzliche Gedanken machen; diese sind allerdings eher Plausibilitätsargumente denn exakte Beweise.

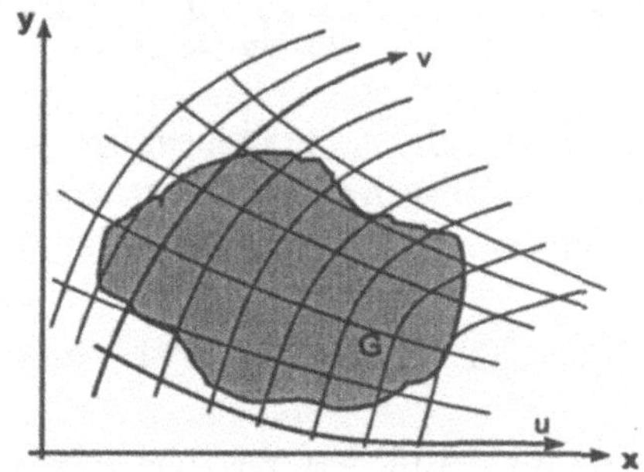

Abb. 20: Beschreibung des Gebietes im (u, v)-Koordinatensystem

Sei $z = f(x, y)$ eine zweidimensionale Funktion, die im kartesischen (x, y)-Koordinatensystem gegeben ist. (u, v) sei ein anderes Koordinatensystem. Gesucht ist die Darstellung des Doppelintegrals

$$\iint\limits_{(G)} f(x, y) \, dx \, dy$$

im neuen Koordinatensystem (u, v). Zur Transformation werden sowohl die Grenzen x und y als auch die Differentiale dx und dy durch entsprechende Terme in u und v bzw. du und dv ausgedrückt.

Ist $(u,\ v)$ ein zweites Koordinatensystem, dann lassen sich für jeden Punkt $(u,\ v)$ die zugehörigen $(x,\ y)$-Koordinaten angeben.

$$x = x(u,\ v) \quad \text{und} \quad y = y(u,\ v)$$

bezeichnet man als die sog. **Transformationsgleichungen**. Insbesondere sind x und y jeweils Funktionen der Variablen u und v. Wir drücken das Flächenelement $dx\,dy$ durch ein entsprechendes Flächenelement in $du\,dv$ aus.

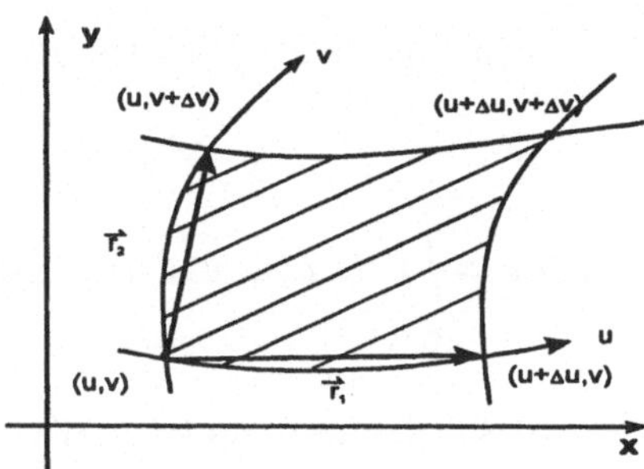

Abb. 21: Berechnung des Flächenelementes im (u,v)-Koordinatensystem

Wir nähern zunächst die Fläche des schraffierten Gebietes mit Maschenweite $(\triangle u,\ \triangle v)$ im kartesischen System durch eine Parallelogrammfläche an, die durch die Vektoren $\vec{r}_1$ und $\vec{r}_2$ aufgespannt wird. Nach Bd. 1, Kap. II.2.3 ist diese Parallelogrammfläche

$$A = |\vec{r}_1 \times \vec{r}_2|\,.$$

Aus Abb. 21 entnimmt man

$$\vec{r}_1 = \begin{pmatrix} x(u+\triangle u,\ v) - x(u,\ v) \\ y(u+\triangle u,\ v) - y(u,\ v) \\ 0 \end{pmatrix}; \qquad \vec{r}_2 = \begin{pmatrix} x(u,\ v+\triangle v) - x(u,\ v) \\ y(u,\ v+\triangle v) - y(u,\ v) \\ 0 \end{pmatrix}.$$

Wir linearisieren für kleine $\triangle u$ und $\triangle v$ sowohl

$$x(u+\triangle u,\ v) - x(u,\ v) \approx \frac{\partial x}{\partial u}(u,\ v) \cdot \triangle u = x_u \cdot \triangle u$$

$$x(u,\ v+\triangle v) - x(u,\ v) \approx \frac{\partial x}{\partial v}(u,\ v) \cdot \triangle v = x_v \cdot \triangle v$$

als auch die entsprechenden Terme von y. Damit ist

$$\vec{r}_1 \approx \begin{pmatrix} x_u \cdot \triangle u \\ y_u \cdot \triangle u \\ 0 \end{pmatrix}, \qquad \vec{r}_2 \approx \begin{pmatrix} x_v \cdot \triangle v \\ y_v \cdot \triangle v \\ 0 \end{pmatrix}.$$

$$\begin{aligned} |\vec{r}_1 \times \vec{r}_2| &\approx |x_u\,\triangle u \cdot y_v\,\triangle v - y_u\,\triangle u \cdot x_v\,\triangle v| \\ &\approx |x_u \cdot y_v - y_u \cdot x_v|\,\triangle u\,\triangle v. \end{aligned}$$

Führen wir die *Jakobi-Determinante* $J := \det \begin{pmatrix} x_u & x_v \\ y_u & y_v \end{pmatrix}$ ein, ist das Flächen-element $\triangle G \approx |\vec{r}_1 \times \vec{r}_2| \approx |J|\, \triangle u\, \triangle v$. Durch Grenzübergang zu infinitesimalen Flächen folgt:

Substitutionsregel für Doppelintegrale: Ist $f(x, y)$ eine stetige Funktion in kartesischen Koordinaten und (u, v) ein anderes Koordinatensystem mit den Transformationsgleichungen

$$x = x(u, v) \quad \text{und} \quad y = y(u, v).$$

Dann gilt

$$\iint\limits_{(G)} f(x, y)\, dx\, dy = \iint\limits_{(G^*)} f(x(u, v),\, y(u, v))\, |J|\, du\, dv,$$

wenn G^* die Beschreibung des Gebietes G im (u, v)-Koordinatensystem und

$$J := \det \begin{pmatrix} x_u & x_v \\ y_u & y_v \end{pmatrix}$$

die Jakobi-Determinante ist.

Substitutionsregel für Dreifachintegrale: Ist $f(x, y, z)$ eine stetige Funktion im kartesischen Koordinatensystem und (u, v, w) ein anderes dreidimensionales Koordinatensystem mit den Transformationsgleichungen

$$x = x(u, v, w), \qquad y = y(u, v, w), \qquad z = z(u, v, w).$$

Dann gilt

$$\iiint\limits_{(G)} f(x, y, z)\, dx\, dy\, dz =$$

$$\iiint\limits_{(G^*)} f(x(u, v, w),\, y(u, v, w),\, z(u, v, w))\, |J|\, du\, dv\, dw,$$

wenn G^* die Beschreibung des Gebietes G im (u, v, w)-Koordinatensystem und

$$J := \det \begin{pmatrix} x_u & x_v & x_w \\ y_u & y_v & y_w \\ z_u & z_v & z_w \end{pmatrix}$$

die Jakobi-Determinante ist.

Die folgenden Beispiele geben die physikalisch wichtigsten Koordinatensysteme sowie die zugehörigen Jakobi-Determinanten an.

55. Beispiel: Polarkoordinaten im $\mathbb{R}^2$

Bei Polarkoordinaten wird ein Punkt in der $(x,\ y)$-Ebene eindeutig durch die Angabe des Winkel φ, $0 \le \varphi < 2\pi$, und des Radius $r \ge 0$ angegeben. Die Transformationsgleichungen lauten

$$x = r \cos\varphi, \qquad y = r \sin\varphi.$$

Daher ist die Jakobi-Determinante

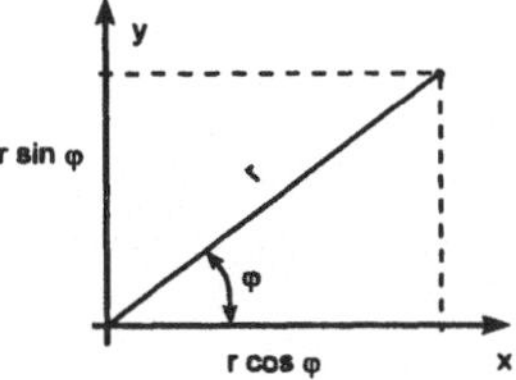

Abb. 22: Polarkoordinaten

$$J = \begin{vmatrix} x_r & x_\varphi \\ y_r & y_\varphi \end{vmatrix} = \begin{vmatrix} \cos\varphi & -r\sin\varphi \\ \sin\varphi & r\cos\varphi \end{vmatrix} = r\cos^2\varphi + r\sin^2\varphi = r$$

und ein Doppelintegral lautet **in Polarkoordinaten**

$$\boxed{\iint\limits_{(x,y)} f(x,\ y)\ dx\,dy = \iint\limits_{(r,\varphi)} f(r\cos\varphi,\ r\sin\varphi)\ r\,dr\,d\varphi.}$$

56. Beispiel: Zylinderkoordinaten im $\mathbb{R}^3$

Zur Beschreibung von rotationssymmetrischen, dreidimensionalen Problemen verwendet man häufig Zylinderkoordinaten:

Ein Punkt im $(x,\ y,\ z)$-Raum wird eindeutig durch die Angabe seiner Polarkoordinaten $(r,\ \varphi)$ in der $(x,\ y)$-Ebene und zusätzlich seiner z-Komponente festgelegt:

$$x = r\cos\varphi, \qquad y = r\sin\varphi, \qquad z.$$

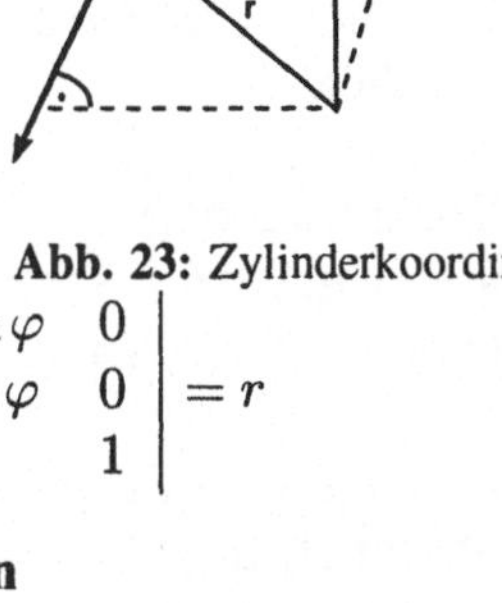

Daher ist die Jakobi-Determinante

Abb. 23: Zylinderkoordinaten

$$J = \begin{vmatrix} x_r & x_\varphi & x_z \\ y_r & y_\varphi & y_z \\ z_r & z_\varphi & z_z \end{vmatrix} = \begin{vmatrix} \cos\varphi & -r\sin\varphi & 0 \\ \sin\varphi & r\cos\varphi & 0 \\ 0 & 0 & 1 \end{vmatrix} = r$$

und ein Dreifachintegral lautet **in Zylinderkoordinaten**

$$\boxed{\iiint\limits_{(x,y,z)} f(x,\ y,\ z)\ dx\,dy\,dz = \iiint\limits_{(r,\varphi,z)} f(r\cos\varphi,\ r\sin\varphi,\ z)\ r\,dr\,d\varphi\,dz.}$$

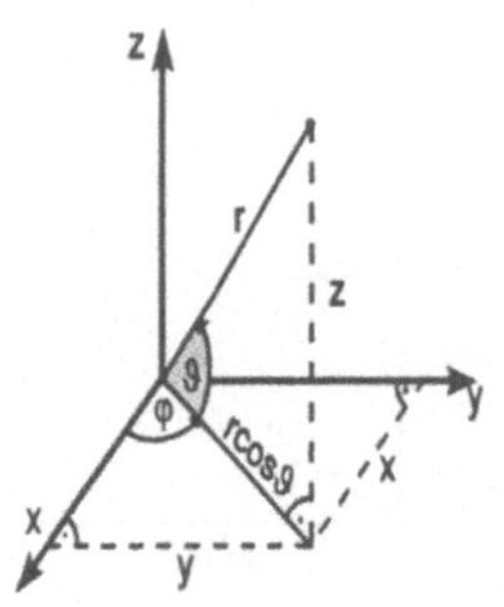

Abb. 24: Kugelkoordinaten

57. Beispiel: Kugelkoordinaten im $\mathbb{R}^3$

Durch die Angabe zweier Winkel φ und ϑ sowie dem Abstand zum Ursprung läßt sich gemäß nebenstehendem Bild jeder Punkt im $\mathbb{R}^3$ eindeutig festlegen:

$$x = r \cos\varphi \cos\vartheta$$
$$y = r \sin\varphi \cos\vartheta$$
$$z = r \sin\vartheta$$

mit $r \geq 0,\, 0 \leq \varphi < 2\pi,\, -\frac{\pi}{2} \leq \vartheta < \frac{\pi}{2}$. Hierfür rechnet man ebenfalls direkt die Jakobi-Determinante aus

$$J = \begin{vmatrix} x_r & x_\varphi & x_\vartheta \\ y_r & y_\varphi & y_\vartheta \\ z_r & z_\varphi & z_\vartheta \end{vmatrix} = \begin{vmatrix} \cos\varphi\cos\vartheta & -r\sin\varphi\cos\vartheta & -r\cos\varphi\sin\vartheta \\ \sin\varphi\cos\vartheta & r\cos\varphi\cos\vartheta & -r\sin\varphi\sin\vartheta \\ \sin\vartheta & 0 & r\cos\vartheta \end{vmatrix}$$
$$= r^2 \cos\vartheta.$$

Ein Dreifachintegral lautet daher **in Kugelkoordinaten**

$$\iiint\limits_{(x,y,z)} f(x,\,y,\,z)\, dx\,dy\,dz = \iiint\limits_{(r,\varphi,\vartheta)} f(r\cos\varphi\cos\vartheta,\, r\sin\varphi\cos\vartheta,\, r\sin\vartheta)$$
$$\cdot r^2 \cos\vartheta\, dr\, d\varphi\, d\vartheta.$$

Berechnung von Dreifachintegralen mit Maple. Die Prozedur **Drei_Int** berechnet Dreifachintegrale einer Funktion f über einem Gebiet, das durch $var1 = a..b,\ var2 = c..d,\ var3 = e..f$ festgelegt ist. Die Integration erfolgt von innen nach außen.

```
> Drei_Int:=proc()
> # Prozedur zur Berechnung von Dreifachintegralen einer Funktion.
> local I1, I2, I3, valv;
>
> I1:=Int(args[1], args[2]):
> I2:=Int(I1, args[3]):
> I3:=Int(I2, args[4]):
>
> valv:=simplify(value(I3), symbolic):
> print('Das Dreifach-Integral ist ', I3 = valv);
> print(I=evalf(valv));
> end:
```

58. Beispiele:

(1) Gesucht ist

$$\int_{z=0}^{1}\int_{y=1}^{z^2}\int_{x=-zy}^{zy}\left(x^2+y^3+z^4\right)\,dx\,dy\,dz.$$

> Drei_Int(x^2+y^3+z^4, x=-z*y..z*y, y=1..z^2, z=0..1);

$$Das\,Dreifach\text{-}Integral\ ist,\ \int_{0}^{1}\int_{1}^{z^2}\int_{-zy}^{zy} x^2+y^3+z^4\,dx\,dy\,dz = \frac{-47}{180}$$

$$I = -.2611111111$$

(2) Gesucht ist das Dreifachintegral

$$\int_{r=0}^{R}\int_{z=r^2}^{R^2}\int_{\varphi=0}^{2\pi} r\,d\varphi\,dz\,dr.$$

> Drei_Int(r, phi=0..2*Pi, z=r^2..R^2, r=0..R);

$$Das\,Dreifach\text{-}Integral\ ist,\ \int_{0}^{R}\int_{r^2}^{R^2}\int_{0}^{2\pi} r\,d\varphi\,dz\,dr = \frac{1}{2}\,\pi R^4$$

$$I = 1.570796327\,R^4$$

3.2.3 Anwendungen

Die Anwendungsbeispiele sollen die Transformationen sowie die Berechnungen von Dreifachintegralen verdeutlichen. Wir geben zunächst eine Zusammenstellung der wichtigsten Formeln aus der Physik starrer Körper für Volumen, Masse, Schwerpunktskoordinaten und Trägheitsmomente an. In der Regel sind die genannten Größen über Dreifachintegrale zu berechnen. Für Spezialfälle kann durch Einführung eines angepaßten Koordinatensystems die Rechnung erheblich vereinfacht werden; in manchen Fällen wird sie durch spezielle Koordinatensysteme erst möglich.

Ist $K \subset \mathbb{R}^3$ ein starrer Körper mit der ortsabhängigen Dichte $\rho = \rho\,(x,\,y,\,z)$, dann ist

$$V = \iiint\limits_{(K)} dx\,dy\,dz \qquad\qquad \text{das Volumen des Körpers}$$

$$M = \iiint\limits_{(K)} \rho\,(x,\,y,\,z)\,dx\,dy\,dz \quad \text{die Masse des Körpers.}$$

Die **Koordinaten des Schwerpunktes** $S\,(x_s,\,y_s,\,z_s)$ lauten

$$x_s = \frac{1}{M}\iiint\limits_{(K)} x\cdot\rho\,(x,\,y,\,z)\;dx\,dy\,dz$$

$$y_s = \frac{1}{M}\iiint\limits_{(K)} y\cdot\rho\,(x,\,y,\,z)\;dx\,dy\,dz$$

$$z_s = \frac{1}{M}\iiint\limits_{(K)} z\cdot\rho\,(x,\,y,\,z)\;dx\,dy\,dz.$$

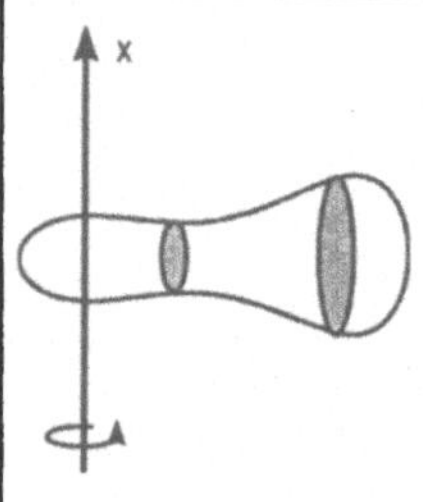

Rotiert ein starrer Körper um die Drehachse x, dann heißt das Integral

$$I_x = \iiint\limits_{(K)} \rho\,(x,\,y,\,z)\,\left(y^2 + z^2\right)\,dx\,dy\,dz$$

das **Trägheitsmoment bezüglich der x-Achse.** Die Trägheitsmomente bezüglich der y- und z-Achse sind entsprechend definiert.

Zur Bestimmung des Trägheitsmoments eines Körpers K bezüglich einer beliebigen Achse A wendet man den sog. *Steinerschen Satz* an:

Steinerscher Satz: Für eine zur Schwerpunktsachse S im Abstand d parallel verlaufende Rotationsachse A gilt

$$I_A = I_S + M\,d^2,$$

wenn I_S das Trägheitsmoment bezüglich der Schwerpunktsachse und M die Masse des Körpers ist.

Nach dem Steinerschen Satz genügt es jeweils nur parallele Achsen durch den Schwerpunkt zu berücksichtigen.

59. Beispiel: Volumenberechnung. Gesucht ist das Volumen des Rotationskörpers, der durch Rotation von x^2 an der y-Achse entsteht. Zur Berechnung führen wir Zylinderkoordinaten ein:

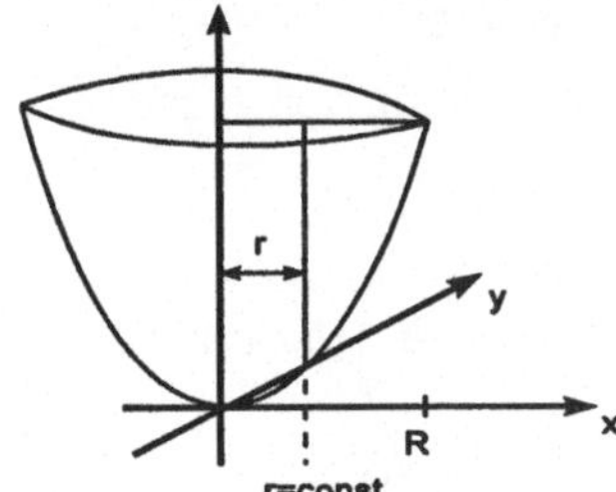

φ-Integration: $\varphi = 0$ bis $\varphi = 2\pi$
    unabhängig von r und z.

z-Integration: Bei konstantem r
    variiert z von $z = r^2$ bis $z = R^2$.

r-Integration: $r = 0$ bis $r = R$.

$$V \;=\; \iiint\limits_{(K)} dx\,dy\,dz = \iiint\limits_{(K)} r\,d\varphi\,dr\,dz = \int_{r=0}^{R}\int_{z=r^2}^{R^2}\int_{\varphi=0}^{2\pi} r\,d\varphi\,dz\,dr$$

$$=\; \int_{r=0}^{R}\int_{z=r^2}^{R^2} r\,2\pi\,dz\,dr = \int_{r=0}^{R}\left[r\,2\pi\,z\right]_{z=r^2}^{z=R^2} dr$$

$$=\; 2\pi\int_{r=0}^{R}\left(R^2 r - r^3\right) dr = 2\pi\left[\tfrac{1}{2}R^2 r^2 - \tfrac{1}{4}r^4\right]_{r=0}^{R} = \frac{\pi}{2}R^4.$$

Alternativ kann die Integration auch "scheibenweise" durchgeführt werden:

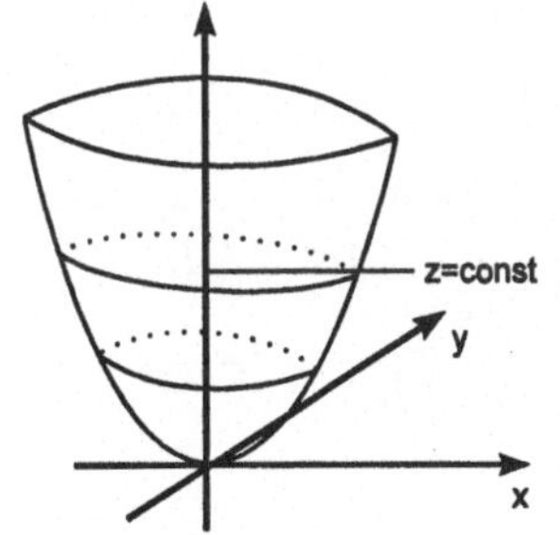

φ-Integration: $\varphi = 0$ bis $\varphi = 2\pi$
    unabhängig von r und z.

r-Integration: Bei konstantem z
    variiert r von $r = 0$ bis $r = \sqrt{z}$.

z-Integration: $z = 0$ bis $z = R^2$.

$$\Rightarrow V = \int_{z=0}^{R^2}\int_{r=0}^{\sqrt{z}}\int_{\varphi=0}^{2\pi} r\,d\varphi\,dr\,dz = \frac{\pi}{2}R^4.$$

60. Beispiel: Schwerpunktskoordinaten. Gesucht sind die Schwerpunktskoordinaten eines Kugelausschnittes mit Dichte $\rho = 1$ und Radius R.
(i) Berechnung des Volumens in Kugelkoordinaten:

$$V = \iiint\limits_{(K)} r^2 \cos\vartheta\,dr\,d\varphi\,d\vartheta$$

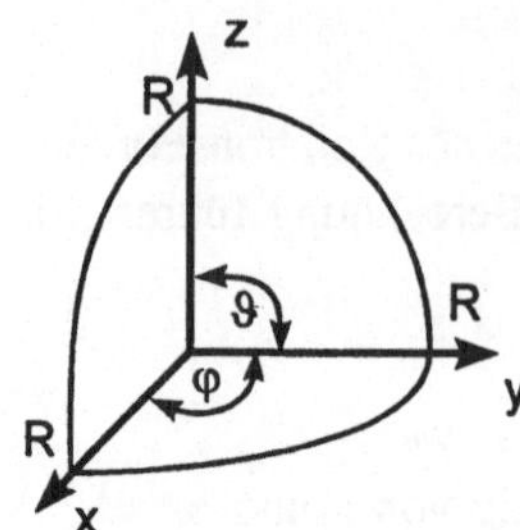

r-Integration: $r = 0$ bis $r = R$

unabhängig von ϑ und φ.

φ-Integration: $\varphi = 0$ bis $\varphi = \frac{\pi}{2}$

unabhängig von r und ϑ.

ϑ-Integration: $\vartheta = 0$ bis $\vartheta = \frac{\pi}{2}$

unabhängig von r und φ.

$$V = \int_{\vartheta=0}^{\pi/2} \int_{\varphi=0}^{\pi/2} \left(\int_{r=0}^{R} r^2 \cos\vartheta\, dr \right) d\varphi\, d\vartheta$$

$$= \int_{\vartheta=0}^{\pi/2} \cos\vartheta \int_{\varphi=0}^{\pi/2} \left[\frac{r^3}{3} \right]_{r=0}^{r=R} d\varphi\, d\vartheta = \tfrac{1}{3} R^3 \int_{\vartheta=0}^{\pi/2} \cos\vartheta \int_{\varphi=0}^{\pi/2} d\varphi\, d\vartheta$$

$$= \tfrac{1}{3} R^3 \int_{\vartheta=0}^{\pi/2} \cos\vartheta \cdot \frac{\pi}{2}\, d\vartheta = \tfrac{1}{6} R^3 \pi \int_{\vartheta=0}^{\pi/2} \cos\vartheta\, d\vartheta = \tfrac{1}{6} R^3\, \pi.$$

(ii) Berechnung der Schwerpunktskoordinate x_s:

$$x_s = \frac{1}{V} \iiint\limits_{(K)} x\, r^2 \cos\vartheta\, dr\, d\varphi\, d\vartheta$$

$$= \frac{1}{V} \int_{\vartheta=0}^{\pi/2} \int_{\varphi=0}^{\pi/2} \int_{r=0}^{R} r \cos\varphi \cos\vartheta\, r^2 \cos\vartheta\, dr\, d\varphi\, d\vartheta$$

$$= \frac{1}{V} \int_{\vartheta=0}^{\pi/2} \cos^2\vartheta \int_{\varphi=0}^{\pi/2} \cos\varphi \int_{r=0}^{R} r^3\, dr\, d\varphi\, d\vartheta$$

$$= \frac{1}{V} \int_{\vartheta=0}^{\pi/2} \cos^2\vartheta \int_{\varphi=0}^{\pi/2} \cos\varphi\, \tfrac{1}{4} R^4\, d\varphi\, d\vartheta = \frac{1}{V} \int_{\vartheta=0}^{\pi/2} \cos^2\vartheta\, \tfrac{1}{4} R^4\, d\vartheta$$

$$= \frac{1}{V}\, \tfrac{1}{4} R^4 \left[\tfrac{1}{2}\vartheta + \tfrac{1}{2} \cos\vartheta \sin\vartheta \right]_0^{\pi/2} = \frac{1}{V}\, \tfrac{1}{16} R^4 = \tfrac{3}{8} R.$$

(iii) analog berechnen sich $y_s = z_s = \tfrac{3}{8} R$.

61. Beispiele: Massenträgheitsmoment

(1) Gesucht ist das Massenträgheitsmoment eines homogenen Würfels bezüglich der z-Achse.

$$I_z = \iiint\limits_{(K)} (x^2 + y^2)\, \rho\, dx\, dy\, dz$$

$$= \rho \int_{x=0}^{x=l} \left(\int_{y=0}^{y=l} \left(\int_{z=0}^{z=l} (x^2 + y^2)\, dz \right) dy \right) dx$$

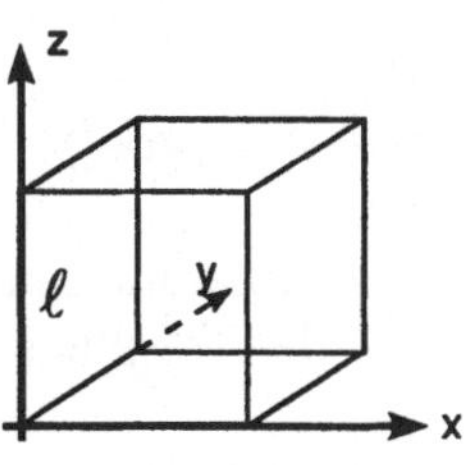

$$= \rho \int_{x=0}^{l} \int_{y=0}^{l} \left(x^2 + y^2\right) \left(\int_0^l dz\right) dy\,dx$$

$$= \rho\,l \int_{x=0}^{l} \int_{y=0}^{l} \left(x^2 + y^2\right) dy\,dx$$

$$= \rho\,l \int_{x=0}^{l} \left[x^2 y + \frac{y^3}{3}\right]_{y=0}^{l} dx$$

$$= \rho\,l \int_{x=0}^{l} \left(x^2 l + \tfrac{1}{3} l^3\right) dx$$

$$= \rho\,l \left[\tfrac{1}{3} x^3 l + \tfrac{1}{3} l^3 x\right]_0^l = \rho\,l \left(\tfrac{1}{3} l^4 + \tfrac{1}{3} l^4\right) = \tfrac{2}{3}\rho\,l^5.$$

Mit der Masse $M = \rho \cdot V = \rho \cdot l^3$ folgt $\boxed{I_z = \tfrac{2}{3} M\,l^2}$.

(2) Gesucht ist das Trägheitsmoment eines Zylinders der Höhe H und Grundfläche πR^2 bezüglich der z-Achse. Zur Berechnung des Trägheitsmomentes verwenden wir Zylinderkoordinaten

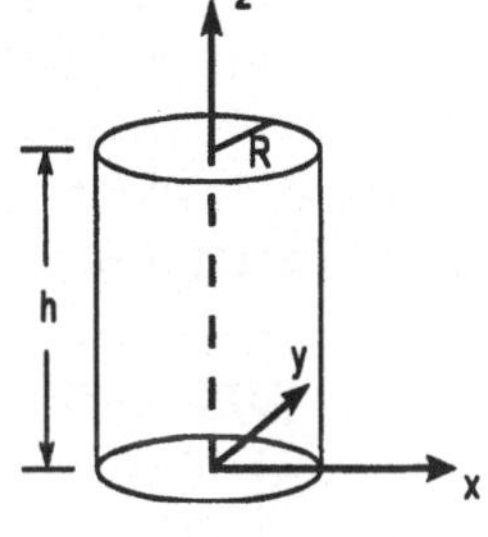

$$I_z = \rho \iiint\limits_{(K)} \left(x^2 + y^2\right) dx\,dy\,dz$$

$$= \rho \iiint\limits_{(K)} r^2\, r\,dr\,d\varphi\,dz$$

$$= \rho \int_{z=0}^{H} \int_{\varphi=0}^{2\pi} \int_{r=0}^{R} r^3\,dr\,d\varphi\,dz = \rho\,\frac{R^4}{4} \cdot 2\pi \cdot H.$$

Mit $\rho = \frac{M}{V} = \frac{M}{\pi R^2 H}$ folgt $\boxed{I_z = M\,\tfrac{1}{2}\,R^2}$. $\qquad\square$

Berechnung der Eigenschaften starrer Körper mit MAPLE**.** Die MAPLE-Prozedur **starr** faßt alle Formeln zur Bestimmung von Volumen, Schwerpunktskoordinaten und Trägheitsmomenten starrer Körper sowie die Berechnung von Dreifachintegralen über dreidimensionalen Gebieten zusammen. Wahlweise kann mit kartesischen Koordinaten, Zylinder- oder Kugelkoordinaten gearbeitet werden. Es wird eine *konstante* Dichte ρ der Körper vorausgesetzt. Der Aufruf von **starr** erfolgt durch die Angabe der zu integrierenden Funktion (diese ist 1 zu setzen, falls nur die physikalischen Eigenschaften des Körpers bestimmt werden sollen), dem Integrationsbereich der Integrationsvariablen von innen nach außen (die Reihenfolge ist wichtig: Sie muß der Reihenfolge der Dreifachintegralen entsprechen) und der Angabe des Koordinatensystems *<kart, zylinder, kugel>*. Es ist zu beachten, daß bei der Option **kart** die Variablennamen x, y, z, bei **zylinder** r, *phi*, z, bei **kugel** r, *theta*, *phi* lauten müssen!

```
> starr:= proc()
>
> # Prozedur zum Berechnen des Volumens, des Schwerpunktes,
> # der Trägheitsmomente sowie des Dreifachintegrals einer Funktion.
>
> local xarg, yarg, zarg, function,x_s, y_s, z_s,
>        I_x, I_y, I_z, valv, dfactor, fall, I1, I2, I3;
>
> function:=args[1];
> fall:=args[5]:
>
> # Festlegung des Koordinatensystems
> if fall=kugel then
>       dfactor:=r^2*cos(theta):
>        xarg:=r*cos(phi)*cos(theta):
>        yarg:=r*sin(phi)*cos(theta):
>        zarg:=r*sin(theta):
> elif fall=zylinder then
>       dfactor:=r:
>        xarg:=r*cos(phi):
>        yarg:=r*sin(phi):
>        zarg:=z:
> else dfactor:=1:
>        xarg:=x:   yarg:=y:   zarg:=z:
> fi:
>
> # Berechnung des Volumens des Integrationsbereichs
>       I1:=Int(dfactor,args[2]):  I2:=Int(I1,args[3]):  I3:=Int(I2,args[4]):
>       valv:=simplify(value(I3),symbolic):
>       print('Das Volumen V des Gebietes ist ',I3=valv);
>       print(V=evalf(valv));
>
> # Berechnung der Koordinaten des Schwerpunktes
>       I1:=Int(dfactor*xarg,args[2]):  I2:=Int(I1,args[3]):
>       I3:=1/valv*Int(I2,args[4]):      x_s:=value(I3):
>       print('Der Schwerpunkt des Gebietes ist x_s =',I3=x_s);
>       I1:=Int(dfactor*yarg,args[2]):  I2:=Int(I1,args[3]):
>       I3:=1/valv*Int(I2,args[4]):      y_s:=value(I3):
>       print('Der Schwerpunkt des Gebietes ist y_s =',I3=y_s);
>       I1:=Int(dfactor*zarg,args[2]):  I2:=Int(I1,args[3]):
>       I3:= 1/valv*Int(I2,args[4]):      z_s:=value(I3):
>       print('Der Schwerpunkt des Gebietes ist z_s =',I3=z_s);
>
```

```
> # Berechnung des Trägheitsmomentes
>      I1:=Int(dfactor*(yarg^2+zarg^2),args[2]):  I2:=Int(I1,args[3]):
>      I3:=M/valv*Int(I2,args[4]):    I_x:=value(I3):
>      print('Das Trägheitsmoment I_x ist I_x =',I3=I_x);
>      I1:=Int(dfactor*(xarg^2+zarg^2),args[2]):  I2:=Int(I1,args[3]):
>      I3:=M/valv*Int(I2,args[4]):    I_y:=value(I3):
>      print('Das Trägheitsmoment I_y ist I_y =',I3=I_y);
>      I1:=Int(dfactor*(xarg^2+yarg^2),args[2]):  I2:=Int(I1,args[3]):
>      I3:=M/valv*Int(I2,args[4]):    I_z:=value(I3):
>      print('Das Trägheitsmoment I_z ist I_z =',I3=I_z);
>
> # Berechnung des Dreifachintegrals
>      I1:=Int(function*dfactor,args[2]):
>      I2:=Int(I1,args[3]):
>      I3:=Int(I2,args[4]):
>      valv:=simplify(value(I3),symbolic):
>      print('Das Dreifach-Integral ist ',I3=valv);
>      print (I=evalf(valv));
> end:
```

62. Beispiele für Aufrufe der Prozedur **starr**:

(i) Körper, der durch Rotation der Funktion $y = x^2$ an der y-Achse im Intervall $[0, R]$ entsteht.

```
> starr(1, phi=0..2*Pi, z=r^2..R^2, r=0..R, zylinder);
```
alternativ
```
> starr(1, phi=0..2*Pi, r=0..sqrt(z), z=0..R^2, zylinder);
```

(ii) $\frac{1}{8}$ einer Kugel mit Radius R (1 Oktant des kartesischen Koordinatensystems)
```
> starr(1, phi=0..Pi/2, theta=0..Pi/2, r=0..R, kugel);
```

(iii) Halbkugel in Zylinderkoordinaten
```
> starr(1, z=0..sqrt(R^2-r^2), phi=0..2*Pi, r=0..R, zylinder);
```

(iv) Würfel in kartesischen Koordinaten
```
> starr(1, z=0..l, x=0..l, y=0..l, kart);
```

(v) Zylinder mit Radius R und Höhe H
```
> starr(1, z=0..H, r=0..R, phi=0..2*Pi, zylinder);
```

3.3 Linien- oder Kurvenintegrale

Die Bestimmung der Arbeit in einem Kraftfeld oder die der elektrischen Spannung in einem elektrischen Feld erfordert oftmals die Berechnung eines Integrals entlang einer ebenen oder räumlichen Kurve. Dies führt auf einen neuen Integralbegriff, dem sog. *Linienintegral*, den wir mit Beispielen aus der Mechanik und Elektrostatik erläutern werden.

3.3.1 Vektordarstellung einer Kurve

Gegeben sei die Beschreibung einer Kurve C im Raum durch die *Parameterdarstellung*

$$C : \vec{r}(t) = x(t)\,\vec{e}_1 + y(t)\,\vec{e}_2 + z(t)\,\vec{e}_3 = \begin{pmatrix} x(t) \\ y(t) \\ z(t) \end{pmatrix},$$

wenn $x(t)$, $y(t)$, $z(t)$ Funktionen einer Variablen t sind. Beim Durchlaufen der t-Werte bewegt sich der Punkt P (Abb. 25) entlang der Linie C:

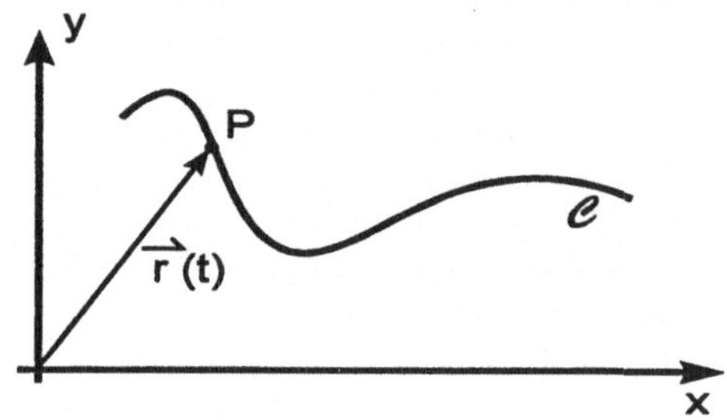

Abb. 25: Raumkurve

63. Beispiel: Ein Elektron bewegt sich in einem homogenen Magnetfeld $\vec{B} = B_0\,\vec{e}_z$ auf einer Schraubenlinie mit Radius R. Die Koordinaten des Elektrons sind zu jedem Zeitpunkt festgelegt durch

$$\begin{aligned} x(t) &= R\cos(\omega t) \\ y(t) &= R\sin(\omega t) \\ z(t) &= v_z\,t. \end{aligned}$$

$\omega = \frac{e}{m} B_0$ ist die Kreisfrequenz und v_z die konstante Geschwindigkeitskomponente in z-Richtung. Mit **spacecurve** wird diese Kurve mit MAPLE graphisch dargestellt. Hierbei kann $\vec{s}$ ein dreidimensionaler Vektor oder eine Liste sein.

```
> with(linalg):
> s:=vector([R*cos(w*t), R*sin(w*t), vz*t]):
> R:=1: w:=1: vz:=1:
> with(plots):
> spacecurve(s, t=0..20, numpoints=200, axes=framed):
```

3.3.2 Differentiation eines Vektors nach einem Parameter

Ist $\vec{r}(t) = x(t)\,\vec{e}_1 + y(t)\,\vec{e}_2 + z(t)\,\vec{e}_3$ die Parameterdarstellung einer Kurve $\mathcal{C}$, so ist die **Ableitung des Vektors** $\vec{r}(t)$ definiert als Grenzwert

$$\vec{r}\,'(t) = \lim_{\triangle t \to 0} \frac{1}{\triangle t}\left(\vec{r}(t + \triangle t) - \vec{r}(t)\right)$$

des Differenzenquotienten für $\triangle t \to 0$. Geometrisch entspricht dies dem Grenzübergang des Differenzvektors (= Sekantenvektor) in den Tangentenvektor im Punkt $\vec{r}(t) = (x(t),\, y(t),\, z(t))$.

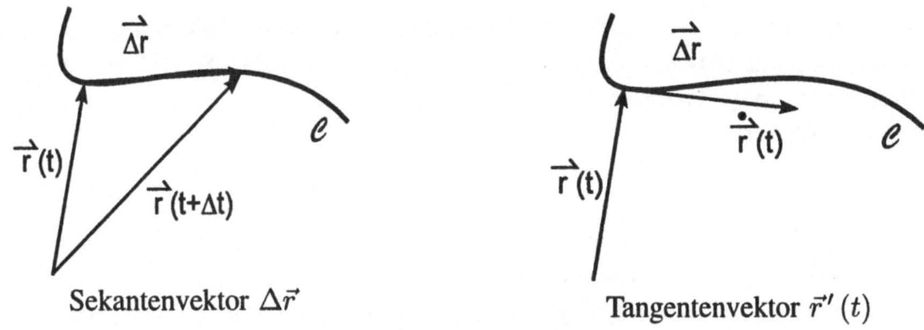

Sekantenvektor $\triangle\vec{r}$ Tangentenvektor $\vec{r}\,'(t)$

Aufgrund der Vektorrechenregeln gilt

$$\frac{1}{\triangle t}\triangle\vec{r} = \frac{1}{\triangle t}\left(\vec{r}(t + \triangle t) - \vec{r}(t)\right)$$

$$= \begin{pmatrix} \frac{1}{\triangle t}\left(x(t+\triangle t) - x(t)\right) \\ \frac{1}{\triangle t}\left(y(t+\triangle t) - y(t)\right) \\ \frac{1}{\triangle t}\left(z(t+\triangle t) - z(t)\right) \end{pmatrix} \overset{\triangle t \to 0}{\longrightarrow} \begin{pmatrix} \dot{x}(t) \\ \dot{y}(t) \\ \dot{z}(t) \end{pmatrix}$$

$$\Rightarrow \vec{r}\,'(t) = \begin{pmatrix} \dot{x}(t) \\ \dot{y}(t) \\ \dot{z}(t) \end{pmatrix}.$$

Die Differentiation eines Vektors $\vec{r}(t)$ nach einem Parameter t erfolgt komponentenweise.

Anwendung: Ist $\vec{r}(t)$ der zeitabhängige Ortsvektor der Bahnkurve eines Massepunktes, dann ist

$$\vec{v}(t) = \vec{r}\,'(t) \qquad \text{der Geschwindigkeitsvektor und}$$
$$\vec{a}(t) = \vec{v}\,'(t) = \vec{r}\,''(t) \quad \text{der Beschleunigungsvektor.}$$

64. Beispiel: Der Geschwindigkeitsvektor bzw. Beschleunigungsvektor eines Elektrons im homogenen Magnetfeld $B = B_0\,\vec{e}_z$ lautet mit Beispiel 63

$$\vec{v}(t) = \vec{r}\,'(t) = \begin{pmatrix} \dot{x}(t) \\ \dot{y}(t) \\ \dot{z}(t) \end{pmatrix} = \begin{pmatrix} -R\omega\sin(\omega t) \\ R\omega\cos(\omega t) \\ v_z \end{pmatrix} = \begin{pmatrix} v_1(t) \\ v_2(t) \\ v_3(t) \end{pmatrix}$$

$$\vec{a}(t) = \vec{v}\,'(t) = \begin{pmatrix} \ddot{x}(t) \\ \ddot{y}(t) \\ \ddot{z}(t) \end{pmatrix} = \begin{pmatrix} -R\omega^2\cos(\omega t) \\ -R\omega^2\sin(\omega t) \\ 0 \end{pmatrix}.$$

Insbesondere gilt $\ddot{x}(t) + \omega^2\,x(t) = 0$ und $\ddot{y}(t) + \omega^2\,y(t) = 0$. Man rechnet die Ableitungen mit MAPLE nach, indem auf den Vektor $\vec{s}$ aus Beispiel 63 der **diff**-Befehl komponentenweise angewendet wird; eine kompakte Schreibweise erhält man mit dem **map**-Operator

```
> v:=map(diff, s, t);
> a:=map(diff, v, t);
```

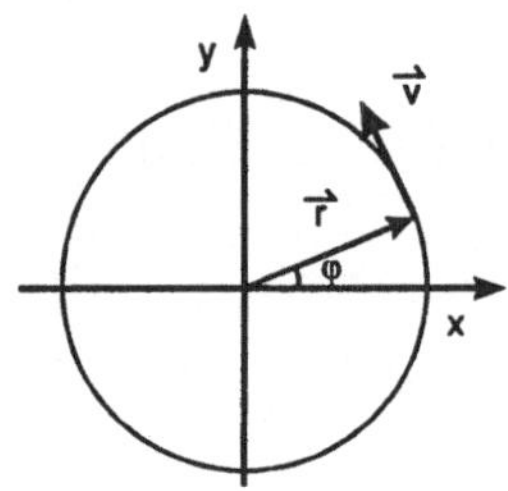

Abb. 26: Kreisbewegung

65. Beispiel: Beschleunigungskräfte einer ebenen Kreisbewegung.

Für eine ebene Kreisbewegung sind für *konstanten* Radius ρ die Koordinaten $x(t)$ und $y(t)$ gegeben durch

$$\begin{aligned} x(t) &= \rho\cdot\cos\varphi(t) \\ y(t) &= \rho\cdot\sin\varphi(t). \end{aligned} \qquad \text{(Polarkoordinaten)}$$

In dieser Parameterdarstellung lautet die Bewegung

$$\vec{r}(t) = x(t)\,\vec{e}_x + y(t)\,\vec{e}_y = \rho\cos\varphi(t)\,\vec{e}_x + \rho\sin\varphi(t)\,\vec{e}_y = \rho\begin{pmatrix} \cos\varphi(t) \\ \sin\varphi(t) \end{pmatrix}$$

mit dem **Geschwindigkeitsvektor**

$$\vec{v}(t) = \vec{r}\,'(t) = \rho\begin{pmatrix} -\sin\varphi(t)\,\dot{\varphi}(t) \\ \cos\varphi(t)\,\dot{\varphi}(t) \end{pmatrix} = \rho\,\dot{\varphi}(t)\begin{pmatrix} -\sin\varphi(t) \\ \cos\varphi(t) \end{pmatrix}.$$

Definiert man den radialen Einheitsvektor $\vec{e}_r$ und den azimuthalen Einheitsvektor $\vec{e}_\varphi$ durch

$$\vec{e}_r = \begin{pmatrix} \cos\varphi(t) \\ \sin\varphi(t) \end{pmatrix}, \quad \vec{e}_\varphi = \begin{pmatrix} -\sin\varphi(t) \\ \cos\varphi(t) \end{pmatrix},$$

dann gilt für den Geschwindigkeitsvektor

$$\vec{v}(t) = \rho\,\dot{\varphi}(t)\,\vec{e}_\varphi.$$

Bei einer Kreisbewegung hat die Geschwindigkeit also den Betrag $\rho\,\dot{\varphi}(t)$ und steht senkrecht zum Ortsvektor (d.h. tangential zur Bewegung)!

Der **Beschleunigungsvektor** ist die Ableitung von $\vec{v}(t)$ nach t:

$$
\begin{aligned}
\vec{a}(t) \;=\; \vec{v}'(t) &= \rho \begin{pmatrix} -\cos\varphi(t)\,\dot{\varphi}^2(t) - \sin\varphi(t)\,\ddot{\varphi}(t) \\ -\sin\varphi(t)\,\dot{\varphi}^2(t) + \cos\varphi(t)\,\ddot{\varphi}(t) \end{pmatrix} \\
&= -\rho\,\dot{\varphi}^2(t) \begin{pmatrix} \cos\varphi(t) \\ \sin\varphi(t) \end{pmatrix} + \rho\,\ddot{\varphi}(t) \begin{pmatrix} -\sin\varphi(t) \\ \cos\varphi(t) \end{pmatrix} \\
&= -\rho\,\dot{\varphi}^2(t)\,\vec{e}_r + \rho\,\ddot{\varphi}(t)\,\vec{e}_\varphi.
\end{aligned}
$$

Der Betrag der Beschleunigung lautet mit $\vec{e}_r{}^2 = \vec{e}_\varphi{}^2 = 1$ und $\vec{e}_r \cdot \vec{e}_\varphi = 0$:

$$
\begin{aligned}
|\vec{a}| &= \sqrt{\vec{a}\cdot\vec{a}} \\
&= \rho\sqrt{\dot{\varphi}^4(t)\,\vec{e}_r{}^2 - 2\,\dot{\varphi}^2(t)\,\ddot{\varphi}(t)\,\vec{e}_r\cdot\vec{e}_\varphi + \ddot{\varphi}^2(t)\,\vec{e}_\varphi{}^2} \\
&= \rho\sqrt{\dot{\varphi}^4(t) + \ddot{\varphi}^2(t)}\,.
\end{aligned}
$$

Die Beschleunigungskraft $\vec{F} = m\,\vec{a}(t)$ besitzt eine Komponente in Richtung $\vec{r}$ (Zentrifugalkraft) und eine senkrecht hierzu:

Kraft in Richtung $\vec{r}$ (Zentrifugalkraft): $\vec{F}_r = -m\,\rho\,\dot{\varphi}^2(t)\,\vec{e}_r$ mit dem Betrag

$$
\boxed{\, F_r = \left|\vec{F}_r\right| = m\,\rho\,\dot{\varphi}^2(t). \,}
$$

Für eine Kreisbewegung mit **konstanter** Winkelgeschwindigkeit $\omega = \dot{\varphi}(t) = const$, gilt dann

$$
\boxed{\, F_r = m\,\rho\,\omega^2. \,}
$$

Kraft in Richtung der Geschwindigkeit $\vec{e}_\varphi$: $\vec{F}_\varphi = m\,\rho\,\ddot{\varphi}(t)\,\vec{e}_\varphi$. Für eine Kreisbewegung mit **konstanter** Winkelgeschwindigkeit $\omega = \dot{\varphi}(t) = const$, gilt $\ddot{\varphi}(t) = 0 \Rightarrow F_\varphi = 0$, d.h. es wirkt dann **keine** Kraft in Richtung der Geschwindigkeit. $\square$

3.3.3 Vektor- oder Kraftfelder

> **Definition:** *Als* **Vektorfeld (= Kraftfeld)** *bezeichnen wir eine vektorwertige Funktion* $\vec{k}: \mathbb{R}^3 \to \mathbb{R}^3$,
> $$
> \vec{k}(x,\,y,\,z) = \begin{pmatrix} k_1(x,\,y,\,z) \\ k_2(x,\,y,\,z) \\ k_3(x,\,y,\,z) \end{pmatrix},
> $$
> *mit Funktionen* $k_1,\,k_2,\,k_3$, *die von drei Variablen* $(x,\,y,\,z)$ *abhängen.* $\vec{k}$ *weist jedem Punkt des Raumes* $(x,\,y,\,z)$ *einen Vektor* $\vec{k}(x,\,y,\,z)$ *zu.*

66. Beispiel: Die elektrische Kraft, welche eine Punktladung Q auf eine andere Ladung q ausübt, ist nach dem *Coulomb-Gesetz* umgekehrt proportional zum

Abstandsquadrat der Ladungen

$$\vec{F} = \frac{1}{4\pi\,\varepsilon_0}\,\frac{q\,Q}{r^2}\,\frac{\vec{r}}{|r|} = \frac{q\,Q}{4\pi\,\varepsilon_0}\,\frac{1}{r^3}\,\vec{r} = \frac{q\,Q}{4\pi\,\varepsilon_0}\,\frac{1}{\sqrt{x^2+y^2+z^2}^{\,3}}\begin{pmatrix} x \\ y \\ z \end{pmatrix}.$$

Die Kraft $\vec{F}$ ist ein Vektor, der an verschiedenen Orten $(x,\,y,\,z)$ unterschiedliche Werte und Richtungen besitzt. Mit den Befehlen **fieldplot** und **fieldplot3d** können zwei- bzw. dreidimensionale Kraftfelder mit MAPLE als Vektorgraphik dargestellt werden.

3.3.4 Linien- oder Kurvenintegrale

Sei $\vec{r}(t) = x(t)\,\vec{e}_1 + y(t)\,\vec{e}_2 + z(t)\,\vec{e}_3$ eine Raumkurve C und $\vec{k}$ ein gegebenes Kraftfeld. $P_A = \vec{r}(t_A)$ sei der Anfangs- und $P_E = \vec{r}(t_E)$ der Endpunkt der Kurve. Gesucht ist die Arbeit, die geleistet werden muß, um einen Massepunkt der Masse m entlang C vom Anfangs- zum Endpunkt zu bringen (siehe Abb. 27).

Bewegt sich der Massepunkt entlang der Strecke $\vec{s}$, dann ist die Arbeit, die von einer konstanten Kraft $\vec{k}$ an dem Massepunkt geleistet wird, nach Bd. 1, Kap. II.2.2, bestimmt durch das Skalarprodukt

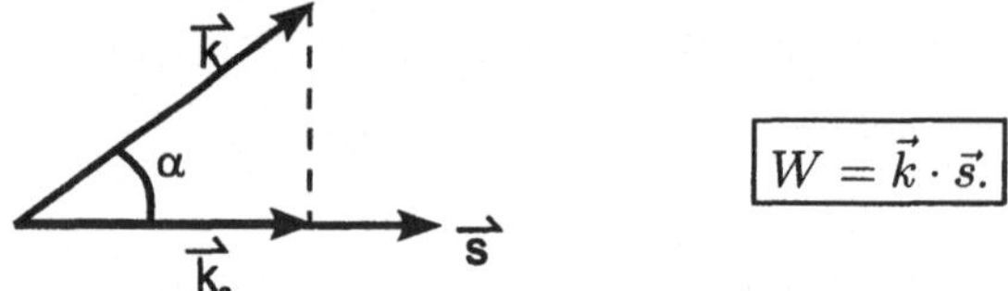

$$\boxed{W = \vec{k}\cdot\vec{s}.}$$

Um die Arbeit zu bestimmen, die benötigt wird, den Massepunkt entlang einer Kurve C zu bewegen, unterteilen wir C in Punkte

$$P_A = P_0\,,\ P_1\,,\ldots,\ P_N = P_E \quad \text{mit}\ P_i = \vec{r}(t_i) = \vec{r}_i\ \ (i = 0,\ldots,N)$$

mit $t_i = \frac{t_E - t_A}{N}\,i + t_A$ und ersetzen die Kurve durch Streckenzüge $\overrightarrow{P_i\,P_{i+1}} = \Delta\vec{r}_i$.

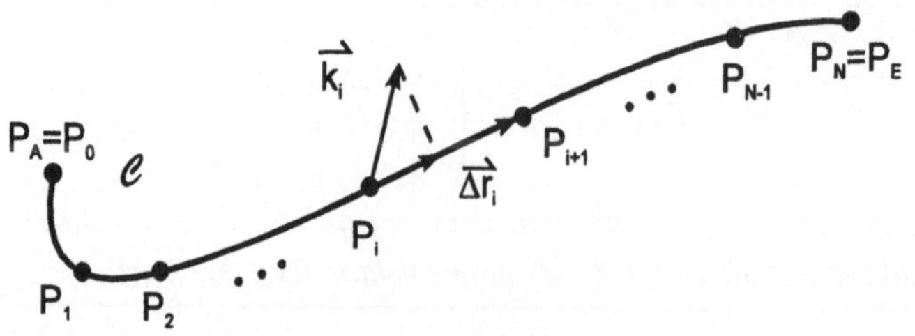

Abb. 27: Arbeit entlang der Kurve C

Für jede Teilstrecke bilden wir das Skalarprodukt des lokalen Kraftfeldes $\vec{k}_i = \vec{k}(\vec{r}_i)$ mit dem Richtungsvektor $\Delta\vec{r}_i$:

$$W_i = \vec{k}(\vec{r}_i) \cdot \Delta\vec{r}_i.$$

W_i ist die Arbeit, die geleistet werden muß, um den Massepunkt von P_i nach P_{i+1} zu führen. Summiert man alle Anteile auf

$$\triangle W = \sum_{i=0}^{N-1} \vec{k}(\vec{r}_i) \cdot \Delta\vec{r}_i = \sum_{i=0}^{N-1} \vec{k}(\vec{r}_i) \frac{1}{\triangle t}\left(\vec{r}(t_i + \triangle t) - \vec{r}(t_i)\right) \cdot \triangle t$$

ist diese Summe eine Näherung für die tatsächlich aufzuwendende Arbeit. Diese Approximation wird umso besser, je feiner die Unterteilung der Kurve C gewählt wird. Den Grenzwert $N \to \infty$ (d.h. eine beliebig feine Unterteilung von C mit $\Delta\vec{r}_i \to 0$ bzw. $\triangle t \to 0$ im Falle der rechten Summe)

$$\lim_{N\to\infty} \sum_{i=0}^{N-1} \vec{k}(\vec{r}_i)\, \Delta\vec{r}_i = \lim_{N\to\infty} \sum_{i=0}^{N-1} \vec{k}(\vec{r}_i) \frac{1}{\triangle t}\left(\vec{r}(t_i + \triangle t) - \vec{r}(t_i)\right) \cdot \triangle t$$

nennt man das *Kurvenintegral* entlang C:

Definition: (Kurven- oder Linienintegral)

Ist $\vec{k}(x, y, z)$ ein Vektorfeld und C eine Kurve, die durch $\vec{r}(t)$ $(t_A \leq t \leq t_E)$ beschrieben wird. Dann heißt das Integral

$$\int_C \vec{k} \cdot d\vec{r} = \int_{t_A}^{t_E} \vec{k}(\vec{r}(t)) \cdot \vec{r}\,'(t)\ dt$$

*das **Linien- oder Kurvenintegral** des Vektorfeldes $\vec{k}(x, y, z)$ längs der Kurve C, wenn $\vec{r}(t_A)$ den Anfangs- und $\vec{r}(t_E)$ den Endpunkt der Kurve markiert.*

Bemerkungen:
(1) Das Kurvenintegral ist unabhängig von der speziell gewählten Unterteilung.
(2) Das Kurvenintegral ist damit insbesondere unabhängig von der Parametrisierung der Kurve C.
(3) Das Kurvenintegral lautet in ausführlicher Schreibweise, wenn das Skalarprodukt ausgeführt und das Kraftfeld $\vec{k}$ an der Stelle $\vec{r}(t)$ ausgewertet wird

$$\int_C \vec{k}\, d\vec{r} = \int_{t_A}^{t_E} k_1\left(x(t), y(t), z(t)\right) \dot{x}(t)\, dt$$

$$+ \int_{t_A}^{t_E} k_2\left(x(t), y(t), z(t)\right) \dot{y}(t)\, dt$$

$$+ \int_{t_A}^{t_E} k_3\left(x(t), y(t), z(t)\right) \dot{z}(t)\, dt.$$

Die drei Integrale hängen nur noch von einer Variablen t ab und können mit den Integrationsregeln aus Bd. 1 berechnet werden.

(4) Der Wert des Kurvenintegrals hängt in der Regel nicht nur von Anfangs- und Endpunkt des Integrationsweges, sondern auch vom vorgegebenen Weg ab. Ausnahmen bilden die sog. *Gradientenfelder*.

(5) Für ein Kurvenintegral entlang einer *geschlossenen* Kurve verwendet man das Symbol $\oint_C \vec{k}\,d\vec{r}$.

(6) $\vec{k}\,(\vec{r}\,(t)) \cdot \vec{r}\,'(t)$ ist die Kraft, die tangential auf der Kurve wirkt, da $\vec{r}\,'(t)$ in jedem Punkt $\vec{r}\,(t)$ der Kurve C die Tangentensteigung repräsentiert.

Vorgehensweise bei der Berechnung von Kurvenintegralen

(1) Parametrisieren der Kurve C.

(2) Berechnung von $\vec{r}\,'(t)$.

(3) Die Kurve $(x(t),\ y(t),\ z(t))$ in die drei Kraftkomponenten k_1, k_2, k_3 einsetzen, das Skalarprodukt $\vec{k}\,(\vec{r}\,(t)) \cdot \vec{r}\,'(t)$ berechnen und die Integrationen über t ausführen.

---

67. Beispiel: Gegeben ist das Kraftfeld $\vec{k} = \begin{pmatrix} x\,y^2 \\ x\,y \\ 0 \end{pmatrix}$. Gesucht ist das Kurvenintegral

$$\int_C \vec{k}\,d\vec{r} = \int_C \left(x(t)\,y^2(t)\,\dot{x}(t) + x(t)\,y(t)\,\dot{y}(t) \right) dt,$$

wenn C eine der in Abb. 28 gezeichneten Kurven repräsentiert.

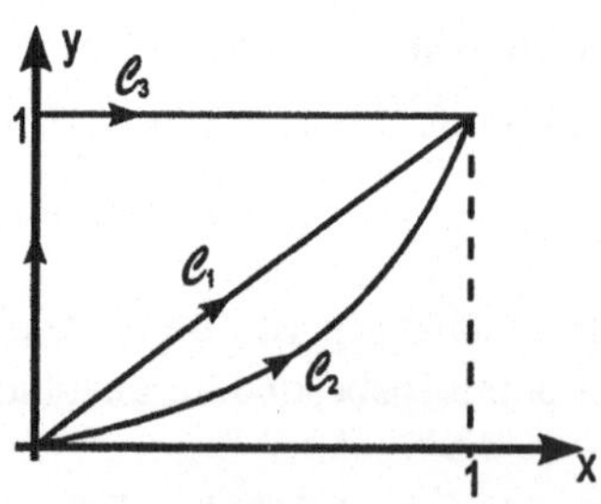

Abb. 28: Kurven vom Punkt $(0,0)$ zum Punkt $(1,1)$.

(i) **Integrationsweg 1:** Die Parameterdarstellung von Integrationsweg C_1 ist

$$\vec{r}(t) = \begin{pmatrix} t \\ t \end{pmatrix}, \qquad 0 \leq t \leq 1.$$

$$\Rightarrow \quad x(t) = t,\, y(t) = t \quad \Rightarrow \quad \dot{x}(t) = 1,\, \dot{y}(t) = 1.$$

$$\Rightarrow \quad \int_{C_1} \vec{k}\, d\vec{r} = \int_0^1 \left(t \cdot t^2 \cdot 1 + t \cdot t \cdot 1 \right) dt = \int_0^1 \left(t^3 + t^2 \right) dt = \frac{7}{12}.$$

(ii) **Integrationsweg 2:** Eine Parameterdarstellung von Integrationsweg C_2 ist

$$\vec{r}(t) = \begin{pmatrix} t \\ t^2 \end{pmatrix} \qquad 0 \leq t \leq 1.$$

$$\Rightarrow \quad x(t) = t,\, y(t) = t^2 \quad \Rightarrow \quad \dot{x}(t) = 1,\, \dot{y}(t) = 2t.$$

$$\Rightarrow \quad \int_{C_2} \vec{k}\, d\vec{r} = \int_0^1 \left(t \cdot t^4 \cdot 1 + t \cdot t^2 \cdot 2t \right) dt = \int_0^1 \left(t^5 + 2t^4 \right) dt = \frac{17}{30}.$$

(iii) **Integrationsweg 3:** Eine Parameterdarstellung von Integrationsweg C_3 ist

$$\vec{r}(t) = \begin{cases} \begin{pmatrix} 0 \\ t \end{pmatrix} & \text{für } 0 \leq t \leq \frac{1}{2} \quad \Rightarrow x(t) = 0, \quad y(t) = t \\[2ex] \begin{pmatrix} 2t-1 \\ 1 \end{pmatrix} & \text{für } \frac{1}{2} \leq t \leq 1 \quad \Rightarrow x(t) = 2t-1, \quad y(t) = 1. \end{cases}$$

$$\Rightarrow \int_{C_3} \vec{k}\, d\vec{r} = \int_0^{\frac{1}{2}} 0\, dt + \int_{\frac{1}{2}}^1 (4t-2)\, dt = \frac{1}{2}.$$

(iv) **Integrationsweg 4:** Eine andere Parameterdarstellung von Integrationsweg C_1 ist

$$\vec{r}(t) = \begin{pmatrix} t^2 \\ t^2 \end{pmatrix}, \qquad 0 \leq t \leq 1.$$

$$\Rightarrow \quad x(t) = t^2,\, y(t) = t^2 \quad \Rightarrow \quad \dot{x}(t) = 2t,\, \dot{y}(t) = 2t.$$

$$\Rightarrow \quad \int_{C_1} \vec{k}\, d\vec{r} = \int_0^1 \left(t^6 \cdot 2t + t^4 \cdot 2t \right) dt = \int_0^1 \left(2t^7 + 2t^5 \right) dt = \frac{7}{12}.$$

Man erkennt an diesem Beispiel, daß der Wert des Kurvenintegrals vom gewählten Weg abhängt; bei gleichem Weg aber nicht von der speziellen Parametrisierung.$\square$

68. Beispiele:

(1) Gegeben ist das Vektorfeld $\vec{v} = \begin{pmatrix} x\,y \\ y \\ -x \end{pmatrix}$, das entlang der Kurve C mit Parametrisierung $\vec{r}(t) = t\,\vec{e}_1 + t^2\,\vec{e}_2 + t^3\,\vec{e}_3$, $0 \le t \le 1$, integriert werden soll. $\left(x(t) = t,\, y(t) = t^2,\, z(t) = t^3 \right)$:

$$\Rightarrow \quad \vec{r}\,'(t) = \vec{e}_1 + 2t\,\vec{e}_2 + 3t^2\,\vec{e}_3 = \begin{pmatrix} 1 \\ 2t \\ 3t^2 \end{pmatrix}, \quad \vec{v}(\vec{r}(t)) = \begin{pmatrix} t^3 \\ t^2 \\ -t \end{pmatrix}$$

$$\Rightarrow \quad \vec{v}(\vec{r}(t)) \cdot \vec{r}\,'(t) = \begin{pmatrix} t^3 \\ t^2 \\ -t \end{pmatrix} \begin{pmatrix} 1 \\ 2t \\ 3t^2 \end{pmatrix} = t^3 + 2t^3 - 3t^3 = 0.$$

$$\Rightarrow \quad \int_C \vec{v}\,d\vec{r} = \int_0^1 0\,dt = 0.$$

(2) Gesucht ist das Kurvenintegral der Vektorfunktion $\vec{v} = \begin{pmatrix} x \\ x\,y \end{pmatrix}$ entlang der Parabel $y = x^2$, die vom Ursprung zum Punkte $P(1,1)$ geht:

$$\vec{r}(t) = \begin{pmatrix} t \\ t^2 \end{pmatrix}, \quad 0 \le t \le 1, \quad \Rightarrow x(t) = t,\, y(t) = t^2$$

$$\Rightarrow \quad \vec{r}\,'(t) = \begin{pmatrix} 1 \\ 2t \end{pmatrix}, \quad \vec{v}(\vec{r}(t)) = \begin{pmatrix} x \\ x\,y \end{pmatrix} = \begin{pmatrix} t \\ t^3 \end{pmatrix}$$

$$\Rightarrow \quad \vec{v}(\vec{r}(t)) \cdot \vec{r}\,'(t) = \begin{pmatrix} t \\ t^3 \end{pmatrix} \begin{pmatrix} 1 \\ 2t \end{pmatrix} = t + 2t^4.$$

$$\Rightarrow \quad \int_0^1 (t + 2t^4)\,dt = \left[\tfrac{1}{2} t^2 + \tfrac{2}{5} t^5 \right]_0^1 = \frac{9}{10}.$$

(3) Gesucht ist das Kurvenintegral der Vektorfunktion $\vec{v} = \begin{pmatrix} x \\ x\,y \end{pmatrix}$ entlang der Kurve C mit Parametrisierung $\vec{r}(t) = \begin{pmatrix} t^3 \\ t^4 \end{pmatrix}$, $0 \le t \le 1$. C verbindet ebenfalls den Ursprung mit dem Punkt $(1, 1)$:

$$\vec{r}(t) = \begin{pmatrix} t^3 \\ t^4 \end{pmatrix}, \quad 0 \le t \le 1 \quad \Rightarrow x(t) = t^3,\, y(t) = t^4$$

$$\Rightarrow \quad \vec{r}\,'(t) = \begin{pmatrix} 3t^2 \\ 4t^3 \end{pmatrix}, \quad \vec{v}(\vec{r}(t)) = \begin{pmatrix} x \\ x\,y \end{pmatrix} = \begin{pmatrix} t^3 \\ t^3\,t^4 \end{pmatrix}$$

$$\Rightarrow \quad \vec{v}(\vec{r}(t)) \cdot \vec{r}\,'(t) = \begin{pmatrix} t^3 \\ t^7 \end{pmatrix} \begin{pmatrix} 3t^2 \\ 4t^3 \end{pmatrix} = 3t^5 + 4t^{10}.$$

$$\Rightarrow \quad \int_0^1 (3t^5 + 4t^{10})\,dt = \left[\frac{1}{2} t^6 + \frac{4}{11} t^{11} \right]_0^1 = \frac{19}{22}.$$

In der Regel ist also das Kurvenintegral *wegabhängig*. Für spezielle Vektorfelder ist es jedoch wegunabhängig, d.h. der Wert des Kurvenintegrals ist unabhängig davon, welchen Weg man vom Anfangs- zum Endpunkt wählt. Zur Beschreibung dieser Vektorfelder benötigt man den folgenden Begriff:

Definition: (Gradientenfeld)

Ein Vektorfeld $\vec{k}(x, y, z)$ *heißt* **Gradientenfeld (Potentialfeld)**, *wenn es eine stetig differenzierbare Funktion* $\Phi(x, y, z)$: $\mathbb{R}^3 \to \mathbb{R}$ *gibt mit*

$$\boxed{\vec{k}(x, y, z) = \operatorname{grad} \Phi(x, y, z),}$$

d.h. in Komponenten

$$k_1(x, y, z) = \partial_x \Phi(x, y, z),$$
$$k_2(x, y, z) = \partial_y \Phi(x, y, z),$$
$$k_3(x, y, z) = \partial_z \Phi(x, y, z).$$

Die Funktion $\Phi(x, y, z)$ *heißt eine zu* $\vec{k}$ *gehörende* **Potentialfunktion**.

Bemerkungen:

(1) Zwei zu $\vec{k}$ gehörende Potentialfunktionen unterscheiden sich höchstens um eine Konstante.

(2) In der Physik bezeichnet man Kraftfelder, die eine zugehörige Potentialfunktion besitzen, als **konservative** Kraftfelder.

(3) In der Physik wird eine Größe $\vec{k}$ oftmals durch den negativen Gradienten $-grad\,\Phi$ festgelegt. Dies ist aber in obiger Definition des Gradientenfeldes enthalten.

(4) Die Gradientenfelder sind diejenigen Vektorfelder, für welche die Kurvenintegrale immer wegunabhängig sind. Es gilt (ohne Beweis) der wichtige Satz:

Satz: Hauptsatz über Kurvenintegrale

Sei $G \subset \mathbb{R}^3$ ein achsenparalleler Quader und $\vec{k} : G \to \mathbb{R}^3$ ein Vektorfeld mit stetigen partiellen Ableitungen in G. Dann sind die folgenden Aussagen gleichbedeutend:

(1) $\vec{k}$ ist ein Gradientenfeld.

(2) In G gelten die **Integrabilitätsbedingungen**

$$\boxed{\frac{\partial k_1}{\partial y} = \frac{\partial k_2}{\partial x}; \qquad \frac{\partial k_2}{\partial z} = \frac{\partial k_3}{\partial y}; \qquad \frac{\partial k_1}{\partial z} = \frac{\partial k_3}{\partial x}.}$$

(3) Das Kurvenintegral $\int_C \vec{k}\, d\vec{r}$ hängt für alle in G verlaufenden Kurven C **nur** von Anfangs- und Endpunkt der Kurven ab.

(4) Das Kurvenintegral $\oint_C \vec{k}\, d\vec{r}$ ist für alle in G verlaufenden, **geschlossenen** Kurven C stets Null.

> **Bemerkung:** Im Falle eines zweidimensionalen Vektorfeldes $\vec{k} = \begin{pmatrix} k_1\,(x,\,y) \\ k_2\,(x,\,y) \end{pmatrix}$
>
> lautet die **Integrabilitätsbedingung**: $\boxed{\dfrac{\partial k_1}{\partial y} = \dfrac{\partial k_2}{\partial x}.}$

Ist $\vec{k}$ ein Gradientenfeld, dann kann man das Linienintegral $\int_C \vec{k}\,d\vec{r}$ einfach über die zugehörige Potentialfunktion $\Phi\,(x,\,y,\,z)$ bestimmen: Es sei

$$\vec{k}\,(x,\,y,\,z) = \begin{pmatrix} k_1\,(x,\,y,\,z) \\ k_2\,(x,\,y,\,z) \\ k_3\,(x,\,y,\,z) \end{pmatrix} \overset{!}{=} \operatorname{grad}\Phi\,(x,\,y,\,z) = \begin{pmatrix} \partial_x\,\Phi\,(x,\,y,\,z) \\ \partial_y\,\Phi\,(x,\,y,\,z) \\ \partial_z\,\Phi\,(x,\,y,\,z) \end{pmatrix}.$$

Das totale Differential von Φ lautet

$$\begin{aligned} d\Phi &= \frac{\partial\Phi}{\partial x}\,dx + \frac{\partial\Phi}{\partial y}\,dy + \frac{\partial\Phi}{\partial z}\,dz \\ &= k_1\,dx + k_2\,dy + k_3\,dz \\ &= \vec{k}\,d\vec{r}. \end{aligned}$$

Daher ist

$$\int_C \vec{k}\,d\vec{r} = \int_{P_1}^{P_2} d\Phi = \Phi|_{P_2} - \Phi|_{P_1}\,,$$

wenn P_1 der Anfangs- und P_2 der Endpunkt der Kurve C darstellt.

> **Zusatz zum Hauptsatz: (Integration eines Gradientenfeldes)**
> Ist $\vec{k}$ ein Gradientenfeld mit Potential Φ, d.h. $\vec{k}\,(x,\,y,\,z) = grad\,\Phi$, dann ist
>
> $$\int_C \vec{k}\,d\vec{r} = \int_C d\Phi = \Phi|_{\text{Endpunkt von } C} - \Phi|_{\text{Anfangspunkt von } C}\,.$$

Insbesondere folgt aus dieser Darstellung, daß für ein Gradientenfeld stets gilt

$$\oint_C \vec{k}\,d\vec{r} = \Phi|_{P_1} - \Phi|_{P_1} = 0.$$

Der Hauptsatz gibt nicht nur darüber Auskunft, ob ein Kurvenintegral wegunabhängig ist, sondern auch wie man über die Integrabilitätsbedingungen nachprüfen kann, ob überhaupt ein Gradientenfeld vorliegt oder nicht. Liegt das Potential eines Gradientenfeldes vor, besagt der Zusatz zum Hauptsatz, wie das Kurvenintegral berechnet werden kann: Analog zum Hauptsatz der Differential- und Integralrechnung einer Variablen Bd. 1, Kap. VI.3.2 ist das Kurvenintegral dann die Differenz von Potentialfunktion ausgewertet am Endpunkt und am Anfangspunkt.

69. Beispiele:

(1) In der Physik gibt es viele Gradientenfelder. Beispiele sind das elektrostatische Potential, das Newtonsche Gravitationsfeld oder das von einem stromdurchflossenen Draht erzeugte Magnetfeld (siehe Anwendungen).

(2) Das Vektorfeld $\vec{k}\,(x,\,y) = \begin{pmatrix} 3\,x^2\,y \\ x^3 \end{pmatrix}$ ist ein Gradientenfeld, denn

$$\left.\begin{aligned} \frac{\partial k_1}{\partial y} &= \frac{\partial}{\partial y}\,3\,x^2\,y = 3\,x^2 \\[2mm] \frac{\partial k_2}{\partial x} &= \frac{\partial}{\partial x}\,x^3 = 3\,x^2 \end{aligned}\right\} \;\Rightarrow\; \frac{\partial k_1}{\partial y} = \frac{\partial k_2}{\partial x}.$$

Daher gibt es eine Potentialfunktion $\Phi\,(x,\,y)$ mit

$$\vec{k} = \operatorname{grad}\Phi = \begin{pmatrix} \partial_x\,\Phi \\ \partial_y\,\Phi \end{pmatrix} \;\Rightarrow\; \begin{aligned} \partial_x\,\Phi &= 3\,x^2\,y \qquad &(1) \\ \partial_y\,\Phi &= x^3. &(2) \end{aligned}$$

Integriert man Gleichung (1) nach x folgt

$$\Phi(x,y) = x^3\,y + K\,(y)$$

mit einer Integrationskonstanten, die von y abhängen kann. Mit (2) folgt nach partieller Differentiation nach y

$$\frac{\partial}{\partial y}\,\Phi(x,y) = x^3 + K'\,(y) \overset{!}{=} x^3 = k_2(x,y)$$

$$\Rightarrow K'\,(y) = 0 \Rightarrow K\,(y) = C = const.$$

$$\Rightarrow \boxed{\Phi\,(x,\,y) = x^3\,y + C.}$$

Das Kurvenintegral von $\vec{k}$ entlang einer Kurve $\mathcal{C}$ mit Anfangspunkt $(x_0,\,y_0)$ und Endpunkt $(x_1,\,y_1)$ ist nach dem Zusatz zum Hauptsatz gegeben durch

$$\int_{\mathcal{C}} \vec{k}\,d\vec{r} = \int_{\mathcal{C}} d\Phi = \Phi\,\Big|_{(x_0,\,y_0)}^{(x_1,\,y_1)} = x_1^3\,y_1 - x_0^3\,y_0.$$

(3) Das Vektorfeld $\vec{k} = \begin{pmatrix} x\,y^2 \\ x\,y \end{pmatrix}$ ist **kein** Gradientenfeld, da die Integrabilitätsbedingung verletzt ist:

$$\left.\begin{aligned} \frac{\partial k_1}{\partial y} &= \frac{\partial}{\partial y}\,x\,y^2 = 2\,x\,y \\[2mm] \frac{\partial k_2}{\partial x} &= \frac{\partial}{\partial x}\,x\,y = y \end{aligned}\right\} \;\Rightarrow\; \frac{\partial k_1}{\partial y} \neq \frac{\partial k_2}{\partial x}.$$

(Man vergleiche die Aussage mit dem Ergebnis von Beispiel 67!)

(4) Man prüfe, daß das Vektorfeld

$$\vec{k}(x, y, z) = \frac{1}{x^2 + y^2 + z^2} \begin{pmatrix} x \\ y \\ z \end{pmatrix}$$

ein Gradientenfeld darstellt mit der Potentialfunktion

$$\Phi(x, y, z) = \ln\left(x^2 + y^2 + z^2\right) + C.$$

Die Integrabilitätsbedingungen können explizit nachgeprüft werden, um zu entscheiden, ob ein Gradientenfeld vorliegt oder nicht. Falls $\vec{k}$ ein Gradientenfeld ist, stellt sich das Problem, wie man das zugehörige Potential berechnet. Aufschluß darüber sollen die beiden folgenden Beispiele geben:

70. Beispiele:
(1) Gegeben ist das Vektorfeld $\vec{v}(x, y, z) = \begin{pmatrix} 2x + y \\ x + 2yz \\ y^2 + 2z \end{pmatrix}$. Für dieses Vek-

torfeld prüft man explizit nach, daß die Integrabilitätsbedingungen erfüllt sind. Gesucht ist das zu $\vec{v}$ gehörende Potential Φ mit

$$\vec{v} = \operatorname{grad}\Phi = \begin{pmatrix} \partial_x\,\Phi \\ \partial_y\,\Phi \\ \partial_z\,\Phi \end{pmatrix} \overset{!}{=} \begin{pmatrix} v_1 \\ v_2 \\ v_3 \end{pmatrix} = \begin{pmatrix} 2x + y \\ x + 2yz \\ y^2 + 2z \end{pmatrix}.$$

Die Integration der ersten Komponente $\partial_x\,\Phi$ nach x

$$\partial_x\,\Phi = 2x + y \;\Rightarrow\; \Phi = x^2 + yx + f(y, z), \qquad\qquad (*)$$

liefert eine Integrationskonstante $f(y, z)$, welche noch von y und z abhängen kann. Vergleicht man die zweite Komponente von $\vec{v}$ mit der partiellen Ableitung von Φ nach y, folgt für $f_y(y, z)$:

$$\partial_y\,\Phi = v_2 = x + 2yz \quad\&\quad \partial_y\,\Phi \overset{(*)}{=} x + f_y(y, z)$$

$$\Rightarrow f_y(y, z) = 2yz.$$

Integration über y liefert

$$f(y, z) = y^2 z + g(z),$$

wobei die Funktion g noch von z nicht aber von x oder y abhängen kann.

$$\Rightarrow \Phi(x, y, z) = x^2 + yx + y^2 z + g(z). \qquad\qquad (**)$$

Vergleicht man die dritte Komponente v_3 mit der partiellen Ableitung von Φ nach z, folgt für $g'(z)$:

$$\partial_z\,\Phi = v_3 = y^2 + 2z \quad\&\quad \partial_z\,\Phi \overset{(**)}{=} y^2 + g'(z)$$

$$\Rightarrow g'(z) = 2z \Rightarrow g(z) = z^2 + C.$$

Die Integrationskonstante C hängt weder von x, y noch von z ab.

$$\Rightarrow \boxed{\Phi(x,\,y,\,z) = x^2 + yx + y^2 z + z^2 + C.}$$

(2) Gesucht ist das zum Gradientenfeld $\vec{k}$ gehörende Potential Φ, wenn

$$\vec{k} = \begin{pmatrix} k_1 \\ k_2 \\ k_3 \end{pmatrix} = \begin{pmatrix} z+y \\ x+z \\ x+y \end{pmatrix} \overset{!}{=} \operatorname{grad}\Phi = \begin{pmatrix} \partial_x \Phi \\ \partial_y \Phi \\ \partial_z \Phi \end{pmatrix} :$$

$$\partial_x \Phi = k_1 = z+y \quad \Rightarrow \quad \Phi = zx + yx + f(y,\,z)$$
$$\Downarrow$$
$$\partial_y \Phi = k_2 = x+z \quad \& \quad \partial_y \Phi = x + f_y(y,\,z)$$

$$\Rightarrow f_y(y,\,z) = z \quad \Rightarrow \quad f(y,\,z) = z \cdot y + g(z).$$

$$\Rightarrow \Phi = zx + yx + zy + g(z).$$

$$\partial_z \Phi = k_3 = x+y \quad \& \quad \partial_z \Phi = x + y + g'(z)$$

$$\Rightarrow g'(z) = 0 \Rightarrow g(z) = C$$

$$\Rightarrow \boxed{\Phi(x,\,y,\,z) = zx + yx + zy + C.}$$

Gradientenfelder mit MAPLE

Der Befehl **potential** aus dem **linalg**-Paket überprüft, ob ein Vektorfeld eine Potentialfunktion besitzt. Im Fall, daß ein Gradientenfeld vorliegt, wird die zugehörige Potentialfunktion bestimmt. Die Syntax ist **potential** (*vektorfeld, var, phi*) mit den Argumenten

- *vektorfeld*: Liste der Komponenten des Vektorfeldes
- *var*: Liste aller Variablen
- *phi*: Name, in dem die Potentialfunktion übergeben wird.

Die beiden Potentiale aus Beispiel 70 können somit bestimmt werden durch

```
> with(linalg):
> potential([2*x+y, x+2*y*z, y^2+2*z], [x, y, z], phi1):
> phi1;
```

$$x^2 + yx + y^2 z + z^2$$

```
> potential([z+y, x+z, x+y], [x, y, z], phi2):
> phi2;
```

$$xz + yz + xy$$

Liegt kein Gradientenfeld wie in Beispiel 69(3) vor, liefert der **potential**-Befehl das Ergebnis
> potential([x*y^2, x*y], [x, y], phi3);

$$false$$

3.3.5 Anwendungsbeispiele

Das Kurvenintegral wurde in §3.3.4 zur Berechnung der Arbeit eingeführt, die eine Masse m benötigt, um in einem Kraftfeld $\vec{k}\,(x,\,y,\,z)$ entlang der Kurve C von einem Anfangspunkt P_A zum Endpunkt P_E gebracht zu werden. Entsprechend der Definition des Linienintegrals gilt für die *Arbeit eines Kraftfeldes*

$$W = \int_C \vec{k}\,d\vec{r} = \int_{t_A}^{t_E} \vec{k}\,(\vec{r}(t)) \cdot \vec{r}'\,(t)\;dt,$$

wenn $\vec{r}(t)$ die Parameterdarstellung der Kurve C, $\vec{r}(t_A)$ den Anfangs- und $\vec{r}(t_E)$ den Endpunkt beschreibt. W ist positiv, wenn vom Kraftfeld Arbeit an der Masse geleistet wird, andernfalls negativ.

71. Beispiel: Radialsymmetrische Kraftfelder. Ein Kraftfeld $\vec{k}$ heißt *radialsymmetrisch*, wenn der Betrag von $\vec{k}$ nur vom Abstand r abhängt und der Vektor $\vec{k}$ in jedem Punkt radial nach außen zeigt. Ein radialsymmetrisches Feld hat stets die Form

$$\vec{k}\,(\vec{r}) = f\,(r)\;\vec{r} = \begin{pmatrix} f\,(r)\;x \\ f\,(r)\;y \\ f\,(r)\;z \end{pmatrix},$$

wenn f eine eindimensionale Funktion und $r = |\vec{r}| = \sqrt{x^2 + y^2 + z^2}$ ist. Physikalische Beispiele für radialsymmetrische Kraftfelder sind

$$\vec{F}\,(\vec{r}) = f\,\frac{m\,M}{r^2}\,\frac{\vec{r}}{r} \qquad \text{(Newtonsche Gravitationskraft)}$$

$$\vec{F}\,(\vec{r}) = \frac{1}{4\pi\,\varepsilon_0}\,\frac{q\,Q}{r^2}\,\frac{\vec{r}}{r} \qquad \text{(Coulomb-Kraft).}$$

Alle rotationssymmetrischen, homogenen Kraftgesetze sind *konservativ*: Das Arbeitsintegral hängt nur vom Anfangs- und Endpunkt des Weges, nicht aber vom gewählten Weg ab!

Wir zeigen, daß die erste Integrabilitätsbedingung erfüllt ist. Dazu bilden wir mit Hilfe der Kettenregel die partiellen Ableitungen von $\vec{k}\,(\vec{r}) = \begin{pmatrix} f\,(r)\,x \\ f\,(r)\,y \\ f\,(r)\,z \end{pmatrix}$:

$$\frac{\partial}{\partial y}\,k_1\,(\vec{r}) \;=\; \frac{\partial}{\partial y}\,(f\,(r)\,x) = x\,f'\,(r)\,\frac{\partial}{\partial y}\,\sqrt{x^2+y^2+z^2}$$

$$=\; x\,f'\,(r)\,\frac{y}{\sqrt{x^2+y^2+z^2}} = f'\,(r)\,\frac{x\,y}{r}.$$

$$\frac{\partial}{\partial x}\,k_2\,(\vec{r}) \;=\; \frac{\partial}{\partial x}\,(f\,(r)\,y) = y\,f'\,(r)\,\frac{\partial}{\partial x}\,\sqrt{x^2+y^2+z^2}$$

$$=\; y\,f'\,(r)\,\frac{x}{\sqrt{x^2+y^2+z^2}} = f'\,(r)\,\frac{x\,y}{r}.$$

$$\Rightarrow \frac{\partial}{\partial y}\,k_1\,(\vec{r}) = \frac{\partial}{\partial x}\,k_2\,(\vec{r})\,.$$

Analog zeigt man die beiden anderen Integrabilitätsbedingungen.

72. Beispiel: Coulomb-Kraft. Das Potential zur Coulomb-Kraft

$$\vec{k}\,(\vec{r}) = \frac{1}{4\pi\,\varepsilon_0}\,\frac{q\,Q}{r^2}\,\frac{\vec{r}}{r}$$

ist das elektrostatische Potential

$$\Phi\,(x,\,y,\,z) = \frac{1}{4\pi\,\varepsilon_0}\,\frac{q\,Q}{r} = \frac{1}{4\pi\,\varepsilon_0}\,\frac{q\,Q}{\sqrt{x^2+y^2+z^2}}.$$

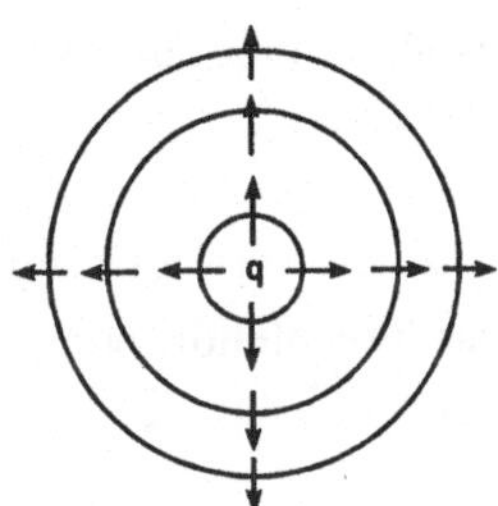

Abb. 29: Coulomb-Potential

Man rechnet direkt nach, daß $\boxed{\vec{k} = -\operatorname{grad}\Phi}$. Es gilt folglich nach dem Hauptsatz über Kurvenintegrale

$$\oint_C \vec{k}\,d\vec{r} = 0$$

für alle geschlossenen Kurven, die den Ursprung nicht enthalten. Denn dort wird $\vec{k}$ singulär!

Wir berechnen nun noch das Kurvenintegral entlang des Kreises mit Radius R

$$\vec{r}\,(t) = R\begin{pmatrix} \cos t \\ \sin t \\ 0 \end{pmatrix},\qquad 0 \le t \le 2\pi,$$

der im Zentrum die Singularität von $\vec{k}$ enthält: Wegen $x\,(t) = R\cos t$ $(\hookrightarrow \dot{x}\,(t) = -R\sin t)$, $y\,(t) = R\sin t$ $(\hookrightarrow \dot{y}\,(t) = R\cos t)$ und $z\,(t) = 0$, folgt für

$$\vec{k}\,(\vec{r}) = \frac{1}{4\pi\,\varepsilon_0}\,\frac{q\,Q}{r^3}\,\vec{r} = \frac{1}{4\pi\,\varepsilon_0}\,q\,Q\,\frac{1}{(x^2+y^2+z^2)^{\frac{3}{2}}}\begin{pmatrix} x \\ y \\ z \end{pmatrix}:$$

$$\int_C \vec{k}\, d\vec{r} \;=\; \frac{1}{4\pi\,\varepsilon_0}\, q\, Q \int_0^{2\pi} \left\{ \frac{1}{\left(x^2(t)+y^2(t)+z^2(t)\right)^{\frac{3}{2}}}\, x(t)\cdot \dot{x}(t) \right.$$

$$\left. + \frac{1}{\left(x^2(t)+y^2(t)+z^2(t)\right)^{\frac{3}{2}}}\, y(t)\cdot \dot{y}(t) \right\} dt$$

$$= \;\frac{1}{4\pi\,\varepsilon_0}\, q\, Q\, \frac{1}{R^{\frac{3}{2}}} \int_0^{2\pi} \left(x(t)\,\dot{x}(t) + y(t)\,\dot{y}(t)\right) dt$$

$$= \;\frac{1}{4\pi\,\varepsilon_0}\, q\, Q\, \frac{1}{R^{\frac{3}{2}}} \int_0^{2\pi} \left(-R^2 \cos t \, \sin t + R^2 \sin t \, \cos t\right) dt = 0.$$

73. Beispiel: Spannung. Ist $\vec{E}(\vec{r}) = \begin{pmatrix} E_1(x,\,y,\,z) \\ E_2(x,\,y,\,z) \\ E_3(x,\,y,\,z) \end{pmatrix}$ das elektrostatisches

Feld, so gibt das Kurvenintegral

$$U = \int_C \vec{E}\, d\vec{r} = \int_C \left(E_1\, dx + E_2\, dy + E_3\, dz\right)$$

die Potentialdifferenz, d.h. die Spannung zwischen Anfangs- und Endpunkt der
Kurve C, an.

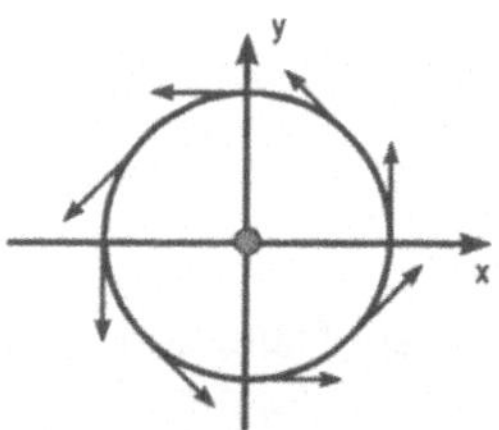

Abb. 30: Stromdurch-
flossener
Leiter

74. Beispiel: Magnetfeld eines geraden Leiters. Ein
homogener in z-Richtung liegender, stromdurchflossener Draht erzeugt in der $(x,\,y)$-Ebene ein Magnetfeld
proportional zu $\frac{1}{r}$, dessen Richtung tangential zu den
Kreisringen ist:

$$\vec{B} = \frac{\mu_0\, I}{2\pi} \begin{pmatrix} -y \\ x \end{pmatrix} \frac{1}{x^2+y^2}.$$

$$\Rightarrow \frac{\partial B_1}{\partial y} = \frac{\partial B_2}{\partial x} = \frac{y^2 - x^2}{\left(x^2+y^2\right)^2} \qquad (x,\,y) \neq (0,\,0).$$

Daher ist $\vec{B}$ ein konservatives Kraftfeld und alle geschlossenen Kurvenintegrale,
die den Ursprung nicht enthalten, sind stets Null, was man auch direkt nachrechnen
kann. Wir berechnen nun noch das Kurvenintegral entlang des Kreises mit Radius
R, das die Singularität $(0,\,0)$ umschließt:

Eine Parametrisierung des Kreises ist

$$\vec{r}(t) = R \begin{pmatrix} \cos t \\ \sin t \end{pmatrix} \qquad 0 \le t \le 2\pi.$$

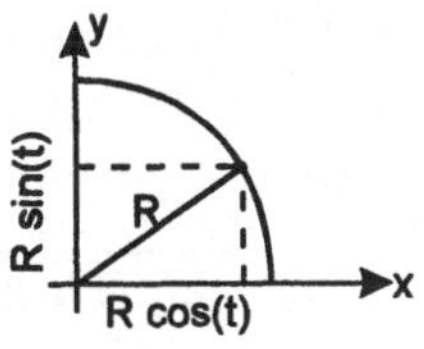

$$\Rightarrow \quad \begin{aligned} x(t) &= R \cos t \quad (\hookrightarrow \dot{x}(t) = -R \sin t) \\ y(t) &= R \sin t \quad (\hookrightarrow \dot{y}(t) = R \cos t). \end{aligned}$$

Damit ergibt sich das Kurvenintegral entlang $\mathcal{C}$

$$\oint_{\mathcal{C}} \vec{B}\, d\vec{r} = \frac{\mu_0 I}{2\pi} \int_0^{2\pi} \frac{1}{x^2(t) + y^2(t)} \left(-y(t)\,\dot{x}(t) + x(t)\,\dot{y}(t)\right) dt$$

$$= \frac{\mu_0 I}{2\pi} \frac{1}{R^2} \int_0^{2\pi} \left(R^2 \sin^2 t + R^2 \cos^2 t\right) dt = \mu_0 I.$$

Dieses Integral gibt den durch die Kurve $\mathcal{C}$ eingeschlossenen Strom I an.

3.4 Oberflächenintegrale

In vielen Anwendungen muß der Flächeninhalt von gekrümmten Oberflächen bestimmt werden. Auch bei der Vektoranalysis ($\rightarrow$ Kap. XVI) werden sog. *Oberflächenintegrale* benötigt, um den elektrischen, magnetischen oder Massefluß durch eine Oberfläche zu berechnen. Wir werden im folgenden gekrümmten Flächen einen Flächeninhalt zuweisen. Darüberhinaus wird der Integralbegriff erweitert, indem auch Integrale von Funktionen entlang eines Flächenstückes im $\mathbb{R}^3$ behandelt werden. Dies führt auf den Begriff des Oberflächenintegrals.

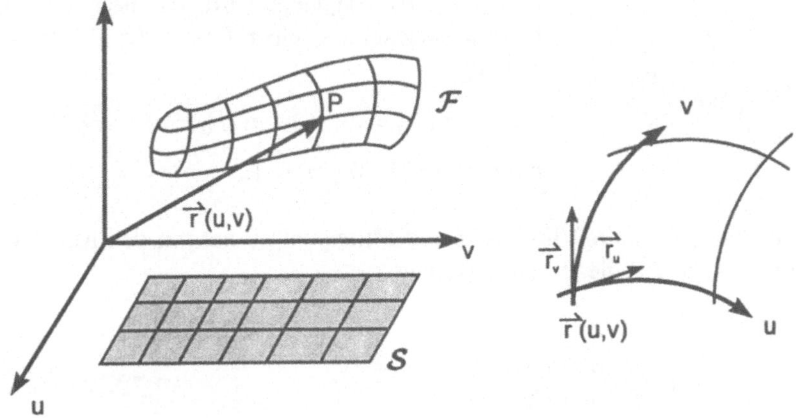

Abb. 31: Parametrisierung einer gekrümmten Fläche

In Anlehnung an die Beschreibung einer Kurve $\mathcal{C}$ über die Parameterdarstellung $\vec{r}(t) = x(t)\,\vec{e}_1 + y(t)\,\vec{e}_2 + z(t)\,\vec{e}_3$ mit **einem** Parameter definieren wir gekrümmte Flächen über eine Parameterdarstellung mit **zwei** Parametern (u, v):

Definition: (Fläche)

*Sei $S \subset \mathbb{R}^2$ ein Bereich in der Ebene (z.B. ein Rechteck) mit den Parametervariablen $(u, v) \in S$ (z.B. $u_1(v) \leq u \leq u_2(v)$, $v_1 \leq v \leq v_2$). Eine Fläche $F \subset \mathbb{R}^3$ wird definiert durch die **Parameterdarstellung***

$$F\colon \vec{r}(u, v) = x(u, v)\,\vec{e}_1 + y(u, v)\,\vec{e}_2 + z(u, v)\,\vec{e}_3,$$

wenn x, y, z Funktionen der beiden Variablen (u, v) sind. Beim Durchlaufen aller (u, v)-Werte bewegt sich der Punkt P (Abb. 31) auf der Fläche F.

Die Fläche F besteht aus der Menge aller Ortsvektoren $\vec{r}(u, v)$. Man faßt (u, v) auch als die **Koordinaten** des Punktes P auf. Wir setzen voraus, daß die Komponenten der Abbildung $\vec{r}\colon \mathbb{R}^2 \to \mathbb{R}^3$, $(u, v) \mapsto \vec{r}(u, v)$, stetige partiell differenzierbare Funktionen sind. Die **Tangentialebene** im Punkte P wird durch die Richtungsvektoren $\frac{\partial \vec{r}}{\partial u}$ und $\frac{\partial \vec{r}}{\partial v}$ aufgespannt. Wir schreiben für die Richtungsvektoren auch kurz

$$\vec{r}_u = \frac{\partial \vec{r}}{\partial u} = \begin{pmatrix} \partial_u\, x(u, v) \\ \partial_u\, y(u, v) \\ \partial_u\, z(u, v) \end{pmatrix} \quad \text{und} \quad \vec{r}_v = \frac{\partial \vec{r}}{\partial v} = \begin{pmatrix} \partial_v\, x(u, v) \\ \partial_v\, y(u, v) \\ \partial_v\, z(u, v) \end{pmatrix}.$$

75. Beispiele:

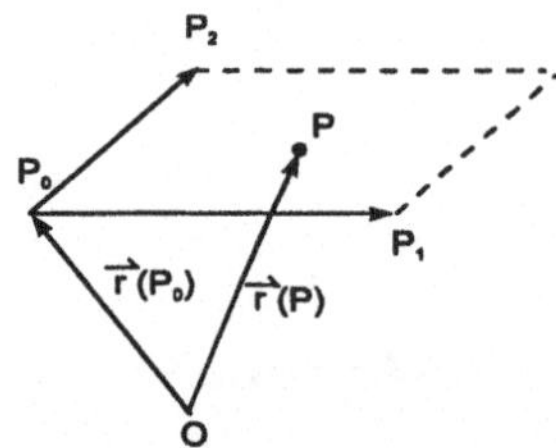

(1) Eine Parallelogrammfläche, die durch die 3 Punkte P_0, P_1, P_2 festgelegt wird, hat nach der Punkt-Richtungsdarstellung einer Ebene die Parameterdarstellung

$$\vec{r}(P) = \vec{r}(P_0) + u\,\overrightarrow{P_0 P_1} + v\,\overrightarrow{P_0 P_2}$$

mit $0 \leq u \leq 1$, $0 \leq v \leq 1$.

(2) Eine Kugelfläche mit Radius R und Mittelpunkt 0 hat mit den Kugelkoordinaten $u = \varphi$, $v = \vartheta$ die Parametrisierung

$$\vec{r}(u, v) = \begin{pmatrix} R\cos u \cos v \\ R\sin u \cos v \\ R\sin v \end{pmatrix}$$

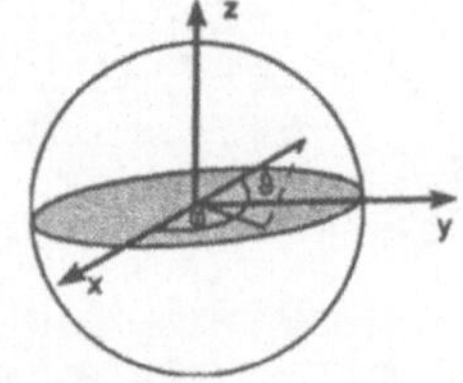

mit $0 \leq \varphi \leq 2\pi$ und $-\frac{\pi}{2} \leq \vartheta \leq \frac{\pi}{2}$. $\square$

Um die Oberfläche der gekrümmten Fläche F zu bestimmen, zerlegen wir den Grundbereich S in Rechtecke mit Seitenlängen $(\Delta u, \Delta v)$. Gemäß dieser Zerlegung von S unterteilen wir das Flächenstück F in sog. *Flächenelemente* ΔF_i:

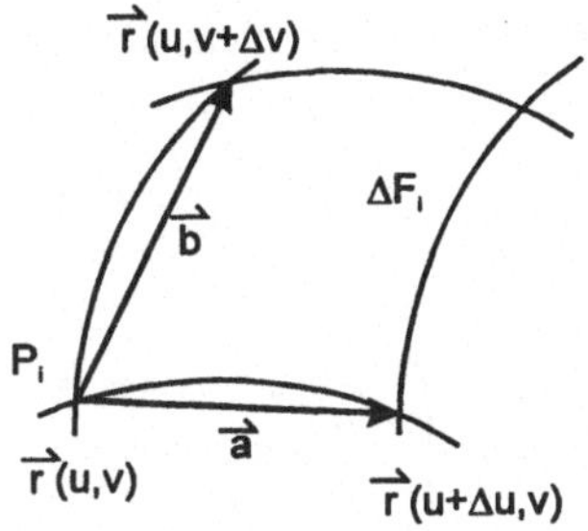

Abb. 32: Flächenelement ΔF_i

Der Inhalt jedes Flächenelementes ΔF_i wird angenähert durch die Parallelogrammfläche $F_p = \left| \vec{a} \times \vec{b} \right|$ des von den Richtungsvektoren $\vec{a}$ und $\vec{b}$ aufgespannten Parallelogramms. In linearer Näherung gilt nach dem Taylorschen Satz $(n = 1)$

$$\vec{a} = \vec{r}(u + \Delta u, v) - \vec{r}(u, v) \approx \frac{\partial \vec{r}}{\partial u} \cdot \Delta u$$

$$\vec{b} = \vec{r}(u, v + \Delta v) - \vec{r}(u, v) \approx \frac{\partial \vec{r}}{\partial v} \cdot \Delta v.$$

$$\Rightarrow \Delta F_i \approx \left| \vec{a} \times \vec{b} \right| \approx \left| \frac{\partial \vec{r}}{\partial u} \times \frac{\partial \vec{r}}{\partial v} \right| \Delta u \, \Delta v.$$

Der Vektor $\vec{n} := \frac{\partial \vec{r}}{\partial u} \times \frac{\partial \vec{r}}{\partial v}$ steht senkrecht auf der Tangentialebene. Man bezeichnet ihn als den **Normalenvektor** der Fläche F im Punkte $P(u, v)$. Das Vorzeichen dreht sich um, wenn man die Reihenfolge der Parameter u und v vertauscht, da $\vec{r}_v \times \vec{r}_u = -\vec{r}_u \times \vec{r}_v$.

Summiert man alle Teilflächen ΔF_i auf

$$Z_n = \sum_{i=1}^{n} \left| \frac{\partial \vec{r}}{\partial u}(P_i) \times \frac{\partial \vec{r}}{\partial v}(P_i) \right| \Delta u \, \Delta v$$

ist diese Zwischensumme eine Näherung für die Oberfläche von F. Diese Näherung wird umso besser, je feiner die Unterteilung der Fläche S ist. Für $\Delta u \to 0$, $\Delta v \to 0$ nennt man

$$\iint\limits_{(F)} dF = \iint\limits_{(S)} \left| \vec{r}_u(u, v) \times \vec{r}_v(u, v) \right| \, du \, dv$$

das **Oberflächenintegral der Fläche** F. Dies ist ein Doppelintegral über die Funktion $|\vec{r}_u \times \vec{r}_v|$ im Bereich S, wie wir es in §3.1 eingeführt haben.

76. Beispiele:

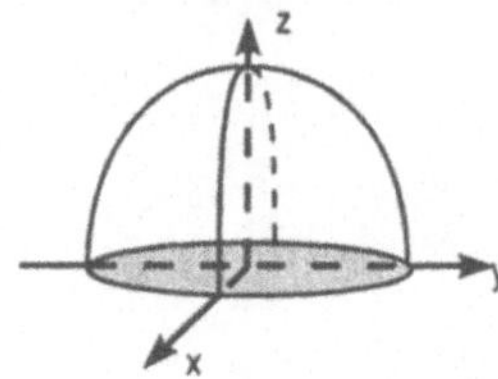

(1) Gesucht ist die Oberfläche der Halbkugel mit Radius R. Mit der Parametrisierung aus Beispiel 75(2) ist

$$\vec{r}(u,\,v) = R \begin{pmatrix} \cos u \cos v \\ \sin u \cos v \\ \sin v \end{pmatrix} :$$

$$\vec{r}_u = R \begin{pmatrix} -\sin u \cos v \\ \cos u \cos v \\ 0 \end{pmatrix}, \vec{r}_v = R \begin{pmatrix} -\cos u \sin v \\ -\sin u \sin v \\ \cos v \end{pmatrix}.$$

$$\Rightarrow \quad \vec{r}_u \times \vec{r}_v = R^2 \cos v \,(\cos u \cos v\, \vec{e}_1 + \sin u \cos v\, \vec{e}_2 + \sin v\, \vec{e}_3)$$
$$\Rightarrow \quad |\vec{r}_u \times \vec{r}_v| = R^2 \cos v.$$

Setzt man dies in das Oberflächenintegral ein, gilt:

$$\iint\limits_{(F)} dF = \int_{v=0}^{\pi/2} \int_{u=0}^{2\pi} R^2 \cos v \, du \, dv = 2\pi R^2 \int_{v=0}^{\pi/2} \cos v \, dv = 2\pi R^2.$$

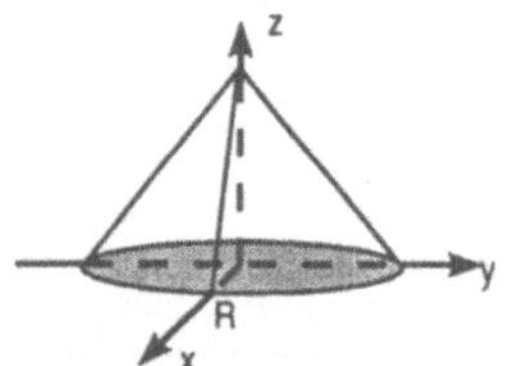

(2) Gesucht ist die Oberfläche des Kreiskegels $z = R - \sqrt{x^2 + y^2}$, $0 \leq z \leq R$. Mit

$$\begin{aligned} x &= u \\ y &= v \\ z &= R - \sqrt{u^2 + v^2}, \qquad u^2 + v^2 \leq R^2, \end{aligned}$$

erhält man eine Parametrisierung von S bzw. F. Daher ist

$$\vec{r}(u,\,v) = \begin{pmatrix} u \\ v \\ R - \sqrt{u^2 + v^2} \end{pmatrix} \Rightarrow \vec{r}_u = \begin{pmatrix} 1 \\ 0 \\ \frac{-u}{\sqrt{u^2+v^2}} \end{pmatrix}, \quad \vec{r}_v = \begin{pmatrix} 0 \\ 1 \\ \frac{-v}{\sqrt{u^2+v^2}} \end{pmatrix}$$

$$\Rightarrow \vec{r}_u \times \vec{r}_v = \begin{pmatrix} \frac{u}{\sqrt{u^2+v^2}} \\ \frac{v}{\sqrt{u^2+v^2}} \\ 1 \end{pmatrix} \Rightarrow |\vec{r}_u \times \vec{r}_v| = \sqrt{2}$$

$$\Rightarrow \iint\limits_{(F)} dF = \iint\limits_{(S)} \sqrt{2} \, du \, dv = \sqrt{2} \, \pi R^2.$$

Oberflächenintegral eines Vektorfeldes

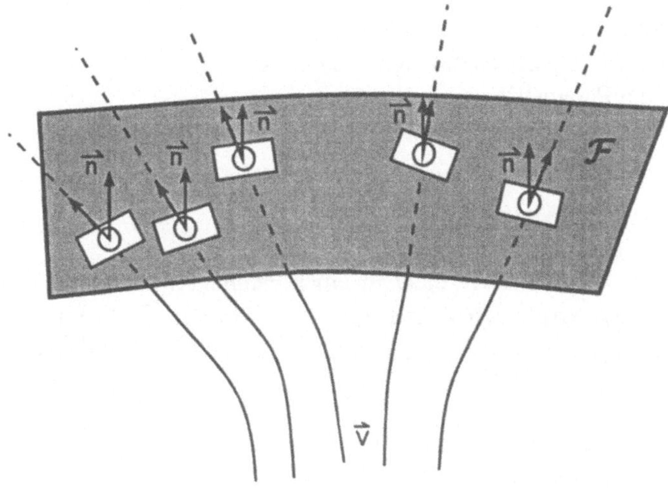

Abb. 33: Fluß einer strömenden Flüssigkeit durch eine Fläche F

Ist $\vec{v}(x, y, z)$ das *Geschwindigkeitsfeld* z.B. einer strömenden Flüssigkeit, dann gibt das Skalarprodukt

$$\vec{v} \cdot \vec{n} = \vec{v} \cdot (\vec{r}_u \times \vec{r}_v)\, \Delta u\, \Delta v$$

die pro Zeiteinheit Δt durch das Flächenstück ΔF durchtretende Flüssigkeitsmenge an. Die Anteile der Flüssigkeit, die parallel zur Oberfläche fließen, treten **nicht** durch die Fläche hindurch! Der Fluß von $\vec{v}$ durch die Fläche F ist dann näherungsweise

$$\sum_{k=1}^{N} \vec{v}_k\, \vec{n}_k = \sum_{k=1}^{N} \vec{v}_k \cdot (\vec{r}_u \times \vec{r}_v)\, \Delta u\, \Delta v,$$

wenn über alle Flächenelemente ΔF_i aufsummiert wird. Im Grenzfall $N \to \infty$ (d.h. $\Delta u \to 0$ und $\Delta v \to 0$) erhält man das Oberflächenintegral

$$\iint\limits_{(F)} \vec{v}\, d\vec{F}.$$

Definition: (Oberflächenintegral)
Ist $\vec{v}(\vec{r})$ ein Vektorfeld über der Fläche F, die in der Parametrisierung $\vec{r}(u, v)$ mit $(u, v) \in S$ vorliegt, dann bezeichnet

$$\iint\limits_{(F)} \vec{v}\, d\vec{F} = \iint\limits_{(S)} \vec{v}(\vec{r}(u, v)) \cdot (\vec{r}_u \times \vec{r}_v)\, du\, dv$$

das **Oberflächenintegral** *(falls es existiert) von $\vec{v}(\vec{r})$ über der Fläche F.*

Bemerkungen:

(1) Existiert das Oberflächenintegral, dann ist es unabhängig von der speziell gewählten Parametrisierung von S.

(2) Ist F eine geschlossene Fläche (z.B. die Oberfläche eines Körpers), dann schreibt man statt

$$\iint\limits_{(F)} \vec{v}\,d\vec{F} \text{ auch } \oint\limits_{(F)} \vec{v}\,d\vec{F}.$$

(3) Häufig ist die Fläche F nicht in einer Parameterdarstellung gegeben, sondern in einer expliziten Darstellung $z = f(x,y)$. Dann muß man sie zur Berechnung von $\iint\limits_{(F)} \vec{v}\,d\vec{F}$ erst parametrisieren. Eine Möglichkeit ist immer

$$x = u,\, y = v,\, z = f(u,v) \text{ zu setzen mit } \vec{r}(u,v) := \begin{pmatrix} u \\ v \\ f(u,v) \end{pmatrix}.$$

77. Beispiel: Massenstrom

Der Fluß $\iint\limits_{(F)} \vec{v}\,d\vec{A}$ gibt bei einem Geschwindigkeitsfeld das Volumen und

$\rho \iint\limits_{(F)} \vec{v}\,d\vec{A}$ die Masse pro Zeiteinheit an, die durch die Oberfläche F fließt, wenn

ρ die homogene Dichte des Materials ist.

Gegeben ist das Geschwindigkeitsfeld eines strömenden Mediums

$$\vec{v}(\vec{r}) = \begin{pmatrix} x \\ y \\ \sqrt{x^2 + y^2} \end{pmatrix}$$

das durch eine Halbkugelfläche $x^2 + y^2 + z^2 = R$ $(z > 0)$ fließt. Welche Masse ist in 2 Zeiteinheiten durch die Oberfläche geflossen ($\rho = 1$)? Eine Parametrisierung der Kugeloberfläche ist nach Beispiel 75(2):

$$\vec{r}(u,v) = R \begin{pmatrix} \cos u \cos v \\ \sin u \cos v \\ \sin v \end{pmatrix} \qquad \begin{array}{l} 0 \le u \le 2\pi \\ 0 \le v \le \frac{\pi}{2} \end{array}$$

mit dem Normalenvektor

$$\vec{r}_u \times \vec{r}_v = R^2 \cos v \begin{pmatrix} \cos u \cos v \\ \sin u \cos v \\ \sin v \end{pmatrix}.$$

$$\Rightarrow \vec{v}(\vec{r}) \cdot (\vec{r}_u \times \vec{r}_v) = \begin{pmatrix} R \cos u \cos v \\ R \sin u \cos v \\ R \cos v \end{pmatrix} \cdot R^2 \cos v \cdot \begin{pmatrix} \cos u \cos v \\ \sin u \cos v \\ \sin v \end{pmatrix}$$

$$= R^3 \cos v \left(\cos^2 v + \cos v \sin v \right).$$

Der Fluß $\iint\limits_{(F)} \vec{v}\,d\vec{F}$ ergibt sich daher zu

$$
\begin{aligned}
\iint\limits_{(F)} \vec{v}\,d\vec{F} &= \int_{u=0}^{2\pi} \int_{v=0}^{\pi/2} \vec{v}\left(\vec{r}\left(u,\,v\right)\right) \cdot \left(\vec{r}_u \times \vec{r}_v\right)\,dv\,du \\
&= R^3 \int_{u=0}^{2\pi} \int_{v=0}^{\pi/2} \cos v \,\left(\cos^2 v + \cos v \,\sin v\right)\,dv\,du \\
&= R^3 \int_{u=0}^{2\pi} 1\,du = 2\pi\,R^3.
\end{aligned}
$$

Die Masse M, die in zwei Zeiteinheiten durch die Oberfläche fließt, ist demnach

$$
M = 2 \cdot 1 \cdot 2\pi\,R^3 = 4\pi\,R^3.
$$

78. Beispiel: Magnetischer Fluß

Der magnetische Fluß Φ des Magnetfeldes $\vec{B}$ durch eine Fläche A ist gegeben durch

$$
\Phi = \iint\limits_{(A)} \vec{B}\,d\vec{A}.
$$

Gegeben ist das Magnetfeld eines stromdurchflossenen, geraden Leiters

$$
\vec{B} = \frac{\mu_0\,I}{2\pi} \begin{pmatrix} -y \\ x \\ 0 \end{pmatrix} \frac{1}{x^2 + y^2}.
$$

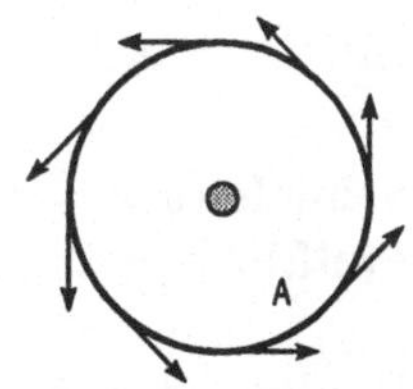

Gesucht ist der magnetische Fluß durch die Kreisfläche A.

Das Magnetfeld liegt in der $(x,\,y)$-Ebene, der Flächenvektor $d\vec{A} = \vec{r}_u \times \vec{r}_v\,du\,dv$ steht senkrecht zur Fläche A, also in z-Richtung. Daher ist $\vec{B} \cdot d\vec{A} = 0$ und der magnetische Fluß durch die Fläche A gleich Null.

Zusammenstellung der MAPLE-Befehle

Differentiations-Befehle von MAPLE

diff(f, x) — Partielle Ableitung des Ausdrucks f nach x.

Diff(f, x) — Symbolische Darstellung der Ableitung.

D$[1](f)$ — Partielle Ableitung der Funktion f nach der ersten Variablen.

diff(f, x, z) — Partielle Ableitung von f nach x, dann nach z.

diff$(f, x\$n)$ — n-te partielle Ableitung von f nach x.

D$[1\$n](f)$ — n-te partielle Ableitung der Funktion f nach der ersten Variablen.

D$[1, 2](f)$ — Gemischte partielle Ableitung der Funktion f nach der ersten, dann zweiten Variablen.

with(linalg)

grad$(f, [x1, ..., xn])$ — Gradient des Ausdrucks f mit den Variablen $x_1, ..., x_n$.

dotprod$(grad(f, [x, y, z]), 1/\text{norm}(a, 2) * a)$

Richtungsableitung von f in Richtung des Vektors $\vec{a}$.

Integrations-Befehle von MAPLE

int$(y, x = a..b)$ — Berechnung des bestimmten Integrals $\int_a^b y\,dx$.

Int$(y, x = a..b)$ — Inerte Form des **int**-Befehls: Das Integral wird symbolisch dargestellt.

value$(\text{Int}(y, x = a..b))$ — Auswertung der inerten Form eines Integrals.

evalf$(\text{Int}(y, x = a..b))$ — Numerische Berechnung des bestimmten Integrals.

I1:=**Int**$(f, x = g1(y)..g2(y))$
I2:=**Int**$(\text{I1}, y = b1..b2)$
value(I2) — Berechnung des Doppelintegrals

$$\int_{y=b_1}^{b_2} \int_{x=g_1(y)}^{g_2(y)} f\,dx\,dy.$$

I1:=**Int**$(f, z = g1(x,y)..g2(x,y))$
I2:=**Int**$(\text{I1}, y = h1(x)..h2(x))$
I3:=**Int**$(\text{I2}, x = a1..a2)$
value(I3) — Berechnung des Dreifachintegrals

$$\int_{x=a_1}^{a_2} \int_{y=h_1(x)}^{h_2(x)} \int_{z=g_1(x,y)}^{g_2(x,y)} f\,dz\,dy\,dx.$$

Differentiation und Integration einer Vektorfunktion $\vec{v}(t)$

a:=**map**(diff, v, t)	Ableitung von $\vec{v}$ nach t.
s:=**map**(int, v, t)	Unbestimmtes Integral von $\vec{v}$ über t.

Plot-Befehle

plot3d$(f(x,y), x = a..b, y = c..d)$
> Befehl zur Erstellung einer dreidimensionalen Graphik.

plot3d$(f(x,y), x = a..b, y = c..d$, contours =20, style =contour)
> Darstellung von 20 Höhenlinien der Funktion f.

Mit
> ?plot3d[options]

erhält man eine Liste der Optionen des **plot3d**-Befehls. Wichtige davon sind:

grid=[n, m]	Dimension des Berechnungsgitters: $n \times m$.
title= 't '	Titel des Schaubildes.
labels=[x, y, z]	Spezifiziert die Achsenbeschriftung.
tickmarks=[l, m, n]	Anzahl der Markierungen auf den Achsen.
contours=n	Spezifiziert die Anzahl der Höhenlinien.
style=contour	Nur Höhenlinien werden gezeichnet.
scaling= <constrained, unconstrained>	
	Maßstabsgetreue Skalierung der Achsen.
view=zmin..zmax	Der darzustellende z-Bereich einer Funktion $z = f(x, y)$ wird eingeschränkt.
axes=boxed	Achsen werden in das Schaubild aufgenommen.
thickness = <0, 1, 2, 3>	Steuerung die Liniendicke.
orientation=[phi, theta]	Blickwinkel der 3d Graphik.
style=PATCHNOGRID	Das Gitter wird unterdrückt.

Weitere Plot-Befehle

densityplot$(f(x,y), x = a..b, y = c..d)$
> Darstellung einer Funktion über Grauschattierungen in einem zweidimensionalen Schaubild.

contourplot$(f(x,y), x = a..b, y = c..d$, contours=20)
> Darstellung von 20 Höhenlinien in einem zweidimensionalen Schaubild.

gradplot($f(x,y), x = a..b, y = c..d$, arrows=SLIM)
$\qquad$ zweidimensionale Darstellung des Gradienten von f, *grad f*, als Pfeil-Graphik.

gradplot3d($f(x,y,z), x = a..b, y = c..d, z = e..f$)
$\qquad$ dreidimensionale Darstellung des Gradienten von f, *grad f*, als Pfeil-Graphik.

fieldplot($[f1(x,y), f2(x,y)], x = a..b, y = c..d$)
$\qquad$ zweidimensionale Darstellung des Vektorfeldes $[f1, f2]$ als Pfeil-Graphik.

fieldplot3d($[f1(x,y,z), f2(x,y,z), f3(x,y,z)], x = a..b, y = c..d, z = e..f$)
$\qquad$ dreidimensionale Darstellung des Vektorfeldes $[f1, f2, f3]$ als Pfeil-Graphik.

spacecurve($[cos(t), sin(t), t], t = 0..2*Pi$)
$\qquad$ dreidimensionale Darstellung einer Raumkurve mit Parametrisierung $\vec{r}(t) = [\cos(t), \sin(t), t]$.

Bis auf den **plot3d**-Befehl müssen alle weiteren Befehle mit **with(plots)** geladen werden. Alle Graphik-Befehle erhält man durch
> with(plots);

[animate, animate3d, animatecurve, changecoords, complexplot, complexplot3d, conformal, contourplot, contourplot3d, coordplot, coordplot3d, cylinderplot, densityplot, display, display3d, fieldplot, fieldplot3d, gradplot, gradplot3d, implicitplot, implicitplot3d, inequal, listcontplot, listcontplot3d, listdensityplot, listplot, listplot3d, loglogplot, logplot, matrixplot, odeplot, pareto, pointplot,

...

spacecurve, sparsematrixplot, sphereplot, surfdata, textplot, textplot3d, tubeplot]

MAPLE**-eigene Prozeduren**

readlib(mtaylor)
mtaylor($f, [x1 = x10, ..., xn = xn0], k$)
$\qquad$ Taylorentwicklung der Funktion f von n Variablen $x_1, ..., x_n$ am Entwicklungspunkt $(x_{10}, ..., x_{n0})$ bis zur Ordnung k.

with(linalg)
hessian($f, [x1, ..., xn]$) $\qquad$ Hessesche Matrix der Funktion f (Matrix aller partiellen Ableitungen der Ordnung 2).

readlib(mtaylor)
mtaylor($f, [x1 = x10, ..., xn = xn0], 1$)
$\qquad$ Linearisierung der Funktion f am Entwicklungspunkt $(x_{10}, ..., x_{n0})$.

readlib(extrema)
extrema$(f, \{\}, \{x1, ..., xn\}, extr)$

> Bestimmung der Extrema der Funktion f in den Variablen $x_1, ..., x_n$. Ausgegeben werden der minimale und maximale Wert der Funktion. Im Namen $extr$ werden die Koordinaten der Extrema abgespeichert.

Neu erstellte Prozeduren

differential$(f, [x1, ..., xn])$ Totales Differential der Funktion f nach den Variablen $x_1, ..., x_n$.

fehler$(f, x1 = x10..x10 + dx1, ..., xn = xn0..xn0 + dxn)$

> Berechnung des absoluten und relativen Fehlers von f in linearer Näherung, wenn $x_1 = x_1^0 \pm dx_1, ..., x_n = x_n^0 \pm dx_n$.

stationaer$(f, [x1, ..., xn])$ Berechnet die stationären Punkte der Funktion f bezüglich den Variablen $x_1, ..., x_n$.

extremum_2d$(f, \{x = x0, y = y0\})$

> Prüft, ob der stationäre Punkt (x_0, y_0) ein lokales Extremum darstellt.

extremum_nd$(f, \{x1 = x10, ..., xn = xn0\})$

> Prüft, ob der stationäre Punkt $\left(x_1^0, ..., x_n^0\right)$ ein lokales Extremum der Funktion $f\left(x_1, ..., x_n\right)$ darstellt.

Regressionsgerade$([[x1, y1], [x2, y2], ..., [xn, yn]])$

> Berechnet die Ausgleichsgerade durch die Meßpunkte $(x_1, y_1), ..., (x_n, y_n)$.

ausgleich$(f, par1, ..., parn, [Liste\, der\, Meßwerte])$

> Bestimmt die Parameter $par_1, ..., par_n$ in dem Funktionsausdruck f so, daß die Abstandsquadrate von Meßpunkten zur Ausgleichsfunktion f minimal werden. Die Parameter müssen linear in f auftreten.

Drei_Int$(f, var1 = a..b, var2 = c..d, var3 = e..f)$

> Berechnung des Dreifachintegrals
> $$\int_e^f \left(\int_c^d \left(\int_a^b f\, dvar1 \right) dvar2 \right) dvar3.$$

starr$(f, var1 = a..b, var2 = c..d, var3 = e..f,$ <kartesisch, zylinder, kugel>)

Berechnung des Volumens, der Schwerpunktskoordinaten und der Trägheitsmomente von starren Körpern, die durch die Parametrisierung

$$var_1 = a..b\,, \quad var_2 = c..d\,, \quad var_3 = e..f$$

festgelegt werden, sowie das Dreifachintegral

$$\int_e^f \left(\int_c^d \left(\int_a^b f\,dvar1 \right) dvar2 \right) dvar3.$$

Für kartesische Koordinaten müssen die Variablen $\{x,\, y,\, z\}$, für Zylinderkoordinaten $\{r,\, phi,\, z\}$ und für Kugelkoordinaten $\{r,\, theta,\, phi\}$ lauten.

MAPLE-Befehle zur Vektoralgebra ($\rightarrow$ siehe Kap. XVI)

with(linalg)

curl$(f, [x1, x2, x3])$ Berechnung der Rotation des Vektorfeldes $\vec{f}$ bezüglich den Variablen $(x_1,\, x_2,\, x_3)$: $rot\,(f)$

diverge$(f, [x1, ..., xn])$ Berechnung der Divergenz des Vektorfeldes $\vec{f}$ bezüglich den Variablen $x_1, ..., x_n$: $div(f)$

grad$(phi, [x1, ..., xn])$ Berechnung des Gradienten des skalaren Feldes $\Phi(x_1, ..., x_n)$: $grad\,\Phi$

laplacian$(phi, [x1, ..., xn])$ Anwendung des Laplace-Operators auf das skalare Feld $\Phi(x_1, ..., x_n)$: $\Delta\Phi$

potential$(k, [x1, ..., xn], phi)$

Prüft, ob das Vektorfeld $\vec{k}(x_1, ..., x_n)$ ein Potential Φ besitzt mit

$$\vec{k} = grad\,\Phi.$$

Falls das Ergebnis *true*, wird im Namen *phi* das skalare Potential abgespeichert.

vecpotent$(k, [x1, x2, x3], A)$

Prüft, ob das Vektorfeld $\vec{k}(x_1,\, x_2,\, x_3)$ ein Vektorpotential $\vec{A}$ besitzt mit

$$\vec{k} = rot\,\vec{A}.$$

Falls das Ergebnis *true*, wird im Namen A das Vektorpotential abgespeichert.

Aufgaben zu Funktionen von mehreren Variablen

Differentialrechnung

10.1   Stellen Sie mit dem **plot3d**-Befehl die folgenden Funktionen in MAPLE graphisch dar

   a) $z = x \cdot y$ b) $z = x + y$ c) $z = x^2 - y^2$

   d) $z = x^2 + y^2$ e) $z = (x - y)^2$ f) $z = e^{-(x^2 + y^2)}$

10.2   Fügen Sie durch die Option **style = contour** 20 Höhenlinien in die Schaubilder ein und variieren Sie interaktiv den Blickwinkel.

10.3   Berechnen Sie für die folgenden Funktionen alle partiellen Ableitungen 1. Ordnung

   a) $f(x, y) = x^3 + x \cdot y - y^{-2}$ b) $f(a, t) = 3 \cdot a \cdot x + y \cdot \ln\left(t^2\right)$

   c) $f(u, v) = \frac{u+w}{u+v}$ d) $f(x, y, z) = \operatorname{arcsinh}\left(x^2 + z^2\right)$

   e) $f(x_1, x_2, x_3) = x_2$ f) $f(a, b) = \left(a\,x + b\,x^2\right)^{-1} + y \cdot e^{a\,b}$

10.4   Man berechne die partiellen Ableitungen 1. und 2. Ordnung der folgenden Funktionen

   a) $f(x, y) = 3x^2 + 4xy - 2y^2$ b) $f(x, y) = 2\cos(3xy)$

   c) $f(x, y) = (3x - 5y)^4$ d) $f(x, y) = \frac{x^2 - y^2}{x + y}$

   e) $f(x, y) = 3x \cdot e^{xy}$ f) $f(x, y) = \sqrt{x^2 - 2xy}$

10.5   Gegeben ist die Funktion $f(x, y) = \sin\left(x^2 + 2y\right)$.

   Man bestätige den Satz von Schwarz, daß $f_{xy} = f_{yx}$.

10.6   Berechnen Sie die partiellen Ableitungen 2. Ordnung für die Funktion

$$f(x_1, x_2, x_3) = x_1 \cdot \ln\left(x_2^2 + x_3^2\right).$$

10.7   Gesucht sind alle partiellen Ableitungen der Funktion

   a) $f(x, y) = (3x - 5y)^4$ b) $f(x, y, z) = e^{x-y} \cdot \cos(5z)$

10.8   Zeigen Sie, daß die Funktion

$$f(x, y, z) = \frac{a}{\sqrt{x^2 + y^2 + z^2}}$$

Lösung der Laplace-Gleichung $f_{xx} + f_{yy} + f_{zz} = 0$ ist.

10.9   Zeigen Sie durch Einsetzen, daß $z = x \cdot e^{y/x}$

   der partiellen Differentialgleichung $x \frac{\partial z}{\partial x} + y \frac{\partial z}{\partial y} = z$ genügt.

10.10   Zeigen Sie, daß die Funktion

$$f(x, y) = \frac{1}{2} \cdot \ln\left(x^2 + y^2\right)$$

die partielle Differentialgleichung $f_{xx} + f_{yy} = 0$ erfüllt.

10.11   Bestimmen Sie die Gleichung der Tangentialebene an die Fläche $z = (3x + x \cdot y)^2$ im Punkte $P(1, 0)$.

10.12 Berechnen Sie an der Stelle $P(1, 2, 0)$ das totale Differential von
$$f(x, y, z) = y \cdot \cos(z) + \frac{\ln(1 + x^2)}{y}.$$

10.13 Berechnen Sie den Gradienten und die Richtungsableitung in Richtung $\vec{a} = \begin{pmatrix} 2 \\ 4 \end{pmatrix}$
für die Funktion $\qquad f(x, y) = (3x + x \cdot y)^2$.
Stellen Sie den Gradienten mit MAPLE graphisch dar.

10.14 Berechnen Sie den Gradienten und die Richtungsableitung in Richtung $\vec{a} = \begin{pmatrix} 3 \\ -1 \\ 2 \end{pmatrix}$
für die Funktion
$$f(x, y, z) = y \cdot \cos(z) + \frac{\ln(1 + x^2)}{y}.$$
Stellen Sie den Gradienten mit MAPLE graphisch dar.

10.15 Man bestimme mit MAPLE das totale Differential der Funktionen
a) $z(x, y) = 4x^3 y - 3x \cdot e^y$ b) $z(x, y) = \frac{x^2 + y^2}{x - y}$
c) $f(x, y, z) = \ln \sqrt{x^2 + y^2 + z^2}$.

10.16 Betrachten Sie die differenzierbaren Funktionen $f_1, f_2 : \mathbb{R} \to \mathbb{R}$ und $g : \mathbb{R}^2 \to \mathbb{R}$ und bilden die Verkettung $h(x_1, x_2) = g(f_1(x_1), f_2(x_2))$. Berechnen Sie h und die ersten partiellen Ableitungen von h in folgenden Fällen
a) $f_1(x_1) = a_0 + a_1 x_1$; $f_2(x_2) = b_0 + b_1 x_2$; $g(u_1, u_2) = c_0 + c_1 u_1 + c_2 u_2$.
b) $f_1(x_1) = \sin x_1$; $f_2(x_2) = \cos x_2$; $g(u_1, u_2) = u_1^2 + u_1 u_2$.

10.17 Man berechne die Taylorreihe der Funktion f an der Stelle (x_0, y_0) bis zur Ordnung 2 für
a) $f(x, y) = \frac{(x - y)}{(x + y)}$, $(x_0, y_0) = (1, 1)$
b) $f(x, y) = e^{x^2 + y^2}$, $(x_0, y_0) = (1, 0)$

10.18 Man berechne das totale Differential von
a) $f(x, y) = \sin(x^2 + 2y)$ b) $f(x, y) = 3x^2 + 4xy - 2y^2$
c) $f(x, y) = y \cdot \cos(x - 2y)$ d) $f(x, y, z) = x^2 z - y z^3 + x^4$

10.19 Für den Durchmesser eines geraden Kreiszylinders hat man $(6.0 \pm 0.003)\,m$ gemessen, für die Höhe $(4.0 \pm 0.02)\,m$. Wie groß ist der größte, absolute und relative Fehler des Zylindervolumens?

10.20 Zur Berechnung eines elektrischen Widerstandes $R = \frac{U}{I}$ werden die Stromstärke $I = (15 \pm 0.3)\,A$ und die Spannung $U = (110 \pm 2)\,V$ gemessen. Gesucht ist der relative Maximalfehler von R.

10.21 Der Elastizitätsmodul eines zylindrischen Drahtes (r: Radius des Drahtquerschnitts, l: Länge des Drahtes) wird bestimmt, indem die Längenzunahme z des Drahtes unter dem Einfluß der Kraft k gemessen wird. Es gilt
$$E = \frac{l \cdot k}{\pi r^2 \cdot z} \qquad \text{(E-Modul)}.$$
Wie groß und mit welcher Genauigkeit ist E bestimmt, wenn die Meßwerte $l = (2000 \pm 3)\,mm$, $r = (0.2 \pm 0.002)\,mm$, $k = (200 \pm 0.05)\,N$ und $z = (15 \pm 0.1)\,mm$ betragen?

10.22 Zu bestimmen ist die Dichte ρ eines Messingstücks nach der Auftriebsmethode: Sei m das Gewicht in Luft, $\bar{m}$ das Gewicht in Wasser, dann gilt

$$\rho = \frac{m}{m - \bar{m}} = \frac{\text{Gewicht in Luft}}{\text{Volumen}}.$$

Wie groß ist der relative Fehler von ρ, wenn $m = \left(100 \pm 5 \cdot 10^{-3}\right) g$ und $\bar{m} = \left(88 \pm 8 \cdot 10^{-3}\right) g$?

10.23 Linearisieren Sie die Funktion

$$f(x, y, z) = y \cdot \cos(z) + \frac{\ln\left(1 + x^2\right)}{y}$$

an der Stelle $(x_0, y_0, z_0) = (1, 2, 0)$.

10.24 Bestimmen Sie für die folgenden Funktionen zunächst die kritischen Stellen und entscheiden Sie, ob (und wenn ja um welche) es sich um lokale Extremstellen handelt

a) $f(x, y) = x^2 + \cos(y)$ b) $f(x, y) = 3y^2 + 3xy - 18y^2$

c) $f(x, y) = (x - y)^3 + 12xy$

10.25 Welcher Punkt der Fläche $z = \sqrt{1 + (x - 2y)^2}$ hat den kleinsten Abstand vom Punkt $(1, -2, 0)$?

10.26 Zeigen Sie, daß die Funktion

$$f(x, y) = c - x^2 - y^2$$

im Punkte $(0, 0)$ ein lokales Maximum besitzt.

10.27 Bestimmen Sie die relativen Extrema der Funktion

$$f(x, y) = x^3 + y^3 - 3x - 12y + 20.$$

10.28 Bestimmen Sie mit MAPLE die relativen Extrema der Funktionen

a) $f(x, y) = 3xy - x^3 - y^3$ b) $f(x, y) = x^2 + y^2 + x - y$

c) $f(x, y) = 1 - x + y - 2xy + x^2 - y^2$ d) $f(x, y) = e^{x^2 + y^2} - 2x^4 - 2y^2$

10.29 Vereinfachen Sie die Prozedur **extremum_nd**, indem Sie den **definit**-Befehl aus dem **linalg**-Paket verwenden. **definit** überprüft die Definitheit einer Matrix.

10.30 Bestimmen Sie alle stationären Punkte der Funktion

$$f(x, y, z) = e^{-\left(x^2 + y^2 + z^2\right)} \cdot \left(x^2 - z^2\right)$$

mit der Prozedur **stationaer** und überprüfen Sie mit **extremum_nd**, ob lokale Extrema vorliegen.

10.31 Bestimmen Sie mit MAPLE zu den folgenden Meßreihen jeweils die Ausgleichsgerade

a)

x_i	0	1	2	3	4	5	6
y_i	2.1	0.81	-0.5	-2.1	-3.4	-4.3	-5.8

b)

x_i	1.5	1.8	2.4	3.0	3.5	4.0	4.5	6.0
y_i	1.9	2.1	2.8	3.4	4.0	4.1	5.1	6.1

Tragen Sie die Punkte zusammen mit der Ausgleichsgeraden in ein Schaubild ein!

10.32 a) Bestimmen Sie die Exponentialfunktion vom Typ $y = a\,e^{bx}$, die sich an die 4 Meßwerte geeignet anpaßt.

x_i	0	1	2	3
y_i	5.1	1.75	1.08	0.71

b) Wie lautet die Potenzfunktion vom Typ $y = c\,x^n$, die sich den folgenden Meßpunkten anpaßt?

x_i	1	2	3	4	5
y_i	1	3.1	5.6	9.1	12.9

Integralrechnung

10.33 Berechnen Sie die folgenden Doppelintegrale

a) $\int_{x=0}^{1} \int_{y=1}^{l} \frac{x^2}{y}\, dy\, dx$
   b) $\int_{x=0}^{3} \int_{y=0}^{1-x} \left(25 - x^2 - y^2\right) dy\, dx$

c) $\int_{y=0}^{\pi} \int_{x=\pi/2}^{y-1} \sin\left(x + y\right) dx\, dy$
   d) $\int_{y=0}^{\pi} \int_{x=\pi}^{y} x \cdot \cos\left(x + y\right) dx\, dy$

10.34 Bestimmen Sie das Doppelintegral über das schraffierte Gebiet G für die Funktion $z = x - y$, indem Sie sowohl Integralformel $(D1)$ als auch $(D2)$ anwenden:

$$I = \iint\limits_{G} (x - y)\, dG \quad = \quad \int_{x=0}^{1} \int_{y=0}^{x} (x - y)\, dy\, dx$$

$$= \quad \int_{y=0}^{1} \int_{x=y}^{1} (x - y)\, dx\, dy$$

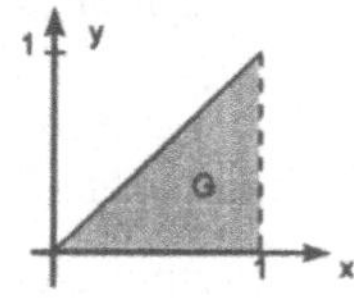

10.35 Zeigen Sie, daß der Wert der beiden Gebietsintegrale I_1 und I_2 gleich ist

$$I_1 = \int_{x=0}^{2} \int_{y=0}^{x^2} 2\,x\,y\, dy\, dx \qquad I_2 = \int_{y=0}^{4} \int_{x=\sqrt{y}}^{2} 2\,x\,y\, dx\, dy$$

10.36 Bestimmen Sie den Flächeninhalt des Halbkreises mit Radius $R = 2$ und Mittelpunkt $(2, 0)$ in der oberen Halbebene, indem Sie in Polarkoordinaten das folgende Integral berechnen

$$\iint\limits_{(G)} 1\, dx\, dy = \int_{r=0}^{2} \int_{\varphi=0}^{\pi} r\, d\varphi\, dr.$$

10.37 Gegeben sind die Kurven von $y = -x\,(x - 3)$ und $y = -2\,x$.
a) Welche Fläche schließen sie ein?
b) Wie lauten die Koordinaten des Flächenschwerpunktes?

10.38 Bestimmen Sie die axialen Flächenmomente I_x und I_y sowie das polare Flächenmoment I_p eines Viertelkreises mit Radius R.

10.39 Erstellen Sie eine MAPLE-Prozedur **Doppel_Int** zur Berechnung von Doppelintegralen, wahlweise in kartesischen (x, y) oder Polarkoordinaten (r, φ).

10.40 Führen Sie die Integrationen aus den Aufgaben $10.33 - 10.38$ mit **Doppel_Int** durch.

10.41 Bestimmen Sie den Schwerpunkt der Dreiecksfläche (Abb. a).

10.42 Bestimmen Sie den Schwerpunkt des Halbkreises mit Radius R (Abb. b).

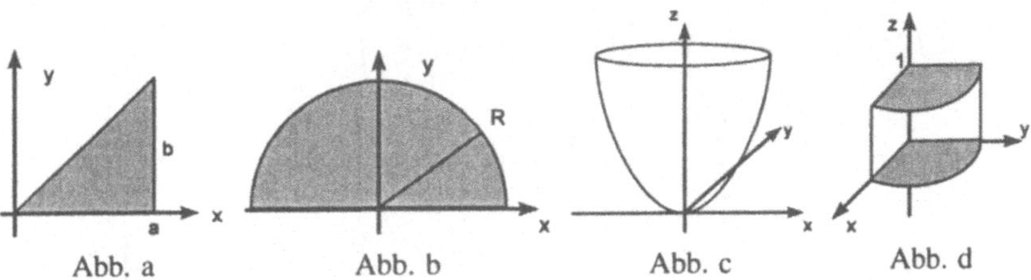

Abb. a   Abb. b   Abb. c   Abb. d

10.43 Berechnen Sie die Dreifachintegrale

a) $\int_{z=0}^{1} \int_{y=z-1}^{z} \int_{x=y}^{y+1} x^2 \, dx \, dy \, dz$

b) $\int_{z=-l}^{l} \int_{x=z}^{z^2} \int_{y=x-z}^{x+z} x \, y \, z \, dy \, dx \, dz$

c) $\int_{\varphi=0}^{\pi} \int_{\vartheta=-\pi/2}^{\pi/2} \int_{r=0}^{R} r^2 \cos\vartheta \, \sin\varphi \, dr \, d\vartheta \, d\varphi$

d) $\int_{x=-R}^{R} \int_{y=0}^{R} \int_{r=0}^{\sqrt{x^2+y^2}} r \, dr \, dy \, dx$

10.44 Erstellen Sie eine MAPLE-Prozedur zur Berechnung von Dreifachintegralen und werten Sie diese Prozedur für die Integrale aus 10.43 aus.

10.45 Bestimmen Sie die Schwerpunktskoordinate z_s sowie die Massenträgheitsmomente des Rotationskörpers, der durch Rotation von x^2 an der z-Achse entsteht. Führen Sie zur Beschreibung des Körpers Zylinderkoordinaten ein (vgl. Abb. c).

10.46 Bestimmen Sie die Massenträgheitsmomente einer Halbkugel ($z > 0$).

10.47 Gesucht ist das Integral $I = \iiint\limits_{G} x^2 \, y \, dx \, dy \, dz$ wobei

$G = \big\{ (x, y, z) : x \geq 0, \, y \geq 0, \, x^2 + y^2 \leq 1, \, 0 \leq z \leq 1 \big\}$.

(Zur Berechnung führe man Zylinderkoordinaten ein; vgl. Abb. d.)

10.48 Gesucht ist der Schwerpunkt des Zylinderstücks aus Aufgabe 10.47.

10.49 Bestimmen Sie für die folgenden Bewegungen eines Massenpunktes den Geschwindigkeitsvektor $\vec{v}(t)$ sowie den Beschleunigungsvektor $\vec{a}(t)$.

a) Kreisbahn $\vec{r}(t) = R \begin{pmatrix} \cos(\omega t) \\ \sin(\omega t) \end{pmatrix}$

b) Zykloide $\vec{r}(t) = R \begin{pmatrix} t - \sin t \\ 1 - \cos t \end{pmatrix}$

10.50 Bestimmen Sie zu den Vektorfeldern die zugehörige Potentialfunktion

a) $\vec{k} = \begin{pmatrix} 2\,x\,y + 4\,x \\ x^2 - 1 \end{pmatrix}$

b) $\vec{k} = \begin{pmatrix} e^y \\ x\,e^y \end{pmatrix}$

c) $\vec{k} = \begin{pmatrix} 3\,x^2\,y + y^3 \\ x^3 + 3\,x\,y^2 \end{pmatrix}$

10.51 Gegeben ist das Kraftfeld $\vec{F} = \begin{pmatrix} x \\ y \end{pmatrix}$.

a) Zeigen Sie, daß $\vec{F}$ konservativ ist.

b) Bestimmen Sie die zugehörige Potentialfunktion.

c) Berechnen Sie die Arbeit $\int_C \vec{F} \, d\vec{r}$, um einen Massepunkt von $P_1(1, 0)$ nach $P_2(3, 5)$ zu bringen.

10.52 Überprüfen Sie mit MAPLE, ob die folgenden Vektorfelder Gradientenfelder sind und berechnen Sie gegebenenfalls die zugehörigen Potentiale

$$\text{a) } \vec{f_1} = \begin{pmatrix} y\,z+1 \\ x\,z+1 \\ x\,y+1 \end{pmatrix} \qquad \text{b) } \vec{f_2} = \begin{pmatrix} z+y \\ x+z \\ x+y \end{pmatrix} \qquad \text{c) } \vec{f_3} = \begin{pmatrix} 2\,x+y \\ x+2\,y\,z \\ y^2+2z \end{pmatrix}$$

$$\text{d) } \vec{f_4} = \begin{pmatrix} x \\ x\,y \\ x\,y\,z \end{pmatrix} \qquad \text{e) } \vec{f_5} = \begin{pmatrix} 1+y+y\,z \\ x+x\,z \\ x\,y \end{pmatrix}$$

10.53　Berechnen Sie das Linienintegral
$$\int_C \left(y\,dx + \left(x^2 + x\,y \right) dy \right)$$
entlang der nebenstehenden Linien zwischen den Punkten
$A\,(0,\,0)$ und $B\,(2,\,4)$.

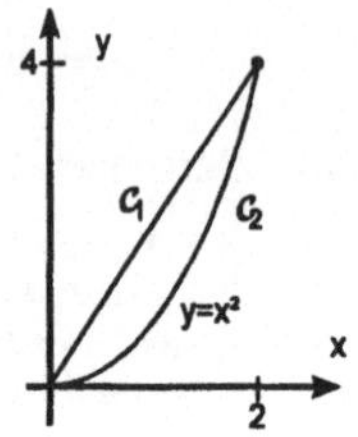

10.54　Bestimmen Sie den Wert des Oberflächenintegrals $\oint_O \vec{v}\,d\vec{A}$, wenn

$$\vec{v}\,(x,\,y,\,z) = \begin{pmatrix} 1+z^4 \\ 1+z^4 \\ 1+x^2\,y^2 \end{pmatrix} \quad \text{und die Oberfläche beschrieben wird durch die Para-}$$

metrisierung
$$F:\ \vec{r}\,(u,\,v) = u\,\vec{e_x} + v\,\vec{e_y} + \frac{1}{4}\,u\,v\,\vec{e_z} = \begin{pmatrix} u \\ v \\ \frac{1}{4}\,u\,v \end{pmatrix}$$

mit $-1 \leq u \leq 1$ und $-1 \leq v \leq 1$.

10.55　Gesucht ist der Fluß von $\vec{v} = \begin{pmatrix} 2\,z \\ x+y \\ 0 \end{pmatrix}$ durch die Oberfläche von $x^2+y^2+z^2 = R^2$.

Kapitel XI
Gewöhnliche Differentialgleichungen

In den folgenden Kapiteln wird das Wort *"Differentialgleichungen"* stets mit *DG* abgekürzt. DG sind für die Natur- und Ingenieurswissenschaften unentbehrlich, da durch sie viele Naturgesetze ausgedrückt werden. DG sind das Ergebnis einer mathematisch-physikalischen Modellierung, welche die auftretenden Phänomene möglichst gut beschreibt. Aber nicht nur das Lösen von DG innerhalb der Mathematik ist für den Ingenieur wichtig, sondern schon das Aufstellen von DG stellt eine schwierige Aufgabe dar. Es wird daher versucht, nicht nur das Lösen von praxisrelevanten DG zu üben, sondern auch die Herleitung der DG wird in den Beispielen erklärt.

Begriffsbestimmung: Eine **Differentialgleichung (DG)** ist eine Gleichung, in der neben der gesuchten Funktion (oder mehreren Funktionen) auch Ableitungen dieser Funktion (bzw. Funktionen) vorkommen. Eine **gewöhnliche DG** ist eine Gleichung, in der nur Funktionen und deren *gewöhnliche* Ableitungen auftreten, im Gegensatz zu **partiellen DG**, bei denen auch *partielle* Ableitungen in der Bestimmungsgleichung enthalten sind.

Wir werden in den nachfolgenden Abschnitten nur gewöhnliche DG behandeln und daher den Zusatz *gewöhnlich* unterdrücken. Beim Auftreten von nur einer unbekannten Funktion hat eine gewöhnliche DG die allgemeine Form

$$F\left(x, y\left(x\right), y'\left(x\right), \ldots, y^{(n)}\left(x\right)\right) = 0.$$

Die Ordnung der höchsten in einer DG auftretenden Ableitung heißt **Ordnung der DG**. Eine DG heißt **linear**, wenn alle Ableitungen der Funktion sowie die Funktion selbst linear (d.h. proportional) vorkommen. Ansonsten heißt die DG **nichtlinear**. Im folgenden gehen wir davon aus, daß die DG die Form

$$y^{(n)}\left(x\right) + a_{n-1}\left(x\right) y^{(n-1)}\left(x\right) + \ldots + a_1\left(x\right) y'\left(x\right) + a_0\left(x\right) y\left(x\right) = f\left(x\right)$$

besitzen, wobei die Koeffizienten $a_i\left(x\right)$ und die rechte Seite $f\left(x\right)$ bekannte, gegebene, stetige Funktionen sind. Obige DG ist eine lineare DG, weil die gesuchte Funktion $y\left(x\right)$ und all ihre Ableitungen nur in linearer Form auftreten.

§1. Differentialgleichungen erster Ordnung

Wir beschäftigen uns im folgenden hauptsächlich mit linearen DG mit *konstanten Koeffizienten*,da diese eine für die Anwendungen wichtige Rolle spielen. Speziell in diesem Abschnitt wenden wir uns DG *1. Ordnung* zu. Wie man zu DG 1. Ordnung kommt, sollen die folgenden Beispiele zeigen:

1.1 Beispiele

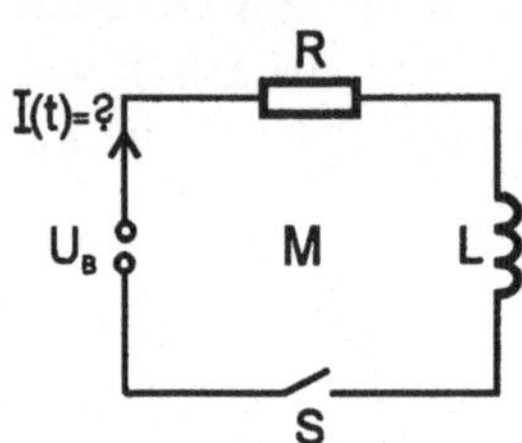

Abb. 34: RL-Kreis

1. Beispiel: RL-Kreis. Ein Widerstand R, eine Spule mit Induktivität L und eine Batterie mit Spannung U_B sind mit einem Schalter S in Reihe geschaltet. Der Schalter ist zunächst offen und wird zur Zeit $t = 0$ geschlossen. Zum Zeitpunkt $t = 0$ ist der Strom Null: $I(0) = 0$. Wie verhält sich der Strom $I(t)$ als Funktion der Zeit für $t > 0$?

Zur Lösung des Problems stellen wir zunächst die Bestimmungsgleichung für den Strom auf. Nach der *Kirchhoffschen Regel*, Maschensatz für die Masche M, gilt daß der Spannungsabfall entlang R plus dem Spannungsabfall entlang L gleich der angelegten Spannung U_B ist:

$$U_R + U_L = U_B$$

Mit dem Ohmschen Gesetz ($U_R = R \cdot I(t)$) und dem Induktionsgesetz ($U_L = L\frac{dI(t)}{dt}$) folgt weiter

$$R\,I(t) + L\frac{dI(t)}{dt} = U_B$$

$$\Rightarrow \boxed{\frac{d}{dt}I(t) + \frac{R}{L}I(t) = \frac{1}{L}U_B \quad \text{mit } I(0) = 0.}$$

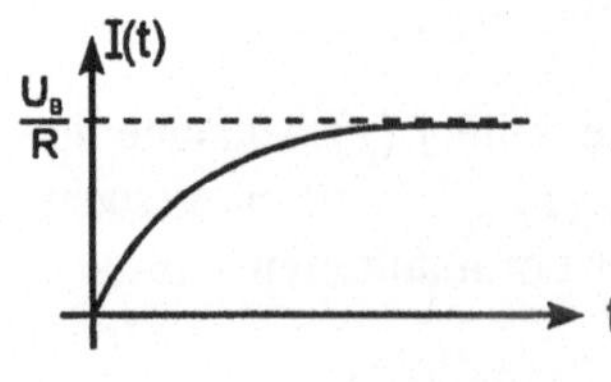

Abb. 35: Stromverlauf $I(t)$

Dies ist eine *gewöhnliche, lineare DG erster Ordnung* für den Strom $I(t)$. Gesucht ist eine Funktion $I(t)$, welche die obige DG mit der Anfangsbedingung erfüllt. Wie man durch Nachrechnen bestätigen kann, ist die Lösung gegeben durch

$$\boxed{I(t) = \frac{U_B}{R}\left(1 - e^{-\frac{R}{L}t}\right).}$$

Denn setzen wir die Ableitung von $I(t)$

$$\dot{I}(t) = \frac{U_B}{R} \cdot \frac{R}{L} e^{-\frac{R}{L}t}$$

und die Funktion in die DG ein, folgt

$$\Rightarrow \dot{I}(t) + \tfrac{R}{L} I(t) = \tfrac{U_B}{L} e^{-\frac{R}{L}t} + \tfrac{R}{L}\tfrac{U_B}{R}\left(1 - e^{-\frac{R}{L}t}\right) = \tfrac{U_B}{L}.$$

Die Funktion $I(t)$ erfüllt also die DG und besitzt die geforderte Anfangsbedingung $I(0) = \tfrac{U_B}{R}\left(1 - e^0\right) = 0$.

2. Beispiel: Radioaktiver Zerfall. Sei $n(t)$ die Anzahl der zum Zeitpunkt t gegebenen Atome einer radioaktiven Substanz. Die Menge dieser Substanz, die in einer Zeitspanne dt zerfällt, ist proportional zur vorhandenen Substanz und zur Zeitspanne dt:

$$n(t + dt) - n(t) \sim -dt \cdot n(t)$$

$$\Rightarrow n(t + dt) - n(t) = -\lambda\, dt\, n(t)$$

mit einer Proportionalitätskonstanten $\lambda > 0$. Da die Anzahl der radioaktiven Atome abnimmt, steht auf der rechten Seite der Gleichung ein Minus als Vorzeichen. Division durch dt und anschließender Grenzübergang $dt \to 0$ liefert

$$\boxed{\, n'(t) = \lim_{dt \to 0} \frac{n(t + dt) - n(t)}{dt} = -\lambda\, n(t) \,} \qquad \textbf{(Zerfallsgesetz)}$$

Dies ist eine *gewöhnliche, lineare DG 1. Ordnung* mit der Anfangsbedingung $n(0) = N$. Diese DG hat als Lösung

$$\boxed{\, n(t) = N\, e^{-\lambda t}, \,}$$

die in Bd. 1, Kap. IV.5.1 diskutiert wurde.

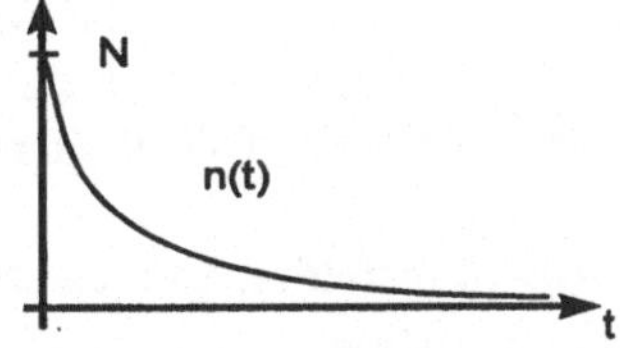

Abb. 36: Radioaktiver Zerfall

3. Beispiel: Barometrische Höhenformel. Der Luftdruck $p(h)$ in der Höhe h über dem Meeresspiegel wird verursacht durch das Gewicht der über der Fläche A lastenden Luftsäule. Der Druckunterschied $p(h) - p(h + dh)$ ist gleich dem Gewicht G der vertikalen Luftsäule mit Querschnitt A, die sich zwischen h und $h + dh$ befindet. Für kleine dh nehmen wir an, daß die Dichte $\rho(h)$ in dieser Luftsäule konstant ist:

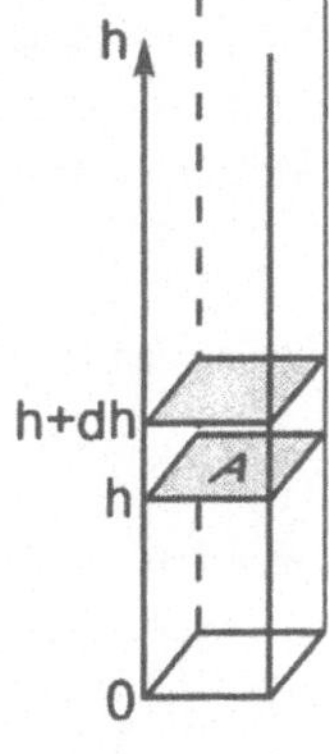

$$A\left(p(h) - p(h + dh)\right) = G = dm\, g = \rho(h)\, A \cdot dh\, g.$$

Division durch dh und anschließender Grenzübergang $dh \to 0$ liefert

$$p'(h) = \lim_{dh \to 0} \frac{p(h + dh) - p(h)}{dh} = -g\,\rho(h).$$

Wird die Luft als ideales Gas betrachtet, so gilt folgender Zusammenhang zwischen ρ, p und der Temperatur T: $\boxed{\,\rho = \alpha \dfrac{p}{T}\,}$ mit einer Konstanten α.

i) Betrachtet man die Temperatur $T(h)$ als konstant und unabhängig von der Höhe, so erhält man mit $\beta = g\frac{\alpha}{T}$ die DG

$$p'(h) = -\alpha\, g\, \frac{p(h)}{T} = -\beta\, p(h).$$

Die Lösung dieser DG lautet

$$p(h) = p(h_0)\, e^{-\beta\,(h-h_0)} \qquad \textbf{(Barometrische Höhenformel)}$$

ii) Die obige DG ist wegen der Annahme $T = const$ nur in einem kleinen Bereich gültig. In Realität fällt die Temperatur mit zunehmender Höhe. Die einfachste Modellannahme ist, daß T einen linearen Temperaturabfall besitzt:

$$T(h) = T_0 - b\,(h - h_0).$$

Dies führt auf die DG

$$p'(h) = \frac{-\alpha\, g}{T_0 - b\,(h - h_0)}\, p(h) \quad \text{mit } p(h_0) = p_0.$$

Wie man wieder durch Nachrechnen bestätigt, ist

$$p(h) = p_0 \left(1 - \frac{b}{T_0}\,(h - h_0) \right)^{\frac{\alpha\, g}{b}}$$

die Lösung der DG. Weitere Anwendungsbeispiele findet man z.B. in §1.5. $\square$

Richtungsfelder. Charakteristisch für die diskutierten DG ist, daß die Ableitung der Funktion

$$y'(x) = f(x, y(x))$$

für jeden Punkt (x, y) der Ebene durch die rechte Seite der DG $f(x, y(x))$ gegeben ist. Dies führt auf die Darstellung der DG in Form eines *Richtungsfeldes*, in der in jedem Punkt der Ebene die Steigung der Funktion $y(x)$ (also $f(x, y(x))$) als Vektor aufgetragen wird. Wählen wir beispielsweise die DG

$$y'(x) = -y(x) + 1$$

so ist das Richtungsfeld gegeben durch

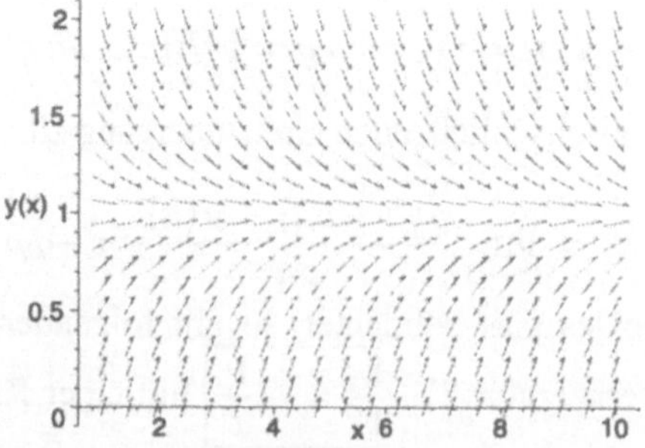

Hat man zur DG noch einen Startwert (Anfangswert) $y(x_0)$ gegeben, dann kennt man den Punkt der Ebene $(x_0, y(x_0))$, in dem die Lösung der DG beginnt. Durch diese zusätzliche Information kann man nun die Lösung konstruieren, indem man ausgehend vom Startpunkt $(x_0, y(x_0))$ über die Steigung der Funktion in diesem Punkt $f(x_0, y(x_0))$ zum nächsten Punkt an der Stelle $x_0 + dx$ kommt und damit y an der Stelle $x_0 + dx$ erhält. Dann ist sowohl $y(x_0 + dx)$ als auch die Steigung $y'(x_0 + dx) = f(x_0 + dx, y(x_0 + dx))$ bekannt und man konstruiert hieraus $y(x_0 + 2dx)$ usw. Dieses Vorgehen führt auf ein numerisches Verfahren zum Lösen von DG erster Ordnung, auf das wir in §4. eingehen werden. Im unteren Bild ist das Richtungsfeld der DG zusammen mit der Lösung zum Anfangswert $y(4) = 0$ eingezeichnet.

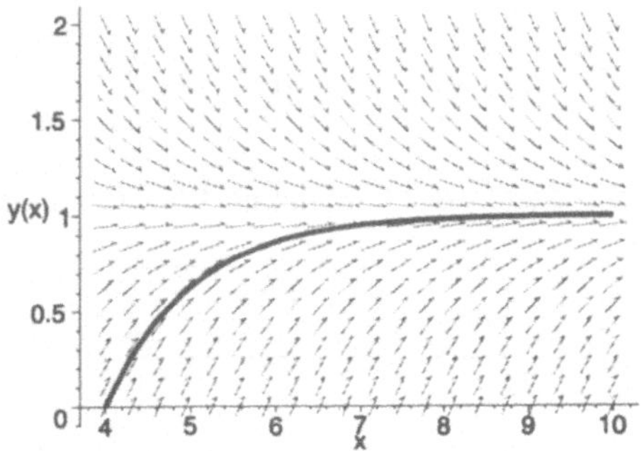

Im folgenden werden wir klären, wie man systematisch Lösungen von linearen DG 1. Ordnung bestimmt und ob die angegebenen Lösungen auch die einzigen Lösungen sind.

1.2 Lineare DG 1. Ordnung

Wir betrachten in einem Intervall I die **lineare DG 1. Ordnung**

$$\boxed{y'(x) = h(x)\,y(x) + f(x),} \tag{D1}$$

wenn $h(x)$ und $f(x)$ gegebene, auf dem Intervall I stetige Funktionen sind. Für

$$f(x) \neq 0 \quad \text{heißt } (D1) \text{ eine \textbf{inhomogene} DG und für}$$
$$f(x) = 0 \quad \text{heißt } (D1) \text{ eine \textbf{homogene} DG.}$$

Im Falle $f(x) \neq 0$ nennt man die **Inhomogenität** $f(x)$ oftmals die **Störfunktion**.

1.2.1 Homogene Differentialgleichungen. Wir behandeln zunächst das homogene Problem

$$\boxed{y'(x) = h(x)\,y(x)}$$

mit der Anfangsbedingung $y(x_0) = y_0$. Die Lösung dieser DG erfolgt durch die Methode der **Trennung der Variablen**. Dazu ersetzen wir $y'(x)$ durch $\frac{dy}{dx}$ und trennen die Variablen, indem wir formal die Gleichung mit dx multiplizieren und durch y dividieren:

$$\frac{dy}{dx} = h(x)\,y(x) \ \Rightarrow\ \frac{dy}{y} = h(x)\,dx.$$

Die anschließende Integration liefert

$$\int_{y_0}^{y} \frac{d\tilde{y}}{\tilde{y}} = \int_{x_0}^{x} h(\tilde{x})\,d\tilde{x} \ \Rightarrow\ \ln\tilde{y}\big|_{y_0}^{y} = \ln\frac{y}{y_0} = \int_{x_0}^{x} h(\tilde{x})\,d\tilde{x}.$$

Wendet man auf beiden Seiten der Gleichung die Exponentialfunktion an, erhält man als Lösung

$$\boxed{y(x) = y_0\, e^{\int_{x_0}^{x} h(\tilde{x})\,d\tilde{x}}.} \tag{H}$$

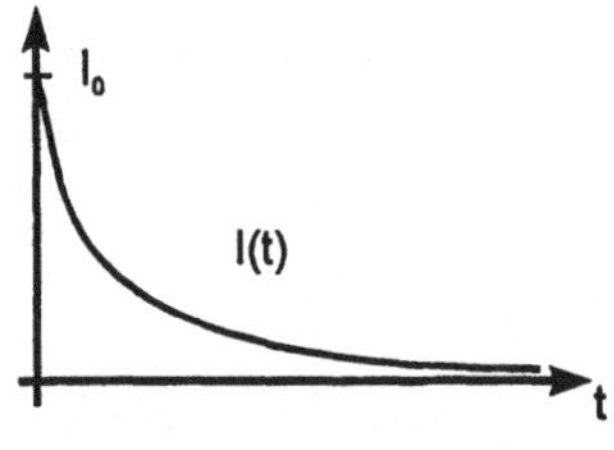

Abb. 37: Stromverlauf $I(t)$

4. Beispiel: RL-Kreis. Der unter Beispiel 1 diskutierte RL-Kreis ist zunächst geschlossen. Zum Zeitpunkt $t_0 = 0$ wird die Batterie überbrückt. Dann gilt

$$\frac{d}{dt}I(t) + \frac{R}{L}\,I(t) = 0 \quad \text{mit } I(0) = I_0.$$

$$\hookrightarrow \boxed{\dot{I}(t) = -\frac{R}{L}\,I(t).}$$

Die Lösungsformel (H) für homogene DG liefert

$$I(t) = I_0\, e^{\int_{t_0}^{t} \left(-\frac{R}{L}\right)\,d\tau} = I_0\, e^{-\frac{R}{L}\,(t-t_0)} = I_0\, e^{-\frac{R}{L}\,t}.$$

5. Beispiel: Barometrische Höhenformel. Die unter 3 i) und ii) angegebenen DG werden ebenfalls mit der Lösungsformel (H) behandelt:

i) $\quad p'(h) = -\beta\,p(h)$:

$$\hookrightarrow p(h) = p(h_0)\, e^{\int_{h_0}^{h} -\beta\,d\tilde{h}} = p(h_0)\, e^{-\beta\,(h-h_0)}.$$

ii) $\quad p'(h) = -\frac{\alpha\,g}{T_0 - b\,(h-h_0)}\,p(h)$:

$$\hookrightarrow p(h) = p(h_0)\,e^{\int_{h_0}^{h} \frac{-\alpha\,g}{T_0 - b\,(\tilde h - h_0)}\,d\tilde h} = p(h_0)\,e^{\frac{\alpha\,g}{b}\,\ln(T_0 - b\,(\tilde h - h_0))\big|_{h_0}^{h}}.$$

Durch Einsetzen der oberen und unteren Grenze folgt

$$\frac{\alpha\,g}{b}\,\ln\left(T_0 - b\left(\tilde h - h_0\right)\right)\bigg|_{h_0}^{h} = \frac{\alpha\,g}{b}\,\ln\left(T_0 - b\left(h - h_0\right)\right) - \frac{\alpha\,g}{b}\,\ln\left(T_0\right)$$

$$= \frac{\alpha\,g}{b}\,\ln\frac{T_0 - b\,(h - h_0)}{T_0} = \ln\left(1 - \frac{b}{T_0}\,(h - h_0)\right)^{\frac{\alpha\,g}{b}}.$$

Wir erhalten damit insgesamt für die Funktion $p(h)$

$$p(h) = p(h_0)\left(1 - \frac{b}{T_0}\,(h - h_0)\right)^{\frac{\alpha\,g}{b}}. \qquad\qquad \square$$

1.2.2 Inhomogene Differentialgleichung. Wir gehen nun zur inhomogenen DG

$$\boxed{y'(x) = h(x)\,y(x) + f(x)}$$

mit der Anfangsbedingung $y(x_0) = y_0$ über und berechnen die Lösung der DG mit der Methode der **Variation der Konstanten**.

Die Lösung des zugehörigen *homogenen* Problems $y'(x) = h(x)\,y(x)$ ist

$$y(x) = c\,e^{\int_{x_0}^{x} h(\tilde x)\,d\tilde x}.$$

Um ausgehend von dieser Lösung eine Lösung der *inhomogenen* DG zu erhalten, variieren wir die Konstante c, indem wir c als Funktion $c(x)$ zulassen und für $y(x)$ den **Produktansatz** wählen:

$$\boxed{y(x) = c(x)\cdot\varphi(x)} \qquad \text{mit } \varphi(x) = e^{\int_{x_0}^{x} h(\tilde x)\,d\tilde x}.$$

Differentiation von $y(x)$ ergibt nach der Produktregel

$$y'(x) = c'(x)\,\varphi(x) + c(x)\,\varphi'(x)$$

$$= c'(x)\,\varphi(x) + c(x)\,\varphi(x)\cdot h(x),$$

da $\varphi'(x) = e^{\int_{x_0}^{x} h(\tilde x)\,d\tilde x}\cdot h(x) = \varphi(x)\,h(x)$. Ersetzen wir $c(x)\cdot\varphi(x) = y(x)$, folgt weiter

$$y'(x) = c'(x)\,\varphi(x) + h(x)\cdot y(x) \overset{!}{=} f(x) + h(x)\cdot y(x).$$

Damit ist $y(x)$ Lösung der inhomogenen DG, wenn

$$c'(x)\,\varphi(x) = f(x) \;\Rightarrow\; c'(x) = \frac{f(x)}{\varphi(x)}.$$

Die anschließende Integration liefert

$$c(x) = c_0 + \int_{x_0}^{x} \frac{f(\tilde{x})}{\varphi(\tilde{x})}\,d\tilde{x}.$$

Die Lösung der inhomogenen DG $y(x) = c(x) \cdot \varphi(x)$ ergibt sich damit zu

$$\boxed{\,y(x) = \varphi(x) \cdot \left(c_0 + \int_{x_0}^{x} \frac{f(\tilde{x})}{\varphi(\tilde{x})}\,d\tilde{x} \right).\,}$$

Die Konstante c_0 muß so gewählt werden, daß $y(x_0) = y_0 \Rightarrow \boxed{c_0 = y_0}$.

Satz über lineare DG 1. Ordnung

Seien $h, f : I \to \mathbb{R}$ gegebene, stetige Funktionen. Die lineare DG 1. Ordnung

$$y'(x) \;=\; h(x)\,y(x) + f(x)$$

$$y(x_0) \;=\; y_0$$

besitzt auf dem Intervall **I genau eine** Lösung. Diese einzige Lösung ist gegeben durch

$$\boxed{\,y(x) = \varphi(x) \left(y_0 + \int_{x_0}^{x} \frac{f(\tilde{x})}{\varphi(\tilde{x})}\,d\tilde{x} \right)\,} \quad (I)$$

mit

$$\varphi(x) = e^{\int_{x_0}^{x} h(\tilde{x})\,d\tilde{x}}.$$

Bemerkung zur Methode: Die Methode der Variation der Konstanten besitzt einen sehr viel weitreichenderen Einsatz als nur für die Lösung des inhomogenen Problems. Immer dann, wenn Teillösungen einer DG bekannt sind, versucht man weitere bzw. andere Lösungen der DG zu konstruieren, indem man die Teilinformation in einem speziellen Ansatz berücksichtigt. Im Falle der inhomogenen DG ist die Teilinformation die Kenntnis der homogenen Lösung $\varphi(x)$. Die Idee der Variation der Konstanten ist, daß durch die Inhomogenität der DG die Amplitude der homogenen Lösung sich variabel ändert. Daher multipliziert man die homogene Lösung $\varphi(x)$ mit einer ortsabhängigen Amplitude $c(x)$. Diese unbekannte Amplitude wird durch Einsetzen des Ansatzes in die DG bestimmt.

Bemerkungen:

(1) Es ist nicht notwendig, diese fertige Lösungsformel auswendig zu lernen. Man merkt sich besser das Lösungsverfahren:

   (a) Lösung der homogenen DG $y'(x) = h(x)\,y(x)$ durch Trennung der Variablen bzw.

$$y(x) = c\,e^{\int_{x_0}^{x} h(\tilde{x})\,d\tilde{x}}.$$

   (b) Variation der Konstanten mit dem Ansatz

$$y(x) = c(x)\cdot e^{\int_{x_0}^{x} h(\tilde{x})\,d\tilde{x}}.$$

(2) Durch Ausmultiplizieren der obigen Lösungsformel erhält man die Darstellung

$$y(x) = \underbrace{y_0\,\varphi(x)} + \underbrace{\varphi(x)\int_{x_0}^{x}\frac{f(\tilde{x})}{\varphi(\tilde{x})}\,d\tilde{x}}.$$

Die allgemeine Lösung der inhomogenen DG läßt sich schreiben als Summe der **allgemeinen Lösung der homogenen DG** und **einer speziellen Lösung der inhomogenen DG**. Man nennt eine spezielle Lösung der inhomogenen DG auch **partikuläre Lösung**.

Beweis des Satzes über lineare DG 1. Ordnung: Daß die angegebene Formel eine Lösung des Anfangswertproblems liefert, d.h. die DG und die Anfangsbedingung $y(x_0) = y_0$ erfüllt, rechnet man leicht nach, indem man die Funktion in die DG einsetzt.

Daß $y(x)$ die einzige Lösung der DG mit Anfangsbedingung ist, sieht man folgendermaßen leicht ein: Sei $y_2(x)$ ebenfalls eine Lösung. Dann gilt für die Differenz

$$d(x) = y(x) - y_2(x)$$

durch Differenzieren

$$\begin{aligned}
d'(x) = y'(x) - y_2'(x) \;&=\; h(x)\,y(x) + f(x) - [h(x)\,y_2(x) + f(x)]\\
&=\; h(x)\,(y(x) - y_2(x)) = h(x)\cdot d(x)
\end{aligned}$$

mit $d(x_0) = y(x_0) - y_2(x_0) = 0$. Also ist $d(x)$ Lösung der homogene DG

$$d'(x) = h(x)\,d(x) \quad \text{mit } d(x_0) = 0. \tag{$*$}$$

Wir zeigen nun, daß die Differenz $d(x) = 0$ für alle $x \in I$. Damit folgt dann, daß $y(x) = y_2(x)$ für alle $x \in I$ und $y(x)$ die einzige Lösung ist. Dazu definieren wir

$$u(x) := d(x)\,e^{-\int_{x_0}^{x} h(\tilde{x})\,d\tilde{x}}.$$

Mit der Produkt- und Kettenregel gilt für die Ableitung

$$u'(x) \;=\; d'(x)\, e^{-\int_{x_0}^{x} h(\tilde{x})\, d\tilde{x}} + d(x)\, e^{-\int_{x_0}^{x} h(\tilde{x})\, d\tilde{x}} \,(-h(x))$$

$$=\; \underbrace{[d'(x) - h(x)\, d(x)]}_{=0} \cdot e^{-\int_{x_0}^{x} h(\tilde{x})\, d\tilde{x}} = 0,$$

da $d(x)$ Lösung der homogenen DG $(*)$. Also ist $u(x) = const$ mit $u(x_0) = const = d(x_0) = 0 \Rightarrow u(x) = 0 \Rightarrow d(x) = 0 \Rightarrow y(x) = y_2(x)$ für alle $x \in I.\,\square$

1.2.3 Beispiele:

6. $y'(x) = 2\,x\,y(x) + x^3$ mit $y(0) = y_0$.

i) Lösung der **homogenen** DG $y'(x) = 2\,x\,y(x)$ durch Formel (H)

$$\varphi(x) = e^{\int_0^x 2\,\tilde{x}\, d\tilde{x}} = e^{x^2}.$$

ii) Lösung der **inhomogenen** DG $y'(x) = 2\,x\,y(x) + x^3$ mit Formel (I):

$$y(x) = e^{x^2}\left(y_0 + \int_0^x \frac{t^3}{e^{t^2}}\, dt\right).$$

Die Berechnung des unbestimmten Integrals erfolgt zunächst durch eine Substitution ($\xi = t^2$, $d\xi = 2t\, dt$)

$$\int t^3\, e^{-t^2}\, dt = \int t^3\, e^{-\xi}\, \frac{d\xi}{2t} = \frac{1}{2}\int \xi\, e^{-\xi}\, d\xi$$

und anschließender partieller Integration

$$\frac{1}{2}\int \xi\, e^{-\xi}\, d\xi = \frac{1}{2}\left[-\xi\, e^{-\xi} + \int e^{-\xi}\, d\xi\right] = \frac{1}{2}[-\,\xi\, e^{-\xi} - e^{-\xi}] + C.$$

Durch Rücksubstitution ($\xi = t^2$) und Einsetzen der Grenzen gilt für das bestimmte Integral

$$\int_0^x t^3\, e^{-t^2}\, dt = \frac{1}{2}\left[-\,t^2\, e^{-t^2} - e^{-t^2}\right]_0^x = \frac{1}{2} - \frac{1}{2}\, e^{-x^2}\,(x^2 + 1).$$

iii) Die **allgemeine Lösung** der DG lautet damit

$$y(x) = y_0\, e^{x^2} + e^{x^2}[\tfrac{1}{2} - \tfrac{1}{2}\, e^{-x^2}\,(x^2 + 1)] = y_0\, e^{x^2} + \frac{1}{2}\, e^{x^2} - \frac{1}{2}\,(x^2 + 1).$$

7. RL-Kreis. Mit der Lösungsformel (I) für inhomogene lineare DG behandeln wir das in Beispiel 1 gestellte Problem des RL-Kreises:

$$\dot{I}(t) = -\frac{R}{L}\, I(t) + \frac{1}{L}\, U_B \quad \text{mit } I(0) = 0.$$

i) Die Lösung der **homogenen** DG $\dot{I}(t) = -\frac{R}{L}\, I(t)$ ist nach Formel (H)

$$I_h(t) = c\, e^{-\frac{R}{L}\, t}.$$

ii) Damit erhält man mit $I_0 = 0$ die Lösung der **inhomogenen** DG über Formel (I)

$$I(t) \;=\; e^{-\frac{R}{L}\, t}\left(I_0 + \int_{t_0}^{t} \frac{U_B}{L}\, \frac{1}{e^{-\frac{R}{L}\,\tau}}\, d\tau\right)$$

$$=\; e^{-\frac{R}{L}\, t}\, \frac{U_B}{L} \int_{0}^{t} e^{\frac{R}{L}\,\tau}\, d\tau = e^{-\frac{R}{L}\, t}\, \frac{U_B}{L}\, \frac{L}{R}\, e^{\frac{R}{L}\,\tau}\Big|_{0}^{t}$$

$$\Rightarrow \quad I(t) = e^{-\frac{R}{L}\, t}\, \frac{U_B}{R}\left(e^{\frac{R}{L}\, t} - 1\right) = \frac{U_B}{R}\left(1 - e^{-\frac{R}{L}\, t}\right).$$

Dies ist genau der Stromverlauf, der in Beispiel 1 diskutiert wurde.

8. RC-Kreis. Ein Widerstand R, ein Kondensator mit Kapazität C und eine Spannungsquelle U_0 sind mit einem Schalter in Reihe geschaltet. Der Schalter ist zunächst offen und wird zur Zeit $t = 0$ geschlossen. Wie verhält sich die Spannung $U(t)$ am Kondensator als Funktion der Zeit für $t > 0$, wenn

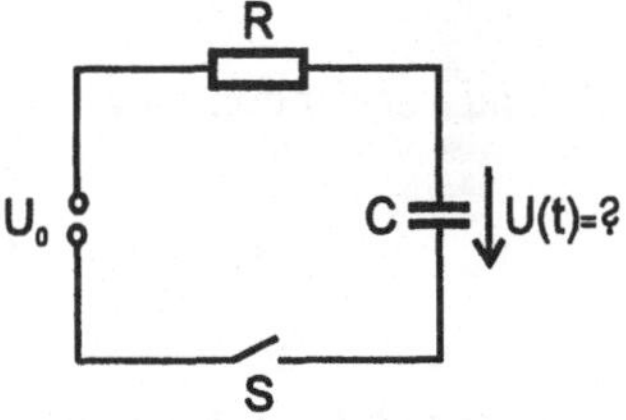

    (1) $U_0 = const = \hat{U}_0$ (konstante Spannung)   **Abb. 38:** RC-Kreis

    (2) $U_0(t) = \hat{U}_0\, \sin(\omega t)$ (Wechselspannung).

Nach dem Maschensatz gilt für die Spannungen

$$U_R(t) + U(t) = U_0(t). \tag{$*$}$$

Am Ohmschen Widerstand ist $U_R = R \cdot I$. An der Kapazität gilt $U(t) = \frac{1}{C}\, Q(t) = \frac{1}{C} \int I(t)\, dt \;\Rightarrow\; \dot{U}(t) = \frac{1}{C}\, I(t) \;\Rightarrow\; I(t) = C \cdot \dot{U}(t)$, womit $U_R(t) = R \cdot I(t) = RC \cdot \dot{U}(t)$. Eingesetzt in die Gleichung $(*)$ folgt

$$RC\,\dot{U}(t) + U(t) = U_0(t) \quad \text{mit } U(0) = 0$$

$$\hookrightarrow \quad \dot{U}(t) = -\frac{1}{RC}\, U(t) + \frac{1}{RC}\, U_0(t) \quad \text{mit } U(0) = 0.$$

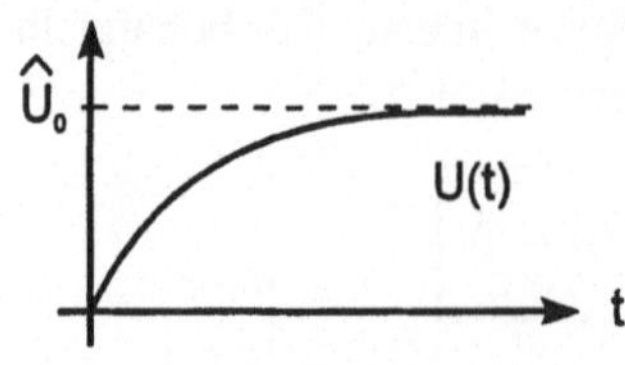

Abb. 39: Ladekurve des Kondensators

(8.1) Für eine **konstante Batteriespannung** $U_0(t) = \hat{U}_0$ erhält man analog dem Vorgehen von Beispiel 7 als Lösung

$$U(t) = \hat{U}_0 \left(1 - e^{-\frac{1}{RC} t} \right).$$

Die Spannung am Kondensator und damit die Ladung $Q(t) = C \cdot U(t)$ wächst mit der Zeit asymptotisch auf $\hat{U}_0$ bzw. $Q_0 = C \cdot \hat{U}_0$ an.

(8.2) Ist die Eingangsspannung eine **Wechselspannung** $U_0(t) = \hat{U}_0 \sin(\omega t)$ mit Scheitelwert $\hat{U}_0$ und Frequenz ω, so erhält die DG die Form

$$\dot{U}(t) = -\frac{1}{RC} U(t) + \frac{1}{RC} \hat{U}_0 \sin(\omega t) \quad \text{mit } U(0) = 0.$$

i) Gemäß dem Standardvorgehen lösen wir zunächst die homogene DG

$$\dot{U}(t) = -\frac{1}{RC} U(t)$$

durch

$$U_h(t) = e^{-\frac{1}{RC} t}$$

ii) und verwenden dann die Lösungsformel (I)

$$U(t) = e^{-\frac{1}{RC} t} \left(U(0) + \frac{\hat{U}_0}{RC} \int_0^t \frac{\sin(\omega \tau)}{e^{-\frac{1}{RC} \tau}} \, d\tau \right).$$

Zur Berechnung des Integrals integrieren wir zweimal partiell

$$\int_0^t \sin(\omega \tau) \, e^{\frac{1}{RC} \tau} \, d\tau =$$

$$= \left[\sin(\omega \tau) \cdot RC \cdot e^{\frac{1}{RC} \tau} \right]_0^t - \int_0^t \omega \cos(\omega \tau) \, RC \, e^{\frac{1}{RC} \tau} \, d\tau$$

$$= RC \sin(\omega t) \, e^{\frac{1}{RC} t} - \omega RC \left\{ \left[\cos(\omega \tau) \, e^{\frac{1}{RC} \tau} RC \right]_0^t \right.$$

$$\left. + \int_0^t \omega \sin(\omega \tau) \, e^{\frac{1}{RC} \tau} RC \, d\tau \right\}$$

$$= RC \sin(\omega t) \, e^{\frac{1}{RC} t} - \omega (RC)^2 \left(\cos(\omega t) \, e^{\frac{1}{RC} t} - 1 \right)$$

$$- \omega^2 (RC)^2 \int_0^t \sin(\omega \tau) \, e^{\frac{1}{RC} \tau} \, d\tau.$$

Da das verbleibende Integral auf der rechten Seite mit dem zu berechnenden Integral übereinstimmt, addieren wir auf beiden Seiten der Gleichung den Term $\omega^2 \, (RC)^2 \displaystyle\int_0^t \sin\left(\omega\tau\right) \, e^{\frac{1}{RC}\,\tau} \, d\tau$ und können dann durch Division von $1+\left(\omega\,RC\right)^2$ nach dem gesuchten Integral auflösen.

$$\int_0^t \sin\left(\omega\tau\right) \, e^{\frac{1}{RC}\,\tau} \, d\tau \;=\; \frac{1}{1+\left(\omega\,RC\right)^2} \left\{ RC \, \sin\left(\omega t\right) \, e^{\frac{1}{RC}\,t} \right.$$

$$\left. -\omega\,(RC)^2 \, \cos\left(\omega t\right) \, e^{\frac{1}{RC}\,t} + \omega\,(RC)^2 \right\}.$$

iii) Setzen wir dieses Ergebnis in die Lösungsformel ein, erhalten wir mit der Anfangsbedingung $U\left(0\right)=0$

$$U\left(t\right) = e^{-\frac{1}{RC}\,t} \, \frac{\hat{U}_0}{1+\left(\omega\,RC\right)^2} \left\{ \sin\left(\omega t\right) \, e^{\frac{1}{RC}\,t} - \omega\,RC\,\cos\left(\omega t\right) \, e^{\frac{1}{RC}\,t} + \omega\,RC \right\}$$

$$= \frac{\hat{U}_0}{1+\left(\omega\,RC\right)^2} \left\{ \sin\left(\omega t\right) - \omega\,RC\,\cos\left(\omega t\right) + \omega\,RC\,e^{-\frac{1}{RC}\,t} \right\}.$$

10Die Lösung $U\left(t\right)$ setzt sich zusammen aus einem exponentiell abklingenden und einem periodischen Term.

$$U\left(t\right) = \underbrace{\frac{\hat{U}_0\,\omega\,RC}{1+\left(\omega\,RC\right)^2}\, e^{-\frac{1}{RC}\,t}}_{\text{Einschwingverhalten}} + \underbrace{\frac{\hat{U}_0}{1+\left(\omega\,RC\right)^2}\, \left\{\sin\left(\omega t\right) - \omega\,RC\,\cos\left(\omega t\right)\right\}}_{\text{Verhalten für große }t}.$$

Der exponentiell abklingende Term spiegelt den **Einschwingvorgang** wider. Das **Langzeitverhalten** der Lösung ist jedoch durch den periodischen Anteil bestimmt. Im unteren Bild ist die Lösung für die Parameter $RC=10$, $\hat{U}_0=1$ und $\omega=1$ gezeichnet. Daran erkennt man gut den Einschwingvorgang sowie das Langzeitverhalten.

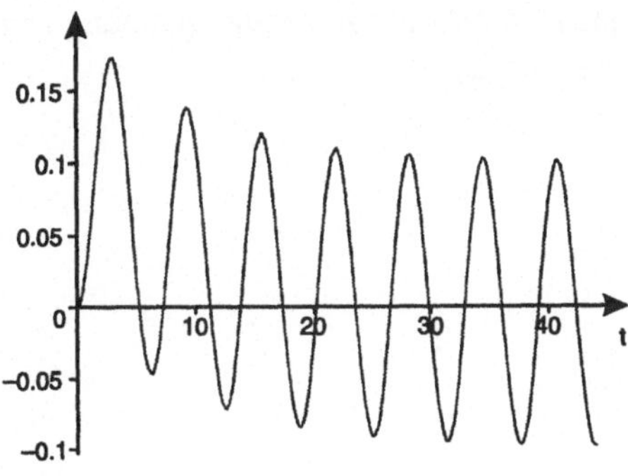

Wir stellen diesen periodischen Anteil der Lösung noch als reine harmonische Schwingung mit Amplitude A, Frequenz ω und Phase φ dar:

$$\sin(\omega t) - \omega RC \cos(\omega t) = A \sin(\omega t + \varphi) \qquad (*)$$

Bestimmung von A und φ:
Gleichung $(*)$ ist gültig für alle t. Speziell für $t = 0$ gilt

$$-\omega RC = A \sin\varphi. \qquad (1)$$

Da Gleichung $(*)$ für alle t gültig ist, stimmen auch die Ableitungen beider Seiten überein:

$$\omega \cos(\omega t) + \omega^2 RC \sin(\omega t) = A\omega \cos(\omega t + \varphi).$$

Speziell für $t = 0$ gilt

$$1 = A \cos\varphi. \qquad (2)$$

Dividiert man Gleichung (1) durch (2), folgt

$$\boxed{\tan\varphi = -RC\omega} \Rightarrow \varphi. \qquad (3)$$

Addieren wir die quadrierten Gleichungen (1) und (2) folgt

$$1 + (RC\omega)^2 = A^2 \cos^2\varphi + A^2 \sin^2\varphi = A^2(\cos^2\varphi + \sin^2\varphi) = A^2$$

$$\Rightarrow \boxed{A = \sqrt{1 + (RC\omega)^2}.} \qquad (4)$$

Aus (3) und (4) folgt insgesamt für die Lösung $U(t)$

$$\boxed{U(t) = \text{Einschwingvorgang} + \frac{\hat{U}_0}{\sqrt{1 + (\omega RC)^2}} \sin(\omega t + \varphi).}$$

Interpretation: Für Eingangswechselspannungen $U_0(t)$ mit niedriger Frequenz ω ist die Amplitude der Ausgangsspannung $U(t) \sim \hat{U}_0$. Für Wechselspannungen $U_0(t)$ mit hohen Frequenzen geht die Ausgangsspannung gegen Null. Dies ist das typische Verhalten eines *Tiefpasses*. $\square$

1.3 Lineare DG 1. Ordnung mit konstanten Koeffizienten

Durch die beiden in §1.2 allgemein hergeleiteten Formeln (H) und (I) ist jede lineare DG 1. Ordnung im Prinzip lösbar. Die Auswertung der Integrale kann aber i.a. sehr aufwendig sein. In vielen Fällen braucht man aber nicht auf diese Integraldarstellung der Lösung zurückgreifen, sondern ermittelt eine *partikuläre* Lösung durch einen speziellen Lösungsansatz. Dies ist insbesondere für die DG mit konstanten Koeffizienten der Fall. Beim konkreten Problem wird entsprechend dem Typ der *Störfunktion* ein Ansatz für die partikuläre Lösung mit freien Parametern gewählt. Diese Parameter bestimmt man anschließend durch Einsetzen des Ansatzes in die DG. Bei dieser Methode des Erratens der partikulären Lösung ist zu beachten, daß sie nur in einfachen Fällen zum Ziele führt.

1.3.1 Homogene lineare DG mit konstanten Koeffizienten
Zum Lösen der homogenen linearen DG mit konstantem Koeffizient α,

$$\boxed{y'(x) = \alpha \cdot y(x),}$$

wählen wir den Ansatz

$$y_h(x) = c\,e^{\lambda x}$$

und setzen diese Funktion in die DG ein:

$$c\,\lambda\,e^{\lambda x} = \alpha \cdot c\,e^{\lambda x} \hookrightarrow \lambda = \alpha.$$

Die allgemeine Lösung der homogenen DG lautet somit

$$\boxed{y_h(x) = c\,e^{\alpha x}.}$$

1.3.2 Partikuläre Lösung für lineare DG mit konstanten Koeffizienten
Wir betrachten die inhomogene lineare DG

$$\boxed{y'(x) = \alpha\,y(x) + f(x).}$$

mit $\alpha \neq 0$. Je nach *Störfunktion* f läßt sich eine *partikuläre Lösung* durch einen einfachen Ansatz finden. Für häufig auftretende Störfunktionen geben wir die Ansatzfunktionen in Tab. 1 an.

Tabelle 1: Partikuläre Lösungen für spezielle Störfunktionen.

Störfunktion	Ansatzfunktion	Parameter
$f(x) = \sum_{i=0}^{n} a_i\, x^i$ (Polynom vom Grad n)	$y_p(x) = \sum_{i=0}^{n} A_i\, x^i$	$A_0, \ldots, A_n$
$f(x) = a \cdot \sin(\omega x)$ (Sinusanregung)	$y_p(x) = A\sin(\omega x) + B\cos(\omega x)$	$A,\ B$
$f(x) = a \cdot \cos(\omega x)$ (Kosinusanregung)	$y_p(x) = A\sin(\omega x) + B\cos(\omega x)$	$A,\ B$
$f(x) = a\, e^{\mu x}$ $(\mu \neq \alpha)$ (Exponentielle Störung)	$y_p(x) = A\, e^{\mu x}$	A

Bemerkung: Besteht die Störfunktion aus mehreren Störgliedern, wählt man für jedes Störglied einzeln die entsprechende Ansatzfunktion und bestimmt durch Einsetzen der Ansatzfunktion in die DG die zugehörigen Parameter. Zum Schluß addiert man alle partikulären Lösungen auf und erhält eine spezielle Lösung des gestellten, inhomogenen Problems.

1.3.3 Beispiele:

9. Gegeben ist die lineare DG mit konstantem Koeffizient

$$y'(x) = 4 \cdot y(x) + x^3.$$

i) Die **homogene** DG $y'(x) = 4 \cdot y(x)$ lösen wir mit dem Ansatz

$$\boxed{y_h(x) = c\, e^{\lambda x}.}$$

In die DG eingesetzt, ergibt sich

$$c\lambda e^{\lambda x} = 4c e^{\lambda x} \hookrightarrow \lambda = 4.$$

$$\Rightarrow y_h(x) = c\, e^{4x}.$$

ii) Eine partikuläre Lösung der **inhomogenen** DG $y'(x) = 4\cdot y(x) + x^3$ bestimmen wir nach Tab. 1 durch den Ansatz

$$\boxed{y_p(x) = a\, x^3 + b\, x^2 + c\, x + d,}$$

da die Störfunktion x^3 ein Polynom vom Grad 3 ist. Die Ansatzfunktion in die inhomogene DG eingesetzt, ergibt

$$3a\, x^2 + 2b\, x + c \;\overset{!}{=}\; 4a\, x^3 + 4b\, x^2 + 4c\, x + 4d + x^3$$

$$= (4a + 1)\, x^3 + 4b\, x^2 + 4c\, x + 4d.$$

Ein Koeffizientenvergleich liefert für absteigende Potenzen in x

$$
\begin{array}{llll}
x^3: & 4a + 1 = 0 & \hookrightarrow & a = -\tfrac{1}{4} \\
x^2: & 4b = 3a = -\tfrac{3}{4} & \hookrightarrow & b = -\tfrac{3}{16} \\
x^1: & 4c = 2b = -\tfrac{3}{8} & \hookrightarrow & c = -\tfrac{3}{32} \\
x^0: & 4d = c = -\tfrac{3}{32} & \hookrightarrow & d = -\tfrac{3}{128}.
\end{array}
$$

Eine partikuläre Lösung ist also

$$
y_p(x) = -\frac{1}{4}\,x^3 - \frac{3}{16}\,x^2 - \frac{3}{32}\,x - \frac{3}{128}.
$$

iii) Somit ist die **allgemeine Lösung** der inhomogenen DG

$$
\boxed{\,y(x) = y_h(x) + y_p(x) = c\,e^{4x} - \frac{1}{4}\,x^3 - \frac{3}{16}\,x^2 - \frac{3}{32}\,x - \frac{3}{128}.\,}
$$

10. RC-Kreis. Die DG aus Beispiel 8 lautet für eine Wechselspannung $U_0(t) = \hat{U}_0 \sin(\omega t)$

$$
\boxed{\,\dot{U}(t) = -\frac{1}{RC}\,U(t) + \frac{1}{RC}\,\hat{U}_0 \sin(\omega t)\,;\quad U(0) = 0.\,}
$$

i) Die **homogene** DG $\dot{U}(t) = -\frac{1}{RC}U(t)$ lösen wir durch den Ansatz $U_h(t) = c\,e^{\lambda t}$. In die DG eingesetzt, folgt $\lambda = -\frac{1}{RC}$.

$$
\Rightarrow U_h(t) = c\,e^{-\frac{1}{RC}\,t}.
$$

ii) Zum Lösen der **inhomogenen** DG wählen wir für eine partikuläre Lösung gemäß Tab. 1 den Ansatz:

$$
\boxed{\,U_p(t) = A \sin(\omega t) + B \cos(\omega t)\,} \tag{$*$}
$$

und setzen $U_p(t)$ in die inhomogene DG ein, um die noch unbekannten Konstanten A und B zu bestimmen:

$$
A\omega \cos(\omega t) - B\omega \sin(\omega t) = -\frac{1}{RC}\,A \sin(\omega t) - \frac{1}{RC}\,B \cos(\omega t) + \frac{1}{RC}\,\hat{U}_0 \sin(\omega t).
$$

Wir ordnen die rechte Seite der Gleichung nach Gliedern von $\cos(\omega t)$ und $\sin(\omega t)$

$$
(-B\omega) \sin(\omega t) + (A\omega) \cos(\omega t) = \left(\frac{1}{RC}\,\hat{U}_0 - \frac{1}{RC}\,A\right) \sin(\omega t) - \frac{1}{RC}\,B \cos(\omega t).
$$

Die Gleichung kann für alle t nur dann erfüllt sein, wenn die Koeffizienten sowohl der Sinus- als auch der Kosinusfunktionen auf beiden Seiten der Gleichung übereinstimmen. Ein Koeffizientenvergleich in $\cos(\omega t)$ und $\sin(\omega t)$ auf beiden Seiten dieser Gleichung führt somit zu dem linearen Gleichungssystem

$$\cos(\omega t): \quad A\,\omega \quad = \quad -\frac{1}{RC}\,B \qquad \text{(I)}$$

$$\sin(\omega t): \quad -B\,\omega \quad = \quad \frac{1}{RC}\,\hat{U}_0 - \frac{1}{RC}\,A \qquad \text{(II)}$$

aus welchem A und B zu bestimmen sind. Setzt man (I) in (II) ein, gilt

$$-B\,\omega = \frac{1}{RC}\,\hat{U}_0 - \frac{1}{(RC)^2\,\omega}\,B \;\Rightarrow\; B = \frac{-RC\,\omega}{(RC\,\omega)^2 + 1}\,\hat{U}_0.$$

Mit (I) folgt dann

$$A = \frac{\hat{U}_0}{(RC\,\omega)^2 + 1}.$$

Somit ist eine partikuläre Lösung nach (∗)

$$U_p(t) = \frac{\hat{U}_0}{(RC\,\omega)^2 + 1}\,\left[\sin(\omega t) - RC\,\omega\,\cos(\omega t)\right].$$

iii) Die **allgemeine Lösung** lautet

$$U(t) = U_h(t) + U_p(t)$$

$$U(t) = c\,e^{-\frac{1}{RC}\,t} + \frac{\hat{U}_0}{(RC\,\omega)^2 + 1}\,\left[\sin(\omega t) - RC\,\omega\,\cos(\omega t)\right].$$

iv) Zum Schluß bestimmt sich die Konstante c durch die Anfangsbedingung $U(0) = 0$:

$$0 = c + \frac{\hat{U}_0}{(RC\,\omega)^2 + 1}\,[0 - RC\,\omega] \;\Rightarrow\; c = \frac{RC\,\omega\,\hat{U}_0}{(RC\,\omega)^2 + 1}.$$

Damit ist die Lösung des Problems gegeben durch

$$\boxed{U(t) = \frac{\hat{U}_0}{(RC\,\omega)^2 + 1}\,\left[RC\,\omega\,e^{-\frac{1}{RC}\,t} + \sin(\omega t) - RC\,\omega\,\cos(\omega t)\right],}$$

welche mit der Endformel aus Beispiel 8 übereinstimmt. □

1.4 Nichtlineare DG 1. Ordnung

In diesem Abschnitt werden wir Methoden beschreiben, um auch einfache *nichtlineare* DG 1. Ordnung zu lösen.

1.4.1 Differentialgleichung mit trennbaren Variablen. Eine DG 1. Ordnung vom Typ

$$\boxed{y'(x) = f(x)\, g(y)}$$

hat die gleiche Bauart, wie eine homogene lineare DG 1. Ordnung und läßt sich durch **Trennung der Variablen** lösen. Dabei wird die DG wie folgt umgestellt

$$\frac{dy}{dx} = f(x) \cdot g(y) \qquad |: g(y) \ \cdot dx$$

$$\hookrightarrow \quad \frac{dy}{g(y)} = f(x) \cdot dx.$$

Die linke Seite der Gleichung enthält nur noch die Variable y und die rechte Seite nur noch die Variable x. Anschließende Integration liefert

$$\boxed{G(y) = \int \frac{dy}{g(y)} = \int f(x)\, dx.}$$

Die Stammfunktion des linken Integrals $G(y)$ wird anschließend nach y aufgelöst, was in vielen Fällen möglich ist.

11. Beispiel: $\qquad y'(x) = e^y \cos x \quad$ mit $y(0) = y_0$.

Diese DG läßt sich durch Trennung der Variablen lösen:

$$\frac{dy}{dx} = e^y \cos x \qquad |: e^y \ \cdot dx$$

$$\frac{dy}{e^y} = \cos x\, dx.$$

Da hier ein Anfangswertproblem vorliegt, wählen wir auf beiden Seiten der Gleichung das bestimmte Integral. Die Integration über y erfolgt von y_0 ab und die Integration über x von x_0 ab:

$$\int_{y_0}^{y} e^{-\tilde{y}}\, d\tilde{y} = \int_{0}^{x} \cos \tilde{x}\, d\tilde{x}.$$

Anschließendes Auswerten und Auflösen nach y liefert

$$-e^{-\tilde{y}}\Big|_{y_0}^{y} = \sin \tilde{x}\big|_{0}^{x} \quad \hookrightarrow \quad -e^{-y} + e^{-y_0} = \sin x$$

$$\Rightarrow \ e^{-y} = e^{-y_0} - \sin x \quad \Rightarrow \quad y(x) = -\ln\left(e^{-y_0} - \sin x\right).$$

Bemerkung: Wählt man statt dem bestimmten Integral die unbestimmte Form $\int e^{-y}\,dy = \int \cos x\,dx$, ist bei der Integration eine Integrationskonstante C zu berücksichtigen. Diese Konstante C wird zum Schluß durch die Anfangsbedingung $y\,(0) = y_0$ festgelegt.

12. Beispiel: Freier Fall unter Berücksichtigung des Luftwiderstandes. Wir untersuchen die Sinkgeschwindigkeit $v\,(t)$ eines Körpers der Masse m unter Berücksichtigung der Luftreibung. Die am Körper angreifenden Kräfte sind

(1)   die Schwerkraft $m\,g$

(2)   der Luftwiderstand $-k\,v^2$, wenn eine quadratische Abhängigkeit der Reibungskraft von der Geschwindigkeit angenommen wird.

(g: Erdbeschleunigung, k: Reibungskoeffizient).

Nach dem Newtonschen Bewegungsgesetz ist die Beschleunigungskraft $m\,\frac{dv}{dt}$ gleich der Summe aller angreifenden Kräfte

$$\Rightarrow \quad \boxed{\, m\,\frac{dv\,(t)}{dt} = m\,g - k\,v^2\,(t). \,}$$

Unter der Annahme, daß der freie Fall aus der Ruhe erfolgt, gilt zusätzlich die Anfangsbedingung $v\,(0) = 0$.

Diese nichtlineare DG 1. Ordnung lösen wir durch Trennung der Variablen:

$$\frac{dv}{dt} = g - \frac{k}{m}\,v^2 \qquad \Big|: \left(g - \frac{k}{m}\,v^2\right)\;\cdot dt$$

$$\hookrightarrow \quad \frac{dv}{g - \frac{k}{m}\,v^2} = dt.$$

Über das bestimmte Integral erhalten wir

$$\int_0^t d\tilde{t} = \int_0^v \frac{d\tilde{v}}{g - \frac{k}{m}\,\tilde{v}^2} = \frac{1}{g}\int_0^v \frac{d\tilde{v}}{1 - \frac{k}{m\,g}\,\tilde{v}^2}.$$

Das linke Integral ergibt sich zu $\int_0^t d\tilde{t} = t$. Zur Berechnung des rechten Integrals substituieren wir $\xi = \sqrt{\frac{k}{m\,g}}\,v$. Damit ist $d\xi = \sqrt{\frac{k}{m\,g}}\,dv$ und es gilt

$$\int \frac{d\tilde{v}}{1 - \frac{k}{m\,g}\,\tilde{v}^2} = \sqrt{\frac{m\,g}{k}}\int \frac{d\xi}{1 - \xi^2} = \sqrt{\frac{m\,g}{k}}\,\text{artanh}(\xi) + C.$$

Nach der Rücksubstitution erhalten wir für das bestimmte Integral den Ausdruck

$$\frac{1}{g}\int_0^v \frac{d\tilde{v}}{1 - \frac{k}{m\,g}\,\tilde{v}^2} = \frac{1}{g}\sqrt{\frac{m\,g}{k}}\,\text{artanh}\left(\sqrt{\frac{k}{m\,g}}\,\tilde{v}\right)\Big|_0^v = \sqrt{\frac{m}{k\,g}}\,\text{artanh}\left(\sqrt{\frac{k}{m\,g}}\,v\right).$$

Insgesamt folgt also

$$t = \sqrt{\tfrac{m}{k\,g}}\ \text{artanh}\left(\sqrt{\tfrac{k}{m\,g}}\,v\right).$$

Diese Gleichung lösen wir durch Anwenden der Funktion tanh nach v auf:

$$\sqrt{\tfrac{k\,g}{m}}\,t = \text{artanh}\left(\sqrt{\tfrac{k}{m\,g}}\,v\right) \hookrightarrow \tanh\left(\sqrt{\tfrac{k\,g}{m}}\,t\right) = \sqrt{\tfrac{k}{m\,g}}\,v$$

$$\Rightarrow \boxed{\,v\left(t\right) = \sqrt{\tfrac{m\,g}{k}}\,\tanh\left(\sqrt{\tfrac{k\,g}{m}}\,t\right).\,}$$

Für $t \to \infty$ wird die Endgeschwindigkeit $v_E = \lim\limits_{t\to\infty} v\left(t\right) = \sqrt{\tfrac{m\,g}{k}}$ erreicht, da $\lim\limits_{x\to\infty} \tanh(x) = 1$. Der Körper fällt dann kräftefrei mit konstanter Geschwindigkeit, da sich Reibungskraft und Gewichtskraft gegenseitig aufheben. Das Geschwindigkeitsgesetz $v\left(t\right) = v_E \cdot \tanh\left(\sqrt{\tfrac{k\,g}{m}}\,t\right)$ ist unten skizziert:

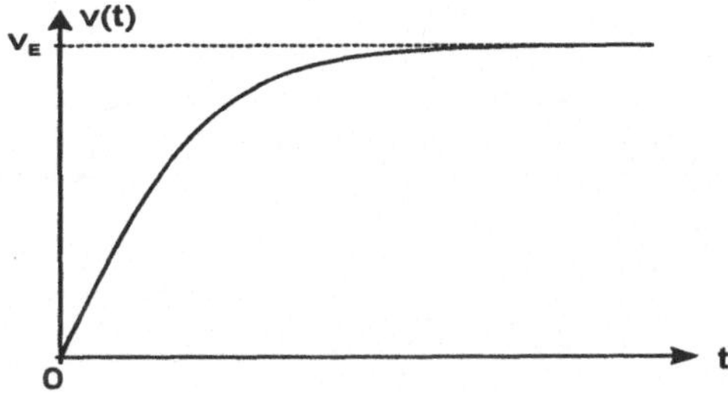

Abb. 40: Fallgeschwindigkeit mit Luftwiderstand $v\left(t\right) = v_E \cdot \tanh\left(\sqrt{\tfrac{k\,g}{m}}\,t\right)$

1.4.2 Lösen von DG durch Substitution
(1) DG vom Typ

$$\boxed{\,y'\left(x\right) = f\left(\frac{y\left(x\right)}{x}\right)\,}$$

lassen sich durch die **Substitution**

$$\boxed{\,u\left(x\right) := \frac{y\left(x\right)}{x}\,}$$

in eine DG für $u\left(x\right)$ transformieren, die oftmals durch Trennung der Variablen lösbar ist. Um die DG für $u(x)$ zu erhalten, müssen sowohl $y(x)/x$ als auch $y'(x)$ durch Terme in $u(x)$ und $u'(x)$ ersetzt werden.

Aus $u\left(x\right) = \frac{y(x)}{x}$ folgt $y\left(x\right) = x \cdot u\left(x\right)$ und mit der Produktregel

$$y'\left(x\right) = u\left(x\right) + x\,u'\left(x\right).$$

Ersetzt man nun in der DG sowohl $y'(x)$ als auch $\frac{y}{x}$, folgt die DG für $u(x)$:

$$u(x) + x \cdot u'(x) = f(u)$$

$$\Rightarrow x \cdot u' = f(u) - u.$$

Trennung der Variablen liefert

$$\frac{du}{f(u) - u} = \frac{dx}{x}$$

und die anschließende Integration

$$\int \frac{du}{f(u) - u} = \int \frac{dx}{x} = \ln|x| + C.$$

Die Integration der linken Seite liefert einen zunächst impliziten Ausdruck für $u(x)$, der -falls möglich- nach $u(x)$ aufgelöst wird. Durch **Rücksubstitution** erhält man dann die Lösung $y(x)$.

13. Beispiel: Gegeben ist das Anfangswertproblem

$$\boxed{x^2\, y'(x) = y^2(x) + x \cdot y(x) \quad \text{mit } y(1) = -1.}$$

Durch Division mit x^2

$$y'(x) = \left(\frac{y(x)}{x}\right)^2 + \left(\frac{y(x)}{x}\right)$$

und anschließender Substitution $\boxed{u(x) := \dfrac{y(x)}{x}}$, d.h.

$$y(x) = x \cdot u(x) \;\hookrightarrow\; y'(x) = u(x) + x \cdot u'(x),$$

folgt

$$u(x) + x \cdot u'(x) = u^2(x) + u(x)$$

$$\Rightarrow \boxed{u'(x) = \frac{1}{x}\, u^2(x) \quad \text{mit } u(1) = \frac{y(1)}{1} = -1.}$$

Trennung der Variablen liefert

$$\frac{du}{u^2} = \frac{dx}{x} \;\hookrightarrow\; \int_{-1}^{u} \frac{d\tilde{u}}{\tilde{u}^2} = \int_{1}^{x} \frac{d\tilde{x}}{\tilde{x}} \;\hookrightarrow\; -\tilde{u}^{-1}\Big|_{-1}^{u} = \ln|\tilde{x}|\Big|_{1}^{x}$$

$$\hookrightarrow\; -\frac{1}{u} - 1 = \ln x \;\hookrightarrow\; u(x) = \frac{1}{-1 - \ln x}.$$

Durch Rücksubstitution erhält man die Lösung

$$y(x) = -\frac{x}{1 + \ln x}.$$

(2) DG vom Typ $\boxed{y'(x) = f(ax + by + c)}$

transformieren sich durch die **Substitution**

$$\boxed{u(x) := ax + by + c}$$

in eine DG für $u(x)$, die ebenfalls durch Trennung der Variablen lösbar ist:

Aus $u(x) = ax + by(x) + c$ folgt $u'(x) = a + by'(x) \hookrightarrow y'(x) = \frac{1}{b}(u'(x) - a)$ für $b \neq 0$. Damit lautet die DG für $u(x)$

$$\boxed{u'(x) - a = b\,f(u).}$$

Anschließende Trennung der Variablen führt zur Lösung. (Im Falle $b = 0$ integriert man direkt ohne Substitution, um $y(x)$ zu erhalten.)

14. Beispiel: Die DG $\qquad y'(x) = \dfrac{1}{1 + x - y(x)}$

wird durch die Substitution

$$\boxed{u(x) := 1 + x - y(x)}$$

$(\hookrightarrow u'(x) = 1 - y'(x))$ in die DG

$$1 - u'(x) = \frac{1}{u(x)} \;\Rightarrow\; u'(x) = 1 - \frac{1}{u(x)} = \frac{u(x) - 1}{u(x)}$$

übergeführt. Trennung der Variablen liefert für $u \neq 1$

$$\frac{u}{u - 1}\, du = dx.$$

Die Integration liefert mit der Partialbruchzerlegung $\dfrac{u}{u - 1} = 1 + \dfrac{1}{u - 1}$

$$\int \left(1 + \frac{1}{u - 1}\right) du = \int dx \;\hookrightarrow\; u + \ln|u - 1| = x + C.$$

Durch Rücksubstitution $u = 1 + x - y$ folgt

$$1 + x - y + \ln|x - y| = x + C$$

$$\Rightarrow \ln|x - y| = y + C - 1.$$

Hieraus erhält man eine implizite Gleichung für $y(x)$, die sich **nicht** nach $y(x)$ auflösen läßt:

$$\boxed{|x - y(x)| = e^{C-1}\, e^{y(x)}.}$$

(Man beachte, daß für den Fall $u = 1$ gilt $y(x) = x$.)

1.4.3 Potenzreihenansatz. Ein ebenfalls übliches Verfahren, die Lösung einer DG zu bestimmen, besteht darin, einen **Potenzreihenansatz** für die Lösung an dem Entwicklungspunkt x_0 anzunehmen (vgl. Bd. 1, Kap. VII.3):

$$y(x) = a_0 + a_1(x - x_0) + a_2(x - x_0)^2 + \ldots + a_n(x - x_0)^n + \ldots$$

$$= \sum_{n=0}^{\infty} a_n(x - x_0)^n.$$

Dieser Ansatz enthält die unbekannten Koeffizienten $a_0, a_1, \ldots, a_n, \ldots$ die durch Einsetzen der Funktion $y(x)$ in die DG bestimmt werden. Da Potenzreihen im Innern ihres Konvergenzbereichs beliebig oft differenzierbar sind, kann diese Methode auch für DG höherer Ordnung angewendet werden.

> Man ersetzt die unbekannte Funktion und all ihre in der DG auftretenden Ableitungen durch den Potenzreihenansatz bzw. dessen Ableitungen und versucht durch Koeffizientenvergleich die Koeffizienten a_i $(i \in \mathbf{N}_0)$ zu berechnen. Im Anschluß daran bestimmt man den Konvergenzbereich der Reihe.

15. Beispiel: Gegeben ist die DG

$$y'(x) + 2xy(x) - 2x^2 - 1 = 0.$$

Als Potenzreihenansatz wählen wir mit dem Entwicklungspunkt $x_0 = 0$

$$y(x) \;=\; a_0 + a_1 x + a_2 x^2 + \ldots + a_n x^n + \ldots = \sum_{n=0}^{\infty} a_n x^n$$

$$\hookrightarrow y'(x) \;=\; a_1 + 2a_2 x + 3a_3 x^2 + \ldots + n a_n x^{n-1} + \ldots = \sum_{n=1}^{\infty} n a_n x^{n-1}.$$

In die DG eingesetzt, erhält man

$$\left(a_1 + 2a_2 x + 3a_3 x^2 + 4a_4 x^3 + \ldots + (n+1)a_{n+1} x^n + \ldots\right)$$
$$+ 2x\left(a_0 + a_1 x + a_2 x^2 + \ldots + a_{n-1} x^{n-1} + a_n x^n + \ldots\right) - 2x^2 - 1 = 0$$

$$\hookrightarrow (a_1 - 1)x^0 + (2a_2 + 2a_0)x^1 + (3a_3 + 2a_1 - 2)x^2 + (4a_4 + 2a_2)x^3$$
$$+ \ldots + \left[(n+1)a_{n+1} + 2a_{n-1}\right]x^n + \ldots = 0.$$

Durch Koeffizientenvergleich folgt als Koeffizient von

$$
\begin{aligned}
x^0: &\quad a_1 - 1 = 0 &&\Rightarrow\quad a_1 = 1 \\
x^1: &\quad 2a_2 + 2a_0 = 0 &&\Rightarrow\quad a_2 = -a_0 \\
x^2: &\quad 3a_3 + 2a_1 - 2 = 0 &&\Rightarrow\quad a_3 = 0 \\
x^3: &\quad 4a_4 + 2a_2 = 0 &&\Rightarrow\quad a_4 = \frac{(-2)}{4}(-a_0) \\
x^4: &\quad 5a_5 + 2a_3 = 0 &&\Rightarrow\quad a_5 = 0 \\
x^5: &\quad 6a_6 + 2a_4 = 0 &&\Rightarrow\quad a_6 = -\frac{2}{6}a_4 = \frac{(-2)(-2)}{6}(-a_0) \\
\vdots &&& \quad\vdots \\
x^n: &\quad (n+1)a_{n+1} + 2a_{n-1} = 0.
\end{aligned}
$$

Somit gilt für ungerade Indizes $a_3 = a_5 = a_7 = \ldots = a_{2k+1} = 0$ $(k = 1, 2, 3, \ldots)$ und für gerade Indizes

$$a_{2k} = \frac{(-2)\,(-2)\cdot\ldots\cdot(-2)}{2\,k\,(2\,k-2)\cdot\ldots\cdot 4}\,(-a_0) = \frac{(-2)^{k-1}}{2^{k-1}\,k!}\,(-a_0)$$

$$= \frac{(-1)^{k-1}}{k!}\,(-a_0) = \frac{(-1)^k}{k!}\,a_0 \qquad k = 1, 2, 3, \ldots.$$

Die gesuchte Lösung hat als Potenzreihenentwicklung

$$y\,(x) = a_0 + 1\,x - a_0\,x^2 + a_0\,\tfrac{1}{2!}\,x^4 - a_0\,\tfrac{1}{3!}\,x^6 + a_0\,\tfrac{1}{4!}\,x^8 \pm \ldots$$

$$y\,(x) = x + a_0\,\sum_{k=0}^{\infty}\,(-1)^k\,\frac{x^{2k}}{k!}.$$

Die unbestimmte Konstante a_0 entspricht der bei einer linearen DG erwarteten Konstanten beim homogenen Anteil der Lösung. Der Konvergenzbereich der Reihe ist $\mathbb{R}$. Es gibt für die Lösung sogar eine geschlossene Darstellung:

$$y\,(x) = x + a_0\,e^{-x^2}.$$

1.5 Lösen von DG 1. Ordnung mit MAPLE

In diesem Abschnitt behandeln wir das analytische Lösen von DG 1. Ordnung mit MAPLE. Nicht nur lineare DG können explizit mit MAPLE gelöst werden, sondern auch nichtlineare, wenn z.B. die Methode der Trennung der Variablen anwendbar ist. Attraktiv ist das Lösen von DG mit MAPLE insbesondere dadurch, daß durch die Möglichkeit der symbolischen Rechnung Parameter in der DG enthalten sein dürfen und die Lösung in Abhängigkeit der Parameter angegeben wird.

Der MAPLE-Befehl zum Lösen von DG ist **dsolve**. Die einfachste Form des **dsolve**-Befehls ist: **dsolve**$(DG, y(var))$:

Die Lösung der DG $\boxed{y'(x) = k\,y(x)}$ erhält man also durch

```
> dsolve(diff(y(x),x)=k*y(x), y(x));
```

$$y(x) = e^{(k\,x)}\,\_C1$$

Da man als Problem nur eine DG ohne Anfangsbedingung gestellt hat, enthält die Lösung einen freien Parameter, den MAPLE mit $\_C1$ einführt. Soll die DG mit Anfangsbedingung $y(x_0) = y_0$ gelöst werden, so verwendet man die Erweiterung des **dsolve**-Befehls: **dsolve**$(\{DG, y(x_0) = y_0\}, y(var))$:

```
> DG :=  diff(y(x),x)=k*y(x):
```

```
> dsolve({DG, y(x0)=y0}, y(x));
> simplify(%);
```

$$y(x) = \frac{e^{(k\,x)}\,y0}{e^{(k\,x0)}}$$

$$y(x) = y0\,e^{(k\,(x-x0))}$$

Man beachte, daß das Ergebnis des **dsolve**-Befehls eine Gleichung ist, in der die rechte Seite nicht der Funktion $y(x)$ zugewiesen wird. Um mit dem Ergebnis weiter zu rechnen, muß die rechte Seite der Gleichung $y(x)$ erst als formaler Ausdruck durch den **assign**-Befehl zugeordnet werden.

```
> assign(%);
> y(x);
```

$$y0\,e^{(k\,(x-x0))}$$

Anwendungsbeispiele:

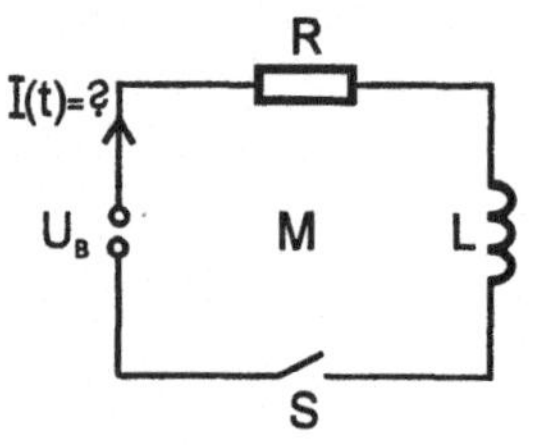

Abb. 41: RL-Kreis

16. RL-Kreis mit Wechselspannung. Kommen wir auf den in Beispiel 1 diskutierten RL-Kreis mit anliegender Wechselspannung $U_b(t) = U_0\,\sin(\omega t)$ zurück. Nachdem zum Zeitpunkt $t = 0$ der Schalter S geschlossen wird, gilt für den Stromverlauf $I(t)$ die lineare DG 1. Ordnung

$$\frac{d}{dt}I(t) + \frac{R}{L}\,I(t) = \frac{1}{L}U_0\,\sin(\omega t)\ \ \text{mit}\ I(0) = 0.$$

MAPLE bestimmt die Lösung durch

```
> DG :=  diff(Ir(t),t) + R/L*Ir(t) = 1/L*U0*sin(omega*t):
> dsolve({DG,Ir(0)=0}, Ir(t)):
> normal(%);
```

$$Ir(t) = \frac{U0\left(-L\,\omega\cos(\omega t) + \omega\,L\,e^{\left(-\frac{R\,t}{L}\right)} + R\sin(\omega t)\right)}{R^2 + \omega^2\,L^2}$$

Der zeitliche Verlauf des Stromes setzt sich zusammen aus einem exponentiell abklingenden Term und einem periodischen Term. Der exponentiell abklingende Anteil spiegelt den Einschwingvorgang wider und das Langzeitverhalten wird durch den periodischen Anteil bestimmt. Man beachte, daß bei der Definition der DG mit MAPLE der Strom nicht mit I bezeichnet werden darf, da die imaginäre Einheit mit $I = \sqrt{-1}$ als systemvordefinierte Größe vorliegt (vgl. Bd. 1, Kap. V.)!

17. Newtonsches Abkühlungsgesetz. Ein Körper mit Temperatur $T_0 > 20°$ befindet sich in einer Umgebung mit Temperatur $T_u = 20°$. Wie kühlt der Körper als Funktion der Zeit ab? Ist $T(t)$ die Temperatur des Körpers als Funktion der Zeit, so gilt nach dem Newtonschen Gesetz der Abkühlung, daß die zeitliche Rate der

Temperaturänderung proportional zur Temperaturdifferenz zwischen Körper und Umgebung ist:

$$\frac{d}{dt}T(t) \sim T(t) - T_u$$

Führen wir eine Proportionalitätskonstante k ein, erhalten wir für die Temperatur des Körpers

$$\frac{d}{dt}T(t) = -k\left(T(t) - T_u\right) \text{ mit } T(0) = T_0.$$

Die Lösung für den Temperaturverlauf ist
```
> DG := diff(T(t),t) = -k*(T(t) -Tu):
> dsolve({DG,T(0)=T0}, T(t));
```

$$T(t) = Tu + e^{(-kt)}\left(-Tu + T0\right)$$

Gemessen wird, daß der Körper sich in 20 Minuten von 80° auf 60° abkühlt. Die Konstante k bestimmt sich damit aus
```
> assign(%):
> T1 := subs({Tu=20,T0=80,t=20},T(t));
> k := solve(T1=60,k);
```

$$T1 := 20 + 60\,e^{(-20\,k)}$$

$$k := -\frac{1}{20}\ln\left(\frac{2}{3}\right)$$

Im folgenden zeichnen wir den Temperaturverlauf für verschiedene Anfangstemperaturen $T_0 = 80°$, $60°$, $40°$ in ein Diagramm:
```
> with(plots):
> graph1 := subs({Tu=20,T0=80},T(t)):
> graph2 := subs({Tu=20,T0=60},T(t)):
> graph3 := subs({Tu=20,T0=40},T(t)):
> t1 := textplot([[140,60,'T0=80'], [140,50,'T0=60'], [140,40,'T0=40']]):
> p1 := plot([graph1,graph2,graph3], t=0..160, title='Temperaturverlauf'):
> display({p1,t1});
```

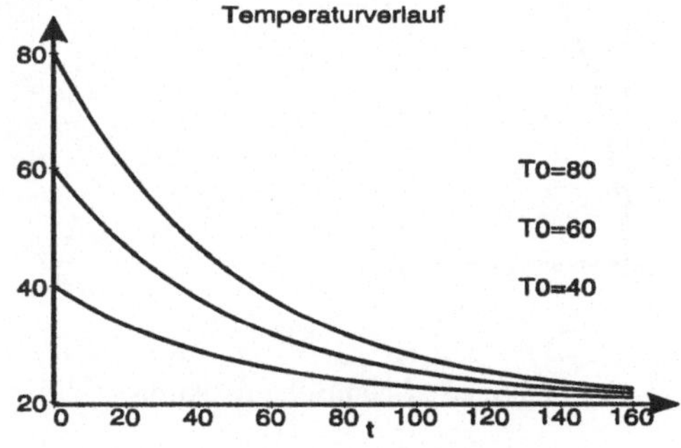

Abb. 42: Abkühlkurven

Alle Abkühlkurven nähern sich der Umgebungstemperatur $T_u = 20°$ an. Je höher
die Temperatur, desto schneller ist der Abkühlvorgang.   □

18. Eine **chemische Reaktion** zweiter Ordnung $A + B \to X$ läßt sich durch die
DG

$$\frac{d}{dt}x(t) = k\,(a - x(t))\,(b - x(t))$$

beschreiben, wenn die Anzahl der Moleküle vom Typ A bzw. B zu Beginn der
Reaktion a bzw. b ($a > b$) und $x(t)$ die Anzahl der Reaktionsmoleküle X zum
Zeitpunkt t sind (k: Reaktionskonstante). Wir suchen den zeitlichen Verlauf der
Konzentration $x(t)$ für die Anfangsbedingung $x(0) = 0$:


```
> DG:=diff(x(t),t)=k*(a-x(t))*(b-x(t));
```

$$DG := \frac{\partial}{\partial t}\,x(t) = k\,(\,a - x(t)\,)\,(\,b - x(t)\,)$$

```
> dsolve({DG,x(0)=0}, x(t)):
> simplify(%);
```

$$x(t) = \frac{b\,(-1 + e^{(-t\,k\,(a-b))}\,)\,a}{-a + b\,e^{(-t\,k\,(a-b))}}$$

Für die Werte $a = 5$, $b = 2$ und $k = 0.5$ folgt der Zeitverlauf


```
> assign(%):
> x(t) := subs({a=5,b=2,k=0.5}, x(t)):
> plot(x(t), t=0..5, title= 'Chemische Reaktion');
```

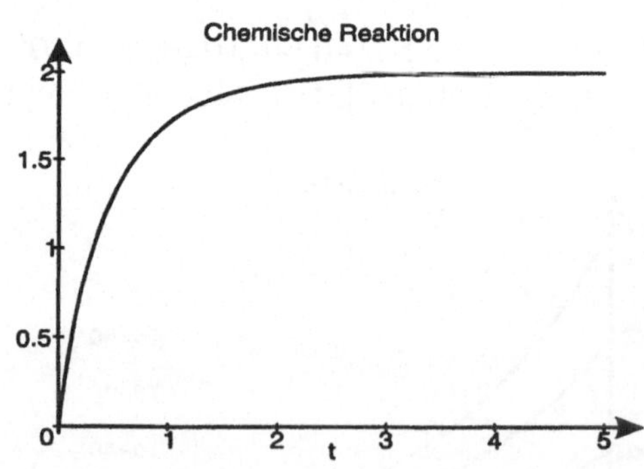

Abb. 43: Chemische Reaktion

Die Reaktion kommt zum Stillstand, wenn alle Moleküle vom Typ B reagiert
haben.

§2. Lineare Differentialgleichungssysteme

2.1 Einführung

Wir behandeln in diesem Abschnitt *lineare Differentialgleichungssysteme* (*LDGS*) erster Ordnung mit konstanten Koeffizienten. In vielen Anwendungen sind zeitlich veränderliche Größen $x_1(t)$, $x_2(t)$, ..., $x_n(t)$ gekoppelt, so daß die Änderung einer Größe $\dot{x}_i(t)$ nicht nur von t und $x_i(t)$, sondern auch von den restlichen Größen und deren Ableitungen abhängt. Einfachste Beispiele sind Koppelschwingungen, bei denen mehrere Feder-Masse-Systeme gekoppelt werden.

Die Aussagen über die Lösungen von LDGS gleichen in mancher Hinsicht denen aus der Theorie der linearen Gleichungssysteme. So bilden die Lösungen eines homogenen LDGS einen Vektorraum und die allgemeine Lösung eines inhomogenen LDGS ist die Summe einer speziellen Lösung des inhomogenen LDGS und der allgemeinen Lösung des homogenen LDGS. Zur Einführung betrachten wir ein gekoppeltes System aus Pendeln.

19. Beispiel: Gekoppelte Pendel. Zwei Fadenpendel der Länge l, an deren Ende jeweils eine Masse m hängt, werden durch eine Feder mit Federkonstanten D gekoppelt (siehe nebenstehende Abb.). Werden die beiden Massen um den Winkel φ_1 bzw. φ_2 ausgelenkt, so lauten die Bewegungsgleichungen für kleine Auslenkungen φ_1 und φ_2

$$m\,l\,\ddot{\varphi}_1(t) = -m\,g\,\varphi_1(t) + D\,l\,(\varphi_2(t) - \varphi_1(t))$$
$$m\,l\,\ddot{\varphi}_2(t) = -m\,g\,\varphi_2(t) + D\,l\,(\varphi_1(t) - \varphi_2(t)),$$

wenn $\varphi_1(t)$ und $\varphi_2(t)$ die Auslenkungen der Massen (1) und (2) zum Zeitpunkt t sind.

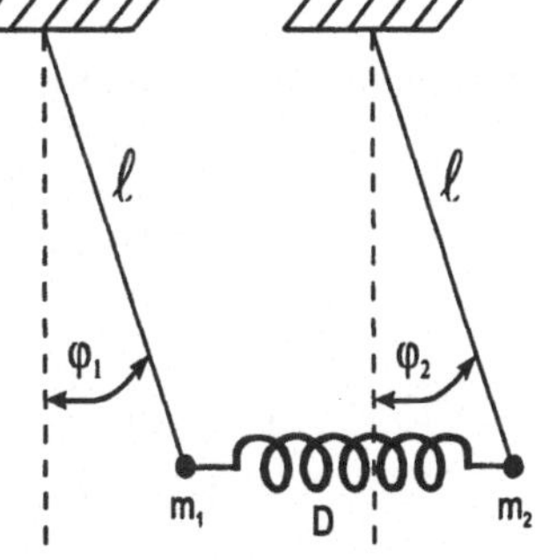

Abb. 44: Gekoppelte Pendel

Berücksichtigt man noch, daß während der Bewegung auf die Massen eine Reibungskraft proportional zur Geschwindigkeit wirkt,

$$F_R = -\gamma\,l\,\dot{\varphi}_i(t) \quad \text{mit Reibungskoeffizient } \gamma,$$

so erhält man schließlich

$$\ddot{\varphi}_1(t) = -\frac{g}{l}\,\varphi_1(t) - \frac{\gamma}{m}\,\dot{\varphi}_1(t) + \frac{D}{m}\,(\varphi_2(t) - \varphi_1(t))$$

$$\ddot{\varphi}_2(t) = -\frac{g}{l}\,\varphi_2(t) - \frac{\gamma}{m}\,\dot{\varphi}_2(t) + \frac{D}{m}\,(\varphi_1(t) - \varphi_2(t)). \tag{$*$}$$

Dies ist ein LDGS **zweiter** Ordnung für die Winkelauslenkungen $\varphi_1(t)$ und $\varphi_2(t)$. Wir reduzieren dieses System von zwei DG 2. Ordnung auf ein System von vier

DG 1. Ordnung. Dazu führen wir die zu $\varphi_1(t)$ und $\varphi_2(t)$ gehörenden Winkelgeschwindigkeiten $\dot\varphi_1(t)$ und $\dot\varphi_2(t)$ als zusätzliche Größen ein. Zur übersichtlicheren Darstellung setzen wir

$$y_1(t) = \varphi_1(t)$$
$$y_2(t) = \dot\varphi_1(t)$$
$$y_3(t) = \varphi_2(t)$$
$$y_4(t) = \dot\varphi_2(t).$$

Differenzieren wir jede dieser vier unbekannten Funktionen $y_i(t)$, so gilt mit $(*)$:

$$\dot y_1(t) = \dot\varphi_1(t) \quad = \quad y_2(t)$$

$$\dot y_2(t) = \ddot\varphi_1(t) \quad = \quad -\tfrac{g}{l}\,\varphi_1(t) - \tfrac{\gamma}{m}\,\dot\varphi_1(t) + \tfrac{D}{m}\,(\varphi_2(t) - \varphi_1(t))$$
$$= \quad -\tfrac{g}{l}\,y_1(t) - \tfrac{\gamma}{m}\,y_2(t) + \tfrac{D}{m}\,(y_3(t) - y_1(t))$$

$$\dot y_3(t) = \dot\varphi_2(t) \quad = \quad y_4(t)$$

$$\dot y_4(t) = \ddot\varphi_2(t) \quad = \quad -\tfrac{g}{l}\,\varphi_2(t) - \tfrac{\gamma}{m}\,\dot\varphi_2(t) + \tfrac{D}{m}\,(\varphi_1(t) - \varphi_2(t))$$
$$= \quad -\tfrac{g}{l}\,y_3(t) - \tfrac{\gamma}{m}\,y_4(t) + \tfrac{D}{m}\,(y_1(t) - y_3(t)).$$

Definieren wir die Vektorfunktion $\vec y(t) := \begin{pmatrix} y_1(t) \\ y_2(t) \\ y_3(t) \\ y_4(t) \end{pmatrix}$ und $\vec y\,'(t) := \begin{pmatrix} \dot y_1(t) \\ \dot y_2(t) \\ \dot y_3(t) \\ \dot y_4(t) \end{pmatrix}$

als die Ableitung, so läßt sich obiges LDGS in Vektornotation schreiben als

$$\vec y\,'(t) \;=\; \begin{pmatrix} \dot y_1(t) \\ \dot y_2(t) \\ \dot y_3(t) \\ \dot y_4(t) \end{pmatrix}$$

$$= \begin{pmatrix} y_2(t) \\ \left(-\tfrac{g}{l} - \tfrac{D}{m}\right) y_1(t) \quad -\tfrac{\gamma}{m}\,y_2(t) \quad +\tfrac{D}{m}\,y_3(t) \\ y_4(t) \\ \tfrac{D}{m}\,y_1(t) \quad\quad \left(-\tfrac{g}{l} - \tfrac{D}{m}\right) y_3(t) \quad -\tfrac{\gamma}{m}\,y_4(t) \end{pmatrix}$$

$$= \begin{pmatrix} 0 & 1 & 0 & 0 \\ -\tfrac{g}{l} - \tfrac{D}{m} & -\tfrac{\gamma}{m} & \tfrac{D}{m} & 0 \\ 0 & 0 & 0 & 1 \\ \tfrac{D}{m} & 0 & -\tfrac{g}{l} - \tfrac{D}{m} & -\tfrac{\gamma}{m} \end{pmatrix} \begin{pmatrix} y_1(t) \\ y_2(t) \\ y_3(t) \\ y_4(t) \end{pmatrix}.$$

Mit der Matrix $\quad A := \begin{pmatrix} 0 & 1 & 0 & 0 \\ -\tfrac{g}{l} - \tfrac{D}{m} & -\tfrac{\gamma}{m} & \tfrac{D}{m} & 0 \\ 0 & 0 & 0 & 1 \\ \tfrac{D}{m} & 0 & -\tfrac{g}{l} - \tfrac{D}{m} & -\tfrac{\gamma}{m} \end{pmatrix} \quad$ stellt sich obiges

Problem abgekürzt dar als: $\boxed{\vec y\,'(t) = A\,\vec y(t)}$

Da sich mit obigem Vorgehen jedes LDGS mit DG höherer Ordnung in ein erweitertes LDGS 1. Ordnung überführen läßt, betrachten wir im folgenden nur Systeme 1. Ordnung:

Allgemeine Formulierung

Sei I ein Intervall, $\vec{f}(t) = \begin{pmatrix} f_1(t) \\ \vdots \\ f_n(t) \end{pmatrix} : I \to \mathbb{R}^n$ eine Vektorfunktion mit stetigen Komponenten $f_i(t)$ $(i = 1, \ldots, n)$ und A eine $(n \times n)$-Matrix. Dann betrachten wir das LDGS

$$\vec{y}'(t) = A\,\vec{y}(t) + \vec{f}(t). \tag{1}$$

Für $\vec{f}(t) \neq 0$ nennt man (1) ein **inhomogenes** System und für $\vec{f}(t) = 0$ ein **homogenes** System. Gesucht ist eine differenzierbare Vektorfunktion $\vec{y} : I \to \mathbb{C}^n$, welche das LDGS (1) erfüllt.

Die gesuchte Vektorfunktion $\vec{y}(t)$ besteht aus n Funktion

$$\vec{y}(t) = (y_1(t), \ldots, y_n(t))^t \,;$$

jede dieser Funktionen ist differenzierbar und $\vec{y}'(t) = (y_1'(t), \ldots, y_n'(t))^t$. Wir diskutieren wie bei linearen DG 1. Ordnung zunächst das homogene Problem:

2.2 Homogene lineare Differentialgleichungssysteme

Wir betrachten das homogene LDGS

$$\vec{y}'(t) = A\,\vec{y}(t) \tag{2}$$

mit einer $(n \times n)$-Matrix A. Obwohl die Lösungen zunächst nicht bekannt sind, ist man in der Lage, Aussagen darüber zu treffen, welche Eigenschaften die Lösungen des LDGS besitzen:

Satz 1: (Homogene LDGS)
Die Menge aller Lösungen $\mathbb{L}_h$ eines homogenen LDGS

$$\vec{y}'(t) = A\,\vec{y}(t)$$

mit einer $(n \times n)$-Matrix A ist ein n-**dimensionaler Vektorraum**.

Diese zentrale Aussage über homogene LDGS werden wir anhand des Einführungsbeispiels verdeutlichen. Daß die Lösungsmenge einen Vektorraum bildet, spiegelt die Gültigkeit der Superpositionsgesetzes wider. Es besagt im Falle von schwingfähigen Systemen, daß mit zwei Schwingungsformen $\vec{y}_1(t)$ und $\vec{y}_2(t)$ auch deren Überlagerung (Superposition) $\vec{y}_1(t) + \vec{y}_2(t)$ eine mögliche Schwingungsform darstellt. Außerdem ist mit jeder Schwingung $\vec{y}(t)$ auch ein Vielfaches $\alpha\,\vec{y}(t)$ eine Schwingungsform. Zusätzlich gilt die triviale Aussage, daß die Ruhelage $\vec{0}$ auch einen Zustand des Systems darstellt. Formal ist dies allgemein für homogene LDGS nachprüfbar:

(1) Der Nullvektor $\vec{y}(t) = \vec{0}$ ist immer eine Lösung:
     Da $\vec{y}(t) = \vec{0}$ folgt $\vec{y}'(t) = \vec{0}' = \vec{0}$. Außerdem ist $A\,\vec{0} = \vec{0} \Rightarrow \vec{0}' = A\,\vec{0}$. $\Rightarrow$
     Der Nullvektor $\vec{0}$ ist immer eine Lösung des homogenen LDGS.
(2) Sind $\vec{y}_1(t)$ und $\vec{y}_2(t)$ Lösungen (d.h. $\vec{y}_1'(t) = A\,\vec{y}_1(t)$ und $\vec{y}_2'(t) = A\,\vec{y}_2(t)$),
     dann ist auch die Überlagerung $\vec{y}_1(t) + \vec{y}_2(t)$ eine Lösung:
     $(\vec{y}_1(t) + \vec{y}_2(t))' = \vec{y}_1'(t) + \vec{y}_2'(t) = A\,\vec{y}_1(t) + A\,\vec{y}_2(t) = A\,(\vec{y}_1(t) + \vec{y}_2(t))$.
(3) Ist $\vec{y}(t)$ eine Lösung (d.h. $\vec{y}'(t) = A\,\vec{y}(t)$), dann ist $\alpha\,\vec{y}(t)$ ebenfalls eine
     Lösung: $(\alpha\,\vec{y}(t))' = \alpha\,\vec{y}'(t) = \alpha\,A\,\vec{y}(t) = A\,(\alpha\,\vec{y}(t))$. $\square$

Damit ist allgemein gezeigt, daß **für alle physikalischen Systeme, die sich durch homogene LDGS beschreiben lassen, immer das Superpositionsgesetz gültig ist**! Nach dem Unterraumkriterium aus der Linearen Algebra (Bd. 1, Kap. II.6.2) ist (1) - (3) gleichbedeutend, daß $\mathbb{L}_h$ einen Vektorraum bildet. Da jeder endlich dimensionale Vektorraum eine Basis besitzt, läßt sich jede Lösung des homogenen LDGS darstellen als Linearkombination von Basisfunktionen:

$$\vec{y}(t) = c_1\,\vec{\varphi}_1(t) + c_2\,\vec{\varphi}_2(t) + \ldots + c_k\,\vec{\varphi}_k(t).$$

Die Frage ist, wieviele Basisfunktionen es gibt bzw. wieviele freie Parameter c_i die Lösungsdarstellung enthalten muß.

Kehren wir zum Pendelproblem zurück: Es gibt 4 unabhängige Möglichkeiten, das System anzuregen: Auslenkung φ_1, Auslenkung φ_2, Anfangsgeschwindigkeit $\dot{\varphi}_1$, Anfangsgeschwindigkeit $\dot{\varphi}_2$. Somit muß die Lösungsdarstellung für das Pendelproblem mindestens 4 freie Parameter enthalten, die unabhängig gewählt werden können. Folglich ist die Dimension von $\mathbb{L}_h \geq 4$. Da für das Pendelproblem Vektorfunktionen $\vec{y}(t) = (y_1(t), \ldots, y_4(t))$ gesucht sind, ist die Dimension von $\mathbb{L}_h \leq 4$. $\Rightarrow \dim(\mathbb{L}_h) = 4$. Der folgende Satz klärt, welche Lösungen des LDGS linear unabhängig sind:

Satz 2: (Linear unabhängige Funktionen)
Sei $\mathbb{L}_h$ die Lösungsmenge des homogenen LDGS $\vec{y}'(t) = A\,\vec{y}(t)$ mit einer $(n \times n)$-Matrix A. Für n verschiedene Lösungen $\vec{\varphi}_1(t)$, $\vec{\varphi}_2(t)$, $\ldots, \vec{\varphi}_n(t)$ sind die nachfolgenden Aussagen gleichbedeutend:

(1) $\vec{\varphi}_1, \ldots, \vec{\varphi}_n$ sind **linear unabhängige Funktionen**.
(2) Für jedes t sind die Vektoren $\vec{\varphi}_1(t)$, $\vec{\varphi}_2(t)$, $\ldots, \vec{\varphi}_n(t)$ linear unabhängig.
(3) Für ein $t_0 \in I$ sind die Vektoren $\vec{\varphi}_1(t_0)$, $\vec{\varphi}_2(t_0)$, $\ldots, \vec{\varphi}_n(t_0)$ linear unabhängig.

Konsequenzen der Sätze:

(1) Sind $\vec{\varphi}_1$, $\vec{\varphi}_2$, ..., $\vec{\varphi}_k$ Lösungsfunktionen des homogenen LDGS, dann ist jede beliebige Linearkombination

$$\vec{y}(t) = c_1\,\vec{\varphi}_1(t) + c_2\,\vec{\varphi}_2(t) + \ldots + c_k\,\vec{\varphi}_k(t) \quad (c_k \in \mathbb{C}, k \in \mathbb{N})$$

ebenfalls eine Lösung.

(2) Da $\mathbb{L}_h$ einen n-dimensionalen Vektorraum bildet, gibt es eine Basis aus n Funktionen, so daß sich die allgemeine Lösung des homogenen LDGS darstellen läßt als Linearkombination dieser Basisfunktionen:

$$\vec{y}(t) = c_1\,\vec{\varphi}_1(t) + c_2\,\vec{\varphi}_2(t) + \ldots + c_n\,\vec{\varphi}_n(t)\,.$$

(3) Zwar ist noch nicht geklärt, wie man die Basisfunktionen berechnet, aber aufgrund von Satz 2 kann man bei gegebenen Lösungen entscheiden, ob eine Basis von $\mathbb{L}_h$ vorliegt oder nicht.

Da die Basisfunktionen des Vektorraumes $\mathbb{L}_h$ für die Beschreibung aller Lösungen des homogenen LDGS eine entscheidende Rolle spielen, erhalten sie eine eigene Bezeichnung:

Definition: *Unter einem* **Lösungs-Fundamentalsystem** *des homogenen LDGS*

$$\vec{y}\,'(t) = A\,\vec{y}(t) \tag{2}$$

versteht man eine Basis von Vektorfunktionen $(\vec{\varphi}_1(t),\ \ldots,\ \vec{\varphi}_n(t))$ *des Vektorraums* $\mathbb{L}_h$ *aller Lösungen.*

Im n-dimensionalen Vektorraum $\mathbb{R}^n$ sind n Vektoren genau dann linear unabhängig, wenn die Determinante dieser Vektoren nicht verschwindet:

Satz 3: n Lösungen $(\vec{\varphi}_1, \vec{\varphi}_2, \ldots, \vec{\varphi}_n)$ von (2) bilden ein **Fundamentalsystem**

$$\Leftrightarrow \quad \det(\vec{\varphi}_1(t_0),\ \vec{\varphi}_2(t_0),\ \ldots,\ \vec{\varphi}_n(t_0)) \neq 0 \quad \text{für ein } t_0.$$

---

20. Beispiel: Bewegung eines geladenen Teilchens im Magnetfeld. Die Newtonsche Bewegungsgleichung eines geladenen Teilchens $q = -e$ in einem homogenen Magnetfeld $\vec{B} = \begin{pmatrix} 0 \\ 0 \\ B_z \end{pmatrix}$ lautet

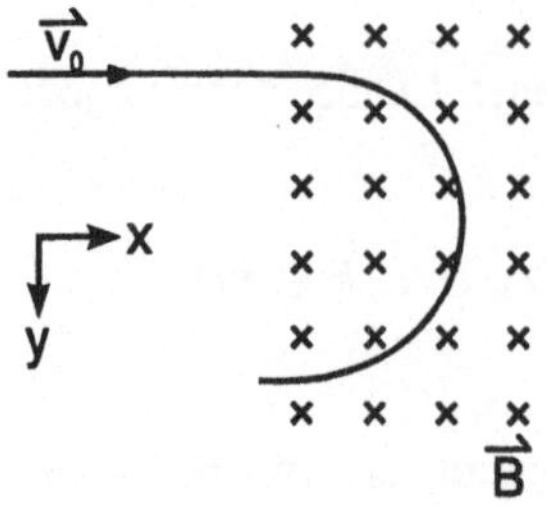

$$m\,\frac{d}{dt}\,\vec{v}\,(t) \;=\; q\left(\vec{v}\times\vec{B}\right)=q\begin{vmatrix} \vec{e_x} & v_x & 0 \\ \vec{e_y} & v_y & 0 \\ \vec{e_z} & v_z & B_z \end{vmatrix}$$

$$= \; -e\begin{pmatrix} v_y\,B_z \\ -v_x\,B_z \\ 0 \end{pmatrix}.$$

Abb. 45: Elektron im Magnetfeld

In Komponentenschreibweise gilt mit $\omega = \frac{e}{m}\,B_z$ für

die 1. Komponente: $\quad \dot{v}_x\,(t) \;=\; -\frac{e}{m}\,B_z\,v_y\,(t) \;=\; -\omega\,v_y\,(t).$

die 2. Komponente: $\quad \dot{v}_y\,(t) \;=\; \frac{e}{m}\,B_z\,v_x\,(t) \;=\; \omega\,v_x\,(t).$

die 3. Komponente: $\quad \dot{v}_z\,(t) \;=\; 0.$

Aus der dritten Komponente folgt $v_z\,(t) = const. \Rightarrow v_z\,(t) = 0$, wenn keine Anfangsgeschwindigkeit in z-Richtung vorliegt. Somit erhalten wir ein LDGS für die ersten beiden Komponenten der Form

$$\begin{pmatrix} v_x\,(t) \\ v_y\,(t) \end{pmatrix}' = \begin{pmatrix} 0 & -\omega \\ \omega & 0 \end{pmatrix}\begin{pmatrix} v_x\,(t) \\ v_y\,(t) \end{pmatrix} \;\Rightarrow\; \vec{v}\,'(t) = A\,\vec{v}\,(t) \qquad (*)$$

mit der (2×2)-Matrix $A = \begin{pmatrix} 0 & -\omega \\ \omega & 0 \end{pmatrix}$. Wie man durch Nachrechnen bestätigt,

sind $\vec{v}_1\,(t) = \begin{pmatrix} \cos(\omega t) \\ \sin(\omega t) \end{pmatrix}$ und $\vec{v}_2\,(t) = \begin{pmatrix} -\sin(\omega t) \\ \cos(\omega t) \end{pmatrix}$ Lösungen von $(*)$:

$$\vec{v}_1'\,(t) \;=\; \begin{pmatrix} \cos(\omega t) \\ \sin(\omega t) \end{pmatrix}' = \begin{pmatrix} -\omega\,\sin(\omega t) \\ \omega\,\cos(\omega t) \end{pmatrix}$$

$$A\,\vec{v}_1\,(t) \;=\; \begin{pmatrix} 0 & -\omega \\ \omega & 0 \end{pmatrix}\begin{pmatrix} \cos(\omega t) \\ \sin(\omega t) \end{pmatrix} = \begin{pmatrix} -\omega\,\sin(\omega t) \\ \omega\,\cos(\omega t) \end{pmatrix}$$

$\Rightarrow \vec{v}_1'\,(t) = A\,\vec{v}_1\,(t)$. Analog prüft man dies für $\vec{v}_2\,(t)$ nach.

$\vec{v}_1\,(t)$ und $\vec{v}_2\,(t)$ sind linear unabhängig: Nach Satz 3 genügt es zu prüfen, daß $\det\left(\vec{v}_1\,(0),\,\vec{v}_2\,(0)\right)\neq 0$:

$$\det\left(\vec{v}_1\,(0),\,\vec{v}_2\,(0)\right) = \begin{vmatrix} 1 & 0 \\ 0 & 1 \end{vmatrix} = 1 \neq 0.$$

$\Rightarrow (\vec{v}_1,\,\vec{v}_2)$ bilden ein Fundamentalsystem und jede Lösung des Problems läßt sich schreiben als Linearkombination von $\vec{v}_1$ und $\vec{v}_2$

$$\vec{v}\,(t) = \begin{pmatrix} v_x\,(t) \\ v_y\,(t) \end{pmatrix} = c_1\,\vec{v}_1\,(t) + c_2\,\vec{v}_2\,(t) = c_1\begin{pmatrix} \cos(\omega t) \\ \sin(\omega t) \end{pmatrix} + c_2\begin{pmatrix} -\sin(\omega t) \\ \cos(\omega t) \end{pmatrix}$$

bzw. in Komponenten

$$v_x\left(t\right) = c_1 \cos\left(\omega t\right) - c_2 \sin\left(\omega t\right)$$
$$v_y\left(t\right) = c_1 \sin\left(\omega t\right) + c_2 \cos\left(\omega t\right).$$

Die Konstanten c_1 und c_2 werden durch die Anfangsbedingungen des Problems festgelegt. In unserem Beispiel ist $v_x\left(0\right) = v_0$ und $v_y\left(0\right) = 0$,

$$\begin{aligned} \Rightarrow v_x\left(0\right) &= c_1 = v_0 \\ v_y\left(0\right) &= c_2 = 0, \end{aligned}$$

$$\boxed{\begin{aligned} \Rightarrow v_x\left(t\right) &= v_0 \cos\left(\omega t\right) \\ v_y\left(t\right) &= v_0 \sin\left(\omega t\right). \end{aligned}}$$

Dies entspricht einer Drehung des Geschwindigkeitsvektors. Der Betrag der Geschwindigkeit ist zeitlich konstant:

$$|v\left(t\right)| = \sqrt{v_x^2\left(t\right) + v_y^2\left(t\right)} = \sqrt{v_0^2 \cos^2\left(\omega t\right) + v_0^2 \sin^2\left(\omega t\right)} = v_0.$$

Das geladene Teilchen gewinnt im Magnetfeld also keine kinetische Energie, da $E_{kin} = \frac{1}{2} m v^2 = \frac{1}{2} m v_0^2 = const.$ $\qquad \square$

Lösung des homogenen LDGS mit konstanten Koeffizienten

Die Lösung von homogenen LDGS reduziert sich vollständig auf die Analyse der Matrix A. Grundlage hierfür bildet der folgende Satz:

Satz 4: (Lösungen von homogenen LDGS)

Sei A eine $(n \times n)$-Matrix und $\vec{x} = \begin{pmatrix} x_1 \\ \vdots \\ x_n \end{pmatrix} \in \mathbb{R}^n$ ein Vektor, zu dem es ein

$\lambda \in \mathbb{C}$ gibt, so daß $\boxed{A\,\vec{x} = \lambda\,\vec{x}}$. Dann ist die Funktion

$$\boxed{\vec{\varphi}\left(t\right) = \vec{x}\,e^{\lambda t}}$$

eine Lösung des homogenen LDGS $\vec{y}'\left(t\right) = A\,\vec{y}\left(t\right)$.

Begründung: Sei $\vec{x} \in \mathbb{R}^n$ ein Vektor, zu dem es ein $\lambda \in \mathbb{C}$ gibt mit $A\,\vec{x} = \lambda\,\vec{x}$. Dann gilt für die Ableitung der Vektorfunktion $\vec{\varphi}\left(t\right) = \vec{x}\,e^{\lambda t}$:

$$\vec{\varphi}'\left(t\right) = \left(\vec{x}\,e^{\lambda t}\right)' = \vec{x}\,\lambda\,e^{\lambda t} = \left(\lambda\,\vec{x}\right) e^{\lambda t} = \left(A\,\vec{x}\right) e^{\lambda t} = A\left(\vec{x}\,e^{\lambda t}\right) = A\,\vec{\varphi}\left(t\right). \quad \square$$

Die Frage ist also, wie verschafft man sich Vektoren $\vec{x}$ mit der Eigenschaft $\boxed{A\,\vec{x} = \lambda\,\vec{x}}$? Dies ist Inhalt des folgenden Abschnitts.

2.3 Eigenwerte und Eigenvektoren

> **Definition:** *Sei A eine $(n \times n)$-Matrix und $\vec{x}$ ein Vektor $\vec{x} \neq 0$. Dann heißt $\vec{x}$* **Eigenvektor** *von A, wenn es eine komplexe Zahl λ gibt mit*
>
> $$\boxed{A\,\vec{x} = \lambda\,\vec{x}.}$$
>
> λ *heißt dann* **Eigenwert** *von A.*

21. Beispiel: Gegeben ist die (3×3)-Matrix $A = \begin{pmatrix} 4 & 7 & -5 \\ 0 & 3 & -1 \\ 2 & 8 & -4 \end{pmatrix}$ und die Vektoren $\vec{x}_1 = \begin{pmatrix} 2 \\ 1 \\ 3 \end{pmatrix}$, $\vec{x}_2 = \begin{pmatrix} 1 \\ 1 \\ 2 \end{pmatrix}$, $\vec{x}_3 = \begin{pmatrix} -1 \\ 1 \\ 1 \end{pmatrix}$. Dann gilt:

$$A\,\vec{x}_1 = \begin{pmatrix} 4 & 7 & -5 \\ 0 & 3 & -1 \\ 2 & 8 & -4 \end{pmatrix} \begin{pmatrix} 2 \\ 1 \\ 3 \end{pmatrix} = \begin{pmatrix} 8+7-15 \\ 0+3-3 \\ 4+8-12 \end{pmatrix} = \begin{pmatrix} 0 \\ 0 \\ 0 \end{pmatrix} = 0 \cdot \begin{pmatrix} 2 \\ 1 \\ 3 \end{pmatrix}$$

$\hookrightarrow \vec{x}_1$ ist Eigenvektor zum Eigenwert $\lambda_1 = 0$.

$$A\,\vec{x}_2 = \begin{pmatrix} 4 & 7 & -5 \\ 0 & 3 & -1 \\ 2 & 8 & -4 \end{pmatrix} \begin{pmatrix} 1 \\ 1 \\ 2 \end{pmatrix} = \begin{pmatrix} 4+7-10 \\ 0+3-2 \\ 2+8-8 \end{pmatrix} = \begin{pmatrix} 1 \\ 1 \\ 2 \end{pmatrix} = 1 \cdot \begin{pmatrix} 1 \\ 1 \\ 2 \end{pmatrix}$$

$\hookrightarrow \vec{x}_2$ ist Eigenvektor zum Eigenwert $\lambda_2 = 1$.

$$A\,\vec{x}_3 = \begin{pmatrix} 4 & 7 & -5 \\ 0 & 3 & -1 \\ 2 & 8 & -4 \end{pmatrix} \begin{pmatrix} -1 \\ 1 \\ 1 \end{pmatrix} = \begin{pmatrix} -4+7-5 \\ 0+3-1 \\ -2+8-4 \end{pmatrix} = \begin{pmatrix} -2 \\ 2 \\ 2 \end{pmatrix} = 2 \cdot \begin{pmatrix} -1 \\ 1 \\ 1 \end{pmatrix}$$

$\hookrightarrow \vec{x}_3$ ist Eigenvektor zum Eigenwert $\lambda_3 = 2$.

Um die Eigenvektoren einer Matrix A zu berechnen, bestimmt man zunächst sämtliche Eigenwerte von A und dann zu jedem Eigenwert die zugehörigen Eigenvektoren:

Berechnung der Eigenwerte einer Matrix. Sei A eine $(n \times n)$-Matrix und $\lambda \in \mathbb{C}$ sei ein Eigenwert von A. Dann gibt es einen Vektor $\vec{x} \neq 0$, so daß

$$\boxed{A\,\vec{x} = \lambda\,\vec{x}.} \tag{3}$$

Schreiben wir mit der Einheitsmatrix $I_n = \begin{pmatrix} 1 & & 0 \\ & \ddots & \\ 0 & & 1 \end{pmatrix}$ den Vektor

$$\vec{x} = \begin{pmatrix} x_1 \\ \vdots \\ x_n \end{pmatrix} = \begin{pmatrix} 1 & & 0 \\ & \ddots & \\ 0 & & 1 \end{pmatrix} \begin{pmatrix} x_1 \\ \vdots \\ x_n \end{pmatrix} = I_n \, \vec{x},$$

so gilt äquivalent zu Gl. (3)

$$A\,\vec{x} = \lambda\,I_n\,\vec{x} \quad \Leftrightarrow \quad A\,\vec{x} - \lambda\,I_n\,\vec{x} = 0 \quad \Leftrightarrow \quad (A - \lambda\,I_n)\,\vec{x} = 0.$$

Dies ist ein lineares Gleichungssystem mit der Matrix $B = (A - \lambda\,I_n)$. Ein lineares Gleichungssystem ist nach dem Fundamentalsatz über LGS (Bd. 1, Kap. II.3.1) genau dann eindeutig lösbar, wenn $\det(B) \neq 0$. Im Falle der eindeutigen Lösbarkeit ist $\vec{x} = 0$ die einzige Lösung. Damit das LGS also nicht nur durch den Nullvektor lösbar ist, muß gelten $\det(B) = 0$, d.h.

$$\boxed{\det\,(A - \lambda\,I_n) = 0.}$$

Es gilt allgemein

Satz 5: (Eigenwerte einer Matrix)

$$\lambda \text{ ist Eigenwert der Matrix } A \quad \Leftrightarrow \quad \det\,(A - \lambda\,I_n) = 0.$$

---

22. Beispiel: Gegeben ist die (3×3)-Matrix $A = \begin{pmatrix} 5 & 7 & -5 \\ 0 & 4 & -1 \\ 2 & 8 & -3 \end{pmatrix}$. Gesucht sind alle Eigenwerte dieser Matrix. Zur Bestimmung der Eigenwerte gehen wir zur Matrix $A - \lambda\,I_3$ über

$$A - \lambda\,I_3 = \begin{pmatrix} 5 & 7 & -5 \\ 0 & 4 & -1 \\ 2 & 8 & -3 \end{pmatrix} - \lambda \begin{pmatrix} 1 & 0 & 0 \\ 0 & 1 & 0 \\ 0 & 0 & 1 \end{pmatrix} = \begin{pmatrix} 5-\lambda & 7 & -5 \\ 0 & 4-\lambda & -1 \\ 2 & 8 & -3-\lambda \end{pmatrix}$$

und berechnen die Determinante

$$\begin{aligned}
\det\,(A - \lambda\,I_3) &= \begin{vmatrix} 5-\lambda & 7 & -5 \\ 0 & 4-\lambda & -1 \\ 2 & 8 & -3-\lambda \end{vmatrix} \\[2mm]
&= (5-\lambda) \begin{vmatrix} 4-\lambda & -1 \\ 8 & -3-\lambda \end{vmatrix} + 2 \begin{vmatrix} 7 & -5 \\ 4-\lambda & -1 \end{vmatrix} \\[2mm]
&= -\lambda^3 + 6\,\lambda^2 - 11\,\lambda + 6 = -(\lambda - 1)\,(\lambda - 2)\,(\lambda - 3).
\end{aligned}$$

Aus $\det\,(A - \lambda\,I_3) \overset{!}{=} 0$ erhalten wir die Eigenwerte

$$\lambda_1 = 1, \ \lambda_2 = 2 \ \text{ und } \ \lambda_3 = 3. \qquad \qquad \square$$

Zur (3×3)-Matrix A ist det $(A - \lambda I_3)$ ein Polynom in λ vom Grade 3. Allgemein gilt

---

Satz 6: (Charakteristisches Polynom)
Ist A eine $(n \times n)$-Matrix, dann ist

$$\boxed{P(\lambda) := \det (A - \lambda I_n)}$$

ein Polynom n-ten Grades in λ. $P(\lambda)$ heißt das **charakteristisches Polynom. Die Nullstellen des charakteristischen Polynoms sind die Eigenwerte der Matrix** A.

Da nach dem Fundamentalsatz der Algebra (Bd. 1, Kap. V.2.7) jedes komplexe Polynom vom Grad n genau n Nullstellen besitzt, zerfällt das charakteristische Polynom im Komplexen immer in Linearfaktoren. Die Eigenwerte mit entsprechender Vielfachheit sind dadurch festgelegt. In der Praxis ist man allerdings bei Systemen mit mehr als 3 Gleichungen auf numerische Verfahren (Bd. 1, Kap. VIII) angewiesen, um die Eigenwerte als Nullstellen des charakteristischen Polynoms zu bestimmen. Für praxisrelevante Systeme ist selbst der Fall $n = 3$ schwierig, da man i.a. keine Nullstelle des charakteristischen Polynoms erraten kann.

Berechnung der Eigenvektoren. Nachdem die Eigenwerte einer Matrix bestimmt sind, berechnet man zu jedem Eigenwert die zugehörigen Eigenvektoren, indem das lineare Gleichungssystem $(A - \lambda I_n)\, \vec{x} = 0$ gelöst wird:

Ist λ ein Eigenwert der Matrix A, so sind alle Eigenvektoren zum Eigenwert λ gegeben als Lösung des linearen Gleichungssystems

$$(A - \lambda I_n)\, \vec{x} = 0.$$

---

23. Beispiel: Berechnung der Eigenvektoren zu gegebenen Eigenwerten. Gegeben sei die Matrix $A = \begin{pmatrix} 5 & 7 & -5 \\ 0 & 4 & -1 \\ 2 & 8 & -3 \end{pmatrix}$ aus Beispiel 22 mit den Eigenwerten $\lambda_1 = 1$, $\lambda_2 = 2$, $\lambda_3 = 3$.

i) Berechnung der Eigenvektoren zum Eigenwert $\lambda_1 = 1$: Gesucht sind Vektoren $\vec{x} \neq 0$, so daß $(A - \lambda_1 I_3)\, \vec{x} = \vec{0}$. Zu lösen ist also das lineare Gleichungssystem

$$\begin{pmatrix} 5-1 & 7 & -5 \\ 0 & 4-1 & -1 \\ 2 & 8 & -3-1 \end{pmatrix} \begin{pmatrix} x_1 \\ x_2 \\ x_3 \end{pmatrix} = \begin{pmatrix} 0 \\ 0 \\ 0 \end{pmatrix} :$$

$$\hookrightarrow \left(\begin{array}{ccc|c} 4 & 7 & -5 & 0 \\ 0 & 3 & -1 & 0 \\ 2 & 8 & -4 & 0 \end{array}\right) \hookrightarrow \left(\begin{array}{ccc|c} 4 & 7 & -5 & 0 \\ 0 & 3 & -1 & 0 \\ 0 & -9 & 3 & 0 \end{array}\right) \hookrightarrow \left(\begin{array}{ccc|c} 4 & 7 & -5 & 0 \\ 0 & 3 & -1 & 0 \\ 0 & 0 & 0 & 0 \end{array}\right).$$

Damit ist $x_3 = t$; $3x_2 - t = 0 \hookrightarrow x_2 = \frac{1}{3}t$; $4x_1 + \frac{7}{3}t - 5t = 0 \hookrightarrow x_1 = \frac{2}{3}t$.

$$\Rightarrow \mathbf{L}_1 = \left\{ \vec{x} \in \mathbb{R}^3 \colon \vec{x} = t \begin{pmatrix} \frac{2}{3} \\ \frac{1}{3} \\ 1 \end{pmatrix},\ t \in \mathbb{R} \right\}$$

ist die Lösungsmenge. Setzt man z.B. $t = 3$, so erhält man $\vec{x}_1 = \begin{pmatrix} 2 \\ 1 \\ 3 \end{pmatrix}$ als einen Eigenvektor zum Eigenwert $\lambda_1 = 1$.

ii) Berechnung der Eigenvektoren zum Eigenwert $\lambda_2 = 2$: Zu lösen ist das lineare Gleichungssystem $(A - \lambda_2 I_3)\ \vec{x} = 0$:

$$\begin{pmatrix} 5-2 & 7 & -5 & \Big| & 0 \\ 0 & 4-2 & -1 & \Big| & 0 \\ 2 & 8 & -3-2 & \Big| & 0 \end{pmatrix} \hookrightarrow \begin{pmatrix} 3 & 7 & -5 & \Big| & 0 \\ 0 & 2 & -1 & \Big| & 0 \\ 0 & 0 & 0 & \Big| & 0 \end{pmatrix}.$$

Damit ist $x_3 = t$; $2x_2 - t = 0 \hookrightarrow x_2 = \frac{1}{2}t$; $3x_1 + \frac{7}{2}t - 5t = 0 \hookrightarrow x_1 = \frac{1}{2}t$.

$$\Rightarrow \mathbf{L}_2 = \left\{ \vec{x} \in \mathbb{R}^3 \colon \vec{x} = t \begin{pmatrix} \frac{1}{2} \\ \frac{1}{2} \\ 1 \end{pmatrix},\ t \in \mathbb{R} \right\}$$

ist die Lösungsmenge des linearen Gleichungssystems und z.B. $\vec{x}_2 = \begin{pmatrix} 1 \\ 1 \\ 2 \end{pmatrix}$ ist (für $t = 2$) ein Eigenvektor zum Eigenwert $\lambda_2 = 2$.

iii) Berechnung der Eigenvektoren zum Eigenwert $\lambda_3 = 3$: Durch Lösen des linearen Gleichungssystems $(A - \lambda_3 I_3)\ \vec{x} = 0$ erhält man z.B. $\vec{x}_3 = \begin{pmatrix} -1 \\ 1 \\ 1 \end{pmatrix}$ als einen Eigenvektor zum Eigenwert $\lambda_3 = 3$. $\square$

Da zu gegebenem Eigenwert die zugehörigen Eigenvektoren $\vec{x}$ immer Lösungen eines homogenen, linearen Gleichungssystems sind, gilt für zwei Eigenvektoren $\vec{x}_1$ und $\vec{x}_2$ zum selben Eigenwert λ:

$$\begin{aligned} A\,(t_1\,\vec{x}_1 + t_2\,\vec{x}_2) &= t_1\,A\,\vec{x}_1 + t_2\,A\,\vec{x}_2 = t_1\,\lambda\,\vec{x}_1 + t_2\,\lambda\,\vec{x}_2 \\ &= \lambda\,(t_1\,\vec{x}_1 + t_2\,\vec{x}_2). \end{aligned}$$

Folglich ist $t_1\,\vec{x}_1 + t_2\,\vec{x}_2$ für beliebige $t_1, t_2 \in \mathbb{C}$ ebenfalls ein Eigenvektor zum Eigenwert λ. Damit gilt nach dem UVR-Kriterium (siehe Bd. 1, Kap. II.6.2) der folgende Satz:

Satz 7: Ist A eine $(n \times n)$-Matrix und λ ein Eigenwert von A. Dann bildet die Menge der Eigenvektoren zum Eigenwert λ einen Vektorraum.

Bezeichnung:

$$\begin{aligned} \mathrm{Eig}\,(A, \lambda) \ &= \ \text{Menge aller Eigenvektoren zum Eigenwert } \lambda \\ &= \ \text{Eigenraum von } A \text{ zum Eigenwert } \lambda. \end{aligned}$$

2.4 Eigenwerte und Eigenvektoren mit MAPLE

Die Bestimmung der Eigenwerte und Eigenvektoren gehört in den Anwendungen zu den aufwendigsten und umfangreichsten Aufgaben der Linearen Algebra. In MAPLE erhält man weitreichende Unterstützung zur Lösung dieser Probleme, indem die Berechnung des charakteristischen Polynoms, der Eigenwerte und Eigenvektoren möglich ist. Da allerdings i.a. die Nullstellen des charakteristischen Polynoms für Systeme $n > 3$ nicht exakt berechnet werden können, sind Systeme mit Parametern nur in den seltensten Fällen mit MAPLE geschlossen lösbar.

Zur Bestimmung des Eigenwertproblems stehen die Befehle **charpoly**, **eigenvals** und **eigenvects** zur Verfügung. Sie befinden sich im **linalg**-Paket, das hierfür geladen werden muß.

24. Beispiel: Gesucht sind die Eigenwerte und Eigenvektoren der Matrix

$$A := \begin{pmatrix} 3 & 1 & 1 \\ 1 & 3 & -1 \\ 0 & 0 & 4 \end{pmatrix}$$

```
> with(linalg):
> A:=matrix([[3, 1, 1] [1, 3, -1] [0, 0, 4]]):
```

Das charakteristische Polynom ist bei MAPLE im Gegensatz zur mathematischen Standarddefinition als $\det(\lambda I - A)$ festgelegt. Damit ist es bis auf das Vorzeichen mit unserer Notation gleich. Die Eigenwerte ändern sich aber durch diese spezielle Festlegung nicht! Das charakteristische Polynom wird bestimmt durch den Befehl **charpoly**

```
> P(lambda) := charpoly(A, lambda);
```

$$P(\lambda) := \lambda^3 - 10\,\lambda^2 + 32\,\lambda - 32$$

Die Eigenwerte sind die Nullstellen des charakteristischen Polynoms. Mit dem **solve**-Befehl lösen wir $P(\lambda) = 0$:

```
> solve(P(lambda)=0, lambda);
```

$$2, 4, 4$$

und finden 2 als einfache und 4 als doppelte Nullstelle.

Man beachte: Sind die Nullstellen des charakteristischen Polynoms keine ganzen oder gebrochenrationalen Zahlen, verwendet man zur Lösung von $P(\lambda) = 0$ besser den **fsolve**-Befehl mit der Option '**complex**'. Dann werden **alle** n Nullstellen des charakteristischen Polynoms näherungsweise bestimmt:

```
> fsolve(P(lambda)=0, lambda, complex);
```

Die zugehörigen Eigenvektoren bestimmt man durch Lösen des homogenen linearen Gleichungssystems $(A - \lambda I)\,\vec{x} = 0$ mit dem **linsolve**-Befehl

```
> linsolve(A-2, [0, 0, 0]);
```

$$\left[\begin{array}{ccc} -\_t_1, & \_t_1, & 0 \end{array} \right]$$

Ein zum Eigenwert $\lambda = 2$ gehörender Eigenvektor ist dann z.B.

```
> x1:=subs(_t[1]=1, %);
```

$$x1 := \left[\begin{array}{ccc} -1, & 1, & 0 \end{array} \right]$$

Zum Eigenwert $\lambda = 4$ gehörende Eigenvektoren sind die Lösungen der Gleichung $(A - 4I)\,\vec{x} = 0$:

```
> linsolve(A-4, [0, 0, 0]);
```

$$\left[\begin{array}{ccc} \_t_1 + \_t_2, & \_t_1, & \_t_2 \end{array} \right]$$

```
> x2:=subs({_t[1]=1, _t[2]=0}, %);
> x3:=subs({_t[1]=0, _t[2]=1}, %%);
```

$$x2 := \left[\begin{array}{ccc} 1, & 1, & 0 \end{array} \right]$$
$$x3 := \left[\begin{array}{ccc} 1, & 0, & 1 \end{array} \right]$$

Alternativ können die **eigenvals**- und **eigenvects**-Befehle verwendet werden. Die Berechnung der Eigenwerte erfolgt dann direkt mit **eigenvals**

```
> eigenvals(A);
```

$$2, 4, 4$$

und die der Eigenvektoren mit **eigenvects**

```
> e:=eigenvects(A);
```

$$e := \left[2, 1, \left\{ \left[\begin{array}{ccc} 1, & -1, & 0 \end{array} \right] \right\} \right], \quad \left[4, 2, \left\{ \left[\begin{array}{ccc} 1, & 1, & 0 \end{array} \right], \left[\begin{array}{ccc} 1, & 0, & 1 \end{array} \right] \right\} \right]$$

Das Ergebnis von **eigenvects**(A) besteht aus einer Sequenz von Listen. Jede Liste hat den Aufbau: Eigenwert, Vielfachheit, Basis des Eigenraumes.

Der Eigenwert 2 hat die Vielfachheit 1 und der zugehörige Eigenvektor ist

```
> x1:=e[1] [3] [1];
```

$$x1 := \left[\begin{array}{ccc} 1, & -1, & 0 \end{array} \right]$$

e[1] [3] [1] wird von innen nach außen gelesen: Wähle die 1. Komponente der Sequenz e, also [2, 1, {[1 -1 0]}]. Davon nehme die 3. Stelle, e[1] [3] = {[1, -1, 0]} und selektiere das erste Element [1, -1, 0]. Analog erhält man zwei linear unabhängige Eigenvektoren zum Eigenwert 4 durch

```
> x2:=e[2] [3] [1];
> x3:=e[2] [3] [2];
```

$$x2 := \left[\begin{array}{ccc} 1, & 1, & 0 \end{array} \right]$$
$$x3 := \left[\begin{array}{ccc} 1, & 0, & 1 \end{array} \right]$$

2.5 Lösen von homogenen LDGS mit konstanten Koeffizienten

Kommen wir nun zu unserem ursprünglich gestellten Problem, dem Lösen von homogenen LDGS, zurück. Zusammenfassend können wir formulieren:

Folgerung/Zusammenfassung: Besitzt die $(n \times n)$-Matrix A eine Basis von Eigenvektoren $\vec{x}_1$, $\vec{x}_2$, ..., $\vec{x}_n$ zu den Eigenwerten λ_1, ..., $\lambda_n \in \mathbb{C}$, so bilden die Vektorfunktionen

$$\boxed{\vec{\varphi}_k\,(t) = \vec{x}_k\,e^{\lambda_k\,t}} \qquad (k = 1, \ldots, n)$$

ein Lösungs-Fundamentalsystem des homogenen LDGS

$$\vec{y}^{\,\prime}\,(t) = A\,\vec{y}(t)\,.$$

Die in §2.4 beschriebene Vorgehensweise zur Bestimmung der Eigenwerte und zugehörigen Eigenvektoren ist ausreichend, um ein Fundamentalsystem des LDGS $\vec{y}^{\,\prime}\,(t) = A\,\vec{y}(t)$ zu berechnen, wenn man eine Basis aus Eigenvektoren findet. Dies ist aber nur unter gewissen Voraussetzungen der Fall, welche der folgende Satz zusammenfaßt. Auf die weiterführende Theorie werden wir nicht näher eingehen.

Satz 8: Sei A eine $(n \times n)$-Matrix. Dann gilt
(1) Besitzt das charakteristische Polynom $P\,(\lambda) = \det\,(A - \lambda\,I_n)$ n verschiedene Nullstellen. $\Rightarrow$ Es gibt eine Basis aus Eigenvektoren.
(2) Existiert zu jedem Eigenwert der Vielfachheit m, m linear unabhängige Eigenvektoren. $\Rightarrow$ Es gibt eine Basis aus Eigenvektoren.
(3) Ist A eine reelle, symmetrische Matrix (d.h. $A = A^t$). $\Rightarrow$ Es gibt eine Basis aus Eigenvektoren.
(4) Ist A eine komplexe, *hermitische* Matrix (d.h. $A = \overline{A^t}$). $\Rightarrow$ Es gibt eine Basis aus Eigenvektoren.

Bemerkung: Stimmt die Dimension des Eigenraumes Eig(A, λ) mit der Vielfachheit des Eigenwerts überein, dann existiert eine Basis aus Eigenvektoren. Man kann allgemeiner sogar zeigen, daß diese Bedingung nicht nur notwendig, sondern auch hinreichend ist: **Es existiert eine Basis aus Eigenvektoren genau dann, wenn für alle Eigenwerte die Vielfachheit mit der Dimension des Eigenraumes übereinstimmt**. Da solche Matrizen eine besondere Rolle spielen, bezeichnet man sie als *diagonalisierbare* Matrizen.

25. Beispiel: Gesucht ist ein Lösungs-Fundamentalsystem des LDGS

$$\vec{y}'\,(t) = A\,\vec{y}\,(t) \quad \text{mit } A = \begin{pmatrix} 1 & 1 & 1 \\ 1 & 1 & 1 \\ 1 & 1 & 1 \end{pmatrix}.$$

(i) Bestimmung der Eigenwerte von A:

$$P\,(\lambda) \;=\; \det\,(A - \lambda\,I_3) = \begin{vmatrix} 1-\lambda & 1 & 1 \\ 1 & 1-\lambda & 1 \\ 1 & 1 & 1-\lambda \end{vmatrix} =$$

$$= \;(1-\lambda) \begin{vmatrix} 1-\lambda & 1 \\ 1 & 1-\lambda \end{vmatrix} - \begin{vmatrix} 1 & 1 \\ 1 & 1-\lambda \end{vmatrix} + \begin{vmatrix} 1 & 1 \\ 1-\lambda & 1 \end{vmatrix}$$

$$= \;-\lambda^2\,(\lambda - 3).$$

Die Eigenwerte sind die Nullstellen des charakteristischen Polynoms:

$$P\,(\lambda) \stackrel{!}{=} 0 \quad \hookrightarrow \quad \lambda_1 = 0 \quad \text{Eigenwert mit Vielfachheit 2.}$$
$$\& \quad \lambda_2 = 3 \quad \text{Eigenwert mit Vielfachheit 1.}$$

(ii) Bestimmung der Eigenvektoren von A:

Eigenvektoren zum Eigenwert $\lambda_1 = 0$:

$$(A - 0 \cdot I_3)\,\vec{x} = 0 \hookrightarrow \left(\begin{array}{ccc|c} 1 & 1 & 1 & 0 \\ 1 & 1 & 1 & 0 \\ 1 & 1 & 1 & 0 \end{array}\right) \hookrightarrow \left(\begin{array}{ccc|c} 1 & 1 & 1 & 0 \\ 0 & 0 & 0 & 0 \\ 0 & 0 & 0 & 0 \end{array}\right).$$

$\hookrightarrow x_3 = r;\; x_2 = t;\; x_1 = -r - t$. Damit folgt

$$\text{Eig}(A,\,0) = \left\{ \vec{x} \in \mathbb{R}^3 : \vec{x} = \begin{pmatrix} x_1 \\ x_2 \\ x_3 \end{pmatrix} = r \begin{pmatrix} -1 \\ 0 \\ 1 \end{pmatrix} + t \begin{pmatrix} -1 \\ 1 \\ 0 \end{pmatrix} ;\, r,\, t \in \mathbb{R} \right\}.$$

Die Dimension des Eigenraums $\text{Eig}(A,\,0)$ ist 2 und gleich der Vielfachheit des Eigenwerts. Zwei linear unabhängige Eigenvektoren sind z.B.

$$\vec{x}_1 = \begin{pmatrix} -1 \\ 0 \\ 1 \end{pmatrix} \quad \text{und} \quad \vec{x}_2 = \begin{pmatrix} -1 \\ 1 \\ 0 \end{pmatrix}.$$

Eigenvektoren zum Eigenwert $\lambda_2 = 3$:

$$(A - 3\,I_3)\,\vec{x} = 0 \hookrightarrow \left(\begin{array}{ccc|c} -2 & 1 & 1 & 0 \\ 1 & -2 & 1 & 0 \\ 1 & 1 & -2 & 0 \end{array}\right) \hookrightarrow \left(\begin{array}{ccc|c} -2 & 1 & 1 & 0 \\ 0 & -1 & 1 & 0 \\ 0 & 0 & 0 & 0 \end{array}\right).$$

$\hookrightarrow x_3 = r;\; x_2 = r;\; -2\,x_1 + r + r = 0 \hookrightarrow x_1 = r$.

$$\Rightarrow \text{Eig}\,(A,\,3) = \left\{ \vec{x} \in \mathbb{R}^3 : \vec{x} = \begin{pmatrix} x_1 \\ x_2 \\ x_3 \end{pmatrix} = r \begin{pmatrix} 1 \\ 1 \\ 1 \end{pmatrix} ;\, r \in \mathbb{R} \right\}.$$

Die Dimension des Eigenraumes Eig(A, 3) ist 1 und gleich der Vielfachheit des Eigenwertes. Ein Eigenvektor ist z.B.

$$\vec{x}_3 = \begin{pmatrix} 1 \\ 1 \\ 1 \end{pmatrix}.$$

(iii) Ein **Fundamentalsystem** von $\vec{y}\,'(t) = A\,\vec{y}(t)$ ist damit

$$\begin{pmatrix} -1 \\ 0 \\ 1 \end{pmatrix} e^{0\,t}, \quad \begin{pmatrix} -1 \\ 1 \\ 0 \end{pmatrix} e^{0\,t}, \quad \begin{pmatrix} 1 \\ 1 \\ 1 \end{pmatrix} e^{3\,t}$$

und die allgemeine Lösung lautet

$$\vec{y}(t) = c_1 \begin{pmatrix} -1 \\ 0 \\ 1 \end{pmatrix} + c_2 \begin{pmatrix} -1 \\ 1 \\ 0 \end{pmatrix} + c_3 \begin{pmatrix} 1 \\ 1 \\ 1 \end{pmatrix} e^{3\,t}$$

mit frei wählbaren Konstanten c_1, c_2, c_3. $\qquad\qquad\square$

Zusammenfassung: Das Lösen von LDGS 1. Ordnung soll am Beispiel der folgenden drei gekoppelten DG zusammengefaßt werden. Gegeben ist das System von DG:

$$\begin{aligned} 4y_2(t) &= y_2'(t) + y_3(t) & (*) \\ 5y_1(t) + 7y_2(t) &= y_1'(t) + 5y_3(t) \\ y_3'(t) &= 2y_1(t) + 8y_2(t) - 3y_3(t) \end{aligned}$$

deren Lösungen $y_1(t)$, $y_2(t)$ und $y_3(t)$ zu den Anfangsbedingungen $y_1(0) = 3$, $y_2(0) = 2$ und $y_3(0) = 1$ gesucht sind.

(1.) Aufstellen des LDGS. Alle Ableitungen werden auf die linke und die gesuchten Funktionen auf die rechte Seite gebracht.

$$\begin{aligned} y_1'(t) &= 5y_1(t) + 7y_2(t) - 5y_3(t) \\ y_2'(t) &= 4y_2(t) - y_3(t) \\ y_3'(t) &= 2y_1(t) + 8y_2(t) - 3y_3(t) \end{aligned}$$

(2.) Aufstellen der Systemmatrix.

$$\begin{pmatrix} y_1(t) \\ y_2(t) \\ y_3(t) \end{pmatrix}' = \begin{pmatrix} 5 & 7 & -5 \\ 0 & 4 & -1 \\ 2 & 8 & -3 \end{pmatrix} \begin{pmatrix} y_1(t) \\ y_2(t) \\ y_3(t) \end{pmatrix} \Rightarrow A = \begin{pmatrix} 5 & 7 & -5 \\ 0 & 4 & -1 \\ 2 & 8 & -3 \end{pmatrix}.$$

(3) Bestimmung der Eigenwerte und Eigenvektoren. Nach Beispiel 22 und 23 sind $\vec{x}_1 = \begin{pmatrix} 2 \\ 1 \\ 3 \end{pmatrix}$, $\vec{x}_2 = \begin{pmatrix} 1 \\ 1 \\ 2 \end{pmatrix}$ und $\vec{x}_3 = \begin{pmatrix} -1 \\ 1 \\ 1 \end{pmatrix}$ Eigenvektoren zu den Eigenwerten $\lambda_1 = 1$, $\lambda_2 = 2$ und $\lambda_3 = 3$.

(4) Fundamentalsystem. Durch die Kenntnis der Eigenwerten und der zugehörigen Eigenvektoren ist man in der Lage, ein Fundamentalsystem durch $\vec{x}_1 e^{\lambda_1 t}$, $\vec{x}_2 e^{\lambda_2 t}$, $\vec{x}_3 e^{\lambda_3 t}$ zu konstruieren

$$\begin{pmatrix} 2 \\ 1 \\ 3 \end{pmatrix} e^{1t}, \quad \begin{pmatrix} 1 \\ 1 \\ 2 \end{pmatrix} e^{2t}, \quad \begin{pmatrix} -1 \\ 1 \\ 1 \end{pmatrix} e^{3t}.$$

(5) Allgemeine Lösung. Die allgemeine Lösung $\vec{y}(t)$ ist dann eine Linearkombination der Fundamentallösungen

$$\vec{y}(t) = c_1 \begin{pmatrix} 2 \\ 1 \\ 3 \end{pmatrix} e^{1t} + c_2 \begin{pmatrix} 1 \\ 1 \\ 2 \end{pmatrix} e^{2t} + c_3 \begin{pmatrix} -1 \\ 1 \\ 1 \end{pmatrix} e^{3t}.$$

In Komponentenschreibweise lauten die gesuchten Funktionen

$$\begin{aligned} y_1(t) &= 2\,c_1 e^{1t} + 1\,c_2 e^{2t} - c_3 e^{3t} \\ y_2(t) &= 1\,c_1 e^{1t} + 1\,c_2 e^{2t} + c_3 e^{3t} \\ y_3(t) &= 3\,c_1 e^{1t} + 2\,c_2 e^{2t} + c_3 e^{3t}. \end{aligned}$$

(6) Bestimmung der Koeffizienten. Die Koeffizienten bestimmen sich über die Anfangsbedingungen:

$$\begin{aligned} y_1(0) &= 2\,c_1 + 1\,c_2 - c_3 = 3 \\ y_2(0) &= 1\,c_1 + 1\,c_2 + c_3 = 2 \\ y_3(0) &= 3\,c_1 + 2\,c_2 + c_3 = 1. \end{aligned}$$

Dies ist ein lineares Gleichungssystem für die Konstanten c_1, c_2 und c_3 der Form

$$\left(\begin{array}{ccc|c} 2 & 1 & -1 & 3 \\ 1 & 1 & 1 & 2 \\ 3 & 2 & 1 & 1 \end{array} \right) \hookrightarrow \left(\begin{array}{ccc|c} 1 & 1 & 1 & 2 \\ 0 & -1 & -3 & -1 \\ 0 & 0 & -1 & 4 \end{array} \right),$$

das z.B. mit dem Gauß-Algorithmus lösbar ist. Es ergeben sich die Konstanten zu $c_1 = -7$, $c_2 = 13$ und $c_3 = -4$. Damit lauten die Lösungen des LDGS (∗)

$$\begin{aligned} y_1(t) &= -14\,e^{1t} + 13\,e^{2t} + 4\,e^{3t} \\ y_2(t) &= -7\,e^{1t} + 13\,e^{2t} - 4\,e^{3t} \\ y_3(t) &= -21\,e^{1t} + 26\,e^{2t} - 4\,e^{3t}. \end{aligned} \qquad \square$$

Die in diesem Abschnitt gewonnenen Methoden lassen sich direkt auf LDGS der Form

$$\vec{y}''(t) = A\,\vec{y}(t)$$

übertragen. Dies ist deshalb von besonderem Interesse, da Schwingungsprobleme ohne Reibung sich durch solche LDGS beschreiben lassen.

Satz 9: Ist A eine $(n \times n)$-Matrix und $\vec{x}$ ein Eigenvektor zum Eigenwert λ. Dann sind die Funktionen

$$\vec{y}_1(t) = \vec{x}\, e^{+\sqrt{\lambda}\, t} \quad \text{und} \quad \vec{y}_2(t) = \vec{x}\, e^{-\sqrt{\lambda}\, t}$$

Lösungen des LDGS zweiter Ordnung

$$\vec{y}''(t) = A\,\vec{y}(t).$$

Begründung: Ist $\vec{y}(t) := \vec{x}\, e^{\sqrt{\lambda}\, t}$ und $\vec{x}$ ein Eigenvektor zum Eigenwert λ. Dann gilt:

$$\vec{y}''(t) \;=\; \left(\vec{x}\, e^{\sqrt{\lambda}\, t}\right)'' = \left(\vec{x}\, \sqrt{\lambda}\, e^{\sqrt{\lambda}\, t}\right)' = \vec{x}\, \sqrt{\lambda}^2\, e^{\sqrt{\lambda}\, t} = \lambda\, \vec{x}\, e^{\sqrt{\lambda}\, t}$$

$$\;=\; A\,\vec{x}\, e^{\sqrt{\lambda}\, t} = A\,\vec{y}(t).$$

Analog zeigt man, daß $\vec{x}\, e^{-\sqrt{\lambda}\, t}$ Lösung des LDGS ist. $\qquad\qquad\square$

Bemerkung: Besitzt A eine Basis aus Eigenvektoren $(\vec{x}_1, \dots, \vec{x}_n)$ mit den zugehörigen Eigenwerten $\lambda_i \neq 0 \quad (i = 1, \dots, n)$, dann ist

$$\vec{x}_1\, e^{\sqrt{\lambda_1}\, t},\ \vec{x}_1\, e^{-\sqrt{\lambda_1}\, t},\ \dots,\ \vec{x}_n\, e^{\sqrt{\lambda_n}\, t},\ \vec{x}_n\, e^{-\sqrt{\lambda_n}\, t}$$

ein Lösungs-Fundamentalsystem zu $\vec{y}''(t) = A\,\vec{y}(t)$.

26. Beispiel: Gekoppelte Pendel ohne Reibung. Kommen wir auf das Einführungsbeispiel 19 der gekoppelten Pendel zurück. Vernachlässigen wir Reibungskräfte, ist das System von DG für die Winkelauslenkungen $\varphi_1(t)$ und $\varphi_2(t)$ gegeben durch

$$\ddot{\varphi}_1(t) \;=\; -\frac{g}{l}\,\varphi_1(t) + \frac{D}{m}\left(\varphi_2(t) - \varphi_1(t)\right)$$

$$\ddot{\varphi}_2(t) \;=\; -\frac{g}{l}\,\varphi_2(t) + \frac{D}{m}\left(\varphi_1(t) - \varphi_2(t)\right).$$

Für $\vec{\varphi}(t) := \begin{pmatrix} \varphi_1(t) \\ \varphi_2(t) \end{pmatrix}$ gilt mit $A = \begin{pmatrix} -\frac{g}{l} - \frac{D}{m} & \frac{D}{m} \\ \frac{D}{m} & -\frac{g}{l} - \frac{D}{m} \end{pmatrix}$

$$\vec{\varphi}''(t) = A\,\vec{\varphi}(t).$$

(i) Berechnung der Eigenwerte:

$$P(\lambda) \;=\; \det(A - \lambda I_2) = \begin{vmatrix} -\frac{g}{l} - \frac{D}{m} - \lambda & \frac{D}{m} \\ \frac{D}{m} & -\frac{g}{l} - \frac{D}{m} - \lambda \end{vmatrix}$$

$$= \; \left(-\frac{g}{l} - \frac{D}{m} - \lambda\right)^2 - \left(\frac{D}{m}\right)^2 .$$

Die Eigenwerte sind die Nullstellen des charakteristischen Polynoms

$$P(\lambda) \overset{!}{=} 0 \;\Rightarrow\; \tfrac{g}{l} + \tfrac{D}{m} + \lambda_{1/2} = \pm \tfrac{D}{m}$$

$$\hookrightarrow \boxed{\lambda_1 = -\tfrac{g}{l}} \;\text{ und }\; \boxed{\lambda_2 = -\tfrac{g}{l} - 2\,\tfrac{D}{m}} .$$

(ii) Berechnung der Eigenvektoren:

$$\lambda_1 = -\frac{g}{l}: \quad (A - \lambda_1 I_2)\,\vec{x} = 0 \hookrightarrow \left(\begin{array}{cc|c} -\frac{D}{m} & \frac{D}{m} & 0 \\ \frac{D}{m} & -\frac{D}{m} & 0 \end{array}\right) \hookrightarrow \left(\begin{array}{cc|c} -\frac{D}{m} & \frac{D}{m} & 0 \\ 0 & 0 & 0 \end{array}\right):$$

$$\text{Eigenvektor zum Eigenwert } \lambda_1 \text{ ist } \vec{x}_1 = \begin{pmatrix} 1 \\ 1 \end{pmatrix} \; \text{(''gleichphasig'')}.$$

$$\lambda_2 = -\frac{g}{l} - 2\frac{D}{m}: \quad (A - \lambda_2 I_2)\,\vec{x} = 0 \hookrightarrow \left(\begin{array}{cc|c} \frac{D}{m} & \frac{D}{m} & 0 \\ \frac{D}{m} & \frac{D}{m} & 0 \end{array}\right) \hookrightarrow \left(\begin{array}{cc|c} \frac{D}{m} & \frac{D}{m} & 0 \\ 0 & 0 & 0 \end{array}\right):$$

$$\text{Eigenvektor zum Eigenwert } \lambda_2 \text{ ist } \vec{x}_2 = \begin{pmatrix} 1 \\ -1 \end{pmatrix} \; \text{(''gegenphasig'')}.$$

(iii) Aufstellen des Fundamentalsystems: Mit den Eigenvektoren und zugehörigen Eigenwerten stellen wir das komplexe Fundamentalsystem auf:

$$\vec{x}_1 \, e^{\sqrt{\lambda_1}\, t}, \quad \vec{x}_1 \, e^{-\sqrt{\lambda_1}\, t}, \quad \vec{x}_2 \, e^{\sqrt{\lambda_2}\, t}, \quad \vec{x}_2 \, e^{-\sqrt{\lambda_2}\, t}$$

mit

$$\sqrt{\lambda_1} = \sqrt{-\frac{g}{l}} = i\sqrt{\frac{g}{l}} = i\,\omega_1 \;\text{ und }\; \sqrt{\lambda_2} = \sqrt{-\frac{g}{l} - 2\frac{D}{m}} = i\sqrt{\frac{g}{l} + 2\frac{D}{m}} = i\,\omega_2.$$

(iv) Interpretation: $\omega_1 = \sqrt{\frac{g}{l}}$ ist die Eigenfrequenz des Pendels ohne Federkopplung. Zu dieser Frequenz gehört der Eigenvektor $\begin{pmatrix} 1 \\ 1 \end{pmatrix}$, was einem *gleichphasigen* Auslenken der Pendel entspricht (siehe linke Abb. (1)). Die Feder ist nicht bemerkbar und beide Pendel schwingen mit der Eigenfrequenz eines Einzelpendels ohne Kopplung.

$\omega_2 = \sqrt{\frac{g}{l} + 2\frac{D}{m}}$ ist die Eigenfrequenz des Pendels mit Federkopplung, wenn die beiden Massen gegenphasig ausgelenkt werden. Der zugehörige Eigenvektor ist $\begin{pmatrix} 1 \\ -1 \end{pmatrix}$ (siehe rechte Abb. (2)). Durch die entgegengesetzte Auslenkung der Pendel macht sich die Federauslenkung doppelt bemerkbar, was sich in dem Faktor $2\frac{D}{m}$ bei der Frequenz widerspiegelt.

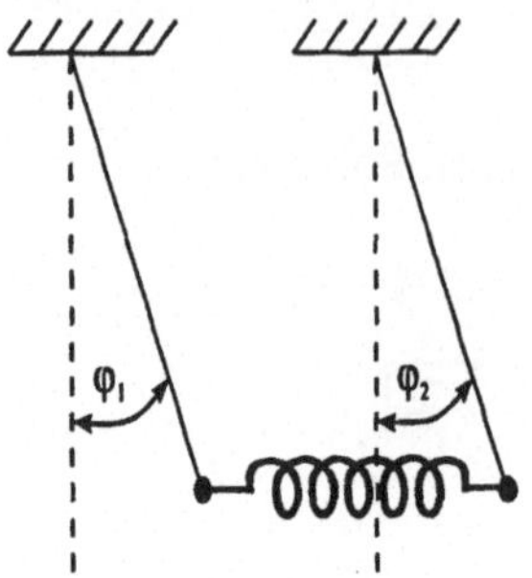
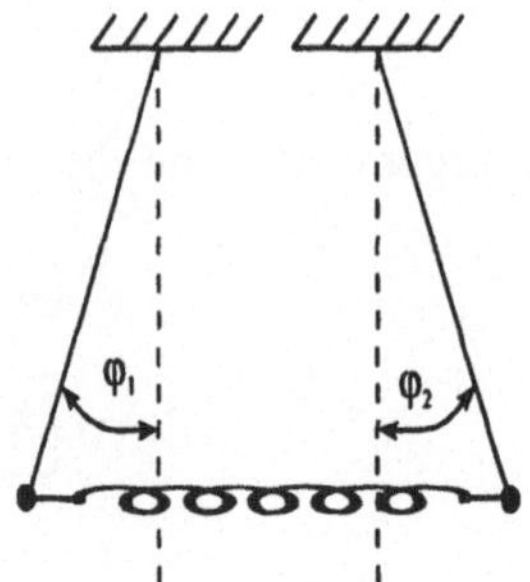

(1) Gleichphasige Auslenkung   (2) Gegenphasige Auslenkung

Die zu ω_1 und ω_2 gehörenden Schwingungen nennt man *Grundschwingungen*. Regt man das System mit einem **Eigenvektor** an, so wird nur die zugehörige **Eigenfrequenz** angeregt. Alle anderen Schwingungsformen sind Überlagerungen dieser Grundschwingungen. Die allgemeine Lösung ist gegeben durch

$$\vec{\varphi}(t) = c_1 \begin{pmatrix} 1 \\ 1 \end{pmatrix} e^{i\omega_1 t} + c_2 \begin{pmatrix} 1 \\ 1 \end{pmatrix} e^{-i\omega_1 t}$$

$$+ c_3 \begin{pmatrix} 1 \\ -1 \end{pmatrix} e^{i\omega_2 t} + c_4 \begin{pmatrix} 1 \\ -1 \end{pmatrix} e^{-i\omega_2 t},$$

wenn c_1, c_2, c_3, c_4 beliebige komplexe Konstanten sind.

(v) Übergang zu einem reellen Fundamentalsystem: Aufgrund der Eulerschen Formel (Bd. 1, Kap. V.1)

$$e^{it} = \cos t + i \sin t$$

gilt für beliebiges t

$$\begin{aligned} \cos t &= \tfrac{1}{2} \left(e^{it} + e^{-it} \right) \\ \sin t &= \tfrac{1}{2i} \left(e^{it} - e^{-it} \right). \end{aligned}$$

Mit den Lösungen $\vec{\psi}_1(t) = \vec{x}_1 e^{i\omega_1 t}$ und $\vec{\psi}_2(t) = \vec{x}_1 e^{-i\omega_1 t}$ erfüllen auch die beiden Überlagerungen

$$\frac{1}{2}\vec{\psi}_1(t) + \frac{1}{2}\vec{\psi}_2(t) = \vec{x}_1 \frac{1}{2} \left(e^{i\omega_1 t} + e^{-i\omega_1 t} \right) = \vec{x}_1 \cos(\omega_1 t)$$

$$\frac{1}{2i}\vec{\psi}_1(t) - \frac{1}{2i}\vec{\psi}_2(t) = \vec{x}_1 \frac{1}{2i} \left(e^{i\omega_1 t} - e^{-i\omega_1 t} \right) = \vec{x}_1 \sin(\omega_1 t)$$

das LDGS. Analog erhält man $\vec{x}_2 \cos(\omega_2 t)$, $\vec{x}_2 \sin(\omega_2 t)$ als Lösungen. Insgesamt haben wir somit vier reelle Lösungen durch Linearkombination der vier komplexen

Lösungen erhalten:

$$\vec{x}_1 \cos(\omega_1 t), \quad \vec{x}_1 \sin(\omega_1 t), \quad \vec{x}_2 \cos(\omega_2 t), \quad \vec{x}_2 \sin(\omega_2 t).$$

Die allgemeine reelle Lösung lautet daher

$$\vec{\varphi}(t) = \begin{pmatrix} \varphi_1(t) \\ \varphi_2(t) \end{pmatrix} = c_1 \begin{pmatrix} 1 \\ 1 \end{pmatrix} \cos(\omega_1 t) + c_2 \begin{pmatrix} 1 \\ 1 \end{pmatrix} \sin(\omega_1 t)$$

$$+ c_3 \begin{pmatrix} 1 \\ -1 \end{pmatrix} \cos(\omega_2 t) + c_4 \begin{pmatrix} 1 \\ -1 \end{pmatrix} \sin(\omega_2 t)$$

bzw. in Komponentendarstellung

$$\boxed{\begin{aligned} \varphi_1(t) &= c_1 \cos(\omega_1 t) + c_2 \sin(\omega_1 t) + c_3 \cos(\omega_2 t) + c_4 \sin(\omega_2 t) \\ \varphi_2(t) &= c_1 \cos(\omega_1 t) + c_2 \sin(\omega_1 t) - c_3 \cos(\omega_2 t) - c_4 \sin(\omega_2 t). \end{aligned}}$$

Die Konstanten c_1, c_2, c_3, c_4 werden durch die Anfangsbedingungen festgelegt.

(vi) Lösung für unterschiedliche Anfangsbedingungen
a) Mit $\varphi_1(0) = \varphi_0$, $\varphi_2(0) = \varphi_0$, $\dot{\varphi}_1(0) = 0$, $\dot{\varphi}_2(0) = 0$ regt man die gleichphasige Grundschwingung an. Aus den Anfangsbedingungen folgt dann $c_1 = \varphi_0$, $c_2 = c_3 = c_4 = 0$. Somit lautet die Lösung

$$\begin{aligned} \varphi_1(t) &= \varphi_0 \cos(\omega_1 t) \\ \varphi_2(t) &= \varphi_0 \cos(\omega_1 t). \end{aligned}$$

Die Pendel schwingen gleichphasig mit der Frequenz $\omega_1 = \sqrt{\frac{g}{l}}$.

b) Für $\varphi_1(0) = -\varphi_0$, $\varphi_2(0) = \varphi_0$, $\dot{\varphi}_1(0) = 0$, $\dot{\varphi}_2(0) = 0$ regt man die gegenphasige Grundschwingung an. Aus den Anfangsbedingungen folgt dann $c_3 = -\varphi_0$, $c_1 = c_2 = c_4 = 0$

$$\Rightarrow \quad \begin{aligned} \varphi_1(t) &= -\varphi_0 \cos(\omega_2 t) \\ \varphi_2(t) &= \varphi_0 \cos(\omega_2 t). \end{aligned}$$

Die Pendel schwingen gegenphasig mit der Frequenz $\omega_2 = \sqrt{\frac{g}{l} + 2\frac{D}{m}}$.

c) Wird nur das erste Pendel ausgelenkt

$$\varphi_1(0) = -\varphi_0, \; \varphi_2(0) = 0, \; \dot{\varphi}_1(0) = 0, \; \dot{\varphi}_2(0) = 0$$

erhält man eine Schwebung: Im folgenden wird für die Pendellänge $l = 2$, Federkonstante $D = 0.2$ und Masse $m = 1$ die Lösung für $\varphi_1(t)$ mit MAPLE graphisch dargestellt und die Bewegung der beiden Massepunkte als Animation gezeigt. Dabei gehen wir zunächst von allgemeinen Anfangsbedingungen aus. (Der Abstand der beiden Aufhängepunkte betrage $ld = 0.75$.)

Gegeben sind die allgemeinen Lösungen für die Winkelauslenkungen $\varphi_1(t)$, $\varphi_2(t)$

```
> Phi1:=t -> c1*cos(w1*t) + c2*sin(w1*t) + c3*cos(w2*t) + c4*sin(w2*t);
> Phi2:=t -> c1*cos(w1*t) + c2*sin(w1*t) - c3*cos(w2*t) - c4*sin(w2*t);
```

$$\Phi1 \quad : \quad = t \rightarrow c1\cos(w1\,t) + c2\sin(w1\,t) + c3\cos(w2\,t) + c4\sin(w2\,t)$$

$$\Phi2 \quad : \quad = t \rightarrow c1\cos(w1\,t) + c2\sin(w1\,t) - c3\cos(w2\,t) - c4\sin(w2\,t)$$

und die Winkelgeschwindigkeiten $\varphi_1'(t)$, $\varphi_2'(t)$

```
> Phi1s:=D(Phi1);
> Phi2s:=D(Phi2);
```

$$Phi1s := t \rightarrow$$
$$-c1\sin(w1\,t)\,w1 + c2\cos(w1\,t)\,w1 - c3\sin(w2\,t)\,w2 + c4\cos(w2\,t)\,w2$$

$$Phi2s := t \rightarrow$$
$$-c1\sin(w1\,t)\,w1 + c2\cos(w1\,t)\,w1 + c3\sin(w2\,t)\,w2 - c4\cos(w2\,t)\,w2$$

Die Koeffizienten c_1, c_2, c_3, c_4 werden durch die Anfangsbedingungen

```
> Phi10:=-0.1: Phi20:=0.: Omega10:=0.: Omega20:=0:
```

festgelegt. Man erhält 4 lineare Gleichungen für die 4 unbekannten Koeffizienten

```
> eq1 := Phi1(0) = Phi10;
> eq2 := Phi2(0) = Phi20;
> eq3 := Phi1s(0) = Omega10;
> eq4 := Phi2s(0) = Omega20;
```

$$eq1 := c1 + c3 = -.1$$

$$eq2 := c1 - c3 = 0$$

$$eq3 := c2\,w1 + c4\,w2 = 0$$

$$eq4 := c2\,w1 - c4\,w2 = 0$$

die mit dem **solve**-Befehl aufgelöst werden

```
> sol:=solve( {eq1,eq2,eq3,eq4}, {c1,c2,c3,c4});
> assign(sol);
```

$$sol := \{\, c1 = -.05000000000, c2 = 0, c4 = 0, c3 = -.05000000000 \,\}$$

Anschließend werden die Parameter l, ld, d und m spezifiziert, die Winkelfrequenzen festgelegt und die Lösung für den Winkel $\varphi_1(t)$ gezeichnet

```
> l:=2: ld:=0.75: d:=0.2: m:=1:
> w1:= sqrt(10./l): w2 := sqrt(10./l+2*d/m):
> plot(Phi1(t), t=0..150, title='Schwebung', numpoints=300);
```

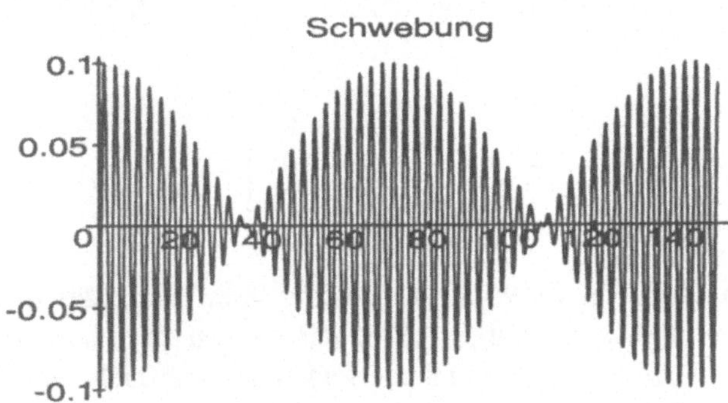

Abb. 46: Schwebung beim Doppelpendel ohne Reibung

Die Animation der Bewegung der Massepunkte erfolgt durch den **display**-Befehl: Momentaufnahmen der Pendellage werden in 200 Bilder $p[i]$ ($i = 1..200$) abgespeichert und die Sequenz der Bilder dann durch den **display**-Befehl mit der Option **insequence=true** abgespielt

```
> Tmax:=2*Pi/(w2-w1): imax:=200:
> dt:=Tmax/imax:
> for i from 1 to imax
> do t:=(i-1)*dt:
>     l1:=[ [0,l], [Phi1(t), 0], [ld+Phi2(t), 0], [ld,l] ]:
>     p[i]:=plot(l1, x=-1..2, scaling=constrained, thickness=2):
> od:
> with(plots):
> display([seq(p[i], i=1..imax)], axes=none, insequence=true);
```
□

Zusammenfassung: Durch die Bestimmung der Eigenwerte und Eigenvektoren ist man in der Lage, ein Fundamentalsystem des LDGS

$$\vec{y}''(t) = A\,\vec{y}(t)$$

zu bestimmen: Ist $\vec{x}_k$ ein Eigenvektor zum Eigenwert λ_k, dann sind zwei Lösungen gegeben durch

$$\vec{\varphi}_{k,1}(t) = \vec{x}_k\,e^{\sqrt{\lambda_k}\,t} \quad \text{und} \quad \vec{\varphi}_{k,2}(t) = \vec{x}_k\,e^{-\sqrt{\lambda_k}\,t}.$$

Die Eigenwerte repräsentieren die **Eigenfrequenzen** des Systems und die Eigenvektoren die zu den Eigenfrequenzen gehörenden **Schwingungsformen** (Auslenkungen). Die allgemeine Schwingung ist eine Überlagerung dieser Grundschwingungen.   □

27. Anwendungsbeispiel mit MAPLE: **Pendelsystem mit Reibung.** Gegeben sei das zum Pendelsystem **mit** Reibung gehörende LDGS (vgl. Beispiel 19)

$$\vec{y}'(t) = A\,\vec{y}(t)$$

$$\text{mit} \quad A = \begin{pmatrix} 0 & 1 & 0 & 0 \\ -\frac{g}{l}-\frac{D}{m} & -\frac{\gamma}{m} & \frac{D}{m} & 0 \\ 0 & 0 & 0 & 1 \\ \frac{D}{m} & 0 & -\frac{g}{l}-\frac{D}{m} & -\frac{\gamma}{m} \end{pmatrix} \quad \text{und} \quad \vec{y}(t) = \begin{pmatrix} \varphi_1(t) \\ \dot{\varphi}_1(t) \\ \varphi_2(t) \\ \dot{\varphi}_2(t) \end{pmatrix},$$

wenn $\varphi_1(t)$ und $\dot{\varphi}_1(t)$ die Winkelauslenkung bzw. Winkelgeschwindigkeit der ersten Masse m und $\varphi_2(t)$ und $\dot{\varphi}_2(t)$ die der zweiten. Man beachte, daß bei der Definition der Matrix A in MAPLE die Federkonstante nicht mit D bezeichnet werden darf, da **D** für den Ableitungsoperator steht.

```
> with(linalg):
> A:= matrix ([[0, 1, 0, 0], [-g/l-d/m, -gamma/m, d/m, 0],
>               [0, 0, 0, 1], [d/m, 0, -g/l-d/m, -gamma/m]]):
```

Die Eigenwerte von A sind

```
> lambda:=eigenvals(A);
```

$$\lambda := \frac{1}{2}\frac{-l\,\gamma + \sqrt{l^2\,\gamma^2 - 4\,m^2\,l\,g}}{m\,l}\,,\ \frac{1}{2}\frac{-l\,\gamma - \sqrt{l^2\gamma^2 - 4\,m^2\,l\,g}}{m\,l}\,,$$

$$\frac{1}{2}\frac{-l\,\gamma + \sqrt{l^2\gamma^2 - 4\,m^2\,l\,g - 8\,m\,d\,l^2}}{m\,l}\,,\ \frac{1}{2}\frac{-l\,\gamma - \sqrt{l^2\,\gamma^2 - 4\,m^2\,l\,g - 8\,m\,d\,l^2}}{m\,l}$$

Anhand der Ausdrücke erkennt man, daß für $\gamma < 2\,m\,\sqrt{\frac{g}{l}}$ bzw. $\gamma < 2\,m\,\sqrt{\frac{g}{l} + 2\frac{D}{m}}$ die Terme in den Wurzeln negativ werden und dadurch die Eigenwerte komplexe Zahlen sind. Für $\gamma = 0$ reduzieren sich obige Formeln genau auf die Eigenfrequenzen $\pm i\,\omega_1$ und $\pm i\,\omega_2$ von Beispiel 26.

Während der Befehl **eigenvects**(A) keine weiteren Informationen liefert, die Eigenvektoren also nicht berechnet werden, können wir durch explizites Lösen der linearen Gleichungssysteme $(A - \lambda_i\,I_4)\,\vec{x} = 0$ dennoch die Eigenvektoren zu den Eigenwerten allgemein bestimmen

```
> linsolve(A-lambda[1], [0, 0, 0, 0]);
```

$$\left[t_-[1]\,,\ \frac{1}{2}\frac{\left(-l\,\gamma + \sqrt{l^2\,\gamma^2 - 4\,m^2\,l\,g}\right)t_-[1]}{m\,l}\,,\ t_-[1]\,,\ \frac{1}{2}\frac{\left(-l\,\gamma + \sqrt{l^2\gamma^2 - 4\,m^2\,l\,g}\right)t_-[1]}{m\,l} \right]$$

Für $t_-[1] = 1$ lautet der Eigenvektor $\vec{x}_1$ zum Eigenwert λ_1

$$\vec{x}_1 = (1\,,\ \lambda_1\,,\ 1\,,\ \lambda_1)\,.$$

Analog erhält man die Eigenvektoren $\vec{x}_2$, $\vec{x}_3$ und $\vec{x}_4$ zu den Eigenwerten λ_2, λ_3, λ_4:

$$\vec{x}_2 = (1\,,\ \lambda_2\,,\ 1\,,\ \lambda_2),$$
$$\vec{x}_3 = (-1\,,\ -\lambda_3\,,\ 1\,,\ \lambda_3),$$
$$\vec{x}_4 = (-1\,,\ -\lambda_4\,,\ 1\,,\ \lambda_4).$$

Vergleicht man die erste und dritte Komponente der jeweiligen Eigenvektoren (sie repräsentieren die Amplituden φ_1 und φ_2), erkennt man, daß für die Eigenvektoren $\vec{x}_1$ und $\vec{x}_2$ die Pendelauslenkungen φ_1 und φ_2 gleichphasig und sie für die Eigenvektoren $\vec{x}_3$ und $\vec{x}_4$ gegenphasig schwingen. Das komplexe Fundamentalsystem ist somit gegeben durch

$$\vec{x}_1\, e^{\lambda_1 t}, \quad \vec{x}_2\, e^{\lambda_2 t}, \quad \vec{x}_3\, e^{\lambda_3 t}, \quad \vec{x}_4\, e^{\lambda_4 t}.$$

Zur graphischen Darstellung des Schwingungsvorgangs wählen wir die Parameter
```
> Gamma:=0.05: l:=2: d:=0.2: m:=1: g:=10:
> A := matrix([ [0,1,0,0], [-g/l-d/m,-Gamma/m,d/m,0], [0,0,0,1],
>                          [d/m,0, -g/l-d/m,-Gamma/m]]);
```

$$A := \begin{bmatrix} 0 & 1 & 0 & 0 \\ -5.2 & -.05 & .2 & 0 \\ 0 & 0 & 0 & 1 \\ .2 & 0 & -5.2 & -.05 \end{bmatrix}$$

Zur übersichtlicheren Zahlendarstellung setzen wir
```
> Digits:=4:
```

Die Eigenwerte und Eigenvektoren werden nun mit dem **eigenvects**-Befehl bestimmt
```
> e3 := eigenvects(A);
```

$$\begin{aligned}
e3 := [&-.02506 + 2.327\,I, 1, \{[\\
&-.3145 + .00289\,I, .00116 - .730\,I, .3063 - .00281\,I, -.00113 + .7125\,I]\}],\\
[&-.02506 - 2.327\,I, 1, \{[\\
&-.3145 - .00289\,I, .00116 + .730\,I, .3063 + .00281\,I, -.00113 - .7125\,I]\}],\\
[&-.0250 + 2.237\,I, 1, \{[\\
&.3116 - .01164\,I, .01823 + .6985\,I, .3082 - .01152\,I, .01803 + .6902\,I]\}],\\
[&-.0250 - 2.237\,I, 1, \{[\\
&.3116 + .01164\,I, .01823 - .6985\,I, .3082 + .01152\,I, .01803 - .6902\,I]\}]
\end{aligned}$$

Da die Eigenwerte jeweils paarweise komplex konjugiert auftreten, erhalten wir aus dem zunächst komplexen Fundamentalsystem ein reelles, indem wir zu den Linearkombinationen übergehen:

$$\vec{y}_1(t) = \frac{1}{2}(\vec{x}_1\, e^{\lambda_1 t} + \vec{x}_2\, e^{\lambda_2 t}) \quad \text{und} \quad \vec{y}_2(t) = \frac{1}{2i}(\vec{x}_1\, e^{\lambda_1 t} - \vec{x}_2\, e^{\lambda_2 t})$$

```
> y1 := t -> evalm( 1/2 * (e3[1][3][1] * exp(e3[1][1]*t)
>                          + e3[2][3][1] * exp(e3[2][1]*t)) ):
> y2 := t -> evalm( 1/(2*I) * (e3[1][3][1] * exp(e3[1][1]*t)
>                          - e3[2][3][1] * exp(e3[2][1]*t)) ):
> evalc(y1(t)[1]);
```

$$-.3146\, e^{(-.02506\,t)} \cos(2.327\,t) - .002892\, e^{(-.02506\,t)} \sin(2.327\,t)$$

Analog wird $\vec{y}_3\,(t)$ und $\vec{y}_4\,(t)$ aus $\vec{x}_3\,e^{\lambda_3 t}$ und $\vec{x}_4\,e^{\lambda_4 t}$ gebildet. Die allgemeine reelle Lösung lautet dann

$$\vec{y}\,(t) = c_1\,\vec{y}_1\,(t) + c_2\,\vec{y}_2\,(t) + c_3\,\vec{y}_3\,(t) + c_4\,\vec{y}_4\,(t)$$

bzw. in den einzelnen Komponenten
```
> Phi1 := evalc( c1*y1(t)[1] + c2*y2(t)[1] + c3*y3(t)[1] + c4*y4(t)[1]):
> Phi1 := unapply(Phi1,t):
> Phi2 := evalc( c1*y1(t)[3] + c2*y2(t)[3] + c3*y3(t)[3] + c4*y4(t)[3]):
> Phi2 := unapply(Phi2,t):
```

Entsprechend bildet man Phi1s aus der zweiten Komponente von $\vec{y}(t)$ und Phi2s aus der vierten Komponente. Um das Anfangswertproblem zu lösen, geht man wie in Beispiel 26 vor. Die Anfangsbedingungen
```
> Phi10:=-0.1: Phi20:=0.: Omega10:=0.: Omega20:=0:
```

legen ein lineares Gleichungssystem für die 4 Konstanten c_1, c_2, c_3, c_4 fest, das mit dem **solve**-Befehl gelöst wird:
```
> eq1 := Phi1(0) = Phi10:          eq2 := Phi2(0) = Phi20:
> eq3 := Phi1s(0) = Omega10:       eq4 := Phi2s(0) = Omega20:
> sol:=solve( {eq1,eq2,eq3,eq4}, {c1,c2,c3,c4});
> assign(sol);
```

$$sol := \{\ c3 = -.1591,\ c1 = .1602,\ c4 = -.004156,\ c2 = .000258\,\}$$

Mit dem **plot**-Befehl erhält man den zeitlichen Verlauf der Schwebung für die Winkelauslenkung $\varphi_1(t)$
```
> plot(Phi1(t), t=0..150, numpoints=1500);
```

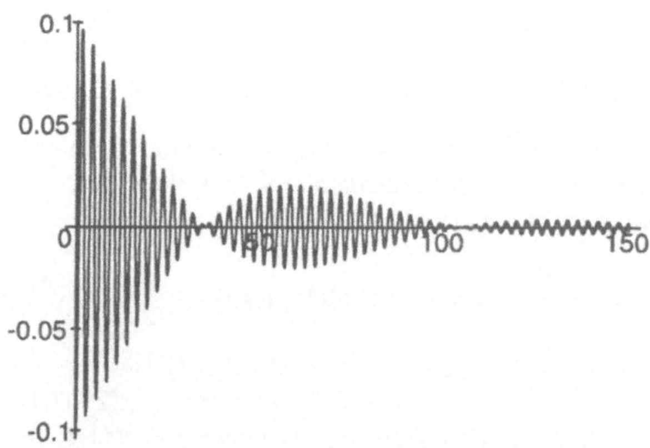

Abb. 47: Schwebung beim Doppelpendel mit Reibung

2.6 Berechnung spezieller Lösungen mit Maple

Die Berechnung spezieller Lösungen bzw. der Lösung eines inhomogenen LDGS

$$\boxed{\vec{y}'(t) = A\,\vec{y}(t) + \vec{f}(t)}$$

mit Anfangsbedingungen kann auf elegante Weise mit Hilfe der Fouriertransformation ($\to$ Kap. XIV) oder der Laplacetransformation ($\to$ Kap. XII) erfolgen. Wir werden in diesem Abschnitt eine spezielle Lösung des inhomogenen Systems mit der Methode der **Variation der Konstanten** berechnen. Dazu gehen wir zu der folgenden Konstruktion über:

Sei $(\vec{\varphi}_1(t),\ \vec{\varphi}_2(t),\ \ldots,\ \vec{\varphi}_n(t))$ ein Lösungs-Fundamentalsystem des homogenen Problems, d.h.

$$\vec{\varphi}_i'(t) = A\,\vec{\varphi}_i(t) \qquad (i=1,\ldots,n). \tag{$*$}$$

Man beachte, daß die Lösungsvektorfunktion $\vec{\varphi}_i(t)$ aus n Komponenten $\vec{\varphi}_i(t) = (\varphi_{1i}(t),\ \varphi_{2i}(t),\ldots,\ \varphi_{ni}(t))^t$ besteht! Aus den n Basisfunktionen $\vec{\varphi}_1(t),\ldots,$ $\vec{\varphi}_n(t)$ bilden wir die Matrix

$$\boxed{\Phi(t) := (\vec{\varphi}_1(t),\ \ldots,\ \vec{\varphi}_n(t)),}$$

deren Spalten aus den Basisfunktionen gebildet werden:

$$\boxed{\Phi(t) = \begin{pmatrix} \varphi_{11}(t) & \varphi_{12}(t) & \cdots & \varphi_{1n}(t) \\ \varphi_{21}(t) & \varphi_{22}(t) & \cdots & \varphi_{2n}(t) \\ \vdots & \vdots & & \vdots \\ \varphi_{n1}(t) & \varphi_{n2}(t) & \cdots & \varphi_{nn}(t) \end{pmatrix}.}$$

Damit ist $\Phi(t)$ eine quadratische, invertierbare $(n \times n)$-Matrix, denn det $\Phi(t) =$ det $(\vec{\varphi}_1(t),\ldots,\ \vec{\varphi}_n(t)) \neq 0$, da die Basisfunktionen $\vec{\varphi}_1,\ldots,\ \vec{\varphi}_n$ linear unabhängig sind. Man definiert als Ableitung einer Matrix die Ableitung jeder ihrer Komponenten

$$\Phi'(t) := \begin{pmatrix} \varphi_{11}'(t) & \cdots & \varphi_{1n}'(t) \\ \varphi_{21}'(t) & \cdots & \varphi_{2n}'(t) \\ \vdots & & \vdots \\ \varphi_{n1}'(t) & \cdots & \varphi_{nn}'(t) \end{pmatrix} = (\vec{\varphi}_1'(t),\ \ldots,\ \vec{\varphi}_n'(t)).$$

Da die Vektorfunktionen $\vec{\varphi}_i(t)$ Lösungen des homogenen LDGS $(*)$, gilt für $\Phi'(t)$ weiter

$$\begin{aligned}
\Phi'(t) &= (\vec{\varphi}_1'(t),\ \vec{\varphi}_2'(t),\ \ldots,\ \vec{\varphi}_n'(t)) \\
&= (A\,\vec{\varphi}_1(t),\ A\,\vec{\varphi}_2(t),\ \ldots,\ A\,\vec{\varphi}_n(t)) \\
&= A\,(\vec{\varphi}_1(t),\ \vec{\varphi}_2(t),\ \ldots,\ \vec{\varphi}_n(t)) \\
&= A\,\Phi(t).
\end{aligned}$$

Wir betrachten nun das inhomogene LDGS

$$\boxed{\begin{aligned} \vec{y}\,'(t) &= A\,\vec{y}(t) + \vec{f}(t) \\ \vec{y}(t_0) &= \vec{y}_0 \end{aligned}} \tag{1}$$

mit einer gegebenen, stetigen Funktion $\vec{f}(t)$ und der Anfangsbedingung $\vec{y}_0$. Als **Ansatz** für eine Lösung wählen wir die Funktion

$$\vec{y}(t) = \Phi(t) \cdot \vec{u}(t) \qquad \text{(Variation der Konstanten)},$$

mit einer noch unbekannten, gesuchten Vektorfunktion $\vec{u}(t) = (u_1(t), u_2(t), \ldots, u_n(t))^t$. Dann gilt für die Ableitung von $\vec{y}(t)$ nach der Produktregel

$$\begin{aligned} \vec{y}\,'(t) &= \Phi'(t)\,\vec{u}(t) + \Phi(t)\,\vec{u}\,'(t) \\ &= A\,\Phi(t)\,\vec{u}(t) + \Phi(t)\,\vec{u}\,'(t) \\ &= A\,\vec{y}(t) + \Phi(t)\,\vec{u}\,'(t) \\ &\stackrel{!}{=} A\,\vec{y}(t) + \vec{f}(t). \end{aligned}$$

$\vec{y}(t)$ erfüllt also das inhomogene LDGS genau dann, wenn

$$\Phi(t)\,\vec{u}\,'(t) = \vec{f}(t).$$

Da $\Phi(t)$ eine invertierbare Matrix ist

$$\Rightarrow \quad \vec{u}\,'(t) \quad = \quad \Phi^{-1}(t)\,\vec{f}(t)$$

$$\Rightarrow \quad \vec{u}(t) \quad = \quad \vec{c} + \int_{t_0}^{t} \Phi^{-1}(\xi)\,\vec{f}(\xi)\,d\xi.$$

Die Lösung des Problems ist somit nach dem Ansatz (∗)

$$\vec{y}(t) = \Phi(t)\left\{ \vec{c} + \int_{t_0}^{t} \Phi^{-1}(\xi)\,\vec{f}(\xi)\,d\xi \right\}$$

$$\boxed{\Rightarrow \vec{y}(t) = \underbrace{\Phi(t)\,\vec{c}}_{\text{homogene Lösung}} + \underbrace{\Phi(t)\int_{t_0}^{t} \Phi^{-1}(\xi)\,\vec{f}(\xi)\,d\xi}_{\text{eine spezielle Lösung}}.}$$

Der konstante Vektor $\vec{c} = (c_1, \ldots, c_n)^t$ muß nun noch so gewählt werden, daß die Vektorgleichung $\vec{y}(t_0) = \Phi(t_0)\,\vec{c} = c_1\vec{\varphi}_1(t_0) + \ldots + c_n\,\vec{\varphi}_n(t_0)$ erfüllt wird.

Satz 10: (Inhomogene LDGS)

Sei A eine $(n \times n)$-Matrix und $\vec{f}\colon I \to \mathbb{R}^n$ eine stetige Vektorfunktion. Sei $\mathbf{L}_h$ der Vektorraum aller Lösungen des homogenen LDGS

$$\vec{y}'(t) = A\,\vec{y}(t)$$

und $\mathbf{L}_I$ die Menge aller Lösungen der inhomogenen LDGS

$$\vec{y}'(t) = A\,\vec{y}(t) + \vec{f}(t)\,.$$

Dann gilt für eine beliebige Lösung $\vec{\psi}(t) \in \mathbf{L}_I$

$$\boxed{\mathbf{L}_I = \vec{\psi}(t) + \mathbf{L}_h\,.}$$

Mit anderen Worten: **Man erhält die allgemeine Lösung des inhomogenen Problems als Summe einer speziellen Lösung des inhomogenen LDGS und der allgemeinen Lösung des homogenen Problems.**

Satz 11: (Variation der Konstanten)

Sei $\Phi(t) = (\vec{\varphi}_1(t),\, \ldots,\, \vec{\varphi}_n(t))$ ein Lösungs-Fundamentalsystem von

$$\vec{y}'(t) = A\,\vec{y}(t)\,.$$

Dann ist

$$\boxed{\vec{y}(t) = \Phi(t)\,\vec{c} + \Phi(t) \int_{t_0}^{t} \Phi^{-1}(\xi)\,\vec{f}(\xi)\,d\xi}$$

die allgemeine Lösung von

$$\vec{y}'(t) = A\,\vec{y}(t) + \vec{f}(t)\,.$$

Der konstante Vektor $\vec{c}$ muß so gewählt werden, daß die Anfangsbedingung $\vec{y}(t_0)$ erfüllt wird.

---

28. Anwendungsbeispiel: Bewegung eines geladenen Teilchens in elektromagnetischen Feldern. Die Newtonschen Bewegungsgleichungen (nicht-relativistische Lorentzgleichung) eines geladenen Teilchens mit Ladung $q = -e$ in elektromagnetischen Feldern $\vec{E}$ und $\vec{B}$ lauten

$$m\,\frac{d}{dt}\,\vec{v}(t) = q\left(\vec{E} + \vec{v}(t) \times \vec{B}\right)\,; \quad \vec{v}(0) = \vec{v}_0\,.$$

Für $\vec{B} = \begin{pmatrix} 0 \\ 0 \\ B_Z \end{pmatrix}$ und $\vec{E} = \begin{pmatrix} E_x \\ E_y \\ E_z \end{pmatrix}$ gilt nach Beispiel 20 für die

1. Komponente: $\quad \dot{v}_x(t) \;=\; -\frac{e}{m} B_z\, v_y(t) - \frac{e}{m} E_x$
2. Komponente: $\quad \dot{v}_y(t) \;=\; \frac{e}{m} B_z\, v_x(t) - \frac{e}{m} E_y$
3. Komponente: $\quad \dot{v}_z(t) \;=\; -\frac{e}{m} E_z \qquad \Rightarrow v_z(t) = v_{0z} - \frac{e}{m} E_z \cdot t.$

Wir erhalten für die ersten beiden Komponenten folgendes inhomogene LDGS

$$\vec{v}'(t) = \begin{pmatrix} v_x'(t) \\ v_y'(t) \end{pmatrix} = \begin{pmatrix} 0 & -\omega \\ \omega & 0 \end{pmatrix} \vec{v}(t) + \begin{pmatrix} -\frac{e}{m} E_x \\ -\frac{e}{m} E_y \end{pmatrix} \quad \text{mit } \omega = \frac{e}{m} B.$$

Setzen wir ein homogenes Magnetfeld voraus, stellt nach Beispiel 20

$$\vec{\varphi}_1(t) = \begin{pmatrix} \cos(\omega t) \\ \sin(\omega t) \end{pmatrix}, \quad \vec{\varphi}_2(t) = \begin{pmatrix} -\sin(\omega t) \\ \cos(\omega t) \end{pmatrix}$$

ein Lösungs-Fundamentalsystem dar. Damit ist

$$\Phi(t) = \begin{pmatrix} \cos(\omega t) & -\sin(\omega t) \\ \sin(\omega t) & \cos(\omega t) \end{pmatrix} \text{ und } \Phi^{-1}(t) = \begin{pmatrix} \cos(\omega t) & \sin(\omega t) \\ -\sin(\omega t) & \cos(\omega t) \end{pmatrix}.$$

Die Methode der Variation der Konstanten liefert die Lösung des inhomogenen Problems:

$$
\begin{aligned}
\vec{u}(t) \;&=\; \vec{v}_0 + \int_0^t \Phi^{-1}(\xi)\, \vec{f}(\xi)\, d\xi \\[2mm]
&=\; \vec{v}_0 + \int_0^t \begin{pmatrix} \cos(\omega\xi) & \sin(\omega\xi) \\ -\sin(\omega\xi) & \cos(\omega\xi) \end{pmatrix} \begin{pmatrix} -\frac{e}{m} E_x \\ -\frac{e}{m} E_y \end{pmatrix} d\xi \\[2mm]
&=\; \vec{v}_0 - \frac{e}{m} \int_0^t \begin{pmatrix} E_x \cos(\omega\xi) + E_y \sin(\omega\xi) \\ -E_x \sin(\omega\xi) + E_y \cos(\omega\xi) \end{pmatrix} d\xi \\[2mm]
&=\; \vec{v}_0 - \frac{e}{m} \frac{1}{\omega} \begin{pmatrix} E_x \sin(\omega t) - E_y \cos(\omega t) + E_y \\ E_x \cos(\omega t) - E_x + E_y \sin(\omega t) \end{pmatrix}.
\end{aligned}
$$

Die Lösung des inhomogenen Problems, welche auch gleichzeitig die Anfangsbedingung $\vec{y}(t_0) = \vec{v}_0$ erfüllt, lautet damit

$$
\begin{aligned}
\vec{y}(t) \;=\;& \Phi(t)\, \vec{u}(t) = \Phi(t)\, \vec{v}_0 \\
& - \frac{e}{m} \frac{1}{\omega} \Phi(t) \begin{pmatrix} E_x \sin(\omega t) - E_y \cos(\omega t) + E_y \\ E_x \cos(\omega t) - E_x + E_y \sin(\omega t) \end{pmatrix} \\[2mm]
=\;& \begin{pmatrix} \cos(\omega t)\, v_{0x} - \sin(\omega t)\, v_{0y} \\ \sin(\omega t)\, v_{0x} + \cos(\omega t)\, v_{0y} \end{pmatrix} \\
& - \frac{e}{m} \frac{1}{\omega} \begin{pmatrix} E_x \sin(\omega t) + E_y (\cos(\omega t) - 1) \\ E_x (1 - \cos(\omega t)) + E_y \sin(\omega t) \end{pmatrix}.
\end{aligned}
$$

Die Geschwindigkeitskomponenten sind
```
> vx(t) := v0x*cos(w*t)-v0y*sin(w*t)-1/B*(Ex*sin(w*t)+Ey*(cos(w*t)-1)):
> vy(t) := v0x*sin(w*t)+v0y*cos(w*t)-1/B*(Ex*(1-cos(w*t))+Ey*sin(w*t)):
> vz(t) := v0z-w/B*Ez*t:
```

Mit den Parametern
```
> w:=1: B:=0.1: Ex:=10: Ey=4: Ez:=1:
> v0x:=1: v0y:=0: v0z:=0:
```

wird die Bewegung durch eine Raumkurve beschrieben, die mit dem **spacecurve**-Befehl graphisch dargestellt werden kann.
```
> with(plots):
> spacecurve([vx(t), vy(t), vz(t)], t=0..30, numpoints=500, color='black');
```

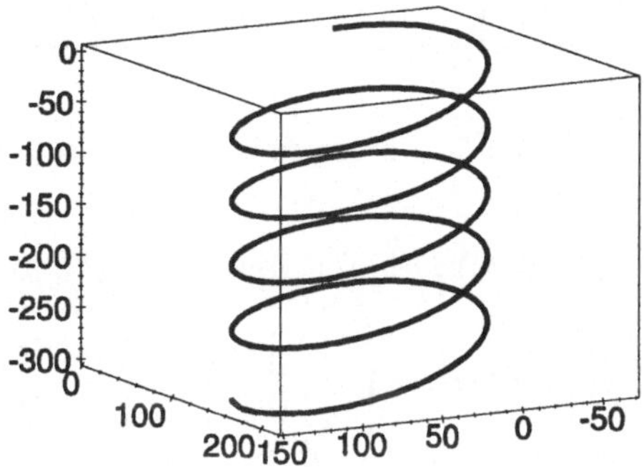

29. Anwendungsbeispiel: Schwingung einer Karosserie nach [Brauch, Dreyer, Haacke: Mathematik für Ingenieure, Teubner Verlag, Stuttgart, 1990, S. 588ff].

i) Ein Kraftfahrzeug überfährt eine Schwelle der Höhe h. Es sind die Schwingungen $x_1(t)$ der Karosserie zu untersuchen. Das System kann näherungsweise durch Abb. 48 dargestellt werden.

Wegen der Relativbewegungen der beiden Massen entsteht ein inhomogenes, lineares Differentialgleichungssystem

$$m_1\,\ddot{x}_1(t) + \gamma\,(\dot{x}_1(t) - \dot{x}_2(t)) + D_1\,(x_1(t) - x_2(t)) = 0$$

$$m_2\,\ddot{x}_2(t) + \gamma\,(\dot{x}_2(t) - \dot{x}_1(t)) + D_1\,(x_2(t) - x_1(t)) + D_2\,(x_2(t) - h) = 0.$$

Die Anfangsbedingungen sind dabei

$$x_1(0) = x_2(0) = 0\,, \quad \dot{x}_1(t) = \dot{x}_2(t) = 0.$$

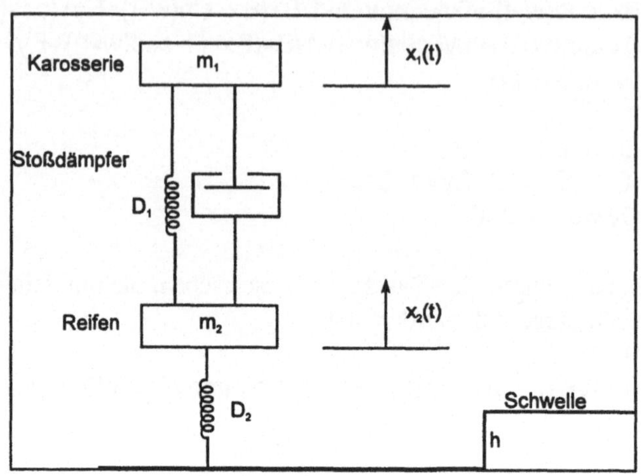

Abb. 48: Schwingungen einer Karosserie

Setzen wir $y_1(t) = x_1(t)$, $y_2(t) = \dot{x}_1(t)$, $y_3(t) = x_2(t)$, $y_4(t) = \dot{x}_2(t)$ erhalten

wir ein LDGS 1. Ordnung: $\vec{y}'(t) = \begin{pmatrix} y_1'(t) \\ y_2'(t) \\ y_3'(t) \\ y_4'(t) \end{pmatrix} = \begin{pmatrix} \dot{x}_1(t) \\ \ddot{x}_1(t) \\ \dot{x}_2(t) \\ \ddot{x}_2(t) \end{pmatrix} =$

$$= \begin{pmatrix} y_2(t) \\ -\frac{\gamma}{m_1} y_2(t) + \frac{\gamma}{m_1} y_4(t) - \frac{D_1}{m_1} y_1(t) + \frac{D_1}{m_1} y_3(t) \\ y_4(t) \\ -\frac{\gamma}{m_2} y_4(t) + \frac{\gamma}{m_2} y_2(t) - \frac{D_1}{m_2} y_3(t) + \frac{D_1}{m_2} y_1(t) - \frac{D_2}{m_2} y_3(t) \end{pmatrix} + \begin{pmatrix} 0 \\ 0 \\ 0 \\ \frac{D_2}{m_2} \cdot h \end{pmatrix}$$

$$\Rightarrow \vec{y}'(t) = \begin{pmatrix} 0 & 1 & 0 & 0 \\ -\frac{D_1}{m_1} & -\frac{\gamma}{m_1} & \frac{D_1}{m_1} & \frac{\gamma}{m_1} \\ 0 & 0 & 0 & 1 \\ \frac{D_1}{m_2} & \frac{\gamma}{m_2} & -\frac{D_1+D_2}{m_2} & -\frac{\gamma}{m_2} \end{pmatrix} \vec{y}(t) + \begin{pmatrix} 0 \\ 0 \\ 0 \\ \frac{D_2}{m_2} \cdot h \end{pmatrix}$$

kurz:

$$\vec{y}'(t) = A\,\vec{y}(t) + \vec{f}(t).$$

Die Lösung dieses Problems mit verschwindenden Anfangsbedingungen ist nach Satz 11 gegeben durch

$$\vec{y}(t) = \Phi(t) \int_0^t \Phi^{-1}(\xi)\, \vec{f}(\xi)\, d\xi, \qquad\qquad (*)$$

wenn die Spalten der Matrix $\Phi(t) = (\vec{\varphi}_1(t), \ldots, \vec{\varphi}_4(t))$ aus einem Fundamentalsystem von $\vec{y}'(t) = A\,\vec{y}(t)$ bestehen und $\vec{f} = (0\ 0\ 0\ \frac{D_2}{m_2} \cdot h)^t$.

Da die Nullstellen des charakteristischen Polynoms der Matrix A für allgemeine
Parameter nicht berechnet werden können (Polynom vom Grade 4),

```
> with(linalg):
> A := matrix([ [0,1,0,0], [-D1/m1,-Gamma/m1,D1/m1,Gamma/m1], [0,0,0,1],
>                          [D1/m2,Gamma/m2,-(D1+D2)/m2,-Gamma/m2]]);
> cp := charpoly(A,lambda):
> cp := sort(cp);
```

$$A := \begin{bmatrix} 0 & 1 & 0 & 0 \\ -\dfrac{D1}{m1} & -\dfrac{\Gamma}{m1} & \dfrac{D1}{m1} & \dfrac{\Gamma}{m1} \\ 0 & 0 & 0 & 1 \\ \dfrac{D1}{m2} & \dfrac{\Gamma}{m2} & -\dfrac{D1+D2}{m2} & -\dfrac{\Gamma}{m2} \end{bmatrix}$$

$$cp := (\lambda^4\, m1\, m2 + \lambda^3\, \Gamma\, m1 + \lambda^3\, \Gamma\, m2 + \lambda^2\, D1\, m1 + \lambda^2\, D1\, m2 + \lambda^2\, m1\, D2$$
$$+ \lambda\, \Gamma\, D2 + D1\, D2) \,/\, (\, m1\, m2\,)$$

werden wir für spezifizierte Parameter D_1, D_2, m_1, m_2 und γ mit MAPLE ein
Lösungs-Fundamentalsystem berechnen und anschließend die Matrix $\Phi(t)$ aufstellen, um Formel $(*)$ anwenden zu können.

```
> m1:=1e3: m2:=50: D1:=40e3: D2:=50e3: Gamma:=16e3: h:=0.01:
> A := map(eval,A);
```

$$A := \begin{bmatrix} 0 & 1 & 0 & 0 \\ -40.00000000 & -16.00000000 & 40.00000000 & 16.00000000 \\ 0 & 0 & 0 & 1 \\ 800.0000000 & 320.0000000 & -1800.000000 & -320.0000000 \end{bmatrix}$$

Man beachte, daß bei MAPLE Matrizen nur einstufig ausgewertet werden und daher der **map**-Operator verwendet wird, um die Parameter an die Matrix zu übergeben! Zur übersichtlicheren Gestaltung rechnen wir im folgenden die Eigenwerte
und Eigenvektoren nur mit einer Genauigkeit von 4 Dezimalstellen aus.

```
> Digits:=4:
> e := eigenvects(A);
```

$$\begin{aligned}
e := \quad & [-2.993,\ 1,\ \{\,[.009493,\ -.02828,\ -.001683,\ .00504\,]\,\}\,], \\
& [-1.226 + 6.262\,I,\ 1,\ \{[-.004443 - .009036\,I, \\
& \quad .06181 - .01657\,I\,,\ -.0004444 - .008458\,I,\ .05343 + .0076\,I]\}], \\
& [-1.226 - 6.262\,I,\ 1,\ \{[-.004443 + .009036\,I, \\
& \quad .06181 + .01657\,I,\ -.0004444 + .008458\,I,\ .05343 - .0076\,I]\}], \\
& [-330.5,\ 1,\ \{\,[.0001435,\ -.04830,\ -.002896,\ .9576\,]\,\}\,]
\end{aligned}$$

Damit haben wir die vier Eigenwerte der Matrix -330.5, -2.993, $-1.226+6.262\,i$, $-1.226-6.262\,i$ mit der Vielfachheit 1 gefunden. Der MAPLE-Befehl **eigenvects** berechnet die vier Eigenwerte numerisch, daher sind auch die Eigenvektoren nur näherungsweise bekannt! Ein Lösungs-Fundamentalsystem lautet dann

$$\vec{x}_1\,e^{\lambda_1 t},\ \ \vec{x}_2\,e^{\lambda_2 t},\ \ \vec{x}_3\,e^{\lambda_3 t},\ \ \vec{x}_4\,e^{\lambda_4 t}.$$

Aus diesem Fundamentalsystem bilden wir nun die Matrix $\Phi(t)$. Da die Definition einer Matrix in MAPLE zeilenweise erfolgt, $\Phi(t)$ aber aus den Spalten $\vec{x}_i\,e^{\lambda_i t}$ besteht, transponieren wir die Matrix

```
> Phi := matrix([ evalm(e[1][3][1]*exp(e[1][1]*t)) ,
>                 evalm(e[2][3][1]*exp(e[2][1]*t)) ,
>                 evalm(e[3][3][1]*exp(e[3][1]*t)),
>                 evalm(e[4][3][1]*exp(e[4][1]*t)) ]):
> Phi := transpose(Phi):
```

Die Inverse berechnet man mit dem **inverse**-Befehl
```
> PhiInv := inverse(Phi):
```

Definieren wir nun die rechte Seite des LDGS
```
> f := vector([0,0,0,h*D2/m2]):
> #f:=vector([0,0,0,D2/m2*(0.005*sin(1/2*Pi*v0*t))]);
```

können wir die Matrix-Vektor-Multiplikation $\Phi^{-1}(t)\,\vec{f}\,(t)$ ausführen. Die Variable t wird durch ξ ersetzt
```
> evalm(PhiInv&*f): v1:=subs(t=xi,%);
```

$$v1 \;:=\; \left[\frac{-.5598-.00007486\,I}{e^{(-2.993\,\xi)}},\ \frac{3.321+1.846\,I}{e^{((-1.226+6.262\,I)\,\xi)}},\ \frac{3.321-1.846\,I}{e^{((-1.226-6.262\,I)\,\xi)}},\right.$$
$$\left.\frac{10.09-.0004177\,I}{e^{(-330.5\ \xi)}}\right]$$

und über ξ integriert. Das Zwischenergebnis ist der Vektor
```
> yz := map (int, v1, xi=0..t);
```

$$yz := \left[\frac{-.1870-.00002501\,I}{e^{(-2.993\,t)}}+.1870+.00002501\,I,\right.$$
$$(-.1839+.5663\,I)\,e^{((1.226-6.262\ I)\,t)}+.1839-.5663\,I,$$
$$(-.1839-.5663\,I)\,e^{((1.226+6.262\ I)\,t)}+.1839+.5663\,I,$$
$$\left.\frac{.03053-.1264\,10^{-5}\,I}{e^{(-330.5\,t)}}-.03053+.1264\,10^{-5}\,I\right]$$

Man beachte, daß vektorwertige Funktionen nicht direkt mit dem **int**-Befehl integriert werden können. Daher muß entweder die Integration für jede einzelne Komponente des Vektors $\vec{v}_1$ durchgeführt werden oder man verwendet den Abbildungsoperator **map**, um den **int**-Befehl auf jede Komponente des Vektors anzuwenden.

Der Lösungsvektor $\vec{Y}(t)$ folgt durch Multiplikation von $\Phi(t)$ mit $y_z(t)$:

```
> Y:=evalm(Phi&*yz):
```

Von dem Lösungsvektor ist für die Diskussion nur die erste Komponente von Interesse, da $x_1(t) = Y_1(t)$:

```
> evalc(Y[1]):
> x1:=simplify(%);
```

$$x1 := .01010 + .001775\, e^{(-2.993\,t)} - .01187\, e^{(-1.226\,t)} \cos(6.262\,t)$$
$$- .001708\, e^{(-1.226\,t)} \sin(6.262\,t) - .4381\cdot 10^{-5}\, e^{(-330.5\,t)} - .2376\cdot 10^{-6}\, I$$
$$+ .2374\cdot 10^{-6}\, I\, e^{(-2.993\,t)} + .1814\cdot 10^{-9}\, I\, e^{(-330.5\,t)}$$

Anhand der Lösungsdarstellung erkennt man, daß durch Rundungsfehler die Lösung auch komplexe Anteile enthält. Führt man die gesamte Rechnung mit 20 Stellen durch (d.h. > **Digits**:=20), so sind die komplexen Terme mit dem Faktor 10^{-21} vertreten. Daher setzen wir sie auf Null

```
> x1:=subs(I=0, x1);
```

$$x1 := .01010 + .001775\, e^{(-2.993\,t)} - .01187\, e^{(-1.226\,t)} \cos(6.262\,t)$$
$$- .001708\, e^{(-1.226\,t)} \sin(6.262\,t) - .4381\cdot 10^{-5}\, e^{(-330.5\,t)}$$

und stellen die Lösung graphisch dar

```
> plot(x1, t=0..5, numpoints=300);
```

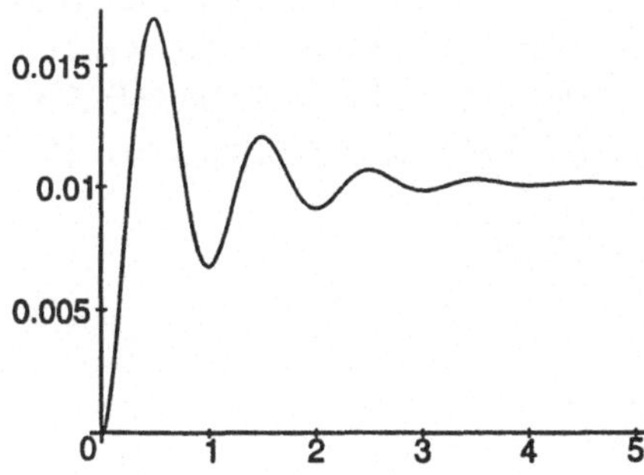

Abb. 49: Schwingungen einer Karosserie bei einer Stufe

ii) In Abänderung des Beispiels **(i)** stellen wir uns vor, daß statt der Schwelle Bodenunebenheiten der Form $x(z) = 0.05 \sin(k\,z)$ mit $k = \frac{1}{2}\pi$ vorliegen. Auf einen Meter kommen so 4 Maxima und Minima. Wenn das Auto mit konstanter Geschwindigkeit v_0 auf dem Bodenbelag fährt, wie reagiert dann das Karosseriesystem? Wir betrachten die Fälle $v_0 = 5\,\frac{km}{h}$, $10\,\frac{km}{h}$, $20\,\frac{km}{h}$ und $40\,\frac{km}{h}$. Da $v = \frac{z}{t}$, ist $z(t) = v_0 \cdot t$, so daß

$$h(t) = 0.05 \sin(\tfrac{1}{2}\pi \cdot v_0 \cdot t).$$

Wir wiederholen mit MAPLE den selben Rechenvorgang, indem wir bei der Definition des Vektors f in der vierten Komponente h durch $h(t)$ ersetzen. Das Endergebnis $x_1(t)$ enthält dann den noch unbestimmten Parameter v_0, der im Anschluß auf $5 \cdot \frac{10}{36}\,\frac{m}{s}$ usw. gesetzt wird:

```
> x1 := simplify(subs(I=0, Y[1]));
```

$$
\begin{aligned}
x1 := {}& .001000(.6400\,10^{12}\ \sin(1.571\,v0\,t) - .2625\,10^{10}\,v0\ \cos(1.571\,v0\,t) \\
& + .5803\,10^{8}\ v0^{5}\cos(1.571\ v0\,t) + .1323\,10^{7}\,e^{(-330.5\,t)}\ v0 \\
& - .5913\,10^{11}\,e^{(-2.993\,t)}\,v0 - 4908.\,e^{(-2.993\,t)}\,v0^{7} - .217\,10^{9}\,e^{(-2.993\,t)}\,v0^{5} \\
& + 1339.\,e^{(-330.5\,t)}\ v0^{7} - 36050.\,e^{(-330.5\,t)}\ v0^{5} + 215900.\,e^{(-330.5\,t)}\ v0^{3} \\
& + .6635\,10^{10}\,e^{(-2.993\,t)}\ v0^{3} + .1754\,10^{12}\sin(1.571\ v0\,t)\ v0^{2} \\
& - 5.\,v0^{7}\cos(1.571\ v0\,t) - .1273\,10^{11}\sin(1.571\ v0\,t)\ v0^{4} \\
& - 5750.\sin(1.571\ v0\,t)\ v0^{6} - .2423\,10^{11}\ v0^{3}\cos(1.571\ v0\,t) \\
& + 3550.\,e^{(-1.226\,t)}\,v0^{7} + .6185\,10^{11}\,e^{(-1.226\,t)}\,v0 + .176\,10^{11}\,e^{(-1.226\,t)}\,v0^{3} \\
& + .1575\,10^{9}\,e^{(-1.226\,t)}\ v0^{5}) \,/(\\
& .1087\,10^{12} + .1574\,10^{11}\,v0^{2} - .3453\,10^{10}\,v0^{4} + .1282\,10^{9}\ v0^{6} + 2899.\,v0^{8})
\end{aligned}
$$

Mit

```
> xp2 := subs(v0=5*10/36,x1):  p2:= plot(xp2,t=0..10,color='green'):
> xp3 := subs(v0=10*10/36,x1): p3:= plot(xp3,t=0..10,color='blue'):
> xp4 := subs(v0=20*10/36,x1): p4:= plot(xp4,t=0..10,color='red'):
> xp5 := subs(v0=40*10/36,x1): p5:= plot(xp5,t=0..10,color='black'):
```

folgt die graphische Darstellung

```
> with(plots):
> display({p2,p3,p4,p5});
```

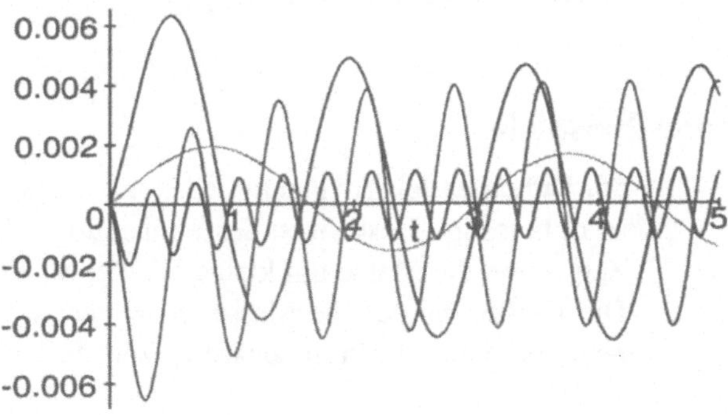

Abb. 50: Schwingungen einer Karosserie bei Bodenunebenheiten

Hierbei erkennt man, daß je größer die Geschwindigkeit wird, desto höher die Schüttelfrequenz ist. Mit höherer Frequenz nimmt die Maximalamplitude ab. Eine Ausnahme bildet $v_0 = 10 \cdot \frac{10}{36} \frac{m}{s} = 2.77 \frac{m}{s}$. Hier ist die zugehörige Frequenz $\omega = \frac{1}{2} \pi v_0 = 4.36 \frac{1}{s}$ nahe der Resonanzfrequenz von $6.265 \frac{1}{s}$. Wählt man $v_0 = 12 \frac{km}{h}$, so ist $\omega = 5.23 \frac{1}{s}$ und der Maximalwert der Amplitude sogar 0.04.

§3. Lineare Differentialgleichungen n-ter Ordnung

3.1 Einleitende Beispiele

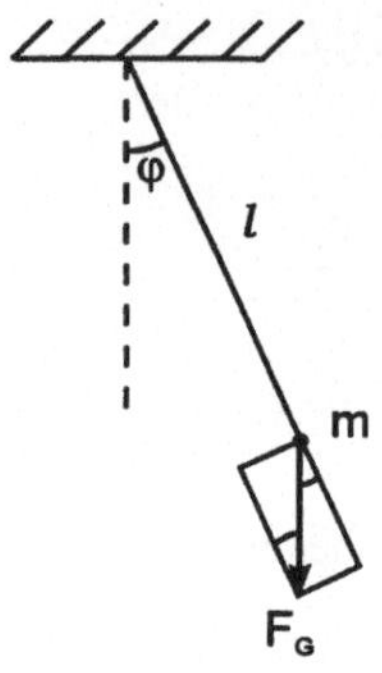

Abb. 51: Fadenpendel

30. Fadenpendel: An einem Faden der Länge l ist eine Masse m befestigt. Gesucht ist der Winkel $\varphi(t)$ als Funktion der Zeit, wenn die Masse um kleine Winkel φ_0 ausgelenkt wird. Die Kräfte, die auf die Masse m wirken, sind die Komponente der Gewichtskraft senkrecht zum Faden

$$F_t = -F_G \sin\varphi = -m\,g\,\sin\varphi \approx -m\,g\,\varphi \quad \text{(kleine Winkel)}$$

und die Reibungskraft proportional zur Geschwindigkeit

$$F_R = -\gamma\,v = -\gamma\,(l\,\dot\varphi).$$

Nach dem Newtonschen Bewegungsgesetz ist die Beschleunigungskraft,

$$F_B = m\,\ddot x(t) = m\,l\,\ddot\varphi(t),$$

gleich der Summe aller angreifenden Kräfte:

$$\boxed{m\,l\,\ddot\varphi(t) = -m\,g\,\varphi(t) - \gamma\,l\,\dot\varphi(t)}$$

(homogene, lineare DG 2. Ordnung).

31. Federpendel: Am Ende einer senkrecht herabhängenden Feder mit der Federkonstanten D befindet sich eine Masse m. Es wirkt eine Reibungskraft proportional zur Momentangeschwindigkeit. Die Auslenkung der Masse m zur Zeit t wird mit $x(t)$ bezeichnet. Gesucht ist das *Weg-Zeit-Gesetz* $x(t)$, wenn die Masse m zum Zeitpunkt $t_0 = 0$ um x_0 aus der Ruhelage ausgelenkt wird.

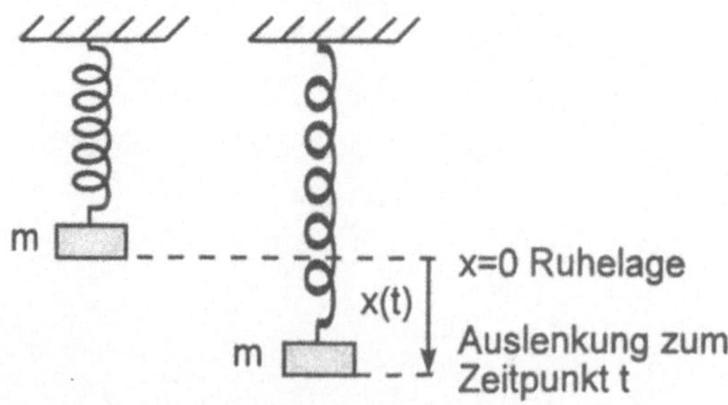

Abb. 52: Federpendel

Die Kräfte, die auf die Masse m wirken, sind die Federrückstellkraft $F_D = -D\,x(t)$ und die Reibungskraft $F_R = -\beta\,\dot{x}(t)$. Nach dem Newtonschen Bewegungsgesetz ist die Beschleunigungskraft $F_B = m\,\ddot{x}(t)$ gleich der Summe aller angreifenden Kräfte:

$$\boxed{m\,\ddot{x}(t) = -\beta\,\dot{x}(t) - D\,x(t) \quad \text{mit } x(0) = x_0,\ \dot{x}(0) = 0}$$

(homogene, lineare DG 2. Ordnung).

32. RCL-Kreis: Der RCL-Wechselstromkreis ist das elektromagnetische Analogon zu den Pendelbeispielen. Ein Stromkreis ist aufgebaut mit einer Induktivität L, einer Kapazität C und einem Ohmschen Widerstand R. Zur Zeit $t = 0$ wird der Stromkreis durch Anlegen einer äußeren Spannungsquelle $U_B(t) = U_0 \sin(\omega t)$ geschlossen. Gesucht ist der Strom $I(t)$ als Funktion der Zeit.

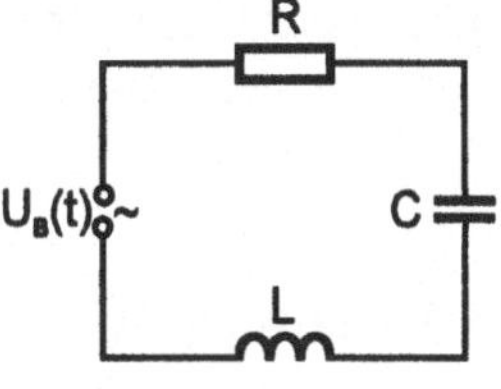

Abb. 53: RCL-Kreis

Nach dem Maschensatz ist die Summe der Spannungsabfälle an R, C und L gleich der eingespeisten Spannung U_B

$$U_R(t) + U_L(t) + U_C(t) = U_B(t)\,.$$

Mit dem Ohmschen Gesetz $(U_R = R \cdot I(t))$, dem Induktionsgesetz $(U_L = L \frac{dI(t)}{dt})$ und der Spannung am Kondensator $\left(U_C = \frac{1}{C}Q(t) = \frac{1}{C}\int_0^t I(\tau)\,d\tau\right)$ gilt

$$R \cdot I(t) + L\frac{dI(t)}{dt} + \frac{1}{C}\int_0^t I(\tau)\,d\tau = U_0 \sin(\omega t)$$

bzw. nach Differentiation

$$\boxed{L\,\ddot{I}(t) + R\,\dot{I}(t) + \tfrac{1}{C} I(t) = U_0\,\omega \cos(\omega t)}$$

(inhomogene, lineare DG 2. Ordnung).

Ausgehend von den obigen Beispielen formulieren die allgemeine Problemstellung:

> **Problemstellung:** Seien $a_k(x)$ $(k = 0, \ldots, n - 1)$ und $f(x)$ gegebene, auf einem Intervall I stetige Funktionen. Gesucht ist eine n-mal stetig differenzierbare Funktion $y(x)$ mit der Eigenschaft, daß sie für alle $x \in I$ die linearen DG
>
> $$y^{(n)}(x) + a_{n-1}(x)\,y^{(n-1)}(x) + \ldots + a_1(x)\,y'(x) + a_0(x)\,y(x) = f(x) \quad \text{(DG 2)}$$
>
> erfüllt.

> **Bezeichnung:** Für
>
> $f(x) \neq 0$ heißt $(DG\,2)$ eine **inhomogene DG n-ter Ordnung** und für
> $f(x) = 0$ heißt $(DG\,2)$ eine **homogene DG n-ter Ordnung**.

Wir diskutieren im folgenden die Problemstellungen: Wieviele Lösungen besitzt eine lineare DG n-ter Ordnung? Wie löst man das homogene Problem, wie das inhomogene? Zur Beantwortung dieser Fragen übertragen wir zunächst die Ergebnisse aus dem Kapitel über LDGS 1. Ordnung auf LDG n-ter Ordnung:

3.2 Reduktion einer DG n-ter Ordnung auf ein System

Ausgehend von der inhomogenen DG n-ter Ordnung konstruieren wir ein System 1. Ordnung, indem wir - verallgemeinernd zum Vorgehen in Beispiel 19 - n Funktionen $y_0(x), y_1(x), \ldots, y_{n-1}(x)$ einführen, die durch die Bestimmungsgleichungen

$$
\begin{aligned}
y_0(x) &:= y(x) \\
y_1(x) &:= y'(x) \\
y_2(x) &:= y''(x) \\
&\;\;\vdots \\
y_{n-1}(x) &:= y^{(n-1)}(x)
\end{aligned}
$$

festgelegt werden. Definieren wir die Vektorfunktion

$$
\vec{Y}(x) := \begin{pmatrix} y_0(x) \\ y_1(x) \\ \vdots \\ y_{n-2}(x) \\ y_{n-1}(x) \end{pmatrix}
$$

folgt für deren Ableitung

$$
\vec{Y}'(x) = \begin{pmatrix} y_0'(x) \\ y_1'(x) \\ \vdots \\ y_{n-2}'(x) \\ y_{n-1}'(x) \end{pmatrix} = \begin{pmatrix} y'(x) \\ y''(x) \\ \vdots \\ y^{(n-1)}(x) \\ y^{(n)}(x) \end{pmatrix}
$$

$$
= \begin{pmatrix} y_1(x) \\ y_2(x) \\ \vdots \\ y_{n-1}(x) \\ -a_0\,y(x) - a_1\,y'(x) - \ldots - a_{n-1}\,y^{(n-1)}(x) + f(x) \end{pmatrix}
$$

Die Gleichheit der ersten $(n-1)$ Komponenten gilt nach Definition der Funktionen $y_i(x)$ und die der letzten Komponente, da aufgrund der DG ($DG2$)

$$y^{(n)}(x) = -a_0\, y(x) - a_1\, y'(x) - \ldots - a_{n-1}\, y^{(n-1)}(x) + f(x)\,.$$

Ersetzen wir auch in der letzten Komponente die Ableitungen von $y(x)$ durch die entsprechenden Funktionen $y_i(x)$, ist

$$\vec{Y}'(x) \;=\; \begin{pmatrix} y_1(x) \\ y_2(x) \\ \vdots \\ y_{n-1}(x) \\ -a_0\, y_0(x) - a_1\, y_1(x) - \ldots - a_{n-1}\, y_{n-1}(x) + f(x) \end{pmatrix}$$

$$=\; \begin{pmatrix} 0 & 1 & 0 & & 0 \\ 0 & 0 & 1 & & 0 \\ \vdots & \vdots & & \ddots & \vdots \\ 0 & 0 & 0 & & 1 \\ -a_0 & -a_1 & -a_2 & \cdots & -a_{n-1} \end{pmatrix} \vec{Y}(x) + \begin{pmatrix} 0 \\ 0 \\ \vdots \\ 0 \\ f(x) \end{pmatrix} \qquad (\text{DGS}\,2)$$

Dies ist ein inhomogenes LDGS 1. Ordnung für $\vec{Y}(x)$.

Bemerkung: Ist $y(x)$ eine Lösung der inhomogenen, linearen DG n-ter Ordnung ($DG2$), dann ist $\vec{Y}(x) = (y(x), y'(x), \ldots, y^{(n-1)}(x))^t$ eine Lösung des entsprechenden inhomogenen LDGS 1. Ordnung ($DGS2$). Es ist aber auch die Umkehrung gültig: Ist $\vec{Y}(x) = (y_0(x), y_1(x), \ldots, y_{n-1}(x))^t$ Lösung von ($DGS2$), dann ist die erste Komponente des Vektors $\vec{Y}(x)$, $y(x) := y_0(x)$, eine Lösung der DG n-ter Ordnung ($DG2$).

Begründung: Ist $\vec{Y}(x)$ eine Lösung von ($DGS2$), so gilt für die erste Komponente $y_0(x)$ nach ($DGS2$):

$$\begin{aligned} y_0'(x) &= y_1(x) \\ y_0''(x) &= y_1'(x) = y_2(x) \\ y_0'''(x) &= y_2'(x) = y_3(x) \\ &\;\;\vdots \qquad\qquad \vdots \\ y_0^{(n-1)}(x) &= y_{n-2}'(x) = y_{n-1}(x) \\ y_0^{(n)}(x) &= y_{n-1}'(x) \\ &= -a_0\, y_0(x) - a_1\, y_1(x) - \ldots - a_{n-1}\, y_{n-1}(x) + f(x) \\ &= -a_0\, y_0(x) - a_1\, y_0'(x) - \ldots - a_{n-1}\, y_0^{(n-1)}(x) + f(x)\,. \end{aligned}$$

Somit ist $y_0(x)$ eine Lösung der DG n-ter Ordnung. Die Umkehrung gilt aufgrund obiger Überlegungen und der Konstruktion des LDGS ($DGS2$). $\qquad\square$

33. Beispiel: Gesucht ist das zur DG 4. Ordnung

$$x'''' (t) + 8\, x''' (t) + 22\, x'' (t) + 24\, x' (t) + 9\, x (t) = 0$$

gehörende LDGS 1. Ordnung. Die DG ist von der Ordnung 4, also führen wir 4 Funktionen

$$\begin{aligned}
y_0 (t) &= x (t) \\
y_1 (t) &= x' (t) \\
y_2 (t) &= x'' (t) \\
y_3 (t) &= x''' (t)
\end{aligned}$$

ein. Dann gilt für die Ableitung der Funktionen $y_0 (t)$, $y_1 (t)$, $y_2 (t)$ und $y_3 (t)$

$$\begin{aligned}
y_0' (t) &= x' (t) &&= y_1 (t) \\
y_1' (t) &= x'' (t) &&= y_2 (t) \\
y_2' (t) &= x''' (t) &&= y_3 (t) \\
y_3' (t) &= x'''' (t) &&= -9\, x (t) - 24\, x' (t) - 22\, x'' (t) - 8\, x''' (t) \\
& &&= -9\, y_0 (t) - 24\, y_1 (t) - 22\, y_2 (t) - 8\, y_3 (t)
\end{aligned}$$

Für den Vektor $\vec{Y} (t) := \begin{pmatrix} y_0 (t) \\ y_1 (t) \\ y_2 (t) \\ y_3 (t) \end{pmatrix}$ gilt dann

$$\begin{aligned}
\vec{Y}' (t) &= \begin{pmatrix} y_0' \\ y_1' \\ y_2' \\ y_3' \end{pmatrix} = \begin{pmatrix} y_1 \\ y_2 \\ y_3 \\ -9\, y_0 - 24\, y_1 - 22\, y_2 - 8\, y_3 \end{pmatrix} \\
&= \begin{pmatrix} 0 & 1 & 0 & 0 \\ 0 & 0 & 1 & 0 \\ 0 & 0 & 0 & 1 \\ -9 & -24 & -22 & -8 \end{pmatrix} \vec{Y} (t) .
\end{aligned}$$

Dies ist das zur DG gehörende LDGS 1. Ordnung.

Satz 12: Das Lösen einer linearen DG n-ter Ordnung ($DG2$) ist äquivalent zum Lösen des zugehörigen LDGS 1. Ordnung ($DGS2$).

Daher ist es gleichgültig, ob die DG n-ter Ordnung gelöst wird oder das zugehörige DG-System. Dieser Satz hat weitreichende Konsequenzen für das *numerische* Lösen von DG n-ter Ordnung, da man i.a. besser Systeme 1. Ordnung lösen kann, als DG n-ter Ordnung ($\rightarrow$ vgl. §4). Durch diese Äquivalenz übertragen sich auch die Aussagen über die Lösung von LDGS auf DG n-ter Ordnung. Entsprechend Satz 1 und Satz 10 gilt

Satz 13: (Lösung linearer DG n-ter Ordnung)

(1) Sei $\mathbb{L}_h$ die Menge aller Lösungen der *homogenen linearen DG n-ter Ordnung*

$$y^{(n)}(x) + a_{n-1}\, y^{(n-1)}(x) + \ldots + a_1\, y'(x) + a_0\, y(x) = 0,$$

dann ist $\mathbb{L}_h$ **ein n-dimensionaler Vektorraum**.

(2) Sei $\mathbb{L}_i$ die Menge aller Lösungen der *inhomogenen linearen DG n-ter Ordnung*

$$y^{(n)}(x) + a_{n-1}\, y^{(n-1)}(x) + \ldots + a_1\, y'(x) + a_0\, y(x) = f(x),$$

dann ist

$$\boxed{\mathbb{L}_i = y_p(x) + \mathbb{L}_h,}$$

wenn $y_p(x)$ eine beliebige *partikuläre* (= *spezielle*) Lösung der inhomogenen DG ist.

(3) n verschiedene Lösungen $\varphi_1(x),\, \varphi_2(x),\, \ldots,\, \varphi_n(x)$ der homogenen DG sind genau dann linear unabhängig, wenn für **ein**, und damit für alle $x \in I$, die sog. **"Wronski-Determinante"** $W(x)$ ungleich Null ist:

$$W(x) = \det \begin{pmatrix} \varphi_1(x) & \varphi_2(x) & \cdots & \varphi_n(x) \\ \varphi_1'(x) & \varphi_2'(x) & \cdots & \varphi_n'(x) \\ \vdots & \vdots & & \vdots \\ \varphi_1^{(n-1)}(x) & \varphi_2^{(n-1)}(x) & \cdots & \varphi_n^{(n-1)}(x) \end{pmatrix} \neq 0.$$

Definition: *Eine Basis $\varphi_1(x),\, \ldots,\, \varphi_n(x)$ des Lösungsraumes $\mathbb{L}_h$ der homogenen DG heißt* **Lösungs-Fundamentalsystem**.

Folgerung: $\varphi_1(x),\, \ldots,\, \varphi_n(x)$ ist ein **Lösungs-Fundamentalsystem** genau dann, wenn $\boxed{W(x_0) \neq 0}$ für ein $x_0 \in I$.

---

34. Beispiel: Gegeben ist für $x > 0$ die homogene DG 2. Ordnung

$$y''(x) - \frac{1}{2\,x}\, y'(x) + \frac{1}{2\,x^2}\, y(x) = 0.$$

Zwei Lösungen sind

$$\varphi_1(x) = x\,, \quad \varphi_2(x) = \sqrt{x}\,,$$

wie man durch Einsetzen in die DG leicht bestätigt. Die Wronski-Determinante zu $\varphi_1,\, \varphi_2$ lautet

$$W(x) = \det \begin{pmatrix} \varphi_1(x) & \varphi_2(x) \\ \varphi_1'(x) & \varphi_2'(x) \end{pmatrix} = \begin{vmatrix} x & \sqrt{x} \\ 1 & \frac{1}{2\sqrt{x}} \end{vmatrix} = -\frac{1}{2}\sqrt{x}.$$

Für $x > 0$ ist $W(x) \neq 0$ und (φ_1, φ_2) bilden somit ein Fundamentalsystem. Die allgemeine Lösung der DG ist daher

$$y(x) = c_1\, x + c_2\, \sqrt{x}.$$

Die Konstanten c_1 und c_2 bestimmen sich aus Anfangsbedingungen.

35. Beispiel: Bewegung eines geladenen Teilchens im Magnetfeld. Nach Beispiel 20 lauten die nicht-relativistischen Bewegungsgleichungen eines Elektrons in einem homogenen Magnetfeld, welches senkrecht zur Bewegungsrichtung steht,

$$\dot{v}_x(t) = -\omega\, v_y(t) \quad \text{und} \quad \dot{v}_y(t) = \omega\, v_x(t)$$

mit $\omega = \frac{e}{m}\, B \neq 0$. Differenziert man die erste Gleichung, $\ddot{v}_x(t) = -\omega\, \dot{v}_y(t)$, und setzt die zweite ein, erhält man eine DG 2. Ordnung für die Geschwindigkeit $v_x(t)$:

$$\boxed{\ddot{v}_x(t) + \omega^2\, v_x(t) = 0.}$$

Zwei Lösungen dieser DG kann man direkt angeben:

$$\varphi_1(t) = \cos(\omega t) \quad \text{und} \quad \varphi_2(t) = \sin(\omega t),$$

wie man durch Einsetzen in die DG bestätigt! Diese beiden Lösungen bilden ein Fundamentalsystem, da die Wronski-Determinante

$$W(t) \;=\; \det\begin{pmatrix} \varphi_1(t) & \varphi_2(t) \\ \varphi_1'(t) & \varphi_2'(t) \end{pmatrix} = \begin{vmatrix} \cos(\omega t) & \sin(\omega t) \\ -\omega\,\sin(\omega t) & \omega\,\cos(\omega t) \end{vmatrix}$$

$$=\; \omega\,\cos^2(\omega t) + \omega\,\sin^2(\omega t) = \omega \neq 0.$$

Daher ist die allgemeine Lösung für $v_x(t)$

$$v_x(t) = c_1\,\cos(\omega t) + c_2\,\sin(\omega t).$$

Die Parameter c_1, c_2 werden durch physikalische Anfangsbedingungen festgelegt.
$\square$

Im folgenden werden wir uns mit der Frage beschäftigen, wie man alle Lösungen des homogenen Problems und eine spezielle Lösung des inhomogenen Problems berechnet. Für lineare DG mit konstanten Koeffizienten gibt es eine sehr befriedigende Antwort: Die Lösung des homogenen Problems ist äquivalent zur Bestimmung von Nullstellen eines Polynoms n-ten Grades (*charakteristisches Polynom*) ($\rightarrow$§3.3). Eine partikuläre Lösung der inhomogenen DG kann man oftmals durch einen speziellen Ansatz gewinnen ($\rightarrow$§3.4).

3.3 Homogene DG n-ter Ordnung mit konst. Koeffizienten

36. Beispiel: Gegeben ist die DG 2. Ordnung

$$\boxed{\ddot{x}(t) + \omega_0^2\, x(t) = 0.}$$

Die zugehörige physikalische Problemstellung kann z.B. das Fadenpendel ohne Reibung 30, das Federpendel 31, ein LC-Kreis 32 oder die Bewegungsgleichung eines Elektrons im Magnetfeld 35 sein. Zur Lösung der DG wählen wir den **Ansatz**:

$$\boxed{x(t) = e^{\lambda t}.} \tag{$*$}$$

Setzen wir diesen Ansatz in die DG ein, folgt

$$\lambda^2\, e^{\lambda t} + \omega_0^2\, e^{\lambda t} = 0 \quad \hookrightarrow \quad \lambda^2 + \omega_0^2 = 0.$$

Man nennt

$$P(\lambda) = \lambda^2 + \omega_0^2$$

das zur DG zugehörige *charakteristische Polynom*. Wenn die im Ansatz auftretende Größe λ eine Nullstelle des charakteristischen Polynoms ist, dann ist $e^{\lambda t}$ eine Lösung der DG. Aus $P(\lambda) = 0$, folgt $\lambda = \pm\sqrt{-\omega_0^2} = \pm i\,\omega_0$.

$$\Rightarrow \varphi_1(t) = e^{i\,\omega_0\,t} \quad \text{und} \quad \varphi_2(t) = e^{-i\,\omega_0\,t}$$

sind Lösungen der DG. Sie bilden gleichzeitig ein Fundamentalsystem, da die Wronski-Determinante

$$W(t) = \det\begin{pmatrix} \varphi_1(t) & \varphi_2(t) \\ \varphi_1'(t) & \varphi_2'(t) \end{pmatrix} = \begin{vmatrix} e^{i\,\omega_0\,t} & e^{-i\,\omega_0\,t} \\ i\,\omega_0\,e^{i\,\omega_0\,t} & -i\,\omega\,e^{-i\,\omega_0\,t} \end{vmatrix} = -2\,i\,\omega_0 \neq 0.$$

Da $\varphi_1(t)$, $\varphi_2(t)$ komplexe Funktionen sind, nennt man $(\varphi_1(t),\ \varphi_2(t))$ ein *komplexes Fundamentalsystem*.

Übergang zu einem reellen Fundamentalsystem. Zu diesem komplexen Fundamentalsystem konstruiert man ein reelles, indem man zu speziellen Linearkombinationen von $\varphi_1(t)$ und $\varphi_2(t)$ übergeht. Da für lineare DG das Superpositionsprinzip gilt, ist mit zwei Lösungen $\varphi_1(t)$ und $\varphi_2(t)$ jede Linearkombination $c_1\,\varphi_1(t) + c_2\,\varphi_2(t)$ ebenfalls eine Lösung der DG. Mit $\varphi_1(t)$ und $\varphi_2(t)$ sind also auch die beiden Funktionen

$$x_1(t) \quad = \quad \tfrac{1}{2}\varphi_1(t) + \tfrac{1}{2}\varphi_2(t) \quad = \quad \tfrac{1}{2}\left(e^{i\,\omega_0\,t} + e^{-i\,\omega_0\,t}\right) \quad = \quad \cos(\omega_0 t)$$

$$x_2(t) \quad = \quad \tfrac{1}{2i}\varphi_1(t) - \tfrac{1}{2i}\varphi_2(t) \quad = \quad \tfrac{1}{2i}\left(e^{i\,\omega_0\,t} - e^{-i\,\omega_0\,t}\right) \quad = \quad \sin(\omega_0 t)$$

Lösungen der DG. Da die Wronski-Determinante dieser beiden Funktionen $W(t) = \omega_0 \neq 0$, bilden $(\cos(\omega_0 t), \sin(\omega_0 t))$ ein *reelles Fundamentalsystem* und die allgemeine Lösung lautet

$$x(t) = c_1 \cos(\omega_0 t) + c_2 \sin(\omega_0 t). \qquad \Box$$

Bemerkung: In vielen Anwendungen findet man die Argumentation, daß man von einem komplexen Fundamentalsystem $(\varphi_1(t), \varphi_2(t))$ zu einem reellen kommt, indem der Real- und Imaginärteil dieser Funktionen genommen wird. (Für obiges Beispiel $\mathrm{Re}(\varphi_1(t)) = \cos(\omega_0 t)$, $\mathrm{Im}(\varphi_1(t)) = \sin(\omega_0 t)$.) Diese Vorgehensweise gilt aber lediglich dann, wenn die DG nur *reelle* Koeffizienten besitzt, andernfalls ist sie falsch!

Wir übertragen die Lösungsmethode von Beispiel 36 auf den Fall einer allgemeinen, **homogenen linearen DG n-ter Ordnung:**

$$y^{(n)}(x) + a_{n-1}\, y^{(n-1)}(x) + \ldots + a_1\, y'(x) + a_0\, y(x) = 0. \qquad (*)$$

Mit dem **Ansatz**

$$y(x) = e^{\lambda x}$$

für die gesuchte Funktion, lautet die k-te Ableitung von $y(x)$

$$y^{(k)}(x) = \lambda^k\, e^{\lambda x}.$$

Eingesetzt in die DG $(*)$ ergibt

$$\lambda^n e^{\lambda x} + a_{n-1}\, \lambda^{n-1} e^{\lambda x} + \ldots + a_1\, \lambda e^{\lambda x} + a_0\, e^{\lambda x} = 0$$

$$\Rightarrow \lambda^n + a_{n-1}\, \lambda^{n-1} + \ldots + a_1\, \lambda + a_0 = 0.$$

Definition: $P(\lambda) := \lambda^n + a_{n-1}\, \lambda^{n-1} + \ldots + a_1\, \lambda + a_0$

heißt das zur DG $(*)$ zugehörige **charakteristische Polynom**.

Ist λ_0 eine **Nullstelle** des charakteristischen Polynoms $P(\lambda)$, dann stellt

$$y(x) = e^{\lambda_0 x}$$

eine Lösung der DG dar. Nach dem Fundamentalsatz der Algebra (Bd. 1, Kap. V.2.7) besitzt jedes komplexe (also auch reelle) Polynom vom Grade n genau n komplexe Nullstellen $\lambda_1, \ldots, \lambda_n$, die allerdings auch mehrfach vorkommen können. Hat das charakteristische Polynom n *verschiedene* Nullstellen, dann sind durch

$$y_k(x) = e^{\lambda_k x} \qquad k = 1, \ldots, n$$

n verschiedene Funktionen gegeben und es gilt

Satz 14: Charakteristisches Polynom mit n verschiedenen Nullstellen

Gegeben ist die *homogene lineare DG n-ter Ordnung*

$$y^{(n)}(x) + a_{n-1}\, y^{(n-1)}(x) + \ldots + a_1\, y'(x) + a_0\, y(x) = 0.$$

Das zugehörige charakteristische Polynom $P(\lambda)$ habe n verschiedene Nullstellen $\lambda_1, \lambda_2, \ldots, \lambda_n$. Dann bilden die n Lösungen der DG

$$\boxed{y_k(x) := e^{\lambda_k x}} \qquad (k = 1, \ldots, n)$$

ein **Fundamentalsystem**.

Beweis: Aufgrund unserer Vorüberlegungen ist klar, daß $e^{\lambda_k x}\,(k = 1, \ldots, n)$ Lösungen der DG sind, wenn die λ_k Nullstellen des charakteristischen Polynoms sind. Zu zeigen bleibt also nur noch die lineare Unabhängigkeit der Lösungen. Dazu gehen wir zur Wronski-Determinante über

$$W(x) = \det \begin{pmatrix} e^{\lambda_1 x} & e^{\lambda_2 x} & \cdots & e^{\lambda_n x} \\ \lambda_1 e^{\lambda_1 x} & \lambda_2 e^{\lambda_2 x} & \cdots & \lambda_n e^{\lambda_n x} \\ \vdots & \vdots & & \vdots \\ \lambda_1^{n-1} e^{\lambda_1 x} & \lambda_2^{n-1} e^{\lambda_2 x} & \cdots & \lambda_n^{n-1} e^{\lambda_n x} \end{pmatrix}.$$

Mittels vollständiger Induktion zeigt man, daß die sog. Vandermondesche Determinante

$$W(x = 0) = \det \begin{pmatrix} 1 & 1 & \cdots & 1 \\ \lambda_1 & \lambda_2 & \cdots & \lambda_n \\ \vdots & \vdots & & \vdots \\ \lambda_1^{n-1} & \lambda_2^{n-1} & \cdots & \lambda_n^{n-1} \end{pmatrix} = \prod_{i>j}(\lambda_i - \lambda_j) \neq 0.$$

Damit bilden die Lösungen auch ein Fundamentalsystem. $\qquad\qquad\square$

37. Beispiel: Gesucht ist ein Fundamentalsystem der DG

$$y^{(4)}(x) + 3\, y''(x) - 4\, y(x) = 0.$$

Ansatz: $y(x) = e^{\lambda x}$ in DG eingesetzt liefert

$$\lambda^4 e^{\lambda x} + 3\,\lambda^2 e^{\lambda x} - 4\, e^{\lambda x} = 0 \;\Rightarrow\; P(\lambda) = \lambda^4 + 3\,\lambda^2 - 4 = 0.$$

Mit $Z := \lambda^2$ ist $Z^2 + 3\,Z - 4 = 0 \;\hookrightarrow\; Z_1 = 1,\; Z_2 = -4$.

$$\Rightarrow \lambda_{1/2} = \pm\sqrt{Z_1} = \pm 1 \;\text{ und }\; \lambda_{3/4} = \pm\sqrt{Z_2} = \pm\sqrt{-4} = \pm 2i.$$

$P(\lambda)$ hat somit 4 verschiedene Nullstellen ± 1, $\pm 2i$ und

$$e^{1x}, \;\; e^{-1x}, \;\; e^{2ix}, \;\; e^{-2ix}$$

ist ein komplexes Fundamentalsystem. Durch

$$\tfrac{1}{2}\left(e^{2i\,x}+e^{-2i\,x}\right)=\cos\left(2x\right)$$

$$\tfrac{1}{2i}\left(e^{2i\,x}-e^{-2i\,x}\right)=\sin\left(2x\right)$$

erhält man ein reelles Fundamentalsystem:

$$e^{x},\quad e^{-x},\quad \cos\left(2x\right),\quad \sin\left(2x\right).\qquad\qquad \square$$

Nach Satz 14 ist eindeutig geklärt, wie man ein Fundamentalsystem bestimmt, wenn $P(\lambda)$ n verschiedene Nullstellen besitzt. Zur Klärung des Problems von doppelten bzw. mehrfachen Nullstellen betrachten wir das folgende Beispiel:

38. Beispiel: $\qquad\qquad \ddot{x}(t)+2\,\dot{x}(t)+x(t)=0.\qquad\qquad$ (*)

Ansatz: $x(t)=e^{\lambda\,t}$ in DG liefert das charakteristische Polynom

$$P(\lambda)=\lambda^{2}+2\,\lambda+1\overset{!}{=}0$$

$$P(\lambda)=0\quad\hookrightarrow\quad \lambda_{1/2}=-1 \text{ ist doppelte Nullstelle}$$

$$\hookrightarrow\quad x_1(t)=e^{-t} \text{ ist eine Lösung von } (*).$$

Mit dem Ansatz $e^{\lambda\,t}$ erhält man bei diesem Beispiel nur eine Lösung. Da (*) eine DG 2. Ordnung, stellt $\mathbb{L}_h$ einen 2-dimensionalen Vektorraum dar und das Fundamentalsystem besteht aus **zwei** linear unabhängigen Funktionen! Eine weitere Lösung ist gegeben durch

$$x_2(t)=t\cdot e^{-t};$$

denn $x_2(t)$ und die Ableitungen

$$\dot{x}_2(t)\;=\;e^{-t}-t\,e^{-t}$$
$$\ddot{x}_2(t)\;=\;-e^{-t}-e^{-t}+t\,e^{-t}$$

in DG eingesetzt

$$\Rightarrow \ddot{x}_2(t)+2\,\dot{x}_2(t)+x_2(t)=0.$$

Außerdem sind $x_1(t)$ und $x_2(t)$ linear unabhängig:

$$W(t)=\det\begin{pmatrix} x_1(t) & x_2(t)\\ x_1'(t) & x_2'(t) \end{pmatrix}=\begin{vmatrix} e^{-t} & t\,e^{-t}\\ -e^{-t} & e^{-t}(1-t) \end{vmatrix}=e^{-2t}\neq 0.$$

Daher ist ein Fundamentalsystem

$$e^{-t},\quad t\,e^{-t}.\qquad\qquad \square$$

Ist λ_0 eine m-fache Nullstelle des charakteristischen Polynoms $P(\lambda)$, dann sind

$$e^{\lambda_0\,t},\quad t\,e^{\lambda_0\,t},\quad t^2\,e^{\lambda_0\,t},\ldots,t^{m-1}\,e^{\lambda_0\,t}$$

linear unabhängige Lösungen der DG n-ter Ordnung:

Satz 15: Charakteristisches Polynom mit Mehrfachnullstellen

Gegeben ist die *homogene lineare DG n-ter Ordnung*

$$y^{(n)}(x) + a_{n-1}\, y^{(n-1)}(x) + \ldots + a_1\, y'(x) + a_0\, y(x) = 0.$$

Das zugehörige charakteristische Polynom $P(\lambda)$ habe l verschiedene Nullstellen $\lambda_k \in \mathbb{C}$ $(k = 1, \ldots, l)$ mit der Vielfachheit m_k $(k = 1, \ldots, l)$. Dann sind

$$\boxed{e^{\lambda_k\, x}, \; x\, e^{\lambda_k\, x}, \ldots, x^{m_k-1}\, e^{\lambda_k\, x}}$$

linear unabhängige Lösungen der DG und bilden für $k = 1, \ldots, l$ ein **Fundamentalsystem**.

---

39. Beispiel: Gesucht ist ein reelles Fundamentalsystem der DG

$$y^{(4)}(x) + 8\, y''(x) + 16\, y(x) = 0.$$

Ansatz: $y(x) = e^{\lambda\, x}$ in die DG liefert das charakteristische Polynom

$$P(\lambda) = \lambda^4 + 8\, \lambda^2 + 16 = 0.$$

Mit $Z := \lambda^2$ ist $Z^2 + 8\, Z + 16 = 0 \hookrightarrow Z_{1/2} = -4$ doppelt. Damit sind

$$\lambda_{1/2} = \pm\sqrt{-4} = \pm 2i$$

doppelte Nullstellen.

$$\lambda_1 = 2i \quad \hookrightarrow \quad \varphi_1(x) = e^{2i\, x}, \quad \varphi_2(x) = x \cdot e^{2i\, x} \quad \text{sind zwei Lösungen.}$$
$$\lambda_2 = -2i \quad \hookrightarrow \quad \varphi_3(x) = e^{-2i\, x}, \quad \varphi_4(x) = x \cdot e^{-2i\, x} \quad \text{sind zwei Lösungen.}$$

$$\Rightarrow e^{2i\, x}, \; e^{-2i\, x}, \; x\, e^{2i\, x}, \; x\, e^{-2i\, x} \quad \text{ist ein komplexes Fundamentalsystem.}$$

Übergang zum reellen Fundamentalsystem durch spezielle Linearkombinationen:

$$\tfrac{1}{2}\left(\varphi_1(x) + \varphi_3(x)\right) \; = \; \tfrac{1}{2}\left(e^{2i\, x} + e^{-2i\, x}\right) \; = \; \cos(2x)$$

$$\tfrac{1}{2i}\left(\varphi_1(x) - \varphi_3(x)\right) \; = \; \tfrac{1}{2i}\left(e^{2i\, x} - e^{-2i\, x}\right) \; = \; \sin(2x)$$

$$\tfrac{1}{2}\left(\varphi_2(x) + \varphi_4(x)\right) \; = \; x\, \tfrac{1}{2}\left(e^{2i\, x} + e^{-2i\, x}\right) \; = \; x \cdot \cos(2x)$$

$$\tfrac{1}{2i}\left(\varphi_2(x) - \varphi_4(x)\right) \; = \; x\, \tfrac{1}{2i}\left(e^{2i\, x} - e^{-2i\, x}\right) \; = \; x \cdot \sin(2x).$$

$$\Rightarrow \cos(2\, x), \; \sin(2\, x), \; x\cos(2\, x), \; x\sin(2\, x)$$

bildet ein reelles Fundamentalsystem und die allgemeine Lösung lautet:

$$y(x) = c_1 \cos(2\, x) + c_2 \sin(2\, x) + c_3\, x\, \cos(2\, x) + c_4\, x\, \sin(2\, x).$$

40. Beispiel: Gegeben ist die DG

$$y''' (x) - y (x) = 0,$$

gesucht ist ein reelles Fundamentalsystem. Mit dem Ansatz

$$y (x) = e^{\lambda x}$$

in die DG eingesetzt, erhält man das charakteristische Polynom

$$P (\lambda) = \lambda^3 - 1 \overset{!}{=} 0.$$

Die Nullstellen des charakteristischen Polynoms sind $\lambda_1 = 1$ und $\lambda_{2/3} = -\frac{1}{2} \pm \frac{1}{2} \sqrt{3}\, i$, so daß die Funktionen

$$e^x, \quad e^{\left(-\frac{1}{2}+\frac{1}{2}\sqrt{3}\, i\right) x}, \quad e^{\left(-\frac{1}{2}-\frac{1}{2}\sqrt{3}\, i\right) x}$$

ein komplexes Fundamentalsystem bilden. Mit den Linearkombinationen

$$\frac{1}{2} \left(e^{\left(-\frac{1}{2}+\frac{1}{2}\sqrt{3}\, i\right) x} + e^{\left(-\frac{1}{2}-\frac{1}{2}\sqrt{3}\, i\right) x} \right) = e^{-\frac{1}{2} x} \frac{1}{2} \left(e^{\frac{1}{2}\sqrt{3}\, i x} + e^{-\frac{1}{2}\sqrt{3}\, i x} \right)$$

$$= e^{-\frac{1}{2} x} \cos(\tfrac{1}{2} \sqrt{3}\, x)$$

und

$$\frac{1}{2i} \left(e^{\left(-\frac{1}{2}+\frac{1}{2}\sqrt{3}\, i\right) x} - e^{\left(-\frac{1}{2}-\frac{1}{2}\sqrt{3}\, i\right) x} \right) = e^{-\frac{1}{2} x} \frac{1}{2i} \left(e^{\frac{1}{2}\sqrt{3}\, i x} - e^{-\frac{1}{2}\sqrt{3}\, i x} \right)$$

$$= e^{-\frac{1}{2} x} \sin(\tfrac{1}{2} \sqrt{3}\, x)$$

bekommt man ein reelles Fundamentalsystem

$$e^x, \quad e^{-\frac{1}{2} x} \cos(\tfrac{1}{2} \sqrt{3}\, x), \quad e^{-\frac{1}{2} x} \sin(\tfrac{1}{2} \sqrt{3}\, x).$$

41. Anwendungsbeispiel: Freie, gedämpfte Schwingung. Wir kommen auf das Federpendel aus Beispiel 31 zurück. Für die Auslenkung $x (t)$ der Masse m aus der Ruhelage gilt unter Berücksichtigung von Reibung die DG

$$\ddot{x} (t) = -\beta \dot{x} (t) - D x (t) \quad \text{mit } x (0) = x_0 \text{ und } \dot{x} (0) = 0.$$

Mit den Parametern $\omega_0^2 = \frac{D}{m}$ und $\mu = \frac{1}{2} \frac{\beta}{m}$ ist

$$\boxed{\ddot{x} (t) + 2 \mu \dot{x} (t) + \omega_0^2 x (t) = 0, \quad x (0) = x_0, \quad \dot{x} (0) = 0.}$$

Der Ansatz

$$x(t) = e^{\lambda t}.$$

führt zum charakteristischen Polynom

$$P(\lambda) = \lambda^2 + 2\mu\lambda + \omega_0^2 = 0$$

mit den Nullstellen $\boxed{\lambda_{1/2} = -\mu \pm \sqrt{\mu^2 - \omega_0^2}}$.

Das Vorzeichen der Diskriminante

$$\triangle := \mu^2 - \omega_0^2$$

entscheidet über die Art der Schwingung. Bei schwacher Dämpfung ist das mechanische System zu echten Schwingungen fähig (*Schwingungsfall*). Dieser Fall tritt ein, wenn $\mu < \omega_0$. Bei starker Dämpfung $\mu > \omega_0$ bewegt sich das System nicht-periodisch (= *aperiodisch*) auf die Gleichgewichtslage zu (*Kriechfall*). Für $\triangle = 0$, d.h. $\mu = \omega_0$, folgt der aperiodische Grenzfall. Im folgenden werden wir jeden dieser drei Fälle getrennt behandeln:

1. Fall: $\triangle < 0$, d.h. $\mu < \omega_0$: *Gedämpfte Schwingung*
2. Fall: $\triangle = 0$, d.h. $\mu = \omega_0$: *Aperiodischer Grenzfall*
3. Fall: $\triangle > 0$, d.h. $\mu > \omega_0$: *Kriechfall*

1. Gedämpfte Schwingung (schwache Dämpfung)
Bei schwacher Dämpfung ($\mu < \omega_0$) sind die Nullstellen des charakteristischen Polynoms komplex-konjugierte Zahlen

$$\lambda_{1/2} = -\mu \pm \sqrt{\mu^2 - \omega_0^2} = -\mu \pm i\sqrt{\omega_0^2 - \mu^2} = -\mu \pm i\omega$$

mit $\omega := \sqrt{\omega_0^2 - \mu^2} > 0$. Damit ist ein komplexes Fundamentalsystem

$$\varphi_1(t) = e^{\lambda_1 t} = e^{(-\mu + i\omega)t} = e^{-\mu t}e^{i\omega t}$$

$$\varphi_2(t) = e^{\lambda_2 t} = e^{(-\mu - i\omega)t} = e^{-\mu t}e^{-i\omega t}.$$

Durch die Linearkombinationen

$$x_1(t) = \tfrac{1}{2}(\varphi_1(t) + \varphi_2(t)) = e^{-\mu t}\cos(\omega t)$$

$$x_2(t) = \tfrac{1}{2i}(\varphi_1(t) - \varphi_2(t)) = e^{-\mu t}\sin(\omega t)$$

bestimmt sich die **allgemeine Lösung**

$$x(t) = e^{-\mu t}(c_1 \cos(\omega t) + c_2 \sin(\omega t))$$

mit der Ableitung

$$\begin{aligned}
\dot{x}(t) = {}& -\mu e^{-\mu t}(c_1 \cos(\omega t) + c_2 \sin(\omega t)) \\
& + e^{-\mu t}(-c_1\omega\sin(\omega t) + c_2\omega\cos(\omega t)).
\end{aligned}$$

Durch Einsetzen der Anfangsbedingungen folgen die Konstanten c_1 und c_2:

$$x(0) = x_0: \quad x(0) = c_1 = x_0,$$

$$\dot{x}(0) = 0: \quad \dot{x}(0) = c_1(-\mu) + c_2\,\omega = 0 \Rightarrow c_2 = x_0\left(\tfrac{\mu}{\omega}\right).$$

$$\Rightarrow \boxed{x(t) = x_0\,e^{-\mu t}\left(\cos(\omega t) + \frac{\beta}{2m}\,\frac{1}{\omega}\,\sin(\omega t)\right).}$$

Die Lösung setzt sich zusammen aus einer zeitlich abnehmenden Amplitude $x_0\,e^{-\mu t}$ und einem periodischen Anteil $\left(\cos(\omega t) + \frac{\beta}{2m}\,\frac{1}{\omega}\,\sin(\omega t)\right)$. Der periodische Anteil der Funktion kann auch in der Form $\left(\frac{\omega_0}{\omega}\,\sin(\omega t + \varphi)\right)$ mit $\boxed{\tan\varphi = \frac{\omega}{\mu}}$ dargestellt werden, so daß

$$\boxed{x(t) = x_0\,e^{-\mu t}\,\frac{\omega_0}{\omega}\,\sin(\omega t + \varphi).}$$

Es liegt eine *gedämpfte Schwingung* vor. Das Federpendel schwingt mit der gegenüber der ungedämpften Schwingung **verkleinerten** Kreisfrequenz

$$\omega = \sqrt{\omega_0^2 - \mu^2} < \omega_0.$$

Abb. 54 zeigt den typischen Verlauf einer gedämpften Schwingung.

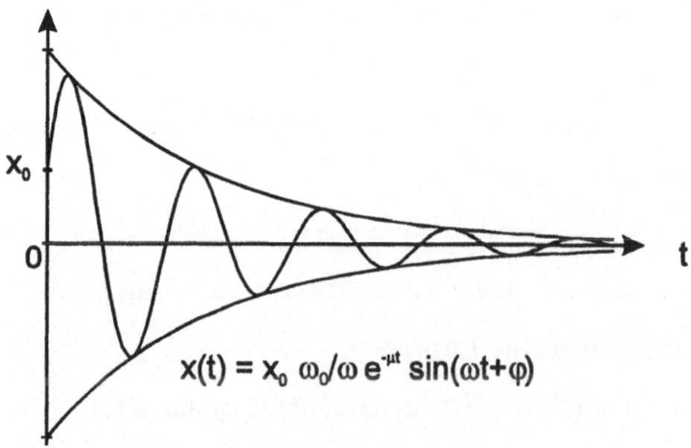

Abb. 54: Zeitlicher Verlauf einer gedämpften Schwingung

2. Aperiodischer Grenzfall. $\triangle = 0$, d.h. $\mu = \omega_0$, beschreibt den aperiodischen Grenzfall, der die periodischen Bewegungen von den nicht-periodischen trennt. Für $\mu = \omega_0$ ist

$$\lambda_{1/2} = -\mu$$

eine doppelte Nullstelle des charakteristischen Polynoms $P(\lambda)$, und $\varphi_1(t) = e^{-\mu t}$ und $\varphi_2(t) = t \cdot e^{-\mu t}$ bilden ein reelles Fundamentalsystem. Die **allgemeine Lösung** lautet dann

$$x(t) = c_1 e^{-\mu t} + c_2 t e^{-\mu t}.$$

Durch Einsetzen der Anfangsbedingungen bestimmen sich die Konstanten c_1, c_2:

$$x(0) = x_0: \quad c_1 = x_0,$$

$$\dot{x}(0) = 0: \quad -\mu c_1 + c_2 = 0 \Rightarrow c_2 = \mu x_0.$$

$$\Rightarrow \boxed{x(t) = x_0 e^{-\mu t}(1 + \mu t).}$$

Der Massepunkt bewegt sich nach seiner Auslenkung um x_0 auf die Gleichgewichtslage nicht-periodisch zu.

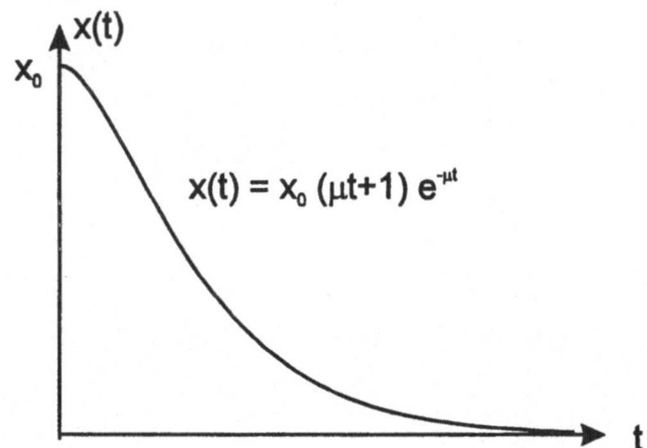

Abb. 55: Aperiodischer Grenzfall für $x(0) = x_0$, $x'(0) = 0$.

Interessant ist noch eine andere Art der Anregung des Pendels: Wir stoßen das in der Ruhelage befindliche Federpendel an; erteilen ihm eine Anfangsgeschwindigkeit $\dot{x}(0) = v_0$. In diesem Fall bestimmen sich die Konstanten c_1 und c_2 aus

$$x(0) = 0: \quad c_1 = 0,$$

$$\dot{x}(0) = v_0: \quad c_2 - \mu c_1 = v_0 \hookrightarrow c_2 = v_0.$$

$$\Rightarrow \boxed{x(t) = v_0 t e^{-\mu t}.}$$

Dieser Verlauf ist in Abb. 56 dargestellt. Das Pendel bewegt sich zunächst aufgrund seiner Anfangsgeschwindigkeit v_0 aus der Ruhelage heraus, erreicht nach $t = \frac{1}{\mu}$ seinen Umkehrpunkt und bewegt sich dann aperiodisch zur Gleichgewichtslage zurück.

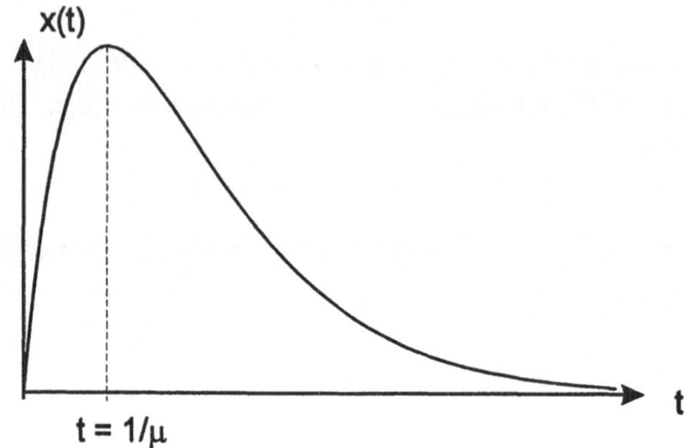

Abb. 56: Aperiodischer Grenzfall für $x(0) = 0$, $x'(0) = v_0$.

3. Kriechfall. Bei *starker Dämpfung* $(\mu > \omega_0)$ sind die Nullstellen des charakteristischen Polynoms zwei negative, reelle Zahlen

$$\lambda_{1/2} = -\mu \pm \sqrt{\mu^2 - \omega_0^2} < 0.$$

Setzen wir $k = \sqrt{\mu^2 - \omega_0^2}$, bilden $\varphi_1(t) = e^{(-\mu+k)t}$ und $\varphi_2(t) = e^{(-\mu-k)t}$ ein reelles Fundamentalsystem und die **allgemeine Lösung** lautet

$$x(t) = c_1\, e^{(-\mu+k)\,t} + c_2\, e^{(-\mu-k)\,t}.$$

Die Masse ist infolge zu starker Reibung zu keiner echten Schwingung fähig und bewegt sich im Lauf der Zeit nicht-periodisch auf die Gleichgewichtslage zu. Man bezeichnet diesen Fall in der Mechanik als *Kriechfall* oder als aperiodische Schwingung. Der genaue Verlauf hängt, wie im Fall 2, von den Anfangsbedingungen ab (siehe Abb. 57).

Für $x(0) = x_0$ und $\dot{x}(0) = 0$ bestimmen sich die Konstanten c_1 und c_2 zu:

$$x(0) = x_0: \qquad x_0 = c_1 + c_2,$$

$$\dot{x}(0) = 0: \qquad 0 = (-\mu + k)\, c_1 + (-\mu - k)\, c_2.$$

Die Lösung dieses linearen Gleichungssystems für c_1 und c_2 lautet $c_1 = x_0 \dfrac{k + \mu}{2\,k}$

und $c_2 = x_0 \dfrac{k - \mu}{2\,k}$

$$\Rightarrow \boxed{\; x\,(t) = \frac{x_0}{2\,k}\, e^{-\mu\,t}\left((k + \mu)\; e^{k\,t} + (k - \mu)\; e^{-k\,t}\right) \;}$$

(Exponentielles Abklingen ohne Schwingungsanteil).   □

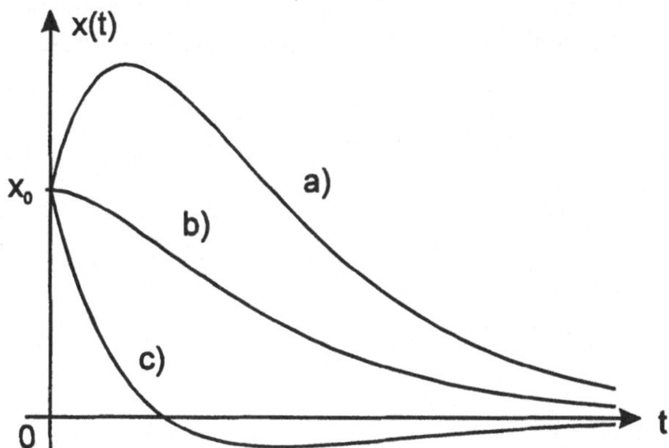

Abb. 57: Aperiodische Schwingung für verschiedene Anfangsbedingungen:
     a) $x'(0) > 0$, b) $x'(0) = 0$,   c) $x'(0) < 0$.

Hinweis: Auf der CD-ROM befindet sich eine Animation, die aufzeigt wie sich das Schwingungsverhalten in Abhängigkeit von μ ändert. Die Animation beginnt bei starker Dämpfung und nähert sich dann dem aperiodischen Grenzfall an. Man erkennt, daß beim aperiodischen Grenzfall das System am schnellsten zur Ruhe kommt, wie dies z.B. bei Stoßdämpfern oder Meßinstrumenten gefordert wird. Wird die Dämpfung noch kleiner, erhält man den Schwingungsfall; die Periode der Schwingung ändert sich dann in Abhängigkeit von μ.

3.4 Inhomogene DG n-ter Ord. mit konstanten Koeffizienten

In diesem Abschnitt betrachten wir das inhomogene Problem: Gegeben ist eine lineare DG n-ter Ordnung mit Störfunktion $f\,(x)$ (= Inhomogenität):

$$y^{(n)}\,(x) + a_{n-1}\, y^{(n-1)}\,(x) + \ldots + a_1\, y'\,(x) + a_0\, y\,(x) = f\,(x)\,. \qquad (**)$$

Gesucht ist eine *partikuläre Lösung* $y_p\,(x)$.

Über das zugehörige LDG-System 1. Ordnung und Variation der Konstanten besitzt man für beliebige Inhomogenitäten eine Lösungsformel: Nachdem die Nullstellen des charakteristischen Polynoms bestimmt sind, bildet man nach Satz 15 ein Lösungsfundamentalsystem der homogenen linearen DG. Anschließend transformiert man die linearen DG n-ter Ordnung in ein System 1. Ordnung (Satz 12) und führt die Variation der Konstanten (Satz 11) durch. Dieser Weg bietet sich an, wenn man z.B. auf MAPLE zurückgreift, um die umfangreichen Integrale aufzustellen und berechnen zu lassen.

Im folgenden werden wir aber für oft auftretende Inhomogenitäten eine partikuläre Lösung durch einen speziellen Lösungsansatz vorgeben. Zunächst betrachten wir den Fall, daß die Störfunktion eine reine Exponentialfunktion ist:

$$\boxed{f(x) = c\,e^{\mu x},} \qquad \mu \in \mathbb{C}.$$

Dann lautet die DG

$$y^{(n)}(x) + a_{n-1}\,y^{(n-1)}(x) + \ldots + a_1\,y'(x) + a_0\,y(x) = c\,e^{\mu x}.$$

Gesucht ist eine partikuläre Lösung der Form

$$y_p(x) = k\,e^{\mu x}$$

mit einer noch unbekannten Konstanten k. Setzen wir $y_p(x)$ zusammen mit seinen Ableitungen in die DG ein, folgt

$$k\,\mu^n\,e^{\mu x} + a_{n-1}\,k\,\mu^{n-1}\,e^{\mu x} + \ldots + a_1\,k\,\mu\,e^{\mu x} + a_0\,k\,e^{\mu x} = c\,e^{\mu x}$$

$$\Rightarrow k\,\underbrace{\left(\mu^n + a_{n-1}\,\mu^{n-1} + \ldots + a_1\,\mu + a_0\right)}_{P(\mu)} = c$$

$$\Rightarrow k\,P(\mu) = c,$$

wenn das charakteristische Polynom $P(\lambda)$ an der Stelle μ ausgewertet wird. Ist μ keine Nullstelle des charakteristischen Polynoms, $P(\mu) \neq 0$, folgt für die Konstante $k = \frac{c}{P(\mu)}$ und die Lösung lautet

$$y_p(x) = \frac{c}{P(\mu)} \cdot e^{\mu x}.$$

Satz 16: Gegeben ist die inhomogene, lineare DG n-ter Ordnung

$$y^{(n)}(x) + a_{n-1}\,y^{(n-1)}(x) + \ldots + a_1\,y'(x) + a_0\,y(x) = c\,e^{\mu x}.$$

Ist μ **keine** Nullstelle des charakteristischen Polynoms $P(\lambda)$, dann ist

$$\boxed{y_p(x) = \frac{c}{P(\mu)}\,e^{\mu x}}$$

eine **partikuläre Lösung.**

42. Beispiele:

(1) Gesucht ist eine partikuläre Lösung $y_p(x)$ der DG

$$y^{(4)}(x) + 2\,y''(x) + y(x) \overset{!}{=} 25\,e^{2x}.$$

Das zur DG gehörende charakteristische Polynom ist

$$P(\lambda) = \lambda^4 + 2\,\lambda^2 + 1$$

und $\mu = 2$ ist keine Nullstelle von $P(\lambda)$: $P(2) = 25 \neq 0$. Somit erhält man durch

$$y_p(x) = k\,e^{2x}$$

eine partikuläre Lösung. Setzt man $y_p(x)$ in die DG ein, bestimmt sich die Konstante k aus:

$$k\,16\,e^{2x} + k\,8\,e^{2x} + k\,e^{2x} = 25\,e^{2x}$$

$$\hookrightarrow k = \tfrac{25}{25} = 1 \;\Rightarrow\; \boxed{y_p(x) = e^{2x}.}$$

(2) Gegeben ist die DG

$$y^{(4)}(x) + 2\,y''(x) + y(x) = 25\,e^{i\,2x}.$$

Gesucht ist eine partikuläre Lösung $y_p(x)$. Das charakteristische Polynom ist

$$P(\lambda) = \lambda^4 + 2\,\lambda^2 + 1.$$

Wegen $\mu = 2\,i$ und $P(2\,i) = 16\,i^4 + 8\,i^2 + 1 = 9 \neq 0$ ist

$$y_p(x) = \tfrac{25}{P(2\,i)}\,e^{i\,2x} = \tfrac{25}{9}\,e^{i\,2x}$$

eine partikuläre Lösung.

43. Beispiel: Gegeben ist die DG

$$\boxed{y'''(x) - 2\,y''(x) - 2\,y'(x) + 2\,y(x) = 2\sin x.} \qquad (*)$$

Um eine partikuläre Lösung $y_p(x)$ nach Satz 16 zu berechnen, setzen wir die DG ins Komplexe fort:

$$\boxed{\tilde{y}'''(x) - 2\,\tilde{y}''(x) - 2\,\tilde{y}'(x) + 2\,\tilde{y}(x) = 2\,e^{ix}.} \qquad (\tilde{*})$$

Ist $\tilde{y}_p(x)$ eine Lösung der komplexen DG $(\tilde{*})$, dann ist der Imaginärteil

$$y_p(x) := \operatorname{Im}\tilde{y}_p(x)$$

eine Lösung der reellen DG $(*)$, denn es ist mit

$$
\begin{aligned}
\tilde{y}_p''' - 2\,\tilde{y}_p'' - 2\,\tilde{y}_p' + 2\,\tilde{y}_p &= 2\,e^{ix} \\
\Rightarrow \operatorname{Im}\left(\tilde{y}_p''' - 2\,\tilde{y}_p'' - 2\,\tilde{y}_p' + 2\,\tilde{y}_p\right) &= \operatorname{Im}\left(2\,e^{ix}\right) \\
\hookrightarrow \operatorname{Im}\left(\tilde{y}_p'''\right) - 2\operatorname{Im}\left(\tilde{y}_p''\right) - 2\operatorname{Im}\left(\tilde{y}_p'\right) + 2\operatorname{Im}\left(\tilde{y}_p\right) &= 2\operatorname{Im}\left(e^{ix}\right)
\end{aligned}
$$

$$\hookrightarrow [\operatorname{Im}(\tilde{y}_p)]''' - 2\,[\operatorname{Im}(\tilde{y}_p)]'' - 2\,[\operatorname{Im}(\tilde{y}_p)]' + 2\,[\operatorname{Im}(\tilde{y}_p)] = 2\sin x.$$

$$\Rightarrow y_p''' - 2\,y_p'' - 2\,y_p' + 2\,y_p = 2\sin x.$$

Um $(\tilde{*})$ zu lösen, wählen wir den Ansatz

$$\tilde{y}_p(x) = k\,e^{ix}.$$

In die DG eingesetzt

$$\hookrightarrow k\,i^3\,e^{ix} - k\,2\,i^2\,e^{ix} - k\,2\,i\,e^{ix} + k\,2\,e^{ix} = 2\,e^{ix}$$

$$\hookrightarrow k\,(4 - 3i)\,e^{ix} = 2\,e^{ix} \hookrightarrow k = \frac{2}{4 - 3i}.$$

$$\Rightarrow \tilde{y}_p(x) = \frac{2}{4 - 3i}\,e^{ix}.$$

Übergang ins Reelle: Damit ist eine partikuläre Lösung $\tilde{y}_p(x)$ von $(\tilde{*})$ gefunden. Die gesuchte Lösung $y_p(x)$ von $(*)$ ist $y_p(x) = \operatorname{Im}(\tilde{y}_p(x)) = \operatorname{Im}\left(\frac{2}{4-3i}\,e^{ix}\right)$. Es gibt zwei unterschiedliche Methoden, um den Imaginärteil zu berechnen. Beide führen auf eine unterschiedliche Darstellung der Lösung. Im ersten Fall zerlegen wir sowohl $\frac{2}{4-3i}$ als auch e^{ix} in Real- und Imaginärteil, bestimmen in der algebraischen Normalform das Produkt der beiden komplexen Größen und lesen vom Ergebnis den Imaginärteil ab. Im zweiten Fall stellen wir $\frac{2}{4-3i}$ in der Exponentialform dar und multiplizieren mit e^{ix} in der Exponentialform; die partikuläre Lösung ist wieder der Imaginärteil des Ergebnisses.

(i) Zerlegung von $\frac{2}{4-3i}$ in Real- und Imaginärteil

$$\frac{2}{4 - 3i} = \frac{2}{4 - 3i} \cdot \frac{4 + 3i}{4 + 3i} = \frac{8}{25} + \frac{6}{25}\,i.$$

$$\Rightarrow \tilde{y}_p(x) = \frac{2}{4 - 3i}\,e^{ix} = \left(\tfrac{8}{25} + \tfrac{6}{25}\,i\right)(\cos x + i\sin x)$$

$$= \left(\tfrac{8}{25}\cos x - \tfrac{6}{25}\sin x\right) + i\left(\tfrac{6}{25}\cos x + \tfrac{8}{25}\sin x\right).$$

Damit ist

$$y_p(x) = \operatorname{Im}(\tilde{y}(x)) = \frac{6}{25}\cos x + \frac{8}{25}\sin x.$$

(ii) Die komplexe Zahl $c = \frac{2}{4-3i} = \frac{8}{25} + \frac{6}{25}\,i$ läßt sich darstellen in der Exponentialform $c = |c|\,e^{i\varphi}$ mit

$$|c| = \tfrac{1}{25}\sqrt{8^2 + 6^2} = \tfrac{10}{25} \quad \text{und} \quad \tan\varphi = \frac{3}{4} \hookrightarrow \varphi = 36.9° \Rightarrow c = \tfrac{10}{25}\,e^{i\,36.9°}$$

$$\Rightarrow \tilde{y}_p(x) = \frac{2}{4 - 3i}\,e^{ix} = \tfrac{10}{25}\,e^{i\,36.9°} \cdot e^{ix} = \tfrac{10}{25}\,e^{i\,(x + 36.9°)}$$

$$= \tfrac{10}{25}\cos(x + 36.9°) + i\,\tfrac{10}{25}\sin(x + 36.9°).$$

Damit ist

$$y_p\left(x\right) = \mathrm{Im}\left(\tilde{y}_p\left(x\right)\right) = \frac{10}{25}\sin\left(x + 36.9°\right). \qquad \square$$

Der Ansatz für die spezielle Lösung aus Satz 16 führt zum Ziel, wenn μ **keine** Nullstelle des charakteristischen Polynoms $P\left(\lambda\right)$ ist. Welcher Ansatz muß aber gewählt werden, wenn μ eine Nullstelle ist? Allgemeiner noch betrachten wir den Fall einer Inhomogenität $f\left(x\right) = h\left(x\right)e^{\mu x}$ mit einem Polynom $h\left(x\right)$:

Satz 17: Gegeben ist die *inhomogene* lineare DG

$$y^{(n)}\left(x\right) + a_{n-1}\,y^{(n-1)}\left(x\right) + \ldots + a_1\,y'\left(x\right) + a_0\,y\left(x\right) = h\left(x\right)e^{\mu x}.$$

Ist

(i) μ eine k-fache ($k \geq 0$) Nullstelle des charakteristischen Polynoms $P(\lambda)$ und

(ii) $h\left(x\right)$ ein Polynom vom Grade m,

dann liefert der Ansatz

$$\boxed{y_p\left(x\right) = g\left(x\right)\cdot e^{\mu x}}$$

eine spezielle Lösung, wenn $g\left(x\right)$ **ein Polynom vom Grade** $\boxed{m + k}$ ist.

Bemerkungen:

(1) Satz 16 ist ein Spezialfall von Satz 17: Für $f(x) = c\,e^{\mu x}$ und μ keine Nullstelle des charakteristischen Polynoms ist $k = 0$ und $m = 0$ (c ist ein Polynom vom Grade 0). Daher liefert die Ansatzfunktion

$$y_p\left(x\right) = K\,e^{\mu x}$$

mit einem Polynom vom Grade $k + m = 0$ eine partikuläre Lösung.

(2) Besteht die Störfunktion aus mehreren Störgliedern, erhält man einen Ansatz für eine partikuläre Lösung $y_p\left(x\right)$ als Summe der Ansätze für die einzelnen Störglieder.

44. Beispiele:

(1) $\qquad 2\,y''\left(x\right) + y'\left(x\right) = x\,e^{-x}$:

Das zugehörige charakteristische Polynom ist $P\left(\lambda\right) = 2\,\lambda^2 + \lambda$. Die Inhomogenität ist $f(x) = x\,e^{-x} \hookrightarrow \mu = -1$. $\mu = -1$ ist keine Nullstelle von $P\left(\lambda\right)$, da $P\left(-1\right) = 1 \neq 0 \hookrightarrow k = 0$; x ist ein Polynom vom Grade $1 \hookrightarrow m = 1$. $\Rightarrow k + m = 1$ und die Ansatzfunktion für eine partikuläre Lösung ist ein Polynom vom Grad 1 mal e^{-x}:

$$y_p\left(x\right) = \left(a_0 + a_1\,x\right)e^{-x}.$$

Die Ableitungen

$$\begin{aligned}
y_p'(x) &= a_1\,e^{-x} - (a_0 + a_1\,x)\,e^{-x} \\
y_p''(x) &= -2\,a_1\,e^{-x} + (a_0 + a_1\,x)\,e^{-x}
\end{aligned}$$

in die DG eingesetzt, liefern

$$2\,y_p'' + y_p'(x) = \left[(a_0 - 3\,a_1) + a_1\,x\right] e^{-x} \overset{!}{=} x\,e^{-x}$$

$$\Rightarrow (a_0 - 3\,a_1) + a_1\,x \overset{!}{=} x$$

Um die Koeffizienten zu bestimmen, führen wir einen Koeffizientenvergleich nach absteigenden Potenzen von x durch

$$\left.\begin{aligned}
x^1\!: &\quad a_1 = 1 \\
x^0\!: &\quad a_0 - 3\,a_1 = 0 \Rightarrow a_0 = 3.
\end{aligned}\right\} \Rightarrow \quad y_p(x) = (3 + x)\,e^{-x}.$$

(2) $2\,y''(x) + y'(x) = x$:

Das zugehörige charakteristische Polynom ist $P(\lambda) = 2\,\lambda^2 + \lambda$. Die Inhomogenität ist $x\,e^{0\,x} \hookrightarrow \mu = 0$. $\mu = 0$ ist einfache Nullstelle von $P(\lambda) \hookrightarrow k = 1$; x ist ein Polynom vom Grade $1 \hookrightarrow m = 1$. $\Rightarrow m + k = 2$. Die Ansatzfunktion für eine partikuläre Lösung lautet

$$y_p(x) = \left(a_0 + a_1\,x + a_2\,x^2\right) e^{0\,x} = a_0 + a_1\,x + a_2\,x^2$$

Die Ableitungen von $y_p(x)$

$$\begin{aligned}
y_p'(x) &= a_1 + 2\,a_2\,x \\
y_p''(x) &= 2\,a_2
\end{aligned}$$

in die DG eingesetzt, liefern

$$2\,y_p''(x) + y_p'(x) = 4\,a_2 + a_1 + 2\,a_2\,x \overset{!}{=} x.$$

Koeffizientenvergleich:

$$\begin{aligned}
x^1\!: &\quad 2\,a_2 = 1 &&\Rightarrow a_2 = \tfrac{1}{2} \\
x^0\!: &\quad 4\,a_2 + a_1 = 0 &&\Rightarrow a_1 = -2.
\end{aligned}$$

Für a_0 besteht **keine** Bedingung; a_0 kann somit z.B. auf Null gesetzt werden: $a_0 = 0$.

$$\Rightarrow y_p(x) = -2\,x + \frac{1}{2}\,x^2.$$

45. Beispiele:

(i) $\qquad y''(x) + y(x) = e^{ix}$:

Das zugehörige charakteristische Polynom ist $P(\lambda) = \lambda^2 + 1$. Die Inhomogenität ist $e^{ix} \hookrightarrow \mu = i$. $\mu = i$ ist einfache Nullstelle $\hookrightarrow k = 1$; $m = 0 \Rightarrow k + m = 1$.

Ansatz:
$$\begin{aligned}
y_p(x) &= (a_0 + a_1 x)\, e^{ix} \\
y_p'(x) &= a_1 e^{ix} + i\,(a_0 + a_1 x)\, e^{ix} \\
y_p''(x) &= 2\,i\,a_1 e^{ix} - (a_0 + a_1 x)\, e^{ix}
\end{aligned}$$

In DG:
$$\begin{aligned}
y_p''(x) + y_p(x) &= 2\,a_1\,i\,e^{ix} - (a_0 + a_1 x)\, e^{ix} + (a_0 + a_1)\, e^{ix} \\
&= 2\,a_1\,i\,e^{ix} \overset{!}{=} e^{ix}
\end{aligned}$$

$$\Rightarrow a_1 = \frac{1}{2i} \quad \text{und} \quad a_0 = 0 \ \text{(beliebig)}.$$

$$\Rightarrow y_p(x) = \frac{1}{2i}\, x\, e^{ix} = -\frac{1}{2}\, i\, x\, e^{ix}.$$

(ii) $\qquad y''(x) + y(x) = \cos x$: $\qquad$ (*)

Um eine partikuläre Lösung zu erhalten, setzen wir die DG ins Komplexe fort

$$\tilde{y}''(x) + \tilde{y}(x) = e^{ix} \qquad (\tilde{*})$$

$\tilde{y}_p(x) = -\frac{1}{2}\,i\,x\,e^{ix}$ ist nach (i) eine partikuläre Lösung von $(\tilde{*})$. Eine partikuläre Lösung von (*) ist demnach gegeben durch den Realteil von $\tilde{y}_p(x)$

$$y_p(x) = \mathrm{Re}\,(\tilde{y}_p(x)).$$

Wegen $\qquad -\dfrac{1}{2}\,i\,x\,e^{ix} = +\dfrac{1}{2}\,e^{i\,270^\circ}\,x\,e^{ix} = \dfrac{1}{2}\,x\,e^{i\,(x+270^\circ)}$

$$\Rightarrow y_p(x) = \mathrm{Re}\left(\tfrac{1}{2}\,x\,e^{i\,(x+270^\circ)}\right) = \tfrac{1}{2}\,x\,\cos(x + 270^\circ) = \tfrac{1}{2}\,x\,\sin x.$$

(iii) $\qquad y''(x) + y(x) = \sin x$:

Nach dem Vorgehen in (ii) ist eine partikuläre Lösung

$$\begin{aligned}
y_p(x) &= \mathrm{Im}\,(\tilde{y}_p(x)) = \mathrm{Im}\left(\tfrac{1}{2}\,x\,e^{i\,(x+270^\circ)}\right) = \tfrac{1}{2}\,x\,\sin(x + 270^\circ). \\
y_p(x) &= -\tfrac{1}{2}\,x\,\cos x.
\end{aligned}$$

Spezialfälle von Satz 17:

Um eine partikuläre Lösung der inhomogenen DG

$$y^{(n)}(x) + a_{n-1}\,y^{(n-1)}(x) + \ldots + a_1\,y'(x) + a_0\,y(x) = f(x)$$

zu erhalten, kann in manchen Spezialfällen direkt ein reeller Ansatz gewählt werden. Tabelle 2 gibt für häufig auftretende Störfunktionen die entsprechende Ansatzfunktion an.

Tabelle 2: Ansatzfunktionen für partikuläre Lösungen.

Störfunktion	NS von $P(\lambda)$	Ansatz
$f(x) = \sum\limits_{i=0}^{n} a_i\, x^i$	0 keine NS	$y_p(x) = \sum\limits_{i=0}^{n} A_i\, x^i$
	0 k-fache NS	$y_p(x) = x^k \sum\limits_{i=0}^{n} A_i\, x^i$
$f(x) = a\, e^{\mu x}$	μ keine NS	$y_p(x) = A\, e^{\mu x}$
	μ k-fache NS	$y_p(x) = A\, x^k\, e^{\mu x}$
$f(x) = a\sin(\beta x)$	$i\beta$ keine NS	$y_p(x) = A\sin(\beta x) + B\cos(\beta x)$ $= C\sin(\beta x + \varphi)$
$f(x) = a\cos(\beta x)$	$i\beta$ k-fache NS	$y_p(x) = A\, x^k \sin(\beta x) + B\, x^k \cos(\beta x)$ $= C\, x^k \sin(\beta x + \varphi)$

46. Beispiel: Gegeben ist die DG

$$y''(x) + 2\,y'(x) + y(x) = f(x).$$

In der nachfolgenden Liste geben wir nach Tab. 2 für verschiedene Störfunktionen f einen Ansatz für eine partikuläre Lösung sowie die Lösung für die freien Parameter an. Das charakteristische Polynom ist $P(\lambda) = \lambda^2 + 2\lambda + 1 = (\lambda+1)^2 \hookrightarrow \boxed{\lambda = -1}$ ist doppelte Nullstelle.

$f(x)$	Ansatzfunktion	Parameter
$x^2 - 2x + 1$	$y_p(x) = a_0 + a_1 x + a_2 x^2$ ($\mu = 0$ keine NS von $P(\lambda)$)	$a_0 = 11,\ a_1 = -6,\ a_2 = 1$
$2\,e^x$	$y_p(x) = A\, e^x$ ($\mu = 1$ keine NS von $P(\lambda)$)	$A = \tfrac{1}{2}$
$\cos x$	$\tilde{y}_p(x) = A\, e^{ix} \rightarrow$ in kompl. DG $y_p(x) = \mathrm{Re}\,(A\, e^{ix})$	$A = -\tfrac{1}{2}i$ $y_p(x) = \tfrac{1}{2}\cos\left(x + \tfrac{3\pi}{2}\right)$
$\cos x$	$y_p(x) = A\sin x + B\cos x$ ($\mu = i$ keine NS von $P(\lambda)$)	$A = \tfrac{1}{2},\ B = 0$
$\sin x$	$y_p(x) = A\sin x + B\cos x$ ($\mu = i$ keine NS von $P(\lambda)$)	$A = 0,\ B = -\tfrac{1}{2}$
e^{-x}	$y_p(x) = a_2\, x^2\, e^{-x}$ ($\mu = -1$ ist doppelte NS)	$a_2 = \tfrac{1}{2}$
$-x^2 e^x$	$(a_0 + a_1 x + a_2 x^2)\, e^x$	$a_0 = -\tfrac{3}{8},\ a_1 = \tfrac{1}{2},\ a_2 = -\tfrac{1}{4}$
$x\, e^{-x}$	$(a_0 + a_1 x)\, x^2\, e^{-x}$	$a_0 = 0,\ a_1 = \tfrac{1}{6}$

Zusammenfassung: Lineare DG n-ter Ordnung mit konstanten Koeffizienten

Die allgemeine Lösung der inhomogenen DG n-ter Ordnung

$$y^{(n)}(x) + a_{n-1}\,y^{(n-1)}(x) + \ldots + a_1\,y'(x) + a_0\,y(x) = f(x) \qquad (*)$$

setzt sich zusammen aus der **allgemeinen homogenen Lösung** und **einer (beliebigen) partikulären Lösung** der inhomogenen DG:

$$y(x) = y_h(x) + y_p(x).$$

(A) Bestimmung der allgemeinen Lösung der homogenen DG

$$y^{(n)}(x) + a_{n-1}\,y^{(n-1)}(x) + \ldots + a_1\,y'(x) + a_0\,y(x) = 0:$$

(a) Ansatz $y(x) = e^{\lambda x}$ in DG $\Rightarrow$

(b) Charakteristisches Polynom

$$P(\lambda) = \lambda^n + a_{n-1}\,\lambda^{n-1} + \ldots + a_1\,\lambda + a_0.$$

(c) Nullstellen des charakteristischen Polynoms $\lambda_1, \ldots, \lambda_m$
λ_i einfache NS $\to \varphi_i(x) = e^{\lambda_i x}$.
λ_i k-fache NS $\to \varphi_i(x) = e^{\lambda_i x},\ x\,e^{\lambda_i x}, \ldots, x^{k-1}\,e^{\lambda_i x}$.

(d) $\varphi_1(x), \varphi_2(x), \ldots, \varphi_n(x)$ ist Fundamentalsystem.

(e) Allgemeine, homogene Lösung

$$y_h(x) = c_1\,\varphi_1(x) + c_2\,\varphi_2(x) + \ldots + c_n\,\varphi_n(x).$$

(B) Bestimmung einer partikulären Lösung der inhomogenen DG:
Gemäß Tab. 2 wählt man spezielle Ansätze für eine partikuläre Lösung oder man geht auf Satz 17 zurück. Setzt sich die Störfunktion aus mehreren Störgliedern $f_1(x), \ldots, f_l(x)$ zusammen, wählt man für jedes Störglied einen partikulären Ansatz $y_{p_1}(x), \ldots, y_{p_l}(x)$ und löst

$$y_{p_i}^{(n)}(x) + a_{n-1}\,y_{p_i}^{(n-1)}(x) + \ldots + a_0\,y_{p_i}(x) = f_i(x).$$

Eine partikuläre Lösung für die Störfunktion $f(x) = f_1(x) + \ldots + f_l(x)$ ist dann

$$y_p(x) = y_{p_1}(x) + \ldots + y_{p_l}(x).$$

(C) Die allgemeine Lösung der DG $(*)$ lautet

$$y(x) = c_1\,y_1(x) + \ldots + c_n\,y_n(x) + y_p(x).$$

(D) Die Koeffizienten $c_1, \ldots, c_n$ bestimmen sich aus den Anfangsbedingungen
$y(0), y'(0), \ldots, y^{(n-1)}(0)$.

47. Beispiel: Gesucht ist die Lösung von

$$y''(x) - 6y'(x) + 9y(x) = 4e^{2x} + 9x - 15 \quad \text{mit} \quad y(0) = y_0,\ y'(0) = 0.$$

(A) Lösung der homogenen DG

$$y''(x) - 6y'(x) + 9y(x) = 0:$$

Das charakteristische Polynom ist

$$P(\lambda) = \lambda^2 - 6\lambda + 9$$

und die Nullstellen von $P(\lambda)$ sind $\lambda_1 = \lambda_2 = 3$ (doppelt). Die allgemeine Lösung der homogenen DG ist somit

$$y_h(x) = c_1 e^{3x} + c_2 x e^{3x}.$$

(B) Berechnung einer speziellen Lösung: Die Störfunktion $f(x) = 4e^{2x} + 9x - 15$ besteht aus zwei Funktionstypen. In zwei Schritten bestimmen wir eine partikuläre Lösung:

(i) $y''(x) - 6y'(x) + 9y(x) = 4e^{2x}.$ (1)

$\mu = 2$ ist keine NS von $P(\lambda)$ und daher erhalten wir eine partikuläre Lösung der Form

$$y_{p_1}(x) = A e^{2x}.$$

In die DG (1) eingesetzt folgt:

$$A(4 - 6 \cdot 2 + 9)\,e^{2x} \stackrel{!}{=} 4e^{2x} \ \Rightarrow\ A = 4.$$

$$\Rightarrow y_{p_1}(x) = 4e^{2x}.$$

(ii) $y''(x) - 6y'(x) + 9y(x) = 9x - 15.$ (2)

0 ist keine NS von $P(\lambda)$ und daher wird als Ansatz

$$y_{p_2}(x) = a_0 + a_1 x$$

in die DG (2) eingesetzt:

$$\begin{aligned}
y_{p_2}''(x) - 6y_{p_2}'(x) + 9y_{p_2}(x) &= -6a_1 + 9(a_0 + a_1 x) \\
&= (-6a_1 + 9a_0) + 9a_1 x \stackrel{!}{=} 9x - 15.
\end{aligned}$$

Der Koeffizientenvergleich liefert

$$\begin{aligned}
x^1: \quad && 9a_1 &= 9 && \Rightarrow && a_1 &= 1, \\
x^0: \quad && -6a_1 + 9a_0 &= -15 && \Rightarrow && a_0 &= -1.
\end{aligned}$$

$$\Rightarrow y_{p_2}(x) = -1 + x.$$

(iii) Die partikuläre Lösung für die Störfunktion $4\,e^{2x} + 9\,x - 15$ setzt sich zusammen aus y_{p_1} und y_{p_2}:

$$y_p\,(x) = 4\,e^{2x} + x - 1.$$

(C) Die allgemeine Lösung der DG lautet somit

$$y\,(x) = c_1\,e^{3x} + c_2\,x\,e^{3x} + 4\,e^{2x} + x - 1.$$

(D) Bestimmung der Konstanten c_1, c_2 über die Anfangsbedingungen:

$$\begin{aligned}
y\,(0) &= c_1 + 4 - 1 &\overset{!}{=}&\ \ y_0 &\Rightarrow\ \ c_1 = y_0 - 3 \\
y'\,(0) &= 3\,c_1 + c_2 + 9 &\overset{!}{=}&\ \ 0 &\Rightarrow\ \ c_2 = -9 - 3\,c_1 = -3\,y_0.
\end{aligned}$$

$$\Rightarrow y\,(x) = (y_0 - 3)\,e^{3x} - 3\,y_0\,x\,e^{3x} + 4\,e^{2x} + x - 1.$$

48. Anwendungsbeispiel: Erzwungene, gedämpfte, elektromagnetische Schwingung. Ein elektromagnetischer Reihenschwingkreis besteht aus einem Ohmschen Widerstand R, einem Kondensator mit Kapazität C und einer Spule mit Induktivität L (siehe Abb.). Zur Zeit $t = 0$ wird der Stromkreis durch Anlegen einer äußeren Wechselspannungsquelle $U_B\,(t) = U_0 \sin\,(\omega t)$ geschlossen. Nach dem Maschensatz gilt

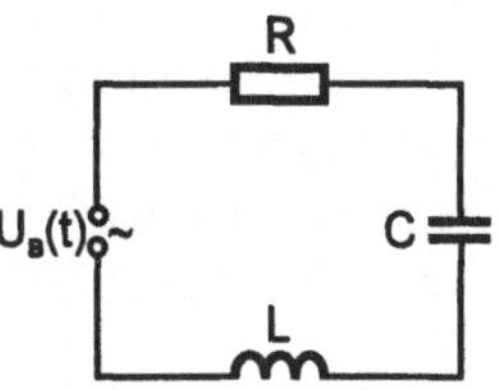

$$L\,\frac{dI\,(t)}{dt} + R\,I\,(t) + \frac{1}{C} \int_0^t I\,(\tau)\,d\tau = U_0 \sin\,(\omega t).$$

Gehen wir zur komplexen Formulierung über, ist

$$L\,\dot{I}\,(t) + R\,I\,(t) + \frac{1}{C} \int_0^t I\,(\tau)\,d\tau = U_0\,e^{i\,\omega\,t}$$

und nach Differentiation

$$\ddot{I}\,(t) + \frac{R}{L}\,\dot{I}\,(t) + \frac{1}{LC}\,I\,(t) = \frac{U_0}{L}\,i\,\omega\,e^{i\,\omega\,t}.$$

Setzen wir noch $\beta = \frac{R}{2L}$ (Dämpfung) und $\omega_0^2 = \frac{1}{LC}$, ist

$$\boxed{\ \ddot{I}\,(t) + 2\,\beta\,\dot{I}\,(t) + \omega_0^2\,I\,(t) = \frac{U_0}{L}\,i\,\omega\,e^{i\,\omega\,t}.\ }$$

Die allgemeine, homogene Lösung wurde in Beispiel 41 diskutiert, so daß zur Lösung der inhomogenen DG noch eine partikuläre Lösung gesucht ist. Das charakteristische Polynom zur DG lautet

$$P\,(\lambda) = \lambda^2 + 2\,\beta\,\lambda + \omega_0^2.$$

$\hookrightarrow \mu = i\omega$ ist keine Nullstelle des charakteristischen Polynoms. Eine partikuläre Lösung liefert daher der Ansatz

$$\tilde{I}_p(t) = A\,e^{i\omega t}.$$

In die DG eingesetzt, folgt

$$(i\omega)^2 A\,e^{i\omega t} + 2\beta\,(i\omega)\,A\,e^{i\omega t} + \omega_0^2\,A\,e^{i\omega t} = \frac{U_0}{L}\,i\omega\,e^{i\omega t}$$

$$\Rightarrow A = i\,\frac{U_0\,\omega}{L}\,\frac{1}{\omega_0^2 - \omega^2 + 2i\,\beta\,\omega}$$

und

$$\boxed{\tilde{I}_p(t) = i\,\frac{U_0\,\omega}{L}\,\frac{1}{\omega_0^2 - \omega^2 + 2i\,\beta\,\omega}\,e^{i\omega t}.}$$

Übergang zu einer reellen partikulären Lösung: $I_p(t) = \mathrm{Im}\,(\tilde{I}_p(t))$. Hierfür stellen wir $\tilde{I}_p(t)$ in zwei unterschiedliche Normalformen dar: Zum einen zerlegen wir A und $e^{i\omega t}$ in Real- und Imaginärteil und führen die Multiplikation in der algebraischen Normalform durch (i). Zum anderen stellen wir $\tilde{I}_p(t)$ in der exponentiellen Normalform dar, indem wir A in die Exponentialform überführen und die Multiplikation in dieser Normalform ausführen (ii).

(i) Zerlegung in Real- und Imaginärteil:

$$\tilde{I}_p(t) = i\,\frac{U_0\,\omega}{L}\,\frac{1}{\left(\omega_0^2 - \omega^2\right)^2 + \left(2\beta\,\omega\right)^2}\,\left[\left(\omega_0^2 - \omega^2\right) - 2i\,\beta\,\omega\right]$$
$$\left[\cos\left(\omega t\right) + i\,\sin\left(\omega t\right)\right]$$

$$= -\frac{U_0\,\omega}{L}\,\left[\frac{\omega_0^2 - \omega^2}{\left(\omega_0^2 - \omega^2\right)^2 + \left(2\beta\,\omega\right)^2}\,\sin\left(\omega t\right) - 2\,\beta\,\omega\,\cos\left(\omega t\right)\right]$$

$$+\,i\,\frac{U_0\,\omega}{L}\,\left[\frac{\omega_0^2 - \omega^2}{\left(\omega_0^2 - \omega^2\right)^2 + \left(2\beta\,\omega\right)^2}\,\cos\left(\omega t\right) + 2\,\beta\,\omega\,\sin\left(\omega t\right)\right]$$

$$\Rightarrow I_p(t) = \mathrm{Im}(\tilde{I}_p(t)) = \frac{U_0\,\omega}{L}\,\left[\frac{\omega_0^2 - \omega^2}{\left(\omega_0^2 - \omega^2\right)^2 + \left(2\beta\,\omega\right)^2}\,\cos\left(\omega t\right) + 2\,\beta\,\omega\,\sin\left(\omega t\right)\right]$$

(ii) Darstellung über komplexe Amplitude: Wir stellen die komplexe Amplitude A in der Exponentialform dar

$$A = i\,\frac{U_0\,\omega}{L}\,\frac{1}{\omega_0^2 - \omega^2 + 2i\,\beta\,\omega}\cdot\frac{\omega_0^2 - \omega^2 - i\,2\,\beta\,\omega}{\omega_0^2 - \omega^2 - i\,2\,\beta\,\omega}$$

$$= \frac{U_0\,\omega}{L}\,\frac{1}{\left(\omega_0^2 - \omega^2\right)^2 + \left(2\beta\,\omega\right)^2}\,\left[2\,\beta\,\omega + i\,\left(\omega_0^2 - \omega^2\right)\right] \overset{!}{=} |A|\,e^{i\varphi}$$

mit

$$|A| = \frac{U_0\,\omega}{L} \frac{1}{\sqrt{(\omega_0^2 - \omega^2)^2 + (2\,\beta\,\omega)^2}} \quad \text{und} \quad \tan\varphi = \frac{\operatorname{Im} A}{\operatorname{Re} A} = \frac{\omega_0^2 - \omega^2}{2\,\beta\,\omega}.$$

$$\Rightarrow \tilde{I}_p(t) = \underbrace{\frac{U_0\,\omega}{L} \frac{1}{\sqrt{(\omega_0^2 - \omega^2)^2 + (2\,\beta\,\omega)^2}} e^{i\varphi}}_{\text{komplexe Amplitude}} e^{i\,\omega\,t}$$

$$\Rightarrow I_p(t) = \operatorname{Im}\left(\tilde{I}_p(t)\right) = \frac{U_0\,\omega}{L} \frac{1}{\sqrt{(\omega_0^2 - \omega^2)^2 + (2\,\beta\,\omega)^2}} \sin(\omega t + \varphi).$$

Interpretation: Mit $\omega_0^2 = \frac{1}{LC}$ und $2\,\beta = \frac{R}{L}$ gilt für Amplitude und Phase des Stromes

$$\frac{U_0\,\omega}{L} \frac{1}{\sqrt{(2\,\beta\,\omega)^2 + (\omega_0^2 - \omega^2)^2}} = \boxed{\frac{U_0}{\sqrt{R^2 + \left(\frac{1}{\omega C} - \omega L\right)^2}} =: I_0}$$

und

$$\boxed{\tan\varphi(\omega) = \frac{\omega L - \frac{1}{\omega C}}{R}.}$$

$$\Rightarrow \boxed{I_p(t) = I_0 \sin(\omega t + \varphi) = \frac{U_0}{\sqrt{R^2 + \left(\frac{1}{\omega C} - \omega L\right)^2}} \sin(\omega t + \varphi).} \qquad (*)$$

Gleichung $(*)$ ist das Ohmsche Gesetz der Wechselstromtechnik mit den Scheitelwerten U_0 und I_0. Der reelle Scheinwiderstand beträgt

$$Z = \sqrt{R^2 + \left(\frac{1}{\omega C} - \omega L\right)^2} = Z(\omega).$$

Der Strom $I_p(t)$ ist um $\varphi(\omega)$ phasenverschoben zur Spannung. Die allgemeine Lösung der Schwingungsgleichung ist

$$I(t) = I_h(t) + I_p(t).$$

Da für $R \neq 0$ nach der Diskussion aus Beispiel 41 $I_h(t) \overset{t \to \infty}{\longrightarrow} 0$, gilt insgesamt für große Zeiten $I(t) \sim I_p(t)$, d.h. nach einer bestimmten Einschwingphase ist der Gesamtstrom

$$I(t) = I_0 \sin(\omega t + \varphi).$$

Sowohl der Scheinwiderstand $Z(\omega)$, der Scheitelwert $I_0(\omega)$ als auch die Phasenverschiebung $\varphi(\omega)$ sind frequenzabhängig, siehe Abb. (a) und (b).

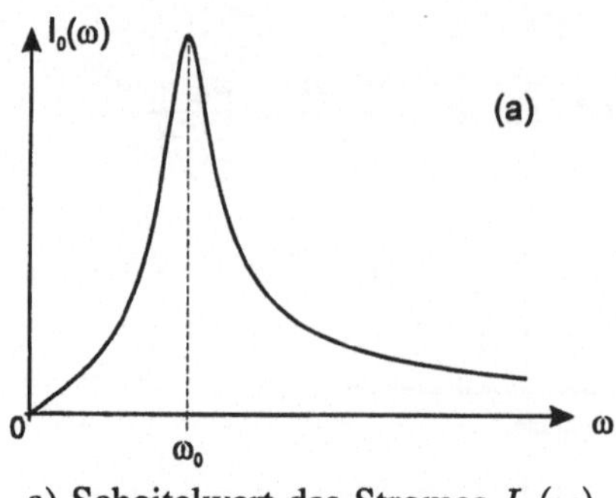

a) Scheitelwert des Stromes $I_0(\omega)$

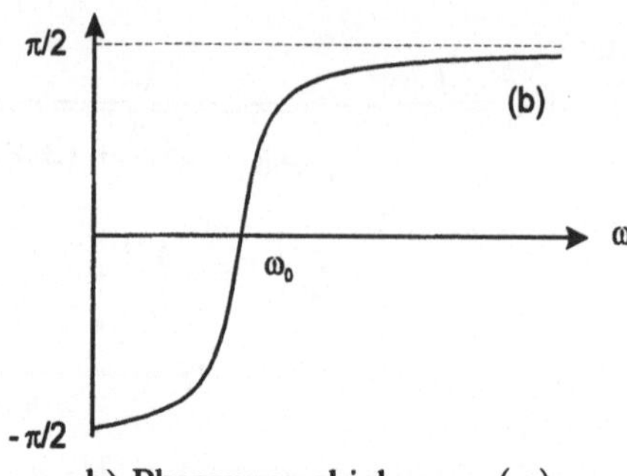

b) Phasenverschiebung $\varphi(\omega)$

Für $\omega = \omega_0 = \frac{1}{\sqrt{LC}}$ tritt Resonanz auf: Der Scheitelwert der Stromstärke I_0 erreicht dann bei festem L, C, R, seinen größten Wert $I_0\left(\omega_0\right) = \frac{U_0}{R}$. Im Falle $R \to 0$ gilt $I_0\left(\omega_0\right) \to \infty$, d.h. bei fehlender Dämpfung erfolgt eine *Resonanzkatastrophe*! $\qquad\qquad\square$

3.5 Lösen von DG n-ter Ordnung mit MAPLE

Das Lösen von DG höherer Ordnung erfolgt mit MAPLE durch den **dsolve**-Befehl, der in §1.5 schon für DG 1. Ordnung verwendet wurde. Für die n-te Ableitung einer Funktion $y^{(n)}\left(x\right)$ muß entsprechend der Syntax des **diff**-Befehls **diff**$(y\left(x\right),\, x\$n)$ gesetzt werden.

49. Beispiel: Gesucht sind alle Lösungen der Differentialgleichung

$$y'''\left(x\right) - 2\,y''\left(x\right) + y'\left(x\right) = 1 + e^x\,\cos\left(2x\right).$$

```
> DG := diff(y(x), x$3) - 2*diff(y(x), x$2) + diff(y(x), x) = 1 + exp(x)*cos(2*x):
> dsolve (DG, y(x));
```

$$y\left(x\right) \;=\; \frac{3}{10}\,e^x - \frac{1}{10}\left(\cos\left(x\right) + 2\,\sin\left(x\right)\right)e^x\cos\left(x\right) + x$$
$$+\_C1\,e^x + \_C2\left(e^x\,x - e^x\right) + \_C3$$

An der Lösungsdarstellung erkennt man, daß die Lösung der DG sich aus zwei Anteilen zusammensetzt: Der allgemeinen Lösung des homogenen Problems

$$y_h\left(x\right) = \_C1\,e^x + \_C2\left(e^x\,x - e^x\right) + \_C3$$

mit 3 freien Parametern $\_C1$, $\_C2$, $\_C3$ und einer partikulären Lösung

$$y_p\left(x\right) = \frac{3}{10}\,e^x - \frac{1}{10}\left(\cos\left(x\right) + 2\,\sin\left(x\right)\right)e^x\cos\left(x\right) + x.$$

Anfangsbedingungen können mit der erweiterten Form des **dsolve**-Befehls bei der Lösung berücksichtigt werden.

```
> dsolve({DG, anfangsbedingungen}, funktion(variable));
```

Zur Beschreibung der Anfangsbedingungen ist bei DG n-ter Ordnung der **diff**-Befehl nicht mehr ausreichend. Denn um z.B. die Anfangsbedingung $y'(x_0) = y_0$ in MAPLE festzusetzen, kann **nicht** die Syntax

```
> diff(y(x0), x) = y0;
```

verwendet werden, da $y(x_0)$ ein konstanter Ausdruck und **diff** auf einen konstanten Ausdruck angewendet immer Null ergibt! Stattdessen benutzt man den **D**-Operator, der eine Funktion y differenziert:

```
> D(y);
```

Das Ergebnis des **D**-Operators ist wieder eine Funktion, die an einer Stelle x_0 auswertbar ist. Die n-te Ableitung einer Funktion bestimmt sich aus

```
> (D@@n)(y);
```

50. Beispiel: Gesucht ist die Lösung der DG

$$y^{(4)}(x) + 2\,y''(x) + y(x) = 25\,e^{2x}$$

mit den Anfangsbedingungen $y(0) = 0$, $y'(0) = 1$, $y''(0) = 0$, $y'''(0) = 3$.

```
> DG := diff(y(x), x$4)+2*diff(y(x), x$2)+y(x)=25*exp(2*x):
> AB := y(0)=0, D(y)(0)=1, (D@@2)(y)(0)=0, (D@@3)(y)(0)=3:
> dsolve({DG, AB}, y(x));
```

$$y(x) = e^{2x} - 4\sin(x) - \cos(x) - \frac{5}{2}\sin(x)\,x + 3\cos(x)\,x$$

51. Anwendungsbeispiel: Balkenbiegung. Ein homogener Balken (Länge L, Querschnitt A, Flächenträgheitsmoment I, Elastizitätsmodul E), der auf der x-Achse auf verschiedene Arten unterstützt wird, biegt sich unter dem Einfluß von vertikalen Lasten. $y(x)$ ist die Auslenkung des Balkens an der Stelle x.

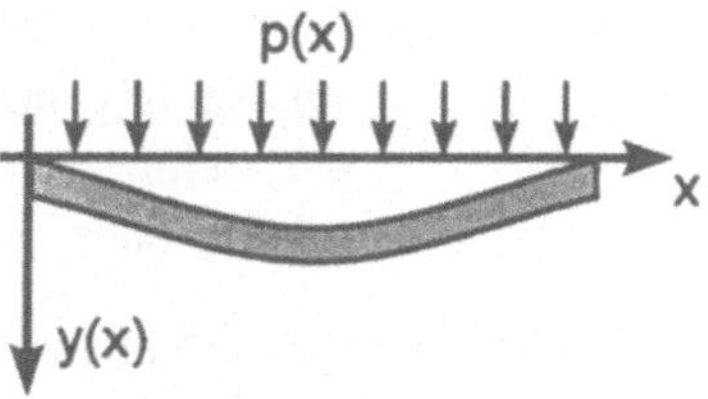

Abb. 58: Balken unter Last

Für kleine Auslenkungen des Balkens ist das Biegemoment $M(x)$ an der Stelle x mit $\alpha = E\,I$ gegeben durch:

$$\begin{aligned}
M(x) &= -E\,I\,\frac{d^2 y(x)}{dx^2} \\
&= -\alpha\,y''(x).
\end{aligned}$$

Aufgrund der Beziehung

$$M''(x) = -p(x)$$

folgt

$$(\alpha y''(x))'' = p(x).$$

Ist der Balken außerdem auf einen stützenden Untergrund gelagert, so greift in jedem Punkt die stützende Kraft $\beta y(x)$ an. Dies liefert die DG 4. Ordnung

$$\boxed{\alpha y^{(4)}(x) + \beta y(x) = p(x).}$$

Setzen wir $\omega^4 = \frac{\beta}{\alpha}$ und $q(x) = \frac{p(x)}{\alpha}$, lautet die DG

$$y^{(4)}(x) + \omega^4 y(x) = q(x).$$

Unter der Annahme, daß der Balken sich nur unter seinem Eigengewicht biegt, ist $q(x) = const = q$.

```
> w:=2:
> DG := diff(y(x), x$4)+w^4*y(x)=q:
> dsolve(DG, y(x)):
> y := unapply(rhs(%), x);
```

$$y := x \rightarrow \frac{q}{16} + \_C1\,e^{\sqrt{2}\,x} \sin\left(\sqrt{2}\,x\right) + \_C2\,e^{\sqrt{2}\,x} \cos\left(\sqrt{2}\,x\right)$$

$$\_C3\,e^{-\sqrt{2}\,x} \sin\left(\sqrt{2}\,x\right) + \_C4\,e^{-\sqrt{2}\,x} \cos\left(\sqrt{2}\,x\right)$$

Die Lösung enthält 4 freie Parameter, die aus den **Randbedingungen** bestimmt werden. Einige in den Anwendungen auftretenden Randbedingungen sind z.B.

- gelenkig gelagertes Ende:	$y = y'' = 0$
- fest eingespanntes Ende:	$y = y' = 0$
- freies Ende:	$y'' = y''' = 0.$

4 Randbedingungen erhält man jeweils aus 2 dieser Fälle, wodurch sich die 4 Konstanten $\_C1$, $\_C2$, $\_C3$, $\_C4$ ergeben. Wir führen nur den Fall durch, daß beide Enden gelenkig gelagert sind:

$$y(0) = y''(0) = 0 \quad \text{und} \quad y(L) = y''(L) = 0.$$

(Andere Fälle behandelt man analog.)

```
> solve({y(0)=0, (D@@2)(y)(0)=0, y(L)=0, (D@@2)(y)(L)=0},
>                        {_C1, _C2, _C3, _C4}):
```

```
> sol := simplify(%):
> assign(sol):
> y(x):
```

Setzen wir
```
> L := 1:
```

kann die Lösung $y(x)$ in einer 3-dimensionalen Graphik in Abhängigkeit des Parameters q dargestellt werden:
```
> plot3d(y(x), q=0..4, x=0..L, style=hidden, orientation=[-69, 33],
>                              axes=BOXED, color=black);
```

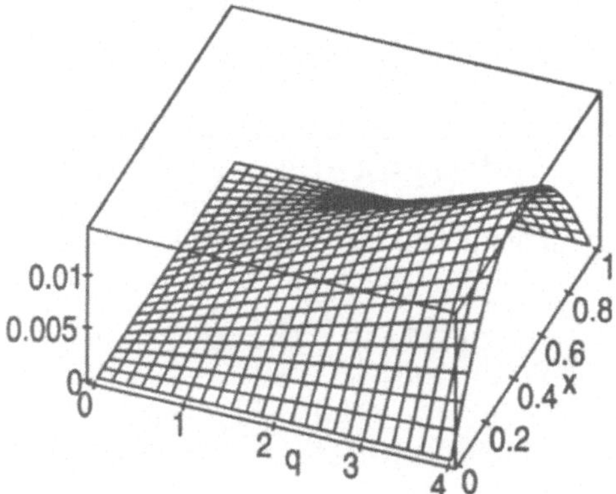

Für feste Wahl des Parameters q erkennt man den Parabelcharakter der Lösung
```
> q := 2:
> plot(y(x), x=0..L, title='Balkenbiegung');
```

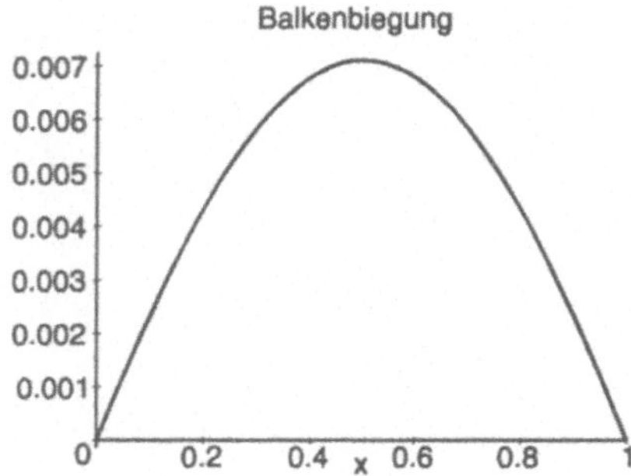

Abb. 59: Balkenbiegung unter Last

Analog dem Vorgehen bei der Balkenbiegung unter Eigenlast werden auch andere Inhomogenitäten behandelt:

(i) Für die DG

$$\boxed{y^{(4)}(x) + 4\,y(x) = \sin\left(\tfrac{x}{L}\right)}$$

erhält man eine *partikuläre* Lösung durch

```
> DG := diff(y(x), x$4) + 4*y(x)=sin(x/L):
> dsolve(DG, y(x)):
> yi(x) := subs({_C1=0, _C2=0, _C3=0, _C4=0}, rhs(%)):
```

$$yi(x) := \frac{L^4 \sin\left(\tfrac{x}{L}\right)}{4\,L^4 + 1}$$

(ii) Für die DG

$$\boxed{y^{(4)}(x) + 4\,y(x) = x\,(x - L)}$$

erhält man nach obigem Vorgehen die *partikuläre* Lösung

$$yi(x) = \frac{1}{4}\,x^2 - \frac{1}{4}\,x\,L.$$

§4. Numerische Lösung von Anfangswertproblemen 1. Ordnung

Viele in technischen Anwendungen auftretende DG, insbesondere nichtlineare DG, sind nicht geschlossen lösbar: Es existiert keine Lösung, die sich in Form einer expliziten Funktionsvorschrift angeben läßt. Selbst lineare DG mit höherer Ordnung als 4 sind i.a. nicht geschlossen lösbar, da die Nullstellen des charakteristischen Polynoms nicht exakt berechnet werden können. In manchen Fällen wiederum existiert eine geschlossene Lösung zwar, der Rechenaufwand zur Berechnung ist aber beträchtlich. In beiden Fällen ist man auf numerische Näherungsverfahren angewiesen.

4.1 Streckenzugverfahren von Euler

Wir gehen von dem Anfangswertproblem (AWP)

$$y'(t) = f(t, y(t)) \quad \text{mit } y(t_0) = y_0 \tag{1}$$

aus und werden dieses AWP für Zeiten $t_0 \leq t \leq T$ numerisch lösen. Dazu zerlegen wir das Intervall $[t_0, T]$ in N Teilintervalle der Länge

$$h = dt = \frac{T - t_0}{N}.$$

Die Größen h und dt werden als **Schrittweite** bzw. **Zeitschritt** bezeichnet. Wir erhalten als Zwischenzeiten

$$t_j = t_0 + j \cdot dt \qquad j = 0, \ldots, N$$

und werden die Lösung nur zu diesen diskreten Zeiten $t_0, t_1, t_2, \ldots, t_N$ berechnen: Ausgehend vom Startwert y_0 bestimmen wir der Reihe nach Näherungen $y_1, y_2, \ldots, y_N$ für die Funktionswerte $y(t_1), y(t_2), \ldots, y(t_N)$ der Lösung von (1). Man nennt dieses Vorgehen die **Diskretisierung** des AWP.

Für den Startwert (t_0, y_0) kennen wir nach Gl. (1) die exakte Steigung $\tan \alpha$ der Lösungsfunktion

$$y'(t_0) = \tan \alpha = f(t_0, y_0).$$

Für eine kleine Schrittweite h wird die Funktion y im Intervall $[t_0, t_0 + h]$ durch ihre Tangente angenähert (Linearisierung) (siehe Abb. 60a). Für den Funktionswert $y(t_1)$ gilt dann näherungsweise

$$y(t_1) = y(t_0 + h) \approx y(t_0) + y'(t_0) \cdot h.$$

Wir setzen

$$\boxed{y_1 = y_0 + f(t_0, y_0)\, h.}$$

Damit hat man den Funktionswert $y(t_1)$ zum Zeitpunkt t_1 durch y_1 angenähert. Ausgehend von diesem, i.a. fehlerhaften Wert y_1 berechnet man mit (1) die i.a. fehlerhafte Steigung $y_1' = f(t_1, y_1)$. Nun benutzt man y_1 und y_1' für die Berechnung eines Näherungswertes für den nächsten Zeitpunkt $t_2 = t_1 + h$:

$$y(t_2) = y(t_1 + h) \approx y(t_1) + y'(t_1)\, h. \qquad\qquad \text{(Linearisierung)}$$

Wir setzen

$$\boxed{y_2 = y_1 + f(t_1, y_1)\, h.}$$

y_2 ist eine Näherung für den exakten Wert der Lösung $y(t_2)$ zum Zeitpunkt t_2.

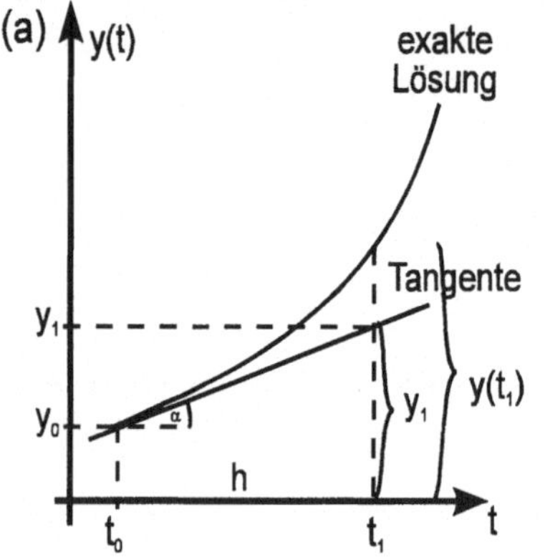

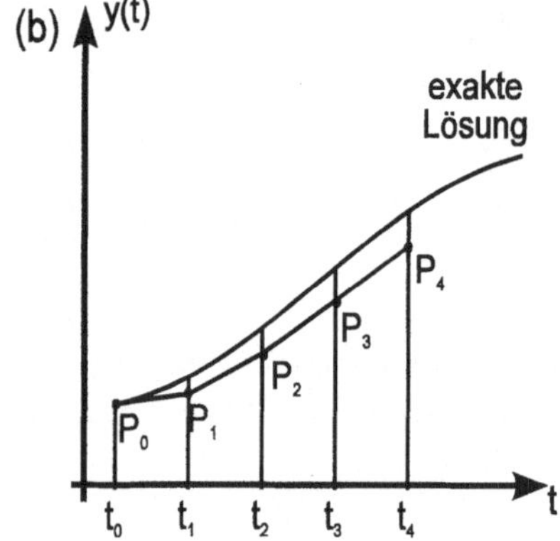

Abb. 60: a) 1. Schritt des Polygonzugverfahrens   b) Polygonzugverfahren nach Euler

Das beschriebene Verfahren wiederholt man für den neuen Punkt $P_2 = (t_2, y_2)$, der i.a. nicht auf der exakten Lösungskurve liegt. Allgemein kann man das Näherungsverfahren beschreiben durch:

$$\boxed{\text{neuer Wert} = \text{alter Wert} + \text{Änderung der Lösung}}$$

bzw.

$$\boxed{y_{neu} = y_{alt} + f(t_{neu}, y_{alt}) \cdot h.}$$

Man berechnet also, ausgehend vom Punkt $P_0 = (t_0, y_0)$ sukzessiv die Werte

$$y_{i+1} = y_i + h\, f(t_i, y_i) \qquad i = 0, 1, 2, \ldots, N - 1.$$

Die Lösungskurve setzt sich aus geradlinigen Strecken zusammen, so daß die Näherung in Form eines Streckenzugs vorliegt (siehe Abb. 60b). Dieses Verfahren heißt gemäß seiner geometrischen Bedeutung, das **Polygonzugverfahren** bzw.

nach seinem Erfinder auch das **Euler-Verfahren**. Wie wir dem nächsten Beispiel und der Diskussion in §4.2 entnehmen, liefert dieses einfache Verfahren für genügend kleine Schrittweiten h ausreichend genaue Näherungswerte y_1, y_2, ..., y_N für die gesuchten Funktionswerte $y(t_1)$, $y(t_2)$, ..., $y(t_N)$.

52. Beispiel: Das Anfangswertproblem

$$y'(t) = y(t) + e^t \quad \text{mit } y(0) = 1$$

besitzt die Lösung $y(t) = (t+1)\,e^t$. Wir berechnen mit dem Euler-Verfahren Näherungslösungen dieser DG im Intervall $0 \le t \le 0.2$ für Schrittweiten $h = 0.05$ und $h = 0.025$ und vergleichen die Ergebnisse mit der exakten Lösung.

Wendet man das Euler-Verfahren auf die DG an, lautet die Iterationsvorschrift

$$y_{i+1} = y_i + h\left(y_i + e^{t_i}\right).$$

Speziell für die Schrittweite $h = 0.05$ gilt mit dem Anfangswert

$$\begin{aligned}
y_0 &= 1 \\
y_1 &= y_0 + h\left(y_0 + e^{0.}\right) = 1.1 \\
y_2 &= y_1 + h\left(y_1 + e^{0.05}\right) = 1.207564 \\
y_3 &= y_2 + h\left(y_2 + e^{0.1}\right) = 1.323201 \\
y_4 &= y_3 + h\left(y_3 + e^{0.15}\right) = 1.447453
\end{aligned}$$

In Tab. 3 sind diese Näherungswerte für $h = 0.05$ und $h = 0.025$ zusammen mit den exakten Werten angegeben. Der Vergleich zeigt, daß die Näherungswerte bei kleineren Schrittweiten (3. Spalte) sich verbessern.

Tabelle 3:

t	$y\,(h = 0.05)$	$y\,(h = 0.025)$	y exakt
0.00	1.000 000	1.000 000	1.000 000
0.05	1.100 000	1.101 883	1.103 835
0.10	1.207 564	1.211 552	1.215 688
0.15	1.323 201	1.329 535	1.336 109
0.20	1.447 453	1.456 396	1.465 683

Realisierung in MAPLE. In MAPLE läßt sich das Euler-Verfahren sehr einfach realisieren. Für die obige DG lautet die Iteration

```
> t0 := 0: T := 0.2: N := 4: dt := (T-t0)/N:
> y[0]:=1: t:=t0:
> for i from 1 to N
> do
>    y[i] := evalf(y[i-1] + dt*(y[i-1]+exp(t)));
```

```
>    t := t+dt;
>    print(t, y[i]);
> od:
```

$$
\begin{aligned}
&.0500000000, \; 1.100000000\\
&.1000000000, \; 1.207563555\\
&.1500000000, \; 1.323200279\\
&.2000000000, \; 1.447452005\\
&.2500000000, \; 1.580894743
\end{aligned}
$$

Die Näherungswerte der Lösung $y_1, \ldots, y_N$ werden anschließend mit dem **plot**-Befehl graphisch dargestellt. Hierfür müssen sie als Liste von Wertepaaren in der Form

$$[[t_0, y_0], \; [t_1, y_1], \; \ldots, \; [t_N, y_N]]$$

der **plot**-Routine übergeben werden:

```
> plot([seq([n*dt+t0, y[n]], n = 0..N)]);
```

4.2 Verfahren höherer Ordnung

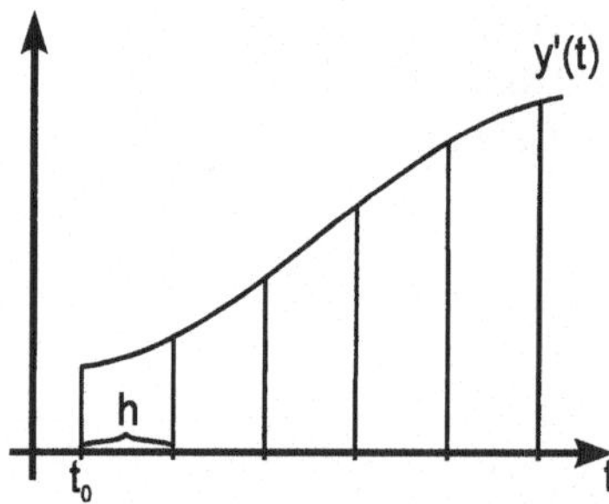

Abb. 61: Numerische Integration

Um Verfahren größerer Genauigkeit bei gleicher Schrittweite h herzuleiten, formulieren wir das AWP

$$y'(t) = f(t, y(t)) \quad \text{mit } y(t_0) = y_0 \qquad (1)$$

als äquivalentes Integralproblem

$$y(t) = y_0 + \int_{t_0}^{t} f(\tau, y(\tau)) \, d\tau. \qquad (2)$$

Es stellt sich somit die Notwendigkeit, bei gegebener Unterteilung des Zeitintervalls, das Integral numerisch auszuwerten. Von der numerischen Integration (Bd. 1, Kap. IX.2) wissen wir, daß unterschiedliche Verfahren (*Trapez-Regel*, *Simpson-Regel*) unterschiedliche Genauigkeiten besitzen. Also sind auch bei der numerischen Integration von (2) je nach Integrationsmethode, unterschiedliche Genauigkeiten zu erwarten. Im folgenden ersetzen wir das Integral in (2) durch Näherungsformeln:

4.2.1 Euler-Verfahren. Die einfachste, numerische Integrationsmethode ist, die zu integrierende Funktion in jedem Teilintervall durch eine Konstante, nämlich dem Funktionswert an der linken Intervallgrenze zu ersetzen. Für den Zeitpunkt t_1 gilt dann nach Gl. (2)

$$y(t_1) \;=\; y(t_0) + \int_{t_0}^{t_1} f(\tau, y(\tau))\, d\tau$$

$$\approx \;\; y(t_0) + f(t_0, y(t_0)) \cdot (t_1 - t_0).$$

Wir setzen

$$y_1 = y_0 + f(t_0, y_0) \cdot h.$$

Für das zweite Zeitintervall gilt ebenfalls nach (2)

$$y(t_2) \;=\; y(t_1) + \int_{t_1}^{t_2} f(\tau, y(\tau))\, d\tau$$

$$\approx \;\; y(t_1) + f(t_1, y(t_1)) \cdot (t_2 - t_1).$$

Wir setzen

$$y_2 = y_1 + f(t_1, y(t_1)) \cdot h$$

usw. Dies liefert genau das in §4.1 diskutierte Euler-Verfahren.

Algorithmus
$dt := \frac{T - t_0}{N}; \quad t := t_0; \quad y[0] := y0;$
for i from 1 to N
do
$y[i] := y[i-1] + dt * f(t, y[i-1]);$
$t := t + dt;$
od:

4.2.2 Prädiktor-Korrektor-Verfahren. Eine bessere Approximation an das Integral stellt die Trapez-Regel (Bd. 1, Kap. IX.2.2) dar: Wir ersetzen die Fläche über jedem Zeitintervall durch die Trapezfläche

$$\frac{1}{2} h \left(f(t_i, y_i) + f(t_{i+1}, y_{i+1}) \right).$$

Nach Gleichung (2) gilt dann

$$y(t_{i+1}) \;=\; y(t_i) + \int_{t_i}^{t_{i+1}} f(\tau, y(\tau))\, d\tau$$

$$\approx \;\; y(t_i) + \frac{1}{2} h \left(f(t_i, y_i) + f(t_{i+1}, y_{i+1}) \right).$$

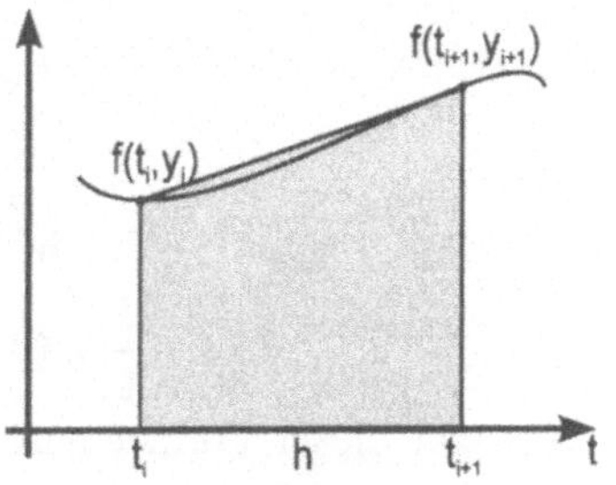

Abb. 62: Trapezregel

$$\Rightarrow \; y_{i+1} = y_i + \frac{1}{2}\,h\,\left(f\left(t_i,\,y_i\right) + f\left(t_{i+1},\,y_{i+1}\right)\right).$$

Dies ist eine *implizite* Gleichung für die unbekannte Größe y_{i+1}, denn bekannt ist zunächst immer nur eine Näherung für den linken Funktionswert y_i. Also muß man sich einen Schätzwert $\tilde{y}_{i+1}$ verschaffen und damit $f\left(t_{i+1},\tilde{y}_{i+1}\right)$ auswerten. Dies ist entweder durch ein Iterationsverfahren möglich oder man berechnet $\tilde{y}_{i+1}$ nach dem Euler-Verfahren

$$\boxed{\tilde{y}_{i+1} = y_i + h \cdot f\left(t_i,\,y_i\right).}\qquad\text{(Prädiktor)}$$

Mit diesem Schätzwert $\tilde{y}_{i+1}$ wertet man $f\left(t_{i+1},\tilde{y}_{i+1}\right)$ aus und korrigiert gemäß

$$\boxed{y_{i+1} = y_i + \frac{1}{2}\,h\,\left(f\left(t_i,\,y_i\right) + f\left(t_{i+1},\,\tilde{y}_{i+1}\right)\right).}\qquad\text{(Korrektor)}$$

Man bezeichnet dieses Verfahren als **Prädiktor-Korrektor-Verfahren** bzw. auch *Verfahren von Heun*.

Algorithmus
```
dt := (T-t0)/N;    y[0] := y0;    t := t0;
for i from 1 to N
do
K1 := f(t, y[i-1]);
K2 := f(t + dt, y[i-1] + dt K1);
y[i] := y[i-1] + 0.5 h (K1 + K2);
t := t + dt;
od:
```

4.2.3 Runge-Kutta-Formeln. Eine wesentlich bessere Approximation an das Integral folgt, wenn die Integration mit der Simpson-Regel (Bd. 1, Kap. IX.2.3) durchgeführt wird. Dazu führen wir den Zwischenwert $t_{1/2} = t_i + \frac{1}{2}h$ ein und integrieren gemäß

$$
\begin{aligned}
y\left(t_{i+1}\right) \;&=\; y\left(t_i\right) + \int_{t_i}^{t_{i+1}} f\left(\tau,\,y\left(\tau\right)\right)\,d\tau\\[2mm]
&\approx\; y\left(t_i\right) + \frac{1}{6}\,h\,\left(f\left(t_i,\,y_i\right) + 4f\left(t_{1/2},\,y_{1/2}\right) + f\left(t_{i+1},\,y_{i+1}\right)\right).
\end{aligned}
$$

$$\Rightarrow \; y_{i+1} = y_i + \frac{1}{6}\,h\,\left(f\left(t_i,\,y_i\right) + 4f\left(t_{1/2},\,y_{1/2}\right) + f\left(t_{i+1},\,y_{i+1}\right)\right).$$

Auch bei dieser Formel müssen für $y_{1/2}$ und y_{i+1} Schätzungen vorgenommen werden. Eine Methode mit großer Genauigkeit erhält man durch gewichtete Mittelwerte

$$
\begin{aligned}
K_1 &:= f\left(t_i,\,y_i\right)\\
K_2 &:= f\left(t_i + \tfrac{1}{2}h,\, y_i + \tfrac{1}{2}h\,K_1\right)\\
K_3 &:= f\left(t_i + \tfrac{1}{2}h,\, y_i + \tfrac{1}{2}h\,K_2\right)\\
K_4 &:= f\left(t_i + h,\, y_i + h\,K_3\right)
\end{aligned}
$$

$$\boxed{y_{i+1} = y_i + \tfrac{1}{6}\,h\,(K_1 + 2\,K_2 + 2\,K_3 + K_4).}$$

Man nennt dieses Verfahren das **Runge-Kutta-Verfahren 4. Ordnung**.

Algorithmus

$dt := \frac{T - t_0}{N}$;　$y\,[0] = y_0$;　$t := t_0$;

for i from 1 to N

do

$K_1 := f\,(t,\, y\,[i-1])$;

$K_2 := f\,(t + 0.5\,dt,\, y\,[i-1] + 0.5\,dt\,K_1)$;

$K_3 := f\,(t + 0.5\,dt,\, y\,[i-1] + 0.5\,dt\,K_2)$;

$K_4 := f\,(t + dt,\, y\,[i-1] + dt\,K_3)$;

$y\,[i] := y\,[i-1] + \tfrac{1}{6}\,dt\,(K_1 + 2\,K_2 + 2\,K_3 + K_4)$;

$t := t + dt$;

od:

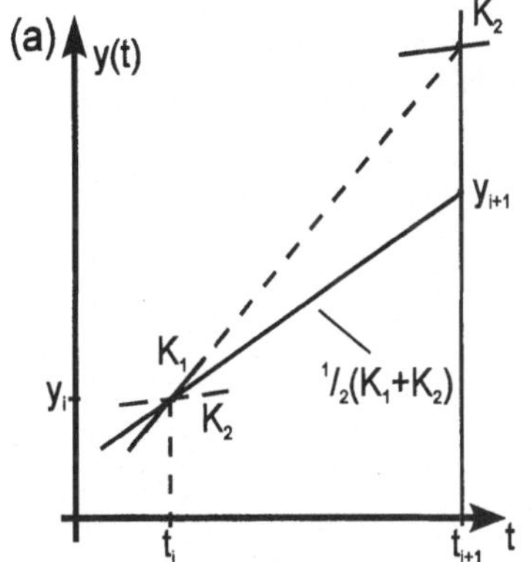

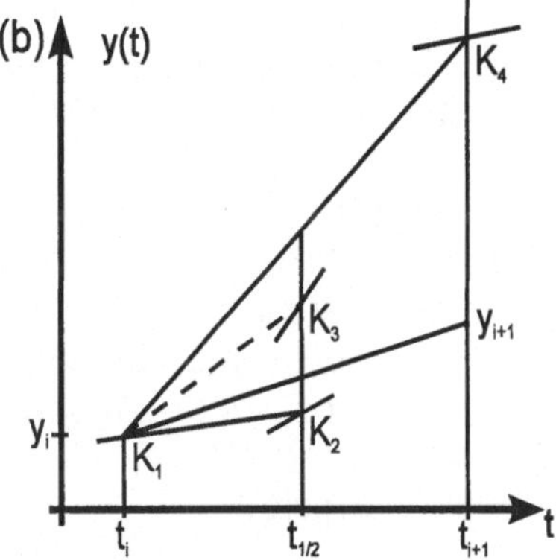

Abb. 63: a) Prädiktor-Korrektor-Verfahren　　b) Runge-Kutta-Verfahren

Vermutung: Aufgrund der Diskretisierungsfehler bei der Integration ist zu erwarten, daß der Fehler beim Euler-Verfahren (a) am größten ist. Verwendet man das Prädiktor-Korrektor-Verfahren (b) oder die Runge-Kutta-Formeln (c) sollte der Fehler kleiner werden. Verfahren (b) und (c) erfordern gegenüber (a) doppelten bzw. vierfachen Rechenaufwand, da zwei bzw. vier Auswertungen von f pro Iterationsschritt erforderlich sind. Daß sich der Mehraufwand dennoch lohnt, werden wir experimentell am Beispiel des RC-Kreises demonstrieren.

4.2.4 Die MAPLE**-Prozedur DGsolve.** Das Euler-, das Prädiktor-Korrektor- sowie das Runge-Kutta-Verfahren wurden algorithmisch in der unten beschriebenen MAPLE-Prozedur **DGsolve** umgesetzt. **DGsolve** löst beliebige DG 1. Ordnung der

Form
$$y'(t) = f(t, y(t)); \quad y(t_0) = y_0$$
im Intervall $t_0 \leq t \leq T$ numerisch mit einem der 3 diskutierten Verfahren und
stellt die Lösung graphisch dar. Der Aufruf erfolgt durch die Angabe der Differentialgleichung, der gesuchten Funktion, des Bereichs in dem die Lösung berechnet
werden soll, des Anfangswerts, der Anzahl der Rechenschritte sowie des Verfahrens:

> DGsolve(DG, y(x), x = $x_{min}..x_{max}$, y(x_{min}) = y_0, N = 60, *verfahren*);

Für die Verfahren kann man wählen zwischen

- *euler*:   Euler-Verfahren
- *impeuler*:   Prädiktor-Korrektor-Verfahren
- *ruku*:   Runge-Kutta-Verfahren 4. Ordnung

```
> DGsolve := proc()
> # Prozedur zum numerischen Lösen von DG 1. Ordnung
> # und der graphischen Darstellung der Lösung.
>
> local DG, func, var, var_min, var_max, rs, N,
>        dt, i, n, ti, y, K1, K2, K3, K4;
>
> DG := args[1]:
> func := args[2]:
> var := op(1, args[3]):
> var_min := op(1, op(2, args[3])):
> var_max := op(2, op(2, args[3])):
> y[0] := op(2, args[4]):
> N := op(2, args[5]);
>
> rs := solve(DG, diff(func, var));
> dt := (var_max - var_min)/N:
> i := 0:
>
> if args[6] = ruku
> then
>    print('Lösen der DG mit dem Runge-Kutta-Verfahren'):
>    for  ti from var_min by dt to var_max
>    do i:=i+1:
>       K1:=subs({func=y[i-1], var=ti}, rs):
>       K2:=subs({func=y[i-1]+0.5*dt*K1, var=ti+0.5*dt}, rs):
>       K3:=subs({func=y[i-1]+0.5*dt*K2, var=ti+0.5*dt}, rs):
>       K4:=subs({func=y[i-1]+dt*K3, var=ti+dt}, rs):
>       y[i]:=evalf(y[i-1] + 1/6*dt*(K1+2*K2+2*K3+K4)):
>    od:
```

```
>
> elif args [6] = impeuler
> then
>    print('Lösen der DG mit dem Prädiktor-Korrektor-Verfahren'):
>    for ti from var_min by dt to var_max
>    do i:=i+1:
>       K1:=subs({func=y[i-1], var=ti}, rs):
>       K2:=subs({func=y[i-1]+dt*K1, var=ti+dt}, rs):
>       y[i]:=evalf(y[i-1] + 0.5*dt*(K1+K2)):
>    od:
>
> else
>    print('Lösen der DG mit dem Euler-Verfahren'):
>    for ti from var_min by dt to var_max
>    do i:=i+1:
>       y[i]:=evalf(y[i-1]+dt*(subs({func=y[i-1], var=ti}, rs))):
>    od:
> fi:
>
> plot([seq([n*dt+var_min, y[n]], n=0..N)]);
> end:
```

53. Beispiel: Gesucht ist eine numerische Lösung der DG

$$y'(x) + \frac{1}{30}\, y^3(x) = \sin(x)\, e^{\frac{y(x)}{10}}; \ y(0) = 1$$

im Bereich $0 \le x \le 20$. Für die Unterteilung des Intervalls wähle man $N = 60$ und nehme das Euler-Verfahren.

```
> DG := diff(y(x), x)+1/30*(y(x))^3 = sin(x)*exp(y(x)/10):
> DGsolve(DG, y(x), x = 0..20, y(0) = 1, N = 60, euler);
```

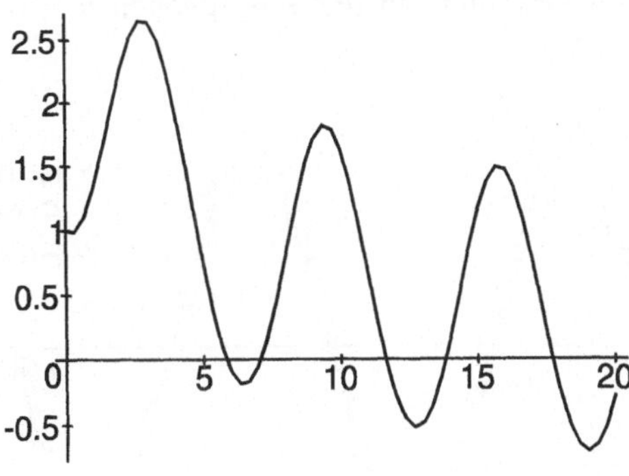

Bemerkung: Bei der Prozedur **DGsolve** wird der **args**-Befehl verwendet, um die aktuellen Argumente beim Aufruf zu erfassen. z.B. für

> DGsolve(DG, y(x), x=0..20, y(0)=1, N=60, ruku):

ist dann args[1] die Differentialgleichung, args[2] der Name für die gesuchte Funktion. args[3] ist ein Ausdruck $x = 0..20$, der aus zwei Operanden besteht: Der erste Operand ist die Variable x, op(1, args[3]), und der zweite ist der Bereich $0..20$, op(2, args[3]). Die untere Intervallgrenze, 0, wiederum ist der erste Operand, die obere Intervallgrenze, 20, der zweite. args[4] bis args[6] werden entsprechend verwendet. Definiert man y nicht als lokale, sondern als globale Variable > global y, so stehen die numerischen Werte $y[i]$ auch außerhalb der Prozedur zur Verfügung.

4.3 Quantitativer Vergleich der numerischen Verfahren

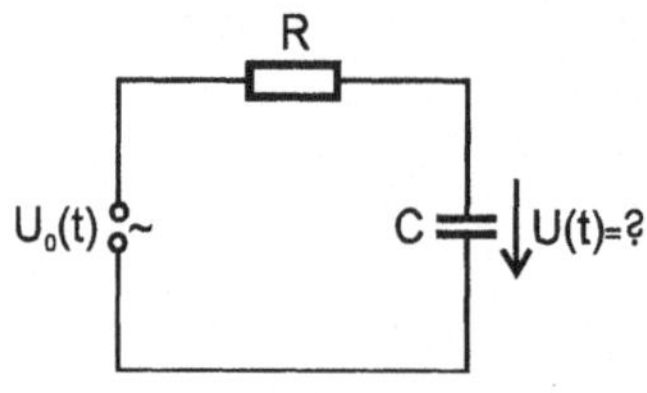

Abb. 64: RC-Kreis mit Wechselspannung

Gegeben ist ein RC-Kreis mit Wechselspannungsquelle $U_0(t) = \hat{U}_0 \sin(\omega t)$. Aus Beispiel 8 entnehmen wir die DG

$$\dot{U}(t) = -\frac{1}{RC} U(t) + \frac{1}{RC} \hat{U}_0 \sin(\omega t),$$

die für die Anfangsbedingung $U(0) = 0$ die folgende analytische Lösung besitzt

$$U(t) = \frac{\hat{U}_0}{1 + (RC\,\omega)^2} \left[\sin(\omega t) - RC\,\omega \cos(\omega t) + RC\,\omega\, e^{-\frac{1}{RC}t}\right].$$

Für die physikalischen Größen $C = 50 \cdot 10^{-9}\,F$, $R = 500\,\Omega$, $\hat{U}_0 = 220V$ und $\omega = 2\pi \cdot 1000\,\frac{1}{s}$ lösen wir das AWP mit dem Euler-, dem Prädiktor-Korrektor- und dem Runge-Kutta-Verfahren für die Schrittweiten $h = 5 \cdot 10^{-5}\,s$, $10^{-5}\,s$, $5 \cdot 10^{-6}\,s$, $10^{-6}\,s$ und $10^{-7}\,s$.

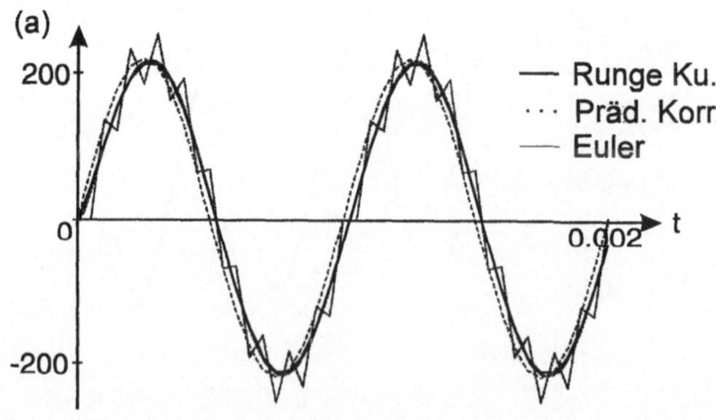

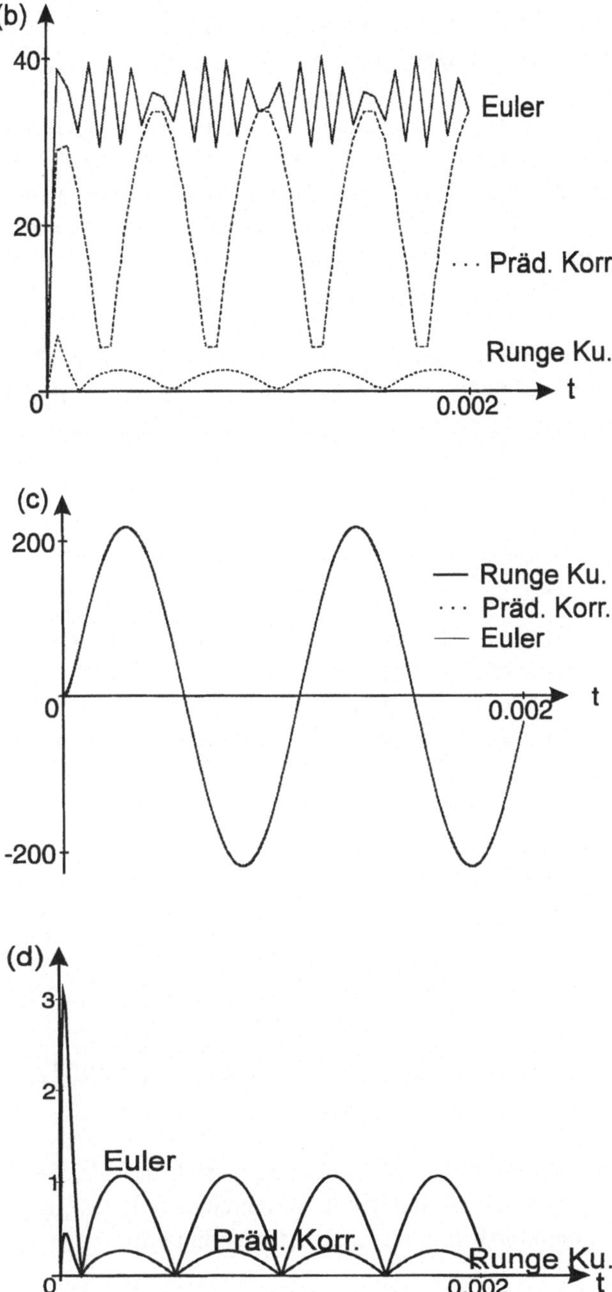

In Bild (a) sind die numerischen Werte für $h = 5 \cdot 10^{-5}\,s$ zusammen mit der exakten Lösung in ein Schaubild gezeichnet. Man erkennt, daß das Euler-Verfahren die größten Abweichungen zur Lösung hat. Bei dem Prädiktor-Korrektor- und Runge-

Kutta-Verfahren sind die Abweichungen geringer. In Bild (b) ist der Fehler der Verfahren betragsmäßig aufgetragen.

Für $h = 10^{-5}\,s$ sind die entsprechenden Kurven in Bild (c) gezeichnet. Für diese Schrittweite kann graphisch nicht mehr zwischen numerischer und exakter Lösung unterschieden werden. Erst in der Fehlerdarstellung (d) erkennt man, daß das Euler-Verfahren den größten und das Runge-Kutta-Verfahren den kleinsten Fehler liefert. Qualitativ ändert sich an diesem Verhalten auch für kleinere Schrittweiten nichts mehr.

Um die Fehler quantitativ zu vergleichen, wählen wir zwei Zeitpunkte $t_1 = 2 \cdot 10^{-4}\,s$ und $t_2 = 9 \cdot 10^{-4}\,s$ und bestimmen an diesen Zeitpunkten die Fehler der numerischen Verfahren für die genannten Schrittweiten (siehe Tab. 4 und 5).

Tabelle 4: Fehler bei $t_1 = 2 \cdot 10^{-4}\,s$

$t_1 = 2 \cdot 10^{-4}\,s$	$F_{Euler}\ [V]$	$F_{PK}\ [V]$	$F_{RK}\ [V]$
$h = 5 \cdot 10^{-5}\,s$	39	15	1.3
$h = 10^{-5}\,s$	$8.64 \cdot 10^{-1}$	$2.16 \cdot 10^{-1}$	$1.38 \cdot 10^{-3}$
$h = 5 \cdot 10^{-6}\,s$	$4.26 \cdot 10^{-1}$	$4.84 \cdot 10^{-2}$	$7.95 \cdot 10^{-5}$
$h = 10^{-6}\,s$	$8.42 \cdot 10^{-2}$	$1.79 \cdot 10^{-3}$	$1.18 \cdot 10^{-7}$
$h = 10^{-7}\,s$	$8.39 \cdot 10^{-3}$	$1.76 \cdot 10^{-5}$	$1.2 \cdot 10^{-11}$

Tabelle 5: Fehler bei $t_2 = 9 \cdot 10^{-4}\,s$

$t_2 = 9 \cdot 10^{-4}\,s$	$F_{Euler}\ [V]$	$F_{PK}\ [V]$	$F_{RK}\ [V]$
$h = 5 \cdot 10^{-5}\,s$	30	24	2.3
$h = 10^{-5}\,s$	$8.48 \cdot 10^{-1}$	$2.08 \cdot 10^{-1}$	$1.35 \cdot 10^{-3}$
$h = 5 \cdot 10^{-6}\,s$	$4.26 \cdot 10^{-2}$	$4.60 \cdot 10^{-2}$	$7.61 \cdot 10^{-5}$
$h = 10^{-6}\,s$	$8.55 \cdot 10^{-2}$	$1.68 \cdot 10^{-3}$	$1.11 \cdot 10^{-7}$
$h = 10^{-7}\,s$	$8.59 \cdot 10^{-3}$	$1.65 \cdot 10^{-5}$	$1.13 \cdot 10^{-11}$

Vergleicht man die Verfahren zeilenweise, zeigt sich das gleiche Verhalten wie aus Bild (b) und (d). Das Runge-Kutta-Verfahren liefert den geringsten Fehler, verglichen mit Prädiktor-Korrektor- und Euler-Verfahren.

Betrachtet man die Verfahren im einzelnen, erkennt man, daß der Fehler beim Euler-Verfahren linear mit der Schrittweite abnimmt. D.h. wird die Schrittweite h um den Faktor 10 von 10^{-5} auf 10^{-6} bzw. 10^{-7} verkleinert, so ist auch der resultierende Fehler jeweils um den Faktor 10 kleiner:

$$\boxed{F_{Euler} \sim h.}$$

Der Fehler beim Prädiktor-Korrektor-Verfahren reduziert sich um den Faktor 100
bei Verkleinerung der Schrittweite um 10:

$$\boxed{F_{PK} \sim h^2.}$$

Der Fehler beim Runge-Kutta-Verfahren reduziert sich sogar um den Faktor 10000
bei Verkleinerung der Schrittweite um 10:

$$\boxed{F_{RK} \sim h^4.}$$

Man nennt die Potenz beim Fehlerverhalten die **Ordnung des Verfahrens**. Tab.
6 faßt das oben erhaltene Fehlerverhalten zusammen.

Tabelle 6: Ordnung der numerischen Verfahren

Verfahren	Euler	Prädiktor-Korrektor	Runge-Kutta
Ordnung	1	2	4

Für alle 3 Verfahren gilt offenbar, daß für $h \to 0$ der Fehler ebenfalls gegen Null
geht: Die numerische Lösung konvergiert gegen die exakte, falls man die Rundungsfehler vernachlässigt.

Tatsächlich machen sich bei noch kleineren Schrittweiten die Rundungsfehler bemerkbar. Rundungsfehler sind unvermeidbar, da in der Zahlendarstellung von Di-
gitalrechnern nur mit endlich vielen Dezimalstellen gerechnet wird. Der Gesamtfehler setzt sich zusammen aus dem **Verfahrensfehler**, den wir für die 3 Verfahren
diskutiert haben, und dem **Rundungsfehler**. Der Rundungsfehler fällt für kleine
h stärker ins Gewicht als der Verfahrensfehler. Qualitativ sind die Rundungs- und
Verfahrensfehler in Abb. 65 dargestellt.

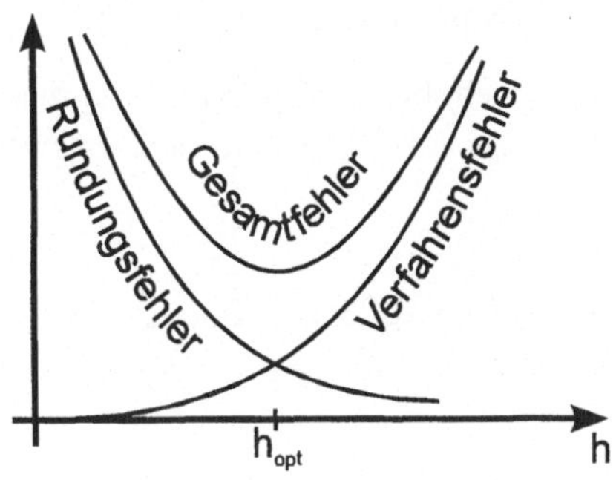

Abb. 65: Numerischer Fehler

Es lassen sich grundsätzlich folgende Folgerungen ziehen:

(1) Der Gesamtfehler kann nicht beliebig klein gemacht werden. Es gibt aber eine optimale Schrittweite h_{opt} mit minimalem Gesamtfehler.

(2) Ein Verfahren mit höherer Ordnung führt mit weniger Schritten (großes h_{opt}) zu einem kleineren minimalen Gesamtfehler.

(3) Für die ingenieursmäßige Anwendung ist das Euler-Verfahren in der Regel ausreichend. Insbesondere für Systeme von DG ist das Euler-Verfahren einfach zu programmieren.

4.4 Numerisches Lösen von DG 1. Ordnung mit MAPLE

Anfangswertprobleme werden in MAPLE numerisch mit dem **dsolve**-Befehl gelöst, wenn die Option '**numeric**' gesetzt wird. Zur Lösung der DG wird dann standardmäßig ein spezielles Runge-Kutta-Verfahren, RKF45 [E. Fehlberg, Computing 6, 61-71, 1970], verwendet. Alle in diesem Abschnitt diskutierten Beispiele können bis auf das System in Beispiel 59 auch mit der in §4.2 bereitgestellten Prozedur **DGsolve** gelöst werden.

54. Beispiel: Pendelgleichung. Wir wenden den **dsolve**-Befehl mit der Option *numeric* auf die Pendelgleichung

$$\varphi''(t) + \frac{g}{l} \sin \varphi(t) = 0$$

für eine große Anfangsauslenkung $\varphi(0) = 30°$, $\varphi'(0) = 0$ an.

```
> DG := diff(phi(t),t$2) + g/l*sin(phi(t)) = 0:
> init := phi(0)=30*Pi/180, D(phi)(0)=0:
> g :=9.81: l:=1:
> F := dsolve({DG,init}, phi(t), 'numeric');
```

$$F := \mathrm{proc}(rkf45\_x) \ ... \ \mathrm{end} \ \mathrm{proc}$$

Das Ergebnis von **dsolve** besteht bei der Option *numeric* aus einer Prozedur, welche zum Zeitpunkt t eine Liste von Zeitpunkt, Funktionswert sowie der Ableitung liefert.

```
> F(0);
```

$$\left[t = 0, \ \phi(t) = .5235987758, \ \frac{\partial}{\partial t}\phi(t) = 0 \right]$$

```
> F(1);
```

$$\left[t = 1, \ \phi(t) = -.5225689325816141, \ \frac{\partial}{\partial t}\phi(t) = -.1004683124054779 \right]$$

Die graphische Darstellung der Funktion $\varphi(t)$ erfolgt mit dem **odeplot**-Befehl.

```
> with(plots):
> odeplot(F, [t,phi(t)], 0..3, title='Numerische Lösung', thickness=2);
```

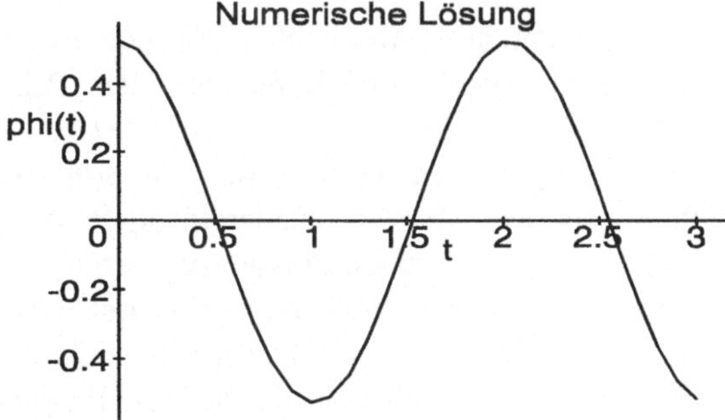

Wir vergleichen diese numerisch gefundene Lösung der DG

$$\varphi''(t) + \frac{g}{l} \sin \varphi(t) = 0$$

mit der analytischen Lösung

$$\varphi(t) = \varphi_0 \cos(\omega\, t) \quad \text{mit} \quad \omega = \sqrt{\frac{g}{l}}$$

der für kleine Auslenkungen linearisierten DG

$$\varphi''(t) + \frac{g}{l} \varphi(t) = 0.$$

```
> p1 := odeplot(F, [t,phi(t)], 0..5, thickness=2):
> f(t) := 30*Pi/180*cos(sqrt(g/l)*t):
> p2 := plot(f(t), t=0..5, color=red, style=point):
> display({p1,p2});
```

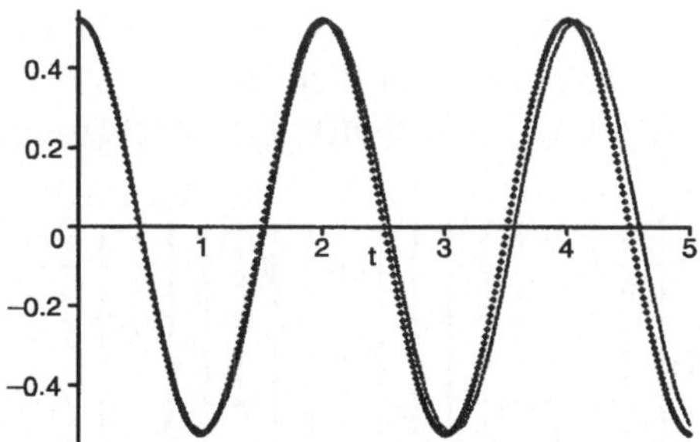

Man erkennt an dieser Darstellung, daß die Lösung der linearisierten Pendelgleichung (gepunktete Kurve) eine höhere Frequenz aufweist, als die der ursprünglichen nichtlinearen DG. D.h. die Lösung der Pendelgleichung besitzt eine größere Wellenlänge als durch die Linearisierung beschrieben wird. Variiert man die Anfangsauslenkung sieht man auch, daß die Frequenz der Schwingung von dieser Anfangsauslenkung φ_0 abhängt.

Der DEplot-Befehl. Eine alternative Möglichkeit, die numerische Lösung direkt graphisch darzustellen, bietet der **DEplot**-Befehl aus dem Paket **DEtools**. Der **DEplot**-Befehl lautet nun für eine DG in $y(x)$:

DEplot(DG, y(x), x=a..b, [[y(x0)=y0, D(y)(x0)=.., ...]], stepsize=h)

Wird *stepsize* nicht spezifiziert, so wird standardmäßig $h = \frac{b-a}{20}$ gesetzt. Die Rechenpunkte werden jeweils durch einen Polygonzug verbunden. Sollen mehrere Zwischenpunkte eingefügt werden, muß die Option **iterations** = $<integer>$ gesetzt werden, wobei $<integer>$ die Anzahl der Integrationsschritte zwischen benachbarten Stützstellen angibt (Standard ist 1). Die Liste [[...]] gibt die Anfangsbedingungen an.

Neben der numerischen Lösung kann gleichzeitig das sog. *Richtungsfeld* dargestellt werden. Das Richtungsfeld gibt die Ableitung der Funktion in jedem Punkt wider. Das Richtungsfeld kann durch die Option **arrows** = ’*NONE*’ (Standard) unterdrückt bzw. z.B. durch die Option **arrows** = ’*small*’ aktiviert werden. Auch können unterschiedliche Verfahren zum Lösen der DG spezifiziert werden. Die vielfältigen Optionen von **DEplot** entnimmt man der MAPLE-Hilfe.

55. Beispiel: RC-Kreis. Die Darstellung der numerischen Lösung mit dem Richtungsfeld erfolgt am Beispiel des RC-Kreises aus §4.3.

```
> with(plots): with(DEtools):
> DG:=  diff(U(t),t) = -U(t)/(R*C) + U0/(R*C)*sin(2.*3.14*f*t):
> R:=500: C:=5e-8: f:=1000: U0:=220: w:=2.*3.14*f:
```

Die exakte Lösung ist

```
> Uex(t):= U0/(1+(R*C*w)^2)*(sin(w*t)-R*C*w*cos(w*t)
>                                     +R*C*w*exp(-t/(R*C))):
> p1:=plot(Uex(t), t=0..2e-3, color=black):
```

und die numerischen Lösungen ergeben sich aus

```
> p2:=DEplot(DG, U(t), t=0..2e-3, [[U(0)=0]], stepsize=5e-5,arrows=small):
> display([p1,p2]);
```

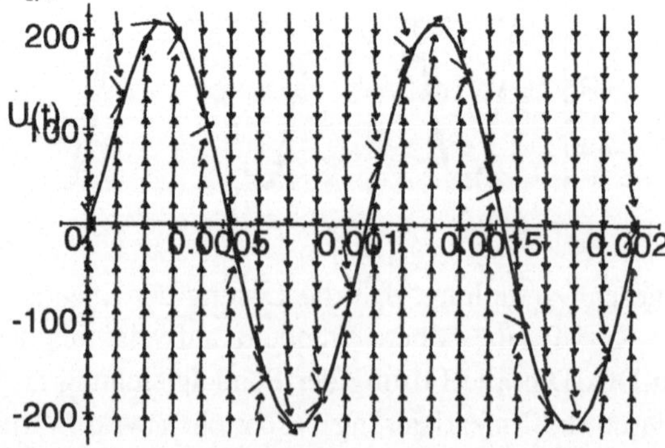

Bei einer Schrittweite von $h = 5 \cdot 10^{-5}$ ergibt sich graphisch kein Unterschied mehr zwischen der exakten und der numerischen Lösung.   □

56. Beispiel: Ein Körper der Masse m wird von der Erde mit einer Geschwindigkeit v_0 senkrecht nach oben abgeschossen. Aus dem Gravitationsgesetz folgt für die Erdanziehungskraft in der Höhe h über dem Erdboden

$$F_g = f\frac{m\,M}{(R + h(t))^2},$$

wenn f die Gravitationskonstante, M die Erdmasse und R der Erdradius ist. Setzt man die Erdbeschleunigung $g = f\frac{m\,M}{R^2}$ in die Gleichung ein, folgt nach dem Newtonschen Bewegungsgesetz für die Beschleunigung in der Höhe $h(t)$

$$h''(t) = -g\,\frac{R^2}{(R + h(t))^2}.$$

Mit den Anfangsbedingungen $h(0) = R$, $h'(0) = v_0$ und $R = 6370\,km$, $v_0 = 500\,km/h$ folgt die numerische Lösung durch

```
> DG :=  diff(h(t),t$2) = -g*R^2/(R+h(t))^2:
> g:=9.81*3.6:  R:=6370:  v0:=500:
> F := dsolve({DG,h(0)=0,D(h)(0)=v0}, h(t), 'numeric'):
> with(plots):
> p1 := odeplot(F, [t,h(t)], 0..80, labels=[t,h], thickness=2):
```

Zum Vergleich wird das Weg-Zeit-Gesetz für eine gleichförmig beschleunigte Bewegung

$$h''_g(t) = -g$$

(also die Parabel $h_g(t) = -\tfrac{1}{2}g\,t^2 + v_0\,t$) in das Diagramm aufgenommen.

```
> p2 := plot(-g/2*t^2+v0*t, t=0..80, color=red):
> display([p1,p2]);
```

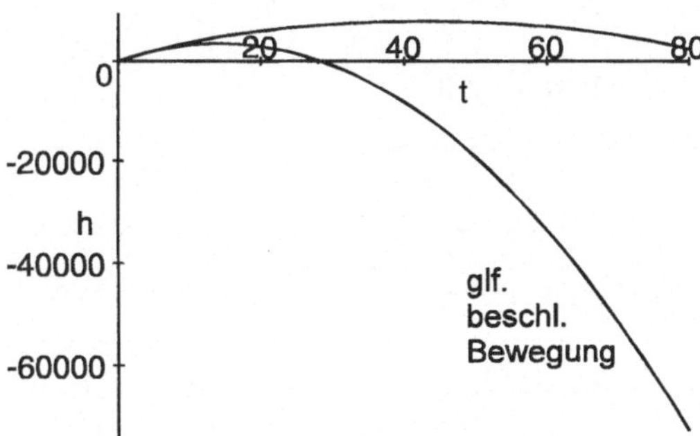

Aufgrund der Ortsabhängigkeit der Erdanziehung, die nach oben hin abnimmt, verweilt die Masse m länger in der Luft, als durch eine gleichförmig beschleunigte Bewegung angenommen wird.

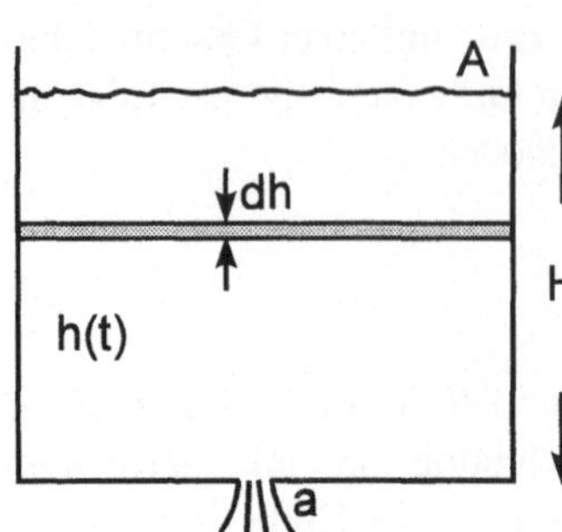

Abb. 66: Ausfluß aus Behälter

57. Beispiel: Ausfluß aus Behälter. Aus einem Behälter mit konstanter Querschnittsfläche $A = \pi R^2$ fließt eine Flüssigkeit reibungsfrei durch eine Öffnung am Boden mit Querschnitt $a = \pi r^2$. Gesucht ist die Wasserhöhe im Behälter $h(t)$ als Funktion der Zeit.

Beim Auslaufen eines kleinen Volumens $dV = A \cdot dh$ nimmt die potentielle Energie um

$$\rho\, g\, dV\, h(t)$$

ab (ρ: Dichte der Flüssigkeit, g: Erdbeschleunigung). Die kinetische Energie nimmt um

$$\frac{1}{2}\, dV\, \rho\, v^2(t)$$

zu, wenn $v(t)$ die Ausflußgeschwindigkeit zum Zeitpunkt t ist. Der Energieerhaltungssatz

$$\frac{1}{2}\, dV\, \rho\, v^2(t) = \rho\, g\, dV\, h(t)$$

liefert

$$v(t) = \sqrt{2\, g\, h(t)} \qquad \text{(Torricelli-Gesetz)}.$$

In einem kleinen Zeitintervall dt fällt der Pegel um dh ab. Das Volumen im Behälter nimmt somit um

$$dV = -A\, dh = -\pi\, R^2\, dh$$

ab (Minuszeichen, da Abnahme). In der gleichen Zeit fließt durch die Öffnung am Boden das gleiche Volumen, jetzt aber mit Grundfläche $\pi\, r^2$ und der Höhe

$$v\, dt = \sqrt{2\, g\, h(t)}\, dt.$$

Da beide Volumina gleich sind, gilt

$$\pi\, r^2 \sqrt{2\, g\, h(t)}\, dt = -\pi\, R^2\, dh$$

$$\Rightarrow \quad \boxed{h'(t) = -\frac{r^2}{R^2}\sqrt{2\, g\, h(t)} \ \text{ mit } \ h(0) = H.}$$

Die graphische Darstellung der Lösung $h(t)$ erhält man z.B. durch

```
> DG := diff(h(t),t)=-r^2/R^2*sqrt(2*g*h(t)):
> g:=9.81: R:=0.1: r:=0.01: H:=1:
> F := dsolve({DG,h(0)=H}, h(t), 'numeric'):
> with(plots):
```

```
> odeplot(F, [t,h(t)], 0..50, title='Ausfluß aus Behälter', thickness=2);
```

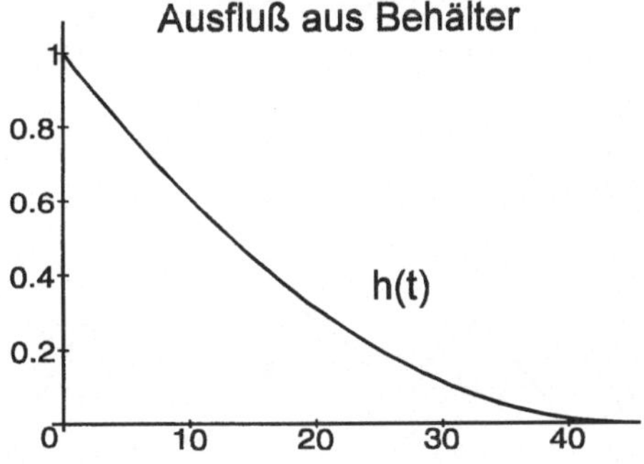

58. Beispiel: Rechteckanregung eines RC-Kreises. Gegeben ist die DG

$$y'(t) + y(t) = sign(\sin(\pi\, t)).$$

Dies entspricht der DG eines RC-Kreises mit $RC = 1$ und der Anregung mit einer Rechteckspannung.

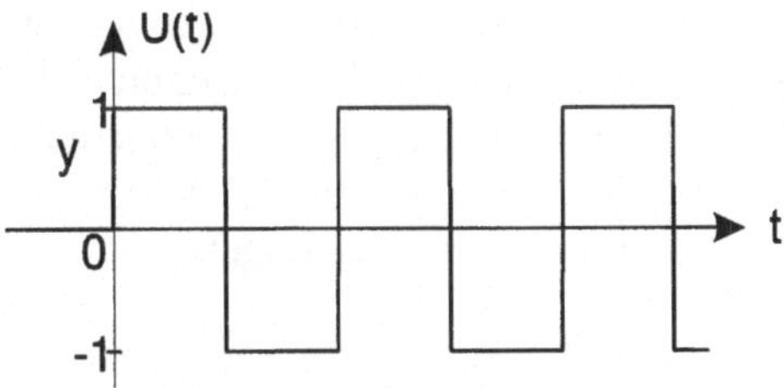

Abb. 67: Rechteckspannung

Die Lösung für verschiedene Anfangsbedingungen, $y(0) = -1$, $y(0) = 0$, $y(0) = 1$, $y(0) = 2$, berechnet man numerisch z.B. durch

```
> DG := diff(y(t),t) + y(t) = signum(sin(Pi*t)):
> F[1] := dsolve({DG,y(0)=-1}, y(t), 'numeric'):
> F[2] := dsolve({DG,y(0)=0}, y(t), 'numeric'):
> F[3] := dsolve({DG,y(0)=1}, y(t), 'numeric'):
> F[4] := dsolve({DG,y(0)=2}, y(t), 'numeric'):
```

Wie man der graphischen Darstellung entnimmt, nähert sich jede Lösung der DG einer periodischen, der stationären Lösung an.

```
> with(plots):
> for i from 1 to 4
> do
```

```
>    p[i]:=odeplot(F[i], [t,y(t)], 0..6,numpoints=100):
> od:
> display([p[1],p[2],p[3],p[4]]);
```

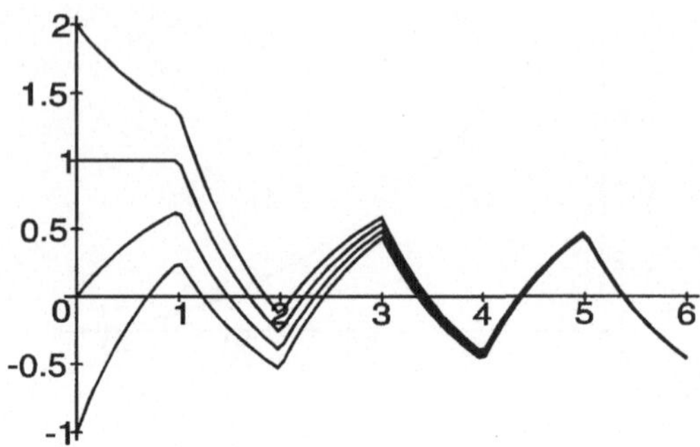

Numerisches Lösen von LDGS mit MAPLE. Mit dem **dsolve**-Befehl zusammen mit der **numeric**-Option können auch lineare Differentialgleichungssysteme (LDGS) gelöst werden.

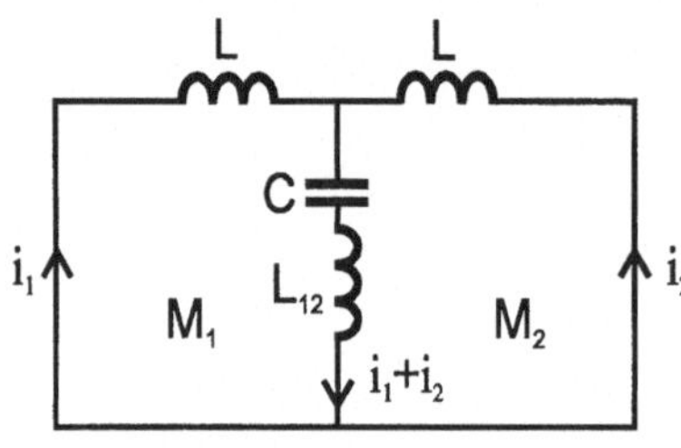

Abb. 68: Gekoppelter Schwingkreis

59. Beispiel: Gekoppelter Schwingkreis.
Die beiden gedämpften Schwingkreise sind durch die gegenseitige Induktivität L und den Kondensator C gekoppelt. Nach den Kirchhoffschen Regeln gilt für die Maschen M_1 und M_2

$$L\,i_1' + \tfrac{1}{C}\left(q_1 + q_2\right) + L_{12}\left(i_1' + i_2'\right) = 0.$$
$$L\,i_2' + \tfrac{1}{C}\left(q_1 + q_2\right) + L_{12}\left(i_1' + i_2'\right) = 0.$$

Mit $i_{1/2} = q_{1/2}'$ erhält man das System

$$(L + L_{12})\,q_1''(t) + \tfrac{1}{C}\left(q_1(t) + q_2(t)\right) + L_{12}\,q_2''(t) = 0.$$

$$L_{12}\,q_1''(t) + \tfrac{1}{C}\left(q_1(t) + q_2(t)\right) + (L + L_{12})\,q_2''(t) = 0.$$

Setzt man also

```
> DG1:= (L+L12)*diff(q1(t),t$2) + 1/C*(q1(t)+q2(t))+L12*diff(q2(t),t$2) = 0:
> DG2:= L12*diff(q1(t),t$2) + 1/C*(q1(t)+q2(t)) + (L+L12)*diff(q2(t),t$2) = 0:
```

mit den Anfangsbedingungen

```
> init:=q1(0)=0, D(q1)(0)=0, q2(0)=220*C, D(q2)(0)=0:
```

und den Parametern

```
> L:=50e-3: L12:=75e-3: C:=50e-9:
```

liefert die Prozedur **dsolve**

```
> F:=dsolve({DG1,DG2,init},{q1(t),q2(t)}, 'numeric'):
```

ausgewertet an einer Stelle t_1 eine Liste bestehend aus dem Zeitpunkt t_1 und den Funktionswerten $q_1(t)$, $\frac{d}{dt}q_1(t)$ und $q_2(t)$, $\frac{d}{dt}q_2(t)$ zu diesem Zeitpunkt t_1:

```
> F(0.001);
```

$$[t = .001, \quad q1(t) = -.5527326248085610\,10^{-5}$$
$$\frac{\partial}{\partial t}q1(t) = -.07778092524124097,$$
$$q2(t) = .5472673751914392\,10^{-5},$$
$$\frac{\partial}{\partial t}q2(t) = -.07778092524124097]$$

Um die Funktion $q_2(t)$ zu selektieren wählen wir die 4. Komponente der Prozedur F; die rechte Seite der Gleichung ergibt dann die Werte von $q_2(t)$:

```
> Q2 := t -> rhs(F(t)[4]):
> plot(Q2, 0..0.005, title='Ladung q2(t)');
```

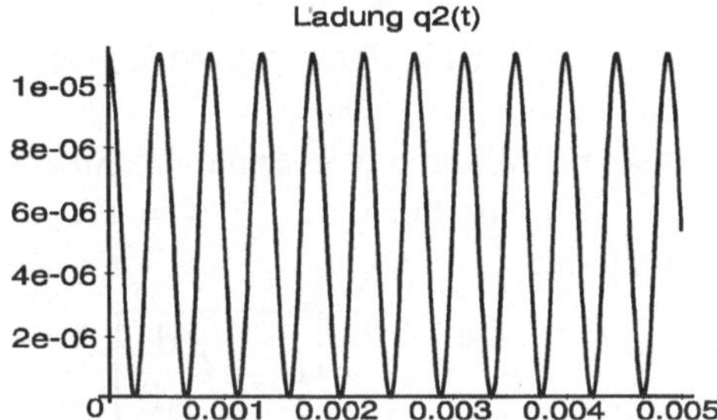

Der Nachteil der Anwendung des **dsolve**-Befehls ist, daß man nicht beliebig lange Zeiten simulieren kann. Wesentlich schneller kommt man - insbesondere bei größeren Systemen - zum Ziel, indem man die DG selbst diskretisiert. Dies wird im nachfolgenden Abschnitt am Beispiel von elektrischen Netzwerken erläutert.

§5. Numerisches Lösen von DG für elektrische Filter

Im folgenden werden für elektrische Schaltungen, die sich aus RCL-Gliedern zusammensetzen, die zugehörigen Differentialgleichungen aufgestellt, und rechnerisch gelöst. Das Ziel ist, für beliebige Eingangssignale die Ausgangssignale für komplizierte RCL-Schaltungen mit dem Euler-Verfahren numerisch zu berechnen.

5.1 Physikalische Gesetzmäßigkeiten der Bauelemente

Für die Bauelemente R, L und C gelten die folgenden physikalischen Gesetzmäßigkeiten:

Widerstand. Bei einem Ohmschen Widerstand sind Spannung U und Strom I zueinander proportional: $U \sim I$:

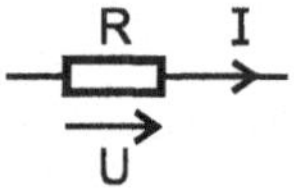

$$U = R \cdot I$$

Die Proportionalitätskonstante R heißt Ohmscher Widerstand.

Spule mit Induktivität L. Fließt durch eine Spule der Strom I, so ist der Spannungsabfall an der Spule U proportional zu $\frac{dI}{dt}$. Die Proportionalitätskonstante bezeichnet man mit Induktivität L:

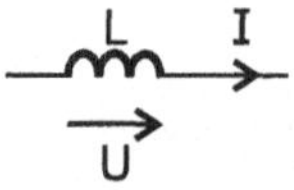

$$U = L \frac{dI}{dt}$$

Kondensator mit Kapazität C. Liegt am Kondensator die Spannung U, so ist die auf dem Kondensator gespeicherte Ladung Q proportional zu U: $Q = C \cdot U$. Wegen $I = \frac{dQ}{dt}$ folgt für den Strom durch den Kondensator

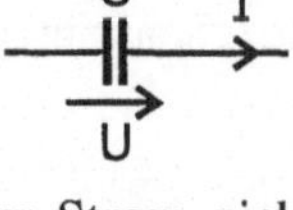

$$I = C \cdot \frac{dU}{dt}.$$

Natürlich fließt der Strom nicht durch den Kondensator, sondern auf der einen Seite fließt Ladung zu; auf der anderen Seite fließt Ladung ab!

5.2 Aufstellen der DG für elektrische Schaltungen

(1) Kondensatoren und Spulen sind Energiespeicher. Zu jedem Energiespeicher wird eine *Zustandsvariable* festgelegt:
Jedem **Kondensator** C_i wird die anliegende **Spannung** U_i,
jeder **Spule** L_i wird der fließende **Strom** I_i
als Zustandsvariable zugeordnet. Den Widerständen wird keine Zustandsvariable zugeordnet, da sie keine Energiespeicher, sondern nur Energieverbraucher sind.

(2) Der *Maschensatz* (die Summe aller Spannungen in einer Masche ist Null) und der *Knotensatz* (die Summe aller auf einen Knoten zufließenden Ströme ist gleich der Summe aller abfließenden Ströme) werden auf die Schaltung angewendet. Das Ziel ist, für jede Zustandsvariable eine DG 1. Ordnung zu erhalten.

(3) Sind Spule und Kondensator in Reihe geschaltet, wird formal ein weiterer Knoten eingeführt!

In der Regel führt diese Vorgehensweise zu je einer DG pro Zustandsvariable, die außer der Ableitung der Zustandsvariablen keine weiteren Ableitungen enthält. Bei komplizierteren Schaltungen kommen aber mehrere Ableitungen in einer DG vor. Dann muß vor der numerischen Lösung ein lineares Gleichungssystem gelösten werden, damit man die gewünschte Struktur erhält (siehe Beispiel 61).

5.3 Aufstellen und Lösen der DG für Filterschaltungen

Wir stellen für Filterschaltungen die DG auf und lösen sie durch das Euler-Verfahren. Als Beispiele wählen wir Filter, für die wir in Bd. 1, Kap. V.5 die komplexe Übertragungsfunktion erstellt haben: Den Tiefpaß (TP2PiCLC), den Hochpaß (HP2TLCL) und den Bandpaß (BP1PiLCp).

60. Beispiel: Tiefpaß. Gegeben ist der Tiefpaß, der sich aus zwei Π-Gliedern zusammensetzt, TP2PiCLC:

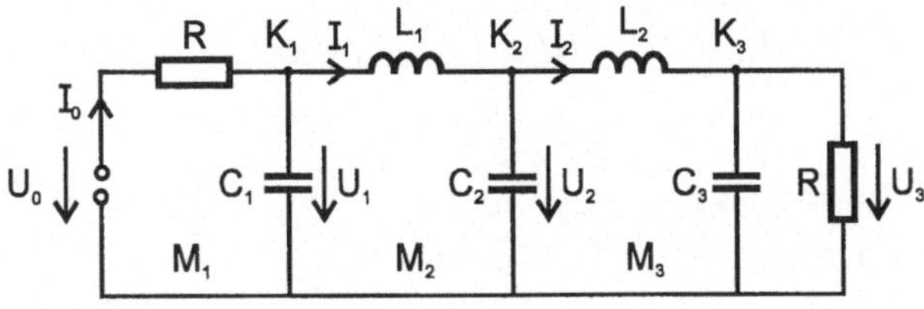

Abb. 69: Tiefpaß-Filter

Aufstellen der DG. Der Tiefpaß besteht aus 5 Energiespeichern C_1, C_2, C_3, L_1, L_2; diesen Energiespeichern werden 5 Zustandsvariable U_1, U_2, U_3, I_1, I_2 zugeordnet. Systematisches Anwenden der Maschenregel und Knotenregel liefern die folgenden Gleichungen, wenn die physikalischen Gesetzmäßigkeiten $U_\Omega = R \cdot I$ (Ohmsches Gesetz), $I_C = C \cdot \dot{U}$ (Strom am Kondensator), $U_L = L \cdot \dot{I}$ (Spannungsabfall an der Spule) berücksichtigt werden:

$$
\begin{aligned}
M_1: \quad & U_0 &=& \quad R\,I_0 + U_1 \\
K_1: \quad & I_0 &=& \quad C_1 \dot{U}_1 + I_1 \\
M_2: \quad & U_1 &=& \quad L_1 \dot{I}_1 + U_2 \\
K_2: \quad & I_1 &=& \quad C_2 \dot{U}_2 + I_2 \\
M_3: \quad & U_2 &=& \quad L_2 \dot{I}_2 + U_3 \\
K_3: \quad & I_2 &=& \quad C_3 \dot{U}_3 + U_3/R
\end{aligned}
$$

Dies sind zunächst 6 Gleichungen, wobei Gleichung M_1 **keine** DG darstellt. In dem zu lösenden System dürfen als Variable nur die 5 Zustandsvariablen vorkommen, sonst keine. Also muß aus den Gleichungen (M_1) und (K_1) die Variable I_0 eliminiert werden, da sie keinem Energiespeicher zugeordnet ist. Durch Einsetzen von (K_1) in (M_1) reduziert sich das System auf 5 DG 1. Ordnung für die 5 Zustandsvariablen.

$$
\begin{aligned}
\dot{U}_1 &= \left((U_0 - U_1)\,/\,R - I_1 \right)\,/\,C_1 \\
\dot{I}_1 &= (U_1 - U_2)\,/\,L_1 \\
\dot{U}_2 &= (I_1 - I_2)\,/\,C_2 \\
\dot{I}_2 &= (U_2 - U_3)\,/\,L_2 \\
\dot{U}_3 &= (I_2 - U_3\,/\,R)\,/\,C_3
\end{aligned}
$$

Numerisches Lösen der DG. Man beachte, daß pro DG nur eine Ableitung vorkommt und somit auf jede DG das Euler-Verfahren

$$
y_{neu} = y_{alt} + y'(t_{alt}) \cdot dt
$$

angewendet werden kann. Dies führt auf den folgenden **Algorithmus:**

```
T, t_0, N:              vorgegebene Parameter für Simulation
dt := (T - t_0) / N:    Zeitschritt
for t from t_0 to T
do
    U_0  :=   vorgegebene Spannung bei t
    U_1  :=   U_1 + ((U_0 - U_1) / R - I_1) / C_1 * dt
    I_1  :=   I_1 + (U_1 - U_2) / L_1 * dt
    U_2  :=   U_2 + (I_1 - I_2) / C_2 * dt
    I_2  :=   I_2 + (U_2 - U_3) / L_2 * dt
    U_3  :=   U_3 + (I_2 - U_3 / R) / C_3 * dt
    t    :=   t + dt
od:
```

Bemerkungen:

(1) Man beachte, daß die DG in der Reihenfolge ihres Auftretens bei der physikalischen Modellierung gelöst werden sollten, also von der Eingangsspannung zur Ausgangsspannung.

(2) Indem die Variablen im Algorithmus nicht mit U_1^{neu} und U_1^{alt} bezeichnet werden, erspart man sich die Umbenennung dieser Variablen und in die folgenden Gleichungen werden immer die aktuellen (also neu berechneten) Daten berücksichtigt.

Numerisches Lösen mit MAPLE. Als Bezeichnungen in MAPLE wählen wir dI1 für $\dot{I}_1$, dI2 für $\dot{I}_2$ usw. Damit lauten die DG:

```
> eq1 := R*(C1*dU1+I1) = Ue-U1;
> eq2 := U1 = L1*dI1+U2;
> eq3 := I1 = C2*dU2+I2;
> eq4 := U2 = L2*dI2+U3;
> eq5 := I2 = C3*dU3+U3/R;
```

$$eq1 := R\,(C1\,dU1 + I1) = Ue - U1$$
$$eq2 := U1 = L1\,dI1 + U2$$
$$eq3 := I1 = C2\,dU2 + I2$$
$$eq4 := U2 = L2\,dI2 + U3$$
$$eq5 := I2 = C3\,dU3 + \frac{U3}{R}$$

Anschließend werden die DG nach den Ableitungen aufgelöst:

```
> dfunct:={dU1, dU2, dU3, dI1, dI2}:
> sol:=solve({eq1, eq2, eq3, eq4, eq5}, dfunct);
> assign(sol);
```

$$sol := \left\{ dU1 = -\frac{R\,I1 - Ue + U1}{R\,C1},\; dI2 = -\frac{-U2 + U3}{L2},\; dU3 = \frac{I2\,R - U3}{C3\,R}, \right.$$

$$\left. dU2 = \frac{I1 - I2}{C2},\; dI1 = -\frac{-U1 + U2}{L1} \right\}$$

Für die Parameter der Bauelemente wählen wir: $L_1 = L_2 = 1$; $C_1 = C_3 = 1$; $C_2 = 2$; $R = 0.8$ und für die Anfangsbedingungen $U_1(0) = U_2(0) = U_3(0) = 0$, $I_1(0) = I_2(0) = 0$.

```
> R:=0.8: C1:=1: C2:=C1*2: C3:=C1: L1:=1: L2:=L1:
> U1:=0: U2:=0: U3:=0: I1:=0: I2:=0:
```

Für verschiedene Eingangsspannungen U_e (Wechselspannung, Einschaltspannung, Rechteckspannung) lösen wir das Differentialgleichungssystem.

(1) Lösen der DG für eine Wechselspannungsquelle

```
> w:=0.5: Ue:=sin(w*t):
> #Ue:=Heaviside(t): Heaviside(0):=0:  #Sprungfunktion
> #T:=2: Ue:=Heaviside(t-T)-Heaviside(t): Heaviside(0):=0:  #Impulsfunktion
>
> tmax:=90.: N:=1000.: dt:=tmax/N:
> i:=0:
> for t from 0 by dt to tmax
> do   i:=i+1:
>       U1:=U1+dt*dU1:
>       I1:=I1+dt*dI1:
>       U2:=U2+dt*dU2:
>       I2:=I2+dt*dI2:
>       U3:=U3+dt*dU3:
>       data1[i]:=[t, U3]:
> od:
```

In $data1$ werden der Zeitpunkt und die Ausgangsspannung U_3 zum Zeitpunkt t_i abgespeichert und mit dem **plot**-Befehl graphisch dargestellt

```
> plot([seq(data1[n], n=1..i)]);
```

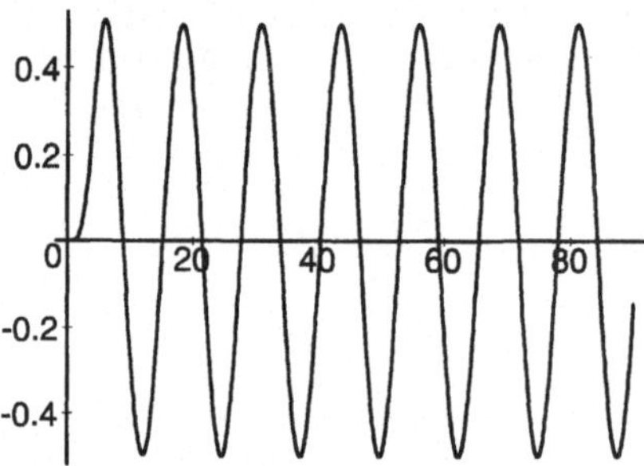

Das Ausgangssignal ist wieder eine Wechselspannung mit Amplitude 0.5. Variieren wir die Eingangsfrequenz $\omega = 0.5,\ 0.75,\ 1.0,\ 1.25,\ 1.5,\ 1.75$, erhalten wir für die Maximalamplitude der Ausgangsspannung

ω	0.5	0.75	1	1.25	1.5	1.75	2
U_A	0.5	0.5	0.5	0.42	0.17	0.065	0.029

Man erkennt, daß die Ausgangsamplitude bei Frequenzen 1.25 und 1.5 drastisch abfällt, während sie bei Frequenzen von 0 bis 1 konstant bleibt. Dies ist das typische Verhalten eines Tiefpasses.

(2) Um einen Einschaltvorgang zu simulieren, wählen wir als Eingangsspannung eine Sprungfunktion.

$$U_e\left(t\right) = \text{Heaviside}\left(t\right).$$

Im MAPLE wird die Sprungfunktion durch die Heaviside-Funktion realisiert. Man

ist dabei allerdings zu beachten, daß der Funktionswert an der Stelle 0 nicht definiert ist und er explizit gesetzt werden muß. Die Reaktion des Systems auf die Sprungfunktion nennt man die *Sprungantwort*:

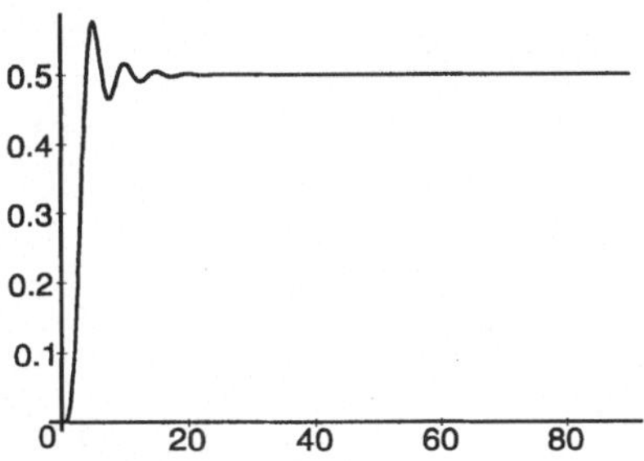

(3) Wählen wir als weiteres Eingangssignal einen Impulsstoß mit Breite T und Höhe 1 regen wir das System impulsartig an. Diese Impulsfunktion läßt sich über die Heaviside-Funktion definieren

$$U_e(t) = (\text{Heaviside}(t) - \text{Heaviside}(t - T)).$$

Die Ausgangsspannung nennt man zugehörig die *Impulsantwort*:

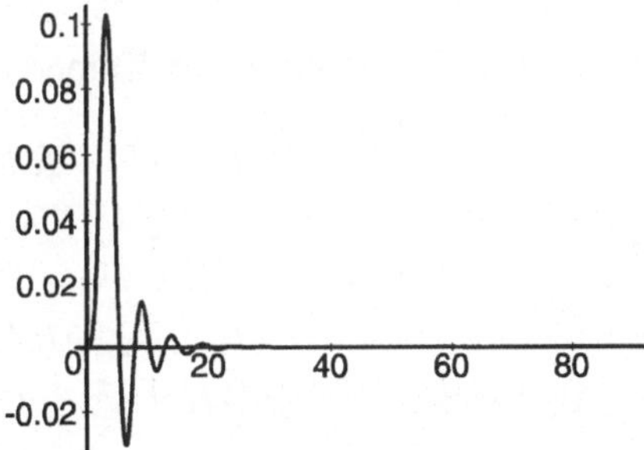

61. Beispiel: Hochpaß. Gegeben ist der Hochpaß, der sich aus zwei T-Gliedern zusammensetzt, HP2TLCL:

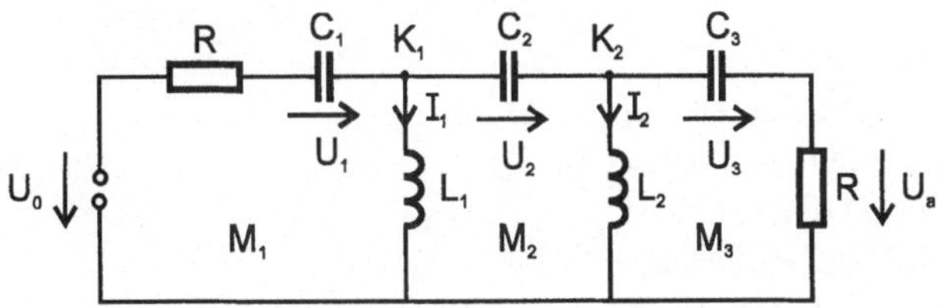

Abb. 70: Hochpaß-Filter

Aufstellen der DG. Der Hochpaß besteht aus 5 Energiespeichern C_1, C_2, C_3; L_1, L_2; diesen Energiespeichern werden 5 Zustandsvariable U_1, U_2, U_3; I_1, I_2 zugeordnet. Anwenden der Maschen- und Knotenregel liefert von links nach rechts:

$$
\begin{aligned}
M_1: && U_0 &= R\,I_0 + U_1 + L_1\,\dot{I}_1 \\
\&: && I_0 &= C_1\,\dot{U}_1 \\
K_1: && I_0 &= I_1 + C_2\,\dot{U}_2 \\
M_2: && L_1\,\dot{I}_1 &= U_2 + L_2\,\dot{I}_2 \\
K_2: && C_2\,\dot{U}_2 &= I_2 + C_3\,\dot{U}_3 \\
M_3: && L_2\,\dot{I}_2 &= U_3 + R\cdot C_3\,\dot{U}_3
\end{aligned}
$$

Man erkennt, daß im Gegensatz zu Beispiel 60 pro DG mehrere Ableitungen vorkommen. Um das Euler-Verfahren anwenden zu können, muß zuerst ein LGS für $\dot{I}_1$, $\dot{U}_1$, $\dot{U}_2$, $\dot{I}_2$, $\dot{U}_3$ gelöst werden, um 5 DG 1. Ordnung für jeweils eine Zustandsvariable zu erhalten. Ersetzen wir I_0 in Gl. (M_1) und (K_1) durch Gl. $(\&)$, hat das obige System die folgende Struktur:

$$
\begin{pmatrix}
L_1 & R\,C_1 & 0 & 0 & 0 \\
0 & C_1 & -C_2 & 0 & 0 \\
L_1 & 0 & 0 & -L_2 & 0 \\
0 & 0 & -C_2 & 0 & C_3 \\
0 & 0 & 0 & L_2 & -R\,C_3
\end{pmatrix}
\begin{pmatrix}
\dot{I}_1 \\ \dot{U}_1 \\ \dot{U}_2 \\ \dot{I}_2 \\ \dot{U}_3
\end{pmatrix}
=
\begin{pmatrix}
U_0 - U_1 \\ I_1 \\ U_2 \\ -I_2 \\ U_3
\end{pmatrix}
$$

Durch Inversion der Matrix folgt für die einzelnen Komponenten:

$$
\begin{aligned}
\dot{I}_1 &= -\tfrac{1}{2\,L_1}\left(-U_0 + U_1 + R\,I_1 - U_2 + R\,I_2 - U_3\right) \\
\dot{U}_1 &= \tfrac{1}{2\,R\,C_1}\left(U_0 - U_1 + R\,I_1 - U_2 + R\,I_2 - U_3\right) \\
\dot{U}_2 &= -\tfrac{1}{2\,R\,C_2}\left(-U_0 + U_1 + R\,I_1 + U_2 - R\,I_2 + U_3\right) \\
\dot{I}_2 &= -\tfrac{1}{2\,L_2}\left(-U_0 + U_1 + R\,I_1 + U_2 + R\,I_2 - U_3\right) \\
\dot{U}_3 &= -\tfrac{1}{2\,R\,C_3}\left(-U_0 + U_1 + R\,I_1 + U_2 + R\,I_2 + U_3\right)
\end{aligned}
$$

Somit hat man nun pro Zustandsvariable eine DG, die mit dem Euler-Verfahren gelöst wird. Die Ausgangsspannung U_A ergibt sich aus Masche M_3 zu

$$
U_A = R\,I_R = R\,C_3 \cdot \dot{U}_3.
$$

Numerisches Lösen der DG mit Maple.

```
> eq1 := R*C1*dU1+L1*dI1=Ue-U1:
> eq2 := C1*dU1-C2*dU2=I1:
> eq3 := L1*dI1-L2*dI2=U2:
> eq4 := C2*dU2-C3*dU3=I2:
> eq5 := L2*dI2-R*C3*dU3=U3:
```

Statt dem Aufstellen der Matrix A und der Invertierung dieser Matrix kann wie in Beispiel 60 der **solve**-Befehl benutzt werden, der das LGS für $\dot{I}_1$, $\dot{I}_2$, $\dot{U}_1$, $\dot{U}_2$, $\dot{U}_3$ nach diesen Ableitungen auflöst.

```
> dfunct:={dU1, dU2, dU3, dI1, dI2}:
> sol:=solve({eq1, eq2, eq3, eq4, eq5}, dfunct):
> assign(sol);
```

Für die Parameter der Bauelemente wählen wir $R = 1000$; $C_1 = 5.28 \cdot 10^{-9}$, $C_2 = \frac{1}{2} C_1$, $C_3 = C_1$; $L_1 = 3.128 \cdot 10^{-3}$, $L_2 = L_1$ und setzen die Anfangsbedingungen auf Null

```
> R:=1000: C1:=5.28e-9: C2:=C1/2: C3:=C1: L1:=3.128e-3: L2:=L1:
> U1:=0: U2:=0: U3:=0: I1:=0: I2:=0:
```

Die Eingangsspannungen sind

```
> #Ue:=sin(w*t): w:=400000.:              #Wechselspannung
> #Ue:=Heaviside(t): Heaviside(0):=0:  #Sprungfunktion
> T:=0.5e-6: Heaviside(0):=0:
> Ue:= (Heaviside(t)-Heaviside(t-T)):   #Impulsfunktion
```

Lösen der DG mit dem Euler-Verfahren

```
> tmax:=0.00015:
> dt:=tmax/1000:
> i:=0:
> for t from 0 by dt to tmax
> do   i:=i+1:
>       U1:=U1+dt*dU1:
>       I1:=I1+dt*dI1:
>       U2:=U2+dt*dU2:
>       I2:=I2+dt*dI2:
>       U3:=U3+dt*dU3:
>       data1[i]:=[t, R*C3*dU3]:
> od:
```

und Darstellen der Lösung

```
> plot([seq(data1[n], n=1..i)], title='Impulsantwort');
```

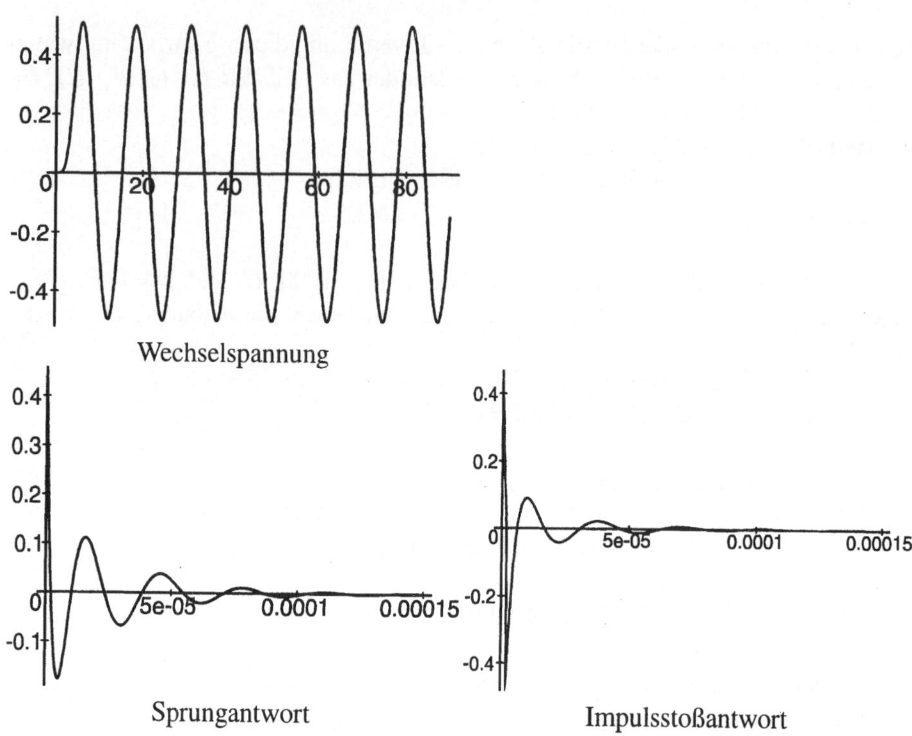

62. Beispiel: Bandpaß. Gegeben ist der Bandpaß, der sich aus einem Π-Glied zusammensetzt; BP1PiLCp. Für dieses Filterelement werden wir nur die DG aufstellen, da die anschließende numerische Lösung der DG analog zu Beispiel 60 bzw. 61 erfolgt. Der Bandpaß besteht aus 6 Energiespeichern L_1, L_2, L_3; C_1, C_2, C_3; diesen Energiespeichern werden 6 Zustandsvariable zugeordnet: $I_1, I_2, I_3; U_1, U_2, U_3$.

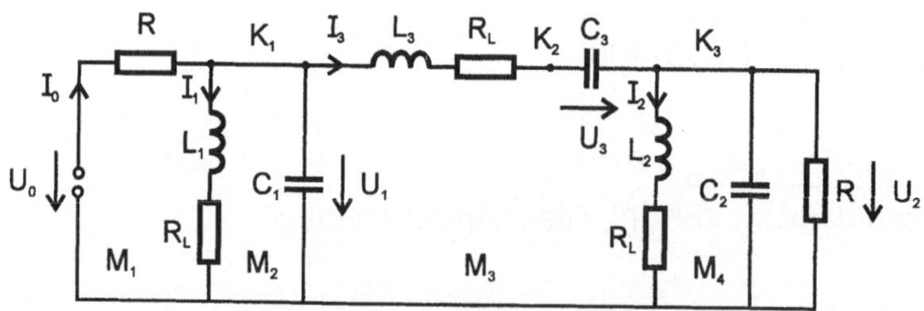

Abb. 71: Bandpaß-Filter

Beim Aufstellen der DG ist zu beachten, daß in Masche M_3 eine Spule L_3 und ein Kondensator C_3 in Reihe geschaltet sind. Somit muß zur vollständigen Beschreibung des Netzwerks ein zusätzlicher, virtueller Knoten K_2 eingeführt werden. An diesem Knoten erhalten wir einen Zusammenhang zwischen den beiden Zustandsvariablen I_3 und U_3:

$$I_3 = C_3 \dot{U}_3.$$

Außerdem ist zu beachten, daß der Knoten K_2 durch den zufließenden Strom I_0 und durch die drei abfließenden Ströme, Strom durch L_1, Strom durch C_1, Strom durch L_3, festgelegt ist. Analog ist Knoten K_3 definiert: Zufließender Strom I_3; abfließende Ströme: Strom durch L_2, Strom durch C_2, Strom durch R.

$$
\begin{aligned}
M_1: \quad U_0 &= R I_0 + U_1 \\
K_1: \quad I_0 &= I_1 + C_1 \dot{U}_1 + I_3 \\
M_2: \quad U_1 &= L \dot{I}_1 + R_L I_1 \\
M_3: \quad U_1 &= L_3 \dot{I}_3 + R_L I_3 + U_3 + U_2 \\
K_2: \quad I_3 &= C_3 \dot{U}_3 \\
K_3: \quad I_3 &= I_2 + C_2 \dot{U}_2 + U_2/R \\
M_4: \quad U_2 &= L_2 \dot{I}_2 + R_L I_2
\end{aligned}
$$

Ersetzt man in Gleichung (M_1) den Strom I_0 durch Gleichung (K_1), bleiben 6 DG für die 6 Variablen I_1, I_2, I_3; U_1, U_2, U_3. Da pro Gleichung mehr als eine Ableitung enthalten ist, müssen die DG vor dem numerischen Lösen noch nach den Ableitungen $\dot{I}_1$, $\dot{I}_2$, $\dot{I}_3$; $\dot{U}_1$, $\dot{U}_2$, $\dot{U}_3$ aufgelöst werden.

Zusammenstellung der MAPLE-Befehle

Ableitungsbefehle von MAPLE

diff$(y(x), x)$	Ableitung des Ausdrucks $y(x)$ nach x.
diff$(y(x), x\$n)$	n-te Ableitung des Ausdrucks $y(x)$ nach x.
D(f)	Ableitung der Funktion f.
(D@@n)(f)	n-te Ableitung der Funktion f.
(D@@n)$(f)(x0)$	n-te Ableitung der Funktion f an der Stelle x_0.

Lösen von DG n-ter Ordnung

dsolve$(DG, y(x))$	Lösen der DG für $y(x)$.
dsolve$(\{DG, init\}, y(x))$	Lösen der DG mit Anfangsbedingung $init$ für $y(x)$.

Zusätzliche Optionen unterstützen bzw. ergänzen den **dsolve**-Befehl:

explicit	Erzwingt, daß -falls die Lösung implizit gegeben ist- explizit nach der gesuchten Funktion aufgelöst wird.
laplace	Die Laplace-Transformation wird zum Lösen von Anfangswertproblemen herangezogen. Der Anfangswert muß dann allerdings bei $x_0 = 0$ gegeben sein. (Ein Vorteil der *laplace*-Option ist, daß die DG die Dirac- oder Heaviside-Funktion enthalten darf.)
series	Die Lösung der DG wird in eine Taylorreihe bei $x_0 = 0$ entwickelt und standardmäßig bis zur Ordnung 6 berechnet. Der Anfangswert muß ebenfalls bei $x_0 = 0$ gegeben sein.
numeric	Die DG mit Anfangsbedingung wird numerisch gelöst.

Lösen von LDGS 1. Ordnung

dsolve$(\{DG1, ..., DGn, init\}, \{y1(x), ..., yn(x)\})$

Lösen des Differentialgleichungssystem DG_1 bis DG_n mit Anfangsbedingungen $init$ für die Funktionen $y_1(x), \ldots, y_n(x)$.

Numerisches Lösen von DG

F:=**dsolve**($\{DG, init\}, y(x), numeric$)

Numerisches Lösen der DG für $y(x)$ mit der Anfangsbedingung $init$.

odeplot($F, [x, y(x)], x = a..b$)

Zeichnerische Darstellung der Lösung im Intervall $[a, b]$, falls F mit **dsolve** berechnet wird.

DEplot($DG, y(x), x = a..b, [[y(x0) = y0]], stepsize=h$)

Darstellen der numerischen Lösung der DG mit Anfangsbedingung $y(x_0) = y_0$ bei einer Schrittweite von h.

F:=**dsolve**($\{DG1, ..., DGn, init\}, \{y1(x), ..., yn(x)\}, numeric$)

Numerisches Lösen des Differentialgleichungssystems $DG_1, \ldots, DG_n$ mit den Anfangsbedingungen $init$ für die Funktionen $y_1(x), \ldots, y_n(x)$.

Eigenwert-Befehle von MAPLE

with(linalg)   Linear-Algebra-Paket.

matrix($3, 3, [a11, a12, a13, a21, a22, a23, a31, a32, a33]$)
matrix($[[a11, a12, a13], [a21, a22, a23], [a31, a32, a33]]$)

Definition der Matrix $A = \begin{bmatrix} a_{11} & a_{12} & a_{13} \\ a_{21} & a_{22} & a_{23} \\ a_{31} & a_{32} & a_{33} \end{bmatrix}$.

charmat(M, x)   Berechnet die charakteristische Matrix $x * I - M$.

charpoly(M, x)   Berechnet das charakteristische Polynom $P(x) = \det(x * I - M)$.

eigenvals(M)   Berechnet die Eigenwerte der Matrix M. Wenn M floating point oder komplexe Zahlen als Elemente besitzt, wird eine numerische Methode verwendet. Möglich auch **evalf(eigenvals(M))**.

eigenvects(M)   Berechnet die Eigenwerte und Eigenvektoren der Matrix M. (siehe **eigenvals**.)

Aufgaben zu Differentialgleichungen

Differentialgleichungen 1. Ordnung

11.1 Wie lauten die allgemeinen Lösungen der folgenden linearen DG erster Ordnung mit konstanten Koeffizienten?

    a) $y' + 4y = 0$ b) $2y' + 4y = 0$ c) $-3y' = 8y$

    d) $ay' - by = 0$ $(a \neq 0)$ e) $-3y' + 18y = 0$ f) $L\frac{dI}{dt} + RI = 0$

11.2 Lösen Sie folgende Anfangswertprobleme:

    a) $2v + \dot{v} = 0$, $v(0) = 10\,\frac{m}{s}$.   Wann ist $v(t) < 10\,\frac{cm}{s}$?

    b) $y' + \lambda y = 0$, $y(0) = 1$.   Was ergibt sich für λ, wenn $y(1) = \frac{1}{2}$?

    c) $-\frac{dN}{dt} = \frac{1}{\tau}N$, $N(0) = N_0$.   Wie groß ist τ, wenn $N\left(1{,}819 \cdot 10^{11}\right) = \frac{1}{2}N_0$?

11.3 Bestimmen Sie eine vollständige Lösung der folgenden linearen DG erster Ordnung:

    a) $y' + xy = 4x$ b) $y' + \frac{y}{1+x} = e^{2x}$ c) $xy' + y = x \cdot \sin x$

    d) $y'\cos x - y\sin x = 1$ e) $y' - 2\cos x\, y = \cos x$ f) $xy' - y = x^2 + 4$

11.4 Lösen Sie folgende inhomogenen DG:

    a) $y'(t) + \frac{1}{RC}y(t) = U_0 \sin(\omega t)$ (RC-Wechselstromkreis)

    b) $y'(t) + \frac{R}{L}y(t) = U_0\, e^{-2t}$ (RL-Wechselstromkreis)

11.5 Bestimmen Sie eine Lösung für die folgenden DG 1. Ordnung durch Trennung der Variablen:

    a) $x^2 y' = y^2$ b) $y'\left(1 + x^2\right) = xy$ c) $y' = 1 - y^2$

    d) $y' = (1 - y)^2$ e) $y'\sin y = -x$ f) $y' = e^y \cos x$

11.6 Lösen Sie die folgenden Anfangswertprobleme:

    a) $y' + \cos x \cdot y = 0$; $y\left(\frac{\pi}{2}\right) = 2\pi$

    b) $x(x+1)y' = y$; $y(1) = \frac{1}{2}$

    c) $y^2 y' + x^2 = 1$; $y(2) = 1$

    d) $x^2 y' = y^2 + xy$; $y(1) = -1$ (Substitution: $u = \frac{y}{x}$)

    e) $yy' = 2e^{2x}$; $y(0) = 2$

11.7 Man löse durch Substitution $\left(u = \frac{y}{x}\right)$

    a) $xy' = y + 4x$ b) $x^2 y' = \frac{1}{4}x^2 + y^2$

11.8 Lösen Sie folgenden Differentialgleichungen durch Trennung der Veränderlichen:

    a) $\frac{1}{x^5} y'(x) = \frac{1}{(y(x))^2}$ b) $(x+1)(x-1)y'(x) = 2y(x)$

    c) $xy' + \frac{1}{x}y' = y$ d) $y^2 - 2yy' + 1 = 0$

    e) $y' = \cos^2 y$ f) $2y' = y^4 \cdot \sqrt{x}$

11.9 Welche Lösungen haben folgende Anfangswertprobleme:

    a) $y'(x) = \sin x \cdot y^2(x)$, $y(0) = 1$ b) $y + y' = e^x$, $y(0) = 1$

    c) $\sin x \cdot y' = \cos x \cdot y$, $y\left(\frac{\pi}{2}\right) = \frac{\pi}{2}$ d) $y' \cdot \left(1 + x^2\right) = 2xy$, $y(1) = 4$

11.10 (Schwierige Aufgabe) Zeigen Sie, daß sich eine Differentialgleichung der Form:

$$y'(x) = f(x) \cdot y(x) + g(x) \cdot y^n , \quad n \neq 0, \quad n \neq 1$$

(eine sog. Bernoullische Differentialgleichung) formal durch die Transformation

$$u(x) = (y(x))^{1-n} \qquad\qquad (*)$$

in eine lineare Differentialgleichung 1. Ordnung für $u(x)$ überführen läßt. Wenden Sie die Transformation $(*)$ auf $y'(x) = \sin x \cdot y^2(x)$ an!

Anwendungen

11.11 Eine chemische Reaktion $A + B \to X$ läßt sich durch

$$\frac{dx}{dt} = k\,(a - x)\,(b - x)$$

beschreiben, wenn die Anzahl der Moleküle vom Typ A bzw. B zu Beginn der Reaktion a bzw. b und $x(t)$ die Anzahl der Reaktionsmoleküle X zum Zeitpunkt t sind (k: Reaktionskonstante).

a) Man löse die DG für $a \neq b$ und $x(0) = 0$ mit MAPLE.

b) Wann kommt die Reaktion zum Stillstand $(a > b)$?

11.12 Die Sinkgeschwindigkeit $v(t)$ eines Teilchens der Masse m in einer Flüssigkeit wird beschrieben durch

$$m\,\frac{dv}{dt} + k\,v = m\,g$$

(k: Reibungsfaktor, g: Erdbeschleunigung).

a) Man bestimme mit MAPLE die Geschwindigkeit und Position zu einer Zeit $t > 0$ für die Anfangswerte $v(0) = v_0$ und $s(0) = 0$.

b) Welche Geschwindigkeit $v_{\max}$ kann das Teilchen maximal erreichen?

11.13 Man löse Aufgabe 11.12, wenn das Medium einen Widerstand leistet, der gleich $k\,v^2$ ist und $v(0) = 0$.

11.14 Ein Körper besitze zur Zeit $t = 0$ die Temperatur T_0 und werde in der Folgezeit durch vorbeiströmende Luft der konstanten Temperatur T_L gemäß

$$\frac{dT}{dt} = -a\,(T - T_L) \qquad (a > 0)$$

gekühlt. Man bestimme den zeitlichen Verlauf der Körpertemperatur. Gegen welchen Endwert strebt diese an?

11.15 Die radiale Geschwindigkeitsverteilung stationärer, laminarer Strömungen eines viskosen inkompressiblen Fluids (Viskosität η) längs eines Rohrstücks, in dem ein Druckabfall $\frac{\Delta p}{\Delta z}$ wirkt, kann durch

$$-\frac{\Delta p}{\Delta z} + \eta\,\frac{1}{r}\,\frac{d}{dr}\left(r\,\frac{d}{dr}\,v_z(r)\right) = 0$$

beschrieben werden. Wie groß ist $v_z(r)$, wenn am Rand $v_z(R) = 0$ gilt?

Hinweis: Integrieren Sie, nach geeigneten Umformungen, zunächst von 0 bis r und überlegen Sie, was sich für die Integrationskonstante bei $r = 0$ ergibt. Integrieren Sie dann von R bis r !

11.16 Ein Körper rollt eine schiefe Ebene (Winkel φ) hinunter und erfährt dabei Reibungskräfte (proportional zu seiner Geschwindigkeit) und einen Druckwiderstand (proportional zum Quadrat seiner Geschwindigkeit). Es gilt:

$$m \cdot \dot{v} + R \cdot v + D \cdot v^2 = m \cdot g \cdot \sin \varphi.$$

Die Anfangsgeschwindigkeit sei $v(0) = 0$.

a) Was ergibt sich für $v(t)$ mit $D = 0$?

b) Was ergibt sich für $v(t)$ mit $R = 0$?

c) Rechnen Sie mit $m = 1$, $g = 10$, $\varphi = \frac{\pi}{3}$, $D = \frac{4}{5}$, $R = 3$!

Lineare Differentialgleichungssysteme

11.17 Bestimmen Sie ein Lösungsfundamentalsystem des LDGS erster Ordnung

a) $y'(t) = A\,y(t)$ mit $A = \begin{pmatrix} 2 & 0 & -2 \\ 0 & 4 & 0 \\ -2 & 0 & 5 \end{pmatrix}$

b) $y'(t) = B\,y(t)$ mit $B = \begin{pmatrix} -2 & -9 & 5 \\ -5 & -10 & 7 \\ -9 & -21 & 14 \end{pmatrix}$

(Man prüfe, ob die Eigenvektoren eine Basis des $\mathbb{R}^3$ bilden!)

11.18 Bestimmen Sie Lösungen des LDGS zweiter Ordnung

$y''(t) = A\,y(t)$ mit $A = \begin{pmatrix} 1 & -2 \\ -2 & 4 \end{pmatrix}$

11.19 a) Die Bewegungsgleichungen eines geladenen Teilchens im Magnetfeld lauten

$$\dot{v}_x = -\frac{e}{m}\, B_z\, v_y, \qquad \dot{v}_y = \frac{e}{m}\, B_z\, v_x$$

wenn $\vec{B} = B_z\, \vec{e}_z$. Man bestimme ein reelles Fundamentalsystem.

b) Man bestimme eine partikuläre Lösung, wenn neben dem Magnetfeld $\vec{B}$ noch ein

elektrisches Feld $\vec{E} = E_0 \begin{pmatrix} 0 \\ t \\ 0 \end{pmatrix}$ wirkt:

$$\dot{v}_x = -\frac{e}{m}\, B_z\, v_y \qquad \dot{v}_y = \frac{e}{m}\, B_z\, v_x + E_0 \cdot t.$$

11.20 Gegeben sei die Matrix $A = \begin{pmatrix} -3 & 1 \\ 1 & -3 \end{pmatrix}$.

a) Man bestimme zur Matrix A sämtliche Eigenwerte und Eigenvektoren.

b) Man bestimme ein Fundamentalsystem von $\vec{y}'(t) = A\,\vec{y}(t)$.

c) Man bestimme ein komplexes FS von $\vec{y}''(t) = A\,\vec{y}(t)$.

d) Man bestimme ein reelles FS von $\vec{y}''(t) = A\,\vec{y}(t)$.

e) Man stelle das zu $\vec{y}''(t)$ äquivalente LDGS 1. Ordnung auf.

11.21 Geben Sie je ein Fundamentalsystem für $\vec{y}' = A\,\vec{y}$ an:

a) $A = \begin{pmatrix} 3 & 4 \\ -5 & -5 \end{pmatrix}$ b) $A = \begin{pmatrix} 3 & 1 & 1 \\ 1 & 5 & 1 \\ 1 & 1 & 3 \end{pmatrix}$ c) $A = \begin{pmatrix} 3 & -1 & 1 \\ -1 & 3 & -1 \\ 1 & -1 & 3 \end{pmatrix}$

11.22   Lösen Sie das Anfangswertproblem:
$$\begin{aligned}
y_1'(x) &= 3\,y_1(x) + 2\,y_2(x) - y_3(x), & y_1(0) &= 2\\
y_2'(x) &= 2\,y_1(x) + 3\,y_2(x) - y_3(x), & y_2(0) &= 4\\
y_3'(x) &= -y_1(x) - y_2(x) + 4\,y_3(x), & y_3(0) &= 0
\end{aligned}$$

11.23   "Knacken" Sie die Differentialgleichung 2. Ordnung

$$y'' - 5\,y' + 6\,y = 0 \tag{$*$}$$

indem Sie die Hilfsfunktionen $y_1 = y$, $y_2 = y'$ einführen und $(*)$ als System schreiben und lösen! Wie lautet die Lösung für $y(0) = 1$, $y'(0) = 0$?

11.24   a) Schreiben Sie das LDGS 2. Ordnung

$$\vec{y}'' = \begin{pmatrix} 1 & 2 \\ 3 & 2 \end{pmatrix} \vec{y}$$

als System 1. Ordnung und lösen Sie es.

b) Welchen anderen Lösungsweg gibt es?

Differentialgleichungen höherer Ordnung

11.25 $\varphi_1 = 1 - \cos(2\,x)$ und $\varphi_2 = 1 - \cos^2(x)$ sind Lösungen von

$$y'' - (\tan x + \cot x)\,y' + 4\,y = 0.$$

(Nachprüfen!) Bilden sie ein Fundamentalsystem?

11.26   Man zeige, daß die beiden Funktionen $\sinh(k\,x)$ und $\cosh(k\,x)$ ein reelles Fundamentalsystem bilden für die DG

$$y''(x) - k^2\,y(x) = 0.$$

11.27   Lösen Sie die folgenden homogenen, linearen Differentialgleichungen 2. Ordnung:

a) $\ddot{u}(t) + 13\,\dot{u}(t) + 40\,u(t) = 0$ b) $\ddot{v}(t) - 12\,\dot{v}(t) + 36\,v(t) = 0$

c) $y''(x) + 6\,y'(x) + 34\,y(x) = 0$ d) $z''(x) + 16\,z(x) = 0$

11.28   Bestimmen Sie ein reelles Fundamentalsystem für

a) $y^{(4)}(x) - 10\,y''(x) + 9\,y(x) = 0$ b) $u^{(3)}(t) - 2\,\ddot{u}(t) + \dot{u}(t) = 0$

c) $y^{(6)}(x) - y(x) = 0$

11.29   Gegeben ist die inhomogene, lineare Differentialgleichung 2. Ordnung

$$y''(x) - 3\,y'(x) + 2\,y(x) = s(x)$$

mit dem Störglied $s(x)$. Ermitteln Sie partikuläre Lösungen für

a) $s(x) = 6$ b) $s(x) = x$ c) $s(x) = e^{2\,x}$ d) $s(x) = \cos x$

e) $s(x) = 4\,x + 10\cos x$ f) $s(x) = x\,e^{2\,x}$ g) $s(x) = \cos x\,e^{x}$

11.30   Lösen Sie die Schwingungsprobleme

a) $\ddot{x}(t) + 16\,x(t) = 0$, $x(0) = 3$, $\dot{x}(0) = 4$

b) $\ddot{x}(t) + 2\,\dot{x}(x) + 2\,x(t) = 0$, $x(0) = 2$, $\dot{x}(0) = 0$

c) $\ddot{x}(t) + 13\,\dot{x}(t) + 40\,x(t) = 0$, $x(0) = 3$, $\dot{x}(0) = 0$

11.31 Bestimmen Sie alle reellen Lösungen der folgenden DG mit MAPLE
a) $y^{(4)}(x) - 10\,y''(x) + 9\,y(x) = \sin(x)$
b) $y'''(x) - 7\,y'(x) - 6\,y(x) = 12\,e^x$
c) $y'''(x) - 2\,y''(x) + y'(x) - 2\,y(x) = \cos(x)$
d) $y'''(x) - 6\,y''(x) + 12\,y'(x) - 8\,y(x) = 6\,e^{2x}$

11.32 Lösen Sie die Differentialgleichungen aus Aufgabe 11.6 numerisch mit dem Euler-Verfahren. Variieren Sie die Schrittweite und vergleichen Sie mit der exakten Lösung.

11.33 Lösen Sie das Differentialgleichungssystem aus Aufgabe 11.23 numerisch und vergleichen Sie die numerische Lösung mit der exakten.

11.34 Bestimmen Sie die Lösung der DG aus Aufgabe 11.9 mit dem Euler-, Prädiktor-Korrektor-, Runge-Kutta-Verfahren.

11.35 Lösen Sie Aufgabe 11.12 numerisch mit MAPLE.

11.36 Für die Ströme I_1 und I_2 in zwei miteinander gekoppelten ungedämpften Schwingkreisen ergibt sich das LDGS

$$L_{11}\,\ddot{I}_1 + L_{12}\,\ddot{I}_2 + \frac{1}{C_1}\,I_1 = 0$$
$$L_{22}\,\ddot{I}_2 + L_{12}\,\dot{I}_1 + \frac{1}{C_2}\,I_2 = 0$$

mit den Selbstinduktionen L_{11}, L_{22} und der Wechselinduktion $L_{12} \neq 0$. Erstellen Sie das zugehörige LDGS 1. Ordnung und lösen Sie das System für einen angelegten Impulsstoß $\frac{1}{T}\left(S(t) - S(t - T)\right)$ numerisch.
$(L_{11} = L_{22} = 50\,mH\,;\ L_{12} = 75\,mH\,;\ C_1 = C_2 = 50\,pF)$

Kapitel XII
Die Laplace-Transformation

Eine elegante Methode zur Lösung von Differentialgleichungen macht Gebrauch von der *Laplace-Transformation*. Das sog. Laplace-Integral eignet sich besonders zur Behandlung von Differentialgleichungen und Differentialgleichungssystemen mit Anfangsbedingungen. Die mathematische Formulierung der Laplace-Transformierten einer Zeitfunktion $f(t)$ lautet

$$\boxed{\mathcal{L}\left\{f(t)\right\} = F(s) = \int_0^\infty f(t)\, e^{-st}\, dt.}$$

Dabei wird der *Zeitfunktion* $f(t)$ eine *Bildfunktion* $F(s)$ zugeordnet, so daß man bei der Laplace-Transformation auch von einer *Funktionaltransformation* spricht. Da die Zeitintegration bei $t = 0$ beginnt, wird im folgenden immer von $\boxed{f(t) = 0}$ für $t < 0$ ausgegangen.

Einfache Transformationen hat jeder Student schon sehr früh kennengelernt, wie z.B. die logarithmische Transformation: Jeder reellen Zahl $x > 0$ wird eine reelle Zahl $y = \ln(x)$ zugeordnet. Der Logarithmus besitzt die Eigenschaft, daß $\ln(x \cdot y) = \ln(x) + \ln(y)$: Um das Produkt zweier Zahlen zu berechnen, addiert man die Logarithmen der Faktoren und ermittelt aus der Summe schließlich mit einer Logarithmentafel den zugehörigen Produktwert. Die Multiplikation wird mit Hilfe einer Transformation reduziert auf eine Addition.

Bei der Lösung von Differentialgleichungen zeigt sich, daß mit der Laplace-Transformation der gesuchten Funktion $y(t)$ in den Bildbereich $Y(s)$ die Differentialgleichung in eine algebraische Gleichung umgeformt wird. Diese algebraische Gleichung für $Y(s)$ läßt sich i.a. einfacher lösen, als die Differentialgleichung für $y(t)$. Durch Rücktransformation erhält man schließlich die gesuchte Funktion $y(t)$. Dieser allgemeine Lösungsgang ist schematisch im folgenden Diagramm aufgezeigt (vgl. Abb. 73).

Damit zu gegebener Bildfunktion $Y(s)$ eine zugehörige Zeitfunktion $y(t)$ eindeutig bestimmt ist, muß die Laplace-Transformation und ihre *Rücktransformation* eindeutig sein, was für stetige Funktionen auch der Fall ist.

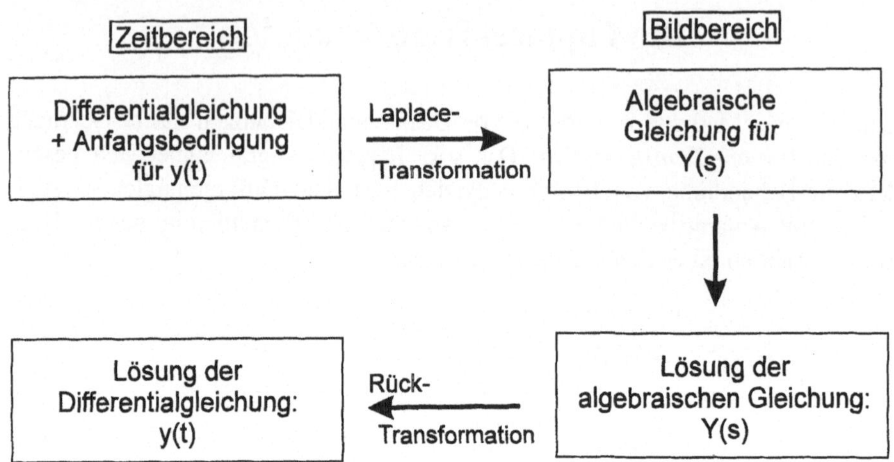

Abb. 73: Laplace-Transformation vom Zeitbereich in den Bildbereich

Von großem Vorteil für das Lösen von linearen Differentialgleichungen mit der Laplace-Transformation ist, daß die Inhomogenitäten der Differentialgleichung nicht stetig sein müssen und bei der Lösung automatisch die Anfangsbedingungen erfüllt werden. Anwendung findet die Laplace-Transformation u.a. in der Elektrotechnik, beim Lösen von linearen Differentialgleichungssystemen mit Anfangsbedingungen.

1. Einführungsbeispiel: Elektrisches Netzwerk. Gegeben ist das in Abb. 74 dargestellte elektrische Netzwerk. Gesucht sind die Einzelströme $I_1(t)$ und $I_2(t)$ in den beiden Zweigen, wenn die Anfangsströme $I_1(0) = I_2(0) = 0$.

Aufstellen der Modellgleichungen: Wendet man die Kirchhoffschen Regeln auf das Netzwerk an, gilt nach dem Maschensatz

$$(\text{I}) \qquad 20\, I(t) \quad + \quad 2\tfrac{d}{dt} I_1(t) \quad + \quad 10\, I_1(t) \quad = \qquad U(t)$$

$$(\text{II}) \quad -10\, I_1(t) \quad - \quad 2\tfrac{d}{dt} I_1(t) \quad + \quad 4\tfrac{d}{dt} I_2(t) \quad + \quad 20\, I_2(t) \quad = \quad 0$$

sowie nach dem Knotensatz

$$(\text{K}) \qquad I(t) = I_1(t) + I_2(t).$$

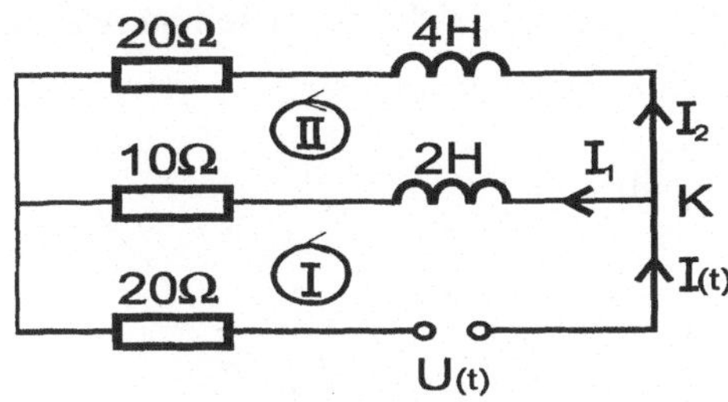

Abb. 74: Elektrisches Netzwerk

Man erhält ein lineares Differentialgleichungssystem 1. Ordnung

$$20\ (I_1(t) + I_2(t)) + 2\,I_1'(t) + 10\,I_1(t) \quad = \quad U(t)$$

$$-10\,I_1(t) + 20\,I_2(t) - 2\,I_1'(t) + 4\,I_2'(t) \quad = \quad 0$$

mit den Anfangsbedingungen $I_1(0) = I_2(0) = 0$. Mit der Laplace-Transformation werden wir dieses System direkt unter Einbeziehung der Anfangsbedingungen lösen. $\qquad\square$

§1. Die Laplace-Transformation

Die Laplace-Transformation ist eine Integraltransformation, die jeder *Zeitfunktion* $f(t)$, $t \geq 0$, eine *Bildfunktion* $F(s)$ gemäß

$$F(s) = \int_0^\infty f(t)\ e^{-st}\ dt$$

zuordnet. Damit das uneigentliche Integral und damit die Bildfunktion $F(s)$ überhaupt definiert ist, muß das Integral für jedes s einen endlichen Wert annehmen. Eine hinreichende Bedingung hierfür ist, daß die Funktion $f(t)$ die beiden folgenden Eigenschaften besitzt:

Bedingung 1: $f : [0, \infty) \to \mathbb{R}$ ist eine **stückweise stetige** Funktion: Der Definitionsbereich der Funktion kann in endlich viele Teilintervalle unterteilt werden, in denen die Funktion stetig und beschränkt ist.

Bedingung 2: $f : [0, \infty) \to \mathbb{R}$ wächst nicht schneller als eine Exponentialfunktion $e^{\alpha t}$ mit geeignetem α: Es gibt ein $T > 0$ und Konstanten $\alpha \geq 0$, $M > 0$, so daß

$$|f(t)| \leq M\,e^{\alpha t} \qquad \text{für } t \geq T.$$

Man nennt f dann von **höchstens exponentiellem Wachstum** der Ordnung α.

In Abb. 75 ist eine stückweise stetige Funktion mit höchstens exponentiellem Wachstum der Ordnung 1 gezeichnet. In jedem Teilintervall ist $f(t)$ stetig und für Zeiten $t > T$ ist $f(t) < e^t$.

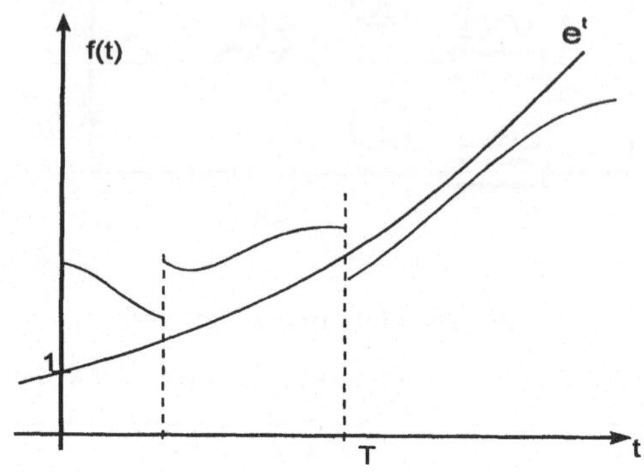

Abb. 75: Funktion von höchstens exponentiellem Wachstum

2. Beispiele: (i) für Funktionen von höchstens exponentiellem Wachstum

$$f(t) = const, \quad t^n, \quad \cos(\omega t), \quad \sin(\omega t), \quad e^{\alpha t},$$
alle beschränkten Funktionen.

(ii) für Funktionen, die ein größeres Wachstum als das exponentielle besitzen:

$$e^{t^2}, \quad e^{\sin(t)\cdot t^3}.$$

Satz 1: Ist $f : [0, \infty) \to \mathbb{R}$ von höchstens exponentiellem Wachstum der Ordnung α, dann gilt

$$\lim_{t \to \infty} e^{-st} f(t) = 0 \qquad \text{für} \quad s > \alpha.$$

Begründung: Wenn $|f(t)| \leq M\, e^{\alpha t}$, ist für $s > \alpha$

$$\left| e^{-st} f(t) \right| \leq e^{-st}\, M\, e^{\alpha t} = M\, e^{(\alpha - s)t} \to 0 \qquad \text{für} \quad t \to \infty. \qquad \square$$

Satz von Laplace

Sei $f : [0, \infty) \to \mathbb{R}$ eine stückweise stetige Funktion von höchstens exponentiellem Wachstum der Ordnung α (d.h. $|f(t)| \leq M\, e^{\alpha t}$ für $t > T$). Dann existiert

$$\mathcal{L}(f(t)) := F(s) := \int_0^\infty f(t)\, e^{-st}\, dt \qquad \text{für} \quad s > \alpha. \qquad (*)$$

$\mathcal{L}(f(t))$ heißt **Laplace-Transformierte (Bildfunktion)** zur Zeitfunktion $f(t)$.

Bemerkungen:

(1) I.a. ist $s = \delta + i\omega$ eine komplexe Variable und $F(s)$ eine komplexe Funktion. Im folgenden werden wir aber (bis auf die Angabe der Umkehrformel) s als reelle Variable und damit $F(s)$ als reellwertige Funktion betrachten.

(2) Ein nach Formel $(*)$ gebildetes Funktionenpaar $f(t)$ und $F(s)$ nennt man eine **Korrespondenz**. Man verwendet dafür auch die symbolische Schreibweise

$$\boxed{f(t) \;\circ\!\!-\!\!\bullet\; F(s).}$$

(3) Mit der Laplace-Transformation behandelt man zeitlich veränderliche Vorgänge, die zur Zeit $t = 0$ beginnen (sog. Einschaltzeitpunkt) und die damit durch eine Funktion f mit $f(t) = 0$ für $t < 0$ beschrieben werden können.

(4) Man kann allgemeiner die Laplace-Transformierte von Funktionen bilden, die statt Bedingung 1 die folgende allgemeinere Bedingung erfüllen:
In jedem endlichen Teilintervall von $[0, \infty)$ ist f stückweise stetig.
Diese Eigenschaft ist im Hinblick auf die Laplace-Transformierte von periodischen Funktionen von Bedeutung.

Beweis des Satzes von Laplace: Wir zeigen, daß das Integral $\int_0^\infty f(t)\, e^{-st}\, dt$ für jedes $s > \alpha$ einen endlichen Wert annimmt: Da f stückweise stetig ist, läßt sich das Intervall $I = [0, \infty)$ in endlich viele Teilintervalle $I_1, \ldots, I_n$ unterteilen, so daß f auf jedem dieser Intervalle $I_k = [t_{k-1}, t_k]$ $(k = 1, \ldots, n)$ stetig und beschränkt ist. Außerdem ist $f(t)$ von höchstens exponentiellem Wachstum der Ordnung α, d.h. es gibt ein T und Konstanten α, M, so daß

$$|f(t)| \leq M\, e^{\alpha t} \qquad \text{für} \quad t > T.$$

Wir nehmen nun an, daß $T > t_n$ und zerlegen den Definitionsbereich von f in

$$[0, \infty) = I_1 \cup I_2 \cup \ldots \cup I_n \cup [t_n, T] \cup [T, \infty).$$

Dann ist

$$\int_0^\infty f(t)\, e^{-st}\, dt \;=\; \int_0^{t_1} f(t)\, e^{-st}\, dt + \ldots + \int_{t_{n-1}}^{t_n} f(t)\, e^{-st}\, dt$$
$$+ \int_{t_n}^{T} f(t)\, e^{-st}\, dt + \int_T^\infty f(t)\, e^{-st}\, dt.$$

Die ersten $n + 1$ Integrale sind endlich, da f darauf stetig und beschränkt ist. Das letzte Integral ist endlich, da f von höchstens exponentiellem Wachstum ist:

$$\left| \int_T^\infty f(t)\, e^{-st}\, dt \right| \;\leq\; \int_T^\infty e^{-st}\, |f(t)|\, dt \leq M \int_T^\infty e^{-st}\, e^{\alpha t}\, dt$$
$$= M \int_T^\infty e^{-(s-\alpha)t}\, dt = M\, \frac{1}{-(s-\alpha)}\, e^{-(s-\alpha)t} \Big|_T^\infty$$

$$= \frac{M}{s-\alpha}\, e^{-(s-\alpha)T} - \frac{M}{s-\alpha}\, \lim_{t\to\infty} e^{-(s-\alpha)t}$$

$$= \frac{M}{s-\alpha}\, e^{-(s-\alpha)T} \quad \text{für} \quad s > \alpha.$$

Damit sind alle Teilintegrale endlich und $F(s)$ für $s > \alpha$ definiert. $\square$

3. Beispiele:

(1) Die Laplace-Transformierte der **Sprungfunktion:** Gegeben ist die Sprungfunktion (Heavisidefunktion)

$$S(t) := \begin{cases} 0 & \text{für } t < 0 \\ 1 & \text{für } t \geq 0 \end{cases}$$

Für $s > 0$ ist:

$$\mathcal{L}(S(t)) = \int_0^\infty 1 \cdot e^{-st}\, dt = \left[-\frac{1}{s} e^{-st} \right]_0^\infty = \frac{1}{s} \; \Rightarrow \; \boxed{S(t) \;\circ\!\!-\!\!\bullet\; \frac{1}{s}.}$$

(2) Laplace-Transformierte von **Potenzfunktionen:**

(i) Die Laplace-Transformierte der unten gezeichneten linearen Funktion

$$p_1(t) := \begin{cases} 0 & \text{für } t < 0 \\ t & \text{für } t \geq 0 \end{cases}$$

erhält man mittels partieller Integration:

$$\mathcal{L}(p_1(t)) = \int_0^\infty t\, e^{-st}\, dt = t\, \frac{e^{-st}}{-s}\Big|_0^\infty + \frac{1}{s} \int_0^\infty e^{-st}\, dt = -\frac{1}{s^2} e^{-st}\Big|_0^\infty = \frac{1}{s^2}.$$

Die Korrespondenz lautet für $s > 0$

$$\boxed{t \;\circ\!\!-\!\!\bullet\; \frac{1}{s^2}.}$$

(ii) Die Laplace-Transformierte der Potenzfunktion

$$p_n(t) := \begin{cases} 0 & \text{für } t < 0 \\ t^n & \text{für } t \geq 0 \end{cases} \qquad n \in \mathbf{N}$$

lautet $\mathcal{L}(p_n(t)) = \frac{n!}{s^{n+1}}$. Man erhält diese Formel induktiv durch partielle Integration von

$$\mathcal{L}\left(p_{n+1}(t)\right) = \int_0^\infty t^{n+1} e^{-st}\, dt = t^{n+1}\frac{e^{-st}}{-s}\Big|_0^\infty + \frac{n+1}{s}\int_0^\infty t^n e^{-st}\, dt$$

$$= \frac{n+1}{s}\,\mathcal{L}\left(p_n(t)\right) = \frac{n+1}{s}\,\frac{n!}{s^{n+1}} = \frac{(n+1)!}{s^{n+2}}.$$

Der Induktionsanfang ist durch (1) bzw. (2)(i) gegeben.

$$\Rightarrow \boxed{\; t^n \;\circ\!\!-\!\!\bullet\; \frac{n!}{s^{n+1}} \;} \qquad s > 0 \qquad n \in \mathbf{N}_0.$$

(3) Die Laplace-Transformierte der **Exponentialfunktion:**

$$f(t) = \begin{cases} 0 & \text{für } t < 0 \\ e^{\alpha t} & \text{für } t \geq 0 \end{cases}$$

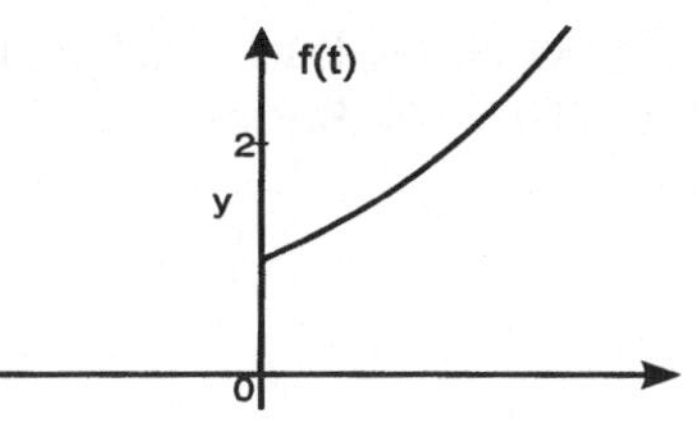

lautet $F(s) = \frac{1}{s-\alpha}$ für $s > \alpha$. Denn

$$\mathcal{L}\left(f(t)\right) = \int_0^\infty e^{\alpha t} e^{-st}\, dt = \int_0^\infty e^{-(s-\alpha)t}\, dt = \frac{1}{-(s-\alpha)}\, e^{-(s-\alpha)t}\Big|_0^\infty = \frac{1}{s-\alpha}.$$

$$\Rightarrow \boxed{\; e^{\alpha t} \;\circ\!\!-\!\!\bullet\; \frac{1}{s-\alpha} \;} \qquad \text{für } s > \alpha.$$

(4) Die Laplace-Transformierte der **verschobenen Sprungfunktion** $(\alpha > 0)$:

$$S(t - \alpha) = \begin{cases} 0 & \text{für } t < \alpha \\ 1 & \text{für } t \geq \alpha \end{cases}$$

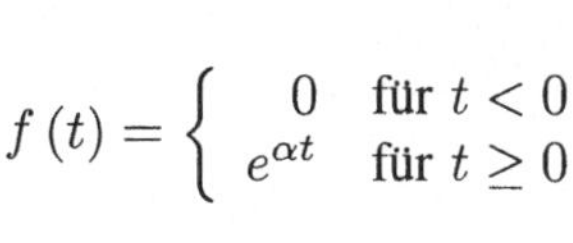

lautet

$$\mathcal{L}\left(S(t-\alpha)\right) = \int_0^\infty S(t-\alpha)\, e^{-st}\, dt = \int_\alpha^\infty 1 \cdot e^{-st}\, dt$$

$$= \frac{e^{-st}}{-s}\Big|_\alpha^\infty = \frac{e^{-\alpha s}}{s} \qquad \text{für } s > 0.$$

$$\Rightarrow \boxed{\; S(t-\alpha) \;\circ\!\!-\!\!\bullet\; \frac{e^{-\alpha s}}{s} \;} \qquad \text{für } s > 0.$$

§2. Inverse Laplace-Transformation

Die Berechnung der Laplace-Transformierten $F(s)$ einer Zeitfunktion $f(t)$ wird als Laplace-Transformation bezeichnet. Die Rücktransformation aus dem Bildbereich in den Originalbereich, d.h. die Bestimmung der Originalfunktion aus einer gegebenen Bildfunktion, heißt **inverse Laplace-Transformation.** Für die Rücktransformation vom Bildbereich in den Originalbereich verwendet man folgende Symbole

$$\boxed{\mathcal{L}^{-1}\left(F\left(s\right)\right) = f\left(t\right) \quad \text{oder} \quad F\left(s\right) \; \bullet\!\!-\!\!\circ \; f\left(t\right).}$$

Um eine Formel für die Rücktransformation $\mathcal{L}^{-1}$ zu erhalten, benutzen wir die in Kap. XIV.1 aufgestellte Korrespondenz von Integralen:

$$\boxed{F\left(\omega\right) = \int_{-\infty}^{\infty} f\left(t\right)\, e^{i\omega t}\, dt \qquad (FT\,1)}$$

$$\boxed{f\left(t\right) = \tfrac{1}{2\pi} \int_{-\infty}^{\infty} F\left(\omega\right)\, e^{-i\omega t}\, d\omega \qquad (FT\,2).}$$

Obige Korrespondenz besagt, daß die Funktion $f\left(t\right)$ mit $(FT\,2)$ aus der Funktion $F\left(\omega\right)$ rekonstruiert werden kann. Für eine Zeitfunktion $f\left(t\right)$ mit $f\left(t\right) = 0$ für $t < 0$ erhält man mit $s = \delta + i\omega$ die Laplace-Transformierte

$$
\begin{aligned}
F\left(s\right) &= F(\delta + i\omega) = \int_0^\infty f\left(t\right)\, e^{-st}\, dt \\[2mm]
&= \int_0^\infty f\left(t\right)\, e^{-(\delta+i\omega)t}\, dt \\[2mm]
&= \int_0^\infty \left(f\left(t\right)\, e^{-\delta t}\right) e^{-i\omega t}\, dt.
\end{aligned}
$$

Aufgrund dieser Darstellung gilt mit $(FT\,2)$

$$
\begin{aligned}
f\left(t\right) \cdot e^{-\delta t} &= \tfrac{1}{2\pi} \int_{-\infty}^{\infty} F(\delta + i\omega)\, e^{i\omega t}\, d\omega \\[2mm]
\Rightarrow \qquad f\left(t\right) &= \tfrac{1}{2\pi} \int_{-\infty}^{\infty} F(\delta + i\omega)\, e^{\delta t}\, e^{i\omega t}\, d\omega \\[2mm]
&= \tfrac{1}{2\pi} \int_{\omega=-\infty}^{\omega=\infty} F(\delta + i\omega)\, e^{(\delta+i\omega)t}\, d\omega. \qquad (*)
\end{aligned}
$$

Substituiert man die Integrationsvariable ω durch $s = \delta + i\omega$, das Differential durch $d\omega = \frac{1}{i}\,ds$ und die Integrationsgrenzen durch

ω	s
$-\infty$	$\delta - i\infty$
$+\infty$	$\delta + i\infty$

folgt

$$\frac{1}{2\pi i}\int_{s=\delta-i\infty}^{s=\delta+i\infty} F(s)\,e^{st}\,ds = \left\{ \begin{array}{ll} f(t) & \text{für } t \geq 0 \\ 0 & \text{für } t < 0 \end{array} \right. .$$

Gleichung $(*)$ stellt das sog. **inverse Laplace-Integral** dar. Die Integration wird im Komplexen durchgeführt. Sie läßt sich im Bedarfsfall mit den mathematischen Mitteln der Funktionentheorie auswerten, auf die wir aber nicht näher eingehen werden.

Satz: Inverse Laplace-Transformation:

Ist $F(s)$ die Laplace-Transformierte einer Funktion, dann gibt es genau eine stetige Funktion $f(t)$ von höchstens exponentiellem Wachstum, so daß $\mathcal{L}(f(t)) = F(s)$. $f(t)$ ist gegeben durch

$$f(t) = \mathcal{L}^{-1}(F(s)) = \frac{1}{2\pi i}\int_{\delta-i\infty}^{\delta+i\infty} F(s)\,e^{st}\,ds.$$

In der Praxis wird die Rücktransformation jedoch nicht über die Berechnung des Integrals, sondern fast ausschließlich mit Hilfe von Tabellen oder wie in unserem Fall mit MAPLE durchgeführt. Festzuhalten ist allerdings:

Bemerkungen:
(1) Gilt für zwei Bildfunktionen $F(s) = G(s)$, so unterscheiden sich die zugehörigen Zeitfunktionen $f(t) = \mathcal{L}^{-1}(F(s))$ und $g(t) = \mathcal{L}^{-1}(G(s))$ höchstens an Unstetigkeitsstellen von f oder g.
(2) Zwei stetige Originalfunktionen f und g stimmen überein, wenn ihre Bildfunktionen $\mathcal{L}(f(t))$ und $\mathcal{L}(g(t))$ übereinstimmen.
(3) Da die Rücktransformation $\mathcal{L}^{-1}$ i.w. eindeutig verläuft, besteht eine eindeutige Zuordnung zwischen Bild- und Originalfunktion, so daß jede Korrespondenz

$$f(t) \;\circ\!\!\!-\!\!\!\bullet\; F(s)$$

von links nach rechts, aber auch von rechts nach links gelesen werden kann:

$$F(s) \;\bullet\!\!\!-\!\!\!\circ\; f(t).$$

4. Beispiele:

(1) Aus der Korrespondenz

$$t^2 \;\circ\!\!\!-\!\!\!-\!\!\bullet\; \frac{2}{s^3} \qquad \text{für}\;\; s > 0$$

folgt durch Rücktransformation (inverse Laplace-Transformation)

$$\frac{2}{s^3} \;\bullet\!\!\!-\!\!\!-\!\!\circ\; t^2 \quad \text{bzw.} \quad \mathcal{L}^{-1}\left(\frac{2}{s^3}\right) = t^2.$$

(2) Aus der Korrespondenz

$$S(t - \alpha) \;\circ\!\!\!-\!\!\!-\!\!\bullet\; \frac{1}{s}e^{-\alpha s} \quad \text{für}\;\; s > 0$$

folgt durch Rücktransformation

$$\mathcal{L}^{-1}\left(\frac{1}{s}e^{-\alpha s}\right) = S(t - \alpha) \quad \text{bzw.} \quad \frac{1}{s}e^{-\alpha s} \;\bullet\!\!\!-\!\!\!-\!\!\circ\; S(t - \alpha).$$

§3. Die Laplace-Transformation mit Maple

Die Berechnung der Laplace-Transformierten einer Zeitfunktion $f(t)$ mit Maple erfolgt mit der Prozedur
laplace (*ausdruck, t, s*), wobei

ausdruck	der zu transformierende Funktionsausdruck
t	die Variable der Zeitfunktion
s	die Variable der Laplace-Transformierten

ist. Der **laplace**-Befehl ist im Paket **inttrans** (Integral-Transformationen) enthalten. Im folgenden gehen wir immer davon aus, daß dieses Paket mit **with(inttrans)** aktiviert wurde.

5. Beispiele:

(1) Die Laplace-Transformierte der **Exponentialfunktion:**

```
> f(t) := exp(5*(t - t0)):
> with(inttrans):
> laplace (f(t), t, s);
```

$$\frac{e^{-5\,t0}}{s - 5}$$

(2) Die Laplace-Transformierten von **Sinus** und **Kosinus:**
> laplace (cos(w∗t), t, s);

$$\frac{s}{s^2 + w^2}$$

> laplace (sin(w∗t), t, s);

$$\frac{w}{s^2 + w^2}.$$

Somit gelten die folgenden Korrespondenzen:

$$\boxed{\cos(\omega t) \quad \circ\!\!-\!\!\bullet \quad \frac{s}{s^2 + \omega^2}} \qquad \boxed{\sin(\omega t) \quad \circ\!\!-\!\!\bullet \quad \frac{\omega}{s^2 + \omega^2}}$$

(3) Die Laplace-Transformierte der allgemeinen **Potenzfunktion** t^p für $p > -1$ ist
> assume(p>-1): laplace (t^p, t, s);

$$s^{-p^{\sim}-1}\,\Gamma\,(p^{\sim} + 1) \qquad \text{für} \quad s > 0.$$

Dabei ist $\Gamma\,(p + 1)$ die sog. **Gamma-Funktion**, deren Graph gegeben ist durch
> plot (GAMMA(x), x = 0..6, y = 0..100);

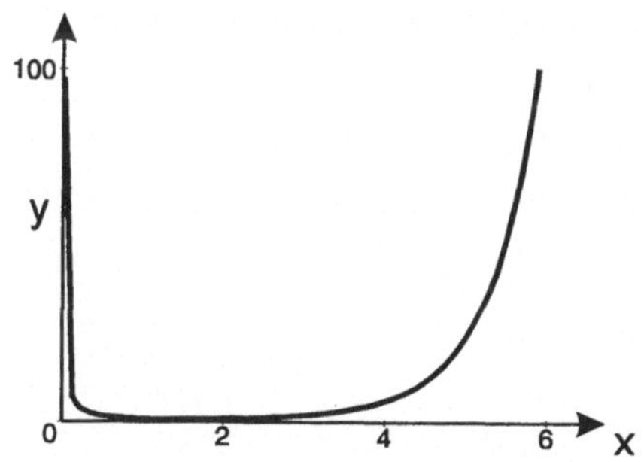

Abb. 76: Graph der Gamma-Funktion

Die Gamma-Funktion $\Gamma\,(p + 1)$ ist für $p > -1$ definiert durch

$$\boxed{\Gamma\,(p + 1) := \int_0^\infty x^p\,e^{-x}\,dx}$$

und hat die Eigenschaften
(1) $\Gamma\,(p + 1) = p\Gamma\,(p)$
(2) $\Gamma\,(1) = 1$
(3) $\Gamma\left(\tfrac{1}{2}\right) = \sqrt{\pi}.$

Aus den Eigenschaften (1) und (2) folgt für $n \in \mathbf{N}$

$$\Gamma(n+1) = n!.$$

D.h. die Gamma-Funktion ist eine Verallgemeinerung der Fakultät auf positive reelle Zahlen. Es gilt die Korrespondenz

$$t^p \quad \circ\!\!-\!\!\bullet \quad \frac{\Gamma(p+1)}{s^{p+1}} \qquad \text{für } s > 0 \text{ und } p > -1.$$

Mit dieser Korrespondenz folgt speziell für Quadratwurzelfunktionen

(i) $\mathcal{L}\left(t^{\frac{1}{2}}\right) = \frac{\Gamma\left(\frac{1}{2}+1\right)}{s^{\frac{1}{2}+1}} = \frac{1}{2}\frac{\Gamma\left(\frac{1}{2}\right)}{s^{\frac{3}{2}}} = \frac{1}{2}\frac{\sqrt{\pi}}{s^{\frac{3}{2}}}.$

(ii) $\mathcal{L}\left(t^{\frac{5}{2}}\right) = \frac{1}{s^{\frac{7}{2}}}\Gamma\left(\frac{5}{2}+1\right) = \frac{15}{8}\sqrt{\pi}\frac{1}{s^{\frac{7}{2}}}, \quad$ da

$$\Gamma\left(\tfrac{5}{2}+1\right) = \tfrac{5}{2}\Gamma\left(\tfrac{3}{2}+1\right) = \tfrac{5}{2}\tfrac{3}{2}\Gamma\left(\tfrac{1}{2}+1\right) = \tfrac{5}{2}\cdot\tfrac{3}{2}\cdot\tfrac{1}{2}\Gamma\left(\tfrac{1}{2}\right) = \tfrac{15}{8}\sqrt{\pi}. \qquad \square$$

Die zur Laplace-Transformation gehörende Rücktransformation (= inverse Laplace-Transformation) lautet in Maple
invlaplace (*ausdruck, s, t*), wobei

> *ausdruck*   der Funktionsausdruck der Bildfunktion
> *s*   die Variable der Bildfunktion
> *t*   die Variable der zugehörigen Zeitfunktion.

Auch der Befehl **invlaplace** muß durch **with(inttrans)** geladen werden.

6. Beispiele:

(1)
```
> F(s) := 1 / (s^2 + a):
> with(inttrans):
> invlaplace (F(s), s, t);
```

$$\frac{\sin\left(\sqrt{a}\,t\right)}{\sqrt{a}}$$

(2)
```
> F(s) := s / (s^2 - a):
> invlaplace (F(s), s, t);
```

$$\cosh\left(\sqrt{a}\,t\right)$$

(3)
```
> F(s) := s^(-5/3):
> invlaplace (F(s), s, t);
```

$$\frac{3}{2}\frac{t^{\frac{2}{3}}}{\Gamma\left(\frac{2}{3}\right)}$$

§4. Zwei grundlegende Eigenschaften der Laplace-Transformation

Wir nehmen im folgenden immer an, daß die betrachteten Funktionen den Voraussetzungen des Laplaceschen Satzes genügen, so daß die Laplace-Transformierten der Funktionen definiert sind.

4.1 Linearität

Wir betrachten die Superposition zweier Zeitfunktionen f_1 und f_2 und berechnen hierzu die Laplace-Transformierte:

$$
\begin{aligned}
\mathcal{L}\left(c_1\, f_1\left(t\right) + c_2\, f_2\left(t\right)\right) &= \int_0^\infty \left(c_1\, f_1\left(t\right) + c_2\, f_2\left(t\right)\right) e^{-st}\, dt \\[2ex]
&= \int_0^\infty \left(c_1\, f_1\left(t\right) e^{-st} + c_2\, f_2\left(t\right) e^{-st}\right) dt \\[2ex]
&= c_1 \int_0^\infty f_1\left(t\right) e^{-st}\, dt + c_2 \int_0^\infty f_2\left(t\right) e^{-st}\, dt \\[2ex]
&= c_1\, \mathcal{L}\left(f_1\left(t\right)\right) + c_2\, \mathcal{L}\left(f_2\left(t\right)\right).
\end{aligned}
$$

Die obigen Umformungen beruhen auf der Eigenschaft des Integrals, daß das Integral über eine Summe von Funktionen gleich der Summe der Integrale und daß konstante Faktoren vor das Integral gezogen werden dürfen. Durch die Laplace-Transformation wird der Überlagerung (= Linearkombination) von Originalfunktionen die gleiche Überlagerung von Bildfunktionen zugeordnet:

Satz: (Additionssatz)

Es gilt $\quad \mathcal{L}\left(c_1\, f_1\left(t\right) + c_2\, f_2\left(t\right)\right) = c_1\, \mathcal{L}\left(f_1\left(t\right)\right) + c_2\, \mathcal{L}\left(f_2\left(t\right)\right).$

Korrespondenz: $\quad c_1\, f_1\left(t\right) + c_2\, f_2\left(t\right) \quad \circ\!\!-\!\!\bullet \quad c_1\, F_1\left(s\right) + c_2\, F_2\left(s\right).$

---

7. Beispiele:

(1) Zur Zeitfunktion $f\left(t\right) = 2\,t^3 - 5\,t^2 + 3$ soll die Laplace-Transformierte bestimmt werden. Es gilt nach dem Additionssatz

$$
F\left(s\right) = 2\,\frac{3!}{s^4} - 5\,\frac{2!}{s^3} + 3\,\frac{1}{s} = \frac{12 - 10\,s + 3\,s^3}{s^4}.
$$

(2) Man bestimme die Laplace-Transformierte von $f(t) = 4\sin(\omega t) + 5\cos(\omega t)$.
Mit dem Additionssatz gilt

$$F(s) = 4\,\frac{\omega}{s^2 + \omega^2} + 5\,\frac{s}{s^2 + \omega^2} = \frac{5\,s + 4\,\omega}{s^2 + \omega^2}.$$

Die Linearität der Laplace-Transformation überträgt sich durch die Korrespondenz
auch auf die Rücktransformation:

Satz: (Additionssatz der inversen Laplace-Transformation)

$$\mathcal{L}^{-1}\left(c_1\,F_1(s) + c_2\,F_2(s)\right) = c_1\,\mathcal{L}^{-1}\left(F_1(s)\right) + c_2\,\mathcal{L}^{-1}\left(F_2(s)\right).$$

---

8. Beispiele:

(1) Man bestimme die Zeitfunktion zu

$$F(s) = \frac{3\,s + 8}{s^2 + 16}.$$

Mit der Zerlegung der Bildfunktion in die Teilbrüche

$$F(s) = 3\,\frac{s}{s^2 + 4^2} + 2\,\frac{4}{s^2 + 4^2}$$

erhält man unter Verwendung von Beispiel 5(2) die zugehörige Zeitfunktion

$$f(t) = 3\cos(4\,t) + 2\sin(4\,t).$$

(2) Gesucht ist die zu

$$F(s) = \frac{5\,s^2 + 3\,s + 8}{s^3}$$

gehörende Zeitfunktion $f(t)$. Durch Zerlegung der Bildfunktion in Partialbrüche

$$F(s) = 5\,\frac{1}{s} + 3\,\frac{1}{s^2} + 4\,\frac{2}{s^3}$$

folgt

$$f(t) = 5 + 3\,t + 4\,t^2.$$

4.2 Laplace-Transformierte der Ableitung

Für die Anwendung der Laplace-Transformation auf Differentialgleichungen ist es von Interesse, die Laplace-Transformierte der Ableitung einer Funktion berechnen zu können:

Satz: (Laplace-Transformation der Ableitung)
Seien $f, f' : [0, \infty) \to \mathbb{R}$ stetig und von höchstens exponentiellem Wachstum. Dann gilt:

$$\mathcal{L}\left(f'(t)\right) = s\,\mathcal{L}\left(f(t)\right) - f(0).$$

Beweis: Mit partieller Integration bestimmt man die Laplace-Transformierte von f':

$$\mathcal{L}\left(f'(t)\right) \;=\; \int_0^\infty f'(t)\, e^{-st}\, dt = [f(t)\, e^{-st}]_0^\infty + s \int_0^\infty f(t)\, e^{-st}\, dt$$

$$=\; \lim_{T \to \infty} f(T)\, e^{-sT} - f(0) + s\,\mathcal{L}\left(f(t)\right).$$

Da $f(t)$ von höchstens exponentiellem Wachstum ist, gilt nach Satz 1

$$\lim_{T \to \infty} f(T)\, e^{-sT} = 0$$

und folglich ist

$$\mathcal{L}\left(f'(t)\right) = s\,\mathcal{L}\left(f(t)\right) - f(0). \qquad \qquad \square$$

Der Differentiation im Originalbereich entspricht die Multiplikation mit s und Subtraktion von $f(0)$ im Bildbereich. An die Stelle einer komplizierten Rechenoperation im Originalbereich tritt also eine einfache Multiplikation im Bildbereich. Wiederholtes Anwenden des Ableitungssatzes führt induktiv auf die Laplace-Transformierte der n-ten Ableitung:

Satz: (Laplace-Transformation der n-ten Ableitung)
Seien $f, f', \ldots, f^{(n)} : [0, \infty) \to \mathbb{R}$ stetig und von höchstens exponentiellem Wachstum, dann gilt

$$\mathcal{L}\left(f^{(n)}(t)\right) = s^n\,\mathcal{L}\left(f(t)\right) - s^{n-1}\, f(0) - s^{n-2}\, f'(0) - \ldots - f^{(n-1)}(0).$$

Die Bildfunktion der n-ten Ableitung von $f(t)$ ist gleich der Laplace-Transformierten von $f(t)$ multipliziert mit s^n minus einem Polynom $(n-1)$-ten Grades in s, dessen Koeffizienten durch die Werte der Funktion f sowie deren Ableitungen an der Stelle $t = 0$ bestimmt sind.

Bemerkung: Von $f(t)$ wird vorausgesetzt, daß $f(t) = 0$ für $t < 0$. Damit ergibt sich der linksseitige Grenzwert an der Stelle $t = 0$ zu Null, $f(-0) = 0$, sowie $f'(-0) = \ldots = f^{(n-1)}(-0) = 0$. Besitzt die Funktion $f(t)$ und deren Ableitungen bei $t = 0$ eine Sprungstelle, so müssen für die Anfangswerte $f(0), f'(0), \ldots, f^{(n-1)}(0)$ in den Ableitungssätzen die rechtsseitigen Grenzwerte $f(+0), f'(+0), \ldots, f^{(n-1)}(+0)$ verwendet werden. Diese Unterscheidung zwischen einem Wert an einer Stelle und dem Grenzwert bei Annäherung an diese Stelle ist wichtig. Mit diesen Grenzwerten sind Anfangswerte gemeint, von denen die Funktionen für $t > 0$ ausgehen und die dann bei $t = 0$ einen stetigen Anschluß der Funktion gewährleisten.

9. Beispiele:

(1) Zur Funktion $f(t) = e^{at}$ soll die Laplace-Transformierte bestimmt werden. Die Anwendung des Ableitungssatzes auf

$$f'(t) = a\,e^{at}$$

führt mit $f(0) = 1$ auf

$$\mathcal{L}\left(a\,e^{at}\right) = s\,\mathcal{L}\left(e^{at}\right) - 1 \;\Rightarrow\; a\,\mathcal{L}\left(e^{at}\right) = s\,\mathcal{L}\left(e^{at}\right) - 1.$$

$$\Rightarrow \mathcal{L}\left(e^{at}\right) = \frac{1}{s-a} \quad \text{bzw.} \quad e^{at} \; \circ\!\!\!-\!\!\!\bullet \; \frac{1}{s-a} \quad \text{für } s > a.$$

(2) Die trigonometrischen Funktionen $\sin(\omega t)$ und $\cos(\omega t)$ erfüllen die Differentialgleichungen

$$f''(t) + \omega^2 f(t) = 0 \quad \text{mit} \quad \begin{cases} f(0) = 0, & f'(0) = \omega \quad \text{für } \sin(\omega t) \\[2mm] f(0) = 1, & f'(0) = 0 \quad \text{für } \cos(\omega t). \end{cases}$$

Ihre Laplace-Transformierten werden mit dem Ableitungssatz bestimmt. Aus der Differentialgleichung folgt

$$\mathcal{L}\left(f''(t)\right) + \omega^2 \mathcal{L}\left(f(t)\right) = \mathcal{L}(0) = 0.$$

Für die Sinusfunktion ergibt sich unter Berücksichtigung der Anfangsbedingungen

$$s^2 \mathcal{L}(f(t)) - \omega + \omega^2 \mathcal{L}(f(t)) = 0$$

$$\Rightarrow \boxed{\;\mathcal{L}(\sin(\omega t)) = \frac{\omega}{s^2 + \omega^2} \quad \text{bzw.} \quad \sin(\omega t) \; \circ\!\!\!-\!\!\!\bullet \; \frac{\omega}{s^2 + \omega^2}.\;}$$

Analog findet man für die Kosinusfunktion

$$s^2 \mathcal{L}(f(t)) - s \cdot 1 + \omega^2 \mathcal{L}(f(t)) = 0$$

$$\Rightarrow \boxed{\;\mathcal{L}(\cos(\omega t)) = \frac{s}{s^2 + \omega^2} \quad \text{bzw.} \quad \cos(\omega t) \; \circ\!\!\!-\!\!\!\bullet \; \frac{s}{s^2 + \omega^2}.\;}$$

(3) In Verallgemeinerung des vorhergehenden Beispiels wird die Laplace-Transformierte der Funktion $f(t) = \sin(\omega t + \varphi)$ gebildet. Diese Funktion genügt ebenfalls der Differentialgleichung

$$f''(t) + \omega^2 f(t) = 0,$$

jedoch mit den Anfangsbedingungen $f(0) = \sin\varphi$ und $f'(0) = \omega \cos\varphi$. Mit der Laplace-Transformation folgt aus der Differentialgleichung

$$\mathcal{L}(f''(t)) + \omega^2 \mathcal{L}(f(t)) = 0,$$

$$\hookrightarrow \quad s^2 \mathcal{L}(f(t)) - s \sin\varphi - \omega \cos\varphi + \omega^2 \mathcal{L}(f(t)) = 0.$$

$$\Rightarrow \quad \boxed{\mathcal{L}(\sin(\omega t + \varphi)) = \frac{s \sin\varphi + \omega \cos\varphi}{s^2 + \omega^2}}$$

$$\text{bzw.} \quad \boxed{\sin(\omega t + \varphi) \;\circ\!\!-\!\!\bullet\; \frac{s \sin\varphi + \omega \cos\varphi}{s^2 + \omega^2}.}$$

Mit $\varphi = \psi + \frac{\pi}{2}$ folgt

$$\boxed{\mathcal{L}(\cos(\omega t + \psi)) = \frac{s \cos\psi - \omega \sin\psi}{s^2 + \omega^2}}$$

$$\text{bzw.} \quad \boxed{\cos(\omega t + \psi) \;\circ\!\!-\!\!\bullet\; \frac{s \cos\psi - \omega \sin\psi}{s^2 + \omega^2}.}$$

(4) Die Hyperbelfunktionen $\sinh(\omega t)$ und $\cosh(\omega t)$ sind Lösungen der Differentialgleichung

$$f''(t) - \omega^2 f(t) = 0 \quad \text{mit} \quad \begin{cases} f(0) = 0, & f'(0) = \omega \quad \text{für } \sinh(\omega t) \\ f(0) = 1, & f'(0) = 0 \quad \text{für } \cosh(\omega t). \end{cases}$$

$$\Rightarrow \mathcal{L}(f''(t)) - \omega^2 \mathcal{L}(f(t)) = 0.$$

Mit den Anfangsbedingungen ergibt sich für $\sinh(\omega t)$

$$s^2 \mathcal{L}(f(t)) - \omega - \omega^2 \mathcal{L}(f(t)) = 0$$

$$\Rightarrow \boxed{\mathcal{L}(\sinh(\omega t)) = \frac{\omega}{s^2 - \omega^2} \quad \text{bzw.} \quad \sinh(\omega t) \;\circ\!\!-\!\!\bullet\; \frac{\omega}{s^2 - \omega^2}.}$$

Analog erhält man

$$\boxed{\mathcal{L}(\cosh(\omega t)) = \frac{s}{s^2 - \omega^2} \quad \text{bzw.} \quad \cosh(\omega t) \;\circ\!\!-\!\!\bullet\; \frac{s}{s^2 - \omega^2}.}$$

§5. Transformationssätze

In diesem Abschnitt werden weitere Eigenschaften der Laplace-Transformation vorgestellt, die in vielen technischen Beschreibungen ihre Anwendung finden. Wird beim Arbeiten mit der Laplace-Transformation allerdings MAPLE verwendet, kann dieser Abschnitt übergangen werden.

5.1 Verschiebungssatz

Der Verschiebungssatz macht eine Aussage über die Laplace-Transformierte einer zeitlich verschobenen Zeitfunktion $f(t - t_0)$: Die Funktion $f(t - t_0)$ ist die um t_0 auf der Zeitachse nach rechts verschobenen Funktion $f(t)$ (siehe Abb. 77).

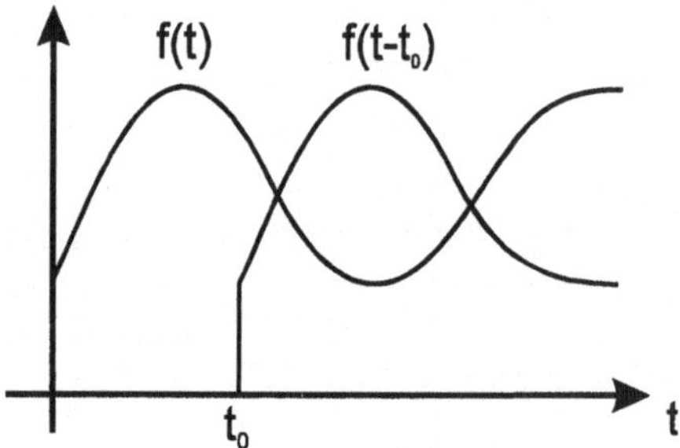

Abb. 77: Originalfunktion $f(t)$ und verschobene Funktion $f(t - t_0)$

$$\mathcal{L}\left(f\left(t - t_0\right)\right) = \int_0^\infty f\left(t - t_0\right) e^{-st}\, dt = \int_{t_0}^\infty f\left(t - t_0\right) e^{-st}\, dt.$$

Durch Substitution der Integrationsvariablen $\tau = t - t_0$ ist

$$
\begin{aligned}
\mathcal{L}\left(f\left(t - t_0\right)\right) &= \int_0^\infty f\left(\tau\right) e^{-s(\tau + t_0)}\, d\tau = e^{-st_0} \int_0^\infty f\left(\tau\right) e^{-s\tau}\, d\tau \\
&= e^{-st_0} \mathcal{L}\left(f\left(t\right)\right).
\end{aligned}
$$

Eine Verschiebung der Zeitfunktion $f(t)$ um t_0 hat im Bildbereich eine Multiplikation der Bildfunktion $F(s)$ mit dem Faktor e^{-st_0} zur Folge:

> **Verschiebungssatz:**
> Ist $F(s)$ die Laplace-Transformierte von $f(t)$, dann gilt für $t_0 > 0$
>
> $$\mathcal{L}(f(t - t_0)) \;=\; e^{-st_0} F(s)$$
>
> Korrespondenz: $\quad f(t) \;\circ\!\!\!-\!\!\!\bullet\; F(s) \;\Rightarrow\; f(t - t_0) \;\circ\!\!\!-\!\!\!\bullet\; e^{-st_0} F(s).$

10. Beispiele:

(1) Die um t_0 nach rechts verschobene Sprungfunktion $S(t - t_0)$

$$S(t - t_0) = \begin{cases} 0 & \text{für } t < t_0 \\ 1 & \text{für } t > t_0 \end{cases}$$

hat nach dem Verschiebungssatz die Laplace-Transformierte

$$F(s) = \mathcal{L}(S(t - t_0)) = e^{-st_0} \mathcal{L}(S(t)) = e^{-st_0} \frac{1}{s},$$

was mit der Rechnung in Beispiel 3(4) übereinstimmt.

(2) Es soll die Laplace-Transformierte eines zur Zeit $t = 0$ einsetzenden Rechteckimpulses der Impulsdauer τ und der Impulshöhe A bestimmt werden.

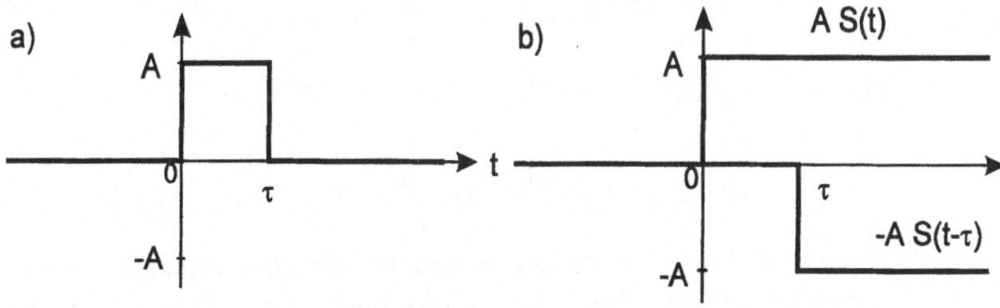

Abb. 78: a) Rechteckimpuls und b) Zerlegung in zwei Sprungfunktionen

Wegen $f(t) = A S(t) - A S(t - \tau)$ ist

$$\mathcal{L}(f(t)) = A\mathcal{L}(S(t)) - A\mathcal{L}(S(t - \tau)) = A\frac{1}{s} - Ae^{-s\tau}\frac{1}{s}$$

$$\Rightarrow \boxed{\mathcal{L}(f(t)) = \frac{A}{s}(1 - e^{-s\tau})}. \qquad \square$$

Laplace-Transformierte periodisch fortgesetzter Funktionen. Eine Zeitfunktion $f(t)$ entstehe durch *periodische Fortsetzung* der Funktion

$$f_0(t) = \begin{cases} \text{definiert} & \text{für } 0 \le t \le T \\ 0 & \text{sonst.} \end{cases}$$

für $t \ge 0$. Gesucht ist die Laplace-Transformierte $F(s)$ dieser Funktion.

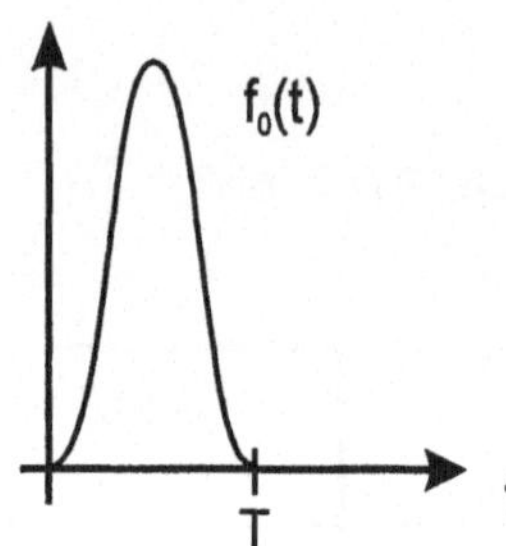
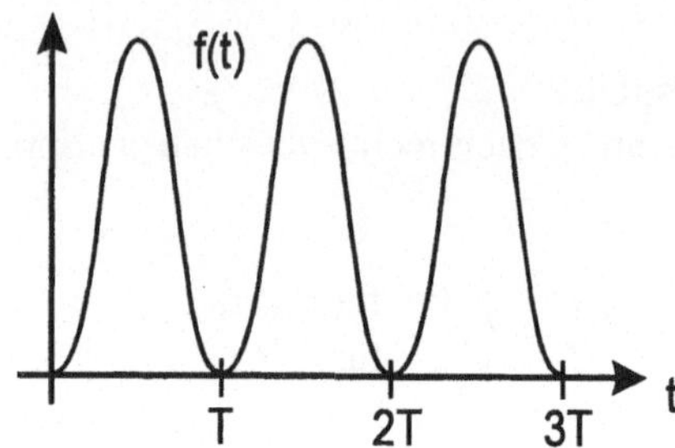

Abb. 79: Periodisch fortgesetzte Funktion

Für die fortgesetzte Zeitfunktion $f(t)$ gilt

$$f(t) = f_0(t)\, S(t) \;+\; f_0(t-T)\, S(t-T) + f_0(t-2T)\, S(t-2T) +$$

$$+\; f_0(t-3T)\, S(t-3T) + \ldots$$

Bei bekannter Korrespondenz $f_0(t) \;\circ\!\!-\!\!\bullet\; F_0(s)$ erhält man mit dem Verschiebungssatz

$$F(s) \;=\; F_0(s)\left[1 + e^{-sT} + e^{-s\,2T} + e^{-s\,3T} + \ldots\right]$$

$$=\; F_0(s)\left[1 + e^{-sT} + \left(e^{-sT}\right)^2 + \left(e^{-sT}\right)^3 + \ldots\right].$$

Mit $q = e^{-sT}$ ist der Ausdruck in der Klammer die geometrische Reihe. Da $q = e^{-sT} < 1$, konvergiert die Reihe gegen $\frac{1}{1-q}$ und daher gilt für die Laplace-Transformierte der periodisch fortgesetzten Zeitfunktion $f(t)$

$$\boxed{F(s) = F_0(s)\,\frac{1}{1-e^{-sT}}.}$$

11. Beispiel: Berechnung der Laplace-Transformierten der unten dargestellten Rechteckkurve.

$$f_0(t) = \begin{cases} 1 & \text{für } 0 \le t \le \frac{T}{2} \\[2mm] -1 & \text{für } \frac{T}{2} < t < T. \end{cases}$$

$$f_0\left(t\right) \;=\; \left[S\left(t\right) - S\left(t - \tfrac{T}{2}\right)\right] - \left[S\left(t - \tfrac{T}{2}\right) - S\left(t - T\right)\right]$$

$$=\; S\left(t\right) - 2\,S\left(t - \tfrac{T}{2}\right) + S\left(t - T\right).$$

Wegen der Korrespondenz $S\left(t\right)\;\circ\!\!-\!\!\bullet\;\frac{1}{s}$ und dem Verschiebungssatz gilt

$$\mathcal{L}\left(f_0\left(t\right)\right) \;=\; \frac{1}{s} - 2\,e^{-\frac{T}{2}s}\,\frac{1}{s} + e^{-Ts}\,\frac{1}{s} = \frac{1}{s}\left[1 - 2\,e^{-\frac{T}{2}s} + e^{-Ts}\right]$$

$$=\; \frac{1}{s}\left(1 - e^{-\frac{T}{2}s}\right)^2.$$

Damit folgt

$$\mathcal{L}\left(f\left(t\right)\right) \;=\; \frac{1}{1 - e^{-sT}}\,\mathcal{L}\left(f_0\left(t\right)\right) = \frac{1}{s}\,\frac{\left(1 - e^{-\frac{T}{2}s}\right)^2}{1 - e^{-sT}}$$

$$=\; \frac{1}{s}\,\frac{\left(1 - e^{-\frac{T}{2}s}\right)^2}{\left(1 - e^{-\frac{T}{2}s}\right)\left(1 + e^{-\frac{T}{2}s}\right)} = \frac{1}{s}\,\frac{1 - e^{-\frac{T}{2}s}}{1 + e^{-\frac{T}{2}s}}.$$

5.2 Dämpfungssatz

Der Dämpfungssatz macht eine Aussage über die Laplace-Transformierte einer gedämpften Zeitfunktion $f\left(t\right)\,e^{-at}$:

$$\mathcal{L}\left(e^{-at}\,f\left(t\right)\right) = \int_0^\infty e^{-st}\,e^{-at}\,f\left(t\right)\,dt = \int_0^\infty e^{-(s+a)t}\,f\left(t\right)\,dt = F\left(s + a\right).$$

Dämpfungssatz :

Ist $F\left(s\right)$ die Laplace-Transformierte von $f\left(t\right)$, so gilt

$$\mathcal{L}\left(e^{-at}\,f\left(t\right)\right) \;=\; F\left(s + a\right).$$

Korrespondenz: $\quad f\left(t\right)\;\circ\!\!-\!\!\bullet\;F\left(s\right)\;\Rightarrow\;e^{-at}\,f\left(t\right)\;\circ\!\!-\!\!\bullet\;F\left(s + a\right).$

Bemerkung: Die Konstante a kann reell oder komplex sein. Eine echte Dämpfung der Zeitfunktion $f\left(t\right)$ im physikalischen Sinne erhält man jedoch nur für $a > 0$ bzw. $\mathrm{Re}(a) > 0$. Für $a < 0$ bzw. $\mathrm{Re}(a) < 0$ bewirkt der Faktor e^{-at} eine Verstärkung.

Die Laplace-Transformierte der Zeitfunktion $e^{-at}\,f\left(t\right)$ unterscheidet sich von der Laplace-Transformierten von $f\left(t\right)$ nur dadurch, daß s durch $s + a$ ersetzt wird. Also: Eine Verschiebung um t_0 im Zeitbereich bewirkt eine Dämpfung e^{-st_0} im Bildbereich (Verschiebungssatz) und umgekehrt bewirkt ein Faktor e^{-at} im Zeitbereich eine Verschiebung im Bildbereich (Dämpfungssatz).

12. Beispiele:

(1) Es soll die Laplace-Transformierte der Zeitfunktion $f(t) = e^{-3t} \sin(2t)$ bestimmt werden. Aus der Korrespondenz

$$\sin(2t) \ \circ\!\!-\!\!\bullet \ \frac{2}{s^2 + 4}$$

folgt mit dem Dämpfungssatz für $f(t)$ eine Verschiebung des Arguments, indem s durch $s + 3$ ersetzt wird

$$e^{-3t} \sin(2t) \ \circ\!\!-\!\!\bullet \ \frac{2}{(s+3)^2 + 4} = \frac{2}{s^2 + 6s + 13}.$$

(2) Gegeben ist die Bildfunktion $F(s) = \dfrac{s+5}{s^2 + 2s + 10}$. Gesucht ist die zugehörige Zeitfunktion $f(t)$. Dazu formen wir die Bildfunktion um in

$$F(s) = \frac{s+5}{(s+1)^2 + 9} = \frac{s+1}{(s+1)^2 + 3^2} + \frac{4}{3} \frac{3}{(s+1)^2 + 3^2}.$$

Mit den Korrespondenzen

$$\sin(\omega t) \ \circ\!\!-\!\!\bullet \ \frac{\omega}{s^2 + \omega^2} \quad \text{und} \quad \cos(\omega t) \ \circ\!\!-\!\!\bullet \ \frac{s}{s^2 + \omega^2}$$

folgt unter Verwendung des Dämpfungssatzes

$$f(t) = e^{-t} \cos(3t) + \frac{4}{3} e^{-t} \sin(3t).$$

(3) Gesucht ist die Zeitfunktion zu $F(s) = \dfrac{1}{(s+a)^2}$. Aus $\dfrac{1}{s^2} \ \bullet\!\!-\!\!\circ \ t$ folgt mit dem Dämpfungssatz

$$f(t) = t\,e^{-at}.$$

5.3 Ähnlichkeitssatz

Der Ähnlichkeitssatz trifft eine Aussage über die Laplace-Transformierte von gestreckten bzw. gestauchten Funktionen $f(at)$. Die Funktion $f(at)$ entsteht aus der Funktion $f(t)$ durch Streckung bzw. Stauchung entlang der Zeitachse (siehe Abb. 80). Ist $0 < a < 1$, dann entspricht $f(at)$ einer Dehnung der Kurve f; ist $a > 1$, dann entspricht dies einer Stauchung der Kurve.

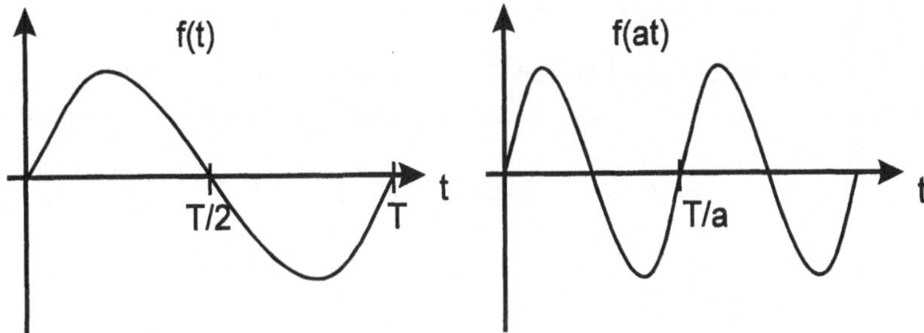

Abb. 80: Funktion $f(t)$ und gestauchte Funktion $f(a\,t)$

Ähnlichkeitssatz:

Ist $F(s)$ die Laplace-Transformierte von $f(t)$, dann gilt

$$\mathcal{L}(f(a\,t)) \;=\; \tfrac{1}{a} F\left(\tfrac{s}{a}\right) \qquad (a > 0)$$

Korrespondenz: $f(t) \;\circ\!\!-\!\!\bullet\; F(s) \;\Rightarrow\; f(a\,t) \;\circ\!\!-\!\!\bullet\; \tfrac{1}{a} F\left(\tfrac{s}{a}\right).$

Begründung:

$$\mathcal{L}(f(a\,t)) = \int_0^\infty f(a\,t)\, e^{-st}\, dt = \frac{1}{a} \int_0^\infty f(\tau)\, e^{-\frac{s}{a}\tau}\, d\tau = \frac{1}{a} F\left(\frac{s}{a}\right),$$

wenn das Integral mit der Substitution $\tau = a \cdot t$ $\left(dt = \tfrac{1}{a}\, d\tau\right)$ berechnet wird. $\square$

5.4 Faltungssatz

In naturwissenschaftlich-technischen Anwendungen stellt sich häufig das Problem der Rücktransformation einer Bildfunktion $F(s)$, die als Produkt zweier Bildfunktionen $F_1(s)$ und $F_2(s)$ darstellbar ist

$$F(s) = F_1(s) \cdot F_2(s).$$

Bekannt seien die Korrespondenzen

$$F_1(s) \;\bullet\!\!-\!\!\circ\; f_1(t) \quad \text{und} \quad F_2(s) \;\bullet\!\!-\!\!\circ\; f_2(t).$$

Die gesuchte Originalfunktion $f(t)$ ist dann eine Integralkombination der Zeitfunktionen $f_1(t)$ und $f_2(t)$ vom Typ

$$f(t) = \int_0^t f_1(\tau)\, f_2(t - \tau)\, d\tau,$$

dem sog. **Faltungsintegral**. Die Schreibweise hierfür ist $f(t) = (f_1 * f_2)(t)$ (**Faltungsprodukt**).

Faltungssatz:
Sind $F_1(s)$ und $F_2(s)$ die Laplace-Transformierten von $f_1(t)$ und $f_2(t)$, dann ist die Laplace-Transformierte des *Faltungsproduktes* $(f_1 * f_2)(t)$ gegeben durch $F_1(s) \cdot F_2(s)$:

$$\mathcal{L}((f_1 * f_2)) = F_1(s) \cdot F_2(s).$$

Korrespondenz:

$$\left. \begin{array}{l} f_1(t) \ \circ\!\!-\!\!\bullet \ F_1(s) \\ f_2(t) \ \circ\!\!-\!\!\bullet \ F_2(s) \end{array} \right\}$$

$$\Rightarrow (f_1 * f_2)(t) = \int_0^t f_1(\tau)\, f_2(t - \tau)\, d\tau \ \circ\!\!-\!\!\bullet \ F_1(s) \cdot F_2(s).$$

In der Praxis geht man bei der Rücktransformation einer Bildfunktion häufig wie folgt vor: Man zerlegt $F(s)$ in ein Produkt $F(s) = F_1(s) \cdot F_2(s)$ von Bildfunktionen $F_1(s)$ und $F_2(s)$, von denen die zugehörigen Zeitfunktionen $f_1(t)$ und $f_2(t)$ bekannt sind. Die zu $F(s)$ gehörende Zeitfunktion ist dann $f(t) = (f_1 * f_2)(t)$.

Beweis des Faltungssatzes: Wir berechnen die Laplace-Transformierte des Faltungsintegrals

$$(f_1 * f_2)(t) = \int_{\tau=0}^{\tau=t} f_1(\tau)\, f_2(t - \tau)\, d\tau :$$

$$\begin{aligned} \mathcal{L}(f_1 * f_2) &= \int_{t=0}^{t=\infty} e^{-st} \left[\int_{\tau=0}^{\tau=t} f_1(\tau)\, f_2(t - \tau)\, d\tau \right] dt \\[2mm] &= \int_{t=0}^{t=\infty} \left(\int_{\tau=0}^{\tau=t} e^{-st} f_1(\tau)\, f_2(t - \tau)\, d\tau \right) dt \\[2mm] &= \int_{t=0}^{t=\infty} \left(\int_{\tau=0}^{\tau=\infty} e^{-st} f_1(\tau)\, f_2(t - \tau)\, S(t - \tau)\, d\tau \right) dt. \end{aligned}$$

Durch Hinzufügen der Sprungfunktion $S(t - \tau)$ kann das innere Integral formal von $\tau = 0$ bis $\tau = \infty$ integriert werden, da $S(t - \tau) = 0$ für $\tau > t$. Vertauscht man die Reihenfolge der Integrationen, ist

$$\mathcal{L}(f_1 * f_2) = \int_{\tau=0}^{\tau=\infty} f_1(\tau) \left(\int_{t=0}^{t=\infty} e^{-st} f_2(t - \tau)\, S(t - \tau)\, dt \right) d\tau.$$

Wendet man den Verschiebungssatz auf das innere Integral an, ist

$$\int_{t=0}^{t=\infty} e^{-st} f_2(t - \tau)\, S(t - \tau)\, dt = e^{s\tau} F_2(s),$$

wenn $F_2(s)$ die Laplace-Transformierte von $f_2(t) \cdot S(t) = f_2(t)$. Hiermit folgt insgesamt

$$\mathcal{L}(f_1 * f_2) = \int_{\tau=0}^{\tau=\infty} f_1(\tau)\, e^{-s\tau} F_2(s)\, d\tau$$

$$= F_2(s) \int_{\tau=0}^{\tau=\infty} f_1(\tau)\, e^{-s\tau}\, d\tau = F_2(s) \cdot F_1(s),$$

da das zweite Integral die Laplace-Transformierte von f_1. Daß die Integrationsvariable τ statt t heißt, ist für das bestimmte Integral ohne Bedeutung. $\square$

13. Beispiele:

(1) Gesucht ist die Zeitfunktion zu

$$F(s) = \frac{1}{s(s-a)} = \frac{1}{s}\,\frac{1}{s-a}.$$

Es ist $\frac{1}{s} \;\bullet\!\!-\!\!\circ\; 1$ und $\frac{1}{s-a} \;\bullet\!\!-\!\!\circ\; e^{at}$. Damit gilt nach dem Faltungssatz die Korrespondenz

$$\frac{1}{s}\,\frac{1}{s-a} \;\bullet\!\!-\!\!\circ\; \left(1 * e^{at}\right)(t) = \int_0^t 1 \cdot e^{a(t-\tau)}\, d\tau$$

$$= e^{at} \int_0^t e^{-a\tau}\, d\tau = \frac{1}{a}\left(e^{at} - 1\right).$$

(2) Gegeben ist die Bildfunktion

$$F(s) = \frac{s^2}{\left(s^2 + \omega^2\right)^2} = \frac{s}{s^2 + \omega^2} \cdot \frac{s}{s^2 + \omega^2}.$$

Gesucht ist die zu $F(s)$ gehörende Zeitfunktion $f(t)$. Es ist $\frac{s}{s^2+\omega^2} \;\bullet\!\!-\!\!\circ\; \cos(\omega t)$ und mit dem Faltungssatz

$$\frac{s}{s^2 + \omega^2}\,\frac{s}{s^2 + \omega^2} \;\bullet\!\!-\!\!\circ\; f(t) = \cos(\omega t) * \cos(\omega t)$$

$$= \int_0^t \cos(\omega(t-\tau)) \cos(\omega\tau)\, d\tau.$$

Entweder durch Anwendung des Additionstheorems auf $\cos(\omega t - \omega\tau)$ und Verwendung der Formel $\sin x \cos x = \frac{1}{2}\sin 2x$ oder durch Verwendung von MAPLE

```
> int( cos(w*(t-tau))*cos(w*tau), tau=0..t);
```

erhält man

$$f(t) = \frac{\sin(\omega t) + \omega t \cos(\omega t)}{2\omega}.$$

5.5 Grenzwertsätze

In manchen Anwendungen interessiert nur das Verhalten der Zeitfunktion f zu Beginn (d.h. für $t = 0$) und für große Zeiten t (d.h. für $t \to \infty$). Der genaue Zeitverlauf wird oft nicht benötigt. Es zeigt sich, daß der Anfangs- und Endwert der Zeitfunktion direkt aus der Bildfunktion gewonnen werden können:

Grenzwertsätze:

Ist $F(s)$ die Bildfunktion von $f(t)$. Dann gilt:

(1) **Berechnung des Anfangswertes:** $f(0) = \lim\limits_{t \to 0} f(t) = \lim\limits_{s \to \infty} (s\,F(s))$.

(2) **Berechnung des Endwertes:** $f(\infty) = \lim\limits_{t \to \infty} f(t) = \lim\limits_{s \to 0} (s\,F(s))$.

Begründung: Ausgangspunkt für den Beweis beider Gleichungen ist der Ableitungssatz

$$\mathcal{L}(f'(t)) = s\,F(s) - f(0) = \int_0^\infty f'(t)\,e^{-st}\,dt. \qquad (*)$$

(i) Es gilt mit dem Fundamentalsatz der Differential- und Integralrechnung

$$\lim_{s \to 0} \mathcal{L}(f'(t)) \;=\; \lim_{s \to 0} \int_0^\infty f'(t)\,e^{-st}\,dt = \int_0^\infty f'(t)\,\lim_{s \to 0} e^{-st}\,dt$$

$$= \int_0^\infty f'(t)\,dt = f(\infty) - f(0).$$

Wendet man den Grenzwert $s \to 0$ auf beiden Seiten der Gleichung $(*)$ an, so gilt

$$\lim_{s \to 0} (s\,F(s)) - f(0) = f(\infty) - f(0) \;\Rightarrow\; f(\infty) = \lim_{s \to 0} (s\,F(s)).$$

(ii) Wegen

$$\lim_{s \to \infty} \mathcal{L}(f'(t)) = \lim_{s \to \infty} \int_0^\infty f'(t)\,e^{-st}\,dt = \int_0^\infty f'(t)\,\lim_{s \to \infty} e^{-st}\,dt = 0$$

folgt mit $(*)$

$$\lim_{s \to \infty} (s\,F(s)) - f(0) = 0. \qquad \square$$

14. Beispiele:

(1) $F(s) = \dfrac{s}{s^2 + \omega^2}$. Die zugehörige Zeitfunktion hat den Anfangswert

$$f(0) = \lim_{s \to \infty} (s\,F(s)) = \lim_{s \to \infty} \frac{s^2}{s^2 + \omega^2} = 1$$

(vgl. Beispiel 5(2): $\cos(\omega t) \; \circ\!\!\!-\!\!\!\bullet \; \frac{s}{s^2+\omega^2}$).

(2) $F(s) = \dfrac{1}{s\,(s-4)\,(s-5)}$. Der Endwert der zugehörigen Zeitfunktion ist

$$f(\infty) = \lim_{t\to\infty} f(t) = \lim_{s\to 0} (s\,F(s)) = \lim_{s\to 0} \frac{s}{s\,(s-4)\,(s-5)} = \frac{1}{20}.$$

§6. Methoden der Rücktransformation

Die Rücktransformation, d.h. die Ermittlung der Funktion $f(t)$ im Zeitbereich zu einer gegebenen Bildfunktion $F(s)$, ist der schwierigste und aufwendigste Schritt. Die komplexe Umkehrformel wird in den seltensten Fällen benutzt, da sie detaillierte Kenntnisse der Funktionentheorie voraussetzt. Die im folgenden angegebenen Verfahren führen jedoch in den meisten Fällen zum Erfolg.

6.1 Der Gebrauch von Tabellen. Die gebräuchlichste Methode zur Gewinnung der Originalfunktion zu gegebener Bildfunktion ist die Verwendung von Tabellen. Der Vorteil von Tabellen besteht darin, daß für viele vorkommende Fälle die Rechnung schon einmal durchgeführt wurde und in korrespondierenden Funktionenpaaren ihren Niederschlag gefunden hat.

6.2 Die Methode der Partialbruchzerlegung. Bei der Anwendung der Laplace-Transformation sind die auftretenden Bildfunktionen i.a. echt gebrochenrationale Funktionen

$$F(s) = \frac{Z(s)}{N(s)}$$

der Variablen s. Zähler $Z(s)$ und Nenner $N(s)$ sind Polynome mit grad $Z(s) <$ grad $N(s)$, und die Polynome $Z(s)$ und $N(s)$ besitzen reelle Koeffizienten. Je nach Art der auftretenden Polstellen von $F(s)$ ergeben sich für die Partialbruchzerlegung die folgenden Fälle: (1) Bildfunktion mit nur einfachen reellen Polen, (2) Bildfunktion mit mehrfachen reellen Polen, (3) Bildfunktion mit einfachen komplexen Polen, (4) Bildfunktion mit mehrfachen komplexen Polen.

(1) **Bildfunktion mit nur einfachen reellen Polen:** In diesem Fall stellt sich die Bildfunktion $F(s)$ dar als

$$F(s) = \frac{a_1}{s - s_1} + \frac{a_2}{s - s_2} + \ldots + \frac{a_n}{s - s_n}.$$

Mit der Korrespondenz

$$\frac{a_i}{s - s_i} \quad\bullet\!\!-\!\!\circ\quad a_i\,e^{s_i t}$$

läßt sich jeder Summand zurücktransformieren.

(2) **Bildfunktion mit mehrfachen reellen Polen:** Ist s_0 eine reelle Polstelle der Vielfachheit k, so gilt für sie die Zerlegung

$$\frac{1}{(s-s_0)^k} = \frac{b_1}{s-s_0} + \frac{b_2}{(s-s_0)^2} + \ldots + \frac{b_k}{(s-s_0)^k}.$$

Mit dem Dämpfungssatz und $t^i \; \circ\!\!-\!\!\bullet \; \dfrac{i!}{s^{i+1}}$ gilt die Korrespondenz

$$\frac{b_i}{(s-s_0)^i} \quad \bullet\!\!-\!\!\circ \quad b_i\, e^{s_0 t}\, \frac{t^{i-1}}{(i-1)!}.$$

Wieder läßt sich mit diesen Korrespondenzen die zugehörige Zeitfunktion ermitteln.

(3) **Bildfunktion mit einfachen komplexen Polen:** Ist $s_0 = a+i\,b$ eine komplexe Nullstelle von $N(s)$, so ist mit s_0 auch die komplex konjugierte Zahl $s_0^* = a - i\,b$ eine Nullstelle (*Fundamentalsatz der Algebra*, Bd. 1, Kap. V.2.7). Es gilt dann mit

$$(s-s_0)(s-s_0^*) = s^2 - s(s_0 + s_0^*) + s_0\, s_0^* = s^2 - 2\,a\,s + a^2 + b^2$$

$$\Rightarrow F(s) = \frac{c_1\, s + c_2}{s^2 - 2\,a\,s + a^2 + b^2} + P(s) = F_0(s) + P(s),$$

wobei $P(s)$ die Summe der restlichen Partialbrüche darstellt. Die zu $F_0(s)$ gehörende Korrespondenz lautet mit dem Verschiebungssatz

$$f_0(t) = e^{at}\left[c_1 \cos(b\,t) + \frac{c_2 + a\,c_1}{b}\,\sin(b\,t)\right].$$

(4) **Bildfunktion mit k-fachen komplexen Polen:** Ist $s_0 = a + i\,b$ eine k-fache komplexe Nullstelle von $N(s)$, dann ist auch s_0^* eine k-fache Nullstelle und der Ansatz unter (3) ist folgendermaßen zu modifizieren

$$\frac{1}{(s-s_0)^k} = \frac{c_1\, s+d_1}{(s^2-2\,a\,s+a^2+b^2)^1} + \frac{c_2\, s+d_2}{(s^2-2\,a\,s+a^2+b^2)^2} + \ldots + \frac{c_k\, s+d_k}{(s^2-2\,a\,s+a^2+b^2)^k}.$$

Wieder muß der Verschiebungssatz angewendet werden, um jeden einzelnen Summanden analog (3) zurückzuführen.

Die Partialbruchzerlegung kann in jedem der o.g. Fällen mit MAPLE durchgeführt werden mit dem Befehl

> **convert** (F(s), parfrac, s)

6.3 Der Gebrauch von MAPLE. Die einfachste Methode zur Gewinnung der Originalfunktion aus gegebener Bildfunktion ist die Verwendung des MAPLE-Befehls **invlaplace** aus dem Paket **inttrans**

> **with(inttrans):**
> **invlaplace** (F(s), s, t);

Alle in unseren Beispielen vorkommenden Funktionen wurden durch diesen Befehl in die zugehörige Zeitfunktion zurücktransformiert! Mit MAPLE wurde auch die folgende Tabelle von Korrespondenzen erstellt.

Zeitfunktion $f(t)$	Bildfunktion $F(s)$	Zeitfunktion $f(t)$	Bildfunktion $F(s)$
$S(t)$	$\dfrac{1}{s}\quad s > 0$	$e^{at}\,t^n$	$\dfrac{n!}{(s-a)^{n+1}}$
t	$\dfrac{1}{s^2}\quad s > 0$	$\sin(\omega t + b)$	$\dfrac{(\sin b)\,s + \omega\,(\cos b)}{s^2 + \omega^2}$
t^n	$\dfrac{n!}{s^{n+1}}\quad s > 0$	$\cos(\omega t + b)$	$\dfrac{(\cos b)\,s - \omega\,(\sin b)}{s^2 + \omega^2}$
e^{at}	$\dfrac{1}{s-a}\quad s > a$	$e^{bt}\sinh(at)$	$\dfrac{a}{(s-b)^2 - a^2}$
$\sin(\omega t)$	$\dfrac{\omega}{s^2 + \omega^2}$	$e^{bt}\cosh(at)$	$\dfrac{s-b}{(s-b)^2 - a^2}$
$\cos(\omega t)$	$\dfrac{s}{s^2 + \omega^2}$	$t\sin(\omega t)$	$\dfrac{2\omega s}{(s^2 + \omega^2)^2}$
$t^p,\ p > -1$	$\dfrac{\Gamma(p+1)}{s^{p+1}},\ s > 0$	$t\cos(\omega t)$	$\dfrac{s^2 - \omega^2}{(s^2 + \omega^2)^2}$
$e^{at}\sin(\omega t)$	$\dfrac{\omega}{(s-a)^2 + \omega^2}$		
$e^{at}\cos(\omega t)$	$\dfrac{s-a}{(s-a)^2 + \omega^2}$		
$\sinh(at)$	$\dfrac{a}{s^2 - a^2}$		
$\cosh(at)$	$\dfrac{s}{s^2 - a^2}$		

§7. Anwendungen der Laplace-Transformation mit MAPLE

Lineare Differentialgleichungen und Differentialgleichungssysteme mit Anfangsbedingungen werden elegant mit der Laplace-Transformation gelöst. Nach der Diskussion eines Musterbeispiels werden die nachfolgenden Beispiele mit MAPLE behandelt.

15. Beispiel: Gegeben ist der dargestellte RL-Stromkreis. Zur Zeit $t = 0$ wird eine konstante Spannung U_0 angelegt. Gesucht ist der Stromverlauf $I(t)$ für $I(0) = I_0$.

Es gilt nach dem Maschensatz

$$I'(t) + \tfrac{R}{L}\,I(t) = \tfrac{1}{L}\,U_0\,S(t)\,.$$

1. Schritt: Man wende die Laplace-Transformation auf die Differentialgleichung an. Wegen der Linearitätseigenschaft gilt:

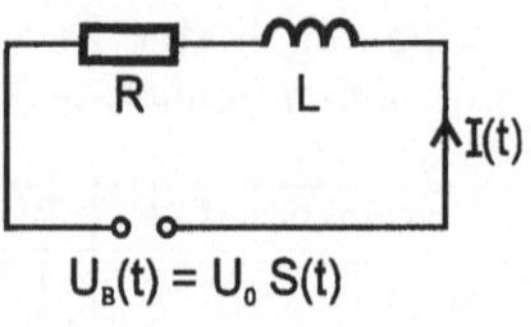

$$\mathcal{L}\left(I'(t) + \tfrac{R}{L} I(t)\right) \;=\; \mathcal{L}\left(\tfrac{1}{L} U_0\, S(t)\right)$$

$$\mathcal{L}\left(I'(t)\right) + \tfrac{R}{L}\mathcal{L}\left(I(t)\right) \;=\; \tfrac{1}{L} U_0\, \mathcal{L}\left(S(t)\right).$$

Abb. 81: RL-Kreis

2. Schritt: Man ersetze die Laplace-Transformierte der Ableitung unter Berücksichtigung der Anfangsbedingung und berechne die Laplace-Transformierte der Inhomogenität.

$$s\,\mathcal{L}\left(I(t)\right) - I_0 + \tfrac{R}{L}\mathcal{L}\left(I(t)\right) = \frac{U_0}{L}\frac{1}{s}.$$

3. Schritt: Man löse nach der Laplace-Transformierten $\mathcal{L}\left(I(t)\right)$ auf.

$$\left(s + \tfrac{R}{L}\right)\mathcal{L}\left(I(t)\right) \;=\; \frac{U_0}{L}\frac{1}{s} + I_0$$

$$\mathcal{L}\left(I(t)\right) \;=\; \frac{U_0}{L}\frac{1}{s + \tfrac{R}{L}}\frac{1}{s} + \frac{I_0}{s + \tfrac{R}{L}}.$$

4. Schritt: Man suche die zugehörige Zeitfunktion. Mit Partialbruchzerlegung folgt

$$\mathcal{L}\left(I(t)\right) \;=\; \frac{U_0}{R}\left[\frac{1}{s} - \frac{1}{s + \tfrac{R}{L}}\right] + I_0\frac{1}{s + \tfrac{R}{L}}$$

$$\Rightarrow \qquad I(t) \;=\; \frac{U_0}{R}\left(1 - e^{-\frac{R}{L}t}\right) + I_0\, e^{-\frac{R}{L}t}.$$

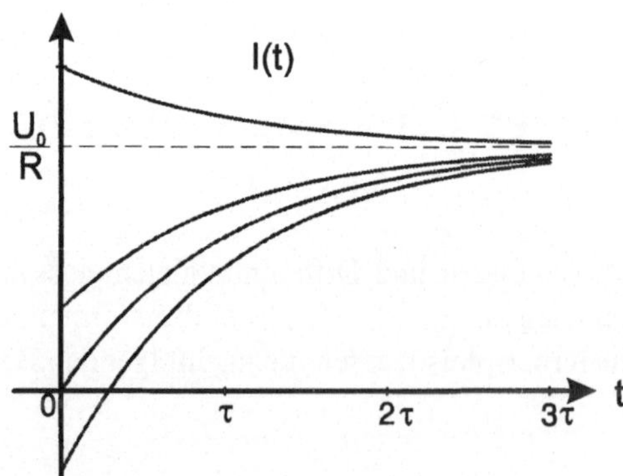

Abb. 82: Stromverlauf für verschiedene Anfangsströme I_0 mit $\tau = R/L$.

16. Beispiel: RL-Kreis. Gegeben ist der in Beispiel 15 dargestellte Stromkreis. Zum Zeitpunkt $t = 0$ wird eine Wechselspannung $U_0 \sin(\omega t)$ ein- und zum Zeitpunkt $t = T$ wieder abgeschaltet. Es soll sowohl die Laplace-Transformierte des Stromes, $I(s) = \mathcal{L}(I(t))$, als auch der Stromverlauf $I(t)$ berechnet werden. Für den Strom $I(t)$ gilt die Anfangsbedingung $I(0) = 0$.

Der Maschensatz liefert die das System beschreibenden DG

$$I'(t) + \frac{R}{L} I(t) = \frac{1}{L} U_0 \sin(\omega t) \cdot (S(t) - S(t - T))$$

mit der unten dargestellten Störfunktion.

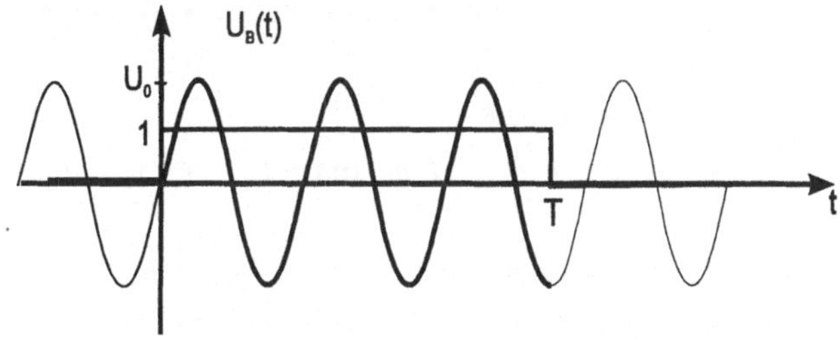

Abb. 83: Störfunktion: $U_0 \sin(\omega t)\,(S(t) - S(t - T))$.

1./2. Schritt: Anwendung der Laplace-Transformation auf die Differentialgleichung und Auswertung mit dem **laplace**-Befehl.

```
> U(t) := U0 * sin(w * t) * (Heaviside(t) - Heaviside(t-T)):
> deq := diff(i(t), t) + R/L * i(t) = 1/L * U(t):
> assume(T > 0):
> with(inttrans):
> laplace(deq, t, s);
```

$$\text{laplace}\,(i(t),\,t,\,s)\,s - i(0) + \frac{R}{L}\,\text{laplace}\,(i(t),\,t,\,s) =$$

$$\frac{U_0}{L}\left(\frac{w}{s^2 + w^2} - e^{(-sT^\sim)}\left(\frac{\cos(wT^\sim)\,w}{s^2 + w^2} + \frac{\sin(wT^\sim)\,s}{s^2 + w^2}\right)\right)$$

Es ist zu beachten, daß der Strom nicht mit I bezeichnet werden darf, da in MAPLE $I = \sqrt{-1}$. Desweiteren muß MAPLE mitgeteilt werden, daß $T > 0$, denn ansonsten kann die Laplace-Transformierte von $S(t - T)$ nicht berechnen, daher die Verwendung des **assume**-Befehls.

3. Schritt: Auflösen nach der Laplace-Transformierten durch **solve**.
> solve(%, laplace (i(t), t, s)):
> i(s) := simplify(%);

$$i\,(s) := \quad \left(i\,(0)\,L\,s^2 + i\,(0)\,L\,w^2 + U0\,w - s\,U0\,e^{-T^\sim s}\,\sin\,(T^\sim w)\right.$$

$$\left. -U0\,w\,e^{-T^\sim s}\,\cos\,(T^\sim w)\right)\ /\ \left(s^3\,L + s^2\,R + w^2\,s\,L + w^2\,R\right)$$

4. Schritt: Berechnung der zugehörigen Zeitfunktion durch den **invlaplace**-Befehl.
> i(t) := invlaplace(i(s), s, t): i(t) := subs(i(0) = 0, i(t)):
> i(t) := simplify(%);

$$i\,(t) \quad := \quad \frac{U_0}{L^2\,w^2 + R^2}\left[R\,\sin\,(wt) - L\,\cos\,(wt)\,w + L\,w\,e^{-\frac{R}{L}t}\right.$$

$$-\sin\,(T^\sim w)\,\text{Heaviside}\,(t - T^\sim)$$
$$\left(R\,\cos\,(w\,(t - T^\sim)) + L\,w\,\sin\,(w\,(t - T^\sim)) - R\,e^{-\frac{R}{L}\,(t-T^\sim)}\right)$$

$$-\cos\,(T^\sim w)\,\text{Heaviside}\,(t - T^\sim)$$
$$\left.\left(R\,\sin\,(w\,(t - T^\sim)) - L\,w\,\cos\,(w\,(t - T^\sim)) + L\,w\,e^{-\frac{R}{L}\,(t-T^\sim)}\right)\right]$$

Graphische Darstellung mit dem **plot**-Befehl.
> parameter := { w = 20, U0 = 3, T = 2, L = 1, R = 5 }:
> plot(subs(parameter, i(t)), t = 0..4);

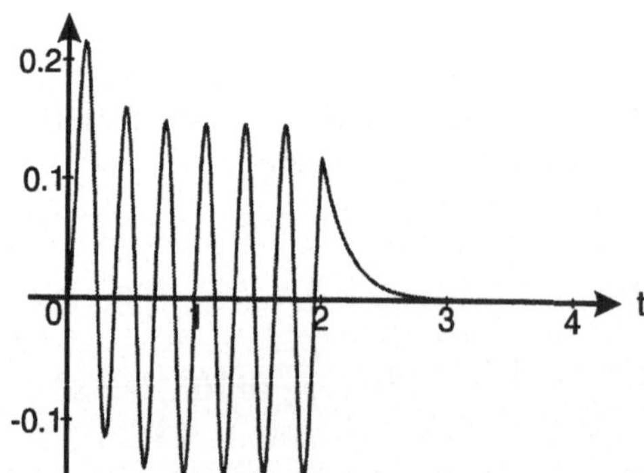

Abb. 84: Stromverlauf im RL-Kreis für eine Anregung aus Abb. 83

Interpretation: Nach einer Einschwingphase fließt im RL-Kreis ein Wechselstrom mit gleicher Frequenz wie die eingespeiste Wechselspannung. Bei $T = 2$ wird die Spannungsquelle abgeschaltet, der Strom nimmt dann exponentiell ab.

17. Beispiel: RC-Kreis. Gesucht ist die Ladung $q(t)$ am Kondensator, wenn an das RC-Glied die nebenstehend dargestellte Spannung $U(t)$ angelegt wird.

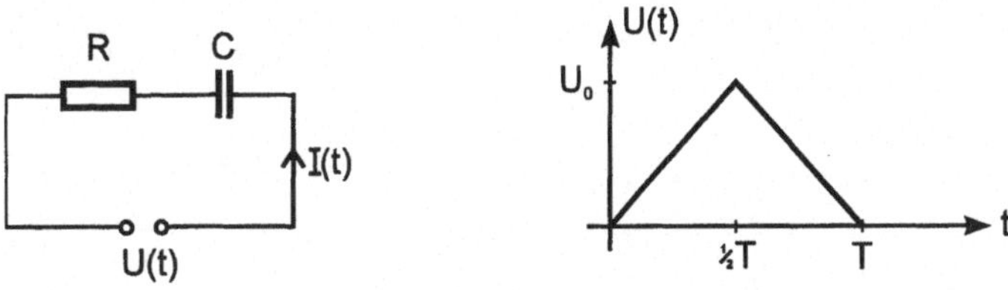

Abb. 85: RC-Kreis mit Dreiecksanregung

Nach dem Maschensatz gilt

$$R \cdot I + \frac{1}{C} q(t) \;=\; U(t)$$

$$\Rightarrow \quad R q'(t) + \frac{1}{C} q(t) \;=\; U(t).$$

1./2. Schritt: Anwenden der Laplace-Transformation auf die Differentialgleichung und Auswertung. Man beachte, daß die Laplace-Transformierte von $U(t)$ nur berechnet wird, wenn zuvor $U(t)$ mit dem **simplify**-Befehl vereinfacht wird!

```
> alias(S=Heaviside):
> U(t) := (S(t) - S(t - T/2)) * 2 * U0/T * t +
            (S( t - T/2) - S(t - T)) * (-2 * U0/T) * (t - T):
> U(t) := simplify(U(t)):
> deq := R * diff (q(t), t) + 1/C * q(t) = U(t):
> assume( T > 0):
> with(inttrans):
> laplace (deq, t, s): simplify(%);
```

$$R\left(\mathrm{laplace}(q(t),\, t,\, s)\, s - q(0)\right) + \frac{1}{C}\,\mathrm{laplace}(q(t),\, t,\, s) =$$

$$-\frac{2\,U0}{T^{\sim}}\,\frac{1}{s^2}\left(-1 + 2\,e^{-\frac{T^{\sim}}{2}\,s} - e^{-T^{\sim}\,s}\right)$$

3. Schritt: Auflösen nach $Q(s) = \mathcal{L}(q(t))$.

```
> Q(s) := solve(%, laplace(q(t), t, s )):
> Q(s) := simplify(Q(s)):
```

4. Schritt: Berechnung der zugehörigen Zeitfunktion.
> q(t) := invlaplace (Q(s), s, t);

$$q(t) \ := \ \frac{C}{T^{\sim}} \left[\frac{q(0)\,T^{\sim}}{C}\, e^{-\frac{t}{RC}} + 2U_0 \left(-RC + t + RC\, e^{-\frac{t}{RC}} \right) \right.$$

$$-4U_0 \left(-RC + t - \tfrac{1}{2}T^{\sim} + RC\, e^{-\frac{(t-T^{\sim}/2)}{RC}} \right) S\left(t - \tfrac{T^{\sim}}{2} \right)$$

$$\left. +2U_0 \left(-RC + t - T^{\sim} + RC\, e^{-\frac{(t-T^{\sim})}{RC}} \right) S\left(t - T^{\sim} \right) \right]$$

Interpretation: Die Lösung für die Ladung kann man in 3 Zeitbereiche aufteilen:
$q_1(t)$ für $0 \le t \le \tfrac{T}{2}$, $q_2(t)$ für $\tfrac{T}{2} \le t \le T$ und $q_3(t)$ für $t \ge T$. Es gilt

$$q(t) = \begin{cases} q_1(t) = q(0)\, e^{-\frac{t}{RC}} + 2\tfrac{U_0}{T}\, RC^2 \left(\tfrac{t}{RC} - 1 + e^{-\frac{t}{RC}} \right) & 0 \le t \le \dfrac{T}{2} \\[2em] \begin{aligned} q_2(t) = {}& q(0)\, e^{-\frac{t}{RC}} + 2\tfrac{U_0}{T}\, RC^2 \\ & \left(1 + \tfrac{T-t}{RC} + e^{-\frac{t}{RC}} - 2\, e^{-\frac{(t-T/2)}{RC}} \right) \end{aligned} & \dfrac{T}{2} \le t \le \tau \\[2em] \begin{aligned} q_3(t) = {}& q(0)\, e^{-\frac{t}{RC}} + 2\tfrac{U_0}{T}\, RC^2 \\ & \left(e^{-\frac{t}{RC}} - 2\, e^{-\frac{(t-T/2)}{RC}} + e^{\frac{(t-T)}{RC}} \right) \end{aligned} & t > T \end{cases}$$

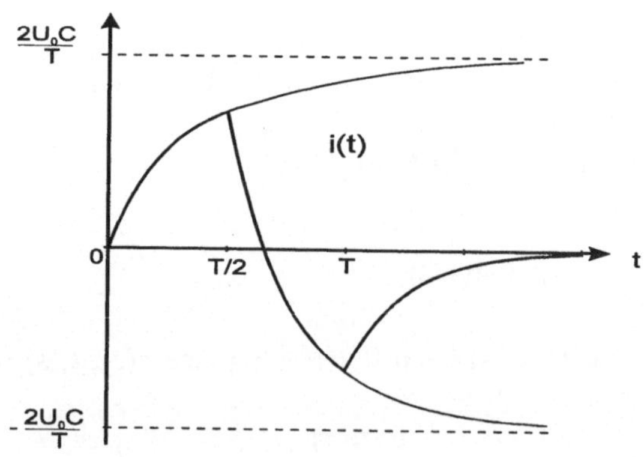

Abb. 86: Strom im RC-Kreis bei Dreiecksanregung

Durch Differentiation erhält man die Ströme für den jeweiligen Zeitbereich, die für $q(0) = 0$ in Abb. 86 dargestellt sind.

$$I(t) = \frac{2U_0 C}{T} \begin{cases} 1 - e^{-\frac{t}{RC}} & 0 \le t \le \frac{T}{2} \\[2ex] -1 - e^{-\frac{t}{RC}} + 2e^{-\frac{(t-T/2)}{RC}} & \frac{T}{2} \le t \le T \\[2ex] -e^{-\frac{t}{RC}} + 2e^{-\frac{(t-T/2)}{RC}} - e^{-\frac{(t-T)}{RC}} & t > T, \end{cases}$$

18. Beispiel: Elektrisches Netzwerk mit konstanter Spannung. Gegeben sei das im Einführungsbeispiel diskutierte elektrische Netzwerk mit konstanter Batteriespannung $U(t) = 120\,V$:

$$\begin{aligned} 20\,(I_1(t) + I_2(t)) + 2\,I_1'(t) + 10\,I_1(t) &= 120 \\ -10\,I_1(t) + 20\,I_2(t) - 2\,I_1'(t) + 4\,I_2'(t) &= 0 \\ I_1(0) = I_2(0) &= 0. \end{aligned}$$

Mit den gleichen Schritten wie bei linearen Differentialgleichungen benutzt man auch bei Systemen die Laplace-Transformation, um die Lösung direkt zu bestimmen:

1. Schritt: Anwenden der Laplace-Transformation auf das Differentialgleichungssystem.

$$\begin{aligned} 20\,\mathcal{L}(I_1) + 20\,\mathcal{L}(I_2) + 2\,\mathcal{L}(I_1') + 10\,\mathcal{L}(I_1) &= 120\,\mathcal{L}(1) \\ -10\,\mathcal{L}(I_1) + 20\,\mathcal{L}(I_2) - 2\,\mathcal{L}(I_1') + 4\,\mathcal{L}(I_2') &= 0. \end{aligned}$$

2. Schritt: Ersetzen der Laplace-Transformierten der Ableitungen.

$$\begin{aligned} 30\,\mathcal{L}(I_1) + 20\,\mathcal{L}(I_2) + 2\,\mathcal{L}(I_1)\cdot s &= 120 \cdot \frac{1}{s} \\ -10\,\mathcal{L}(I_1) + 20\,\mathcal{L}(I_2) - 2\,\mathcal{L}(I_1)\cdot s + 4\,\mathcal{L}(I_2)\cdot s &= 0, \end{aligned}$$

da die Anfangsbedingungen $I_1(0) = I_2(0) = 0$ verschwinden. Man erhält das folgende lineare Gleichungssystem für $\mathcal{L}(I_1)$ und $\mathcal{L}(I_2)$:

$$\begin{aligned} (30 + 2s)\,\mathcal{L}(I_1) + 20\,\mathcal{L}(I_2) &= 120 \cdot \frac{1}{s} \\ (-10 - 2s)\,\mathcal{L}(I_1) + (20 + 4s)\,\mathcal{L}(I_2) &= 0. \end{aligned}$$

3. Schritt: Lösen des linearen Gleichungssystems. Entweder durch den Gauß-Algorithmus oder mit MAPLE durch den **solve**-Befehl erhält man

$$\mathcal{L}(I_1) = \frac{60}{s\,(s+20)}; \qquad \mathcal{L}(I_2) = \frac{30}{s\,(s+20)}.$$

4. Schritt: Suchen der zugehörigen Zeitfunktion. Partialbruchzerlegung liefert

$$\mathcal{L}(I_1) \;=\; 3\left(\frac{1}{s} - \frac{1}{s+20}\right) \quad\text{und}\quad \mathcal{L}(I_2) \;=\; \frac{3}{2}\left(\frac{1}{s} - \frac{1}{s+20}\right)$$

$$\Rightarrow\quad I_1(t) \;=\; 3\left(1 - e^{-20\,t}\right) \quad\text{und}\quad I_2(t) \;=\; \frac{3}{2}\left(1 - e^{-20\,t}\right)$$

$$\Rightarrow\quad I(t) = I_1(t) + I_2(t) = \frac{9}{2}\left(1 - e^{-20\,t}\right).$$

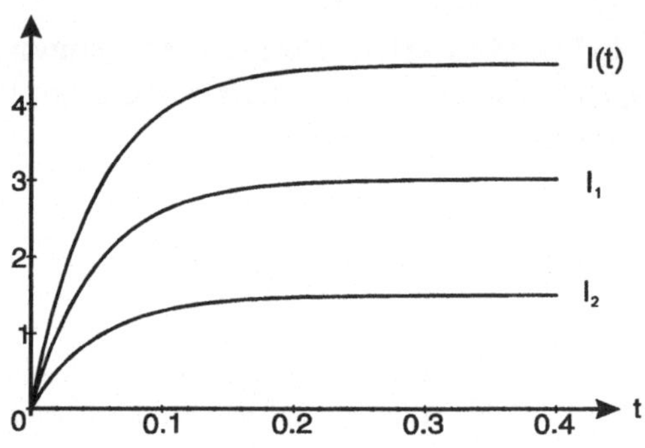

Abb. 87: Ströme im elektrischen Netzwerk bei konstanter Spannung

19. Beispiel: Elektrisches Netzwerk mit MAPLE.
(i) Wir berechnen das elektrische Netzwerk aus Beispiel 18 mit MAPLE für eine angelegte Wechselspannung $U(t) = U_0 \sin(\omega t)$.

```
> U(t) := U0 * sin(w * t):
> deq1 := 20 * (I1(t) + I2(t)) + 2 * diff(I1(t), t) + 10 * I1(t) = U(t):
> deq2 := -10 * I1(t) + 20 * I2(t) - 2 * diff(I1(t), t) + 4 * diff(I2(t), t) = 0:
> init := I1(0) = 0, I2(0) = 0:
```

Damit haben wir das Differentialgleichungssystem für $I_1(t)$ und $I_2(t)$ aufgestellt und erhalten mit

```
> with(inttrans):
> laplace ({deq1, deq2}, t, s );
```

$$\{\, 30\,\text{laplace}\,(I1(t),\,t,\,s) + 20\,\text{laplace}\,(I2(t),\,t,\,s) + 2\,\text{laplace}\,(I1(t),\,t,\,s)\,s$$
$$-2\,I1(0) = \frac{U0\,w}{s^2 + w^2},$$

$$-10\,\text{laplace}\,(I1(t),\,t,\,s) - 2\,\text{laplace}\,(I1(t),\,t,\,s)\,s + 2\,I1(0)$$
$$+4\,\text{laplace}\,(I2(t),\,t,\,s)\,s - 4\,I2(0) + 20\,\text{laplace}\,(I2(t),\,t,\,s) = 0\}$$

das lineare Gleichungssystem für die Bildfunktionen $I_1(s)$ und $I_2(s)$. Mit **solve** lösen wir das LGS und setzen mit dem **subs**-Befehl die Anfangsbedingungen *init* ein:

```
> solve (%, {laplace(I1(t), t, s), laplace(I2(t), t, s)}):
> sol := subs(init,%):
> I1(s) := rhs(sol[1]); I2(s) := rhs(sol[2]);
```

$$I1(s) := \frac{1}{2}\,\frac{5\,U0\,w + U0\,w\,s}{100\,s^2 + 25\,s^3 + 100\,w^2 + 25\,s\,w^2 + s^4 + s^2 w^2}$$

$$I2(s) := \frac{1}{4}\,\frac{5\,U0\,w + U0\,w\,s}{(5+s)\,(s^3 + 20\,s^2 + s\,w^2 + 20\,w^2)}$$

Mit dem **invlaplace**-Befehl bestimmt man die Zeitfunktionen $I_1(t)$ und $I_2(t)$:

```
> I1(t) := invlaplace (I1(s), s, t);
> I2(t) := invlaplace (I2(s), s, t);
```

$$I1(t) := \frac{1}{2}\,\frac{U0\,\left(e^{-20\,t}\,w - w\,\cos(wt) + 20\,\sin(wt)\right)}{w^2 + 400}$$

$$I2(t) := \frac{1}{4}\,\frac{U0\,\left(e^{-20\,t}\,w - w\,\cos(wt) + 20\,\sin(wt)\right)}{w^2 + 400}$$

Für die speziellen Werte $U_0 = 120\,V$ und $w = \frac{1}{20}$ erhalten wir

```
> pl1 := subs({U0 = 120, w = 1/20}, I1(t)):
> pl2 := subs({U0 = 120, w = 1/20}, I2(t)):
> plot ({pl1, pl2, pl1 + pl2}, t = 0..200);
```

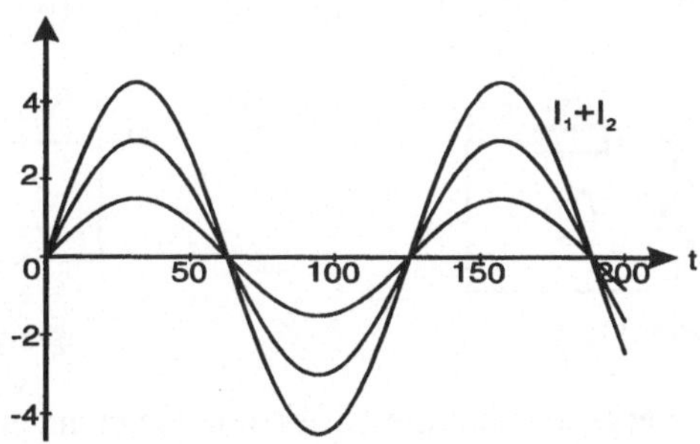

Abb. 88: Ströme im elektrischen Netzwerk bei Wechselspannung

(ii) Löst man die gleiche Aufgabe mit einer Rechteckspannung, so muß lediglich die erste Zeile in

```
> U(t) := U0 * (Heaviside(t) - Heaviside(t-T)): assume(T > 0):
```

umgeändert werden. Dann ergeben sich $I_1(t)$ und $I_2(t)$ zu

$$I1(t) = \frac{1}{40} U0(-e^{-20t} + 1 + \text{Heaviside}(t - T^\sim)\, e^{-20t+20T^\sim}$$
$$-\text{Heaviside}(t - T^\sim))$$

$$I2(t) = \frac{1}{80} U0(-e^{-20t} + 1 + \text{Heaviside}(t - T^\sim)\, e^{-20t+20T^\sim}$$
$$-\text{Heaviside}(t - T^\sim))$$

und die Graphik zu

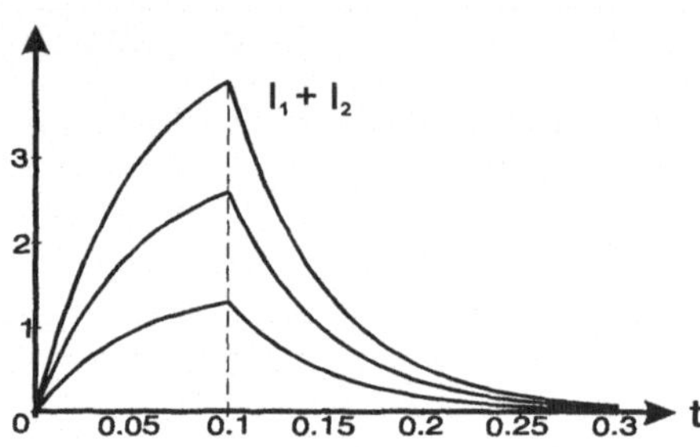

Abb. 89: Ströme im elektrischen Netzwerk bei Rechteckspannung

20. Beispiel: Gekoppelte Stromkreise. Gegeben sind zwei durch eine Gegeninduktivität M gekoppelte Schwingkreise. Der Kopplungsgrad sei k, d.h. $M = k \cdot L$. Zur Zeit $t = 0$ wird die Gleichspannung U_0 eingeschaltet und zur Zeit $t = T$ wieder ausgeschaltet; $U(t) = U_0\,(S(t) - S(t - T))$. Gesucht sind die Teilströme $I_1(t)$ und $I_2(t)$ für die Anfangsbedingungen $I_1(0) = I_2(0) = 0$.

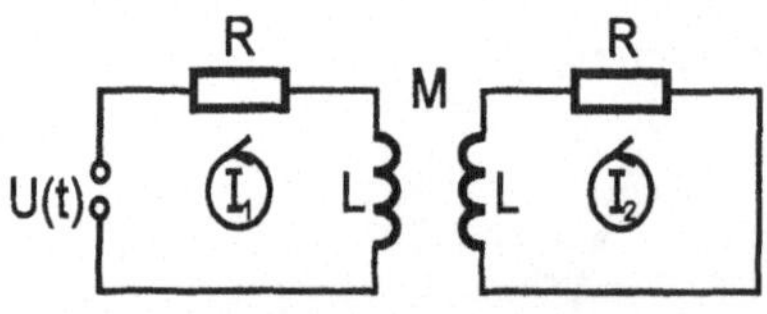

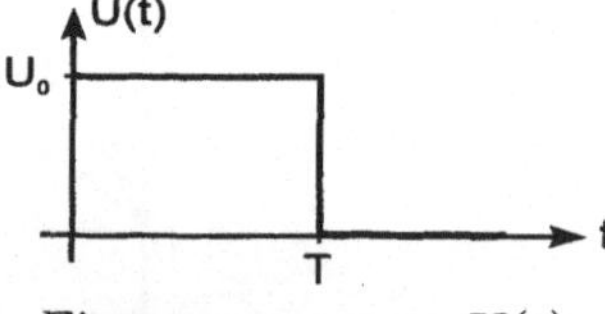

Gekoppelte Schwingkreise   Eingangsspannung $U(t)$

Aus dem Maschensatz ergeben sich die Differentialgleichungen
```
> deq1 := L * diff(I1(t), t) + M * diff(I2(t), t) + R * I1(t) = U(t):
> deq2 := L * diff(I2(t), t) + M * diff(I1(t), t) + R * I2(t) = 0:
```

mit den Anfangsbedingungen
```
> init := I1(0) = 0, I2(0) = 0 :
```
und der Eingangsspannung
```
> U(t) := U0 * (Heaviside(t) - Heaviside(t - T)): assume(T>0):
```

Wieder soll die Lösung unter Verwendung der Laplace-Transformation gewonnen werden. Entweder man wählt das gleiche Vorgehen wie in Beispiel 19, indem man explizit mit dem **laplace**- und **invlaplace**-Befehl arbeitet oder man verwendet den erweiterten **dsolve**-Befehl mit der Option **method = 'laplace'**. In einigen Fällen - wie in diesem Beispiel - führt dieser kürzere Weg bei Differentialgleichungen mit Anfangsbedingungen ebenfalls zum Erfolg.

```
> M = k * L:
> dsolve ({deq1, deq2, init}, {I1(t), I2(t)}, method = 'laplace'):
> sol := simplify(%): assign(sol):
> I1(t); I2(t);
```

$$I1(t) := \frac{1}{2}\frac{U0}{R}\left(-2 + e^{\frac{R}{L}t\frac{1}{-1+k}} + e^{-\frac{R}{L}t\frac{1}{1+k}}\right)$$

$$-\frac{1}{2}\frac{U0}{R}\left(2 - e^{\frac{R}{L}(t-T^{\sim})\frac{1}{-1+k}} - e^{-\frac{R}{L}(t-T^{\sim})\frac{1}{1+k}}\right)\text{Heaviside}\,(t-T^{\sim})$$

$$I2(t) := \frac{1}{2}\frac{U0}{R}\left(e^{\frac{R}{L}t\frac{1}{-1+k}} - e^{-\frac{R}{L}t\frac{1}{1+k}}\right)$$

$$+\frac{1}{2}\frac{U0}{R}\left(-e^{\frac{R}{L}(t-T^{\sim})\frac{1}{-1+k}} + e^{-\frac{R}{L}(t-T^{\sim})\frac{1}{1+k}}\right)\text{Heaviside}\,(t-T^{\sim})$$

Mit den Werten
```
> parameter := {U0 = 1, T = 1/10, R = 1, L = 1e - 2, k = 0.9}:
> pl1 := subs (parameter, I1(t)):
> pl2 := subs (parameter, I2(t)):
```

erhält man den Funktionsverlauf für die Teilströme.

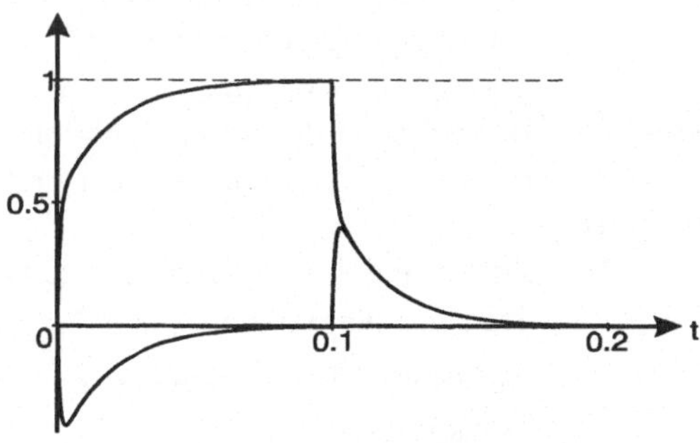

Abb. 90: Ströme $I_1(t)$ und $I_2(t)$ beim Kopplungsgrad $k = 0.9$.

Beim Einschaltvorgang wird nach einer gewissen Zeit der Primärstrom $I_1(t)$ annähernd konstant $\frac{U_0}{R}$, der Sekundärstrom $I_2(t)$ wird verschwindend klein. Beim Ausschaltvorgang nähern sich nach gewisser Zeit sowohl der Primärstrom $I_1(t)$ als auch der Sekundärstrom $I_2(t)$ gleichermaßen dem Nullstrom an.

Zusammenstellung der MAPLE-Befehle

with(inttrans)	Paket der Integraltransformationen. Sowohl der **laplace**- als auch der **invlaplace**-Befehl sind in diesem Paket enthalten.
laplace($f(t), t, s$)	Laplace-Transformierte der Zeitfunktion $f(t)$. s ist die Variable der Bildfunktion.
invlaplace($F(s), s, t$)	Inverse Laplace-Transformation: Bestimmung der zu $F(s)$ gehörenden Zeitfunktion mit der Variablen t.
laplace(DG, t, s)	Transformation der DG mit Variablen t in den Bildbereich mit der Variablen s.
laplace($\{DG1, \ldots, DGn\}, t, s$)	Transformation des DG-Systems in den Bildbereich.
dsolve($\{DG1, \ldots, DGn, init\}, \{y1(t), \ldots, yn(t)\}, method = laplace$)	Lösen des DG-Systems $DG1, \ldots, DGn$ für die Funktionen $y_1(t), \ldots, y_n(t)$ mit den Anfangsbedingungen $init$ mit der Laplace-Transformation.
convert($F(s), parfrac, s$)	Partialbruchzerlegung der Bildfunktion $F(s)$.

diff($f(t), t$)	Ableitung des Ausdrucks $f(t)$ nach t.
diff($f(t), t\$n$)	n-te Ableitung des Ausdrucks $f(t)$ nach t.
D(f)	Ableitung der Funktion f.
(D@@n)(f)	n-te Ableitung der Funktion f.
Heaviside(t)	Sprungfunktion $S(t)$.
alias($S = Heaviside$)	Bezeichnung der Sprungfunktion mit $S(t)$.
S(t) - **S**($t - T$)	Rechteckfunktion mit Höhe 1 und Breite T.
alias($Q(s) = laplace(q(t), t, s)$)	Zuweisung des Namens $Q(s)$ der Laplace-Transformierten von $q(t)$.
solve($eq, Q(s)$)	Auflösung der Gleichung eq nach der Laplace-Transformierten $Q(s)$.

Aufgaben zur Laplace-Transformation

12.1   Man berechne jeweils die Laplace-Transformierte von

a) $3\,e^{-4\,t}$ b) $2\,t^2$ c) $4\cos(5\,t)$ d) $\sin(\pi\,t)$ e) $\dfrac{-3}{\sqrt{t}}$

12.2   Berechnen Sie die Laplace-Transformierten von

a) $3\,t^4 - 2\,t^{\frac{3}{2}} + 6$ b) $5\sin(2\,t) - 3\cos(2\,t)$

c) $3\,\sqrt[3]{t} - 4\,e^{2\,t}$ d) $\dfrac{1}{t^2}$

12.3   Bestimmen Sie die Laplace-Transformierten der Zeitfunktionen mit MAPLE

a) $f(t) = \begin{cases} A & 0 \le t \le t_0 \\ A\,e^{-2\,(t-t_0)} & t > t_0 \end{cases}$ b) $f(t) = \begin{cases} 0 & \text{für } t < a \\ A & \text{für } a < t < b \\ 0 & \text{für } t > b \end{cases}$

c) $f(t) = \begin{cases} t & \text{für } 0 \le t \le 3 \\ 3 & \text{für } t > 3 \end{cases}$ d) $f(t) = \begin{cases} \sin t & \text{für } t \le \pi \\ 0 & \text{für } t > \pi \end{cases}$

12.4   Berechnen Sie

a) $\mathcal{L}^{-1}\left\{\frac{5}{s+2}\right\}$ b) $\mathcal{L}^{-1}\left\{\frac{4\,s-3}{s^2+4}\right\}$ c) $\mathcal{L}^{-1}\left(\frac{2\,s-5}{s^2}\right)$

d) $\mathcal{L}^{-1}\left(\frac{1}{s^k}\right)_{k>0}$ e) $\mathcal{L}^{-1}\left\{\frac{4-5\,s}{s^{\frac{3}{2}}}\right\}$ f) $\mathcal{L}^{-1}\left\{\frac{1}{s^2+2\,s}\right\}$

12.5   Wenden Sie die Sätze der Laplace-Transformation an, um die inverse Laplace-Transformierte zu berechnen und überprüfen Sie die Ergebnisse mit MAPLE

a) $\mathcal{L}^{-1}\left\{\frac{2\,s+3}{s^2-2\,s+5}\right\}$ b) $\mathcal{L}^{-1}\left\{\frac{e^{-2\,s}}{s^2}\right\}$ c) $\mathcal{L}^{-1}\left\{\frac{e^{-5\,s}}{s^4}\right\}$ d) $\mathcal{L}^{-1}\left(\frac{1-e^{-2\,s}}{s^3}\right)$

12.6   Man berechne durch Partialbruchzerlegung der Bildfunktion die zugehörige Zeitfunktion

a) $F(s) = \dfrac{2\,s^2-4}{(s-2)\,(s+1)\,(s-3)}$ b) $F(s) = \dfrac{3\,s+1}{(s-1)\,(s^2+1)}$

c) $F(s) = \dfrac{5\,s^2-15\,s+7}{(s+1)\,(s-2)^2}$ d) $F(s) = \dfrac{3\,s^2-7\,s+6}{(s-1)^3}$

12.7   Lösen Sie die Differentialgleichung

$$y''(t) + y(t) = S(t)$$

mit den Anfangsbedingungen $y(0) = 1$, $y'(0) = 0$ mit Hilfe der Laplace-Transformation.

12.8   Lösen Sie die Differentialgleichung 4. Ordnung

$$y^{(4)}(t) + 2\,y''(t) + y(t) = \sin(t)\,S(t)$$

mit $y(0) = 1$, $y'(0) = -2$, $y''(0) = 3$, $y'''(0) = 0$ mit Hilfe von MAPLE und der Laplace-Transformation.

Anwendungen

12.9 R, L, U_B sind mit einem Schalter S in Reihe geschaltet. Der Schalter ist zunächst geschlossen und wird zur Zeit $t = 0$ geöffnet, $I\,(t = 0) = I_0$. Lösen Sie die Differentialgleichung

$$R\,I\,(t) + L\,\frac{d}{dt}\,I\,(t) = 0 \quad , \quad I\,(0) = I_0$$

mit der Laplace-Transformation.

12.10 R, L, U_B sind mit einem Schalter S in Reihe geschaltet. Der Schalter ist zunächst geöffnet und wird zur Zeit $t = 0$ geschlossen ($I\,(t = 0) = 0$). Wie verhält sich $I\,(t)$, wenn $U_B\,(t) = U_0\,\sin\,(\omega t)$? Lösen Sie die Differentialgleichung

$$R\,I\,(t) + L\,\frac{d}{dt}\,I\,(t) = U_B\,(t)$$

mit der Laplace-Transformation.

12.11   Ein Teilchen bewegt sich auf der x-Achse und wird zum Ursprung 0 mit einer Kraft, die proportional zu der momentanen Entfernung von 0 ist, hingezogen. Wenn das Teilchen aus der Ruhe heraus bei $x = 5\,cm$ startet und zum erstenmal nach 2 Sekunden die Stelle $x = 2.5\,cm$ erreicht, berechne man
a) die Lage zu einer beliebigen Zeit t nach dem Start,   b) die Größe seiner Geschwindigkeit bei $x = 0$,   c) die momentane Beschleunigung.

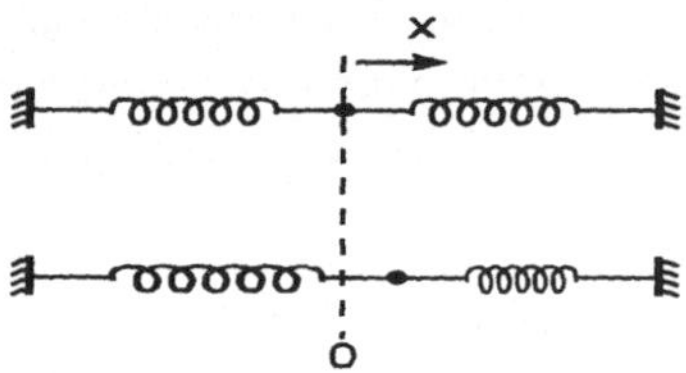

12.12   Die Lage eines Teilchens, das sich entlang der x-Achse bewegt, ist durch die Gleichung

$$\frac{d^2}{dt^2}\,x\,(t) + 4\,\frac{d}{dt}\,x\,(t) + 8\,x\,(t) = 20\,\cos\,(2\,t)$$

bestimmt. Wenn das Teilchen aus der Ruhe heraus bei $x = 0$ startet, berechne man x als Funktion von t.

12.13   Ein $2\,kg$ schweres Gewicht hängt an einer Feder mit Federkonstanten $D = 200\,\frac{N}{m}$ in Ruhe. Man berechne die Lage des Gewichtes zu einer beliebigen Zeit t, wenn seine Dämpfungskraft 40 mal der momentanen Geschwindigkeit ist.

12.14   Ein Gewicht an einer vertikalen Feder ist einer erzwungenen Schwingung ausgesetzt. Die Auslenkung aus der Ruhelage wird beschrieben durch

$$\frac{d}{dt^2}\,x\,(t) + 4\,x\,(t) = 8\,\sin\,(\omega t) \qquad (\omega > 0)\,.$$

Wenn $x\,(0) = 0$ und $\dot{x}\,(0) = 0$, berechne man x als Funktion von t und die Periode der von außen wirkenden Kraft, für welche Resonanz auftritt.

12.15 Man berechne die Ströme I, I_1 und I_2 des Netzwerkes und die Ladung Q auf dem Kondensator, wenn
a) $E = 360\,V$ und b) $E = 600\,e^{5\,t}\,\sin{(3\,t)}\;V$ gilt. Man nehme an, daß die Ströme und Ladungen zur Zeit $t = 0$ Null sind.

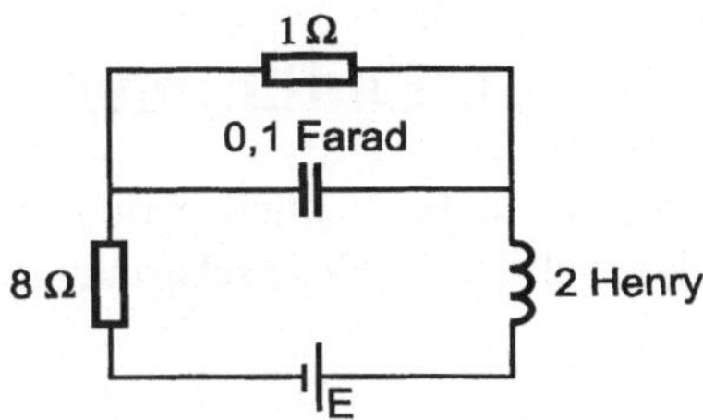

Kapitel XIII
Fourierreihen

§1. Einführung

In der Physik lassen sich einfache, zeitlich periodische Vorgänge wie z.B. die Schwingung eines Federpendels oder Wechselspannungen durch Sinusgesetze der Form

$$y(t) = A \sin(\omega t + \varphi)$$

beschreiben. Man nennt diese Darstellung *harmonische Schwingung* mit Frequenz ω und Amplitude A. Sie treten vor allem bei der Beschreibung von schwingenden Saiten, Membranen, Pendel, elektromagnetischen Schwingungen, Schall- und Wellenausbreitung usw. auf. Häufig kommen aber auch Vorgänge vor, die zwar periodisch aber nicht mehr sinusförmig sind. Beispiele hierfür sind Kippschwingungen (Kippspannung, Kreidequietschen) oder der Sinusimpuls eines Gleichrichters.

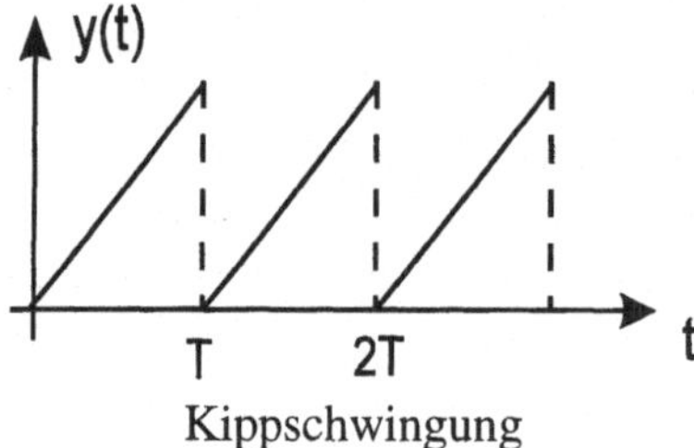

Kippschwingung

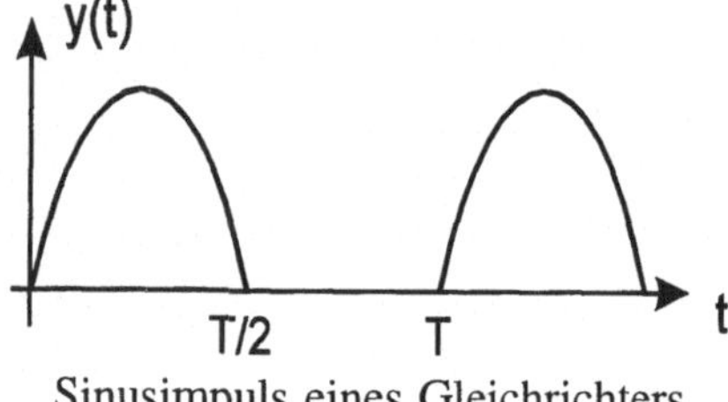

Sinusimpuls eines Gleichrichters

Wenn man etwa an die Kippschwingung denkt, die zum Kreidequietschen führt, ist man an den dominierenden Frequenzen und zugehörigen Amplituden interessiert. Wenn man bei einem Klavier die drei Töne c^1, g^1, e^2 gleichzeitig anschlägt und die Stärke der Anschläge so wählt, daß die in normierten Einheiten am Ohr erzeugten Überdrücke gleich 1.273, 0.424 und 0.255 sind, dann ist der Gesamtdruck $p(t)$ am Ohr gegeben durch deren Überlagerung:

$$p(t) = 1.273 \sin(2\pi\nu_1 t) + 0.424 \sin(2\pi\nu_3 t) + 0.255 \sin(2\pi\nu_5 t)$$

mit $\nu_1 = 128\,Hz$ $\left(c^1\right)$, $\nu_3 = 3\nu_1 = 384\,Hz$ $\left(g^1\right)$ und $\nu_5 = 5\nu_1 = 640\,Hz$ $\left(e^2\right)$.

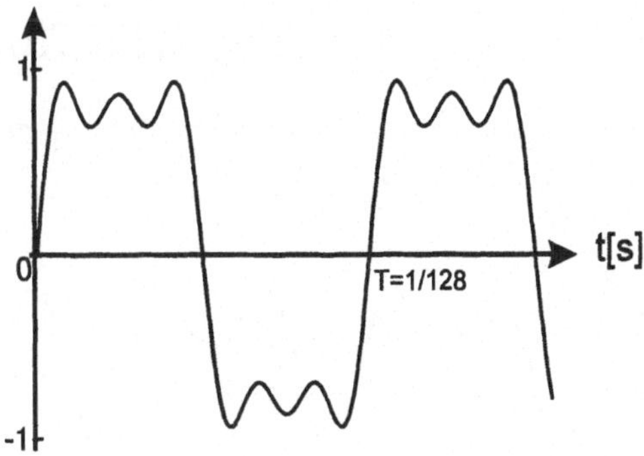

Abb. 91: Schalldruck am Ohr

Geübte Ohren können aufgrund des am Ohr erzeugten Überdrucks analysieren, welche Frequenzen $\left(c^1,\ g^1,\ e^2\right)$ in dem Ton enthalten sind. Das Ohr unterzieht im Zusammenwirken mit dem Gehirn eine Analyse des periodischen Signals: Es zerlegt das Signal in Einzelfrequenzen (= *Signalanalyse*).

Von generellem Interesse bei der Signalanalyse ist die Zerlegung eines periodischen Zeitsignals in Grundschwingung und Oberschwingungen mit den zugehörigen Amplituden. Es stellt sich heraus, daß nahezu **jede** periodische Funktion $y\left(t\right)$ sich darstellen läßt als Überlagerung unendlich vieler harmonischer Schwingungen.

Den mathematischen Zusammenhang zwischen periodischem Signal und dessen Zerlegung in Grund- und Oberschwingungen mit zugehörigen Amplituden stellt die sog. **Fourierreihe** dar:

$$y\left(t\right) = a_0 + \sum_{n=1}^{\infty} a_n \cos\left(n\,\omega_0 t\right) + \sum_{n=1}^{\infty} b_n \sin\left(n\,\omega_0 t\right),$$

wenn $\omega_0 = \frac{2\pi}{T}$ und T die Periodendauer der Funktion $y\left(t\right)$.

Die Entwicklung einer periodischen Funktion in eine Fourierreihe bezeichnet man als **Fourieranalyse**. ω_0 ist die Grundschwingung und $n\,\omega_0$ sind die Oberschwingungen. Die Koeffizienten $a_0,\ a_1,\ a_2,\dots$; $b_1,\ b_2,\dots$ heißen *Fourierkoeffizienten* und geben die Amplituden der einzelnen Frequenzkomponenten an.

§2. Bestimmung der Fourierkoeffizienten

Zur Bestimmung der Amplituden in der Fourierzerlegung gehen wir von einer 2π-*periodischen* Funktion f aus (Abb. 92)

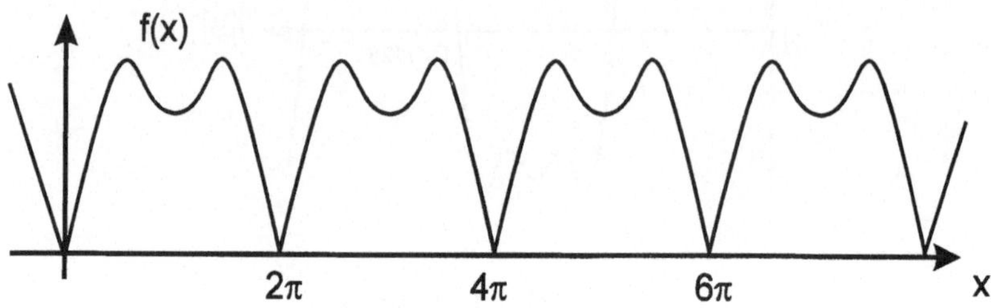

Abb. 92: 2π-periodische Funktion

und wählen den Ansatz:

$$f\left(x\right) = a_0 + \sum_{n=1}^{\infty} a_n \cos\left(n\,x\right) + \sum_{n=1}^{\infty} b_n \sin\left(n\,x\right). \qquad (*)$$

Zur formalen Bestimmung der Koeffizienten $a_0, a_1, a_2, \ldots\,; b_1, b_2, \ldots$ benötigen wir die in Tab. 1 zusammengestellten Integrale.

Tabelle 1: Zusammenstellung von elementaren Sinus- und Kosinusintegralen.

(1)	$\displaystyle\int_0^{2\pi} \sin(n\,x)\,dx = 0$	für $n = 1, 2, 3, \ldots$
(2)	$\displaystyle\int_0^{2\pi} \cos\left(n\,x\right)\,dx = 0$	für $n = 1, 2, 3, \ldots$
(3)	$\displaystyle\int_0^{2\pi} \cos\left(n\,x\right)\cos\left(m\,x\right)\,dx = \begin{cases} 0 & \text{für } m \neq n \\ \pi & \text{für } m = n \end{cases} = \pi\,\delta\left(n - m\right)$	
(4)	$\displaystyle\int_0^{2\pi} \sin\left(n\,x\right)\sin\left(m\,x\right)\,dx = \begin{cases} 0 & \text{für } m \neq n \\ \pi & \text{für } m = n \end{cases} = \pi\,\delta\left(n - m\right)$	
(5)	$\displaystyle\int_0^{2\pi} \sin\left(n\,x\right)\cos\left(m\,x\right)\,dx = 0$	für $n, m = 1, 2, 3, \ldots$

In Tab. 1 wird das *Kronecker-Symbol* $\delta(k)$ verwendet, das für alle ganzen Zahlen $k \in \mathbb{Z}$ definiert ist durch

$$\delta(k) := \begin{cases} 1 & \text{für } k = 0 \\ 0 & \text{für } k \in \mathbb{Z} \setminus \{0\}. \end{cases}$$

Bemerkung: Integral (1) und (2) rechnet man direkt nach. Mit der Formel $\cos\alpha \cos\beta = \frac{1}{2}\left(\cos(\alpha - \beta) + \cos(\alpha + \beta)\right)$ gilt im Falle (3) für $m \neq n$

$$\int_0^{2\pi} \cos(nx)\cos(mx)\,dx = \frac{1}{2}\Big(\int_0^{2\pi} \cos((n-m)x)\,dx +$$

$$\int_0^{2\pi} \cos((n+m)x)\,dx\Big) = 0$$

und für $n = m$ ist

$$\int_0^{2\pi} \cos^2(nx)\,dx = \pi.$$

Formel (4) berechnet man analog zu (3) mit der Beziehung

$$\sin\alpha \sin\beta = \frac{1}{2}\left(\cos(\alpha - \beta) - \cos(\alpha + \beta)\right).$$

Zur Bestimmung von (5) verwende man die Formel

$$\sin\alpha \cos\beta = \frac{1}{2}\left(\sin(\alpha - \beta) + \sin(\alpha + \beta)\right).$$

Bestimmung von a_0:
Wir integrieren $(*)$ gliedweise im Periodenintervall $[0, 2\pi]$:

$$\int_0^{2\pi} f(x)\,dx = \underbrace{\int_0^{2\pi} a_0\,dx}_{a_0 \cdot 2\pi} + \sum_{n=1}^{\infty} a_n \underbrace{\int_0^{2\pi} \cos(nx)\,dx}_{=0}$$

$$+ \sum_{n=1}^{\infty} b_n \underbrace{\int_0^{2\pi} \sin(nx)\,dx}_{=0}$$

$$\Rightarrow \boxed{a_0 = \frac{1}{2\pi}\int_0^{2\pi} f(x)\,dx.}$$

Bestimmung von a_n:

Wir multiplizieren $(*)$ zunächst mit $\cos(mx)$ $(m > 0)$ und integrieren anschließend über das Periodenintervall $[0, 2\pi]$:

$$\int_0^{2\pi} f(x)\cos(mx)\,dx = a_0 \int_0^{2\pi} \cos(mx)\,dx$$

$$+ \sum_{n=1}^{\infty} a_n \int_0^{2\pi} \cos(nx)\cos(mx)\,dx$$

$$+ \sum_{n=1}^{\infty} b_n \int_0^{2\pi} \sin(nx)\cos(mx)\,dx.$$

Nach Tab. 1 (5) verschwinden alle Summanden der zweiten Summe. Von der ersten Summe über a_n ist nur der Summand ungleich Null, bei dem der Laufindex n mit m übereinstimmt. Da auch $\int_0^{2\pi} \cos(mx)\,dx = 0$ ist, gilt

$$\int_0^{2\pi} f(x)\cos(mx)\,dx = \sum_{n=1}^{\infty} a_n\,\pi\,\delta(n-m) = \pi \cdot a_m$$

$$\Rightarrow \boxed{a_m = \frac{1}{\pi} \int_0^{2\pi} f(x)\cos(mx)\,dx} \qquad m = 1, 2, 3, \ldots$$

Bestimmung von b_n:

Analog dem Vorgehen zur Berechnung der Koeffizienten a_n multiplizieren wir $(*)$ zunächst mit $\sin(mx)$ $(m > 0)$ und integrieren anschließend über das Periodenintervall $[0, 2\pi]$:

$$\int_0^{2\pi} f(x)\sin(mx)\,dx = a_0 \int_0^{2\pi} \sin(mx)\,dx$$

$$+ \sum_{n=1}^{\infty} a_n \int_0^{2\pi} \cos(nx)\sin(mx)\,dx$$

$$+ \sum_{n=1}^{\infty} b_n \int_0^{2\pi} \sin(nx)\sin(mx)\,dx.$$

Alle Integrale, welche als Integranden $\cos(nx)$ enthalten, verschwinden nach Tab. 1, ebenso $\int_0^{2\pi} \sin(mx)\,dx$. Die Integrale $\int_0^{2\pi} \sin(nx)\sin(mx)\,dx = \pi\,\delta(n-m)$

sind alle Null bis auf dasjenige mit $n = m$. Somit ist

$$\int_0^{2\pi} f(x) \sin(mx)\, dx = \sum_{n=1}^{\infty} b_n\, \pi\, \delta(n-m) = b_m \cdot \pi$$

$$\Rightarrow \quad \boxed{\; b_m = \frac{1}{\pi} \int_0^{2\pi} f(x) \sin(mx)\, dx \;} \qquad m = 1, 2, 3, \ldots$$

§3. Fourierreihen für 2π-periodische Funktionen

Nach diesen Vorüberlegungen sind für eine 2π-periodische Funktion f die Fourierkoeffizienten formal bestimmt. Die dadurch definierte Fourierreihe konvergiert für die meisten Funktionen und stimmt mit $f(x)$ überein. Hier muß jedoch gewarnt werden: Es gibt stetige, 2π-periodische Funktionen, deren Fourierreihe an unendlich vielen Stellen eines Periodenintervalls divergiert. Um sicherzustellen, daß die Fourierreihe einer 2π-periodischen Funktion f überall konvergiert und daß der Grenzwert mit $f(x)$ übereinstimmt, muß die Funktion f gewisse Forderungen erfüllen.

Im folgenden geben wir ohne Beweis 2 Bedingungen an, die zusammen sowohl die Konvergenz als auch die Übereinstimmung der Fourierreihe mit der Funktion gewährleisten. Beide Bedingungen sind leicht überprüfbar und sind bei praktisch vorkommenden Funktionen so gut wie immer erfüllt.

Bedingung 1: Das Periodenintervall $[0, 2\pi]$ läßt sich durch endlich viele Teilpunkte $0 = x_1 < x_2 < \ldots < x_N = 2\pi$ so zerlegen, daß in den offenen Teilintervallen (x_k, x_{k+1}) $\ 1 \le k \le N - 1$ die Funktion f differenzierbar und f' beschränkt ist. Man nennt solche Funktionen **stückweise stetig differenzierbare Funktionen**.

Bedingung 2: In den Teilpunkten x_k existiert der linksseitige und der rechtsseitige Grenzwert

$$f_l(x_k) = \lim_{\varepsilon \to 0} f(x_k - \varepsilon) \quad \text{bzw.} \quad f_r(x_k) = \lim_{\varepsilon \to 0} f(x_k + \varepsilon)$$

und für den Funktionswert gilt

$$f(x_k) = \tfrac{1}{2}\left(f_l(x_k) + f_r(x_k)\right).$$

Man nennt diese Eigenschaft die **Mittelwerteigenschaft**.

Das Schaubild einer Funktion, die Bedingung (1) und (2) erfüllt, ist in Abb. 93 gezeigt.

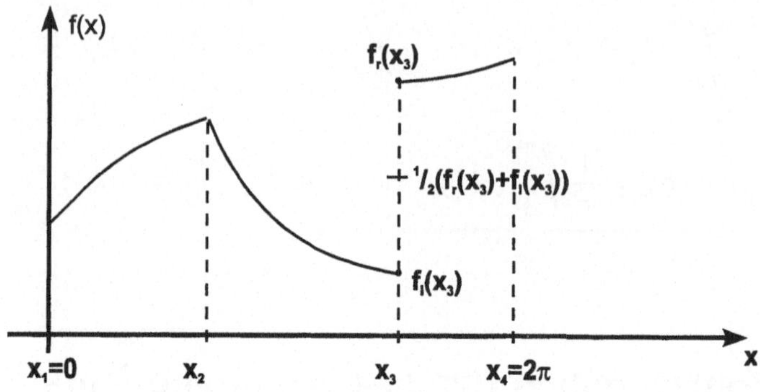

Abb. 93: Stückweise stetig differenzierbare Funktion

Stückweise stetig differenzierbare Funktionen dürfen also endlich viele Sprungstellen aufweisen. In Stetigkeitspunkten ist die Mittelwerteigenschaft immer erfüllt, in Unstetigkeitspunkten ist der Funktionswert der Mittelwert von links- und rechtsseitigem Grenzwert.

Satz von Fourier:

Sei $f : \mathbb{R} \to \mathbb{R}$ eine 2π-periodische Funktion, die stückweise stetig differenzierbar ist und für alle $x \in \mathbb{R}$ die Mittelwerteigenschaft erfüllt. Dann konvergiert die **Fourierreihe** und es gilt für alle $x \in \mathbb{R}$

$$f(x) = a_0 + \sum_{n=1}^{\infty} a_n \cos(nx) + \sum_{n=1}^{\infty} b_n \sin(nx)$$

mit den **Fourierkoeffizienten**

$$a_0 = \frac{1}{2\pi} \int_0^{2\pi} f(x)\, dx$$

$$a_n = \frac{1}{\pi} \int_0^{2\pi} f(x) \cos(nx)\, dx \qquad n = 1, 2, 3, \ldots$$

$$b_n = \frac{1}{\pi} \int_0^{2\pi} f(x) \sin(nx)\, dx \qquad n = 1, 2, 3, \ldots$$

Die Berechnung der Fourierkoeffizienten vereinfacht sich für symmetrische Funktionen:

Bemerkungen:

(1) Für eine 2π-periodische Funktion $f(x)$ gilt stets

$$\int_0^{2\pi} f(x)\, dx = \int_\alpha^{\alpha+2\pi} f(x)\, dx \quad \text{für beliebiges } \alpha \in \mathbb{R}.$$

Diese Formel besagt, daß zur Berechnung der Fourierkoeffizienten ein beliebiges Periodenintervall der Länge 2π gewählt werden darf.

(2) **Symmetriebetrachtungen**

    (a) Für eine **gerade** 2π-periodische Funktion f $(f(-x) = f(x)$ für alle $x)$ sind alle Fourierkoeffizienten b_k $(k \in \mathbf{N})$ gleich Null.

    (b) Für eine **ungerade** 2π-periodische Funktion f $(f(-x) = -f(x)$ für alle $x)$ sind alle Fourierkoeffizienten a_k $(k \in \mathbf{N}_0)$ gleich Null.

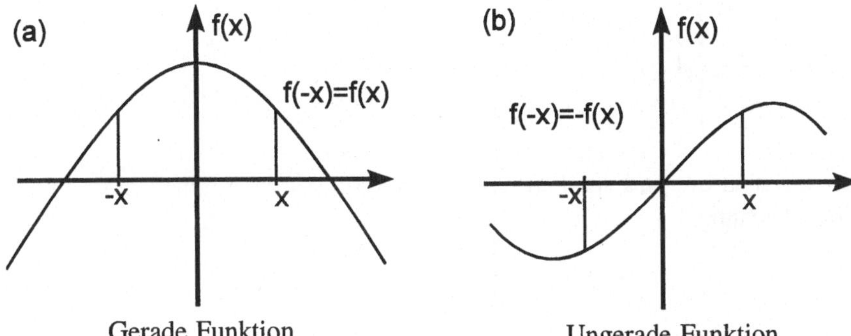

Begründung:

(a) Ist $f(x)$ gerade, so ist auch $f(x) \cdot \cos(nx)$ eine gerade Funktion, $f(x) \cdot \sin(nx)$ dagegen ist ungerade. Wählt man als Integrationsintervall das Intervall $[-\pi, \pi]$, so erhält man für die ungerade Funktion $f(x) \cdot \sin(nx)$ (vgl. Abb. b)

$$b_n = \frac{1}{2\pi} \int_{-\pi}^{\pi} f(x) \sin(nx)\, dx = 0 \qquad n \in \mathbf{N}$$

und für die Koeffizienten a_n:

$$\boxed{a_0 = \tfrac{1}{\pi} \int_0^{\pi} f(x)\, dx, \quad a_n = \tfrac{2}{\pi} \int_0^{\pi} f(x) \cos(nx)\, dx, \qquad n \in \mathbf{N}}$$

(b) Ist $f(x)$ ungerade, so ist auch $f(x) \cdot \cos(nx)$ eine ungerade Funktion, während $f(x) \cdot \sin(nx)$ als Produkt zweier ungerader Funktionen gerade ist. Verwendet man wieder das Integrationsintervall $[-\pi, \pi]$ und berücksichtigt die Symmetrien, folgt (vgl. Abb. a)

$$a_0 = 0 \quad \text{und} \quad a_n = 0, \qquad n \in \mathbf{N},$$

und für die Koeffizienten b_n die Formel

$$b_n = \frac{2}{\pi} \int_0^\pi f(x) \sin(n\,x)\,dx, \qquad n \in \mathbf{N}$$

1. Beispiel: Gegeben ist die unten gezeichnete Rechteckskurve mit Periode 2π.

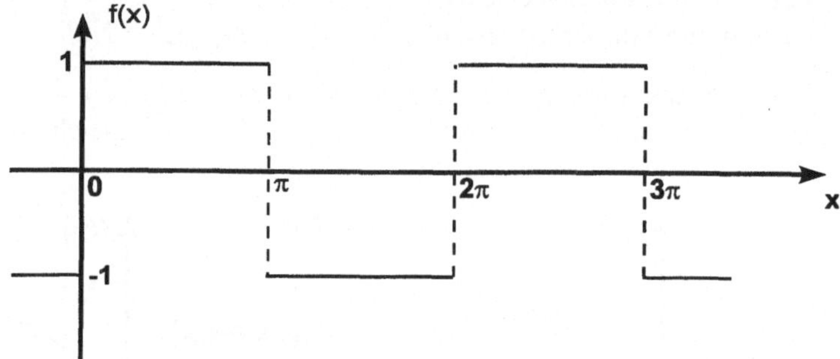

Diese Funktion wird im Periodenintervall $[0, 2\pi]$ beschrieben durch die Funktionsgleichung

$$f(x) = \begin{cases} 1 & 0 < x < \pi \\ 0 & x = 0, \pi, 2\pi \\ -1 & \pi < x < 2\pi \end{cases}.$$

f ist stückweise stetig differenzierbar und erfüllt in allen Punkten die Mittelwerteigenschaft. Aufgrund der Punktsymmetrie bezüglich des Ursprungs gilt:

$$a_n = 0 \qquad \text{für } n = 0, 1, 2, \ldots .$$

Es bleiben also nur die Fourierkoeffizienten b_n zu berechnen. Nach Bemerkung (2) gilt

$$\begin{aligned}
b_n &= \frac{1}{\pi} \int_0^{2\pi} f(x) \sin(n\,x)\,dx = \frac{2}{\pi} \int_0^\pi \sin(n\,x)\,dx = \frac{2}{\pi} \left[-\frac{1}{n} \cos(n\,x) \right]_0^\pi \\
&= \frac{2}{\pi\,n} \{ -\cos(n\,\pi) + \cos(0) \} = \frac{2}{\pi\,n} \{ -(-1)^n + 1 \},
\end{aligned}$$

da $\cos(n\,\pi) = (-1)^n$ und $\cos(0) = 1$. Für gerade n ist $(-1)^n = +1 \hookrightarrow b_n = 0$; für ungerade n ist $(-1)^n = -1 \hookrightarrow b_n = \frac{2}{\pi\,n} \cdot 2$.

$$\Rightarrow \quad b_n = \begin{cases} 0 & \text{für } n = 0, 2, 4, \ldots \\[2mm] \dfrac{4}{\pi\,n} & \text{für } n = 1, 3, 5, \ldots . \end{cases}$$

Die Fourierreihe der Funktion f lautet

$$f(x) \;=\; \frac{4}{\pi}\left(\sin(x) + \frac{1}{3}\sin(3x) + \frac{1}{5}\sin(5x) + \frac{1}{7}\sin(7x) + \ldots\right)$$

$$=\; \sum_{\substack{n=1 \\ n\text{ ungerade}}}^{\infty} \frac{4}{n\,\pi}\sin(nx) = \sum_{n=0}^{\infty} \frac{4}{(2n+1)\,\pi}\sin((2n+1)\,x).$$

In Abb. 94a sind die Partialsummen dieser Reihe für $n = 3$, 5, 7 und in Abb. 94b für $n = 40$ dargestellt.

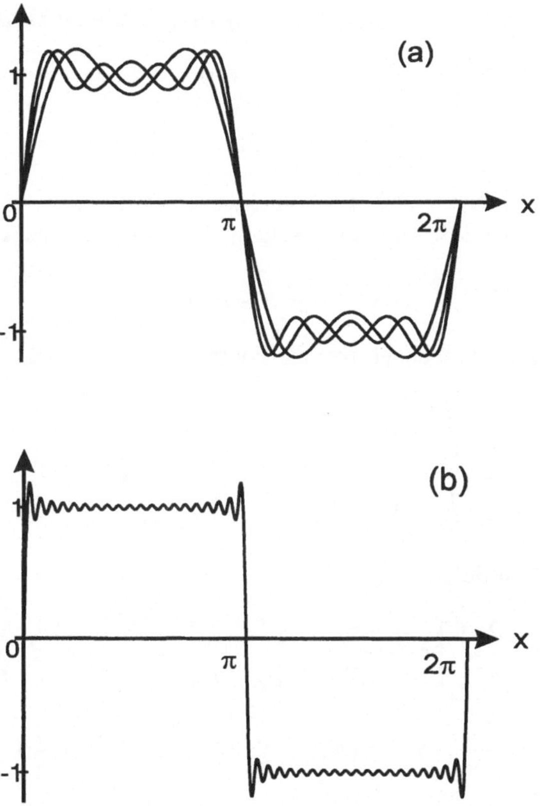

Abb. 94: Partialsummen der Fourierreihe a) für $n = 3, 5, 7$ und b) für $n = 40$

Diskussion: Man erkennt, daß viele Summenglieder notwendig sind, damit die Funktion f durch eine Partialsumme der Fourierreihe einigermaßen gut angenähert werden kann. Allerdings bauen sich selbst mit großem N immer noch Oszillationen vor der Sprungstelle auf. Die Koeffizienten der Fourierreihe b_n verhalten sich proportional zu $\frac{1}{n}$.

2. Beispiel: Gegeben ist die unten gezeichnete 2π-periodische Funktion,

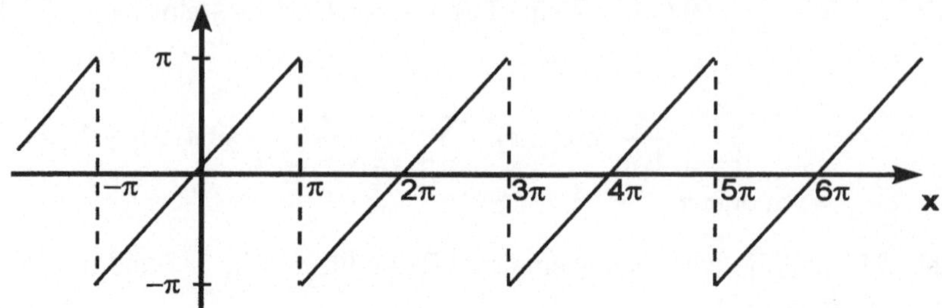

die im Periodenintervall $[0,\ 2\pi]$ beschrieben wird durch die Funktionsgleichung

$$f(x) = \begin{cases} x & \text{für } 0 \le x < \pi \\ 0 & \text{für } x = \pi,\ 2\pi \\ x - 2\pi & \text{für } \pi < x < 2\pi \end{cases}.$$

Gesucht ist deren Fourierreihe. f ist stückweise stetig differenzierbar und erfüllt in allen Punkten die Mittelwerteigenschaft. Aufgrund der Punktsymmetrie zum Ursprung ist

$$a_n = 0 \qquad \text{für } n = 0,\ 1,\ 2,\dots\ .$$

Nach Bemerkung (2) berechnet man die Fourierkoeffizienten b_n durch die Formel

$$\begin{aligned} b_n &= \frac{1}{\pi} \int_0^{2\pi} f(x)\,\sin(n\,x)\,dx \\ &= \frac{2}{\pi} \int_0^{\pi} f(x)\,\sin(n\,x)\,dx = \frac{2}{\pi} \int_0^{\pi} x \cdot \sin(n\,x)\,dx. \end{aligned}$$

Partielle Integration liefert

$$\begin{aligned} b_n &= \frac{2}{\pi} \left\{ \left[x\,\frac{-\cos(n\,x)}{n} \right]_0^{\pi} - \int_0^{\pi} \frac{-\cos(n\,x)}{n}\,dx \right\} \\ &= \frac{2}{\pi\,n}\left[-\pi\cos(n\,\pi) - 0 \right] = -\frac{2}{n}(-1)^n = \frac{2}{n}(-1)^{n+1}, \end{aligned}$$

da $\cos(n\,\pi) = (-1)^n$. Folglich ist die Fourierreihe von f

$$\begin{aligned} f(x) &= 2\left(\sin(x) - \frac{1}{2}\sin(2\,x) + \frac{1}{3}\sin(3\,x) - \frac{1}{4}\sin(4\,x) \pm \dots \right) \\ &= 2\sum_{n=1}^{\infty} (-1)^{n+1}\,\frac{1}{n}\,\sin(n\,x). \end{aligned}$$

3. Beispiel: Berechnung der Fourierreihe einer Funktion mit MAPLE. Gegeben ist die Funktion $f(x) = \frac{1}{\pi}(x-\pi)^2$ im Intervall $0 \le x \le 2\pi$, die 2π-periodisch auf $\mathbb{R}$ fortgesetzt wird:

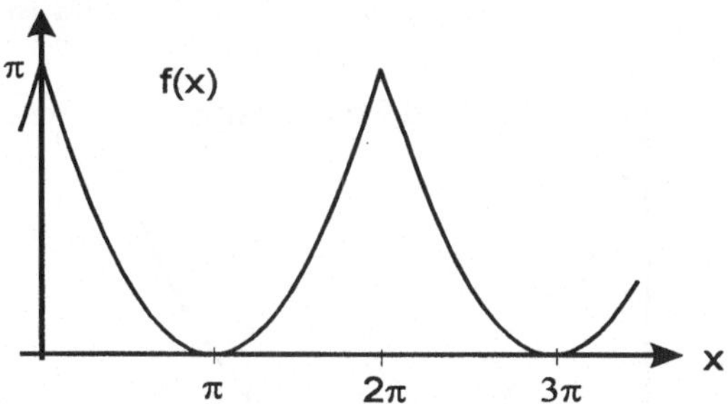

f ist stückweise stetig differenzierbar und erfüllt die Mittelwerteigenschaft. Aufgrund der Achsensymmetrie bezüglich der y-Achse gilt

$$b_n = 0 \qquad \text{für } n = 1,\, 2,\, 3,\, \ldots\,.$$

Durch die Möglichkeit der symbolischen Integration durch den **int**-Befehl, werden die Fourierkoeffizienten a_n in Abhängigkeit von n bestimmt. Als Ergebnis der Integration erhalten wir einen Ausdruck für a_n. Zur MAPLE-Notation der Koeffizienten wählen wir den $||$-Operator (**cat**-Operator). Alternativ kann man die Koeffizienten als Vektor $a\,[n]$ abspeichern.

```
> f := x -> 1/Pi * (x - Pi)^2:      p := 2 * Pi:
> a||0 := 1/p * int(f(x), x = 0..p);
```

$$a0 := \frac{1}{3}\,\pi$$

```
> a||n := 2/p * int(f(x) * cos(n*x), x = 0..p);
```

$$2\,\frac{\cos\left(\pi\,n\right)\left(-2\sin\left(\pi n\right) + \pi^2\,n^2\,\sin\left(\pi\,n\right)\,\pi^2 + 2\pi n\,\cos\left(\pi\,n\right)\right)}{\pi^2\,n^3}$$

Da MAPLE $\sin\left(\pi\,n\right)$ bzw. $\cos\left(\pi\,n\right)$ nicht durch 0 bzw. $(-1)^n$ vereinfacht, muß dies explizit mit dem **subs**-Befehl durchgeführt werden:

```
> a||n := subs({sin(n*Pi) = 0, cos(n*Pi) = (-1)^n}, a||n);
```

$$an := 4\,\frac{\left((-1)^n\right)^2}{\pi\,n^2}$$

Somit ist

$$f(x) = \frac{\pi}{3} + \frac{4}{\pi}\,\sum_{n=1}^{\infty}\frac{1}{n^2}\,\cos\left(n\,x\right).$$

Die graphische Darstellung der Funktion f zusammen mit den ersten Partialsummen erfolgt mit dem **plot**-Befehl

```
> plot({f(x), a0 + sum(an * cos (n*x), n = 1..5)},
                x = 0..p, title = 'f(x) und Fourierreihe');
```

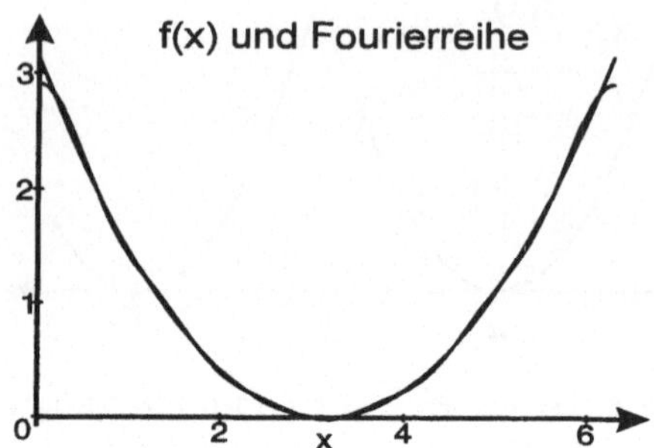

Abb. 95: Die Partialsumme der Funktion $f(x) = \frac{1}{\pi}(x - \pi)^2$ für $n = 5$

Diskussion: Im Gegensatz zu Beispiel 1 genügen 4 Summenglieder, um die Funktion erkennbar durch die Fourierreihe anzunähern. Es bauen sich keine Oszillationen im Periodenintervall auf. Die Koeffizienten der Fourierreihe verhalten sich proportional zu $\frac{1}{n^2}$.

Nebenergebnis. Mit den Fourierreihen ist man in der Lage für einige in Bd. 1, Kap. VII diskutierte Reihen den Summenwert zu berechnen, indem in die Fourierreihe spezielle Werte eingesetzt werden. Man erhält so die folgenden beiden Nebenergebnisse:

$$x = 0: \quad f(0) = \pi = \frac{\pi}{3} + \frac{4}{\pi} \sum_{n=1}^{\infty} \frac{1}{n^2} \quad \Rightarrow \quad \sum_{n=1}^{\infty} \frac{1}{n^2} = \frac{\pi^2}{6}.$$

$$x = \pi: \quad f(\pi) = 0 = \frac{\pi}{3} + \frac{4}{\pi} \sum_{n=1}^{\infty} (-1)^n \frac{1}{n^2} \quad \Rightarrow \quad \sum_{n=1}^{\infty} (-1)^n \frac{1}{n^2} = \frac{\pi^2}{12}.$$

Hinweis: Auf der CD-ROM befinden sich Animationen, welche die Konvergenz der Partialsummen der Fourierreihen an die Funktion aufzeigen.

§4. Fourierreihen für p-periodische Funktionen

Bisher wurde die Fourierreihendarstellung von 2π-periodischen Funktionen betrachtet. Um die entsprechende Darstellung mit den zugehörigen Fourierkoeffizienten einer *p-periodischen* Funktion f zu bestimmen, gehen wir von f über zu der auf das Intervall $[0, 2\pi]$ gestauchten bzw. gestreckten Funktion

$$F(x) := f\left(\frac{p}{2\pi}\,x\right).$$

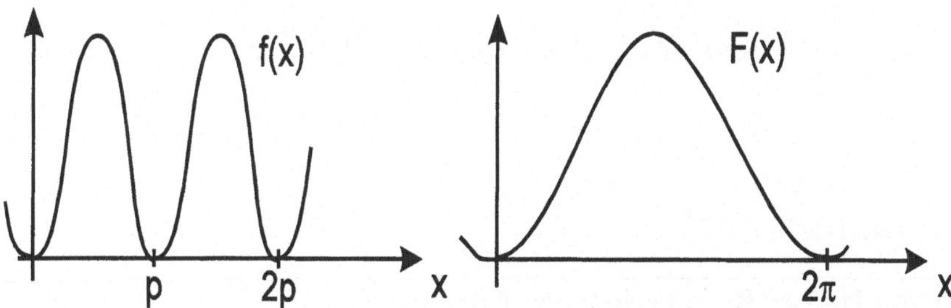

Abb. 96: p-periodische Funktion f und zugehörige, skalierte 2π-periodische Funktion F

Wenn f p-periodisch, dann ist F 2π-periodisch, denn

$$F(x + 2\pi) = f\left(\frac{p}{2\pi}\,(x + 2\pi)\right) = f\left(\frac{p}{2\pi}\,x + p\right) = f\left(\frac{p}{2\pi}\,x\right) = F(x).$$

Für die 2π-periodische Funktion $F(x)$ gilt formal die Fourierreihendarstellung

$$F(x) = a_0 + \sum_{n=1}^{\infty} a_n \cos(n\,x) + \sum_{n=1}^{\infty} b_n \sin(n\,x)$$

mit den Koeffizienten

$$a_0 = \tfrac{1}{2\pi} \int_0^{2\pi} F(x)\,dx \quad ; \quad a_n = \tfrac{1}{\pi} \int_0^{2\pi} F(x) \cos(n\,x)\,dx;$$

$$b_n = \tfrac{1}{\pi} \int_0^{2\pi} F(x) \sin(n\,x)\,dx.$$

Mit der Rücksubstitution

$$f(x) = F\left(\frac{2\pi}{p}\,x\right)$$

rekonstruiert man aus der Funktion F die ursprüngliche Funktion f, indem man sie auf die ursprüngliche Periode streckt bzw. staucht. Die Formeln für die Fourierreihendarstellung für f entnimmt man nun aus:

$$f(x) = F(\frac{2\pi}{p} x) = a_0 + \sum_{n=1}^{\infty} a_n \cos(n \frac{2\pi}{p} x) + \sum_{n=1}^{\infty} b_n \sin(n \frac{2\pi}{p} x).$$

Mit der Integralsubstitution $y = \frac{p}{2\pi} x$ erhält man die Fourierkoeffizienten für f:

$$a_0 \;=\; \tfrac{1}{2\pi} \int_0^{2\pi} F(x)\, dx \;=\; \tfrac{1}{2\pi} \int_0^{2\pi} f(\tfrac{p}{2\pi} x)\, dx = \tfrac{1}{p} \int_0^p f(y)\, dy,$$

$$a_n \;=\; \tfrac{1}{\pi} \int_0^{2\pi} F(x) \cos(nx)\, dx \;=\; \tfrac{1}{\pi} \int_0^{2\pi} f(\tfrac{p}{2\pi} x) \cos(nx)\, dx$$

$$=\; \tfrac{2}{p} \int_0^p f(y) \cos(n \tfrac{2\pi}{p} y)\, dy,$$

$$b_n \;=\; \tfrac{1}{\pi} \int_0^{2\pi} F(x) \sin(nx)\, dx \;=\; \tfrac{1}{\pi} \int_0^{2\pi} f(\tfrac{p}{2\pi} x) \sin(nx)\, dx$$

$$=\; \tfrac{2}{p} \int_0^p f(y) \sin(n \tfrac{2\pi}{p} y)\, dy. \qquad \square$$

Zusammenfassend gilt:

Satz von Fourier für p-periodische Funktionen:

Sei $f : \mathbb{R} \to \mathbb{R}$ eine p-periodische Funktion, die stückweise stetig differenzierbar ist und die für alle $x \in \mathbb{R}$ die Mittelwerteigenschaft erfüllt. Dann konvergiert die Fourierreihe

$$f(x) = a_0 + \sum_{n=1}^{\infty} a_n \cos\left(n \tfrac{2\pi}{p} x\right) + \sum_{n=1}^{\infty} b_n \sin\left(n \tfrac{2\pi}{p} x\right)$$

für alle $x \in \mathbb{R}$ und stimmt mit der Funktion f überein. Die Koeffizienten sind

$$a_0 = \frac{1}{p} \int_0^p f(x)\, dx$$

$$a_n = \frac{2}{p} \int_0^p f(x) \cos\left(n \tfrac{2\pi}{p} x\right) dx \quad n = 1, 2, 3, \ldots$$

$$b_n = \frac{2}{p} \int_0^p f(x) \sin\left(n \tfrac{2\pi}{p} x\right) dx \quad n = 1, 2, 3, \ldots \; .$$

Die Formeln für 2π-periodische Funktionen sind der Spezialfall $p = 2\pi$. Bemerkungen (1) und (2) übertragen sich sinngemäß auf p-periodische Funktionen. Es ist zu beachten, daß sich sowohl die Formeln für die Koeffizienten als auch die Reihendarstellung leicht ändern.

Interpretation / Anwendung: Fourierzerlegung T-periodischer Signale. Sei $f(t)$ eine periodische Schwingung mit Periode T (= Schwingungsdauer). Dann gilt zu jedem Zeitpunkt die Fourierzerlegung

$$f(t) = a_0 + \sum_{n=1}^{\infty} a_n \cos(n\,\omega_0 t) + \sum_{n=1}^{\infty} b_n \sin(n\,\omega_0 t) \tag{$*$}$$

mit der Grundfrequenz $\omega_0 = \frac{2\pi}{T}$ und den angegebenen Fourierkoeffizienten.

Die Entwicklung des Zeitsignals $f(t)$ in unendlich viele Sinus- und Kosinusfunktionen bedeutet aus physikalischer Sicht eine Zerlegung des Signals in seine harmonischen Bestandteile. Sie bestehen aus der Grundschwingung mit Frequenz ω_0 und den harmonischen Oberschwingungen mit Frequenzen $n\,\omega_0$. Die Fourierkoeffizienten bestimmen dabei die Amplituden dieser harmonischen Teilschwingungen und damit den Beitrag der Oberschwingungen zum Signal.

Zu einer Frequenz $n\,\omega_0$ erhält man zunächst zwei Koeffizienten, nämlich a_n und b_n, da die Summanden in der Fourierdarstellung $(*)$ die Überlagerung von jeweils zwei harmonischen Sinus- und Kosinusschwingungen gleicher Frequenz darstellen. Ist nach *der* Amplitude gefragt, mit welcher die Frequenz $n\,\omega_0$ im Signal vorkommt, muß man übergehen zu der Darstellung

$$a_n \cos(n\,\omega_0 t) + b_n \sin(n\,\omega_0 t) = A_n \cos(n\,\omega_0 t - \varphi_n)$$

$$\text{mit} \quad \boxed{A_n = \sqrt{a_n^2 + b_n^2}} \quad \text{und} \quad \boxed{\tan\varphi_n = \frac{b_n}{a_n}.}$$

A_n ist dann die gesuchte Amplitude und φ_n die Nullphase.

Begründung: Denn nach dem Additionstheorem für den Kosinus gilt

$$\begin{aligned} A_n \cos(n\,\omega_0 t - \varphi_n) &= A_n \cos(n\,\omega_0 t)\cos\varphi_n + A_n \sin(n\,\omega_0 t)\sin\varphi_n \\ &= a_n \cos(n\,\omega_0 t) + b_n \sin(n\,\omega_0 t). \end{aligned}$$

Vergleicht man die Koeffizienten, folgt

$$a_n = A_n \cos\varphi_n \quad \text{und} \quad b_n = A_n \sin\varphi_n.$$

Quadriert man beide Gleichungen und addiert sie dann, gilt

$$a_n^2 + b_n^2 = A_n^2 \cos^2\varphi_n + A_n^2 \sin^2\varphi_n = A_n^2 \quad \Rightarrow \quad A_n = \sqrt{a_n^2 + b_n^2}.$$

Dividiert man die zweite durch die erste Gleichung gilt

$$\frac{b_n}{a_n} = \tan\varphi_n. \qquad\qquad \Box$$

In den Anwendungen benutzt man dann in der Regel die Darstellung der Fourierreihe in der Form

$$f(t) = a_0 + \sum_{n=1}^{\infty} A_n \cos(n\omega_0 t - \varphi_n).$$

A_n ist die **Gesamtamplitude**, mit der die Frequenz $\omega_n = n\omega_0$ im Signal vorkommt. φ_n ist die zugehörige **Phase**. Der Wert a_0 gibt den Koeffizienten $a_0 =
\frac{1}{T} \int_0^T f(t)\, dt$ an. Er entspricht dem **Mittelwert** der Funktion während einer
Schwingungsdauer. Man bezeichnet ihn als *Gleichspannungsanteil*. Zur graphischen Darstellung der Koeffizienten wählt man oftmals die folgenden Diagramme:

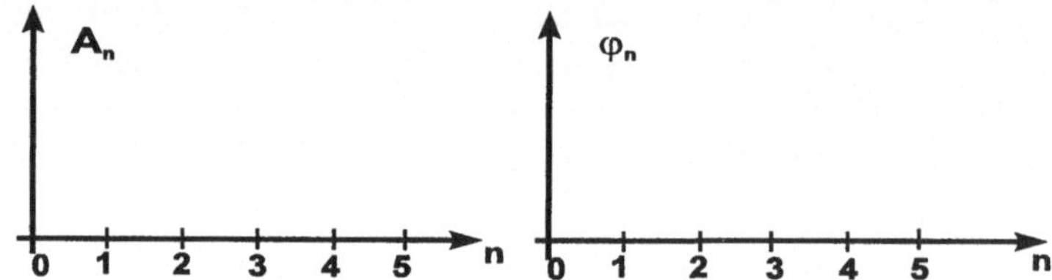

In diesen Schaubildern werden die Amplituden A_n und Phasen φ_n als Werte über
den diskreten Frequenzen abgetragen (= *diskretes Spektrum* von f). Man bezeichnet die Darstellung der Amplituden als **Amplitudenspektrum** (links) und die der
Phasen als **Phasenspektrum** (rechts).

4. Beispiel: Amplitudenspektrum der Kippschwingung aus Beispiel 2. Um mit
MAPLE das Amplitudenspektrum graphisch darzustellen, wird die Liste *spek* erstellt, die aus den Paaren von Punkten $[[n, 0], [n, A_n]]$ besteht. Der **plot**-Befehl
verbindet diese Punktepaare für die vorgegebenen n.

```
> A||n := sqrt(a||n^2 + b||n^2):
> spek := [[0, 0], [0, a0]], seq([[n, 0], [n, An]], n = 1..10):
> plot(spek, x = 0..10, color = black, thickness=3);
```

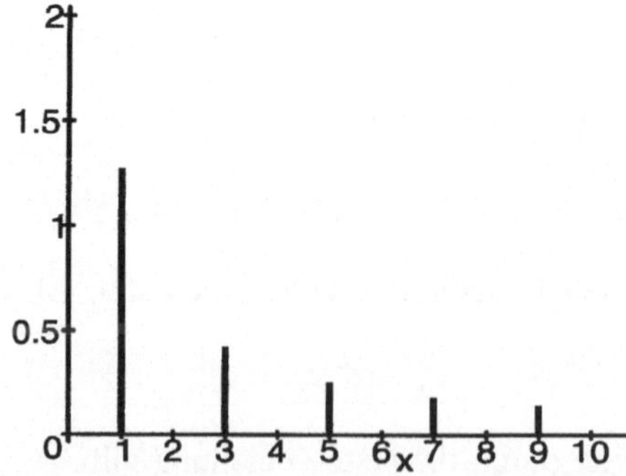

Diese Darstellung beinhaltet dann als Information über das Signal sowohl die vorkommenden Frequenzen $n\omega_0$ als auch die zugehörigen Amplituden A_n.

§5. Analyse T-periodischer Signale mit Maple

5. Beispiel: Fourierzerlegung eines Sinusimpuls-Einweggleichrichters. Wir betrachten das in Abb. 97 gezeigte Signal des Sinusimpulses eines *Einweggleichrichters* mit Periode T:

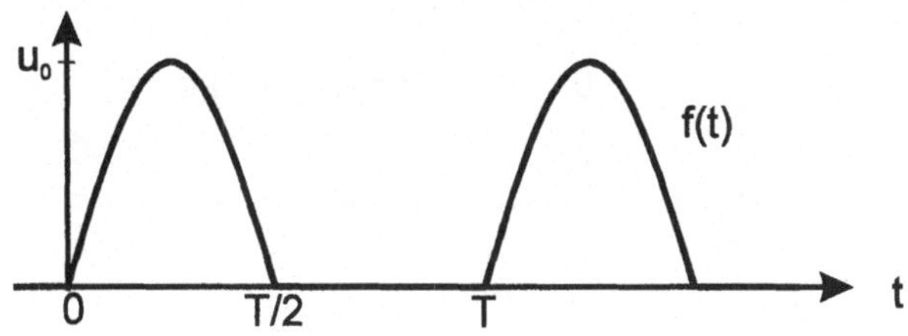

Abb. 97: Sinusimpuls eines Einweggleichrichters

Der Impuls wird im Periodenintervall $[0, T]$ durch die Funktionsgleichung

$$f(t) = \begin{cases} u_0 \sin(\omega_0 t) & 0 \leq t \leq \frac{T}{2} \\ 0 & \frac{T}{2} < t \leq T \end{cases}$$

mit $\omega_0 = \frac{2\pi}{T}$ beschrieben. Da das Signal im Bereich $\frac{T}{2} \leq t \leq T$ gleich Null ist, reduzieren sich die Integrationsgrenzen der Integrale auf $t = 0..\frac{T}{2}$.

```
> w0 := 2 * Pi / T:
> f(t) := u0 * sin(w0 * t):
```

Berechnung des Koeffizienten a_0:
```
> a||0 := 1/T * int(f(t), t = 0.. T/2);
```

$$a0 := \frac{u0}{\pi}$$

Berechnung der Koeffizienten a_n:
```
> a||n := 2/T * int(f(t) * cos(n*2*Pi/T*t), t = 0..T/2):
> a||n := simplify(%);
```

$$an = -\frac{u0\,(\cos(n\pi) + 1)}{\pi\,(1 + n)\,(-1 + n)}$$

```
> a||n := subs(cos(n*Pi) = (-1)^n, a||n);
```

$$an := -\frac{u0\,((-1)^n + 1)}{\pi\,(1 + n)\,(-1 + n)}$$

Anhand des Ergebnisses für a_n erkennt man, daß der Integralausdruck formal zwar berechnet wird, aber nur für $n \neq 1$ definiert ist. Der Koeffizient a_1 muß separat bestimmt werden:

```
> a||1 := 2/T * int(f(t) * cos(2*Pi/T* t), t = 0.. T/2);
```

$$a1 := 0$$

Insgesamt erhält man also für die Koeffizienten a_n:

$$a_n = \begin{cases} 0 & \text{für } n \text{ ungerade} \\[2ex] -\dfrac{2\,u_0}{\pi\,(n^2 - 1)} & \text{für } n \text{ gerade, } n > 0 \end{cases}$$

Berechnung der Koeffizienten b_n:

```
> b||n := 2 / T * int(f(t) * sin(n*2*Pi/T*t), t = 0.. T / 2):
> b||n := simplify(%);
```

$$bn := -\frac{\sin(n\,\pi)\,u0}{\pi\,(1+n)\,(-1+n)}$$

Auch hier muß der Koeffizient b_1 separat berechnet werden, da der Ausdruck nur für $n \neq 1$ definiert ist. Also

```
> b||1 := 2/T * int(f(t) * sin(2*Pi/T*t), t = 0.. T/2);
```

$$b1 := \frac{1}{2}\,u0$$

Ersetzen wir in der allgemeinen Formel für b_n noch $\sin(n\,\pi) = 0$, gilt für $n \neq 1$

```
> b||n := subs(sin(n*Pi) = 0, b||n);
```

$$bn := 0$$

Die Fourierreihe des Sinusimpulses hat demnach folgende Gestalt

$$f(t) \;=\; \frac{u_0}{\pi} + \frac{u_0}{2}\,\sin(\omega_0 t) - \frac{2}{\pi}\,u_0\left(\frac{1}{2^2-1}\cos(2\,\omega_0 t) + \frac{1}{4^2-1}\cos(4\,\omega_0 t) + \right.$$

$$\left. + \frac{1}{6^2-1}\cos(6\,\omega_0 t) + \dots\right)$$

$$= \;\frac{u_0}{\pi} + \frac{u_0}{2}\,\sin(\omega_0 t) - \frac{2}{\pi}\,u_0 \sum_{\substack{n=2 \\ n \text{ gerade}}}^{\infty} \frac{1}{n^2 - 1}\,\cos(n\,\omega_0 t).$$

Die graphische Darstellung der Fourierreihe für $n = 8$ erfolgt durch
```
> T := 3:   u0 := 1:
> p1 := a0 + b1 * sin(w0 * t) + sum(an * cos(n*2*Pi/T* t), n = 2..8):
> plot(p1, t = - T.. 2*T, y = -0.2..1.1, numpoints = 200);
```

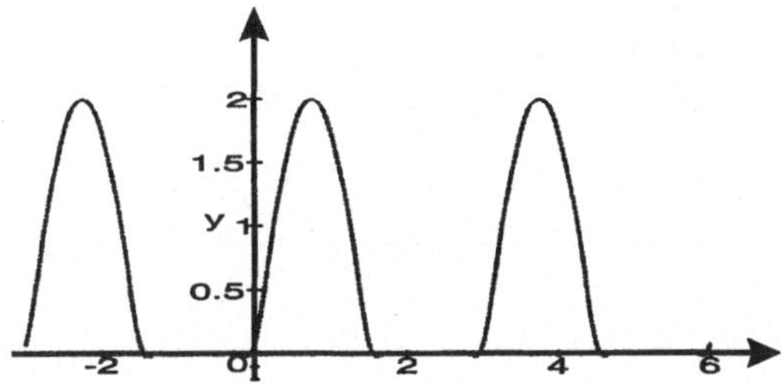

6. Beispiel: Fourierzerlegung einer Kippspannung: Gegeben ist eine *Kippspannung* mit Periode T. Gesucht ist das Amplitudenspektrum dieser Funktion.

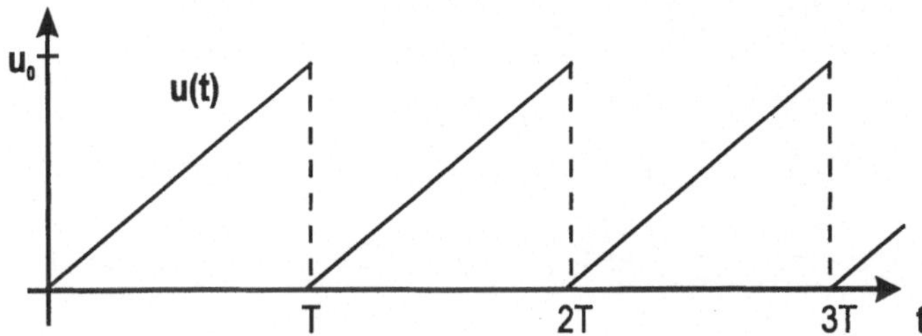

Abb. 98: Zeitlicher Verlauf einer Kippspannung

Die Kippspannung wird im Periodenintervall $t \in [0, T)$ durch die Gleichung $u(t) = \frac{u_0}{T} t$ beschrieben. Zur Abkürzung setzen wir wieder $\omega_0 = \frac{2\pi}{T}$.
```
> w0 := 2*Pi/T:
> u(t) := u0 / T * t:
```

Berechnung des Koeffizienten a_0:
```
> a[0] := 1 / T * int(u(t), t = 0.. T);
```

$$a_0 := \frac{1}{2} u0$$

Berechnung der Koeffizienten a_n:
```
> a[n] := 2 / T * int(u(t) * cos(n * w0 * t), t = 0.. T):
> a[n] := simplify(%);
```

$$a_n := \frac{u0 \left(\cos(\pi n)^2 - 1 + 2 \sin(\pi n) \cos(\pi n)\, n\pi \right)}{\pi^2 n^2}$$

> a[n] := subs({cos(Pi*n) = (-1)^n, sin(Pi*n) = 0}, a[n]);

$$a_n := \frac{u0\left(\left((-1)^n\right)^2 - 1\right)}{\pi^2\, n^2}$$

Berechnung der Koeffizienten b_n:
> b[n] := 2 / T * int(u(t) * sin (n * w0 * t), t = 0..T);

$$b_n := -\frac{u0\left(-\sin\left(n\,\pi\right)\cos\left(n\,\pi\right) + 2\cos\left(n\,\pi\right)^2 n\,\pi - n\,\pi\right)}{n^2\,\pi^2}$$

> b[n] := subs({cos(2 * Pi * n) = 1, sin(2 * Pi * n) = 0}, b[n]);

$$b_n := -\frac{u0}{n\,\pi}$$

Die Fourierreihe der Kippspannung besitzt somit die Gestalt

$$U(t) \;\;=\;\; \frac{u_0}{2} - \frac{u_0}{\pi}\sum_{n=1}^{\infty}\frac{1}{n}\,\sin\left(n\,\omega_0 t\right)$$

$$\;\;=\;\; \frac{u_0}{2} - \frac{u_0}{\pi}\left[\sin\left(\omega_0 t\right) + \tfrac{1}{2}\sin\left(2\,\omega_0 t\right) + \tfrac{1}{3}\sin\left(3\,\omega_0 t\right) + \ldots\right]$$

Die Kippspannung enthält die folgenden Komponenten:
(1)   Den Gleichspannungsanteil $\frac{u_0}{2}$
(2)   Die Grundschwingung mit Frequenz ω_0 und der Amplitude $\frac{u_0}{\pi}$
(3)   Sinusförmige Oberschwingungen mit den Frequenzen $2\,\omega_0, 3\,\omega_0, 4\,\omega_0, \ldots$
      und den Amplituden $\frac{u_0}{2\pi}, \frac{u_0}{3\pi}, \frac{u_0}{4\pi}, \ldots$

In Abb. 99 ist die Partialsumme der Fourierreihe für $n = 30$ gezeichnet
> plot(a[0] + sum(b[n]*sin(n*2*Pi/T*t),n=1..30), t=0..2*T);

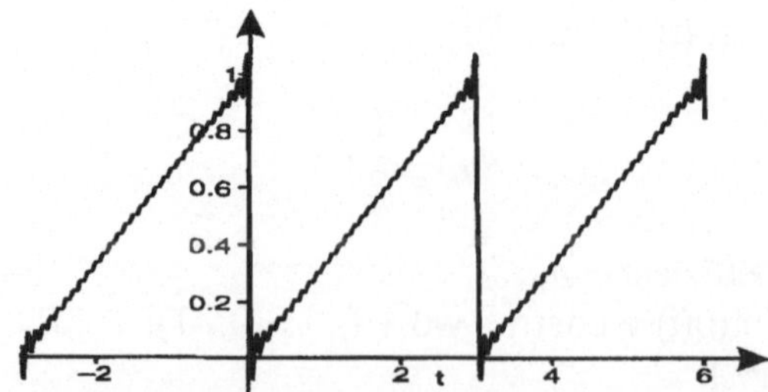

Abb. 99: Partialsumme der Fourierreihe für $n = 30$

und in Abb. 100 das Amplitudenspektrum.
```
> A||n:=sqrt(a[n]^2+b[n]^2):
> Spek:= [[0,0], [0,a[0]]], seq([ [n,0], [n, An] ] ,n=1..30):
> plot(Spek, x=0..33, color=black, thickness=3);
```

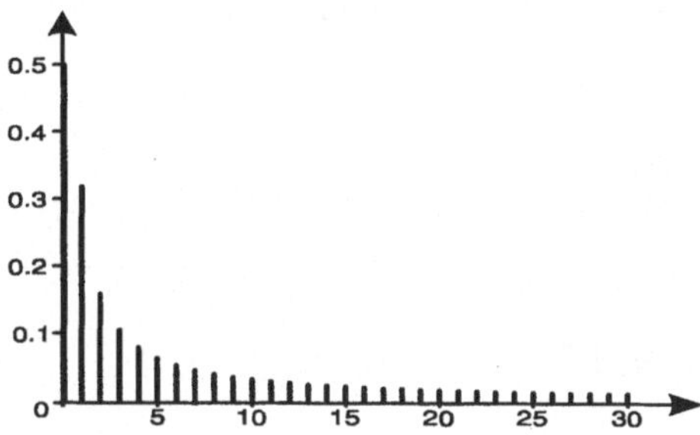

Abb. 100: Amplitudenspektrum bis $n = 30$

Diskussion: Die Fourierkoeffizienten bei der Kippspannung sind $\sim \frac{1}{n}$. Dies bedeutet, daß der Anteil der Oberschwingungen am Gesamtsignal groß ist. Wie langsam die Abnahme der Amplituden ist, entnimmt man dem Amplitudenspektrum. Hohe Frequenzen besitzen noch relativ große Amplituden. Im Bereich der Unstetigkeitsstelle führen diese Oberschwingungen zu Überschwingungen, was man an der graphischen Darstellung der Fourierreihe sieht. Es werden insgesamt viele Oberschwingungen benötigt, um das Signal durch eine endliche Fourierreihe repräsentieren zu können. $\qquad\qquad\square$

MAPLE-**Prozedur zur numerischen Berechnung der Fourierkoeffizienten.** Um die Berechnung der Fourierreihen zu automatisieren und dabei die Probleme der Division durch Null bei der analytischen Rechnung zu umgehen, werden in der Prozedur **fourier_reihen** die Fourierkoeffizienten einer Funktion numerisch berechnet. Zusätzlich wird die Annäherung der Fourierreihe an die Funktion mit steigender Ordnung durch eine Animation visualisiert und das Amplitudenspektrum der Funktion graphisch dargestellt.

Die Fourierkoeffizienten werden bestimmt, indem das Integral für die Koeffizienten in seiner trägen (inerten) Form verwendet und mit **evalf** numerisch berechnet wird. Die Fourierkoeffizienten werden mit $af[k]$ und $bf[k]$ bezeichnet und die Einzelbilder mit steigendem k in $pl[k]$ abgespeichert. Mit **numpoints=5k** werden die Bilder glatter dargestellt, da mehr Zwischenpunkte zur graphischen Darstellung genommen werden. Der **display**-Befehl mit der Option **insequence=true** ergibt eine Animation, bei der die Funktion zusammen mit den Teilsummen der Fourierreihe mit wachsender Ordnung visualisiert werden.

```
> fourier_reihen:=proc()
> #Numerische Bestimmung der Fourierkoeffizienten, Animation des
> #Konvergenzvorgangs und Berechnung des Amplitudenspektrums.
>
> local funk, x, p, N, af, bf, fourier_r, k, i ,
> plotfunk, plfunk, plfourier, pl, Ampl_spek ;
>
> funk:=args[1]:
> x:=op(1,args[2]):
> p:=op(2,op(2,args[2])) - op(1,op(2,args[2])):
> N:=args[3]:
>
> #Funktionsplot über 3 Periodenintervalle
> funk:=unapply(funk,x):
> plotfunk:=sum(funk(x-(k-2)*p)*
>                    (Heaviside(x-(k-2)*p)-Heaviside(x-(k-1)*p)),k=1..3):
> plfunk:=plot(plotfunk,x=-p..2*p,color=red);
>
> #Numerische Bestimmung der Fourierkoeffizienten
> af:=array(0..N):      bf:=array(1..N):
> af[0]:=evalf(1/p*Int(funk(x),args[2])):
> lprint( 'k , a_k, b_k ');
> lprint(0,af[0]);
> for k from 1 to N do
>    af[k]:=evalf(2/p*Int(cos(k*2*Pi/p*x)*funk(x),args[2])):
>    bf[k]:=evalf(2/p*Int(sin(k*2*Pi/p*x)*funk(x),args[2])):
>    lprint(k,af[k],bf[k]);
> od:
>
> #Graphische Darstellung der Teilsummen für steigendes k
> fourier_r:=af[0]:
> for k from 1to N do
>    fourier_r:=fourier_r+(af[k]*cos(k*2*Pi/p*x)) + (bf[k]*sin(k*2*Pi/p*x));
>    plfourier:=plot(fourier_r, x=-p..2*p, numpoints =30*k, thickness=2);
>    pl[k]:=display({plfunk,plfourier}):
> od:
>
> #Darstellung des Amplituden-Spektrums
> Ampl_spek := [[0,0] ,[0,af[0]]], seq([ [k,0] , [k, sqrt(af[k]^2+bf[k]^2)]] ,k=1..N);
> print(plot(Ampl_spek, x=0..N+2,color=black,thickness=3,
>                                         title='Amplitudenspektrum'));
> #Animation
> with(plots): display([ seq(pl[k], k=1..N) ], insequence=true);
> end:
```

Der Aufruf von **fourier_reihen** erfolgt durch

> fourier_reihen(*ausdruck*, *var* = *a..b*, *N*);

wobei

- *ausdruck*:   Funktionsausdruck in der Variablen *var*
- *var*:   Variable des Funktionsausdrucks
- *a..b*:   Periodenintervall
- *N*:   Anzahl der Summenglieder der Reihe.

7. Beispiel: Gesucht sind die Fourierkoeffizienten der Fourierreihe sowie das Amplitudenspektrum der Funktion

$$f(t) = |sin(t)| \,.$$

Da die Funktion f π-periodisch ist, erfolgt der Aufruf für die Berechnung der Fourierkoeffizienten bis zur Ordnung 10 durch

> f(t):=abs(sin(t)):
> fourier_reihen(f(t),t=0..Pi,10);

```
k    a_k         b_k
0  .6366197720
1  -.4244131814     .8780751464e-16
2  -.8488263630e-1  .1759291886e-15
3  -.3637827270e-1  .1078351678e-14
4  -.2021015149e-1  .1166316272e-14
5  -.1286100550e-1  .1254280867e-14
6  -.8903773040e-2  .2078841026e-15
7  -.6529433564e-2  0
8  -.4993096252e-2  0
9  -.3941918094e-2  0
10 -.3191076552e-2  0
```

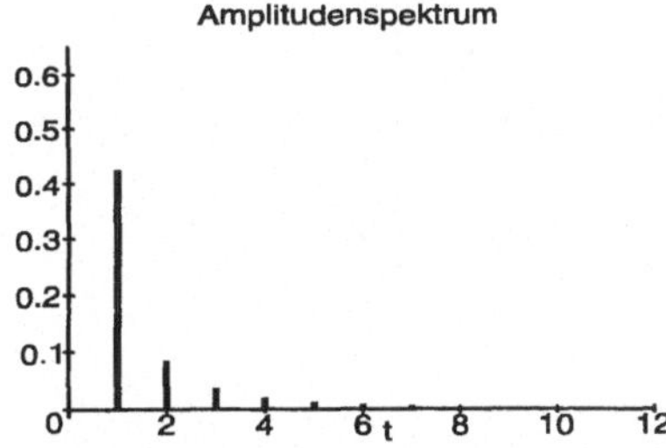

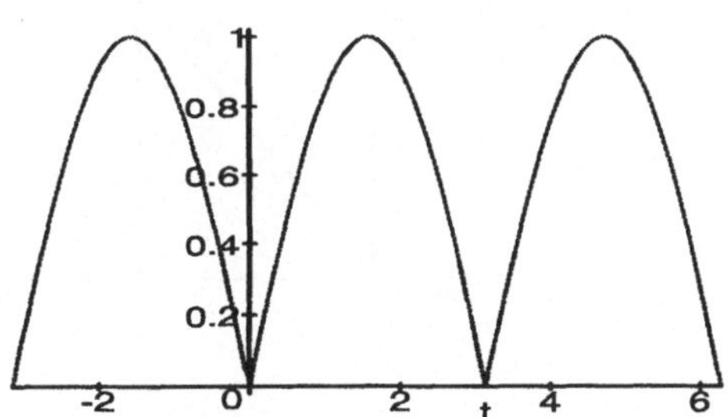

Man beachte, daß bei der numerischen Berechnung der Koeffizienten Rechenfehler auftreten, die dazu führen, daß Koeffizienten, die sich aus einer analytischen Rechnung zu Null ergeben, nun einen sehr kleinen Wert (in der Größenordnung $< 10^{-10}$) besitzen! Durch eine spezielle Vorgehensweise, die in einem MAPLE-Projekt ($\to$ CD-ROM) beschrieben ist, werden diese numerischen Fehler eliminiert.

Graphische Darstellung periodischer Funktionen mit MAPLE. In der Regel sind periodische Funktionen durch eine Funktionsvorschrift im Periodenintervall $[0, T]$ festgelegt. Die periodische Darstellung der Funktionen außerhalb des Intervalls $[0, T]$ erhält man durch Verschieben des Graphen jeweils um eine Periode T. In der Prozedur **fourier_reihen** wird die graphische Darstellung im Intervall $[-T, 2T]$ mit Hilfe der Heavisidefunktion $S(t)$ realisiert:

$$f_p(t) = \sum_{k=1}^{3} f(t - (k-2)p) \cdot (S(t - (k-2)p) - S(t - (k-1)p))$$

ist die T-periodische Fortsetzung der Funktion f im Intervall $[-T, 2T]$. Alternativ kann man den **floor**-Befehl von MAPLE nutzen, um die periodische Fortsetzung einer Funktion zu konstruieren. Die folgende Prozedur **PE** erstellt zu einer Funktion f in einem vorgegebenen Periodenintervall die periodische Erweiterung.

```
> PE := proc()
> local x, f, l, r:
> x:=op(1,args[2]):
> l:=lhs(op(2,args[2])):   r:=rhs(op(2,args[2])):
> f:=unapply(args[1],x):
> f(x-floor((x-l)/r)*r):
> end:
```

Um beispielsweise eine Sägezahnkurve zu erstellen, gehen wir von der Funktion $f(x) = x$ im Intervall $[0, 3]$ aus und stellen diese Funktion im Intervall von -4 bis 7 graphisch dar

```
> f1:=PE(x, x=0..3);
> plot(f1, x=-4..7);
```

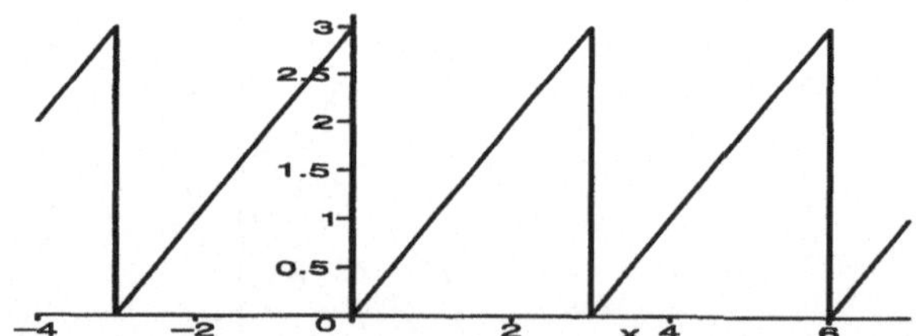

Konvergenzbetrachtungen. Durch den Abbruch der Fourierreihe nach endlich vielen Gliedern, erhält man eine Näherungsfunktion für f in Form einer endlichen trigonometrischen Reihe. Ähnlich wie bei Potenzreihen gilt: Je mehr Glieder berücksichtigt werden, um so besser ist die Approximation. Man stellt zunächst für alle behandelten Beispiele fest:

$$a_n \to 0 \quad \text{und} \quad b_n \to 0 \qquad \text{für } n \to \infty.$$

Bei genauerer Betrachtung entdeckt man, daß die Näherungen für stetige Funktionen schneller konvergieren bzw. man wenige Glieder in der endlichen trigonometrischen Reihe benötigt, um die Funktion hinreichend gut zu approximieren. Unsere Beispiele zeigen, daß

$$a_n \sim \frac{1}{n^2} \quad \text{und} \quad b_n \sim \frac{1}{n^2},$$

wenn f keine Sprungstellen hat. Anschaulich kann man sagen: Die Fourierreihe einer p-periodischen Funktion konvergiert um so schneller, je "glatter" die Funktion f ist. Präziser gilt der Satz

Satz: Ist f eine p-periodische, $m + 1$-mal stetig differenzierbare Funktion, dann gilt für die Fourierkoeffizienten von f

$$|a_n| \leq \frac{c}{n^{m+2}} \quad \text{und} \quad |b_n| \leq \frac{c}{n^{m+2}}.$$

Beispiele für $m = 0$ (stetige Funktionen) sind 3, 5 und Beispiele für $m = -1$ (Funktionen mit Sprungstelle) sind 1, 2, 6.

§6. Fourierreihen für komplexwertige Funktionen

Eine besonders einfache Gestalt nimmt die Fourierdarstellung in komplexer Schreibweise an. Unter Benutzung der Eulerschen Formeln (vgl. Bd. 1, Kap. VII.6.3)

$$\cos(x) = \frac{1}{2} \left(e^{ix} + e^{-ix} \right) \quad \text{und} \quad \sin(x) = \frac{1}{2i} \left(e^{ix} - e^{-ix} \right)$$

läßt sich die reelle Fourierreihe einer p-periodischen Funktion f schreiben als:

$$f(x) = a_0 + \sum_{n=1}^{\infty} a_n \frac{1}{2} \left(e^{i n \frac{2\pi}{p} x} + e^{-i n \frac{2\pi}{p} x} \right) + \sum_{n=1}^{\infty} b_n \frac{1}{2i} \left(e^{i n \frac{2\pi}{p} x} - e^{-i n \frac{2\pi}{p} x} \right).$$

Nach Umordnung der Summanden in eine Summe über $e^{i n \frac{2\pi}{p} x}$ und eine zweite Summe über $e^{-i n \frac{2\pi}{p} x}$ ist

$$f(x) = a_0 + \sum_{n=1}^{\infty} \frac{1}{2} \left(a_n - i b_n \right) e^{i n \frac{2\pi}{p} x} + \sum_{n=1}^{\infty} \frac{1}{2} \left(a_n + i b_n \right) e^{-i n \frac{2\pi}{p} x}.$$

Betrachtet man die 3 Summanden der Fourierreihe von f, so enthält die letzte Summe Terme mit Faktoren $e^{i n \frac{2\pi}{p} x}$ für $n = -\infty, \ldots, 1$, die mittlere Summe Terme $e^{i n \frac{2\pi}{p} x}$ für $n = 1, \ldots, \infty$ und der erste Summand den Term $e^{i n \frac{2\pi}{p} x}$ für $n = 0$. Setzt man

$$c_0 = a_0$$

$$
\begin{aligned}
c_n &= \frac{1}{2}\left(a_n - i\,b_n\right) \\[2mm]
&= \frac{1}{2}\left(\frac{2}{p}\int_0^p f(x)\cos\left(n\,\tfrac{2\pi}{p}\,x\right)dx - i\,\frac{2}{p}\int_0^p f(x)\sin\left(n\,\tfrac{2\pi}{p}\,x\right)dx\right) \\[2mm]
&= \frac{1}{p}\int_0^p f(x)\left(\cos\left(n\,\tfrac{2\pi}{p}\,x\right) - i\,\sin\left(n\,\tfrac{2\pi}{p}\,x\right)\right)dx \\[2mm]
&= \frac{1}{p}\int_0^p f(x)\,e^{-i\,n\,\frac{2\pi}{p}\,x}\,dx, \qquad n \geq 1
\end{aligned}
$$

und

$$
\begin{aligned}
c_{-n} &= \frac{1}{2}\left(a_n + i\,b_n\right) \\[2mm]
&= \frac{1}{2}\left(\frac{2}{p}\int_0^p f(x)\cos\left(n\,\tfrac{2\pi}{p}\,x\right)dx + i\,\frac{2}{p}\int_0^p f(x)\sin\left(n\,\tfrac{2\pi}{p}\,x\right)dx\right) \\[2mm]
&= \frac{1}{p}\int_0^p f(x)\left(\cos\left(n\,\tfrac{2\pi}{p}\,x\right) + i\,\sin\left(n\,\tfrac{2\pi}{p}\,x\right)\right)dx \\[2mm]
&= \frac{1}{p}\int_0^p f(x)\,e^{i\,n\,\frac{2\pi}{p}\,x}\,dx, \qquad n \geq 1,
\end{aligned}
$$

so stellt sich die Fourierreihe von f dar als **eine** Summe mit Faktoren $e^{i\,n\,\frac{2\pi}{p}\,x}$ für $n = -\infty, \ldots, \infty$:

$$
f(x) = \sum_{n=-\infty}^{\infty} c_n\,e^{i\,n\,\frac{2\pi}{p}\,x}
$$

mit den einheitlichen Koeffizienten

$$
c_n = \frac{1}{p}\int_0^p f(x)\,e^{-i\,n\,\frac{2\pi}{p}\,x}\,dx \qquad \text{für } n \in \mathbb{Z}. \qquad \square
$$

Es gilt also folgende *komplexe* Formulierung des Satzes von Fourier

---

Satz von Fourier: (Komplexe Formulierung)

Sei $f : \mathbb{R} \to \mathbb{C}$ eine komplexwertige Funktion mit reeller Periode p. f sei stückweise stetig differenzierbar und erfülle die Mittelwerteigenschaft. Dann konvergiert die *komplexe Fourierreihe* für alle $x \in \mathbb{R}$ gegen $f(x)$:

$$f(x) = \sum_{n=-\infty}^{\infty} c_n\, e^{i\,n\,\frac{2\pi}{p}\,x}.$$

Die *komplexen Fourierkoeffizienten* sind gegeben durch

$$c_n = \frac{1}{p} \int_0^p f(x)\, e^{-i\,n\,\frac{2\pi}{p}\,x}\, dx \qquad \text{für } n \in \mathbb{Z}.$$

Bemerkungen: Eigenschaften der komplexen Formulierung

(1) Es gibt nur eine Summenformel für die Fourierreihe und die Koeffizienten c_n werden über eine einheitliche Formel bestimmt.

(2) Da die Summation der komplexen Fourierreihe von $n = -\infty \ldots \infty$ geht, kommen formal negative Frequenzen vor. Dies rührt nur von der komplexen Formulierung her, denn $e^{i\,\omega_n\,t}$ und $e^{-i\,\omega_n\,t}$ werden benötigt, um die reelle Schwingung $\sin(\omega_n t)$ bzw. $\cos(\omega_n t)$ mit reeller Frequenz $\omega_n > 0$ zu beschreiben.

(3) Die Fourierkoeffizienten c_n von reellen Signalen $f(x)$ besitzen die folgenden Eigenschaften:

    (a) $c_n^* = c_{-n}$: Die Koeffizienten zu negativen n sind das Komplex-konjugierte der entsprechenden Koeffizienten zu positiven n.

    (b) Folglich sind die Beträge von c_n und c_{-n} gleich, nämlich

$$\left| c_n \right| = \left| \tfrac{1}{2}\left(a_n - i\,b_n\right)\right| = \tfrac{1}{2}\sqrt{a_n^2 + b_n^2} = \tfrac{1}{2}\,A_n.$$

Der Betrag der komplexen Fourierkoeffizienten stimmt bis auf den Faktor $\tfrac{1}{2}$ mit A_n überein. D.h. der **Betrag repräsentiert das Amplitudenspektrum** jeweils zur Hälfte von $-\infty$ bis -1 und von 1 bis ∞.

    (c) Die Phase der komplexen Fourierkoeffizienten ist bestimmt durch

$$\tan \varphi_n = \frac{\operatorname{Im} c_n}{\operatorname{Re} c_n} = \frac{-\tfrac{1}{2}\,b_n}{\tfrac{1}{2}\,a_n} = -\frac{b_n}{a_n}.$$

Bis auf das Vorzeichen ist dies das **Phasenspektrum**.

    (d) $c_0 = a_0$ stellt den **Gleichstromanteil** des Signals dar.

Der große Vorteil der komplexen Formulierung liegt also darin, daß eine einheitliche Formel für die Koeffizienten existiert und diese Koeffizienten das Amplitudenspektrum (bis auf den Faktor $\frac{1}{2}$) **und** das Phasenspektrum (bis auf das Vorzeichen) beinhalten.

8. Beispiel: Gesucht ist die komplexe Fourierreihe der unten gezeichneten Funktion f, die T-periodisch auf $\mathbb{R}$ fortgesetzt wird:

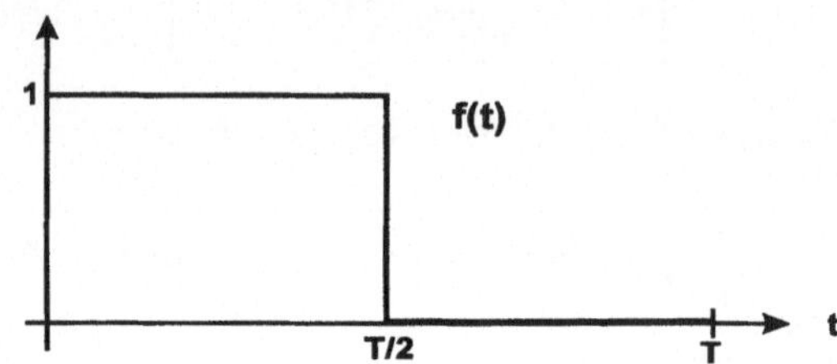

Setzen wir $\omega_0 = \frac{2\pi}{T}$, so sind die komplexen Fourierkoeffizienten für $n \neq 0$ gegeben durch

$$c_n \;=\; \frac{1}{T} \int_0^T f(t)\, e^{-i\,n\,\omega_0 t}\, dt = \frac{1}{T} \int_0^{\frac{T}{2}} e^{-i\,n\,\omega_0 t}\, dt$$

$$=\; \frac{1}{T}\, \frac{1}{-i\,n\,\omega_0} \left[e^{-i\,n\,\omega_0\, \frac{T}{2}} - 1 \right].$$

Mit $\omega_0 \cdot T = 2\pi$ und $\omega_0 \frac{T}{2} = \pi$ ist $e^{-i\,n\,\omega_0\, \frac{T}{2}} = e^{-i n \pi} = (-1)^n$

$$\Rightarrow \quad c_n = \frac{1}{-i\,n\,2\pi}\, [(-1)^n - 1] = \begin{cases} \frac{1}{i\,n\,\pi} & n \text{ ungerade} \\[2mm] 0 & n \text{ gerade.} \end{cases}$$

Da der Gleichstromanteil des Signals $\frac{1}{2} \Rightarrow c_0 = \frac{1}{2}$.

$$\Rightarrow \quad f(t) = \frac{1}{2} + \sum_{\substack{n=-\infty \\ n \ \text{ungerade}}}^{\infty} \frac{1}{i\,n\,\pi}\, e^{i\,n\,\omega_0 t}.$$

Das Amplitudenspektrum dieser Funktion ist gegeben durch

$$a_0 \;=\; |c_0| = \frac{1}{2}$$

$$A_n \;=\; 2\,|c_n| = \begin{cases} \frac{2}{n\,\pi} & \text{für } n \text{ ungerade} \\[2mm] 0 & \text{für } n \text{ gerade} \ . \end{cases}$$

9. Beispiel: Der *kommutierte Sinusstrom* (**Zweiweggleichrichter**)

$$i(t) = i_0 \, |\sin(\omega_0 t)|$$

hat die Form $\left(\omega_0 = \frac{2\pi}{T}\right)$:

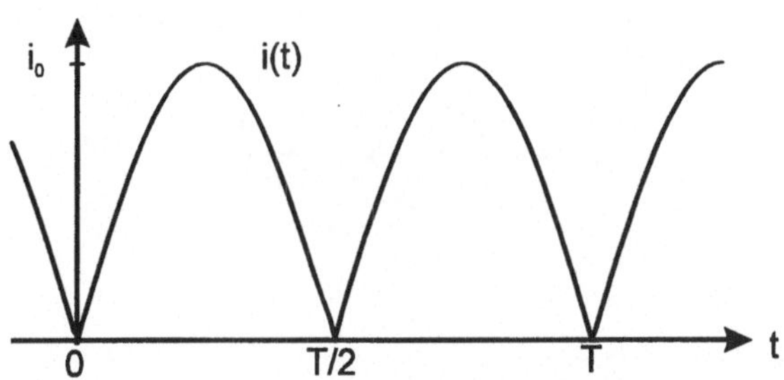

Abb. 101: Zweiweggleichrichter

Gesucht ist die Fourierreihendarstellung des Stromes. Da die Berechnung des Integrals $\int_0^T |\sin(\omega_0 t)| \, e^{-in\omega_0 t} \, dt$ mit MAPLE nicht explizit durchgeführt wird, spalten wir das Integral von $t = 0..T$ auf in ein Integral von $t = 0..\frac{T}{2}$ und ein zweites von $t = \frac{T}{2}..T$:

```
> w0 := 2*Pi/T:
> i(t) := i0 * sin(w0 * t) :
> integral := 1/T * (Int(i(t) * exp(-I*n*w0*t), t = 0..T/2)
                    + Int(-i(t) * exp(-I*n*w0* t), t = T/2..T)):
> value(%):
> c[n] := normal(%);
```

$$c_n := -\frac{1}{2} \frac{i0 \left(2\,e^{-I\,n\,\pi} + 1 + e^{-2\,I\,n\,\pi}\right)}{\pi\,(n^2 - 1)}$$

Für $n = \pm 1$ müssen die Koeffizienten c_1 und c_{-1} separat berechnet werden.
```
> value(subs(n = +1, integral)):     c[1] := normal(%);
```

$$c_1 := 0$$

```
> value(subs(n = -1, integral)):     c[-1] := normal(%);
```

$$c_{-1} := 0$$

Zur Vereinfachung der allgemeinen Koeffizienten c_n setzen wir $e^{-i\,n\,\pi} = (-1)^n$ und $e^{-2\pi\,i\,n} = 1$:
```
> c[n] := subs({exp(-I*n*Pi) = (-1)^n, exp(-2*I*n*Pi) = 1}, c[n]);
```

$$c_n := -\frac{1}{2} \frac{i0 \left(2\,(-1)^n + 2\right)}{\pi\,(n^2 - 1)}$$

Damit ist

$$c_n = \begin{cases} -\dfrac{2}{\pi}\,\dfrac{1}{n^2-1}\,i_0 & \text{für } n \text{ gerade} \\[2em] 0 & \text{für } n \text{ ungerade} \end{cases}$$

$$\Rightarrow \quad i(t) = -\frac{2i_0}{\pi}\sum_{\substack{n=-\infty \\ n\,gerade}}^{\infty}\frac{1}{n^2-1}\,e^{i\,n\,\omega_0 t}. \qquad \square$$

Berechnung der reellen Fourierkoeffizienten aus den komplexen. Selbst wenn man die Rechnung im Komplexen durchgeführt hat, ist man gelegentlich an den reellen Fourierkoeffizienten a_n und b_n interessiert. Aus den komplexen Fourierkoeffizienten c_n, $n \in \mathbb{Z}$, lassen sich die reellen Fourierkoeffizienten a_0, a_n und b_n einfach zurückgewinnen, so daß sie nicht neu über die reellen Integralformeln berechnet werden müssen. Es gilt nach der Definition der c_n:

$$\begin{array}{rcll} c_0 & = & a_0 & (1) \\ c_n & = & \frac{1}{2}\left(a_n - i\,b_n\right) & (2) \\ c_{-n} & = & \frac{1}{2}\left(a_n + i\,b_n\right) & (3) \end{array}$$

Aus (1) folgt direkt
Addiert man (2) und (3) gilt
Subtrahiert man (3) von (2) gilt

$$\begin{array}{ll} a_0 = c_0 & \\ a_n = c_n + c_{-n} & n = 1, 2, 3, \ldots \\ b_n = i\left(c_n - c_{-n}\right) & n = 1, 2, 3, \ldots \end{array} \qquad \square$$

10. Beispiel: Aus den in Beispiel 9 berechneten komplexen Fourierkoeffizienten c_n bestimmt man die reellen durch

$$a_0 \;=\; c_0 \;=\; \frac{2}{\pi}\,i_0$$

$$a_n \;=\; c_n + c_{-n} \;=\; \begin{cases} -\dfrac{4}{\pi}\,\dfrac{1}{n^2-1}\,i_0 & \text{für } n \text{ gerade} \\ 0 & \text{für } n \text{ ungerade} \end{cases}$$

$$b_n \;=\; i\left(c_n - c_{-n}\right) \;=\; 0 \qquad\qquad \text{für } n = 1, 2, 3, \ldots \;.$$

Dies liefert die reelle Darstellung des Stromes als

$$\Rightarrow i(t) = \frac{2}{\pi}\,i_0 - \frac{4}{\pi}\,i_0\left[\tfrac{1}{1\cdot3}\cos(2\,\omega_0 t) + \tfrac{1}{3\cdot5}\cos(4\,\omega_0 t) + \tfrac{1}{5\cdot7}\cos(6\,\omega_0 t) + \ldots\right].$$

Zusammenfassung: Fourierreihen

Gegeben ist ein T-periodisches Signal $f(t)$, das stückweise stetig differenzierbar ist und die Mittelwerteigenschaft erfüllt.

(1) Für alle $t \in \mathbb{R}$ gilt die reelle Fourierreihendarstellung

$$f(t) = a_0 + \sum_{n=1}^{\infty} a_n \cos\left(n\,\frac{2\pi}{T}\,t\right) + \sum_{n=1}^{\infty} b_n \sin\left(n\,\frac{2\pi}{T}\,t\right)$$

mit $\quad a_0 = \dfrac{1}{T} \displaystyle\int_0^T f(t)\,dt,$

$$a_n = \frac{2}{T} \int_0^T f(t)\,\cos\left(n\,\frac{2\pi}{T}\,t\right)\,dt \qquad n = 1,2,3,\dots,$$

$$b_n = \frac{2}{T} \int_0^T f(t)\,\sin\left(n\,\frac{2\pi}{T}\,t\right)\,dt \qquad n = 1,2,3,\dots.$$

(2) Für alle $t \in \mathbb{R}$ gilt

$$f(t) = a_0 + \sum_{n=1}^{\infty} A_n \cos\left(n\,\frac{2\pi}{T}\,t - \varphi_n\right)$$

mit $A_n = \sqrt{a_n^2 + b_n^2}$ und $\tan\varphi_n = \dfrac{b_n}{a_n}$ für $n = 1,2,3,\dots.$

(3) Für alle $t \in \mathbb{R}$ gilt die komplexe Fourierreihendarstellung

$$f(t) = \sum_{n=-\infty}^{\infty} c_n\, e^{i n \frac{2\pi}{T} t}$$

mit $\quad c_n = \dfrac{1}{T} \displaystyle\int_0^T f(t)\, e^{-i n \frac{2\pi}{T} t}\,dt; \qquad n \in \mathbb{Z}.$

(4) Die Umrechnung der reellen Fourierkoeffizienten zu den komplexen erfolgt mit den Formeln

$$\begin{aligned} c_0 &= a_0, \\ c_n &= \tfrac{1}{2}\left(a_n - i\,b_n\right) && n \in \mathbf{N}, \\ c_{-n} &= \tfrac{1}{2}\left(a_n + i\,b_n\right) && n \in \mathbf{N}. \end{aligned}$$

(5) Die Umrechnung der komplexen Fourierkoeffizienten zu den reellen erfolgt mit den Formeln

$$\begin{aligned} a_0 &= c_0, \\ a_n &= c_n + c_{-n} && n \in \mathbf{N}, \\ b_n &= i\left(c_n - c_{-n}\right) && n \in \mathbf{N}. \end{aligned}$$

§7. Zusammenstellung elementarer Fourierreihen

(1) Rechteckskurven

$$y(t) = \begin{cases} 1 & |t| < \delta \\[4pt] \frac{1}{2} & |t| = \delta \\[4pt] 0 & \delta < |t| \le \pi \end{cases}$$

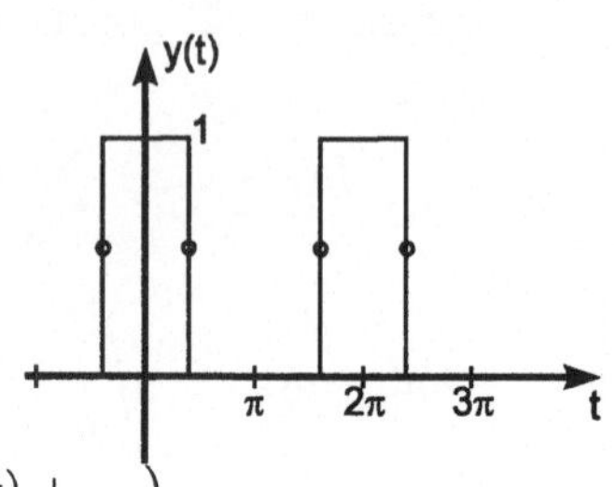

$$y(t) = \frac{\delta}{\pi} + \frac{2}{\pi}\left(\frac{1}{1}\sin(\delta)\cos(t) + \frac{1}{2}\sin(2\delta)\cos(2t) + \ldots\right)$$

$$y(t) = \begin{cases} 1 & 0 < t < \frac{T}{2} \\[4pt] \frac{1}{2} & t = 0, \frac{T}{2} \\[4pt] 0 & \frac{T}{2} < t < T \end{cases}$$

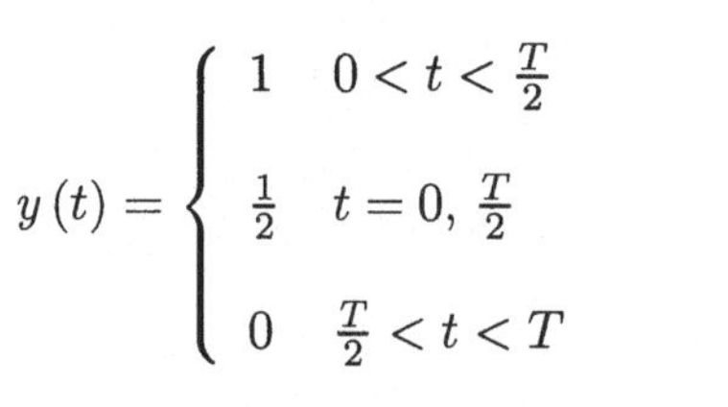

$$y(t) = \frac{1}{2} + \frac{2}{\pi}\left(\sin(\omega_0 t) + \frac{1}{3}\sin(3\omega_0 t) + \frac{1}{5}\sin(5\omega_0 t) + \ldots\right)$$

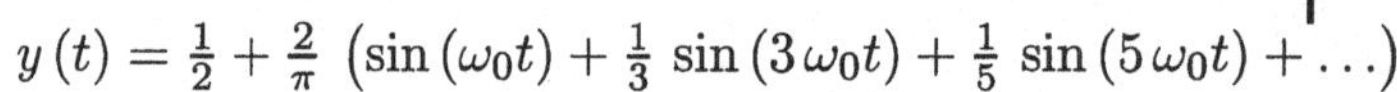

(2) Kippschwingungen

$$y(t) = \begin{cases} \frac{1}{T}t & 0 \le t < T \\[4pt] \frac{1}{2} & t = T \end{cases}$$

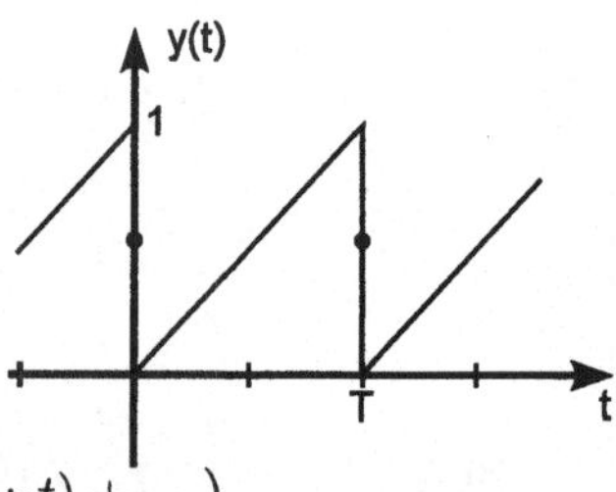

$$y(t) = \frac{1}{2} - \frac{1}{\pi}\left(\sin(\omega_0 t) + \frac{1}{2}\sin(2\omega_0 t) + \frac{1}{3}\sin(3\omega_0 t) + \ldots\right)$$

$$y(t) = \begin{cases} t & |t| < T \\[4pt] 0 & t = \frac{T}{2} \end{cases}$$

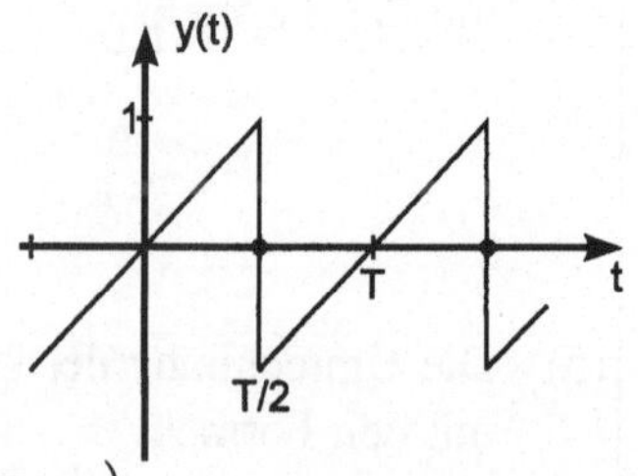

$$y(t) = 2\left(\sin(\omega_0 t) - \frac{1}{2}\sin(2\omega_0 t) + \frac{1}{3}\sin(3\omega_0 t) \mp \ldots\right)$$

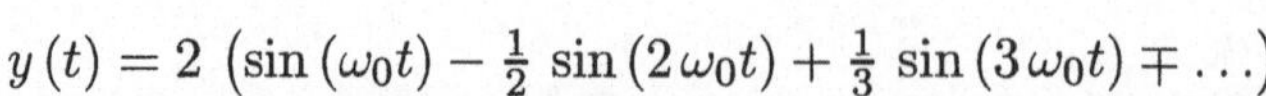

(3) Sinusimpulse

$$y(t) = \begin{cases} \sin(\omega_0 t) & 0 \le t \le \frac{T}{2} \\[2mm] 0 & \frac{T}{2} \le t \le T \end{cases}$$

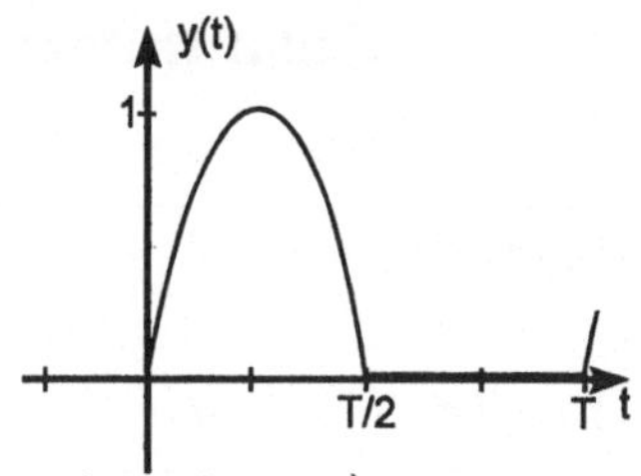

$$y(t) = \frac{1}{\pi} + \frac{1}{2}\sin(\omega_0 t) - \frac{2}{\pi}\left(\frac{1}{1\cdot 3}\cos(2\omega_0 t) + \frac{1}{3\cdot 5}\cos(4\omega_0 t) + \ldots\right)$$

$$y(t) = |\sin(\omega_0 t)| \qquad 0 \le t \le T$$

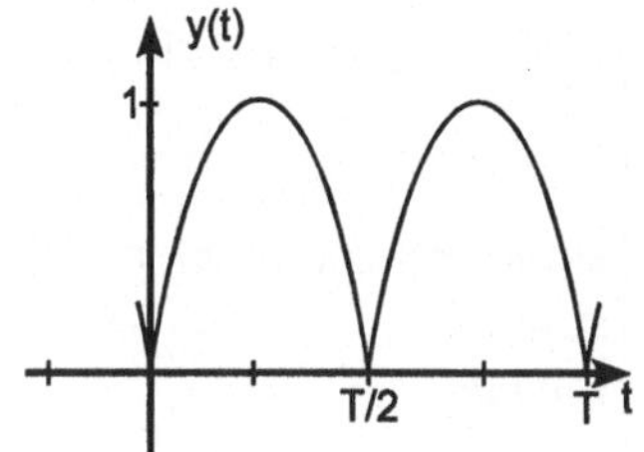

$$y(t) = \frac{2}{\pi} - \frac{4}{\pi}\left(\frac{1}{1\cdot 3}\cos(2\omega_0 t) + \frac{1}{3\cdot 5}\cos(4\omega_0 t) + \frac{1}{5\cdot 7}\cos(6\omega_0 t) + \ldots\right)$$

---

(4) Quadratfunktionen

$$y(t) = \frac{4}{T^2}\left(t - \frac{T}{2}\right)^2 \qquad 0 \le t \le T$$

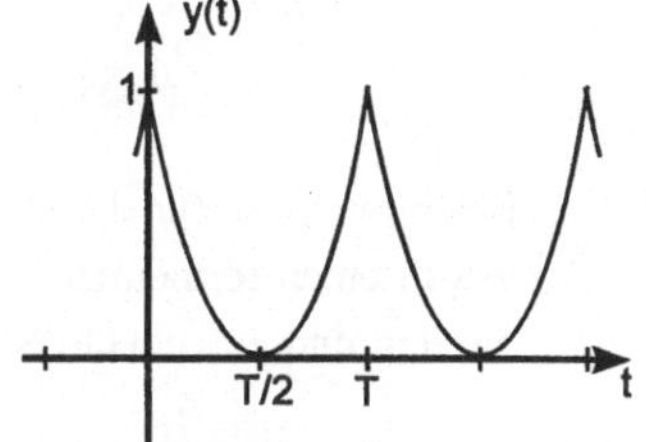

$$y(t) = \frac{1}{3} + \frac{4}{\pi^2}\left(\frac{1}{1^2}\cos(\omega_0 t) + \frac{1}{2^2}\cos(2\omega_0 t) + \frac{1}{3^2}\cos(3\omega_0 t) + \ldots\right)$$

$$y(t) = \left(\frac{t}{T}\right)^2 \qquad |t| \le \frac{T}{2}$$

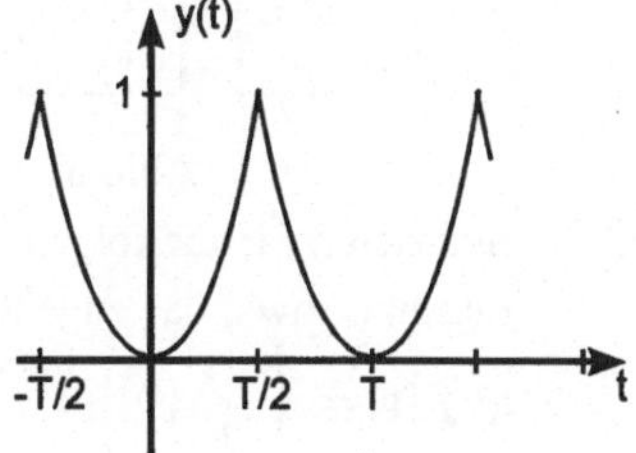

$$y(t) = \frac{1}{3} - \frac{4}{\pi^2}\left(\frac{1}{1^2}\cos(\omega_0 t) - \frac{1}{2^2}\cos(2\omega_0 t) + \frac{1}{3^2}\cos(3\omega_0 t) \mp \ldots\right)$$

Zusammenstellung der MAPLE-Befehle

int$(f(x), x = 0..p)$	Berechnung des bestimmten Integrals $\int_0^p f(x)\, dx$.
Int$(f(x), x = 0..p)$	Inerte Form des **int**-Befehls: Das Integral wird nur symbolisch dargestellt.
value$(\text{Int}(f(x), x = 0..p))$	Symbolische Auswertung der inerten Form des bestimmten Integrals.
evalf$(\text{Int}(f(x), x = 0..p))$	Numerische Auswertung des bestimmten Integrals. In diesem Fall darf das Integral keine Parameter enthalten.
sum$(a[n]*\cos(n*x), n = 1..N)$	Summe $\sum_{n=1}^{N} a_n \cos(n\,x)$.
simplify	Vereinfachung eines Ausdrucks.
normal	Bestimmung des Hauptnenners und Kürzen von gemeinsamen Faktoren.
subs$(\sin(2*Pi*n) = 0, expr)$	Ersetzt in $expr$ $\sin(2\pi n)$ durch Null.

Aufgaben zu Fourierreihen

13.1   Bestimmen Sie für die unten skizzierten 2π-periodischen Funktionen im Periodenintervall einen formelmäßigen Ausdruck, suchen Sie nach eventuell vorhandenen Symmetrien und entwickeln Sie die Funktionen dann in eine reelle Fourierreihe:

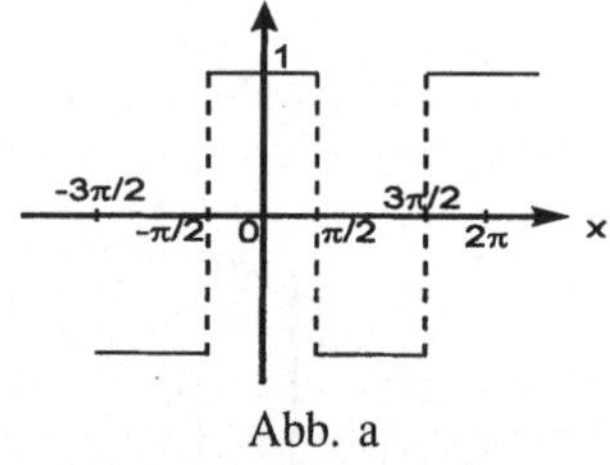

Abb. a

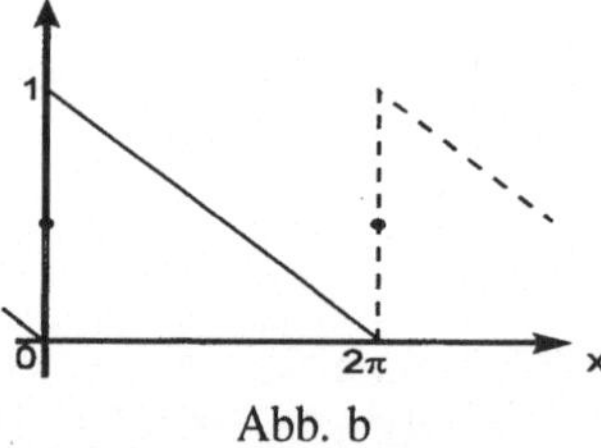

Abb. b

13.2   Skizzieren Sie die folgenden T-periodischen Funktionen und bestimmen Sie die Fourierreihe sowie das zugehörige Amplitudenspektrum:

a) $f(t) = \begin{cases} e^t & \frac{-T}{2} \leq t \leq 0 \\ e^{-t} & 0 \leq t \leq \frac{T}{2} \end{cases}$ b) $f(t) = \begin{cases} \frac{2ht}{T} & 0 \leq t \leq \frac{T}{2} \\ h & \frac{T}{2} \leq t \leq T \end{cases}$

13.3   Geben sei die komplexe Fourierentwicklung von

a) Aufgabe 13.1a)   b) Aufgabe 13.1b)   an.

13.4   Entwickeln Sie nun auch noch $f(t) = \sin^3 t,\ |t| \leq \pi$ in eine Fourierreihe (erst nachdenken !!!).

13.5 a) Entwickeln Sie $f(t) = t^2$, $0 \leq t \leq T$ in eine Fourierreihe.

b) Was ergibt sich für $T = 2\pi$?

c) Was erhält man bei b) für $\sum_{n=1}^{\infty} \frac{1}{n^2}$, wenn $t = 2\pi$ gesetzt wird?

13.6 In Abb. c ist der zeitliche Verlauf einer Kippspannung (Sägezahnimpuls) mit der Schwingungsdauer T angegeben. Man führe für diesen Impuls eine Fourieranalyse durch. $u(t) = \frac{u_0}{T} t$ $(0 < t < T)$.

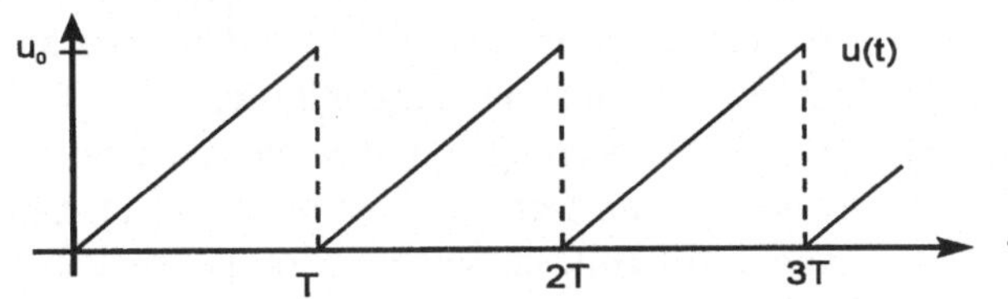

Abb. c

13.7 Zeichnen und entwickeln Sie die folgenden Funktionen in Fourierreihen unter Berücksichtigung möglicher Symmetrieeigenschaften:

a) $f(x) = \begin{cases} 8 & 0 < x < 2 \\ -8 & 2 < x < 4 \end{cases}$ mit Periode 4,

b) $f(x) = \begin{cases} -x & -4 \leq x \leq 0 \\ x & 0 \leq x \leq 4 \end{cases}$ mit Periode 8.

13.8 Zerlegen Sie mit MAPLE den trapezförmigen Impuls in seine harmonischen Komponenten. Welchen Wert nimmt die Fourierreihe in $t = T$ an?

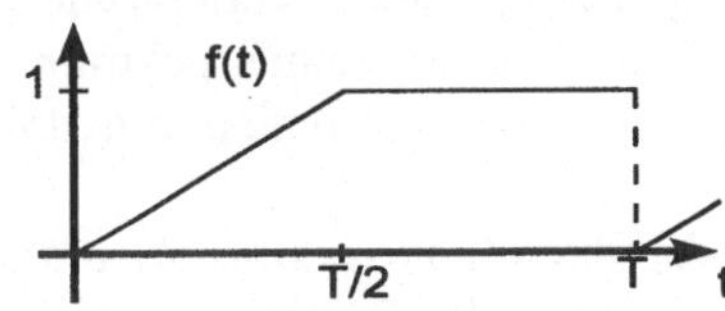

Abb. d

13.9 Führen Sie eine Fourieranalyse für die folgenden periodischen Signale durch:

a) $f(t) = 4t$ $0 < t < 10$ Periodendauer $T = 10$,

b) $f(t) = \begin{cases} 2t & 0 < t < 10 \\ 0 & -3 < t \leq 0 \end{cases}$ Periodendauer $T = 6$.

Kapitel XIV
Fouriertransformation

In diesem Kapitel wird mit der Fouriertransformation untersucht, welche Frequenzen mit welchen Amplituden in einem Zeitsignal $f(t)$ enthalten sind, wenn das Zeitsignal nicht periodisch ist. Man nennt dieses Vorgehen, wie bei den Fourierreihen, die *Frequenzanalyse* des Zeitsignals f. Es werden weiterhin in §2 wichtige Eigenschaften der Fouriertransformation vorgestellt und deren Bedeutung an Beispielen diskutiert. Zur Charakterisierung von linearen Systemen benötigt man eine Funktion, die alle Frequenzen mit gleicher Amplitude enthält. Dies führt auf den Begriff der *Deltafunktion*. Mit Hilfe dieser Funktion lassen sich lineare Systeme vollständig beschreiben ($\rightarrow$ *Systemanalyse*). Im Hinblick auf die digitale Meßdatenanalyse wird zum Abschluß auch auf die diskrete Fouriertransformation und deren Anwendungen eingegangen.

§1. Fouriertransformation und Beispiele

Durch die Angabe der Fourierreihe ist es möglich, periodische Vorgänge zu analysieren, ungeachtet der Tatsache, wie groß die Periodendauer T ist. Eine T-periodische Funktion f läßt sich darstellen als Überlagerung unendlich vieler harmonischer Schwingungen mit Grundfrequenz $\omega_0 = \frac{2\pi}{T}$, Oberfrequenzen $\omega_n = n\frac{2\pi}{T}$ und den zugehörigen Amplituden. Periodische Funktionen besitzen damit ein diskretes Linienspektrum. Dieses Linienspektrum liefert eine eindeutige Zuordnung zwischen dem Zeitbereich der Funktion und dem Frequenzbereich.

Im folgenden wird ein Verfahren (*Fouriertransformation*) entwickelt, welches auch für nichtperiodische Funktionen alle Frequenzen mit zugehörigen Amplituden liefert, die in dem Signal enthalten sind.

1.1 Übergang von der Fourierreihe zur Fouriertransformation

Um die Frequenzen in einem beliebigen Zeitsignal f zu bestimmen, interpretieren wir die Funktion f als periodische Funktion mit Periode $T \rightarrow \infty$. Um eine Darstellung für das Spektrum zu erhalten, gehen wir zunächst aber von einer $2p$-periodischen Funktion $f(t)$ aus. Nach Kap. XIII.6 lautet die zugehörige komplexe

Fourierreihe

$$f(t) = \sum_{n=-\infty}^{\infty} c_n \, e^{i\,n\,\frac{2\pi}{2p}\,t}$$

mit

$$c_n = \frac{1}{2p} \int_0^{2p} f(t) \, e^{-i\,n\,\frac{2\pi}{2p}\,t} \, dt = \frac{1}{2p} \int_{-p}^{p} f(t) \, e^{-i\,n\,\frac{\pi}{p}\,t} \, dt.$$

Setzt man die Koeffizienten c_n in die Fourierreihe ein, folgt mit den Frequenzen $\omega_n = n\,\frac{\pi}{p}$ und dem Frequenzabstand $\Delta\omega = \omega_n - \omega_{n-1} = \frac{\pi}{p}$:

$$
\begin{aligned}
f(t) \;&=\; \sum_{n=-\infty}^{\infty} \left[\frac{1}{2p} \int_{-p}^{p} f(t) \, e^{-i\,\omega_n\,t}\, dt\right] e^{i\,\omega_n\,t} \\[2mm]
&=\; \frac{1}{2\pi} \sum_{n=-\infty}^{\infty} \Delta\omega \left[\int_{-\pi/\Delta\omega}^{\pi/\Delta\omega} f(t) \, e^{-i\,\omega_n\,t}\, dt\right] e^{i\,\omega_n\,t}.
\end{aligned}
$$

Wir interpretieren nun eine beliebige, nicht notwendigerweise periodische Zeitfunktion $f(t)$ als periodische Funktion mit $p \to \infty$. Für $p \to \infty$ geht der Frequenzabstand $\Delta\omega$ gegen Null und die Summe geht in das Integral über. Die Frequenzspektren rücken näher zusammen und nach dem Grenzübergang erhält man eine kontinuierliche Funktion in ω:

$$\boxed{\; f(t) = \frac{1}{2\pi} \int_{-\infty}^{\infty} F(\omega) \, e^{i\,\omega\,t} \, d\omega \;} \tag{FI}$$

mit

$$\boxed{\; F(\omega) = \int_{-\infty}^{\infty} f(t) \, e^{-i\,\omega\,t} \, dt. \;} \tag{FT}$$

Man bezeichnet die Darstellung von $f(t) = \frac{1}{2\pi} \int_{-\infty}^{\infty} F(\omega) \, e^{i\,\omega\,t} \, d\omega$ als **Fourierintegral** und $F(\omega)$ die **Fouriertransformierte** oder **Spektralfunktion** zur Zeitfunktion $f(t)$.

Hinweis: Auf der CD-ROM befindet sich eine Animation, bei der am Beispiel der T-periodischen Fortsetzung der Funktion $e^{-t} S(t)$, $0 \le t \le T$, aufgezeigt wird, wie für $T \to \infty$ die Spektrallinien zusammenrücken ($\Delta\omega \to 0$) und aus dem diskreten Spektrum eine kontinuierliche Funktion hervorgeht.

Beim Übergang von der Fourierreihe zum Fourierintegral wird formal der Grenzübergang $p \to \infty$ durchgeführt, ohne die Existenz des uneigentlichen Integrals zu begründen. Man kann jedoch allgemein zeigen, daß das uneigentliche Integral unter gewissen Voraussetzungen (die in der Praxis nahezu immer erfüllt sind) existiert:

> **Satz: (Fouriertransformation)**
> Sei $f : \mathbb{R} \to \mathbb{R}$ stückweise stetig differenzierbar und $\int_{-\infty}^{\infty} |f(t)|\, dt < \infty$, dann existiert für jedes $\omega \in \mathbb{R}$
>
> $$F(\omega) = \int_{-\infty}^{\infty} f(t)\, e^{-i\omega t}\, dt \qquad \textbf{(Fouriertransformierte von } f).$$

Die **Fouriertransformation** ordnet jeder Zeitfunktion $f(t)$ mit obigen Eigenschaften eine Frequenzfunktion $F(\omega) : \mathbb{R} \to \mathbb{R}$ zu. Man sagt, daß die Fouriertransformation den Zeitbereich auf den **Spektralbereich (Frequenzbereich)** abbildet, indem sie der Zeitfunktion $f(t)$ die Spektralfunktion $F(\omega)$ zuweist. Um präzise anzugeben, zu welcher Zeitfunktion $F(\omega)$ gehört, verwendet man auch die Notation

$$\mathcal{F}(f)(\omega) = F(\omega).$$

Diese Schreibweise drückt den transformatorischen Charakter der Fouriertransformation aus: Der Funktion f wird eine neue Funktion $\mathcal{F}(f)$ zugeordnet. Teilweise wird noch die Korrespondenzschreibweise verwendet:

$$f(t) \;\; \circ\!\!\!-\!\!\!-\!\!\!\bullet \;\; F(\omega).$$

Bemerkung: Eine Funktion $f : [a, b] \to \mathbb{R}$ heißt stückweise stetig differenzierbar, wenn das Intervall in endlich viele Teilintervalle I_k zerlegt werden kann, so daß f im Innern der Intervalle I_k stetig differenzierbar ist und an den Grenzen der rechts- bzw. linksseitige Grenzwert von f existiert. f heißt in $\mathbb{R}$ stückweise stetig differenzierbar, wenn f in jedem endlichen Intervall $[a, b]$ stückweise stetig differenzierbar ist.

1. Beispiel: Für den unten dargestellten **Rechteckimpuls** soll die Fouriertransformierte $F(\omega)$ berechnet werden

$$f(t) := \left\{ \begin{array}{ll} 1 & \text{für } |t| < T \\ 0 & \text{für } |t| > T \end{array} \right\} =: rect\left(\tfrac{t}{T}\right)$$

$$\begin{aligned} \mathcal{F}(f)(\omega) \;\; = \;\; F(\omega) &= \int_{-\infty}^{\infty} f(t)\, e^{-i\omega t}\, dt = \int_{-T}^{T} 1\, e^{-i\omega t}\, dt = \left. \frac{e^{-i\omega t}}{-i\omega} \right|_{-T}^{T} \\[2mm] &= \frac{1}{-i\omega}\left(e^{-iT\omega} - e^{iT\omega}\right) = \frac{2}{\omega}\frac{1}{2i}\left(e^{iT\omega} - e^{-iT\omega}\right) \\[2mm] &= \frac{2}{\omega}\sin(\omega T) = 2T\, \frac{\sin(\omega T)}{\omega T}. \end{aligned}$$

Führt man die Si-Funktion $\mathrm{Si}\,(x) := \frac{\sin x}{x}$ ein, schreibt man obiges Ergebnis als

$$\boxed{\,F\,(\omega) = \mathcal{F}\left(rect\left(\tfrac{t}{T}\right)\right)(\omega) = 2T\,\mathrm{Si}\,(\omega\,T).\,}$$

Der Verlauf dieser Funktion ist in Abb. 102 gezeigt.

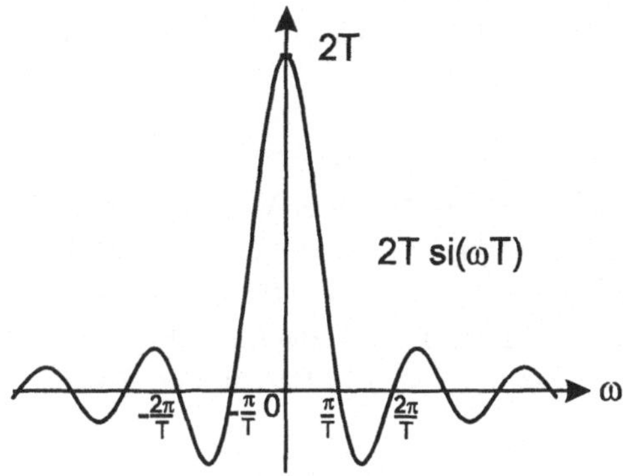

Abb. 102: Fouriertransformierte der Rechteckfunktion

2. Beispiel: Für die unten dargestellte **Exponentialfunktion** ist die zugehörige Spektralfunktion gesucht:

$$f\,(t) = e^{-\alpha t}\cdot S\,(t) = \begin{cases} 0 & \text{für } t < 0 \\ e^{-\alpha t} & \text{für } t > 0,\ \alpha > 0. \end{cases}$$

Dabei ist $S\,(t)$ die Sprungfunktion (Heavisidefunktion)

$$S\,(t) = \begin{cases} 0 & \text{für } t < 0 \\ 1 & \text{für } t > 0. \end{cases}$$

Die zur Funktion f gehörende Spektralfunktion ist die Fouriertransformierte $F(\omega)$:

$$F\,(\omega) \;=\; \int_{-\infty}^{\infty} f\,(t)\,e^{-i\omega t}\,dt = \int_{0}^{\infty} e^{-\alpha t}\,e^{-i\omega t}\,dt = \int_{0}^{\infty} e^{-(\alpha+i\omega)t}\,dt$$

$$=\; \frac{e^{-(\alpha+i\omega)t}}{-(\alpha+i\omega)}\Bigg|_{t=0}^{t=\infty} = \lim_{t\to\infty}\frac{e^{-(\alpha+i\omega)t}}{-(\alpha+i\omega)} + \frac{1}{\alpha+i\omega}$$

$$=\; 0 + \frac{1}{\alpha+i\omega} = \frac{\alpha}{a^2+\omega^2} - i\,\frac{\omega}{\alpha^2+\omega^2}.$$

$$\Rightarrow \boxed{\; F\left(\omega\right) = \mathcal{F}\left(e^{-\alpha t} \cdot S\left(t\right)\right)\left(\omega\right) = \frac{1}{\alpha + i\,\omega}. \;}$$

Anmerkung: Für die meisten Anwendungen spielt es keine Rolle, welchen Wert $S(t)$ an der Stelle $t = 0$ besitzt. Gebräuchlich sind $S(0) = 0$, $S(0) = 1$ aber auch $S(0) = \frac{1}{2}$. Mit der letzteren Festlegung gilt $S(t) = \frac{1}{2} + \frac{1}{2}\,sign(t)$, wenn $sign(t)$ die Vorzeichenfunktion darstellt.　　　　　　　　　　　　　　□

Darstellung der Fouriertransformierten. Man erkennt an diesem einfachen Beispiel, daß die Fouriertransformierte $F\left(\omega\right)$ einer Zeitfunktion $f\left(t\right)$ i.a. komplexwertig ist. Den Graphen komplexwertiger Funktionen kann man nicht direkt zeichnen, sondern man muß entweder Real- und Imaginärteil getrennt darstellen oder man zerlegt die komplexe Funktion $F\left(\omega\right)$ in **Betrag** und **Phase**

$$F\left(\omega\right) = \left|F\left(\omega\right)\right|\, e^{i\,\varphi(\omega)} \qquad \text{mit}$$

$$\left|F\left(\omega\right)\right| \;=\; \sqrt{F\left(\omega\right) \cdot F^{*}\left(\omega\right)} \qquad \text{(Betrag)}$$

$$\tan\varphi\left(\omega\right) \;=\; \frac{\operatorname{Im} F\left(\omega\right)}{\operatorname{Re} F\left(\omega\right)} \qquad \text{(Phase)}$$

(siehe Bd. 1, Kap. V). Hierbei ist sowohl der Betrag als auch die Phase eine reelle Funktion von ω. Man spricht analog der Bezeichnung bei den Fourierreihen auch von *Amplituden-* und *Phasenspektrum*. Für Beispiel 2 erhält man mit MAPLE die folgende graphische Darstellung:

```
> F(w) := 1 / (alpha + I * w); alpha := 2:
```

$$F\left(w\right) = \frac{1}{\alpha + I\,w}$$

```
> plot(abs(F(w)), w = -20..20);          #Amplitudendarstellung
> plot(argument(F(w)), w = -20..20); #Phasendarstellung
```

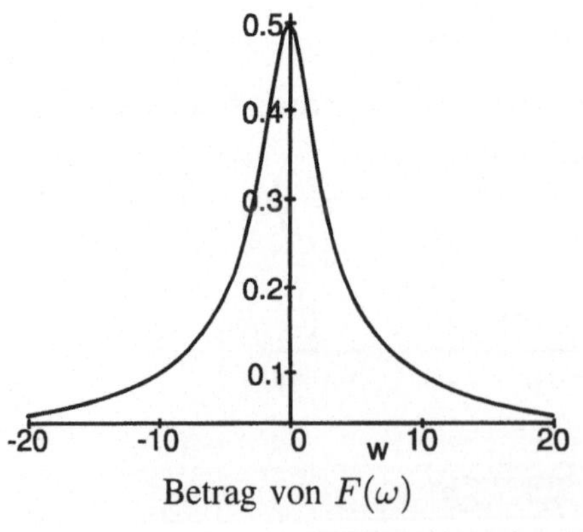

Betrag von $F(\omega)$

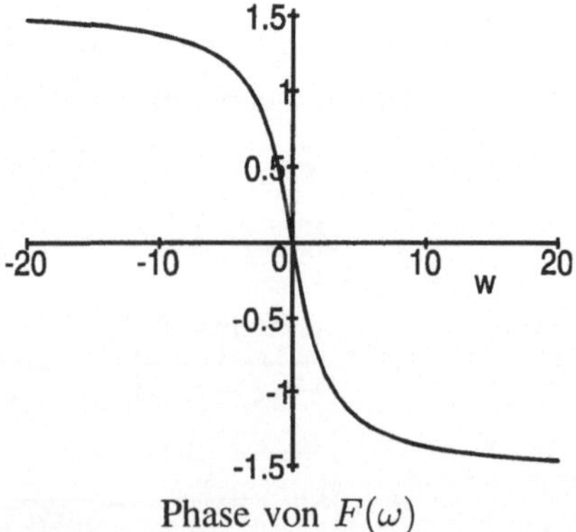

Phase von $F(\omega)$

1.2 Inverse Fouriertransformation

Daß eine Zeitfunktion vollständig durch ihre Frequenzfunktion charakterisiert wird, zeigt sich durch die *inverse Fouriertransformation*.

Satz: (Inverse Fouriertransformation)

Ist $F(\omega)$ die Fouriertransformierte einer Funktion $f(t)$, so ist die Funktion $f(t)$ gegeben durch

$$f(t) = \frac{1}{2\pi} \int_{-\infty}^{\infty} F(\omega)\, e^{i\omega t}\, d\omega \qquad \textbf{(inverse Fouriertransformation)},$$

falls $f(t)$ die Mittelwerteigenschaft erfüllt.

Die Mittelwerteigenschaft einer Funktion f besagt, daß der Funktionswert an jeder Stelle t durch den Mittelwert des linksseitigen und rechtsseitigen Funktionsgrenzwertes gegeben ist: $f(t) = \lim_{\varepsilon \to 0} \frac{1}{2} \left(f(t+\varepsilon) + f(t-\varepsilon) \right)$ für alle $t \in \mathbb{D}_f$ (siehe Kap. XIII.3). Für stetige Funktionen ist die Mittelwerteigenschaft immer erfüllt, für unstetige Funktionen muß an der Sprungstelle genau der Mittelwert des Sprunges als Funktionswert angenommen werden. Um mit der Mittelwerteigenschaft konsistent zu sein, sollte die Sprungfunktion $S(t)$ an der Stelle $t_0 = 0$ durch $S(0) = \frac{1}{2}$ definiert werden!

Obiger Satz besagt u.a., daß in der Fouriertransformierten einer Funktion f dieselbe Information enthalten ist, wie in f selbst. Denn durch die Formel der inversen Fouriertransformation kann das Zeitsignal vollständig aus $F(\omega)$ rekonstruiert werden. Insbesondere kann die Funktion f alleine durch die zugehörige Spektralfunktion charakterisiert werden.

Bemerkungen:

(1) Die Fouriertransformierte ist auch für komplexwertige Funktionen $f(t) = f_1(t) + i\, f_2(t)$ definiert. $F(\omega)$ ist im allgemeinen **immer** eine komplexwertige Funktion (siehe Beispiel 2).

(2) Ist f eine reellwertige Funktion (ein reelles Signal), dann läßt sich die Fouriertransformierte mit der Eulerschen Beziehung $e^{-i\omega t} = \cos(\omega t) - i\sin(\omega t)$ auch schreiben als

$$\mathcal{F}(f)(\omega) = \int_{-\infty}^{\infty} f(t)\, e^{-i\omega t}\, dt = \int_{-\infty}^{\infty} f(t)\, (\cos(\omega t) - i\sin(\omega t))\, dt$$

$$= \int_{-\infty}^{\infty} f(t)\cos(\omega t)\, dt - i \int_{-\infty}^{\infty} f(t)\sin(\omega t)\, dt. \qquad (*)$$

Man spricht in diesem Zusammenhang oftmals von der *Kosinus-* und *Sinustransformierten*.

(3) Gerade und ungerade Funktionen

  (i) Für eine **gerade**, reelle Funktion f, d.h. $f(-t) = f(t)$, gilt

$$\boxed{\;F(\omega) = 2 \int_0^\infty f(t)\,\cos(\omega t)\,dt.\;}$$

Begründung: Mit $f(t)$ ist auch $f(t) \cdot \cos(\omega t)$ eine gerade Funktion und

$$\int_{-\infty}^\infty f(t)\,\cos(\omega t)\,dt = 2 \int_0^\infty f(t)\,\cos(\omega t)\,dt,$$

da symmetrisch zum Ursprung $t = 0$ integriert wird. Andererseits ist $f(t) \cdot \sin(\omega t)$ eine ungerade Funktion. Integriert man eine ungerade Funktion symmetrisch zum Ursprung, ist das bestimmte Integral Null:

$$\int_{-\infty}^\infty f(t)\,\sin(\omega t)\,dt = 0.$$

Setzt man diese Integralergebnisse in die Formel $(*)$ ein, folgt die Behauptung.   □

  (ii) Für eine **ungerade**, reelle Funktion f, d.h. $f(-t) = -f(t)$, gilt mit der zu i) analogen Begründung

$$\boxed{\;F(\omega) = -i\,2 \int_0^\infty f(t)\,\sin(\omega t)\,dt.\;}$$

3. Beispiel: Gegeben ist die gerade, reelle Funktion

$$f(t) = e^{-\alpha |t|} \qquad \text{mit } \alpha > 0.$$

Die Fouriertransformierte von f berechnet sich nach Bemerkung 3i aus

$$F(\omega) = 2 \int_0^\infty f(t)\,\cos(\omega t)\,dt = 2 \int_0^\infty e^{-\alpha t}\,\cos(\omega t)\,dt.$$

Die Beträge im Argument der Exponentialfunktion können weggelassen werden, da nur über positive t integriert wird. Zur Berechnung des Integrals ersetzen wir $\cos(\omega t)$ durch $\mathrm{Re}\left(e^{i\omega t}\right)$ und erhalten

$$
\begin{aligned}
F(\omega) &= 2 \int_0^\infty e^{-\alpha t}\,\mathrm{Re}(e^{i\omega t})\,dt = 2\,\mathrm{Re}\int_0^\infty e^{(-\alpha + i\omega)t}\,dt \\[2mm]
&= 2\,\mathrm{Re}\,\frac{e^{(-\alpha + i\omega)t}}{-\alpha + i\omega}\Bigg|_{t=0}^{t=\infty} = 2\,\mathrm{Re}\,\frac{-1}{-\alpha + i\omega} \\[2mm]
&= 2\,\mathrm{Re}\left\{\frac{\alpha}{\alpha^2 + \omega^2} + i\,\frac{\omega}{\alpha^2 + \omega^2}\right\} = \frac{2\,\alpha}{\alpha^2 + \omega^2}.
\end{aligned}
$$

Das gleiche Ergebnis bekommt man auch durch zweimalige partielle Integration.

$$\Rightarrow \boxed{F\left(\omega\right) = \mathcal{F}\left(e^{-\alpha|t|}\right)\left(\omega\right) = \frac{2\,\alpha}{\alpha^2 + \omega^2}.}$$

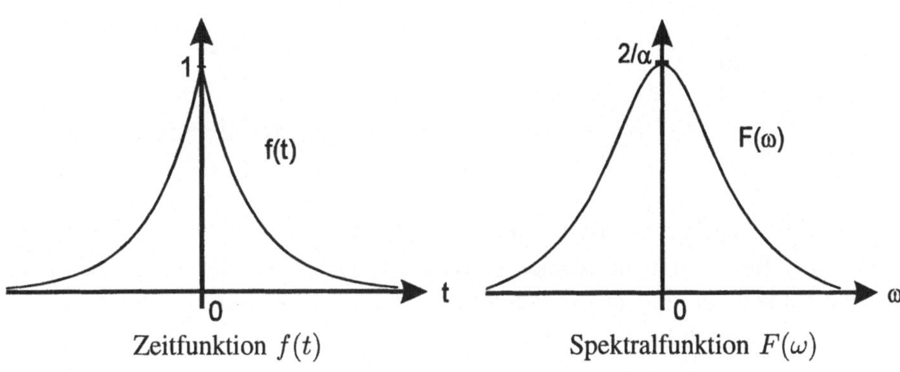

Zeitfunktion $f(t)$ Spektralfunktion $F(\omega)$

4. Beispiel: Gegeben ist die ungerade, reelle Funktion

$$f\left(t\right) = e^{-\alpha\,|t|}\,sign\left(t\right)$$

mit $\alpha > 0$ und der Vorzeichenfunktion $sign\left(t\right) = \begin{cases} 1 & \text{für } t > 0 \\ 0 & \text{für } t = 0 \\ -1 & \text{für } t < 0 \end{cases}.$

Die Fouriertransformierte ist nach Bemerkung 3ii gegeben durch

$$F\left(\omega\right) = -i\,2\int_0^\infty f\left(t\right)\sin\left(\omega\,t\right)\,dt = -i\,2\int_0^\infty e^{-\alpha t}\sin\left(\omega\,t\right)\,dt.$$

Ersetzt man zur einfachen Berechnung des Integrals $\sin\left(\omega\,t\right) = \operatorname{Im}\left(e^{i\,\omega\,t}\right)$, so erhält man unter Berücksichtigung von Beispiel 3

$$F\left(\omega\right) \;=\; -i\,2\operatorname{Im}\int_0^\infty e^{-\alpha t}\,e^{i\,\omega\,t}\,dt = -i\,2\operatorname{Im}\left\{\frac{\alpha}{\alpha^2 + \omega^2} + i\,\frac{\omega}{\alpha^2 + \omega^2}\right\}$$

$$\Rightarrow \boxed{F(\omega) = -i\,\frac{2\,\omega}{\alpha^2 + \omega^2}.}$$

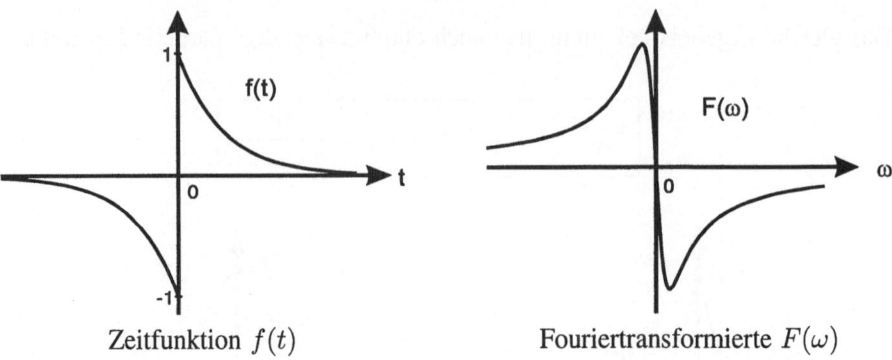

| Zeitfunktion $f(t)$ | Fouriertransformierte $F(\omega)$ |

5. Beispiel: Gegeben ist die ungerade, reelle Funktion $f(t) = \frac{1}{t}$. Obwohl die Funktion f für $t = 0$ nicht definiert ist (Polstelle), ist $\frac{\sin(\omega\,t)}{t}$ für alle $t \in \mathbb{R}$ stetig und beschränkt. Es gilt für die Fouriertransformierte von $\frac{1}{t}$ nach Bemerkung 3ii mit der Substitution $(x = \omega\,t \hookrightarrow dx = \omega\,dt)$

$$F(\omega) = -i\,2 \int_0^\infty \frac{\sin(\omega\,t)}{t}\,dt = -i\,2 \int_0^\infty \frac{\sin x}{x}\,dx \qquad (\omega > 0).$$

Der Wert des bestimmten Integrals $\int_0^\infty \frac{\sin x}{x}\,dx = \frac{\pi}{2}$ wird im Beispiel 7(3) berechnet. Unter Verwendung dieses Ergebnisses ist die Fouriertransformierte

$$F(\omega) = \left\{ \begin{array}{ll} -i\,\pi & \text{für } \omega > 0 \\ i\,\pi & \text{für } \omega < 0 \end{array} \right. = -i\,\pi\,sign(\omega),$$

wenn *sign* die Vorzeichenfunktion darstellt.

§2. Eigenschaften der Fouriertransformation

In diesem Abschnitt werden wichtige Eigenschaften der Fouriertransformation vorgestellt und an Beispielen verdeutlicht. Es zeigt sich, daß vielen Eigenschaften eine ganz konkrete anschauliche Bedeutung zukommt. Im folgenden wird immer davon ausgegangen, daß die Zeitfunktionen die Voraussetzungen der Fouriertransformation erfüllen, so daß die Fouriertransformierten der Funktionen definiert sind. $F(\omega) = \mathcal{F}(f)(\omega)$ sei stets die Fouriertransformierte von f; $F_1(\omega) = \mathcal{F}(f_1)(\omega)$ und $F_2(\omega) = \mathcal{F}(f_2)(\omega)$ die Fouriertransformierten von f_1 bzw. f_2.

2.1 Linearität

Gesucht ist das Spektrum einer Überlagerung von Zeitfunktionen $k_1\,f_1(t) + k_2\,f_2(t)$:

$$\mathcal{F}(k_1\,f_1 + k_2\,f_2)(\omega) = \int_{-\infty}^\infty (k_1\,f_1(t) + k_2\,f_2(t))\,e^{-i\,\omega\,t}\,dt$$

$$
\begin{aligned}
&= k_1 \int_{-\infty}^{\infty} f_1(t)\, e^{-i\,\omega\, t}\, dt + k_2 \int_{-\infty}^{\infty} f_2(t)\, e^{-i\,\omega\, t}\, dt \\
&= k_1\, F_1(\omega) + k_2\, F_2(\omega).
\end{aligned}
$$

Damit gilt

$$
\boxed{(F1) \quad \textbf{Linearität:} \quad \mathcal{F}(k_1\, f_1 + k_2\, f_2)(\omega) = k_1\, F_1(\omega) + k_2\, F_2(\omega).}
$$

Die Linearität besagt, daß das Spektrum einer Überlagerung von zwei Zeitfunktionen sich aus der entsprechenden Überlagerung der Einzelspektren zusammensetzt.

6. Beispiel: Gesucht ist das Spektrum der Funktion $4\,rect\left(\frac{t}{T}\right) + 3\,e^{-\alpha\,|t|}$: Nach Beispiel 1 und 2 gilt

$$
\begin{aligned}
\mathcal{F}\left(4\,rect\left(\tfrac{t}{T}\right) + 3\,e^{-\alpha\,|t|}\right)(\omega) &= 4\,\mathcal{F}\left(rect\left(\tfrac{t}{T}\right)\right)(\omega) + 3\,\mathcal{F}\left(e^{-\alpha\,|t|}\right)(\omega) \\[2mm]
&= 8\,\frac{\sin(\omega\,T)}{\omega} + 6\,\frac{\alpha}{\alpha^2 + \omega^2}.
\end{aligned}
$$

2.2 Symmetrieeigenschaft

$$
\boxed{(F2) \quad \textbf{Symmetrie:} \quad \mathcal{F}(\mathcal{F}(f))(t) = 2\,\pi\, f(-t).}
$$

Die Symmetrieeigenschaft besagt, daß die Fouriertransformation zweimal auf die Funktion f angewendet, wieder die Funktion f als Ergebnis liefert, allerdings mit dem Faktor 2π und negativem Argument. Denn aufgrund des Fourierintegrals (FI) gilt

$$
\mathcal{F}(F)(t) = \int_{-\infty}^{\infty} F(\omega)\, e^{-i\,\omega\, t}\, d\omega = 2\pi\,\frac{1}{2\pi} \int_{-\infty}^{\infty} F(\omega)\, e^{i\,\omega\,(-t)}\, d\omega = 2\pi\, f(-t).
$$

Die Symmetrie wird ausgenutzt, um die Fouriertransformation von Funktionen zu berechnen, die selbst Fouriertransformierte sind:

7. Beispiele:
(1) Wegen $\mathcal{F}\left(rect\left(\frac{t}{a}\right)\right)(\omega) = 2\,\frac{\sin(\omega\,a)}{\omega}$ folgt für die achsensymmetrische Rechteck-Funktion $rect$:

$$
\begin{aligned}
\mathcal{F}\left(2\,\frac{\sin(\omega\,a)}{\omega}\right)(t) &= \mathcal{F}\left(\mathcal{F}\left(rect\left(\frac{t}{a}\right)\right)\right)(t) \\[2mm]
&= 2\pi\,rect\left(-\frac{t}{a}\right) = 2\pi\,rect\left(\frac{t}{a}\right).
\end{aligned}
$$

Damit erhält man nach dem Vertauschen der Variablen ω und t

$$\boxed{\mathcal{F}\left(\frac{\sin(a\,t)}{t}\right)(\omega) = \pi\,rect\left(\frac{\omega}{a}\right).}$$

(2) Aus Beispiel 3 erhält man mit $\alpha = 1$

$$\mathcal{F}\left(e^{-|t|}\right)(\omega) = \frac{2}{1+\omega^2}.$$

Mit $(F2)$ gilt dann

$$\mathcal{F}\left(\frac{2}{1+\omega^2}\right)(t) = \mathcal{F}\left(\mathcal{F}\left(e^{-|t|}\right)\right)(t) = 2\pi\,e^{-|-t|}.$$

Nach Vertauschung der Variablen ist

$$\boxed{\mathcal{F}\left(\frac{1}{1+t^2}\right)(\omega) = \pi\,e^{-|\omega|}.}$$

(3) Wir berechnen das bestimmte Integral $\displaystyle\int_0^\infty \frac{\sin x}{x}\,dx = \frac{\pi}{2}$ mit Hilfe der Fouriertransformation. Nach Beispiel 7(1) ist

$$\mathcal{F}\left(\frac{\sin t}{t}\right)(\omega) = \pi\,rect\left(\omega\right).$$

Nach Bemerkung 3i gilt aber auch für die gerade Funktion $\frac{\sin t}{t}$

$$\mathcal{F}\left(\frac{\sin t}{t}\right)(\omega) = 2\int_0^\infty \frac{\sin t}{t}\cos(\omega\,t)\,dt.$$

Folglich gilt für $\omega = 0$:

$$2\int_0^\infty \frac{\sin t}{t}\,dt = \pi\,rect\left(0\right) = \pi,$$

woraus der Wert für das bestimmte Integral folgt.

2.3 Skalierungseigenschaft

Gesucht ist die Fouriertransformation (das Spektrum) der Funktion $f(at)$, die aus $f(t)$ durch **Stauchung** $(a > 1)$ bzw. **Streckung** $(0 < a < 1)$ entsteht.

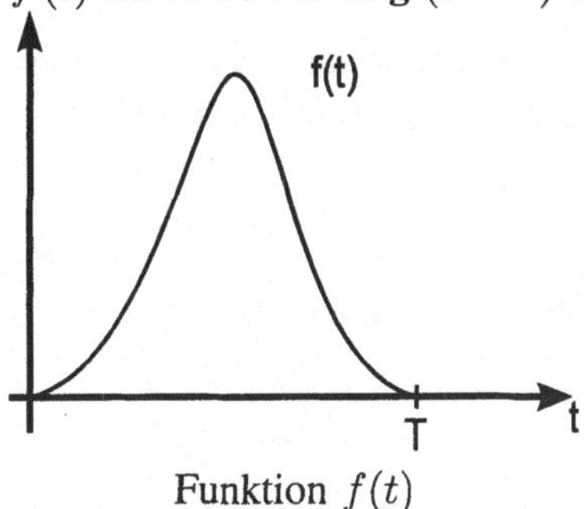

Funktion $f(t)$

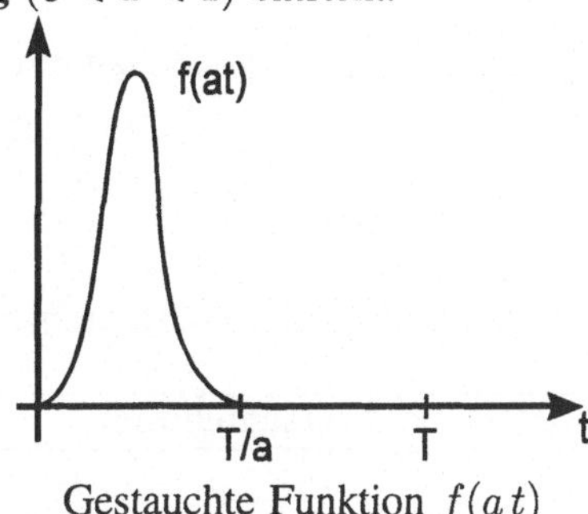

Gestauchte Funktion $f(at)$

Die Fouriertransformierte von f berechnet sich mit der Substitution $\xi = at$ für $a > 0$ durch

$$\mathcal{F}\left(f\left(at\right)\right)(\omega) = \int_{-\infty}^{\infty} f\left(at\right) e^{-i\omega t}\, dt = \int_{-\infty}^{\infty} f\left(\xi\right) e^{-i\omega \frac{\xi}{a}}\, \frac{d\xi}{a} = \frac{1}{a} F\left(\frac{\omega}{a}\right).$$

Die Argumentation für $a < 0$ verläuft analog, daher gilt insgesamt

$$\boxed{\quad (F3) \quad \textbf{Skalierung:} \quad \mathcal{F}\left(f\left(at\right)\right)(\omega) = \frac{1}{|a|} F\left(\frac{\omega}{a}\right), \qquad a \in \mathbb{R}_{\neq 0}. \quad}$$

Die Skalierungseigenschaft besagt, daß in einem gestauchten Signal $f(at)$ $(a > 1)$ die Frequenzen $F\left(\frac{\omega}{a}\right)$ vorkommen.

2.4 Verschiebungseigenschaften

2.4.1 Zeitverschiebung: Der Verschiebungssatz macht eine Aussage über die Fouriertransformierte einer zeitlich verschobenen Funktion $f(t - t_0)$.

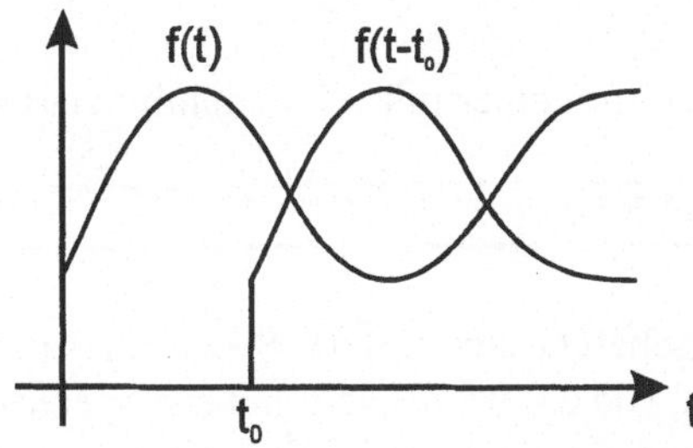

Abb. 103: Funktion $f(t)$ und zeitverschobene Funktion $f(t - t_0)$

Es gilt mit der Substitution $\xi = t - t_0$:

$$\mathcal{F}\left(f\left(t - t_0\right)\right)(\omega) = \int_{-\infty}^{\infty} f\left(t - t_0\right) e^{-i\omega t}\, dt = \int_{-\infty}^{\infty} f\left(\xi\right) e^{-i\omega\left(\xi + t_0\right)}\, d\xi.$$

Spalten wir den Exponentialterm in zwei Faktoren auf und klammern $e^{-i\omega t_0}$ aus dem Integral aus (er ist unabhängig von der Integrationsvariablen), gilt weiter

$$\mathcal{F}\left(f\left(t - t_0\right)\right)(\omega) = e^{-i\omega t_0} \int_{-\infty}^{\infty} f\left(\xi\right) e^{-i\omega\xi}\, d\xi = e^{-i\omega t_0}\, F\left(\omega\right).$$

Folglich gilt für die Fouriertransformierte einer zeitverschobenen Funktion:

$$\boxed{(F4) \quad \textbf{Zeitverschiebung:} \quad \mathcal{F}\left(f\left(t - t_0\right)\right)(\omega) = e^{-i\omega t_0}\, F\left(\omega\right).}$$

Setzt man $F\left(\omega\right) = \left|F\left(\omega\right)\right| e^{i\varphi(\omega)}$, so ergibt sich für das Spektrum der zeitverschobenen Funktion $f\left(t - t_0\right)$

$$\mathcal{F}\left(f\left(t - t_0\right)\right)(\omega) = e^{-i\omega t_0}\left|F\left(\omega\right)\right| e^{i\varphi(\omega)} = \left|F\left(\omega\right)\right| e^{-i\left(\varphi(\omega) - \omega t_0\right)}.$$

Das Spektrum von $f\left(t - t_0\right)$ besitzt dieselbe Amplitude wie $f\left(t\right)$ nur die Phase ist um ωt_0 verschoben. D.h. es kommen dieselben Frequenzen mit gleicher Amplitude aber phasenverschoben vor.

8. Beispiel: Gesucht ist das Spektrum des um $t_0 = T$ verschobenen Rechtecksignals $f\left(t\right) = rect\left(\frac{t}{T}\right)$:

$$\mathcal{F}\left(f\left(t - T\right)\right) = e^{-i\omega T}\, \mathcal{F}\left(rect\left(\frac{t}{T}\right)\right)(\omega) = e^{-i\omega T}\, 2\,\frac{\sin\left(\omega T\right)}{\omega}.$$

2.4.2 Frequenzverschiebung: Eine für die Anwendungen wichtige Eigenschaft ist die Frequenzverschiebung. Diese Eigenschaft trifft eine Aussage über das Spektrum der Funktion $e^{i\omega_0 t} f\left(t\right)$:

$$\begin{aligned}
\mathcal{F}\left(e^{i\omega_0 t} f\left(t\right)\right)(\omega) &= \int_{-\infty}^{\infty} e^{i\omega_0 t} f\left(t\right) e^{-i\omega t}\, dt \\
&= \int_{-\infty}^{\infty} f\left(t\right) e^{-i\left(\omega - \omega_0\right) t}\, dt = F\left(\omega - \omega_0\right).
\end{aligned}$$

Folglich gilt für das Spektrum einer mit $e^{i\omega_0 t}$ multiplizierten Funktion:

$$\boxed{(F5) \quad \textbf{Frequenzverschiebung:} \quad \mathcal{F}\left(e^{i\omega_0 t} f\left(t\right)\right)(\omega) = F\left(\omega - \omega_0\right).}$$

Die Verschiebungseigenschaft besagt, daß das Spektrum der mit $e^{i\omega_0 t}$ multiplizierten Funktion dasselbe ist, wie das um ω_0 verschobene Spektrum der ursprünglichen Funktion. Als Beispiel und Anwendung der Frequenzverschiebung diskutieren wir die Modulationseigenschaft:

2.5 Modulationseigenschaft

Gesucht ist das Spektrum des amplitudenmodulierten Signals

$$f(t) \cos(\omega_0 t).$$

Mit der Eulerschen Formel

$$\cos(\omega_0 t) = \frac{1}{2}\left(e^{i\omega_0 t} + e^{-i\omega_0 t}\right)$$

berechnen wir unter Verwendung der Linearität $(F1)$ und der Frequenzverschiebungseigenschaft $(F5)$

$$
\begin{aligned}
\mathcal{F}\left(\cos(\omega_0 t)\, f(t)\right)(\omega) &= \mathcal{F}\left(\frac{1}{2}e^{i\omega_0 t} f(t) + \frac{1}{2}e^{-i\omega_0 t} f(t)\right)(\omega) \\[2mm]
&= \frac{1}{2}\mathcal{F}\left(e^{i\omega_0 t} f(t)\right)(\omega) + \frac{1}{2}\mathcal{F}\left(e^{-i\omega_0 t} f(t)\right)(\omega) \\[2mm]
&= \frac{1}{2}\left(F(\omega - \omega_0) + F(\omega + \omega_0)\right).
\end{aligned}
$$

$(F6)$ **Modulation:** $\quad \mathcal{F}\left(f(t)\cos(\omega_0 t)\right)(\omega) = \dfrac{1}{2}\left(F(\omega + \omega_0) + F(\omega - \omega_0)\right).$

Das mit $\cos(\omega_0 t)$ amplitudenmodulierte Signal besitzt als Spektrum das um $\pm\omega_0$ verschobene Spektrum der ursprünglichen Funktion f. Die Verschiebung des Spektrums von f erfolgt genau um die Modulationsfrequenz ω_0!

9. Beispiel: Gesucht ist das Spektrum eines mit $\cos(\omega_0 t)$ modulierten Rechteckimpulses. Nach Beispiel 1 ist das Spektrum des Rechtecks

$$\mathcal{F}\left(rect\left(\frac{t}{T}\right)\right)(\omega) = 2\,\frac{\sin(\omega T)}{\omega}.$$

Damit folgt mit der Modulationseigenschaft

$$\mathcal{F}\left(\cos(\omega_0 t)\cdot rect\left(\frac{t}{T}\right)\right)(\omega) = \frac{\sin(T(\omega - \omega_0))}{\omega - \omega_0} + \frac{\sin(T(\omega + \omega_0))}{\omega + \omega_0}.$$

Die Amplitudenmodulation des Rechtecksignals entspricht einer Verschiebung des Spektrums um die Modulationsfrequenz ω_0 nach rechts und links. Beide Teilspektren besitzen die halbe Amplitude.

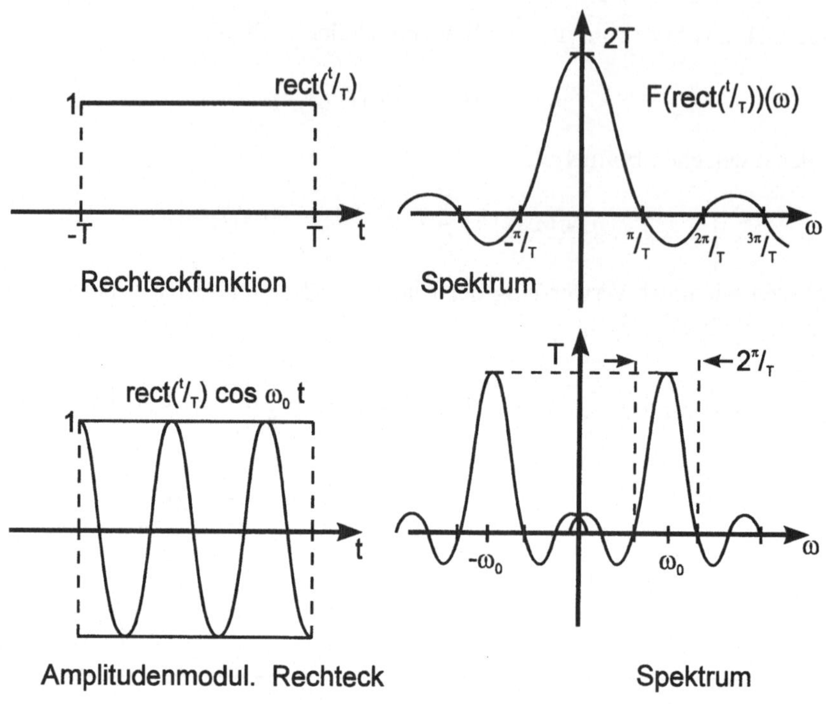

Abb. 104: Spektrum der amplitudenmodulierten Rechteckfunktion

Bemerkungen / Interpretation:

(1) Bei der Übertragung von Nachrichten wird das Signal $f(t)$ oftmals amplitudenmoduliert, d.h. mit einer Trägerfrequenz ω_0 übertragen: $f(t)\,\cos(\omega_0 t)$. Ein Empfänger kann nun die Trägerfrequenz bestimmen, indem als Testsignal ein amplitudenmodulierter Rechteckimpuls übertragen wird. Das Spektrum dieses Signals ist dann das Spektrum des Rechteckimpulses um den Wert der Trägerfrequenz ω_0 verschoben.

(2) Bei der experimentellen Analyse von periodischen Vorgängen erhält man i.a. kein Linienspektrum, sondern eine Verbreiterung der Linie. Dieser Effekt läßt sich mit unserem Beispiel erklären:

Da man nicht für alle Zeiten $-\infty < t < \infty$ mißt, sondern nur in einem endlichen Zeitintervall, entspricht dies der Analyse der Funktion $rect\left(\frac{t}{T}\right) \cdot \cos(\omega_0 t)$ statt der Analyse von $\cos(\omega_0 t)$. Obiges Beispiel zeigt, daß man dann ein Spektrum der Form $2\,\frac{\sin(\omega T)}{\omega}$ erhält, welches um ω_0 verschoben ist. Dieses Spektrum hat zwar bei ω_0 sein Maximum, aber eine endliche Breite $\frac{2\pi}{T}$. Nur im Falle $T \to \infty$ geht die Spektrenbreite gegen 0 und man erhält eine Linie bei ω_0.

2.6 Fouriertransformation der Ableitung

Für die Anwendung der Fouriertransformation auf Differentialgleichungen ist es von Interesse, die Fouriertransformierte der Ableitung $\mathcal{F}(f')$ über die Fouriertransformierte der Funktion $\mathcal{F}(f)$ berechnen zu können. Es gibt wie im Falle der Laplacetransformation ($\rightarrow$ Kap. XII.4.2) einen sehr einfachen Zusammenhang zwischen $\mathcal{F}(f')$ und $\mathcal{F}(f)$; denn mit partieller Integration folgt für $\mathcal{F}(f')$

$$\mathcal{F}(f')(\omega) \;=\; \int_{-\infty}^{\infty} f'(t)\, e^{-i\omega t}\, dt$$

$$=\; f(t)\, e^{-i\omega t}\Big|_{-\infty}^{\infty} - \int_{-\infty}^{\infty} f(t)\,(-i\omega)\, e^{-i\omega t}\, dt.$$

Wegen dem Abklingverhalten von f, $\lim\limits_{t\to\pm\infty} f(t) = 0$, ist $f(t)\, e^{-i\omega t}\Big|_{-\infty}^{\infty} = 0$.

$$\Rightarrow\quad \mathcal{F}(f')(\omega) = i\omega \int_{-\infty}^{\infty} f(t)\, e^{-i\omega t}\, dt = i\omega\, \mathcal{F}(f)(\omega).$$

Satz: Fouriertransformierte der Ableitung

Für die Fouriertransformierte der Ableitung $\mathcal{F}(f')$ gilt:

$$(F7) \qquad \textbf{1. Ableitung:} \quad \mathcal{F}(f')(\omega) = (i\omega)\, F(\omega).$$

Das Spektrum der differenzierten Funktion f' ist gleich dem mit $i\omega$ multiplizierten Spektrum der Funktion f. Wiederholtes Anwenden des Ableitungssatzes führt induktiv auf die Fouriertransformierte der n-ten Ableitung:

Satz: Fouriertransformierte der n-ten Ableitung

Für die Fouriertransformierte der n-ten Ableitung $\mathcal{F}\left(f^{(n)}\right)$ gilt:

$$(F8) \qquad \textbf{\textit{n}-te Ableitung:} \quad \mathcal{F}\left(f^{(n)}\right)(\omega) = (i\omega)^n\, F(\omega).$$

---

10. Beispiel: Gegeben ist die lineare Differentialgleichung

$$y'(t) + \alpha\, y(t) = f(t)\, S(t)$$

mit dem konstanten Koeffizienten α und stetiger Funktion f. $S(t)$ ist die Sprungfunktion. Wenden wir auf diese Differentialgleichung die Fouriertransformation an und nutzen die Linearität aus, folgt für die linke Seite

$$\mathcal{F}(y'(t) + \alpha\, y(t)) = \mathcal{F}(y'(t)) + \alpha\, \mathcal{F}(y(t)).$$

Wir ersetzen $\mathcal{F}(y'(t)) = i\,\omega\,\mathcal{F}(y(t))$ und erhalten insgesamt

$$i\,\omega\,\mathcal{F}(y(t)) + \alpha\,\mathcal{F}(y(t)) = \mathcal{F}(f(t)\,S(t))$$

$$\Rightarrow \quad \mathcal{F}(y(t)) = \frac{1}{\alpha + i\,\omega}\,\mathcal{F}(f(t)\,S(t))\,.$$

Damit ist die Fouriertransformierte der gesuchten Lösung $y(t)$ der Differentialgleichung gegeben als das Produkt von $\mathcal{F}(f(t)\,S(t))$ mit $\frac{1}{\alpha + i\,\omega}$. Nach Beispiel 2 ist

$$\frac{1}{\alpha + i\,\omega} = \mathcal{F}\left(e^{-\alpha t}\,S(t)\right)(\omega)\,.$$

$$\Rightarrow \mathcal{F}(y(t)) = \mathcal{F}(f(t)\,S(t)) \cdot \mathcal{F}\left(e^{-\alpha t}\,S(t)\right)\,.$$

Es stellt sich also das Problem: Welche Zeitfunktion gehört zu einem Produkt von Frequenzfunktionen. Die Antwort liefert das Faltungstheorem:

2.7 Faltungstheorem

Gegeben ist das Spektrum der Funktion f als Produkt von zwei Frequenzfunktionen

$$\mathcal{F}(f) = \mathcal{F}(f_1) \cdot \mathcal{F}(f_2)\,.$$

Die gesuchte Zeitfunktion $f(t)$ ist dann eine Integralkombination der Zeitfunktionen $f_1(t)$ und $f_2(t)$

$$f(t) = \int_{-\infty}^{\infty} f_1(\tau)\,f_2(t - \tau)\,d\tau,$$

dem sog. **Faltungsintegral**. Die abkürzende Schreibweise für das Faltungsintegral ist

$$f(t) = (f_1 * f_2)(t)\,.$$

Faltungstheorem: Die Fouriertransformierte des Faltungsintegrals

$$(f_1 * f_2)(t) := \int_{-\infty}^{\infty} f_1(\tau)\,f_2(t - \tau)\,d\tau$$

ist gegeben durch das Produkt der Fouriertransformierten von f_1 und f_2:

$$(F9) \quad \textbf{Faltungstheorem} \quad \mathcal{F}(f_1 * f_2) = \mathcal{F}(f_1) \cdot \mathcal{F}(f_2)\,.$$

Begründung:

$$\mathcal{F}(f_1 * f_2) = \int_{-\infty}^{\infty} \left(\int_{-\infty}^{\infty} f_1(\tau)\, f_2(t-\tau)\, d\tau \right) e^{-i\omega t}\, dt$$

$$= \int_{-\infty}^{\infty} \left(\int_{-\infty}^{\infty} f_1(\tau)\, f_2(t-\tau)\, e^{-i\omega t}\, d\tau \right) dt.$$

Nach Vertauschen der Integrationsreihenfolge und anschließender Substitution $\xi(t) = t - \tau$ $(\hookrightarrow d\xi = dt)$ folgt

$$\mathcal{F}(f_1 * f_2) = \int_{-\infty}^{\infty} f_1(\tau) \left(\int_{-\infty}^{\infty} f_2(t-\tau)\, e^{-i\omega t}\, dt \right) d\tau$$

$$= \int_{-\infty}^{\infty} f_1(\tau) \left(\int_{-\infty}^{\infty} f_2(\xi)\, e^{-i\omega(\xi+\tau)}\, d\xi \right) d\tau$$

$$= \int_{-\infty}^{\infty} f_1(\tau)\, e^{-i\omega\tau}\, d\tau \cdot \int_{-\infty}^{\infty} f_2(\xi)\, e^{-i\omega\xi}\, d\xi$$

$$= \mathcal{F}(f_1) \cdot \mathcal{F}(f_2). \qquad \square$$

11. Beispiel: Gesucht ist nach Beispiel 10 die Zeitfunktion $y(t)$, die zum Spektrum von

$$\mathcal{F}(f(t)\, S(t)) \cdot \mathcal{F}\left(e^{-\alpha t}\, S(t)\right)$$

gehört. Nach dem Faltungstheorem ist die Zeitfunktion $y(t)$ die Faltung der beiden Funktionen $f_1(t) = f(t)\, S(t)$ und $f_2(t) = e^{-\alpha t}\, S(t)$:

$$y(t) = (f_1 * f_2)(t) = \int_{-\infty}^{\infty} f_1(\tau)\, f_2(t-\tau)\, d\tau$$

$$= \int_{-\infty}^{\infty} f(\tau)\, S(\tau)\, e^{-\alpha(t-\tau)}\, S(t-\tau)\, d\tau.$$

Da $S(\tau) = 0$ für $\tau < 0$ ist die Integration erst ab der unteren Integrationsgrenze $\tau = 0$ durchzuführen. Für $\tau > 0$ ist $S(\tau) = 1$:

$$y(t) = \int_{0}^{\infty} f(\tau)\, e^{-\alpha t}\, e^{\alpha\tau}\, S(t-\tau)\, d\tau.$$

Wir spalten das Integral auf in zwei Teilintegrale

$$y(t) = \int_{0}^{t} f(\tau)\, e^{-\alpha t}\, e^{\alpha\tau}\, S(t-\tau)\, d\tau + \int_{t}^{\infty} f(\tau)\, e^{-\alpha t}\, e^{\alpha\tau}\, S(t-\tau)\, d\tau.$$

Das zweite Integral verschwindet, da hier $\tau > t$ und $S(t-\tau) = 0$ für $\tau > t$. Im ersten Integral ist $0 < \tau < t$ und damit $S(t-\tau) = 1$:

$$\Rightarrow \boxed{y(t) = e^{-\alpha t} \int_{0}^{t} e^{\alpha\tau}\, f(\tau)\, d\tau.} \qquad \square$$

Folgerung: $y(t)$ ist nach Beispiel 10 die Lösung der Differentialgleichung

$$y'(t) + \alpha y(t) = f(t) \quad \text{mit } y(0) = 0.$$

Obige Formel hatten wir auch über die Variation der Konstanten für eine lineare Differentialgleichung mit konstanten Koeffizienten erhalten ($\to$ Kap. XI.1.2).

Bemerkungen:
(1) Das Faltungsintegral zweier Funktionen $f_1(t)$ und $f_2(t)$ ist kommutativ:

$$\boxed{f_1 * f_2 = f_2 * f_1.}$$

Denn mit der Substitution $\xi(\tau) = (t - \tau) \quad (\hookrightarrow d\xi = -d\tau)$ ist

$$(f_1 * f_2)(t) = \int_{-\infty}^{\infty} f_1(\tau)\, f_2(t - \tau)\, d\tau$$

$$= \int_{-\infty}^{\infty} f_1(t - \xi)\, f_2(\xi)\, d\xi = (f_2 * f_1)(t).$$

(2) Bei Integralen der Form

$$\int_{-\infty}^{\infty} g(t-\tau)\, S(\tau)\, d\tau = \underbrace{\int_{-\infty}^{0} g(t-\tau)\, \underbrace{S(\tau)}_{=0}\, d\tau}_{=0} + \int_{0}^{\infty} g(t-\tau)\, \underbrace{S(\tau)}_{=1}\, d\tau$$

tritt an der oberen (unteren) Grenze des 1. (2.) Teilintegrals bei $\tau = 0$ der unstetige Ausdruck $S(0)$ auf. Auf das Ergebnis der Integration hat dieser Funktionswert **keinen** Einfluß, da die Fläche unter einer Funktion sich nicht ändert, wenn die Funktion an endlich vielen Stellen abgeändert wird.

Geometrische Interpretation: Das Faltungsintegral ist formal zwar einfach aufzustellen, aber zunächst recht unanschaulich. Im folgenden geben wir eine geometrische Interpretation am Beispiel der Funktionen $f_1(t) = S(t)$ und $f_2(t) = S(t)$ an:

$$(f_1 * f_2)(t) = \int_{-\infty}^{\infty} S(\tau)\, S(t - \tau)\, d\tau.$$

Zur Bestimmung des Integrals betrachten wir die Bildfolge (a)-(d). In (a) ist die Funktion $S(\tau)$ graphisch dargestellt. Die Sprungfunktion ist Null für $\tau < 0$ und Eins für $\tau > 0$. Die Funktion $S(-\tau)$ geht aus der Funktion $S(\tau)$ durch Spiegelung (= **Faltung**) an der y-Achse hervor (b): $S(-\tau) = 0$ für $\tau > 0$ und $S(-\tau) = 1$ für $\tau < 0$. $S(t - \tau)$ entsteht aus $S(-\tau)$, indem der Graph von $S(-\tau)$ um t nach rechts verschoben wird (c). Anschließend ist das Produkt von $S(\tau)$ und $S(t - \tau)$ in (d) dargestellt: $S(t - \tau) \cdot S(\tau) = 0$ für $\tau < 0$ und für $\tau > t$. Für das Integral $\int_{-\infty}^{\infty} S(\tau)\, S(t - \tau)\, d\tau$ mit der Integrationsvariablen τ bleibt nur der Bereich zwischen $0 \leq \tau \leq t$ ungleich Null und hat den Integralwert t

$$\Rightarrow \quad (f_1 * f_2)(t) = \int_{-\infty}^{\infty} S(\tau)\, S(t - \tau)\, d\tau = t\, S(t).$$

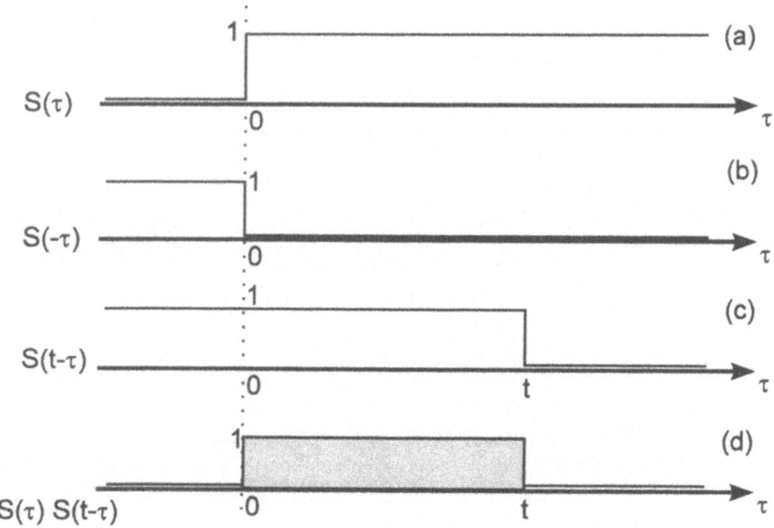

Abb. 105: Zur geometrischen Interpretation des Faltungsintegrals

12. Beispiel: Faltungsintegral. Gesucht ist das Faltungsintegral $f * h$, wenn f und h die angegebenen Funktionen darstellen.

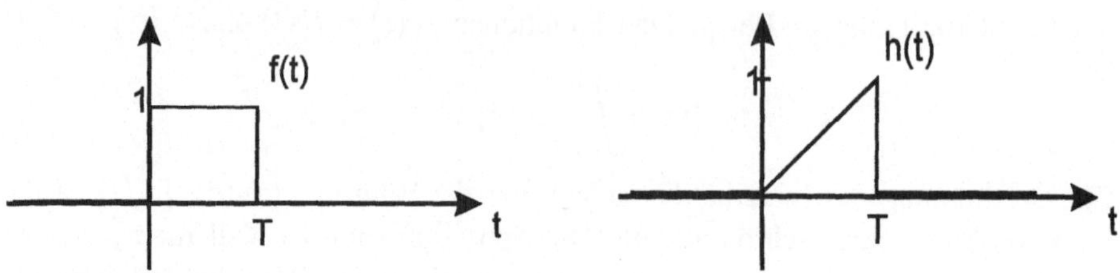

Wir bestimmen die Faltung $(f * h)(t) = \int_{-\infty}^{\infty} f(\tau)\, h(t - \tau)\, d\tau$ graphisch:

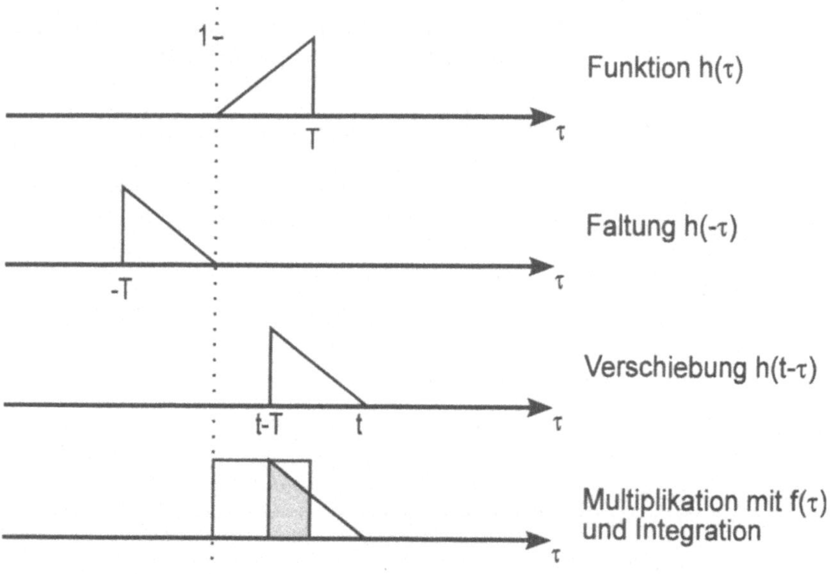

Abb. 106: Faltung der Rechteckfunktion mit der Dreiecksfunktion

Es treten bei der Bestimmung des Faltungsintegrals 4 Fälle auf:

(1) $t \leq 0$: Dann hat die Funktion $h(t-\tau)$ mit der Funktion $f(\tau)$ keinen Überlapp.

(2) $0 \leq t \leq T$: Die Funktion $h(t-\tau)$ taucht mit der Spitze in den Graphen der Funktion $f(\tau)$ ein.

(3) $T \leq t \leq 2T$: Die Funktion $h(t-\tau)$ tritt aus dem Graphen der Funktion $f(\tau)$ heraus.

(4) $2T \leq t$: Die Funktion $h(t - \tau)$ hat mit der Funktion $f(\tau)$ keinen Überlapp.

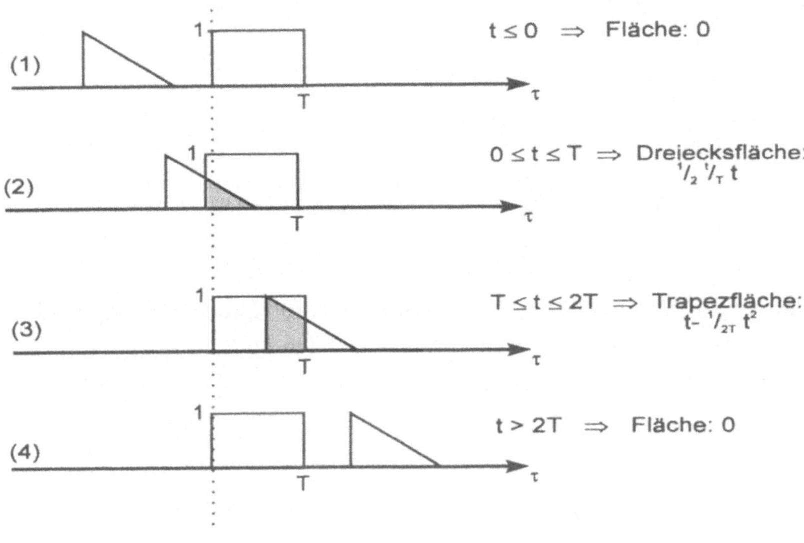

$$\Rightarrow (f * h)(t) = \begin{cases} 0 & \text{für } t \leq 0 \\ \frac{1}{2T}\, t^2 & \text{für } 0 \leq t \leq T \\ t - \frac{1}{2T}\, t^2 & \text{für } T \leq t \leq 2T \\ 0 & \text{für } t > 2T \end{cases}$$

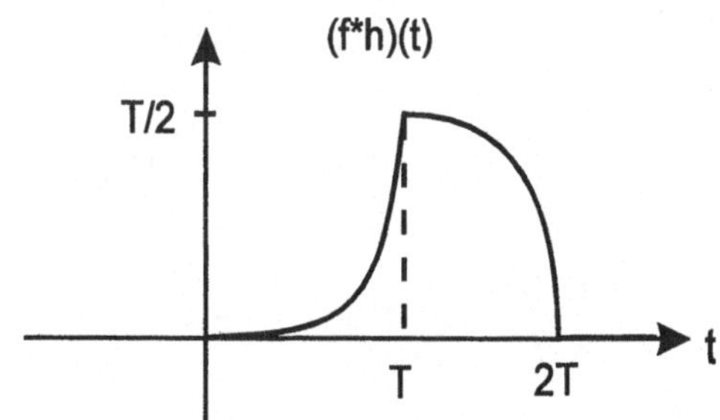

Abb. 107: Faltungsintegral $(f * h)(t)$

13. Beispiel: Lösen von Differentialgleichungen mit der Fouriertransformation.

Die Fouriertransformation wird nicht nur zum Lösen von Differentialgleichungen
1. Ordnung, sondern auch für lineare Differentialgleichungen höherer Ordnung
herangezogen: Gegeben ist die Differentialgleichung 2. Ordnung

$$y''(t) - y(t) = \ln(t+1)\, S(t).$$

1. Schritt: Durch Anwenden der Fouriertransformation und Ausnutzung des Ableitungssatzes $(F8)$

$$\mathcal{F}\left(y''\left(t\right)\right)\left(\omega\right) = \left(i\,\omega\right)^2 \mathcal{F}\left(y\left(t\right)\right)\left(\omega\right)$$

erhält man

$$\left(i\,\omega\right)^2 \mathcal{F}\left(y\left(t\right)\right) - \mathcal{F}\left(y\left(t\right)\right) = \mathcal{F}\left(\ln\left(t+1\right)\,S\left(t\right)\right).$$

2. Schritt: Auflösen nach der Fouriertransformierten: Die algebraische Gleichung für die Fouriertransformierte $\mathcal{F}\left(y\right)$ wird nach $\mathcal{F}\left(y\right)$ aufgelöst:

$$\hookrightarrow \quad \mathcal{F}\left(y\left(t\right)\right) \;=\; \frac{1}{-1-\omega^2}\, \mathcal{F}\left(\ln\left(t+1\right)\,S\left(t\right)\right)$$

$$=\; -\frac{1}{2}\,\frac{2}{1+\omega^2}\, \mathcal{F}\left(\ln\left(t+1\right)\,S\left(t\right)\right)$$

$$=\; -\frac{1}{2}\, \mathcal{F}\left(e^{-1\cdot|t|}\right) \cdot \mathcal{F}\left(\ln\left(t+1\right)\,S\left(t\right)\right),$$

da nach Beispiel 3: $\mathcal{F}\left(e^{-\alpha|t|}\right) = \frac{2\,\alpha}{\alpha^2+\omega^2}$.

3. Schritt: Rücktransformation: Mit dem Faltungstheorem erhalten wir die Lösung der inhomogenen Differentialgleichung 2. Ordnung

$$y\left(t\right) \;=\; -\frac{1}{2}\left(e^{-|t|}\right) * \left(\ln\left(t+1\right)\,S\left(t\right)\right)$$

$$=\; -\frac{1}{2}\int_{-\infty}^{\infty} e^{-|\tau|}\,\ln\left(t-\tau+1\right)\,S\left(t-\tau\right)\,d\tau$$

$$=\; -\frac{1}{2}\int_{-\infty}^{t} e^{-|\tau|}\,\ln\left(t-\tau+1\right)\,d\tau.$$

Weitere Beispiele zur Anwendung der Fouriertransformation beim Lösen von Differentialgleichungen findet man in §3 und §6.

Zusammenfassung: Eigenschaften der Fouriertransformation

$F(\omega)$ bezeichne die Fouriertransformierte von f, $F_1(\omega)$ und $F_2(\omega)$ die Transformierten von f_1 und f_2.

$(F1)$ **Linearität:** $\qquad\qquad \mathcal{F}(k_1 f_1 + k_2 f_2)(\omega) = k_1 F_1(\omega) + k_2 F_2(\omega)$

$(F2)$ **Symmetrie:** $\qquad\qquad \mathcal{F}(\mathcal{F}(f))(t) = 2\pi f(-t)$

$(F3)$ **Skalierung:** $\qquad\qquad \mathcal{F}(f(a\,t))(\omega) = \frac{1}{|a|} F\left(\frac{\omega}{a}\right) \qquad a \in \mathbb{R}_{\neq 0}$

$(F4)$ **Zeitverschiebung:** $\qquad \mathcal{F}(f(t - t_0))(\omega) = e^{-i\,t_0\,\omega} F(\omega)$

$(F5)$ **Frequenzverschiebung:** $\ \mathcal{F}\left(e^{i\,\omega_0\,t} f(t)\right)(\omega) = F(\omega - \omega_0)$

$(F6)$ **Modulation:** $\qquad\qquad \mathcal{F}(f(t)\,\cos(\omega_0\,t))(\omega)$
$$= \tfrac{1}{2}\left(F(\omega + \omega_0) + F(\omega - \omega_0)\right)$$

$(F7)$ **Ableitung:** $\qquad\qquad \mathcal{F}(f')(\omega) = i\,\omega\,F(\omega)$

$(F8)$ n**-te Ableitung:** $\qquad \mathcal{F}\left(f^{(n)}\right)(\omega) = (i\,\omega)^n F(\omega)$

$(F9)$ **Faltungstheorem:** $\qquad \mathcal{F}(f_1 * f_2)(\omega) = F_1(\omega) \cdot F_2(\omega),$
$$\text{wenn } (f_1 * f_2)(t) = \int_{-\infty}^{\infty} f_1(\tau)\,f_2(t - \tau)\,d\tau$$

---

§3. Fouriertransformation mit MAPLE

3.1 Fouriertransformation und Beispiele. Die Berechnung der Fouriertransformierten einer Zeitfunktion $f(t)$ durch MAPLE erfolgt mit der Prozedur **fourier**($ausdruck, t, w$), wobei die Parameter die folgende Bedeutung besitzen

- $ausdruck$:   zu transformierender Ausdruck,
- t :   Variable des zu transformierenden Ausdrucks,
- w :   Variable der Transformierten.

Vor dem Aufruf muß diese Prozedur durch das Package **inttrans** (**Int**egral**trans**formationen) mit **with(inttrans)** bereitgestellt werden. Im folgenden gehen wir immer davon aus, daß der Befehl **fourier** geladen ist.

Bei der Berechnung von Fouriertransformierten wird oftmals die Sprungfunktion $S(t)$ benötigt, die in MAPLE mit $Heaviside(t)$ bezeichnet wird. Z.B. der Rechteckimpuls $rect(t/T)$ setzt sich aus zwei Heaviside-Funktionen zusammen:

$$rect(t/T) := \text{Heaviside}(t + T) - \text{Heaviside}(t - T).$$

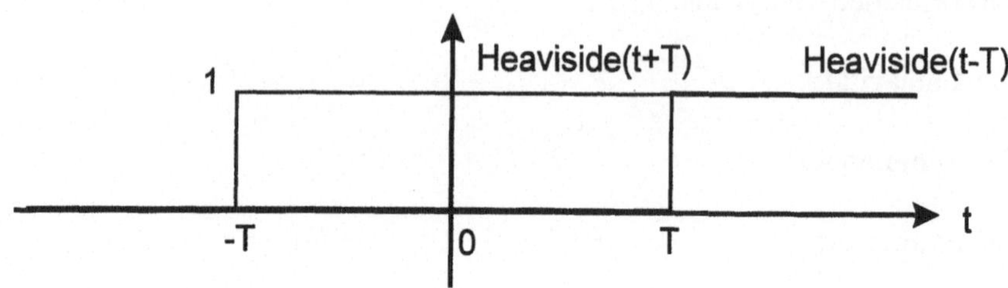

Abb. 108: Rechteckfunktion $rect(t/T) = Heaviside(t + T) - Heaviside(t - T)$

(1) Fouriertransformation der Rechteckfunktion
```
> with(inttrans):
> rect(t/T) := Heaviside(t+T) - Heaviside(t-T):
> fourier(rect(t/T), t, w);
```

$$e^{(I\,w\,T)} \left(\pi\, Dirac(w) - \frac{I}{w} \right) - e^{(-I\,w\,T)} \left(\pi\, Dirac(w) - \frac{I}{w} \right)$$

```
> simplify(%);
```

$$2\,\frac{\sin(w\,T)}{w}$$

Im Zwischenergebnis der Fouriertransformierten kommt die *Dirac*-Funktion (oder *Delta*-Funktion) erstmals vor. Auf diese Funktion werden wir ausführlich in §4 eingehen.

(2) Gesucht ist die Fouriertransformierte der Funktion $S(t)\,e^{-a\,t}$:
```
> fourier(Heaviside(t) * exp(-a*t), t, w);
```

$$\text{fourier}(\text{Heaviside}(t)\,e^{(-a\,t)}, t, w)$$

MAPLE liefert **kein** Ergebnis, da der Parameter a nicht näher spezifiziert ist. Denn für $a < 0$ existiert die Fouriertransformation dieser Funktion nicht. Schränken wir jedoch mit dem **assume**-Befehl $a \geq 0$ ein, so folgt
```
> assume(a>=0):
> fourier(Heaviside(t)*exp(-a*t), t, w);
```

$$\frac{1}{a^{\sim} + I\,w}$$

Der Ausdruck $a^{\sim}$ im Endergebnis erinnert daran, daß für den Parameter a Einschränkungen angenommen wurden.

(3) Mit dem **fourier**-Befehl werden im folgenden von den Funktionen $S(t)\,e^{-gt}$ $cos(\omega_0\,t)$ und $S(t)\,e^{-gt}\,sin(\omega_0\,t)$ die Fouriertransformierten gebildet.
> S(t):=Heaviside(t):
> assume(g>=0, w0>=0):
> fourier(S(t)*exp(-g*t)*cos(w0*t), t, w):
> normal(%, expanded);

$$\frac{g^{\sim} + I\,w}{g^{\sim 2} + 2\,I\,g^{\sim}\,w - w^2 + w0^{\sim 2}}$$

> fourier(S(t)*exp(-g*t)*sin(w0*t), t, w):
> normal(%, expanded);

$$\frac{w0^{\sim}}{g^{\sim 2} + 2\,I\,g^{\sim}\,w - w^2 + w0^{\sim 2}}$$

(4) Die wichtigsten Eigenschaften der Fouriertransformation kann man mit MAPLE direkt nachprüfen: Die Linearität (F1), die Symmetrieeigenschaft (F2), die Eigenschaft der Ableitung (F7) und das Faltungstheorem (F9) sind als Formeln verfügbar:
> with(inttrans):
> fourier(k1*f1(t)+k2*f2(t), t, w);

$$k1\,\mathrm{fourier}(\,f1(\,t\,),t,w\,) + k2\,\mathrm{fourier}(\,f2(\,t\,),t,w\,)$$

> fourier(fourier(f(t), t, w), w, t);

$$2\,\pi\,f(\,-t\,)$$

> fourier(diff(f(t), t), t, w);

$$I\,w\,\mathrm{fourier}(\,f(\,t\,),t,w\,)$$

> fourier(int(f(t-tau)*g(tau), tau=-infinity..infinity), t, w);

$$\mathrm{fourier}(\,f(\,t\,),t,w\,)\;\mathrm{fourier}(\,g(\,t\,),t,w\,)$$

3.2 Inverse Fouriertransformation mit MAPLE. Gesucht wird die zum Frequenzspektrum $F(\omega) = \frac{1}{\alpha + i\omega}$ gehörende Zeitfunktion $f(t)$. Diese Zeitfunktion bestimmt man durch die inverse Fouriertransformation. Mit MAPLE lautet der Befehl für die Invertierung: **invfourier**($ausdruck, w, t$), wobei die Parameter die folgende Bedeutung besitzen

-   $ausdruck$:   zu transformierender Ausdruck,
-   w :   Variable des Ausdrucks,
-   t :   Variable der Inversen.

```
> with(inttrans):
> assume(a>0):
> invfourier(1/(a+I*w), w, t);
```

$$e^{(-a^\sim t)}\, \text{Heaviside}(t)$$

Entsprechend der Definition der inversen Fouriertransformation gilt natürlich
```
> invfourier(fourier(f(t), t, w), w, t);
```

$$f(t)$$

3.3 Lösen von Differentialgleichungen mit der Fouriertransformation. Zum Abschluß seien in diesem Paragraphen noch zwei Beispiele angeführt, wie man partikuläre Lösungen von Differentialgleichungen bzw. Differentialgleichungssystemen mit der Fouriertransformation bestimmt.

14. Beispiel: Gesucht ist eine partikuläre Lösung der Differentialgleichung

$$y''(t) - y(t) = t * \sin(t).$$

1. Schritt: Wir wenden auf die Differentialgleichung die Fouriertransformation an:
```
> deq := diff(y(t),t$2) - y(t) = t*sin(t):
> with(inttrans):
> fourier(deq, t, w);
```

$$-w^2\,\text{fourier}(y(t), t, w) - \text{fourier}(y(t), t, w) \;=\; \pi\,\text{Dirac}(1, w - 1)$$
$$- \pi\,\text{Dirac}(1, w + 1)$$

2. Schritt: Man löst die algebraische Gleichung mit dem **solve**-Befehl nach der Fouriertransformierten $F(w)$ auf. Diese Funktion ist das zur Lösung gehörende Spektrum:

```
> F(w) := solve(%, fourier(y(t), t, w));
```

$$F(w) := -\,\frac{\pi\,\mathrm{Dirac}(\,1, w-1\,) - \pi\,\mathrm{Dirac}(\,1, w+1\,)}{w^2 + 1}$$

3. Schritt: Die Rücktransformation liefert die Lösung der Differentialgleichung

```
> invfourier(%, w, t):
> simplify(evalc(%));
```

$$-\frac{1}{2}\cos(t) - \frac{1}{2}\,t\sin(t)$$

Bei der Rechnung geht als Zwischenergebnis die Funktion $Dirac$ ein, die wir im nächsten Paragraphen behandeln werden. Man beachte, daß im Gegensatz zum **dsolve**-Befehl mittels der Fouriertransformation nur eine partikuläre Lösung der Differentialgleichung berechnet wird, und zwar genau die Lösung mit verschwindenden Anfangsbedingungen. Zur Berücksichtigung anderer Anfangsbedingungen muß noch die homogene Lösung hinzuaddiert werden.

15. Beispiel: Die Bewegungsgleichungen eines geladenen Teilchens im homogenen Magnetfeld $\vec{B} = B_z\,\vec{e}_z$ lauten

$$\dot{v}_x\,(t) \;=\; -\frac{e}{m}B_z\,v_y$$

$$\dot{v}_y\,(t) \;=\; \frac{e}{m}B_z\,v_x.$$

In Kap. XI.2.2 Beispiel 20 wurde für dieses Differentialgleichungssystem die homogene Lösung bestimmt:

$$v_x(t) \;=\; c_1\,\cos(\omega\,t) + c_2\,\sin(\omega\,t)$$

$$v_y(t) \;=\; c_1\,\sin(\omega\,t) - c_2\,\cos(\omega\,t)$$

mit $\omega = \frac{e}{m}B_z$. Wir berechnen nun eine spezielle Lösung, wenn in y-Richtung zusätzlich ein zeitlich linear anwachsendes, elektrisches Feld

$$\vec{E}\,(t) = t\,E_0\,\vec{e}_y$$

angelegt wird.

1. Schritt: Zur Lösung wenden wir die Fouriertransformation auf das Differentialgleichungssystem an:

```
> with(inttrans):
> DG1 := diff(vx(t), t) = -w0*vy(t):
> DG2 := diff(vy(t), t) = w0*vx(t) + E0/m*t:
```

```
> eq1 := fourier(DG1, t, w);
> eq2 := fourier(DG2, t, w);
```

$$eq1 := I\,w\,\text{fourier}(\,vx(t), t, w\,) = -\,w0\,\text{fourier}(\,vy(t), t, w\,)$$

$$eq2 := I\,w\,\text{fourier}(\,vy(t), t, w\,) = \ w0\,\text{fourier}(\,vx(t), t, w\,)$$

$$+2\,I\ \pi\ E0/m\,\text{Dirac}(\,1, w\,)$$

2. Schritt: Für die Fouriertransformierten der gesuchten Funktionen erhält man ein lineares Gleichungssystem, welches mit **solve** nach den Fouriertransformierten $\mathcal{F}(v_x)(\omega)$ und $\mathcal{F}(v_y)(\omega)$ aufgelöst wird:

```
> sol:=solve({eq1, eq2}, {fourier(vx(t), t, w), fourier(vy(t), t, w)}):
> assign(sol);
```

$$sol := \{\text{fourier}(vy(t), t, w) = -2\frac{w\,\pi\,E0\,Dirac(1,\,w)}{m\,(-w^2 + w0^2)},$$

$$\text{fourier}(vx(t), t, w) = -2\frac{I\,w0\,\pi\,E0\,Dirac(1,\,w)}{m\,(-w^2 + w0^2)}\}$$

3. Schritt: Die inverse Fouriertransformation liefert eine partikuläre Lösung des linearen Differentialgleichungssystems im Zeitbereich

```
> vx(t) := invfourier(fourier(vx(t), t, w), w, t);
```

$$vx(t) := -\ \frac{E0\,t}{m\,w0}$$

```
> vy(t) := invfourier(fourier(vy(t), t, w), w, t);
```

$$vy(t) := \ \frac{E0}{m\,w0^2}$$

§4. Fouriertransformation der Deltafunktion

Um Systeme zu analysieren, regt man sie mit einer Zeitfunktion an und bestimmt das Spektrum der Systemantwort. Da i.a. bei beliebigen Zeitsignalen die Frequenzen des Spektrums nicht mit gleicher Amplitude vorkommen, wird das System unterschiedlich angeregt. Gesucht ist eine Funktion, die alle Frequenzen mit gleicher Amplitude enthält:

$$\mathcal{F}\left(f\right)\left(\omega\right) \equiv 1.$$

Diese Forderung führt auf die *Dirac-* oder *Deltafunktion*.

4.1 Deltafunktion und Darstellung der Deltafunktion

In der Systemtheorie und in vielen anderen Gebieten der Technik und Physik spielt die Impulsfunktion $\delta\left(t\right)$ eine sehr wichtige Rolle. Man bezeichnet diese Funktion auch oftmals nach ihrem Erfinder, Dirac-Funktion oder auch Deltafunktion. In der Physik werden dieser Funktion angeblich die folgenden Eigenschaften zugewiesen

---

Eigenschaften der Deltafunktion:

(1) $\quad \delta\left(t\right) = 0 \qquad$ für $t \neq 0$

(2) $\quad \delta\left(0\right) = \infty$

(3) $\quad \displaystyle\int_{-\infty}^{\infty} \delta\left(t\right)\, dt = 1$

(4) $\quad \displaystyle\int_{-\infty}^{\infty} \delta\left(t\right)\, f\left(t\right)\, dt = f\left(0\right) \qquad$ für jede stetige Funktion $f : \mathbb{R} \to \mathbb{R}$.

Freilich gibt es solche Funktionen im üblichen Sinne nicht, und auf die Theorie der *Distributionen* (= Verallgemeinerten Funktionen) können wir uns hier nicht einlassen. Nur so viel: Die letzte Gleichung ist das Wesentliche, (3) ist der Spezialfall $f = 1$, Gleichung (1) und (2) haben wenig zu bedeuten!

Zur Erklärung gehen wir von dem folgenden Experiment aus. Auf einen frei beweglichen Körper wirke ein Kraftstoß $F\left(t\right) = \frac{m\,v_0}{\varepsilon}$ mit konstanter Stärke in der endlichen Zeitspanne ε. Definieren wir die Funktion

$$\delta_\varepsilon\left(t\right) = \begin{cases} 0 & \text{für } t < 0 \\ \frac{1}{\varepsilon} & \text{für } 0 < t < \varepsilon \\ 0 & \text{für } t > \varepsilon \end{cases}$$

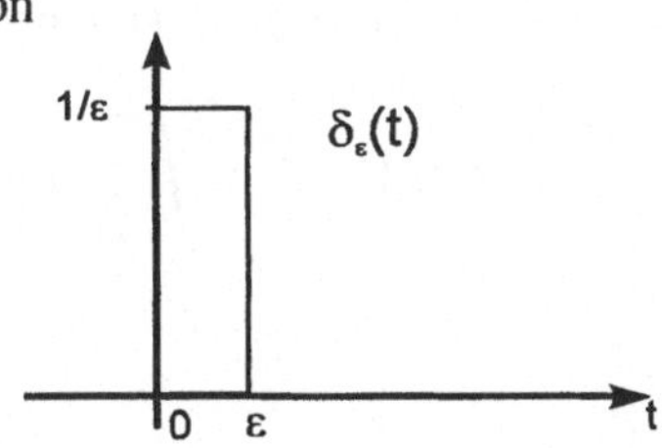

läßt sich der Impulsstoß $F(t)$ schreiben als

$$F(t) = m\, v_0\, \delta_\varepsilon (t - t_0)\,.$$

Der gesamte, übertragene Impuls ist dann

$$\Delta p = \int_{-\infty}^{\infty} F(t)\, dt = m\, v_0 \int_{-\infty}^{\infty} \delta_\varepsilon (t - t_0)\, dt = m\, v_0 \int_{t_0}^{t_0+\varepsilon} \frac{1}{\varepsilon}\, dt = m\, v_0.$$

Das Ergebnis ist unabhängig von der Zeitdauer ε! Für $\varepsilon \to 0$ wird also derselbe Impuls übertragen als für ein endliches ε. Der Grenzwert der Funktionenfamilie $\delta_\varepsilon (t)$ für $\varepsilon \to 0$ ergibt die sogenannte **Deltafunktion (Diracfunktion**; manchmal bezeichnet man sie auch nur mit **Impulsfunktion**).

$$\boxed{\delta(t) := \lim_{\varepsilon \to 0} \delta_\varepsilon (t).}$$

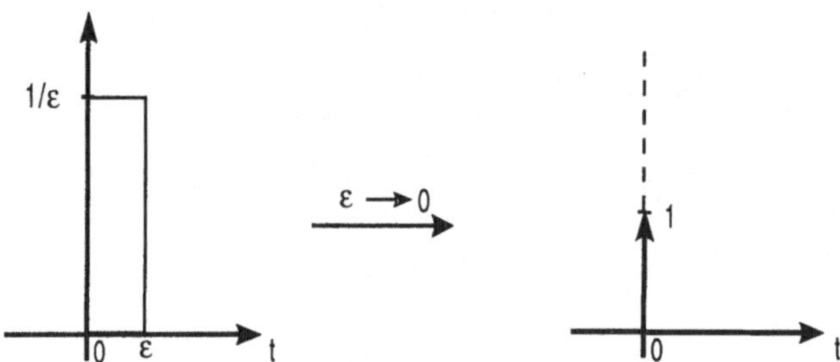

Abb. 109: Vom Rechteckimpuls zur Deltafunktion

Diese so definierte Funktion besitzt die Eigenschaften (1)-(4). Eigenschaft (1)-(3) sind offensichtlich erfüllt und Eigenschaft (4) prüft man folgendermaßen nach:

$$\int_{-\infty}^{\infty} \delta_\varepsilon (t)\, f(t)\, dt = \int_{0}^{\varepsilon} \frac{1}{\varepsilon}\, f(t)\, dt = f(\xi) \int_{0}^{\varepsilon} \frac{1}{\varepsilon}\, dt = f(\xi),$$

denn nach dem Mittelwertsatz der Integralrechnung darf f an einer geeigneten, aber unbekannten Zwischenstelle $\xi \in [0,\, \varepsilon]$ aus dem Integral gezogen werden (vgl. Bd. 1, Kap. VI.3.2). Für $\varepsilon \to 0$ geht zum einen $\xi \to 0$, da $0 \leq \xi \leq \varepsilon$, und zum anderen $\delta_\varepsilon (t) \to \delta(t)$. Damit ist

$$\int_{-\infty}^{\infty} \delta(t)\, f(t)\, dt = \int_{-\infty}^{\infty} \lim_{\varepsilon \to 0} \delta_\varepsilon (t)\, f(t)\, dt = \lim_{\varepsilon \to 0} \int_{-\infty}^{\infty} \delta_\varepsilon (t)\, f(t)\, dt = f(0).$$

Wichtig ist sich zu merken, daß die Deltafunktion ein *Funktional* ist, das für jede stetige Funktion durch die Integraleigenschaft

$$\int_{-\infty}^{\infty} f(t)\, \delta(t)\, dt = f(0)$$

charakterisiert wird. Dies ist die *universelle Eigenschaft* der Deltafunktion. Allgemeiner gilt sogar die folgende Eigenschaft

$$\boxed{\int_{-\infty}^{\infty} f(\tau)\, \delta(t-\tau)\, d\tau = f(t),}$$

denn

$$\int_{-\infty}^{\infty} f(\tau)\, \delta(t-\tau)\, d\tau = \int_{-\infty}^{\infty} f(t+\xi)\, \delta(\xi)\, d\xi = f(t+\xi)\big|_{\xi=0} = f(t).$$

Man nennt diese Beziehung als die **Ausblendeigenschaft** der Deltafunktion, da von der Funktion f ein einzelner Wert, nämlich der bei t, mit Hilfe der Impulsfunktion "ausgeblendet" wird.

Mit der Ausblendeigenschaft kann man auch zeigen, daß die Deltafunktion unabhängig von der gewählten Funktionenfamilie $\delta_\varepsilon(t)$ ist: Denn sei $\delta_1(t)$ der Grenzwert einer Funktionenfamilie $\delta_{1\varepsilon}(t)$ und $\delta_2(t)$ der Grenzwert einer anderen Funktionenfamilie $\delta_{2\varepsilon}(t)$, dann gilt aufgrund der Ausblendeigenschaft von $\delta_1(t)$

$$\delta_2(t) = \int_{-\infty}^{\infty} \delta_1(t-\tau)\, \delta_2(\tau)\, d\tau = \int_{-\infty}^{\infty} \delta_1(\xi)\, \delta_2(t-\xi)\, d\xi = \delta_1(t).$$

Die letzte Gleichheit gilt wegen der Ausblendeigenschaft von $\delta_2(t)$. Also ist $\delta_2(t) = \delta_1(t)$ für alle $t \in \mathbb{R}$. $\qquad\qquad\square$

4.2 Fouriertransformation der Deltafunktion

Aufgrund der grundlegenden Eigenschaft der Deltafunktion, daß für jede stetige Funktion $\varphi(t)$

$$\int_{-\infty}^{\infty} \delta(t)\, \varphi(t)\, dt = \varphi(0),$$

gilt speziell für $\varphi(t) = e^{-i\omega t}$

$$\int_{-\infty}^{\infty} \delta(t)\, e^{-i\omega t}\, dt = e^{-i\omega t}\big|_{t=0} = 1.$$

Die linke Seite der Gleichung ist die Fouriertransformierte der Funktion $\delta(t)$; damit ist die Fouriertransformierte der Deltafunktion die konstante Funktion 1

$$\boxed{\mathcal{F}(\delta)(\omega) = 1.}$$

Die Deltafunktion ist also genau die Funktion, die wir für die Systemanalyse benötigen: Sie enthält alle Frequenzen mit der Amplitude 1. Setzen wir dieses Ergebnis wiederum in die Umkehrformel der Fouriertransformation (FI) ein, folgt

$$\delta(t) = \frac{1}{2\pi} \int_{-\infty}^{\infty} \mathcal{F}(\delta)(\omega)\, e^{-i\omega t}\, d\omega = \frac{1}{2\pi} \int_{-\infty}^{\infty} e^{-i\omega t}\, d\omega. \qquad (*)$$

Durch die Berechnung des uneigentlichen Integrals $(*)$

$$\delta(t) \;=\; \lim_{\varepsilon \to 0} \frac{1}{2\pi} \int_{-1/\varepsilon}^{1/\varepsilon} e^{-i\omega t}\, d\omega = \lim_{\varepsilon \to 0} \frac{1}{2\pi} \frac{1}{-i\,t} \left(e^{-i\omega t}\right)\Big|_{\omega=-1/\varepsilon}^{\omega=1/\varepsilon}$$

$$=\; \lim_{\varepsilon \to 0} \frac{1}{2\pi} \frac{1}{i\,t} \left(e^{i\frac{1}{\varepsilon}t} - e^{-i\frac{1}{\varepsilon}t}\right) = \lim_{\varepsilon \to 0} \frac{\sin\left(\frac{1}{\varepsilon}t\right)}{\pi\,t}$$

erhalten wir die Deltafunktion auch als Grenzwert der Funktionenfamilie $\frac{\sin\left(\frac{1}{\varepsilon}t\right)}{\pi\,t}$ für $\varepsilon \to 0$, welche wir schon in Beispiel 1 angegeben und graphisch diskutiert hatten. Insbesondere folgt aus Gleichung $(*)$ die Fouriertransformierte der konstanten Funktion Eins:

$$\boxed{\mathcal{F}(1)(\omega) = 2\pi\,\delta(\omega).}$$

16. Beispiele:

(1) Wir berechnen die Fouriertransformierte der Sprungfunktion

$$S(t) = \frac{1}{2} + \frac{1}{2}\,sign(t).$$

Nach Beispiel 5 ist die Fouriertransformierte von $f(t) = \frac{1}{t}$ gegeben durch

$$\mathcal{F}\left(\frac{1}{t}\right)(\omega) = -i\,\pi\,sign(\omega).$$

Nach der Symmetrieeigenschaft $(F2)$ gilt daher

$$\mathcal{F}(sign(t))(\omega) = \frac{1}{-i\,\pi}\mathcal{F}(\mathcal{F}(\frac{1}{t}))(\omega) = \frac{1}{-i\,\pi}2\pi\left(\frac{1}{-\omega}\right) = \frac{2}{i\,\omega}$$

und wegen der Linearität $(F1)$

$$\mathcal{F}\left(\frac{1}{2} + \frac{1}{2}\,sign(t)\right)(\omega) = \frac{1}{2}\,\mathcal{F}(1)(\omega) + \frac{1}{2}\,\mathcal{F}(sign(t))(\omega)$$

$$\Rightarrow \boxed{\mathcal{F}(S(t))(\omega) = \pi\,\delta(\omega) + \frac{1}{i\,\omega}.}$$

(2) Wegen der Verschiebungseigenschaften $(F4)$, $(F5)$ ist

$$\begin{aligned}
\mathcal{F}\left(\delta\left(t-t_0\right)\right)(\omega) &= e^{-i\,\omega\,t_0}, \\[2mm]
\mathcal{F}\left(e^{i\,\omega_0\,t}\right)(\omega) &= 2\pi\,\delta\left(\omega-\omega_0\right).
\end{aligned}$$

(3) Wegen der Modulationseigenschaft $(F6)$ gilt mit $f(t)=1$

$$\mathcal{F}\left(\cos\left(\omega_0\,t\right)\right)(\omega) = \pi\,\delta\left(\omega-\omega_0\right) + \pi\,\delta\left(\omega+\omega_0\right).$$

Dieses Ergebnis besagt, daß in $\cos\left(\omega_0\,t\right)$ nur eine Frequenz ω_0 enthalten ist. Die Fouriertransformation liefert als Spektrum von $\cos\left(\omega_0\,t\right)$ nur eine Linie. Mißt man $\cos\left(\omega_0\,t\right)$ in einem endlichen Zeitintervall, so kommt es nach Beispiel 9 allerdings zur Verbreiterung dieser Linie!

(4) Mit der Ausblendeigenschaft der Deltafunktion gilt

$$\delta\left(t-t_0\right)*f(t) = \int_{-\infty}^{\infty}\delta\left(\tau-t_0\right)\,f(t-\tau)\,d\tau = f(t-\tau)\big|_{\tau=t_0} = f\left(t-t_0\right).$$

17. Beispiel: Fouriertransformation von periodischen Funktionen. Sei f eine T-periodische Funktion. Dann gilt nach dem Satz von Fourier für periodische Funktionen mit $\omega_0 = \frac{2\pi}{T}$ in der komplexen Schreibweise

$$f(t) = \sum_{n=-\infty}^{\infty} c_n\,e^{i\,n\,\omega_0\,t}.$$

Aufgrund der Linearität der Fouriertransformation gilt mit Beispiel 16(2)

$$\mathcal{F}\left(f(t)\right)(\omega) = \sum_{n=-\infty}^{\infty} c_n\,\mathcal{F}\left(e^{i\,n\,\omega_0\,t}\right)(\omega) = 2\pi\sum_{n=-\infty}^{\infty} c_n\,\delta\left(\omega-n\,\omega_0\right).$$

Die Fouriertransformierte einer periodischen Funktion ist durch das Spektrum der Fourierreihe gegeben. Daher bezeichnet man als **Spektrum** eines beliebigen Signals $f(t)$ die **Fouriertransformierte** $F(\omega)$.

Bemerkung: Das periodische Signal $\cos\left(\omega_0\,t\right)$ hat nach Beispiel 16(3) ein Spektrum, das außer bei $-\omega_0$ und ω_0 verschwindet. Beispiel 17 zeigt allgemeiner, daß für ein beliebiges periodisches Signal nur diskrete Spektralwerte bei $n\,\omega_0$, $n\in\mathbb{Z}$, auftreten. Bei der komplexen Analyse erscheinen aber auch "negative" Frequenzen bei $-n\,\omega_0$, die physikalisch nicht interpretierbar sind. Obwohl man das formale Auftreten von nicht meßbaren Frequenzen als unschön empfindet, ist es aus theoretischen Gründen sinnvoll, auch negative Frequenzen zuzulassen. Prinzipiell wäre es zwar möglich, sich nur auf den Spektralbereich $\omega \geq 0$ zu beschränken. Dies hätte aber zur Folge, daß die Grundgleichungen der Fouriertransformation und der Rücktransformation in der angegebenen, einfachen Form nicht mehr gültig sind und sie müßten durch kompliziertere ersetzt werden.

4.3 Darstellung der Deltafunktion mit MAPLE

Die Dirac- bzw. Deltafunktion wird innerhalb des MAPLE-Systems definiert durch den Befehl

```
> Dirac(t);
```

Wir zeigen im folgenden mit MAPLE den Übergang des Spektrums der Funktionenfamilie $\delta_\varepsilon(t)$ für $\varepsilon \to 0$ zum Spektrum der Deltafunktion auf. Nach Beispiel 1 gilt die Beziehung

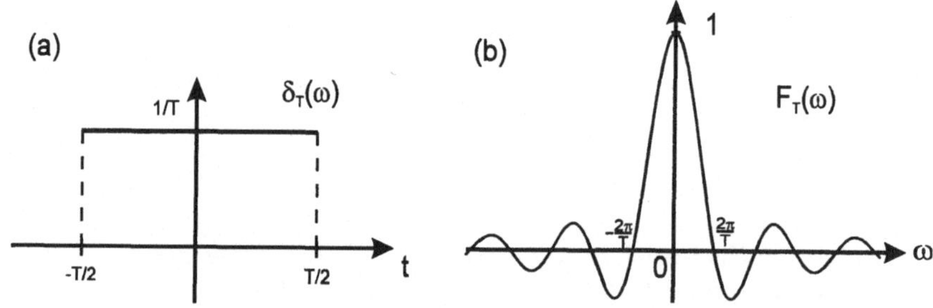

Abb. 110: a) Zeitfunktion $\delta_T(t)$,   b) Spektrum $F_T(\omega)$

$$F_T(\omega) := \mathcal{F}\left(\tfrac{1}{T} rect(\tfrac{2t}{T})\right)(\omega) \;=\; \frac{\sin(\omega\,T/2)}{\omega\,T}.$$

Für $T \to 0$ geht die Zeitfunktion $\delta_T(t) = \frac{1}{T} rect(\frac{2t}{T})$ gegen die Deltafunktion. Wir diskutieren das Spektrum $F_T(\omega)$ in Abhängigkeit des Parameters T: Die Maximalamplitude ist 1; unabhängig von T. Die erste Nullstelle des Spektrums liegt bei $\omega = \pm\frac{2\pi}{T}$; abhängig von T. Für $T \to 0$ strebt diese Nullstelle gegen $\pm\infty$:

$$\delta_T(t) \xrightarrow{T\to 0} \delta(t)$$

$$F_T(\omega) \xrightarrow{T\to 0} 1$$

Der Übergang $F_T(\omega) \to 1$ läßt sich graphisch mit MAPLE sehr schön veranschaulichen. Wir definieren das Spektrum zu den Zeitfunktionen $F_T(t)$:

```
> Delta_T := 1/T * (Heaviside(t + T/2) - Heaviside(t - T/2)):
> with(inttrans):
```

> F_T := fourier(Delta_T, t, w): F_T:=simplify(%);

$$F\_T := 2\,\frac{\sin\left(\frac{1}{2}\,w\,T\right)}{w\,T}$$

Für kleiner werdendes T werden diese Funktionen als Bilder $pl[n]$ abgelegt:
> for n from 1 to 15 do
> T := 1/n^2:
> pl[n] := plot(F_T, w = -200..200, y = -0.3..1.1, numpoints = 100):
> od:

und mit dem **display**-Befehl mit der Option **insequence = true** als Bildsequenz animiert
> with(plots):
> display([seq(pl[n], n = 1..15)], insequence=true);

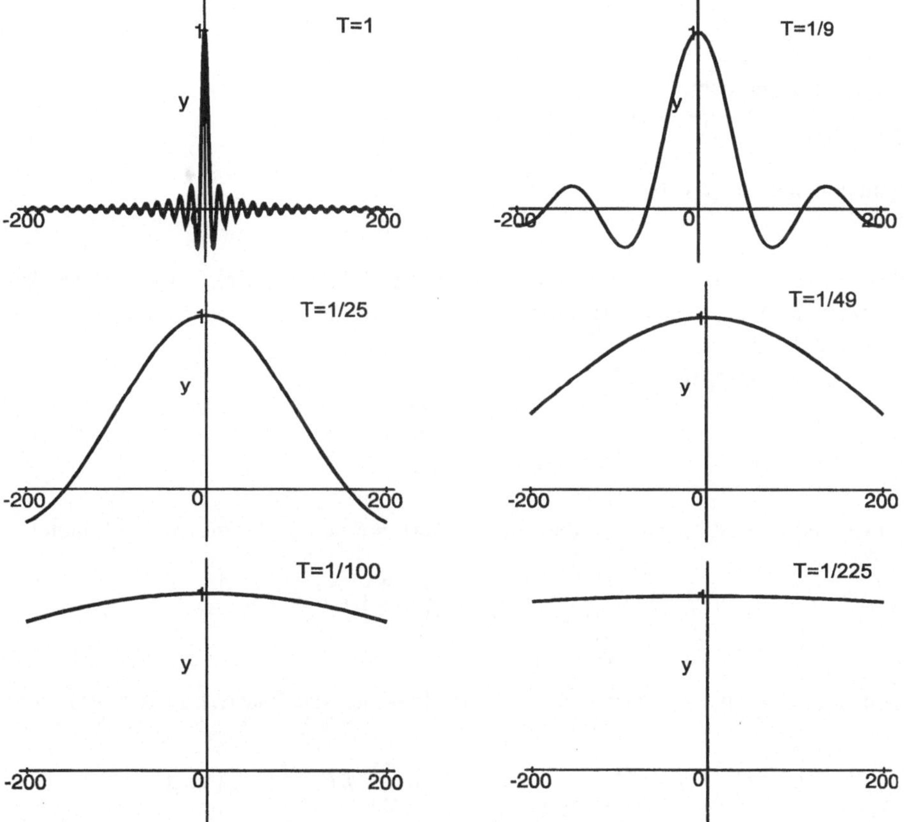

Man erkennt an den Einzelbildern, daß die Maximalamplitude stets bei 1 bleibt, die Nullstellen aber gegen $\pm\infty$ wandern, so daß als Grenzfunktion die konstante Funktion $F(\omega) = 1$ herauskommt.

Alternativ zu obiger Erstellung der Animation hätte man auch den **animate**-Befehl
verwenden können
> animate(F_T, w=-200 .. 200, T=1/1000..1, frames=20, numpoints=100);
und die Animation rückwärts laufen lassen.

18. Beispiel: Gesucht ist das Spektrum der unten skizzierten, periodischen Funktion $f(t)$.

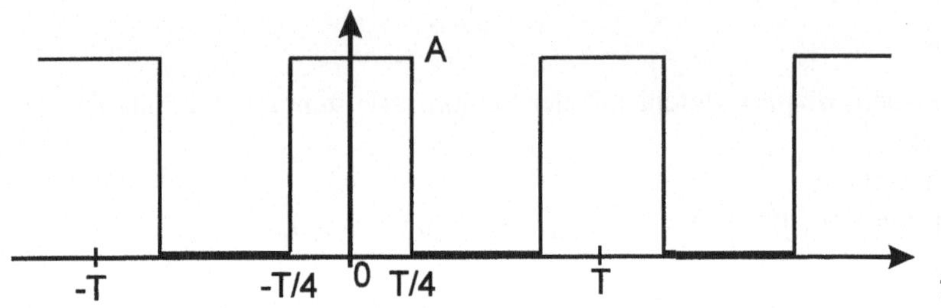

Mit den komplexen Fourierkoeffizienten
> c[n] := 1/T int(1 * exp(-I * n * w0 * t), t = -T/4..T/4);

erhalten wir für $n \neq 0$

$$c_n = \frac{A}{n\,\pi}\,\sin\left(\frac{\pi}{2}n\right)$$

Für $n = 0$ ist obiger Ausdruck unbestimmt. Daher muß c_0 separat behandelt
werden. Entweder man verwendet hierzu die Formel für c_0 oder die Regeln von
l'Hospital:
> c[0] := limit(c[n], n = 0);

$$c_0 := \frac{A}{2}$$

Für gerades n ist $c_n = 0$, so daß die Fourierreihe von $f(t)$ mit $\omega_0 = \frac{2\pi}{T}$ lautet

$$f(t) = \sum_{\substack{n=-\infty \\ n\ \text{ungerade}}}^{\infty} \frac{A}{n\,\pi}\,\sin\left(n\,\frac{\pi}{2}\right) e^{i\,n\,\omega_0\,t} + \frac{A}{2}.$$

Mit dem Ergebnis von Beispiel 16(5) ermittelt sich die Fouriertransformierte von
f

$$F(\omega) = 2\pi\,\frac{A}{\pi}\sum_{\substack{n=-\infty \\ n\ \text{ungerade}}}^{\infty} \frac{1}{n}\,\sin\left(n\,\frac{\pi}{2}\right)\delta(\omega - n\,\omega_0) + A\,\pi.$$

In Abb. 111 ist $F(\omega)$ schematisch dargestellt. Die Symbole für die Deltafunktion
werden proportional zur Größe der Vorfaktoren gezeichnet.

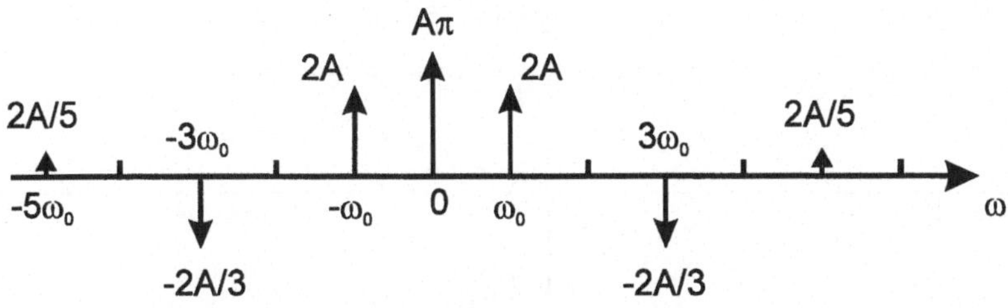

Abb. 111: Diskretes Spektrum $F(\omega)$ der periodischen Funktion $f(t)$

Für die n-te Ableitung der Deltafunktion wird der Funktionsaufruf erweitert durch
> Dirac(n, t);

Wegen der Ableitungseigenschaft (F8) ist

$$\mathcal{F}\left(\delta^{(n)}(t)\right)(\omega) = (i\,\omega)^n\,\mathcal{F}(\delta) = (i\,\omega)^n$$

und aufgrund der Symmetrieeigenschaft (F2) gilt daher

$$\mathcal{F}\left((-i\,t)^n\right)(\omega) = 2\pi\,\delta^{(n)}(\omega) = 2\pi\,Dirac(n,\omega).$$

Partielle Integration liefert die *universelle Eigenschaft* der n-ten Ableitung der Deltafunktion

$$\int_{-\infty}^{\infty} \delta^{(n)}(t)\,f(t)\,dt = (-1)^n\,f^{(n)}(0).$$

4.4 Korrespondenzen der Fouriertransformation

$f(t)$	$F(\omega) = \mathcal{F}(f)(\omega)$
$\delta(t)$	1
1	$2\pi\,\delta(\omega)$
$\cos(\omega_0 t)$	$\pi\,\delta(\omega - \omega_0) + \pi\,\delta(\omega + \omega_0)$
$\sin(\omega_0 t)$	$\dfrac{\pi}{i}\,\delta(\omega - \omega_0) - \dfrac{\pi}{i}\,\delta(\omega + \omega_0)$
$sign(t)$	$\dfrac{2}{i\,\omega}$
$S(t)$	$\pi\,\delta(\omega) + \dfrac{1}{i\,\omega}$
$S(t)\cos(\omega_0 t)$	$\dfrac{\pi}{2}\,\delta(\omega - \omega_0) + \dfrac{\pi}{2}\,\delta(\omega + \omega_0) + \dfrac{i\,\omega}{\omega_0^2 - \omega^2}$
$S(t)\sin(\omega_0 t)$	$\dfrac{\pi}{2i}\,\delta(\omega - \omega_0) - \dfrac{\pi}{2i}\,\delta(\omega + \omega_0) + \dfrac{\omega_0}{\omega_0^2 - \omega^2}$
$S(t)\,e^{-at}$	$\dfrac{1}{a + i\,\omega}\quad (a > 0 \text{ bzw. } \operatorname{Re} a > 0)$
$S(t)\,t^n\,\dfrac{e^{-at}}{n!}$	$\dfrac{1}{(a + i\,\omega)^{n+1}}\quad (a > 0 \text{ bzw. } \operatorname{Re} a > 0)$
$S(t)\,e^{-at}\cos(\omega_0 t)$	$\dfrac{i\,\omega + a}{(i\,\omega + a)^2 + \omega_0^2}\quad (a > 0 \text{ bzw. } \operatorname{Re} a > 0)$
$S(t)\,e^{-at}\sin(\omega_0 t)$	$\dfrac{\omega_0}{(i\,\omega + a)^2 + \omega_0^2}\quad (a > 0 \text{ bzw. } \operatorname{Re} a > 0)$
$e^{-a\,|t|},\quad a > 0$	$\dfrac{2a}{a^2 + \omega^2}$
$e^{-a\,|t|}\cos(\omega_0 t),\quad a > 0$	$\dfrac{2a\,(\omega^2 + \omega_0^2 + a^2)}{(\omega^2 - \omega_0^2)^2 + a^2\,(2\omega^2 + 2\omega_0^2 + a^2)}$
$e^{-a\,t^2},\quad a > 0$	$\sqrt{\dfrac{\pi}{a}}\;e^{-\frac{\omega^2}{4a}}$
$rect\left(\dfrac{t}{T}\right) = \begin{cases} 1 & \text{für } |t| < T \\ 0 & \text{für } |t| > T \end{cases}$	$\dfrac{2\sin(\omega T)}{\omega}$
$\Delta\left(\dfrac{t}{T}\right) = \begin{cases} 1 - \dfrac{|t|}{T} & \text{für } |t| < T \\ 0 & \text{für } |t| > T \end{cases}$	$\dfrac{4\sin^2\left(\dfrac{\omega T}{2}\right)}{T\,\omega^2}$

§5. Beschreibung von linearen Systemen

Um das Übertragungsverhalten von Systemen zu bestimmen, untersucht man in der Regelungs- und Systemtechnik den Zusammenhang zwischen dem Eingangssignal $f(t)$ und dem zugehörigen Ausgangssignal $g(t)$.

$$\text{Input } f(t) \longrightarrow \boxed{\text{Übertragungs-System}} \longrightarrow \text{Output } g(t)$$

Im folgenden werden wir die für die Anwendungen wichtigen *linearen* Systeme charakterisieren. Es zeigt sich, daß ein lineares System durch die sog. *Impulsantwort* (Reaktion des Systems auf die Impulsanregung) vollständig beschrieben wird: Durch die Kenntnis der Impulsantwort ist man in der Lage, die Reaktion des Systems auf ein beliebiges Eingangssignal $f(t)$ zu berechnen. In vielen Fällen läßt sich aber besser die Fouriertransformierte der Impulsantwort (= *Systemfunktion*) bestimmen. Ziel dieses Kapitels ist, den Zusammenhang zwischen Systemfunktion und Impulsantwort und deren Bedeutung aufzuzeigen.

5.1 LZK-Systeme

Ein **Analogsystem** L ist eine Vorschrift, die jedem Eingangssignal $f(t)$ ein Ausgangssignal $g(t)$ zuweist. Ein Analogsystem ist also eine Transformation L, die jeder Eingangsfunktion f (*Input*) eine Ausgangsfunktion g (*Output*) zuordnet:

$$\boxed{g(t) = L\,[f(t)].}$$

Da wir nur Analogsysteme betrachten, bezeichnen wir L im folgenden immer nur durch den Begriff System. Ein System L heißt **linear**, wenn das Superpositionsprinzip gültig ist:

$$\boxed{(L) \qquad L\,[k_1\,f_1(t) + k_2\,f_2(t)] = k_1\,L\,[f_1(t)] + k_2\,L\,[f_2(t)]}$$

für beliebige Eingangsfunktionen $f_1(t)$, $f_2(t)$ und Konstanten $k_1,\, k_2 \in \mathbb{R}$. Das Superpositionsgesetz besagt, daß die Antwort eines linearen Systems auf eine Überlagerung von Eingangsfunktionen dieselbe Überlagerung der Antwortfunktionen zur Folge hat.

Wichtige Spezialfälle von linearen Systemen stellen solche Systeme dar, die sich durch lineare Differentialgleichungen beschreiben lassen. Dabei setzen wir im folgenden voraus, daß die Anfangsbedingungen verschwinden, d.h. für $t < 0$ ist keine Energie in dem System enthalten.

Ein System L heißt **zeitinvariant**, wenn die Form der Reaktion des Systems unabhängig davon ist, wann das Eingangssignal eintrifft:

$$(Z) \qquad g(t) = L\,[f(t)] \;\Rightarrow\; g(t - t_0) = L\,[f(t - t_0)].$$

Z.B. sind alle Netzwerke, die aus zeitlich konstanten Bauelementen (L, R, C) aufgebaut sind, zeitinvariante Systeme. Netzwerke mit zeitlich variablen Größen von (L, R, C) sind zeitvariante Systeme.

Ein System heißt **kausal**, wenn die Reaktion des Systems $g(t)$ erst dann einsetzt, wenn die Ursache $f(t)$ wirksam ist:

$$(K) \qquad f(t) = 0 \text{ für } t < t_0 \;\Rightarrow\; g(t) = L\,[f(t)] = 0 \text{ für } t < t_0.$$

Bei nichtkausalen Systemen kann die Reaktion schon einsetzen, wenn die Ursache noch nicht vorliegt ($\rightarrow$ idealer Tiefpaß). Man beachte, daß nur kausale Systeme physikalisch sinnvoll sind.

Im folgenden beschränken wir uns auf die Beschreibung von linearen, zeitinvarianten, kausalen Systemen (LZK-Systemen). Dabei ist die Linearitätsvoraussetzung die schärfste Einschränkung.

19. Beispiel: Die Differentialgleichung

$$g'(t) + \alpha\,g(t) = f(t) \qquad \text{mit} \qquad g(0) = 0$$

ist stellvertretend z.B. für die Beschreibung eines RC-Kreises. Dieses System stellt ein LZK-System dar. $f(t)$ ist die Ursache, $g(t)$ ist die Systemreaktion auf $f(t)$. Für diesen RC-Kreis geben wir für das Eingangssignal $\delta_\varepsilon(t)$ das Ausgangssignal $h_\varepsilon(t)$ an:

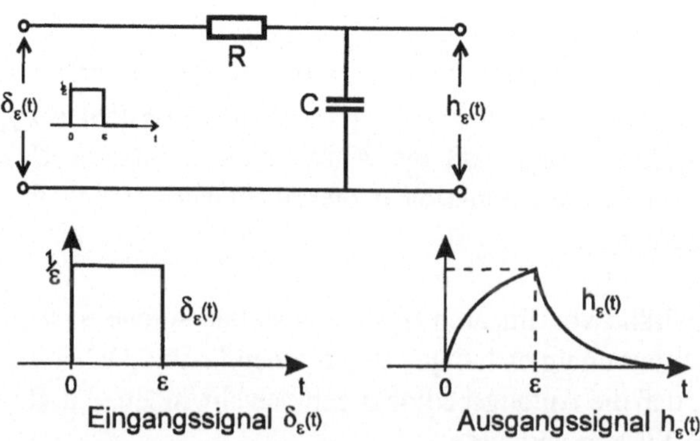

Abb. 112: Eingangs- und Ausgangssignal eines RC-Kreises

Im Bereich $0 \leq t \leq \varepsilon$ wächst die Spannung am Kondensator gemäß

$$\frac{1}{\alpha\,\varepsilon}\left(1 - e^{-\alpha\,t}\right)$$

an (*Einschaltvorgang*) und im Bereich $t > \varepsilon$ klingt die Spannung wie

$$\frac{1}{\alpha\,\varepsilon}\left(e^{\alpha\,\varepsilon} - 1\right)e^{-\alpha\,t}$$

ab (*Ausschaltvorgang*), was man durch Einsetzen in die Differentialgleichung bestätigt. Damit ist die Systemantwort auf $\delta_\varepsilon(t) = \frac{1}{\varepsilon}\left(S(t) - S(t - \varepsilon)\right)$ gegeben durch

$$h_\varepsilon(t) = \begin{cases} \dfrac{1}{\alpha\,\varepsilon}\left(1 - e^{-\alpha\,t}\right) & 0 \leq t \leq \varepsilon \\[2ex] \dfrac{1}{\alpha\,\varepsilon}\left(e^{\alpha\,\varepsilon} - 1\right)e^{-\alpha\,t} & t \geq \varepsilon. \end{cases}$$

Wir betrachten nun den Fall $\varepsilon \to 0$, d.h. die Anregung des Systems erfolgt durch den δ-Impuls $\left(\delta(t) = \lim\limits_{\varepsilon\to 0}\delta_\varepsilon(t)\right)$. Da wir an dem Zeitverhalten der Funktion für $t > 0$ interessiert sind, nehmen wir die Funktionsvorschrift von $h_\varepsilon(t)$ für $t \geq \varepsilon$ und bestimmen hiervon den Grenzwert $\varepsilon \to 0$. Für $t > 0$ gilt mit der Regel von l'Hospital

$$h(t) = \lim_{\varepsilon\to 0} h_\varepsilon(t) = \lim_{\varepsilon\to 0} \frac{e^{\alpha\,\varepsilon} - 1}{\alpha\,\varepsilon} e^{-\alpha\,t} \overset{\frac{0}{0}}{=} \lim_{\varepsilon\to 0} \frac{\alpha\,e^{\alpha\,\varepsilon}}{\alpha} e^{-\alpha\,t} = e^{-\alpha\,t}$$

$$\Rightarrow \boxed{h(t) = e^{-\alpha\,t}\,S(t).}$$

$h(t)$ nennt man die *Impulsantwort*, da sie die Reaktion des Systems auf die Impulsfunktion $\delta(t)$ darstellt.

5.2 Impulsantwort

Die Vorgehensweise, die wir im obigen Beispiel gewählt haben, führen wir für beliebige lineare Systeme durch: Sei L ein LZK-System und $\delta_\varepsilon(t)$ die Familie von Rechtecktfunktionen. Für jedes $\delta_\varepsilon(t)$ berechnet man das Antwortsignal $h_\varepsilon(t) = L\left[\delta_\varepsilon(t)\right]$.

Da $\delta_\varepsilon(t) \to \delta(t)$ für $\varepsilon \to 0$ und L ein lineares System, folgt

$$h(t) = \lim_{\varepsilon\to 0} h_\varepsilon(t) = \lim_{\varepsilon\to 0} L\left[\delta_\varepsilon(t)\right] = L\left[\lim_{\varepsilon\to 0}\delta_\varepsilon(t)\right] = L\left[\delta(t)\right].$$

$h(t)$ ist die Antwort des Systems auf die Impulsfunktion (= Deltafunktion) $\delta(t)$ und heißt die **Impulsantwort**.

Die Bedeutung der Impulsantwort wird durch den folgenden Satz hervorgehoben, der besagt, daß man die Systemreaktion $g(t)$ auf ein **beliebiges** Eingangssignal $f(t)$ berechnen kann, wenn die Impulsantwort des Systems bekannt ist:

> **Faltungssatz:** Sei L ein lineares, kausales, zeitinvariantes System. $h(t)$ sei die Impulsantwort und $f(t)$ ein beliebiges Eingangssignal. Dann ist die Antwort des Systems gegeben durch
>
> $$g(t) = (f * h)(t) = \int_{-\infty}^{\infty} f(\tau)\, h(t - \tau)\, d\tau.$$

Die Systemreaktion $g(t) = L\,[f(t)]$ **auf ein beliebiges Eingangssignal** f **berechnet sich durch das Faltungsintegral der Impulsantwort** h **mit dem Eingangssignal** f. Diesen zentralen Satz der Systemtheorie begründen wir:

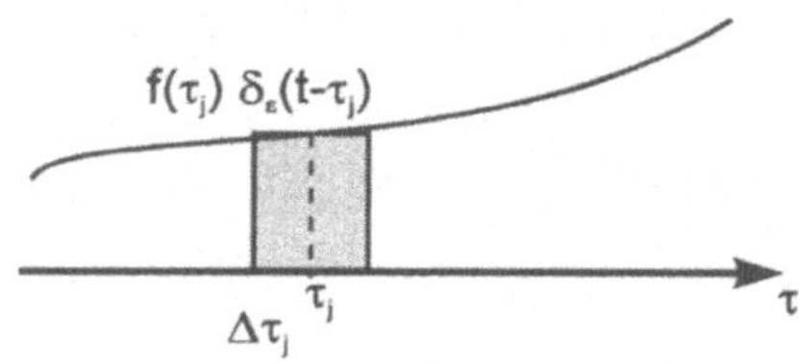

Durch die Ausblendeigenschaft der δ-Funktion, $\int_{-\infty}^{\infty} f(\tau)\, \delta(t-\tau)\, d\tau = f(t)$, und der Definition der δ-Funktion als Grenzwert der Funktionenfamilie $\delta_\varepsilon(t)$, $\delta(t) = \lim\limits_{\varepsilon \to 0} \delta_\varepsilon(t)$, gilt

$$
\begin{aligned}
f(t) &= \int_{-\infty}^{\infty} f(\tau)\, \delta(t - \tau)\, d\tau \\
&= \lim_{\varepsilon \to 0} \int_{-\infty}^{\infty} f(\tau)\, \delta_\varepsilon(t - \tau)\, d\tau.
\end{aligned}
$$

Nach der algebraischen Definition des Integrals ersetzen wir das Integral durch eine Summe über Rechtecke $\Delta\tau_j \cdot f(\tau_j)\, \delta_\varepsilon(t - \tau_j)$:

$$f(t) = \lim_{\varepsilon \to 0} \lim_{N \to \infty} \sum_{j=0}^{N} f(\tau_j)\, \delta_\varepsilon(t - \tau_j)\, \Delta\tau_j.$$

Die Antwort des Systems auf das Eingangssignal $f(t)$ ist dann gegeben durch

$$
\begin{aligned}
g(t) &= L\,[f(t)] = L\left[\lim_{\varepsilon \to 0} \lim_{N \to \infty} \sum_{j=0}^{N} f(\tau_j)\, \delta_\varepsilon(t - \tau_j)\, \Delta\tau_j\right] \\
&= \lim_{\varepsilon \to 0} \lim_{N \to \infty} L\left[\sum_{j=0}^{N} f(\tau_j)\, \delta_\varepsilon(t - \tau_j)\, \Delta\tau_j\right].
\end{aligned}
$$

Da L ein lineares System ist, darf man das Superpositionsgesetz anwenden: Die Reaktion des Systems auf eine Summe von Eingangssignalen ist gegeben durch die Summe der Antwortfunktionen

$$g(t) = \lim_{\varepsilon \to 0} \lim_{N \to \infty} \sum_{j=0}^{N} f(\tau_j)\, L\,[\delta_\varepsilon(t - \tau_j)]\, \Delta\tau_j.$$

Aufgrund der Zeitinvarianz, $L\,[\delta_\varepsilon(t - \tau_j)] = h_\varepsilon(t - \tau_j)$, gilt weiter

$$\begin{aligned} g(t) &= \lim_{\varepsilon \to 0} \lim_{N \to \infty} \sum_{j=0}^{N} f(\tau_j)\, h_\varepsilon(t - \tau_j)\, \Delta\tau_j \\ &= \lim_{N \to \infty} \sum_{j=0}^{N} f(\tau_j)\, h(t - \tau_j)\, \Delta\tau_j = \int_{-\infty}^{\infty} f(\tau)\, h(t - \tau)\, d\tau. \quad \square \end{aligned}$$

20. Beispiel: Berechnung der Impulsantwort für das lineare System

$$g'(t) + \alpha\, g(t) = f(t):$$

Die Impulsantwort $h(t)$ ist die Reaktion des Systems auf das Eingangssignal $f(t) = \delta(t)$:

$$\boxed{h'(t) + \alpha\, h(t) = \delta(t).}$$

Wir wenden auf diese Differentialgleichung die Fouriertransformation an und verwenden die Ableitungseigenschaft $(F7)$ der Fouriertransformation $\mathcal{F}(h'(t)) = i\,\omega\,\mathcal{F}(h(t))$:

$$\mathcal{F}(h'(t)) + \alpha\,\mathcal{F}(h(t)) = \mathcal{F}(\delta(t))$$

$$i\,\omega\,\mathcal{F}(h(t)) + \alpha\,\mathcal{F}(h(t)) = 1$$

$$\boxed{\Rightarrow \mathcal{F}(h(t))(\omega) = \frac{1}{\alpha + i\,\omega}.}$$

Die zu $\frac{1}{\alpha + i\,\omega}$ gehörende Zeitfunktion ist nach Beispiel 2

$$\boxed{h(t) = e^{-\alpha\, t}\, S(t).}$$

21. Anwendungsbeispiel: Lösen von Differentialgleichungen mit der Fouriertransformation. Ein Stromkreis ist gegeben durch eine Induktivität L und einen Ohmschen Widerstand R. Zur Zeit $t = 0$ wird der Stromkreis durch Anlegen einer äußeren Spannungsquelle geschlossen. Gesucht ist der Strom $I(t)$ als Funktion der Zeit für die Spannungsverläufe

(1) $U(t) = U_0\, S(t),$ $\qquad\qquad$ (2) $U(t) = U_0 \sin(\omega\, t)\, S(t).$

Nach dem Maschensatz gilt

$$L \dot{I}(t) + R\, I(t) = U(t)$$

$$\hookrightarrow \quad \boxed{\dot{I}(t) + \frac{R}{L}\, I(t) = \frac{1}{L}\, U(t).}$$

Wir bestimmen die Fouriertransformierte der Impulsant-
wort gemäß dem Vorgehen in Beispiel 20 $\left(\alpha = \frac{R}{L}\right)$.

$$h'(t) + \frac{R}{L}\, h(t) = \delta(t)$$

$$\Rightarrow \boxed{h(t) = e^{-\frac{R}{L} t}\, S(t).}$$

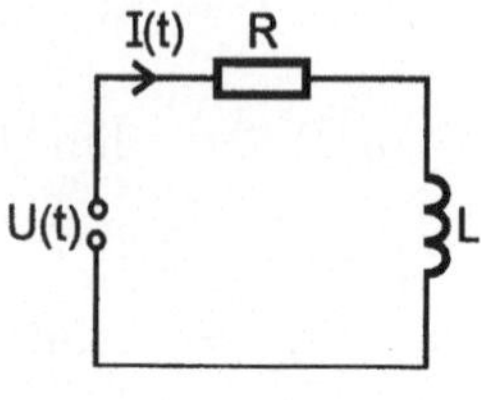

Abb. 113: RL-Kreis

(1) Für den Spannungsverlauf $U(t) = U_0\, S(t)$ ist die rechte Seite der Differentialgleichung $f(t) = \frac{1}{L} U(t) = \frac{U_0}{L}\, S(t)$. Durch Faltung von f mit der Impulsantwort
h bestimmt sich die Systemreaktion auf f:

$$
\begin{aligned}
I(t) &= (f * h)(t) = \int_{-\infty}^{\infty} f(\tau)\, h(t-\tau)\, d\tau \\[2mm]
&= \int_{-\infty}^{\infty} \frac{U_0}{L}\, S(\tau)\, e^{-\frac{R}{L}(t-\tau)}\, S(t-\tau)\, d\tau.
\end{aligned}
$$

Zum besseren Verständnis dieser Formel diskutieren wir zunächst die Funktion
$h(t-\tau)$. Dabei ist t ein Parameter und τ die Variable! Wir gehen wieder von der
Funktion $h(\tau) = e^{-\frac{R}{L}\tau}\, S(\tau)$ in (a) zu der gespiegelten (=gefalteten) Funktion
$h(-\tau)$ über (b). $h(t-\tau)$ erhalten wir anschließend, indem wir den Graphen
von $h(-\tau)$ um t nach rechts verschieben (c). Das Produkt von $h(t-\tau)$ mit
$\frac{U_0}{L}\, S(\tau)$ ist in (d) gezeichnet. Die hervorgehobene Fläche entspricht dem Wert
des Faltungsintegrals zum Zeitpunkt t.

Durch die graphische Argumentation aus Abb. 114 kommen wir zu dem Ergebnis

$$
\begin{aligned}
I(t) &= \int_{-\infty}^{\infty} \frac{U_0}{L}\, S(\tau)\, e^{-\frac{R}{L}(t-\tau)}\, S(t-\tau)\, d\tau \\[2mm]
&= \frac{U_0}{L} \int_{0}^{t} e^{-\frac{R}{L}(t-\tau)}\, d\tau = \frac{U_0}{L}\, e^{-\frac{R}{L} t} \int_{0}^{t} e^{\frac{R}{L}\tau}\, d\tau \\[2mm]
&= \frac{U_0}{L}\, e^{-\frac{R}{L} t} \left[\frac{L}{R}\, e^{\frac{R}{L}\tau} \right]_{0}^{t} = \frac{U_0}{R} \left(1 - e^{-\frac{R}{L} t} \right),
\end{aligned}
$$

welches in Abb. 114(e) dargestellt ist.

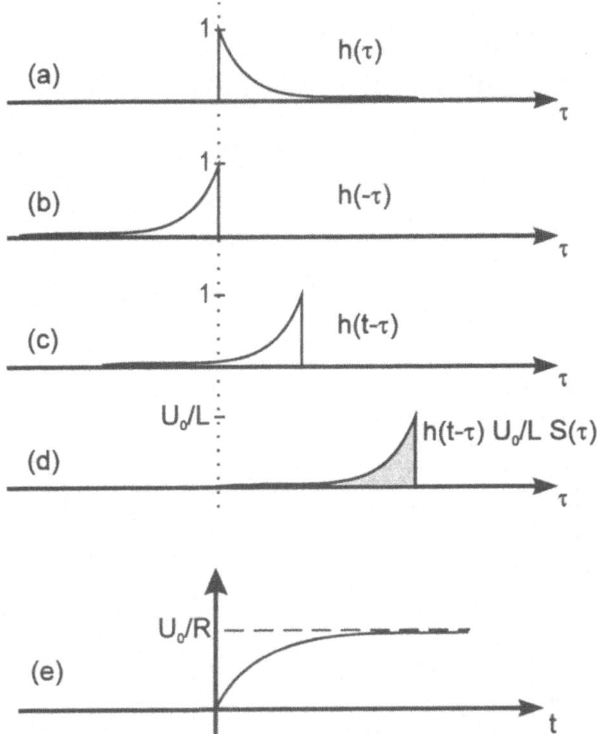

Abb. 114: Berechnung des Ausgangssignals über die Faltung der Impulsantwort $h(t)$ mit dem Eingangssignal $f(t)$

Bemerkung: Für $t < 0$ ist $S(t - \tau) \cdot S(\tau) = 0$ für alle $\tau \in \mathbb{R}$, so daß das Faltungsintegral den Wert 0 besitzt. Somit müßte man bei der Berechnung präziser

$$I(t) = \frac{U_0}{R} \left(1 - e^{-\frac{R}{L} t} \right) S(t)$$

schreiben.

(2) Berechnung der Systemreaktion mit Maple. Durch Faltung der Impulsantwort mit dem Eingangssignal

$$f(t) = \frac{U_0}{L} \sin(\omega t)\, S(t)$$

bestimmt man die Systemreaktion auf $f(t)$. Zur Berechnung des Faltungsintegrals verwenden wir Maple, setzen mit dem **alias**-Befehl abkürzend $S =$ Heaviside und definieren die Eingangsfunktion $U(t)$ sowie die Impulsantwort $h(t)$
```
> alias(S = Heaviside):
```

```
> U := t -> U0/L * sin(w * t) * S(t):
> h := t -> exp(-R/L * t) * S(t):
```

Das Faltungsintegral ist dann
```
> i(t) := int(U(tau) * h(t-tau), tau = -infinity..infinity);
```

$$i(t) := \frac{\left(-w\,L\,\cos\left(w\,t\right) + R\,\sin\left(w\,t\right)\right)U0}{R^2 + w^2\,L^2} + \frac{e^{-\frac{R\,t}{L}}\,w\,L\,U0}{R^2 + w^2\,L^2}$$

$$\Rightarrow I\left(t\right) = \frac{U_0}{R^2 + \omega^2\,L^2}\left(\omega\,L\,e^{-\frac{R}{L}\,t} - \omega\,L\,\cos\left(\omega\,t\right) + R\,\sin\left(\omega\,t\right)\right).$$

Setzt man $I_0 = \frac{U_0}{\sqrt{R^2+\omega^2\,L^2}}$ und $\tan\varphi = \frac{\omega L}{R}$, so gilt

$$\boxed{I\left(t\right) = I_0\left\{\sin\left(\omega\,t + \varphi\right) + \frac{\omega\,L}{R^2 + \omega^2\,L^2}\,e^{-\frac{R}{L}\,t}\right\}.}$$

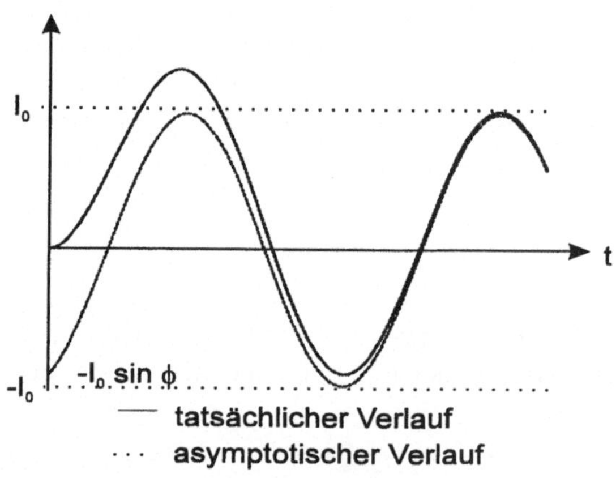

Abb. 115: Stromverlauf $I(t)$ bei einem RL-Wechselstromkreis

Die Lösung zerfällt somit in einen asymptotischen Zustand

$$I_0\,\sin\left(\omega\,t + \varphi\right),$$

und in einen zeitlich exponentiell abklingenden Anteil $e^{-\frac{R}{L}\,t}$. I_0 erweist sich als Stromamplitude, welche das Verhältnis von Spannungsamplitude U_0 und Scheinwiderstand $\sqrt{R^2 + \omega^2\,L^2}$ ist. Der Wechselstrom besitzt die gleiche Frequenz wie die Wechselspannung, ist allerdings um den Phasenwinkel φ phasenverschoben.□

Durch die Kenntnis der Impulsantwort ist man also über den Faltungssatz in der Lage, die Reaktion eines LZK-Systems auf ein beliebiges Eingangssignal zu berechnen. Es stellt sich somit die wichtige Frage, wie man die Impulsantwort bestimmen kann. Dazu gibt es prinzipiell zwei unterschiedliche Vorgehensweisen:

(1) Zum einen kann man in manchen Fällen zunächst die Fouriertransformierte der Impulsantwort bestimmen, wenn -wie in unserem Beispiel- das lineare System durch eine Differentialgleichung beschrieben wird. Durch die inverse Fouriertransformation berechnet sich dann die Impulsantwort. Es zeigt sich für elektrische Netzwerke, daß die Fouriertransformierte der Impulsantwort über die Anordnung der R-, C-, L-Bauelemente direkt bestimmbar ist. Dies führt auf den Begriff der **Übertragungs**- bzw. **Systemfunktion** (§5.3 und 5.4).

(2) Wenn die Anordnung des linearen Systems nicht im Detail bekannt ist, das System also nur als "black-box"-System zur Verfügung steht, so kann man die Impulsantwort experimentell bestimmen, indem man das System mit der Impulsfunktion anregt. Die zugehörige Systemreaktion ist dann die Impulsantwort. Einfacher als die Impulsfunktion ist die Sprungfunktion (= *Einschaltfunktion*) experimentell realisierbar. Über die *Sprungantwort* (= Reaktion des Systems auf die Sprungfunktion $S(t)$) ist die Impulsantwort ebenfalls berechenbar. Den Zusammenhang zwischen Sprung- und Impulsantwort stellen wir in §5.5 dar.

5.3 Die Systemfunktion (Übertragungsfunktion)

Das Konzept der Systemfunktion liefert ein Kalkül, die Fouriertransformierte der Impulsantwort zu bestimmen.

1. Methode: Wir wählen als spezielles Eingangssignal für ein LZK-System L die komplexe Exponentialfunktion

$$x(t) = e^{i\omega t}.$$

Ist $h(t)$ die Impulsantwort des Systems, bestimmt sich die Systemantwort $y(t)$ über das Faltungsintegral von $x(t)$ mit $h(t)$:

$$y(t) = (h * x)(t) = \int_{-\infty}^{\infty} e^{i\omega(t-\tau)} h(\tau)\, d\tau = e^{i\omega t} \int_{-\infty}^{\infty} e^{-i\omega\tau} h(\tau)\, d\tau.$$

Die Antwort des Systems ist wieder eine Exponentialfunktion multipliziert mit der komplexen Amplitude

$$H(\omega) := \int_{-\infty}^{\infty} e^{-i\omega\tau} h(\tau)\, d\tau. \tag{1}$$

$H(\omega)$ wird als **Systemfunktion** oder **Übertragungsfunktion** bezeichnet. **Die Systemfunktion ist die Fouriertransformierte der Impulsantwort!** Die Reaktion des LZK-Systems auf das Eingangssignal $x(t) = e^{i\omega t}$ ist eine Funktion mit dem Zeitverhalten $e^{i\omega t}$ und komplexer Amplitude $H(\omega)$. Regt man also ein LZK-System harmonisch mit der Frequenz ω und Amplitude 1 an, so ist die Systemreaktion wieder eine harmonische Funktion mit **gleicher** Frequenz ω aber mit anderer (in der Regel betragsmäßig kleinerer) Amplitude $H(\omega)$. Da $H(\omega)$ eine komplexe Amplitude darstellt, sind hierin sowohl die Information über den Betrag der Ausgangsamplitude $|H(\omega)|$ als auch die Phasenbeziehung zwischen Eingangs- und Ausgangssignal $\tan\varphi(\omega) = \frac{\mathrm{Im}\ H(\omega)}{\mathrm{Re}\ H(\omega)}$ enthalten.

2. Methode: Da $y(t) = H(\omega)\, e^{i\omega t}$ die Systemreaktion auf das Eingangssignal $x(t) = e^{i\omega t}$ ist, gilt

$$y(t) = L\,[x(t)],$$

$$\Rightarrow H(\omega)\, e^{i\omega t} = L\,[e^{i\omega t}] \hookrightarrow H(\omega) = \frac{L\,[e^{i\omega t}]}{e^{i\omega t}}.$$

Die Systemfunktion ist demnach gegeben durch

$$H(\omega) = \left.\frac{y(t)}{x(t)}\right|_{x(t)=e^{i\omega t}}. \tag{2}$$

Man erhält die Übertragungsfunktion $H(\omega)$ zu einer vorgegebenen Frequenz ω, wenn man speziell für die Eingangsfunktion $x(t) = e^{i\omega t}$ im Zeitbereich das Verhältnis von zugehöriger Ausgangs- zu Eingangsfunktion bildet.

22. Beispiel: In Beispiel 20 wurde die Fouriertransformierte von $h(t)$ bestimmt, indem als Eingangsfunktion $\delta(t)$ gewählt wurde. Jetzt berechnen wir nochmals die Systemfunktion für das System

$$g'(t) + \alpha\, g(t) = f(t), \tag{$*$}$$

indem wir $f(t) = e^{i\omega t}$ und zugehörig $g(t) = H(\omega)\, e^{i\omega t}$ setzen. f und g in die Differentialgleichung $(*)$ eingesetzt, liefert

$$i\omega\, H(\omega)\, e^{i\omega t} + \alpha\, H(\omega)\, e^{i\omega t} = e^{i\omega t}$$

$$\Rightarrow \boxed{H(\omega) = \frac{1}{\alpha + i\omega}.}$$

Dies ist dasselbe Ergebnis wie wir in Beispiel 16 als Fouriertransformierte der Impulsantwort erhalten haben.

Impulsantwort und Systemfunktion sind äquivalente Kenngrößen für lineare Systeme, die sich mittels der Fouriertransformation umrechnen lassen. Systeme mit gleicher Impulsantwort bzw. Systemfunktion reagieren auf gleiche Eingangssignale mit gleichen Ausgangssignalen.

3. Methode: Wir geben neben Gleichung (1) und (2) noch eine dritte Möglichkeit an, die Systemfunktion zu bestimmen. Dazu gehen wir von einem beliebigen Eingangssignal $f(t)$ aus. Sei $g(t)$ das zugehörige Antwortsignal, dann ist nach dem Faltungssatz

$$g(t) = (f * h)(t).$$

Wir wenden auf diese Gleichung die Fouriertransformation an und benutzen das Faltungstheorem ($F9$):

$$\mathcal{F}(g) = \mathcal{F}(f * h) = \mathcal{F}(f) \cdot \mathcal{F}(h). \tag{3}$$

Bezeichnet $F(\omega)$ die Fouriertransformierte des Eingangssignals $f(t)$, $G(\omega)$ die Fouriertransformierte des Ausgangssignals $g(t)$ und $H(\omega)$ die Fouriertransformierte der Impulsantwort $h(t)$, so schreibt sich Gleichung (3): $G(\omega) = F(\omega) \cdot H(\omega)$

$$\Rightarrow \boxed{H(\omega) = \frac{G(\omega)}{F(\omega)}.} \tag{4}$$

Gleichung (4) besagt, daß die Übertragungsfunktion $H(\omega)$ bestimmt werden kann, indem für ein beliebiges Eingangssignal $f(t)$ das Spektrum des zugehörigen Ausgangssignals $G(\omega)$ durch das Spektrum des Eingangssignals $F(\omega)$ dividiert wird.

Diese dritte Alternative zur Berechnung der Übertragungsfunktion ist die allgemeinste und enthält die Alternativen (1) und (2) als Spezialfälle.

Zusammenfassung: Es stehen 3 äquivalente Möglichkeiten zur Berechnung der **Systemfunktion** $H(\omega)$ eines LZK-Systems zur Verfügung:

(1) $H(\omega)$ ist die Fouriertransformierte der Impulsantwort:

$$H(\omega) = \int_{-\infty}^{\infty} h(t)\, e^{-i\omega t}\, dt.$$

(2)   Für die spezielle Eingangsfunktion $x(t) = e^{i\omega t}$ ist $H(\omega)$ die komplexe Amplitude der Antwortfunktion $y(t) = H(\omega)\, e^{i\omega t}$:

$$H(\omega) = \left.\frac{y(t)}{x(t)}\right|_{x(t) = e^{i\omega t}}.$$

(3)   Ist $F(\omega)$ das Spektrum des Eingangs- und $G(\omega)$ das Spektrum des zugehörigen Ausgangssignals, dann ist

$$H(\omega) = \frac{G(\omega)}{F(\omega)}.$$

23. Zusammenfassendes Beispiel: Gegeben ist ein System, das durch die Differentialgleichung

$$\boxed{y''' (t) + a_1 \, y' (t) + a_0 \, y (t) = f (t)}$$

beschrieben wird. Wir bestimmen auf drei alternativen Wegen die Systemfunktion $H(\omega)$.

(1) $H(\omega)$ ist die Fouriertransformierte der Impulsantwort $h(t) = L\,[\delta(t)]$. Setzen wir also $f(t) = \delta(t)$, dann ist $y(t) = h(t)$

$$h''' (t) + a_1 \, h' (t) + a_0 \, h (t) = \delta (t).$$

Durch Anwenden der Fouriertransformation auf die Differentialgleichung ist

$$\mathcal{F}(h''') + a_1 \, \mathcal{F}(h') + a_0 \, \mathcal{F}(h) = \mathcal{F}(\delta).$$

Wegen $H(\omega) = \mathcal{F}(h)$ (Übertragungsfunktion = Fouriertransformierte der Impulsantwort) folgt mit der Ableitungsregel $(F8)$

$$(i\,\omega)^3 \, H(\omega) + a_1 \, i\,\omega\, H(\omega) + a_0 \, H(\omega) = 1 \qquad (*_1)$$

$$\Rightarrow \boxed{H(\omega) = \frac{1}{(i\,\omega)^3 + a_1 \, i\,\omega + a_0}.} \qquad (*_2)$$

(2) Setzen wir als spezielles Eingangssignal $x(t) = e^{i\,\omega\,t}$ $(= f(t))$, ist die Systemantwort $y(t) = e^{i\,\omega\,t} \, H(\omega)$. In die Differentialgleichung eingesetzt, folgt

$$\left(e^{i\,\omega\,t} H(\omega)\right)''' + a_1 \left(e^{i\,\omega\,t} H(\omega)\right)' + a_0 \left(e^{i\,\omega\,t} H(\omega)\right) \;=\; e^{i\,\omega\,t}$$

$$\hookrightarrow (i\,\omega)^3 \, e^{i\,\omega\,t} H(\omega) + a_1 \, (i\,\omega) \, e^{i\,\omega\,t} H(\omega) + a_0 \, e^{i\,\omega\,t} H(\omega) \;=\; e^{i\,\omega\,t}.$$

Division dieser Gleichung durch $e^{i\,\omega\,t}$ liefert $(*_1)$ und damit als Übertragungsfunktion ebenfalls $(*_2)$.

(3) Ist $f(t)$ das Eingangssignal und $g(t)$ das zugehörige Ausgangssignal, ist die Beziehung zwischen f und g durch die Differentialgleichung gegeben

$$g''' (t) + a_1 \, g' (t) + a_0 \, g (t) = f (t).$$

Anwenden der Fouriertransformation

$$\mathcal{F}(g''') + a_1 \, \mathcal{F}(g') + a_0 \, \mathcal{F}(g) = \mathcal{F}(f)$$

mit Ableitungsregel $(F8)$ ergibt

$$(i\,\omega)^3 \, \mathcal{F}(g) + a_1 \, (i\,\omega) \, \mathcal{F}(g) + a_0 \, \mathcal{F}(g) = \mathcal{F}(f).$$

Mit $F(\omega) = \mathcal{F}(f)$ und $G(\omega) = \mathcal{F}(g)$ gilt

$$\left((i\omega)^3 + a_1(i\omega) + a_0\right) G(\omega) = F(\omega)$$

$$\Rightarrow H(\omega) = \frac{G(\omega)}{F(\omega)} = \frac{1}{(i\omega)^3 + a_1 i\omega + a_0}.$$

Dies ist -wie erwartet- das gleiche Ergebnis für die Übertragungsfunktion wie unter (1) und (2). $\qquad\qquad\square$

Die Systemfunktion kann in vielen Fällen einfacher bestimmt werden als die Impulsantwort. Ist sie bekannt, so bestimmt sich die Impulsantwort durch die *inverse Fouriertransformation*. Welche der drei Alternativen zur Berechnung der Systemfunktion genommen wird, hängt von der konkreten Problemstellung ab.

Ein Vorteil der Systemfunktion (= Übertragungsfunktion) gegenüber der Impulsantwort liegt z.B. bei der Anwendung auf elektrische Netzwerke darin, daß die Systemfunktion direkt über die komplexen Widerstände bestimmt werden kann und nicht erst die zugehörige Differentialgleichung aufgestellt werden muß.

5.4 Übertragungsfunktion elektrischer Netzwerke

Bei **elektrischen Netzwerken**, bestehend aus Ohmschen Widerständen, Kapazitäten und Induktivitäten, sind die Spannungen beim Anlegen eines komplexen Wechselstromes $I(t) = e^{i\omega t}$ gemäß den physikalischen Gesetzmäßigkeiten, bestimmt durch

$U_\Omega(t) = R\,I(t)$	(Ohmsches Gesetz)
$U_L(t) = L\dfrac{dI}{dt} = L\,i\,\omega\,I(t) = \hat{R}_L\,I(t)$	(Induktionsgesetz)
$U_C(t) = \dfrac{1}{C}\displaystyle\int I(\tau)\,d\tau = \dfrac{1}{i\,\omega\,C}\,I(t) = \hat{R}_C\,I(t)$	(Kondensatorspannung).

Durch diese Gleichungen ordnet man der Induktivität und der Kapazität komplexe Widerstände entsprechend $\hat{R}_L = i\,\omega\,L$ und $\hat{R}_C = \frac{1}{i\,\omega\,C}$ zu (siehe Bd. 1, Kap. V.4).

Die *Übertragungsfunktion* für RCL-Wechselstromkreise berechnet sich durch Division der Ausgangsspannung $U_a(t) = \hat{R}_a\,I_a(t)$ durch die Eingangsspannung $U_e(t) = \hat{R}_{ges}\,I(t)$. Dabei ist $\hat{R}_{ges}$ der komplexe Gesamtwiderstand des Schaltkreises und $\hat{R}_a$ der Ersatzwiderstand für das Bauteil, an dem die Spannung $U_a(t)$ abgegriffen wird. Dies entspricht der Alternative (2) zur Berechnung der Übertragungsfunktion, da

$$H(\omega) = \left.\frac{y(t)}{x(t)}\right|_{x(t)=e^{i\omega t}} = \frac{U_a(t)}{U_e(t)} = \frac{\hat{R}_a\,I_a(t)}{\hat{R}_{ges}\,I(t)}.$$

Der Vorteil der Einführung von komplexen Widerständen ist, daß die Berechnung der Ersatzschaltung analog dem Gleichstromkreis erfolgt: Der komplexe Gesamtwiderstand in Reihe geschalteter Bauelemente ist die Summe der komplexen Einzelwiderstände. Der komplexe Ersatzleitwert $\frac{1}{R}$ parallel geschalteter Bauelemente ist die Summe der komplexen Einzelleitwerte.

24. Beispiel: System mit einem Energiespeicher. Gesucht ist die Übertragungsfunktion und die Impulsantwort für die unten skizzierte Schaltung mit einem Energiespeicher.

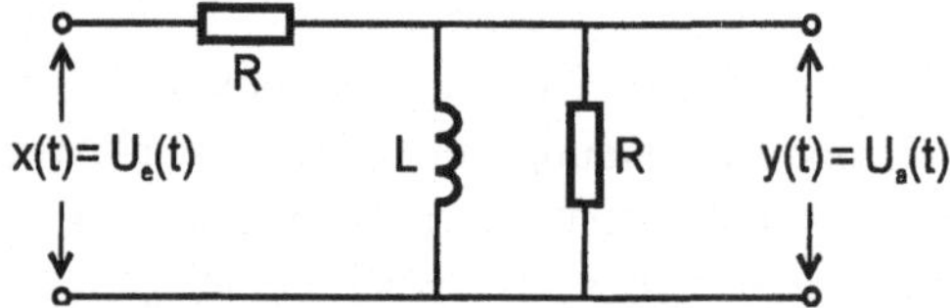

Abb. 116: System mit einem Energiespeicher

Der Ersatzwiderstand $\hat{R}_a$ für die an der Spule abgegriffenen Spannung ist

$$\frac{1}{\hat{R}_a} = \frac{1}{i\,\omega\,L} + \frac{1}{R} = \frac{R+i\,\omega\,L}{R\,i\,\omega\,L} \Rightarrow \hat{R}_a = \frac{i\,\omega\,R\,L}{R+i\,\omega\,L},$$

da Spule und Widerstand parallel geschaltet sind. Der Gesamtwiderstand ist gegeben durch

$$\hat{R}_{ges} = R + \hat{R}_a.$$

$$\Rightarrow H(\omega) = \frac{U_a}{U_e} = \frac{\hat{R}_a\,I(t)}{\hat{R}_{ges}\,I(t)} = \frac{\frac{i\,\omega\,R\,L}{R+i\,\omega\,L}}{R + \frac{i\,\omega\,R\,L}{R+i\,\omega\,L}} = \frac{i\,\omega\,L}{R+2\,i\,\omega\,L}.$$

Man kann allgemein zeigen [Vielhauer, P.: Passive Lineare Netzwerke, Hüthig-Verlag, 1974], daß die Übertragungsfunktion für ein **System mit einem Energiespeicher** gegeben ist durch

$$\boxed{H_1(\omega) = \frac{a_0 + a_1\,i\,\omega}{b_0 + i\,\omega}}$$

mit reellen Koeffizienten a_0, a_1; $b_0 > 0$.

Um aus der Übertragungsfunktion $H_1(\omega)$ die Impulsantwort zu bestimmen, formen wir $H_1(\omega)$ durch Polynomdivision um

$$H_1(\omega) = a_1 + (a_0 - a_1 b_0)\,\frac{1}{b_0 + i\,\omega}.$$

Damit hat man die Fouriertransformierte der Impulsantwort in zwei bereits bekannte Transformierte zerlegt:

$$\mathcal{F}(\delta)(\omega) = 1,$$
$$\mathcal{F}\left(e^{-b_0\,t}\,S(t)\right)(\omega) = \frac{1}{b_0 + i\,\omega}.$$

Folglich ist die Impulsantwort:

$$\boxed{h(t) = a_1\,\delta(t) + (a_0 - a_1 b_0)\,e^{-b_0\,t}\,S(t).}$$

Für unseren Spezialfall

$$H_1(\omega) = \frac{i\,\omega\,L}{R + i\,\omega\,L} = \frac{\frac{1}{2}\,i\,\omega}{\frac{R}{2L} + i\,\omega}$$

ist $a_0 = 0$, $a_1 = \frac{1}{2}$ und $b_0 = \frac{R}{2L}$.

$$\Rightarrow h_1(t) = \frac{1}{2}\,\delta(t) - S(t)\,\frac{R}{4L}\,e^{-\frac{R}{2L}\,t}.$$

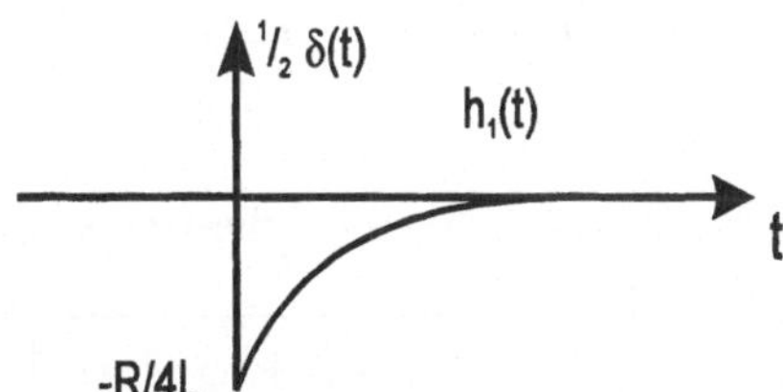

Abb. 117: Impulsantwort für ein System mit einem Energiespeicher

System mit einem Energiespeicher mit MAPLE. Das gleiche Ergebnis hätte man auch direkt mit MAPLE gewinnen können. Für den allgemeinen Fall einer Übertragungsfunktion für ein System mit einem Energiespeicher gilt

```
> with(inttrans):
> assume(b0 > 0):
> H1(w) := (a0 + a1 * I * w) / (b0 + I * w):
> invfourier(H1(w), w, t):
> h(t) := simplify(%);
```

$$h(t) := a0\,e^{-b0^{\sim}\,t}\,Heaviside(t) - a1\,b0^{\sim}\,e^{-b0^{\sim}\,t}\,Heaviside(t) + a1\,Dirac(t)$$

25. Beispiel: System mit zwei Energiespeicher. Gesucht ist die Übertragungsfunktion und die Impulsantwort für die unten skizzierte Schaltung mit zwei Energiespeichern.

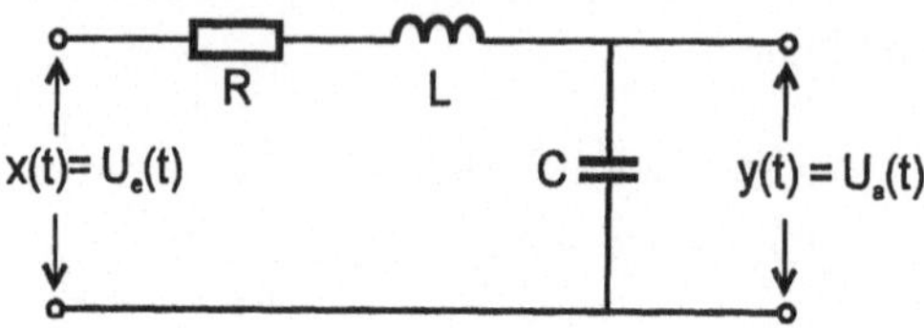

Abb. 118: System mit zwei Energiespeichern

Der Widerstand $\hat{R}_C$ für die an der Kapazität abgegriffene Spannung ist $\hat{R}_C = \frac{1}{i\omega C}$. Der Gesamtwiderstand für die in Reihe geschalteten Elemente ist $\hat{R}_{ges} = R + i\omega L + \frac{1}{i\omega C}$. Damit ist die Übertragungsfunktion gegeben durch das Verhältnis von Ausgangssignal und Eingangssignal

$$H_2(\omega) = \frac{U_a(t)}{U_e(t)} = \frac{\hat{R}_C\, I(t)}{\hat{R}_{ges}\, I(t)} = \frac{\hat{R}_C}{\hat{R}_{ges}}$$

$$= \frac{\frac{1}{i\omega C}}{R + i\omega L + \frac{1}{i\omega C}} = \frac{1}{1 + (i\omega)^2 LC + i\omega RC}.$$

Bei **Systemen mit zwei Energiespeichern** hat die Übertragungsfunktion folgende allgemeine Form

$$H_2(\omega) = \frac{a_0 + a_1\, i\omega + a_2\,(i\omega)^2}{b_0 + b_1\, i\omega + (i\omega)^2}$$

wobei alle Koeffizienten reell und $b_0 > 0$, $b_1 > 0$ sind [Vielhauer]. Durch Partialbruchzerlegung stellt sich $H_2(\omega)$ dar als Summe von Brüchen [Mildenberger, System- und Signaltheorie, Vieweg, 1987]

$$H_2(\omega) = a_2 + \frac{A_1}{i\omega - p_1} + \frac{A_2}{i\omega - p_2}$$

mit $A_1 = \frac{c_0 + c_1\, p_1}{p_1 - p_2}$, $A_2 = \frac{c_0 + c_1\, p_2}{p_2 - p_1}$ und $c_0 = a_0 - a_2\, b_0$, $c_1 = a_1 - a_2\, b_1$;

$$p_1 = -\frac{b_1}{2} + \sqrt{\frac{b_1^2}{4} - b_0}, \quad p_2 = -\frac{b_1}{2} - \sqrt{\frac{b_1^2}{4} - b_0}.$$

Somit ist

$$h(t) = a_2\, \delta(t) + A_1\, S(t)\, e^{p_1 t} + A_2\, S(t)\, e^{p_2 t}$$

die Impulsantwort. Man kann dieses Ergebnis auf Beispiel 25 übertragen oder direkt für $H_2(\omega)$ die inverse Fouriertransformation mit MAPLE berechnen. Für R=L=C=1 gilt

```
> with(inttrans):
> H2(w) := 1/(1 + I*w + (I*w)^2):
> invfourier(H2(w), w, t):
> h(t) := simplify(%);
```

$$h(t) = \frac{2}{3}\sqrt{3}\, e^{-\frac{1}{2}t}\, Heaviside\,(t)\, \sin\left(\frac{1}{2}\sqrt{3}\,t\right)$$

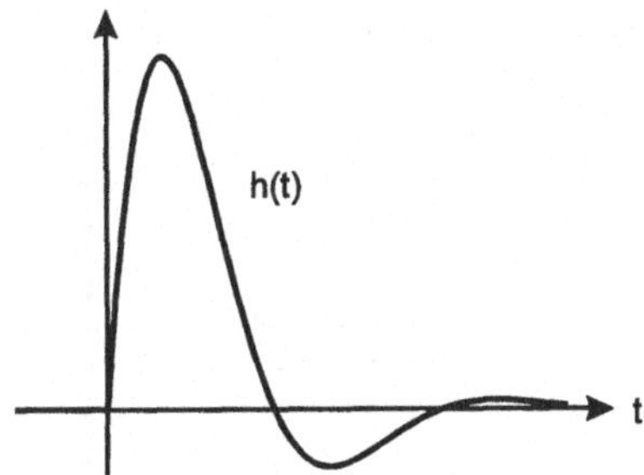

Abb. 119: Impulsantwort für ein System mit zwei Energiespeichern

5.5 Zusammenhang zwischen der Sprung- und Deltafunktion

Als Sprungfunktion (Heavisidefunktion) bezeichnen wir die Funktion

$$S(t) = \begin{cases} 0 & \text{für } t < 0 \\ 1 & \text{für } t > 1. \end{cases}$$

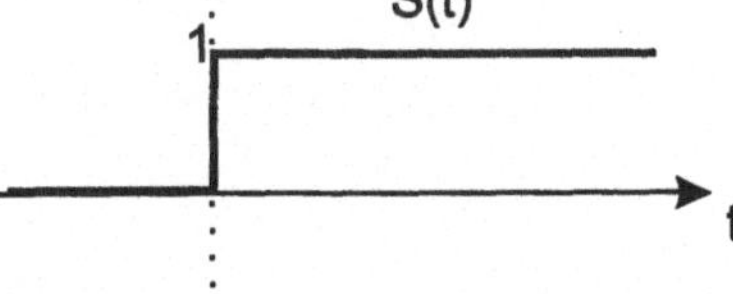

Die **Sprungfunktion** nähert den Einschaltvorgang für Systeme an, die für $t < 0$ ausgeschaltet und für $t > 0$ eingeschaltet sind. Mit Hilfe von $S(t)$ ist oft eine besonders einfache Bestimmung der Impulsantwort möglich. Da $S(t)$ in $t = 0$ nicht stetig ist, kann man diese Funktion im Punkte $t = 0$ nicht ohne weiteres differenzieren. Es zeigt sich aber, daß die Ableitung von $S(t)$ trotzdem gebildet werden kann, wenn man die Deltafunktion als Ergebnis zuläßt: Zur Klärung betrachten wir die Bildfolge 120 (a) - (d).

Zunächst ist in (a) eine Familie $S_\varepsilon(t)$ abgebildet, die für $\varepsilon \to 0$ in die Sprungfunktion $S(t)$ übergeht (b):

$$S(t) = \lim_{\varepsilon \to 0} S_\varepsilon(t).$$

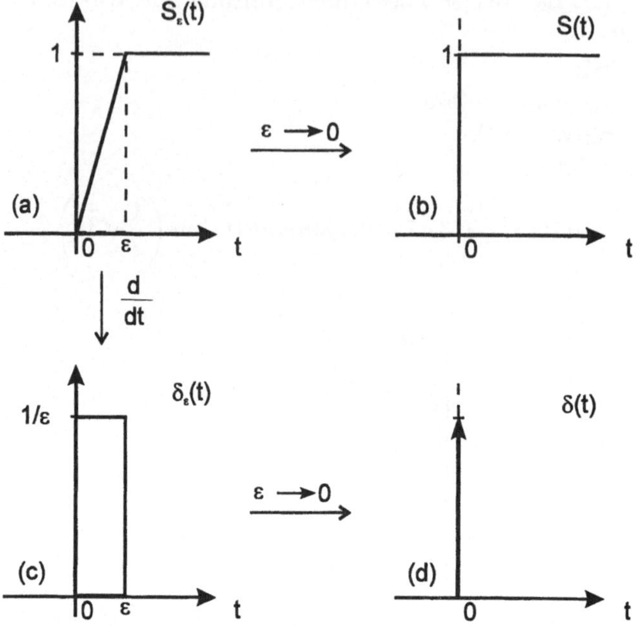

Abb. 120: Von der Sprungfunktion zur Deltafunktion

In (c) bilden wir die Ableitung $S'_\varepsilon(t) = \delta_\varepsilon(t)$, die mit der Familie $\delta_\varepsilon(t)$ identisch ist. Für $\varepsilon \to 0$ gilt:

$$\lim_{\varepsilon \to 0} \delta_\varepsilon(t) = \delta(t).$$

Als Ergebnis gewinnen wir die Beziehung

$$\boxed{\dfrac{d}{dt}\, S(t) = \delta(t).}$$

Mit dieser Beziehung lassen sich auch andere Funktionen differenzieren, die eine Sprungstelle aufweisen.

26. Beispiel: Man differenziere die Funktion $x(t)$.

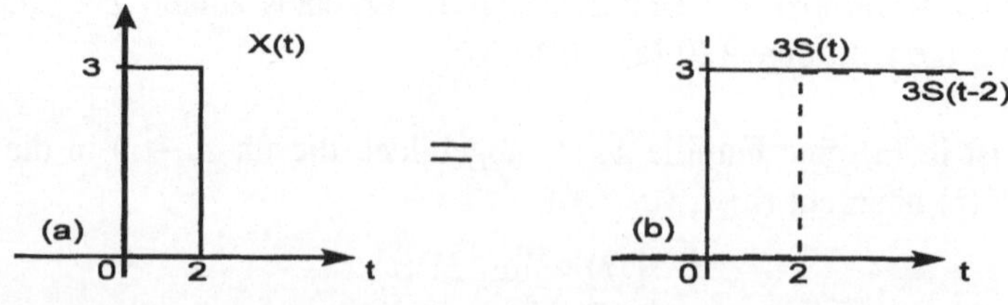

Aus der Darstellung der Funktion $x(t)$ erkennt man, daß

$$x(t) = 3\,S(t) - 3\,S(t-2).$$

Mit Hilfe der Formel $\delta(t) = \frac{d}{dt}\,S(t)$ erhalten wir mit den üblichen Regeln der Differentiation die Ableitung

$$x'(t) = 3\,\delta(t) - 3\,\delta(t-2),$$

welche im untenstehenden Bild dargestellt ist.

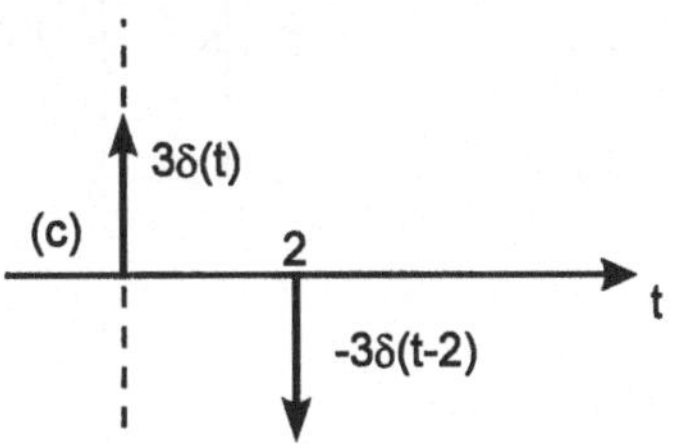

Also: Bei der Ableitung einer Funktion mit Sprungstelle bei t_0 muß neben der üblichen Ableitung noch die Deltafunktion $\delta(t-t_0)$ mit dem Faktor der Sprunghöhe hinzuaddiert werden. $\qquad\square$

Zusammenhang zwischen Impuls- und Sprungantwort. Wir definieren die **Sprungantwort** $g(t)$ als die Reaktion eines LZK-Systems auf die Sprungfunktion $S(t)$:

$$g(t) = L\,[S(t)] \qquad \text{(Sprungantwort).}$$

Aufgrund der Beziehung $\delta(t) = \frac{d}{dt}\,S(t)$ gilt formal für die Ableitung der Sprungantwort

$$\frac{d}{dt}\,g(t) = \frac{d}{dt}\,L\,[S(t)] = L\left[\frac{d}{dt}\,S(t)\right] = L\,[\delta(t)].$$

$L\,[\delta(t)]$ ist die Reaktion des Systems auf die Impulsfunktion, also die Impulsantwort $h(t)$.

$$\Rightarrow \boxed{h(t) = \frac{d}{dt}\,g(t).}$$

Die Ableitung der Sprungantwort ist die Impulsantwort.

27. Beispiel: Gegeben ist die Sprungantwort $g(t)$ des RC-Kreis.

$$g(t) = S(t)\left(1 - e^{-\frac{1}{RC}\,t}\right).$$

Gesucht ist die Impulsantwort. Durch die Beziehung $h(t) = \frac{d}{dt}\,g(t)$ ist die Impulsantwort

$$h(t) = g'(t) = \delta(t)\left(1 - e^{-\frac{1}{RC}\,t}\right) + S(t)\,\frac{1}{RC}\,e^{-\frac{1}{RC}\,t}.$$

Wegen der Eigenschaft der δ-Funktion $\delta(t)\, f(t) = \delta(t)\, f(0)$ gilt weiter

$$h(t) = \delta(t)\cdot 0 + S(t)\,\tfrac{1}{RC}\,e^{-\frac{1}{RC}\,t} = S(t)\,\tfrac{1}{RC}\,e^{-\frac{1}{RC}\,t}. \qquad \square$$

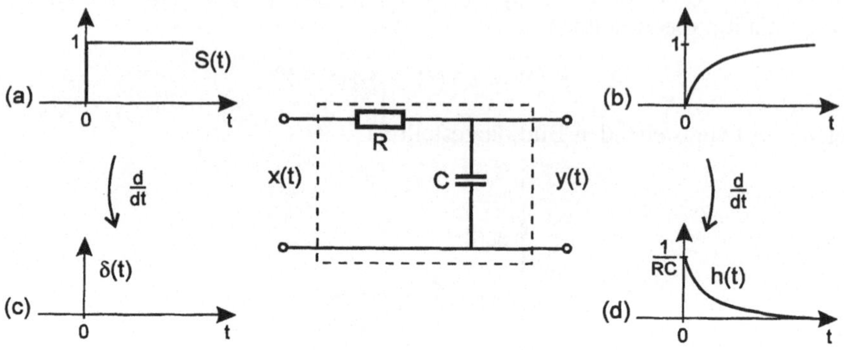

Abb. 121: Zusammenhang zwischen Sprungantwort und Impulsantwort

---

Zusammenfassung: Ein lineares, zeitinvariantes, kausales System L (LZK-System) wird durch die **Impulsantwort** $h(t)$ vollständig charakterisiert; denn nach dem *Faltungssatz* kann für ein beliebiges Eingangssignal $f(t)$ das Ausgangssignal $g(t) = L\,[f(t)]$ berechnet werden durch

$$g(t) = (f * h)(t) = \int_{-\infty}^{\infty} f(\tau)\, h(t - \tau)\, d\tau.$$

Es gibt 3 alternative Möglichkeiten, die Impulsantwort $h(t)$ eines Systems zu bestimmen:

(1) Die Impulsantwort ist die Reaktion des Systems auf das Eingangssignal $\delta(t)$:

$$h(t) = L\,[\delta(t)].$$

(2) Die Impulsantwort ist die Ableitung der Sprungantwort $g(t) = L\,[S(t)]$:

$$h(t) = \frac{d}{dt}\, g(t).$$

(3) Ist $H(\omega)$ die Systemfunktion (Übertragungsfunktion), dann ist $h(t)$ die inverse Fouriertransformierte von $H(\omega)$:

$$h(t) = \frac{1}{2\pi} \int_{-\infty}^{\infty} H(\omega)\, e^{i\omega t}\, d\omega.$$

§6. Anwendungsbeispiele mit Maple

6.1 Frequenzanalyse des Doppelpendelsystems

Wir wenden die Fourieranalyse an, um die Eigenfrequenzen des Doppelpendelsystems aus Kap. XI.2.5, Beispiel 26, zu bestimmen. Dazu lösen wir das Differentialgleichungssystem für die Winkelauslenkungen $\varphi_1(t)$ und $\varphi_2(t)$, wenn auf das Pendel (1) einen Impulsstoß $\delta(t)$ wirkt. Damit lauten die Differentialgleichungen für das Pendelsystem ohne Reibung

$$\ddot{\varphi}_1(t) = -\frac{g}{l}\,\varphi_1(t) + \frac{d}{m}\,(\varphi_2(t) - \varphi_1(t)) + \delta(t)$$

$$\ddot{\varphi}_2(t) = -\frac{g}{l}\,\varphi_2(t) + \frac{d}{m}\,(\varphi_1(t) - \varphi_2(t)).$$

```
> deq1 := diff(phi1(t), t$2) = -g/l * phi1(t) + d/m * (phi2(t) - phi1(t)) + Dirac(t);
> deq2 := diff(phi2(t), t$2) = -g/l * phi2(t) + d/m * (phi1(t)-phi2(t));
```

$$deq1 := \frac{\partial^2}{\partial t^2}\,\phi 1(t) = -\frac{g\,\phi 1(t)}{l} + \frac{d\,(\phi 2(t) - \phi 1(t))}{m} + Dirac(t)$$

$$deq2 := \frac{\partial^2}{\partial t^2}\,\phi 2(t) = -\frac{g\,\phi 2(t)}{l} + \frac{d\,(\phi 1(t) - \phi 2(t))}{m}$$

Wir lösen das Differentialgleichungssystem im Frequenzbereich, indem wir auf beide Differentialgleichungen die Fouriertransformation anwenden. Mit dem **fourier**-Befehl erhält man zwei algebraische Gleichungen für $\Phi_1(\omega)$ und $\Phi_2(\omega)$, den Fouriertransformierten der Winkelauslenkungen $\varphi_1(t)$ und $\varphi_2(t)$: $\Phi_1(\omega) = \mathcal{F}(\varphi_1)$, $\Phi_2(\omega) = \mathcal{F}(\varphi_2)$.

```
> with(inttrans):
> eq1 := fourier(deq1, t, w);
> eq2 := fourier(deq2, t, w);
```

$$eq1 := -w^2\,\text{fourier}\,(\phi 1(t),\, t,\, w) =$$

$$-\frac{g\,\text{fourier}\,(\phi 1(t),\, t,\, w)}{l} + \frac{d\,(\text{fourier}\,(\phi 2(t),\, t,\, w) - \text{fourier}\,(\phi 1(t),\, t,\, w))}{m} + 1$$

$$eq2 := -w^2\,\text{fourier}\,(\phi 2(t),\, t,\, w) =$$

$$-\frac{g\,\text{fourier}\,(\phi 2(t),\, t,\, w)}{l} + \frac{d\,(\text{fourier}\,(\phi 1(t),\, t,\, w) - \text{fourier}\,(\phi 2(t),\, t,\, w))}{m}$$

Zur übersichtlichen Darstellung kürzen wir die Ausdrücke der Form
$fourier\,(\phi\,(t)\,,\,t,\,w)$ durch $\Phi\,(w)$ mit dem **alias**-Befehl ab.
> alias(Phi1(w) = fourier(phi1(t), t, w):
> alias(Phi2(w) = fourier(phi2(t), t, w):

Die beiden linearen Gleichungen für $\Phi_1\,(\omega)$ und $\Phi_2\,(\omega)$ lauten damit
> eq1;   eq2;

$$-w^2\,\Phi1\,(w) = -\frac{g\,\Phi1\,(w)}{l} + \frac{d\,(\Phi2\,(w) - \Phi1\,(w))}{m} + 1$$

$$-w^2\,\Phi2\,(w) = -\frac{g\,\Phi2\,(w)}{l} + \frac{d\,(\Phi1\,(w) - \Phi2\,(w))}{m}$$

Durch das Lösen des LGS mit dem **solve**-Befehl erhält man die Transformierten
der Winkelauslenkungen.
> sol := solve({eq1, eq2}, {Phi1(w), Phi2(w)});
> assign(sol);

$$sol := \left\{\Phi1\,(w) = \frac{l\,\left(-w^2\,l\,m + g\,m + d\,l\right)}{-2\,m\,w^2\,l\,g + m\,g^2 + m\,w^4\,l^2 + 2\,g\,d\,l - 2\,w^2\,l^2\,d}\,,\right.$$

$$\left.\Phi2\,(w) = \frac{l^2\,d}{-2\,m\,w^2\,l\,g + m\,g^2 + m\,w^4\,l^2 + 2\,g\,d\,l - 2\,w^2\,l^2\,d}\right\}$$

$\Phi_1\,(\omega)$ und $\Phi_2\,(\omega)$ sind die Übertragungsfunktionen für Pendel (1) bzw. (2), wenn
man Pendel (1) anregt. Wir stellen beide Übertragungsfunktionen graphisch dar:
> parameter := {g=10, m=0.1, l=1, d=1}:
> plot(subs(parameter, Phi1(w)), w = -10..10);
> plot(subs(parameter, Phi2(w)), w = -10..10);

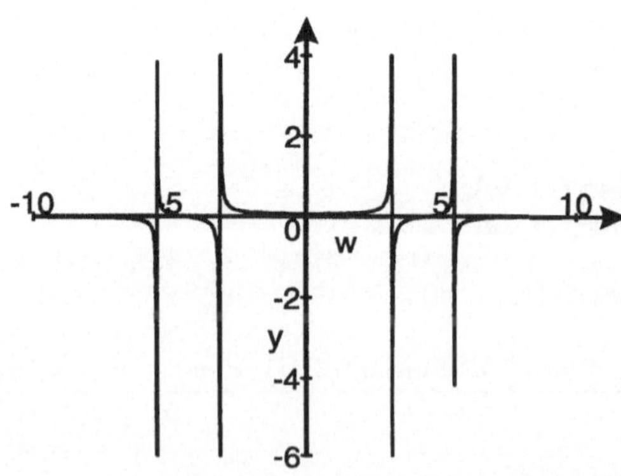

Abb. 122: Frequenzspektrum des Doppelpendelsystems (Pendel 1)

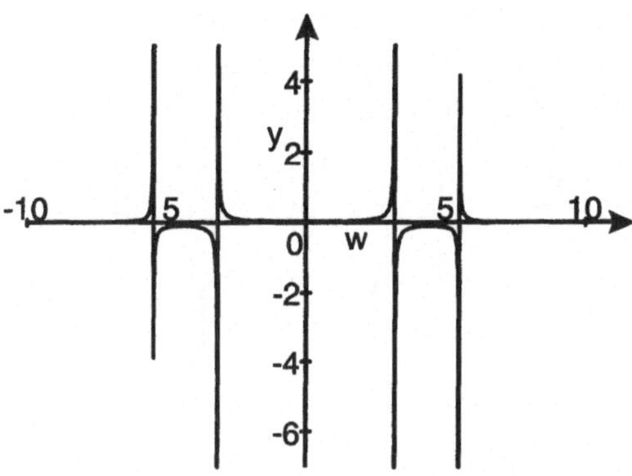

Abb. 123: Frequenzspektrum des Doppelpendelsystems (Pendel 2)

Aus beiden Graphen entnimmt man die gleichen Resonanzfrequenzen $\omega_1 = 3.1$ und $\omega_2 = 5.48$; diese beiden Frequenzen stimmen genau mit den Eigenfrequenzen überein, die wir mittels der Eigenwerttheorie der Matrizen bestimmt haben. Da keine Reibungskräfte bei der Erstellung des Modells berücksichtigt wurden, entsprechen die Eigenfrequenzen genau den Polstellen der Übertragungsfunktion: Wird das System mit diesen Frequenzen angeregt, kommt es zur Resonanzkatastrophe.

Die Polstellen erhalten wir über die Nullstellen des Zählers von $\Phi_1(\omega)$:
> sol := solve(denom(Phi1(w)) = 0, w);

$$sol := -\frac{\sqrt{g\,l}}{l}, \ \frac{\sqrt{g\,l}}{l}, \ -\frac{\sqrt{m\,l\,(g\,m+2\,d\,l)}}{m\,l}, \ \frac{\sqrt{m\,l\,(g\,m+2\,d\,l)}}{m\,l}$$

Dies sind die Formeln für die Eigenfrequenzen

$$\omega_1 = \sqrt{\frac{g}{l}} \quad \text{und} \quad \omega_2 = \sqrt{\frac{g}{l} + 2\,\frac{d}{m}}.$$

Zusammenfassung: Durch die Fourieranalyse der Impulsanregung eines linearen Systems lassen sich die charakteristischen Frequenzen des Systems bestimmen. Die Resonanzstellen sind die Eigenfrequenzen des Systems.

6.2 Frequenzanalyse eines Hochpasses

Gegeben ist ein Hochpaß, der aus zwei T-Gliedern zusammengesetzt ist (siehe Kap. XI.5.3, Beispiel 61). Zur Bestimmung der Systemfunktion wenden wir die Fourieranalyse an, indem wir als Eingangssignal $U_e(t) = \delta(t)$ die Impulsfunktion wählen und das Differentialgleichungssystem im Frequenzbereich lösen.

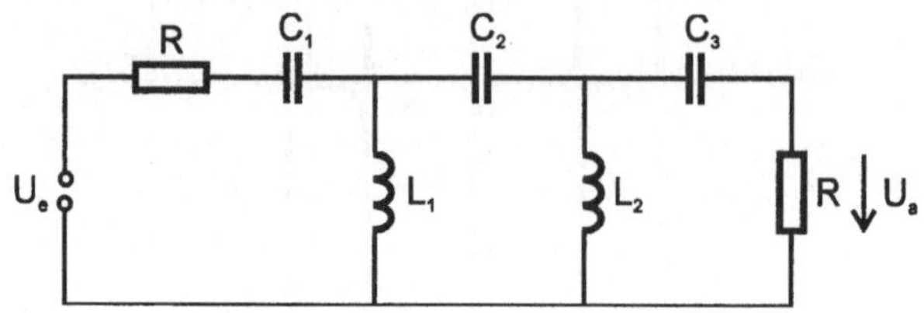

Abb. 124: Hochpaß aus 2 T-Gliedern

Die Differentialgleichungen lauten nach Kap. XI.5.3, Beispiel 61
```
> deq1 := R*C1*diff(U1(t), t) + L1*diff(I1(t), t) = Dirac(t) - U1(t):
> deq2 := C1*diff(U1(t), t) - C2*diff(U2(t), t) = I1(t):
> deq3 := L1*diff(I1(t), t) - L2*diff(I2(t), t) = U2(t):
> deq4 := C2*diff(U2(t), t) - C3*diff(U3(t), t) = I2(t):
> deq5 := L2*diff(I2(t), t) - R*C3*diff(U3(t), t) = U3(t):
```

Durch Anwenden des **fourier**-Befehls auf die Differentialgleichungen folgt ein lineares Gleichungssystem für die Fouriertransformierten der Variablen $U_1(t)$, $U_2(t)$, $U_3(t)$, $I_1(t)$, $I_2(t)$.
```
> with(inttrans):
> eq1 := fourier(deq1, t, w):
> eq2 := fourier(deq2, t, w):
> eq3 := fourier(deq3, t, w):
> eq4 := fourier(deq4, t, w):
> eq5 := fourier(deq5, t, w);
```

$$eq5 := I\,L2\,w\,\text{fourier}\,(I2(t),\,t,\,w) - I\,R\,C3\,w\,\text{fourier}\,(U3(t),\,t,\,w)$$
$$= \text{fourier}\,(U3(t),\,t,\,w)$$

Zur Abkürzung ersetzen wir mit dem **alias**-Befehl $fourier\,(f(t),\,t,\,w)$ durch $F(\omega)$
```
> alias(U1(w) = fourier(U1(t), t, w)):
> alias(U2(w) = fourier(U2(t), t, w)):
> alias(U2(w) = fourier(U2(t), t, w)):
> alias(I1(w) = fourier(I1(t), t, w)):
> alias(I2(w) = fourier(I2(t), t, w)):
```

und lösen die linearen Gleichungen nach den Variablen $U_1(\omega)$, $U_2(\omega)$, $U_3(\omega)$, $I_1(\omega)$, $I_2(\omega)$ mit dem **solve-Befehl** auf.

```
> sol := solve({eq1, eq2, eq3, eq4, eq5},
>           {U1(w), U2(w), U3(w), I1(w), I2(w)});
> assign(sol);
```

Für das Übertragungsverhalten sind aber nicht die oben berechneten Größen von Interesse, sondern die am Ohmschen Widerstand abgegriffene Spannung

$$U_a\left(t\right) = R \cdot C_3 \cdot U_3'\left(t\right).$$

$U_a\left(t\right)$ ist die Systemreaktion auf das Eingangssignal $\delta\left(t\right)$, also die Impulsantwort. Die Systemfunktion (Übertragungsfunktion) ist somit die Fouriertransformierte von $U_a\left(t\right)$

$$\begin{aligned}
H\left(\omega\right) &= \mathcal{F}\left(R \cdot C_3 \cdot U_3'\left(t\right)\right)\left(\omega\right) = R\,C_3\,\mathcal{F}\left(U_3'\left(t\right)\right)\left(\omega\right) \\[2mm]
&= R \cdot C_3 \cdot i\,\omega \cdot U_3\left(\omega\right).
\end{aligned}$$

Für die Parameter $R = 1000\,\Omega$, $C_1 = C_3 = 5.28 \cdot 10^{-9}\,F$, $C_2 = \frac{1}{2}C_1$, $L_1 = L_2 = 3.128 \cdot 10^{-3}\,H$ stellen wir die Übertragungsfunktion graphisch dar.

```
> R:=1000: C1:=5.28e-9: C2:=C1/2: C3:=C1: L1:=3.128e-3: L2:=L1:
> H(w) := R*C3*I*w*U3(w):
> plot(abs(H(w)), w = 0..500000);
```

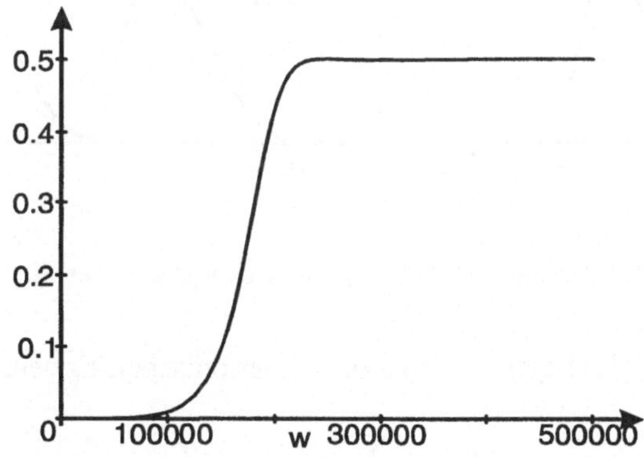

Abb. 125: Frequenzspektrum des Hochpasses

Man erkennt deutlich den Hochpaßcharakter der Übertragungsfunktion: Tiefe Frequenzen werden gesperrt $(H\left(\omega\right) \approx 0)$ und hohe Frequenzen können passieren $\left(H\left(\omega\right) \approx \frac{1}{2}\right)$. Die Grenzfrequenz bei halber Amplitude liegt bei $\omega_g = 175000\,\frac{1}{s}$. $H\left(\omega\right)$ stimmt genau mit der Übertragungsfunktion überein, die wir in Bd. 1, Kap. V.5 mit der komplexen Rechnung erhalten haben.

§7. Diskrete Fouriertransformation

In den vorhergehenden Abschnitten behandelten wir Fourierreihen und die Fouriertransformation von kontinuierlichen Funktionen. In beiden Fällen müssen zur Analyse der Signale Integrale berechnet werden. Dies ist jedoch nur dann möglich, wenn die betrachteten Zeitfunktionen in analytischer Form gegeben sind.

Bestimmt man z.B. die Impulsantwort eines Systems experimentell, so liegt das Ausgangssignal nicht als kontinuierliche, sondern in der Regel als diskrete, abgetastete Funktion vor. Mit dieser Folge von Funktionswerten lassen sich die Transformationsintegrale nicht berechnen.

Wir gehen deshalb der Frage nach, wie man auf numerischem Weg die Fouriertransformation eines diskreten Signals berechnen kann und kommen so von der kontinuierlichen Fouriertransformation (FT) zur *diskreten Fouriertransformation* (DFT).

7.1 Herleitung der Formeln der DFT

Bei der Herleitung der Formeln für die diskrete Fouriertransformation (DFT) gehen wir von einem endlichen Zeitsignal $f(t)$ im Zeitintervall $[0, T]$ aus.

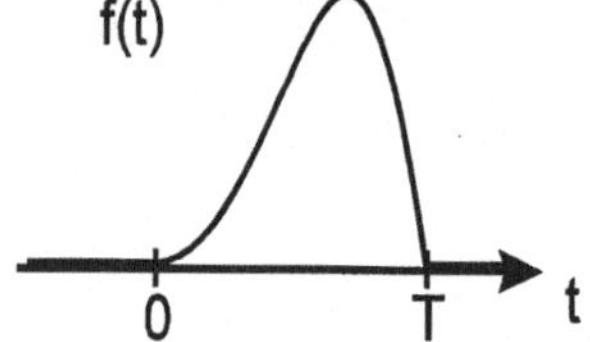

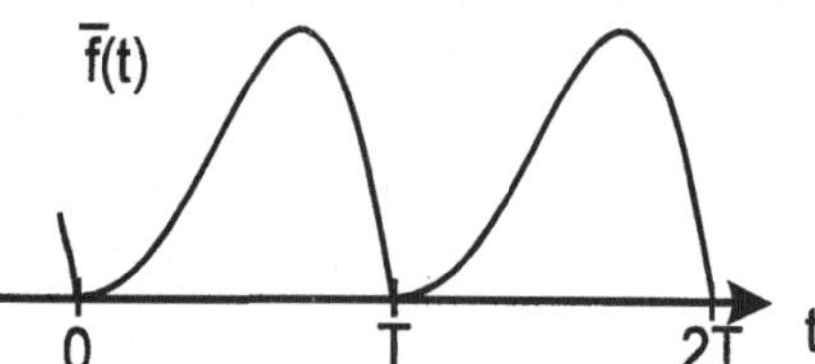

Abb. 126: Zeitsignal $f(t)$ und periodisch fortgesetztes Signal $\bar{f}(t)$

Von der Funktion $f(t)$ gehen wir zu der T-periodischen Erweiterung $\bar{f}(t)$ über

$$\bar{f}(t) = \sum_{n=-\infty}^{\infty} f(t + nT).$$

und stellen für $\bar{f}$ die Fourierreihe mit den komplexen Fourierkoeffizienten

$$c_m = \frac{1}{T} \int_0^T \bar{f}(t)\, e^{-i m \omega_0 t}\, dt \qquad \left(\omega_0 = \tfrac{2\pi}{T}\right)$$

auf. Da die Funktion $\bar{f}$ im Intervall $[0, T]$ mit f übereinstimmt, ersetzt man im Integral $\bar{f}$ durch f:

$$c_m = \frac{1}{T} \int_0^T f(t)\, e^{-i m \omega_0 t}\, dt.$$

Außerhalb des Intervalls $[0, T]$ ist nach Voraussetzung die Funktion f Null, so daß die Integration formal auf ganz $\mathbb{R}$ erweitert werden kann

$$c_m = \frac{1}{T} \int_{-\infty}^{\infty} f(t)\, e^{-i\, m\, \omega_0\, t}\, dt.$$

Dieses Integral stellt bis auf den Vorfaktor $\frac{1}{T}$ die Fouriertransformierte der Funktion $f(t)$ für die Frequenzen $m\,\omega_0$ dar.

$$\Rightarrow \boxed{\, c_m = \frac{1}{T}\, \mathcal{F}(f)\,(m\,\omega_0) = \frac{1}{T}\, F\,(m\,\omega_0). \,}$$

Man erhält also die Fouriertransformierte der Funktion $f(t)$ an den Stellen $m\,\omega_0$ durch die Fourierkoeffizienten c_m der Funktion $\bar{f}(t)$:

$$\boxed{\, F\,(m\,\omega_0) = T \cdot c_m = \int_0^T f(t)\, e^{-i\, m\, \omega_0\, t}\, dt. \,}$$

D.h. bis auf den Faktor T stimmt die Fouriertransformation von f an der Stelle $m\,\omega_0$ mit dem Fourierkoeffizienten c_m der Fourierreihe von $\bar{f}$ überein!

Gehen wir im weiteren davon aus, daß $f(t)$ nicht als kontinuierliche Funktion, sondern als diskretes Signal vorliegt, kann das Integral $\int_0^T f(t)\, e^{-i\, m\, \omega_0\, t}\, dt$ nicht symbolisch sondern nur numerisch ausgewertet werden. Sei f im Intervall $[0, T]$ an N Stellen abgetastet, d.h. f wird repräsentiert durch die Werte

$$f(t_0),\, f(t_1),\, \ldots,\, f(t_{N-1}).$$

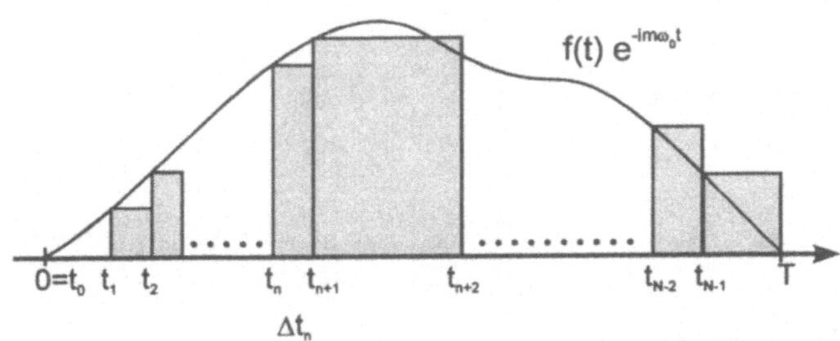

Abb. 127: Numerische Näherung des bestimmten Integrals

Dann nähern wir die Fläche $\int_0^T f(t)\, e^{-i\, m\, \omega_0\, t}\, dt$ an durch die Partialsumme der Rechteckflächen $f(t_n)\, e^{-i\, m\, \omega_0\, t_n} \cdot \Delta t_n \quad (n = 0, \ldots, N-1)$:

$$\int_0^T f(t)\, e^{-i\, m\, \omega_0\, t}\, dt \approx \sum_{n=0}^{N-1} f(t_n)\, e^{-i\, m\, \omega_0\, t_n}\, \Delta t_n.$$

Für eine konstante Abtastfrequenz $f_a = \frac{1}{\Delta t} = \frac{N}{T}$ sind die N Abtastpunkte $t_n = \frac{T}{N} n$ $(n = 0, \ldots, N-1)$ gleichmäßig im Intervall $[0, T]$ verteilt. Somit ist

$$\Delta t = \frac{T}{N} \quad \text{und} \quad \omega_0 t_n = \frac{2\pi}{T} \frac{T}{N} n = n\frac{2\pi}{N}.$$

Für die Näherung $\hat{F}$ an die Fouriertransformierte F von f ergibt sich bei den Frequenzen $m\omega_0$

$$\boxed{\; F(m\omega_0) \approx \frac{T}{N} \sum_{n=0}^{N-1} f(t_n)\, e^{-imn\frac{2\pi}{N}} =: \hat{F}(m\omega_0) \;} \qquad (*)$$

$\hat{F}(m\omega_0)$ heißt die **diskrete Fouriertransformierte (DFT)** von f.

Eigenschaften der DFT

(1) Gleichung $(*)$ läßt sich für beliebiges $m \in \mathbb{Z}$ auswerten, so daß man formal das Spektrum für alle Frequenzen $m\omega_0$ erhält. Da das Signal aber mit der Frequenz $f_a = \frac{N}{T}$ abgetastet ist, sollten Frequenzen größer der Abtastfrequenz $\omega > 2\pi f_a = 2\pi \frac{N}{T} = N\omega_0$ nicht mehr erfaßt werden. Tatsächlich ist dies auch nicht der Fall, denn für $m \geq N$ wiederholen sich die Spektren der DFT:

Satz:
$$\hat{F}((N+k)\,\omega_0) = \hat{F}(k\,\omega_0) \qquad (k \in \mathbb{Z}).$$

Begründung: Es ist

$$\hat{F}((N+k)\,\omega_0) \;=\; \frac{T}{N} \sum_{n=0}^{N-1} f(t_n)\, e^{-i(N+k)n\frac{2\pi}{N}}$$

$$=\; \frac{T}{N} \sum_{n=0}^{N-1} f(t_n)\, e^{-ikn\frac{2\pi}{N}} \cdot e^{-iNn\frac{2\pi}{N}}.$$

Da $e^{-iNn\frac{2\pi}{N}} = e^{-in2\pi} = 1$ folgt

$$\hat{F}((N+k)\,\omega_0) = \frac{T}{N} \sum_{n=0}^{N-1} f(t_n)\, e^{-ikn\frac{2\pi}{N}} = \hat{F}(k\,\omega_0). \qquad \square$$

(2) Tatsächlich gewinnt man aber mit der DFT nur Information über das Spektrum von f für Frequenzen

$$n\omega_0 \quad \text{mit} \quad n = 0, 1, 2, \ldots, \frac{N}{2},$$

da die Frequenzen $n\,\omega_0$ mit $n = \frac{N}{2} + 1, \ldots, N$ komplex konjugiert, symmetrisch zur mittleren Frequenz liegen:

Satz:
$$\hat{F}\left((N-k)\,\omega_0\right) = \overline{\hat{F}\left(k\,\omega_0\right)} \qquad (k \in \mathbb{Z}).$$

Begründung: Es ist

$$
\begin{aligned}
\hat{F}\left((N-k)\,\omega_0\right) &= \frac{T}{N} \sum_{n=0}^{N-1} f\left(t_n\right) e^{-i\,(N-k)\,n\,\frac{2\pi}{N}} \\
&= \frac{T}{N} \sum_{n=0}^{N-1} f\left(t_n\right) e^{-i\,N\,n\,\frac{2\pi}{N}} \, e^{+i\,k\,n\,\frac{2\pi}{N}}.
\end{aligned}
$$

Wegen $e^{-i\,N\,n\,\frac{2\pi}{N}} = e^{-i\,n\,2\pi} = 1$ und $e^{i\,k\,n\,\frac{2\pi}{N}} = \overline{e^{-i\,k\,n\,\frac{2\pi}{N}}}$ gilt weiter

$$
\begin{aligned}
\hat{F}\left((N-k)\,\omega_0\right) &= \frac{T}{N} \sum_{n=0}^{N-1} f\left(t_n\right) \overline{e^{-i\,(N-k)\,n\,\frac{2\pi}{N}}} \\
&= \overline{\frac{T}{N} \sum_{n=0}^{N-1} f\left(t_n\right) e^{-i\,k\,n\,\frac{2\pi}{N}}} = \overline{\hat{F}\left(k\,\omega_0\right)}. \quad \square
\end{aligned}
$$

Dieser Satz hat weitreichende Konsequenzen für die Frequenzauflösung eines abgetasteten Signals:

(3) Konsequenzen:

(i) Die Amplituden der Frequenzen $\hat{F}\left(k\,\omega_0\right)$ stimmen für $k > \frac{N}{2}$ nicht mehr mit dem Frequenzspektrum von f überein.

(ii) Wird ein Signal $f\left(t\right)$, $0 \leq t \leq T$, mit der Abtastfrequenz $f_a = \frac{N}{T}$ abgetastet, so erhält man nur Information über das Spektrum von f für Signalfrequenzen $f < \frac{\frac{N}{2}}{T} = \frac{f_a}{2}$. Diese Aussage deckt sich mit einem fundamentalen Satz aus der Systemtheorie, dem sog. **Abtasttheorem von Shannon**:

Abtasttheorem: Ist $f\left(t\right)$ ein Signal mit höchster auftretender Frequenz f_s. Dann ist das Signal durch seine Abtastwerte vollständig bestimmt, wenn die Abtastfrequenz f_a größer als $2\,f_s$. Man bezeichnet die Frequenz $2\,f_s$ auch als **Nyquist-Frequenz**.

7.2 Inverse diskrete Fouriertransformation

Im folgenden leiten wir die Umkehrformel zur DFT her: Eine Formel, die aus gegebenen diskreten Frequenzspektren $\hat{F}(m\,\omega_0)$, $m = 0, \ldots, N-1$, wieder die ursprünglichen Funktionswerte $f(t_n)$, $n = 0, \ldots, N-1$, reproduziert. Um diese Umkehrformel zu erhalten, stellen wir die DFT in Matrizenschreibweise auf. Dazu kürzen wir die erste N-te Einheitswurzel ab durch

$$\boxed{W := e^{i\,\frac{2\pi}{N}}.}$$

Dann gilt für jedes $k \in \mathbf{N}$

$$\overline{W^k} = \overline{\left(e^{i\,\frac{2\pi}{N}}\right)^k} = e^{-i\,\frac{2\pi}{N}\,k} = \left(e^{i\,\frac{2\pi}{N}}\right)^{-k} = W^{-k}$$

und die Formel $(*)$ für die DFT erhält die Form

$$\hat{F}(m\,\omega_0) = \frac{T}{N} \sum_{n=0}^{N-1} f(t_n)\,\overline{W^{mn}}, \qquad m = 0, \ldots, N-1.$$

Um zur Matrizenschreibweise zu gelangen, fassen wir die diskreten Spektren $\hat{F}(m\,\omega_0)$, $m = 0, \ldots, N-1$, zu einem Vektor $\vec{F}_N$ und die Abtastwerte $f(t_n)$, $n = 0, \ldots, N-1$, zu einem Vektor $\vec{f}_N$ zusammen

$$\vec{F}_N := \begin{pmatrix} \hat{F}(0) \\ \hat{F}(\omega_0) \\ \vdots \\ \hat{F}((N-1)\,\omega_0) \end{pmatrix} ; \quad \vec{f}_N := \begin{pmatrix} f(t_0) \\ f(t_1) \\ \vdots \\ f(t_{N-1}) \end{pmatrix}$$

und führen die $N \times N$ **Fourier-Matrix** M_N ein

$$M_N := \begin{pmatrix} 1 & 1 & 1 & \ldots & 1 \\ 1 & W & W^2 & \ldots & W^{N-1} \\ 1 & W^2 & W^4 & \ldots & W^{2(N-1)} \\ \vdots & & & & \vdots \\ 1 & W^{N-1} & W^{2(N-1)} & \ldots & W^{(N-1)^2} \end{pmatrix}.$$

Mit dieser Vektornotation schreibt sich die DFT als

$$\boxed{\vec{F}_N = \frac{T}{N}\,\overline{M}_N\,\vec{f}_N.} \tag{$*_2$}$$

30. Beispiel: Für $N = 3$ und $N = 4$ lautet die Fourier-Matrix

$$M_3 = \begin{pmatrix} 1 & 1 & 1 \\ 1 & \frac{1}{2}\left(-1+\sqrt{3}\,i\right) & \frac{1}{2}\left(-1-\sqrt{3}\,i\right) \\ 1 & \frac{1}{2}\left(-1-\sqrt{3}\,i\right) & \frac{1}{2}\left(-1+\sqrt{3}\,i\right) \end{pmatrix},$$

$$M_4 = \begin{pmatrix} 1 & 1 & 1 & 1 \\ 1 & i & -1 & -i \\ 1 & -1 & 1 & -1 \\ 1 & -i & -1 & i \end{pmatrix}.$$

Gleichung $(*_2)$ liefert eine einfache Ausgangsbasis, um die inverse DFT zu bilden, indem man von der Matrix $\overline{M}_N$ die inverse Matrix bildet und nach dem Vektor $\vec{f}_N$ auflöst:

$$\boxed{\vec{f}_N = \frac{N}{T}\left(\overline{M}_N\right)^{-1}\vec{F}_N.} \qquad (*_3)$$

Satz: Die inverse Matrix von $\overline{M}_N$ ist durch $\frac{1}{N}\,M_N$ gegeben, da

$$M_N \cdot \overline{M}_N = N\,I_N,$$

wobei I_N die Einheitsmatrix ist.

Beweis: Das Element in der $(k+1)$-ten Zeile und $(l+1)$-ten Spalte des Produktes $M_N \cdot \overline{M}_N$ $\;(0 \le k,\, l \le N-1)$ lautet

$$\sum_{j=0}^{N-1} W^{kj}\,\overline{W^{jl}} = \sum_{j=0}^{N-1} W^{kj}\,W^{-jl} = \sum_{j=0}^{N-1} W^{(k-l)j} = \sum_{j=0}^{N-1} \left(W^{k-l}\right)^j.$$

Für $k = l$ ist $W^{k-l} = 1$ und $\sum_{j=0}^{n-1} 1 = N$. Da $\left(W^{k-l}\right)^N = e^{i\,(k-l)\,\frac{2\pi}{N}\,N} = 1$, gilt für $k \ne l$ mit der geometrischen Reihe

$$\sum_{j=0}^{N-1} \left(W^{k-l}\right)^j = \frac{1 - \left(W^{k-l}\right)^N}{1 - W^{k-l}} = 0. \qquad \square$$

Damit kann man Gleichung $(*_3)$ schreiben als

$$\vec{f}_N = \frac{N}{T} \cdot \frac{1}{N}\,M_N\,\vec{F}_N.$$

In Komponentenschreibweise erhält man die **inverse diskrete Fouriertransformation (iDFT)**

$$\boxed{f\left(t_n\right) = \frac{1}{T}\sum_{k=0}^{N-1} \hat{F}\left(k\,\omega_0\right) e^{i\,k\,n\,\frac{2\pi}{N}} \qquad \text{für } n = 0,\dots,N-1.}$$

> **Satz: Diskrete Fouriertransformation**
>
> Sei $f(t)$ ein endliches Zeitsignal für $0 \le t \le T$, welches durch die N Werte $f(t_0), f(t_1), \ldots, f(t_{N-1})$ abgetastet ist. $\omega_0 := \frac{2\pi}{T}$, $t_j = j \cdot \triangle t = j \cdot \frac{T}{N}$ $(j = 0, \ldots, N-1)$.
>
> (1)   Dann ist die **diskrete Fouriertransformation (DFT)** an den diskreten Stellen $m\,\omega_0$ $(m = 0, \ldots, N-1)$ gegeben durch
>
> $$\hat{F}(m\,\omega_0) = \frac{T}{N} \sum_{n=0}^{N-1} f(t_n)\, e^{-i\,m\,n\,\frac{2\pi}{N}} \qquad (DFT).$$
>
> (2)   Die Umkehrung heißt **inverse diskrete Fouriertransformation (iDFT)** und ist für $k = 0, \ldots, N-1$ gegeben durch
>
> $$f(t_k) = \frac{1}{T} \sum_{m=0}^{N-1} \hat{F}(m\,\omega_0)\, e^{i\,m\,k\,\frac{2\pi}{N}} \qquad (iDFT).$$

Da bis auf einen Faktor die DFT und die diskrete Berechnung der *Fourierkoeffizienten* übereinstimmen, wird i.a. bei Programmroutinen ganz auf eine Skalierung verzichtet und nur die Summation ausgeführt. Dem Anwender wird es dann überlassen, die Skalierung zu wählen. In der folgenden Tabelle stellen wir die kontinuierlichen Formeln den diskreten gegenüber:

Tabelle 1: Formeln der Fouriertransformation

Transformation		
FT	$F(\omega) \quad = \quad \displaystyle\int_{-\infty}^{\infty} f(t)\, e^{-i\,\omega\,t}\, dt$	
DFT	$\hat{F}(m\omega_0) \quad = \quad \dfrac{T}{N} \displaystyle\sum_{n=0}^{N-1} f(t_n)\, e^{-i\,m\,n\,\frac{2\pi}{N}}$	$m=0,\ldots,N\text{-}1$
inverse FT	$f(t) \quad = \quad \dfrac{1}{2\pi} \displaystyle\int_{-\infty}^{\infty} F(\omega)\, e^{i\,\omega\,t}\, d\omega$	
inverse DFT	$f(t_k) \quad = \quad \dfrac{1}{T} \displaystyle\sum_{m=0}^{N-1} \hat{F}(m\omega_0)\, e^{i\,m\,k\,\frac{2\pi}{N}}$	$k=0,\ldots,N\text{-}1$

Reihen		
Fourierkoeffizienten	c_m	$= \dfrac{1}{T} \displaystyle\int_{-\infty}^{\infty} f(t)\, e^{-i\frac{2\pi}{T} m t}\, dt$
diskret	c_m	$= \dfrac{1}{N} \displaystyle\sum_{n=0}^{N-1} f(t_n)\, e^{-i m n \frac{2\pi}{N}} \quad m=0,\dots, N\text{-}1$
Fourierreihe	$f(t)$	$= \displaystyle\sum_{m=-\infty}^{\infty} c_m\, e^{i\frac{2\pi}{T} m t}$
diskret	$f(t_k)$	$= \dfrac{1}{T} \displaystyle\sum_{m=0}^{N-1} c_m\, e^{i m k \frac{2\pi}{N}} \quad k=0,\dots, N\text{-}1$

Algorithmus für die DFT

Um einen programmierbaren, reellen Algorithmus zur numerischen Berechnung der DFT und der inversen DFT zu erstellen, verwenden wir die Eulersche Formel

$$e^{-i\varphi} = \cos\varphi - i\,\sin\varphi$$

und zerlegen die möglicherweise komplexwertige Funktion $f(t)$ in Real- und Imaginärteil

$$f(t) = x(t) + i\,y(t)\,.$$

In der Formel für die DFT eingesetzt, zerfällt die DFT wegen

$$
\begin{aligned}
e^{-i\left(n m \frac{2\pi}{N}\right)} f(t_n) \;=\;& \left(\cos(n m \tfrac{2\pi}{N}) - i\,\sin(n m \tfrac{2\pi}{N})\right)\left(x(t_n) + i\,y(t_n)\right)\\[4pt]
=\;& x(t_n)\,\cos(n m \tfrac{2\pi}{N}) + y(t_n)\,\sin(n m \tfrac{2\pi}{N})\\[4pt]
& + i\left(y(t_n)\,\cos(n m \tfrac{2\pi}{N}) - x(t_n)\,\sin(n m \tfrac{2\pi}{N})\right)
\end{aligned}
$$

in Real- und Imaginärteil

$$
\begin{aligned}
\hat{F}(m\omega_0) \;=\;& \frac{T}{N} \sum_{n=0}^{N-1} \left[x(t_n)\,\cos(n m \tfrac{2\pi}{N}) + y(t_n)\,\sin(n m \tfrac{2\pi}{N}) \right]\\[4pt]
& + i\,\frac{T}{N} \sum_{n=0}^{N-1} \left[y(t_n)\,\cos(n m \tfrac{2\pi}{N}) - x(t_n)\,\sin(n m \tfrac{2\pi}{N}) \right].
\end{aligned}
$$

Diese beiden Summenformeln werden in der Prozedur **DFT** verwendet, um die DFT eines abgetasteten Signals zu berechnen. Der Aufruf der Prozedur **DFT** erfolgt durch die Angabe der Anzahl der Abtastpunkte N, dem Vektor x mit den Realteilen und dem Vektor y mit den Imaginärteilen der Abtastwerte. Man beachte, daß für reelle Signale y der Nullvektor ist. Durch die Prozedur werden die Eingabevektoren durch das diskrete Spektrum überschrieben. Die Normierung mit dem Faktor $\frac{T}{N}$ wird **nicht** in der Prozedur durchgeführt.

```
> DFT := proc(N, x, y)
>    #Prozedur zur Berechnung der diskreten FT,
>    #die Normierung mit T/N wird nicht durchgeführt!
>
> local i, k, arg, resum, imsum, xf, yf;
>
> for i from 1 to N
>    do resum := 0: imsum := 0:
>       for k from 1 to N
>          do arg := 2.*Pi*(i-1)*(k-1)/N:
>             resum := resum + x[k]*cos(arg)+y[k]*sin(arg):
>             imsum := imsum - x[k]*sin(arg)+y[k]*cos(arg):
>          od:
>          xf[i] := resum:
>          yf[i] := imsum:
>    od:
> x := array([seq(evalf(xf[i]), i = 1..N)]):
> y := array([seq(evalf(yf[i]), i = 1..N)]):
> end:
```

31. Beispiel: Diskrete Fouriertransformation des Rechteckimpulses.
(1) Definition
```
> t0 := 2.:   T := 2*8:
> f := t -> Heaviside(t+t0) - Heaviside(t-t0):
> Heaviside(0):=1:
> Heaviside(0.):=1: #ab Maple7 notwendig
> plot(f(t), t = -(T/2+1)..T/2+1, numpoints = 300, thickness = 2);
```

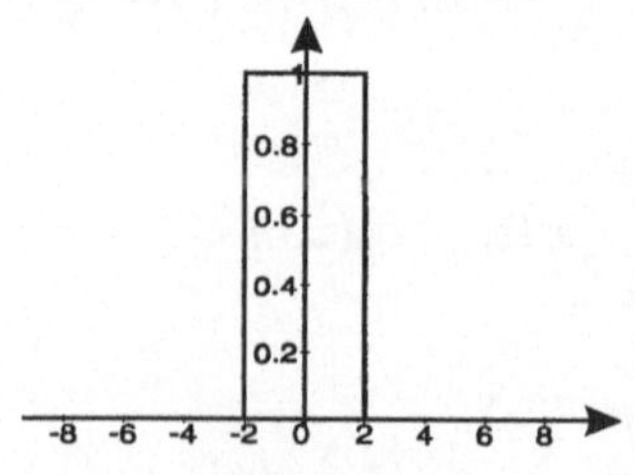

Rechteckimpuls

und Abtastung der Rechteckfunktion

```
> m := 4:   N := 2^m;   dt := 2*T/N:
> x := array([seq(f((i-1)*dt-T), i = 1..N)]):
> y := array([seq(0, i = 1..N)]):
```

$$N := 16$$

(2) Berechnung der diskreten Fouriertransformation mit der Prozedur **DFT**:

```
> set_time := time():
> DFT(N, x, y):
> CPU_time_1 := (time()-set_time)*seconds;
> print(evalm(T/N*x));   print(evalm(T/N*y));
```

$$CPU\_time\_1 := .245 \, seconds$$

$$
\begin{aligned}
[2. \quad &- 1.923879533 \quad 1.707106782 \quad - 1.382683434 \quad 1.000000002 \\
&-.6173165681 \;\; .2928932179 \quad - .0761204701 \quad 0 - .0761204663 \\
&.2928932180 \quad - .6173165684 \;\; .9999999927 \quad - 1.382683427 \\
&1.707106779 \quad - 1.923879532]
\end{aligned}
$$

$$
\begin{aligned}
[0 \quad &- .3826834319 \;\; .7071067795 \quad - .9238795308 \;\; .9999999944 \\
&-.9238795306 \;\; .7071067817 \quad - .3826834337 \;\; .3589793239 \, 10^{-8} \\
&.3826834373 \quad - .7071067845 \;\; .9238795333 \quad - 1.000000007 \\
&.9238795379 \quad - .7071067934 \;\; .3826834401]
\end{aligned}
$$

Die Rechenzeit zur Berechnung der DFT mittels der direkten Berechnung der Summe ist beträchtlich. Die folgende Tabelle gibt Aufschluß über die Rechenzeiten auf einem Intel Pentium III $800 MHz$ für $N = 16, \dots, 254$.

Anzahl der Abtastpunkte N	16	32	64	128	256
Rechenzeit in Sekunden	0.15	0.48	2.36	9.12	58.4

Für Rechnungen mit $N \geq 518$ ist dieser Algorithmus nicht mehr praktikabel.

Einen weitaus schnelleren Algorithmus erhält man, wenn man $N = 2^m$ als spezielle Unterteilung wählt und dann alle Symmetrien ausnutzt. Dies führt zur sog. **schnellen Fouriertransformation (FFT, Fast Fourier Transform)**, die auf J.W. Cooley und J.W. Tukey 1965 zurückgeht und die z.B. in [Meyberg, Vachenauer: Höhere Mathematik 2, Springer 1991] vorgestellt wird. Auf Details werden wir aber nicht eingehen, sondern in §8. lediglich die MAPLE-Prozedur **FFT** benutzen, um die diskrete Fouriertransformation von digitalen Signalen zu bestimmen.

Algorithmus für die inverse DFT. Zerlegt man $\hat{F}(m\omega_0) = x\,[m] + i\,y\,[m]$ in Real- und Imaginärteil, gilt mit der Eulerschen Formel

$$
\begin{aligned}
e^{inm\frac{2\pi}{N}}\,\hat{F}(m\omega_0) \;=\;& \left(\cos(n\,m\,\tfrac{2\pi}{N}) + i\,\sin(n\,m\,\tfrac{2\pi}{N})\right)\left(x\,[m] + i\,y\,[m]\right) \\[2mm]
=\;& x\,[m]\,\cos(n\,m\,\tfrac{2\pi}{N}) - y\,[m]\,\sin(n\,m\,\tfrac{2\pi}{N}) \\[2mm]
& + i\left(y\,[m]\,\cos(n\,m\,\tfrac{2\pi}{N}) + x\,[m]\,\sin(n\,m\,\tfrac{2\pi}{N})\right).
\end{aligned}
$$

Die Formel für die inverse DFT zerfällt ebenfalls in eine Summe für den Real- und eine Summe für den Imaginärteil:

$$
\begin{aligned}
f(t_k) \;=\;& \frac{1}{T}\sum_{m=0}^{N-1}\left(x\,[m]\,\cos(n\,m\,\tfrac{2\pi}{N}) - y\,[m]\,\sin(n\,m\,\tfrac{2\pi}{N})\right) \\[3mm]
& + i\,\frac{1}{T}\sum_{m=0}^{N-1}\left(y\,[m]\,\cos(n\,m\,\tfrac{2\pi}{N}) + x\,[m]\,\sin(n\,m\,\tfrac{2\pi}{N})\right).
\end{aligned}
$$

Hierbei ist x der Vektor mit dem Realteil und y der Vektor mit dem Imaginärteil des Spektrums. Analog der Prozedur **DFT** erhält man so die Prozedur **iDFT** für die Berechnung der nicht-normierten Summenausdrücke, die auf der CD-ROM enthalten ist. Der Aufruf erfolgt analog zur **DFT**-Prozedur.

32. Beispiel: Anwenden der inversen diskreten Fouriertransformation auf das Spektrum des Rechteckimpulses aus Beispiel 31.

```
> iDFT(N, x, y):
> print(evalm(1/T*x)); print(evalm(1/T*y));
```

$$
\begin{bmatrix}
-.437500\,10^{-9} & -.375000\,10^{-10} & .296250\,10^{-9} & -.533125\,10^{-9} \\
-.185625\,10^{-8} & .210625\,10^{-8} & -.968750\,10^{-9} & 1.00001 \\
1.00001 & -.750000\,10^{-10} & -.167438\,10^{-8} & -.125000\,10^{-9} \\
.157350\,10^{-8} & -.343750\,10^{-9} & .212500\,10^{-8} & .750000\,10^{-9}
\end{bmatrix}
$$

$$
\begin{bmatrix}
-.256250\,10^{-9} & -.125000\,10^{-9} & .160000\,10^{-8} & -.431250\,10^{-9} \\
.825000\,10^{-9} & .768750\,10^{-9} & .212500\,10^{-9} & -.437051\,10^{-9} \\
.506250\,10^{-9} & .568750\,10^{-9} & .774276\,10^{-9} & -.331250\,10^{-9} \\
-.134034\,10^{-8} & .103125\,10^{-8} & -.437500\,10^{-9} & -.212500\,10^{-9}
\end{bmatrix}
$$

Aufgrund von Rundungsfehlern müssen die Terme mit Faktoren $\leq 10^{-8}$ als Null interpretiert werden. Somit lautet das Ergebnis der interpretierten Daten

$$
[0\ \ 0\ \ 0\ \ 0\ \ 0\ \ 0\ \ 0\ \ 1\ \ 1\ \ 0\ \ 0\ \ 0\ \ 0\ \ 0\ \ 0\ \ 0];
$$

$$
[0\ \ 0\ \ 0\ \ 0\ \ 0\ \ 0\ \ 0\ \ 0\ \ 0\ \ 0\ \ 0\ \ 0\ \ 0\ \ 0\ \ 0\ \ 0].
$$

Dies ist das abgetastete Ausgangssignal des Rechtecks.

§8. Diskrete Fouriertransformation mit MAPLE

Die Prozeduren **fourier** und **invfourier** werden bei MAPLE herangezogen, um die Fouriertransformation bzw. deren Inversen bei analytisch gegebenen Funktionen zu bestimmen. Die Prozeduren **FFT** und **iFFT** stehen für die Berechnung der diskreten Fouriertransformation und deren Inversen zur Verfügung. Algorithmisch werden sie durch die schnelle Fouriertransformation realisiert. Daher muß die Anzahl der diskreten Abtastwerte als Potenz von 2 gewählt werden: $N = 2^m$.

Da die DFT i.a. auch für komplexwertige Funktionen erklärt ist, müssen der Prozedur **FFT** zwei Vektoren übergeben werden: der diskrete Realteil und der zugehörige diskrete Imaginärteil der Funktion. (Für reellwertige Funktionen ist der zweite Vektor der Nullvektor.) Die Syntax der Prozeduren lautet
> **FFT** (m, x, y);
> **iFFT** (m, x, y);
wobei die Parameter die folgende Bedeutung besitzen:
- m: Potenz der Anzahl der abgetasteten Werte: 2^m
- x: Vektor der diskreten Realteile indiziert von 1 bis 2^m
- y: Vektor der diskreten Imaginärteile indiziert von 1 bis 2^m.

Beide Prozeduren überspeichern die Eingabevektoren mit den Ergebnisvektoren. Als Ausgabe des Aufrufs erhält man den Wert 2^m. Die Ergebnisvektoren müssen anschließend explizit mit dem **print**-Befehl, **print**(*x*) bzw. **print**(*y*), ausgegeben werden. Vor dem Aufruf müssen die Prozeduren **FFT** und **iFFT** durch
> readlib(FFT):
geladen werden. Es ist zu beachten, daß MAPLE als Ergebnis der FFT bzw. iFFT die **nicht-normierten** Summenausdrücke in die Vektoren x und y abspeichert. Für die Berechnung der DFT müssen die Ergebnisvektoren mit dem Faktor $\frac{T}{N}$ und für die inverse DFT mit $\frac{1}{T}$ multipliziert werden.

33. Beispiel: Die Funktion $f(t) = S(t) - S(t - t_0)$ wird im Intervall $0 \le t \le T = 8$ abgetastet. Wir berechnen für $t_0 = 2$ und $t_0 = \frac{1}{4}$ die FFT.
i) Für $t_0 = 2$ erhält man eine Rechteckfunktion und mit $m = 4$ insgesamt $N = 2^4 = 16$ Abtastpunkten:

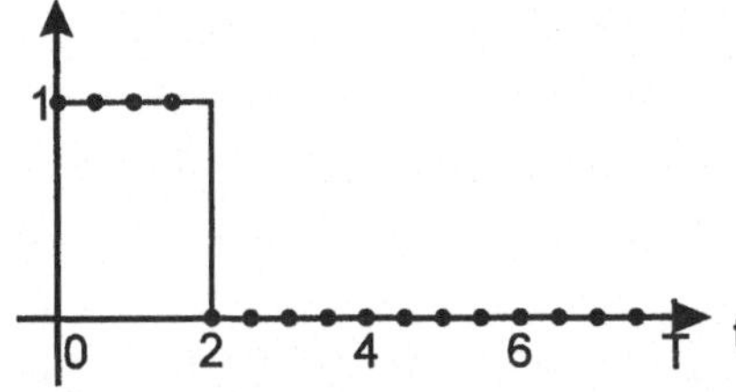

Abb. 128: Abgetastete Rechteckfunktion

```
> #Definition der Funktion.
> m := 4:  N := 2^m:
> t0 := 2:  T := 8:
> f := t->Heaviside(t)-Heaviside(t-t0):
> Heaviside(0):=1:
> Heaviside(0.):=1: #ab Maple7 notwendig
>
> #Abtastung der Funktion
> dt := T/N:                              #Abtastintervall
> fd := array([seq(f((i-1)*dt), i=1..N)]);       #Realteilvektor
> imd := array([seq(0, i = 1..N)]);              #Imaginärteilvektor
```

$$fd := [1 \quad 1 \quad 1 \quad 1 \quad 0 \quad 0 \quad 0 \quad 0 \quad 0 \quad 0 \quad 0 \quad 0 \quad 0 \quad 0 \quad 0 \quad 0]$$
$$imd := [0 \quad 0 \quad 0 \quad 0 \quad 0 \quad 0 \quad 0 \quad 0 \quad 0 \quad 0 \quad 0 \quad 0 \quad 0 \quad 0 \quad 0 \quad 0]$$

```
> #Berechnung der DFT und Ausgabe
> readlib(FFT):
> FFT(m, fd, imd):
> print(evalm(T/N*fd));   print(evalm(T/N*imd));
```

$$[2 \quad 1.5068 \quad 0.5000 \quad -0.1241 \quad 0 \quad 0.4170 \quad 0.4999 \quad 0.2002$$
$$0 \quad 0.2002 \quad 0.4999 \quad 0.4170 \quad 0 \quad -0.1241 \quad 0.5000 \quad 1.5068]$$

$$[0 \quad -1.0068 \quad -1.2071 \quad -0.6241 \quad 0 \quad 0.0829 \quad -0.2071 \quad -0.2997$$
$$0 \quad 0.2997 \quad 0.2071 \quad -0.0829 \quad 0 \quad 0.6241 \quad 1.2071 \quad 1.0068]$$

Die Probe über die inverse DFT ergibt

```
> iFFT(m, fd, imd):
> print(fd);   print(imd);
```

$$[1.00000 \quad 1.00000 \quad .99999994 \quad .161871\,10^{-9} \quad .625000\,10^{-10}$$
$$.500000\,10^{-10} \quad .312500\,10^{-9} \quad .502601\,10^{-10} \quad -.625000\,10^{-10}$$
$$-.625000\,10^{-10} \quad -.625000\,10^{-10} \quad .381281\,10^{-10} \quad -.625000\,10^{-10}$$
$$-.500000\,10^{-10} \quad .437500\,10^{-9} \quad -.250260\,10^{-9}]$$

$$[.625000\,10^{-10} \quad .437500\,10^{-9} \quad -.625000\,10^{-10} \quad .105437\,10^{9}$$
$$.625000\,10^{-10} \quad -.250000\,10^{-10} \quad .312500\,10^{-9} \quad .347271\,10^{-10}$$
$$-.625000\,10^{-10} \quad -.125000\,10^{-10} \quad .625000\,10^{-10} \quad -.230437\,10^{-9}$$
$$-.625000\,10^{-10} \quad -.150000\,10^{-9} \quad -.312500\,10^{-9} \quad -.159727\,10^{-9}]$$

Man beachte, daß aufgrund von Rundungsfehlern, Terme mit dem Faktor 10^{-9} und kleiner als Null interpretiert werden müssen und somit das Ergebnis der inversen DFT lautet:

$$[1 \quad 1 \quad 1 \quad 1 \quad 0 \quad 0 \quad 0 \quad 0 \quad 0 \quad 0 \quad 0 \quad 0 \quad 0 \quad 0 \quad 0 \quad 0]$$
$$[0 \quad 0 \quad 0 \quad 0 \quad 0 \quad 0 \quad 0 \quad 0 \quad 0 \quad 0 \quad 0 \quad 0 \quad 0 \quad 0 \quad 0 \quad 0]$$

ii) Für $t_0 = \frac{1}{4}$ und $m = 4$ erhält man den Dirac-Impuls als abgetastete Funktion

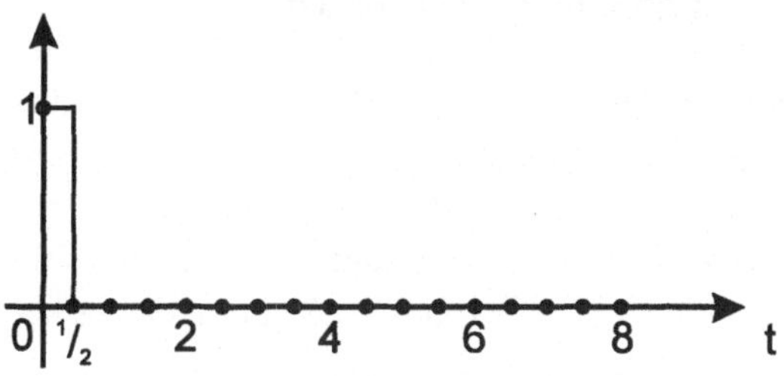

Abgetasteter Dirac-Impuls

$$fd := [1 \quad 0 \quad 0 \quad 0 \quad 0 \quad 0 \quad 0 \quad 0 \quad 0 \quad 0 \quad 0 \quad 0 \quad 0 \quad 0 \quad 0 \quad 0]$$

Die FFT-Prozedur liefert als DFT den Realteil

$$[1 \quad 1 \quad 1 \quad 1 \quad 1 \quad 1 \quad 1 \quad 1 \quad 1 \quad 1 \quad 1 \quad 1 \quad 1 \quad 1 \quad 1 \quad 1]$$

und den Imaginärteil

$$[0 \quad 0 \quad 0 \quad 0 \quad 0 \quad 0 \quad 0 \quad 0 \quad 0 \quad 0 \quad 0 \quad 0 \quad 0 \quad 0 \quad 0 \quad 0],$$

was der Fouriertransformierten des Dirac-Impulses, $\mathcal{F}(\delta(t)) = 1$, entspricht.

Als nächstes untersuchen wir, in welchem Frequenzbereich die DFT einer abgetasteten Funktion mit der Fouriertransformation der kontinuierlichen Funktion übereinstimmt.

34. Beispiel: Gegeben ist die Funktion $f(t) = S(t)\,e^{-t}$. Wir bestimmen mit der Prozedur **FFT** die diskrete und mit **fourier** die kontinuierliche Fouriertransformation. Anschließend werden beide Transformierten in ein Schaubild gezeichnet und verglichen.

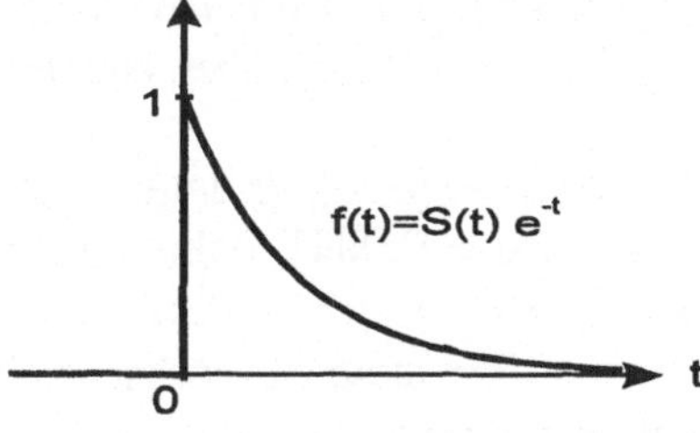

Abb. 129: Funktion $f(t) = S(t)\,e^{-t}$

Die Funktion f wird analog dem Vorgehen in Beispiel 33 an den diskreten Stellen $t_i = (i-1)\,dt = (i-1)\,\frac{T}{N}$ im Bereich $0 \leq t \leq T$ abgetastet.

```
> f := t->Heaviside(t)*exp(-t): Heaviside(0):=1:
> Heaviside(0.):=1: #ab Maple7 notwendig
> m := 6:   N := 2^m:
> fd := array([seq( f((i-1)*dt), i = 1..N )]):
> imd := array([seq(0, i = 1..N)]):
```

Für die Diskussion wählen wir $T = 8$ und variieren $m = 6, 8, 10$, so daß die Anzahl der Abtastpunkte $N = 2^m$ von 64, 256 bis 1024 variiert.

```
> readlib(FFT):
> FFT(m, fd, imd):
```

fd enthält nach dem Aufruf der Prozedur **FFT** den Realteil des diskreten Spektrums von f und imd den Imaginärteil. Zur graphischen Darstellung gehen wir daher zum Betrag der mit $\frac{T}{N}$ normierten Größen über:

$$FT\_d\,[k] \;=\; \left| \frac{T}{N}\,fd\,[k] + i\,\frac{T}{N}\,imd\,[k] \right|$$

$$\;=\; \sqrt{\left(\frac{T}{N}\,fd\,[k]\right)^2 + \left(\frac{T}{N}\,imd\,[k]\right)^2} \qquad k = 1 \ldots N$$

Um in der Vektorschreibweise zu bleiben, verwenden wir den **map**-Operator, der den Betrag **abs** auf jede Komponente des komplexen Vektors $\frac{T}{N}\,fd + i\,\frac{T}{N}\,imd$ anwendet. Die zugehörigen Frequenzen

$$\omega_k = (k - 1) \cdot \frac{2\pi}{T} \qquad (k = 1 \ldots N)$$

speichern wir in den Vektor w_data.

```
> FT_d := map(abs, evalm(T/N*fd + I*T/N*imd)):
> w_data := array([seq((i-1)*2*Pi/T, i = 1..N)]):
```

Zur graphischen Darstellung muß der **plot**-Routine eine Liste von Wertepaaren der Form

$$\left[\left[\omega_1,\, \hat{F}\,(\omega_1)\right],\, \left[\omega_2,\, \hat{F}\,(\omega_2)\right],\, \ldots,\, \left[\omega_N,\, \hat{F}\,(\omega_N)\right]\right]$$

übergeben werden. Daher gehen wir von den beiden Vektoren w_data und FT_d mit dem **zip**-Operator zum Vektor der Paaren über. **convert** konvertiert das Ganze in eine Liste.

```
> plot_data := convert(zip((a, b)->[a, b], w_data, FT_d), list):
> p_DFT := plot(plot_data, style = POINT, color = red):
```

Um die DFT mit der Fouriertransformation zu vergleichen, berechnen wir mit dem **fourier**-Befehl die Fouriertransformierte von f.

```
> with(inttrans):
> F(w) := fourier(f(t), t, w);
> p_FT := plot(abs(F(w)), w = 0..200, color = blue):
```

$$F(w) := \frac{1}{1 + I\,w}$$

und zeichnen die beiden Graphen von $F(\omega)$ und der diskreten Fouriertransformierten $\hat{F}$ in ein Schaubild (vgl. Abb. (a)).
> with(plots):
> display(p_DFT, p_FT);

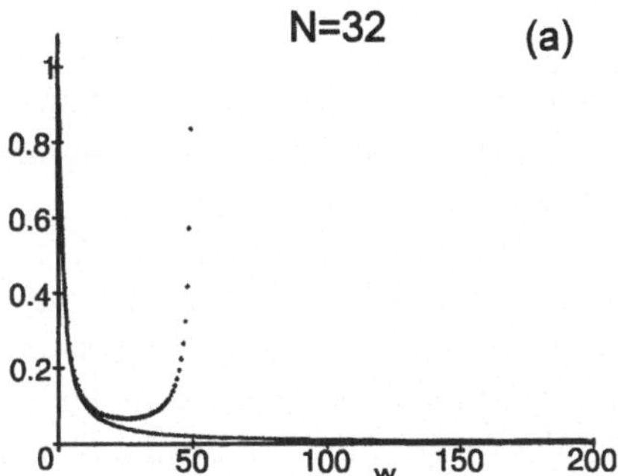

Abb. 130: Fouriertransformierte und DFT der Funktion $f(t) = S(t)\, e^{-t}$

Führt man die Abtastung und anschließende Berechnung der DFT für $m = 8$, also mit 256 Abtastpunkten durch, erhält man als Ergebnis Abb. (b), bzw. mit $m = 10$ und 1024 Abtastpunkten Abb. (c). Für Abb. (c) wird ω nur im Bereich von $0 \le \omega \le 800$ variiert.

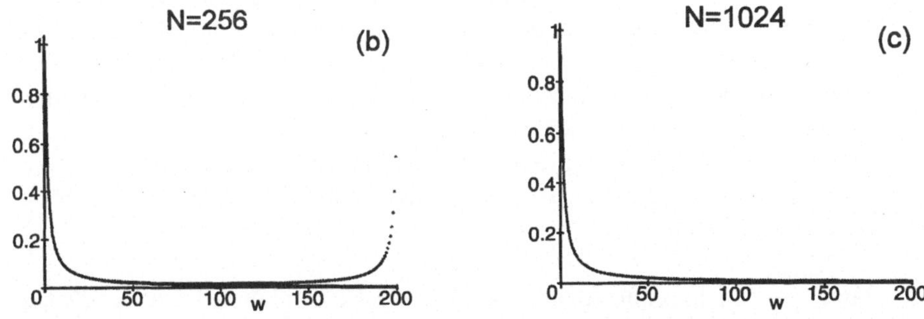

Diskussion:

(1) Führt man die Rechnungen mit steigender Zahl von Abtastpunkten durch, bemerkt man einen erheblichen Anstieg in der Rechenzeit. Um die Rechenzeit von Programmteilen genau zu bestimmen, verwendet man die **time**-Prozedur: Vor und nach dem zu messenden Programmteil wird die Zeit gestoppt; die Zeitdifferenz entspricht der verbrauchten Rechenzeit in Sekunden:
> start_time := time():
> FFT(m, var(fd), var(imd)):
> CPU_time:=(time()-start_time);
Die Rechenzeiten, die für $m = 8$, 10, 12 und 14 auf einem Intel Pentium III $800MHz$ benötigt wurden, sind in der zweiten Zeile von Tab. 2 aufgelistet.

Tabelle 2: Rechenzeiten der Prozedur FFT:

m	8	10	12	14
N	256	1024	4096	16384
FFT	$0.19\,s$	$0.97\,s$	$5.17\,s$	$35s$
evalhf(FFT)	–	$0.05\,s$	$0.24\,s$	$1.25s$

Bei einer Anzahl von Abtastpunkten $N > 4096$ sind die Antwortzeiten ganz erheblich. Um diese zu verkürzen, führt man die numerische Berechnung mit der **evalhf**-Option durch.

```
> evalhf(FFT(m, var(fd), var(imd))):
```

Die resultierenden Rechenzeiten sind in der unteren Zeile von Tab. 2 eingetragen. **evalhf** berechnet einen Ausdruck numerisch, indem die Hardware Floating-Point-Einheit des Systems benutzt wird. Falls **Digits** auf den Wert 15 gesetzt wird, erfolgt die Auswertung von **evalf** und **evalhf** mit vergleichbarer Genauigkeit.

(2) Die Werte der DFT liegen symmetrisch zur mittleren Frequenz. Dies wird auch durch die Zahlenergebnisse aus Beispiel 34 bestätigt. Insbesondere stimmen die Amplituden der Frequenzen $\hat{F}(k\,\omega_0)$ für $k = \frac{N}{2} + 1, \ldots, N$ nicht mehr mit dem Frequenzspektrum von $F(k\,\omega_0)$ überein! Nur die Frequenzamplituden $\hat{F}(k\,\omega_0)$, $k = 0, \ldots, \frac{N}{2}$, sind vergleichbar mit $F(k\,\omega_0)$. Aus der graphischen Darstellung von $\hat{F}(k\,\omega_0)$ für $m = 8$ in Abb. (b) entnimmt man, daß die DFT und die FT im Bereich $0 \leq \omega \leq 90$ gut übereinstimmen. Frequenzen, die größer sind als $\frac{N}{2}\,\omega_0$, können also durch die DFT nicht wiedergegeben werden. Diese Beobachtung deckt sich mit dem **Abtasttheorem von Shannon**, daß die Abtastfrequenz f_a größer als die doppelte Signalfrequenz $2\,f_s$ sein muß, um alle Signalfrequenzen zu erfassen. Übertragen auf unser Beispiel mit $m = 8$, liefert die Abtastfrequenz $f_a = \frac{1}{dt} = \frac{N}{T} = \frac{256}{8} = 32$ eine maximal reproduzierbare Frequenz von $\frac{f_a}{2} = 16 \Rightarrow \omega = 2\pi \cdot 16 \approx 96$.

(3) Für $N \to \infty$ stimmt für festes ω der Wert der DFT mit der FT eines endlichen Zeitsignals $f(t)$ überein. Um dieses Verhalten qualitativ zu bestätigen, wählen wir ein festes $\omega_1 = 14.9225$ und vergleichen für ω_1 den exakten Wert der FT $\mathcal{F}(f)(\omega_1) = 6.6686 \cdot 10^{-2}$ mit den Werten der DFT für $m = 6, 8, 10$ und 12. Diese Werte der DFT, sowie der Absolutbetrag des Fehlers sind in Tab. 3 eingetragen.

Tabelle 3: Fehler der DFT in Abhängigkeit von m.

	DFT	Fehler
$m = 6$	$8.2553 \cdot 10^{-2}$	$1.569 \cdot 10^{-2}$
$m = 8$	$6.8509 \cdot 10^{-2}$	$1.646 \cdot 10^{-3}$
$m = 10$	$6.7139 \cdot 10^{-2}$	$2.770 \cdot 10^{-4}$
$m = 12$	$6.6907 \cdot 10^{-2}$	$4.523 \cdot 10^{-5}$

§9. Anwendungsbeispiele zur DFT mit MAPLE

Die DFT wird sowohl zur Analyse von Signalen ($\rightarrow$ *Signalanalyse*) als auch zur Bestimmung des Übertragungsverhaltens von Systemen ($\rightarrow$ *Systemanalyse*) intensiv verwendet. Denn in der Regel liegen die Signale nur diskret vor, und die kontinuierliche Fouriertransformation ist nicht anwendbar. Sowohl zur Signal- als auch zur Systemanalyse werden Beispiele diskutiert.

9.1 Anwendung der DFT zur Signalanalyse

Die **Signalanalyse** mit der DFT stellt sich schematisch folgendermaßen dar

$$\boxed{\text{Diskretes Signal} \rightarrow \boxed{\text{FFT}} \rightarrow \text{Frequenzspektrum}}$$

Zur besseren Interpretierbarkeit der Ergebnisse stellen wir in diesem Abschnitt das Spektrum in Einheiten von $f = \frac{\omega}{2\pi}$ dar. Außerdem zeichnen wir die Spektren immer nur bis $\frac{N}{2}\,\omega_0$, da sie für $\left(\frac{N}{2}+1\right)\omega_0, \ldots, (N-1)\,\omega_0$ komplex-konjugiert symmetrisch um $\frac{N}{2}$ auftreten. Die Frequenzskala läuft somit bis

$$\boxed{f_{\max} = \frac{N}{2}\,\frac{1}{T};}$$

die Frequenzabstände betragen

$$\boxed{\triangle f = \frac{1}{T},}$$

da in der Analyse nur Vielfache von ω_0 auftreten.

35. Beispiel: Gegeben ist die Funktion $f(t) = \sin(2\pi t)$ im Intervall $0 \leq t \leq 10.1$. Wie hängt der Spektralbereich von der Anzahl der Abtastpunkte ab?

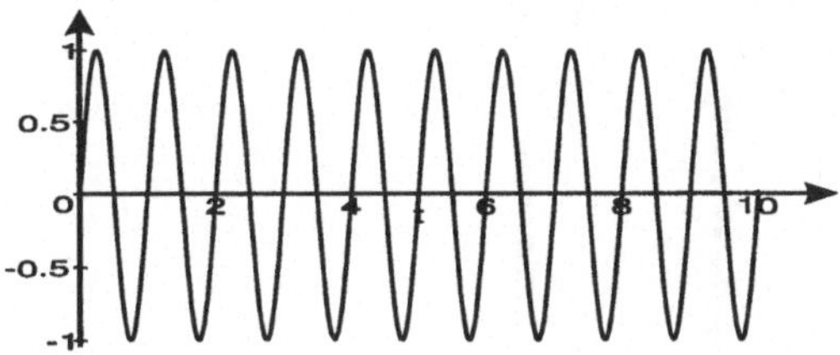

Abb. 131: Sinusfunktion mit 10 Schwingungen

Bemerkung: Wir wählen als Zeitintervall nicht ein Vielfaches des Periodenintervalls, da man in der Regel bei gemessenen Signalen das Periodenintervall nicht kennt.

Wir tasten die Funktion $f(t)$ im Intervall $[0\ldots10.1]$ an den Stellen $t_i = i\,dt$ $(i = 0\ldots N-1)$ mit $dt = \frac{T}{N}$ ab und variieren N. Die abgetasteten Werte sind in dem Vektor fd abgespeichert.

```
> f := t->evalf(sin(2*Pi*t)):
> m := 6:   N := 2^m:
> T := 10.1:   dt := evalf(T/N):
> fd := array([seq(f((i-1)*dt), i = 1..N)]):
> imd := array([seq(0, i = 1..N)]):
```

Mit der Prozedur **FFT** wird die diskrete Fouriertransformation berechnet. Die Vektoren fd und imd beinhalten dann den Real- und Imaginärteil der DFT.

```
> readlib(FFT):
> FFT(m, fd, imd);
```

64

Die Aufbereitung der Daten erfolgt dadurch, daß wir von Real- und Imaginärteil zum Betrag übergehen und ihn anschließend als Funktion der Frequenzen $f = 0\ldots\frac{N}{2}\frac{1}{T}$ darstellen. Mit dem **map**-Operator nehmen wir von jeder Komponente den Betrag; gleichzeitig skalieren wir die Transformierte mit dem Faktor $\frac{T}{N}$.

```
> FT_d := map(abs, evalm(T/N*fd+I*T/N*imd)):
> f_data := array([seq((i-1)/T, i = 1..N/2)]):
```

f_data stellt den Vektor aller x-Werte und *FT_d* den Vektor aller y-Werte dar. Um diskrete Punkte zeichnen zu können, müssen sie als Liste vorliegen, die jeweils die Paare $[x_i, y_i]$ enthält. Um aus den beiden Einzelvektoren einen Vektor aus den Paaren zu bilden, verwenden wir den **zip**-Befehl. Mit **convert** konvertieren wir anschließend den Ergebnisvektor in eine Liste der Form

$$[[x_1, y_1], [x_2, y_2], \ldots, [x_N, y_N]]\,.$$

```
> plot_data := convert(zip((a, b)->[a, b], f_data, FT_d), list):
> plot(plot_data, style = line);
```

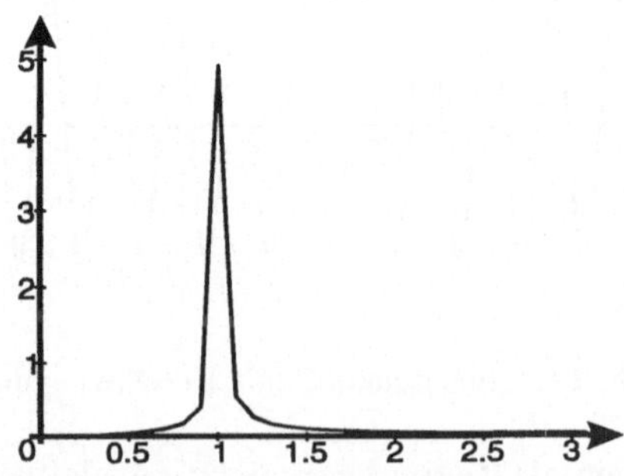

Abb. 132: Spektrum der abgetasteten Sinusfunktion

Durch die DFT bestimmt sich die Frequenz $f = 1$, die in dem Signal enthalten ist. Allerdings erhalten wir nicht eine Linie, sondern eine Verbreiterung, da nur ein endlicher Zeitbereich $[0, T]$ abgetastet wurde.

Variiert man die Abtastrate $N = 64, 256, 512$, so erhält man als Ergebnis die Bilder (a), (b) und (c).

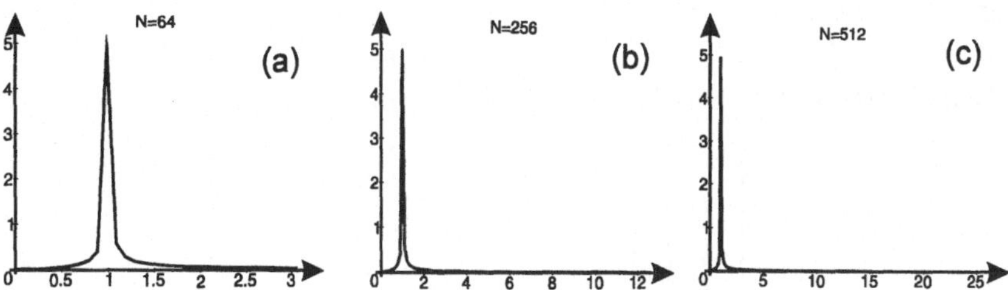

Vergrößern wir in Bild (c) den Bereich $f = 0..3$, so ist dieser identisch mit Bild (a).

> **Zusammenfassung:** Durch Variation der Abtastrate N ändert man bei festem T nur $f_{\max}$; die Frequenzauflösung bleibt dabei erhalten; insbesondere wird die Linie $f = 1$ durch Vergrößerung von N **nicht** schmäler.

36. Beispiel: Maximal erfaßbare Frequenz. Gegeben ist ein Signal, das sich aus mehreren Einzelfrequenzen zusammensetzt. Gesucht wird die Abtastung, bei der die größte im Signal enthaltene Frequenz noch aufgelöst wird. Vorgegeben ist eine Überlagerung von Sinusfunktionen mit den Frequenzen $1\,Hz$, $2\,Hz$, $3\,Hz$ und $4\,Hz$:

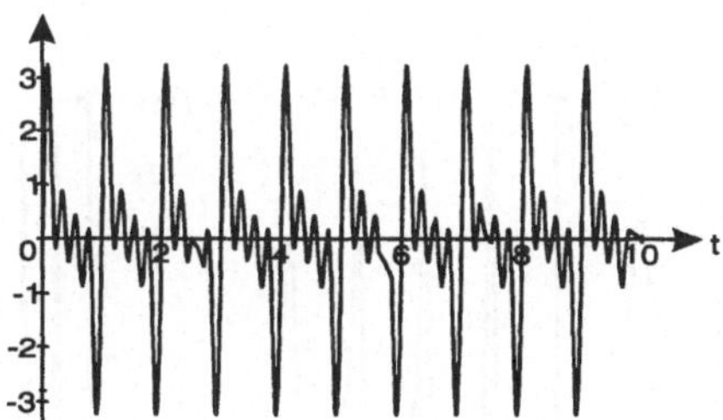

Abb. 133: Signal mit 4 Frequenzen: 1, 2, 3, 4 Hz

(1) Abtastung der Funktion $f(t)$ an den Stellen $t = i * dt$ mit $dt = \frac{T}{N}$.
```
> f := t->evalf(sin(1*2*Pi*t) + sin(2*2*Pi*t) + sin(3*2*Pi*t) + sin(4*2*Pi*t)):
> m := 8:   N := 2^m:
> T := 10.1:   dt := evalf(T/N):
> fd := array([seq(f((i-1)*dt), i = 1..N)]):
> imd := array([seq(0, i = 1..N)]):
```

(2) Berechnung der DFT mit der Prozedur **FFT**

```
> readlib(FFT):
> FFT(m, fd, imd):
```

(3) Darstellung des Frequenzspektrums

```
> FT_d := seq(T/N*sqrt(fd[i]^2+imd[i]^2), i=1..N/2):
> f_data := seq((i-1)/T, i=1..N/2):
> plot_data := [seq([f_data[i],FT_d[i]],i=1..N/2)]:
> plot(plot_data, style = line, color = red):
```

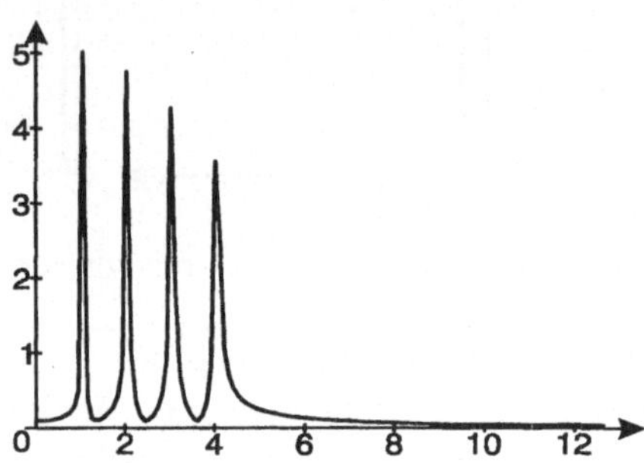

Abb. 134: Spektrum des Signals mit 4 Frequenzen

Bei einer Abtastrate von $N = 256$ werden alle 4 Frequenzen des Signals richtig bei $f = 1, 2, 3, 4\,Hz$ wiedergegeben. Variiert man bei konstantem T die Abtastrate von $N = 64, 128, 256$, erhält man die unten angegebenen Abb. als Ergebnis der DFT.

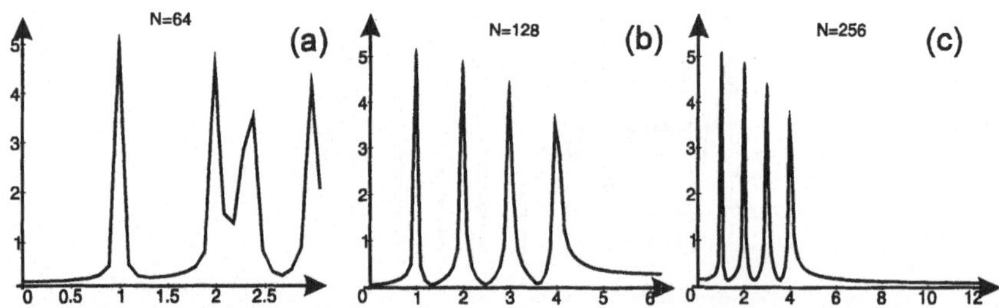

Zusammenfassung: Man erkennt, daß, wie in Beispiel 35, bei Variation der Abtastrate N bei festem T die maximale Frequenz $f_{\max}$ geändert wird. Ist N zu klein gewählt (wie in (a)), werden nicht mehr alle Frequenzen des Signals richtig erfaßt. Nach den Abtasttheorem muß die Abtastfrequenz $f_a > 2\,f_s = 2 \cdot 4\,Hz$ gewählt werden, um die größte Frequenz $4\,Hz$ noch zu erfassen. Aus

$$\boxed{f_a = \frac{N}{T}}$$

folgt für eine Auflösung dieser Frequenz: $f_a = \frac{N}{T} > 2 \cdot 4\,Hz = 8\,Hz \Rightarrow N > 80$.

37. Beispiel: Frequenzauflösung

Gegeben ist wieder ein Signal, das sich aus mehreren Einzelfrequenzen zusammensetzt. Gesucht ist der Abtastparameter, bei dem alle Frequenzen getrennt aufgelöst werden. Diese Untersuchung sei am Beispiel der Überlagerung von 4 Sinusfunktionen mit den Frequenzen $1.0\,Hz$, $1.2\,Hz$, $2.3\,Hz$ und $2.7\,Hz$ durchgeführt:

Abb. 135: Zeitsignal mit 4 Frequenzen: 1.0, 1.2, 2.3 und 2.7 Hz

```
> f := t->evalf(sin(1.0 * 2*Pi*t) + sin(1.2 * 2*Pi*t)

                 + sin(2.3 * 2*Pi*t) + sin(2.7 * 2*Pi*t)):
```

(1) Abtastung der Funktion $f(t)$ an den Stellen $t = i \cdot dt$ mit $dt = \frac{T}{N}$.
```
> m := 8:   N := 2^m;
> T := 5:   dt := evalf(T/N):
> fd := array([seq(f((i-1)*dt), i = 1..N)]):
> imd := array([seq(0, i = 1..N)]):
```

$$N := 256$$

(2) Berechnung der DFT mit der Prozedur **FFT**
```
> readlib(FFT):
> FFT(m, fd, imd):
```

(3) Graphische Darstellung der FFT im Frequenzbereich f
```
> FT_d := seq(T/N*sqrt(fd[i]^2+imd[i]^2), i=1..N/2):
> f_data := seq((i-1)/T, i=1..N/2):
> plot_data := [seq([f_data[i],FT_d[i]], i=1..N/2)]:
> plot(plot_data, style = line, color = red);
```

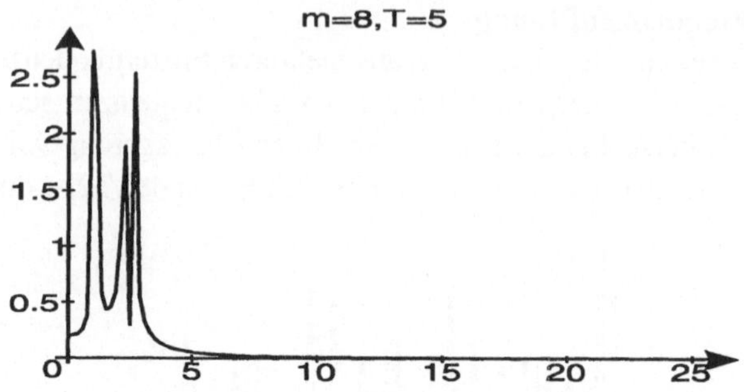

Abb. 136: Spektrum der Funktion bei zu kleiner Abtastzeit T

Es werden nur 3 Frequenzen getrennt aufgelöst: $f = 1$, 2.3 und 2.7. Durch Variation von N würde man zwar die maximal erfaßbare Frequenz erhöhen, aber nicht die Frequenzauflösung. Die Frequenzauflösung $\triangle f$ wird nur durch eine Vergrößerung des Meßintervalls erhöht, da

$$\triangle f = \frac{1}{T}.$$

Damit die Frequenzen 1 und 1.2 noch getrennt aufgelöst werden, muß $\triangle f \leq \frac{0.2}{2}$ gewählt werden $\Rightarrow T \geq 10$. Wir setzen $T = 10$ und $T = 20$. Die zugehörigen Ergebnisse sind in (a) und (b) dargestellt:

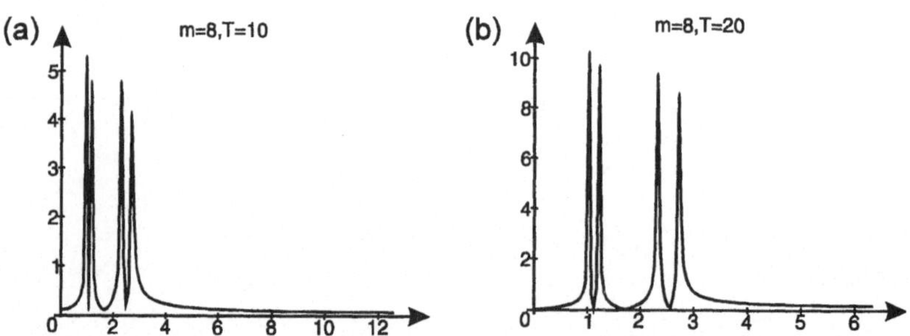

Wie erwartet, sind ab $T = 10$ alle 4 Frequenzen getrennt erfaßt. Für $T = 20$ verkleinert man zwar nochmals den Spektralbereich, erhält aber eine bessere Auflösung der Linien.

> **Zusammenfassung:** Die Frequenzauflösung $\triangle f = \frac{1}{T}$ kann nur durch eine Vergrößerung des Meßintervalls T erzielt werden.

9.2 Anwendung der DFT zur Systemanalyse

Die Systemanalyse mit der DFT läßt sich schematisch durch folgendes Diagramm darstellen:

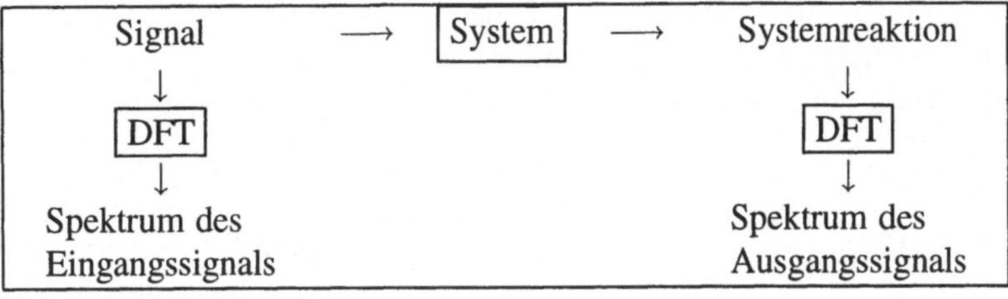

Die Systemfunktion (= Übertragungsfunktion) ist das Verhältnis vom Spektrum des Ausgangssignals zum Spektrum des Eingangssignals. Zur Verdeutlichung der Anwendung der DFT bei der Systemanalyse behandeln wir exemplarisch die Bestimmung der Übertragungsfunktion eines Tiefpasses.

38. Beispiel: Frequenzanalyse eines Tiefpasses mit der DFT

Gegeben ist ein Tiefpaß, der aus zwei Π-Gliedern zusammengesetzt ist (siehe Kap. XI.5.3, Beispiel 60).

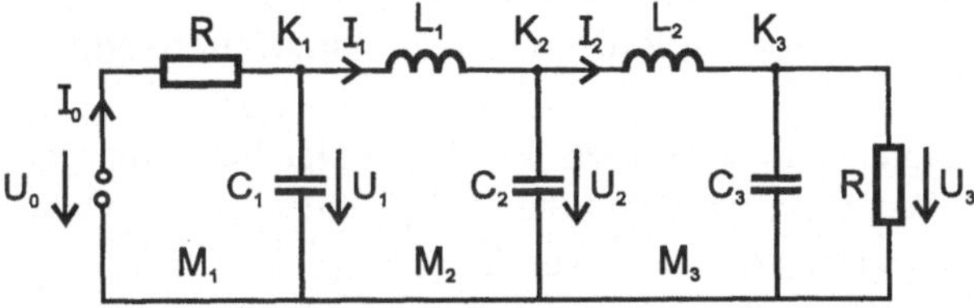

Abb. 137: Tiefpaß-Filter

Experimentell kann die Systemfunktion bestimmt werden, indem man das Netzwerk mit dem δ-Impuls anregt, die Reaktion des Systems U_3 (= Impulsantwort) abtastet und mittels der DFT die Fouriertransformierte davon bestimmt. Diese repräsentiert dann die Systemfunktion.

Bestimmung der Impulsantwort: Um die diskreten Werte der Impulsantwort zu erhalten, lösen wir *numerisch* die das Netzwerk beschreibenden Differentialgleichungen. Die numerischen Werte der Impulsantwort entsprechen den diskreten, abgetasteten Werten von U_3. Nach dem Maschen- und Knotensatz lautet das Differentialgleichungssystem (siehe Kap. XI, Beispiel 60)

```
> eq1 := R*(C1*dU1 + I1) = Ue - U1:
> eq2 := U1 = L1*dI1 + U2:
> eq3 := I1 =  C2*dU2 + I2:
> eq4 := U2 = L2*dI2 + U3:
> eq5 := I2 = C3*dU3 + U3/R:
```

Diese Gleichungen werden nach den Ableitungen aufgelöst, um auf jede Differentialgleichung das Euler-Verfahren anwenden zu können.

```
> dfunct := {dU1, dU2, dU3, dI1, dI2}:
> sol := solve({eq1, eq2, eq3, eq4, eq5}, dfunct);
> assign(sol);
```

$$sol := \left\{ dI2 = -\frac{-U2+U3}{L2}, \; dU2 = -\frac{-I1+I2}{C2}, \; dU3 = -\frac{-I2\,R+U3}{C3\,R}, \right.$$

$$\left. dI1 = -\frac{-U1+U2}{L1}, \; dU1 = -\frac{R\,I1-Ue+U1}{R\,C1} \right\}$$

Die Parameter für die Bauelemente und die Anfangsbedingungen werden festgelegt

```
> R := 0.8:   C1 := 1:   C2 := C1*2:   C3 := C1:   L1 := 1:   L2 := L1:
> U1 := 0:   U2 := 0:   U3 := 0:   I1 := 0:   I2 := 0:
```

Für die Anregung des Netzwerkes $U_e(t)$ wählen wir eine Annäherung an den δ-Impuls durch eine Rechteckfunktion mit Breite t_0 und Höhe $\frac{1}{t_0}$

```
> t0 := 0.5: Ue := (Heaviside(t)-Heaviside(t-t0))/t0:
> Heaviside(0):=1: Heaviside(0.):=1: #ab Maple7 notwendig
```

Die Differentialgleichungen werden mit dem Euler-Verfahren gelöst. Damit von den diskreten Werten im Anschluß die FFT gebildet werden kann, setzen wir die Anzahl der Zeitschritte als Potenz von 2:

```
> m := 9:   N := 2^m:
> T := 90:   dt := T/N:   t := 0:
> data1[1] := U3:
> data2[1] := subs(t = 0, Ue):
> for i from 2 to N
> do
>    U1 := U1 + dt*dU1:
>    I1 := I1 + dt*dI1:
>    U2 := U2 + dt*dU2:
>    I2 := I2 + dt*dI2:
>    U3 := U3 + dt*dU3:
>    t := t + dt:
>    data1[i] := U3:
>    data2[i] := Ue:
> od:
```

Die Impulsantwort wird mit dem **plot**-Befehl dargestellt.

```
> plot([seq([(n-1)*dt, data1[n]], n = 1..N)]);
```

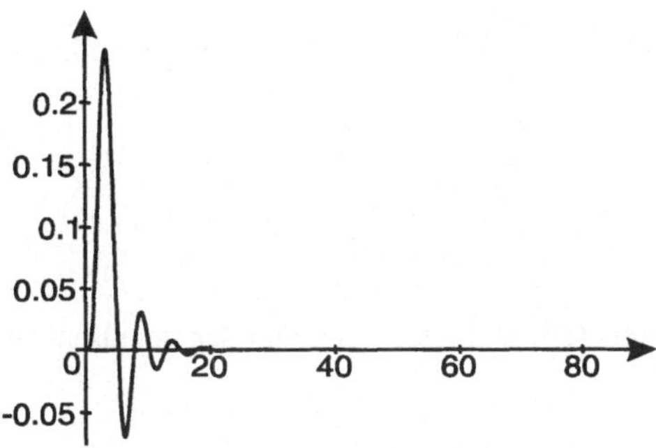

Abb. 138: Impulsantwort der Tiefpasses

Signalanalyse: Zur Analyse von $h(t)$ mit der DFT konvertiert man mit dem **convert**-Befehl die Daten in einen Vektor fd, der den Realteil der Abtastwerte darstellt. Der Imaginärteil der Abtastwerte, imd, wird auf Null gesetzt, da die Impulsantwort ein reelles Signal darstellt.

```
> fd := convert(data1, array):
> imd := array([seq(0, i = 1..N)]):
```

Mit der schnellen Fouriertransformation wird die DFT berechnet

```
> readlib(FFT):
> evalhf(FFT(m, var(fd), var(imd))):
```

Um die DFT der Impulsantwort (= Systemfunktion) graphisch darzustellen, werden von den skalierten Werten die Beträge gebildet

```
> FT_d := seq(T/N*sqrt(fd[i]^2+imd[i]^2), i=1..N/4):
> w_data := seq((i-1)*2*Pi/T, i=1..N/4):
```

FT_d enthält diese Beträge der Systemfunktion und w_data stellt den Vektor der diskreten Frequenzen ω dar. Zur graphischen Darstellung geht man wieder zu einer Liste von Wertepaaren über.

```
> plot_data := [seq([w_data[i],FT_d[i]], i=1..N/4)]:
> plot(plot_data, style = line, color = red);
```

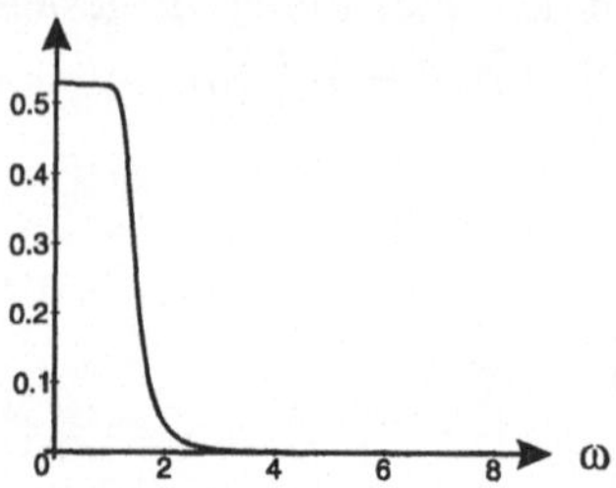

Abb. 139: Diskretes Spektrum der Impulsantwort

Diskussion: Der Graph der diskreten Übertragungsfunktion hat qualitativ den gleichen Verlauf wie der der analytisch berechneten (vgl. Bd. 1, Kap. V.5). Aus dem
Graphen entnimmt man die gleiche Grenzfrequenz bei halber Maximalamplitude

$$\omega_g = 1.4.$$

Auffallend ist, daß die Maximalamplitude bei der diskreten Übertragungsfunktion
0.52 beträgt anstatt 0.5. Führt man Simulationen durch, bei der die Impulsbreite
t_0 variiert wird, erhält man sogar wesentlich höhere Werte für diese Maximalamplitude.

Der Grund für dieses "falsche" Verhalten liegt darin, daß wir für unsere numerische
Bestimmung der Impulsantwort eine Näherung des δ-Impulses nehmen mußten.
Dies erkennt man am besten am Spektrum des Eingangssignals: Ersetzen wir in
der Frequenzanalyse *data*1 durch *data*2, folgt das Spektrum des Eingangssignals.

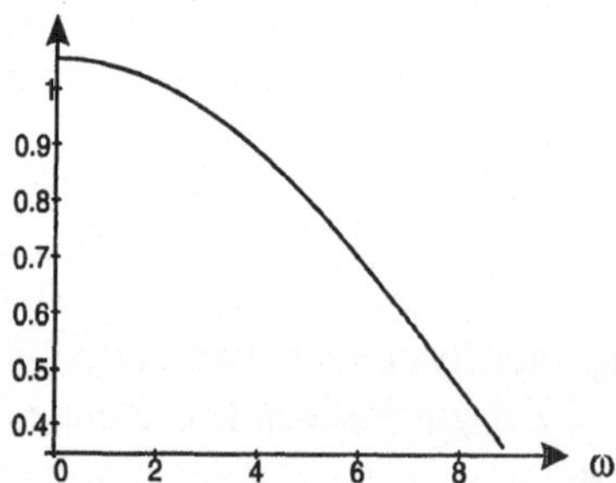

Da das Eingangssignal nicht exakt die Impulsfunktion $\delta(t)$ repräsentiert, ist das
Spektrum nicht konstant 1. Folglich ist das Antwortsignal nicht exakt die Impulsantwort. Da die Impulsfunktion eine idealisierte Funktion darstellt, ist sie auch
experimentell nicht realisierbar und das diskutierte Problem stellt sich auch bei
der experimentellen Bestimmung der Impulsantwort.

Um das Spektrum des Eingangssignals zu berücksichtigen, nutzen wir die allgemeine Definition der Systemfunktion aus: Die Systemfunktion $H(\omega)$ ist das Verhältnis vom Spektrum des Ausgangssignal $G(\omega)$ zum Spektrum des Eingangssignals $F(\omega)$:

$$H(\omega) = \frac{G(\omega)}{F(\omega)}.$$

Dividieren wir daher in unserer Analyse die beiden Spektren durcheinander, erhalten wir die diskrete Übertragungsfunktion.

(1) Analyse des Eingangssignals
```
> fd_in := convert(data2, array):
> imd := array([seq(0, i = 1..N)]):
> evalhf(FFT(m, var(fd_in), var(imd))):
> FT_d_in := seq(T/N*sqrt(fd_in[i]^2+imd[i]^2), i=1..N/4):
```

(2) Analyse des Ausgangssignals
```
> fd_out := convert(data1, array):
> imd := array([seq(0, i = 1..N)]):
> evalhf(FFT(m, var(fd_out), var(imd))):
> FT_d _out:= seq(T/N*sqrt(fd_out[i]^2+imd[i]^2), i=1..N/4):
```

(3) Übertragungsfunktion: Verhältnis von FT_d_out / FT_d_in
```
> for i from 1 to N/4 do FT_transfer[i] := FT_d_out[i]/FT_d_in[i] od:
> w_data := seq((i-1)*2*Pi/T, i=1..N/4):
> plot_data := [seq([w_data[i],FT_transfer[i]], i=1..N/4)]:
> plot(plot_data, style = line, color = red);
```

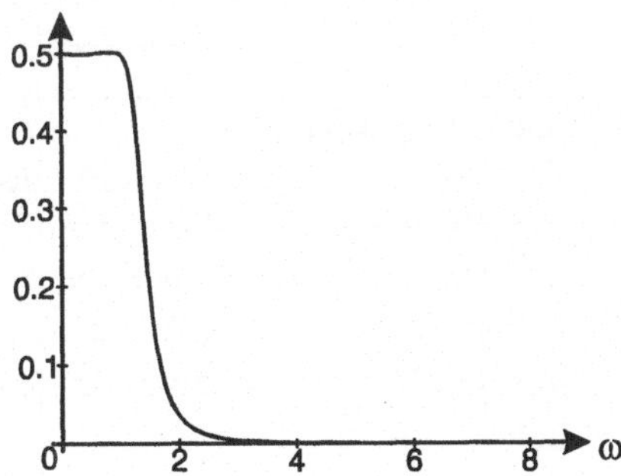

Abb. 140: Diskrete Übertragungsfunktion

Nun stimmt auch die Amplitude der Übertragungsfunktion mit der aus Bd. 1, Kap. V.5 überein und ist unabhängig von der speziellen Wahl der Impulsbreite T.

Zusammenstellung der MAPLE-Befehle

Spezielle Funktionen

Heaviside(t)   Sprungfunktion.

alias($S(t) = Heaviside(t)$)

          Definition von $S(t)$ als Sprungfunktion.

$1/T\,(S(t) - S(t - T))$ Impulsfunktion mit Breite T und Höhe $\frac{1}{T}$.

Dirac(t)   Deltafunktion, Diracfunktion, δ-Funktion.

Dirac(n, t) n-te Ableitung von Dirac(t).

Befehle zur Fouriertransformation

with(inttrans)   Befehle zur Fouriertransformation.

fourier($f(t), t, w$)   Fouriertransformation der Funktion f mit der Variablen t. ω ist die Variable der Transformierten

$$F(\omega) = \int_{-\infty}^{\infty} f(t)\, e^{-i\omega t}\, dt.$$

invfourier($F(w), w, t$)   Inverse Fouriertransformation der Funktion $F(\omega)$. t ist die Variable der zugehörigen Zeitfunktion

$$f(t) = \frac{1}{2\pi} \int_{-\infty}^{\infty} F(\omega)\, e^{i\omega t}\, d\omega.$$

fourier(DG, t, w)   Transformation einer DG in den Frequenzbereich.

Befehle zur diskreten Fouriertransformation

readlib(FFT)   Befehle zur diskreten Fouriertransformation (DFT).

FFT(m, x, y)   Berechnung der DFT mit dem FFT-Algorithmus. m ist die Potenz der Anzahl der abgetasteten Werte, $N = 2^m$; x ist der Vektor mit dem diskreten Realteil der Funktion; y ist der Vektor mit dem diskreten Imaginäteil der Funktion.

iFFT(m, x, y)   Berechnung der inversen DFT mit dem FFT-Algorithmus. m, x, y analog wie bei FFT, jetzt aber mit den diskreten Frequenzwerten.

print(x)   Ausgabe der diskreten Werte des Vektors x.

FFT und iFFT überspeichern die Vektoren x und y durch die nicht-normierten Ergebnisvektoren!

Aufgaben zur Fouriertransformation

14.1 a) Bestimmen Sie die Fouriertransformierte von

$$f_1(t) = \begin{cases} A & \text{für} \quad -\frac{T}{2} < t < \frac{T}{2} \\ 0 & \text{sonst} \end{cases}$$

b) Man diskutiere die Funktion $F(f_1)(\omega)$ für $A = \frac{1}{T}$

c) Was ergibt sich für

$$f_2(t) = \begin{cases} A & \text{für} \quad t_0 < t < t_0 + T \\ 0 & \text{sonst} \end{cases} \quad ?$$

14.2 Man bestimme das Spektrum des Dreiecksignals

$$f(t) = \begin{cases} A \cdot \left(1 - \left|\frac{t}{T}\right|\right) & |t| \leq T \\ 0 & |t| > T \end{cases}$$

14.3 a) Berechnen Sie die Fouriertransformierte der Funktion $e^{-\alpha |t|}\, sign\,(t)$ (vgl. Bild a).

b) Man berechne die Fouriertransformierte des $\cos^2$-Impulses (vgl. Bild b).

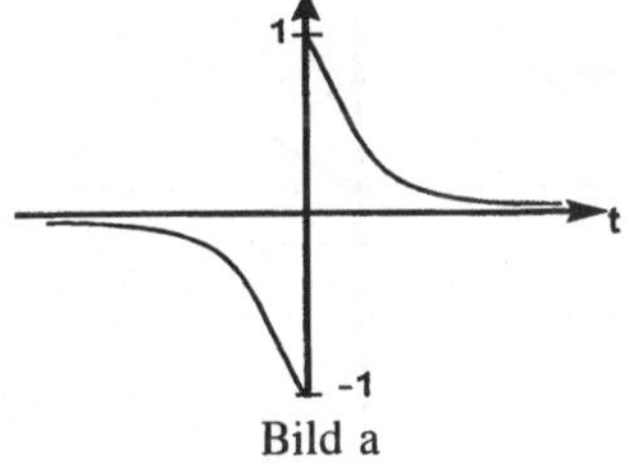

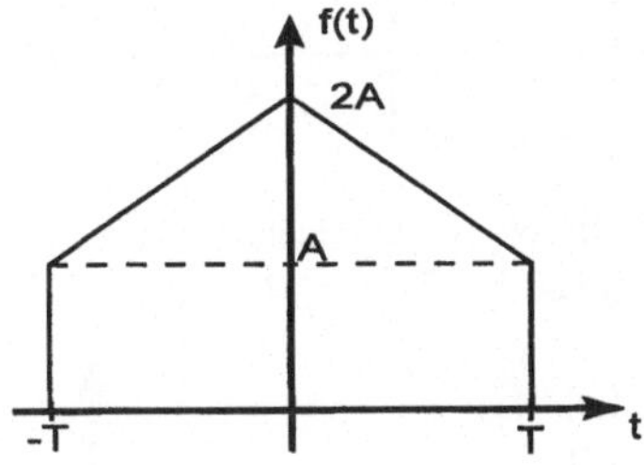

14.4 Man berechne mit MAPLE die Fouriertransformierten von 14.1-14.3.

14.5 Geben Sie die Fouriertransformierte der skizzierten Funktion $f(t)$ an.

14.6 Zeigen Sie, daß die Fouriertransformation eine lineare Transformation ist, d.h. das Superpositionsgesetz gültig ist:

$$\mathcal{F}(\alpha_1\, f_1 + \alpha_2\, f_2) = \alpha_1\, \mathcal{F}(f_1) + \alpha_2\, \mathcal{F}(f_2).$$

14.7   Beweisen Sie

a) die Skalierungseigenschaft $\mathcal{F}\left(f\left(a\,t\right)\right)(\omega) = \frac{1}{|a|}\,\mathcal{F}\left(f\left(t\right)\right)\left(\frac{\omega}{a}\right)$

b) den Verschiebungssatz $\mathcal{F}\left(f\left(t - t_0\right)\right)(\omega) = e^{-i\omega_0 t}\,\mathcal{F}\left(f\left(t\right)\right)(\omega)$

14.8   Zeigen Sie durch vollständige Induktion, daß

$$\mathcal{F}\left((-i\,t)^n\,f\right) = \frac{d^n}{d\omega^n}\,\mathcal{F}\left(f\right)(\omega) = F^{(n)}\left(\omega\right),$$

wenn $F\left(\omega\right) = \mathcal{F}\left(f\right)(\omega)$.

14.9   Bestimmen Sie unter Benutzung der Eigenschaften der Fouriertransformation die Transformierten von

a) $\delta\left(t\right)$ b) $\delta\left(t - t_0\right)$ c) $\frac{i}{2}\left(\delta\left(t + t_0\right) - \delta\left(t - t_0\right)\right)$ d) $\sin\left(\omega_0 t\right)$

14.10   Man zeige, daß die folgenden Gleichungen gültig sind

a) $\mathcal{F}\left(e^{i\,a\,t}\right)(\omega) = 2\pi\,\delta\left(\omega - a\right)$

b) $\delta\left(t - t_0\right) * f\left(t\right) = f\left(t - t_0\right)$

14.11   Wie lautet die Faltung des Rechteckimpulses

$$rect\left(\frac{2\,t}{T}\right) = \begin{cases} 1 & |t| \leq \frac{T}{2} \\ 0 & |t| > \frac{T}{2} \end{cases}$$

mit sich selbst? (Skizze!)

14.12   Berechnen Sie die Fouriertransformierten der unten gezeichneten Funktionen

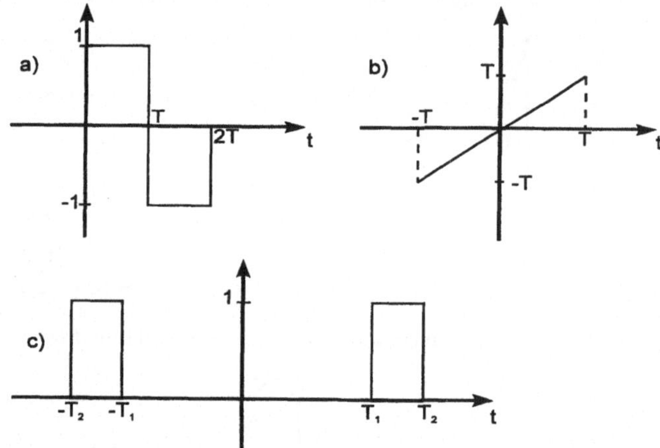

14.13   Bestimmen Sie mit Hilfe einer graphischen Skizze die Faltung $f * h$ der Funktionen für   a) $t \leq 0$ b) $0 \leq t \leq T$ c) $T \leq t$.

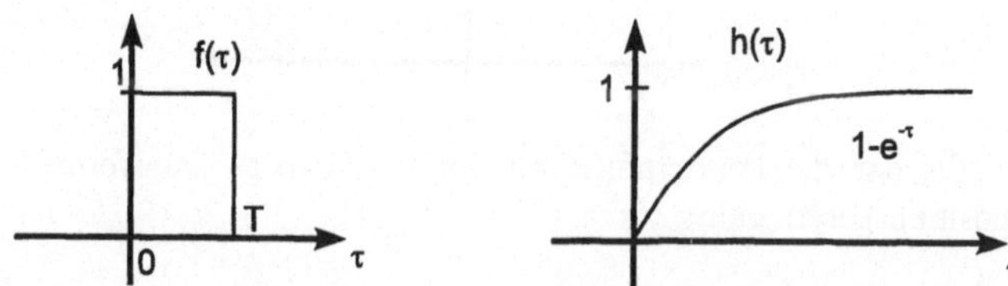

14.14 Gegeben ist die Differentialgleichung

$$y''(t) - 4y(t) = f(t).$$

Bestimmen Sie die Fouriertransformierte von $y(t)$ sowie $y(t)$ in Form eines Faltungsintegrals.

14.15 Bestimmen Sie auf drei unterschiedlichen Wegen die Übertragungsfunktion des linearen Systems, welches durch die DG

$$g''(t) - 2g'(t) + g(t) = f(t)$$

beschrieben wird, wenn $g(t) = L[f(t)]$.

14.16 Ein lineares Übertragungssystem $g(t) = L[f(t)]$ wird durch die Differentialgleichung

$$f(t) = \ddot{g}(t) + 3\dot{g}(t) + 2g(t) \qquad g(0) = 0, \quad t \geq 0$$

beschrieben. Geben Sie die Übertragungsfunktion (=Systemfunktion) an! Wie lauten die Impuls- und Sprungantwort des Systems?

14.17 Lösen Sie die Differentialgleichung

$$y''(x) + 3y'(x) + 2y(x) = r(x) \qquad x \geq 0$$

für a) $r(x) = x$ b) $r(x) = \delta(x)$ c) $r(x) = 6$ mit Hilfe der Fouriertransformation. Welchen Anfangsbedingungen genügen die so gewonnenen Lösungen?

14.18 Ein lineares System reagiert auf das Eingangssignal $f(t) = rect(t)$ mit der Antwort $g(t) = \Delta\left(\frac{t}{2}\right)$, wenn $\Delta\left(\frac{t}{2}\right)$ die Dreiecksfunktion mit Amplitude 1. Bestimmen Sie die Übertagungsfunktion und die Impulsantwort.

14.19 a) Gesucht ist die Impulsantwort der Schaltung in Fig. a).
b) Fig. b) zeigt die Sprungantwort eines Systems. Gesucht sind die Impulsantwort und die Systemfunktion.
c) Fig. c) zeigt die Sprungantwort eines Systems: $s(t) = U(t)\,\frac{1}{2}e^{-\frac{t}{3}}$. Gesucht sind Impulsantwort und Systemfunktion.

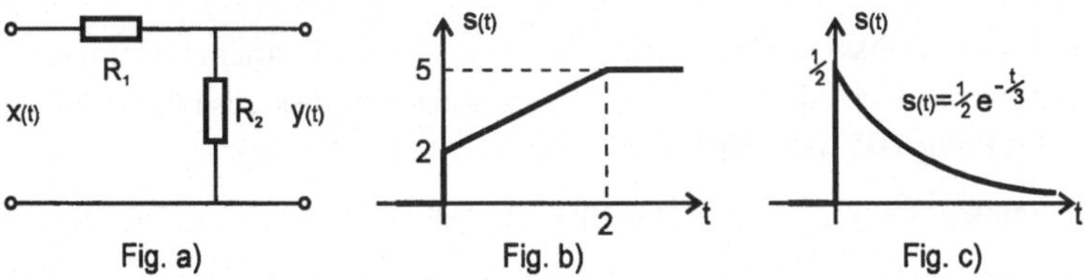

14.20 Für die in Abb. a) und b) skizzierten Netzwerke soll die Impuls- und die Sprungantwort berechnet werden.

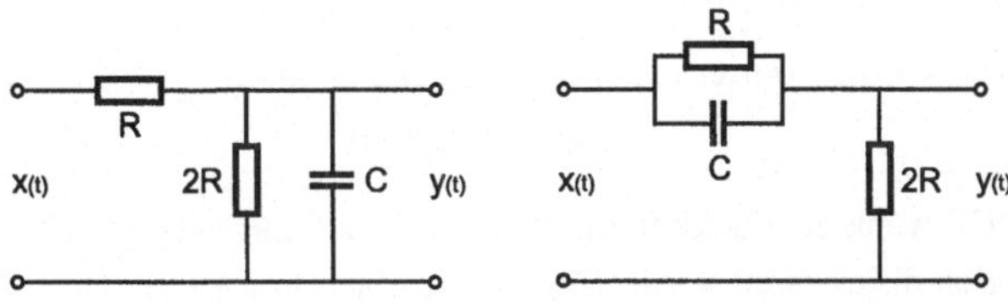

14.21 Das Eingangssignal für das unten abgebildete Netzwerk lautet $x(t) = U(t)\, e^{-2t}$.
Gesucht wird für $R = 2$, $L = 1$ die Impulsantwort.

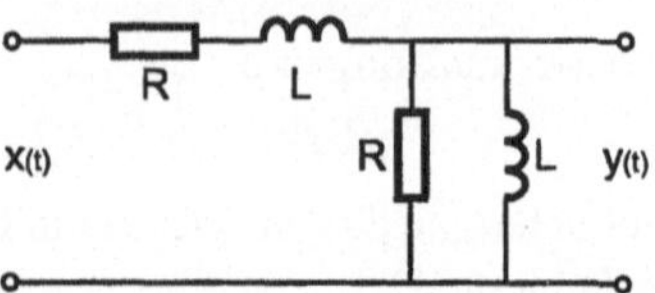

14.22 Für die in den Figuren a) - c) skizzierten Netzwerke soll mit MAPLE die Übertragungsfunktion berechnet werden:

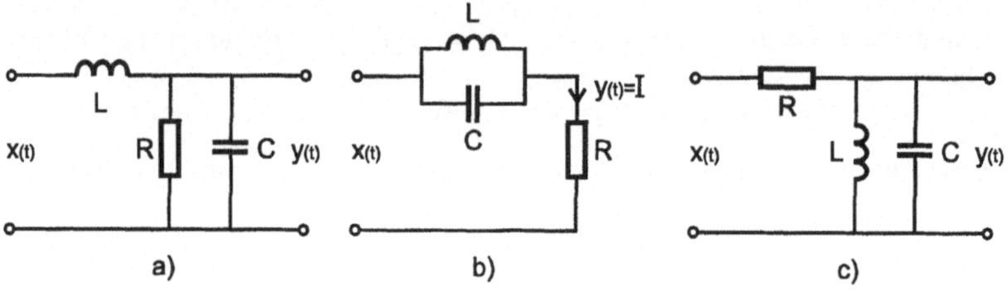

a)   **b)**   **c)**

14.23 **Frequenzanalyse mit** MAPLE
Gegeben ist der Tiefpaß aus Kap. XI.5.3, Beispiel 60. Bestimmen Sie durch Anwendung der Fouriertransformation auf die DG die Übertragungsfunktion sowie die Grenzfrequenz ω_g. (Man verwende den **fourier**-Befehl, vgl. §6.)

14.24 **Frequenzanalyse mit** MAPLE
Gegeben ist der Bandpaß aus Kap. XI.5.3, Beispiel 62. Bestimmen Sie durch Anwendung der Fouriertransformation auf die DG die Übertragungsfunktion sowie die Grenzfrequenzen ω_u und ω_o für die Parameter $R = 100$, $C = 2.32 \cdot 10^{-7}$, $L = 3.62 \cdot 10^{-3}$, $C_k = C$, $L_k = L$. (Man verwende den **fourier**-Befehl; vgl. §6.)

14.25 Bestimmen Sie von der Rechteckfunktion

$$f(t) = \frac{1}{T}\,(S(t) - S(t - T))$$

für $T = 1$ die diskrete Fourierreihe sowie die diskrete Fouriertransformation, wenn die Funktion im Intervall $[0, 25]$ mit 256 Abtastwerten diskretisiert wird. (Man benutze die Prozedur **DFT** oder **FFT**.)

14.26 Bestimmen Sie mit der Prozedur **FFT** das diskrete Spektrum der Rechteckfunktion

$$f(t) = \frac{1}{T}\,(S(t) - S(t - T))$$

für $T \to 0$, wenn $T_{\max} = 25$ und die Abtastung $n = 512$ beträgt. Was machen die Nullstellen des Spektrums?

14.27 Vergleichen Sie die Fouriertransformierte der Funktion

$$f(t) = e^{-t}\, S(t)$$

mit der DFT, wenn die Funktion im Intervall $[0, 20]$ mit $n = 64, 128, 256, 512, 1024$ Abtastwerten diskretisiert wird. (Man benutze den **fourier**-Befehl sowie die MAPLE-Prozedur **FFT**.)

14.28 Bestimmen Sie die DFT der Funktion

$$f(t) = e^{-(t-2.5)^2},$$

wenn die Funktion im Intervall $[0,\ 20]$ durch $n = 256$ Abtastwerte diskretisiert wird.

14.29 Frequenzanalyse der Kosinusfunktion
a) Stellen Sie eine Kosinusfunktion mit einer ganzen Anzahl von Schwingungen (z.B. 10 Schwingungen) dar. Tasten Sie die Funktion mit 512 Abtastpunkten ab. Wie hängt die Frequenzauflösung der DFT mit $T_{\max}$ zusammen? Verdoppeln bzw. halbieren Sie $T_{\max}$ (bei 512 Abtastpunkten); welches Δf ergibt sich nun? Halten Sie $T_{\max}$ fest und variieren Sie die Abtastrate. Was zeigt sich?
b) Stellen Sie 10.5 Schwingungen dar und berechnen Sie die DFT nochmals. Wie verändern sich die Spektrallinien?

14.30 Frequenzanalyse eines Hochpasses
Gegeben ist der Hochpaß, HP2TLCL, aus Kap. XI.5.3, Beispiel 61. Man bestimme für die Eingangsfunktion

$$U_e(t) = e^{-(t-T)^2} \quad \text{mit } T = 3 \cdot 10^{-5}$$

die Systemreaktion, indem das LDGS numerisch gelöst wird. Gehen Sie vor wie in Beispiel 38 und bestimmen Sie von Eingangs- und Ausgangssignal die FFT und berechnen Sie damit die Übertragungsfunktion. Lesen Sie aus der Übertragungsfunktion die Grenzfrequenz ab.

Kapitel XV
Partielle Differentialgleichungen

§1. Einführung

Viele wichtige Probleme der angewandten Mathematik und Physik führen zu *partiellen Differentialgleichungen* (PDG): zu Gleichungen, die Beziehungen zwischen einer oder mehreren Funktionen mehrerer Variablen und ihren **partiellen** Ableitungen herstellen. Zwei willkürliche Beispiele für PDG sind

$$\frac{\partial^3}{\partial x^3}\, u\,(x,\,t) + \left(\frac{\partial}{\partial t}\, u\,(x,\,t)\right)^2 = \frac{\partial^2}{\partial x^2}\, u\,(x,\,t) \qquad \text{für } u\,(x,\,t),$$

$$\frac{\partial}{\partial x}\, u\,(x,\,y) = \frac{\partial}{\partial y}\, v\,(x,\,y), \quad \frac{\partial}{\partial y}\, u\,(x,\,y) = -\frac{\partial}{\partial x}\, v\,(x,\,y) \quad \text{für } u(x,\,y),\, v(x,\,y).$$

Als *Ordnung* einer PDG wird die Potenz der höchsten in der Gleichung vorkommenden partiellen Ableitung bezeichnet.

Es gibt 3 klassische PDG zweiter Ordnung, denen man in vielen Anwendungen begegnet und welche die Theorie der PDG beherrschen. Es sind dies

(1) $\frac{\partial^2}{\partial t^2}\, u\,(x,t) = c^2\, \frac{\partial^2}{\partial x^2}\, u\,(x,t)$ die **Wellengleichung**. $u\,(x,\,t)$ entspricht der Auslenkung einer eingespannten Saite am Ort x zur Zeit t. Diese PDG kommt auch bei der Untersuchung von akustischen, elektromagnetischen und Wasserwellen vor.

(2) $\frac{\partial}{\partial t}\, u\,(x,t) = \alpha^2\, \frac{\partial^2}{\partial x^2}\, u\,(x,t)$ die **Wärmeleitungsgleichung**. $u\,(x,\,t)$ entspricht der Temperaturverteilung eines Stabes zur Zeit t. Diese PDG kommt bei der Wärmeleitung und anderen Diffusionsprozessen vor.

(3) $\frac{\partial^2}{\partial x^2}\, u\,(x,y) + \frac{\partial^2}{\partial y^2}\, u\,(x,y) = 0$ die **Laplace-Gleichung**. $u\,(x,\,y)$ entspricht dem elektrostatischen Potential in einem ebenen Problem wie dem elektrolytischen Trog. Diese PDG tritt auch bei anderen stationären Problemen wie z.B. einem stationären Wärmestrom, dem Durchbiegen einer Membran, elektrischen und magnetischen Potentialen auf.

Zusätzlich zu den PDG sind für die gesuchten Funktionen noch *Anfangs-* und/oder *Randbedingungen* vorgegeben, die durch die jeweilige physikalische Problemstellung bestimmt sind. Wir werden in den folgenden Abschnitten nicht das systematische Lösen von PDG behandeln, sondern exemplarisch spezielle lineare PDG, wie die oben genannten, diskutieren.

Notation: Wir kürzen die partiellen Ableitungen im folgenden häufig durch

$$u_x\,(x,\,t) = \frac{\partial}{\partial x}\,u\,(x,t) = \partial_x\,u(x,t) \text{ bzw. } u_{xx}\,(x,\,t) = \frac{\partial^2}{\partial x^2}\,u\,(x,t) = \partial_x^2\,u(x,t)$$

ab. Analoges gilt natürlich für die anderen Variablen. Wenn durch den Zusammenhang hervorgeht, welches die Variablen der Funktion u sind, werden diese der Übersichtlichkeit wegen unterdrückt. Die 3 klassischen PDG lauten mit dieser Konvention

$$(1)\ u_{tt} = c^2\,u_{xx} \qquad\qquad (2)\ u_t = \alpha^2\,u_{xx} \qquad\qquad (3)\ u_{xx} + u_{yy} = 0.$$

Klassifizierung von linearen PDG 2. Ordnung. Lineare PDG 2. Ordnung haben die allgemeine Gestalt

$$A\,u_{xx} + 2\,B\,u_{xy} + C\,u_{yy} + D\,u_x + E\,u_y + F = 0 \qquad\qquad (*)$$

mit Funktion A, B, C, D, E und F, die i.a. von x und y abhängen. Als Diskriminante der PDG $(*)$ bezeichnet man die Funktion

$$d := A\,C - B^2.$$

Die PDG $(*)$ heißt   *parabolisch* $:\Longleftrightarrow$ $d = 0,$
hyperbolisch $:\Longleftrightarrow$ $d < 0,$
elliptisch $:\Longleftrightarrow$ $d > 0.$

Diese Bezeichnungen stammen aus der analytischen Geometrie, in der

$$a\,x^2 + 2\,b\,x\,y + c\,y^2 + d\,x + e\,y + f = 0$$

in der Regel eine Parabel, Hyperbel oder Ellipse darstellt; je nachdem ob $a\,c - b^2 = 0,\ < 0$ oder > 0 ist.

1. Beispiele:
(1) Die Wellengleichung $u_{tt} = c^2\,u_{xx}$ ist hyperbolisch:

$$A = c^2,\ B = 0,\ C = -1 \ \Rightarrow\ d = -c^2 < 0.$$

(2) Die Wärmeleitungsgleichung $u_t = \alpha^2\,u_{xx}$ ist parabolisch:

$$A = \alpha^2,\ B = C = 0 \ \Rightarrow\ d = 0.$$

(3) Die Laplace-Gleichung $u_{xx} + u_{yy} = 0$ ist elliptisch:

$$A = C = 1,\ B = 0 \ \Rightarrow\ d = 1 > 0.$$

§2. Die Wellengleichung

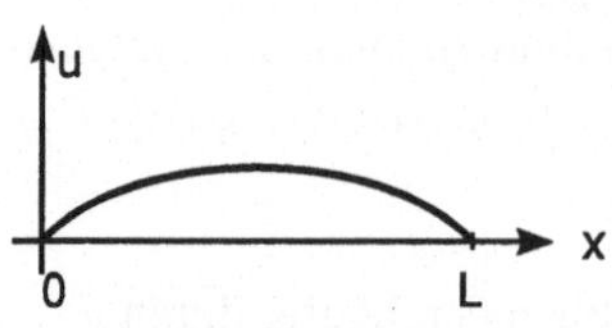

Abb. 141: Eingespannte Saite

Als Modellfall für die Herleitung der Wellengleichung betrachten wir eine an den Enden fest eingespannte, elastische Saite der Länge L, die in der vertikalen Ebene in Schwingungen versetzt wird. Gesucht ist die vom Ort x und der Zeit t abhängige **vertikale Auslenkung** $u\,(x,\,t)$.

2.1 Herleitung der Wellengleichung

Für die vertikale Auslenkung $u\,(x,\,t)$ einer *schwingenden Saite* leiten wir die PDG unter den folgenden Voraussetzungen ab:

$(V1)$ Die Spannkraft der Saite $F_0 = |\vec{F}\,(x)\,|$ ist konstant.
$(V2)$ Es werden nur kleine Auslenkungen für u betrachtet.

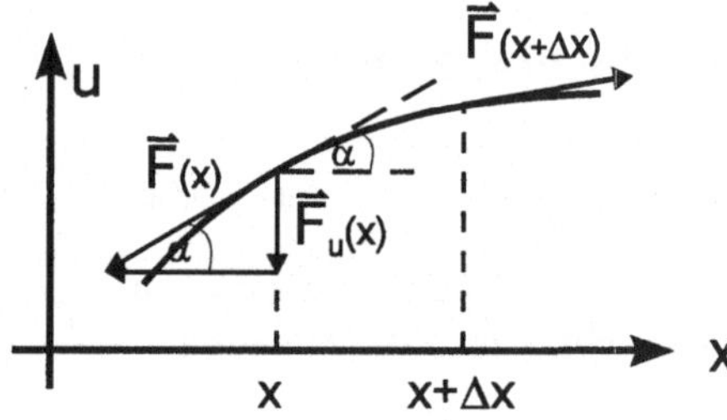

Für die Querkraft (Kraft in Richtung u) gilt im Punkte x für kleine Auslenkungen

$$F_u\,(x) = -F_0 \sin \alpha \approx -F_0\,\alpha \approx -F_0 \cdot \tan \alpha = -F_0 \left(\frac{\partial u}{\partial x} \right)_x .$$

Analog gilt für die Querkraft F_u an der Stelle $x + \triangle x$

$$F_u\,(x + \triangle x) \approx F_0 \left(\frac{\partial u}{\partial x} \right)_{x+\triangle x} \approx F_0 \left[\left(\frac{\partial u}{\partial x} \right)_x + \triangle x \left(\frac{\partial^2 u}{\partial x^2} \right)_x \right],$$

wenn man $\left(\frac{\partial u}{\partial x} \right)_{x+\triangle x}$ gemäß der Formel $f\,(x + \triangle x) \approx f\,(x) + f'\,(x) \cdot \triangle x$ linearisiert.

Auf das zwischen x und $x + \triangle x$ gelegene Saitenelement wirkt die Gesamtkraft

$$\overrightarrow{\triangle F} = \vec{F}\,(x) + \vec{F}\,(x + \triangle x)$$

und somit die resultierende Querkraft

$$\triangle F_u = F_u\,(x + \triangle x) - F_u\,(x) \approx F_0\, \triangle x\, \frac{\partial^2}{\partial x^2}\, u .$$

Diese Querkraft beschleunigt das Massenelement $\triangle m = \rho \cdot \triangle x \cdot A$, wenn ρ die Dichte und A die Querschnittsfläche der Saite ist. Nach dem Newtonschen Bewegungsgesetz (die Beschleunigungskraft $m\,a$ ist gleich der Summe aller angreifenden Kräfte) gilt

$$\triangle m \, \frac{\partial^2}{\partial t^2} \, u = \triangle F_u = F_0 \, \triangle x \, \frac{\partial^2}{\partial x^2} u$$

$$\Rightarrow \boxed{\frac{\partial^2}{\partial t^2} \, u\,(x,\,t) = \frac{F_0}{\rho A} \, \frac{\partial^2}{\partial x^2} \, u\,(x,\,t),} \qquad \textbf{(Wellengleichung)}$$

wenn F_0 die Spannkraft der Saite, ρ die Dichte und A die Querschnittsfläche der Saite ist. Wir lösen die Wellengleichung für unterschiedliche, physikalische Problemstellungen:

2.2 Unendlich ausgedehnte Saite (Anfangswertproblem)

Sei f eine *beliebige* 2-mal stetig differenzierbare Funktion einer Variablen. Dann erhält man durch den **Ansatz**

$$u\,(x,\,t) = f\,(x + c\,t)$$

eine Lösung der Wellengleichung. Denn mit der Kettenregel ist

$$u_{xx}\,(x,\,t) = f''\,(x + c\,t) \quad \text{und} \quad u_{tt}\,(x,\,t) = c^2\,f''\,(x + c\,t)\,.$$

In die PDG eingesetzt, folgt

$$c^2\,f''\,(x + c\,t) = \frac{F_0}{\rho\,A}\,f''\,(x + c\,t) \;\Rightarrow\; c^2 = \frac{F_0}{\rho\,A} \;\Rightarrow\; c = \pm\sqrt{\frac{F_0}{\rho\,A}}\,.$$

Setzt man $\boxed{c := \sqrt{\frac{F_0}{\rho\,A}}}$, so ist $f\,(x + c\,t)$ als auch $f\,(x - c\,t)$ eine Lösung der PDG.

- $f\,(x + c\,t)$ beschreibt eine mit der Geschwindigkeit c in negative x-Richtung *laufende Welle*;

- $f\,(x - c\,t)$ beschreibt eine mit der Geschwindigkeit c in positive x-Richtung *laufende Welle*.

Die allgemeine Lösung lautet somit

$$\boxed{u\,(x,\,t) = f_1\,(x + c\,t) + f_2\,(x - c\,t)}$$

mit zwei beliebigen Funktionen f_1 und f_2.

Berücksichtigung der Anfangsbedingungen. Für $u(x, t)$ seien die Anfangsauslenkung $u(x, t = 0) = u_0(x)$ und die Anfangsgeschwindigkeit $u_t(x, t = 0) = v_0(x)$ an jedem Ort x zur Zeit $t = 0$ vorgegeben. Setzt man die Anfangsbedingungen in die allgemeine Lösung ein, gilt

$$u(x, t = 0) \quad = \quad u_0(x) \quad = \quad f_1(x) + f_2(x) \tag{1}$$

$$u_t(x, t = 0) \quad = \quad v_0(x) \quad = \quad c\left(f_1'(x) - f_2'(x)\right). \tag{2}$$

Integriert man (2)

$$f_1(x) - f_2(x) = \frac{1}{c} \int_{x_0}^{x} v_0(\xi)\, d\xi + K \tag{2'}$$

und addiert bzw. subtrahiert von (2') Gleichung (1), folgt weiter

$$f_1(x) = \frac{1}{2} u_0(x) + \frac{1}{2c} \int_{x_0}^{x} v_0(\xi)\, d\xi + \frac{K}{2}$$

$$f_2(x) = \frac{1}{2} u_0(x) - \frac{1}{2c} \int_{x_0}^{x} v_0(\xi)\, d\xi - \frac{K}{2}.$$

Die Lösungsformel lautet mit der Anfangsauslenkung $u_0(x)$ und Anfangsgeschwindigkeit $v_0(x)$

$$\boxed{u(x, t) = \frac{1}{2}\left[u_0(x + ct) + u_0(x - ct)\right] + \frac{1}{2c} \int_{x-ct}^{x+ct} v_0(\xi)\, d\xi}$$

(*d'Alembertsche Formel*).

Betrachten wir den Spezialfall, daß die Saite keine Anfangsgeschwindigkeit besitzt, $v_0(x) = 0$, vereinfacht sich die Lösung zu

$$u(x, t) = \frac{1}{2}\left[u_0(x + ct) + u_0(x - ct)\right].$$

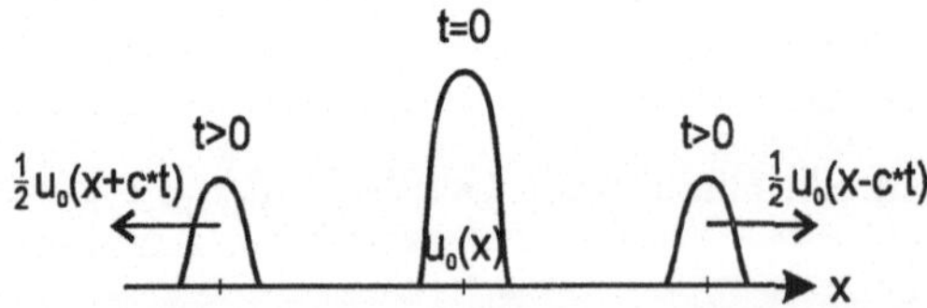

Abb. 142: Nach rechts und links laufende Welle

Interpretation: Der erste Summand beschreibt die Ausbreitung der Anfangsauslenkung nach links und der zweite nach rechts, jeweils mit halber Amplitude.

Anwendung: Peitschenknallen.
Beim Peitschenknallen führt man eine einseitig "unendlich" ausgedehnte Saite an einem Saitenrand. Lenkt man die Peitsche durch Anheben und Absenken z.B. des linken Saitenrandes aus, so daß die Saite zu Beginn eine Anfangsauslenkung der Gestalt $f(x)$ hat (siehe Abb. 143), ist

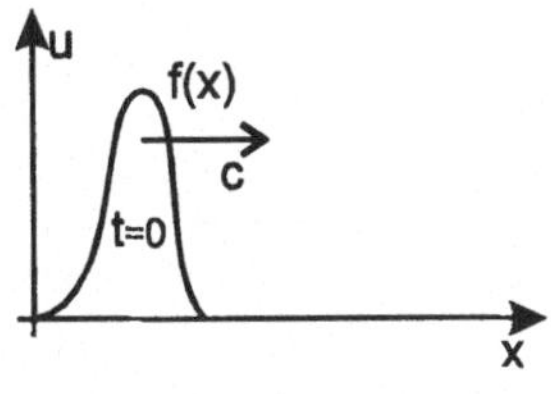

Abb. 143: Auslenkung der Peitsche

$$u(x, t) = f(x - ct)$$

die Lösung der Wellengleichung zu den Anfangsbedingungen

$$u(x, t = 0) = f(x) \quad \text{(und } f(x) = 0 \text{ für } x \le 0\text{)}$$
$$u(x = 0, t) = 0 \qquad \text{für alle } t.$$

Die Lösung stellt eine nach rechts laufende Welle dar. Die Geschwindigkeit beträgt $c = \sqrt{\frac{F}{\rho A}}$. Verkleinert sich der Querschnitt A, erhöht sich die Geschwindigkeit c. Ist der Querschnitt A klein genug, wird $c > v_{Schall}$ und es kommt zum Peitschenknallen.

Visualisierung mit MAPLE: Zur graphischen Darstellung wählen wir eine Gauß-Funktion als Anfangsauslenkung. **frames=30** bedeutet, daß 30 Bilder zur Animation berechnet und dargestellt werden.

```
> c:=5:
> f := t -> ( exp(-10*(t-1)^2) - exp(-10) ) / ( 1 - exp(-10) ):
> with(plots):
> animate(f(x-c*t), x=0..15, t=0..3, frames=30, numpoints=300);
```

2.3 Eingespannte Saite (Anfangsrandwertproblem)

Um die Auslenkung einer **eingespannten** Saite $u(x, t)$ zur Zeit t am Ort x bestimmen zu können, benötigen wir neben der PDG

$$\boxed{u_{tt}(x, t) = c^2\, u_{xx}(x, t)}$$

die Anfangsauslenkung $u_0(x)$ und -Geschwindigkeit $v_0(x)$

$$\left.\begin{array}{rcl} u(x, t = 0) & = & u_0(x) \\ u_t(x, t = 0) & = & v_0(x) \end{array}\right\} \text{ Anfangsbedingungen}$$

sowie die beiden Einspannbedingungen, daß an den Stellen $x = 0$ und $x = L$ die Auslenkung der Saite immer Null ist:

$$\left.\begin{array}{ll} u(x = 0, t) = 0 & \text{für alle } t \\ u(x = L, t) = 0 & \text{für alle } t. \end{array}\right\} \text{ Randwerte}$$

Da sowohl Anfangsbedingungen als auch Randwerte vorgegeben werden, nennt man diese Problemstellung ein **Anfangsrandwertproblem**.

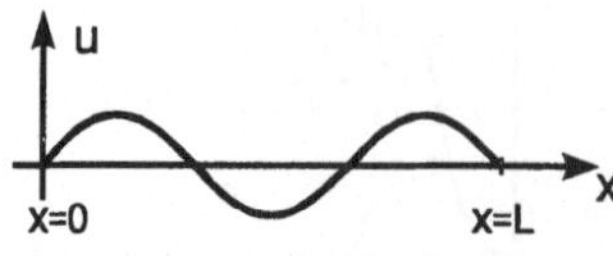

Abb. 144: Eingespannte Saite

Betrachtet man die Bewegung einer eingespannten Saite, so vollführt jeder Punkt der Saite Schwingungen. Die Amplitude dieser Schwingung ist aber abhängig von der x-Position des Punktes innerhalb der Saite. Bezeichnen wir die Schwingung mit $T(t)$ und die Amplitude mit $X(x)$, so suchen wir eine Lösung $u(x,t)$, die sich als Produkt einer Ortsfunktion $X(x)$ und einer Zeitfunktion $T(t)$ schreiben läßt. Die Zeitfunktion $T(t)$ besitzt dann eine ortsabhängige Amplitude $X(x)$. Mit dem *Produktansatz*

$$u\left(x,\,t\right) = X\left(x\right) \cdot T\left(t\right)$$

kann man eine Separation der Variablen durchführen. Dabei ist

$$X\left(x\right) \quad \text{eine rein ortsabhängige Funktion,}$$
$$T(t) \quad \text{eine rein zeitabhängige Funktion.}$$

Einsetzen dieser Produktfunktion in die PDG liefert

$$X\left(x\right) \cdot T''\left(t\right) = c^2\, X''\left(x\right) \cdot T\left(t\right)$$

bzw. nach der Separation

$$\frac{T''\left(t\right)}{T\left(t\right)} = c^2\, \frac{X''\left(x\right)}{X\left(x\right)}.$$

Da die linke Seite der Gleichung **nicht** von x abhängt, ist sie bezüglich x konstant. Da die rechte Seite der Gleichung **nicht** von t abhängt, ist sie bezüglich t konstant. D.h. die Konstante hängt weder von t noch von x ab:

$$\frac{T''\left(t\right)}{T\left(t\right)} = c^2\, \frac{X''\left(x\right)}{X\left(x\right)} = const = -\omega^2.$$

Der Fall, daß die Konstante positiv ist, würde zu einer nicht-physikalischen Lösung führen und wird daher nicht weiter verfolgt. Durch diesen Produktansatz reduziert man die **partielle** DG zu zwei **gewöhnlichen** DG 2. Ordnung:

(1) **Zeitabhängigkeit**:

$$T''\left(t\right) + \omega^2\, T\left(t\right) = 0 \;\Rightarrow\; T\left(t\right) = A\,\cos\left(\omega t\right) + B\,\sin\left(\omega t\right).$$

(2) **Ortsabhängigkeit**:

$$X''\left(x\right) + \frac{\omega^2}{c^2}\, X\left(x\right) = 0 \;\Rightarrow\; X\left(x\right) = D\,\cos(\frac{\omega}{c}\,x) + E\,\sin(\frac{\omega}{c}\,x).$$

Man beachte, daß beide gewöhnliche DG Schwingungsgleichungen sind und daher nach Kap. XI.3.3, Beispiel 36 die allgemeine Lösung direkt angegeben werden kann. Die Lösung der PDG läßt sich somit schreiben als

$$\boxed{u\,(x,\,t) = [D\,\cos(\tfrac{\omega}{c}\,x) + E\,\sin(\tfrac{\omega}{c}\,x)]\,[A\,\cos\,(\omega t) + B\,\sin\,(\omega t)].} \qquad (*)$$

Berücksichtigung der Randbedingungen

Nicht alle Funktionen, die der Darstellung $(*)$ genügen, sind auch Lösungen des gestellten Problems, denn für die **eingespannte** Saite gelten zusätzlich für alle Zeiten t die Randbedingungen $u\,(x = 0,\,t) = u\,(x = L,\,t) = 0$. Die Lösung muß also berücksichtigen, daß am Rand keine Auslenkung möglich ist.

$$x = 0: \quad u\,(0,\,t) = 0 \text{ für alle } t \qquad \Rightarrow \qquad D\,\underbrace{\cos(\tfrac{\omega}{c}\cdot 0)}_{=1} + E\,\underbrace{\sin(\tfrac{\omega}{c}\cdot 0)}_{=0} \overset{!}{=} 0$$

$$\Rightarrow \quad D = 0.$$

$$x = L: \quad u\,(x = L,\,t) = 0 \text{ für alle } t \quad \Rightarrow \quad E\cdot\sin\left(\tfrac{\omega}{c}\,L\right) = 0.$$

Damit man für $u\,(x,\,t)$ nicht nur die Null-Lösung erhält, muß $E \neq 0$ und $\sin\left(\tfrac{\omega}{c}\,L\right) = 0$ sein. Der Sinusterm wird Null, wenn sein Argument ein Vielfaches von π annimmt:

$$\Rightarrow \quad \frac{\omega}{c}\cdot L = n\,\pi.$$

Es sind also nur gewisse diskrete Frequenzen möglich,

$$\boxed{\omega_n = n\cdot\frac{\pi}{L}\cdot c,} \qquad n \in \mathbf{N}.$$

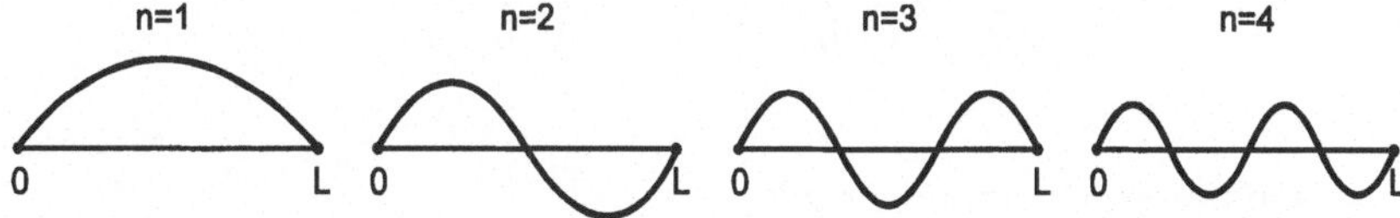

Abb. 145: Die ersten 4 Schwingungsformen einer eingespannten Saite

Für jedes $n \in \mathbf{N}$ ist damit

$$u_n\,(x,\,t) = \sin\left(n\,\frac{\pi}{L}\,x\right)\left[a_n\,\cos\left(n\,\frac{\pi}{L}\,ct\right) + b_n\,\sin\left(n\,\frac{\pi}{L}\,ct\right)\right]$$

eine Lösung der PDG und erfüllt die Randbedingungen. Es sind nur Frequenzen ω_n erlaubt, die zu stehenden Wellen führen, so daß die Funktionen $2L$-periodisch sind. Die allgemeine Lösung für eine schwingende Saite erhält man durch Superposition aller stehenden Wellen $u_n\,(x,\,t)$:

$$u\,(x,\,t) = \sum_{n=1}^{\infty} u_n\,(x,\,t) = \sum_{n=1}^{\infty} \sin\left(n\,\frac{\pi}{L}\,x\right)\left[a_n \cos\left(n\,\frac{\pi}{L}\,c\,t\right) + b_n \sin\left(n\,\frac{\pi}{L}\,c\,t\right)\right].$$

In dieser Darstellung sind die Koeffizienten $(a_n)_{n\in\mathbf{N}}$ und $(b_n)_{n\in\mathbf{N}}$ noch unbestimmt. Sie ergeben sich aus den Anfangsbedingungen.

Berücksichtigung der Anfangsbedingungen

Für die **Anfangsauslenkung** gilt

$$u\,(x,\,t=0) = u_0\,(x) = \sum_{n=1}^{\infty} a_n \sin\left(n\,\frac{\pi}{L}\,x\right) = \sum_{n=1}^{\infty} a_n \sin\left(n\,\frac{2\pi}{2L}\,x\right).$$

Dies ist die Fourierreihendarstellung der $2L$-periodischen Funktion $\tilde{u}_0\,(x)$, die man aus $u_0\,(x)$ erhält, indem $u_0\,(x)$ am Ursprung gespiegelt und anschließend $2L$-periodisch auf ganz $\mathbb{R}$ fortgesetzt wird.

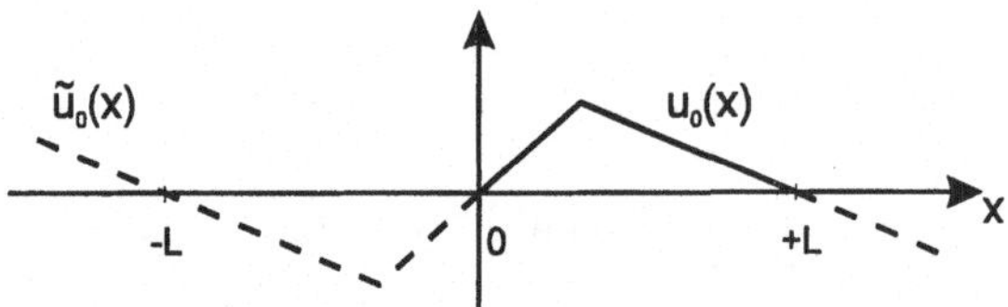

Abb. 146: Anfangsauslenkung $u_0(x)$ der eingespannten Saite

Damit ist

$$
\begin{aligned}
a_n &= \frac{2}{2\,L}\int_0^{2L} \tilde{u}_0\,(x)\,\sin\left(n\,\frac{2\pi}{2L}\,x\right)\,dx\\
&= 2\frac{1}{L}\int_0^{L} u_0\,(x)\,\sin\left(n\,\frac{\pi}{L}\,x\right)\,dx.
\end{aligned}
$$

Für die **Anfangsgeschwindigkeit** gilt

$$u_t\,(x,\,t=0) = v_0\,(x) = \sum_{n=1}^{\infty} \left(b_n \cdot n\frac{\pi}{L}\,c\right)\sin\left(n\,\frac{\pi}{L}\,x\right).$$

Dies ist die Fourierreihendarstellung der $2L$-periodischen Funktion $\tilde{v}_0\,(x)$, die man aus $v_0\,(x)$ erhält, indem $v_0\,(x)$ am Ursprung gespiegelt und anschließend $2L$-periodisch auf ganz $\mathbb{R}$ fortgesetzt wird. Folglich gilt

$$
\begin{aligned}
\left(b_n \cdot n\frac{\pi}{L}\,c\right) &= \frac{2}{2\,L}\int_0^{2L} \tilde{v}_0\,(x)\,\sin\left(n\,\frac{2\pi}{2L}\,x\right)\,dx\\
&= 2\frac{1}{L}\int_0^{L} v_0\,(x)\,\sin\left(n\,\frac{\pi}{L}\,x\right)\,dx.
\end{aligned}
$$

Zusammenfassung: Die Lösung der Wellengleichung

$$u_{tt}\,(x,\,t) = c^2\,u_{xx}\,(x,\,t)$$

mit den Randwerten $u\,(x=0,\,t) = u\,(x=L,\,t) = 0$ für alle t und den Anfangswerten $u\,(x,\,t=0) = u_0\,(x)$ und $u_t\,(x,\,t=0) = v_0\,(x)$ für $0 \le x \le L$ ist gegeben durch

$$u\,(x,\,t) = \sum_{n=1}^{\infty} \sin\left(n\,\frac{\pi}{L}\,x\right)\left[a_n\,\cos\left(n\,\frac{\pi}{L}\,c\,t\right) + b_n\,\sin\left(n\,\frac{\pi}{L}\,c\,t\right)\right].$$

Die Koeffizienten a_n und b_n berechnen sich aus den Fourierkoeffizienten von $u_0\,(x)$ bzw. $v_0\,(x)$:

$$a_n = \frac{2}{L}\int_0^L u_0\,(x)\cdot\sin\left(n\,\frac{\pi}{L}\,x\right)\,dx \qquad n = 1,\,2,\,3,\ldots$$

$$b_n = \frac{2}{n\,\pi\,c}\int_0^L v_0\,(x)\,\sin\left(n\,\frac{\pi}{L}\,x\right)\,dx \qquad n = 1,\,2,\,3,\ldots$$

Physikalische Interpretation. Schreiben wir die Lösung in der Form

$$u\,(x,\,t) = \sum_{n=1}^{\infty} A_n\,\sin\left(n\,\frac{\pi}{L}\,x\right)\sin\left(n\,\frac{\pi}{L}\,c\,t + \varphi_n\right),$$

stellt sie die Überlagerung harmonischer Schwingungen dar mit den

Amplituden	$A_n\,\sin\left(\frac{n\pi}{L}\,x\right)$	(abhängig von x)
Phasen	φ_n	(unabhängig von x)
Frequenzen	$\omega_n = n\,\frac{\pi}{L}\,c.$	

Die Lösungen werden **stehende Wellen** genannt. Die Punkte der Saite führen harmonische Schwingungen mit Phasen φ_n und ortsabhängigen Amplituden A_n $\sin\left(n\,\frac{\pi}{L}\,x\right)$ aus. Die Saite erzeugt dabei einen **Ton**, dessen Lautstärke von den Maximalamplituden $A_n = \sqrt{a_n^2 + b_n^2}$ abhängt. Für $n = 1$ erhalten wir den Grundton, für $n = 2,\,3,\,4,\ldots$ die Obertöne.

Die **Klangfarbe** des wahrgenommenen Tones ergibt sich durch die Überlagerung des Grundtons mit allen Obertönen. Die unterschiedliche Klangfarbe rührt daher, daß die Einzelschwingungen mit unterschiedlichen Amplituden zum Ton beitragen.

2. Beispiel: Gegeben ist eine Anfangsauslenkung (siehe Abb. 147), die dem Zupfen einer Saite entspricht:

$$u_0(x) = \begin{cases} \dfrac{u_0}{l_1}\, x & 0 \le x \le l_1 \\[3mm] \dfrac{u_0}{L-l_1}(L-x) & l_1 \le x \le L \end{cases}$$

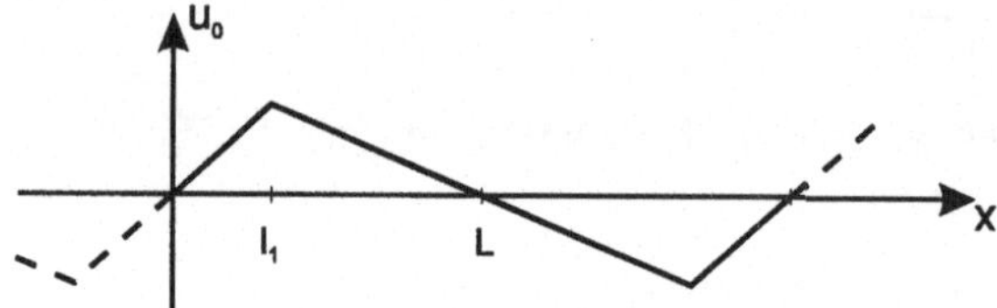

Abb. 147: Anfangsauslenkung $u_0(x)$

Die Anfangsgeschwindigkeit v_0 sei Null. Wir berechnen die Fourierkoeffizienten a_n mit MAPLE:

```
> a_n := 2/L*int(u0/l1*x*sin(n*Pi/L*x), x=0..l1)
>            +2/L*int((u0/(L-l1)*(L-x))*sin(n*Pi/L*x), x=l1..L);
```

$$a\_n := 2\left(-\frac{\left(-\sin\left(\frac{n\,\pi\,l1}{L}\right) L + n\,\pi\,\cos\left(\frac{n\,\pi\,l1}{L}\right) l1\right) L\,u0}{n^2\,\pi^2\,l1} - \frac{u0\,L^2\,\sin(n\,\pi)}{(L-l1)\,n^2\,\pi^2} \right.$$

$$\left. -\frac{u0\,L\left(-\sin\left(\frac{n\,\pi\,l1}{L}\right) L - L\cos\left(\frac{n\,\pi\,l1}{L}\right) n\,\pi + n\,\pi\,\cos\left(\frac{n\,\pi\,l1}{L}\right) l1\right)}{(L-l1)\,n^2\,\pi^2} \right) /L$$

```
> a_n := subs(sin(n*Pi)=0, a_n):
> a_n := normal(a_n);
```

$$a\_n := 2\,\frac{u0\,L^2\,\sin\left(\frac{n\,\pi\,l1}{L}\right)}{n^2\,\pi^2\,l1\,(L-l1)}$$

Für die Anfangsgeschwindigkeit $v_0(x) = 0$ treten die Koeffizienten $b_n = 0$ nicht auf, so daß die Lösung gegeben ist durch

$$u(x,t) = \frac{2\,u_0\,L^2}{l_1\,(L-l_1)\,\pi^2} \sum_{n=1}^{\infty} \frac{1}{n^2} \sin\left(n\,\frac{\pi}{L}\,l_1\right) \sin\left(n\,\frac{\pi}{L}\,x\right) \cos\left(n\,\frac{\pi}{L}\,c\,t\right).$$

2.4 Visualisierung mit MAPLE

Zur Animation der schwingenden Saite mit MAPLE verwenden wir nur die ersten
20 Summanden in der Lösungsdarstellung:

```
> u(x, t) := sum(a_n*sin(n*Pi/L*x)*cos(n*Pi/L*c*t), n=1..20):
```

Mit den Parametern

```
> parameter := {L=2, l1=0.2, u0=0.1, c=10}:
```

erhalten wir die Lösung $u(x, t)$

```
> u(x, t) := subs(parameter, u(x, t)):
```

die sich mit dem **animate**-Befehl zeitdynamisch darstellen läßt

```
> with(plots):
> animate (u(x, t), x=0..L, t=0..2*c/L, frames=100):
```

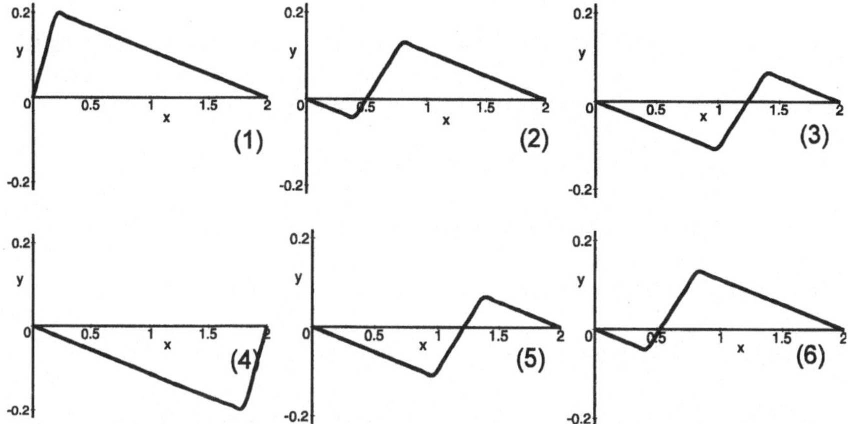

Die Bildsequenz (1) - (6) zeigt den Zeitverlauf der stehenden Welle. Die Spitze
der Saite bricht ein; die rechte Flanke bleibt zunächst noch in Ruhe. Die Spitze
schwingt durch bis sie den maximalen, negativen Ausschlag erreicht. Dann wird
sie reflektiert und kommt zur Anfangsauslenkung zurück.

Zur Klangfarbe

(1) Beim Zupfen der Gitarre ergibt sich ein unterschiedlicher Klang, je nachdem,
ob die Saite in der Mitte (Abb. 148(i)) oder am Rand (Abb. 148(ii)) angezupft
wird.

(a) Beim Anzupfen in der Mitte $\left(l_1 = \frac{L}{2}\right.$ in Beispiel 2$\left.\right)$ sind die Amplituden $A_n = |a_n|$

$$(A_n) = \frac{8\,u_0}{\pi^2}\left(1,\,0,\,\frac{1}{9},\,0,\,\frac{1}{25},\,0,\,\frac{1}{49},\,0,\dots\right)$$

Die Obertöne sind sehr schwach vertreten, da die Amplituden mit $\frac{1}{n^2}$ eingehen. Der Ton ist rein.

(b) Beim Anzupfen am rechten Rand ($l_1 = L$) (der Abfall der Saite am rechten Rand wird vernachlässigt) ergeben sich die Amplituden nach Anwenden der Regel von l'Hospital zu

$$A_n = \frac{2\,u_0}{\pi\,n} \quad \text{bzw.} \quad (A_n) = \frac{2\,u_0}{\pi}\left(1,\,\frac{1}{2},\,\frac{1}{3},\,\frac{1}{4},\dots\right)$$

Die Obertöne sind stark vertreten, da die Amplituden mit $\frac{1}{n}$ eingehen. Der Ton ist hart und unrein.

(2) Beim Anschlagen der Saite eines Klaviers erfolgt der Schlag auf einer eng begrenzten Strecke. Als einfaches Modell sei die Anfangsauslenkung $u_0(x) = 0$ und die Anfangsgeschwindigkeit die eines Stoßes (vgl. Abb. 148(iii)):

$$v_0(x) = \begin{cases} q & \text{für } x_1 < x < x_2 \\[2mm] 0 & \text{sonst} \end{cases}$$

Die Amplituden ergeben sich zu

$$A_n = \frac{2\,q\,L}{c\,\pi^2\,n^2}\,2\,\sin\left(\tfrac{1}{2}n\,\pi\,(x_2 - x_1)\right)\,\sin\left(\tfrac{1}{2}n\,\pi\,(x_2 + x_1)\right),$$

streben also mit $\frac{1}{n^2}$ gegen Null. Die Obertöne werden schnell schwach; der Ton ist rein.

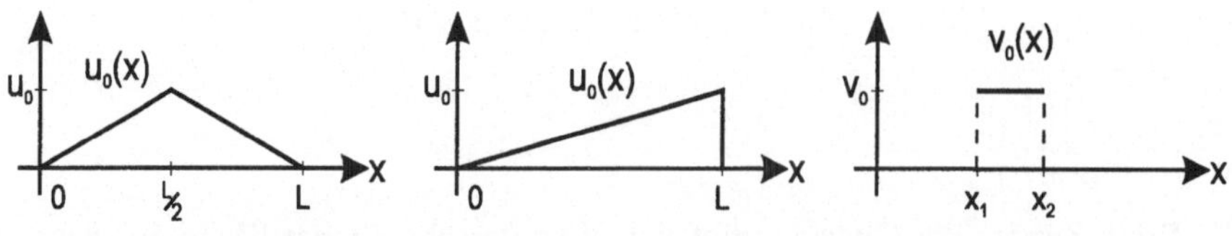

Abb. 148: i) Anzupfen der Saite in der Mitte   ii) Anzupfen der Saite am Rand
iii) Schlag auf die Saite

§3. Die Wärmeleitungsgleichung

Als Modellfall für die Wärmeleitungsgleichung betrachten wir einen Metallstab der Länge L mit rechteckigem Querschnitt der Breite b und Höhe h. $T(x, t)$ bezeichne die Temperatur im Stab an der Stelle x zur Zeit t. T_u sei die Umgebungstemperatur. Wir betrachten das 1-dimensionale Problem des Wärmetransportes in x-Richtung.

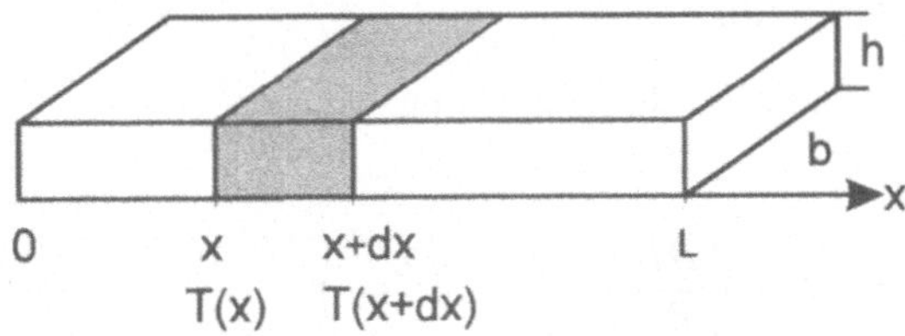

Abb. 149: Wärmetransport in x-Richtung

3.1 Herleitung der Wärmeleitungsgleichung

Zur Herleitung benötigen wir aus der Physik die folgenden fundamentalen Gesetzmäßigkeiten:

(1) Die Wärmemenge δQ, die in x-Richtung durch eine Fläche $A = b \cdot h$ in der Zeit $\triangle t$ fließen kann, ist gegeben durch

$$\delta Q = -\lambda \, A \, \Delta t \, \frac{\partial T}{\partial x}.$$

(Die Wärmemenge ist proportional zum Temperaturgefälle $\frac{\partial T}{\partial x}$; da die Wärme von heiß nach kalt fließt, ist $\delta Q \sim -\frac{\partial T}{\partial x}$). λ ist die materialspezifische Wärmeleitfähigkeit.

(2) Die Wärmemenge δQ, die in einem Volumen mit Masse m und spezifischer Wärme c gespeichert werden kann, ist gegeben durch

$$\delta Q = c \, m \, (T_2 - T_1) = c \, m \, \Delta T,$$

wenn $\Delta T = (T_2 - T_1)$ die Temperaturdifferenz an den Enden des Volumens.

(3) Die Wärmemenge, die der Körper an seine Umgebung abgeben kann, ist proportional zur Oberfläche M und der Temperaturdifferenz von Körper und Umgebungstemperatur

$$\delta Q = -M \, \alpha \, (T - T_u).$$

Hierbei ist α der Wärmeübergangskoeffizient.

Die Energiebilanz auf das in Abb. 149 gezeigte Volumenelement $dV = b \cdot h \cdot dx$ ergibt:

Änderung der Energie pro Zeiteinheit $\triangle t$ im Massenelement dm ist

- = Zufluß der Wärmemenge in das Massenelement durch die Fläche A an der Stelle x

- $+$ Abfluß der Wärmemenge aus dem Massenelement durch die Fläche A an der Stelle $x + dx$

- $+$ Wärmeabfuhr an die Umgebung.

$$\frac{\delta Q}{\partial t} = c\,dm\,\frac{\partial T}{\partial t} = -\lambda\,A\,\left(\frac{\partial T}{\partial x}\right)_x + \lambda\,A\,\left(\frac{\partial T}{\partial x}\right)_{x+dx} - 2\,(b+h)\,dx\,\alpha\,(T - T_u).$$

Linearisiert man den Term $\left(\frac{\partial T}{\partial x}\right)_{x+dx} \approx \left(\frac{\partial T}{\partial x}\right)_x + dx\,\left(\frac{\partial^2 T}{\partial x^2}\right)_x$ und setzt diese Linearisierung in die obige Gleichung ein, folgt mit $dm = \rho \cdot dV = \rho \cdot b \cdot h \cdot dx$

$$c\,\rho\,b\,h\,dx\,\frac{\partial T}{\partial t} = -\lambda\,A\,\frac{\partial T}{\partial x} + \lambda\,A\,\left[\frac{\partial T}{\partial x} + dx\,\frac{\partial^2 T}{\partial x^2}\right] - 2\,(b+h)\,dx\,\alpha\,(T - T_u)$$

$$\Rightarrow \boxed{\,\frac{\partial}{\partial t}T(x,t) = \frac{\lambda}{c\,\rho}\,\frac{\partial^2}{\partial x^2}T(x,t) - \alpha\,\frac{2\,(b+h)}{c\,\rho\,b\,h}\,(T(x,t) - T_u).\,} \qquad (*)$$

Dies ist die **Wärmeleitungsgleichung mit Wärmeübergang.**

Wir werden die Wärmeleitungsgleichung mit Wärmeübergang für zwei Spezialfälle lösen: Zum einen, wenn kein Wärmeübergang an die Umgebung erfolgt (=Wärmeisolation; $\alpha = 0$), zum anderen das stationäre Wärmeprofil bestimmen, das sich bei Wärmeübergang an die Umgebung einstellt $\left(\frac{\partial T}{\partial t} = 0\right)$.

3.2 Lösung der Wärmeleitungsgleichung bei Wärmeisolation

Bei Wärmeisolation an die Umgebung ($\alpha = 0$) gilt die **Wärmeleitungsgleichung**

$$\boxed{\,\frac{\partial}{\partial t}T(x,t) = \frac{\lambda}{c\,\rho}\,\frac{\partial^2}{\partial x^2}T(x,t).\,}$$

Um die Temperatur im Stab zu einer beliebigen Zeit t bestimmen zu können, benötigen wir sowohl die anfängliche Temperaturverteilung $T(x,\,t=0) = T_0(x)$ als auch die Randbedingungen am Stabende. Sind die Enden isoliert, findet zu keinem Zeitpunkt ein Wärmetransport durch die Ränder statt, d.h. $T_x(x=0,\,t) = 0$

und $T_x\,(x=L,\,t)=0$. (Man beachte, daß der Wärmefluß proportional zum Gradienten $\frac{\partial T}{\partial x}$ ist!). Werden die Enden auf konstanter Temperatur gehalten, so ist $T\,(x=0,\,t)=T_l$ bzw. $T\,(x=L,\,t)=T_r$ vorgegeben.

Wir behandeln einen Stab der Länge L, der an seiner gesamten Oberfläche einschließlich der Enden $x=0$ und $x=L$ isoliert wird und die Anfangstemperaturverteilung $T_0\,(x)$ besitzt. Gesucht ist die Temperaturverteilung $u\,(x,\,t)$ zu späteren Zeiten:

$$u_t(x,t) \quad = \quad \kappa\,u_{xx}(x,t) \qquad \text{mit } \kappa = \tfrac{\lambda}{c\,\rho} \qquad\qquad (*)$$

$$\begin{aligned} u\,(x,\,0) \quad &= \quad T_0\,(x) && \text{Anfangstemperaturverteilung}\\ u_x\,(0,\,t) \quad &= \quad u_x\,(L,\,t)=0 && \text{Randwerte.} \end{aligned}$$

Man beachte, daß die gesuchte Temperaturverteilung im weiteren mit $u\,(x,\,t)$ bezeichnet wird, um keine Verwechslungen mit der Zeitfunktion $T\,(t)$ beim Separationsansatz zu bekommen. Denn wie bei der Wellengleichung wählen wir einen *Separationsansatz* für die Lösung

$$u\,(x,\,t) = X\,(x)\cdot T\,(t)$$

Dabei ist $\qquad\qquad X\,(x)\quad$ eine rein ortsabhängige Funktion,
$\qquad\qquad\qquad\quad\;\; T(t)\quad$ eine rein zeitabhängige Funktion.

Einsetzen des Produktes in die DG $(*)$ liefert

$$X\,(x)\cdot T'\,(t) = \kappa\,X''\,(x)\cdot T\,(t)$$

$$\Rightarrow \quad \frac{T'\,(t)}{\kappa\,T\,(t)} = \frac{X''\,(x)}{X\,(x)} = const = -k^2.$$

Da die linke Seite nicht von x abhängt, ist sie bezüglich x konstant. Da der mittlere Term nicht von t abhängt, ist er bezüglich t konstant. D.h. die Konstante hängt weder von x noch von t ab. Somit ist $const = \pm k^2$. Eine positive Konstante würde zu einem exponentiellen Anstieg der Temperatur führen, was bei einer Isolation des Körpers gegenüber der Umgebung physikalisch nicht möglich ist. Daher setzen wir für die Konstante $-k^2$.

Aus diesem Produktansatz bekommt man zwei gewöhnliche DG:

(1) **Zeitabhängigkeit:** $T'\,(t) + \kappa\,k^2\,T\,(t) = 0$. Dies ist eine homogene lineare DG 1. Ordnung mit der Lösung

$$T\,(t) = D\,e^{-\kappa\,k^2\,t}$$

(siehe Kap. XI.1.3).

(2) **Ortsabhängigkeit:** $X''(x) + k^2 X(x) = 0$. Dies ist die Schwingungsgleichung mit der allgemeinen Lösung

$$X(x) = A\,\cos(k\,x) + B\,\sin(k\,x)$$

(siehe Beispiel 36 aus Kap. XI.3.3).

Die **allgemeine Lösung** der PDG läßt sich somit schreiben als

$$\boxed{u(x,\,t) = e^{-\kappa\,k^2\,t}\,(a\,\cos(k\,x) + b\,\sin(k\,x)).}$$

Berücksichtigung der Randbedingungen

Es gilt für den hier diskutierten Fall der Isolation, daß kein Wärmetransport an den Enden $x = 0$ und $x = L$ erfolgt: $\hookrightarrow u_x(0,\,t) = u_x(L,\,t) = 0$ für alle t. Um die Randbedingungen zu berücksichtigen, bestimmen wir von der Lösung die partielle Ableitung nach x

$$u_x(x,\,t) = e^{-\kappa\,k^2\,t}\,(-a\,k\,\sin(k\,x) + b\,k\,\cos(k\,x))$$

und setzen $x = 0$ bzw. $x = L$ ein.

$$x = 0: \qquad u_x(0,\,t) = 0 \quad \text{für alle } t \;\Rightarrow\; b = 0.$$
$$x = L: \qquad u_x(L,\,t) = 0 \quad \text{für alle } t \;\Rightarrow\; a\,\sin(k\,L) = 0.$$

Damit wir für $u(x,\,t)$ nicht nur die Null-Lösung $u \equiv 0$ erhalten, muß gelten:

$$a \neq 0 \quad \text{und} \quad \sin(k\,L) = 0 \;\Rightarrow\; k \cdot L = n\,\pi \qquad n = 0,\,1,\,2,\,3,\dots\,.$$

Es sind also nur diskrete Wellenlängen (*Eigenwerte*) $\boxed{k_n = n\,\frac{\pi}{L}}$ möglich. Diese sind gerade die Wellenlängen, die an den Stabenden Bäuche besitzen, denn die zugehörigen *Eigenlösungen* sind $\cos\left(n\,\frac{\pi}{L}\,x\right)$. Für jedes $n \in \mathbf{N}_0$ erhalten wir eine Eigenlösung

$$\boxed{u_n(x,\,t) = a_n\,e^{-\kappa\left(n\,\frac{\pi}{L}\right)^2 t}\,\cos\left(n\,\frac{\pi}{L}\,x\right).}$$

Aufgrund des Superpositionsgesetzes sind aber auch beliebige Linearkombinationen wieder eine Lösung der Wärmeleitungsgleichung

$$\boxed{\Rightarrow\; u(x,\,t) = \sum_{n=0}^{\infty} u_n(x,\,t) = \sum_{n=0}^{\infty} a_n\,e^{-\kappa\left(n\,\frac{\pi}{L}\right)^2 t}\,\cos\left(n\,\frac{\pi}{L}\,x\right).}$$

Als zunächst unbestimmte Größen bleiben die Koeffizienten a_n übrig, die durch die anfängliche Temperaturverteilung $u(x,\,0) = T_0(x)$ festgelegt werden.

Berücksichtigung der Anfangsbedingung:

$$u\left(x,\, t=0\right) = T_0\left(x\right) = \sum_{n=0}^{\infty} a_n \, \cos\left(n\, \tfrac{\pi}{L}\, x\right) = \sum_{n=0}^{\infty} a_n \, \cos\left(n\, \tfrac{2\pi}{2L}\, x\right).$$

Setzen wir $T_0\left(x\right)$ spiegelsymmetrisch bezüglich der y-Achse und anschließend $2\,L$-periodisch auf ganz $\mathbb{R}$ fort, stellen die Koeffizienten a_n die Fourierkoeffizienten der Anfangstemperaturverteilung $T_0\left(x\right)$ dar:

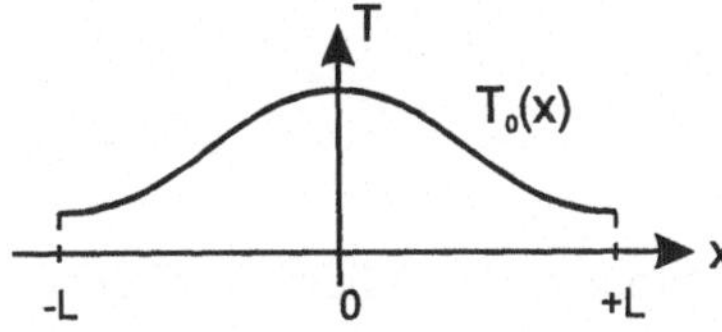

Abb. 150: Anfangstemperatur $T_0(x)$

$$a_n = 2\,\frac{1}{L}\int_0^L T_0\left(x\right)\cos\left(n\,\tfrac{\pi}{L}\,x\right)\,dx$$

$$a_0 = \frac{1}{L}\int_0^L T_0\left(x\right)\,dx.$$

Zusammenfassung: Die Lösung der Wärmeleitungsgleichung

$$u_t\left(x,\, t\right) = \kappa\, u_{xx}\left(x,\, t\right)$$

mit $\kappa = \frac{\lambda}{c\,\rho}$, den Randwerten $u_x\left(0,\, t\right) = u_x\left(L,\, t\right) = 0$ (Wärmeisolation gegen Umgebung) und der Anfangstemperaturverteilung $T_0\left(x\right)$ ist gegeben durch

$$u\left(x,\, t\right) = \sum_{n=0}^{\infty} a_n\, e^{-\kappa\left(n\,\frac{\pi}{L}\right)^2 t}\,\cos\left(n\,\frac{\pi}{L}\,x\right),$$

wobei a_n die Fourierkoeffizienten der geraden, $2\,L$-periodischen Fortsetzung von $T_0\left(x\right)$:

$$a_n = \frac{2}{L}\int_0^L T_0\left(x\right)\cos\left(n\,\frac{\pi}{L}\,x\right)\,dx \qquad n = 1,\, 2,\, 3,\ldots$$

$$a_0 = \frac{1}{L}\int_0^L T_0\left(x\right)\,dx.$$

---

3. Beispiel: Die Temperatur $u\left(x,\, t\right)$, $0 \leq x \leq L = 1$, in einem dünnen Kupferdraht ($\kappa = 1.14$) habe zur Zeit $t = 0$ den Wert

$$T_0\left(x\right) = 10 + 5\,\cos\left(2\pi\,x\right) + 4\,\cos\left(4\pi\,x\right) + \cos\left(6\pi\,x\right).$$

Die Enden des Stabes seien wärmeisoliert. Man bestimme für $t > 0$ die Temperaturverteilung.

Lösung: Die Temperatur $u(x, t)$ erfüllt das Randwertproblem

$$u_t = \kappa\, u_{xx} \quad \text{mit} \quad \begin{cases} u(x, t = 0) &= T_0(x) \\ u_x(0, t) &= u_x(L, t) = 0. \end{cases}$$

Die Fourierkoeffizienten von $T_0(x)$ lauten $a_0 = 10$, $a_2 = 5$, $a_4 = 4$ und $a_6 = 1$; sonst Null. Damit ist die Temperatur für Zeiten $t > 0$

$$u(x, t) = 10 + 5\, e^{-1.14 \cdot 4\pi^2 t} \cos(2\pi x) + 4\, e^{-1.14 \cdot 16\pi^2 t} \cos(4\pi x)$$

$$+ 1\, e^{-1.14 \cdot 36\pi^2 t} \cos(6\pi x). \qquad \qquad \square$$

Interpretation der allgemeinen Lösung: Zum Zeitpunkt $t = 0$ liegt die Temperaturverteilung

$$u(x, 0) = \sum_{n=0}^{\infty} a_n \cos(n\, \frac{\pi}{L}\, x) = a_0 + \sum_{n=1}^{\infty} a_n \cos(n\, \frac{\pi}{L}\, x) = T_0(x)$$

vor. Für Zeiten $t > 0$ enthalten die Summanden $n > 0$ den Dämpfungsfaktor $e^{-\kappa \left(n\, \frac{\pi}{L}\right)^2 t}$:

$$u(x, t) = a_0 + \sum_{n=1}^{\infty} a_n\, e^{-\kappa \left(n\, \frac{\pi}{L}\right)^2 t} \cos(n\, \frac{\pi}{L}\, x).$$

Für große Zeiten geht diese Amplitude $e^{-\kappa \left(n\, \frac{\pi}{L}\right)^2 t} \to 0$, so daß die Temperaturverteilung dann den Wert

$$u(x, t) \xrightarrow{t \to \infty} a_0 = \frac{1}{L} \int_0^L T_0(x)\, dx$$

anstrebt. Dies ist der integrale *Temperaturmittelwert* der Anfangsverteilung. D.h. die anfängliche Temperaturverteilung zerfließt und ein konstanter, homogener Temperaturmittelwert a_0 stellt sich im Körper ein.

Visualisierung mit MAPLE. Zur Animation des Zerfließvorganges mit MAPLE setzen wir die Lösungsformel in den **animate**-Befehl ein. Die Parameter seien $L = 1$ und $\kappa = 0.15$. Die Anfangstemperaturverteilung sei gegeben durch

$$T_0(x) = 10 + 5 \sum_{n=1}^{5} \frac{1}{n^2} \cos(n\, \frac{\pi}{L}\, x).$$

Die Fourierkoeffizienten der Anfangstemperatur lauten also $a_0 = 10$ und $a_n = \frac{5}{n^2}$ für $n > 0$. Zu dieser Anfangstemperatur ist der zeitliche Verlauf der Temperatur gegeben durch

$$u(x, t) = 10 + 5 \sum_{n=1}^{5} \frac{1}{n^2}\, e^{-\kappa \left(n\, \frac{\pi}{L}\right)^2 t} \cos(n\, \frac{\pi}{L}\, x).$$

```
> L:=1: k:=0.15:
> u(x, t) := 10+5*sum(1/n^2*exp(-k*(n*Pi/L)^2*t)*cos(n*Pi/L*x), n=1..5):
> with(plots):
> animate(u(x, t), x=0..L, t=0..3, frames=50);
```

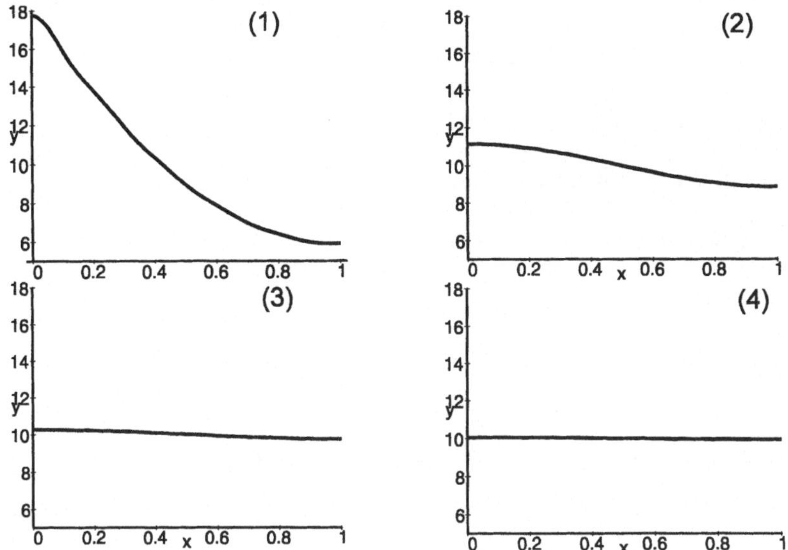

Die Sequenz (1) - (4) zeigt den Zeitverlauf des Zerfließens. Zunächst erfolgt der Prozeß ziemlich schnell, wird aber gegen Ende immer langsamer. (1) zeigt das Anfangsprofil bei $t = 0$, (2) $t = 1$, (3) $t = 2$ und (4) $t = 3$. Nach $t = 3$ wird der stationäre Temperaturmittelwert $T = 10$ fast schon angenommen.

3.3 Lösung der Wärmeleitungsgleichung bei Wärmeisolation

Im folgenden wird die Lösung der Wärmeleitungsgleichung bei Wärmeisolation gegenüber der Umgebung ($\alpha = 0$) bestimmt, wenn die Enden des Stabes auf konstanter Temperatur gehalten werden. Wir betrachten den Fall, daß die Stabenden die Temperatur $T(x = 0, t) = 0$ und $T(x = L, t) = 0$ besitzen. Für den Fall von Temperaturen ungleich Null transformiert man das Problem in eines mit verschwindenden Randtemperaturen:

Bemerkung: Sind die Stabenden auf Temperaturen ungleich Null, $T(x = 0, t) = T_l$ und $T(x = L, t) = T_r$, so wird eine Lösung $u(x, t)$ der Wärmeleitungsgleichung

$$u_t(x, t) = \kappa\, u_{xx}(x, t)$$

mit $\quad u(x, 0) = T_0(x)$ $\qquad\qquad$ Anfangstemperatur

und $\quad u(0, t) = T_l,$ $\qquad u(L, t) = T_r$ $\quad$ Randwerte gesucht. Durch die Transformation

$$\hat{u}(x,t) = u(x,t) - (1 - \frac{x}{L})\,T_l - \frac{x}{L}\,T_r$$

führt man obiges Problem über in ein Wärmeleitungsproblem für $\hat{u}(x,t)$ mit verschwindenden Randbedingungen, denn für $\hat{u}$ gelten die Randbedingungen

$$\hat{u}(x = 0, t) = u(x = 0, t) - T_l = T_l - T_l = 0$$
$$\hat{u}(x = L, t) = u(x = L, t) - T_r = T_r - T_r = 0$$

aber mit modifizierter Anfangstemperatur

$$\hat{u}(x, t = 0) \;=\; u(x, t = 0) - (1 - \tfrac{x}{L})\,T_l - \tfrac{x}{L}\,T_r$$
$$\;=\; T_0(x) - (1 - \tfrac{x}{L})\,T_l - \tfrac{x}{L}\,T_r.$$

Außerdem gilt auch für $\hat{u}(x,t)$ die Wärmeleitungsgleichung. $\qquad\qquad\square$

Gesucht ist also nun die Lösung der Wärmeleitungsgleichung

$$\boxed{u_t(x,t) = \kappa\,u_{xx}(x,t)}$$

mit $\quad u(x, 0) = T_0(x) \qquad\qquad$ Anfangstemperatur
und $\quad u(0, t) = 0, \qquad u(L, t) = 0 \qquad$ Randwerte.

Mit dem analogen Vorgehen wie in §3.2 läßt sich die allgemeine Lösung der PDG schreiben als

$$u(x, t) = e^{-\kappa\, k^2\, t}\,\big(a\,\cos(k\,x) + b\,\sin(k\,x)\big).$$

Unter **Berücksichtigung der Randbedingungen** folgt aus $u(x = 0, t) = 0$, daß $a = 0$ und aus $u(x = L, t) = 0$, daß $\sin(k\,L) = 0$. Letztere Gleichung besagt, daß nur diskrete Wellenlängen $\boxed{k_n = n\,\frac{\pi}{L}}$ möglich sind. Diese Wellenlängen erzeugen an den Stabenden Knoten, denn die zugehörigen Eigenlösungen sind $\sin(n\,\frac{\pi}{L}\,x)$. Damit erhält man für jedes $n \in \mathbf{N}$ eine Lösung

$$u_n(x, t) = b_n\,e^{-\kappa\,\left(n\,\frac{\pi}{L}\right)^2 t}\,\sin(n\,\tfrac{\pi}{L}\,x)$$

und aufgrund des Superpositionsgesetzes folgt

$$\boxed{u(x, t) = \sum_{n=1}^{\infty} b_n\,e^{-\kappa\,\left(n\,\frac{\pi}{L}\right)^2 t}\,\sin(n\,\tfrac{\pi}{L}\,x).}$$

Unter **Berücksichtigung der Anfangsbedingung** folgt für die Koeffizienten b_n

$$u\left(x,\, t=0\right) = \sum_{n=1}^{\infty} b_n\, \sin(n\,\tfrac{\pi}{L}\,x) = T_0\left(x\right)\,.$$

Die b_n sind die Koeffizienten der Fourierreihe, der ungerade auf $[-L, 0]$ und dann $2L$-periodisch auf $\mathbb{R}$ fortgesetzten Funktion $T_0\left(x\right)$:

$$b_n = \frac{1}{L} \int_0^L T_0\left(x\right)\, \sin(n\,\tfrac{\pi}{L}\,x)\, dx \qquad n = 1,\, 2,\, 3, \ldots\,.$$

Interpretation: Wieder zerfließt die Anfangstemperaturverteilung ausgehend von $T_0\left(x\right)$. Da nun aber **jeder** Summand den Dämpfungsterm $e^{-\kappa\left(n\,\frac{\pi}{L}\right)^2 t}$ enthält, ist der Endzustand

$$u\left(x,\, t\right) \to 0 \quad \text{für große } t,$$

d.h. der Körper nimmt die konstante Endtemperatur $0°C$ an.

4. Beispiel: Die Temperatur $u\left(x,\, t\right)$, $0 \le x \le L = 1$, in einem dünnen Kupferstab ($\kappa = 1.14$) hat zur Zeit $t = 0$ den Wert

$$T_0\left(x\right) = 2\,\sin\left(3\pi\, x\right) + 5\,\sin\left(8\pi\, x\right)..$$

Die Enden des Stabes seien in Eis gepackt, um sie auf $0°$ zu halten. Man bestimme für $t > 0$ die Temperaturverteilung im Stab.

Lösung: Die Temperaturverteilung erfüllt das Anfangsrandwert-Problem

$$u_t = \kappa\, u_{xx} \quad \text{mit} \quad \left\{ \begin{array}{rcc} u\left(x, 0\right) & = & T_0\left(x\right) \\ u\left(0, t\right) & = & u\left(L, t\right) = 0. \end{array} \right.$$

Die Lösung ist somit

$$u\left(x,\, t\right) = 2\, e^{-1.14\cdot 9\pi^2 t}\, \sin\left(3\pi\, x\right) + 5\, e^{-1.14\cdot 64\pi^2 t}\, \sin\left(8\pi\, x\right).$$

3.4 Lösung des stationären Falls bei Wärmeübergang

Ein Stab der Länge L gebe seine Wärme über seine Oberfläche an die Umgebung ab. Gesucht ist das *stationäre* Temperaturprofil. Das Temperaturprofil heißt stationär, wenn die Temperatur sich zeitlich **nicht** mehr ändert. Dann ist $\frac{\partial T}{\partial t} = 0$ und die Temperatur hängt nur noch von Ort x ab. Für die stationäre Temperaturverteilung $T\left(x\right)$ im Stab gilt somit nach $(*)$ die Gleichung

$$\boxed{\ \frac{d^2}{dx^2}\, T\left(x\right) - 2\left(\frac{1}{h} + \frac{1}{b}\right) \frac{\alpha}{\lambda}\left(T\left(x\right) - T_u\right) = 0.\ }$$

Dies ist eine gewöhnliche DG für $T(x)$ mit vorgegebenen Randbedingungen. Mögliche Randbedingungen sind z.B.

A) Am linken Ende des Stabes wird mit konstanter Heizleistung geheizt; das rechte Ende wird wärmeisoliert. Da die dem System zugeführte Leistung P definiert ist als zugeführte Energie pro Zeiteinheit, ist

$$P = -\lambda A \left(\frac{dT}{dx}\right)_{x=0} \quad \text{bzw.} \quad \left(\frac{dT}{dx}\right)_{x=0} = -\frac{P}{b \cdot h \cdot \lambda}.$$

Die Wärmeisolation bei $x = L$ bedeutet $\left(\frac{dT}{dx}\right)_{x=L} = 0$.

B) Die beiden Enden des Stabes werden auf konstante Temperatur gebracht. Am linken Ende sei die Temperatur $T(x=0) = T_l$ und am rechten Ende die konstante Temperatur $T(x=L) = T_r$.

Für beide angegebenen Fälle von Randbedingungen werden wir die Lösung bestimmen. Möglich sind jedoch auch alle anderen Kombinationen.

A) Gegeben ist die gewöhnliche, inhomogene lineare DG 2. Ordnung

$$\boxed{T''(x) - \kappa\,(T(x) - T_u) = 0} \tag{$*$}$$

mit den Randbedingungen

$$\left(\frac{dT}{dx}\right)_{x=0} = -\frac{P}{b \cdot h \cdot \lambda} \quad \text{und} \quad \left(\frac{dT}{dx}\right)_{x=L} = 0$$

und der Konstanten $\kappa = 2\left(\frac{1}{b} + \frac{1}{h}\right)\frac{\alpha}{\lambda}$.

Die homogene DG

$$T''(x) - \kappa\,T(x) = 0$$

hat das charakteristische Polynom

$$P(\lambda) = \lambda^2 - \kappa.$$

Aus $P(\lambda) \stackrel{!}{=} 0$ folgt $\lambda = \pm\sqrt{\kappa}$ und die allgemeine homogene Lösung lautet

$$T_h(x) = A\,e^{\sqrt{\kappa}\,x} + B\,e^{-\sqrt{\kappa}\,x}.$$

Eine partikuläre Lösung ist durch $T_p(x) = T_u$ gegeben. Somit ist die allgemeine Lösung von $(*)$

$$\boxed{T(x) = T_u + A\,e^{\sqrt{\kappa}\,x} + B\,e^{-\sqrt{\kappa}\,x}.}$$

Berücksichtigung der Randbedingungen. Um die Randbedingungen zu berücksichtigen, bilden wir

$$T'(x) = \sqrt{\kappa}\,A\,e^{\sqrt{\kappa}\,x} - \sqrt{\kappa}\,B\,e^{-\sqrt{\kappa}\,x}.$$

Damit gilt für die Ränder

$$x = 0:\quad T'(0) = -\frac{P}{b\,h\,\lambda} \;\Rightarrow\; \sqrt{\kappa}\,(A - B) = -\frac{P}{b\,h\,\lambda}$$

$$x = L:\quad T'(L) = 0 \;\Rightarrow\; \sqrt{\kappa}\,\left(A\,e^{\sqrt{\kappa}\,L} - B\,e^{-\sqrt{\kappa}\,L}\right) = 0$$

Dieses lineare Gleichungssystem hat als Lösung

```
> eq1 := sqrt(k) * (A - B) = -P/(b*h*lambda):
> eq2 := A*exp(sqrt(k)*L) - B*exp(-sqrt(k)*L) = 0:
> solve( {eq1,eq2}, {A,B});
```

$$A = -\frac{P}{b\,h\,\lambda}\,\frac{1}{\sqrt{\kappa}}\,\frac{1}{1 - e^{2\sqrt{\kappa}\,L}} \quad\text{und}\quad B = -\frac{P}{b\,h\,\lambda}\,\frac{1}{\sqrt{\kappa}}\,\frac{e^{2\sqrt{\kappa}\,L}}{1 - e^{2\sqrt{\kappa}\,L}}.$$

Abb. 151 zeigt das stationäre Temperaturprofil für die Parameter $T_u = 20°$; $b = 0.1$; $h = 0.01$; $L = 1$; $\alpha = 0.1$; $\lambda = 1000$; $P = 0.01$ (d.h. $\kappa = 0.022$).

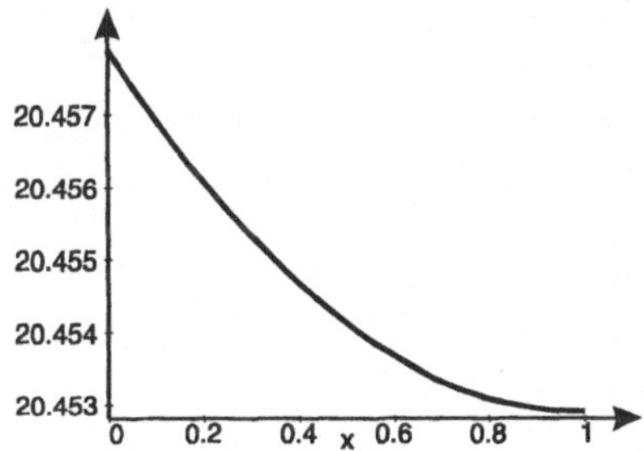

Abb. 151: Stationäres Temperaturprofil im Stab

Man erkennt an der Lösungskurve, daß am linken Rand geheizt wird, da $\frac{dT}{dx} \neq 0$, während am rechten Rand Isolationsbedingungen gewählt wurden. Hier ist $\frac{dT}{dx} = 0$.

B) Gegeben ist die gewöhnliche, inhomogene lineare DG 2. Ordnung

$$\boxed{T''(x) - \kappa\,(T(x) - T_u) = 0}$$

mit den Randbedingungen

$$T(x = 0) = T_l \quad\text{und}\quad T(x = L) = T_r.$$

Die allgemeine Lösung der DG lautet nach A)

$$T(x) = T_u + A\,e^{\sqrt{\kappa}\,x} + B\,e^{-\sqrt{\kappa}\,x}.$$

Um die Konstanten A und B über die Randbedingungen zu bestimmen, verwenden wir nochmals MAPLE

```
> T:=x->Tu+A*exp(sqrt(k)*x)+B*exp(-sqrt(k)*x):
> eq1 := T(0)=Tl:
> eq2 := T(L)=Tr:
> sol:=solve({eq1, eq2}, {A, B}); assign(sol);
```

$$sol := \left\{ B = -\frac{-Tu + e^{(\sqrt{k}\,L)}\,Tu - e^{(\sqrt{k}\,L)}\,Tr + Tl}{e^{(\sqrt{k}\,L)} - e^{(-\sqrt{k}\,L)}}, \right.$$

$$\left. A = \frac{Tu\,e^{(-\sqrt{k}\,L)} - Tu + Tl - Tr\,e^{(-\sqrt{k}\,L)}}{e^{(\sqrt{k}\,L)} - e^{(-\sqrt{k}\,L)}} \right\}$$

Nachdem die Konstanten A und B aus dem zugehörigen linearen Gleichungssystem bestimmt sind, stellen wir die Lösung für eine Umgebungstemperatur von $T_u = 0°C$, der Temperatur $T_l = 20°C$ am linken Ende und der Temperatur $T_r = 15°C$ am rechten Ende graphisch dar.

```
> Tu:=0.: Tl:=20: Tr:=15:
> b:=0.1: h:=0.01: L:=1:
> alpha:=10: lambda:=1000:
> k:=2*(1/h+1/b)*alpha/lambda;
> plot(T(x), x=0..L);
```

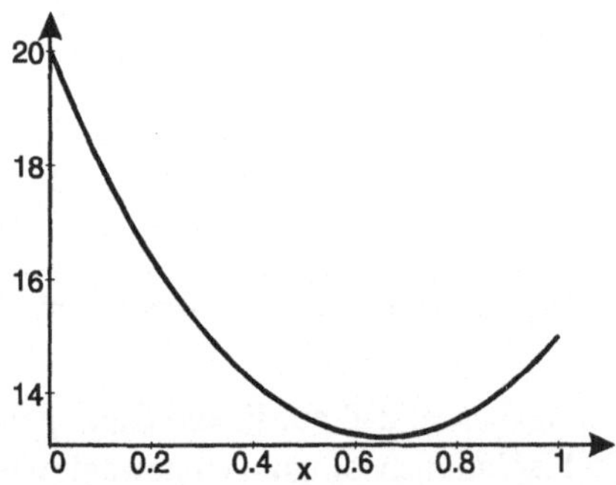

Abb. 152: Temperaturprofil im Stab

Aus der Lösungskurve entnimmt man, daß an beiden Rändern $\frac{dT}{dx} \neq 0$. Daher erfolgt über die Ränder hinweg ein Wärmetransport statt, der proportional zum Gradienten ist.

§4. Die Laplace-Gleichung

Die Laplace-Gleichung ist eine der bekanntesten partiellen Differentialgleichungen. Sie tritt bei vielen stationären Problemen, wie z.B. einem stationären Wärmestrom, der Auslenkung einer Membran sowie bei elektrostatischen Potentialen auf. Letzteres ist auch der Grund, weshalb die Laplace-Gleichung oftmals als Potentialgleichung bezeichnet wird.

4.1 Herleitungen der Laplace-Gleichung

i) Elektrostatisches Potential für ebene Probleme. Die Grundgleichungen der Elektrostatik für ebene Probleme lauten

$$\vec{E}(x, y) \quad = \quad -\operatorname{grad}\Phi(x, y) = - \begin{pmatrix} \partial_x\,\Phi\,(x,\,y) \\ \partial_y\,\Phi\,(x,\,y) \end{pmatrix} \tag{1}$$

$$\operatorname{div}\vec{E}(x, y) \quad = \quad \frac{1}{\varepsilon}\,\rho(x, y). \tag{2}$$

Dabei ist $\Phi(x,\,y)$ das elektrostatische Potential, $\vec{E}(x,\,y) = \begin{pmatrix} E_1\,(x,\,y) \\ E_2\,(x,\,y) \end{pmatrix}$ das elektrische Feld, $\rho(x, y)$ die Ladungsdichte jeweils am Ort (x, y) und ε die Dielektrizitätskonstante. Setzt man Gleichung (1) in (2) ein, folgt mit der Rechenvorschrift für die Divergenz (siehe Kap. XVI.1)

$$\operatorname{div}\vec{E}(x, y) \quad = \quad \partial_x\,E_1\,(x,\,y) + \partial_y\,E_2\,(x,\,y)$$

$$= \quad \partial_x\,(-\partial_x\,\Phi\,(x,\,y)) + \partial_y\,(-\partial_y\,\Phi\,(x,\,y)) = \frac{1}{\varepsilon}\,\rho(x, y)$$

$$\Rightarrow \boxed{\partial_x^2\,\Phi\,(x,\,y) + \partial_y^2\,\Phi\,(x,\,y) = -\frac{1}{\varepsilon}\,\rho(x, y).} \qquad \textit{(Poisson-Gleichung)}$$

Für den ladungsfreien Raum ist $\rho(x,\,y) = 0$

$$\Rightarrow \boxed{\partial_x^2\,\Phi\,(x,\,y) + \partial_y^2\,\Phi\,(x,\,y) = 0.} \qquad \textit{(Laplace-Gleichung)}$$

Zur Abkürzung der linken Seite der Laplace-Gleichung setzt man

$$\boxed{\triangle\Phi(x, y) := \partial_x^2\,\Phi\,(x,\,y) + \partial_y^2\,\Phi\,(x,\,y)}$$

und nennt $\triangle$ den *Laplace-Operator*.

ii) 2-dimensionale Wärmeleitung. Berücksichtigt man bei der Herleitung der Wärmeleitungsgleichung neben dem Wärmetransport in x-Richtung auch einen in y-Richtung und nimmt eine isotrope Wärmeleitfähigkeit λ in beide Richtungen an, lautet die Energiebilanz auf ein Volumenelement $dV = h \cdot dx \cdot dy$ (wenn der Körper gegen seine Umgebung wärmeisoliert ist):

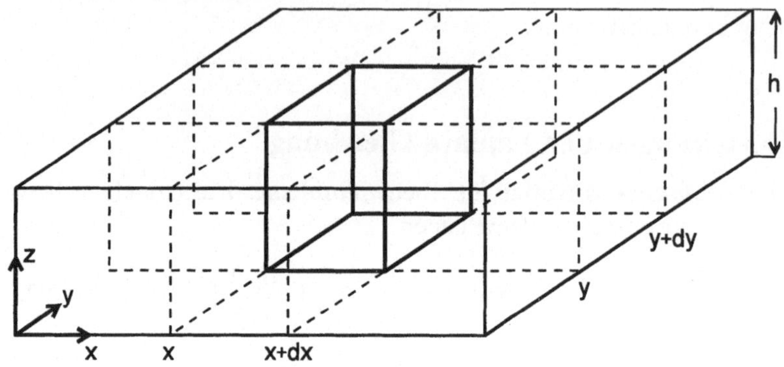

Abb. 153: Wärmetransport in x- und y-Richtung

Änderung der Energie pro Zeiteinheit $\triangle t$ im Massenelement dm

= Zufluß der Wärmemenge durch die Fläche $h \cdot dy$ an der Stelle x

+ Abfluß der Wärmemenge durch die Fläche $h \cdot dy$ an der Stelle $x + dx$

+ Zufluß der Wärmemenge durch die Fläche $h \cdot dx$ an der Stelle y

+ Abfluß der Wärmemenge durch die Fläche $h \cdot dx$ an der Stelle $y + dy$.

In Formeln ausgedrückt bedeutet obige Gleichung mit den Grundgesetzen der Thermodynamik (vgl. §3.1)

$$\frac{\delta Q}{\partial t} = c\,dm\,\frac{\partial T}{\partial t} = \lambda\,(h\,dy)\,\frac{\partial^2 T}{\partial x^2}\,dx + \lambda\,(h\,dx)\,\frac{\partial^2 T}{\partial y^2}\,dy.$$

Mit $dm = \rho\,dV = \rho\,h\,dx\,dy$ folgt schließlich

$$\boxed{\frac{\partial}{\partial t}T = \frac{\lambda}{c\,\rho}\left(\frac{\partial^2}{\partial x^2}T + \frac{\partial^2}{\partial y^2}T\right).}$$

Für das stationäre Temperaturprofil gilt $\frac{\partial T}{\partial t} = 0$, so daß die Temperatur nur noch ortsabhängig ($T = T(x,y)$) ist und sich bestimmt durch

$$\boxed{\triangle T(x,y) = \frac{\partial^2}{\partial x^2}T(x,y) + \frac{\partial^2}{\partial y^2}T(x,y) = 0.}$$

Das 2-dimensionale Temperaturprofil $T(x, y)$ eines Körpers ist bei Wärmeisolation der Oberfläche durch die Laplace-Gleichung bestimmt.

iii) Auslenkung einer Membran. Analog zur schwingenden Saite modelliert man auch die Schwingungen einer Membran. Im Gleichgewicht und unter Vernachlässigung der Schwerkraft sei die Membran waagrecht bei $z = 0$ eingespannt. Das Schwingen in z-Richtung wird dann durch eine Funktion $z(x, y, t)$ beschrieben. Berechnet man unter den gleichen Annahmen wie bei der Herleitung der eindimensionalen Wellengleichung (vgl. §2.1) die Kraft, welche auf ein Flächenelement $dx\, dy$ der Membran wirkt,

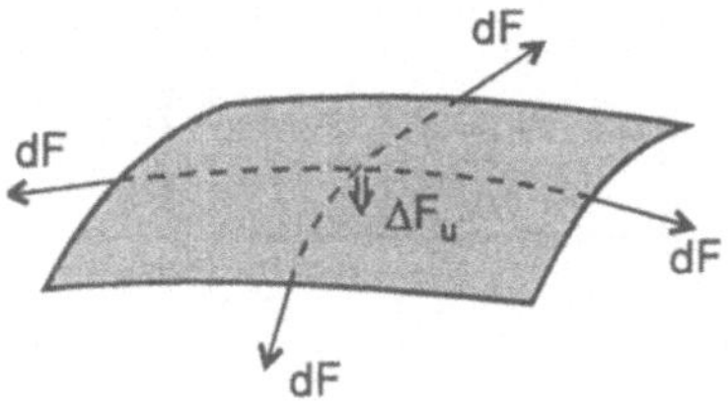

so leistet die Membran dem Verbiegen infolge ihrer tangentialen Spannung Widerstand. Unter der Annahme einer konstanten Spannung $\gamma\ \left[\frac{N}{m}\right]$ gilt für die Querkraft $\triangle F_u$ (analog zu §2.1)

$$\triangle F_u = (\gamma\, dy) \left(\frac{\partial^2 z}{\partial x^2}\right)\, dx + (\gamma\, dx) \left(\frac{\partial^2 z}{\partial y^2}\right)\, dy.$$

Diese Querkraft beschleunigt das Massenelement $dm = \rho\, dV = \rho\, h\, dx\, dy$. Nach dem Newtonschen Bewegungsgesetz gilt daher für die Auslenkung $z(x, y, t)$

$$\boxed{\frac{\partial^2}{\partial t^2}\, z(x,y,t) = \frac{\gamma}{\rho \cdot h} \left(\frac{\partial^2}{\partial x^2}\, z(x,y,t) + \frac{\partial^2}{\partial y^2}\, z(x,y,t)\right)}$$

mit der Spannung $\gamma\ \left[\frac{N}{m}\right]$, der Dichte $\rho\ \left[\frac{kg}{m^3}\right]$ und der Dicke $h\ [m]$ der Membran. Dies ist die **zweidimensionale Wellengleichung**. Für den Ruhezustand der Membran gilt $\frac{\partial}{\partial t}\, z(x, y, t) \equiv 0$. Dann ist z nur noch eine Funktion von x und y und der stationäre Zustand wird durch die Laplace-Gleichung beschrieben

$$\boxed{\triangle z(x, y) = \frac{\partial^2}{\partial x^2}\, z(x, y) + \frac{\partial^2}{\partial y^2}\, z(x, y) = 0.}$$

4.2 Lösung der Laplace-Gleichung (Dirichlet-Problem)

Als Modellfall für die Lösung der Laplace-Gleichung betrachten wir eine Membran, die durch einen rechteckigen Draht eingespannt ist. Eine der Rechteckseiten wird in z-Richtung verbogen. Gesucht ist der Verlauf der Membran $u\,(x,\,y)$ im Innern des Rechtecks (siehe Abb. 154).

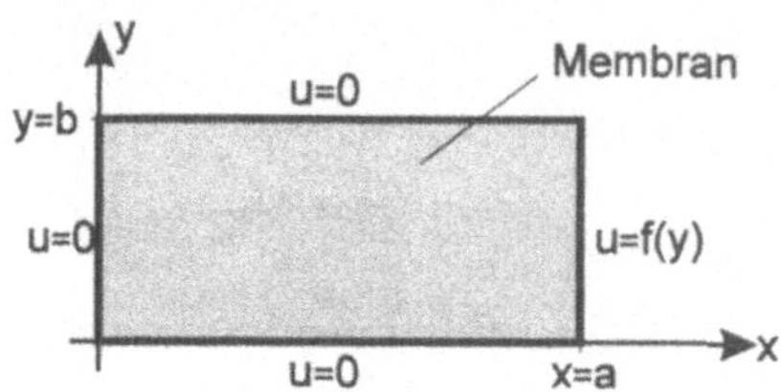

Abb. 154: Eingespannte Membran

$u\,(x,\,y)$ bezeichne die Auslenkung der Membran am Orte $(x,\,y)$ in z-Richtung. $u\,(x,\,y)$ ist bestimmt durch

$$\boxed{\frac{\partial^2}{\partial x^2}\,u\,(x,\,y) + \frac{\partial^2}{\partial y^2}\,u\,(x,\,y) = 0.}\qquad \textbf{(Laplace-Gleichung)}$$

Da diese PDG die Zeit t nicht enthält, werden zur vollständigen Lösung der DG keine Anfangsbedingungen, sondern nur Randbedingungen benötigt. Wir betrachten den Fall, daß die rechte Rechteckseite $(x = a)$ in z-Richtung gemäß einer vorgegebenen Funktion $z = f\,(y)$ verbogen wird:

$$u\,(x,\,0) \;=\; 0; \qquad u\,(x,\,b) \;=\; 0;$$

$$u\,(0,\,y) \;=\; 0; \qquad u\,(a,\,y) \;=\; f\,(y) \qquad \text{(sog. Dirichlet-Randwerte)}.$$

Mit dem **Separationsansatz**

$$u\,(x,\,y) = X\,(x) \cdot Y\,(y)$$

erhält man durch Einsetzen in die PDG

$$X''\,(x) \cdot Y\,(y) + X\,(x) \cdot Y''\,(y) = 0$$

$$\Rightarrow \frac{Y''\,(y)}{Y\,(y)} = -\frac{X''\,(x)}{X\,(x)} = const = -k^2.$$

Eine positive Konstante würde in der weiteren Analysis nur zu $k = 0$ führen und somit nur die triviale Lösung $u(x, y) \equiv 0$ ergeben. Wir setzen die Konstante daher auf $-k^2$. Aus diesem Produktansatz erhält man zwei gewöhnliche DG 2. Ordnung:

(1) Ortsabhängigkeit bezüglich y: $Y''(y) + k^2 Y(y) = 0$

$$\Rightarrow Y(y) = A \cos(k\,y) + B \sin(k\,y).$$

(2) Ortsabhängigkeit bezüglich x: $X''(x) - k^2 X(x) = 0$.
Das charakteristische Polynom dieser DG lautet $P(\lambda) = \lambda^2 - k^2$ und somit folgt aus $P(\lambda) \overset{!}{=} 0$: $\boxed{\lambda_{1/2} = \pm k.}$ $\Rightarrow e^{k\,x},\ e^{-k\,x}$ bildet ein reelles Fundamentalsystem. Zur besseren Berücksichtigung der Randwerte wählen wir aber

$$\begin{aligned} \cosh(k\,x) &= \tfrac{1}{2}\left(e^{k\,x} + e^{-k\,x}\right) \\ \sinh(k\,x) &= \tfrac{1}{2}\left(e^{k\,x} - e^{-k\,x}\right) \end{aligned}$$

als Fundamentalsystem.

$$\Rightarrow X(x) = C \cosh(k\,x) + D \sinh(k\,x).$$

Die **allgemeine Lösung** der PDG läßt sich damit schreiben als

$$\boxed{u(x, y) = [A \cos(k\,y) + B \sin(k\,y)]\,[C \cosh(k\,x) + D \sinh(k\,x)].}$$

Berücksichtigung der Randbedingungen (Dirichlet-Problem): Bei dem Dirichlet-Problem ist die Auslenkung der Membran an allen 4 Rechteckseiten vorgegeben. In unserem Fall gilt

$$u(x, 0) = 0 \ \text{ für alle } 0 \le x \le a \quad \Rightarrow A \cos(0) + B \sin(0) = 0 \quad \Rightarrow A = 0.$$

$$u(0, y) = 0 \ \text{ für alle } 0 \le y \le b \quad \Rightarrow C \underbrace{\cosh(0)}_{=1} + D \underbrace{\sinh(0)}_{=0} = 0 \quad \Rightarrow C = 0.$$

$$u(x, b) = 0 \ \text{ für alle } 0 \le x \le a \quad \Rightarrow B \sin(k\,b) = 0.$$

Damit man für $u(x, y)$ nicht nur die Null-Lösung $u(x, y) \equiv 0$ erhält, muß $B \neq 0$ und $\sin(k\,b) = 0$ sein. $\Rightarrow \boxed{k \cdot b = n\,\pi}$. Es sind also nur diskrete Wellenlängen $\left(\frac{2\pi}{\lambda} = k \Rightarrow \lambda = 2\,\frac{b}{n}\right)$ möglich. Für jedes $n \in \mathbf{N}$ ist daher $k_n = n\,\frac{\pi}{b}$ eine erlaubte Konstante und

$$u_n(x, y) = c_n \sinh(n\,\frac{\pi}{b}\,x) \sin(n\,\frac{\pi}{b}\,y)$$

eine mögliche Lösung der PDG. Diese Funktionen bilden **stehende Wellen in y-Richtung** mit Knoten bei $y = 0$ und $y = b$. Nach dem Superpositionsgesetz für lineare DG ist die Lösung für obige Randbedingungen dann gegeben durch

$$u\,(x,\,y) = \sum_{n=1}^{\infty} u_n\,(x,\,y) = \sum_{n=1}^{\infty} c_n \sinh(n\,\frac{\pi}{b}\,x)\sin(n\,\frac{\pi}{b}\,y).$$

Die Koeffizienten c_n werden durch die vierte Randbedingung festgelegt:

$u\,(a,\,y) = f\,(y)$ für alle $0 \le y \le b$

$$\Rightarrow \sum_{n=1}^{\infty} \left[c_n \sinh(n\,\frac{\pi}{b}\,a) \right] \cdot \sin(n\,\frac{\pi}{b}\,y) = f\,(y). \qquad (*)$$

Setzen wir die Funktion $f\,(y)$ ungerade auf das Intervall $[-b,\,0]$ und $2b$-periodisch auf ganz $\mathbb{R}$ fort, stellt $(*)$ die Fourierreihe der Funktion $f\,(y)$ dar mit den Fourierkoeffizienten

$$c_n \sinh(n\,\frac{\pi}{b}\,a) = \frac{2}{b} \int_0^b f\,(y)\,\sin(n\,\frac{\pi}{b}\,y)\,dy \qquad n = 1,\,2,\,3,\dots .$$

Zusammenfassung: Die Lösung der Laplace-Gleichung

$$u_{xx}\,(x,\,y) + u_{yy}\,(x,\,y) = 0$$

mit den Dirichlet-Randwerten

$$u\,(x=0,\,y) = u\,(x,\,y=0) = u\,(x,\,y=b) = 0,$$

$$u\,(x=a,\,y) = f\,(y),$$

ist für das Rechteck gegeben durch

$$u\,(x,\,y) = \sum_{n=1}^{\infty} c_n \sinh(n\,\frac{\pi}{b}\,x)\sin(n\,\frac{\pi}{b}\,y)$$

mit den Koeffizienten

$$c_n = \frac{2}{b \sinh(n\,\frac{\pi}{b}\,a)} \int_0^b f\,(y)\,\sin(n\,\frac{\pi}{b}\,y)\,dy \qquad n = 1,\,2,\,3,\dots$$

Bemerkung: Der Separationsansatz führt nur dann direkt zur Lösung des Dirichlet-Problems, wenn u auf drei Seiten des Rechtecks Null ist. Ein beliebiges Dirichlet-Problem für ein Rechteck läßt sich aber in vier Probleme aufteilen, bei denen jeweils drei Dirichlet-Werte verschwinden. Durch Superposition der vier Teillösungen erhält man dann die gesuchte Gesamtlösung.

5. Beispiel für eine Verbiegung bei $x = a$

Eine Membran sei durch einen rechteckigen Draht eingespannt (siehe Abb. 155). Der Draht wird an der Stelle
$y = b$ in z-Richtung verbogen, wobei die Verbiegung
gemäß

$$f(y) = y(y - b)$$

erfolgen soll.

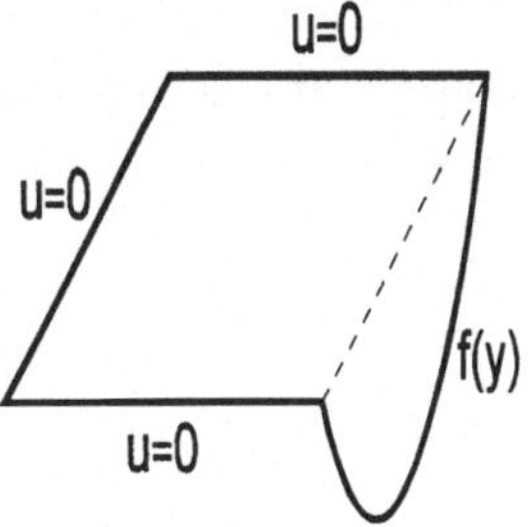

Abb. 155: Drahtverbiegung bei $x = a$

Gesucht ist die Auslenkung der Membran in z-Richtung
im Innern des Rechtecks. Für die Rechnung mit MAPLE
setzen wir $a = 2$ und $b = 1$.

1. Schritt: Fourierzerlegung der Funktion $f(y)$ als punktsymmetrische $2b$-periodi-
sche Funktion. b_n sind die Fourierkoeffizienten von f.

```
> a:=2: b:=1:
> f(y):=y*(y-b):
> b_n:=2/b*int(f(y)*sin(n*Pi/b*y), y=0..b);
```

$$b\_n := 2\,\frac{n\,\pi\,\sin(n\,\pi) + 2\cos(n\,\pi)}{n^3\,\pi^3} - 4\,\frac{1}{n^3\,\pi^3}$$

```
> b_n:=subs({sin(n*Pi)=0, cos(n*Pi)=(-1)^n}, b_n);
```

$$b\_n := \frac{4}{n^3\,\pi^3}\left((-1)^n - 1\right)$$

```
> ff(y):=sum(b_n*sin(n*Pi/b*y),n=1..3);
> plot([ff(y),f(y)], y=0..b);
```

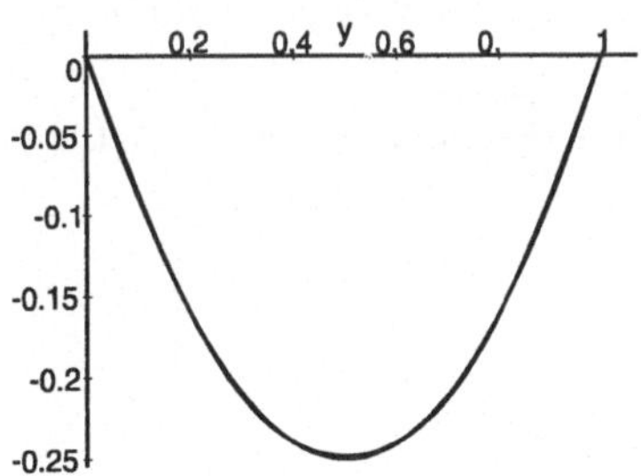

Abb. 156: Funktion f und Partialsumme der Fourierreihe mit 3 Summanden

Vergleicht man die Partialsumme $\sum\limits_{n=1}^{3} b_n \sin(n\,\frac{\pi}{b}\,y)$ (nur 3 Summanden!) mit der
Funktion $f(y)$, kann man graphisch keinen Unterschied feststellen (siehe Abb.
156).

2. Schritt: 3-dimensionale Darstellung der Lösung mit der analytischen Lösungsformel. Wir verwenden von der Lösungsformel nur 5 Summanden:

```
> c_n:=b_n/sinh(n*Pi/b*a):
> plot3d(sum(c_n*sinh(n*Pi/b*x)*sin(n*Pi/b*y), n=1..5),
>                          x=0..a, y=0..b, axes=boxed, style=patch);
```

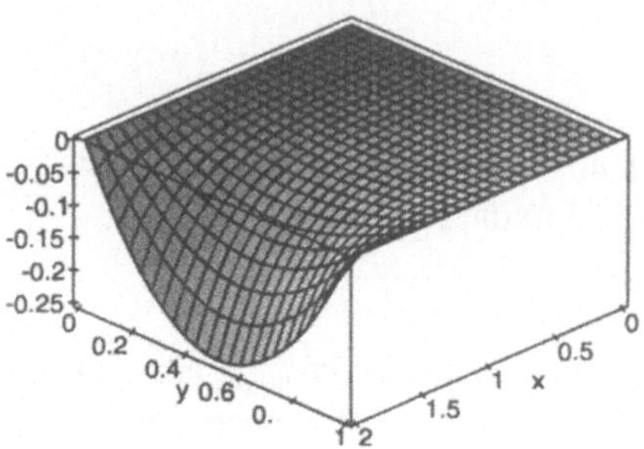

Abb. 157: Verbiegung einer Membran, die an 3 Seiten bei $u = 0$ eingespannt ist

4.3 Lösung der Laplace-Gleichung (Neumann-Problem)

In der Elektrostatik stellt sich oftmals das Problem, daß die Potentialwerte nicht an allen Rändern bekannt sind. Z.B. an sog. offenen Rändern weiß man nur, daß die Äquipotentiallinien senkrecht zum offenen Rand verlaufen. Mathematisch bedeutet dies, daß die Normalenableitung des Potentials, also das elektrische Feld senkrecht zum Rand, verschwindet. Dies führt zu sog. *Neumann*-Randbedingungen.

Wir betrachten für das Rechteck die folgende Problemstellung

$$\boxed{\frac{\partial^2}{\partial x^2}\, u\,(x,\, y) + \frac{\partial^2}{\partial y^2}\, u\,(x,\, y) = 0} \qquad \text{Laplace-Gleichung}$$

$$\left.\begin{array}{ll} u_y\,(x,\, 0) = 0 & u_y\,(x,\, b) = 0 \\[2mm] u_x\,(0,\, y) = 0 & u_x\,(a,\, y) = f\,(y) \end{array}\right\} \quad \text{(Neumann-Randwerte)}.$$

Mit einem Separationsansatz erhält man nach §4.2 die allgemeine Lösung

$$u\,(x,\, y) = [A \cos\,(k\,y) + B \sin\,(k\,y)]\,[C \cosh\,(k\,x) + D \sinh\,(k\,x)].$$

Um die gestellten Randbedingungen berücksichtigen zu können, berechnen wir die partiellen Ableitungen nach x und y

$$u_x\,(x,\, y) = [A \cos\,(k\,y) + B \sin\,(k\,y)]\,[C\,k \sinh\,(k\,x) + D\,k \cosh\,(k\,x)]$$

$$u_y\,(x,\, y) = [-A\,k \sin\,(k\,y) + B\,k \cos\,(k\,y)]\,[C \cosh\,(k\,x) + D \sinh\,(k\,x)].$$

Damit folgt:

$u_y\,(x,\,0) = 0$ für alle $0 \leq x \leq a$: $\quad -A\,k\,\sin\,(0) + B\,k\,\cos\,(0) = 0 \;\Rightarrow B = 0.$

$u_x\,(0,\,y) = 0$ für alle $0 \leq y \leq b$: $\quad C\,k\,\underbrace{\sinh\,(0)}_{=0} + D\,k\,\underbrace{\cosh\,(0)}_{=1} = 0 \;\Rightarrow D = 0.$

$u_y\,(x,\,b) = 0$ für alle $0 \leq x \leq a$: $\quad \sin\,(k\,b) = 0 \Rightarrow k\,b = n\,\pi$

$$\Rightarrow \boxed{k_n = n\,\frac{\pi}{b}} \qquad n = 0,\,1,\,2,\,3,\ldots$$

Für jedes $n = 0,\,1,\,2,\ldots$ ist also

$$\boxed{u_n\,(x,\,y) = c_n\,\cosh(n\,\frac{\pi}{b}\,x)\,\cos(n\,\frac{\pi}{b}\,y)}$$

eine Lösung und durch Superposition folgt die allgemeine Lösung

$$u\,(x,\,y) = \sum_{n=0}^{\infty} c_n\,\cosh(n\,\frac{\pi}{b}\,x)\,\cos(n\,\frac{\pi}{b}\,y).$$

Die Koeffizienten c_n werden wieder aus der vierten Randbedingung gewonnen:

$u_x\,(a,\,y) = f\,(y)$ für alle $0 \leq y \leq b$

$$\Rightarrow \sum_{n=1}^{\infty} \frac{n\,\pi}{b}\,c_n\,\sinh(n\,\frac{\pi}{b}\,a)\,\cos(n\,\frac{\pi}{b}\,y) = f\,(y). \tag{$*$}$$

Setzen wir die Funktion $f\,(y)$ gerade auf das Intervall $[-b,\,0]$ und dann $2b$-periodisch auf $\mathbb{R}$ fort, ist $(*)$ bis auf das konstante Glied c_0 die Fourierreihe von $f\,(y)$. Die Lösung dieses Randwertproblems ist also nur bis auf eine Konstante c_0 eindeutig. Wir fordern daher, daß z.B.

$$c_0 = \int_0^b f\,(y)\,dy = 0.$$

Die übrigen c_n berechnen sich für $n = 1,\,2,\,3,\ldots$ über die Formel

$$c_n = \frac{2}{n\,\pi\,\sinh\left(n\,\frac{\pi}{b}\,a\right)} \int_0^b f\,(y)\,\cos(n\,\frac{\pi}{b}\,y)\,dy.$$

6. Beispiel für die Vorgabe der Ableitung bei $x = a$. Geben wir die Ableitung der Funktion $u\,(x,\,y)$ an der Stelle $x = a$ vor als $f\,(y) = y\,(y - b) + \frac{b^2}{6}$, so erfüllt diese Funktion die Eigenschaft $\int_0^b f\,(y)\,dy = 0$. Mit dem gleichen Vorgehen wie in Beispiel 5 wird zu dieser Funktion die Fourierreihe mit den Fourierkoeffizienten

$a_n = \frac{2}{n^2 \pi^2} \left((-1)^n + 1 \right)$ gebildet. Zur graphischen Darstellung der Funktion über die Fourierreihe benötigt man etwa $n = 14$ Summenglieder, damit Funktion und Fourierreihe graphisch übereinstimmen. Mit dem **plot3d**-Befehl stellt man dann die Lösungsformel graphisch dar:

```
> a:=2: b:= 1:
> f(y):=y*(y-b)+b^2/6:
> a_n:=2/b*int(f(y)*cos(n*Pi/b*y),y=0..b):
> c_n:=a_n*b/(n*Pi*cosh(n*Pi/b*a)):
> plot3d(sum(c_n*cosh(n*Pi/b*x)*cos(n*Pi/b*y),n=1..5), x=0..a, y=0..b);
```

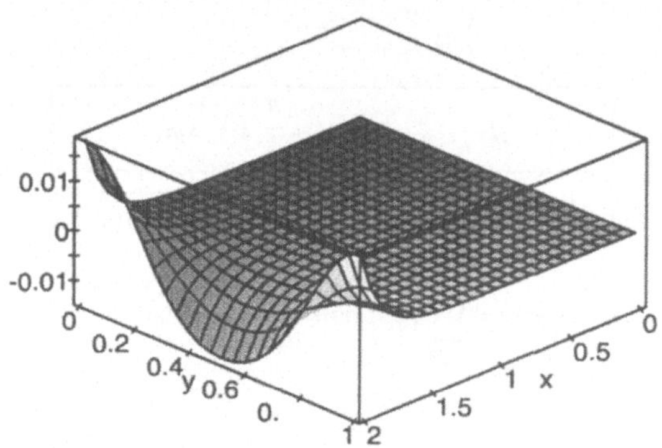

4.4 Die Laplace-Gleichung in Zylinderkoordinaten (r, φ)

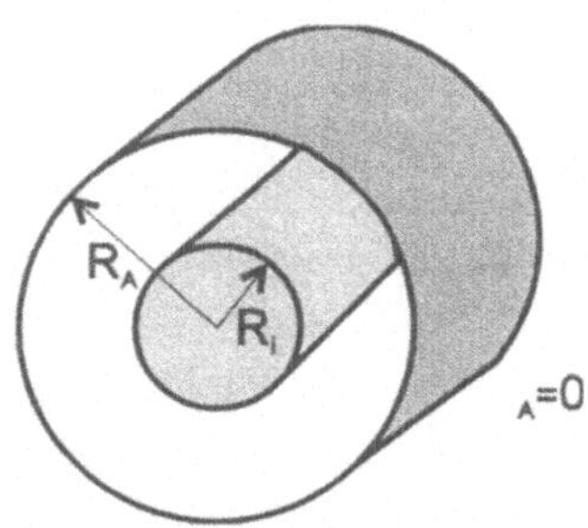

Um die Laplace-Gleichung in rotationssymmetrischen Geometrien zu lösen, verwendet man üblicherweise Zylinderkoordinaten. Z.B. wenn die Potentialverteilung in einem Zylinderkondensator gesucht wird, wobei das äußere Zylinderteil geerdet und das innere auf Potential ϕ_i liegt. Zwar gilt nach wie vor die Bestimmungsgleichung

$$u_{xx}(x, y) + u_{yy}(x, y) = 0$$

Abb. 158: Zylinderkondensator

im Innern des Zylinders, aber die Randbedingungen können in diesem Fall nicht so einfach mathematisch beschrieben werden. Daher führt man ein Koordinatensystem ein, nämlich Zylinderkoordinaten (r, φ), in dem sich die Randbedingungen einfach angeben lassen:

$$u(R_i, \varphi) = \phi_i \quad \text{und} \quad u(R_A, \varphi) = 0 \quad \text{für alle} \ 0 \le \varphi \le 2\pi.$$

Die Transformationsgleichungen lauten

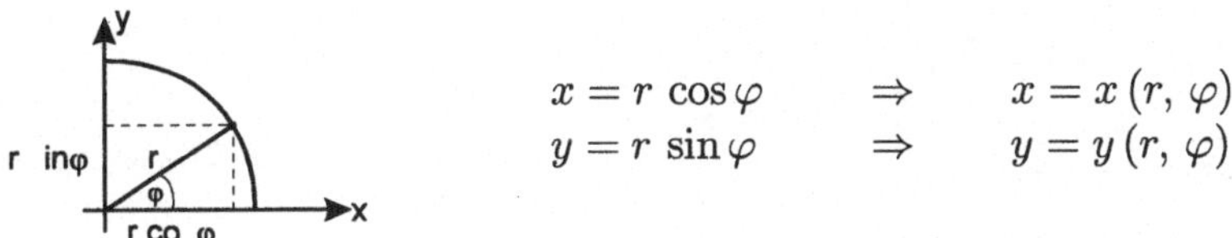

$$x = r \cos \varphi \quad \Rightarrow \quad x = x\,(r,\, \varphi)$$
$$y = r \sin \varphi \quad \Rightarrow \quad y = y\,(r,\, \varphi)$$

Wir betrachten das Potential $u\,(x,\, y) = u\,(x\,(r,\, \varphi),\, y\,(r,\, \varphi))$ als Funktion von r und φ. Mit der Kettenregel 2 (Kap. X.1.6) können wir dann diese Funktion sowohl nach r als auch nach φ partiell differenzieren.

$$\frac{\partial}{\partial r}\, u\,(x\,(r,\, \varphi),\, y\,(r,\, \varphi)) \;=\; \frac{\partial u}{\partial x} \cdot \frac{\partial x}{\partial r} + \frac{\partial u}{\partial y} \cdot \frac{\partial y}{\partial r} = u_x \cdot x_r + u_y \cdot y_r$$
$$=\; u_x \cos \varphi + u_y \sin \varphi$$

$$\frac{\partial}{\partial \varphi}\, u\,(x\,(r,\, \varphi),\, y\,(r,\, \varphi)) \;=\; \frac{\partial u}{\partial x} \cdot \frac{\partial x}{\partial \varphi} + \frac{\partial u}{\partial y} \cdot \frac{\partial y}{\partial \varphi} = u_x\, x_\varphi + u_y\, y_\varphi$$
$$=\; -u_x\, r \sin \varphi + u_y\, r \cos \varphi.$$

Damit erhalten wir ein LGS für die beiden partiellen Ableitungen u_x und u_y:

$$\begin{pmatrix} u_r \\ u_\varphi \end{pmatrix} = \begin{pmatrix} \cos \varphi & \sin \varphi \\ -r \sin \varphi & r \cos \varphi \end{pmatrix} \begin{pmatrix} u_x \\ u_y \end{pmatrix}.$$

Nach Inversion der Matrix

$$\begin{pmatrix} u_x \\ u_y \end{pmatrix} = \frac{1}{r} \begin{pmatrix} r \cos \varphi & -\sin \varphi \\ r \sin \varphi & \cos \varphi \end{pmatrix} \begin{pmatrix} u_r \\ u_\varphi \end{pmatrix}$$

gilt in Komponentenschreibweise

$$u_x = \cos \varphi\, u_r - \frac{1}{r} \sin \varphi\, u_\varphi$$
$$u_y = \sin \varphi\, u_r + \frac{1}{r} \cos \varphi\, u_\varphi.$$

Um die Laplace-Gleichung in Zylinderkoordinaten (r, φ) zu formulieren, differenzieren wir gemäß obiger Ableitungsregel u_x nochmals partiell nach x und u_y partiell nach y:

$$u_{xx} \;=\; (u_x)_x = \cos \varphi\, (u_x)_r - \frac{1}{r} \sin \varphi\, (u_x)_\varphi$$
$$=\; \cos \varphi \left(\cos \varphi\, u_r - \frac{1}{r} \sin \varphi\, u_\varphi \right)_r - \frac{1}{r} \sin \varphi \left(\cos \varphi\, u_r - \frac{1}{r} \sin \varphi\, u_\varphi \right)_\varphi$$
$$=\; \cos^2 \varphi\, u_{rr} - \frac{\partial}{\partial r} \left(\frac{1}{r} \cos \varphi \sin \varphi\, u_\varphi \right) + \frac{1}{r} \sin^2 \varphi\, u_r$$
$$\quad - \frac{1}{r} \sin \varphi \cos \varphi\, u_{r\varphi} + \frac{1}{r^2} \sin \varphi \cos \varphi\, u_\varphi + \frac{1}{r^2} \sin^2 \varphi\, u_{\varphi\varphi}$$

$$\begin{aligned}
u_{yy} &= \left(u_y\right)_y = \sin\varphi\,\left(u_y\right)_r + \frac{1}{r}\cos\varphi\,\left(u_y\right)_\varphi \\[2mm]
&= \sin\varphi\,\left(\sin\varphi\,u_r + \frac{1}{r}\cos\varphi\,u_\varphi\right)_r + \frac{1}{r}\cos\varphi\,\left(\sin\varphi\,u_r + \frac{1}{r}\cos\varphi\,u_\varphi\right)_\varphi \\[2mm]
&= \sin^2\varphi\,u_{rr} + \frac{\partial}{\partial r}\left(\frac{1}{r}\cos\varphi\,\sin\varphi\,u_\varphi\right) + \frac{1}{r}\cos^2\varphi\,u_r \\[2mm]
&\quad + \frac{1}{r}\cos\varphi\,\sin\varphi\,u_{r\varphi} - \frac{1}{r^2}\cos\varphi\,\sin\varphi\,u_\varphi + \frac{1}{r^2}\cos^2\varphi\,u_{\varphi\varphi}.
\end{aligned}$$

Faßt man dieses Ergebnis zusammen, lautet der Laplace-Operator

$$\triangle u\,(r,\,\varphi) = u_{rr}\,(r,\,\varphi) + \frac{1}{r}\,u_r(r,\varphi) + \frac{1}{r^2}\,u_{\varphi\varphi}\,(r,\,\varphi)$$

und mit der Identität $\frac{1}{r}\frac{\partial}{\partial r}\,r\,\frac{\partial}{\partial r}\,u\,(r,\,\varphi) = u_{rr} + \frac{1}{r}\,u_r\,(r,\,\varphi)$ schließlich

$$\boxed{\triangle u\,(r,\,\varphi) = \frac{1}{r}\frac{\partial}{\partial r}\,r\,\frac{\partial}{\partial r}\,u\,(r,\,\varphi) + \frac{1}{r^2}\frac{\partial^2}{\partial\varphi^2}\,u\,(r,\,\varphi) = 0.}$$

Dies ist die **Laplace-Gleichung in Zylinderkoordinaten** $(r,\,\varphi)$.

7. Beispiel: Kommen wir auf das anfangs gestellte Problem des Zylinderkondensators zurück: Gesucht ist eine Lösung $\phi\,(r,\,\varphi)$ von

$$\triangle\phi\,(r,\,\varphi) = 0$$

mit den Randwerten $\phi\,(r = R_i,\,\varphi) = \phi_i$ und $\phi\,(r = R_A,\,\varphi) = 0$. Aufgrund der Symmetrieeigenschaft des Problems ist das Potential ϕ nicht vom Winkel φ abhängig, d.h. $\frac{\partial}{\partial\varphi}\,\phi\,(r,\,\varphi) = 0$. Damit ist ϕ nur eine Funktion des Radius r und das Problem reduziert sich auf eine gewöhnliche DG

$$\boxed{\frac{1}{r}\frac{d}{dr}\,r\,\frac{d}{dr}\,\phi\,(r) = 0}$$

mit den Randwerten $\phi\,(R_i) = \phi_i$ und $\phi\,(R_A) = 0$. Zweimaliges Integrieren liefert mit den Integrationskonstanten A und ρ:

$$\frac{d}{dr}\,r\,\frac{d}{dr}\,\phi\,(r) = 0 \;\Rightarrow\; r\,\frac{d}{dr}\,\phi\,(r) = \rho \;\Rightarrow\; \frac{d}{dr}\,\phi\,(r) = \frac{\rho}{r} \;\Rightarrow\; \phi\,(r) = \rho\ln r + A.$$

Die Integrationskonstanten werden über die Randbedingungen festgelegt:

$$\left.\begin{aligned}
\phi\,(R_i) = \phi_i: &\quad \phi\,(R_i) = \rho\ln R_i + A = \phi_i \\[2mm]
\phi\,(R_A) = 0: &\quad \phi\,(R_A) = \rho\ln R_A + A = 0
\end{aligned}\right\} \Rightarrow \left\{\begin{aligned}
&\rho = \phi_i\,/\,\ln\left(\frac{R_i}{R_A}\right); \\[2mm]
&A = -\rho\ln R_A.
\end{aligned}\right.$$

$$\Rightarrow \boxed{\phi\left(r\right) = \frac{\phi_i}{\ln\frac{R_i}{R_A}}\,\ln\frac{r}{R_A}.}$$

Dies ist die Potentialverteilung in einem Zylinderkondensator mit Innenradius R_i auf Potential ϕ_i und Außenradius R_A auf Potential $\phi_A = 0$.

§5. Die zweidimensionale Wellengleichung

Als Modellfall für die *zweidimensionale* Wellengleichung betrachten wir eine Membran, die durch einen rechteckigen Draht eingespannt ist:

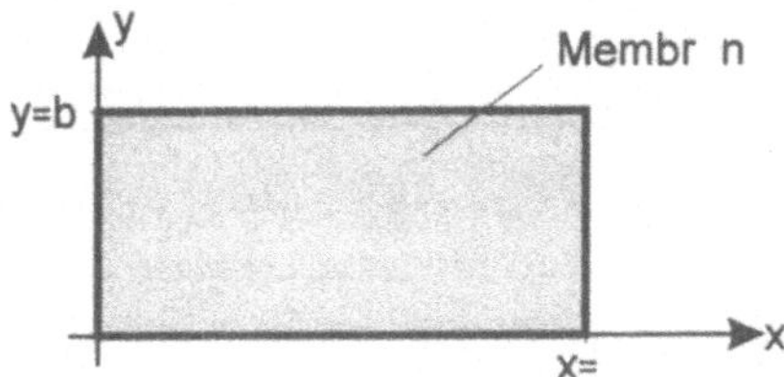

Die Auslenkung in z-Richtung bezeichnen wir mit $u\left(x,\,y,\,t\right)$. Sind die Ränder waagrecht bei $z = 0$ und lenkt man die Membran (z.B. durch einen Trommelschlag) aus, so ist die Bestimmungsgleichung für die Auslenkung $u\left(x,\,y,\,t\right)$ am Ort $\left(x,\,y\right)$ zur Zeit t nach der Herleitung in §4.1 (iii) gegeben durch die zweidimensionale Wellengleichung

$$\boxed{\frac{\partial^2}{\partial t^2}\,u(x,y,t) = c^2\left(\frac{\partial^2}{\partial x^2}\,u(x,y,t) + \frac{\partial^2}{\partial y^2}\,u(x,y,t)\right)}$$

mit der Anfangsauslenkung und -Geschwindigkeit

$$\left.\begin{array}{rcl} u\left(x,\,y,\,t=0\right) &=& u_0\left(x,\,y\right) \\[2mm] u_t\left(x,\,y,\,t=0\right) &=& v_0\left(x,\,y\right) \end{array}\right\} \text{(Anfangsbedingungen)}$$

sowie den Einspannbedingungen

$$\left.\begin{array}{l} u\left(x=0,\,y,\,t\right) = 0;\quad u\left(x=a,\,y,\,t\right) = 0 \ \text{ für alle } y,\,t. \\[2mm] u\left(x,\,y=0,\,t\right) = 0;\quad u\left(x,\,y=b,\,t\right) = 0 \ \text{ für alle } x,\,t. \end{array}\right\} \text{(Randwerte)}$$

Auch dieses Anfangsrandwertproblem löst man durch den Produktansatz

$$u\left(x,\,y,\,t\right) = U\left(x,\,y\right) \cdot T\left(t\right),$$

wobei $T(t)$ eine rein zeitabhängige Funktion und $U(x, y)$ eine zweidimensionale, ortsabhängige Funktion ist. Den Produktansatz in die PDG eingesetzt liefert

$$T''(t) \cdot U(x, y) = c^2 \left(U_{xx}(x, y) + U_{yy}(x, y)\right) \cdot T(t)$$

$$\Rightarrow \frac{T''(t)}{T(t)} = c^2 \frac{U_{xx}(x, y) + U_{yy}(x, y)}{U(x, y)} = const = -\omega^2.$$

(1) Für die Zeitfunktion erhält man eine **gewöhnliche** DG 2. Ordnung:

$$T''(t) + \omega^2 T(t) = 0 \;\Rightarrow\; T(t) = A\sin(\omega t) + B\cos(\omega t).$$

(2) Für die ortsabhängige Funktion $U(x, y)$ erhält man eine **partielle** DG 2. Ordnung:

$$\boxed{U_{xx}(x, y) + U_{yy}(x, y) + \frac{\omega^2}{c^2} U(x, y) = 0.}$$

Dies ist die sog. **Helmholtz-Gleichung**.

Bemerkung: Auf die Helmholtz-Gleichung stößt man auch, wenn man bei der zweidimensionalen, zeitabhängigen Wärmeleitungsgleichung (§4.1 (ii)) einen Separationsansatz wählt. Nur die gewöhnliche DG für die Zeitfunktion ist dann durch $\frac{T'(t)}{T(t)} = const = -\omega^2$ bestimmt.

Zur Lösung der Helmholtz-Gleichung wählen wir nochmals einen Separationsansatz

$$U(x, y) = X(x) \cdot Y(y)$$

und erhalten

$$X''(x)\,Y(y) + X(x)\,Y''(y) + \frac{\omega^2}{c^2} X(x)\,Y(y) = 0$$

$$\Rightarrow \frac{X''(x)}{X(x)} + \frac{Y''(y)}{Y(y)} = -\frac{\omega^2}{c^2}.$$

Da die Variable x nur im ersten Term und die Variable y nur im zweiten Term vorkommt, folgt, daß beide Terme konstant in x und y sein müssen:

$$\frac{X''(x)}{X(x)} = const = -k^2 \quad \text{und} \quad \frac{Y''(y)}{Y(y)} = const = -l^2.$$

$$\Rightarrow \boxed{k^2 + l^2 = \frac{\omega^2}{c^2}} \quad \text{bzw.} \quad \boxed{\omega = c\sqrt{k^2 + l^2}.}$$

(1) Ortsabhängigkeit bezüglich x: $X''(x) + k^2 X(x) = 0$

$$\Rightarrow X(x) = D \sin(k\,x) + E \cos(k\,x).$$

(2) Ortsabhängigkeit bezüglich y: $Y''(y) + l^2 Y(y) = 0$

$$\Rightarrow Y(y) = F \sin(l\,y) + G \cos(l\,y).$$

Damit lautet die allgemeine Lösung der zweidimensionalen Wellengleichung

$$u(x,y,t) = [A \sin(\omega t) + B \cos(\omega t)] \cdot [D \sin(k\,x) + E \cos(k\,x)]$$
$$\cdot [F \sin(l\,y) + G \cos(l\,y)]$$

Berücksichtigung der Randbedingungen:

$u(x = 0,\, y,\, t) = 0$ für alle $y,\, t$ $\Rightarrow X(0) = D \sin(0) + E \cos(0) \stackrel{!}{=} 0 \Rightarrow E = 0$.

$u(x = a,\, y,\, t) = 0$ für alle $y,\, t$ $\Rightarrow X(a) = D \sin(k\,a) \stackrel{!}{=} 0$.

Damit wir nicht nur die Null-Lösung für $u(x,\, y,\, t)$ erhalten, muß gelten

$$\sin(k\,a) = 0 \;\Rightarrow k\,a = n\,\pi \;\Rightarrow \boxed{k_n = n\,\frac{\pi}{a}} \qquad n \in \mathbf{N}.$$

D.h. in x-Richtung sind nur stehende Wellen mit $k_n = n\,\frac{\pi}{a}$, also der Wellenlänge $\lambda = \frac{2\pi}{k_n} = \frac{2a}{n}$, möglich.

$u(x,\, y = 0,\, t) = 0$ für alle $x,\, t$ $\Rightarrow Y(0) = F \sin(0) + G \cos(0) \stackrel{!}{=} 0 \Rightarrow G = 0$.

$u(x,\, y = b,\, t) = 0$ für alle $x,\, t$ $\Rightarrow Y(b) = F \sin(l\,b) \stackrel{!}{=} 0$.

Damit wiederum nicht nur die Null-Lösung folgt, muß gelten

$$\sin(l\,b) = 0 \;\Rightarrow l\,b = m\,\pi \;\Rightarrow \boxed{l_m = m\,\frac{\pi}{b}} \qquad m \in \mathbf{N}.$$

(Also auch in y-Richtung sind nur stehende Wellen mit $l_m = m\,\frac{\pi}{b}$, d.h. mit Wellenlängen $\lambda = \frac{2\pi}{l_m} = \frac{2b}{m}$, möglich.

Für jedes Paar $(n,\, m)$ mit $n \in \mathbf{N}$ und $m \in \mathbf{N}$ ist somit eine Lösung der PDG gegeben durch

$$\boxed{u_{n,\,m}(x,\, y,\, t) = [a_{n,\,m} \sin(\omega_{n,\,m}\,t) + b_{n,\,m} \cos(\omega_{n,\,m}\,t)] \sin(n\,\frac{\pi}{a}\,x) \sin(m\,\frac{\pi}{b}\,y)}$$

mit den Frequenzen $\qquad \boxed{\omega_{n,\,m} = c\,\sqrt{\left(n\,\frac{\pi}{a}\right)^2 + \left(m\,\frac{\pi}{b}\right)^2}.}$

Das Paar (n, m) bezeichnet man als **Schwingungsmode**. Die **allgemeine Lösung** für die zweidimensionale, eingespannte, schwingende Membran erhält man durch die Superposition aller Schwingungsmoden:

$$
u(x, y, t) = \sum_{n=1}^{\infty}\sum_{m=1}^{\infty} [a_{n,m}\,\sin(\omega_{n,m}\,t) + b_{n,m}\,\cos(\omega_{n,m}\,t)]\,\sin(n\,\frac{\pi}{a}\,x)\,\sin(m\,\frac{\pi}{b}\,y).
$$

Berücksichtigung der Anfangsbedingungen:
Für die **Anfangsauslenkung** gilt

$$
u(x, y, t = 0) = u_0(x, y) = \sum_{n=1}^{\infty}\sum_{m=1}^{\infty} b_{n,m}\,\sin\left(n\,\frac{\pi}{a}\,x\right)\,\sin\left(m\,\frac{\pi}{b}\,y\right).
$$

Dies ist die Sinus-Fourierreihen-Darstellung der zweidimensionalen Funktion u_0. Die entsprechenden Formeln für die Fourierkoeffizienten $b_{n,m}$ kann man auf ähnliche Weise wie im eindimensionalen Fall (Kap. XIII.2) erhalten; wir werden auf diesen Zusammenhang aber nicht näher eingehen.

Für die **Anfangsgeschwindigkeit** gilt

$$
u_t(x, y, t = 0) = v_0(x, y) = \sum_{n=1}^{\infty}\sum_{m=1}^{\infty} (a_{n,m}\,\omega_{n,m})\,\sin\left(n\,\frac{\pi}{a}\,x\right)\,\sin\left(m\,\frac{\pi}{b}\,y\right).
$$

Dies ist die Sinus-Fourierreihen-Darstellung der zweidimensionalen Funktion v_0 mit den Fourierkoeffizienten $(b_{n,m}\,\omega_{n,m})$.

Zur **Interpretation** stellen wir elementare Moden der Schwingung mit MAPLE dar:

```
> a:=2: b:=1:
> w:=sqrt((n*Pi/a)^2+(m*Pi/b)^2):
> unm:=sin(n*Pi/a*x)*sin(m*Pi/b*y):
> up:=subs({n=1, m=1}, unm):
> plot3d(up, x=0..a, y=0..b, axes=boxed);
```

Für $(n, m) = (1, 1)$; $(n, m) = (1, 2)$; $(n, m) = (3, 1)$; $(n, m) = (4, 4)$ erhält man die folgenden Moden.

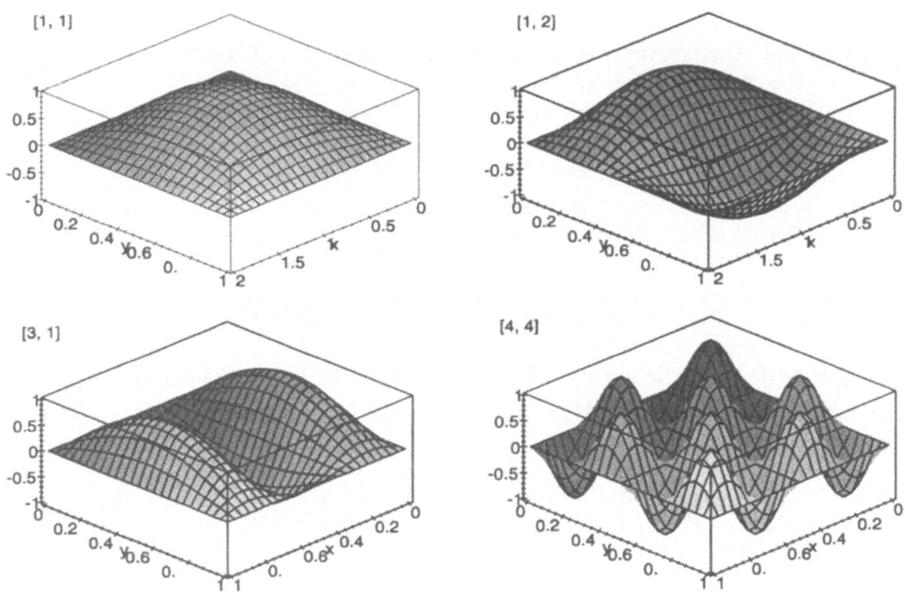

Zur Darstellung der Schwingung der Membran wählen wir die Mode (n=1, m=1) und definieren

```
> n:=1: m:=1:
> u(x, y):=unm*cos(w*t):
> with(plots):
> animate3d(u(x, y), x=0..a, y=0..b, t=0..2*Pi/w, axes=boxed, frames=18);
```

§6. Die Biegeschwingungsgleichung

In diesem Abschnitt werden wir die *Querschwingungen* eines elastischen Stabes berechnen. Sie werden durch eine partielle Differentialgleichung 4. Ordnung beschrieben.

6.1 Herleitung der Biegeschwingungsgleichung

Als Modellfall bei der Herleitung der Biegeschwingungsgleichung betrachten wir einen homogenen Stab (Länge L, Querschnitt A, Flächenträgheitsmoment I, Elastizitätsmodul E), der auf der x-Achse auf verschiedene Arten unterstützt wird. Dieser Stab biegt sich unter dem Einfluß von vertikalen Lasten gemäß folgenden statischen Gesetzmäßigkeiten:

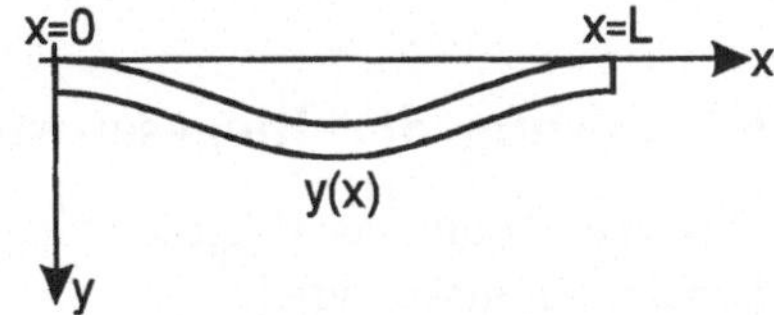

Abb. 159: Elastischer Stab

$y(x)$ ist die Auslenkung des Stabes an der Stelle x. Für kleine Auslenkungen $y(x)$ ist das Biegemoment an der Stelle x gegeben durch

$$M(x) = E \cdot I \frac{d^2}{dx^2} y(x).$$

Die zugehörige Querkraft $F_q(x)$ ist am Ort x

$$-F_q(x) = \frac{d}{dx} M(x) = E\,I \frac{d^3}{dx^3} y(x).$$

Die Querkraft ΔF_q, die auf das Massenelement wirkt, ist analog der Querkraft bei der schwingenden Saite durch Linearisierung von $F_q(x+dx) \approx F_q(x) + \frac{d\,F_q(x)}{dx}\,dx$ gegeben durch

$$\Delta F_q = F_q(x+dx) - F_q(x) \approx F_q(x) + dx\,\frac{dF_q(x)}{dx} - F_q(x) = dx\,\frac{dF_q(x)}{dx}.$$

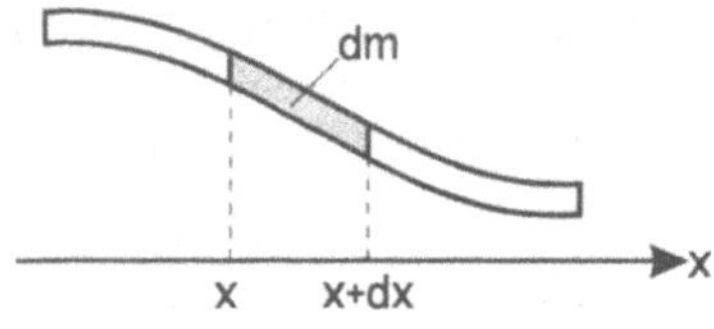

Die dynamische Beschreibung folgt, indem man die Beschleunigungskraft auf ein Massenelement $dm = \rho\,A\,dx$ betrachtet

$$F = dm\,\frac{\partial^2}{\partial t^2} y(x,\,t)$$

und gleich der resultierenden Kraft ΔF_q setzt:

$$\rho\,A\,dx\,\frac{\partial^2 y(x,\,t)}{\partial t^2} = -E\,I\,\frac{\partial^4 y(x,\,t)}{\partial x^4}\,dx.$$

$$\Rightarrow \boxed{\frac{\partial^2}{\partial t^2} y(x,t) = -\frac{E\,I}{\rho\,A}\,\frac{\partial^4}{\partial x^4}\,y(x,t)} \quad \textbf{Biegeschwingungsgleichung}$$

Dies ist eine lineare PDG 4. Ordnung mit den Konstanten ρ (Dichte), A (Querschnittsfläche), I (Flächenträgheitsmoment) und E (Elastizitätsmodul).

6.2 Lösung der Biegeschwingungsgleichung

Um eine Lösung der Biegeschwingungsgleichung zu bestimmen, führen wir einen Separationsansatz durch

$$y(x,\,t) = X(x) \cdot T(t).$$

Dabei ist

$$X(x) \quad \text{eine rein ortsabhängige Funktion,}$$
$$T(t) \quad \text{eine rein zeitabhängige Funktion.}$$

Durch Einsetzen in die PDG folgt

$$X(x) \cdot T''(t) = -\frac{E\,I}{\rho\,A} X^{(4)}(x) \cdot T(t)$$

$$\Rightarrow -\frac{E\,I}{\rho\,A} \frac{X^{(4)}(x)}{X(x)} = \frac{T''(t)}{T(t)} = const = -\omega^2.$$

Eine positive Konstante würde zu einer nicht-physikalischen Lösung führen. Durch diesen Produktansatz reduziert man die PDG auf zwei gewöhnliche DG:

(1)   Zeitabhängigkeit: $T''(t) + \omega^2 T(t) = 0 \Rightarrow T(t) = A\cos(\omega t) + B\sin(\omega t)$.

(2)   Ortsabhängigkeit: $X^{(4)}(x) - \frac{\rho A}{E I}\omega^2 X(x) = 0$. Dies ist eine DG 4. Ordnung. Mit dem Ansatz $X(x) = e^{\lambda x}$ erhält man das charakteristische Polynom $P(\lambda) = \lambda^4 - \frac{\rho A}{E I}\omega^2$ mit den Nullstellen

$$\lambda = \pm\sqrt{\pm\sqrt{\frac{\rho A}{E I}}\,\sqrt{\omega}}.$$

Setzt man $\kappa = \sqrt[4]{\frac{\rho A}{E I}}\,\sqrt{\omega}$, so sind

$$\lambda_1 = \kappa, \quad \lambda_2 = -\kappa, \quad \lambda_3 = i\,\kappa, \quad \lambda_4 = -i\,\kappa$$

die Nullstellen von $P(\lambda)$ und

$$e^{\kappa x}, \quad e^{-\kappa x}, \quad e^{i\kappa x}, \quad e^{-i\kappa x}$$

bildet ein komplexes Fundamentalsystem. Mit den Linearkombinationen

$$\sinh(\kappa x) = \tfrac{1}{2}\left(e^{\kappa x} - e^{-\kappa x}\right), \qquad \cosh(\kappa x) = \tfrac{1}{2}\left(e^{\kappa x} + e^{-\kappa x}\right),$$

$$\sin(\kappa x) = \tfrac{1}{2i}\left(e^{i\kappa x} - e^{-i\kappa x}\right), \qquad \cos(\kappa x) = \tfrac{1}{2}\left(e^{i\kappa x} + e^{-i\kappa x}\right),$$

folgt ein reelles Fundamentalsystem

$$\cosh(\kappa x), \quad \sinh(\kappa x), \quad \cos(\kappa x), \quad \sin(\kappa x).$$

Die Lösung der gewöhnlichen DG lautet

$$\boxed{X(x) = A_1\cosh(\kappa x) + A_2\sinh(\kappa x) + A_3\cos(\kappa x) + A_4\sin(\kappa x).}$$

Die allgemeine Lösung der PDG ist damit gegeben durch

$$\boxed{\begin{aligned} u(x,t) = &\left[A_1\cosh(\kappa x) + A_2\sinh(\kappa x) + A_3\cos(\kappa x) + A_4\sin(\kappa x)\right] \\ &\left[A\cos(\omega t) + B\sin(\omega t)\right] \end{aligned}}$$

Die Konstanten A_1, A_2, A_3, A_4 bzw. A und B bestimmen sich aus den Randbedingungen bzw. aus der Anfangsauslenkung und -geschwindigkeit.

Berücksichtigung von Randbedingungen

Folgende Randbedingungen für den rechten Rand (und entsprechend für den linken Rand) können physikalisch auftreten.

fest eingespannt:
$$X(0) = 0$$
$$X'(0) = 0$$

gelenkig:
$$X(0) = 0$$
$$X''(0) = 0$$

frei:
$$X''(0) = 0$$
$$X'''(0) = 0$$

Wir behandeln im folgenden aber nur zwei Kombinationen: gelenkig/gelenkig ($\rightarrow$§6.3, dies ist der einzige Fall, der zu einer geschlossenen Lösung führt) und fest/fest ($\rightarrow$§6.4, in diesem Fall kann die zugehörige Eigenwertgleichung nur numerisch gelöst werden). Um die Randbedingungen zu berücksichtigen, bilden wir die Ableitungen von $X(x)$ bis zur Ordnung 3

$$X(x) = A_1 \cosh(\kappa x) + A_2 \sinh(\kappa x) + A_3 \cos(\kappa x) + A_4 \sin(\kappa x)$$

$$X'(x) = A_1 \kappa \sinh(\kappa x) + A_2 \kappa \cosh(\kappa x) - A_3 \kappa \sin(\kappa x) + A_4 \kappa \cos(\kappa x)$$

$$X''(x) = A_1 \kappa^2 \cosh(\kappa x) + A_2 \kappa^2 \sinh(\kappa x) - A_3 \kappa^2 \cos(\kappa x) - A_4 \kappa^2 \sin(\kappa x)$$

$$X'''(x) = A_1 \kappa^3 \sinh(\kappa x) + A_2 \kappa^3 \cosh(\kappa x) + A_3 \kappa^3 \sin(\kappa x) - A_4 \kappa^3 \cos(\kappa x)$$

Damit folgt

$$X(0) = A_1 \qquad\qquad\qquad + \quad A_3$$
$$X(L) = A_1 \cosh(\kappa L) + A_2 \sinh(\kappa L) \quad + \quad A_3 \cos(\kappa L) + A_4 \sin(\kappa L)$$

$$X'(0) = \qquad\qquad\qquad A_2 \kappa \qquad\qquad\qquad + A_4 \kappa$$
$$X'(L) = A_1 \kappa \sinh(\kappa L) + \quad A_2 \kappa \cosh(\kappa L) - A_3 \kappa \sin(\kappa L) \quad + A_4 \kappa \cos(\kappa L)$$

$$X''(0) = A_1 \kappa^2 \qquad\qquad\qquad\qquad - A_3 \kappa^2$$
$$X''(L) = A_1 \kappa^2 \cosh(\kappa L) + A_2 \kappa^2 \sinh(\kappa L) \quad - A_3 \kappa^2 \cos(\kappa L) - A_4 \kappa^2 \sin(\kappa L)$$

$$X'''(0) = \qquad\qquad\qquad A_2 \kappa^3 \qquad\qquad\qquad\qquad - A_4 \kappa^3$$
$$X'''(L) = A_1 \kappa^3 \sinh(\kappa L) + \quad A_2 \kappa^3 \cosh(\kappa L) + A_3 \kappa^3 \sin(\kappa L) \quad - A_4 \kappa^3 \cos(\kappa L)$$

6.3 Einspannbedingung: gelenkig/gelenkig

$$
\begin{array}{lll}
X\left(0\right)=0: & A_1+A_3=0 & \Rightarrow \quad A_1=A_3=0 \\
X''\left(0\right)=0: & A_1-A_3=0 & \\
X\left(L\right)=0: & A_2\,\sinh\left(\kappa\,L\right)+A_4\,\sin\left(\kappa\,L\right)=0 & \\
X''\left(L\right)=0: & A_2\,\sinh\left(\kappa\,L\right)-A_4\,\sin\left(\kappa\,L\right)=0 &
\end{array}
$$

Das lineare Gleichungssystem für A_2 und A_4 darf nicht eindeutig lösbar sein, damit nicht nur die Null-Lösung $X\left(x\right)\equiv 0$ existiert. Ein homogenes LGS ist dann nichttrivial lösbar, wenn die Determinante der Koeffizientenmatrix gleich Null ist, d.h.

$$
-\sinh\left(\kappa\,L\right)\sin\left(\kappa\,L\right)-\sinh\left(\kappa\,L\right)\sin\left(\kappa\,L\right)=2\,\sinh\left(\kappa\,L\right)\sin\left(\kappa\,L\right)\stackrel{!}{=}0.
$$

Daraus folgt

$$
\sin\left(\kappa\,L\right)=0 \;\Rightarrow\; \kappa\,L=n\,\pi \qquad n=1,\,2,\,3,\dots
$$

d.h. nur diskrete Frequenzen bzw. Wellenlängen sind möglich. Die *Eigenwerte* sind also $\boxed{\kappa_n=n\,\frac{\pi}{L}}$ (bzw. Wellenlängen $\lambda_n=\frac{2L}{n}$). Für die Eigenwerte $\kappa_n=n\,\frac{\pi}{L}$ ist $\sin(n\,\frac{\pi}{L}\,x)=0$ und somit A_4 beliebig. Das lineare Gleichungssystem für A_2 und A_4 reduziert sich zu

$$
A_2\,\sinh\left(\kappa\,L\right)=0 \Rightarrow A_2=0.
$$

Die zu κ_n gehörende *Schwingungsform* lautet daher

$$
\boxed{X_n\left(x\right)=A\,\sin\left(n\,\frac{\pi}{L}\,x\right).}
$$

Damit gibt es zu jedem $n\in\mathbf{N}$ einen Eigenwert κ_n mit zugehöriger Eigenfunktion (=Schwingungsform) $X_n\left(x\right)$ und die Lösung $y(x,t)$ der PDG für die Randbedingung gelenkig/gelenkig erhält man durch Superposition aller Einzelmoden

$$
\boxed{y\left(x,\,t\right)=\sum_{n=1}^{\infty}\left(a_n\,\cos\left(\omega_n\,t\right)+b_n\,\sin\left(\omega_n\,t\right)\right)\sin\left(n\,\frac{\pi}{L}\,x\right)}
$$

mit den Frequenzen $\boxed{\omega_n=\sqrt{\frac{E\,I}{\rho\,A}}\,n^2\,\frac{\pi^2}{L^2}.}$

Die Koeffizienten a_n und b_n sind durch die Fourierkoeffizienten der Anfangsauslenkung $u_0\left(x\right)$ und der Anfangsgeschwindigkeit $v_0\left(x\right)$ festgelegt. Analog den

Formeln der eingespannten Saite bestimmt man

$$a_n = 2\,\frac{1}{L}\int_0^L u_0\left(x\right)\sin(n\,\tfrac{\pi}{L}\,x)\,dx \qquad\qquad n = 1, 2, 3, \ldots$$

$$b_n = \frac{1}{\sqrt{\frac{E\,I}{\rho\,A}}\,n^2\,\frac{\pi^2}{L^2}}\,2\,\frac{1}{L}\int_0^L v_0\left(x\right)\sin(n\,\tfrac{\pi}{L}\,x)\,dx \qquad\qquad n = 1, 2, 3, \ldots$$

Physikalische Interpretation: Wie bei der eingespannten Saite stellt die Lösung die Überlagerung harmonischer Wellen dar:

$$y\left(x,\,t\right) = \sum_{n=1}^{\infty} A_n\,\sin\left(n\,\frac{\pi}{L}\,x\right)\cdot\sin\left(\omega_n\,t + \varphi_n\right)$$

mit den   Amplituden $A_n\,\sin\left(\frac{n\,\pi}{L}\,x\right)$ (ortsabhängig von x)

             Phasen φ_n (unabhängig von x)

             Frequenzen $\omega_n = \sqrt{\frac{E\,I}{\rho\,A}}\,n^2\,\frac{\pi^2}{L^2}$,

die nun allerdings **quadratisch** von n abhängen.

Animation mit MAPLE.

Gehen wir von einer Anfangsauslenkung $u_0\left(x\right) = \frac{1}{2}x\left(x - L\right)$ mit $L = 1$ und Anfangsgeschwindigkeit $v_0\left(x\right) = 0$ aus, ist $b_n = 0$; a_n ergibt sich aus der Fourieranalyse von $u_0\left(x\right)$:

```
> L:=1: u0(x):=x*(x-L)/2:
> a_n:=2/L*int(u0(x)*sin(n*Pi/L*x), x=0..L):
> a_n:=subs({cos(n*Pi)=(-1)^n, sin(n*Pi)=0}, a_n);
```

$$a\_n := 2\,\frac{(-1)^n}{n^3\,\pi^3} - 2\,\frac{1}{n^3\,\pi^3}$$

Setzt man die Materialkonstante $fac = \sqrt{\frac{E\,I}{\rho\,A}} = 0.1$, erhält man die Lösung

```
> fac:=0.1:
> y(x, t) := sum(a_n*cos(fac*(n*Pi/L)^2*t)*sin(n*Pi/L*x), n=1..10):
```

und mit dem **animate**-Befehl die zeitdynamische Visualisierung

```
> with(plots):
> animate(y(x, t), x=0..L, t=0..10, color=black, thickness=3,
>                          scaling=constrained, frames=100);
```

Die folgende Bildsequenz enthält die Einzelbilder zu $t = 0,\,1,\,2,\,3,\,4$.

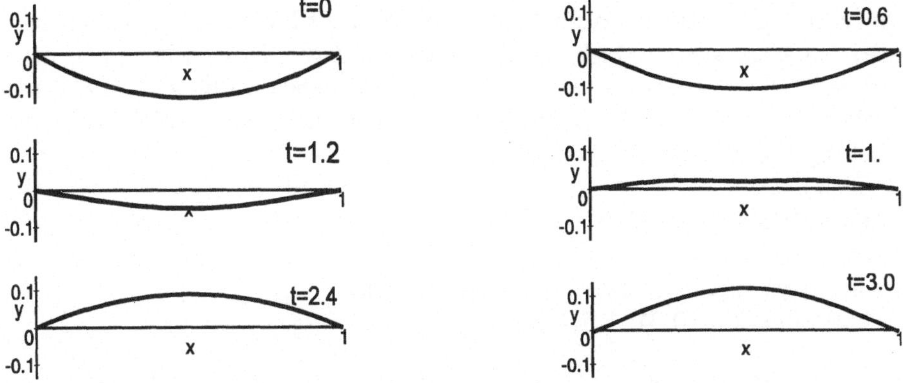

Interpretation: Durch die Animation erkennt man, daß es nicht nur zum Durch-
schwingen, wie bei der eingespannten Saite kommt, sondern die Bewegung wird
durch ein Flattern innerhalb des Balkens überlagert.

6.4 Einspannbedingung: fest/fest

$$X(0) = 0: \qquad A_1 + A_3 \qquad\qquad\qquad\qquad\qquad\qquad\qquad \overset{!}{=} 0$$

$$X'(0) = 0: \qquad A_2 + A_4 \qquad\qquad\qquad\qquad\qquad\qquad\qquad \overset{!}{=} 0$$

$$X(L) = 0: \qquad A_1 \cosh(\kappa L) + A_2 \sinh(\kappa L) + A_3 \cos(\kappa L) + A_4 \sin(\kappa L) \overset{!}{=} 0$$

$$X'(L) = 0: \qquad A_1 \sinh(\kappa L) + A_2 \cosh(\kappa L) - A_3 \sin(\kappa L) + A_4 \cos(\kappa L) \overset{!}{=} 0$$

Damit das lineare Gleichungssystem für A_1, A_2, A_3, A_4 nicht nur trivial lösbar ist
und nur die Null-Lösung $y(x, t) \equiv 0$ für alle (x, t) besitzt, muß die Determinante
der Koeffizientenmatrix verschwinden:

$$\det \begin{pmatrix} 1 & 0 & 1 & 0 \\ 0 & 1 & 0 & 1 \\ \cosh(\kappa L) & \sinh(\kappa L) & \cos(\kappa L) & \sin(\kappa L) \\ \sinh(\kappa L) & \cosh(\kappa L) & -\sin(\kappa L) & \cos(\kappa L) \end{pmatrix} =$$

$$= 2 - 2\cosh(\kappa L)\cos(\kappa L) \overset{!}{=} 0.$$

Somit erhalten wir die Eigenwertgleichung

$$\boxed{\cosh(\kappa L)\cos(\kappa L) = 1.}$$

Es sind also nur diskrete κ_n ($n \in \mathbf{N}_0$) erlaubt. Die Lösungen der Eigenwertgleichung lassen sich nicht geschlossen angeben und müssen daher näherungsweise
berechnet werden. Dazu setzen wir $L = 1$ und lösen die nichtlineare Gleichung

$$\cosh(\kappa) \cdot \cos(\kappa) = 1 \qquad\qquad\qquad (*)$$

numerisch mit MAPLE. Da für große κ die Kosinus-Hyperbolikusfunktion sehr stark anwächst, sind die Eigenwerte (d.h. die Lösungen der Gleichung (∗)) nahe den Nullstellen des Kosinus bei $n\pi + \frac{\pi}{2}$. Daher bekommen wir für größere κ-Werte Probleme, wenn wir die Genauigkeit der Rechnung nicht erhöhen. Wir setzen die Rechengenauigkeit auf 20 Stellen.

```
> Digits:=20:
> eq := cosh(k)*cos(k)=1:
```

Es liegt kein Eigenwert zwischen 0 und $\frac{3}{2}\pi$, denn

```
> fsolve(eq, k, k=0.01..1.5*Pi);
```

liefert kein Ergebnis. Um einen besseren Überblick über die Lage der Eigenwerte zu erhalten, berechnen wir neben den Lösungen der Gleichung (∗) noch das Verhältnis dieser Lösungen mit π:

```
> for n from 1 to 15
> do   ku:=(n+1/2)*Pi-0.2: k0:=(n+1/2)*Pi+0.2:
>       k[n]:=fsolve(eq, k, k=ku..k0):
>       lprint(k[n], k[n]/evalf(Pi));
> od:
```

$$
\begin{array}{ll}
4.7300407448627040260, & 1.5056187311419397690 \\
7.8532046240958375565, & 2.4997526700739646572 \\
10.995607838001670907, & 3.5000106794359084827 \\
14.137165491257464177, & 4.4999995384835765581 \\
17.278759657399481438, & 5.5000000199439028337 \\
20.420352245626061091, & 6.4999999991381457567 \\
23.561944902040455075, & 7.5000000000372440985 \\
26.703537555508186248, & 8.4999999999983905363 \\
29.845130209103254267, & 9.5000000000000695511 \\
32.986722862692819562, & 10.499999999999996994 \\
36.128315516282622650, & 11.500000000000000130 \\
39.269908169872415463, & 12.499999999999999994 \\
42.411500823462208720, & 13.500000000000000000 \\
45.553093477052001958, & 14.500000000000000000 \\
48.694686130641795196, & 15.500000000000000000
\end{array}
$$

An dem Ergebnis ist zu erkennen, daß ab $n = 13$ kein numerischer Unterschied zwischen der Lösung der Gleichung (∗) und der Nullstelle des Kosinus besteht. Wir müßten **Digits** nochmals vergrößern, um die numerische Genauigkeit zu erhöhen. Stattdessen benutzen wir nur die ersten $n = 1 \ldots 12$ die Eigenwerte κ_n. Mit diesen Werten erhalten wir für jedes $n \in \mathbf{N}$ die Koeffizienten $A_1^{(n)}$, $A_2^{(n)}$, $A_3^{(n)}$ und $A_4^{(n)}$ gemäß dem LGS mit einem freien Parameter. Wählen wir $A_1^{(n)}$ als beliebig, folgt aus den ersten beiden Gleichungen

$$
A_3^{(n)} = -A_1^{(n)} \quad \text{und} \quad A_4^{(n)} = -A_2^{(n)}
$$

bzw. in die letzten beiden Gleichungen eingesetzt

$$A_1^{(n)} \left(\cosh\left(\kappa_n\right) - \cos\left(\kappa_n\right)\right) \quad + \quad A_2^{(n)} \left(\sinh\left(\kappa_n\right) - \sin\left(\kappa_n\right)\right) \quad = \quad 0$$

$$A_1^{(n)} \left(\sinh\left(\kappa_n\right) + \sin\left(\kappa_n\right)\right) \quad + \quad A_2^{(n)} \left(\cosh\left(\kappa_n\right) - \cos\left(\kappa_n\right)\right) \quad = \quad 0.$$

Die Koeffizienten $A_2^{(n)}$, $A_3^{(n)}$, $A_4^{(n)}$ ergeben sich nun aus $A_1^{(n)}$ durch

$$A_2^{(n)} \quad = \quad A_1^{(n)} \cdot (-1)\, \frac{\cosh\left(\kappa_n\right) - \cos\left(\kappa_n\right)}{\sinh\left(\kappa_n\right) - \sin\left(\kappa_n\right)}$$

$$A_3^{(n)} \quad = \quad -A_1^{(n)}$$

$$A_4^{(n)} \quad = \quad -A_2^{(n)} \quad = \quad A_1^{(n)} \cdot \frac{\cosh\left(\kappa_n\right) - \cos\left(\kappa_n\right)}{\sinh\left(\kappa_n\right) - \sin\left(\kappa_n\right)}.$$

Zu jedem $n \in \mathbf{N}$ gehört eine Eigenschwingung der Form

$$X_n\left(x\right) = A_1^{(n)} \cosh\left(\kappa_n\, x\right) + A_2^{(n)} \sinh\left(\kappa_n\, x\right) + A_3^{(n)} \cos\left(\kappa_n\, x\right) + A_4^{(n)} \sin\left(\kappa_n\, x\right).$$

Die Lösung $y_n(x, t)$ setzt sich zusammen aus dem Produkt $T_n(t) \cdot X_n(x)$ und die allgemeine Lösung der PDG $y(x, t)$ ist dann gegeben durch die Überlagerung aller Eigenschwingungen:

$$y\left(x,\, t\right) = \sum_{n=1}^{\infty} \left[a_n\, \cos\left(\omega_n\, t\right) + b_n\, \sin\left(\omega_n\, t\right)\right] \cdot$$

$$\left[\cosh\left(\kappa_n\, x\right) - \frac{\cosh\left(\kappa_n\right) - \cos\left(\kappa_n\right)}{\sinh\left(\kappa_n\right) - \sin\left(\kappa_n\right)}\, \sinh\left(\kappa_n\, x\right) - \cos\left(\kappa_n\, x\right)\right.$$

$$\left. + \frac{\cosh\left(\kappa_n\right) - \cos\left(\kappa_n\right)}{\sinh\left(\kappa_n\right) - \sin\left(\kappa_n\right)}\, \sin\left(\kappa_n\, x\right)\right]$$

mit

$$\omega_n = \kappa_n^2 \cdot \sqrt{\frac{E\,I}{\rho\,A}} \quad \text{und} \quad \kappa_n \text{ aus obiger Tabelle.}$$

Die Koeffizienten a_n und b_n hängen in komplizierter Weise von der Anfangsauslenkung und der Anfangsgeschwindigkeit ab.

Visualisierung mit MAPLE. Im folgenden veranschaulichen wir nur eine konkret vorgegebene Anfangsauslenkung (ohne Anfangsgeschwindigkeit $\hookrightarrow b_n = 0$) obige Lösung. Dazu setzen wir $\sqrt{\frac{E\,I}{\rho\,A}} = 1$ und wählen die Anfangsauslenkung

$$y\,(x,\, t = 0) = y_0\,(x) =$$

$$= \sum_{n=1}^{7} \frac{\sin(n\frac{\pi}{2})}{n^2}\left(A_1^{(n)}\cosh\left(\kappa_n\,x\right) + A_2^{(n)}\sinh\left(\kappa_n\,x\right)\right.$$

$$\left. + A_3^{(n)}\cos\left(\kappa_n\,x\right) + A_4^{(n)}\sin\left(\kappa_n\,x\right)\right),$$

wobei $A_1^{(n)} = 0.1$ und $A_2^{(n)}$, $A_3^{(n)}$, $A_4^{(n)}$ gemäß obigen Formeln berechnet werden. Die Anfangsauslenkung ist in der Bildsequenz für $t = 0$ dargestellt.

Für die Koeffizienten gilt

```
> for n from 1 to 7
> do   A1[n]:=0.1:
>      A2[n]:=A1[n]*(-1)*(cosh(k[n])-cos(k[n]))/(sinh(k[n])-sin(k[n])):
>      A3[n]:=-A1[n]:
>      A4[n]:=-A2[n]:
>od:
```

Die zur Anfangsauslenkung $y_0\,(x)$ gehörende Schwingung lautet

```
> u(x, t):=sum('sin(n*Pi/2)/n^2*(A1[n]*cosh(k[n]*x)+A2[n]*sinh(k[n]*x)
>              +A3[n]*cos(k[n]*x)+A4[n]*sin(k[n]*x)) *cos(k[n]^2*t)', 'n'=1..7):
```

Animation:

```
> with(plots):
> animate(u(x, t), x=0..1, t=0..0.55, color=black,
>              scaling=constrained, frames=50);
```

In der folgenden Bildsequenz werden die Zeitpunkte $t = 0;\ 0.025;\ 0.05;\ 0.075;\ 0.1$ und 0.125 dargestellt.

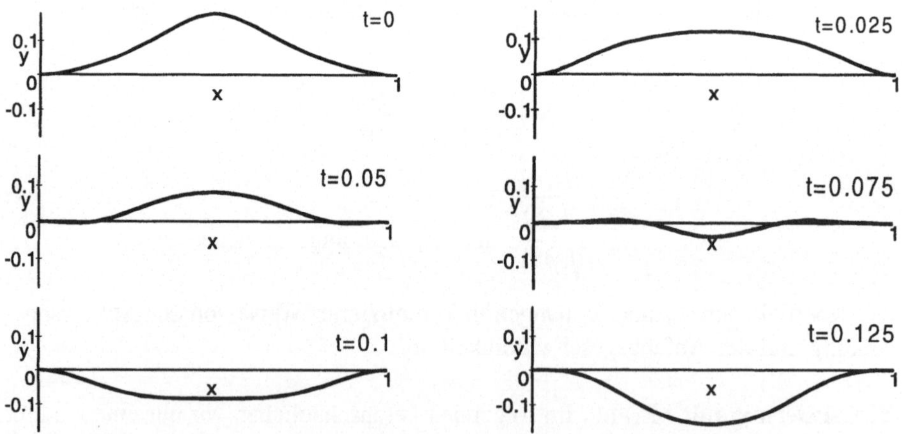

Auch bei dieser Animation zeigt sich das Flattern des Balkens.

Zusammenstellung der MAPLE-Befehle

---

with(plots)

animate$(u(x,t), x = a..b, t = 0..T, frames = N)$
         Animation der Funktion $u(x,t)$ im Bereich $a \leq x \leq b$ für Zeiten $t = 0..T$ mit N Zwischenschritten.

animate3d$(u(x,y,t), x = a..b, y = c..d, t = 0..T, frames = N)$
         Dreidimensionale Animation der Funktion $u(x,y,t)$ im Bereich $a \leq x \leq b$, $c \leq y \leq d$ für Zeiten $t = 0..T$ mit N Zwischenschritten.

Aufgaben zu partiellen DG

15.1 Überprüfen Sie, daß $\quad u(x,\, t) = \cos(\omega t) \cdot \sin(k\, x) \quad$ Lösung der Wellengleichung

$$u_{tt} - c^2\, u_{xx} = 0$$

für $\quad k = n\frac{\pi}{L} \quad$ und $\quad \omega = c \cdot k \quad$ ist und den Anfangsbedingungen $u(x = 0,\, t) = u(x = L,\, t) = 0$ genügt.

15.2 Zeigen Sie, daß $\quad u(x,\, t) = e^{-\omega t} \sin(k\, x) \quad$ Lösung der Wärmeleitungsgleichung

$$u_t - D\, u_{xx} = 0$$

für $\quad \omega = D \cdot k^2 \quad$ ist.

15.3 Zeigen Sie, daß die Funktionen
a) $f(x,\, y) = \frac{1}{2} \ln\left(x^2 + y^2\right) \quad$ der Laplace-Gleichung $\quad f_{xx} + f_{yy} = 0$
b) $g(x,\, y,\, z) = \left(x^2 + y^2 + z^2\right)^{-1/2} \quad$ der Laplace-Gleichung $g_{xx} + g_{yy} + g_{zz} = 0$
genügen.

15.4 a) Überprüfen Sie, daß die durch

$$T(x,\, t) = \frac{1}{\sqrt{4\pi D t}}\, e^{-\frac{x^2}{4 D t}}$$

beschriebene Temperaturverteilung eines (unendlich ausgedehnten, nach außen wärmeisolierten) Stabes der Wärmeleitungsgleichung genügt. $T(x,\, t)$ stellt einen sogenannten Wärmepol dar, bei welchem die Wärme von der ursprünglich sehr heißen Stelle bei $x = 0$ nach beiden Seiten wegströmt.
b) Wie sieht die Temperaturverteilung zur Zeit $t = 0$, $t = \frac{1}{D}$, $t = \frac{2}{D}$ aus?
c) Wann erreicht die Temperatur an einer festen Stelle $x = x_0$ ihren maximalen Wert?
(Rechnen Sie mit $x_0 = 5\, cm$, $D = 1.12\, \frac{cm^2}{sec}$.)

15.5 a) Beweisen Sie, daß mit zwei beliebigen, zweimal stetig differenzierbaren Funktionen $f_1, f_2 : \mathbb{R} \to \mathbb{R}$ die Funktion $u(x, t) = f_1(x + ct) + f_2(x - ct)$ Lösung der Wellengleichung ist.

b) Lösen Sie das Anfangswertproblem

$$u_{tt} - c^2 u_{xx} = 0, \qquad u(x, t = 0) = u_0, \qquad u_t(x, t = 0) = v_0$$

für vorgegebene Funktionen u_0, v_0 mit dem Ansatz $u(x, t) = f_1(x + ct) + f_2(x - ct)$.

c) Was ergibt sich daraus für $u_0(x) = \sin(kx)$, $k = n\frac{\pi}{L}$ und $v_0 = 0$?

15.6 Der Halbraum $x > 0$ sei von einer isotropen Substanz mit der Temperaturleitzahl D ausgefüllt. An der Grenzfläche $x = 0$ herrsche eine Temperatur, die periodisch nach dem Gesetz $T(x = 0, t) = A + T_0 \cdot \cos(\omega t)$ schwankt. Diese Temperatur setzt sich in dem Halbraum als gedämpfte Welle fort.

a) Berechnen Sie die Temperatur als Funktion von Ort und Zeit.
$\left(\text{Ansatz: } T(x, t) = \operatorname{Re}\left(A + T_0 \cdot e^{i(kx - \omega t)}\right)\right)$
b) In welcher Tiefe ist die Amplitude der Temperaturschwankung auf den e-ten Teil abgesunken?

Rechnen Sie (I.) das Eindringen der jährlichen Temperaturschwankung in die Erde ($D = 2 \cdot 10^{-8}\,\frac{m^2}{s}$, $T_0 = 30\,°C$); (II.) das Eindringen in Eisen (Wand eines Explosionsmotors) ($D = 1.2 \cdot 10^{-5}\,\frac{m^2}{s}$, $T_0 = 400\,°C$, $\omega = 2\pi \cdot \frac{3}{s}$).

15.7 Zeigen Sie, daß bei der Balkenbiegungsgleichung mit der Einspannbedingung fest/frei die Eigenwertgleichung

$$\cosh(\kappa L) \cos(\kappa L) = -1$$

erfüllt werden muß.

15.8 Zeigen Sie, daß $R = \sqrt{(x - a)^2 + (y - b)^2 + (z - c)^2}$ der partiellen DG $\partial_x^2 \frac{1}{R} + \partial_y^2 \frac{1}{R} + \partial_z^2 \frac{1}{R} = 0$ genügt.

15.9 Überprüfen Sie, daß $z(x, y) = x\,\varphi\left(\frac{y}{x}\right) + \psi\left(\frac{y}{x}\right)$ die partielle DG

$$x^2 \frac{\partial^2}{\partial x^2} z + 2xy \frac{\partial^2}{\partial x\,\partial y} z + y^2 \frac{\partial^2}{\partial y^2} z = 0$$

erfüllt, wobei φ und ψ beliebige, zweimal stetig differenzierbare Funktionen sind.

15.10 Bestimmen Sie k so, daß $u(x, t) = e^{-\kappa t} \sin\left(\frac{n\pi}{L} x\right)$ Lösung der Wärmeleitungsgleichung $u_t = \kappa u_{xx}$ ist. Wie lautet damit die allgemeine Lösung?

15.11 a) Man bestimme die allgemeine Lösung der partiellen Differentialgleichung

$$u_{xx}(x, y) - u_{yy}(x, y) = 0.$$

b) Man bestimme die allgemeine Lösung dieser PDG, welche die folgenden Randbedingungen erfüllt:

$$
\begin{aligned}
u(x = 0, y) &= 0 && \text{für alle } y \\
u(x, y = 0) &= 0 && \text{für alle } x \\
u(x, y = L) &= 0 && \text{für alle } x
\end{aligned}
$$

15.12 Bestimmen Sie die allgemeine Lösung der partiellen DG
$$u_t(t, x) + u_{xx}(t, x) = 0.$$

15.13 a) Bestimmen Sie den Parameter k so, daß
$$u(x, y, t) = \sin\left(n\,\frac{2\pi}{L}\,x\right) \sin\left(m\,\frac{2\pi}{L}\,y\right) e^{k\,t}$$

Lösung von $\quad u_{xx}(x, y, t) + u_{yy}(x, y, t) = u_{tt}(x, y, t) \qquad (*) \quad$ ist.
b) Man gebe ausgehend von a) zwei reelle Lösungen von $(*)$ an. Wie ist dieses Ergebnis zu interpretieren?

15.14 Man bestimme den Parameter k so, daß die Funktion
$$u(x, y, t) = \sin\left(n\,\frac{2\pi}{L}\,x\right) \sin\left(m\,\frac{2\pi}{L}\,y\right) e^{-k\,t}$$

Lösung der partiellen DG $\quad u_{xx} + u_{yy} = u_t \quad$ ist.

15.15 a) Zeigen Sie, daß die Funktion $\quad u(x, y) = \sin(k\,x)\left(e^{k\,y} + e^{-k\,y}\right) \quad$ Lösung der partiellen DG $\quad u_{xx} + u_{yy} = 0 \quad$ ist.
b) Man bestimme den Parameter k in der Funktion $u(x, y) = \sin(k\,x)\left(e^{k\,y} + e^{-k\,y}\right)$ so, daß die Funktion die Randbedingung $u(x = L, y) = 0$ für alle y erfüllt.

15.16 Gesucht ist die Lösung von
$$u_t = u_{xx} \qquad 0 \leq x \leq \pi, \, t > 0$$

mit $u(x, 0) = 1$ für $0 < x < \pi$ und $u(0, t) = 1$, $u(\pi, t) = 0 \quad$ für $t > 0$.

15.17 Die Laplace-Gleichung lautet in Polarkoordinaten
$$\Delta u = u_{rr} + \frac{1}{r}\,u_r + \frac{1}{r^2}\,u_{\varphi\varphi} = 0.$$

a) Führen Sie einen Produktansatz $\quad u(r, \varphi) = R(r) \cdot \Phi(\varphi) \quad$ durch und bestimmen Sie die gewöhnlichen DG für $R(r)$ und $\Phi(\varphi)$.
b) Zeigen Sie, daß für geeignetes $\omega \quad \Phi(\varphi) = A\sin(\omega\,\varphi) + B\cos(\omega\,\varphi) \quad$ Lösung der DG für $\Phi(\varphi)$ ist.
c) Zeigen Sie, daß für geeignetes $n \quad R(r) = c\,r^n \quad$ eine Lösung der DG für $R(r)$ ist.

15.18 Für die Wellengleichung $\quad u_{tt} = c^2\left(u_{xx} + u_{yy} + u_{zz}\right) \quad$ bestimme man die Grundlösungen der Form
$$u = e^{\alpha\,x + \beta\,y + \gamma\,z - c\,t}.$$

15.19 Wärmeleitung in der Ebene: Man löse mittels einem Separationsansatz die Differentialgleichung $\quad u_t = u_{xx} + u_{yy} \quad$ durch $\quad u(x, y, t) = T(t) \cdot X(x) \cdot Y(y) \quad$ (vgl. Aufgabe 15.14).

15.20 Balken-Gleichung: Man bestimme eine Lösung von
$$u_{tt} + c^2\,u_{xxxx} = 0 \quad , \quad 0 \leq x \leq L$$

mit $u(0, t) = u(L, t) = 0$, $u_{xx}(0, t) = u_{xx}(L, t) = 0$, $u(x, 0) = \alpha\,x(L - x)$, $u_t(x, 0) = 0$.

15.21 Benutzen Sie einen Separationsansatz zur Lösung der folgenden Randwertprobleme
a) $u_t = u_y;$ $\quad u(0, y) = e^y + e^{-2y}$
b) $u_t = u_y;$ $\quad u(t, 0) = e^{-3t} + e^{2t}$
c) $u_t = u_y + u;$ $\quad u(0, y) = 2e^{-y} - e^{2y}$
d) $u_t = u_y - u;$ $\quad u(t, 0) = e^{-5t} + 2e^{-7t} - 14e^{13t}$

15.22 Entscheiden Sie, ob die folgenden partiellen DG mit Hilfe eines Separationsansatzes durch jeweils zwei gewöhnliche DG ersetzt werden können. Wenn ja, gebe man die Lösung an.

a) $t\,u_{tt} + u_x = 0$ $\qquad$ b) $t\,u_{xx} + x\,u_t = 0$
c) $u_{xx} + (x - y)\,u_{yy} = 0$ $\qquad$ d) $u_{xx} + 2\,u_{xy} + u_t = 0$

15.23 Die dreidimensionale Laplace-Gleichung lautet

$$u_{xx} + u_{yy} + u_{zz} = 0.$$

Man gebe durch den Ansatz $u(x, y, z) = X(x) \cdot Y(y) \cdot Z(z)$ drei gewöhnliche DG für $X(x)$, $Y(y)$ und $Z(z)$ an.

Kapitel XVI
Vektoranalysis und Integralsätze

Die Vektoranalysis spielt bei der Beschreibung physikalischer Gesetzmäßigkeiten in der Mechanik und der Elektrodynamik eine grundlegende Rolle. Betrachtet werden **Vektorfelder** im $\mathbb{R}^3$

$$\vec{v}\,(x,\,y,\,z) = \begin{pmatrix} v_1\,(x,\,y,\,z) \\ v_2\,(x,\,y,\,z) \\ v_3\,(x,\,y,\,z) \end{pmatrix} : \ \mathbb{D} \subset \mathbb{R}^3 \to \mathbb{R}^3$$

wie sie in Kap. X.3.3.3 eingeführt wurden. Ein Vektorfeld ordnet jedem Punkt $P(x, y, z)$ des dreidimensionalen Raumes einen Vektor zu. Die elektrische Feldstärke $\vec{E}\,(x,\,y,\,z)$, die magnetische Induktion $\vec{B}\,(x,\,y,\,z)$ oder das Geschwindigkeitsprofil $\vec{v}\,(x,\,y,\,z)$ eines strömenden Mediums sind Beispiele für Vektorfelder. Physikalische Gesetze lassen sich durch Differentiation und Integration dieser Vektorfelder formulieren.

Ein Vektorfeld $\vec{v}$: $\mathbb{D} \subset \mathbb{R}^3 \to \mathbb{R}^3$ heißt *stetig* bzw. *(partiell) differenzierbar*, wenn diese Eigenschaften für jede Komponente von $\vec{v}$ zutreffen. Im folgenden seien die Vektorfelder immer stetig partiell differenzierbar. Neben den Vektorfeldern spielen auch skalare Funktionen (**Skalarfelder**)

$$f\,(x,\,y,\,z): \ \mathbb{D} \subset \mathbb{R}^3 \to \mathbb{R}$$

eine Rolle, weil sich die *Gradientenfelder* (vgl. X.3.3) als Gradient solcher skalaren Größen darstellen lassen

$$\operatorname{grad} f\,(x,\,y,\,z) := \begin{pmatrix} \partial_x\,f\,(x,\,y,\,z) \\ \partial_y\,f\,(x,\,y,\,z) \\ \partial_z\,f\,(x,\,y,\,z) \end{pmatrix}.$$

Für *grad f* findet man auch oft die Bezeichnung ∇f mit dem Nabla-Operator ∇.

Die Vektoranalysis behandelt Rechenoperationen mit Vektorfeldern: Für die Differentiation werden neben dem *Gradienten* noch zwei weitere Operationen benötigt, die *Divergenz* und die *Rotation*. Für die Integration werden die sog. *Integralsätze von Gauß* und *Stokes* bereitgestellt. Die physikalische Bedeutung der Differentialoperatoren wird durch die Interpretation der Integralsätze ersichtlich. Daher diskutieren wir den Begriff der Divergenz zusammen mit dem Satz von Gauß und die Rotation zusammen mit dem Satz von Stokes.

Die Integralsätze bilden eine Verallgemeinerung des Fundamentalsatzes der Differential- und Integralrechnung

$$\int_a^b f'(x)\,dx = f(b) - f(a).$$

Das bestimmte Integral im Intervall $[a, b]$ wird berechnet, indem nur Funktionswerte am Rand von $[a, b]$ benötigt werden. Die Integralsätze führen gewisse Gebietsintegrale auf Randintegrale zurück: Der Gaußsche Satz führt ein Volumenintegral auf ein Oberflächenintegral und der Stokesche Satz ein Flächenintegral auf ein Kurvenintegral zurück.

§1. Divergenz und Satz von Gauß

1.1 Die Divergenz

Sei $\vec{v}$ das Geschwindigkeitsfeld einer strömenden Flüssigkeit, das in einem Gebiet $G \subset \mathbb{R}^3$ gegeben ist. O sei die Oberfläche des Gebiets. Nach Kap. X.3.4 gibt dann das Oberflächenintegral

$$\oint_{(O)} \vec{v}\,d\vec{O} = \oint_{(O)} \vec{v}\,\vec{n}\,dA$$

den Nettofluß der Flüssigkeit durch die Oberfläche O an. Statt $d\vec{O}$ schreibt man oftmals auch $\vec{n}\,dA$, wenn $\vec{n}$ der nach außen gerichtete Normaleneinheitsvektor und dA das Flächenelement darstellt. Ist das Integral positiv, dann sagt man, im Gebiet G befinden sich *Quellen*, ist es negativ, befinden sich im Gebiet G *Senken*. Im folgenden werden wir eine einfache Berechnungsmethode finden, wie durch geeignete Differentiation des Vektorfeldes $\vec{v}$ die Quellen berechenbar sind, ohne dabei das Oberflächenintegral auswerten zu müssen.

Das Oberflächenintegral $\oint_{(O)} \vec{v}\,d\vec{O}$ läßt nur eine globale Aussage im Sinne einer Gesamtbilanz über das ganze Gebiet G zu. Um eine lokale Aussage über die Eigenschaften des Geschwindigkeitsfeldes $\vec{v}$ in einem Punkt P zu erhalten, wählen wir um P ein Volumen V mit Oberfläche O und lassen das Volumen gegen Null gehen. Man nennt diesen Grenzwert die **lokale Quellendichte** oder **Divergenz** von $\vec{v}$ in P und schreibt:

$$\left. \operatorname{div} \vec{v} \right|_P = \lim_{\Delta V \to 0} \frac{1}{\Delta V} \oint_{(O)} \vec{v}\,\vec{n}\,dA. \tag{$*$}$$

Zur Berechnung des Oberflächenintegrals setzen wir zur Vereinfachung der Notation den Punkt P in den Ursprung und wählen als Gebiet einen Quader mit Mittelpunkt P und den Kantenlängen $2\,\Delta x$, $2\,\Delta y$, $2\,\Delta z$.

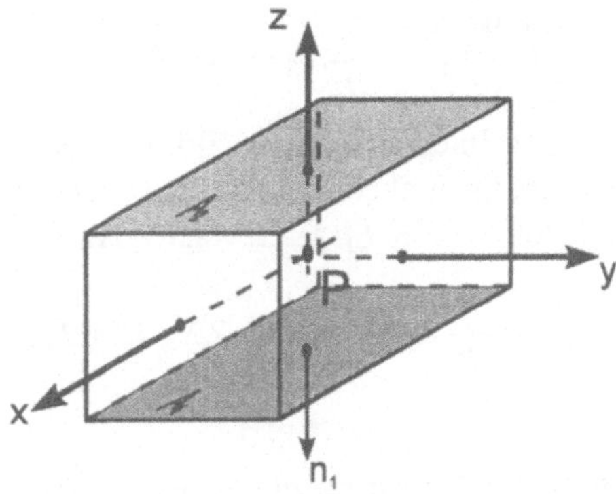

Abb. 160: Fluß durch Fläche A_1 und A_2

Den Gesamtfluß der Masse aus dem Quader bilanzieren wir, indem wir den Fluß durch jeweils zwei gegenüberliegenden Flächen bestimmen. Für den Fluß durch die Flächen A_1 und A_2 gilt:

$$\Phi_z = \iint\limits_{(A_1)} \vec{v}\,\vec{n}_1 \, dA_1 + \iint\limits_{(A_2)} \vec{v}\,\vec{n}_2 \, dA_2.$$

Die Fläche A_1 bei $z = -\Delta z$ hat die Normale $\begin{pmatrix} 0 \\ 0 \\ -1 \end{pmatrix} = \vec{e}_3$ und als Flächenelement $dx\,dy$ (kartesische Koordinaten) mit $-\Delta x \le x \le \Delta x$, $-\Delta y \le y \le \Delta y$:

$$\iint\limits_{(A_1)} \vec{v}\,\vec{n}_1 \, dA_1 \;=\; \int_{y=-\Delta y}^{\Delta y} \int_{x=-\Delta x}^{\Delta x} -\vec{v}\,\vec{e}_3 \, dx\,dy$$

$$=\; -\int_{y=-\Delta y}^{\Delta y} \int_{x=-\Delta x}^{\Delta x} v_3\,(x,\,y,\,-\Delta z)\,dx\,dy.$$

Analog erhält man für das zweite Oberflächenintegral an der Stelle $z = \Delta z$

$$\iint\limits_{(A_2)} \vec{v}\,\vec{n}_2 \, dA_2 = \int_{y=-\Delta y}^{\Delta y} \int_{x=-\Delta x}^{\Delta x} v_3\,(x,\,y,\,\Delta z)\,dx\,dy.$$

Somit gilt für die Summe

$$\Phi_z = \int_{-\Delta y}^{\Delta y} \int_{-\Delta x}^{\Delta x} (v_3\,(x,\,y,\,\Delta z) - v_3\,(x,\,y,\,-\Delta z))\,dx\,dy.$$

Linearisiert man die Funktion v_3 für kleine Δz bezüglich der Variablen z

$$v_3\,(x,\,y,\,\Delta z) - v_3\,(x,\,y,\,-\Delta z) \approx \frac{\partial}{\partial z}\,v_3\,(x,\,y,\,0)\cdot 2\,\Delta z$$

$$\Rightarrow \Phi_z \approx \int_{-\Delta y}^{\Delta y}\int_{-\Delta x}^{\Delta x} \frac{\partial}{\partial z}\,v_3\,(x,\,y,\,0)\cdot 2\,\Delta z\cdot dx\,dy.$$

Nach dem Mittelwertsatz der Integralrechnung (Bd. 1, Kap. VI.3.2) kann die Funktion $\frac{\partial}{\partial z}\,v_3\,(x,\,y,\,0)$ aus dem Integral gezogen werden, wenn sie an einer geeigneten Zwischenstelle $(\xi_1,\,\eta_1)$ mit $-\Delta x \le \xi_1 \le \Delta x$ und $-\Delta y \le \eta_1 \le \Delta y$ ausgewertet wird

$$\Rightarrow \Phi_z \approx \frac{\partial}{\partial z}\,v_3\,(\xi_1,\,\eta_1,\,0)\,2\Delta z\,2\Delta x\,2\Delta y.$$

Entsprechende Ausdrücke erhält man für die beiden anderen gegenüberliegenden Seitenpaare Φ_x und Φ_y. Der Gesamtfluß aus dem Quader ist durch die Summe der Beiträge von Φ_x, Φ_y und Φ_z gegeben. Mit $\Delta V = 8\,\Delta x\,\Delta y\,\Delta z$ gilt somit

$$\operatorname{div}\vec{v}\big|_{P_0} = \lim_{\Delta V \to 0}\frac{1}{\Delta V}\,(\Phi_x + \Phi_y + \Phi_z)$$

$$= \lim_{\Delta V \to 0}\frac{1}{8\,\Delta x\,\Delta y\,\Delta z}\,8\,\Delta x\,\Delta y\,\Delta z$$

$$\cdot\left[\frac{\partial v_3}{\partial z}\,(\xi_1,\,\eta_1,\,0) + \frac{\partial v_1}{\partial x}\,(0,\,\eta_2,\,\tau_2) + \frac{\partial v_2}{\partial y}\,(\xi_3,\,0,\,\tau_3)\right]$$

mit $-\Delta x \le \xi_1,\,\xi_3 \le \Delta x$, $-\Delta y \le \eta_1,\,\eta_2 \le \Delta y$, $-\Delta z \le \tau_2,\,\tau_3 \le \Delta z$. Für $\Delta V \to 0$ (d.h. $\Delta x \to 0$, $\Delta y \to 0$, $\Delta z \to 0$) streben alle Punkte im Quader gegen P_0 (insbesondere gilt $\xi_1,\,\xi_3,\,\eta_1,\,\eta_2,\,\tau_2,\,\tau_3 \to 0$).

Man kann allgemein zeigen, daß der Grenzwert für jeden Punkt P des Definitionsbereichs des Vektorfeldes $\vec{v}$ existiert und unabhängig vom gewählten Gebiet (bzw. Oberfläche) ist:

$$\boxed{\operatorname{div}\vec{v}\,(x,\,y,\,z) = \frac{\partial v_1}{\partial x}\,(x,\,y,\,z) + \frac{\partial v_2}{dy}\,(x,\,y,\,z) + \frac{\partial v_3}{\partial z}\,(x,\,y,\,z)}$$

ist die **Divergenz** des Vektorfeldes $\vec{v}$ im Punkte $(x,\,y,\,z)$.

Die Divergenz $div\,\vec{v}$ **eines Vektorfeldes** $\vec{v}$ **gibt die lokale Quellendichte von** $\vec{v}$ **im Punkt** $P\,(x,\,y,\,z)$ **an.** Ist $div\,\vec{v} = 0$, dann hat das Vektorfeld keine lokalen Quellen. Die Divergenz eines Vektorfeldes $\vec{v}$ ist kein Vektorfeld, sondern ein *skalares* Feld.

1. Beispiele:

(1) Für $\vec{v} = \begin{pmatrix} x^2 - y\,z \\ y^2 - z\,x \\ z^2 - x\,y \end{pmatrix}$ ist die Divergenz

$$
\begin{aligned}
\operatorname{div} \vec{v} &= \frac{\partial v_1}{\partial x} + \frac{\partial v_2}{\partial y} + \frac{\partial v_3}{\partial z} \\
&= \frac{\partial}{\partial x}\left(x^2 - y\,z\right) + \frac{\partial}{\partial y}\left(y^2 - z\,x\right) + \frac{\partial}{\partial z}\left(z^2 - x\,y\right) \\
&= 2\,x + 2\,y + 2\,z
\end{aligned}
$$

im Punkte $P\,(1,\,3,\,2)$:
$$
\operatorname{div}\vec{v}\big|_{P} = 2 + 6 + 4 = 12.
$$

(2) Gesucht ist die lokale Quellendichte (=Ladungsdichte) $\rho\,(x,\,y,\,z)$, welche das

elektrische Feld $\vec{E} = \begin{pmatrix} \frac{1}{3}\,x^3 + y \\ (z+1)\,y \\ z^2\,(x-y) + 2\,z \end{pmatrix}$ erzeugt:

$$
\begin{aligned}
\rho\,(x,\,y,\,z) &= \operatorname{div}\vec{E} \\
&= \frac{\partial}{\partial x}\left(\frac{1}{3}\,x^3 + y\right) + \frac{\partial}{\partial y}\left((z+1)\,y\right) + \frac{\partial}{\partial z}\left(z^2\,(x-y) + 2\,z\right) \\
&= x^2 + (z+1) + 2\,z\,(x-y) + 2.
\end{aligned}
$$

Die Quellendichte ist im Ursprung ist $\rho\,(0,\,0,\,0) = 3$.

(3) In MAPLE wird die Divergenz eines Vektorfeldes durch den Befehl **diverge** berechnet, dabei wird neben dem Vektorfeld auch der Vektor der Variablen übergeben. Der **diverge**-Befehl befindet sich im **linalg**-Paket.

```
> Efield:=[1/3*x+y, (z+1)*y, z^2*(x-y)+2*z]:
> with(linalg):
> diverge(Efield, [x, y, z]);
```

$$
x^2 + z + 3 + 2\,z\,(x-y)
$$

1.2 Gaußscher Integralsatz

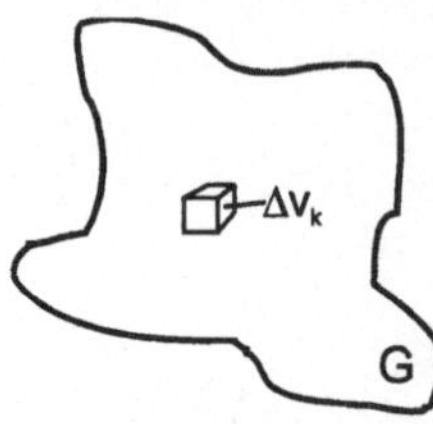

Sei $G \subset \mathbb{R}^3$ ein beschränktes Gebiet, das in Teilgebiete G_k mit Volumina ΔV_k aufgeteilt ist, die jeweils die Punkte P_k enthalten. Die zum Teilgebiet G_k gehörende Oberfläche sei ΔA_k. Dann ist der Fluß durch das Gebiet G_k

$$\Delta V_k \ \mathrm{div}\, \vec{v}\,|_{P_k} \approx \oint\limits_{(A_k)} \vec{v}\,\vec{n}\,dA \qquad (k = 1, \ldots, n)\,.$$

Grenzen zwei Teilgebiete G_k und G_l aneinander, so heben sich die Flüsse an benachbarten Flächen auf, da die nach außen gerichteten Normalen der gemeinsamen Flächen entgegengesetzt sind. Anschaulich bedeutet dies, daß der Fluß durch das Gebiet G_k und G_l durch Bilanzierung der äußeren Flächen bestimmt werden kann!

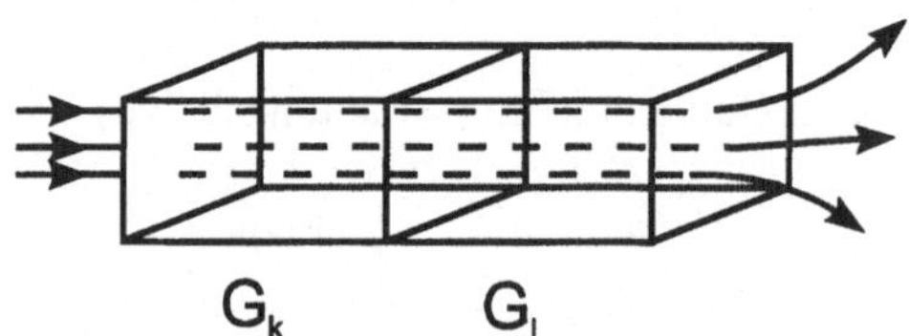

Abb. 161: Fluß durch zwei angrenzende Gebiete

Durch Summation über alle Teilgebiete erhält man

$$\sum_{k=1}^{n} \mathrm{div}\, \vec{v}\,|_{P_k} \cdot \Delta V_k \approx \oint\limits_{(A)} \vec{v}\,d\vec{A}$$

und nach Grenzübergang $n \to \infty$ (d.h. beliebig feiner Unterteilung $\Delta V_k \to 0$):

$$\iiint\limits_{(V)} \mathrm{div}\, \vec{v}\,dV = \oint\limits_{(A)} \vec{v}\,\vec{n}\,dA\,.$$

Diese Integralbeziehung bezeichnet man als den *Gaußschen Satz*: Der Fluß eines Vektorfeldes $\vec{v}$ durch eine geschlossene Oberfläche A nach außen ist gleich dem Dreifachintegral über die Quellendichte $div\,\vec{v}$ in dem eingeschlossenen Volumen.

Gaußscher Integralsatz: (Divergenzsatz)

Sei $G \subset \mathbb{R}^3$ ein räumliches Gebiet mit Oberfläche $A = \partial V$. $\vec{n}$ sei die auf der Oberfläche A nach außen zeigende Normale der Länge 1 und $\vec{v}(x, y, z)$ ein Vektorfeld. Dann gilt

$$\iiint\limits_{(V)} \mathrm{div}\, \vec{v}(x, y, z)\,dV = \oint\limits_{(\partial V)} \vec{v}\,\vec{n}\,dA\,.$$

2. Beispiel: Gegeben ist das Geschwindigkeitsfeld

$$\vec{v} = [x - z,\; x^3 + y\,z,\; -3 + y].$$

Gesucht ist der Fluß Φ durch die Kegeloberfläche mit Höhe $h = 2$ und Radius $R = 2$:

$$\Phi = \oint_{(\partial V)} \vec{v}\,\vec{n}\,dA = \iiint_{(V)} \operatorname{div} \vec{v}\,dV.$$

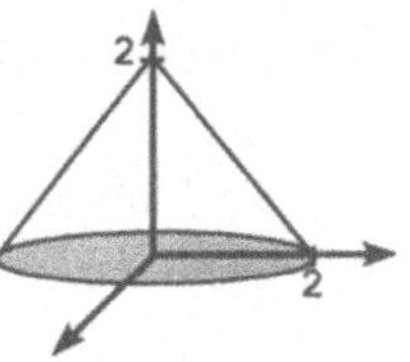

Abb. 162: Kegel

Die Divergenz $\operatorname{div} \vec{v}$ des Geschwindigkeitsfeldes ist

$$\operatorname{div} \vec{v} = \frac{\partial}{\partial x}\,(x - z) + \frac{\partial}{\partial y}\,(x^3 + y\,z) + \frac{\partial}{\partial z}\,(-3 + y) = 1 + z.$$

Führen wir Zylinderkoordinaten

$$\begin{aligned} x &= r\,\cos\varphi \\ y &= r\,\sin\varphi \\ z &= z \end{aligned}$$

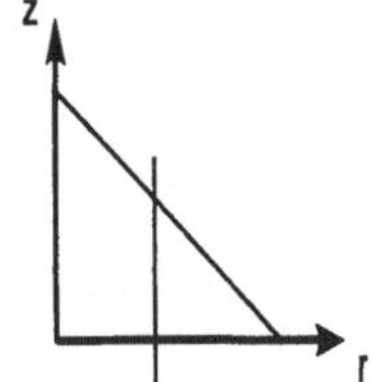

ein, ist die Parametrisierung des Volumens $(R = 2)$

$$\begin{array}{lll} \varphi\text{-Integration} & : & 0 \le \varphi \le 2\pi \\ z\text{-Integration} & : & 0 \le z \le R - r \quad \text{bei gegebenem } r, \\ r\text{-Integration} & : & 0 \le r \le R. \end{array}$$

$$\begin{aligned} \Phi &= \int_{\varphi=0}^{2\pi} \int_{r=0}^{2} \int_{z=0}^{2-r} (1 + z)\,r\,dz\,dr\,d\varphi = 2\pi \int_{r=0}^{2} \left[z + \frac{1}{2}\,z^2 \right]_{z=0}^{2-r} r\,dr \\ &= 2\pi \int_{r=0}^{2} \left(4\,r - 3\,r^2 + \frac{1}{2}\,r^3 \right) dr = 4\pi. \end{aligned}$$

3. Beispiel: Gegeben ist das elektrische Feld $\vec{E} = \begin{pmatrix} \frac{1}{3}\,x^3 + y \\ z + 1 \\ x - y \end{pmatrix}$. Man berechne

den elektrischen Fluß durch die Kugeloberfläche mit Radius R. Der elektrische Fluß durch die Oberfläche ist nach dem Gaußschen Integralsatz

$$\Phi = \oint_{(A)} \vec{E}\,\vec{n}\,dA = \iiint_{(V)} \operatorname{div} \vec{E}\,dV.$$

Führen wir zur Beschreibung des Dreifachintegrals Kugelkoordinaten ein

$$\begin{aligned} x &= r\,\cos\varphi\,\cos\vartheta, \\ y &= r\,\sin\varphi\,\cos\vartheta, \\ z &= r\,\sin\vartheta, \end{aligned}$$

ist mit

$$\operatorname{div} \vec{E} = x^2 = r^2 \cos^2 \varphi \cos^2 \vartheta$$

das Volumenintegral

$$\iiint\limits_{(V)} \operatorname{div} \vec{E}\, dV = \int_{r=0}^{R} \int_{\vartheta=-\frac{\pi}{2}}^{\frac{\pi}{2}} \int_{\varphi=0}^{2\pi} r^2 \cos^2 \varphi \cos^2 \vartheta\, r^2 \cos \vartheta\, d\varphi\, d\vartheta\, dr.$$

Mit der MAPLE-Prozedur **Drei_Int** ($\to$ Kap. X.3.2) berechnen wir das Dreifach-integral

```
> Drei_Int(r^4*cos(phi)^2*cos(theta)^3,
>                phi=0..2*Pi, theta=-Pi/2..Pi/2, r=0..R,  kugel);
```

$$\Rightarrow \iiint\limits_{(V)} \operatorname{div} \vec{E}\, dV = \frac{4}{15}\, R^5\, \pi.$$

4. Beispiele:

(1) Die Gesamtladung Q in einem räumlichen Gebiet V mit Oberfläche A ist bei einer Ladungsdichte $\rho(x, y, z)$ gegeben durch

$$Q = \iiint\limits_{(V)} \rho(x, y, z)\, dV.$$

Der elektrische Fluß durch die Oberfläche A entspricht bis auf die Konstante ε_0 der im Gebiet V eingeschlossenen Ladung

$$Q = \varepsilon_0 \oint\limits_{(A)} \vec{E}\, \vec{n}\, dA = \iiint\limits_{(V)} \rho(x, y, z)\, dV. \tag{1}$$

Nach dem Gaußschen Integralsatz ist aber das Oberflächenintegral

$$Q = \varepsilon_0 \oint\limits_{(A)} \vec{E}\, \vec{n}\, dA = \varepsilon_0 \iiint\limits_{(V)} \operatorname{div} \vec{E}\, dV. \tag{2}$$

Durch die Gleichheit der Integrale (1) und (2) für jedes Volumen V folgt mit dem Mittelwertsatz der Integralrechnung die Gleichheit der Integranden

$$\boxed{\varepsilon_0 \operatorname{div} \vec{E} = \rho.}$$

Die Quellen des elektrischen Feldes stellen die Ladungsdichten dar.

(2) Da es keine magnetische Ladungen gibt, gilt für das Magnetfeld stets

$$\operatorname{div} \vec{B} = 0.$$

Zum Abschluß dieses Abschnitts sei noch notiert, daß der Gaußsche Integralsatz auch für *ebene* Gebiete sinngemäß gültig ist:

Gaußscher Integralsatz in der Ebene

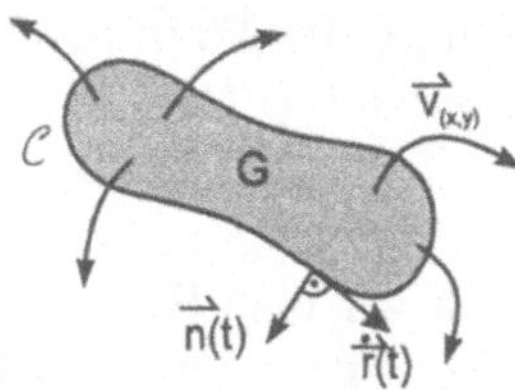

Sei $G \subset \mathbb{R}^2$ ein ebenes Gebiet mit der Randkurve C und $\vec{v}(x, y) := \begin{pmatrix} v_1(x, y) \\ v_2(x, y) \end{pmatrix}$ ein ebenes Vektorfeld, dann gilt

$$\iint\limits_{(G)} \operatorname{div} \vec{v} \; dx \; dy = \oint\limits_{(C)} \vec{v}(\vec{r}(t)) \, \vec{n} \, dt,$$

wenn $\vec{r}(t) = \begin{pmatrix} x(t) \\ y(t) \end{pmatrix}$ eine Parametrisierung der Kurve C und $\vec{n}(t) = \begin{pmatrix} \dot{y}(t) \\ -\dot{x}(t) \end{pmatrix}$ der nach außen gerichtete Normalenvektor auf $\vec{r}\,'(t)$.

§2. Rotation und Satz von Stokes

2.1 Die Rotation

Zur Bestimmung der lokalen Quellen eines Vektorfeldes wird der Divergenzbegriff eingeführt. Die Berechnung der Wirbel eines Vektorfeldes führt auf den Begriff der *Rotation*. Grob gesprochen bestimmt man die Quellen in einem Volumen, indem der Fluß durch seine Oberfläche berechnet wird. Um die *Wirbel* (*Zirkulation*) in einer Fläche A zu beschreiben, wird das Vektorfeld entlang der Randkurve C integriert.

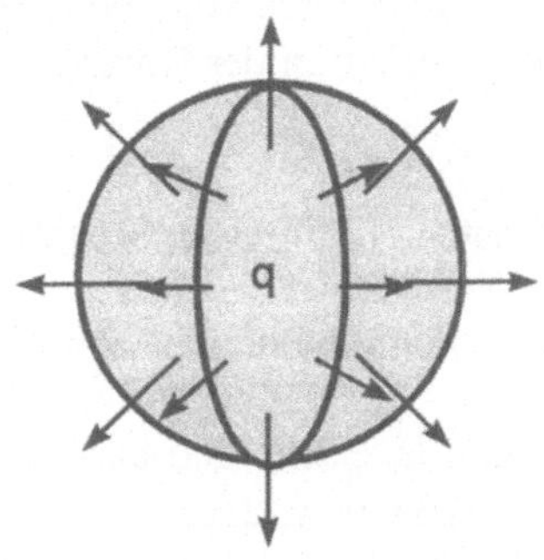

Divergenz = lokale Quellendichte

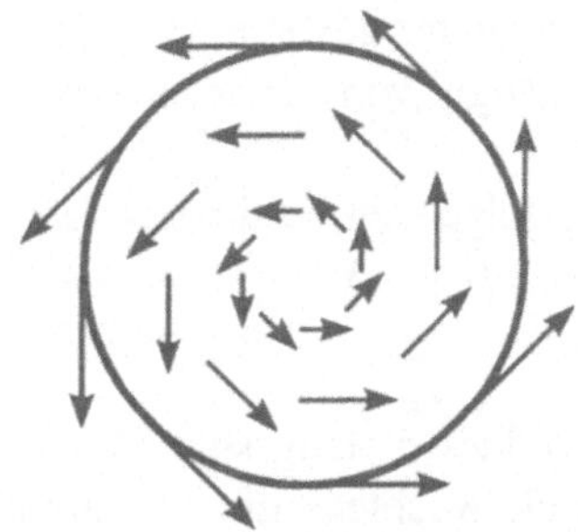

Rotation = lokale Wirbeldichte

Sei $\vec{v}$ wieder ein Geschwindigkeitsfeld einer strömenden Flüssigkeit. C sei eine geschlossene Kurve um einen Punkt P. Dann ist das Linienintegral

$$\oint_{(C)} \vec{v}\, d\vec{r} = \oint_{(C)} \vec{v}\,(\vec{r}(t)) \cdot \vec{r}\,'(t)\, dt$$

ein Maß für die Zirkulation der Flüssigkeit **in der Umgebung des Punktes** P. Man beachte, daß $\vec{r}\,'(t)$ tangential zur Kurve C steht und somit $\vec{v}\,(\vec{r}(t)) \cdot \vec{r}\,'(t)$ die Komponente von $\vec{v}$ entlang der Kurve angibt.

Um eine lokale Aussage **am Punkte** P zu erhalten, wählen wir eine Fläche A durch den Punkt P mit Randkurve C und dem Flächen-Normalenvektor $\vec{n}$. ($\vec{n}$ steht senkrecht zu A.) Die Orientierung von C und $\vec{n}$ seien so gewählt, daß sie eine Rechtsschraube bilden.

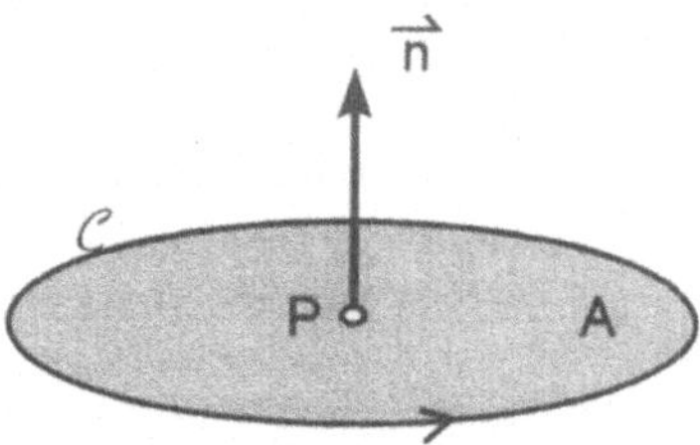

Abb. 163: Fläche A mit Randkurve C und Normale $\vec{n}$.

Die **Rotation (Wirbeldichte, lokale Zirkulation)** des Vektorfeldes $\vec{v}$ in P ist ein Vektor $rot\,\vec{v}$, dessen Komponente in Richtung $\vec{n}$ festgelegt ist durch

$$\vec{n}\, rot\, \vec{v} := \lim_{A \to 0} \frac{1}{A} \oint_{(C)} \vec{v}\, d\vec{r}.$$

Durch geeignete Wahl der Fläche A erhält man alle Komponenten von $rot\,\vec{v}$. Man kann unter gewissen Voraussetzungen zeigen, daß die Definition der Rotation unabhängig von der speziellen Wahl der Fläche A ist.

Im folgenden bestimmen wir in kartesischen Koordinaten $rot\,\vec{v}$ für ein Vektorfeld $\vec{v} = \begin{pmatrix} v_x \\ v_y \\ v_z \end{pmatrix}$. Dazu setzen wir voraus, daß die partiellen Ableitungen des Vektorfeldes $\vec{v}$ stetig sind. Wir betrachten als Punkt P den Ursprung und als Fläche A ein Rechteck mit Mittelpunkt P und Kantenlängen $2\Delta x$ bzw. $2\Delta y$.

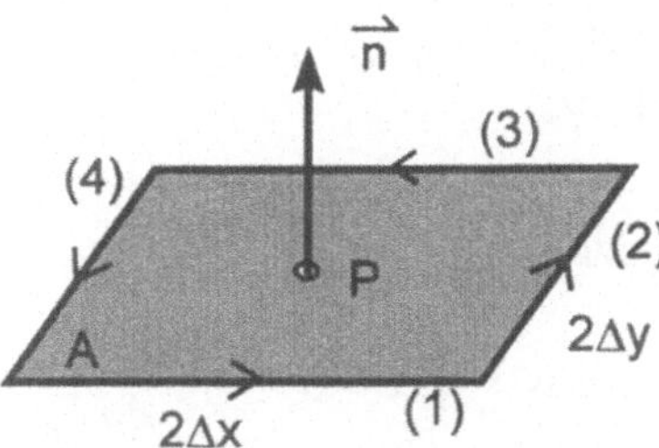

Abb. 164: Zirkulation in z-Richtung

Dann ist $\vec{n} = \vec{e}_z$ und $\vec{n} \cdot \mathrm{rot}\,\vec{v} = (\mathrm{rot}\,\vec{v})_z$ die z-Komponente der Rotation. Das Linienintegral über die Randkurve $\mathcal{C}$ spaltet sich in 4 Teilintegrale auf:

$$(\mathrm{rot}\,\vec{v})_z = \lim_{\Delta x, \Delta y \to 0} \frac{1}{4\,\Delta x\,\Delta y} \left\{ \underbrace{\int_{-\Delta x}^{\Delta x} v_x\,(t, -\Delta y, 0)\,dt}_{(1)} + \underbrace{\int_{-\Delta y}^{\Delta y} v_y\,(\Delta x, t, 0)\,dt}_{(2)} \right.$$

$$\left. \underbrace{\int_{\Delta x}^{-\Delta x} v_x\,(t, \Delta y, 0)\,dt}_{(3)} + \underbrace{\int_{\Delta y}^{-\Delta y} v_y\,(-\Delta x, t, 0)\,dt}_{(4)} \right\}.$$

Man beachte, daß die beiden letzten Integrale von $x = \Delta x$ bis $-\Delta x$ bzw. von $y = \Delta y$ bis $-\Delta y$ gehen. Durch Vertauschen der Integrationsgrenzen bekommen diese Integrale ein negatives Vorzeichen. Mit der Linearisierung von v_x bezüglich der zweiten und von v_y bezüglich der ersten Variablen

$$v_x\,(t, -\Delta y, 0) - v_x\,(t, \Delta y, 0) \approx -\frac{\partial v_x}{\partial y}\,(t, 0, 0) \cdot 2\,\Delta y$$

$$v_y\,(\Delta x, t, 0) - v_y\,(-\Delta x, t, 0) \approx \frac{\partial v_y}{\partial x}\,(0, t, 0) \cdot 2\,\Delta x$$

folgt für die z-Komponente der Rotation

$$(\mathrm{rot}\,\vec{v})_z \approx \frac{1}{4\,\Delta x\,\Delta y} \left\{ \int_{-\Delta x}^{\Delta x} -\frac{\partial v_x}{\partial y}\,(t, 0, 0)\,2\Delta y\,dt + \int_{-\Delta y}^{\Delta y} \frac{\partial v_y}{\partial x}\,(0, t, 0)\,2\Delta x\,dy \right\}.$$

Nach dem Mittelwertsatz der Integralrechnung (Bd. 1, Kap. VI.3.2) kann die Funktion $\frac{\partial}{\partial y} v_x\,(t, 0, 0)$ aus dem Integral gezogen werden, wenn sie an einer geeigneten aber unbekannten Zwischenstelle $-\Delta x \leq \xi_1 \leq \Delta x$ ausgewertet wird. Analoges gilt für $\frac{\partial}{\partial x} v_y\,(0,\,t,\,0)$ für eine Zwischenstelle $-\Delta y \leq \eta_1 \leq \Delta y$.

$$\Rightarrow (\operatorname{rot} \vec{v})_z \approx \frac{1}{4\,\Delta x\,\Delta y}\left\{-\frac{\partial v_x}{\partial y}\,(\xi_1,0,0)\,2\Delta x\,2\Delta y + \frac{\partial v_y}{\partial x}\,(0,\eta_1,0)\,2\Delta x\,2\Delta y\right\}.$$

Für $\Delta x \to 0$ und $\Delta y \to 0$ gehen alle Punkte der Fläche gegen den Ursprung $(\Rightarrow \xi_1 \to 0,\ \eta_1 \to 0)$, so daß

$$(\operatorname{rot} \vec{v})_z = \lim_{\Delta x,\Delta y \to 0} \oint_{(C)} \vec{v}\,d\vec{r} = -\left.\frac{\partial v_x}{\partial y}\right|_P + \left.\frac{\partial v_y}{\partial x}\right|_P.$$

Analog erhält man die erste und zweite Komponente der Rotation, indem man Flächen in der $(y,\,z)$- bzw. $(x,\,z)$-Ebene wählt. Zusammenfassend gilt:

$$\operatorname{rot}\vec{v} = \begin{pmatrix} \dfrac{\partial v_z}{\partial y} - \dfrac{\partial v_y}{\partial z} \\[2ex] \dfrac{\partial v_x}{\partial z} - \dfrac{\partial v_z}{\partial x} \\[2ex] \dfrac{\partial v_y}{\partial x} - \dfrac{\partial v_x}{\partial y} \end{pmatrix} \qquad \text{ist die \textbf{Rotation} des Vektorfeldes} \quad \vec{v} = \begin{pmatrix} v_x(x,y,z) \\ v_y(x,y,z) \\ v_z(x,y,z) \end{pmatrix} \quad \text{im Punkte } (x,\,y,\,z).$$

Die Rotation $\operatorname{rot}\vec{v}$ **des Vektorfeldes** $\vec{v}$ **gibt die lokale Zirkulation (Wirbeldichte) von** $\vec{v}$ **im Punkte** $P\,(x,\,y,\,z)$ **an.** Ist $\operatorname{rot}\vec{v} = 0$, dann hat das Vektorfeld keine lokalen Wirbel und man nennt es **wirbelfrei**.

Ersetzt man im Hauptsatz für Linienintegrale ($\to$ Kap. X.3.3) die Integrabilitätsbedingung durch die Rotation, gilt:

Satz: In einem einfach zusammenhängenden Gebiet sind folgende drei Bedingungen gleichwertig:

(1) $\displaystyle\int_{(C)} \vec{v}\,d\vec{r}$ ist wegunabhängig.

(2) $\displaystyle\oint \vec{v}\,d\vec{r} = 0$.

(3) $\operatorname{rot}\vec{v} = 0$.

Bemerkung: Zur Berechnung der Rotation in kartesischen Koordinaten hat sich die formale Determinantenschreibweise eingebürgert, die nach der ersten Spalte entwickelt wird:

$$\operatorname{rot}\vec{v} = \begin{vmatrix} \vec{e}_x & \partial_x & v_x \\ \vec{e}_y & \partial_y & v_y \\ \vec{e}_z & \partial_z & v_z \end{vmatrix}.$$

5. Beispiel: Man berechne die Rotation des Vektorfeldes $\vec{v} = \begin{pmatrix} x^2 y \\ -2\,x\,z \\ 2\,y\,z \end{pmatrix}$:

$$
\begin{aligned}
\operatorname{rot}\vec{v} &= \begin{vmatrix} \vec{e}_x & \partial_x & x^2 y \\ \vec{e}_y & \partial_y & -2\,x\,z \\ \vec{e}_z & \partial_z & 2\,y\,z \end{vmatrix} \\
&= \vec{e}_x\left(\partial_y\,2\,y\,z - \partial_z\,(-2\,x\,z)\right) - \vec{e}_y\left(\partial_x\,2\,y\,z - \partial_z\,x^2 y\right) \\
&\qquad\qquad\qquad + \vec{e}_z\left(\partial_x\,(-2\,x\,z) - \partial_y\,x^2 y\right) \\
&= \begin{pmatrix} 2\,z + 2\,x \\ 0 \\ -2\,z - x^2 \end{pmatrix}.
\end{aligned}
$$

6. Beispiele:

(1) Für **radialsymmetrische Kraftfelder** $\vec{k}\,(\vec{r}) = f\,(r)\,\vec{r}$ sind nach Kap. X.3.3.5 Beispiel 71 die Integrabilitätsbedingungen erfüllt. Daher gilt für diese Kraftfelder

$$
\boxed{\operatorname{rot}\vec{k}\,(\vec{r}) = 0.}
$$

(2) Für alle Vektorfelder mit $rot\,\vec{k} = 0$ sind die Integrabilitätsbedingungen erfüllt. Daher existiert dann immer eine Potentialfunktion $\Phi\,(x,\,y,\,z)$ mit $\vec{k} = grad\,\Phi$:

$$
\boxed{\operatorname{rot}\vec{k} = 0 \;\Rightarrow\; \text{Es gibt } \Phi \text{ mit } \vec{k} = \operatorname{grad}\Phi.}
$$

(3) Gegeben ist das Vektorfeld $\vec{k} = \begin{pmatrix} -\frac{y}{x^2+y^2} \\ \frac{x}{x^2+y^2} \\ 0 \end{pmatrix}$. Man zeige, daß $rot\,\vec{k} = 0$.

7. Beispiel: Die Geschwindigkeit eines **rotierenden, starren Körpers** ist $\vec{v} = \vec{\omega} \times \vec{r}$. $\vec{\omega}$ ist der Vektor, dessen Richtung der Drehachse entspricht und dessen Betrag die Winkelgeschwindigkeit angibt.

$$
\vec{v} = \vec{\omega} \times \vec{r} = \begin{vmatrix} \vec{e}_x & \omega_x & x \\ \vec{e}_y & \omega_y & y \\ \vec{e}_z & \omega_z & z \end{vmatrix} = \begin{pmatrix} \omega_y\,z - \omega_z\,y \\ \omega_z\,x - \omega_x\,z \\ \omega_x\,y - \omega_y\,x \end{pmatrix}.
$$

Mit der Determinantenschreibweise der Rotation

$$
\operatorname{rot}\vec{v} = \begin{vmatrix} e_x & \partial_x & \omega_y\,z - \omega_z\,y \\ e_y & \partial_y & \omega_z\,x - \omega_x\,z \\ e_z & \partial_z & \omega_x\,y - \omega_y\,x \end{vmatrix}
$$

folgt für die x-Komponente

$$
(\operatorname{rot}\vec{v})_x = \partial_y\,(\omega_x\,y - \omega_y\,x) - \partial_z\,(\omega_z\,x - \omega_x\,z) = 2\,\omega_x, \quad \text{usw.}
$$

$$\Rightarrow \boxed{\operatorname{rot}\vec{v} = 2\,\vec{\omega}.}$$

Bringt man in das Geschwindigkeitsfeld $\vec{v}$ einer strömenden Flüssigkeit einen kleinen Probekörper, der sich frei mitbewegen kann, so ist der Drehvektor $\vec{\omega}$ dieses Körpers $\frac{1}{2}\operatorname{rot}\vec{v}$.

8. Beispiel: In MAPLE wird die Rotation eines Vektorfeldes durch den Befehl **curl** realisiert. (Rotation heißt auf Englisch curl!) Ähnlich wie der **diverge**-Befehl wird neben dem Vektorfeld auch der Vektor der Variablen übergeben. Der **curl**-Befehl ist im **linalg**-Paket enthalten.

```
> with(linalg):
> w:=[w1, w2, w3]:
> r:=[x, y, z]:
> v:=crossprod(w, r);
```

$$v := [w2\,z - w3\,y\,,\ w3\,x - w1\,z\,,\ w1\,y - w2\,x]$$

```
> curl(v, [x, y, z]);
```

$$[2\,w1 \quad 2\,w2 \quad 2\,w3]$$

2.2 Stokescher Integralsatz

Zur Herleitung des Stokeschen Integralsatzes zerlegen wir eine gegebene Fläche A mit Randkurve C in Teilflächen ΔA_i, $\quad i = 1, \ldots, n$. Diese Teilflächen enthalten die Punkte P_i und sind von den Kurven C_i berandet.

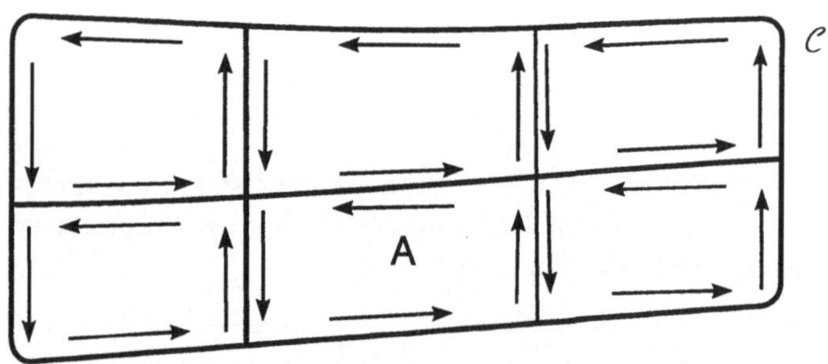

Abb. 165: Zum Stokeschen Integralsatz

Dann gilt näherungsweise für die Zirkulation des Vektorfeldes $\vec{v}$ im Flächenelement ΔA_i

$$\operatorname{rot}\vec{v}\big|_{P_i}\,\Delta\vec{A}_i \approx \oint\limits_{(C_i)} \vec{v}\,d\vec{r}.$$

Grenzen zwei Teilflächen A_k und A_l aneinander,

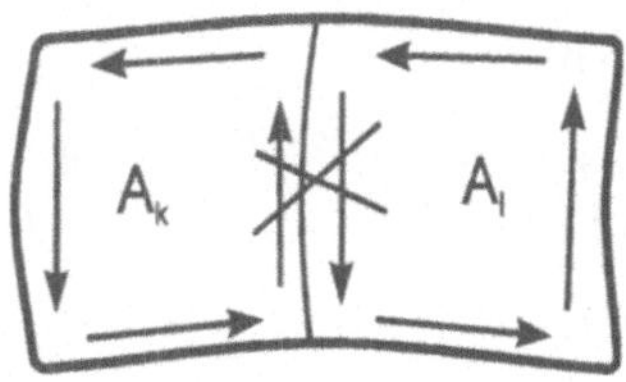

so heben sich die Beiträge an den Grenzlinien auf, da sie entgegengesetzt orientiert sind. Anschaulich bedeutet dies, daß die Zirkulation in der Fläche A_k und A_l durch die Bilanzierung der äußeren Randkurven bestimmt werden kann. Durch Summation über alle Teilflächen erhält man

$$\sum_{k=1}^{n} \operatorname{rot} \vec{v}\big|_{P_k} \cdot \Delta \vec{A}_k \approx \oint_{(C)} \vec{v}\, d\vec{r}.$$

Für $n \to \infty$ (d.h. $\Delta \vec{A}_k \to 0$) strebt die Summe $\sum_{k=1}^{n} rot\, \vec{v}\big|_{P_k} \Delta \vec{A}_k$ gegen das Integral $\iint_{(A)} \operatorname{rot} \vec{v}\, d\vec{A}$ und man erhält

$$\iint_{(A)} \operatorname{rot} \vec{v}\, d\vec{A} = \oint_{(C)} \vec{v}\, d\vec{r}.$$

Diese Integralbeziehung bezeichnet man als den *Stokeschen Satz*.

Stokescher Integralsatz: (Rotationssatz)
Sei A eine Fläche mit Randkurve C und $\vec{v}(x, y, z)$ ein Vektorfeld. Dann gilt:

$$\iint_{(A)} \operatorname{rot} \vec{v}\, d\vec{A} = \oint_{(C)} \vec{v}\, d\vec{r}.$$

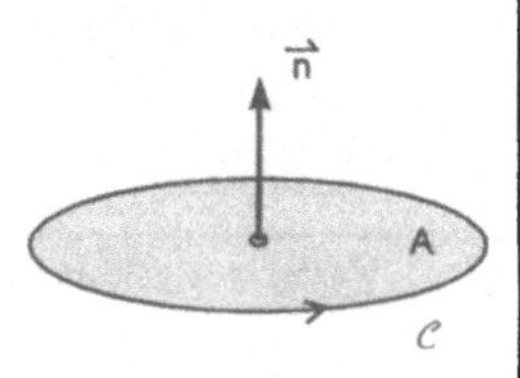

Die Orientierung von C und die Flächennormale $d\vec{A} = \vec{n}\, dA$ bilden dabei eine Rechtsschraube; das Linienelement lautet $d\vec{r} = \vec{r}\,'(t)\, dt$ mit dem Tangentenvektor $\vec{r}\,'(t)$ auf dem Rand C.

---

9. Beispiel: In einem zeitlich veränderlichen Magnetfeld $\vec{B}$ gilt das Induktionsgesetz

$$U_i = -\iint_{(A)} \frac{\partial \vec{B}}{\partial t}\, d\vec{A}.$$

Da nach Kap. X.3.3, Beispiel 73, die Spannung zwischen zwei Punkten in einem elektrischen Feld $\vec{E}$ gegeben ist durch das Linienintegral entlang C

$$U = \int_{(C)} \vec{E}\, d\vec{r},$$

folgt mit dem Stokeschen Satz

$$\iint\limits_{(A)} \operatorname{rot} \vec{E}\, d\vec{A} = - \iint\limits_{(A)} \frac{\partial \vec{B}}{\partial t}\, d\vec{A}$$

für jede beliebige Fläche A. Daher muß die Identität schon für die Integranden Gültigkeit besitzen:

$$\boxed{\operatorname{rot} \vec{E} = -\frac{\partial}{\partial t}\, \vec{B}.}$$

§3. Rechnen mit Differentialoperatoren

In diesem Abschnitt werden wir für skalare Felder und Vektorfelder nochmals wichtige Begriffe zusammenstellen. Eine Funktion $\Phi : \mathbb{R}^3 \to \mathbb{R}$ mit $\Phi(x, y, z)$ heißt **skalares Feld** oder **Skalarfeld**. Beispiele für Skalarfelder sind räumliche Temperaturprofile $T(x, y, z)$ oder Ladungsdichten $\rho(x, y, z)$. Eine Funktion $\vec{k} :$ $\mathbb{R}^3 \to \mathbb{R}^3$ mit

$$\vec{k}(x, y, z) = \begin{pmatrix} k_1(x, y, z) \\ k_2(x, y, z) \\ k_3(x, y, z) \end{pmatrix}$$

heißt **Vektorfeld**. Beispiele für Vektorfelder sind das Magnetfeld $\vec{B}$, das elektrische Feld $\vec{E}$, Kraftfelder $\vec{F}$ oder Geschwindigkeitsfelder $\vec{v}$. Ein Vektorfeld $\vec{k}$ heißt **Potentialfeld (Gradientenfeld)**, wenn eine Funktion Φ existiert mit $\vec{k} = grad\,\Phi$. Φ heißt dann das **skalare Potential**.

Zusammenfassung: Gradient, Divergenz, Rotation

Sei $\Phi(x, y, z)$ ein skalares Feld und $\vec{k}(x, y, z) = \begin{pmatrix} k_1(x, y, z) \\ k_2(x, y, z) \\ k_3(x, y, z) \end{pmatrix}$ ein Vektorfeld.

(1) $\operatorname{grad}\Phi(x, y, z) = \begin{pmatrix} \partial_x\,\Phi(x, y, z) \\ \partial_y\,\Phi(x, y, z) \\ \partial_z\,\Phi(x, y, z) \end{pmatrix}$ ist der **Gradient** von $\Phi(x, y, z)$.

Der Gradient ist ein Vektorfeld.

(2) $\operatorname{div}\vec{k}(x, y, z) = \partial_x\,k_1(x, y, z) + \partial_y\,k_2(x, y, z) + \partial_z\,k_3(x, y, z)$ ist die **Divergenz** des Vektorfeldes $\vec{k}$. Die Divergenz ist ein skalares Feld.

(3) $\operatorname{rot}\vec{k} = \begin{pmatrix} \partial_y\,k_3(x, y, z) - \partial_z\,k_2(x, y, z) \\ \partial_z\,k_1(x, y, z) - \partial_x\,k_3(x, y, z) \\ \partial_x\,k_2(x, y, z) - \partial_y\,k_1(x, y, z) \end{pmatrix}$ ist die **Rotation** des Vektorfeldes $\vec{k}$. Die Rotation ist ein Vektorfeld.

---

10. Beispiel: Ableitungsoperatoren in MAPLE. In MAPLE werden die Ableitungs-operatoren durch den **grad-**, **diverge-** und **curl**-Befehl berechnet, die im **linalg**-Paket enthalten sind.

```
> with(linalg):
> phi:=1/sqrt(x^2+y^2+z^2+1);
```

$$\Phi := \frac{1}{\sqrt{x^2 + y^2 + z^2 + 1}}$$

```
> k:=grad(phi, [x, y, z]);
```

$$k := \left[-\frac{x}{\left(x^2 + y^2 + z^2 + 1\right)^{\frac{3}{2}}}, \; -\frac{y}{\left(x^2 + y^2 + z^2 + 1\right)^{\frac{3}{2}}}, \; -\frac{z}{\left(x^2 + y^2 + z^2 + 1\right)^{\frac{3}{2}}} \right]$$

```
> diverge(k, [x, y, z]):
> simplify(%);
```

$$-3 \, \frac{1}{\left(x^2 + y^2 + z^2 + 1\right)^{\frac{5}{2}}}$$

```
> curl(k, [x, y, z]);
```

$$[0, \quad 0, \quad 0] \qquad \qquad \square$$

In der Physik hat sich eine Operatorenschreibweise für *grad*, *div* und *rot* ein-gebürgert, indem der **Nabla**-Operator ∇ eingeführt wird:

$$\nabla := (\partial_x, \, \partial_y, \, \partial_z) = \left(\frac{\partial}{\partial x}, \, \frac{\partial}{\partial y}, \, \frac{\partial}{\partial z} \right).$$

Formal ist der Nabla-Operator ein Vektor, der immer links der zu differenzierenden Funktion steht. Überträgt man die Multiplikationen aus der Vektoralgebra (skalare Multiplikation $\vec{v} \cdot \alpha$, Skalarprodukt $\vec{v} \cdot \vec{\omega}$, Kreuzprodukt $\vec{v} \times \vec{\omega}$) auf den Nabla-Operator, gilt

$$\begin{aligned} \operatorname{grad} \Phi &= \nabla \Phi \\ \operatorname{div} \vec{k} &= \nabla \vec{k} \\ \operatorname{rot} \vec{k} &= \nabla \times \vec{k}. \end{aligned}$$

Die Zweckmäßigkeit des Nabla-Operators zeigt sich z.B. darin, daß man mit ihm wie mit einem normalen Vektor rechnen kann. Man prüft direkt nach, daß $\nabla \left(\nabla \times \vec{k} \right) = 0$ und $\nabla \times (\nabla \Phi) = 0$ gültig ist; was für Vektoren aufgrund der Definition des Kreuzpunktes $\vec{v} \times \vec{\omega}$ offensichtlich ist:

Satz: Sei $\vec{k}(x, y, z)$ ein Vektorfeld und $\Phi(x, y, z)$ ein skalares Feld. Dann gilt stets

$$\operatorname{div}(\operatorname{rot} \vec{k}) = 0, \qquad \operatorname{rot}(\operatorname{grad} \Phi) = 0.$$

Für das Differenzieren von Vektorfeldern gelten die folgenden Regeln, die man durch direktes Nachrechnen überprüfen kann. Φ sei stets ein differenzierbares, skalares Feld, $\vec{v}$ und $\vec{\omega}$ differenzierbare Vektorfelder.

$$
\begin{array}{rlcl}
\text{a)} & \operatorname{div}(\vec{v}+\vec{\omega}) & = & \operatorname{div}(\vec{v})+\operatorname{div}(\vec{\omega}) \\
\text{b)} & \operatorname{rot}(\vec{v}+\vec{\omega}) & = & \operatorname{rot}(\vec{v})+\operatorname{rot}(\vec{\omega}) \\
\text{c)} & \operatorname{div}(\Phi\,\vec{v}) & = & \operatorname{grad}\Phi \cdot \vec{v} + \Phi\operatorname{div}(\vec{v}) \\
\text{d)} & \operatorname{rot}(\Phi\,\vec{v}) & = & \operatorname{grad}\Phi \times \vec{v} + \Phi\operatorname{rot}(\vec{v}) \\
\text{e)} & \operatorname{div}(\vec{v}\times\vec{\omega}) & = & \vec{\omega}\cdot\operatorname{rot}(\vec{v}) - \vec{v}\cdot\operatorname{rot}(\vec{\omega}) \\
\text{f)} & \operatorname{rot}(\vec{v}\times\vec{\omega}) & = & \operatorname{div}(\vec{\omega})\,\vec{v}-\operatorname{div}(\vec{v})\,\vec{\omega} + (\vec{\omega}\cdot\nabla)\,\vec{v} - (\vec{v}\cdot\nabla)\,\vec{\omega} \\
\text{g)} & \operatorname{grad}(\vec{v}\cdot\vec{\omega}) & = & \vec{\omega}\times\operatorname{rot}(\vec{v}) + \vec{v}\times\operatorname{rot}(\vec{\omega}) + (\vec{\omega}\cdot\nabla)\,\vec{v} + (\vec{v}\cdot\nabla)\,\vec{\omega}
\end{array}
$$

Dabei ist

$$
\begin{aligned}
(\vec{\omega}\cdot\nabla)\,\vec{v} &= (\omega_1\,\partial_x + \omega_2\,\partial_y + \omega_3\,\partial_z)\begin{pmatrix} v_1 \\ v_2 \\ v_3 \end{pmatrix} \\
&= \begin{pmatrix} \omega_1\,\partial_x\,v_1 + \omega_2\,\partial_y\,v_1 + \omega_3\,\partial_z\,v_1 \\ \omega_1\,\partial_x\,v_2 + \omega_2\,\partial_y\,v_2 + \omega_3\,\partial_z\,v_2 \\ \omega_1\,\partial_x\,v_3 + \omega_2\,\partial_y\,v_3 + \omega_3\,\partial_z\,v_3 \end{pmatrix}.
\end{aligned}
$$

Zum Abschluß seien noch zwei wichtige Konsequenzen aus der Quellenfreiheit $(div\,\vec{k} = 0)$ und aus der Wirbelfreiheit $(rot\,\vec{k} = 0)$ eines Vektorfeldes notiert:

Satz:

(1) Das Vektorfeld $\vec{k}$ ist genau dann wirbelfrei, wenn es ein skalares Feld Φ gibt mit $\vec{k} = grad\,\Phi$. Man nennt Φ dann skalares Potential:

$$
\boxed{\text{Es gibt ein } \Phi \text{ mit } \vec{k} = \operatorname{grad}\Phi \quad \Leftrightarrow \quad \operatorname{rot}\vec{k} = 0.}
$$

(2) Das Vektorfeld $\vec{k}$ ist genau dann quellenfrei, wenn es ein Vektorfeld $\vec{A}$ gibt mit $\vec{k} = rot\,\vec{A}$. Man nennt $\vec{A}$ dann Vektorpotential:

$$
\boxed{\text{Es gibt ein } \vec{A} \text{ mit } \vec{k} = \operatorname{rot}\vec{A} \quad \Leftrightarrow \quad \operatorname{div}\vec{k} = 0.}
$$

In MAPLE gibt es zwei Befehle **potential** und **vecpotent**, mit denen man nachprüfen kann, ob ein Vektorfeld $\vec{k}$ wirbel- bzw. quellenfrei ist. Im Falle, daß $\vec{k}$ wirbelfrei ist $(rot\,\vec{k} = 0)$ bestimmt der Befehl **potential** das zugehörige Potential. Für den Fall, daß ein quellenfreies Vektorfeld vorliegt $(div\,\vec{k} = 0)$, berechnet **vecpotent** das zugehörige Vektorpotential. Beide Befehle sind im **linalg**-Paket enthalten.

11. Beispiele:

(1) Wir untersuchen das Vektorfeld $\vec{f} = \begin{pmatrix} \frac{x}{x^2+y^2+z^2} \\ \frac{y}{x^2+y^2+z^2} \\ \frac{z}{x^2+y^2+z^2} \end{pmatrix}$. Zu $\vec{f}$ gibt es ein zu-

gehöriges skalares Potential aber kein Vektorpotential:

```
> with(linalg):
> f:=[x/(x^2+y^2+z^2), y/(x^2+y^2+z^2), z/(x^2+y^2+z^2)]:
> potential(f, [x, y, z], phi1);
```

$$true$$

```
> phi1;
```

$$\frac{1}{2}\ln\left(x^2+y^2+z^2\right)$$

Wir prüfen nach, daß tatsächlich $\vec{f} = grad\,\Phi_1$, aber $\vec{f}$ nicht quellenfrei ist:

```
> grad(phi1, [x, y, z];
```

$$\left[\frac{x}{x^2+y^2+z^2}\,,\;\frac{y}{x^2+y^2+z^2}\,,\;\frac{z}{x^2+y^2+z^2}\right]$$

```
> vecpotent(f, [x, y, z], A);
```

$$false$$

(2) Das Vektorfeld $\vec{B} = \begin{pmatrix} -\frac{y}{x^2+y^2} \\ \frac{x}{x^2+y^2} \\ 0 \end{pmatrix}$ ist quellenfrei, daher gibt es ein zugehöri-

ges Vektorpotential

```
> B:=[-y/(x^2+y^2), x/(x^2+y^2), 0]:
> vecpotent(B, [x, y, z], A);
```

$$true$$

```
> print(A);
```

$$\left[\frac{x\,z}{x^2+y^2}\,,\;\;\frac{y\,z}{x^2+y^2}\,,\;\;0\right]$$

Wir prüfen nach, daß $\vec{B} = rot\,\vec{A}$:

```
> curl(A, [x, y, z]);
```

$$\left[-\frac{y}{x^2+y^2}\,,\;\;\frac{x}{x^2+y^2}\,,\;\;0\right]$$

12. Beispiel: Gegeben ist das skalare Potential

$$\Phi\left(x,\,y,\,z\right) = \arctan\frac{y}{x}\qquad\left(x\geq 0\right).$$

Das zugehörige Vektorfeld $\vec{k}$ lautet

$$\vec{k} = \operatorname{grad}\Phi = \begin{pmatrix} -\frac{y}{x^2+y^2} \\ \frac{x}{x^2+y^2} \\ 0 \end{pmatrix}.$$

Da $\vec{k}$ ein Potentialfeld ist, gilt $rot\,\vec{k} = 0$. Die Divergenz von $\vec{k}$ bestimmt sich aus

$$\operatorname{div}\vec{k} \;=\; \partial_x\left(-\frac{y}{x^2+y^2}\right) + \partial_y\left(\frac{x}{x^2+y^2}\right) + \partial_z\,(0)$$

$$=\; \frac{y\cdot 2\,x}{\left(x^2+y^2\right)^2} + \frac{-x\cdot 2\,y}{\left(x^2+y^2\right)^2} + 0 = 0.$$

Das Vektorfeld $\vec{k}$ ist sowohl divergenz- als auch rotationsfrei. Für das skalare Potential Φ gilt also

$$\operatorname{div}\operatorname{grad}\Phi = \operatorname{div}\vec{k} = \begin{pmatrix} \partial_x \\ \partial_y \\ \partial_z \end{pmatrix}\begin{pmatrix} \partial_x \\ \partial_y \\ \partial_z \end{pmatrix}\Phi = \partial_x^2\,\Phi + \partial_y^2\,\Phi + \partial_z^2\,\Phi = 0.$$

Man nennt

$$\boxed{\Delta\Phi = \partial_x^2\,\Phi + \partial_y^2\,\Phi + \partial_z^2\,\Phi}$$

den **Laplace**-Operator, der in der Elektrostatik eine große Rolle spielt, da alle elektrostatischen Probleme durch

$$\Delta\Phi = -\frac{\rho}{\varepsilon_0}$$

modelliert werden, wenn $\rho\,(x,\,y,\,z)$ die Ladungsdichteverteilung und ε_0 die Dielektrizitätskonstante ist ($\to$ Kap. XV.4.1).

13. Beispiel: Eine skalare Funktion $\Phi\,(x,\,y,\,z)$ heißt **harmonische** Funktion, wenn für jeden Punkt des Definitionsbereichs gilt

$$\Delta\Phi = 0.$$

Man prüft explizit nach, daß

$$\begin{aligned}
\Phi\,(x,\,y) &= x^2 - y^2 \\
\Phi\,(x,\,y) &= \cos x\,\cosh y \\
\Phi\,(x,\,y) &= \ln\sqrt{x^2+y^2} \\
\Phi\,(x,\,y) &= \arctan\left(\frac{y}{x}\right)
\end{aligned}$$

harmonische Funktionen sind. Man verwende hierzu auch den MAPLE-Befehl **laplacian** aus dem Paket **linalg**.

14. Beispiele: Kraftfelder.

(1) Gegeben ist das Kraftfeld $\vec{F} = \begin{pmatrix} x\,y \\ x\,z \\ x^2\,y\,z^2 \end{pmatrix}$. Es gilt

$$\operatorname{rot}\vec{F} = \begin{vmatrix} \vec{e}_x & \partial_x & x\,y \\ \vec{e}_y & \partial_y & x\,z \\ \vec{e}_z & \partial_z & x^2\,y\,z^2 \end{vmatrix} = \begin{pmatrix} x^2\,z^2 - x \\ -2\,x\,y\,z^2 \\ z - x \end{pmatrix}.$$

Da $\operatorname{rot}\vec{F} \neq 0$, ist $\vec{F}$ kein Potentialfeld.

(2) Das Kraftfeld

$$\vec{F}(\vec{r}) = c\,\frac{\vec{r}}{|\vec{r}|^3} = c\,\frac{1}{(x^2 + y^2 + z^2)^{\frac{3}{2}}} \begin{pmatrix} x \\ y \\ z \end{pmatrix}$$

ist ein zentrales Kraftfeld. Man rechnet nach, daß

$$\operatorname{rot}\vec{F} = 0 \quad \text{und} \quad \operatorname{div}\vec{F} = 0.$$

Wegen $\operatorname{rot}\vec{F} = 0$ ist $\vec{F}$ ein Gradientenfeld, d.h. es gibt ein Potential Φ mit

$$\vec{F} = \operatorname{grad}\Phi = \begin{pmatrix} \partial_x\,\Phi \\ \partial_y\,\Phi \\ \partial_z\,\Phi \end{pmatrix} \stackrel{!}{=} \begin{pmatrix} f_1 \\ f_2 \\ f_3 \end{pmatrix} = \begin{pmatrix} c\,\dfrac{x}{(x^2+y^2+z^2)^{\frac{3}{2}}} \\ c\,\dfrac{y}{(x^2+y^2+z^2)^{\frac{3}{2}}} \\ c\,\dfrac{z}{(x^2+y^2+z^2)^{\frac{3}{2}}} \end{pmatrix}.$$

Wir bestimmen dieses Potential Φ mit dem MAPLE-Befehl **potential**:

```
> potential([c*x/(x^2+y^2+z^2)^(-3/2), c*y/(x^2+y^2+z^2)^(-3/2),
>                       c*z/(x^2+y^2+z^2)^(-3/2)], [x,y,z], phi):
```

$$\Rightarrow \boxed{\;\Phi(x,\,y,\,z) = -\frac{c}{(x^2 + y^2 + z^2)^{\frac{1}{2}}} + konst = \frac{c}{|\vec{r}|} + konst.\;}$$

Es gilt $\operatorname{div}\vec{F} = \operatorname{div}(\operatorname{grad}\Phi) = \Delta\Phi = 0.$ $\Rightarrow$ $\Phi(x,\,y,\,z)$ ist eine harmonische Funktion. Φ heißt **Newtonsches Potential**. Physikalische Beispiele sind das **Gravitationsfeld** oder das **Coulomb-Feld** einer elektrischen Ladung.

15. Beispiel: Gegeben ist eine zähe Flüssigkeit, die durch ein Rohr mit Radius r fließt. Die Geschwindigkeit in y-Richtung beträgt

$$\vec{v} = c \cdot \begin{pmatrix} 0 \\ r^2 - x^2 - z^2 \\ 0 \end{pmatrix} \Rightarrow \operatorname{rot}\vec{v} = \begin{pmatrix} 2\,c\,z \\ 0 \\ -2\,c\,x \end{pmatrix}$$

$$\text{und} \quad \operatorname{div}\vec{v} = \frac{\partial}{\partial x}(0) + \frac{\partial}{\partial y}(r^2 - x^2 - z^2) + \frac{\partial}{\partial z}(0) = 0.$$

Das Geschwindigkeitsfeld hat keine Quellen ($\operatorname{div}\vec{v} = 0$), besitzt aber eine Zirkulation in der $(x,\,z)$-Ebene.

§4. Anwendung: Die Maxwellschen Gleichungen

Die Maxwellschen Gleichungen sind Glanzstücke der mathematischen Physik des 19. Jahrhunderts. Lassen sich damit doch alle Phänomene in der klassischen Elektrodynamik beschreiben. Die Grundlage bilden vier physikalisch Gesetzmäßigkeiten:

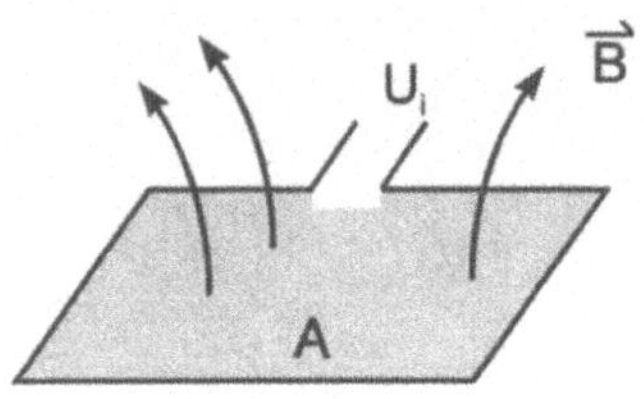

Abb. 166: Magnetischer   Fluß durch Fläche

(1) Das **Faradaysche Induktionsgesetz** (1831) besagt, daß die zeitliche Änderung des magnetischen Flusses in einer Leiterschleife eine Spannung induziert

$$U_i = -\frac{\partial}{\partial t}\,\Phi = -\frac{\partial}{\partial t}\iint\limits_{(A)} \vec{B}\,d\vec{A}.$$

Ist die das Magnetfeld durchdringende Fläche A zeitlich konstant, folgt

$$U_i = -\iint\limits_{(A)}\left(\frac{\partial}{\partial t}\vec{B}\right)d\vec{A}.$$

Die indizierte Spannung ist mit dem elektrischen Feld über die Beziehung

$$U_i = \oint\limits_{(C)} \vec{E}\,d\vec{r} = \iint\limits_{(A)} \mathrm{rot}\,\vec{E}\,d\vec{A}$$

verknüpft, wenn man auf das Linienintegral den Stokeschen Satz anwendet.

$$\Rightarrow \iint\limits_{(A)} \mathrm{rot}\,\vec{E}\,d\vec{A} = \iint\limits_{(A)}\left(-\frac{\partial}{\partial t}\vec{B}\right)d\vec{A}.$$

Diese Identität gilt für alle Flächen A (auch für beliebig kleine). Mit dem Mittelwertsatz der Integralrechnung folgt, daß sie dann schon für die Integranden erfüllt sein muß

$$\Rightarrow \boxed{\mathrm{rot}\,\vec{E} = -\frac{\partial}{\partial t}\vec{B}.}$$

(2) Das **Gaußsche Gesetz** der Elektrostatik besagt, daß der Fluß des elektrischen Feldes proportional zur Gesamtladung Q ist, die sich im Innern des Volumens befindet:

$$\oint\limits_{(A)} \vec{E}\,d\vec{A} \sim Q.$$

Die Proportionalitätskonstante wird mit $\frac{1}{\varepsilon_0}$ (ε_0: Dielektrizitätskonstante) bezeichnet. Ist $\rho\,(x,\,y,\,z)$ die Ladungsdichtenverteilung innerhalb des Volumens V, dann folgt für die Gesamtladung

$$Q = \iiint\limits_{(V)} \rho\,(x,\,y,\,z)\,dV.$$

$$\Rightarrow \frac{1}{\varepsilon_0}\,Q = \frac{1}{\varepsilon_0}\,\iiint\limits_{(V)} \rho\,(x,\,y,\,z) = \oint\limits_{(A)} \vec{E}\,d\vec{A},$$

wenn A die das Volumen V einschließende Oberfläche darstellt. Nach dem Gaußschen Integralsatz ist

$$\oint\limits_{(A)} \vec{E}\,d\vec{A} = \iiint\limits_{V} \operatorname{div}\vec{E}\,dV.$$

$$\Rightarrow \iiint\limits_{V} \operatorname{div}\vec{E}\,dV = \frac{1}{\varepsilon_0}\,\iiint\limits_{(V)} \rho\,(x,\,y,\,z)\,dV.$$

Diese Identität gilt für beliebige Volumina und daher auch für die Integranden

$$\Rightarrow \boxed{\operatorname{div}\vec{E} = \frac{\rho}{\varepsilon_0}.}$$

Die Quellen des elektrischen Feldes sind die Ladungsdichten.

(3) Das **Amperesche Gesetz** (1825) besagt, daß ein stromdurchflossener Leiter ein Magnetfeld induziert

$$\oint\limits_{(C)} \vec{B}\,d\vec{r} = \mu_0\,I.$$

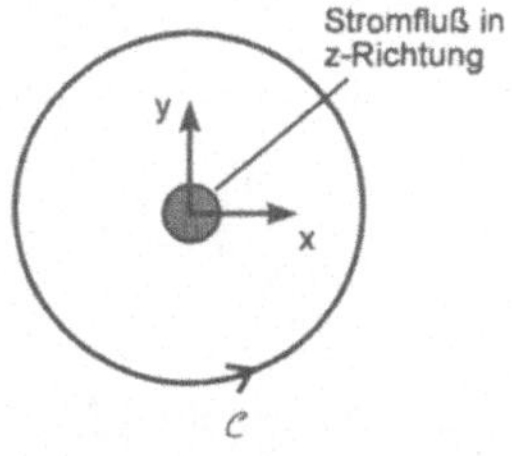

Ist $\vec{j}$ die Stromdichtenverteilung innerhalb der durch C festgelegten Fläche A, dann ist der Strom I gegeben durch

$$I = \iint\limits_{(A)} \vec{j}\,d\vec{A}$$

Abb. 167: Stromdurchfl. Leiter

und mit dem Stokeschen Satz gilt

$$\mu_0\,I = \mu_0 \iint\limits_{(A)} \vec{j}\,d\vec{A} = \oint\limits_{(C)} \vec{B}\,d\vec{r} = \iint\limits_{(A)} \operatorname{rot}\vec{B}\,d\vec{A}.$$

$$\Rightarrow \iint\limits_{(A)} \mu_0\,\vec{j}\,d\vec{A} = \iint\limits_{(A)} \operatorname{rot}\vec{B}\,d\vec{A}$$

für alle Flächen A $\qquad \Rightarrow \boxed{\mu_0 \vec{j} = \operatorname{rot} \vec{B}.}$

(4) Da das Magnetfeld quellenfrei ist (es gibt keine magnetischen Monopole), folgt

$$\boxed{\operatorname{div} \vec{B} = 0.}$$ $\qquad\qquad\qquad \square$

Damit erhält man die Gleichungen

$$\begin{aligned}
\operatorname{div} \vec{E} &= \frac{\rho}{\varepsilon_0} & (1)\\
\operatorname{rot} \vec{B} &= \mu_0 \vec{j} & (2)\\
\operatorname{rot} \vec{E} &= -\frac{\partial}{\partial t}\vec{B} & (3)\\
\operatorname{div} B &= 0. & (4)
\end{aligned}$$

Diese 4 Gleichungen beinhalten allerdings noch einen Widerspruch: Bilden wir die Divergenz von Gleichung (2), gilt

$$\operatorname{div}\left(\mu_0 \vec{j}\right) = \operatorname{div}\left(\operatorname{rot}\vec{B}\right) = 0:$$

Die Divergenz der Stromdichte ist Null. Dies widerspricht der sog. Kontinuitätsgleichung:

(5) Die zeitliche Änderung der Gesamtladung in einem Volumen, $\frac{\partial}{\partial t}\iiint\limits_{(V)}\rho\,dV$, ist gleich dem Stromfluß durch seine Oberfläche

$$-\iint\limits_{(A)}\vec{j}\,d\vec{A} = -\iiint\limits_{(V)}\operatorname{div}\vec{j}\,dV \Rightarrow \iiint\limits_{(V)}\frac{\partial}{\partial t}\rho\,dV = \iiint\limits_{(V)}-\operatorname{div}\vec{j}\,dV$$

Da diese Identität für alle Volumina V gültig ist, folgt sie auch für die Integranden

$$\Rightarrow \boxed{\frac{\partial}{\partial t}\rho = -\operatorname{div}\vec{j}.} \qquad \textbf{(Kontinuitätsgleichung)}$$

Aus der Kontinuitätsgleichung folgt

$$\operatorname{div}\vec{j} = -\frac{\partial}{\partial t}\rho \overset{(1)}{=} -\frac{\partial}{\partial t}\varepsilon_0\operatorname{div}\vec{E} = \operatorname{div}\left(-\varepsilon_0\frac{\partial}{\partial t}\vec{E}\right)$$

$$\Rightarrow \operatorname{div}\left(\vec{j} + \varepsilon_0\frac{\partial}{\partial t}\vec{E}\right) = 0.$$

Man nennt $\vec{j} + \varepsilon_0\frac{\partial}{\partial t}\vec{E}$ den *Maxwellschen Gesamtstrom* und $\varepsilon_0\frac{\partial}{\partial t}\vec{E}$ den *Verschiebungsstrom*. Ersetzt man $\vec{j}$ in Gleichung (2) durch $\vec{j} + \varepsilon_0\frac{\partial}{\partial t}\vec{E}$, so sind die

Gleichungen (1)-(4) widerspruchsfrei und man erhält die vollständigen **Maxwellgleichungen für das Vakuum:**

innere Feldgleichungen	Felderzeugung
$\operatorname{rot}\vec{E} = -\dfrac{\partial}{\partial t}\,\vec{B}$	$\operatorname{div}\vec{E} = \dfrac{\rho}{\varepsilon_0}$
$\operatorname{div}\vec{B} = 0$	$\operatorname{rot}\vec{B} = \mu_0\,\vec{j} + \varepsilon_0\,\mu_0\,\dfrac{\partial}{\partial t}\,\vec{E}$

Zusammenstellung der Maple-Befehle

with(linalg)	
curl$(f, [x1, x2, x3])$	Berechnung der Rotation des Vektorfeldes $\vec{f}$ bezüglich den Variablen $(x_1,\ x_2,\ x_3)$: $\quad rot\,(f)$
diverge$(f, [x1, ..., xn])$	Berechnung der Divergenz des Vektorfeldes $\vec{f}$ bezüglich den Variablen $x_1, ..., x_n$: $\quad div(f)$
grad$(phi, [x1, ..., xn])$	Berechnung des Gradienten des skalaren Feldes $\Phi\,(x_1, ..., x_n)$: $\quad grad\,\Phi$
laplacian$(phi, [x1, ..., xn])$	Anwendung des Laplace-Operators auf das skalare Feld $\Phi\,(x_1, ..., x_n)$: $\quad \Delta\Phi$
potential$(k, [x1, ..., xn], phi)$	Prüft, ob das Vektorfeld $\vec{k}\,(x_1, ..., x_n)$ ein Potential Φ besitzt mit $\quad \vec{k} = grad\,\Phi$. Falls das Ergebnis *true*, wird im Namen *phi* das skalare Potential abgespeichert.
vecpotent$(k, [x1, x2, x3], A)$	Prüft, ob das Vektorfeld $\vec{k}\,(x_1, x_2, x_3)$ ein Vektorpotential $\vec{A}$ besitzt mit $\quad \vec{k} = rot\,\vec{A}$. Falls das Ergebnis *true*, wird im Namen A das Vektorpotential abgespeichert.

Aufgaben zur Vektoranalysis

16.1   Bestimmen Sie die Divergenz des Vektorfeldes $\vec{v} = \begin{pmatrix} x^2 - yz \\ yz - y^2 \\ z^2 + xz \end{pmatrix}$ in den Punkten $(2, -1, 3)$, $(2, 9, 4)$ und $(-1, 1, -2)$.

16.2   Wie muß $f(x, y)$ gewählt werden, damit $\vec{v} = \begin{pmatrix} xy \\ xy \\ z \cdot f(x, y) \end{pmatrix}$ quellenfrei ist?

16.3   Berechnen Sie die Divergenz der folgenden Vektorfelder

a) $\begin{pmatrix} y + z \\ x + 2xy \\ x + 2z \end{pmatrix}$ b) $\begin{pmatrix} 2x^2 - yz \\ e^z y \\ e^z x + y \end{pmatrix}$ c) $\dfrac{\vec{r}}{|r|}$

16.4   Bestimmen Sie die Rotation von $\vec{v} = \begin{pmatrix} x^2 y \\ -2xz \\ 2yz \end{pmatrix}$.

16.5   a) Berechnen Sie die Rotation für die Vektorfelder $\vec{v}$ und $\vec{w}$.

b) Sind $\vec{v}$, $\vec{w}$ wirbelfrei?

c) Sind $\vec{v}$, $\vec{w}$ quellenfrei?

$$\vec{v} = \begin{pmatrix} yz \\ zx \\ xy \end{pmatrix}, \quad \vec{w} = \begin{pmatrix} x + y - z \\ z - x + y \\ y + z - x \end{pmatrix}$$

16.6   a) Berechnen Sie die Rotation von $\vec{v} = (\vec{a} \cdot \vec{r}) \cdot \vec{r}$ mit $\vec{a} = \begin{pmatrix} a_x \\ a_y \\ a_z \end{pmatrix}$.

b) In welchen Punkten gilt $rot\,\vec{v} = 0$?

16.7   Berechnen Sie $rot\left(rot \begin{pmatrix} z^2 \\ x + y \\ z - x^2 - y^2 \end{pmatrix} \right)$.

16.8   Berechnen Sie die Rotation und die Divergenz der folgenden Vektorfelder

a) $\vec{f_1} = \begin{pmatrix} xy \\ xz \\ x^2 yz^2 \end{pmatrix}$ b) $\vec{f_2} = \begin{pmatrix} x^2 y + z \\ y^2 e^x - z^2 \\ z^2 x + y^2 \end{pmatrix}$ c) $\vec{f_3} = c \begin{pmatrix} 0 \\ r^2 - x^2 - y^2 \\ 0 \end{pmatrix}$

16.9   Sei $\vec{v}$ ein Vektorfeld und Φ ein skalares Feld. Überprüfen Sie, daß die folgenden Gleichungen gelten:

$$div\,rot\,\vec{v} = 0 \qquad rot\,grad\,\Phi = 0.$$

16.10   Zeigen Sie, daß $\vec{f} = \begin{pmatrix} 1 + y + yz \\ x + xz \\ xy \end{pmatrix}$ ein Gradientenfeld ist.

16.11   Bestimmen Sie von dem Vektorfeld aus 16.10 sowohl das zugehörige skalare als auch Vektorpotential mit MAPLE.

16.12 Prüfen Sie durch Differenzieren, ob

a) $\displaystyle\int \begin{pmatrix} x\,\cos(y) \\ x\,\sin(y) \\ x^2+y^2 \end{pmatrix} d\vec{r}$ wegunabhängig ist?

b) $\vec{v} = \begin{pmatrix} z\,\sin^2(y) \\ 2\,x\,z\,\sin(y)\cos(y) \\ x\,\sin^2(y) \end{pmatrix}$ ein Gradientenfeld ist?

16.13 Verifizieren Sie den Gaußschen Integralsatz der Ebene für den Kreis um den Ursprung

mit Radius 2, falls $\vec{v} = \begin{pmatrix} x^2 - 5\,x\,y + 3\,y \\ 6\,x\,y^2 - x \end{pmatrix}$.

16.14 Berechnen Sie den Fluß von $\vec{v} = \begin{pmatrix} \frac{x^2-y^2}{z} \\ \frac{x^2+y^2}{z} \\ -(x+y)\ln z \end{pmatrix}$ aus dem Quader $0 \le x \le 1$, $-1 \le y \le 2$, $1 \le z \le 4$.

16.15 Berechnen Sie den Fluß von $\vec{v} = \begin{pmatrix} x^3 \\ z - x^2\,y \\ y - z\,x^2 \end{pmatrix}$ aus dem Zylinder $0 \le z \le H$, $x^2 + y^2 \le R^2$.

16.16 Berechnen Sie den Fluß von $\vec{v} = \begin{pmatrix} 0 \\ y\,\cos^2(x) + y^3 \\ z\left(\sin^2(x) - 3\,y^2\right) \end{pmatrix}$ durch die Kugeloberfläche $x^2 + y^2 + z^2 = 4$.

16.17 Verifizieren Sie den Stokeschen Integralsatz für

a) $\vec{v} = \begin{pmatrix} x\,y \\ y\,z \\ x\,z \end{pmatrix}$, $V = \left\{ (x, y, z) \in \mathbb{R}^3 : x^2 + y^2 + z^2 \le 1, y \ge 0, z \ge 0 \right\}$

b) $\vec{v} = \begin{pmatrix} x - z \\ x^3 + y\,z \\ -3\,x\,y^2 \end{pmatrix}$, $V = \left\{ (x, y, z) \in \mathbb{R}^3 : z = 2 - \sqrt{x^2 + y^2}, z \ge 0 \right\}$

Anhang A
Lösungen zu den Übungsaufgaben

Lösungen zu Funktionen von mehreren Variablen

10.1   plot3d(z, x=a..b, y=c..d);

10.2   plot3d(z, x=a..b, y=c..d, style=contour, contours=20);

10.3   a) $f_x = 3\,x^2 + y;$ $f_y = x + 2\,y^{-3}$

      b) $f_a = 3\,x;$ $f_t = 2\,y\,t^{-1}$

      c) $f_u = \dfrac{(u+v)-(u+w)}{(u+v)^2};$ $f_v = -\dfrac{u+w}{(u+v)^2}$

      d) $f_x = \dfrac{2\,x}{\sqrt{1+\left(x^2+z^2\right)^2}};$ $f_y = 0;$ $f_z = \dfrac{2\,z}{\sqrt{1+\left(x^2+z^2\right)^2}}$

      e) $f_{x_1} = f_{x_3} = 0;$ $f_{x_2} = 1$

      f) $f_a = -\left(a\,x + b\,x^2\right)^{-2} x + y\,b\,e^{a\,b};$ $f_b = -\left(a\,x + b\,x^2\right)^{-2} x^2 + y\,a\,e^{a\,b}$

10.4   a) $f_x = 6\,x + 4\,y;$ $f_y = 4\,x - 4\,y;$ $f_{xx} = 6;$ $f_{xy} = f_{yx} = 4;$ $f_{yy} = -4$

      b) $f_x = -6\,y\,\sin(3\,x\,y);$ $f_y = -6\,x\,\sin(3\,x\,y)$

      $f_{xx} = -18\,y^2\,\cos(3\,x\,y);$ $f_{xy} = f_{yx} = -6\,\sin(3\,x\,y) - 18\,x\,y\,\cos(3\,x\,y);$

      $f_{yy} = -18\,x^2\,\cos(3\,x\,y)$

      c) $f_x = 12\,(3\,x - 5\,y)^3;$ $f_y = -20\,(3\,x - 5\,y)^3$

      $f_{xx} = 108\,(3\,x - 5\,y)^2;$ $f_{xy} = f_{yx} = -180\,(3\,x - 5\,y)^2;$ $f_{yy} = 300\,(3\,x - 5\,y)^2$

      d) $f(x, y) = x - y;$ $f_x = 1;$ $f_y = -1;$ $f_{xx} = 0;$ $f_{xy} = f_{yx} = 0;$ $f_{yy} = 0$

      e) $f_x = 3\,e^{x\,y} + 3\,x\,y\,e^{x\,y};$ $f_y = 3\,x^2\,e^{x\,y}$

      $f_{xx} = 6\,y\,e^{x\,y} + 3\,x\,y^2\,e^{x\,y};$ $f_{xy} = f_{yx} = 6\,x\,e^{x\,y} + 3\,x^2\,y\,e^{x\,y};$ $f_{yy} = 3\,x^3\,e^{x\,y}$

      f) $f_x = \dfrac{x-y}{\left(x^2 - 2\,x\,y\right)^{1/2}};$ $f_y = \dfrac{-x}{\left(x^2 - 2\,x\,y\right)^{1/2}}$

      $f_{xx} = \dfrac{-y^2}{\left(x^2 - 2\,x\,y\right)^{3/2}};$ $f_{xy} = f_{yx} = \dfrac{x\,y}{\left(x^2 - 2\,x\,y\right)^{3/2}};$ $f_{yy} = \dfrac{-x^2}{\left(x^2 - 2\,x\,y\right)^{3/2}}$

10.5 $\dfrac{\partial}{\partial x} f(x, y) = 2\,x\,\cos\left(x^2 + 2\,y\right);$ $\dfrac{\partial}{\partial y} f(x, y) = 2\,\cos\left(x^2 + 2\,y\right)$

      $\dfrac{\partial}{\partial y}\dfrac{\partial}{\partial x} f(x, y) = 2\,x \cdot \left[-\sin\left(x^2 + 2\,y\right)\right] \cdot \left\{\dfrac{\partial}{\partial y}\left(x^2 + 2\,y\right)\right\} = -4\,x\,\sin\left(x^2 + 2\,y\right)$

      $\dfrac{\partial}{\partial x}\dfrac{\partial}{\partial y} f(x, y) = -2\,\sin\left(x^2 + 2\,y\right) \cdot \left\{\dfrac{\partial}{\partial x}\left(x^2 + 2\,y\right)\right\} = -4\,x\,\sin\left(x^2 + 2\,y\right)$

      $\Rightarrow \dfrac{\partial}{\partial y}\dfrac{\partial}{\partial x} f(x, y) = \dfrac{\partial}{\partial x}\dfrac{\partial}{\partial y} f(x, y)$

10.7 $f_{xx} = 108\,(3\,x - 5\,y)^2;$ $f_{xy} = f_{yx} = -180\,(3\,x - 5\,y)^2;$ $f_{yy} = 300\,(3\,x - 5\,y)^2$

10.8 $f_{xx} = \left(x^2 + y^2 + z^2\right)^{-5/2} \left\{3\,a\,x^2 - a\left(x^2 + y^2 + z^2\right)\right\}$

      $f_{yy} = \left(x^2 + y^2 + z^2\right)^{-5/2} \left\{3\,a\,y^2 - a\left(x^2 + y^2 + z^2\right)\right\}$

      $f_{zz} = \left(x^2 + y^2 + z^2\right)^{-5/2} \left\{3\,a\,z^2 - a\left(x^2 + y^2 + z^2\right)\right\}$

      $\Rightarrow f_{xx} + f_{yy} + f_{zz} = 0$

10.10 $f_{xx} = \frac{-x^2+y^2}{(x^2+y^2)^2}$; $f_{yy} = \frac{x^2-y^2}{(x^2+y^2)^2} \Rightarrow f_{xx} + f_{yy} = 0$

10.11 $z_t = -9 + 18\,x + 6\,y$

10.12 $df = 0.5\,dx + 0.826\,dy$

10.13 $\operatorname{grad} f = \begin{pmatrix} 2\,(3\,x + x\,y)\,(3+y) \\ 2\,x\,(3\,x + x\,y) \end{pmatrix}$; $f_{\vec{a}} = \frac{2}{\sqrt{5}}\,x\,(3+y)^2 + \frac{4}{\sqrt{5}}\,x^2\,(3+y)$;

   $\longrightarrow$ gradplot

10.14 $\operatorname{grad} f = \begin{pmatrix} \frac{2\,x}{(1+x^2)\,y} \\ \cos(z) - \frac{\ln(1+x^2)}{y^2} \\ -y\,\sin(z) \end{pmatrix}$; $f_{\vec{a}} = \frac{2}{\sqrt{5}}\,\frac{x}{(1+x^2)\,y} - \frac{2}{\sqrt{5}}\,y\,\sin(z)$;

   $\longrightarrow$ gradplot3d

10.15   a) $dz = \left(12\,x^2\,y - 3\,e^y\right)dx + \left(4\,x^3 - 3\,x\,e^y\right)dy$

      b) $dz = \frac{x^2 - 2\,x\,y - y^2}{(x-y)^2}\,dx + \frac{x^2 + 2\,x\,y - y^2}{(x-y)^2}\,dy$

      c) $df = \frac{x}{x^2+y^2+z^2}\,dx + \frac{y}{x^2+y^2+z^2}\,dy + \frac{z}{x^2+y^2+z^2}\,dz$

10.16   a) $\frac{\partial}{\partial x_1}\,h\,(x_1,\,x_2) = c_1\,a_1;$ $\frac{\partial}{\partial x_2}\,h\,(x_1,\,x_2) = c_2\,a_2^2$

      b) $\frac{\partial}{\partial x_1}\,h\,(x_1,\,x_2) = (2\,\sin(x_1) + \cos(x_2))\,\cos(x_1);$

      $\frac{\partial}{\partial x_2}\,h\,(x_1,\,x_2) = -\sin(x_1)\,\sin(x_2)$

10.17   a) $f\,(x,\,y) = \frac{1}{4}\left(y^2 - x^2\right) + \frac{1}{2}\,(x-y) + R_2\,(x,\,y)$

      b) $f\,(x,\,y) = e + 2\,e\,(x-1) + 3\,e\,(x-1)^2 + e\,y^2 + R_2\,(x,\,y)$

10.18   a) $df = 2\,x\,\cos\left(x^2 + 2\,y\right)dx + 2\,\cos\left(x^2 + 2\,y\right)dy$

      b) $df = (6\,x + 4\,y)\,dx + (4\,x - 4\,y)\,dy$

      c) $df = -y\,\sin(x - 2\,y)\,dx + (\cos(x - 2\,y) + 2\,y\,\sin(x - 2\,y))\,dy$

      d) $df = \left(2\,x\,z + 4\,x^3\right)dx - z^3\,dy + \left(x^2 - 3\,y\,z^2\right)dz$

10.19 $dV = \frac{\partial V}{\partial d}\,dd + \frac{\partial V}{\partial h}\,dd;\;|dV| \leq 0.6786$ (absoluter Fehler);

      $\left|\frac{dV}{V}\right| \leq 0.6\,\%$ (relativer Fehler)

10.20 $\frac{dR}{R} = 3.8\,\%$

10.21 $E = (212\,206 \pm 6030)\,\frac{N}{mm^2}$, da $dE = \frac{k}{\pi\,r^2\,z}\,dl - \frac{2\,l\,k}{\pi\,r^3\,z}\,dr + \frac{l}{\pi\,r^2\,z}\,dk - \frac{l\,k}{\pi\,r^2\,z^2}\,dz$

10.22   1.1 ist der relative Fehler.

10.23 $2 + \frac{1}{2}\ln 2 + \frac{1}{2}\,(x-1) + \left(1 - \frac{1}{4}\ln 2\right)(y-2)$

10.24   a) Stationäre Punkte: $(0,\,n\,\pi)$ $n \in \mathbb{Z}$, für n ungerade liegen lokale Minima vor.

      b) Stationärer Punkt: $(0,\,0)$, Sattelpunkt

      c) Stationäre Punkte: $(0,\,0)$ ist Sattelpunkt; $(1,\,-1)$ ist lokales Minimum.

10.25 $d = |P - z| = \left| \begin{pmatrix} 1 \\ -2 \\ 0 \end{pmatrix} - \begin{pmatrix} x \\ y \\ \sqrt{1 + (x - 2\,y)^2} \end{pmatrix} \right|$

      $= \sqrt{6 - 2\,x + 2\,x^2 - 4\,x\,y + 4\,y + 5\,y^2}$

      $d \overset{!}{=} \text{minimal} \hookrightarrow d_x = 0$ und $d_y = 0 \Rightarrow (x,\,y) = \left(\frac{1}{6},\,-\frac{1}{3}\right)$

10.27 $(1,\,2)$: relatives Minimum; $(-1,\,-2)$: relatives Maximum;

      $(-1,\,2)$ und $(1,\,-2)$: Sattelpunkte

10.28   a) $(0,\,0)$: Sattelpunkt ; $(1,\,1)$: relatives Maximum

      b) $\left(-\frac{1}{2},\,\frac{1}{2}\right)$: relatives Minimum   c) $\left(\frac{1}{2},\,0\right)$: Sattelpunkt

      d) $(0,\,0)$: Sattelpunkt ; $\left(0,\,\pm\sqrt{\ln 2}\right)$: lokales Minimum

10.30   Stationäre Punkte: $P_1\,(0,\,0,\,0)$; $P_2\,(0,\,0,\,1)$; $P_3\,(0,\,0,\,-1)$; $P_4\,(0,\,\lambda,\,0)$;

      $P_5\,(1,\,0,\,0)$; $P_6\,(-1,\,0,\,0)$. Lokale Minima: P_2 , P_3 , P_5 , P_6

10.31   a) $-1.3150\,x + 2.0607$ b) $0.9619\,x + 0.4769$

10.32 a) $4.223\,e^{-0.640\,x}$ b) $1.008\,x^{1.5835}$

10.33 a) $\frac{1}{3}\ln(l)$ b) -25 c) -2 d) $\frac{3}{2}\pi$

10.34 $\frac{1}{6}$

10.35 $I_1 = I_2 = \frac{4}{3}$

10.36 2π

10.37 a) $\frac{125}{6}$ b) $x_s = 2.5 \quad y_s = -2.5$

10.38 $I_x = I_y = \frac{\pi}{16}\,R^4 \qquad I_p = \frac{\pi}{8}\,R^4$

10.41 $x_s = \frac{2}{3}\,a \quad y_s = \frac{1}{3}\,b$

10.42 $x_s = 0 \quad y_s = \frac{4}{3\pi}\,R$

10.43 a) $\frac{1}{2}$ b) $\frac{4}{27}\,l^9$ c) $\frac{4}{3}\,R^3$ d) $\frac{2}{3}\,R^4$

10.45 $z_s = \frac{2}{3}\,R^2 \qquad I_x = I_y = \frac{1}{6}\,M\,R^2\left(3\,R^2 + 1\right) \qquad I_z = \frac{1}{3}\,M\,R^2$

10.46 $I_x = I_y = \frac{2}{5}\,M\,R^2 \quad I_z = \frac{2}{5}\,M\,R^2$

10.47 $I = \frac{1}{15}$

10.48 $x_s = y_s = \frac{4}{3\pi}, \quad z_s = \frac{1}{2}$

10.49 a) $\vec{v}(t) = R\,\omega\begin{pmatrix} -\sin(\omega t) \\ \cos(\omega t) \end{pmatrix} \qquad \vec{a}(t) = -R\,\omega^2\begin{pmatrix} \cos(\omega t) \\ \sin(\omega t) \end{pmatrix}$

 b) $\vec{v}(t) = R\begin{pmatrix} 1 - \cos(t) \\ \sin(t) \end{pmatrix} \qquad \vec{a}(t) = R\begin{pmatrix} \sin(t) \\ \cos(t) \end{pmatrix}$

10.50 a) $\Phi(x, y) = x^2\,y + 2\,x^2 - y + C$ b) $\Phi(x, y) = x\,e^y + C$

 c) $\Phi(x, y) = x^3\,y + x\,y^3 + C$

10.51 a) $\frac{\partial}{\partial y}\,k_1 = \frac{\partial}{\partial x}\,k_2 = 0$ b) $\Phi(x, y) = \frac{1}{2}\left(x^2 + y^2\right) + C$

 c) $\int_C \vec{F}\,d\vec{r} = \Phi\big|_{P_1}^{P_2} = 16.5$

10.52 a) $\Phi = x\,y\,z + x + y + z + C$ b) $\Phi = x\,y + x\,z + y\,z + C$

 c) $\Phi = x\,y + y^2\,z + x^2 + z^2 + C$

 d) nein   e) $\Phi = x + x\,y + x\,y\,z + C$

10.53 $\int_{C_1} \ldots d\vec{r} = 20 \quad ; \quad \int_{C_2} \ldots d\vec{r} = \frac{352}{15}$

10.54 $\iint_O \vec{v}\,d\vec{A} = \int_{-1}^{1}\int_{-1}^{1}\begin{pmatrix} 1 + \frac{1}{16}\,u^4\,v^4 \\ 1 + \frac{1}{16}\,u^4\,v^4 \\ 1 + u^2\,v^2 \end{pmatrix} \cdot \begin{pmatrix} -\frac{1}{4}\,u \\ -\frac{1}{4}\,v \\ 1 \end{pmatrix} du\,dv = \frac{40}{9}$

10.55 Parameterdarstellung von F: $\ \vec{r}(u, v) = R\begin{pmatrix} \cos(u)\cos(v) \\ \cos(u)\sin(v) \\ \sin(u) \end{pmatrix}$

 $\iint_O \vec{v}\,d\vec{A} = \int_{-\pi/2}^{\pi/2}\int_0^{2\pi} \vec{r}\,\vec{n}\,dv\,du = \frac{4}{3}\,\pi\,R^3$

Lösungen zu gewöhnlichen Differentialgleichungen

11.1 a) $c\,e^{-4x}$ b) $c\,e^{-2x}$ c) $c\,e^{-\frac{8}{3}x}$ d) $c\,e^{\frac{b}{a}x}$ e) $c\,e^{6x}$ f) $c\,e^{-\frac{R}{L}t}$

11.2 a) $v(t) = 10\,\frac{m}{s}\cdot e^{-2t}$, $t > 2.3\,\mathrm{sec}$ b) $y(x) = e^{-\lambda x}$, $\lambda = \ln 2$

    c) $N(t) = N_0\,e^{-\frac{t}{\tau}}$, $\tau = 8321.5$ Jahre!

11.3 a) $y_0\,e^{-\frac{1}{2}x^2} + 4$ b) $\frac{1}{4}\,\frac{1}{1+x}\,(4y_0 + (2x+1))\,e^{2x}$

    c) $\frac{1}{x}\,(y_0 - x\cos x + \sin x)$ d) $\frac{1}{\cos x}\,(y_0 + x)$

    e) $y_0\,e^{2\sin x} - \frac{1}{2}$ f) $x\left(y_0 + x - \frac{4}{x}\right)$

11.4 a) $y(t) = const\cdot e^{-\frac{1}{RC}t} + \frac{U_0\,RC}{1+(\omega RC)^2}\,\sin(\omega t) + \frac{U_0\,\omega R^2 C^2}{1+(\omega RC)^2}\,\cos(\omega t)$

    b) $y(t) = const\cdot e^{-\frac{R}{L}t} + U_0\,\frac{L}{R-2L}\,e^{-2t}$

11.5 a) $\frac{x}{1+Cx}$ b) $c\sqrt{1+x^2}$ c) $\frac{e^{2x+2c}-1}{e^{2x+2c}+1}$

    d) $1 - \frac{1}{x+C}$ e) $\arccos\left(\frac{1}{2}x^2 + C\right)$ f) $-\ln(-\sin x + C)$

11.6 a) $y(x) = 2\pi\,e^{-\sin x + 1}$ b) $y(x) = \frac{x}{x+1}$ c) $y(x) = \sqrt[3]{3 + 3x - x^3}$

    d) $y(x) = \frac{x}{-1-\ln x}$ e) $y(x) = \sqrt{2 + 2e^{2x}}$

11.7 a) $y(x) = 4x\,\ln x + C\,x$ b) $y(x) = \frac{1}{2}x - \frac{x}{\ln C\,x}$

11.8 a) $y(x) = \sqrt[3]{\frac{1}{2}x^6 + C}$ b) $y(x) = C\,\frac{x-1}{x+1}$ c) $y(x) = C\,\sqrt{x^2+1}$

    d) $y(x) = \sqrt{C\cdot e^x - 1}$ e) $y(x) = a\,\tan(x)$ f) $y(x) = \left(C - \sqrt{x^3}\right)^{-\frac{1}{3}}$

11.9 a) $y(x) = \frac{1}{\cos(x)}$ b) $y(x) = \cosh(x)$ c) $y(x) = \frac{\pi}{2}\,\sin(x)$

    d) $y(x) = 2\left(x^2 + 1\right)$

11.10 a) $u'(x) = (1-n)\,f(x)\,u(x) + (1-n)\,g(x)$ b) $y(x) = \frac{1}{u(x)} = \frac{1}{\cos(x)+C}$

11.11 a) $x(t) = \frac{a\,b\left(e^{(a-b)\,k\,t}-1\right)}{b\,e^{(a-b)\,k\,t}-a}$

    b) $\lim\limits_{t\to\infty} x(t) = \frac{a\,b}{a} = b$, d.h. wenn alle Moleküle vom Typ B reagiert haben.

11.12 a) $v(t) = \frac{m\,g}{k}\left(1 - e^{-\frac{k}{m}t}\right) + v_0\,e^{-\frac{k}{m}t}$

    $s(t) = \frac{m\,g}{k}t + \left(\frac{m}{k}\right)^2 g\left(e^{-\frac{k}{m}t} - 1\right) - v_0\,\frac{m}{k}\left(e^{-\frac{k}{m}t} - 1\right)$

    b) $v_{\max} = \lim\limits_{t\to\infty} v(t) = \frac{m\,g}{k}$

11.13 $v(t) = \sqrt{\frac{m\,g}{k}}\,\tanh\sqrt{\frac{m\,g}{k}}\,t$

    Für $t \to \infty$ wird die Endgeschwindigkeit erreicht $v_E = \lim\limits_{t\to\infty} v(t) = \sqrt{\frac{m\,g}{k}}$

    $s(t) = \frac{v_E^2}{g}\,\ln\cosh\frac{g}{v_E}\,t$

11.14 $T(t) = e^{-a\,t}\,(T_0 - T_L) + T_L \Rightarrow \lim\limits_{t\to\infty} T(t) = T_L$

11.15 $v_z(r) = -\frac{1}{4\eta}\,\frac{\Delta p}{\Delta z}\left(R^2 - r^2\right)$ (Gesetz von Hagen-Poiseuille)

11.16 a) $v(t) = \frac{1}{R}\cdot m\cdot g\cdot\sin\varphi\cdot\left(1 - e^{-\frac{R}{m}t}\right)$

    b) $v(t) = \sqrt{\frac{m\,g\,\sin\varphi}{D}}\,\tanh\left(\sqrt{\frac{D\,g\,\sin\varphi}{m}}\,t\right) = \left(\frac{5}{2}\,\tanh(2t)\right)$

    c) $v(t) = \frac{1}{8}\left(25\,\tanh\left(\ln 2 + \frac{5}{2}t\right) - 15\right)$

11.17 a) $\begin{pmatrix} 2 \\ 0 \\ 1 \end{pmatrix} e^t$, $\begin{pmatrix} 0 \\ 1 \\ 0 \end{pmatrix} e^{4t}$, $\begin{pmatrix} 1 \\ 0 \\ -2 \end{pmatrix} e^{6t}$

b) $\begin{pmatrix} 2 \\ 1 \\ 3 \end{pmatrix} e^t, \quad \begin{pmatrix} 1 \\ 1 \\ 2 \end{pmatrix} e^{-t}, \quad \begin{pmatrix} 1 \\ -1 \\ -1 \end{pmatrix} e^{2t}$

11.18 $\quad \begin{pmatrix} 2 \\ 1 \end{pmatrix} e^{\sqrt{0}\,t}, \quad \begin{pmatrix} 1 \\ -2 \end{pmatrix} e^{\pm\sqrt{5}\,t}$

11.19 a) $\begin{pmatrix} 1 \\ -i \end{pmatrix} e^{i\omega t}, \quad \begin{pmatrix} 1 \\ i \end{pmatrix} e^{-i\omega t}$ komplexes Fundamentalsystem

$\begin{pmatrix} \cos(\omega t) \\ \sin(\omega t) \end{pmatrix}, \quad \begin{pmatrix} \sin(\omega t) \\ -\cos(\omega t) \end{pmatrix}$ reelles Fundamentalsystem

b) $\psi(t) = E_0 \begin{pmatrix} -\frac{1}{\omega}\,t \\ \frac{1}{\omega^2} \end{pmatrix}$ spezielle Lösung

11.20 a) $-2\ EW \hookrightarrow \begin{pmatrix} 1 \\ 1 \end{pmatrix} EV \quad\quad -4\ EW \hookrightarrow \begin{pmatrix} 1 \\ -1 \end{pmatrix} EV$

b) $\begin{pmatrix} 1 \\ 1 \end{pmatrix} e^{-2t}, \quad \begin{pmatrix} 1 \\ -1 \end{pmatrix} e^{-4t}$ FS

c) $\begin{pmatrix} 1 \\ 1 \end{pmatrix} e^{\sqrt{2}\,it}, \begin{pmatrix} 1 \\ 1 \end{pmatrix} e^{-\sqrt{2}\,it}, \begin{pmatrix} 1 \\ -1 \end{pmatrix} e^{2it}, \begin{pmatrix} 1 \\ -1 \end{pmatrix} e^{-2it}$ kompl. FS

d) $\begin{pmatrix} 1 \\ 1 \end{pmatrix} \cos\sqrt{2}\,t, \begin{pmatrix} 1 \\ 1 \end{pmatrix} \sin\sqrt{2}\,t, \begin{pmatrix} 1 \\ -1 \end{pmatrix} \cos 2t, \begin{pmatrix} 1 \\ -1 \end{pmatrix} \sin 2t$ reelles FS

e) $\vec{y}'(t) = \begin{pmatrix} 0 & 1 & 0 & 0 \\ -3 & 0 & 1 & 0 \\ 0 & 0 & 0 & 1 \\ 1 & 0 & -3 & 0 \end{pmatrix} \vec{y}(t)$

11.21 a) $\det(A - \lambda I) = \lambda^2 + 2\lambda + 5 = (-1 + 2i - \lambda)(-1 - 2i - \lambda)$

$\vec{\varphi}_1(x) = \begin{pmatrix} -\frac{4}{5} - \frac{2}{5}i \\ 1 \end{pmatrix} e^{(-1+2i)x}, \quad \vec{\varphi}_2(x) = \begin{pmatrix} -\frac{4}{5} + \frac{2}{5}i \\ 1 \end{pmatrix} e^{(-1-2i)x}$

b) $\det(A - \lambda I) = (3 - \lambda)(2 - \lambda)(6 - \lambda)$

$\vec{\varphi}_1(x) = \begin{pmatrix} -1 \\ 0 \\ 1 \end{pmatrix} e^{2x}, \quad \vec{\varphi}_2(x) = \begin{pmatrix} -1 \\ 1 \\ -1 \end{pmatrix} e^{3x}, \quad \vec{\varphi}_3(x) = \begin{pmatrix} 1 \\ 2 \\ 1 \end{pmatrix} e^{6x}$

c) $\det(A - \lambda I) = (2 - \lambda)^2 (5 - \lambda)$

$\vec{\varphi}_1(x) = \begin{pmatrix} 1 \\ 1 \\ 0 \end{pmatrix} e^{2x}, \quad \vec{\varphi}_2(x) = \begin{pmatrix} 0 \\ 1 \\ 1 \end{pmatrix} e^{2x}, \quad \vec{\varphi}_3(x) = \begin{pmatrix} 1 \\ -1 \\ 1 \end{pmatrix} e^{5x}$

11.22 $\vec{y}'(x) = \begin{pmatrix} 3 & 2 & -1 \\ 2 & 3 & -1 \\ -1 & -1 & 4 \end{pmatrix} \vec{y}(x), \quad \det(A - \lambda I) = (1 - \lambda)(3 - \lambda)(6 - \lambda)$

$\vec{\varphi}_1(x) = \begin{pmatrix} -1 \\ 1 \\ 0 \end{pmatrix} e^x, \quad \vec{\varphi}_2(x) = \begin{pmatrix} 1 \\ 1 \\ 2 \end{pmatrix} e^{3x}, \quad \vec{\varphi}_3(x) = \begin{pmatrix} 1 \\ 1 \\ -1 \end{pmatrix} e^{6x}$

AWP: $\vec{y}(x) = \vec{\varphi}_1(x) + \varphi_2(x) + 2\,\vec{\varphi}_3(x)$

11.23 $\begin{pmatrix} y_1 \\ y_2 \end{pmatrix}' = \begin{pmatrix} 0 & 1 \\ -6 & 5 \end{pmatrix} \begin{pmatrix} y_1 \\ y_2 \end{pmatrix}, \det(A - \lambda I) = (2 - \lambda)(3 - \lambda)$

$\vec{\varphi}_1(x) = \begin{pmatrix} 1 \\ 2 \end{pmatrix} e^{2x}, \vec{\varphi}_2(x) = \begin{pmatrix} 1 \\ 3 \end{pmatrix} e^{3x}, \vec{y}(x) = \alpha\,\vec{\varphi}_1(x) + \beta\,\vec{\varphi}_2(x),$

$y(x) = y_1(x) = \alpha\,e^{2x} + \beta\,e^{3x}$ AWP: $\quad y(x) = 3\,e^{2x} - 2\,e^{3x}$

11.24 $\vec{\varphi}_1(x) = \begin{pmatrix} -1 \\ 1 \end{pmatrix} \sin(x)\,,\quad \vec{\varphi}_2(x) = \begin{pmatrix} -1 \\ 1 \end{pmatrix} \cos(x)\,,$

$\vec{\varphi}_3(x) = \begin{pmatrix} 2 \\ 3 \end{pmatrix} e^{-2x}\,,\quad \vec{\varphi}_4(x) = \begin{pmatrix} 2 \\ 3 \end{pmatrix} e^{2x}$

11.25 Kein Fundamentalsystem!

11.26 Fundamentalsystem

11.27 a) $\lambda^2 + 13\lambda + 40 = (\lambda + 5)(\lambda + 8) = 0\,,\quad \varphi_1(t) = e^{-5t}\,,\quad \varphi_2(t) = e^{-8t}$

b) $\lambda^2 - 12\lambda + 36 = (\lambda - 6)^2 = 0\,,\quad \varphi_1(t) = e^{6t}\,,\quad \varphi_2(t) = t\,e^{6t}$

c) $\lambda^2 + 6\lambda + 34 = (\lambda + 3 - 5i)(\lambda + 3 + 5i) = 0$

$\varphi_1(x) = e^{-3x}\cos(5x)\,,\quad \varphi_2(x) = e^{-3x}\sin(5x)$

d) $\lambda^2 + 16 = (\lambda + 4i)(\lambda - 4i) = 0\,,\quad \varphi_1(x) = \cos(4x)\,,\quad \varphi_2(x) = \sin(4x)$

11.28 a) $\lambda^4 - 10\lambda^2 + 9 = (\lambda + 1)(\lambda - 1)(\lambda + 3)(\lambda - 3) = 0$

$\varphi_1(x) = e^x\,,\quad \varphi_2(x) = e^{-x}\,,\quad \varphi_3(x) = e^{3x}\,,\quad \varphi_4(x) = e^{-3x}$

b) $\lambda^3 - 2\lambda^2 + \lambda = \lambda(\lambda - 1)^2 = 0$

$\varphi_1(t) = 1\,,\quad \varphi_2(t) = e^t\,,\quad \varphi_3(t) = t\,e^t$

c) $\lambda^6 - 1 = 0 = (\lambda - 1)(\lambda + 1)\left(\lambda - \frac{1}{2} - \frac{1}{2}\sqrt{3}\,i\right)$

$\left(\lambda + \frac{1}{2} - \frac{1}{2}\sqrt{3}\,i\right)\left(\lambda - \frac{1}{2} + \frac{1}{2}\sqrt{3}\,i\right)\left(\lambda + \frac{1}{2} + \frac{1}{2}\sqrt{3}\,i\right)$

$\varphi_{1/2}(x) = e^{\pm x}\,,\ \varphi_{3/4}(x) = e^{\pm\frac{1}{2}x}\sin\left(\frac{1}{2}\sqrt{3}\,x\right)\,,\ \varphi_{5/6}(x) = e^{\pm\frac{1}{2}x}\cos\left(\frac{1}{2}\sqrt{3}\,x\right)$

11.29 $\lambda^2 - 3\lambda + 2 = (\lambda - 1)(\lambda - 2) = 0$

a) $y_p(x) = 3$ b) $y_p(x) = \frac{3}{4} + \frac{1}{2}x$ c) $y_p(x) = x\,e^{2x}$

d) $y_p(x) = \frac{1}{10}(\cos x - 3\sin x)$ e) $y_p(x) = 3 + 4x + \cos x - 3\sin x$

f) $y_p(x) = \left(\frac{1}{2}x^2 - x\right)e^{2x}$ g) $y_p(x) = -\frac{1}{2}(\sin x + \cos x)\,e^x$

11.30 a) $\lambda^2 + 16 = (\lambda - 4i)(\lambda + 4i) = 0\,,\quad x(t) = 3\cos(4t) + \sin(4t)$

b) $\lambda^2 + 2\lambda + 2 = (\lambda + 1 + i)(\lambda + 1 - i) = 0\,,\quad x(t) = 2\sin(t)\,e^{-t} + 2\cos(t)\,e^{-t}$

c) $\lambda^2 + 13\lambda + 40 = (\lambda + 5)(\lambda + 8) = 0\,,\quad x(t) = 8\,e^{-5t} - 5\,e^{-8t}$

11.31 a) $\lambda^4 - 10\lambda^2 + 9 = (\lambda + 1)(\lambda - 1)(\lambda + 3)(\lambda - 3) = 0$

$y(x) = \frac{1}{20}\sin(x) + C_1\,e^{-x} + C_2\,e^x + C_3\,e^{-3x} + C_4\,e^{3x}$

b) $\lambda^3 - 7\lambda - 6 = (\lambda + 1)(\lambda + 2)(\lambda - 3) = 0$

$y(x) = -e^x + C_1\,e^{-x} + C_2\,e^{-2x} + C_3\,e^{3x}$

c) $\lambda^3 - 2\lambda^2 + \lambda - 2 = (\lambda - 2)(\lambda + i)(\lambda - i) = 0$

$y(x) = -\frac{1}{5}(x\sin(x) + 2x\cos(x)) + C_1\,e^{2x} + C_2\cos(x) + C_3\sin(x)$

d) $\lambda^3 - 6\lambda^2 + 12\lambda - 8 = (\lambda - 2)^3 = 0$

$y(x) = x^3\,e^{2x} + C_1\,e^{2x} + C_2\,x\,e^{2x} + C_3\,x^2\,e^{2x}$

Lösungen zur Laplace-Transformation

12.1 a) $\frac{3}{s+4}$; $s > -4$ b) $\frac{4}{s^3}$; $s > 0$ c) $\frac{4s}{s^2+25}$; $s > 0$

     d) $\frac{\pi}{s^2+\pi^2}$; $s > 0$ e) $-3\sqrt{\frac{\pi}{s}}$; $s > 0$

12.2 a) $\frac{72}{s^2} - \frac{3\sqrt{\pi}}{2\,s^{\frac{5}{2}}} + \frac{6}{s}$ b) $\frac{10-3\,s}{s^2+4}$ c) $\frac{\sqrt{\left(\frac{1}{3}\right)}}{s^{\frac{4}{3}}} + \frac{4}{s-2}$ d) nicht möglich!

12.3 a) $F(s) = \frac{A}{s}\left(1 - e^{-s\,t_0}\right) + \frac{A}{s+2}\,e^{-s\,t_0}$ b) $F(s) = \frac{A}{s}\,e^{-a\,s} - \frac{A}{s}\,e^{-b\,s}$

     c) $F(s) = \frac{1}{s^2}\left(1 - e^{-3\,s}\right)$ d) $F(s) = \frac{1}{s^2+1}\left(1 + e^{-\pi\,s}\right)$

12.4 a) $5\,e^{-2\,t}$ b) $4\cos(2\,t) - \frac{3}{2}\sin(2\,t)$ c) $2 - 5\,t$

     d) $\frac{t^{k-1}}{\Gamma(k)}$ e) $\frac{1}{\sqrt{\pi}}\left(8\,t^{\frac{1}{2}} - 5\,t^{-\frac{1}{2}}\right)$ f) $\frac{1}{2}\left(1 - e^{-2\,t}\right)$

12.5 a) $2\,e^{t}\cos(2\,t) + \frac{5}{2}\,e^{t}\sin(2\,t)$

     b) $S(t-2)(t-2)$

     c) $\frac{1}{6}\,S(t-5)(t-5)^3$

     d) $\frac{1}{2}\,t^2 - \frac{1}{2}\,S(t-2)(t-2)^2$

12.6 a) $-\frac{4}{3}\,e^{2\,t} - \frac{1}{6}\,e^{-t} + \frac{7}{2}\,e^{3\,t}$

     b) $2\,e^{t} - 2\cos t + \sin t$

     c) $-e^{-t} - \frac{1}{2}\,t^2\,e^{2\,t} + 2\,t\,e^{2\,t} + e^{2\,t}$

     d) $e^{t}\left(t^2 - t + 3\right)$

12.7 $y(t) = 1$

12.8 dsolve({DG, y(0)=1, (D(y))(0)=2, (D@@2)(y)(0)=3,

     (D@@3)(y)(0)=0}, y(t), method = laplace);

12.9 $I(t) = I_0\,e^{-\frac{R}{L}\,t}$

12.10 $I(t) = -\frac{5}{2}\cos(5\,t) + \frac{5}{2}\sin(5\,t) + \frac{5}{2}\,e^{-5\,t}$

12.11 a) $m\,\ddot{x} = -D\,x \hookrightarrow x(t) = 5\cos\left(\sqrt{\frac{D}{m}}\,t\right)$

     ω: $x(2) = 5\cos(2\,\omega) = 2.5 \Rightarrow \omega = \frac{\pi}{6} \Rightarrow x(t) = 5\cos\left(\frac{\pi}{6}\,t\right)$

     b) $\dot{x}(t_0) = -5\,\frac{\pi}{6}$

     c) $\ddot{x}(t_0) = 0$

12.12 $\ddot{x} + 4\,\dot{x} + 8\,x = 20\cos(2\,t)$; $x(0) = 0$, $\dot{x}(0) = 0$

     $\Rightarrow X(s) = \frac{20\,s}{s^2+4} \cdot \frac{1}{s^2+4\,s+8}$

     $\Rightarrow x(t) = \cos(2\,t) + 2\sin(2\,t) - e^{2\,t}\left(\cos(2\,t) + 3\sin(2\,t)\right)$

12.13 –

12.14 $X(s) = 8\,\frac{\omega}{s^2+\omega^2} \cdot \frac{1}{s^2+4} \Rightarrow x(t) = -\frac{8}{\omega^2-4}\sin(\omega t) + \frac{4}{\omega^2-4}\sin(\omega t)$

     Resonanz bei $\omega = 2$

12.15 a) $I(t) = 40 - 45\,e^{-5\,t} + 5\,e^{-9\,t}$

     $I_1(t) = I(t) - I_2(t) = 45\left(e^{-5\,t} - e^{-9\,t}\right)$

     $I_2(t) = \left(40 + 50\,e^{-9\,t} - 90\,e^{-5\,t}\right)U(t)$

     $q(t) = 4 + 5\,e^{-9\,t} - 9\,e^{-5\,t}$

     b) $q = 25\,e^{-5\,t} - 9\,e^{-9\,t} - 4\,e^{-5\,t}\left(4\cos(3\,t) + 3\sin(3\,t)\right)$

     $I = 125\,e^{-5\,t} - 9\,e^{-9\,t} - 4\,e^{-5\,t}\left(29\cos(3\,t) + 3\sin(3\,t)\right)$

     $I_1 = 81\,e^{-9\,t} - 125\,e^{-5\,t} + 4\,e^{-5\,t}\left(11\cos(3\,t) + 27\sin(3\,t)\right)$

     $I_2 = 250\,e^{-5\,t} - 90\,e^{-9\,t} - 40\,e^{-5\,t}\left(4\cos(3\,t) + 3\sin(3\,t)\right)$

Lösungen zu Fourierreihen

13.1 a) $f(t) = \begin{cases} 1 & -\frac{\pi}{2} < t < \frac{\pi}{2} \\ 0 & t = \pm\frac{\pi}{2} \\ -1 & -\pi < t < \frac{-\pi}{2},\ \frac{\pi}{2} < t < \pi \end{cases}$

$f(t)$ gerade $\Rightarrow b_n = 0$ für $n = 1, 2, 3, \ldots$

$a_0 = 0, \quad a_n = \frac{4}{\pi n} \left[\sin\left(n\frac{\pi}{2} \right) \right] = \begin{cases} \frac{4}{n\pi} & n = 1, 5, 9, \ldots \\ -\frac{4}{n\pi} & n = 3, 7, 11, \ldots \\ 0 & n \text{ gerade} \end{cases}$

$$\Rightarrow f(t) = \frac{4}{\pi} \left\{ \cos(t) - \frac{1}{3}\cos(3t) + \frac{1}{5}\cos(5t) - \frac{1}{7}\cos(7t) \pm \ldots \right\}$$
$$= \frac{4}{\pi} \sum_{n=0}^{\infty} (-1)^n \frac{1}{2n+1} \cos((2n+1)t)$$

b) $f(t) = \left(1 - \frac{x}{2\pi} \right)$ für $0 < x < 2\pi$

$a_0 = \frac{1}{2}, \quad a_n = 0, \quad b_n = \frac{1}{\pi n} \Rightarrow f(t) = \frac{1}{2} + \frac{1}{\pi} \sum_{n=1}^{\infty} \frac{1}{n} \sin(nt)$

Der Fourierwert an der Stelle $t = 0$ ist $f(0) = \frac{1}{2}$.

13.2 a) f gerade, $b_n = 0$, $f(t) = \frac{2}{T}\left(1 - e^{-\frac{T}{2}} \right) + 4T \sum_{n=1}^{\infty} \frac{1-(-1)^n e^{-\frac{T}{2}}}{T^2+4n^2\pi^2} \cos\left(n\frac{2\pi}{T} t \right)$

b) $f(t) = \frac{3}{4} h - \frac{2h}{\pi^2} \sum_{\substack{n=1 \\ n \text{ ungerade}}}^{\infty} \frac{1}{n^2} \cos\left(n\frac{2\pi}{T} t \right) - \frac{h}{\pi} \sum_{n=1}^{\infty} \frac{1}{n} \sin\left(n\frac{2\pi}{T} t \right)$

13.3 a) $c_n = \frac{1}{n\pi} 2\frac{1}{2i} \left[e^{in\frac{\pi}{2}} - e^{-in\frac{\pi}{2}} \right] = \frac{2}{n\pi} \sin\left(n\frac{\pi}{2} \right)$

$= \begin{cases} \frac{2}{n\pi} & \text{für } n = 1, 5, 9, \ldots \\ -\frac{2}{n\pi} & \text{für } n = 3, 7, 11, \ldots \\ 0 & \text{für } n \text{ gerade} \end{cases}$

b) $c_n = \frac{1}{2\pi} \frac{1}{in} = -i\frac{1}{2\pi n}, \quad c_0 = \frac{1}{2} \Rightarrow f(t) = \frac{-i}{2\pi} \sum_{\substack{n=-\infty \\ n \neq 0}}^{\infty} \frac{1}{n} e^{int} + \frac{1}{2}$

13.4 Nach den Moivreschen Formeln gilt

$\sin^3(t) = \frac{1}{4}(3 \cdot \sin(t) - \sin(3t)) = \frac{3}{4}\sin(t) - \frac{1}{4}\sin(3t)$.

13.5 a) $f(t) = \frac{1}{3} T^2 + \sum_{n=1}^{\infty} \left(\frac{T^2}{n^2\pi^2} \cos\left(n\frac{2\pi}{T} t \right) - \frac{T^2}{n\pi} \sin\left(n\frac{2\pi}{T} t \right) \right)$

b) $f(t) = \frac{4}{3}\pi^2 + \sum_{n=1}^{\infty} \left(\frac{4}{n^2} \cos(nt) - \frac{4\pi}{n} \sin(nt) \right)$

c) $f(2\pi) = \frac{(2\pi)^2+0}{2} = 2\pi^2 = \frac{4}{3}\pi^2 + \sum_{n=1}^{\infty} \frac{4}{n^2} \Rightarrow \sum_{n=1}^{\infty} \frac{1}{n^2} = \frac{\pi^2}{6}$

13.6 $a_0 = \frac{u_0}{2}, \quad a_n = 0, \quad b_n = -\frac{u_0}{\pi} \frac{1}{n} \Rightarrow u(t) = \frac{u_0}{2} - \frac{u_0}{\pi} \sum_{n=1}^{\infty} \frac{1}{n} \sin\left(n\frac{2\pi}{T} t \right)$

Gleichspannungsanteil $\frac{u_0}{2}$

Grundschwingung mit Amplitude $\frac{u_0}{\pi}$ und Frequenz $\omega_0 = \frac{2\pi}{T}$

Sinusförmige Oberschwingungen mit Amplitude $\frac{u_0}{2\pi}, \frac{u_0}{3\pi}, \frac{u_0}{4\pi}, \ldots$ bei den Frequenzen

$2\omega_0, 3\omega_0, 4\omega_0, \ldots$.

13.7 a) $T = 4, \quad \omega_0 = \frac{2\pi}{T} = \frac{\pi}{2}$. Funktion ungerade $\Rightarrow a_0 = 0, \quad a_n = 0 \quad n \in \mathbf{N}$.

$b_n = \frac{16}{n\pi}(1 - \cos(n\pi)) = \begin{cases} 0 & n \text{ gerade} \\ \frac{32}{n\pi} & n \text{ ungerade} \end{cases}$

$\Rightarrow f(x) = \sum_{\substack{n=1 \\ n \text{ ungerade}}}^{\infty} \frac{32}{n\pi} \sin\left(n\frac{\pi}{2} x \right)$

b) $T = 8, \quad \omega_0 = \frac{2\pi}{T} = \frac{\pi}{4}$. Funktion gerade $\Rightarrow b_n = 0 \quad n \in \mathbf{N}$.

$a_0 = 2, \quad a_n = \frac{8}{n^2\pi^2}(\cos(n\pi) - 1) = \begin{cases} 0 & n \text{ gerade} \\ -\frac{16}{n\pi} & n \text{ ungerade} \end{cases}$

$\Rightarrow f(x) = 2 - \sum_{\substack{n=1 \\ n \text{ ungerade}}}^{\infty} \frac{16}{n^2\pi^2} \cos\left(n\frac{\pi}{4} x \right)$.

13.8 $\quad \frac{3}{4} - \frac{2}{\pi^2} \sum_{\substack{n=1 \\ n \text{ ungerade}}}^{\infty} \frac{1}{n^2} \cos\left(n \frac{2\pi}{T} t\right) - \frac{1}{\pi} \sum_{n=1}^{\infty} \frac{1}{n} \sin\left(n \frac{2\pi}{T} t\right).$

13.9 $\quad$ a) $20 - \frac{40}{\pi} \sum_{n=1}^{\infty} \frac{1}{n} \sin\left(n \frac{\pi}{5} t\right)$

$\qquad$ b) $\frac{3}{2} - \frac{12}{\pi^2} \sum_{\substack{n=1 \\ n \text{ ungerade}}}^{\infty} \frac{1}{n^2} \cos\left(n \frac{\pi}{3} t\right) - \frac{6}{\pi} \sum_{n=1}^{\infty} (-1)^n \frac{1}{n} \sin\left(n \frac{\pi}{3} t\right).$

Lösungen zur Fouriertransformation

14.1 $\quad$ a) $\mathcal{F}(f_1)(\omega) = 2A \frac{\sin\left(\omega \frac{T}{2}\right)}{\omega} = AT \frac{\sin\left(\omega \frac{T}{2}\right)}{\omega \frac{T}{2}} = AT \, si\left(\omega \frac{T}{2}\right)$

$\qquad$ b) Für $A = \frac{1}{T}$ ergibt sich $\mathcal{F}(f_1)(\omega) = si\left(\omega \frac{T}{2}\right)$.

$\qquad$ c) $\mathcal{F}(f_2)(\omega) = 2A e^{-i\omega t_0} \frac{\sin\left(\omega \frac{T}{2}\right)}{\omega} = e^{-i\omega t_0} F(f_1)(\omega)$

14.2 $\quad \mathcal{F}(f)(\omega) = AT \frac{\sin^2\left(\omega \frac{T}{2}\right)}{\left(\omega \frac{T}{2}\right)^2} = AT \, si^2\left(\omega \frac{T}{2}\right) = \frac{2A}{\omega^2 T} (\cos(\omega T) - 1)$

14.3 $\quad$ a) f ungerade $\hookrightarrow \mathcal{F}(f)(\omega) = -2i \int_0^\infty f(t) \sin(\omega t)\, dt = -i \frac{2\omega}{\alpha^2 + \omega^2}$

$\qquad$ b) $\mathcal{F}(f)(\omega) = \dfrac{\sin(\omega T)}{\omega \left(1 - \left(\frac{\omega T}{\pi}\right)^2\right)}$

14.4 $\quad$ > fourier (f(t), t, w);

14.5 $\quad$ Die Funktion setzt sich zusammen aus der Funktion f_1, aus Aufgabe 14.1a) mit der Breite $2T$ und der Dreiecksfunktion aus Aufgabe 14.2 . Mit der Skalierungseigenschaft und der Linearität der Fouriertransformation erhält man

$$F(f)(\omega) = 2AT \frac{\sin(\omega T)}{\omega T} + AT \frac{\sin^2\left(\omega \frac{T}{2}\right)}{\left(\omega \frac{T}{2}\right)^2} = 2AT \, si(\omega T) + AT \, si^2\left(\omega \frac{T}{2}\right).$$

14.9 $\quad$ a) $\mathcal{F}(\delta(t)) = 1$ $\quad$ b) $\mathcal{F}(\delta(t - t_0)) = e^{-i\omega t_0}$

$\qquad$ c) $\mathcal{F}\left(\frac{i}{2}(\delta(t + t_0) - \delta(t - t_0))\right) = -\sin(\omega t_0)$

$\qquad$ d) $\mathcal{F}(\sin(\omega_0 t)) = \frac{\pi}{i}(\delta(\omega - \omega_0) - \delta(\omega - \omega_0))$

14.10 $\quad$ a) $\mathcal{F}\left(e^{iat}\right)(\omega) = \mathcal{F}\left(e^{iat} \cdot 1\right)(\omega) \underset{\underset{\text{Verschiebungssatz}}{\uparrow}}{=} \mathcal{F}(1)(\omega - a) = 2\pi \delta(\omega - a)$

$\qquad$ b) $\delta(t - a) * f(t) = \int_{-\infty}^\infty \delta \underbrace{(t - a - \tau)}_{\substack{=0 \\ \tau = t - a}} f(\tau)\, d\tau = f(t - a)$

14.11 $\quad rect\left(\frac{2t}{T}\right) * rect\left(\frac{2t}{T}\right) = tri\left(\frac{t}{T}\right) = \begin{cases} 1 - |t| & |t| \leq T \\ 0 & |t| > T \end{cases}$

14.12 $\quad$ a) $\frac{1}{i\omega}\left(1 - e^{i\omega T}\right)^2 = \frac{-4}{i\omega} e^{i\omega T} \sin^2\left(\frac{\omega T}{2}\right)$ $\quad$ b) $-2i\left[-\frac{T}{\omega} \cos(\omega t) + \frac{\sin(\omega T)}{\omega^2}\right]$

$\qquad$ c) $\frac{2}{\omega}\left[\sin(\omega T_2) - \sin(\omega T_1)\right]$

14.13 $\quad t < 0\!: (f * h)(t) = 0 \qquad 0 \leq t \leq T\!: (f * h)(t) = t - 1 + e^{-t}$

$\qquad T < t\!: (f * h)(t) = T - e^{-t}\left(e^T - 1\right)$

14.14 $\quad \mathcal{F}(y)(\omega) = -\frac{1}{\omega^2 + 4} \mathcal{F}(f) = \mathcal{F}\left(-\frac{1}{4} e^{-2|t|}\right) \mathcal{F}(f)$

$\qquad y(t) = \int_{-\infty}^\infty f(t - \tau)\left(-\frac{1}{4}\right) e^{-2|\tau|}\, d\tau$

14.15 $\quad$ a) $f(t) = \delta(t) \Rightarrow g(t) = h(t)\!: h''(t) - 2h'(t) + h(t) = \delta(t) \Rightarrow H(\omega)$

$\qquad$ b) $f(t) = e^{i\omega t} \Rightarrow g(t) = H(\omega) e^{i\omega t}\!:$

$\qquad \left(H(\omega) e^{i\omega t}\right)'' - 2\left(H(\omega) e^{i\omega t}\right)' + H(\omega) e^{i\omega t} = e^{i\omega t} \Rightarrow H(\omega)$

$\qquad$ c) $H(\omega) = \frac{\mathcal{F}(f)}{\mathcal{F}(g)}$ wenn $g''(t) - 2g'(t) + g(t) = f(t) \Rightarrow H(\omega) = \frac{1}{1 - 2i\omega + (i\omega)^2}$

14.16 $\quad f(t) = e^{i\omega t} \Rightarrow g(t) = H(\omega) e^{i\omega t}$

$$\Rightarrow \quad H(\omega) \;=\; \frac{1}{-\omega^2+3\,i\omega+2} = \frac{1}{1+i\omega} - \frac{1}{2+i\omega} \quad \text{(Übertragungsfunktion)}$$
$$=\; \mathcal{F}\left(e^{-t}S(t)\right) - \mathcal{F}\left(e^{-2t}S(t)\right)$$
$$\Rightarrow \quad h(t) \;=\; e^{-t}S(t) - e^{-2t}S(t) \quad \text{(Impulsantwort)}$$
$$\Rightarrow \quad g(t) \;=\; \int_{-\infty}^{t} h(\tau)\,d\tau = \left(\tfrac{1}{2}e^{-2t}-e^{-t}+\tfrac{1}{2}\right)S(t) \quad \text{(Sprungantwort)}$$

14.17 Analog 14.16 $\;\Rightarrow\; H(\omega) \;=\; \dfrac{1}{1+i\omega} - \dfrac{1}{2+i\omega} \qquad$ somit ist $g(t)*r(t)$:
$$\Rightarrow \quad h(t) \;=\; e^{-t}S(t) - e^{-2t}S(t)$$

a) $r(t) = t$
$$g_a(t) \;=\; \int_{-\infty}^{\infty} \left(e^{-\tau}-e^{-2\tau}\right) S(\tau)\,(t-\tau)\,d\tau$$
$$=\; \int_{0}^{t} \left(e^{-\tau}-e^{-2\tau}\right) S(\tau)\,(t-\tau)\,d\tau, \quad t>0$$
$$=\; e^{-t} - \tfrac{1}{4}e^{-2t} + \tfrac{1}{2}t - \tfrac{3}{4}, \quad t>0, \quad g_a(0)=0, \quad g_{a'}(0)=0$$

b) $r(t) = \delta(t) : g_b(t) = h(t) = \left(e^{-t} - e^{-2t}\right)\cdot S(t)$

c) $r(t) = 6 = 6\cdot S(t) : g_c(t) = \left(-6\,e^{-t} + 3\,e^{-t} + 3\right)\cdot S(t)$

14.18 $\mathcal{F}(h(\omega)) \;=\; H(\omega) = \dfrac{G(\omega)}{F(\omega)} = \dfrac{\mathcal{F}(g(t))}{\mathcal{F}(f(t))} = \dfrac{\mathcal{F}\left(\Delta\left(\frac{t}{2}\right)\right)}{\mathcal{F}(\text{rect}(t))}$
$$=\; \frac{2\,si^2(\omega)}{2\,si(\omega)} = si(\omega) = \tfrac{1}{2}\,2\,si(\omega) = F\left(\tfrac{1}{2}\,\text{rect}(t)\right)$$

14.19 a) Maschensatz: $E: \quad x(t) = I\,R_1 + I\,R_2 \Rightarrow I = \dfrac{x(t)}{R_1+R_2};$
$U_{R_L}: \quad y(t) = R_2 I = \dfrac{R_2}{R_1+R_2}\,x(t) \hookrightarrow h(t) = \dfrac{R_2}{R_1+R_2}\,\delta(t)$
b) $h = \tfrac{d}{dt}S(t) \Rightarrow h(t) = 2\,\delta(t) + \tfrac{3}{2}\left(U(t) - U(t-2)\right)$
$H(\omega) = \mathcal{F}(h)(\omega) = 2 + \tfrac{3}{2}\tfrac{1}{i\omega}\left(1 - e^{-2i\omega}\right)$
c) $h(t) = S'(t) = \tfrac{1}{2}\delta(t) - \tfrac{1}{6}U(t)\,e^{-\frac{t}{3}}$
$H(\omega) = \int_{-\infty}^{\infty} h(t)\,e^{-i\omega t}\,dt = \tfrac{1}{2}1 - \tfrac{1}{6}\dfrac{1\cdot}{\frac{1}{3}+i\omega}$

14.20 a) Widerstand bei $y(t)$: $R_G = \dfrac{1}{\frac{2}{R}+i\omega C} = \dfrac{2R}{1+i\,2\,\omega\,RC}$
$x(t) = \left(R + \dfrac{2R}{1+i\,2\,\omega\,RC}\right) I = \dfrac{3R+2\,i\,\omega\,R^2 C}{1+2\,i\,\omega\,RC}\,I$
$y(t) = \dfrac{2R}{1+i\,2\,\omega\,RC}\,I$
$\Rightarrow H(\omega) = \left.\dfrac{y(t)}{x(t)}\right|_{x=e^{i\omega t}} = \dfrac{\frac{1}{RC}}{\frac{3}{2RC}+i\omega} \Rightarrow h(t) = U(t)\cdot\dfrac{1}{RC}\,e^{-\frac{3}{2RC}t}$
$\Rightarrow S(t) = \int h(t)\,dt = U(t)\,\tfrac{2}{3}\left(1 - e^{-\frac{3}{2RC}t}\right)$
b) $E: \quad x(t) = 2RI + \dfrac{R}{1+i\omega RC}\,I = \dfrac{3R+i\omega\,2R^2 C}{1+i\omega RC}\,I(t)$
$\dfrac{1}{R_G} = \dfrac{1}{R} + i\omega C \hookrightarrow R_G = \dfrac{R}{1+i\omega RC}$
$U: \quad y(t) = 2RI = 2R\dfrac{1+i\omega RC}{3R+i\omega\,2R^2 C}\,x(t) \Rightarrow H(\omega) = \dfrac{1+i\omega RC}{\frac{3}{2}+i\omega RC} = \dfrac{\frac{1}{RC}+i\omega}{\frac{3}{2RC}+i\omega}$
$\Rightarrow h(t) = \delta(t) - U(t)\dfrac{1}{2RC}\,e^{\frac{3}{2RC}t} \Rightarrow S(t) = U(t)\left(\tfrac{2}{3} + \tfrac{1}{3}e^{-\frac{3}{2RC}t}\right)$

14.21 $H(\omega) = \dfrac{\frac{R}{L}\,i\omega}{\frac{R^2}{L^2}+3\frac{R}{L}\,i\omega+(i\omega)^2}$
System mit 2 Energiespeicher:
$$\left.\begin{array}{l} a_0 = 0 \\ a_2 = 0 \\ a_1 = \frac{R}{L} \end{array}\right\} \Rightarrow \begin{array}{l} c_0 \;=\; 0 \\ c_1 \;=\; a_1 = \frac{R}{L} \\ p_{1/2} \;=\; -\tfrac{3}{2}\tfrac{R}{L} \pm \sqrt{\tfrac{9}{4}\left(\tfrac{R}{L}\right)^2 - \left(\tfrac{R}{L}\right)^2} = \tfrac{-3+\sqrt{5}}{2}\tfrac{R}{L} \end{array}$$
$p_1 = \dfrac{-3+\sqrt{5}}{2}\dfrac{R}{L} = -0.764 \qquad p_2 = \dfrac{-3-\sqrt{5}}{2}\dfrac{R}{L} = -5.236$

$A_1 = \frac{p_1 a_1}{p_1 - p_2} = -0.342; \quad A_2 = \frac{p_1 a_1}{p_1 - p_2} = 2.3416$

$\Rightarrow h(t) = A_1 S(t) e^{p_1 t} + A_2 S(t) e^{p_2 t}$

14.22 a)

$H(\omega) = \frac{\frac{1}{LC}}{\frac{1}{LC} + \frac{1}{RC} \cdot i\omega + (i\omega)^2} = \frac{A_1}{i\omega - p_1} + \frac{A_2}{i\omega - p_2} = \mathcal{F}\left(\left(A_1 e^{p_1 t} + A_2 e^{p_2 t}\right) \cdot S(t)\right)$

mit:

$p_{1,2} = -\frac{1}{2RC} \pm \frac{1}{2RC}\sqrt{1 - 4R^2 \frac{C}{L}}, \quad A_1 = \frac{\frac{1}{LC}}{p_1 - p_2}, \quad A_2 = \frac{-\frac{1}{LC}}{p_1 - p_2}$

b) $H(\omega) = \frac{1}{R} + \frac{-\frac{1}{RC} i\omega}{\frac{1}{LC} + \frac{1}{RC} \cdot i\omega + (i\omega)^2} = \frac{1}{R} + \frac{A_1}{i\omega - p_1} + \frac{A_2}{i\omega - p_2}$

$= \mathcal{F}\left(\left(\frac{1}{R} + A_1 e^{p_1 t} + A_2 e^{p_2 t}\right) \cdot S(t)\right)$ mit:

$p_{1,2} = -\frac{1}{2RC}\left(1 \pm \sqrt{1 - 4R^2 \frac{C}{L}}\right), \quad A_1 = \frac{-\frac{p_1}{R^2 C}}{p_1 - p_2}, \quad A_2 = \frac{\frac{p_2}{R^2 C}}{p_1 - p_{2v}}$

c) $H(\omega) = \frac{\frac{1}{CR} i\omega}{\frac{1}{LC} + \frac{1}{RC} \cdot i\omega + (i\omega)^2} = \frac{A_1}{i\omega - p_1} + \frac{A_2}{i\omega - p_2}$

$= F\left(\left(A_1 e^{p_1 t} + A_2 e^{p_2 t}\right) \cdot S(t)\right) = F(h(t))$ mit $p_{1,2}$ wie oben,

$A_1 = \frac{\frac{p_1}{RC}}{p_1 - p_2}, \quad A_2 = \frac{-\frac{p_2}{RC}}{p_1 - p_2}$

14.23 $\omega_g = 1.3$

14.24 $\omega_u = 1.77 \cdot 10^3 \qquad \omega_o = 6.67 \cdot 10^4$

14.25 Für die diskrete Fourierreihe müssen die Ergebnisse mit $\frac{1}{N}$ und für die diskrete Fouriertransformation mit $\frac{T}{N}$ multipliziert werden!

14.28 Diese Funktion ist für die Systemanalyse vorteilhaft, da keine Nullstellen im Spektrum enthalten sind.

14.30 $f_g = 28200\,Hz \,\hat{=}\, \omega_g = 177000\,\frac{1}{s}$

14.31 $f_u = 0.126\,Hz \,\hat{=}\, \omega_u = 0.79\,\frac{1}{s} \qquad f_o = 0.2\,Hz \,\hat{=}\, \omega_o = 1.25\,\frac{1}{s}.$

Lösungen zu partiellen DG

15.1 $u(x, t) = \cos(\omega t)\sin(kx); \; u_{xx}(x, t) = -k^2 \cos(\omega t)\sin(kx);$

$u_{tt}(x, t) = -\omega^2 \cos(\omega t)\sin(kx)$

$u_{tt} - c^2 u_{xx} = \left(-\omega^2 + c^2 k^2\right)\cos(\omega t)\sin(kx) = 0 \quad$ für $\omega = ck$

$u(x = 0, t) = \cos(\omega t)\sin(0) = 0; \; u(x = L, t) = \cos(\omega t)\sin\left(n\frac{\pi}{L}\right)L = 0 \quad$ für

$k = n\frac{\pi}{L}$

15.2 $u(x, t) = e^{-\omega t}\sin(kx); \; u_{xx}(x, t) = -k^2 e^{-\omega t}\sin(kx);$

$u_t(x, t) = -\omega e^{-\omega t}\sin(kx)$

$u_t - D u_{xx} = \left(-\omega + D k^2\right)e - \omega t \sin(kx) = 0 \quad$ für $\omega = Dk^2$

15.3 a) $f(x, y) = \frac{1}{2}\ln\left(x^2 + y^2\right); \; f_{xx}(x, y) = -\frac{x^2 - y^2}{(x^2 + y^2)^2}; \; f_{yy}(x, y) = \frac{x^2 - y^2}{(x^2 + y^2)^2};$

$f_{xx} + f_{yy} = 0$

b) $g(x, y, z) = \left(x^2 + y^2 + z^2\right)^{-\frac{1}{2}}$

$g_{xx}(x, y, z) = 3\left(x^2 + y^2 + z^2\right)^{-\frac{5}{2}}x^2 - \left(x^2 + y^2 + z^2\right)^{-\frac{3}{2}}; \; g_{yy}, g_{zz}$ analog

$g_{xx} + g_{yy} + g_{zz} = 3\left(x^2 + y^2 + z^2\right)^{-\frac{5}{2}}\left[x^2 + y^2 + z^2\right] - 3\left(x^2 + y^2 + z^2\right)^{-\frac{3}{2}} = 0$

15.4 a) $T(x, t) = (4\pi D t)^{-\frac{1}{2}} e^{-\frac{x^2}{4Dt}}; \quad \frac{\partial}{\partial t}T = (4\pi D t)^{-\frac{1}{2}} e^{-\frac{x^2}{4Dt}}\left(-\frac{1}{2t} + \frac{x^2}{4Dt^2}\right)$

$\frac{\partial^2 T}{\partial x^2} = (4\pi D t)^{-\frac{1}{2}} e^{-\frac{x^2}{4Dt}}\left(-\frac{1}{2Dt} + \frac{x^2}{4D^2 t^2}\right); \quad T_t - D T_{xx} = 0$

b) $T(x, t = 0) = \lim\limits_{t \to 0} (4\pi D)^{-\frac{1}{2}} \dfrac{e^{-\frac{x^2}{4Dt}}}{t^{1/2}} = \begin{cases} 0 & \text{für } x \neq 0 \\ \infty & \text{für } x = 0 \end{cases}$;

$T\left(x, t = \frac{1}{D}\right) = (4\pi)^{-\frac{1}{2}} e^{-\frac{x^2}{4}}$; $\quad T\left(x, t = \frac{2}{D}\right) = (8\pi)^{-\frac{1}{2}} e^{-\frac{x^2}{8}}$

c) $0 = \left.\dfrac{\partial T}{\partial t}\right|_{x = x_0} \Leftrightarrow t_0 = \dfrac{x_0^2}{2D}$; $\quad D = 1.12 \, \frac{cm^2}{s}$; $\quad x_0 = 5\,cm \Rightarrow t_0 = 10 \text{ sec}$

15.5   a) $u(t) = f_1(x + ct) + f_2(x - ct); \, u_{tt} = c^2 \left(f_1''(x + ct) + f_2''(x - ct)\right);$

$u_{xx} = f_1''(x + ct) + f_2''(x - ct)$; $\quad u_{tt} - c^2 u_{xx} = \ldots = 0$

b) $u(x, t) = \frac{1}{2}\left(u_0(x + ct) + u_0(x - ct)\right) + \frac{1}{2}c \int_{x-ct}^{x+ct} v_0(\zeta)\, d\zeta$

c) $u(x, t) = \frac{1}{2}\left(\sin(k(x + ct)) + \sin(k(x - ct))\right) = \sin(kx) \cdot \sin(kct) = $
$\sin(kx) \cdot \sin(\omega t) \quad \text{mit } \omega = ck$

15.6   a) $\hat{T}(x, t) = A + T_0\, e^{i(kx - \omega t)}$ eingesetzt in $\hat{T}_t - D\hat{T}_{xx} = 0$ liefert:

$(-i\omega)\, T_0\, e^{i(kx - \omega t)} - D\,(ik)^2\, T_0\, e^{i(kx - \omega t)} = 0$

$\Rightarrow k^2 = \frac{i\omega}{D} \Rightarrow k = \pm\sqrt{\frac{\omega}{2D}}\,(1 + i)$

$\hat{T}_{1/2} = A + T_0\, e^{\mp\sqrt{\omega/(2D)}\, x}\, e^{i\left(\sqrt{\omega/(2D)}\, x - \omega t\right)}$ gedämpfte Welle (also $\hat{T}_2$ entfällt)

somit ist

$T(x, t) = \text{Re}\left(\hat{T}_1\right) = A + T_0\, e^{-\sqrt{\omega/(2D)}\, x} \cdot \cos\left(\sqrt{\frac{\omega}{2D}}\, x - \omega t\right)$

b) $x_{1/e} = \sqrt{\frac{2D}{\omega}}$: $0.45\,m$; $1,13\,mm$

15.7   fest/frei $\hookrightarrow X(0) = 0$; $X'(0) = 0$ & $X''(L) = X'''(L) = 0$

$\hookrightarrow \det A = \begin{vmatrix} 1 & 0 & 1 & 0 \\ 0 & 1 & 0 & 1 \\ \cosh(\kappa L) & \sinh(\kappa L) & -\cos(\kappa L) & -\sin(\kappa L) \\ \sinh(\kappa L) & \cosh(\kappa L) & \sin(\kappa L) & -\cos(\kappa L) \end{vmatrix}$

$\quad = \cosh(\kappa L)\cos(\kappa L) + 1 \overset{!}{=} 0$

15.8 $\partial_x \frac{1}{R} = -\frac{x - a}{R^3}$; $\partial_x^2 \frac{1}{R} = -\frac{1}{R^3} + \frac{3(x - a)^2}{R^5}$; $\ldots$

15.10 $k_n = \kappa\left(\frac{n\pi}{L}\right)^2$; $u(x, t) = \sum_{n=1}^{\infty} c_n \sin\left(\frac{n\pi}{L}x\right) e^{-\left(\frac{n\pi}{L}\right)^2 t}$

15.11   a) $u(x, y) = X(x) \cdot Y(y) \Rightarrow \frac{X''}{X} = \frac{Y''}{Y} = -k^2$

$\Rightarrow u(x, y) = [A\cos(kx) + B\sin(kx)]\, [C\cos(ky) + D\sin(ky)]$

b) $X(0) = 0 \Rightarrow A = 0;$ $Y(0) = 0 \Rightarrow C = 0;$ $Y(L) = 0 \Rightarrow k_n = n\frac{\pi}{L}$

$\Rightarrow u(x, y) = \sum_{n=1}^{\infty} c_n \sin\left(n\frac{\pi}{L}x\right) \sin\left(n\frac{\pi}{L}y\right)$

15.12 $u(x, t) = T(t) \cdot X(x) \Rightarrow \frac{T'}{T} = \frac{X''}{X} = k^2$

$\Rightarrow u(x, t) = A\, e^{k^2 t}\,(B\sin(kx) + C\cos(kx))$

15.13   a) $k = \pm i\sqrt{n^2 + m^2}\,\frac{2\pi}{L}$

b) $u_1 = \sin\left(n\frac{2\pi}{L}x\right) \sin\left(m\frac{2\pi}{L}y\right) \sin\left(\sqrt{n^2 + m^2}\,\frac{2\pi}{L}t\right)$

$u_2 = \sin\left(n\frac{2\pi}{L}x\right) \sin\left(m\frac{2\pi}{L}y\right) \cos\left(\sqrt{n^2 + m^2}\,\frac{2\pi}{L}t\right)$

15.14 $k = (n^2 + m^2)\,\frac{4\pi^2}{L^2}$

15.15   a) $u_{xx} = -k^2 \sin(kx)\left(e^{ky} + e^{-ky}\right)$ $u_{yy} = k^2 \sin(kx)\left(e^{ky} + e^{-ky}\right)$

b) $k = n\frac{\pi}{L}$

15.16 $u(x, t) = 1 - \frac{x}{\pi} + \frac{2}{\pi}\sum_{n=1}^{\infty} \frac{(-1)^{n+1}}{n}\, e^{-n^2 t}\, \sin(nx)$

15.17   a) $\Phi''(\varphi) + k\,\Phi(\varphi) = 0$ $r^2 R''(r) + r\, R'(r) - k\, R(r) = 0$

b) $\omega = \sqrt{k}$ c) $n = \sqrt{k}$

Lösungen zur Vektoranalysis

16.1   17   0 -11

16.2 $f(x, y) = -(x + y)$

16.3   a) $2x + 2$ b) $4x + e^z(1 + x)$ c) $\frac{2}{r}$

16.4 $\begin{pmatrix} 2z + 2x \\ 0 \\ -2z - x^2 \end{pmatrix}$

16.5   a) $rot\,\vec{v} = 0$ $rot\,\vec{w} = \begin{pmatrix} 0 \\ 0 \\ -2 \end{pmatrix}$ b), c) nur $\vec{v}$

16.6   a) $rot\,\vec{v} = \vec{a} \times \vec{r}$ b) für $t \cdot \vec{a}$

16.7 $\begin{pmatrix} -2 \\ 0 \\ 4 \end{pmatrix}$

16.8   a) $div\,\vec{f_1} = y + 2x^2 yz;$ $rot\,\vec{f_1} = \begin{pmatrix} x^2 z^2 - x \\ -2xyz^2 \\ z - x \end{pmatrix}$

       b) $div\,\vec{f_2} = 2x + 2ye^x + 2xz;$ $rot\,\vec{f_2} = \begin{pmatrix} 2y + 2z \\ 1 - z^2 \\ y^2 e^x \end{pmatrix}$

       c) $div\,\vec{f_3} = -2y;$ $rot\,\vec{f_3} = \begin{pmatrix} 0 \\ 0 \\ -2x \end{pmatrix}$

16.10 $rot\,\vec{f} = 0$

16.11   potential(f, [x,y,z], phi):   phi; $\rightarrow x + xzy + xy$

       vecpotent(f, [x,y,z], A): print(A);

       $\rightarrow \left[xz + \frac{1}{2}z^2 x - \frac{1}{2}y^2 x, \quad -z - yz, -\frac{1}{2}yz^2, \quad 0 \right]$

16.12   a) nein   b) ja

16.13 $\displaystyle\oint_{(\partial K)} \vec{v}\,d\vec{r} = \int_0^{2\pi} \begin{pmatrix} 4\cos^2(t) - 20\cos(t)\sin(t) + 6\sin(t) \\ 48\cos(t)\sin^2(t) - 2\cos(t) \end{pmatrix} \cdot \begin{pmatrix} -2\sin(t) \\ 2\cos(t) \end{pmatrix} dt$

       $= 8\pi,$

       wenn der Kreis durch $\begin{pmatrix} x \\ y \end{pmatrix} = R \begin{pmatrix} \cos(t) \\ \sin(t) \end{pmatrix}$ parametrisiert wird.

       $\displaystyle\iint_{(K)} \left(\frac{\partial v_2}{\partial x} - \frac{\partial v_1}{\partial y} \right) dx\,dy = \int_{\varphi=0}^{2\pi} \int_{r=0}^{2} \left(-4 + 6r^2 \sin^2(\varphi) + 5r\cos(\varphi) \right) r\,dr\,d\varphi =$

       8π, wenn Polarkoordinaten verwendet werden.

16.14 $3\ln 4$

16.15 $\frac{1}{4}R^4 H\pi$

16.16 $\frac{32}{3}\pi$

16.17 12π

Anhang B
Die CD-ROM

Auf der CD-ROM befinden sich

- alle Worksheets, wie sie im Text beschrieben sind, inclusive aller erstellten MAPLE-Prozeduren für MAPLE6 (diese Worksheets sind alle unverändert unter MAPLE7 lauffähig);
- zusätzliche MAPLE-Prozeduren zur Visualisierung mathematischer Sachverhalte;
- alle Worksheets auch für MAPLE V Release 5.1;
- alle Worksheets auch für MAPLE V Release 4;
- viele MAPLE-Projekte der MAPLE Working-Group, die an der Fachhochschule Karlsruhe erstellt wurden.

Alle Dateien auf der CD-ROM sind schreibgeschützt; selbst wenn sie auf die Festplatte kopiert werden. Der Schreibschutz für auf die Festplatte kopierte Dateien kann unter Windows aufgehoben werden, wenn z.B. im Explorer die Option *Datei - Eigenschaften* gewählt und der Menuepunkt *schreibgeschützt* durch Mouseklick deaktiviert wird. Es kann auch ein gesamtes Verzeichnis selektiert und anschließend mit obigem Verfahren für alle Dateien der Schreibschutz aufgehoben werden.

Die **Systemvoraussetzungen** für MAPLE6 sind laut Hersteller:
- Intel 486 DX oder Pentium
- 32 MB Festplattenplatz
- mind. 8 MB RAM (empfehlenswert sind mind. 32 MB RAM)
- Windows NT 4.0, Windows 9x und höher, Linux oder Mac Systems 7.5

Installationsvoraussetzungen
- MAPLE6 oder MAPLE7 ist auf dem Rechner installiert.
- *.mws* ist mit dem ausführbaren Programm *\maple6\bin.wnt\wmaple.exe* bzw. *\maple7\bin.wnt\wmaple.exe* verknüpft.

Aufbau der CD-ROM

Die Struktur der Verzeichnisse auf der CD-ROM ist wie folgt:

index.mws	Inhaltsverzeichnis der Worksheets.
wrksheet\\	enthält alle Worksheets nach Kapiteln gegliedert.
*Rel5**wrksheet*\\	enthält *index.mws* und alle Worksheets für MAPLE V Rel. 5.1.
*Rel4**wrksheet*\\	enthält *index.mws* und alle Worksheets für MAPLE V Rel. 4.
maple.grp\\	enthält *master.mws* mit den Verknüpfungen zu den Worksheets der MAPLE Working-Group.
readme.wri	letzte Änderungen, die nicht mehr im Text aufgenommen werden konnten.

Durch Doppelklicken der Datei *index.mws* öffnet man das Inhaltsverzeichnis, wie es auszugsweise in der nebenstehenden Abb. angegeben ist. Durch Öffnen des entsprechenden Kapitels und anschließendes Anklicken des gewünschten Abschnitts wird das zugehörige MAPLE-Worksheet gestartet und ist dann interaktiv bedienbar. Mit der "←"-Taste der oberen Taskleiste kommt man vom Worksheet zum Inhaltsverzeichnis zurück. Die einzelnen Worksheets sind aber auch separat anwählbar, indem man in das entsprechende Verzeichnis wechselt und es von dort aus startet.

Alle MAPLE-Worksheets sind ebenfalls unter MAPLE V Rel. 5.1 und Rel. 4 abgespeichert und können durch Doppelklick auf die Datei *index.mws* im Verzeichnis *Rel5*\\ bzw. *Rel4*\\ geöffnet werden, sofern *.mws* mit der entsprechenden MAPLE-Version verknüpft ist. Um zukünftig mit neuen MAPLE-Versionen Schritt zu halten, werden Updates der Worksheets unter

http://www.fh-karlsruhe.de/˜weth0002/buecher/band2/start.htm

unter der Angabe des Paßwortes (ISBN-Nummer dieses Buches) zur Verfügung gestellt.

Einige der Prozeduren liegen übersetzt im MAPLE-internen *m*-Format vor. Falls einzelne Worksheets auf die Festplatte kopiert werden, empfiehlt es sich, die **save**-Befehle im Worksheet zu aktivieren, die momentan durch ein # kommentiert sind. Zum Speichern vorgesehen ist das *temp*-Verzeichnis auf der C-Festplatte. Es kann aber auch jedes andere Verzeichnis gewählt werden.

Inhaltsverzeichnis

Die MAPLE **Working-Group**

Die MAPLE Working-Group wurde im Sommer 1995 an der Fachhochschule
Karlsruhe im Fachbereich Naturwissenschaften gegründet. Sie beschäftigt sich
mit dem Lösen und Simulieren von praxisorientierten physikalisch-technischen
Problemen mit MAPLE. Semesterübergreifend erarbeiten dabei Studenten des Stu-
dienganges Sensorsystemtechnik sowohl Lehrbeispiele aus dem Studium als auch
weiterführende Problemstellungen. Die engagierten, begeisterungsfähigen, dyna-
mischen Mitglieder der Gruppe waren von 1995 - 1997 Michel Baus, Lambros
Dalakuras, Michael Frank, Rüdiger Hauser, Udo Horcher, Andreas Käpplein, Fred
Loeffler, Michael Thomas, Stefan Rau und Frank Wohlfarth sowie von 1998 - 2001
Cordula Bietzker, Petra Esser, Matthias Hainz, Stefan Hager, Thomas Hankiewicz,
Rodrigo Kuhfs, Tobias Müller, Marc Rawer, Andreas Schmack und Heiko Widak.

Das Ziel des Projektes an der FH Karlsruhe ist, die Innovationen im Bereich
der Computer-Algebra-Systeme am Beispiel MAPLE in der Lehre umzusetzen.
Dazu wurden bereits einige Beispiele ausgewählt, aufbereitet und überarbeitet.
Nach der Modellbildung durch physikalische Gesetzmäßigkeiten erfolgt jeweils
die mathematische Umsetzung und die Anpassung an MAPLE, mit dem dann
die Lösung berechnet wird. Mit Hilfe von dreidimensionalen Darstellungen und
Animationen wird anschließend eine konkrete Anschauung der Lösung ermöglicht,
welche die komplexen Vorgänge visualisiert. Alle Projekte sind zu finden unter
http://www.fh-karlsruhe.de/fbmn/st/projekte/maple/

Auf der CD-ROM befindet sich im Verzeichnis *\maple.grp* ein Master-Dokument
in MAPLE6 mit dem direkt auf die verschiedenen Worksheets der Gruppe im Un-
terverzeichnis *\maple.grp\projekte* zugegriffen werden kann.

Die folgende Liste enthält eine Aufstellung der auf der CD-ROM befindlichen
Projekte:

Beugung	Beugung am Spalt
	Beugung am Mehrfachspalt
Biot-Savart-Gesetz	Feldverlauf um eine Leiterschleife
	Feldverlauf um eine Helmholtz-Spule
	Nah- und Fernfeld einer Spule
Dipol	Feldverteilungen um Ladungen
	Hertzscher Dipol
Fourieranalysis	Diskrete Fourieranalysis
	Prozedur zur Berechnung der DFT

Fourierreihen	Numerische Berechnug von Fourierreihen
Funktionen	Funktionen mit Parametern
	Darstellung von Gleichungen
Hall-Effekt	Visualisierung des Hall-Effektes
Hochhaus	Beschreibung eines Hochhaussystems
	Fourieranalyse des schwingenden Systems
	Animation der Eigenfrequenzen
Neuronale Netze	Beschreibung von neuronalen Netzen
Optische Systeme	Strahlengang durch Linsensysteme
Schranke	Schwingung einer Schranke
Bezier-Splines	Eindimensionale Beziersplines
	Zweidimensionale Beziersplines
Kubische Splines	Eindimensionale kubische Splinekurven

Die Maple-Demoversion

Im Verzeichnis *mvr4demo*\\ befindet sich eine für Windows (ab 3.1) auf der
CD-ROM installierte Demoversionen zu MAPLE V Release 4.0. Das Programm
wird im Windows-Dateimanager durch einen Doppelklick auf *wmaple.exe* gestartet. Im Verzeichnis*demo_v4*\\ ist die gepackten Demoversionen, die auf der
Festplatte installiert werden kann, indem im Windows-Dateimanager *install.exe*
durch Doppelklick aktiviert wird. Auf der Festplatte wird dann das Verzeichnis
mvr4demo\\ angelegt, in dem sich das ausführbare Programm *wmaple.exe* befindet. Die MAPLE-Demoversion ist uneingeschränkt lauf- und rechenfähig, in-
sofern keine Speicherbeschränkungen vorliegen. Viele elementare Rechenbefehle
und Plot-Kommandos sind enthalten; einfache Funktionen können z.B. differenziert und integriert bzw. der Kurvenverlauf dargestellt werden. Alle auf der CD-
ROM mitgelieferten Worksheets können mit der Demoversion geladen und gelesen
werden. Die Einschränkungen der Demoversionen sind:

- Worksheets können nicht abgespeichert und Zwischenergebnisse nicht in die
  Zwischenablage kopiert werden;
- nicht alle MAPLE-Befehle sind ausführbar, d.h. manche Kommandos können
  nicht bzw. nur eingeschränkt verwendet werden;
- es ist keine Online-Hilfe zu den MAPLE-Befehlen vorhanden.

Eine aktuelle Demoversion ist unter der offiziellen Maple-Webseite

http://www.maplesoft.com/products/index.html

zu finden.

Literaturverzeichnis

Das folgende Literaturverzeichnis enthält eine (keineswegs vollständige) Aufstellung von Lehrbüchern zur Ergänzung und Vertiefung der Ingenieurmathematik, Aufgabensammlungen, Handbücher sowie Literatur über MAPLE und über das Textverarbeitungssystem LaTeX.

Lehrbücher Ingenieurmathematik:

Ayres, F.: Differential- und Integralrechnung. McGraw-Hill 1975.

Brauch, W., Dreyer, H.J., Haacke, W.: Mathematik für Ingenieure.
Teubner, Stuttgart 1990.

Bronstein, I.N., Semendjajew, K.A.: Taschenbuch der Mathematik.
Harri Deutsch, Thun/Frankfurt 1989.

Burg, K., Haf, W., Wille, F.: Höhere Mathematik für Ingenieure I-IV.
Teubner, Stuttgart 1985-90.

Engeln-Müllges, G., Reutter, F.: Formelsammlung zur Numerischen Mathematik.
BI Wissenschaftsverlag, Mannheim 1985.

Fetzer, A., Fränkel, H.: Mathematik 1+2. Springer 1997+99.

v. Finckenstein, K.: Grundkurs Mathematik für Ingenieure.
Teubner, Stuttgart 1986.

Fischer, G.: Lineare Algebra. Vieweg, Braunschweig 1986.

Forster, O.: Analysis 1. Vieweg, Braunschweig 1983.

Hainzel, J.: Mathematik für Naturwissenschaftler. Teubner, Stuttgart 1985.

Hohloch, E., Kümmerer, H.: Brücken zur Mathematik 1-7, Cornelsen 1989-96.

Meyberg, K., Vachenauer, P.: Höhere Mathematik 1+2. Springer 1999+97.

Papula, L.: Mathematik für Ingenieure 1+2. Vieweg, Braunschweig 1988.

Spiegel, M.R.: Höhere Mathematik für Ingenieure und Naturwissenschaftler.
McGraw-Hill 1978.

Stingl, P.: Mathematik für Fachhochschulen. Carl Hanser 1992.

Werner, W.: Mathematik lernen mit Maple. dpunkt 1996.

Westermann, T., Buhmann, W., Diemer, L., Endres, E., Laule, M., Wilke, G.:
Mathematische Begriffe visualisiert mit MAPLE. Springer 2001.

Literatur zur Physik und Systemtheorie:

Crawford, F.S.: Schwingungen und Wellen. Berkley Physik Kurs 3.
   Vieweg, Braunschweig 1979.

Gerthsen, C., Vogel, H.: Physik. Springer 1993.

Hering, E., Martin, R., Stohrer, M.: Physik für Ingenieure. Springer 1999.

Mildenberger, O.: System- und Signaltheorie. Vieweg, Braunschweig 1989.

Vielhauer, P.: Passive Lineare Netzwerke. Hüthig-Verlag 1974.

Weber, H.: Laplace-Transformation. Teubner, Stuttgart 1990.

Literatur zu MAPLE:

Burkhardt, W.: Erste Schritte mit Maple. Springer 1996.

Char, B.W. et al: MapleV: First Leaves. Springer 1991.

Char, B.W. et al: MapleV: Library Reference Manual. Springer 1991.

Devitt, J.S.: Calculus with Maple V. Brooks/Cole 1994.

Dodson, C.T.J., Gonzalez, E.A.: Experiments In Mathematics Using Maple.
   Springer 1995.

Ellis, W. et al: Maple V Flight Manual. Brooks/Cole 1996.

Heal, K.M. et. al: Maple V: Learning Guide. Springer 1996.

Heck, A.: Introduction to Maple. Springer 1996.

Heinrich, E., Janetzko, H.D.: Das Maple Arbeitsbuch.
   Vieweg, Braunschweig 1995.

Kofler, M.: Maple V Release 4. Addison-Wesley 1996.

Lopez, R.J.: Maple via Calculus. Birkhäuser, Boston 1994.

Redfern, D.: Maple Handbook. Springer 1994.

Literatur zu LaTeX:

Dietsche, L., Lammarsch, J.: Latex zum Loslegen. Springer 1994.

Kopka, H.: Latex. Addison-Wesley 1994.

Index

Verzeichnis der MAPLE-Befehle